固体中的应力波理论与应用

Stress Waves in Solid: Theories and Applications

高光发　编著

科学出版社

北　京

内 容 简 介

本书是《固体中的应力波导论》的后续专业教程，所讲授与讨论的内容涉及相对更深和更专业的应力波知识。应力波理论是爆炸与冲击动力学、兵器科学与技术、工程安全与防护技术等学科领域专业核心基础课程，也是涉及相关研究方向的力学学科、土木工程学科等学科的专业基础课程。本书力图在统一构架下推导、分析与梳理一维或准一维固体介质中弹性波、塑性波、冲击波与爆轰波传播与演化理论，主要包含线弹性波基础理论与应用、弹塑性增量波基础理论与应用、冲击波基础理论与应用和爆轰波基础理论与应用四个部分共 9 章内容。本书的学习基础为《固体中的应力波导论》，因此适合于已经学习过该课程或自学过该课程的学生学习。

本书可以作为爆炸力学、冲击动力学、防护工程、兵器科学与技术等涉及爆炸与冲击动力学相关学科的研究生教材，也可以作为涉及爆炸与冲击动力学相关研究方向或领域的博士研究生参考教材；同时，可以作为相关科研人员特别是国防工程、武器工业领域科研与工程技术人员的专业参考书籍。

图书在版编目(CIP)数据

固体中的应力波理论与应用/高光发编著. —北京：科学出版社，2023.2
ISBN 978-7-03-074370-1

Ⅰ. ①固…　Ⅱ. ①高…　Ⅲ. ①应力波–理论　Ⅳ. ①O347.4

中国版本图书馆 CIP 数据核字(2022)第 248312 号

责任编辑：李涪汁　高慧元／责任校对：郝璐璐
责任印制：赵　博／封面设计：许　瑞

科学出版社 出版
北京东黄城根北街 16 号
邮政编码：100717
http://www.sciencep.com
涿州市般润文化传播有限公司印刷
科学出版社发行　各地新华书店经销
*
2023 年 2 月第　一　版　开本: 787 × 1092　1/16
2024 年 1 月第二次印刷　印张: 47 1/4
字数：1 100 000

定价: 199.00 元
(如有印装质量问题，我社负责调换)

前 言

应力波的概念以及应力波理论在爆炸与冲击动力学、兵器科学与技术等相关学科领域的作用及其重要性在本人编著并在科学出版社出版的《波动力学基础》(2019 年) 和《固体中的应力波导论》(2022 年) 两本著作的前言中已做详细介绍，当前讲授应力波理论相关教程也在此两书的前言中已做说明，在此不再赘述。本人在中国科学技术大学学习和工作期间，以及在新加坡国立大学冲击动力学实验室工作期间发现，传统冲击动力学领域不少学生和科研人员可能对弹性波理论、塑性波理论比较熟悉或者比较了解，但对冲击波与爆轰波知识却十分缺乏，认为这是“搞炸药和武器的科研人员的专业课程”；而在南京理工大学工作期间，发现另一个“有趣的”现象，在国防研究中涉及爆炸或爆轰问题较多，这些如兵器学科相关领域学生与科研人员对冲击波与爆轰波知识比较熟悉，但对弹塑性波知识相对匮乏得多，甚至不少人自称由于应力波理论太难因而不懂，而且不少学生“害怕”学习这个“看起来很难的新课程”。事实上，固体中的一维弹塑性波与一维冲击波、一维爆轰波都属于应力波，它们在分析思路和解析本质上并没有差别，都是基于质量守恒条件、动量守恒条件、能量守恒条件以及广义本构关系解析的，也就是说这些问题的控制方程组都是连续方程、运动方程、能量方程与广义本构方程这四个方程组成的，只是由于这几种应力波某些特征不同，所以在分析过程中特别是工程近似分析方法上看起来差别挺大。在一维假设前提下，从控制方程组来看，弹性波、塑性波与冲击波、爆轰波不同之处在于对应的广义本构方程或模型不同：弹性波利用弹性本构模型如线弹性模型、黏弹性模型，弹塑性波利用弹塑性模型如双线性模型，这两类波中本构模型侧重于偏应力、偏应变或偏应力增量、偏应变增量之间关系及其对材料屈服流动的影响而忽略静水压力与体应变的影响；类似地，强冲击波利用材料的物态方程如 Grüneisen 物态方程，爆轰波利用爆轰产物的物态方程如 JWL 物态方程，这两类波中的本构模型侧重于考虑静水压力与体应变之间关系而忽略剪应力、剪应变的影响；而弱冲击波综合考虑剪应力与静水压力的影响，即利用所谓流体弹塑性模型来分析。综上分析，从力学分析过程与思路上看，一维弹性波、弹塑性波、冲击波与爆轰波并无本质不同，可以放在一个框架里学习，并没有所谓理论上的“壁垒”。

在我 2015 年底入职南京理工大学兵器科学与技术学科之初，何勇教授就建议我结合南京理工大学实际的教学与科研情况，编著一部本校学生能够相对容易“看懂”的应力波教材；因为此时国内应力波代表性教材有两部——《应力波基础》(王礼立编著) 和《波动力学》(李永池编著)，这两本书都源于他们在中国科学技术大学近代力学系教学过程中的讲义，所授课的学生具备非常扎实系统的力学基础，而兵器科学与技术等相关工程性学科学生力学根底相对薄弱得多。而在 2015 年李永池教授和我两个人申请的《连续介质力学基础及其应用》获中国科学技术大学教材建设项目立项，因而并没有立刻重新编著，而是协助杜忠华研究员将南京理工大学兵器学科主要讲授应力波理论的研究生课程《撞击动力学》的讲义进行了整理，并合作出版教材《撞击动力学》(2017 年)。然而，由于该教材中应力波理论内容相对较少且系统性不佳，在几个学期的研究生教学中发现效果不佳，因而，本人就开始着手重新整理思路，由于担心不同人合著容易导致书中思路和说法不统一，影响学生的阅读与理解；故独立编写并出版教材《波动力学基础》，书中考虑南京理工大学兵器学科特色加入了一维冲击波和一维爆轰波章节。该书编著之初就是定位为研究生教材，且为一个简明教程；在南京理工大学的研究生教学过程中，发现使用该教材后教学效果明显有所提高，达到了预期目标。

然而，《波动力学基础》(2019 年) 一书出版以后，在研究生教学和相关科研人员交流过程中，发现不少读者虽然在研究中需要用到应力波知识，但其本科学习到的力学课程相对较少较浅，学习此书的知识稍较吃力，需要另外补充学习相关力学知识，但却不清楚具体学习哪些知识点；另外，与各高校爆炸与冲击动力学相关专业研究生以及高校教师、科研机构人员交流后同时发现，作为一个简明教程此书深度与系统性还是不够。2020 年初，《量纲分析基础》(2020 年) 书稿已完成，项目相关材料都在学校且无法开展相关试验，也就是说，此时教学和科研处于停止状态，正好有时间静下心来思考和整理一些以前编著过程中未实现的想法；于是产生了重新梳理完善应力波理论、开展《波动力学基础》第 2 版书稿整理的动机。综合分析思考之下，本人开始准备添加必要的高等数学、力学相关预备知识，深化细化该书相关章节内容，并重新梳理思路，按照统一的分析思路，将弹性波、塑性波、冲击波与爆轰波相关知识放入同一构架中，重新编著一部教程。然而，在编著过程中发现如此一来该书篇幅过大，而且定位不明确，虽然系统但不适合作为教材。在新加坡国立大学 Shim P. W. Victor 教授的建议与鼓励下，本人又重新整理思路，将该书拆成两部教程。第一部教程中加入必要的数学与力学知识、相对系统地讲授一维弹性波和一维弹塑性波相关知识，不列入专业针对性较强的冲击波与爆轰波知识，因而适合作为工程力学、弹药工程、防护工程等专业的本科生课程或冲击动力学相关学科的研究生教材。第二部教程即本书是第一部的后续教程，考虑更加复杂或更加接近实际问题的弹性波知识，加入相关更抽象的特征线相关知识和弹塑性交界面传播知识，在此基础上，按照相同思路推导固体中冲击波与爆轰波相关知识，因而本书适合作为爆炸与冲击动力学、兵器科学与技术、防护工程等或密切相关学科的研究生教材，或者涉及此类问题的国防科研人员的参考书。因而，强烈建议读者完成《固体中的应力波导论》(下面简称《导论》) 课程的学习后再学习本书内容。

众所周知，材料或结构在动态荷载作用下力学响应与准静态下的行为有着明显不同的特征，特别是在炸药爆炸作用和高速冲击荷载下，材料或结构的变形与破坏更是无法利用准静态力学理论来分析。简单地讲，从宏观能量的流向来看，爆炸力学问题可以分为起点问题——含能材料爆炸问题、中间问题——爆炸波在介质中的传播或传递问题、终点问题——应力波在结构或材料中的传播/演化及其效应问题；这里面会同时涉及固体中爆轰波问题、固体中的冲击波问题、固体中塑性波与弹性波问题。类似地，高速冲击动力学问题也可能会同时涉及固体中的冲击波问题、固体中塑性波与弹性波问题。当然，很多冲击动力学问题如高速撞击问题，或只关注撞击瞬间和撞击后材料或结构中的应力波传播及引起的材料或结构的动态效应问题，即只涉及终点问题。一方面，当前很多爆炸与冲击动力学领域学者关注冲击荷载下材料或结构如金属材料、复合材料、高分子材料、超材料、混凝土材料等的动态响应及其设计，其中核心问题涉及材料或结构中弹性波或弹塑性波的传播问题，这些研究问题中很大一部分背景是考虑其在高速冲击或爆炸作用下的力学行为或防护性能；然而，高速冲击和爆炸冲击势必会在固体介质中产生冲击波，当然，由于冲击波在金属材料等固体材料中衰减较快，容易衰减为弹塑性波，因而，忽略冲击波传播的部分而将之等效为一个加载脉冲从而只考虑材料与结构中的弹塑性波及动态变形特征或机理，这种简化方法也是相对合理的。但从某种程度上讲，熟悉爆轰波、冲击波的传播与演化知识对于我们更深刻地理解研究背景和需求、更精准地把握问题研究内核和目标、更进一步对接国防需求具有非常重要的意义。另一方面，当前很多兵器学科与武器工业领域学者对爆轰波、冲击波问题及其毁伤效应有较深的研究，但对所产生冲击波在固体材料及其结构中的传播演化缺少深入的讨论和足够细致的研究，熟悉固体中的弹塑性波或弹性波传播演化及其所引起材料屈服、变形或破坏问题，对于更加精准地研究新型武器或装备也具有重要的参考价值。

本书由四个部分构成：第一部分为固体中弹性波基础理论与应用，主要在《导论》弹性波部分内容基础上进一步考虑杆、柔性绳、环中的弯曲波，以及无限平面、薄膜与薄壳中的简单波和黏弹性杆中弹性波等相对更复杂的内容；第二部分为固体中弹塑性波基础理论与应用，概括总结《导论》弹塑性波部分内容的基础上，更进一步讨论特征线理论及其应用、弹塑性交界面传播等知识；第三部分为固体中冲击波基础理论与应用，在第二部分的基础上讨论一维冲击波流体动力学理论，讲授一维冲击波的性质、冲击波的传播与演化及其在交界面上的透反射特征等知识；第四部分为固体中爆轰波基础理论与应用，讲授爆轰波的概念、特征及其传播特性，并进一步讨论爆轰波在交界面上的透反射特征及其对固体的抛射特性。这四个部分分析思路统一，有机结合，结合理论推导和部分实例，让读者更具体直观地了解相关知识。

本书分为 9 章对固体中的应力波基础理论进行阐述。

第 1 章介绍理想线弹性固体介质中单纯应力波的传播。主要介绍两种坐标系中连续介质运动守恒条件的描述，讲授一维线弹性细长杆 (绳) 中纵波、横波、弯曲波的传播，并讨论无限线弹性介质中典型应力波的传播以及半无限线弹性介质表面波与层间波的传播。

第 2 章介绍典型线弹性固体介质中单纯应力波的传播。主要讲授线弹性细长杆中纵波的传播与弥散效应、线弹性 Rayleigh 杆、Timoshenko 杆和细环中弯曲波的传播与弥散效应，并讨论线弹性薄膜和无限弹性薄板壳中单纯应力波的传播。

第 3 章介绍线弹性波在交界面上的透反射与共轴对撞问题。主要讲授一维杆中线弹性波在交界面上的透反射规律以及一维线弹性杆的共轴撞击问题，在此基础上进一步讨论细长线弹性杆共轴对撞弥散问题与分离式 Hopkinson 杆精细化试验方法，以及半无限线弹性介质中应力波的传播与演化特征。

第 4 章介绍一维杆中弹塑性波的传播与演化。简要介绍典型弹塑性本构模型与增量本构理论，主要讲授一维杆中弹塑性波的传播以及相互作用特征，进而讨论一维弹塑性波在交界面上的透反射问题。

第 5 章介绍应力波传播的特征线理论与应用。主要介绍一维线弹性杆或黏弹性杆中纵波传播与演化问题的特征线法，讨论一维杆中弹塑性交界面传播特性，以及流体中的简单波传播的特征线法。

第 6 章介绍固体中冲击波的传播理论基础。简要介绍气体中的一维冲击波基础理论、固体高压物态方程与波阵面上的守恒条件，并对固体中一维冲击波传播的弹塑性流体理论进行初步分析，进而对固体介质在冲击荷载下力学特性进行讨论。

第 7 章介绍高压固体中冲击波的传播与力学效应。主要讲授高压固体中一维冲击波的衰减特征与特性，讨论高压固体中一维冲击波的相互作用及其在交界面上的透反射规律。

第 8 章介绍固体中自持爆轰波特征与传播基本理论。主要讲授一维爆轰波波阵面结构及其守恒条件相关知识，介绍固体炸药的物态方程与一维爆轰波参数计算方法，并讨论一维爆轰波的传递特征与传播特性、一维爆轰波的爆轰产物自模拟解与爆轰流场。

第 9 章介绍一维爆轰波在交界面上透反射理论与特征。主要介绍一维爆轰产物向空气/水介质中的飞散特性，以及一维爆轰波在炸药/固体介质交界面上的透反射规律，并讨论一维爆轰波对固体材料的抛射问题。

本书参考了 K. F. Graff、李永池、王礼立、Л.П. 奥尔连科等著作中许多实例和知识点，在此对他们表示衷心的感谢！本人入职南京理工大学以来在李永池教授和何勇教授的支持与鼓励下，开始进行量纲分析理论和应力波理论的梳理与整理，一方面希望能够将中国科学技术大学爆炸力学专业量纲分析知识与应力波知识进行深化或扩展，使之更好地与国防科研前沿或前线对接；另一方面也希望能够整理出兵器科学与技术学科学生与科研人员或武器工业领域科研工作者能够容易看懂、容易掌握且有足够深度的量纲分析与应力波理论教程。经过近 6 年的坚持，总算不负所望，完成了《量纲分析理论与应用》以及应力波理论系列《固体中的应力波导论》与《固体中的应力波理论与应用》。在此，对两位教授表示最诚挚的谢意。6 年的基本无间断的写作，工作量巨大，这期间还有繁重的科研与教学任务，没有家人的支持，根本无法完成，在此向我的妻子和孩子们表示由衷的感恩和深深的歉意。本书篇幅巨大、专业性很强，修改与审核任务必定非常困难和艰巨，在此向科学出版社的支持与帮助表示诚挚的谢意！

最后，感谢国家自然科学基金项目 (12172179，11772160，11472008，11202206) 的资助和国防创新特区项目的支持。

希望本书能够给爆炸与冲击动力学学科、兵器科学与技术学科研究生的培养起到应有的推导作用，为这两个学科的进一步发展提供些许动力，为爆炸与冲击动力学领域学者、国防科技工作者以及相关领域学者的研究提供助力！

由于作者水平有限，书中疏漏之处在所难免，望各位读者指出并不吝指导。

高光发
2022 年 6 月

目　录

第四部分 固体中爆轰波基础理论与应用

第一部分
固体中弹性波基础理论与应用

从本质上讲，物体的静止是相对的、而运动是绝对的；任何力学问题实际上都是动力学问题，静态问题只是相对的，与时间完全无关的所谓纯粹静力学问题在严格意义上是不存在的。针对某一个特性体系而言，在没有外界扰动下，其一般处于某种稳定的静/动平衡态；当体系受到外部扰动后，势必会打破这种平衡，但随着时间的推进一般皆会逐渐趋于另一个稳定的静/动平衡态。然而，从受到扰动瞬间到重新达到另一个平衡态存在一个过程，不可能一蹴而就，因为没有任何扰动速度是无穷大的，只是其在介质中传播速度不同导致此过程持续时间的不尽相同而已。简单地讲，当介质中由于某种状态量出现变化时，会同时向相邻介质发出某种扰动信号，这种扰动信号也会引起相邻介质状态量发生改变，以此类推，这种扰动信号会由此及彼、由近及远传播，这种扰动信号的传播即形成波。

波是自然界中物质运动最本质和最普适的行为，也是物理学中最核心且最基本的概念之一；波的概念涉及物理学中各个尺度和各个层次，是自然界中扰动信号传播的最普遍和最重要现象之一。根据扰动传播信号性质即物理量特性的不同，波可以分为不同类型，如电磁波、应力波、光波等；其中，应力波是指介质中应力扰动信号的传播而形成的波，地震波、爆炸冲击波、爆轰波、声波等都属于常见的应力波。从数学描述形式上看，以一维应力波状态如一维杆中应力波的传播为例，对于任意物理量 ϑ，如果满足波动方程：

$$\frac{\partial^2 \vartheta}{\partial t^2} = C_\vartheta^2 \frac{\partial^2 \vartheta}{\partial X^2}$$

则该物理量在一维杆中以速度 C_ϑ 进行波动传播。

一般固体介质中应力波波速较大，如钢中弹性纵波声速约 5190m/s。当我们所研究的或所观察的时间尺度相对于应力波传播持续时间已足够大时，即介质中的应力可视为瞬间平衡或均匀，此时材料或结构中的力学问题主要发生在应力平衡后的阶段，因而，可以忽略应力波传播所带来的影响，而着眼于应力平衡后的力学问题，即将问题视为静力学问题进行分析。而对于很多物理现象而言，如爆炸载荷，其在毫秒、微秒甚至纳秒时间尺度上扰动信号极大，且总持续时间极短，此时应力波的传播所带来的影响不可忽视，反而起着关键作用。

一般而言，在固体介质中，根据传播特点，应力波可以分为弹性波、塑性波、冲击波和爆轰波等，其中弹性波是相对最简单的一种波。本部分包含四章内容，主要分析与阐述典型特征的弹性介质中应力波传播、演化与相互作用的定性与定理特征；其中，波动方程的物理意义与求解方法、一维杆中弹性波传播与演化等相关知识及应力波理论必需的力学基础知识在本人所编著《固体中的应力波导论》中进行了详细的推导与阐述。为了更系统地阐述应力波理论知识，本书中对这些内容也进行简要介绍或进行更深入分析，对具体翔实推导过程感兴趣的读者可以参考《固体中的应力波导论》。

第 1 章　理想线弹性固体介质中单纯应力波的传播

一般而言，固体中的应力波问题比较复杂，在大多数情况下无法给出准确的解析解，但有些简单情况和在某些假设的基础上，我们可以给出一些有价值的结论和解。本章在连续介质守恒条件的基础上，对几种典型且重要的情况下，弹性固体介质特别是线弹性固体介质中应力扰动的波动特征、应力波传播及其演化特性进行分析、推导与阐述。

1.1　连续介质运动的守恒条件

介质中应力波产生、传播及相关问题与定律并不限于固体还是流体、弹性还是塑性等，而是基于更深层次力学理论构架上，即基于 “连续介质力学” 理论构架。连续介质力学最基本的假设即为宏观 “连续介质” 假设，即认为物质在所占有的空间内可以近似认为是连续无空隙的 “质点” 的组合，而忽略物质本身所具备的微观结构。需要说明的是，假设中 “质点” 与介质的原子或分子是完全不同的，它是人为定义的 “微团”；从字面上就可以看出，“微团” 就是指 “微” 的 “团”，即 “微小” 的 “集合”，其定义不仅涉及空间尺度上的假设，还涉及时间尺度上的假设。在空间尺度上：所谓 “微”，是指它在宏观上 “足够小”，远小于所研究的任何材料包括复合材料最小材料成分颗粒，小到在 “连续介质” 研究对象中 “不可再分”，从而可以将其所包含介质的平均物理量看成均匀不变，即认为其内部介质具有完全相同的物理量，从而可以将其近似地视为几何上的一个 “点”；所谓 “团”，是指它在微观上 “足够大”，远大于介质原子或分子运动的尺度，其包含极大数量的原子或分子，使得原子和分子尺度无规律运动在该尺度下进行统计平均后能够得到稳定且确定的量，且能够保证材料在该尺度上可视为稳定连续的。在时间尺度上：所谓 “微”，是指它 “足够小”，小到其所对包含原子或分子运动即进行平均统计对应的宏观时间相对于所研究的问题时间特征而言可以忽略不计，以至于可以认为将其视为一个 “瞬间” 的行为；所谓 “团”，是指它 “足够大”，大到在这段时间内原子或分子的运动进行了非常多次，以至于在此期间对其进行统计平均能够给出稳定且确定的量。我们一般称这些 “微团” 为 “质点”，其所具有的宏观物理量应满足所应该遵循的物理定律。

1.1.1　连续介质的 Lagrange 构形与 Euler 构形

容易知道，任何物体在任一特定时刻所占的空间区域是确定的，即全部质点在此空间区域内的位置与排列形式是确定的，此时物体结构中质点空间组形称为物体在此时刻的构形。构形分为初始构形 (或称参考构形) 和瞬时构形两种：前者是指在初始时刻时物体的构形，通常是指未变形的物体的构形；后者是指在任意时刻物体对应的构形。连续介质力学主要目的在于建立各种物质的力学模型和把各种物质的本构关系用数学形式确定下来，并在给定的初始条件和边界条件下求出问题的解答，因此，构形及其坐标的数学描述是其核心基础之一。

1. Lagrange 坐标系

理论上讲，如果我们能够确定物体中每个质点的物理量及其演化特征，我们就能够给出问题的确定解，这是解决问题的最简单典型的思路。如同，国家为了方便对公民生产、生活活动进行服务和管理，此时每个“公民”就是国家这个“物体”的“质点”，掌握每个公民“质点”的“物理量”即生产生活等信息及其随时间推移而变化的信息，就能够“表征”这个整体“国家”的发展动态，容易知道，此时首要任务就是找出一个能够唯一确定每个公民“质点”的方法或标准，这就相当于物体构形中质点的确定最先需要确定一个坐标系，基于这个“坐标系”就可以给每个公民“质点”一个“坐标”即身份证号；然而，由于每个“公民”在不同时间其对应活动地点可能不同，例如，小学期间在湖北、大学期间可能在安徽，这种“坐标系”的选取必须排除时间和空间两个因素中的一个因素干扰，我们的身份证号的确定正是排除时间这一因素的影响，取每个公民“质点”出生时间对应的地点即初始构形中的“坐标”来唯一确定公民“质点”；每个公民在社会活动中这个“坐标”是终身不变的，国家也可以通过这个坐标对应的信息来确定该公民的社会生活情况。这种解决问题的方法简单地讲，就是：初始构形为参考，在空间上确定物体中每个质点的坐标，且在问题分析过程中，该质点的坐标始终保持不变，我们通过追踪该质点物理量的演变来分析与解决问题；这种坐标称为 Lagrange 坐标 (常简称为 L 氏坐标)，对应的坐标系称为 Lagrange 坐标系。由于这种坐标自确定之后贯穿整个问题的分析过程一直与物体质点“绑”在一起，所以也通常称为物质坐标。

为了与后面的 Euler 坐标区分，Lagrange 坐标以大写的 X、Y 和 Z 表示，通常简称为 L 氏坐标或物质坐标，在此说明，后面同。以一维条件下的力学问题为例，在 Lagrange 坐标系中，介质中任意质点任意时刻对应的物理量 ϕ 均可以写为

$$\phi = F\left(X, t\right) \tag{1.1}$$

由式 (1.1) 和 Lagrange 坐标系的内涵可知，由于对于初始构形中任意特定质点而言，其在 Lagrange 坐标系中任意时刻坐标 X 保持不变，此时在研究介质中各质点物理量随时间变化而演化问题时，相当于我们跟随着介质中确定的质点来观察物体的运动，研究给定质点上各物理量随时间的变化；这种方法称为介质运动规律的 Lagrange 描述 (简称 L 氏描述) 或物质描述。同理，在 Lagrange 坐标系中研究介质物理量 ϕ 随时间的变化率，也相当于我们跟随介质中确定的质点来感受其物理量随时间的变化率，此种导数称为物理量 ϕ 的随体导数 (或物质导数)。

此时，质点物理量随时间的变化率，即物理量 ϕ 对时间的随体导数为

$$\frac{\mathrm{d}\phi}{\mathrm{d}t} = \left.\frac{\partial F\left(X, t\right)}{\partial X}\right|_{t} \cdot \frac{\partial X}{\partial t} + \left.\frac{\partial F\left(X, t\right)}{\partial t}\right|_{X} \tag{1.2}$$

式中，下标 t 和 X 分别表示固定时间 t 和固定质点 L 氏坐标 X 时的对应量。事实上，在微积分求导的链式法则中也蕴含这种意义，只是为了更容易理解，这里特意在此强调，下同。

容易知道，在 Lagrange 坐标系中，质点的坐标并不随时间变化而变化，因此，式 (1.2)

右端第一项恒为零，式 (1.2) 即简化为

$$\dot{\phi} = \frac{\mathrm{d}\phi}{\mathrm{d}t} = \left.\frac{\partial F(X,t)}{\partial t}\right|_X \tag{1.3}$$

也就是说，在 Lagrange 坐标系中或 L 氏描述下，任意物理量 ϕ 随体导数皆等于其对时间 t 的偏导数。

如果取 ϕ 物理量为质点对应在任意 t 时刻对应的瞬时空间位置 x 时，$\phi = x$，则可以得到

$$\dot{x} = v = \left.\frac{\partial x}{\partial t}\right|_X, \quad \ddot{x} = a = \left.\frac{\partial^2 x}{\partial t^2}\right|_X \tag{1.4}$$

即可以给出质点 X 的速度 v 与加速度 a。

2. Euler 坐标系

利用 Lagrange 构架来描述物理问题思路简单，由于 L 氏坐标与时间并不耦合，因此在推导过程中形式较简单。然而，在材料运动或变形过程中，其初始构形中的质点随着时间的推移其空间位置可能出现变化，而其 L 氏坐标保持不变，这势必导致 Lagrange 坐标系随着时间的变化而变化，大多数情况下其坐标系为曲线坐标系，对于大变形如流体运动问题而言，其计算极为复杂。例如，当研究我国近 5 年内人口流动情况时，利用 "L 氏思想" 就是追踪每个人在近 5 年的轨迹，从而通过建模给出人口流动情况与规律；容易知道，这种任务只能由国家统筹并设立专业团队进行统计与分析，任务量极其庞大，而且很难准确地完成任务。如果换一个思路：每个省市县甚至乡镇村定期统计其居住人口，再将不同时期全国人口分别放在整个国家这个 "场" 层次进行分析，较容易给出较准确人口流动规律，并能够较准确地给出其流动趋势图。又如，对全国各城市进行天气预报，需要掌握各地的气象变化，此时，无论从硬件条件还是软件条件上，我们不可能对每个气象云进行追踪；当前最准确可行的方法就是在各地布置监测站，实时监测各区域的气象图，再利用大型计算中心将所有数据进行统计并分析其气象 "场" 及其演化趋势，从而进行天气预测。这两个问题中目标质点流动性皆很大，且各质点随着时间的变化其空间变化趋势紊乱，在 Lagrange 坐标系中对问题进行描述和计算极为困难，因此，此时，我们可以 "锁定" 空间，利用 "场" 论相关方法，对问题进行描述与分析；这种 "固定" 空间以瞬时构形为对象的坐标系称为 Euler 坐标系；对应的坐标称为 Euler 坐标 (简称为 E 氏坐标) 或空间坐标。

在固定空间点上观察介质的运动，研究给定空间点上不同时刻 t 到达该空间坐标 x 的不同质点上各物理量随时间的变化，而把物理量视为 E 氏坐标 x 和时间 t 的函数：

$$\phi = f(x,t) \tag{1.5}$$

这种方法称为 Euler 描述 (简称 E 氏描述) 或空间描述。为了与 Lagrange 坐标区分，Euler 坐标以小写的 x、y 和 z 表示。

同样，在一维问题中，同一个质点的 E 氏坐标一直在变化，即对于特定的质点而言，其 E 氏坐标也是时间的函数；

$$x = x(X,t) \tag{1.6}$$

换个角度看，容易知道，对于相同 E 氏坐标而言，不同时刻对应的介质质点是不一定相同的。此时质点对应物理量的随体导数即为

$$\frac{\mathrm{d}\phi}{\mathrm{d}t}=\left.\frac{\partial f(x,t)}{\partial x}\right|_t\cdot\frac{\partial x}{\partial t}+\left.\frac{\partial f(x,t)}{\partial t}\right|_x \tag{1.7}$$

特殊情况下，对于均匀场即任意特定时刻介质构形中不同空间位置对应的质点物理量相同，式 (1.7) 才有

$$\frac{\mathrm{d}\phi}{\mathrm{d}t}=\left.\frac{\partial f(x,t)}{\partial x}\right|_t\cdot\frac{\partial x}{\partial t}+\left.\frac{\partial f(x,t)}{\partial t}\right|_x=\left.\frac{\partial f(x,t)}{\partial t}\right|_x \tag{1.8}$$

对于大多数不均匀场而言，由于

$$\left.\frac{\partial f(x,t)}{\partial x}\right|_t\neq 0 \tag{1.9}$$

因而

$$\frac{\mathrm{d}\phi}{\mathrm{d}t}=\left.\frac{\partial f(x,t)}{\partial x}\right|_t\cdot\frac{\partial x}{\partial t}+\left.\frac{\partial f(x,t)}{\partial t}\right|_x\neq\left.\frac{\partial f(x,t)}{\partial t}\right|_x \tag{1.10}$$

即在 E 氏坐标系中，质点物理量 f 的随体导数通常并不等于其对时间的偏导数。容易知道，式 (1.10) 中右端物理量 f 对时间 t 偏导数的物理意义是特定 E 氏坐标质点的物理量 f 随时间 t 的变化率，而在 E 氏描述中特定 E 氏坐标处的质点在不同时刻不一定相同或通常是在变化的，因此，在不同时刻物理量 f 对应的质点也是变化的。偏导数

$$\left.\frac{\partial f(x,t)}{\partial t}\right|_x \tag{1.11}$$

代表 E 氏坐标 x 处质点随时间的变化率，该项主要是由场的不定常性而引起的，常称为局部导数。

式 (1.10) 中等号右端第一项可进一步写为

$$\left.\frac{\partial f(x,t)}{\partial x}\right|_t\cdot\frac{\partial x}{\partial t}=\left.\frac{\partial f(x,t)}{\partial x}\right|_t\cdot v \tag{1.12}$$

式中，v 表示 t 时刻 E 氏坐标 x 处对应质点的瞬时速度。容易看出，其中

$$\left.\frac{\partial f(x,t)}{\partial x}\right|_t \tag{1.13}$$

表示特定时刻物理量随空间坐标的变化而变化的量，其主要是由于场的不均匀性引起的；因此，式 (1.12) 即表示质点物理量在该不均匀场中的变化量以质点速度 v 迁移而引起的量，常称为迁移导数。通过式 (1.10) 容易看出，在 E 氏坐标系中，任意物理量的随体导数等于其迁移导数和局部导数之和。

如果取 ϕ 物理量为瞬时构形中 E 氏坐标 x 处质点速度时，$\phi=v$，则可以得到

$$a=\dot{v}=\left.\frac{\partial v}{\partial x}\right|_{t}\cdot v+\left.\frac{\partial v}{\partial t}\right|_{x} \tag{1.14}$$

式中，右端第一项为迁移加速度，第二项为局部加速度。

1.1.2 Lagrange 坐标与 Euler 坐标的转换

对比 Lagrange 坐标系和 Euler 坐标系，容易发现：首先，相对于 Euler 坐标系和物理问题的 E 氏描述中，物理量随时间的变化率既需要考虑物理量随时间的变化率还需要考虑其梯度与质点速度，Lagrange 坐标系和物理问题的 L 氏描述思路更加简单，只需要考虑该物理量对时间的偏导即可，推导过程与形式简单；其次，相对于 Lagrange 坐标系和物理问题的 L 氏描述中坐标系随着物体而变形，Euler 坐标系和物理问题的 E 氏描述中坐标系保持不变，对于大变形问题而言，其计算更加容易。因此，对于小变形问题如固体力学中，采用 Lagrange 坐标和 L 氏描述较多；对于流体力学问题，由于其变形大且复杂，采用 Euler 坐标系和 E 氏描述较多。事实上，在连续介质力学中，物理问题的 L 氏描述和 E 氏描述皆具有各自的优缺点，很多物理问题在不同阶段既涉及小变形问题也涉及大变形问题，仅仅用某一种坐标系可能都不是最优选择，此时可以同时采用两种坐标系对问题在不同情况下分别进行 L 氏描述和 E 氏描述，在很大程度上可以更快更准确地给出问题的解；此时问题的分析过程势必涉及两种坐标系中不同描述形式的转换问题。

一般而言，如果知道 t 时刻某质点的 E 氏坐标为 x，也可以唯一确定其对应的质点 L 氏坐标：

$$X=X\left(x,t\right) \tag{1.15}$$

也就是说，t 时刻 E 氏坐标为 x 的某质点物理量 ϕ 对应 L 氏坐标为 $X\left(x,t\right)$ 的质点的物理量，即

$$\phi=f\left(x,t\right)=F\left[X\left(x,t\right),t\right] \tag{1.16}$$

以上结论容易将其推广至二维和三维情况，其形式基本一致，皆可写为

$$\left\{\begin{array}{l}\phi=F\left(\boldsymbol{X},t\right)=f\left[\boldsymbol{x}\left(\boldsymbol{X},t\right),t\right]\\ \phi=f\left(\boldsymbol{x},t\right)=F\left[\boldsymbol{X}\left(\boldsymbol{x},t\right),t\right]\end{array}\right. \tag{1.17}$$

式中，粗体 $\boldsymbol{X}$ 和 $\boldsymbol{x}$ 分别表示 L 氏坐标张量和 E 氏坐标张量。式 (1.17) 即为质量物理量 L 氏描述和 E 氏描述之间的转换表达式，在很多问题的分析和推导过程中可以利用式 (1.17) 对其进行坐标转换。

以一维杆为例，同时在 L 氏坐标系和 E 氏坐标系中分析，以杆轴分别作为两个坐标系中的 X 轴和 x 轴，将质点在 L 氏坐标系中和 E 氏坐标系中的坐标分别记为 X 和 x，设在初始时刻 L 氏坐标系与 E 氏坐标系重合；则在 t 时刻，质点 X 的空间位移为 u，则可以给出质点 X 运动规律的 L 氏描述：

$$x(X,t)=x(X,0)+u(X,t)=X+u(X,t) \tag{1.18}$$

同理，也容易给出质点 X 运动规律的 E 氏描述：

$$X(x,t) = x - u(x,t) \tag{1.19}$$

式 (1.19) 对时间 $x(X,t)$ 求导，即可得到

$$\left.\frac{\partial x}{\partial t}\right|_X = \left.\frac{\partial X}{\partial t}\right|_X + \left.\frac{\partial u}{\partial t}\right|_X = \left.\frac{\partial u}{\partial t}\right|_X = v \tag{1.20}$$

式中，v 为质点速度。

设在 t 时刻，质点 X 的 E 氏坐标为 x，忽略高阶小量后有

$$x\left(X + \mathrm{d}X\right) = x + \frac{\partial x}{\partial X}\mathrm{d}X \tag{1.21}$$

可以给出此微元的轴线应变为

$$\varepsilon = \frac{\left(x + \dfrac{\partial x}{\partial X}\mathrm{d}X - x\right) - \mathrm{d}X}{\mathrm{d}X} = \frac{\partial x}{\partial X} - 1 \tag{1.22}$$

即

$$\frac{\partial x}{\partial X} = 1 + \varepsilon \tag{1.23}$$

根据全导数的定义，可以给出

$$\begin{cases} \dfrac{\mathrm{d}X}{\mathrm{d}t} = \left.\dfrac{\partial X}{\partial t}\right|_x + \left.\dfrac{\partial X}{\partial x}\right|_t \left.\dfrac{\partial x}{\partial t}\right|_X \\ \dfrac{\mathrm{d}X}{\mathrm{d}X} = \left.\dfrac{\partial X}{\partial x}\right|_t \left.\dfrac{\partial x}{\partial X}\right|_t \end{cases} \tag{1.24}$$

因而，可以进一步得到

$$\begin{cases} \left.\dfrac{\partial X}{\partial t}\right|_x = \dfrac{-v}{1+\varepsilon} \\ \left.\dfrac{\partial X}{\partial x}\right|_t = \dfrac{1}{1+\varepsilon} \end{cases} \tag{1.25}$$

以上两种构架特征、联系与区别的分析以及相关表达式的具体推导过程，读者可以参考《固体中的应力波导论》一书，在此不做进一步详述。

1.1.3 连续介质运动的守恒方程

在连续介质力学构架中分析力与运动问题区分系统特征非常重要，一般在连续介质运动问题分析过程中研究对象体系可以分为闭口体系与开口体系两种。

1. 闭口体系中守恒定律的内涵及其数学描述

所谓闭口体系是指由一群固定粒子组成而与外界没有质量交换的体系，即通过闭口体系表面外界流入体系的质量流为零；因此，对于闭口体系的质量随时间的变化率即质量的随体导数为零。

1) 质量守恒定律及其数学描述

在连续介质运动过程中，质量守恒定律是体系中参数演化过程中必须遵守的基本定律，其数学表达形式常称为连续方程。闭口体系的质量守恒定律可表达为：任意闭口体系的质量随时间的变化即闭口体系质量 M 的随体导数为零：

$$\dot{M}=\frac{\mathrm{d}M}{\mathrm{d}t}\equiv 0 \tag{1.26}$$

设闭口体系 V 内体积为 $\mathrm{d}V(\mathrm{d}V\to 0)$ 微元的密度为 ρ，则该微元的质量即为 $\rho\mathrm{d}V$；则质量守恒定律可以写为

$$\frac{\mathrm{d}M}{\mathrm{d}t}=\frac{\mathrm{d}}{\mathrm{d}t}\int_V\rho\mathrm{d}V=\int_V\frac{\mathrm{d}\left(\rho\mathrm{d}V\right)}{\mathrm{d}t}=\int_V\left[\dot{\rho}\mathrm{d}V+\rho\frac{\mathrm{d}\left(\mathrm{d}V\right)}{\mathrm{d}t}\right]\equiv 0 \tag{1.27}$$

根据体积应变 θ 的表达式，式 (1.27) 可以得到：

$$\frac{\mathrm{d}\left(\mathrm{d}V\right)}{\mathrm{d}t}=\mathrm{d}V\cdot\left(\frac{\partial v_X}{\partial X}+\frac{\partial v_Y}{\partial Y}+\frac{\partial v_Z}{\partial Z}\right)\Rightarrow \mathrm{d}\left(\mathrm{d}V\right)=\mathrm{div}\boldsymbol{v}\cdot\mathrm{d}V\cdot\mathrm{d}t \tag{1.28}$$

式中，$\boldsymbol{v}$ 表示质点的速度张量；v_X、v_Y 和 v_Z 表示 X、Y 和 Z 方向上的速度分量；div 表示散度。

将式 (1.28) 代入式 (1.27)，可以给出简化形式的连续方程：

$$\int_V\left[\dot{\rho}+\rho\mathrm{div}\boldsymbol{v}\right]\cdot\mathrm{d}V\equiv 0 \tag{1.29}$$

即闭口体系的连续方程可写为

$$\dot{\rho}+\rho\mathrm{div}\boldsymbol{v}=0 \quad 或 \quad \dot{\rho}+\rho\left(\frac{\partial v_X}{\partial X}+\frac{\partial v_Y}{\partial Y}+\frac{\partial v_Z}{\partial Z}\right)=0 \tag{1.30}$$

式 (1.30) 中左端第一项表示不考虑体积变化的等容导数，第二项表示由于体积膨胀或缩小而引起的胀缩导数；式 (1.30) 的一个重要意义是将介质的瞬时质量密度与运动学量质点速度联系起来了。

2) 动量守恒定律及其数学描述

动量守恒定律是牛顿第二定律与牛顿第三定律的推论，闭口体系的动量守恒定律可表达为：闭口体系在任意时刻的动量增加率等于该瞬时作用于该闭口体系上的外力矢量和。动量守恒定律的数学形式常称为运动方程。

设闭口体系内微元的体积为 $\mathrm{d}V(\mathrm{d}V \to 0)$，对应的密度为 ρ，微元所承受的体积力在 X、Y 和 Z 轴方向上的分量分别为 b_X、b_Y 和 b_Z，体系表面受力在 X、Y 和 Z 轴方向上的分量 $\sum F_X$、$\sum F_Y$ 和 $\sum F_Z$ 分别为

$$\begin{cases} \sum F_X = \oint_S \sigma_{XX}\mathrm{d}Y\mathrm{d}Z + \sigma_{YX}\mathrm{d}X\mathrm{d}Z + \sigma_{ZX}\mathrm{d}X\mathrm{d}Y \\ \sum F_Y = \oint_S \sigma_{XY}\mathrm{d}Y\mathrm{d}Z + \sigma_{YY}\mathrm{d}X\mathrm{d}Z + \sigma_{ZY}\mathrm{d}X\mathrm{d}Y \\ \sum F_Z = \oint_S \sigma_{XZ}\mathrm{d}Y\mathrm{d}Z + \sigma_{YZ}\mathrm{d}X\mathrm{d}Z + \sigma_{ZZ}\mathrm{d}X\mathrm{d}Y \end{cases} \tag{1.31}$$

式中，σ_{XY} 表示法线为 X 平面上方向为 Y 的应力分量，其他以此类推；S 表示体系外表面。

根据牛顿第二定律，考虑微元体力的影响，可以给出 X、Y 和 Z 轴三个方向上的运动方程：

$$\begin{cases} \dfrac{\mathrm{d}}{\mathrm{d}t}\displaystyle\int_V \rho v_X \mathrm{d}V = \int_V \rho b_X \mathrm{d}V + \oint_S \sigma_{XX}\mathrm{d}Y\mathrm{d}Z + \sigma_{YX}\mathrm{d}X\mathrm{d}Z + \sigma_{ZX}\mathrm{d}X\mathrm{d}Y \\ \dfrac{\mathrm{d}}{\mathrm{d}t}\displaystyle\int_V \rho v_Y \mathrm{d}V = \int_V \rho b_Y \mathrm{d}V + \oint_S \sigma_{XY}\mathrm{d}Y\mathrm{d}Z + \sigma_{YY}\mathrm{d}X\mathrm{d}Z + \sigma_{ZY}\mathrm{d}X\mathrm{d}Y \\ \dfrac{\mathrm{d}}{\mathrm{d}t}\displaystyle\int_V \rho v_Z \mathrm{d}V = \int_V \rho b_Z \mathrm{d}V + \oint_S \sigma_{XZ}\mathrm{d}Y\mathrm{d}Z + \sigma_{YZ}\mathrm{d}X\mathrm{d}Z + \sigma_{ZZ}\mathrm{d}X\mathrm{d}Y \end{cases} \tag{1.32}$$

利用 Gauss 定理，对式 (1.32) 化简，即可有

$$\begin{cases} \dfrac{\mathrm{d}}{\mathrm{d}t}\displaystyle\int_V \rho v_X \mathrm{d}V = \int_V \rho b_X \mathrm{d}V + \int_V \left(\frac{\partial \sigma_{XX}}{\partial X} + \frac{\partial \sigma_{YX}}{\partial Y} + \frac{\partial \sigma_{ZX}}{\partial Z}\right)\mathrm{d}V \\ \dfrac{\mathrm{d}}{\mathrm{d}t}\displaystyle\int_V \rho v_Y \mathrm{d}V = \int_V \rho b_Y \mathrm{d}V + \int_V \left(\frac{\partial \sigma_{XY}}{\partial X} + \frac{\partial \sigma_{YY}}{\partial Y} + \frac{\partial \sigma_{ZY}}{\partial Z}\right)\mathrm{d}V \\ \dfrac{\mathrm{d}}{\mathrm{d}t}\displaystyle\int_V \rho v_Z \mathrm{d}V = \int_V \rho b_Z \mathrm{d}V + \int_V \left(\frac{\partial \sigma_{XZ}}{\partial X} + \frac{\partial \sigma_{YZ}}{\partial Y} + \frac{\partial \sigma_{ZZ}}{\partial Z}\right)\mathrm{d}V \end{cases} \tag{1.33}$$

同时，式 (1.33) 左端进行展开，并根据质量守恒定律，即可得到

$$\begin{cases} \dfrac{\mathrm{d}}{\mathrm{d}t}\displaystyle\int_V \rho v_X \mathrm{d}V = \int_V \frac{\mathrm{d}}{\mathrm{d}t}(\rho v_X \mathrm{d}V) = \int_V \rho \dot{v}_X \mathrm{d}V + \int_V v_X \frac{\mathrm{d}}{\mathrm{d}t}(\rho \mathrm{d}V) = \int_V \rho \dot{v}_X \mathrm{d}V \\ \dfrac{\mathrm{d}}{\mathrm{d}t}\displaystyle\int_V \rho v_Y \mathrm{d}V = \int_V \frac{\mathrm{d}}{\mathrm{d}t}(\rho v_Y \mathrm{d}V) = \int_V \rho \dot{v}_Y \mathrm{d}V + \int_V v_Y \frac{\mathrm{d}}{\mathrm{d}t}(\rho \mathrm{d}V) = \int_V \rho \dot{v}_Y \mathrm{d}V \\ \dfrac{\mathrm{d}}{\mathrm{d}t}\displaystyle\int_V \rho v_Z \mathrm{d}V = \int_V \frac{\mathrm{d}}{\mathrm{d}t}(\rho v_Z \mathrm{d}V) = \int_V \rho \dot{v}_Z \mathrm{d}V + \int_V v_Z \frac{\mathrm{d}}{\mathrm{d}t}(\rho \mathrm{d}V) = \int_V \rho \dot{v}_Z \mathrm{d}V \end{cases} \tag{1.34}$$

将式 (1.34) 代入式 (1.33) 并简化，即可得到

$$\left\{\begin{array}{l}\rho\dot{v}_X=\rho b_X+\left(\dfrac{\partial\sigma_{XX}}{\partial X}+\dfrac{\partial\sigma_{YX}}{\partial Y}+\dfrac{\partial\sigma_{ZX}}{\partial Z}\right)\\ \rho\dot{v}_Y=\rho b_Y+\left(\dfrac{\partial\sigma_{XY}}{\partial X}+\dfrac{\partial\sigma_{YY}}{\partial Y}+\dfrac{\partial\sigma_{ZY}}{\partial Z}\right)\\ \rho\dot{v}_Z=\rho b_Z+\left(\dfrac{\partial\sigma_{XZ}}{\partial X}+\dfrac{\partial\sigma_{YZ}}{\partial Y}+\dfrac{\partial\sigma_{ZZ}}{\partial Z}\right)\end{array}\right. \tag{1.35}$$

式 (1.35) 即为闭口体系的运动方程，其中左端项表示瞬时单位体积介质的惯性力、右端第一项表示瞬时单位体积介质的体积力、右端括号内表示瞬时单位体积介质的面积力。

3) 能量守恒定律及其数学描述

一个系统的总能量包含机械能、内能 (热能) 及除机械能和内能以外的任何形式能量，能量守恒定律指出：一个系统的总能量的改变只能等于传入或者传出该系统的能量的多少；其物理内涵是：能量既不会凭空产生，也不会凭空消失，它只会从一种形式转化为另一种形式，或者从一个物体转移到其他物体，而能量的总量保持不变。能量守恒定律是自然界普遍的基本定律之一，是物体的运动过程中必须遵循的根本条件。能量守恒定律的一个特例就是机械能守恒定律，后者不考虑体系与外界的能量交换以及体系内能的改变；如涉及热现象则能量守恒定律可表达为热力学第一定律，即闭口体系内能的增加率等于体系所受到的外力功率与外界对其的供热率之和。综合两者我们可以将能量守恒定律表达为：闭口体系的总能量 (动能与内能) 的增加率等于该时刻外力功率与外界对体系的供热率之和；其数学表示形式即为能量方程。

对于纯力学问题而言，不考虑热交换，则能量方程可表述为：闭口体系总能量的增加率等于该时刻外力的功率。连续介质力学中介质的总能量包含动能和内能，若分别以 k 和 u 分别表示介质的比动能和比内能，则闭口体系的纯力学能量方程可写为

$$\frac{\mathrm{d}}{\mathrm{d}t}\int_V\rho\left(k+u\right)\mathrm{d}V=\int_V\boldsymbol{v}\cdot\rho\boldsymbol{b}\mathrm{d}V+\oint_S\left(\boldsymbol{v}\cdot\boldsymbol{\sigma}\cdot\boldsymbol{n}\right)\mathrm{d}a \tag{1.36}$$

式 (1.36) 为了简便起见，将其写为张量的形式，否则形式复杂得多。其物理意义很明显。左端表示闭口体系总能量的增加率，右端第一项表示体力的功率，第二项表示面力的功率。

式 (1.36) 中，左端可以进一步展开：

$$\frac{\mathrm{d}}{\mathrm{d}t}\int_V\rho\left(k+u\right)\mathrm{d}V=\int_V\left(k+u\right)\frac{\mathrm{d}\left(\rho\mathrm{d}V\right)}{\mathrm{d}t}+\int_V\frac{\mathrm{d}\left(k+u\right)}{\mathrm{d}t}\rho\mathrm{d}V \tag{1.37}$$

根据闭口体系的质量守恒定律，式 (1.37) 中右端第一项恒为零，因此，可以得到

$$\frac{\mathrm{d}}{\mathrm{d}t}\int_V\rho\left(k+u\right)\mathrm{d}V=\int_V\frac{\mathrm{d}\left(k+u\right)}{\mathrm{d}t}\rho\mathrm{d}V=\int_V\rho\left(\dot{k}+\dot{u}\right)\mathrm{d}V \tag{1.38}$$

根据 Gauss 定理，式 (1.36) 中右端第二式可以写为

$$\oint_S\left(\boldsymbol{v}\cdot\boldsymbol{\sigma}\cdot\boldsymbol{n}\right)\mathrm{d}a=\int_V\mathrm{div}\left(\boldsymbol{v}\cdot\boldsymbol{\sigma}\right)\mathrm{d}V \tag{1.39}$$

因此，纯力学情况的能量方程可写为

$$\int_V \rho\left(\dot{k}+\dot{u}\right)\mathrm{d}V=\int_V \boldsymbol{v}\cdot\rho\boldsymbol{b}\mathrm{d}V+\int_V \mathrm{div}\left(\boldsymbol{v}\cdot\boldsymbol{\sigma}\right)\mathrm{d}V \tag{1.40}$$

即

$$\rho\left(\dot{k}+\dot{u}\right)=\boldsymbol{v}\cdot\rho\boldsymbol{b}+\mathrm{div}\left(\boldsymbol{v}\cdot\boldsymbol{\sigma}\right) \tag{1.41}$$

2. 开口体系中守恒定律的内涵及其数学描述

所谓开口体系是指所观察的体系并不是由固定粒子组成，而是与外界存在质量交换的体系，即外界通过开口体系的表面向体系有质量流入或流出，所以开口体系中介质质量随时间的变化率等于外界向体系的介质质量纯流入率。开口体系与闭口体系的区分并不是以体系在空间上静止或运动为标志的，它们在空间上所占有的区域及其区域的表面都是可以运动的，即都是时间的函数。当开口体系取空间中静止的某一固定区域时，这种静止的开口体系即为静止控制体，也就是一般流体力学中最常用的开口体系。

1) 质量守恒定律及其数学描述

开口体系质量守恒定律可表达为：任意开口体系的质量随时间的增加率即质量的时间导数，等于外界对开口体系的质量纯流入率。取某个静止的控制体为开口体系 V，其中介质的质量为 M，则开口体系 V 的质量增加率为

$$\frac{\partial M}{\partial t}=\frac{\partial}{\partial t}\int_V \rho\mathrm{d}V=\int_V \frac{\partial}{\partial t}\left(\rho\mathrm{d}V\right)=\int_V \frac{\partial\rho}{\partial t}\mathrm{d}V+\int_V \rho\frac{\partial\left(\mathrm{d}V\right)}{\partial t} \tag{1.42}$$

对于静止的开口体系而言，式 (1.42) 中右端第二式恒为零，因此，开口体系的质量增加率为

$$\frac{\partial M}{\partial t}=\int_V \frac{\partial\rho}{\partial t}\mathrm{d}V \tag{1.43}$$

通过开口体系表面的介质质量净流入率可以写为

$$\frac{\partial M'}{\partial t}=-\oint_S \rho\boldsymbol{v}\cdot\boldsymbol{n}\mathrm{d}a=-\int_V \mathrm{div}\left(\rho\boldsymbol{v}\right)\mathrm{d}V \tag{1.44}$$

因而，开口体系的连续方程即可写为

$$\int_V \frac{\partial\rho}{\partial t}\mathrm{d}V=-\int_V \mathrm{div}\left(\rho\boldsymbol{v}\right)\mathrm{d}V \tag{1.45}$$

即

$$\frac{\partial\rho}{\partial t}+\mathrm{div}\left(\rho\boldsymbol{v}\right)\mathrm{d}V=0 \tag{1.46}$$

根据随体导数与局部导数、迁移导数之间的关系，不难发现式 (1.46) 与闭口体系所给出的连续方程是完全一致的。读者可以试证明，在此不做详述。

2) 动量守恒定律及其数学描述

开口体系动量守恒定律可表达为：开口体系在任何时刻的动量增加率等于该瞬间作用于此开口体系的外力矢量和与外界向体系的动量净流入率之和。参考闭口体系的动量守恒定律，为简化方程形式，将开口体系运动方程写为张量形式，即有

$$\frac{\partial}{\partial t}\int_V \rho\boldsymbol{v}\mathrm{d}V=\int_V \rho\boldsymbol{b}\mathrm{d}V+\oint_S \boldsymbol{n}\cdot\boldsymbol{\sigma}\mathrm{da}-\oint_S \rho\boldsymbol{v}\boldsymbol{v}\cdot\boldsymbol{n}\mathrm{da} \tag{1.47}$$

对于开口体系而言，其体积与时间无关，因此式 (1.47) 左端可具体写为

$$\frac{\partial}{\partial t}\int_V \rho\boldsymbol{v}\mathrm{d}V=\int_V \frac{\partial(\rho\boldsymbol{v})}{\partial t}\mathrm{d}V+\int_V \rho\boldsymbol{v}\frac{\partial(\mathrm{d}V)}{\partial t}=\int_V \frac{\partial(\rho\boldsymbol{v})}{\partial t}\mathrm{d}V \tag{1.48}$$

根据 Gauss 定理，式 (1.47) 中右端后两项分别可以转换为

$$\oint_S \boldsymbol{n}\cdot\boldsymbol{\sigma}\mathrm{da}=\int_V \mathrm{div}\boldsymbol{\sigma}\mathrm{d}V \tag{1.49}$$

和

$$\oint_S \rho\boldsymbol{v}\boldsymbol{v}\cdot\boldsymbol{n}\mathrm{da}=\int_V \mathrm{div}(\rho\boldsymbol{v}\boldsymbol{v})\mathrm{d}V \tag{1.50}$$

因此，开口体系的运动方程可以写为以下形式：

$$\int_V \frac{\partial(\rho\boldsymbol{v})}{\partial t}\mathrm{d}V=\int_V \rho\boldsymbol{b}\mathrm{d}V+\int_V \mathrm{div}\boldsymbol{\sigma}\mathrm{d}V-\int_V \mathrm{div}(\rho\boldsymbol{v}\boldsymbol{v})\mathrm{d}V \tag{1.51}$$

即

$$\frac{\partial(\rho\boldsymbol{v})}{\partial t}=\rho\boldsymbol{b}+\mathrm{div}\boldsymbol{\sigma}-\mathrm{div}(\rho\boldsymbol{v}\boldsymbol{v}) \tag{1.52}$$

同理，式 (1.52) 从形式上看与闭口体系的运动方程明显不同，但参考相关知识可以将式 (1.52) 转换，从而给出与闭口体系运动方程完全一致的结论；因此，两者是等价的。

3) 能量守恒定律及其数学描述

开口体系的能量守恒定律可以表达为：开口体系的总能量 (包含动能和内能) 的增加率等于该时刻外力的功率与外界对体系的供热率、总能量的净流入率之和。如果只考虑纯力学情况，则此时开口体系的能量守恒定律可以表达为：开口体系的总能量的增加率等于该时刻外力的功率与能量的净流入率之和。

参考闭口体系的能量守恒定律，开口体系的能量方程可写为

$$\frac{\partial}{\partial t}\int_V \rho(k+u)\mathrm{d}V=\int_V \boldsymbol{v}\cdot\rho\boldsymbol{b}\mathrm{d}V+\oint_S(\boldsymbol{v}\cdot\boldsymbol{\sigma}\cdot\boldsymbol{n})\mathrm{da}-\oint_S \rho(k+u)\boldsymbol{v}\cdot\boldsymbol{n}\mathrm{da} \tag{1.53}$$

式 (1.53) 中左端可以写为

$$\frac{\partial}{\partial t}\int_V \rho(k+u)\mathrm{d}V=\int_V \frac{\partial[\rho(k+u)]}{\partial t}\mathrm{d}V+\int_V \rho(k+u)\frac{\partial(\mathrm{d}V)}{\partial t} \tag{1.54}$$

对于开口体系而言，式 (1.54) 可简化为

$$\frac{\partial}{\partial t}\int_{V}\rho\left(k+u\right)\mathrm{d}V=\int_{V}\frac{\partial\left[\rho\left(k+u\right)\right]}{\partial t}\mathrm{d}V \tag{1.55}$$

根据 Gauss 定理，式 (1.53) 右端后两项可以分别写为

$$\oint_{S}\left(\boldsymbol{v}\cdot\boldsymbol{\sigma}\cdot\boldsymbol{n}\right)\mathrm{d}a=\int_{V}\mathrm{div}\left(\boldsymbol{v}\cdot\boldsymbol{\sigma}\right)\mathrm{d}V \tag{1.56}$$

和

$$\oint_{S}\rho\left(k+u\right)\boldsymbol{v}\cdot\boldsymbol{n}\mathrm{d}a=\int_{V}\mathrm{div}\left[\rho\left(k+u\right)\boldsymbol{v}\right]\mathrm{d}V \tag{1.57}$$

因此，纯力学情况开口体系的能量方程即可写为

$$\int_{V}\frac{\partial\left[\rho\left(k+u\right)\right]}{\partial t}\mathrm{d}V=\int_{V}\boldsymbol{v}\cdot\rho\boldsymbol{b}\mathrm{d}V+\int_{V}\mathrm{div}\left(\boldsymbol{v}\cdot\boldsymbol{\sigma}\right)\mathrm{d}V-\int_{V}\mathrm{div}\left[\rho\left(k+u\right)\boldsymbol{v}\right]\mathrm{d}V \tag{1.58}$$

或

$$\frac{\partial\left[\rho\left(k+u\right)\right]}{\partial t}=\boldsymbol{v}\cdot\rho\boldsymbol{b}+\mathrm{div}\left(\boldsymbol{v}\cdot\boldsymbol{\sigma}\right)-\mathrm{div}\left[\rho\left(k+u\right)\boldsymbol{v}\right] \tag{1.59}$$

同样，可以推导出式 (1.59) 与闭口体系的能量方程完全一致。

1.2 一维线弹性细长杆 (绳) 中应力波的传播

线弹性本构关系是最简单的固体本构关系之一，对于线弹性介质中的一维应力问题而言，由于任意一个微单元只受到一个方向的应力作用，也只有一个方向上存在应变，因此其应力与应变关系满足简单的线性关系即 Hooke 定律：

$$\sigma=E\varepsilon \tag{1.60}$$

式中，E 表示杨氏模量。

1. 三维空间广义的 Hooke 定律

而在三维空间中，如图 1.1 所示，根据应力和应变的对称性容易知道，介质中任意微元 (或质点) 受到的应力可由六个应力分量 σ_{xx}、σ_{yy}、σ_{zz}、σ_{xy}、σ_{yz}、σ_{xz} 表示，其应变也相应地有六个应变分量 ε_{xx}、ε_{yy}、ε_{zz}、ε_{xy}、ε_{yz}、ε_{xz} 表示；其中，σ_{xx} 下标 “xx” 中第一个 “x” 表示应力分量所在微元面的法线方向平行于 x 轴、第二个 “x” 表示应力分量的方向平行于 x 轴，σ_{xy} 下标 “xy” 中第一个 “x” 表示应力分量所在微元面的法线方向平行于 x 轴、第二个 “y” 表示应力分量的方向平行于 y 轴；其他应力分量和应变分量的下标意义类似，如图 1.1 所示，不作一一说明。另外，对于弹性小变形问题，在此不区分 Lagrange 坐标系和 Euler 坐标系，坐标皆以小写表示。

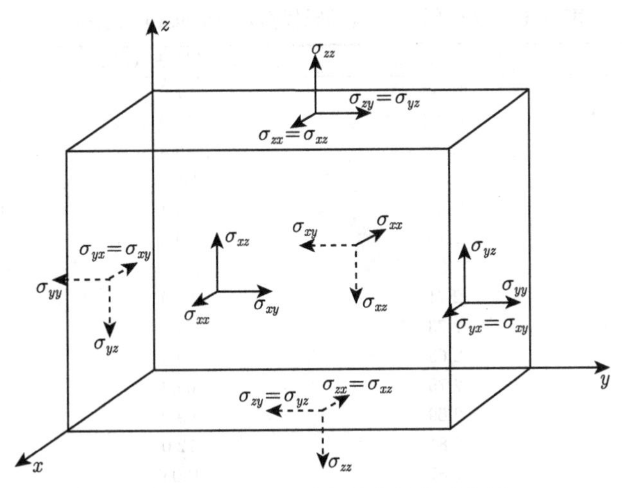

图 1.1 三维空间质点受力状态示意图

而且，对于各向同性线弹性材料而言，应力分量与应变之间满足

$$\begin{bmatrix}\sigma_{xx}\\ \sigma_{yy}\\ \sigma_{zz}\\ \sigma_{xy}\\ \sigma_{yz}\\ \sigma_{xz}\end{bmatrix}=\begin{bmatrix}\lambda+2G & \lambda & \lambda & 0 & 0 & 0\\ \lambda & \lambda+2G & \lambda & 0 & 0 & 0\\ \lambda & \lambda & \lambda+2G & 0 & 0 & 0\\ 0 & 0 & 0 & 2G & 0 & 0\\ 0 & 0 & 0 & 0 & 2G & 0\\ 0 & 0 & 0 & 0 & 0 & 2G\end{bmatrix}\begin{bmatrix}\varepsilon_{xx}\\ \varepsilon_{yy}\\ \varepsilon_{zz}\\ \varepsilon_{xy}\\ \varepsilon_{yz}\\ \varepsilon_{xz}\end{bmatrix} \tag{1.61}$$

式中，λ 表示 Lamé 第一常量；G 表示剪切模量，其与 Lamé 第二常量 μ 相等。或

$$\begin{bmatrix}\varepsilon_{xx}\\ \varepsilon_{yy}\\ \varepsilon_{zz}\\ \varepsilon_{xy}\\ \varepsilon_{yz}\\ \varepsilon_{xz}\end{bmatrix}=\begin{bmatrix}1/E & -\nu/E & -\nu/E & 0 & 0 & 0\\ -\nu/E & 1/E & -\nu/E & 0 & 0 & 0\\ -\nu/E & -\nu/E & 1/E & 0 & 0 & 0\\ 0 & 0 & 0 & 1/2G & 0 & 0\\ 0 & 0 & 0 & 0 & 1/2G & 0\\ 0 & 0 & 0 & 0 & 0 & 1/2G\end{bmatrix}\begin{bmatrix}\sigma_{xx}\\ \sigma_{yy}\\ \sigma_{zz}\\ \sigma_{xy}\\ \sigma_{yz}\\ \sigma_{xz}\end{bmatrix} \tag{1.62}$$

式中，ν 表示 Poisson 比，部分常用材料的杨氏模量 E 和 Poisson 比 ν 如表 1.1 所示。

式 (1.61) 和式 (1.62) 中，σ_{xx}、σ_{yy}、σ_{zz} 表示正应力，σ_{xy}、σ_{yz}、σ_{xz} 表示剪应力，为与正应力区分，三个剪应力分量也常写为 τ_{xy}、τ_{yz}、τ_{xz}；ε_{xx}、ε_{yy}、ε_{zz} 表示正应变，ε_{xy}、ε_{yz}、ε_{xz} 表示剪应变，为统一形式，三个剪应变也常写为 γ_{xy}、γ_{yz}、γ_{xz}，且

$$\begin{cases}\gamma_{xy}=2\varepsilon_{xy}\\ \gamma_{yz}=2\varepsilon_{yz}\\ \gamma_{xz}=2\varepsilon_{xz}\end{cases} \tag{1.63}$$

表 1.1　部分常用材料杨氏模量和 Poisson 比参考值

材料	密度 $\rho/(\mathrm{g/cm^3})$	杨氏模量 E/GPa	Poisson 比 ν
银	10.49	71.0	0.37
铅	11.34	14.0	0.40
金	19.32	78.0	0.42
铜	8.93	129.8	0.343
铀	18.95	172.0	0.30
铝	2.70	70.3	0.345
铁	7.85	211.4	0.293
1100 系铝合金	2.71	68.9	0.33
2024 系铝合金	2.73	72.4	0.33
5052 系铝合金	2.68	70.0	0.33
6061 系铝合金	2.75	69.0	0.33
6063 系铝合金	2.69	69.0	0.33
7075 系铝合金	2.81	72.0	0.33
软铁	7.87	120.0	0.31
灰铸铁 (HT100-350)	7.00～7.30	108.0～145.0	0.12～0.31
可锻铸铁	7.30	66.2	0.27
45# 钢	7.85	209.0	0.30
Q235 钢	7.83～7.86	208.0～212.0	0.27～0.29
Q255 钢	7.83	210.0	0.75
304 不锈钢	7.93	190.0	0.29
4340 钢	7.85	205.0	0.29
黄铜	8.50	100.0	0.33
ABS 塑料	1.10	2.4	0.39
尼龙 610	1.07	8.3	0.28
橡胶	1.00	0.0061	0.49
玻璃	2.46	55.0～68.9	0.23～0.25

此时，式 (1.61) 也可以简写为以下形式：

$$\left\{\begin{array}{l}\sigma_{xx}=\lambda\theta+2G\varepsilon_{xx}\\ \sigma_{yy}=\lambda\theta+2G\varepsilon_{yy}\\ \sigma_{zz}=\lambda\theta+2G\varepsilon_{zz}\end{array}\right.,\quad\left\{\begin{array}{l}\tau_{xy}=G\gamma_{xy}\\ \tau_{yz}=G\gamma_{yz}\\ \tau_{xz}=G\gamma_{xz}\end{array}\right. \tag{1.64}$$

式 (1.64) 皆为各向同性线弹性固体介质的 Hooke 定律。

如图 1.1 所示，该微元的体应变 θ 应为

$$\theta=\frac{\mathrm{d}V}{V}=\varepsilon_{xx}+\varepsilon_{yy}+\varepsilon_{zz} \tag{1.65}$$

结合 Hooke 定律，式 (1.65) 也可以写为

$$\theta=\frac{1-2\nu}{E}\left(\sigma_{xx}+\sigma_{yy}+\sigma_{zz}\right)=\frac{3\left(1-2\nu\right)}{E}\sigma_m \tag{1.66}$$

式中，σ_m 为平均主应力：

$$\sigma_m=\frac{\sigma_{xx}+\sigma_{yy}+\sigma_{zz}}{3} \tag{1.67}$$

若定义体积模量 K 为

$$K = \frac{E}{3(1-2\nu)} \tag{1.68}$$

则可以得到

$$\sigma_m = K\theta \tag{1.69}$$

从式 (1.69) 可以看出，体积应变 θ 只与平均主应力σ_m 相关，剪切应力导致的形变以及主应力之间的比例关系不会影响体积改变，而且两者之间呈正比关系；式 (1.69) 也称为体积 Hooke 定律。

2. 弹性常数之间的转换关系

以上分析过程中可以看出，线弹性材料弹性常数有很多，如 Lamé 第一常量 λ、Lamé 第二常量 μ、杨氏模量 E、剪切模量 G、体积模量 K、Poisson 比 ν 等，但实际上它们之间并不是独立的，只有两个独立的弹性常数，它们之间的关系如表 1.2 所示。

表 1.2 弹性常数之间的转换关系

弹性常数	(E,ν)	(G,ν)	(λ,μ)	(K,G)	(K,ν)
E	E	$2G(1+\nu)$	$\dfrac{\mu(3\lambda+2\mu)}{\lambda+\mu}$	$\dfrac{9KG}{3K+G}$	$3K(1-2\nu)$
G	$\dfrac{E}{2(1+\nu)}$	G	μ	G	$\dfrac{3K(1-2\nu)}{2(1+\nu)}$
ν	ν	ν	$\dfrac{\lambda}{2(\lambda+\mu)}$	$\dfrac{3K-2G}{2(3K+G)}$	ν
K	$\dfrac{E}{3(1-2\nu)}$	$\dfrac{2G(1+\nu)}{3(1-2\nu)}$	$\lambda+\dfrac{2}{3}\mu$	K	K
λ	$\dfrac{\nu E}{(1+\nu)(1-2\nu)}$	$\dfrac{2\nu G}{1-2\nu}$	λ	$K-\dfrac{2}{3}G$	$\dfrac{3K\nu}{1+\nu}$
μ	$\dfrac{E}{2(1+\nu)}$	G	μ	G	$\dfrac{3K(1-2\nu)}{2(1+\nu)}$

根据表 1.2，可以根据其中两个弹性常数 (除同时选取 μ 和 G 外)，即可求出其他弹性常数。例如，金属铀的 Poisson 比 ν 为 0.3，杨氏模量 E 为 172.0GPa，可以计算出其他弹性常数为

$$\begin{cases} G = \mu = \dfrac{E}{2(1+\nu)} = 66.2\text{GPa} \\ K = \dfrac{E}{3(1-2\nu)} = 143.3\text{GPa} \\ \lambda = \dfrac{\nu E}{(1+\nu)(1-2\nu)} = 99.2\text{GPa} \end{cases} \tag{1.70}$$

特别地，在一维应力状态时 (设只受到 x 方向的应力)，由于

$$\sigma_{yy} = \sigma_{zz} = \tau_{xy} = \tau_{yz} = \tau_{xz} = 0 \tag{1.71}$$

所以，式 (1.64) 即可简化为

$$\sigma_{xx} = (\lambda+2G)\,\varepsilon_{xx} + \lambda\varepsilon_{yy} + \lambda\varepsilon_{zz} = \lambda\theta + 2G\varepsilon_{xx} \tag{1.72}$$

即

$$\sigma_{xx} = \frac{2G}{1-\dfrac{\lambda}{3K}}\varepsilon_{xx} = \frac{\mu(3\lambda+2\mu)}{\lambda+\mu}\varepsilon_{xx} = E\varepsilon_{xx} \tag{1.73}$$

容易看出，该式即为常用的一维应力状态下的 Hooke 定律。

在一维应变状态下 (设只有 x 方向存在应变)，由于

$$\varepsilon_{yy} = \varepsilon_{zz} = \varepsilon_{xy} = \varepsilon_{yz} = \varepsilon_{xz} = 0 \tag{1.74}$$

此时，式 (1.64) 可简化为

$$\begin{cases} \sigma_{xx} = (\lambda+2\mu)\,\varepsilon_{xx} \\ \sigma_{yy} = \lambda\varepsilon_{xx} \\ \sigma_{zz} = \lambda\varepsilon_{xx} \end{cases}, \begin{cases} \tau_{xy} = 0 \\ \tau_{yz} = 0 \\ \tau_{xz} = 0 \end{cases} \tag{1.75}$$

根据表 1.2，不难发现

$$\lambda + 2\mu = \frac{1-\nu}{(1+\nu)(1-2\nu)}E = \frac{1-\nu}{(1-\nu)-2\nu^2}E > E \tag{1.76}$$

对于相同的 x 方向应变，一维应变状态下对应的正应力 $\sigma_{xx}|_{\text{strain}}$ 明显大于一维应力状态下的正应力 $\sigma_{xx}|_{\text{stress}}$；且两者之比为

$$\frac{\sigma_{xx}|_{\text{strain}}}{\sigma_{xx}|_{\text{stress}}} = \frac{\lambda+2\mu}{E} = \frac{1-\nu}{(1+\nu)(1-2\nu)} \tag{1.77}$$

式 (1.77) 表明，一维应变和一维应力状态下对应的正应力之比只与材料的 Poisson 比 ν 相关。以 45# 钢为例，其 Poisson 比 ν 为 0.3，因此，该比值为 1.35，即相同应变条件下，前者比后者大 35%。

事实上，一维应力和一维应变状态是两种理想的极端介质受力状态，通常力学问题中介质的受力状态处于两者之间，即对应的应力 σ 处于两者之间：

$$\sigma_{xx}|_{\text{stress}} < \sigma < \sigma_{xx}|_{\text{strain}} \tag{1.78}$$

1.2.1 一维线弹性杆中纵波和横波的传播

所谓一维杆是一种理想的模型，与细长杆并不相同：近似之处在于，在实际验证一维杆理论时一般利用细长杆特别是细长圆截面杆来实现，如图 1.2 所示，因为细长杆最大程度上接近理想中的一维杆；不同之处在于，前者是一个理想模型，即在应力波传播路径上介质中的质点物理量 ϕ 只是轴向方向的坐标和时间 t 的函数，取其轴向方向为 X 方向 (Lagrange 坐标系) 或 x 方向 (Euler 坐标系)，即有

$$\phi = F(X,t) \tag{1.79}$$

或

$$\phi = f(x,t) \tag{1.80}$$

式中，$F(\cdot)$ 和 $f(\cdot)$ 表示某个函数关系，而后者虽然直径小，但并不是无穷小，还是三维介质，其中应力波的传播与演化也是三维应力波问题。

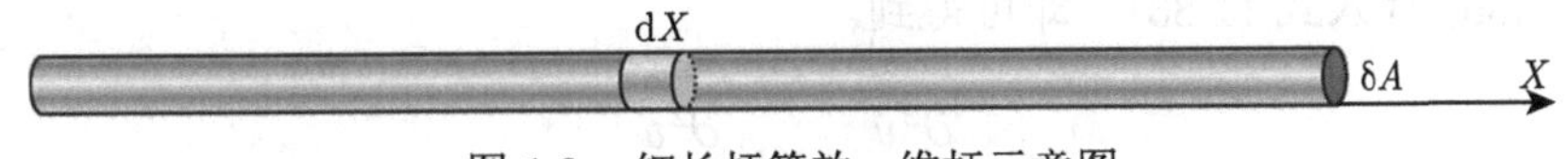

图 1.2 细长杆等效一维杆示意图

1. 一维线弹性杆中质点纯轴向运动方程与纵波声速

当杆直径与长度之比足够小，其中应力波的传播可近似为一维应力波的传播。设图 1.3 中杆沿 X 方向足够长，垂直 X 方向的面积为 δA；杆介质密度为 ρ。取杆中任意一个质点 X，并考虑一个基于此点无限短的微元 $\mathrm{d}X \to 0$ 进行分析，当一维杆受到轴线方向的应力脉冲 (压缩或拉伸，以拉伸为正，下面同) 扰动时，微元受到沿着坐标轴方向的作用力和反向作用力的影响；需要说明的是，在一维波的传播过程中不考虑体力等因素的影响，下面同。

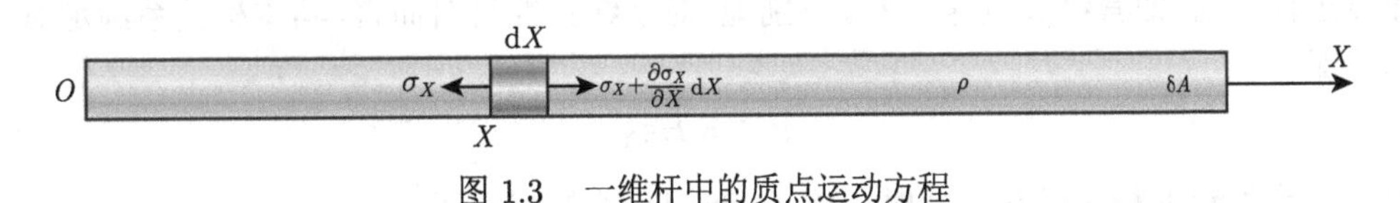

图 1.3 一维杆中的质点运动方程

设质点在坐标 X 处受到的应力为 σ_X，如图 1.3 所示，可以给出微元在 X 方向上的合力为

$$\sum F_X = \left(\sigma_X + \frac{\partial \sigma_X}{\partial X}\mathrm{d}X\right)\cdot \delta A - \sigma_X \cdot \delta A = \frac{\partial \sigma_X}{\partial X}\mathrm{d}X \cdot \delta A \tag{1.81}$$

如不考虑介质体力的影响，此时，杆中微元受力满足动平衡，根据牛顿第二定律，即可给出质点的运动方程为

$$\sum F_X = ma = (\rho \mathrm{d}X \cdot \delta A)\cdot \frac{\partial^2 u_X}{\partial t^2} \tag{1.82}$$

式中，u_X 表示质点 X 的位移。结合式 (1.81) 和式 (1.82)，可以得到

$$\rho \frac{\partial^2 u_X}{\partial t^2} = \frac{\partial \sigma_X}{\partial X} \tag{1.83}$$

式 (1.83) 即为一维线弹性杆中质点的运动方程。

对于一维问题而言，如不考虑材料本构的热效应和黏性效应，可以设该固体材料的本构形式为

$$\sigma_X = \sigma_X(\varepsilon_X) \tag{1.84}$$

即轴向应力只是轴向应变的函数，与温度、应变率等无关。根据式 (1.84)，并结合弹性变形几何方程中应变的位移表达式，可以给出

$$\frac{\partial \sigma_X}{\partial X}=\frac{\mathrm{d}\sigma_X}{\mathrm{d}\varepsilon_X}\cdot\frac{\partial \varepsilon_X}{\partial X}=\frac{\mathrm{d}\sigma_X}{\mathrm{d}\varepsilon_X}\cdot\frac{\partial^2 u}{\partial X^2} \tag{1.85}$$

将式 (1.85) 代入式 (1.83)，即可得到

$$\frac{\partial^2 u}{\partial t^2}=C^2\frac{\partial^2 u}{\partial X^2} \tag{1.86}$$

式中

$$C=\sqrt{\frac{1}{\rho}\frac{\mathrm{d}\sigma_X}{\mathrm{d}\varepsilon_X}} \tag{1.87}$$

式 (1.86) 是一个典型的波动方程，其物理意义是：在一维弹性介质中该应力扰动以

$$C=\sqrt{\frac{1}{\rho}\frac{\mathrm{d}\sigma_X}{\mathrm{d}\varepsilon_X}} \tag{1.88}$$

的速度进行传播，即其纵波波速为 C。特别地，对于线弹性材料而言，其本构关系满足 Hooke 定律，即

$$\sigma_X=E\varepsilon_X \tag{1.89}$$

式中，E 为材料的杨氏模量。此时，式 (1.88) 即可具体写为

$$C=\sqrt{\frac{E}{\rho}} \tag{1.90}$$

对于任意特定的线弹性材料而言，其密度 ρ 和杨氏模量 E 是其材料常数，因此，其纵波波速也是一个常数；由此可以认为纵波波速也是材料本身的一个属性，一般称为材料的纵波声速。部分常用材料的一维纵波声速如表 1.3 所示。

表 1.3　几种材料一维纵波声速表

材料	C/(m/s)	材料	C/(m/s)	材料	C/(m/s)
铝	5102	金刚石	16879	氧化铝陶瓷	9674
钢	5190	橡胶	46	碳化钨陶瓷	5852
铁	5189	玻璃	5300	氮化硼陶瓷	6063
铜	3812	碳化钛陶瓷	8780		
铀	3012	氮化硅陶瓷	9942		

利用式 (1.90)，很容易通过材料的杨氏模量 E 和密度 ρ 求出材料中一维纵波声速 C。以 45# 钢为例，其密度为 $7.85\mathrm{g/cm^3}$、杨氏模量为 209GPa，其纵波声速为

$$C=\sqrt{\frac{E}{\rho}}=5160\mathrm{m/s} \tag{1.91}$$

从式 (1.90) 也容易看出，相同密度条件下，材料的杨氏模量越大，其一维纵波声速就越大；对于相同杨氏模量的不同材料而言，密度越小其纵波声速就越大。因此，一般而言，“软” 而 “重” 的材料中一维纵波声速相对较小，如表 1.3 中材料铜和铀的纵波声速明显小于钢和铁的纵波声速；反之，“硬” 而 “轻” 的材料中一维纵波声速相对较大，如表 1.3 中几类陶瓷的纵波声速明显大于钢和铁的声速。

2. 一维线弹性杆中纯剪切扰动运动方程与声速

当杆端受到纯扭转扰动，如图 1.4 所示，此时杆截面上会存在由于扭转而产生的纯剪切应力，此时会向杆中传播一个扭转波 (本质上是剪切扰动的传播)，由于扭转波传播路径上质点运动方向与轴线方向垂直，因此，该应力波是一种横波。

设扭转角度较小，扭转扰动在杆中的传播过程中，杆截面始终保持平面，此时这个扰动的传播也属于一维杆中应力波的传播。设在某时刻质点 X 处杆截面的扭转角为 θ_X、扭转力矩为 M_X，如图 1.5 所示，容易判断，此扭转力矩的方向为平行于杆轴线的正方向。

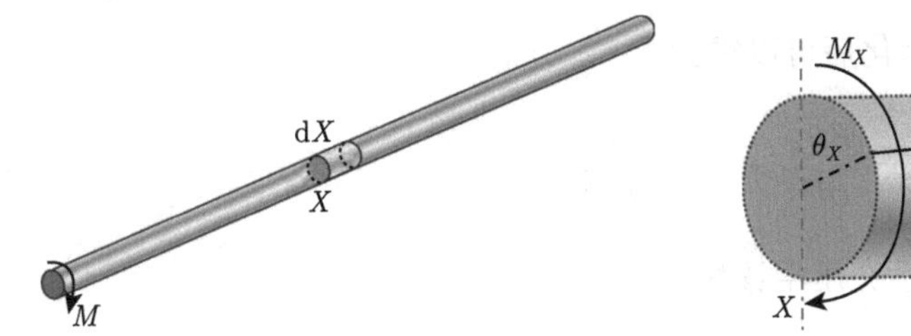

图 1.4 一维杆中扭转示意图

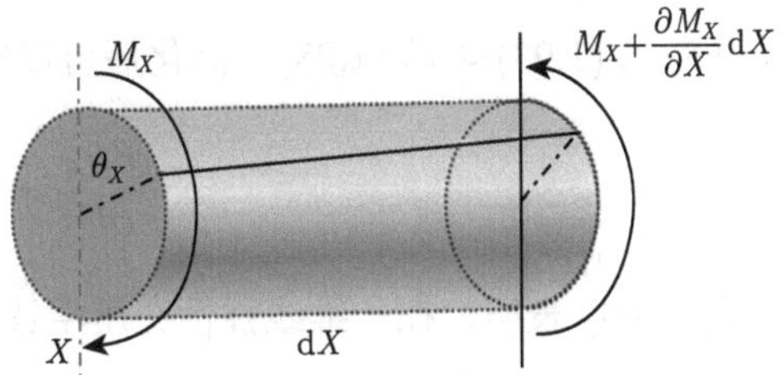

图 1.5 扭转角与扭转力矩

根据图 1.5，可以给出微元在 X 方向上的合力矩为

$$\sum M_X = M_X - \left(M_X + \frac{\partial M_X}{\partial X}\mathrm{d}X\right) = -\frac{\partial M_X}{\partial X}\mathrm{d}X \tag{1.92}$$

微元在单位长度内扭转角增加量为

$$\frac{\sum \theta_X}{\mathrm{d}X} = \frac{\left(\theta_X + \dfrac{\partial \theta_X}{\partial X}\mathrm{d}X\right) - \theta_X}{\mathrm{d}X} = \frac{\partial \theta_X}{\partial X} \tag{1.93}$$

基于式 (1.93)，根据材料力学知识可知，对于线弹性材料而言，根据动量矩定理，微元的扭转力矩与扭转角增量满足关系：

$$M_X = GI_p \frac{\sum \theta_X}{\mathrm{d}X} = GI_p \frac{\partial \theta_X}{\partial X} \tag{1.94}$$

式中，G 为材料的剪切模量；I_p 为截面的极惯性矩：

$$I_p = \int r^2 \mathrm{d}A \tag{1.95}$$

其中，$\mathrm{d}A$ 为截面上距离轴心处的微面积；r 为微面积与轴线的距离。

从图 1.5 中可以看出，质点 X 处截面扭转的角速度为 (以逆时针旋转为正)

$$\omega = -\frac{\partial \theta_X}{\partial t} \tag{1.96}$$

根据角动量定律：单位时间内角动量的变化量等于外力矩之和；对于一维杆的扭转而言，由于其截面在扭转过程中保持平面而不扭曲，而且截面积可以忽略不计，因此可以参考刚体定轴转动时的角动量定理，即有

$$I_{\mathrm{d}X} \cdot \frac{\partial \omega}{\partial t} = \sum M_X \tag{1.97}$$

式中，$I_{\mathrm{d}X}$ 表示圆截面细长杆中长度 $\mathrm{d}X$ 微元的转动惯量：

$$I_{\mathrm{d}X} = \rho \mathrm{d}X \cdot \int r^2 \mathrm{d}A \tag{1.98}$$

联立式 (1.93)~ 式 (1.98)，简化后可以得到

$$\frac{\partial^2 \theta_X}{\partial t^2} = \frac{G}{\rho} \cdot \frac{\partial^2 \theta_X}{\partial X^2} \tag{1.99}$$

式 (1.99) 表明，在一维线弹性介质中该扭转扰动以

$$C_T = \sqrt{\frac{G}{\rho}} \tag{1.100}$$

的速度进行传播，即一维杆中扭转波波速为 C_T。几种常见材料扭转波波速见表 1.4 所示。

表 1.4 几种常见材料一维杆中弹性扭转波波速表

弹性常数	钢	铜	铝	玻璃	橡胶
G/GPa	81	45	26	28	0.0007
C_T/(m/s)	3220	2250	3100	3350	27

事实上，扭转只是一种施力方式，其扰动传播信号的本质其实是剪切应力，因此扭转波的传播在某种意义上其实就是剪切波的传播，因此，我们可以认为一维应力状态下，剪切波的传播速度为

$$C_S = C_T = \sqrt{\frac{G}{\rho}} \tag{1.101}$$

在后面无限线弹性介质中应力波的传播章节中，我们将会对剪切波的传播进行验证和进一步分析。

由于剪切模量 G 与杨氏模量 E 之间满足如下关系：

$$G = \frac{E}{2(1+\nu)} \tag{1.102}$$

式中，ν 表示介质的 Poisson 比，其值一般介于 0~0.5。根据式 (1.102) 可以给出同一种介质一维杆中扭转波波速与纵波波速之间的关系：

$$\frac{C_T}{C}=\sqrt{\frac{1}{2(1+\nu)}}\in\left(\sqrt{\frac{1}{3}},\sqrt{\frac{1}{2}}\right)\approx(0.58,0.71) \tag{1.103}$$

式 (1.103) 说明一维杆中扭转波波速小于纵波波速。

从式 (1.103) 我们可以看出，对于一维线弹性材料而言，横波波速与纵波波速并不是相互独立的，而是具有确定的关系，且两者之间的关系只与 Poisson 比相关；考虑到对于一般常用金属材料而言，其 Poisson 比近似为 0.30，因此，对于一般常用金属材料而言，本节也近似利用下面公式估算两者之间的关系：

$$\frac{C_T}{C}=\sqrt{\frac{1}{2(1+\nu)}}\approx 0.62\Rightarrow C_T\approx 0.62C \tag{1.104}$$

以 45# 钢为例，其密度为 $7.85\mathrm{g/cm^3}$、剪切模量为 80GPa，Poisson 比为 0.30；根据式 (1.101) 可以给出其一维横波声速为

$$C_T=\sqrt{\frac{G}{\rho}}=3192\mathrm{m/s} \tag{1.105}$$

也可以通过式 (1.104) 进行计算，从本小节前面的计算结果可知，其一维纵波波速为 5160m/s，因此，其一维横波波速为

$$C_T=0.62\times 5160\mathrm{m/s}=3199\mathrm{m/s} \tag{1.106}$$

可以看出两种方法计算结果相近，区别只是计算误差而已。

1.2.2 一维线弹性杆中的弯曲波传播

1.2.1 小节是线弹性杆一端受到轴向方向的瞬态扰动时应力波传播情况的分析，其问题相对简单；当线弹性杆受到垂直轴向方向瞬态扰动时，杆中的应力状态及其应力波的传播更加复杂；容易知道，在加载瞬间会在加载点或面附近区域出现弯曲变形，如图 1.6 所示。

若该细长杆在弯曲变形过程中满足 Bernoulli-Euler 假设，即在变形过程中杆中截面保持平面而不扭曲且始终垂直于中轴线。设杆材料的杨氏模量为 E，截面的惯性矩为 I；取弯曲变形段杆中的某一初始长度为 $\mathrm{d}X$ 的微元为研究对象，如图 1.7 所示；设该微元受到分布应力 $q(X,t)$，设在 X 处截面上受到的力矩和剪切力分别为

$$\begin{cases}M(X)=M\\ Q(X)=Q\end{cases} \tag{1.107}$$

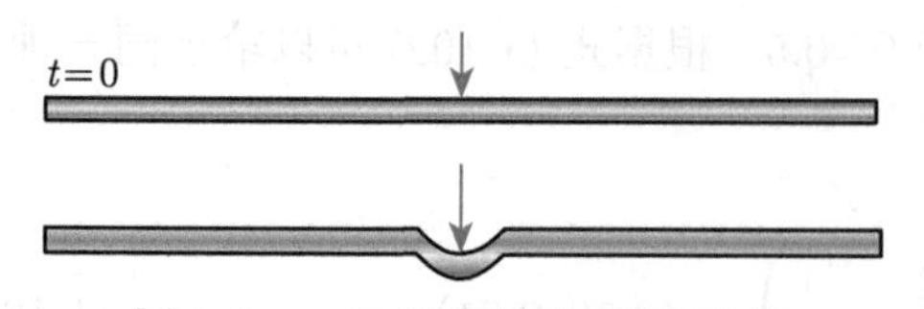

图 1.6　一维杆受到瞬态横向荷载

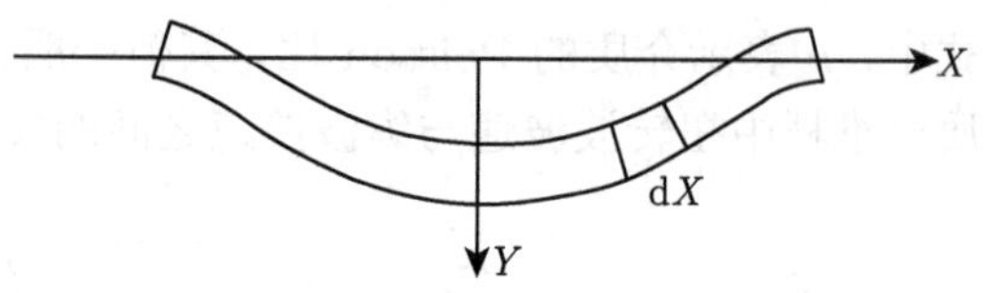

图 1.7　变形弯曲面上的微元

如图 1.8 所示，则根据 Taylor 公式可以得到 $X+\Delta X$ 处截面上受到的力矩和剪切应力：

$$\begin{cases} M\left(X+\Delta X\right) \approx M+\dfrac{\partial M}{\partial X}\mathrm{d}X \\ Q\left(X+\Delta X\right) \approx Q+\dfrac{\partial Q}{\partial X}\mathrm{d}X \end{cases} \tag{1.108}$$

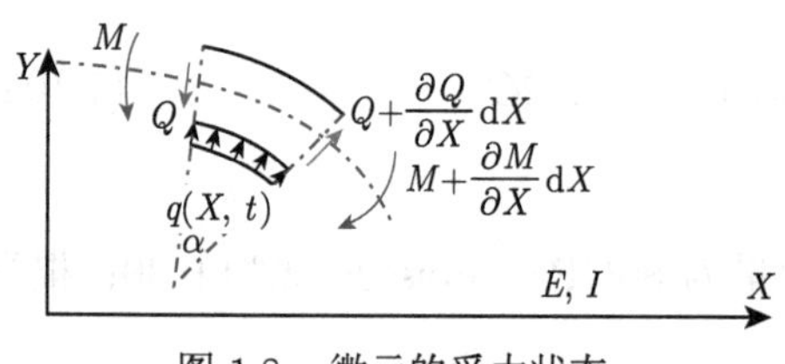

图 1.8　微元的受力状态

设微元弯曲变形后对应的中心角为 α，对于微元 $\mathrm{d}X\to 0$ 的变形而言，该中心角是一个非常小的弧度：

$$\alpha \approx \frac{\partial u_Y}{\partial X} \tag{1.109}$$

对于小扰动而言，微元的曲率极小且旋转角也极小，设杆材料的密度为 ρ、初始截面积为 A，可以给出两个动力学方程近似形式：

$$\begin{cases} Q\left(X+\Delta X\right)-Q\left(X\right)+q\left(X,t\right)\mathrm{d}X=\rho A\mathrm{d}X\dfrac{\partial^2 u_Y}{\partial t^2} \\ M\left(X+\Delta X\right)-M-Q\mathrm{d}X=-\rho I\mathrm{d}X\dfrac{\partial^2 \alpha}{\partial t^2} \end{cases} \tag{1.110}$$

即

$$\begin{cases} \dfrac{\partial Q}{\partial X}+q=\rho A\dfrac{\partial^2 u_Y}{\partial t^2} \\ \dfrac{\partial M}{\partial X}-Q=-\rho I\dfrac{\partial^2 \alpha}{\partial t^2} \end{cases} \tag{1.111}$$

进一步假设该细长杆为一维线弹性杆，即不考虑截面的旋转惯性只考虑微元纯粹进行垂直于杆轴线的运动；同时，如不考虑运动过程中所受体力和均布荷载 q，则动力学方程 (1.111) 即可简化为

$$\begin{cases} \dfrac{\partial Q}{\partial X}=\rho A\dfrac{\partial^2 u_Y}{\partial t^2} \\ \dfrac{\partial M}{\partial X}=Q \end{cases} \tag{1.112}$$

根据式 (1.112) 可以进一步给出：

$$\frac{\partial^2 M}{\partial X^2}=\rho A\frac{\partial^2 u_Y}{\partial t^2} \tag{1.113}$$

则根据曲率 k 求解的相关知识可以求得

$$k = -\frac{\dfrac{\partial^2 u_Y}{\partial X^2}}{1 + \left(\dfrac{\partial u_Y}{\partial X}\right)^2} \tag{1.114}$$

对于一维杆，同时简化假设，忽略旋转角度小量，式 (1.114) 可以简化为

$$k = -\frac{\partial \alpha}{\partial X} = -\frac{\partial^2 u_Y}{\partial X^2} \tag{1.115}$$

而且，对于杆的线弹性弯曲问题，有

$$M = EIk \tag{1.116}$$

联立式 (1.113)、式 (1.115) 和式 (1.116)，可以得到

$$EI\frac{\partial^4 u_Y}{\partial X^4} = -\rho A\frac{\partial^2 u_Y}{\partial t^2} \tag{1.117}$$

如令

$$\begin{cases} C_L = \sqrt{\dfrac{E}{\rho}} \\ R = \sqrt{\dfrac{I}{A}} \end{cases} \tag{1.118}$$

分别为一维线弹性纵波声速和截面对中性轴的回转半径，则式 (1.117) 可以写为以下形式：

$$C_L^2 R^2 \frac{\partial^4 u_Y}{\partial X^4} + \frac{\partial^2 u_Y}{\partial t^2} = 0 \tag{1.119}$$

容易看出式 (1.119) 并不是波动方程，而且 $C_L R$ 的量纲也与速度的量纲明显不同。一般而言，对于应力波传播特别是线弹性波的传播控制方程的求解而言，主要有谐波法和特征线法两种方法，当前对于复杂线弹性波的解析更多地利用谐波法进行求解。

考虑此一维杆在 Y 方向上做谐波运动，即

$$u_Y = A\cos k\left(X - Ct\right) = A\cos\left(kX - \omega t\right) \tag{1.120}$$

或

$$u_Y = A\exp\left[\mathrm{i}\left(kX - \omega t\right)\right] \tag{1.121}$$

式中，A 为待定系数但并不一定常数；且

$$\omega = kC \tag{1.122}$$

表示谐波的圆频率，即 2π 时间内的振动次数；k 为波数，表示 2π 距离上谐波的重复次数。它们与谐波的周期 T 和波长 λ 之间的关系为

$$\omega = \frac{2\pi}{T}, \quad k = \frac{2\pi}{\lambda}, \quad C = \frac{\omega}{k} = \frac{\lambda}{T} \tag{1.123}$$

将式 (1.121) 代入式 (1.119) 可以得到

$$\left(C_L^2 R^2 A k^4 - A\omega^2\right) \exp\left[\mathrm{i}\left(kX - \omega t\right)\right] = 0 \tag{1.124}$$

即

$$\omega = C_L R k^2 \tag{1.125}$$

和

$$k = \pm\sqrt{\frac{\omega}{C_L R}} \quad 或 \quad k = \pm\mathrm{i}\sqrt{\frac{\omega}{C_L R}} \tag{1.126}$$

其中波数为虚数时的值并不代表波的传播，而是某种空间振动，在此不考虑。结合式 (1.122) 即可进一步得到

$$C = R C_L k = \frac{2\pi R C_L}{\lambda} \tag{1.127}$$

式 (1.127) 的物理意义很明显，它说明：即使对于一维杆而言，横向扰动在杆中形成的弯曲波也会在传播过程中发生 “弥散”；与一维杆中的纵波传播不同，不同波长的弯曲波以不同波速进行传播。

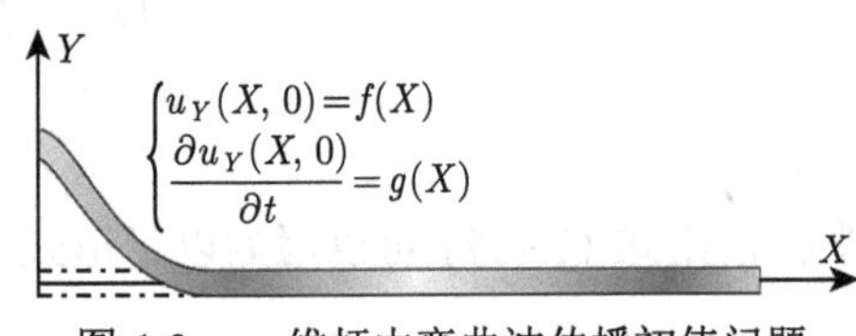

图 1.9　一维杆中弯曲波传播初值问题

基于以上分析结果，这里分析一个典型的初值问题解。考虑一个水平放置的无限长一维线弹性杆，取 1/2 模型进行分析，如图 1.9 所示，在初始 $t = 0$ 时刻，有初始条件：

$$\begin{cases} u_Y\left(X,0\right) = f\left(X\right) \\ \dfrac{\partial u_Y\left(X,0\right)}{\partial t} = g\left(X\right) \end{cases} \tag{1.128}$$

对位移函数进行 Laplace 变换，可以得到

$$\bar{u}_Y\left(X,s\right) = L\left[u_Y\left(X,t\right)\right] = \int_0^{+\infty} u_Y\left(X,t\right) \mathrm{e}^{-st}\mathrm{d}t \tag{1.129}$$

可以给出

$$\begin{cases} L\left(\dfrac{\partial^4 u_Y}{\partial X^4}\right) = \displaystyle\int_0^{+\infty} \frac{\partial^4 u_Y}{\partial X^4}\mathrm{e}^{-st}\mathrm{d}t = \frac{d^4 \displaystyle\int_0^{+\infty} u_Y \mathrm{e}^{-st}\mathrm{d}t}{\mathrm{d}X^4} \\ L\left(\dfrac{\partial^2 u_Y}{\partial t^2}\right) = \displaystyle\int_0^{+\infty} \frac{\partial^2 u_Y}{\partial t^2}\mathrm{e}^{-st}\mathrm{d}t = -\frac{\partial u_Y}{\partial t}\left(X,0\right) - s u_Y\left(X,0\right) + s^2 \int_0^{+\infty} u_Y \mathrm{e}^{-st}\mathrm{d}t \end{cases} \tag{1.130}$$

结合式 (1.130)，对式 (1.119) 进行 Laplace 变换，可以给出

$$a^2 \cdot \frac{\mathrm{d}^4 \bar{u}_Y(X,s)}{\mathrm{d}X^4} + s^2 \cdot \bar{u}_Y(X,s) = s \cdot f(X) + g(X) \tag{1.131}$$

式中

$$a = C_L R \tag{1.132}$$

对式 (1.131) 中后三项进行 Fourier 变换，可以给出

$$\begin{cases} \bar{U}_Y(\omega,s) = \displaystyle\int_{-\infty}^{+\infty} \bar{u}_Y(X,s) \cdot \mathrm{e}^{-\mathrm{i}\omega X}\mathrm{d}X \\ F(\omega) = \displaystyle\int_{-\infty}^{+\infty} f(X) \cdot \mathrm{e}^{-\mathrm{i}\omega X}\mathrm{d}X \\ G(\omega) = \displaystyle\int_{-\infty}^{+\infty} g(X) \cdot \mathrm{e}^{-\mathrm{i}\omega X}\mathrm{d}X \end{cases} \tag{1.133}$$

根据 Fourier 变换的性质可以得到

$$F\left[\frac{\mathrm{d}^4 \bar{u}_Y(X,s)}{\mathrm{d}X^4}\right] = \omega^4 F\left[\bar{u}_Y(X,s)\right] = \omega^4 \bar{U}_Y(X,s) \tag{1.134}$$

因此，式 (1.131) Fourier 变换的结果为

$$a^2 \cdot \omega^4 \bar{U}_Y(\omega,s) + s^2 \cdot \bar{U}_Y(\omega,s) = s \cdot F(\omega) + G(\omega) \tag{1.135}$$

可以找到一个函数 $h(X)$，使得

$$g(X) = a \cdot \frac{\mathrm{d}^2 h(X)}{\mathrm{d}X^2} \tag{1.136}$$

则式 (1.135) 即可写为

$$a^2 \cdot \omega^4 \bar{U}_Y(\omega,s) + s^2 \cdot \bar{U}_Y(\omega,s) = s \cdot F(\omega) - \omega^2 a H(\omega) \tag{1.137}$$

式中

$$H(\omega) = \int_{-\infty}^{+\infty} h(X) \cdot \mathrm{e}^{-\mathrm{i}\omega X}\mathrm{d}X \tag{1.138}$$

通过式 (1.137) 求出

$$\bar{U}_Y(\omega,s) = \frac{sF(\omega) - \omega^2 a H(\omega)}{s^2 + a^2\omega^4} \tag{1.139}$$

通过 Laplace 逆变换，可以给出

$$\begin{cases} L^{-1}\left(\dfrac{s}{s^2 + a^2\omega^4}\right) = \cos(\omega^2 a t) \\ L^{-1}\left(\dfrac{1}{s^2 + a^2\omega^4}\right) = \dfrac{1}{\omega^2 a}\sin(\omega^2 a t) \end{cases} \tag{1.140}$$

结合式 (1.140) 和式 (1.139)，可以得到

$$U_Y(\omega,t) = L^{-1}\left[\bar{U}_Y(\omega,s)\right] = F(\omega)\cos(\omega^2 at) - H(\omega)\sin(\omega^2 at) \tag{1.141}$$

根据 Fourier 逆变换方法，可以给出

$$\begin{cases} F^{-1}\left(\cos(\omega^2 at)\right) = \dfrac{1}{2\sqrt{2\pi at}}\left(\cos\dfrac{X^2}{4at} + \sin\dfrac{X^2}{4at}\right) \\ F^{-1}\left(\sin(\omega^2 at)\right) = \dfrac{1}{2\sqrt{2\pi at}}\left(\cos\dfrac{X^2}{4at} - \sin\dfrac{X^2}{4at}\right) \end{cases} \tag{1.142}$$

根据 Fourier 逆变换的卷积定理可知

$$\begin{cases} F^{-1}\left[F(\omega)\cos(\omega^2 at)\right] = F^{-1}\left[F(\omega)\right] * F^{-1}\left[\cos(\omega^2 at)\right] \\ F^{-1}\left[H(\omega)\sin(\omega^2 at)\right] = F^{-1}\left[H(\omega)\right] * F^{-1}\left[\sin(\omega^2 at)\right] \end{cases} \tag{1.143}$$

结合式 (1.142)，即可得到

$$\begin{cases} F^{-1}\left[F(\omega)\cos(\omega^2 at)\right] = \dfrac{1}{2\sqrt{2\pi at}}\displaystyle\int_{-\infty}^{+\infty} f(X-\zeta)\left(\cos\dfrac{\zeta^2}{4at} + \sin\dfrac{\zeta^2}{4at}\right)\mathrm{d}\zeta \\ F^{-1}\left[H(\omega)\sin(\omega^2 at)\right] = \dfrac{1}{2\sqrt{2\pi at}}\displaystyle\int_{-\infty}^{+\infty} h(X-\zeta)\left(\cos\dfrac{\zeta^2}{4at} - \sin\dfrac{\zeta^2}{4at}\right)\mathrm{d}\zeta \end{cases} \tag{1.144}$$

将式 (1.144) 代入式 (1.141) 即可给出位移的函数表达式：

$$\begin{aligned} u_Y(X,t) = \frac{1}{2\sqrt{2\pi at}}\int_{-\infty}^{+\infty} \bigg[& f(X-\zeta)\left(\cos\frac{\zeta^2}{4at} + \sin\frac{\zeta^2}{4at}\right) \\ & - h(X-\zeta)\left(\cos\frac{\zeta^2}{4at} - \sin\frac{\zeta^2}{4at}\right)\bigg]\mathrm{d}\zeta \end{aligned} \tag{1.145}$$

特别地，当初始条件简化为

$$\begin{cases} u_Y(X,0) = f(X) = A\cdot\exp\left(-\dfrac{X^2}{4}\right) \\ \dfrac{\partial u_Y(X,0)}{\partial t} = g(X) = 0 \end{cases} \tag{1.146}$$

式中，A 为常数。定义函数 $h(X)$ 为

$$h(X) = 0 \tag{1.147}$$

因此有

$$H(\omega) = \int_{-\infty}^{+\infty} h(X)\cdot \mathrm{e}^{-\mathrm{i}\omega X}\mathrm{d}X = 0 \tag{1.148}$$

此时，式 (1.141) 可简化为

$$U_Y(\omega,t)=F(\omega)\cos(\omega^2 at) \tag{1.149}$$

式中

$$F(\omega)=F\left[A\cdot\exp\left(-\frac{X^2}{4}\right)\right]=A\cdot F\left[\exp\left(-\frac{X^2}{4}\right)\right]=2\sqrt{\pi}A\cdot\exp\left(-4\omega^2\right) \tag{1.150}$$

通过对式 (1.149) 进行 Fourier 逆变换，可以给出位移的函数表达式：

$$u_Y(X,t)=\frac{1}{2\pi}\int_{-\infty}^{+\infty}F(\omega)\cos(\omega^2 at)\cdot e^{i\omega X}d\omega=\frac{A}{\sqrt{\pi}}\int_{-\infty}^{+\infty}\exp\left(i\omega X-4\omega^2\right)\cos(\omega^2 at)d\omega \tag{1.151}$$

积分后有

$$u_Y(X,t)=\frac{A}{\sqrt[4]{1+a^2t^2}}\exp\left[-\frac{X^2}{4(1+a^2t^2)}\right]\cos\left[\frac{atX^2}{4(1+a^2t^2)}-\frac{1}{2}\arctan at\right] \tag{1.152}$$

令

$$\begin{cases} u_Y^*=\dfrac{u_Y}{A} \\ \tau=at \end{cases} \tag{1.153}$$

则式 (1.152) 可以进一步简化为

$$u_Y^*(X,t)=\frac{1}{\sqrt[4]{1+\tau^2}}\exp\left[-\frac{X^2}{4(1+\tau^2)}\right]\cos\left[\frac{\tau X^2}{4(1+\tau^2)}-\frac{1}{2}\arctan\tau\right] \tag{1.154}$$

根据式 (1.154) 可以绘制出弯曲波的传播曲线，如图 1.10 所示，当然图中只是一组“夸张”的曲线，线弹性细长杆一般很难有如此大的弹性变形，因此该图只是示意图，显示一维杆中此初值条件下弯曲波的传播特征。

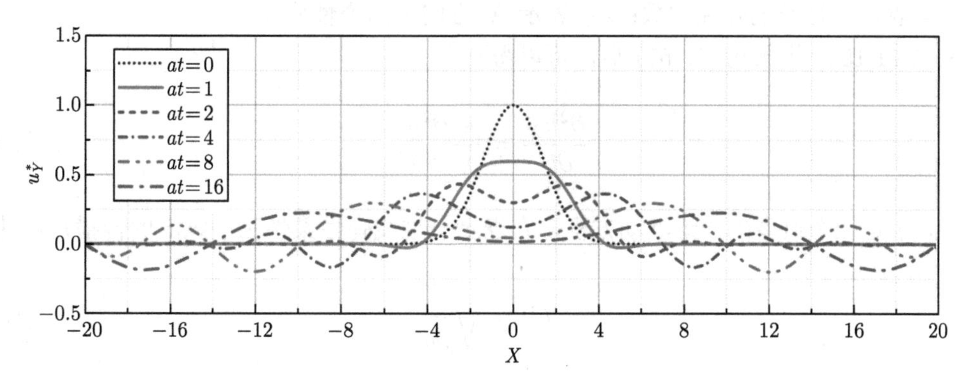

图 1.10 一维线弹性杆中弯曲波传播曲线

1.2.3　一维线弹性柔性弦中应力波的传播

所谓一维柔性弦，是指只能承受张力的作用而不用考虑其抗弯强度的一种理论上的弦。柔性弦中线弹性波的传播主要包含三种情况：其一为只考虑纵向位移的纵波的传播，其二为只考虑横向位移的横波的传播，其三为通常情况下两种波的复合波的传播。

1. 一维线弹性柔性弦中纵波的传播

如图 1.11 拉紧的一维线弹性柔性弦，弦在初始时刻虽然被拉紧但内部并不存在拉应力或压应力，对于一维柔性弦而言，其不能承受弯曲应力。

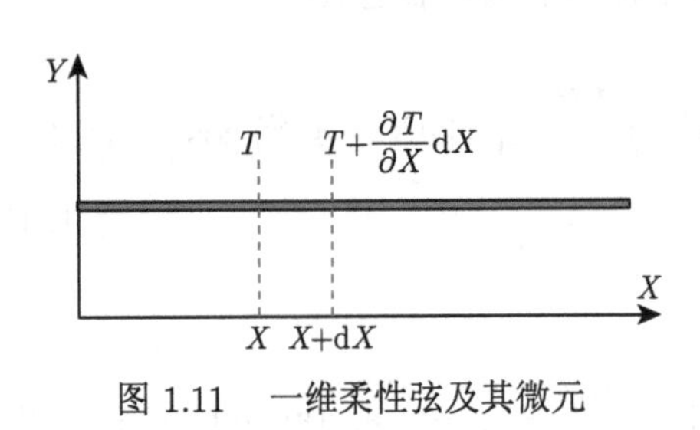

图 1.11　一维柔性弦及其微元

设弦的初始线密度为 ρ_0 (即单位长度弦的质量)，设在坐标 X 处弦内的拉力为 T，类似 1.2.1 节中杆的分析，选取长度为 $\mathrm{d}X$ 的弦微元作为分析对象，则在 $X+\mathrm{d}X$ 处即微元右端承受的拉力为

$$T(X+\mathrm{d}X)=T+\frac{\partial T}{\partial X}\mathrm{d}X+o(\mathrm{d}X)\approx T+\frac{\partial T}{\partial X}\mathrm{d}X \tag{1.155}$$

式中，$o(\mathrm{d}X)$ 表示微量 $\mathrm{d}X$ 的高阶小量。

根据牛顿第二定律，可以给出纵波传播过程中微元的运动方程：

$$T+\frac{\partial T}{\partial X}\mathrm{d}X-T=\rho_0\mathrm{d}X\cdot\frac{\partial^2 u_X}{\partial t^2} \tag{1.156}$$

简化后有

$$\frac{\partial T}{\partial X}=\rho_0\frac{\partial^2 u_X}{\partial t^2} \tag{1.157}$$

式中，u_X 表示 X 方向上的位移分量。

对于线弹性柔性弦而言，有本构关系：

$$T=\kappa\varepsilon_X=\kappa\frac{\partial u_X}{\partial X} \tag{1.158}$$

式中，κ 表示柔性弦的弹性常数；ε_X 表示 X 方向上的弹性应变。

将式 (1.158) 代入式 (1.157) 后，可以得到

$$\frac{\partial^2 u_X}{\partial t^2}=\frac{\kappa}{\rho_0}\frac{\partial^2 u_X}{\partial X^2} \tag{1.159}$$

式 (1.159) 是一个典型的一维波动方程，它表示一维线弹性柔性弦中纵波的传播是以速度

$$C_L=\sqrt{\frac{\kappa}{\rho_0}} \tag{1.160}$$

进行，即其纵波声速为式 (1.160) 所示。

2. 一维线弹性柔性弦中横波的传播

以上一维线弹性柔性弦中纵波的传播与 1.2.1 节中一维线弹性杆中纵波传播没有本质区别。然而，在很多时候加载方向并不平行于弦的轴向方程，如对于纤维编织材料的抗弹或抗爆等问题中，纤维和纤维束受力方向近似垂直于弦的轴向方向。如柔性弦做如图 1.12 所示微幅运动，设在垂直于弦轴线方向上受到一个小扰动，使得柔性弦向下做微幅运动，设弦中微元只做垂直于弦方向的运动，且不同位置的应变近似相等或都为极小量，即此时弦中纵波传播可以忽略，近似认为弦中只有横波的传播。

取质点 X 处水平长度为 $\mathrm{d}X$ 的微元作为分析对象，如图 1.13 所示，此时弦中不同位置处的拉力皆近似为 T，设弦中 X 处切线与水平夹角为 θ，则 $X+\mathrm{d}X$ 处的夹角为

$$\theta\left(X+\mathrm{d}X\right)=\theta+\frac{\partial\theta}{\partial X}\mathrm{d}X+o\left(\mathrm{d}X\right)\approx\theta+\frac{\partial\theta}{\partial X}\mathrm{d}X \tag{1.161}$$

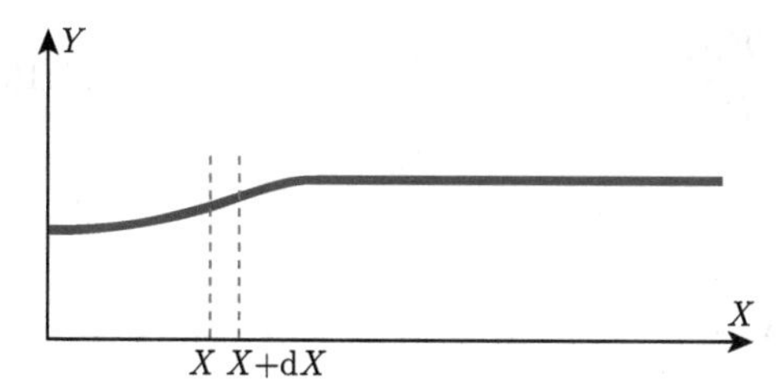

图 1.12 一维线弹性柔性弦横向微幅运动

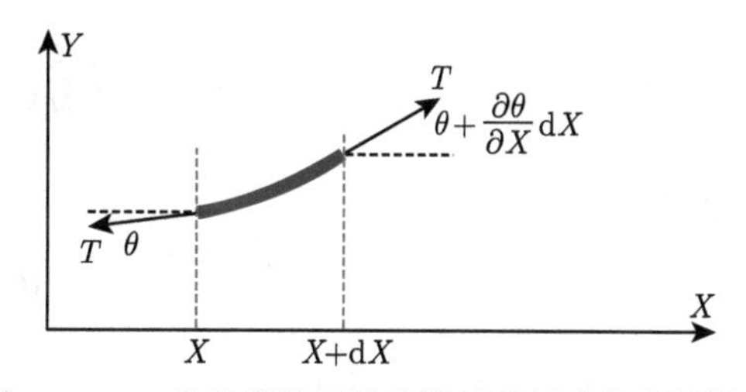

图 1.13 一维线弹性柔性弦横波传播路径上的微元

在微幅运动的假设下，有

$$\begin{cases}\theta\left(X+\mathrm{d}X\right)\ll 1\\ \theta\ll 1\end{cases} \tag{1.162}$$

且皆为近似为 0 的小量。

设弦的初始线密度为 ρ_0，微元的长度为 $\mathrm{d}s$，如不考虑体力的影响，则根据牛顿第二定律可以给出运动方程：

$$T\cdot\sin\left(\theta+\frac{\partial\theta}{\partial X}\mathrm{d}X\right)-T\sin\theta=\rho_0\mathrm{d}s\cdot\frac{\partial^2u_Y}{\partial t^2} \tag{1.163}$$

式中，u_Y 表示 Y 方向上的位移分量。

简化后可以得到

$$2T\cdot\cos\left(\theta+\frac{1}{2}\frac{\partial\theta}{\partial X}\mathrm{d}X\right)\sin\left(\frac{1}{2}\frac{\partial\theta}{\partial X}\mathrm{d}X\right)=\rho_0\mathrm{d}s\cdot\frac{\partial^2u_Y}{\partial t^2} \tag{1.164}$$

参考图 1.13 可知，弦微元弧长近似为

$$\mathrm{d}s\approx\frac{\mathrm{d}X}{\cos\theta} \tag{1.165}$$

将式 (1.165) 代入式 (1.164)，可以得到

$$2T \cdot \cos\theta \cos\left(\theta + \frac{1}{2}\frac{\partial\theta}{\partial X}\mathrm{d}X\right)\sin\left(\frac{1}{2}\frac{\partial\theta}{\partial X}\mathrm{d}X\right) = \rho_0 \mathrm{d}X \cdot \frac{\partial^2 u_Y}{\partial t^2} \tag{1.166}$$

由于振动属于微幅运动，弦与水平的夹角极小，即有

$$\begin{cases} \theta \to 0 \\ \mathrm{d}X \to 0 \end{cases} \Rightarrow \begin{cases} \cos\theta \approx 1 \\ \cos\left(\theta + \dfrac{1}{2}\dfrac{\partial\theta}{\partial X}\mathrm{d}X\right) \approx 1 \\ \sin\left(\dfrac{1}{2}\dfrac{\partial\theta}{\partial X}\mathrm{d}X\right) \approx \dfrac{1}{2}\dfrac{\partial\theta}{\partial X}\mathrm{d}X \end{cases} \tag{1.167}$$

将式 (1.167) 代入式 (1.166)，即可得到

$$T\frac{\partial\theta}{\partial X} = \rho_0 \frac{\partial^2 u_Y}{\partial t^2} \tag{1.168}$$

考虑到

$$\theta = \frac{\partial u_Y}{\partial X} \tag{1.169}$$

则式 (1.168) 可以进一步写为

$$\frac{\partial^2 u_Y}{\partial t^2} = \frac{T}{\rho_0}\frac{\partial^2 u_Y}{\partial X^2} \tag{1.170}$$

式 (1.170) 是一个典型的一维波动方程，它表明在一维线弹性柔性弦中，纯横波的传播是以速度

$$C_T = \sqrt{\frac{T}{\rho_0}} \tag{1.171}$$

进行的。

3. 横向突加加载时一维线弹性柔性弦中应力波的传播

以上两种情况是理想的情况，实际上即是在与弦方向垂直的横向瞬态荷载下，柔性弦中不可避免同时存在横波和纵波的传播。设存在一个水平放置的无限长一维线弹性柔性弦，其在初始时刻弦处于水平自然松弛状态，即

$$\begin{cases} u_X(X,0) = u_Y(X,0) = 0 \\ v_X(X,0) = v_Y(X,0) = 0 \end{cases}, \quad X \in (-\infty, +\infty) \tag{1.172}$$

设从 $t > 0$ 开始在弦上一点处施加一个于弦轴向垂直 (即垂直方向) 的集中载荷 T，如图 1.14 所示，使得加载处弦上的质点以匀速 V 竖直向下运动。可以取集中载荷处弦上质点对应的横坐标 $X = 0$，即加载线在 Y 轴上且质点运动方向为 Y 轴负方向。容易看出此

问题是一个轴对称问题，因此我们需要研究部分对应的问题，即能够给出整个区间的应力波传播与柔性弦的变形问题。考虑弦上一个长度为 $\mathrm{d}X \to 0$ 的位移，设在 t 时刻，质点 X 处的水平位移和垂直位移分别为 u_X 和 u_Y，则在 $X+\mathrm{d}X$ 处有

$$\left\{\begin{array}{l} u_Y\left(X+\mathrm{d}X,t\right)\approx u_Y\left(X,t\right)+\dfrac{\partial u_Y}{\partial X}\mathrm{d}X \\ u_X\left(X+\mathrm{d}X,t\right)\approx u_X\left(X,t\right)+\dfrac{\partial u_X}{\partial X}\mathrm{d}X \end{array}\right. \tag{1.173}$$

此时微元的运动变形如图 1.15 所示，从图中可以看出，应力波传播后微元的长度为

$$\mathrm{d}s\approx\sqrt{\left(\mathrm{d}X+\frac{\partial u_X}{\partial X}\mathrm{d}X\right)^2+\left(\frac{\partial u_Y}{\partial X}\mathrm{d}X\right)^2}=\sqrt{\left(1+\frac{\partial u_X}{\partial X}\right)^2+\left(\frac{\partial u_Y}{\partial X}\right)^2}\cdot\mathrm{d}X \tag{1.174}$$

该微元的应变即为

$$\varepsilon\left(X,t\right)=\sqrt{\left(1+\frac{\partial u_X}{\partial X}\right)^2+\left(\frac{\partial u_Y}{\partial X}\right)^2}-1 \tag{1.175}$$

设此时质点 X 处柔性弦切线与水平的夹角为 θ，则 $X+\mathrm{d}X$ 处的切线夹角为

$$\theta\left(X+\mathrm{d}X,t\right)\approx\theta+\frac{\partial\theta}{\partial X}\mathrm{d}X \tag{1.176}$$

如图 1.15 所示。

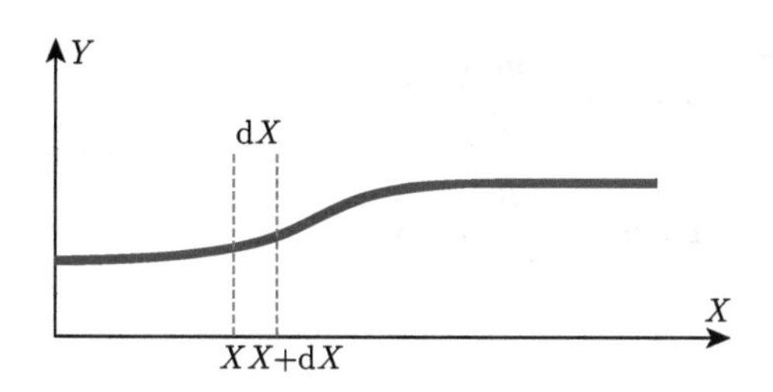

图 1.14　初始长度为 dX 微元的垂直运动

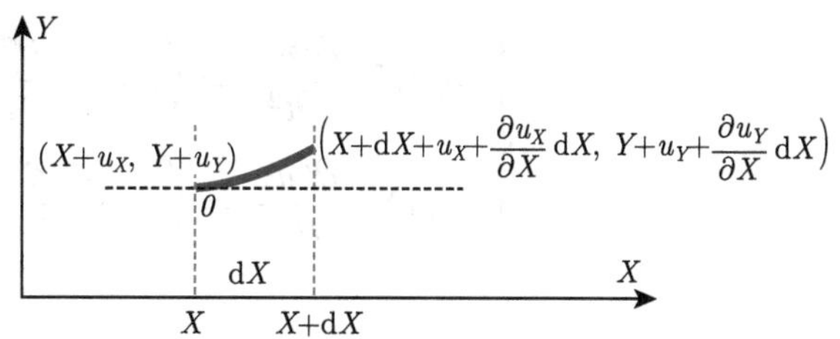

图 1.15　应力波传播路径上柔性弦微元的变形

因此有

$$\left\{\begin{array}{l} \sin\left[\theta\left(X+\mathrm{d}X,t\right)\right]\approx\sin\left(\theta+\dfrac{\partial\theta}{\partial X}\mathrm{d}X\right)=\sin\theta\cos\left(\dfrac{\partial\theta}{\partial X}\mathrm{d}X\right)+\cos\theta\sin\left(\dfrac{\partial\theta}{\partial X}\mathrm{d}X\right) \\ \cos\left[\theta\left(X+\mathrm{d}X,t\right)\right]\approx\cos\left(\theta+\dfrac{\partial\theta}{\partial X}\mathrm{d}X\right)=\cos\theta\cos\left(\dfrac{\partial\theta}{\partial X}\mathrm{d}X\right)-\sin\theta\sin\left(\dfrac{\partial\theta}{\partial X}\mathrm{d}X\right) \end{array}\right. \tag{1.177}$$

当 $\mathrm{d}X\to 0$ 时，式 (1.177) 可以近似为

$$\left\{\begin{array}{l} \sin\left[\theta\left(X+\mathrm{d}X,t\right)\right]=\sin\theta+\cos\theta\cdot\dfrac{\partial\theta}{\partial X}\mathrm{d}X \\ \cos\left[\theta\left(X+\mathrm{d}X,t\right)\right]=\cos\theta-\sin\theta\cdot\dfrac{\partial\theta}{\partial X}\mathrm{d}X \end{array}\right. \tag{1.178}$$

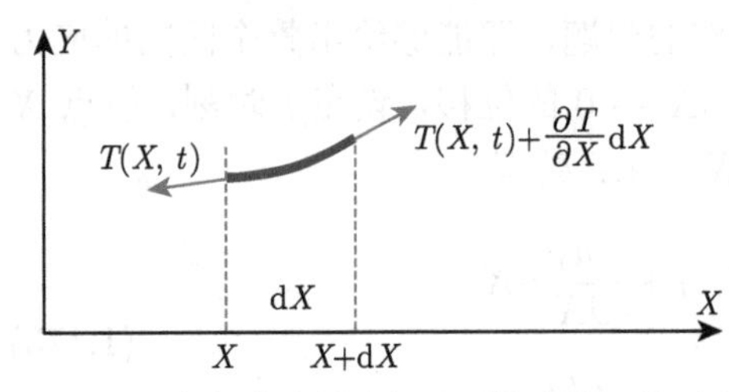

图 1.16　应力波传播路径上柔性弦微元的受力

微元的受力状态如图 1.16 所示，设质点 X 处柔性弦微元受到的拉力为 T，则在 $X+\mathrm{d}X$ 处的拉力为

$$T(X+\mathrm{d}X,t)\approx T(X,t)+\frac{\partial T}{\partial X}\mathrm{d}X \tag{1.179}$$

因此，该微元受到的水平方向和垂直方向上的合力分别为

$$\begin{cases}\sum T_X=\left[\cos\theta\cdot\dfrac{\partial T}{\partial X}-T(X+\mathrm{d}X,t)\sin\theta\cdot\dfrac{\partial\theta}{\partial X}\right]\mathrm{d}X\\ \sum T_Y=\left[\sin\theta\cdot\dfrac{\partial T}{\partial X}+T(X+\mathrm{d}X,t)\cos\theta\cdot\dfrac{\partial\theta}{\partial X}\right]\mathrm{d}X\end{cases} \tag{1.180}$$

不考虑高阶小量，式 (1.180) 即可得到

$$\begin{cases}\sum T_X=\left(\cos\theta\cdot\dfrac{\partial T}{\partial X}-T\sin\theta\cdot\dfrac{\partial\theta}{\partial X}\right)\mathrm{d}X\\ \sum T_Y=\left(\sin\theta\cdot\dfrac{\partial T}{\partial X}+T\cos\theta\cdot\dfrac{\partial\theta}{\partial X}\right)\mathrm{d}X\end{cases} \tag{1.181}$$

根据牛顿第二定律，可以给出微元的运动方程为

$$\begin{cases}\rho_0\mathrm{d}X\cdot\dfrac{\partial^2u_X}{\partial t^2}=\left(\cos\theta\cdot\dfrac{\partial T}{\partial X}-T\sin\theta\cdot\dfrac{\partial\theta}{\partial X}\right)\mathrm{d}X\\ \rho_0\mathrm{d}X\cdot\dfrac{\partial^2u_Y}{\partial t^2}=\left(\sin\theta\cdot\dfrac{\partial T}{\partial X}+T\cos\theta\cdot\dfrac{\partial\theta}{\partial X}\right)\mathrm{d}X\end{cases} \tag{1.182}$$

即

$$\begin{cases}\rho_0\dfrac{\partial^2u_X}{\partial t^2}=\cos\theta\cdot\dfrac{\partial T}{\partial X}-T\sin\theta\cdot\dfrac{\partial\theta}{\partial X}=\cos\theta\cdot\dfrac{\partial T}{\partial X}+T\dfrac{\partial\cos\theta}{\partial X}=\dfrac{\partial(T\cos\theta)}{\partial X}\\ \rho_0\dfrac{\partial^2u_Y}{\partial t^2}=\sin\theta\cdot\dfrac{\partial T}{\partial X}+T\cos\theta\cdot\dfrac{\partial\theta}{\partial X}=\sin\theta\cdot\dfrac{\partial T}{\partial X}+T\dfrac{\partial\sin\theta}{\partial X}=\dfrac{\partial(T\sin\theta)}{\partial X}\end{cases} \tag{1.183}$$

式中

$$\begin{cases}\sin\theta\approx\dfrac{\dfrac{\partial u_Y}{\partial X}}{\sqrt{\left(1+\dfrac{\partial u_X}{\partial X}\right)^2+\left(\dfrac{\partial u_Y}{\partial X}\right)^2}}=\dfrac{1}{1+\varepsilon}\dfrac{\partial u_Y}{\partial X}\\ \cos\theta\approx\dfrac{1+\dfrac{\partial u_X}{\partial X}}{\sqrt{\left(1+\dfrac{\partial u_X}{\partial X}\right)^2+\left(\dfrac{\partial u_Y}{\partial X}\right)^2}}=\dfrac{1}{1+\varepsilon}\left(1+\dfrac{\partial u_X}{\partial X}\right)\end{cases} \tag{1.184}$$

将式 (1.184) 代入式 (1.183) 并化简，则可以得到

$$\begin{cases} \rho_0 \dfrac{\partial^2 u_X}{\partial t^2} = \dfrac{\partial \left[\dfrac{T}{1+\varepsilon} \left(1 + \dfrac{\partial u_X}{\partial X} \right) \right]}{\partial X} \\ \rho_0 \dfrac{\partial^2 u_Y}{\partial t^2} = \dfrac{\partial \left(\dfrac{T}{1+\varepsilon} \dfrac{\partial u_Y}{\partial X} \right)}{\partial X} \end{cases} \tag{1.185}$$

如柔性弦并不存在横向运动，即受力与弦轴向一致，此时必有

$$u_Y = 0 \Rightarrow \begin{cases} \dfrac{\partial u_Y}{\partial X} = 0 \\ \dfrac{\partial^2 u_Y}{\partial t^2} = 0 \end{cases} \tag{1.186}$$

和

$$\varepsilon = \frac{\partial u_X}{\partial X} \tag{1.187}$$

此种条件下，式 (1.185) 即简化为

$$\rho_0 \frac{\partial^2 u_X}{\partial t^2} = \frac{\partial T}{\partial X} \tag{1.188}$$

若假设柔性弦是一维线弹性材料，即

$$T = T(\varepsilon) = E \cdot \varepsilon = E \cdot \frac{\partial u_X}{\partial X} \tag{1.189}$$

则式 (1.188) 可写为

$$\frac{\partial^2 u_X}{\partial t^2} = \frac{E}{\rho_0} \frac{\partial^2 u_X}{\partial X^2} \tag{1.190}$$

式 (1.190) 即为本小节中一维线弹性柔性弦中纯纵波的传播波动方程，其表示一维线弹性柔性弦中纵波以声速

$$C_L = \sqrt{\frac{E}{\rho_0}} \tag{1.191}$$

沿着弦的轴线方向传播。

若该柔性弦受到瞬时横向加载，变形量极小从而不考虑柔性弦的轴向应变，即

$$\varepsilon = \frac{\partial u_X}{\partial X} \approx 0 \tag{1.192}$$

此时柔性弦中拉力皆为 T，式 (1.185) 即简化为

$$\frac{\partial^2 u_Y}{\partial t^2} = \frac{T}{\rho_0} \frac{\partial^2 u_Y}{\partial X^2} \tag{1.193}$$

式 (1.193) 与本小节中纯横波的传播波动方程相同，其表面一维柔性弦中纯横波以声速

$$C_T = \sqrt{\frac{T}{\rho_0}} \tag{1.194}$$

进行传播。

1.3　无限线弹性介质中应力波的传播

相对于一维问题而言，三维坐标中相关方程的推导复杂得多，然而，其基本思路和方法是类似的。如不考虑边界条件的影响，只讨论无限线弹性各向同性材料对称波的传播，则可以给出几个典型情况下的解析解；这几类典型简化问题的解虽然是相对理想条件下的结论，但非常具有代表性且对于分析复杂应力波传播问题具有重要的参考价值。本节对几个典型无限线弹性介质中应力波传播问题进行推导分析，以期给出定量的解析解，并分析其传播特征。

1.3.1　三种坐标系中连续介质小变形协调方程与运动方程

在三维问题的解析过程或分析过程中，笛卡儿坐标系对于某些问题可能不甚方便，如柱对称问题和球对称问题；对于这类问题基于柱坐标系和球坐标系进行推导与分析更加简单易懂，而且物理意义更加明显。本科生教程《固体中的应力波导论》一书中对三种坐标系中连续介质的微小运动及小变形问题、运动方程进行翔实的推导，在此只做简要介绍。

1. 笛卡儿坐标系中小变形协调方程与运动方程

取笛卡儿坐标系中任意一个三个坐标方向上长度分别为 $\mathrm{d}X$、$\mathrm{d}Y$ 和 $\mathrm{d}Z$ 的长方体微元作为研究对象。

结合图 1.17 可以求出，介质变形导致微元在 X 方向、Y 方向和 Z 方向上的正应变 ε_{XX}、ε_{YY} 和 ε_{ZZ} 分别为

$$\begin{cases} \varepsilon_{XX} = \dfrac{\partial u_X}{\partial X} \\ \varepsilon_{YY} = \dfrac{\partial u_Y}{\partial Y} \\ \varepsilon_{ZZ} = \dfrac{\partial u_Z}{\partial Z} \end{cases} \tag{1.195}$$

容易知道，微元的剪应变也会导致其变形，如图 1.17 所示，XY 平面内剪应变可以分别表示为

$$\gamma_{XY} = \gamma_{YX} = \alpha + \beta \approx \tan\alpha + \tan\beta \sim \frac{\partial u_X}{\partial Y} + \frac{\partial u_Y}{\partial X} \tag{1.196}$$

类似地，可以求出两个平面上的剪应变分别为

$$\begin{cases} \gamma_{XY} = \gamma_{YX} = \dfrac{\partial u_X}{\partial Y} + \dfrac{\partial u_Y}{\partial X} \\ \gamma_{YZ} = \gamma_{ZY} = \dfrac{\partial u_Y}{\partial Z} + \dfrac{\partial u_Z}{\partial Y} \\ \gamma_{XZ} = \gamma_{ZX} = \dfrac{\partial u_X}{\partial Z} + \dfrac{\partial u_Z}{\partial X} \end{cases} \tag{1.197}$$

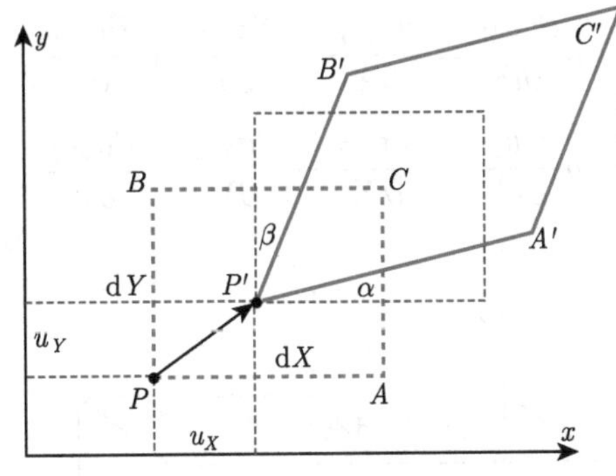

图 1.17　笛卡儿坐标系中微元的小变形

从图 1.17 中也可以看出，在介质变形中，微元的轴线也发生偏转，即位移在膨胀或收缩、变形的同时也发生偏转，其同上容易给出偏转量为

$$\begin{cases} \omega_{XY} = \omega_{YX} = \dfrac{1}{2}\left(\dfrac{\partial u_Y}{\partial X} - \dfrac{\partial u_X}{\partial Y}\right) \\ \omega_{YZ} = \omega_{ZY} = \dfrac{1}{2}\left(\dfrac{\partial u_Z}{\partial Y} - \dfrac{\partial u_Y}{\partial Z}\right) \\ \omega_{XZ} = \omega_{ZX} = \dfrac{1}{2}\left(\dfrac{\partial u_Z}{\partial X} - \dfrac{\partial u_X}{\partial Z}\right) \end{cases} \tag{1.198}$$

从以上的分析可以看出，微元的运动方向能够由 x、y 和 z 三个方向组合独立地控制，其位移、变形等空间物理量也只有三个独立的分量；因此，由于受到连续性条件限制，这六个独立的应变分量不可能完全独立，它们之间应该存在耦合关系，这种关系称为几何相容关系；变形过程中几何相容关系所对应的数学表达形式称为几何相容方程，也简称为应变协调方程：

$$\begin{cases} \dfrac{\partial^2 \varepsilon_{XX}}{\partial Y^2} + \dfrac{\partial^2 \varepsilon_{YY}}{\partial X^2} = \dfrac{\partial^2 \gamma_{XY}}{\partial X \partial Y} \\ \dfrac{\partial^2 \varepsilon_{YY}}{\partial Z^2} + \dfrac{\partial^2 \varepsilon_{ZZ}}{\partial Y^2} = \dfrac{\partial^2 \gamma_{YZ}}{\partial Y \partial Z} \\ \dfrac{\partial^2 \varepsilon_{ZZ}}{\partial X^2} + \dfrac{\partial^2 \varepsilon_{XX}}{\partial Z^2} = \dfrac{\partial^2 \gamma_{ZX}}{\partial Z \partial X} \end{cases} \tag{1.199}$$

在连续介质的运动变形过程中，若应变分量之间的关系不满足应变协调方程，则将不会保证介质的连续性。

设材料的密度为 ρ，其在三个方向上的位移分别为 u_X、u_Y 和 u_Z，微元每个面有三个相互垂直的应力分量，如图 1.18 所示，图中 σ_{YX} 表示法线方向为 Y 方向面上作用方向为 X 方向的应力，其他类同。如忽略体力的影响，结合图 1.18 和 1.1.3 节的动量守恒方程，可以给出施加在微元上的 X 轴、Y 轴和 Z 轴方向上的运动方程分别为

$$\begin{cases} \rho\dfrac{\partial^2 u_X}{\partial t^2} = \dfrac{\partial \sigma_{XX}}{\partial X} + \dfrac{\partial \sigma_{YX}}{\partial Y} + \dfrac{\partial \sigma_{ZX}}{\partial Z} \\ \rho\dfrac{\partial^2 u_Y}{\partial t^2} = \dfrac{\partial \sigma_{XY}}{\partial X} + \dfrac{\partial \sigma_{YY}}{\partial Y} + \dfrac{\partial \sigma_{ZY}}{\partial Z} \\ \rho\dfrac{\partial^2 u_Z}{\partial t^2} = \dfrac{\partial \sigma_{XZ}}{\partial X} + \dfrac{\partial \sigma_{YZ}}{\partial Y} + \dfrac{\partial \sigma_{ZZ}}{\partial Z} \end{cases} \tag{1.200}$$

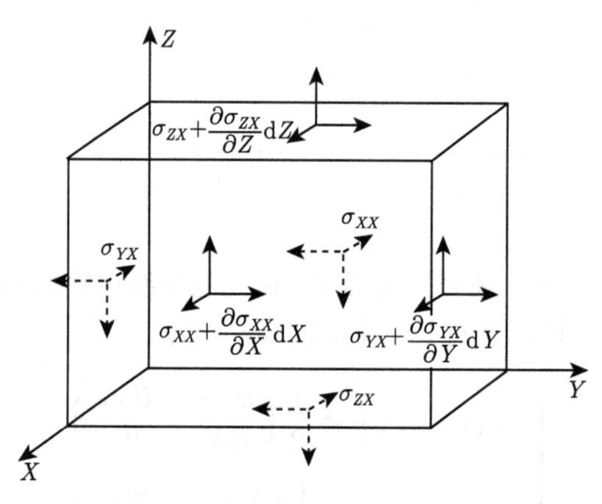

图 1.18　笛卡儿坐标系中微元的运动方程

将线弹性固体介质变形的 Hooke 定律、几何相容方程代入式 (1.200)，并考虑微元的体应变：

$$\theta = \varepsilon_{XX} + \varepsilon_{YY} + \varepsilon_{ZZ} = \frac{\partial u_X}{\partial X} + \frac{\partial u_Y}{\partial Y} + \frac{\partial u_Z}{\partial Z} \tag{1.201}$$

化简后可以得到

$$\begin{cases} \rho\dfrac{\partial^2 u_X}{\partial t^2} = (\lambda+\mu)\dfrac{\partial \theta}{\partial X} + \mu\Delta u_X \\ \rho\dfrac{\partial^2 u_Y}{\partial t^2} = (\lambda+\mu)\dfrac{\partial \theta}{\partial Y} + \mu\Delta u_Y \\ \rho\dfrac{\partial^2 u_Z}{\partial t^2} = (\lambda+\mu)\dfrac{\partial \theta}{\partial Z} + \mu\Delta u_Z \end{cases} \tag{1.202}$$

式中，Δ 为 Laplace 算子，其形式为

$$\Delta u_X = \frac{\partial^2 u_X}{\partial X^2} + \frac{\partial^2 u_X}{\partial Y^2} + \frac{\partial^2 u_X}{\partial Z^2} \tag{1.203}$$

将式 (1.202) 中第一式对 X 求偏导数、第二式和第三式分别对 Y 和 Z 求偏导，并将求导后的三式相加，可以得到

$$\frac{\partial^2\theta}{\partial t^2}=\frac{\lambda+2\mu}{\rho}\Delta\theta \tag{1.204}$$

式 (1.204) 即为笛卡儿坐标中的三维波动方程，它表示对于各向同性介质弹性体应变在介质中以

$$C_\theta=\sqrt{\frac{\lambda+2\mu}{\rho}} \tag{1.205}$$

的速度进行传播。

2. 柱坐标系中小变形协调方程与运动方程

对于圆杆、圆盘和一些柱对称问题而言，有时利用柱坐标进行求解更为直观和简单，如图 1.19 所示柱坐标系 $r\theta X$。容易看出柱坐标系中坐标与笛卡儿坐标之间的对应转换关系为

$$\begin{cases} Y=r\cos\theta \\ Z=r\sin\theta \\ X=X \end{cases} \tag{1.206}$$

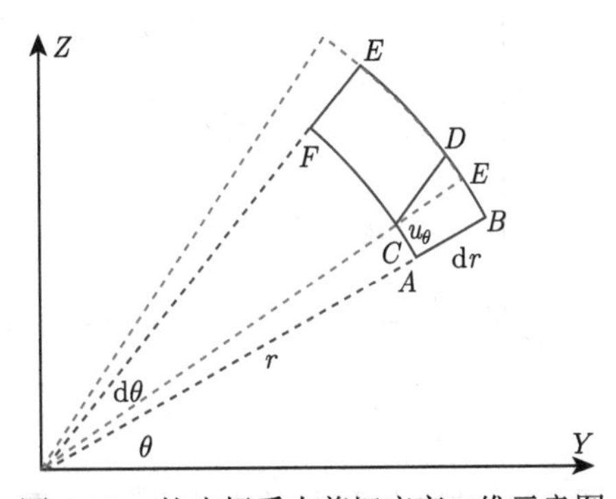

图 1.19 柱坐标系内剪切应变二维示意图

类似地，取柱坐标系中任意一个三个坐标方向上长度分别为 dr、dθ 和 dX 的体微元作为研究对象，其在三个方向上的位移分别为 u_r、u_θ 和 u_X。

由图中可以给出 r 方向、θ 轴方向和 X 方向上的正应变分别为

$$\begin{cases} \varepsilon_{rr}=\dfrac{\partial u_r}{\partial r} \\ \varepsilon_{\theta\theta}=\dfrac{1}{r}\dfrac{\partial u_\theta}{\partial \theta}+\dfrac{u_r}{r} \\ \varepsilon_{XX}=\dfrac{\partial u_X}{\partial X} \end{cases} \tag{1.207}$$

在 $r\theta$ 平面上，如图 1.19 所示，可以求出 $r\theta$ 平面、rX 平面和 θX 平面上旋转应变分别为

$$\begin{cases} \gamma_{r\theta} = \dfrac{1}{r}\dfrac{\partial u_r}{\partial \theta} + \dfrac{\partial u_\theta}{\partial r} - \dfrac{u_\theta}{r} \\ \gamma_{rX} = \dfrac{\partial u_r}{\partial X} + \dfrac{\partial u_X}{\partial r} \\ \gamma_{\theta X} = \dfrac{1}{r}\dfrac{\partial u_X}{\partial \theta} + \dfrac{\partial u_\theta}{\partial X} \end{cases} \tag{1.208}$$

类似地可以推导出柱坐标系下连续介质变形的应变协调方程，在此不作详述，读者可以试推之。此时，根据式 (1.207)，可以给出微元的体应变即为

$$\Delta = \varepsilon_{rr} + \varepsilon_{\theta\theta} + \varepsilon_{XX} = \frac{1}{r}\frac{\partial (ru_r)}{\partial r} + \frac{1}{r}\frac{\partial u_\theta}{\partial \theta} + \frac{\partial u_X}{\partial X} \tag{1.209}$$

设材料的密度为 ρ，其在三个方向上的位移分别为 u_r、u_θ 和 u_X。根据弹性力学知识可知，微元每个面有三个相互垂直的应力分量，图中 $\sigma_{r\theta}$ 表示法线方向为 r 方向面上作用方向为 θ 方向的应力，其他类同，如图 1.20 所示。

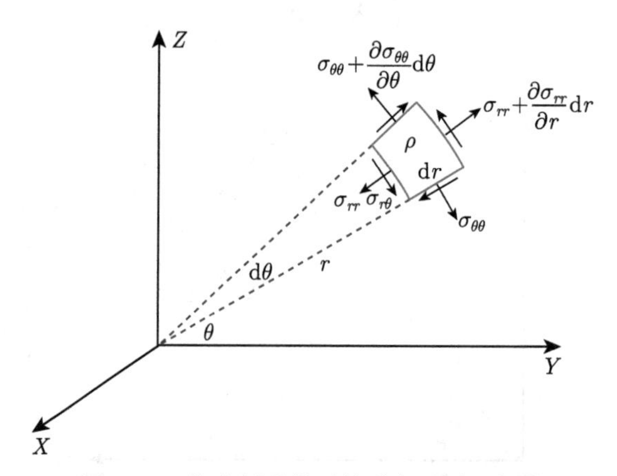

图 1.20　柱坐标系微元的受力平面示意图

柱坐标中线弹性介质的 Hooke 定律为

$$\begin{cases} \sigma_{rr} = \lambda\Delta + 2\mu\varepsilon_{rr} \\ \sigma_{\theta\theta} = \lambda\Delta + 2\mu\varepsilon_{\theta\theta} \\ \sigma_{XX} = \lambda\Delta + 2\mu\varepsilon_{XX} \end{cases}, \quad \begin{cases} \sigma_{r\theta} = \mu\gamma_{r\theta} \\ \sigma_{\theta X} = \mu\gamma_{\theta X} \\ \sigma_{rX} = \mu\gamma_{rX} \end{cases} \tag{1.210}$$

式中，弹性常数 λ 和 μ 即为材料的 Lamé 常量，为了避免 θ 符号引起混淆，柱坐标系中取 $\varDelta$ 表示微元的体应变，即

$$\varDelta = \varepsilon_{rr} + \varepsilon_{\theta\theta} + \varepsilon_{XX} \tag{1.211}$$

忽略此高阶小量和体力的影响，可以给出 r 方向、θ 方向和 X 方向上的运动方程分别为

$$\begin{cases} \rho\dfrac{\partial^2 u_r}{\partial t^2}=\dfrac{\partial\sigma_{rr}}{\partial r}+\dfrac{1}{r}\dfrac{\partial\sigma_{\theta r}}{\partial\theta}+\dfrac{\partial\sigma_{Xr}}{\partial X}+\dfrac{\sigma_{rr}-\sigma_{\theta\theta}}{r} \\ \rho\dfrac{\partial^2 u_\theta}{\partial t^2}=\dfrac{\partial\sigma_{r\theta}}{\partial r}+\dfrac{1}{r}\dfrac{\partial\sigma_{\theta\theta}}{\partial\theta}+\dfrac{\partial\sigma_{X\theta}}{\partial X}+\dfrac{2\sigma_{r\theta}}{r} \\ \rho\dfrac{\partial^2 u_X}{\partial t^2}=\dfrac{\partial\sigma_{rX}}{\partial r}+\dfrac{1}{r}\dfrac{\partial\sigma_{\theta X}}{\partial\theta}+\dfrac{\partial\sigma_{XX}}{\partial X}+\dfrac{\sigma_{rX}}{r} \end{cases} \tag{1.212}$$

根据柱坐标中弹性介质的 Hooke 定律式，式 (1.212) 中第一式可以写为

$$\rho\frac{\partial^2 u_r}{\partial t^2}=\frac{\partial}{\partial r}\left(\lambda\varDelta+2\mu\varepsilon_{rr}\right)+\frac{\mu}{r}\frac{\partial\gamma_{r\theta}}{\partial\theta}+\mu\frac{\partial\gamma_{rX}}{\partial X}+2\mu\frac{\varepsilon_{rr}-\varepsilon_{\theta\theta}}{r} \tag{1.213}$$

将柱坐标系下几何方程式 (1.207) 和 (1.208) 代入式 (1.213)，即可得到

$$\rho\frac{\partial^2 u_r}{\partial t^2}=(\lambda+2\mu)\frac{\partial\varDelta}{\partial r}-\frac{2\mu}{r}\frac{\partial\varpi_X}{\partial\theta}+2\mu\frac{\partial\varpi_\theta}{\partial X} \tag{1.214}$$

式中，ϖ_θ 和 ϖ_X 的物理意义分别为微元旋转变形在 rX 平面法向方向和 X 轴方向上的分量：

$$\begin{cases} \varpi_\theta=\dfrac{1}{2}\left(\dfrac{\partial u_r}{\partial X}-\dfrac{\partial u_X}{\partial r}\right) \\ \varpi_X=\dfrac{1}{2}\dfrac{1}{r}\left[\dfrac{\partial\left(ru_\theta\right)}{\partial r}-\dfrac{\partial u_r}{\partial\theta}\right] \end{cases} \tag{1.215}$$

类似地，可以得到

$$\begin{cases} \rho\dfrac{\partial^2 u_\theta}{\partial t^2}=(\lambda+2\mu)\dfrac{1}{r}\dfrac{\partial\varDelta}{\partial\theta}-2\mu\dfrac{\partial\varpi_r}{\partial X}+2\mu\dfrac{\partial\varpi_X}{\partial r} \\ \rho\dfrac{\partial^2 u_X}{\partial t^2}=(\lambda+2\mu)\dfrac{\partial\varDelta}{\partial X}-\dfrac{2\mu}{r}\dfrac{\partial\left(r\varpi_\theta\right)}{\partial\theta}+\dfrac{2\mu}{r}\dfrac{\partial\varpi_r}{\partial\theta} \end{cases} \tag{1.216}$$

式中，ϖ_r 的物理意义分别为微元旋转变形在 r 轴方向上的分量：

$$\varpi_r=\frac{1}{2}\left(\frac{1}{r}\frac{\partial u_X}{\partial\theta}-\frac{\partial u_\theta}{\partial X}\right) \tag{1.217}$$

对于轴对称问题，如圆截面杆中轴向应力波的传播问题，由于

$$\begin{cases} u_r=u_r\left(r,X,t\right) \\ u_\theta\equiv 0 \\ u_X=u_X\left(r,X,t\right) \end{cases} \tag{1.218}$$

且四个应变分量皆只是坐标 r 和 X 的函数，因此，运动方程可简化为

$$\begin{cases} \rho\dfrac{\partial^2 u_r}{\partial t^2}=(\lambda+2\mu)\left(\dfrac{\partial^2 u_r}{\partial r^2}+\dfrac{\partial^2 u_X}{\partial r\partial X}+\dfrac{1}{r}\dfrac{\partial u_r}{\partial r}-\dfrac{u_r}{r^2}\right)+\mu\dfrac{\partial}{\partial X}\left(\dfrac{\partial u_r}{\partial X}-\dfrac{\partial u_X}{\partial r}\right) \\ \rho\dfrac{\partial^2 u_X}{\partial t^2}=(\lambda+2\mu)\left(\dfrac{\partial^2 u_r}{\partial r\partial X}+\dfrac{1}{r}\dfrac{\partial u_r}{\partial X}+\dfrac{\partial^2 u_X}{\partial X^2}\right) \end{cases} \tag{1.219}$$

3. 球面坐标系中的运动方程与波动方程

对于球对称问题或无限各向同性介质中爆炸波的传播等问题而言，球坐标系的推导更为简单且直观。与柱坐标系与笛卡儿坐标系中坐标转换类似，图 1.21 所示球坐标系 $r\theta\varphi$ 与笛卡儿坐标系中对应坐标的转换关系为

$$\begin{cases} x = r\sin\theta\cos\varphi \\ y = r\sin\theta\sin\varphi \\ z = r\cos\theta \end{cases} \tag{1.220}$$

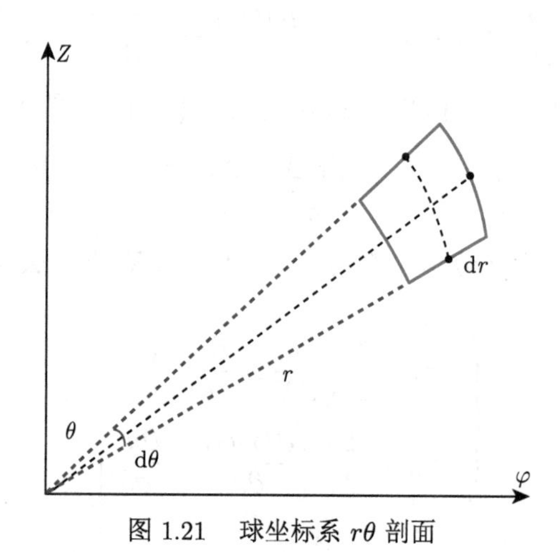

图 1.21 球坐标系 $r\theta$ 剖面

类似笛卡儿坐标系中相关分析，取柱坐标系中任意一个三个坐标方向上长度分别为 $\mathrm{d}r$、$\mathrm{d}\theta$ 和 $\mathrm{d}\varphi$ 的体微元作为研究对象，其在三个方向上的位移分别为 u_r、u_θ 和 u_φ。容易给出微元各侧面的面积分别为

$$\begin{cases} S_r(r) = r\mathrm{d}\theta\cdot r\sin\theta\mathrm{d}\varphi = r^2\sin\theta\mathrm{d}\theta\mathrm{d}\varphi \\ S_\theta(\theta) = S_\theta(\theta+\mathrm{d}\theta) = r\sin\theta\mathrm{d}\varphi\cdot\mathrm{d}r = r\sin\theta\mathrm{d}r\mathrm{d}\varphi \\ S_\varphi(\varphi) = S_\varphi(\varphi+\mathrm{d}\varphi) = r\mathrm{d}\theta\cdot\mathrm{d}r = r\mathrm{d}r\mathrm{d}\theta \end{cases} \tag{1.221}$$

式中，S 表示面积；$S_r(r)$ 中下标 r 表示垂直于 r 轴的面、括号里面 r 表明坐标为 r 的面，其他类似。

结合图 1.21 可以给出 r 方向、θ 方向和 φ 方向上的正应变分别为

$$\begin{cases} \varepsilon_{rr} = \dfrac{\partial u_r}{\partial r} \\ \varepsilon_{\theta\theta} = \dfrac{1}{r}\dfrac{\partial u_\theta}{\partial\theta} + \dfrac{u_r}{r} \\ \varepsilon_{\varphi\varphi} = \dfrac{1}{r}\left(\dfrac{1}{\sin\theta}\dfrac{\partial u_\varphi}{\partial\varphi} + u_r + u_\theta\cot\theta\right) \end{cases} \tag{1.222}$$

参考柱坐标系中相关分析，可以得到 $r\theta$ 平面、$r\varphi$ 平面和 $\theta\varphi$ 球面上的剪切应变分别为

$$\begin{cases} \gamma_{r\theta} = \alpha + \beta = \dfrac{\partial u_\theta}{\partial r} - \dfrac{u_\theta}{r} + \dfrac{1}{r}\dfrac{\partial u_r}{\partial \theta} = \dfrac{1}{r}\dfrac{\partial u_r}{\partial \theta} + \dfrac{\partial u_\theta}{\partial r} - \dfrac{u_\theta}{r} \\ \gamma_{r\varphi} = \alpha + \beta = \dfrac{\partial u_\varphi}{\partial r} - \dfrac{u_\varphi}{r} + \dfrac{1}{r\sin\theta}\dfrac{\partial u_r}{\partial \varphi} = \dfrac{1}{r\sin\theta}\dfrac{\partial u_r}{\partial \varphi} + \dfrac{\partial u_\varphi}{\partial r} - \dfrac{u_\varphi}{r} \\ \gamma_{\theta\varphi} = \alpha + \beta = \dfrac{1}{r}\left(\dfrac{\partial u_\varphi}{\partial \theta} - u_\varphi \cot\theta\right) + \dfrac{1}{r\sin\theta}\dfrac{\partial u_\theta}{\partial \varphi} \end{cases} \tag{1.223}$$

此时，微元的体应变即为

$$\Delta = \frac{1}{r^2}\frac{\partial\left(r^2 u_r\right)}{\partial r} + \frac{1}{r}\left(\frac{\partial u_\theta}{\partial \theta} + \frac{1}{\sin\theta}\frac{\partial u_\varphi}{\partial \varphi} + u_\theta \cot\theta\right) \tag{1.224}$$

类似地，可以给出球坐标中弹性介质的 Hooke 定律为

$$\begin{cases} \sigma_{rr} = \lambda\Delta + 2\mu\varepsilon_{rr} \\ \sigma_{\theta\theta} = \lambda\Delta + 2\mu\varepsilon_{\theta\theta} \\ \sigma_{\varphi\varphi} = \lambda\Delta + 2\mu\varepsilon_{\varphi\varphi} \end{cases}, \quad \begin{cases} \sigma_{r\theta} = \mu\gamma_{r\theta} \\ \sigma_{\theta\varphi} = \mu\gamma_{\theta\varphi} \\ \sigma_{r\varphi} = \mu\gamma_{r\varphi} \end{cases} \tag{1.225}$$

微元每个面有三个相互垂直的应力分量，类似前面的定义，这里以 $\sigma_{r\theta}$ 表示法线方向为 r 方向面上作用方向为 θ 方向的应力；如图 1.22 所示微元，设介质的密度为 ρ。忽略体力的影响，可以给出微元在 r 方向、θ 方向和 φ 方向上的运动方程分别为

$$\begin{cases} \rho\dfrac{\partial^2 u_r}{\partial t^2} = \dfrac{\partial \sigma_{rr}}{\partial r} + \dfrac{1}{r}\dfrac{\partial \sigma_{\theta r}}{\partial \theta} + \dfrac{1}{r\sin\theta}\dfrac{\partial \sigma_{\varphi r}}{\partial \varphi} + \dfrac{2\sigma_{rr} - (\sigma_{\theta\theta} + \sigma_{\varphi\varphi}) + \sigma_{\theta r}\cot\theta}{r} \\ \rho\dfrac{\partial^2 u_\theta}{\partial t^2} = \dfrac{\partial \sigma_{r\theta}}{\partial r} + \dfrac{1}{r}\dfrac{\partial \sigma_{\theta\theta}}{\partial \theta} + \dfrac{1}{r\sin\theta}\dfrac{\partial \sigma_{\varphi\theta}}{\partial \varphi} + \dfrac{3\sigma_{r\theta} + (\sigma_{\theta\theta} - \sigma_{\varphi\varphi})\cot\theta}{r} \\ \rho\dfrac{\partial^2 u_\varphi}{\partial t^2} = \dfrac{\partial \sigma_{r\varphi}}{\partial r} + \dfrac{1}{r}\dfrac{\partial \sigma_{\theta\varphi}}{\partial \theta} + \dfrac{1}{r\sin\theta}\dfrac{\partial \sigma_{\varphi\varphi}}{\partial \varphi} + \dfrac{3\sigma_{r\varphi} + 2\sigma_{\theta\varphi}\cot\theta}{r} \end{cases} \tag{1.226}$$

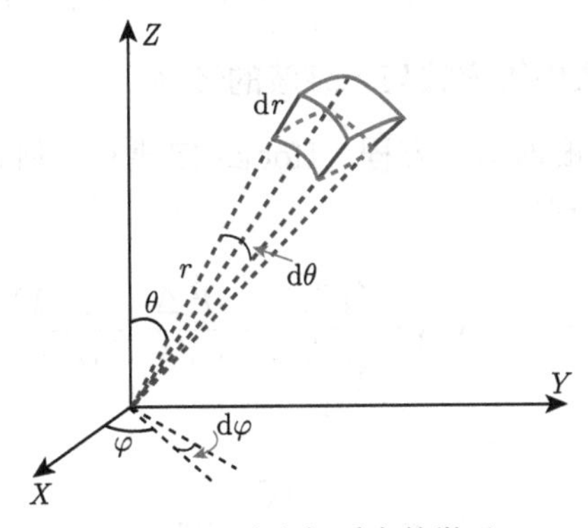

图 1.22 球坐标系中的微元

分别将 Hooke 定律和几何相容方程代入式 (1.226)，可以得到球坐标下微元的运动方程的进一步具体的形式分别为

$$
\left\{\begin{aligned}
&\rho\frac{\partial^2 u_r}{\partial t^2}=(\lambda+2\mu)\frac{\partial \varDelta}{\partial r}+\frac{\mu}{r^2}\frac{\partial^2 u_r}{\partial \theta^2}+\frac{\mu}{r^2\sin^2\theta}\frac{\partial^2 u_r}{\partial \varphi^2}-\frac{\mu}{r}\frac{\partial^2 u_\theta}{\partial r\partial \theta}-\frac{\mu}{r\sin\theta}\frac{\partial^2 u_\varphi}{\partial r\partial \varphi}\\
&\qquad+\frac{\mu}{r^2}\frac{\partial u_r}{\partial \theta}\cot\theta-\frac{\mu}{r}\frac{\partial u_\theta}{\partial r}\cot\theta-\frac{\mu}{r^2}\frac{\partial u_\theta}{\partial \theta}-\frac{\mu}{r^2\sin\theta}\frac{\partial u_\varphi}{\partial \varphi}-\frac{\mu}{r^2}u_\theta\cot\theta\\
&\rho\frac{\partial^2 u_\theta}{\partial t^2}=\frac{\lambda+2\mu}{r}\frac{\partial \varDelta}{\partial \theta}+\mu\frac{\partial^2 u_\theta}{\partial r^2}-\frac{\mu}{r}\frac{\partial^2 u_r}{\partial r\partial \theta}+\frac{\mu}{r^2\sin^2\theta}\frac{\partial^2 u_\theta}{\partial \varphi^2}-\frac{\mu}{r^2\sin\theta}\frac{\partial^2 u_\varphi}{\partial \theta\partial \varphi}\\
&\qquad+\frac{2\mu}{r}\frac{\partial u_\theta}{\partial r}-\frac{\mu}{r^2\sin\theta}\frac{\partial u_\varphi}{\partial \varphi}\cot\theta\\
&\rho\frac{\partial^2 u_\varphi}{\partial t^2}=\frac{\lambda+2\mu}{r\sin\theta}\frac{\partial \varDelta}{\partial \varphi}+\mu\frac{\partial^2 u_\varphi}{\partial r^2}+\frac{\mu}{r^2}\frac{\partial^2 u_\varphi}{\partial \theta^2}-\frac{\mu}{r\sin\theta}\frac{\partial^2 u_r}{\partial r\partial \varphi}-\frac{\mu}{r^2\sin\theta}\frac{\partial^2 u_\theta}{\partial \theta\partial \varphi}\\
&\qquad+\frac{\mu}{r^2\sin\theta}\frac{\partial u_\theta}{\partial \varphi}\cot\theta+2\frac{\mu}{r}\frac{\partial u_\varphi}{\partial r}+\frac{\mu}{r^2}\frac{\partial u_\varphi}{\partial \theta}\cot\theta-\frac{\mu}{r^2\sin^2\theta}u_\varphi
\end{aligned}\right.
\tag{1.227}
$$

特别地，当所研究的问题是球对称问题时，如无限各向同性线弹性介质中内部点冲击产生的球面波传播问题，此时微元在三个方向上的位移分量只是坐标 r 和时间 t 的函数，即

$$
\left\{\begin{aligned}
&u_r=u_r(r,t)\\
&u_\theta\equiv 0\\
&u_\varphi=u_\varphi(r,t)
\end{aligned}\right.
\tag{1.228}
$$

此特殊情况下，微元的运动方程可简化为

$$
\left\{\begin{aligned}
&\rho\frac{\partial^2 u_r}{\partial t^2}=(\lambda+2\mu)\frac{\partial \varDelta}{\partial r}\\
&\rho\frac{\partial^2 u_\theta}{\partial t^2}\equiv 0\\
&\rho\frac{\partial^2 u_\varphi}{\partial t^2}=\mu\frac{\partial^2 u_\varphi}{\partial r^2}+2\frac{\mu}{r}\frac{\partial u_\varphi}{\partial r}-\frac{\mu}{r^2\sin^2\theta}u_\varphi
\end{aligned}\right.
\tag{1.229}
$$

1.3.2　无限线弹性固体介质中等容波与无旋波的传播

在 1.3.1 小节中，我们根据运动方程、Hooke 定律和几何相容方程给出了无限线弹性介质中体应变的传播控制方程

$$
\frac{\partial^2 \varDelta}{\partial t^2}=C_\varDelta^2\cdot\left(\frac{\partial^2 \varDelta}{\partial X^2}+\frac{\partial^2 \varDelta}{\partial Y^2}+\frac{\partial^2 \varDelta}{\partial Z^2}\right)
\tag{1.230}
$$

式中

$$
C_\varDelta=\sqrt{\frac{\lambda+2\mu}{\rho}}
\tag{1.231}
$$

为了与下文球坐标中坐标 θ 区分，此处用 $\varDelta$ 表示体应变，其他符号的物理意义同上文。式 (1.230) 是一个典型的三维波动方程，其形式上与 1.2.1 小节中一维波动方程比较相似，但其点的坐标依赖于三个变量，当考虑具有球对称特征的应力波传播时，三维波动方程即可转化为一维情况，从而利用一维波动方程的 d'Alembert 来求解了。对于球对称问题，利用球坐标系对其数学表达式进行推导更加直观且简单；参考 1.3.1 小节中笛卡儿坐标和球坐标中的相关推导，可以给出球坐标下基于体应变的偏微分方程：

$$\frac{1}{C_{\varDelta}^2}\frac{\partial^2 \varDelta}{\partial t^2}=\frac{1}{r^2}\frac{\partial}{\partial r}\left(r^2\frac{\partial \varDelta}{\partial r}\right)+\frac{1}{r^2\sin\theta}\frac{\partial}{\partial\theta}\left(\sin\theta\frac{\partial \varDelta}{\partial\theta}\right)+\frac{1}{r^2\sin^2\theta}\frac{\partial^2\varDelta}{\partial\varphi^2} \tag{1.232}$$

式中

$$\varDelta=\varDelta\left(r,\theta,\varphi,t\right) \tag{1.233}$$

对于球对称问题而言，体应变 $\varDelta$ 应与 θ 和 φ 无关，即

$$\varDelta=\varDelta\left(r,t\right) \tag{1.234}$$

此时，式 (1.232) 即可简化为

$$\frac{1}{C_{\varDelta}^2}\frac{\partial^2 \varDelta}{\partial t^2}=\frac{1}{r^2}\frac{\partial}{\partial r}\left(r^2\frac{\partial \varDelta}{\partial r}\right)=\frac{\partial^2\varDelta}{\partial r^2}+\frac{2}{r}\frac{\partial\varDelta}{\partial r} \tag{1.235}$$

即

$$\frac{\partial^2\left(r\varDelta\right)}{\partial t^2}=C_{\varDelta}^2\frac{\partial^2\left(r\varDelta\right)}{\partial r^2} \tag{1.236}$$

式 (1.236) 即为一维波动方程，其通解为

$$\varDelta\left(r,t\right)=\frac{G_r\left(r-C_{\varDelta}t\right)+G_l\left(r+C_{\varDelta}t\right)}{r} \tag{1.237}$$

其物理意义是：在球对称条件下，体应变的传播是以球心为中心，沿着半径 r 传播的球面波，其传播速度为 $C_{\varDelta}$；且同一球面下，波幅相同，沿着半径方向向外传播时，波幅逐渐减小且与半径 r 成反比。

以上的推导意味着，三维线弹性介质中体应变波波速为

$$C_{\varDelta}=\sqrt{\frac{\lambda+2\mu}{\rho}}=\sqrt{\frac{K+\dfrac{4}{3}\mu}{\rho}}=\sqrt{\frac{K+\dfrac{4}{3}G}{\rho}}=\sqrt{\frac{1-\nu}{(1+\nu)(1-2\nu)}}\sqrt{\frac{E}{\rho}} \tag{1.238}$$

从体应变的物理意义可知，体应变波即为体积膨胀引起的应力波传播，换个角度看，体应变波的传播会引起所经过介质的体积变化，因而，体应变波也常被称为膨胀波。从式 (1.238) 可以看出，体应变波波速中不仅包含体积模量 K，还包含剪切模量 G，这意味着：体应变引起应力扰动在传播过程中不仅产生体积变形，同时也引起畸变；因此将体应变波称为膨胀波只是工程上直观的称呼，在理论上并不严谨。结合上面公式可以看出，体应变波和一维应变波这类纵波的传播皆会引起畸变，这因为在无限介质中，一般 $\varepsilon_{XX}\neq\varepsilon_{YY}\neq\varepsilon_{ZZ}$，即纵波传播过程中介质应变也存在剪切分量。

1. 无旋波的概念、内涵与传播

从 1.3.1 小节中笛卡儿坐标系中的推导可以知道，在介质变形中，微元的轴线也发生了旋转，即位移在膨胀或收缩、变形的同时也发生旋转，其旋转量为

$$\begin{cases} \omega_{XY} = \dfrac{1}{2}\left(\dfrac{\partial u_Y}{\partial X} - \dfrac{\partial u_X}{\partial Y}\right) \\ \omega_{YZ} = \dfrac{1}{2}\left(\dfrac{\partial u_Z}{\partial Y} - \dfrac{\partial u_Y}{\partial Z}\right) \\ \omega_{ZX} = \dfrac{1}{2}\left(\dfrac{\partial u_X}{\partial Z} - \dfrac{\partial u_Z}{\partial X}\right) \end{cases} \tag{1.239}$$

设在无限线弹性介质中，应力波传播并不引起微元的旋转，我们称这类波为无旋波，此时式 (1.239) 中旋转量皆为 0，可有

$$\begin{cases} \dfrac{\partial u_Y}{\partial X} = \dfrac{\partial u_X}{\partial Y} \\ \dfrac{\partial u_Z}{\partial Y} = \dfrac{\partial u_Y}{\partial Z} \\ \dfrac{\partial u_X}{\partial Z} = \dfrac{\partial u_Z}{\partial X} \end{cases} \tag{1.240}$$

根据动量守恒条件、Hooke 定律和几何相容条件，并结合式 (1.240)，可得到 X 方向、Y 方向和 Z 方向上的运动方程分别为

$$\begin{cases} \rho\dfrac{\partial^2 u_X}{\partial t^2} = (\lambda+2\mu)\left(\dfrac{\partial^2 u_X}{\partial X^2} + \dfrac{\partial^2 u_X}{\partial Y^2} + \dfrac{\partial^2 u_X}{\partial Z^2}\right) \\ \rho\dfrac{\partial^2 u_Y}{\partial t^2} = (\lambda+2\mu)\left(\dfrac{\partial^2 u_Y}{\partial X^2} + \dfrac{\partial^2 u_Y}{\partial Y^2} + \dfrac{\partial^2 u_Y}{\partial Z^2}\right) \\ \rho\dfrac{\partial^2 u_Z}{\partial t^2} = (\lambda+2\mu)\left(\dfrac{\partial^2 u_Z}{\partial X^2} + \dfrac{\partial^2 u_Z}{\partial Y^2} + \dfrac{\partial^2 u_Z}{\partial Z^2}\right) \end{cases} \tag{1.241}$$

根据前面内容球对称问题的三维波动方程的推导及其物理意义可知，式 (1.241) 表明在球对称问题中 X 方向、Y 方向和 Z 方向上应力波传播速度均为

$$C_Y = C_Z = C_X = \sqrt{\frac{\lambda+2\mu}{\rho}} \tag{1.242}$$

以上的推导结果意味着：无限线弹性介质中，无旋波的传播速度与体应变波的传播速度相同，均为式 (1.242) 所示结果。事实上，无旋波在传播过程中体现出来的特征就是体应变波的传播，在传播途径中，介质只出现变形而不会旋转，因此体应变波、膨胀波和无旋波在表象上是同一种波；只是在体应变波的传播过程中，虽然无旋，但微元的变形不仅仅只是简单的压缩或拉伸变形，还包含剪切变形，因此其引起的变形并不只是体积膨胀，还包含剪切变形；因此将之称为无旋波在理论上更为准确严谨。

2. 旋转波的传播

根据 1.3.1 小节中的推导结果可知应力波传播过程中 X 轴、Y 轴和 Z 轴方向上的运动方程分别为

$$\begin{cases} \rho\dfrac{\partial^2 u_X}{\partial t^2} = (\lambda+\mu)\dfrac{\partial\theta}{\partial X} + \mu\Delta u_X \\ \rho\dfrac{\partial^2 u_Y}{\partial t^2} = (\lambda+\mu)\dfrac{\partial\theta}{\partial Y} + \mu\Delta u_Y \\ \rho\dfrac{\partial^2 u_Z}{\partial t^2} = (\lambda+\mu)\dfrac{\partial\theta}{\partial Z} + \mu\Delta u_Z \end{cases} \tag{1.243}$$

式 (1.243) 中为了与 Laplace 算子 Δ 区分，体应变用 θ 来表示，后面内容如无特别说明皆是如此。

$$\Delta = \frac{\partial^2}{\partial X^2} + \frac{\partial^2}{\partial Y^2} + \frac{\partial^2}{\partial Z^2} \tag{1.244}$$

将式 (1.243) 中第一式对 X 求偏导并减去第二式对 Y 求偏导，结合式 (1.244) 即可以得到

$$\rho\frac{\partial^2 \omega_{XY}}{\partial t^2} = \mu\Delta\omega_{XY} \tag{1.245}$$

类似地，容易计算出

$$\begin{cases} \rho\dfrac{\partial^2 \omega_{YZ}}{\partial t^2} = \mu\Delta\omega_{YZ} \\ \rho\dfrac{\partial^2 \omega_{XZ}}{\partial t^2} = \mu\Delta\omega_{XZ} \end{cases} \tag{1.246}$$

式 (1.245) 和式 (1.246) 的物理意义是：物理量 ω_{XY}、ω_{YZ} 和 ω_{XZ} 在无限线弹性介质中以速度

$$C_\omega = \sqrt{\frac{\mu}{\rho}} \tag{1.247}$$

传播，即微元各个方向上的旋转是以速度 $\sqrt{\mu/\rho}$ 在介质中传播的；也就是说无限线弹性介质中旋转波总是以速度 $\sqrt{\mu/\rho}$ 传播。

3. 等容波的概念、内涵与传播

假设应力波传播过程中，无限线弹性介质中微元的体积保持不变，即

$$\frac{\partial\theta}{\partial X} = \frac{\partial\theta}{\partial Y} = \frac{\partial\theta}{\partial Z} \equiv 0 \tag{1.248}$$

则式 (1.243) 可简化为

$$\begin{cases} \rho\dfrac{\partial^2 u_X}{\partial t^2} = \mu\Delta u_X \\ \rho\dfrac{\partial^2 u_Y}{\partial t^2} = \mu\Delta u_Y \\ \rho\dfrac{\partial^2 u_Z}{\partial t^2} = \mu\Delta u_Z \end{cases} \tag{1.249}$$

式 (1.249) 也明显是三维波动方程，它表示在无限线弹性介质球对称问题中，体积保持不变条件下应力波的传播速度为

$$C_{\theta\equiv0}=\sqrt{\frac{\mu}{\rho}}\tag{1.250}$$

其物理意义是：对于传播过程中不引起介质体积的变化应力波，即常称等容波的应力波而言，其波速为 $\sqrt{\mu/\rho}$。

从 1.3.1 小节中几何方程的推导可知无限线弹性介质中，微元三个相关垂直的面上剪切应变分别为

$$\left\{\begin{aligned}\gamma_{XY}&=\frac{\partial u_X}{\partial Y}+\frac{\partial u_Y}{\partial X}\\ \gamma_{YZ}&=\frac{\partial u_Y}{\partial Z}+\frac{\partial u_Z}{\partial Y}\\ \gamma_{XZ}&=\frac{\partial u_X}{\partial Z}+\frac{\partial u_Z}{\partial X}\end{aligned}\right.\tag{1.251}$$

将式 (1.251) 中第一式对 X 求偏导并加上第二式对 Y 求偏导，可有

$$\rho\frac{\partial^2\gamma_{XY}}{\partial t^2}=\mu\Delta\gamma_{XY}\tag{1.252}$$

类似地，可以得到

$$\left\{\begin{aligned}\rho\frac{\partial^2\gamma_{YZ}}{\partial t^2}&=\mu\Delta\gamma_{YZ}\\ \rho\frac{\partial^2\gamma_{XZ}}{\partial t^2}&=\mu\Delta\gamma_{XZ}\end{aligned}\right.\tag{1.253}$$

式 (1.251)、式 (1.252) 和式 (1.253) 的物理意义是：无限线弹性介质中，纯剪切波的传播速度为

$$C_s=\sqrt{\frac{\mu}{\rho}}\tag{1.254}$$

前面的分析中，我们求出了无限线弹性介质中剪切波、扭转波、旋转波、膨胀波、无旋波、等容波等弹性波的波速；综合来看，无限线弹性介质中主要存在两种波速：

$$\left\{\begin{aligned}C_1&=\sqrt{\frac{\lambda+2\mu}{\rho}}\\ C_2&=\sqrt{\frac{\mu}{\rho}}\end{aligned}\right.\tag{1.255}$$

事实上，以上这些无限线弹性介质中不同种类的波从其特征而言也只包含两类波：从应力波传播方向与质点运动方向的关系看，分为纵波和横波，其中体应变波和无旋波属于纵波，其波速为

$$C_L=\sqrt{\frac{\lambda+2\mu}{\rho}}\tag{1.256}$$

剪切波、扭转波、旋转波和等容波属于横波，其波速为

$$C_T = \sqrt{\frac{\mu}{\rho}} \tag{1.257}$$

从应力波传播过程中微元的形态变化上看，分为无旋波和等容波，其中一维应变波、膨胀波等也属于无旋波，剪切波、扭转波与旋转波属于等容波。需要指出的是，等容波是指不引起介质体积变化的扰动在弹性介质中以 $\sqrt{\mu/\rho}$ 的速度传播的一种弹性波，在工程上很多情况下为区分它和膨胀波，将之称为畸变波，但事实上该称法在理论上也是不准确的，因为无旋波也能引起畸变。

从上面的分析和推导可以看出，等容波的传播速度只依赖介质的剪切模量和密度，而体应变扰动引起的无旋波的传播并不仅仅依赖体积模量和密度，还依赖于剪切模量。事实上，在各向同性线弹性均质材料中，任何一个位移扰动都可以分解为无旋波和等容波，并分别以各自的波速独立传播，这些波在介质内部的传播与其边界效应无关，统称为体波。在此需要强调的是，虽然无旋波和等容波分别独立传播，且等容波是一个畸变波，但无旋波也能够引起畸变，只是其中畸变与膨胀 (缩小) 行为相互耦合。理论上讲，无旋波是纵波，等容波是横波，容易看出此纵波波速明显大于其横波波速，前者传播的速度快，因此，在地震监测过程中，我们首先观察到的是纵波，其后才是横波，前者我们一般称为 P 波，后者称为 S 波。如 S 波位移扰动方向平行于自由表面则称为 SH 波，如位移扰动方向垂直于自由表面则称为 SV 波。表 1.5 是无限介质条件下几种常见材料中无旋波波速和等容波波速。

表 1.5 无限介质条件下几种常见材料的无旋波波速和等容波波速

材料	无旋波波速/(m/s)	等容波波速/(m/s)	材料	无旋波波速/(m/s)	等容波波速/(m/s)
铝	6150	3100	锡	2960	1490
钢	5710	3160	锌	3860	2560
铅	2120	740	钨	4780	2640
铍	10000	—	银	3450	1570
镁	6440	3090	黄铜	4240	2140
铜	4270	2150	玻璃	6800	3300
铁	5060	3190	树脂玻璃	2600	1200
镍	5590	2930	聚苯乙烯	2300	1200

根据弹性理论可知

$$\begin{cases} \lambda + 2\mu = \dfrac{1-\nu}{(1+\nu)(1-2\nu)}E > E \\ \mu = \dfrac{E}{2(1+\nu)} < E \end{cases} \tag{1.258}$$

式中，E 和 ν 分别表示杨氏模量和 Poisson 比。几种常用材料的弹性常数如表 1.6 所示。

对比三种波速表达式，容易看出

$$\mu < E < \lambda + 2\mu \Leftrightarrow C_\omega < C < C_\Delta \tag{1.259}$$

从表 1.6 可以看出，一般金属材料 Poisson 比约为 0.3，因此

$$\begin{cases} \dfrac{\lambda+2\mu}{E} \approx 1.35 \\ \dfrac{\mu}{E} \approx 0.38 \end{cases} \tag{1.260}$$

表 1.6　无限介质条件下几种常见材料的弹性常数

材料	E/GPa	ρ/(kg/m^3)	λ/GPa	μ/GPa	ν
铀	172.0	18950.0	99.2	66.1	0.3
铜	129.8	8930.0	105.6	48.3	0.343
铝	70.3	2700.0	58.2	26.1	0.345
铁	211.4	7850.0	115.7	81.6	0.293
氧化铝陶瓷	365.0	3900.0	210.6	140.4	0.3

即有

$$\begin{cases} \dfrac{C_\varDelta}{C} \approx 1.16 \\ \dfrac{C_\omega}{C} \approx 0.62 \end{cases} \tag{1.261}$$

也就是说，一维杆中弹性纵波波速大于无限介质中的等容波波速但小于无限介质中无旋波波速。值得注意的是，结合一维杆中有关扭转波传播推导，可以看出，无旋波波速与边界条件相关，如无限介质中的波速与一维杆中的波速明显不同，但剪切波波速或扭转波波速在两种情况下却相同。几种常用材料中无旋波波速和等容波波速见表 1.7 所示。

表 1.7　两种条件下几种常见材料的无旋波波速和等容波波速

材料	无旋波波速/(m/s)		等容波波速/(m/s)
	一维杆	无限介质	无限介质
铀	3012.7	3494.4	1867.6
铜	3812.5	4758.4	2325.6
铝	5102.6	6394.4	3109.1
铁	5189.4	5960.6	3224.1
氧化铝陶瓷	9674.2	11225.0	6000.0

从上面的推导过程可知，对于各向同性均质材料而言，可以根据测量一维杆中介质中的纵波波速和 Poisson 比推导出其在无限介质中的无旋波和等容波；反之，也可以根据测量不同波速反推导出杨氏模量、Poisson 比、剪切模量等。

例 1.1　利用不同波速求解 Poisson 比。

由本小节上述分析可知，无限线弹性介质中等容波波速 C_ω 和无旋波波速之比为 $C_\varDelta$：

$$\zeta = \frac{C_\omega}{C_\varDelta} = \sqrt{\frac{\mu}{\lambda+2\mu}} \tag{1.262}$$

结合弹性常数之间的联系表，式 (1.262) 可表达为

$$\zeta = \frac{C_\omega}{C_\Delta} = \sqrt{\frac{1-2\nu}{2(1-\nu)}} \tag{1.263}$$

已知金属铝的等容波波速为 3100m/s，无旋波波速为 6150m/s，根据式 (1.263) 可以得到

$$\zeta = \frac{C_\omega}{C_\Delta} = 0.504 \tag{1.264}$$

即

$$\sqrt{\frac{1-2\nu}{2(1-\nu)}} = 0.504 \tag{1.265}$$

可以求出其 Poisson 比为 0.33。同理，我们可以根据表 1.5 所示几种金属材料的两种波速值求解其 Poisson 比，如表 1.8 所示。

表 1.8 根据波速求几种金属材料的 Poisson 比

材料	无旋波波速/(m/s)	等容波波速/(m/s)	Poisson 比
铝	6150	3100	0.33
钢	5710	3160	0.28
铅	2120	740	0.43
镁	6440	3090	0.35
铜	4270	2150	0.33
铁	5060	3190	0.17
镍	5590	2930	0.31
锡	2960	1490	0.33
锌	3860	2560	0.11
钨	4780	2640	0.28
银	3450	1570	0.37
黄铜	4240	2140	0.33

1.3.3 无限线弹性介质中两种典型简单波求解——球面波与柱面波

球面波和柱面波无限线弹性固体介质中两种典型的简单应力波；一般而言，固体介质中的三维波的传播是非常复杂的问题，很难给出其准确的解析解；而如果在各向同性假设的基础上，再考虑球对称和轴对称问题，则此类应力波还是能够给出解析解的。虽然球面波和柱面波是一种理想的简单波，但其具有代表性和重要的参考性，因此，对这两种情况下应力波传播问题的求解具有重要的理论意义。一般而言，球面波和柱面波的求解有势函数法和特征线两种典型的解析方法，这类对此两种波的势函数解法进行详细介绍，其特征线解法在第 3 章进行讲解。

1. 球面波传播的势函数解法

对于球对称问题，此时微元在三个方向上的位移分量只是坐标 r 和时间 t 的函数，即

$$\begin{cases} u_r = u_r(r,t) \\ u_\theta \equiv 0 \\ u_\varphi = u_\varphi(r,t) \end{cases} \tag{1.266}$$

此时几何方程可以进一步写为

$$\begin{cases} \varepsilon_{rr} = \dfrac{\partial u_r}{\partial r} \\ \varepsilon_{\theta\theta} = \varepsilon_{\varphi\varphi} = \dfrac{u_r}{r} \end{cases}, \quad \begin{cases} \gamma_{r\theta} = 0 \\ \gamma_{r\varphi} = \dfrac{\partial u_\varphi}{\partial r} - \dfrac{u_\varphi}{r} \\ \gamma_{\theta\varphi} = -\cot\theta \dfrac{u_\varphi}{r} \end{cases} \tag{1.267}$$

因此，其 Hooke 定律也可随之简化为

$$\begin{cases} \sigma_{rr} = (\lambda+2\mu)\dfrac{\partial u_r}{\partial r} + 2\lambda\dfrac{u_r}{r} \\ \sigma_{\theta\theta} = \sigma_{\varphi\varphi} = \lambda\dfrac{\partial u_r}{\partial r} + 2(\lambda+\mu)\dfrac{u_r}{r} \end{cases}, \quad \begin{cases} \sigma_{r\theta} \equiv 0 \\ \sigma_{r\varphi} = \mu\dfrac{\partial u_\varphi}{\partial r} - \mu\dfrac{u_\varphi}{r} \\ \sigma_{\theta\varphi} = -\mu\cot\theta\dfrac{u_\varphi}{r} \end{cases} \tag{1.268}$$

此时，微元的运动方程相应地简化为

$$\begin{cases} \rho\dfrac{\partial^2 u_r}{\partial t^2} = \dfrac{\partial \sigma_{rr}}{\partial r} + 2\dfrac{\sigma_{rr}-\sigma_{\theta\theta}}{r} \\ \rho\dfrac{\partial^2 u_\varphi}{\partial t^2} = \dfrac{\partial \sigma_{r\varphi}}{\partial r} + \dfrac{3\sigma_{r\varphi}+2\sigma_{\theta\varphi}\cot\theta}{r} \end{cases} \tag{1.269}$$

将式 (1.268) 代入球对称问题中的径向运动方程式 (1.269) 中第一式，可以得到

$$\frac{\partial^2 u_r}{\partial t^2} = C^2\left(\frac{\partial^2 u_r}{\partial r^2} + \frac{2}{r}\frac{\partial u_r}{\partial r} - \frac{2u_r}{r^2}\right) \tag{1.270}$$

式中

$$C = \sqrt{\frac{\lambda+2\mu}{\rho}} \tag{1.271}$$

表示无限线弹性介质中纵波波速。

定义一个位移势函数 ϕ，使得

$$u_r = \frac{\partial \phi}{\partial r} \tag{1.272}$$

将式 (1.272) 代入式 (1.270)，可以得到基于位移势函数的偏微分方程：

$$\frac{\partial}{\partial r}\left(\frac{\partial^2\phi}{\partial t^2}\right)=C^2\frac{\partial}{\partial r}\left[\frac{1}{r}\frac{\partial^2(r\phi)}{\partial r^2}\right] \tag{1.273}$$

或

$$\frac{\partial}{\partial r}\left[\frac{\partial^2(r\phi)}{\partial t^2}\right]=C^2\frac{\partial}{\partial r}\left[\frac{\partial^2(r\phi)}{\partial r^2}\right] \tag{1.274}$$

式 (1.274) 成立的必要条件为

$$\frac{\partial^2(r\phi)}{\partial t^2}=C^2\frac{\partial^2(r\phi)}{\partial r^2} \tag{1.275}$$

式 (1.275) 是一个典型的一维波动方程，其通解为

$$r\phi=G(X-Ct)+F(X+Ct) \tag{1.276}$$

式中，函数 G 表示向外传播的球面辐射波，即球形膨胀波；函数 F 表示向内传播的球面汇聚波，即球形收缩波。式 (1.276) 可以进一步写为

$$\phi=\frac{G(X-Ct)}{r}+\frac{F(X+Ct)}{r} \tag{1.277}$$

若只考虑球形膨胀波，即对应球腔膨胀问题，此时式 (1.277) 简化为

$$\phi=\frac{G(X-Ct)}{r} \tag{1.278}$$

或

$$\phi=\frac{1}{r}G\left(t-\frac{X}{C}\right) \tag{1.279}$$

以在 $t=0$ 时刻，$r=R_0$ 球腔内壁突然施加一个恒压力 P_0 情况下球面波传播问题为例，如图 1.23 所示；设在一个无限大的线弹性介质中，介质原始状态为自然松弛状态，即介质内部初始质点速度 v_r、径向应变 ε_{rr} 和径向应力 σ_{rr} 均为 0：

$$\begin{cases} v_r|_{t=0}=0 \\ \varepsilon_{rr}|_{t=0}=0 \\ \sigma_{rr}|_{t=0}=0 \end{cases} \tag{1.280}$$

式中，v_r 为质点在 r 方向上的速度：

$$v_r=\frac{\partial u_r}{\partial t} \tag{1.281}$$

内部加载为恒压力，在初始时刻内部突加一个强间断波即弹性冲击波，其强度为 $\sigma=-P_0$。

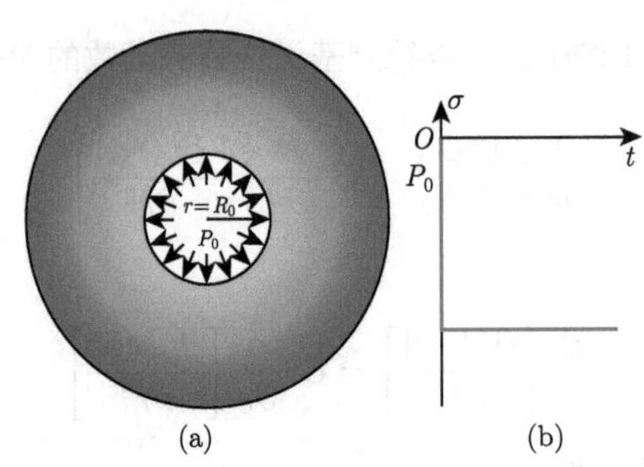

图 1.23　球腔内冲击加载引起的球面波的传播示意图

自 $t=0$ 时刻起，$r=R_0$ 球腔上受到强度为 P_0 突加弹性冲击压缩波：

$$\sigma_{rr}|_{r=R_0}=-P_0 \tag{1.282}$$

则有

$$\phi=\frac{1}{r}G\left(t-\frac{r-R_0}{C}\right) \tag{1.283}$$

此时，径向位移 u_r 与径向速度分别为

$$\begin{cases} u_r=\dfrac{\partial\phi}{\partial r}=-\dfrac{1}{rC}G'-\dfrac{1}{r^2}G \\ v_r=\dfrac{\partial u_r}{\partial t}=-\dfrac{1}{rC}G''-\dfrac{1}{r^2}G' \end{cases} \tag{1.284}$$

式中

$$\begin{cases} G'=G'(x)=\dfrac{\mathrm{d}G(x)}{\mathrm{d}x} \\ G''=G''(x)=\dfrac{\mathrm{d}G'(x)}{\mathrm{d}x} \end{cases} \tag{1.285}$$

将式 (1.284) 代入本构方程 (1.268)，可有

$$\sigma_{rr}=\frac{\lambda+2\mu}{rC^2}G''+\frac{4\mu}{r^2C}G'+\frac{4\mu}{r^3}G \tag{1.286}$$

即

$$\sigma_{rr}=\frac{\rho}{r}G''+\frac{4\mu}{r^2C}G'+\frac{4\mu}{r^3}G \tag{1.287}$$

根据边界条件式 (1.282)，有

$$\frac{\rho}{R_0}G''(t)+\frac{4\mu}{R_0^2C}G'(t)+\frac{4\mu}{R_0^3}G(t)=-P_0 \tag{1.288}$$

或

$$G''(t)+\frac{1}{C}\frac{4}{R_0}\frac{\mu}{\rho}G'(t)+\frac{1}{R_0}\frac{4}{R_0}\frac{\mu}{\rho}G(t)=-\frac{P_0R_0}{\rho} \tag{1.289}$$

根据线弹性介质中等容波波速定义：

$$C_s = \sqrt{\frac{\mu}{\rho}} \tag{1.290}$$

此时式 (1.289) 可写为

$$G''(t) + \frac{2C_s}{C}\frac{2C_s}{R_0}G'(t) + \frac{4}{R_0^2}C_s^2 G(t) = -\frac{P_0 R_0}{\rho} \tag{1.291}$$

如令

$$\omega_0^2 = \frac{4}{R_0^2}C_s^2 \quad 或 \quad \omega_0 = \frac{2C_s}{R_0} \tag{1.292}$$

$$\zeta = \frac{C_s}{C} \tag{1.293}$$

则式 (1.291) 可写为

$$G''(t) + 2\zeta\omega_0 G'(t) + \omega_0^2 G(t) = -\frac{P_0 R_0}{\rho} \tag{1.294}$$

式 (1.294) 是一个典型二阶常系数线性非齐次微分方程，其对应的齐次微分方程为

$$G''(t) + 2\zeta\omega_0 G'(t) + \omega_0^2 G(t) = 0 \tag{1.295}$$

式 (1.295) 所示齐次微分方程对应的特征方程为

$$\varDelta = 4\zeta^2\omega_0^2 - 4\omega_0^2 = 4\omega_0^2\left(\zeta^2 - 1\right) < 0 \tag{1.296}$$

该特征方程的两个特征根为

$$\begin{cases} x_1 = \omega_0\left(\mathrm{i}\sqrt{1-\zeta^2} - \zeta\right) \\ x_2 = -\omega_0\left(\mathrm{i}\sqrt{1-\zeta^2} + \zeta\right) \end{cases} \tag{1.297}$$

因此式 (1.295) 的两个特解为

$$\begin{cases} y_1 = \mathrm{e}^{\omega_0\left(\mathrm{i}\sqrt{1-\zeta^2} - \zeta\right)t} \\ y_2 = \mathrm{e}^{-\omega_0\left(\mathrm{i}\sqrt{1-\zeta^2} + \zeta\right)t} \end{cases} \tag{1.298}$$

根据 Euler 公式，有

$$\mathrm{e}^{\mathrm{i}t} = \cos t + \mathrm{i}\sin t \tag{1.299}$$

式 (1.298) 可写为

$$\begin{cases} y_1 = \mathrm{e}^{-\zeta\omega_0 t}\left[\cos\left(\omega_0\sqrt{1-\zeta^2}\right)t + \mathrm{i}\sin\left(\omega_0\sqrt{1-\zeta^2}\right)t\right] \\ y_2 = \mathrm{e}^{-\zeta\omega_0 t}\left[\cos\left(\omega_0\sqrt{1-\zeta^2}\right)t - \mathrm{i}\sin\left(\omega_0\sqrt{1-\zeta^2}\right)t\right] \end{cases} \tag{1.300}$$

因而，齐次微分方程式 (1.295) 的通解为

$$G(t) = \mathrm{e}^{-\zeta\omega_0 t}\left[K_1\cos\left(\omega_0\sqrt{1-\zeta^2}\right)t + K_2\sin\left(\omega_0\sqrt{1-\zeta^2}\right)t\right] \tag{1.301}$$

式中，K_1 和 K_2 为待定系数。

由于非齐次微分方程右端 $-P_0R_0/\rho$ 为常数，可设特解为

$$G^*(t) = K_3 \tag{1.302}$$

式中，K_3 为待定系数。将式 (1.302) 代入式 (1.294)，可以得到

$$K_3\omega_0^2 = -\frac{P_0R_0}{\rho} \tag{1.303}$$

即

$$K_3 = -\frac{P_0R_0}{\rho\omega_0^2} \tag{1.304}$$

因此，可以得到该非齐次微分方程的解为

$$G(t) = \mathrm{e}^{-\zeta\omega_0 t}\left[K_1\cos\left(\omega_0\sqrt{1-\zeta^2}\right)t + K_2\sin\left(\omega_0\sqrt{1-\zeta^2}\right)t\right] - \frac{P_0R_0}{\rho\omega_0^2} \tag{1.305}$$

根据弹性冲击波波阵面上的连续条件可知，在冲击波波阵面 $r = R_0 + Ct$ 上，径向位移 u_r 及其位移势函数 ϕ 满足

$$\phi|_{r=R_0+Ct} = \frac{1}{r}G\left(t - \frac{r-R_0}{C}\right)\bigg|_{r=R_0+Ct} = \frac{1}{r}G(0) \equiv 0 \tag{1.306}$$

$$u_r|_{r=R_0+Ct} = \left(-\frac{1}{rC}G' - \frac{1}{r^2}G\right)\bigg|_{r=R_0+Ct} = -\frac{1}{rC}G'(0) - \frac{1}{r^2}G(0) \equiv 0 \tag{1.307}$$

由式 (1.306) 和式 (1.307)，可以得到初始条件：

$$G(0) = G'(0) \equiv 0 \tag{1.308}$$

将式 (1.308) 所示初始条件代入式 (1.294)，可以进一步得到

$$\begin{cases} K_1 - \dfrac{P_0R_0}{\rho\omega_0^2} \equiv 0 \\ K_2\left(\omega_0\sqrt{1-\zeta^2}\right) - K_1\zeta\omega_0 \equiv 0 \end{cases} \tag{1.309}$$

即有

$$\begin{cases} K_1 = \dfrac{P_0R_0}{\rho\omega_0^2} \\ K_2 = \dfrac{\zeta}{\sqrt{1-\zeta^2}}\dfrac{P_0R_0}{\rho\omega_0^2} \end{cases} \tag{1.310}$$

因此，非齐次微分方程的具体解为

$$G(t)=\frac{P_0R_0}{\rho\omega_0^2}\left\{\mathrm{e}^{-\zeta\omega_0 t}\left[\cos\left(\omega_0\sqrt{1-\zeta^2}\right)t+\frac{\zeta}{\sqrt{1-\zeta^2}}\sin\left(\omega_0\sqrt{1-\zeta^2}\right)t\right]-1\right\} \tag{1.311}$$

如令

$$\omega=\omega_0\sqrt{1-\zeta^2}=\frac{2C_s}{R_0}\sqrt{1-\left(\frac{C_s}{C}\right)^2}=\frac{2}{R_0}\sqrt{\frac{\mu}{\rho}\frac{\lambda+\mu}{\lambda+2\mu}} \tag{1.312}$$

则式 (1.311) 可简化为

$$G(t)=\frac{P_0R_0^3}{4\mu}\left[\mathrm{e}^{-\sqrt{\frac{\mu}{\lambda+\mu}}\omega t}\left(\cos\omega t+\sqrt{\frac{\mu}{\lambda+\mu}}\sin\omega t\right)-1\right] \tag{1.313}$$

进而可以得到

$$\begin{cases} G'(t)=-\omega\dfrac{\lambda+2\mu}{\lambda+\mu}\dfrac{P_0R_0^3}{4\mu}\mathrm{e}^{-\sqrt{\frac{\mu}{\lambda+\mu}}\omega t}\sin\omega t \\ G''(t)=-\omega^2\dfrac{\lambda+2\mu}{\lambda+\mu}\dfrac{P_0R_0^3}{4\mu}\mathrm{e}^{-\sqrt{\frac{\mu}{\lambda+\mu}}\omega t}\left(\cos\omega t-\sqrt{\dfrac{\mu}{\lambda+\mu}}\sin\omega t\right) \end{cases} \tag{1.314}$$

如令

$$t^*=t-\frac{r-R_0}{C} \tag{1.315}$$

因此，将式 (1.313) 代入式 (1.283) 可以得到

$$\phi=\frac{P_0R_0^3}{4r\mu}\left[\mathrm{e}^{-\sqrt{\frac{\mu}{\lambda+\mu}}\omega t^*}\left(\cos\omega t^*+\sqrt{\frac{\mu}{\lambda+\mu}}\sin\omega t^*\right)-1\right] \tag{1.316}$$

将式 (1.313) 和式 (1.314) 代入式 (1.284) 中第一式，可以得到

$$u_r=\frac{P_0R_0^3}{4r^2\mu}\left\{\mathrm{e}^{-\sqrt{\frac{\mu}{\lambda+\mu}}\omega t^*}\left[\left(\frac{2r}{R_0}-1\right)\sqrt{\frac{\mu}{\lambda+\mu}}\sin\omega t^*-\cos\omega t^*\right]+1\right\} \tag{1.317}$$

将式 (1.313) 和式 (1.314) 代入式 (1.284) 中第二式，可以得到

$$v_r=\frac{P_0R_0}{r\sqrt{\rho(\lambda+2\mu)}}\mathrm{e}^{-\sqrt{\frac{\mu}{\lambda+\mu}}\omega t^*}\left[\cos\omega t^*+\left(\frac{R_0}{2r}\frac{\lambda+2\mu}{\sqrt{\mu(\lambda+\mu)}}-\sqrt{\frac{\mu}{\lambda+\mu}}\right)\sin\omega t^*\right] \tag{1.318}$$

将式 (1.313) 和式 (1.314) 代入式 (1.287)，可以得到

$$\sigma_{rr}=\frac{P_0R_0^3}{r^3}\mathrm{e}^{-\sqrt{\frac{\mu}{\lambda+\mu}}\omega t^*}\left[\left(\frac{r}{R_0}-1\right)^2\sqrt{\frac{\mu}{\lambda+\mu}}\sin\omega t^*-\left(\frac{r^2}{R_0^2}-1\right)\cos\omega t^*\right]-\frac{P_0R_0^3}{r^3} \tag{1.319}$$

结合式 (1.284) 代入式 (1.268)，可以得到

$$\sigma_{\theta\theta}=\frac{\lambda}{rC^2}G''-\frac{2\mu}{r^2C}G'-\frac{2\mu}{r^3}G \tag{1.320}$$

将式 (1.313) 和式 (1.314) 代入式 (1.320)，可以得到

$$\begin{aligned}\sigma_{\theta\theta}=&\frac{P_0R_0^3}{2r^3}\mathrm{e}^{-\sqrt{\frac{\mu}{\lambda+\mu}}\omega t^*}\left[\sqrt{\frac{\mu}{\lambda+\mu}}\left(\frac{\lambda}{\lambda+2\mu}\frac{2r^2}{R_0^2}+\frac{2r}{R_0}-1\right)\sin\omega t^*\right.\\&\left.-\left(\frac{\lambda}{\lambda+2\mu}\frac{2r^2}{R_0^2}+1\right)\cos\omega t^*\right]+\frac{P_0R_0^3}{2r^3}\end{aligned} \tag{1.321}$$

当 $t\to\infty$ 时，即准静态条件下，式 (1.319) 和式 (1.321) 即可简化为

$$\begin{cases}\sigma_{rr}=-\dfrac{P_0R_0^3}{r^3}\\[2ex]\sigma_{\theta\theta}=\dfrac{P_0R_0^3}{2r^3}\end{cases} \tag{1.322}$$

这与弹性力学中准静态条件下膨胀过程中径向应力的表达式完全一致。

特别地，当 $r=R_0$ 时，径向应力：

$$\sigma_{rr}=-P_0 \tag{1.323}$$

这与球腔内边界条件完全一致；不过此处，环向应力：

$$\sigma_{\theta\theta}=\frac{P_0}{2}\mathrm{e}^{-\sqrt{\frac{\mu}{\lambda+\mu}}\omega t^*}\frac{3\lambda+2\mu}{\lambda+2\mu}\left(\sqrt{\frac{\mu}{\lambda+\mu}}\sin\omega t^*-\cos\omega t^*\right)+\frac{P_0}{2} \tag{1.324}$$

例 1.2　Poisson 比为 0.25 时球面波传播应力时程曲线。

设 $\nu=0.25$，则

$$\lambda=\frac{2\nu\mu}{1-2\nu}=\mu \tag{1.325}$$

此时，式 (1.319) 和式 (1.321) 即可分别简化为

$$\begin{cases}\dfrac{r\sigma_{rr}}{P_0R_0}=\dfrac{R_0^2}{r^2}\mathrm{e}^{-\frac{\omega t^*}{\sqrt{2}}}\left[\left(\dfrac{r}{R_0}-1\right)^2\dfrac{\sin\omega t^*}{\sqrt{2}}-\left(\dfrac{r^2}{R_0^2}-1\right)\cos\omega t^*\right]-\dfrac{R_0^2}{r^2}\\[3ex]\dfrac{r\sigma_{\theta\theta}}{P_0R_0}=\dfrac{R_0^2}{2r^2}\mathrm{e}^{-\frac{\omega t^*}{\sqrt{2}}}\left[\sqrt{\dfrac{1}{2}}\left(\dfrac{2}{3}\dfrac{r^2}{R_0^2}+\dfrac{2r}{R_0}-1\right)\sin\omega t^*-\left(\dfrac{2}{3}\dfrac{r^2}{R_0^2}+1\right)\cos\omega t^*\right]+\dfrac{R_0^2}{2r^2}\end{cases} \tag{1.326}$$

式中

$$\begin{cases}\omega=\dfrac{2\sqrt{6}}{3R_0}\sqrt{\dfrac{\mu}{\rho}}\\[3ex]\omega t^*=\dfrac{2\sqrt{6}}{3R_0}\sqrt{\dfrac{\mu}{\rho}}t-\dfrac{2\sqrt{3}}{3R_0}(r-R_0)\end{cases} \tag{1.327}$$

当 $r=2R_0$ 时，有

$$\begin{cases} \dfrac{r\sigma_{rr}}{P_0R_0}=\dfrac{1}{4}\mathrm{e}^{-\frac{\omega t^*}{\sqrt{2}}}\left(\dfrac{\sin\omega t^*}{\sqrt{2}}-3\cos\omega t^*\right)-\dfrac{1}{4} \\ \dfrac{r\sigma_{\theta\theta}}{P_0R_0}=\dfrac{1}{24}\mathrm{e}^{-\frac{\omega t^*}{\sqrt{2}}}\left(\dfrac{17}{\sqrt{2}}\sin\omega t^*-11\cos\omega t^*\right)+\dfrac{1}{8} \end{cases} \tag{1.328}$$

当 $r\to\infty$ 时，有

$$\begin{cases} \sigma_{rr}=0 \\ \sigma_{\theta\theta}=0 \end{cases} \tag{1.329}$$

如令

$$\bar{r}=\frac{r}{R_0} \tag{1.330}$$

为无量纲径向坐标 (或距离)。

令

$$\begin{cases} \bar{\sigma}_{rr}=-\dfrac{r\sigma_{rr}}{P_0R_0}=-\dfrac{\sigma_{rr}}{P_0}\cdot\bar{r} \\ \bar{\sigma}_{\theta\theta}=-\dfrac{r\sigma_{\theta\theta}}{P_0R_0}=-\dfrac{\sigma_{\theta\theta}}{P_0}\cdot\bar{r} \end{cases} \tag{1.331}$$

分别为径向无量纲应力和环向无量纲应力。

令

$$\bar{t}=\frac{Ct}{R_0}-\bar{r}+1 \tag{1.332}$$

为无量纲时间，则根据式 (1.327) 有

$$\omega t^*=\frac{2\sqrt{2}}{3}\bar{t} \tag{1.333}$$

此时式 (1.331) 可简化写为

$$\begin{cases} \bar{\sigma}_{rr}=-\dfrac{1}{\bar{r}^2}\mathrm{e}^{-\frac{2\bar{t}}{3}}\left[\dfrac{(\bar{r}-1)^2}{\sqrt{2}}\sin\dfrac{2\sqrt{2}}{3}\bar{t}-\left(\bar{r}^2-1\right)\cos\dfrac{2\sqrt{2}}{3}\bar{t}\right]+\dfrac{1}{\bar{r}^2} \\ \bar{\sigma}_{\theta\theta}=-\dfrac{1}{2\bar{r}^2}\mathrm{e}^{-\frac{2\bar{t}}{3}}\left[\sqrt{\dfrac{1}{2}}\left(\dfrac{2}{3}\bar{r}^2+2\bar{r}-1\right)\sin\dfrac{2\sqrt{2}}{3}\bar{t}-\left(\dfrac{2}{3}\bar{r}^2+1\right)\cos\dfrac{2\sqrt{2}}{3}\bar{t}\right]-\dfrac{1}{2\bar{r}^2} \end{cases} \tag{1.334}$$

因此，当 $r=R_0$ 时，$\bar{r}=1$，无量纲径向应力：

$$\bar{\sigma}_{rr}\equiv 1 \tag{1.335}$$

当 $r=2R_0$ 时，$\bar{r}=2$，无量纲径向应力：

$$\bar{\sigma}_{rr}=-\frac{1}{4}\mathrm{e}^{-\frac{2\bar{t}}{3}}\left(\frac{1}{\sqrt{2}}\sin\frac{2\sqrt{2}}{3}\bar{t}-3\cos\frac{2\sqrt{2}}{3}\bar{t}\right)+\frac{1}{4} \tag{1.336}$$

根据三角函数运算法则，式 (1.336) 可以进一步写为

$$\bar{\sigma}_{rr} = -\frac{\sqrt{38}}{8}\mathrm{e}^{-\frac{2\bar{t}}{3}}\sin\left(\frac{2\sqrt{2}}{3}\bar{t} - \varphi\right) + \frac{1}{4} \tag{1.337}$$

式中，角度满足

$$\cos\varphi = \frac{1}{\sqrt{19}} \tag{1.338}$$

当 $r \to \infty$ 时，$\bar{r} = \infty$，无量纲径向应力：

$$\bar{\sigma}_{rr} = \mathrm{e}^{-\frac{2\bar{t}}{3}}\left(\cos\frac{2\sqrt{2}}{3}\bar{t} - \frac{1}{\sqrt{2}}\sin\frac{2\sqrt{2}}{3}\bar{t}\right) \tag{1.339}$$

式 (1.339) 可以进一步写为

$$\bar{\sigma}_{rr} = \frac{\sqrt{6}}{2}\mathrm{e}^{-\frac{2\bar{t}}{3}}\cos\left(\frac{2\sqrt{2}}{3}\bar{t} + \varphi'\right) \tag{1.340}$$

式中，角度满足

$$\cos\varphi' = \sqrt{\frac{2}{3}} \tag{1.341}$$

此三种情况下无量纲径向应力与无量纲时间的关系如图 1.24 所示。从图中可以看出，当 $\bar{r} = 1$ 时，无量纲径向应力 $\bar{\sigma}_{rr}$ 恒等于 1，这是因此内边界应力条件为恒压力加载条件。当 $\bar{r} = 2$ 时，随着无量纲时间 $\bar{t}$ 的增大，无量纲径向应力 $\bar{\sigma}_{rr}$ 先逐渐减小，到达最低点即满足

$$\bar{\sigma}'_{rr}\big|_{\bar{r}=2} = 0 \tag{1.342}$$

的点后逐渐增大，最后收敛于：

$$\bar{\sigma}_{rr}\big|_{\bar{t}\to\infty} = \frac{1}{4} \tag{1.343}$$

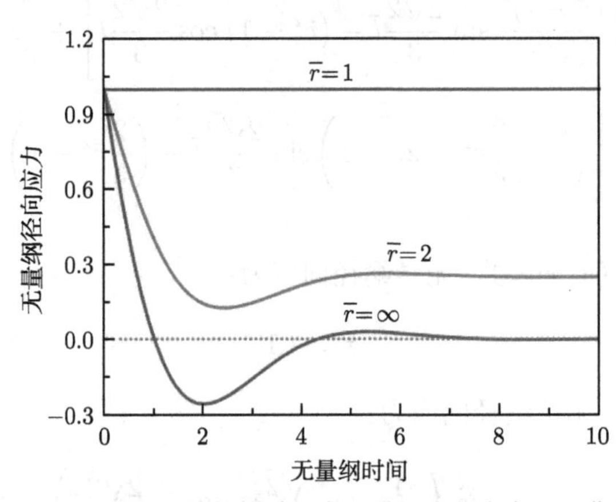

图 1.24　球面波的传播过程中无量纲径向应力时程曲线

根据式 (1.342) 我们可以给出最低点对应的无量纲时间为

$$\bar{t}=\frac{3}{2\sqrt{2}}\left(\arccos\frac{1}{\sqrt{19}}+\arccos\frac{1}{\sqrt{3}}\right)\approx 2.43 \tag{1.344}$$

对应的无量纲径向应力为

$$\bar{\sigma}_{rr}=-\frac{\sqrt{38}}{8}\mathrm{e}^{-\frac{2\bar{t}}{3}}\sin\left(\frac{2\sqrt{2}}{3}\bar{t}-\varphi\right)+\frac{1}{4}\approx 0.13 \tag{1.345}$$

当 $\bar{r}=\infty$ 时，随着无量纲时间 $\bar{t}$ 的增大，无量纲径向应力 $\bar{\sigma}_{rr}$ 先逐渐减小，直至

$$\left.\bar{\sigma}'_{rr}\right|_{\bar{r}=\infty}=0 \tag{1.346}$$

即

$$\begin{cases}\bar{t}=\dfrac{3}{2\sqrt{2}}\left(\pi-2\arccos\sqrt{\dfrac{2}{3}}\right)\approx 2.03\\ \bar{\sigma}_{rr}=\dfrac{\sqrt{6}}{2}\mathrm{e}^{-\frac{2\bar{t}}{3}}\cos\left(\dfrac{2\sqrt{2}}{3}\bar{t}+\arccos\sqrt{\dfrac{2}{3}}\right)\approx -0.26\end{cases} \tag{1.347}$$

时达到最低点，之后整体上随着无量纲时间的增大而增大，最后收敛于:

$$\left.\bar{\sigma}_{rr}\right|_{\bar{t}\to\infty}=0 \tag{1.348}$$

同理，当 $r=R_0$ 时，$\bar{r}=1$，无量纲环向应力为

$$\bar{\sigma}_{\theta\theta}=-\frac{5}{6}\mathrm{e}^{-\frac{2\bar{t}}{3}}\left(\frac{\sqrt{2}}{2}\sin\frac{2\sqrt{2}}{3}\bar{t}-\cos\frac{2\sqrt{2}}{3}\bar{t}\right)-\frac{1}{2} \tag{1.349}$$

即

$$\begin{cases}\bar{\sigma}_{\theta\theta}=-\dfrac{5}{2\sqrt{6}}\mathrm{e}^{-\frac{2\bar{t}}{3}}\sin\left(\dfrac{2\sqrt{2}}{3}\bar{t}-\varphi\right)-\dfrac{1}{2}\\ \varphi=\arccos\sqrt{\dfrac{1}{3}}\end{cases} \tag{1.350}$$

当 $r=2R_0$ 时，$\bar{r}=2$，无量纲环向应力:

$$\bar{\sigma}_{\theta\theta}=-\frac{1}{8}\mathrm{e}^{-\frac{2\bar{t}}{3}}\left(\frac{17}{3\sqrt{2}}\sin\frac{2\sqrt{2}}{3}\bar{t}-\frac{11}{3}\cos\frac{2\sqrt{2}}{3}\bar{t}\right)-\frac{1}{8} \tag{1.351}$$

即

$$\begin{cases}\bar{\sigma}_{\theta\theta}=-\dfrac{\sqrt{531}}{24\sqrt{2}}\mathrm{e}^{-\frac{2\bar{t}}{3}}\sin\left(\dfrac{2\sqrt{2}}{3}\bar{t}-\varphi'\right)-\dfrac{1}{8}\\ \cos\varphi'=\dfrac{17}{\sqrt{531}}\end{cases} \tag{1.352}$$

当 $r\to\infty$ 时，$\bar r=\infty$，无量纲环向应力：

$$\bar\sigma_{\theta\theta}=-\frac{1}{3}\mathrm{e}^{-\frac{2\bar t}{3}}\left(\sqrt{\frac{1}{2}}\sin\frac{2\sqrt{2}}{3}\bar t-\cos\frac{2\sqrt{2}}{3}\bar t\right)\tag{1.353}$$

式 (1.353) 可以进一步写为

$$\begin{cases}\bar\sigma_{\theta\theta}=-\dfrac{1}{\sqrt{6}}\mathrm{e}^{-\frac{2\bar t}{3}}\sin\left(\dfrac{2\sqrt{2}}{3}\bar t-\varphi''\right)\\ \varphi''=\arccos\sqrt{\dfrac{1}{3}}\end{cases}\tag{1.354}$$

此三种情况下无量纲环向应力与无量纲时间的关系如图 1.25 所示。

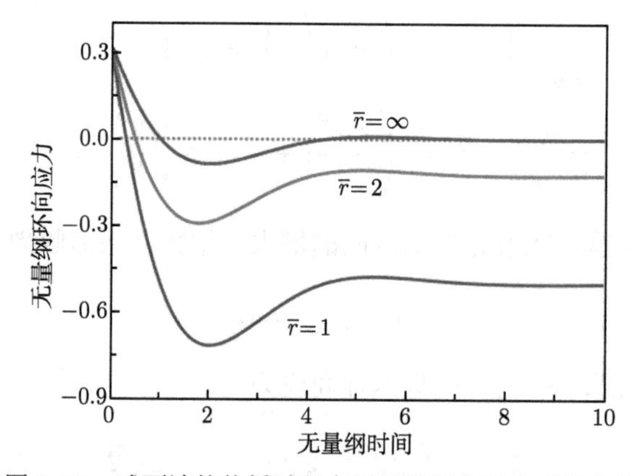

图 1.25　球面波的传播过程中无量纲环向应力时程曲线

对比图 1.25 和图 1.24 容易看出，无量纲径向应力与无量纲时间之间的关系和无量纲环向应力与无量纲时间之间的关系特征基本相同，只是

$$\begin{cases}\bar\sigma_{rr}\big|_{\bar r=1}\geqslant\bar\sigma_{rr}\big|_{\bar r=2}\geqslant\bar\sigma_{rr}\big|_{\bar r=\infty}\\ \bar\sigma_{\theta\theta}\big|_{\bar r=1}\leqslant\bar\sigma_{\theta\theta}\big|_{\bar r=2}\leqslant\bar\sigma_{\theta\theta}\big|_{\bar r=\infty}\end{cases}\tag{1.355}$$

2. *柱面波传播的势函数解法*

对于柱面波传播对应的轴对称问题，此时有

$$\begin{cases}u_r=u_r\left(r,X,t\right)\\ u_\theta\equiv 0\\ u_X=u_X\left(r,X,t\right)\end{cases}\tag{1.356}$$

如不考虑轴向方向上的变化，即在柱面波传播过程中同一时刻 t 相同径向坐标 r 时微元的应力应变状态完全相同，此时柱面波的传播即简化为平面轴对称问题，式 (1.356) 即可

简化为

$$\begin{cases} u_r = u_r(r,t) \\ u_\theta \equiv 0 \\ u_X \equiv 0 \end{cases} \tag{1.357}$$

此时几何方程即可简化为

$$\begin{cases} \varepsilon_{rr} = \dfrac{\partial u_r}{\partial r} \\ \varepsilon_{\theta\theta} = \dfrac{1}{r}\dfrac{\partial u_\theta}{\partial \theta} + \dfrac{u_r}{r} = \dfrac{u_r}{r} \\ \varepsilon_{XX} = \dfrac{\partial u_X}{\partial X} \equiv 0 \\ \gamma_{rX} = \gamma_{r\theta} = \gamma_{\theta X} \equiv 0 \end{cases} \tag{1.358}$$

体应变为

$$\varDelta = \varepsilon_{rr} + \varepsilon_{\theta\theta} + \varepsilon_{XX} = \frac{\partial u_r}{\partial r} + \frac{u_r}{r} \tag{1.359}$$

线弹性介质的 Hooke 定律也可简化为

$$\begin{cases} \sigma_{rr} = (\lambda + 2\mu)\dfrac{\partial u_r}{\partial r} + \lambda\dfrac{u_r}{r} \\ \sigma_{\theta\theta} = \lambda\dfrac{\partial u_r}{\partial r} + (\lambda + 2\mu)\dfrac{u_r}{r} \\ \sigma_{XX} = \lambda\dfrac{\partial u_r}{\partial r} + \lambda\dfrac{u_r}{r} \\ \sigma_{r\theta} = \sigma_{\theta X} = \sigma_{rX} \equiv 0 \end{cases} \tag{1.360}$$

径向运动的运动方程即为

$$\rho\frac{\partial^2 u_r}{\partial t^2} = (\lambda + 2\mu)\left(\frac{\partial^2 u_r}{\partial r^2} + \frac{1}{r}\frac{\partial u_r}{\partial r} - \frac{u_r}{r^2}\right) \tag{1.361}$$

定义一个位移势函数 κ，使得

$$u_r = \frac{\partial \kappa}{\partial r} \tag{1.362}$$

将式 (1.362) 代入式 (1.361)，可以得到基于位移势函数的偏微分方程：

$$\frac{\partial}{\partial r}\left(\frac{\partial^2 \kappa}{\partial t^2}\right) = \frac{\partial}{\partial r}\left[C^2\left(\frac{\partial^2 \kappa}{\partial r^2} + \frac{1}{r}\frac{\partial \kappa}{\partial r}\right)\right] \tag{1.363}$$

式 (1.363) 成立的必要条件为

$$\frac{\partial^2 \kappa}{\partial t^2} = C^2\left(\frac{\partial^2 \kappa}{\partial r^2} + \frac{1}{r}\frac{\partial \kappa}{\partial r}\right) \tag{1.364}$$

即

$$\frac{1}{C^2}\frac{\partial^2 (r\kappa)}{\partial t^2} - r\frac{\partial^2 \kappa}{\partial r^2} - \frac{\partial \kappa}{\partial r} = 0 \tag{1.365}$$

若令

$$\kappa(r,t) = \kappa(r)\,\mathrm{e}^{-\mathrm{i}\omega t} \tag{1.366}$$

则式 (1.365) 即可写为

$$\frac{\partial^2 \kappa(r)}{\partial r^2} + \frac{1}{r}\frac{\partial \kappa(r)}{\partial r} + \left(\frac{\omega}{C}\right)^2 \kappa(r) = 0 \tag{1.367}$$

式 (1.367) 是一个典型的零阶 Bessel 方程，其两个典型线性无关的解分别为

$$H_0^{(1)}\left(\frac{\omega}{C}r\right) = J_0\left(\frac{\omega}{C}r\right) + \mathrm{i}Y_0\left(\frac{\omega}{C}r\right) \tag{1.368}$$

和

$$H_0^{(2)}\left(\frac{\omega}{C}r\right) = J_0\left(\frac{\omega}{C}r\right) - \mathrm{i}Y_0\left(\frac{\omega}{C}r\right) \tag{1.369}$$

此两解常称为 Hankel 函数，分别表示柱面波向外传播和向内传播的函数。

因此，方程 (1.369) 的通解可写为

$$\kappa(r) = AH_0^{(1)}\left(\frac{\omega}{C}r\right) + BH_0^{(2)}\left(\frac{\omega}{C}r\right) \tag{1.370}$$

式中，A 和 B 为待定系数，由初始条件和边界条件决定。式 (1.370) 常称为第三类 Bessel 函数，参考式 (1.368) 和式 (1.369) 的物理意义，如只考虑外行柱面波的传播问题，式 (1.370) 即简化为

$$\kappa(r) = AH_0^{(1)}\left(\frac{\omega}{C}r\right) \tag{1.371}$$

以在 $t=0$ 时刻，$r=R_0$ 柱腔内壁突然施加一个恒压力 P_0 情况下柱面波传播问题为例；设在一个无限大的线弹性介质中，介质原始状态为自然松弛状态，即介质内部初始质点速度 v_r、径向应变 ε_{rr} 和径向应力 σ_{rr} 均为 0：

$$\begin{cases} v_r\big|_{t=0} = 0 \\ \varepsilon_{rr}\big|_{t=0} = 0 \\ \sigma_{rr}\big|_{t=0} = 0 \end{cases} \tag{1.372}$$

自 $t=0$ 时刻起，$r=R_0$ 球腔上受到强度为 P_0 突加弹性冲击压缩波：

$$\sigma_{rr}\big|_{r=R_0} = -P_0 \tag{1.373}$$

将式 (1.371) 代入式 (1.362)，可以得到

$$u_r = A\frac{\mathrm{d}H_0^{(1)}\left(\frac{\omega}{C}r\right)}{\mathrm{d}r} = \frac{\mathrm{d}\kappa(r)}{\mathrm{d}r} \tag{1.374}$$

将式 (1.374) 代入式 (1.360) 中第一式，即可得到

$$\sigma_{rr} = (\lambda + 2\mu)\frac{\mathrm{d}^2\kappa(r)}{\mathrm{d}r^2} + \frac{1}{r}\frac{\mathrm{d}\kappa(r)}{\mathrm{d}r} \tag{1.375}$$

联合式 (1.375) 和式 (1.367)，有

$$\sigma_{rr} = -\frac{2\mu}{r}\frac{\mathrm{d}\kappa}{\mathrm{d}r} - (\lambda + 2\mu)\left(\frac{\omega}{C}\right)^2\kappa \tag{1.376}$$

或

$$\sigma_{rr} = -\frac{2\mu A}{r}\frac{\mathrm{d}H_0^{(1)}\left(\dfrac{\omega}{C}r\right)}{\mathrm{d}r} - (\lambda + 2\mu)\left(\frac{\omega}{C}\right)^2 AH_0^{(1)}\left(\frac{\omega}{C}r\right) \tag{1.377}$$

根据 Bessel 函数的性质可知

$$\frac{\mathrm{d}H_0^{(1)}\left(\dfrac{\omega}{C}r\right)}{\mathrm{d}r} = -\frac{\omega}{C}H_1^{(1)}\left(\frac{\omega}{C}r\right) \tag{1.378}$$

式中，$H_1^{(1)}$ 表示一阶 Bessel 方程对应的解。此时即有

$$\sigma_{rr} = \frac{2\mu A}{r}\frac{\omega}{C}H_1^{(1)}\left(\frac{\omega}{C}r\right) - (\lambda + 2\mu)\left(\frac{\omega}{C}\right)^2 AH_0^{(1)}\left(\frac{\omega}{C}r\right) \tag{1.379}$$

参考式 (1.379)，边界条件式 (1.373) 即为

$$\frac{2\mu A}{R_0}\frac{\omega}{C}H_1^{(1)}\left(\frac{\omega R_0}{C}\right) - (\lambda + 2\mu)\left(\frac{\omega}{C}\right)^2 AH_0^{(1)}\left(\frac{\omega R_0}{C}\right) = -P_0 \tag{1.380}$$

即有

$$A = -\frac{P_0}{\dfrac{2\mu}{R_0}\dfrac{\omega}{C}H_1^{(1)}\left(\dfrac{\omega R_0}{C}\right) - (\lambda + 2\mu)\left(\dfrac{\omega}{C}\right)^2 H_0^{(1)}\left(\dfrac{\omega R_0}{C}\right)} \tag{1.381}$$

因此，柱面波向外传播的径向位移势函数可写为

$$\kappa(r,t) = -\frac{P_0 H_0^{(1)}\left(\dfrac{\omega}{C}r\right)\mathrm{e}^{-\mathrm{i}\omega t}}{\dfrac{2\mu}{R_0}\dfrac{\omega}{C}H_1^{(1)}\left(\dfrac{\omega R_0}{C}\right) - (\lambda + 2\mu)\left(\dfrac{\omega}{C}\right)^2 H_0^{(1)}\left(\dfrac{\omega R_0}{C}\right)} \tag{1.382}$$

从而可以给出位移和应力的传播函数表达式，具体推导过程相对复杂，可参考文献 (Graff, 1975)，在此不做详述。

1.4　半无限线弹性介质表面波与层间波的传播

一般而言，对于各向同性均质材料而言：如对象是一个一维杆，若施加一个平行于杆轴线方向的扰动，则只会产生纵波 (无旋波)，若施加一个垂直于杆轴线而平行于杆中横截面的扰动，则只会产生横波 (等容波、剪切波或扭转波)；对于无限线弹性介质中应力波的传播而言，任何扰动都可能在介质中同时传播等容波和无旋波。

在各向同性线弹性无限介质中，对于平面波问题而言，一切物理量都只是沿波传播方向而与波阵面垂直的坐标 x 的函数 (对于小变形而言，在本节中忽略质点的 L 氏坐标和 E 氏坐标的区别，而统一用 x 表示质点的笛卡儿坐标，忽略 E 氏坐标描述时的迁移导数项)，以位移为例，有

$$\begin{cases} u_x = u_x(x) \\ u_y = u_y(x) \\ u_z = u_z(x) \end{cases} \tag{1.383}$$

此时，介质中质点在三个方向上的运动方程可写为

$$\begin{cases} \rho \dfrac{\partial^2 u_x}{\partial t^2} = (\lambda + 2\mu) \dfrac{\partial^2 u_x}{\partial x^2} \\ \rho \dfrac{\partial^2 u_y}{\partial t^2} = \mu \dfrac{\partial^2 u_y}{\partial x^2} \\ \rho \dfrac{\partial^2 u_z}{\partial t^2} = \mu \dfrac{\partial^2 u_z}{\partial x^2} \end{cases} \tag{1.384}$$

上面的方程组中三个方程为非常典型的三个波动方程，有两个波速解，其物理意义明显。如此时考虑一个平面波以波速 C 在此各向同性均质线弹性介质中传播，此时式 (1.383) 可以具体地表示为 x 方向的初始位置 x_0 与时间 t 的函数 (以右行波为例，容易证明左行波结果一致)：

$$\begin{cases} u_x = u_x(x_0 - Ct) \\ u_y = u_y(x_0 - Ct) \\ u_z = u_z(x_0 - Ct) \end{cases} \tag{1.385}$$

此时式 (1.384) 随之变为

$$\begin{cases} \rho C^2 u_x'' = (\lambda + 2\mu) u_x'' \\ \rho C^2 u_y'' = \mu u_y'' \\ \rho C^2 u_z'' = \mu u_z'' \end{cases} \tag{1.386}$$

式中，u_x''、u_y'' 和 u_z'' 分别表示函数 u_x、u_y 和 u_z 的二次导数。一般来讲，$\lambda + 2\mu \neq \mu$，因此，以上方程组的解只有两种独立情况。第一种情况是

$$\begin{cases} C = \sqrt{\dfrac{\lambda + 2\mu}{\rho}} = C_L \\ u_y'' = u_z'' = 0 \end{cases} \tag{1.387}$$

即平面波波速等于无旋波波速 (纵波波速)，而且应力波传播只产生 x 方向的扰动。第二种情况是

$$\begin{cases} C = \sqrt{\dfrac{\mu}{\rho}} = C_T \\ u''_x = 0 \end{cases} \tag{1.388}$$

即平面波波速等于等容波波速 (横波波速)，而且应力波传播只产生 y 或 (和) z 方向的扰动。

1.4.1 半无限线弹性介质中表面波 (Rayleigh 波) 的特征与传播

然而，对象是一个半无限介质，如图 1.26 所示，当一个物体垂直撞击表面时，不仅会同时产生等容波和无旋波 (纵波和横波)，而且还会在近表面产生和传播一种波，我们常常将这种沿着介质表面区域传播的弹性波称为表面波。

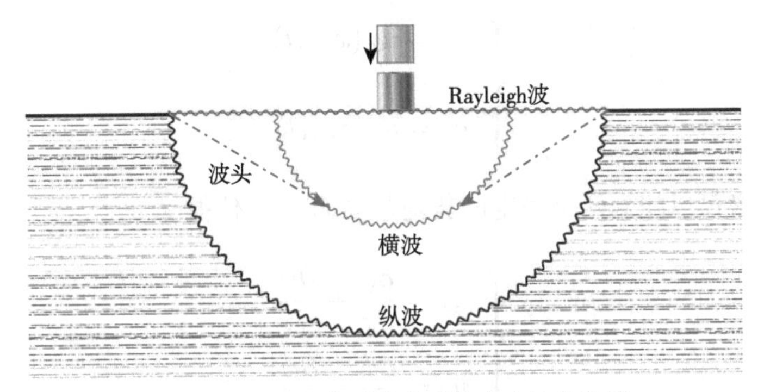

图 1.26 半无限线弹性介质中应力波的传播

以沿 x 方向传播的平面波为例，此时，对平面谐波而言，其位移 u_x 表达式可以写为

$$u_x = A\cos k\left(x - Ct\right) = A\cos\left(kx - \omega t\right) \tag{1.389}$$

式中，A 为待定系数但并不一定是常数；且

$$\omega = kC \tag{1.390}$$

表示 ω 谐波的圆频率，即 2π 时间内的振动次数；k 为波数，表示 2π 距离上谐波的重复次数。

根据 Euler 公式，也可将谐波表达式写为

$$u_x = A\exp\left[\mathrm{i}\left(kx - \omega t\right)\right] \tag{1.391}$$

表面波类似于流体中的重力表面波，首先由 Rayleigh 在 1887 年进行了研究，所以固体中的表面波常称为 Rayleigh(瑞利) 波。考虑一个半无限线弹性介质表面沿 x 方向传播的平面波，即 Rayleigh 平面波，这是一种最简单的 Rayleigh 波，对于特定深度而言，其本质就是一种一维弹性波，因此也可以认为其为准一维弹性波。如图 1.27 所示，图中方体代表介质，z 轴指向介质的内部，xy 平面代表介质的边界平面。

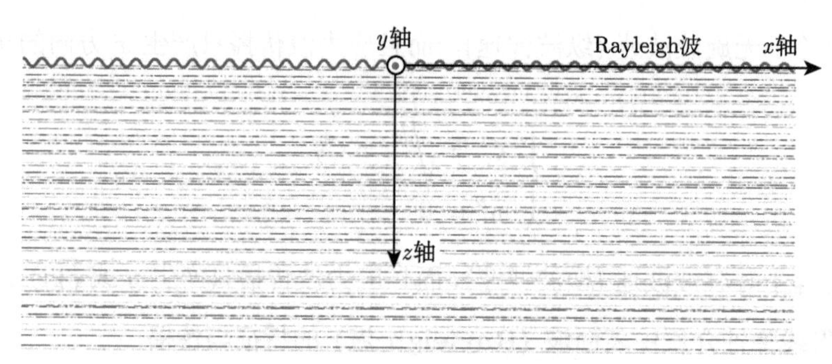

图 1.27　Rayleigh 平面波的传播

则此时 Rayleigh 波传播中质点位移与笛卡儿坐标 y 无关，即

$$\begin{cases} u_x = u_x(x, z, t) \\ u_y \equiv 0 \\ u_z = u_z(x, z, t) \end{cases} \tag{1.392}$$

理论上讲，必可以找到两个确定的势函数 ϕ 和 ψ，使得

$$\begin{cases} u_x = \dfrac{\partial \phi}{\partial x} + \dfrac{\partial \psi}{\partial z} \\ u_z = \dfrac{\partial \phi}{\partial z} - \dfrac{\partial \psi}{\partial x} \end{cases} \tag{1.393}$$

此时体应变应可表达为

$$\theta = \frac{\partial u_x}{\partial x} + \frac{\partial u_y}{\partial y} + \frac{\partial u_z}{\partial z} = \frac{\partial u_x}{\partial x} + \frac{\partial u_z}{\partial z} = \frac{\partial^2 \phi}{\partial x^2} + \frac{\partial^2 \phi}{\partial z^2} = \Delta \phi \tag{1.394}$$

式中，引入 Laplace 算子 Δ，其形式为

$$\Delta = \frac{\partial^2}{\partial x^2} + \frac{\partial^2}{\partial y^2} + \frac{\partial^2}{\partial z^2} \tag{1.395}$$

对于平面问题，可简化为

$$\Delta = \frac{\partial^2}{\partial x^2} + \frac{\partial^2}{\partial z^2} \tag{1.396}$$

式 (1.394) 的物理意义是：势函数 ϕ 与由体应变扰动而产生的膨胀相关。

而 xz 平面内的旋转量应为

$$\omega_{xz} = \frac{1}{2}\left(\frac{\partial u_x}{\partial z} - \frac{\partial u_z}{\partial x}\right) = \frac{1}{2}\Delta \psi \tag{1.397}$$

式 (1.397) 的物理意义是：势函数 ψ 与由剪切应变扰动而产生的旋转相关。

将式 (1.393) 和式 (1.396) 分别代入对应的运动方程，可以得到

$$\begin{cases} \rho\dfrac{\partial^2}{\partial t^2}\left(\dfrac{\partial\phi}{\partial x}+\dfrac{\partial\psi}{\partial z}\right)=(\lambda+\mu)\dfrac{\partial\theta}{\partial x}+\mu\Delta\left(\dfrac{\partial\phi}{\partial x}+\dfrac{\partial\psi}{\partial z}\right) \\ \rho\dfrac{\partial^2}{\partial t^2}\left(\dfrac{\partial\phi}{\partial z}-\dfrac{\partial\psi}{\partial x}\right)=(\lambda+\mu)\dfrac{\partial\theta}{\partial z}+\mu\Delta\left(\dfrac{\partial\phi}{\partial z}-\dfrac{\partial\psi}{\partial x}\right) \end{cases} \tag{1.398}$$

考虑式 (1.394)，即有

$$\begin{cases} \dfrac{\partial^3\phi}{\partial x\partial t^2}+\dfrac{\partial^3\psi}{\partial z\partial t^2}=\dfrac{\lambda+2\mu}{\rho}\dfrac{\partial}{\partial x}(\Delta\phi)+\dfrac{\mu}{\rho}\dfrac{\partial}{\partial z}(\Delta\psi) \\ \dfrac{\partial^3\phi}{\partial z\partial t^2}-\dfrac{\partial^3\psi}{\partial x\partial t^2}=\dfrac{\lambda+2\mu}{\rho}\dfrac{\partial}{\partial z}(\Delta\phi)-\dfrac{\mu}{\rho}\dfrac{\partial}{\partial x}(\Delta\psi) \end{cases} \tag{1.399}$$

令纵波波速：

$$C_L=\sqrt{\frac{\lambda+2\mu}{\rho}} \tag{1.400}$$

横波波速：

$$C_T=\sqrt{\frac{\mu}{\rho}} \tag{1.401}$$

则式 (1.399) 可简写为

$$\begin{cases} \dfrac{\partial^3\phi}{\partial x\partial t^2}+\dfrac{\partial^3\psi}{\partial z\partial t^2}=C_L^2\dfrac{\partial}{\partial x}(\Delta\phi)+C_T^2\dfrac{\partial}{\partial z}(\Delta\psi) \\ \dfrac{\partial^3\phi}{\partial z\partial t^2}-\dfrac{\partial^3\psi}{\partial x\partial t^2}=C_L^2\dfrac{\partial}{\partial z}(\Delta\phi)-C_T^2\dfrac{\partial}{\partial x}(\Delta\psi) \end{cases} \tag{1.402}$$

容易看出，当

$$\begin{cases} \dfrac{\partial^2\phi}{\partial t^2}=C_L^2\Delta\phi \\ \dfrac{\partial^2\psi}{\partial t^2}=C_T^2\Delta\psi \end{cases} \tag{1.403}$$

时，式 (1.402) 恒成立。

根据 Rayleigh 平面波的特征描述，该弹性波可以视为一种准一维波，即在任意深度上简化为一维弹性波；因此可知，沿着 x 方向传播的平面波中势函数 ϕ 和 ψ 的解可分别写为以下谐波形式：

$$\begin{cases} \phi=F(z)\exp[\mathrm{i}(kx-\omega t)] \\ \psi=G(z)\exp[\mathrm{i}(kx-\omega t)] \end{cases} \tag{1.404}$$

式中，其他参数含义同上，$F(z)$ 和 $G(z)$ 分别表示决定波的振幅沿着方向的变化。

将式 (1.404) 中第一式代入式 (1.403) 中第一式，可以得到

$$F''(z)-\left(k^2-\frac{\omega^2}{C_L^2}\right)F(z)=0 \tag{1.405}$$

式 (1.405) 是一个二阶常系数线性微分方程，其有实数解的条件是

$$k^2-\frac{\omega^2}{C_L^2}\geqslant 0 \tag{1.406}$$

即

$$\frac{\omega^2}{k^2}\leqslant C_L^2 \tag{1.407}$$

即其相速度小于纵波波速。此时式 (1.405) 对应的通解为

$$F(z)=A\exp(-\xi_1 z)+A'\exp(\xi_1 z) \tag{1.408}$$

式中，A 和 A' 为待定系数，且

$$\xi_1^2=k^2-\frac{\omega^2}{C_L^2}\geqslant 0 \tag{1.409}$$

式 (1.408) 右端第二项代表随着坐标 z 的增加而增加，对于此种情况而言是不合理的，因此此项系数 A' 应等于零。也就是说，式 (1.405) 的通解应为

$$F(z)=A\exp(-\xi_1 z) \tag{1.410}$$

类似地，将式 (1.404) 中第二式代入式 (1.403) 中第二式可以得到

$$G''(z)-\left(k^2-\frac{\omega^2}{C_T^2}\right)G(z)=0 \tag{1.411}$$

其有实数解的条件是

$$k^2-\frac{\omega^2}{C_T^2}\geqslant 0 \tag{1.412}$$

即

$$\frac{\omega^2}{k^2}\leqslant C_T^2 \tag{1.413}$$

即其相速度小于横波波速。由于

$$C_T\leqslant C_L \tag{1.414}$$

因此，综合式 (1.407) 和式 (1.413)，有

$$\frac{\omega^2}{k^2}\leqslant C_T^2 \tag{1.415}$$

同理，此时式 (1.411) 对应的通解为

$$G(z) = B\exp(-\xi_2 z) \tag{1.416}$$

式中，B 为待定系数，且

$$\xi_2^2 = k^2 - \frac{\omega^2}{C_T^2} \geqslant 0 \tag{1.417}$$

因此，势函数 ϕ 和 ψ 的解分别为

$$\left\{\begin{array}{l}\phi = A\exp(-\xi_1 z)\exp[\mathrm{i}(kx - \omega t)] \\ \psi = B\exp(-\xi_2 z)\exp[\mathrm{i}(kx - \omega t)]\end{array}\right. \tag{1.418}$$

结合势函数 ϕ 和 ψ 的物理意义，式 (1.418) 说明，表面波引起的势函数代表的物理量扰动在沿着 z 轴正方向向介质内部传播时，其波的振幅 (强度) 是按照指数形式衰减的。

根据表面边界条件可知，在 $z = 0$ 自由面上，其三个应力分量应等于零：

$$\left\{\begin{array}{l}\sigma_{zx} = 0 \\ \sigma_{zy} = 0 \\ \sigma_{zz} = 0\end{array}\right. \tag{1.419}$$

根据弹性理论相关内容可知

$$\left\{\begin{array}{l}\sigma_{zx} = \mu\left(\dfrac{\partial u_x}{\partial z} + \dfrac{\partial u_z}{\partial x}\right) \\ \sigma_{zz} = \lambda\theta + 2\mu\dfrac{\partial u_z}{\partial z}\end{array}\right. \tag{1.420}$$

利用势函数 ϕ 和 ψ 来表示式 (1.420) 即将式 (1.393) 代入式 (1.420)，则可以得到

$$\left\{\begin{array}{l}\sigma_{zx} = \mu\left(2\dfrac{\partial^2\phi}{\partial x\partial z} - \dfrac{\partial^2\psi}{\partial x^2} + \dfrac{\partial^2\psi}{\partial z^2}\right) = 0 \\ \sigma_{zz} = \lambda\left(\dfrac{\partial^2\phi}{\partial x^2} + \dfrac{\partial^2\phi}{\partial z^2}\right) + 2\mu\left(\dfrac{\partial^2\phi}{\partial z^2} - \dfrac{\partial^2\psi}{\partial x\partial z}\right) = 0\end{array}\right. \tag{1.421}$$

将式 (1.418) 代入式 (1.421)，有

$$\left\{\begin{array}{l}-2A\mathrm{i}k\xi_1\exp(-\xi_1 z) + B\left(k^2 + \xi_2^2\right)\exp(-\xi_2 z) = 0 \\ \left[(\lambda + 2\mu)\xi_1^2 - \lambda k^2\right]A\exp(-\xi_1 z) + 2\mu\mathrm{i}k\xi_2 B\exp(\xi_2 z) = 0\end{array}\right. \tag{1.422}$$

考虑到边界条件 $z = 0$，式 (1.422) 即可以简化为

$$\left\{\begin{array}{l}\left(k^2 + \xi_2^2\right)B - 2A\mathrm{i}k\xi_1 = 0 \\ \left[(\lambda + 2\mu)\xi_1^2 - \lambda k^2\right]A + 2B\mu\mathrm{i}k\xi_2 = 0\end{array}\right. \tag{1.423}$$

通过式 (1.423) 可以消去待定系数 A 和 B，即得到

$$\left[(\lambda+2\mu)\,\xi_1^2-\lambda k^2\right]\left(k^2+\xi_2^2\right)-4\mu k^2\xi_1\xi_2=0 \tag{1.424}$$

即

$$\left[(\lambda+2\mu)\,\frac{\xi_1^2}{k^2}-\lambda\right]\left(1+\frac{\xi_2^2}{k^2}\right)-4\mu\frac{\xi_1}{k}\frac{\xi_2}{k}=0 \tag{1.425}$$

由于

$$\begin{cases}\dfrac{\xi_1^2}{k^2}=1-\dfrac{\omega^2}{k^2C_L^2}\\[2ex]\dfrac{\xi_2^2}{k^2}=1-\dfrac{\omega^2}{k^2C_T^2}\end{cases} \tag{1.426}$$

根据谐波定义可知，Rayleigh 波波速应为

$$C=\frac{\omega}{k} \tag{1.427}$$

因此，式 (1.426) 可进一步写为

$$\begin{cases}\dfrac{\xi_1^2}{k^2}=1-\dfrac{C^2}{C_L^2}\\[2ex]\dfrac{\xi_2^2}{k^2}=1-\dfrac{C^2}{C_T^2}\end{cases} \tag{1.428}$$

此时，式 (1.425) 简化为

$$\left[(\lambda+2\mu)\left(1-\frac{C^2}{C_L^2}\right)-\lambda\right]\left(2-\frac{C^2}{C_T^2}\right)-4\mu\sqrt{\left(1-\frac{C^2}{C_L^2}\right)\left(1-\frac{C^2}{C_T^2}\right)}=0 \tag{1.429}$$

由于

$$C_L^2=\frac{C_L^2}{C_T^2}C_T^2=\frac{\lambda+2\mu}{\mu}C_T^2=\frac{2-2\nu}{1-2\nu}C_T^2 \tag{1.430}$$

从式 (1.430) 可以看出，Rayleigh 波波速只与材料弹性常数相关，与谐波的频率无关。将式 (1.430) 中弹性常数皆转换为横波波速和 Poisson 比时，可写为

$$\left(2-\frac{C^2}{C_T^2}\right)^2-4\sqrt{\left(1-\frac{1-2\nu}{2-2\nu}\frac{C^2}{C_T^2}\right)\left(1-\frac{C^2}{C_T^2}\right)}=0 \tag{1.431}$$

且定义无量纲 Rayleigh 波速为

$$C^{*2}=\frac{C^2}{C_T^2} \tag{1.432}$$

则式 (1.431) 可简化为

$$\left(2-C^{*2}\right)^2=4\sqrt{\left(1-\frac{1-2\nu}{2-2\nu}C^{*2}\right)\left(1-C^{*2}\right)} \tag{1.433}$$

式 (1.433) 两端平方后简化有

$$\left(C^{*2}\right)^4-8\left(C^{*2}\right)^3+8\left(\frac{2-\nu}{1-\nu}\right)\left(C^{*2}\right)^2-\frac{8}{1-\nu}\left(C^{*2}\right)=0 \tag{1.434}$$

式 (1.434) 可写为

$$\left(C^{*2}\right)\left[\left(C^{*2}\right)^3-8\left(C^{*2}\right)^2+8\left(\frac{2-\nu}{1-\nu}\right)\left(C^{*2}\right)-\frac{8}{1-\nu}\right]=0 \tag{1.435}$$

由于 $C^*=0$ 无物理意义，因此问题就可以简化为一个一元三次方程：

$$\begin{cases}\left(C^{*2}\right)^3-8\left(C^{*2}\right)^2+8\left(\dfrac{2-\nu}{1-\nu}\right)\left(C^{*2}\right)-\dfrac{8}{1-\nu}=0\\ \left(C^{*2}\right)<1\end{cases} \tag{1.436}$$

以 $\nu=0.25$ 为例 (大多数岩石类材料的 Poisson 比接近 0.25)，此时上述方程即可化为

$$\begin{cases}3\left(C^{*2}\right)^3-24\left(C^{*2}\right)^2+56\left(C^{*2}\right)-32=0\\ C^{*2}<1\end{cases} \tag{1.437}$$

上述方程组中第一个方程有三个解，其中满足方程组的只有一个解，即

$$\left(C^{*2}\right)=2-\frac{2}{\sqrt{3}}\approx 0.845 \tag{1.438}$$

即 Rayleigh 波波速为

$$C\approx\sqrt{0.845}C_\omega=0.919C_\omega \tag{1.439}$$

即此种情况下 Rayleigh 波波速约为等容波 (剪切波) 波速的 91.9%。

对于绝大部分材料而言，其 Poisson 比应在 0.0~0.5，此时我们容易根据式 (1.436) 求解出其有效解，从而可以给出 Rayleigh 波波速与等容波 (横波) 波速之比，如表 1.9 和图 1.28 所示。

表 1.9 不同 Poisson 比材料 Rayleigh 波波速与横波波速之比 (一)

Poisson 比	波速比	Poisson 比	波速比
0.00	0.874	0.30	0.927
0.05	0.884	0.35	0.935
0.10	0.893	0.40	0.942
0.15	0.902	0.45	0.949
0.20	0.911	0.50	0.956
0.25	0.919		

从表 1.9 和图 1.28 可以看出，随着 Poisson 比的增加，Rayleigh 波波速与横波波速之比 (Rayleigh 波相对波速) 逐渐由 0.874 增加到 0.956，也就是说 Rayleigh 波波速逐渐接近横波波速，但始终小于横波波速。

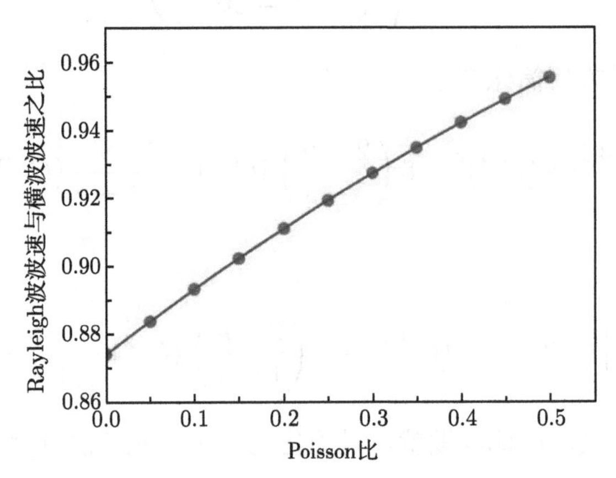

图 1.28　Poisson 比与 Rayleigh 波相对波速之间的关系

方程 (1.436) 的求解相对复杂，一般可以利用下面公式近似给出无量纲 Rayleigh 平面波波速：

$$C^* = \frac{0.87 + 1.12\nu}{1 + \nu} \tag{1.440}$$

基于以上推导，我们也可以得到 Rayleigh 波中质点位移随 z 轴正方向向介质内部传播过程中衰减的规律。将势函数 ϕ 和 ψ 的解式 (1.418) 代入式 (1.393) 中，即有

$$\begin{cases} u_x = [A\mathrm{i}k \exp(-\xi_1 z) - B\xi_2 \exp(-\xi_2 z)] \exp[\mathrm{i}(kx - \omega t)] \\ u_z = -[\xi_1 A \exp(-\xi_1 z) + B\mathrm{i}k \exp(-\xi_2 z)] \exp[\mathrm{i}(kx - \omega t)] \end{cases} \tag{1.441}$$

根据式 (1.423) 中第一式，可以给出

$$B = \frac{2A\mathrm{i}k\xi_1}{k^2 + \xi_2^2} \tag{1.442}$$

将式 (1.442) 代入式 (1.441)，我们可以得到

$$\begin{cases} u_x = Ak\left[\mathrm{i}\exp(-\xi_1 z) - \dfrac{2i\xi_1}{k^2 + \xi_2^2}\xi_2 \exp(-\xi_2 z)\right] \exp[\mathrm{i}(kx - \omega t)] \\ u_z = -A\xi_1\left[\exp(-\xi_1 z) - \dfrac{2k^2}{k^2 + \xi_2^2}\exp(-\xi_2 z)\right] \exp[\mathrm{i}(kx - \omega t)] \end{cases} \tag{1.443}$$

在此只取实数部分表示位移，则式 (1.443) 转化为

$$\begin{cases} u_x = Ak\left[-\exp(-\xi_1 z) + \dfrac{2\xi_1}{k^2 + \xi_2^2}\xi_2 \exp(-\xi_2 z)\right] \sin(kx - \omega t) \\ u_z = -A\xi_1\left[\exp(-\xi_1 z) - \dfrac{2k^2}{k^2 + \xi_2^2}\exp(-\xi_2 z)\right] \cos(kx - \omega t) \end{cases} \tag{1.444}$$

从式 (1.444) 容易看出，Rayleigh 波传播过程中，质点在 x 方向的位移 u_x 和 z 方向的位移 u_z 的相位差为 $\pi/2$，在物理上相当于两个方向垂直且相位差为 $\pi/2$ 的同频振动的叠加。

设质点的原平衡坐标为 (X, Y, Z)，容易得到其瞬时坐标为

$$\begin{cases} x = X + u_x \\ z = Z + u_z \end{cases} \tag{1.445}$$

将式 (1.445) 代入式 (1.444) 容易看出质点的运动轨迹满足

$$\left(\frac{x-X}{f_x}\right)^2 + \left(\frac{z-Z}{f_z}\right)^2 = 1 \tag{1.446}$$

式中

$$\begin{cases} f_x = Ak\left[-\exp(-\xi_1 z) + \dfrac{2\xi_1}{k^2+\xi_2^2}\xi_2 \exp(-\xi_2 z)\right] \\ f_z = -A\xi_1\left[\exp(-\xi_1 z) - \dfrac{2k^2}{k^2+\xi_2^2}\exp(-\xi_2 z)\right] \end{cases} \tag{1.447}$$

也就是说，Rayleigh 波传播过程所产生的扰动中质点的运动轨迹必为一个围绕原平衡点的椭圆，其椭圆的两个半轴大小与质点在 z 方向的深度相关。特别地，当 $z=0$ 时，即在半无限介质表面上，式 (1.447) 可进一步写为

$$\begin{cases} f_x = Ak\left(\dfrac{2\xi_1\xi_2}{k^2+\xi_2^2}\right) \\ f_z = -A\xi_1\left(\dfrac{2k^2}{k^2+\xi_2^2}\right) \end{cases} \tag{1.448}$$

即

$$\begin{cases} |f_x| = \dfrac{2Ak}{k^2+\xi_2^2}\sqrt{\left(k^2-\dfrac{\omega^2}{C_T^2}\right)\left(k^2-\dfrac{\omega^2}{C_L^2}\right)} \\ |f_z| = \dfrac{2Ak}{k^2+\xi_2^2}\sqrt{k^2\left(k^2-\dfrac{\omega^2}{C_L^2}\right)} \end{cases} \tag{1.449}$$

容易看出，式 (1.449) 中

$$|f_z| > |f_x| \tag{1.450}$$

也就是说，式 (1.446) 表示：平面波传播路径中在介质表面上的质点运动轨迹是一个长轴在 z 轴方向、短轴在 x 轴方向的椭圆。可以用水面重力波在表面传播为参考，可以更直观地理解式 (1.446) 的物理意义，如图 1.29 所示。

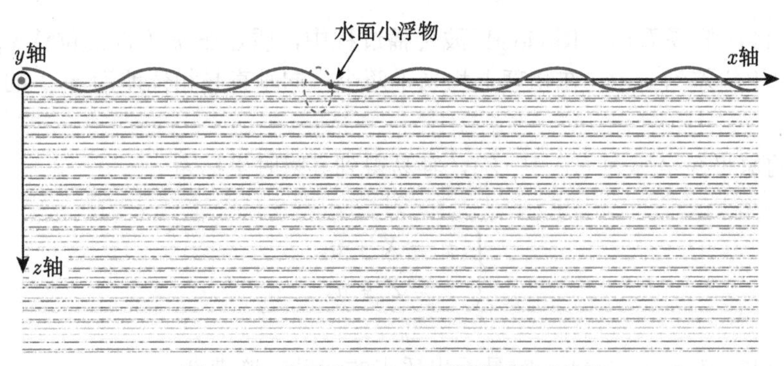

图 1.29　水波上浮动介质的椭圆运动轨迹

类似图 1.29，我们经常可以发现水面上小浮动物体总是上下往返运动，其迹线理论上其实就是一个椭圆，理论推导与实际情况基本相符。

在 $z=0$ 表面时，此时两个方向的位移分别为

$$\begin{cases} u_x|_{z=0} = Ak\left(\dfrac{2\xi_1\xi_2}{k^2+\xi_2^2}-1\right)\sin(kx-\omega t) \\ u_z|_{z=0} = A\xi_1\left(\dfrac{2k^2}{k^2+\xi_2^2}-1\right)\cos(kx-\omega t) \end{cases} \tag{1.451}$$

从式 (1.451) 中容易看出，对于 Rayleigh 平面波而言，在介质表面传播的谐波波幅并没有衰减。利用式 (1.451)，可以得到位移幅值沿着 z 轴正方向传播时的无量纲变化量：

$$\begin{cases} \bar{u}_x = \dfrac{u_x}{u_x|_{z=0}} = \dfrac{2\xi_1\xi_2\exp(-\xi_2 z)-(k^2+\xi_2^2)\exp(-\xi_1 z)}{2\xi_1\xi_2-(k^2+\xi_2^2)} \\ \bar{u}_z = \dfrac{u_z}{u_z|_{z=0}} = \dfrac{2k^2\exp(-\xi_2 z)-(k^2+\xi_2^2)\exp(-\xi_1 z)}{2k^2-(k^2+\xi_2^2)} \end{cases} \tag{1.452}$$

即

$$\begin{cases} \bar{u}_x = \left\{\dfrac{2\xi_1\xi_2}{k^2}\dfrac{\exp[(\xi_1-\xi_2)z]-1}{\dfrac{2\xi_1\xi_2}{k^2}+C^{*2}-2}+1\right\}\exp(-\xi_1 z) \\ \bar{u}_z = \left\{2\dfrac{\exp[(\xi_1-\xi_2)z]-1}{C^{*2}}+1\right\}\exp(-\xi_1 z) \end{cases} \tag{1.453}$$

式 (1.452) 和式 (1.453) 给出了沿着 z 轴正方向 Rayleigh 波位移振幅的衰减规律。同样，以一般地质材料为例，当设 $\nu=0.25$ 时，可有

$$\begin{cases} \dfrac{\xi_1}{k} = \sqrt{1-C^{*2}\dfrac{1-2\nu}{2-2\nu}} = 0.848 \\ \dfrac{\xi_2}{k} = \sqrt{1-C^{*2}} = 0.394 \end{cases} \tag{1.454}$$

此时，式 (1.453) 可以具体写为

$$\begin{cases} \bar{u}_x = [2.372 - 1.372\exp(0.454kz)]\exp(-0.848kz) \\ \bar{u}_z = [2.367\exp(0.454kz) - 1.367]\exp(-0.848kz) \end{cases} \tag{1.455}$$

根据 $k = 2\pi/L$ 可知，式 (1.455) 中 $kz = 2\pi z/L$，它代表 z 轴坐标与波长比值的 2π 倍。式 (1.455) 所示两个方向上位移无量纲幅值随着 z 轴坐标增大而变化的趋势如图 1.30 所示。

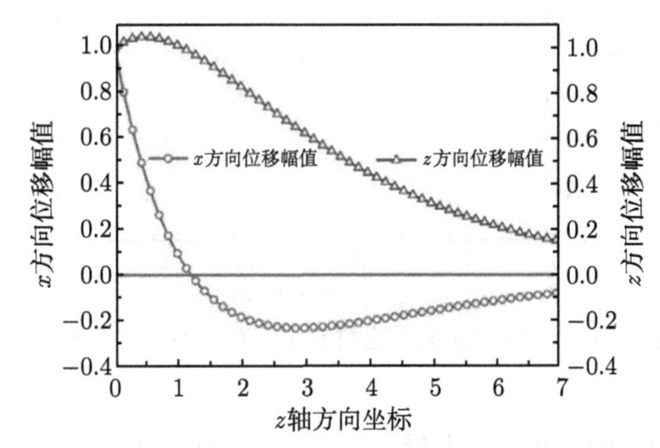

图 1.30 Rayleigh 波在 z 方向上传播的位移幅值衰减规律

从图 1.30 可以看出，以 Poisson 比为 0.25 的一般地质材料为例，随着 z 轴坐标的增大，$\bar{u}_x$ 所代表的位移幅值在初期快速减小，当 $kz \doteq 1.206$ 时，$\bar{u}_x = 0$，即当 $z = 0.192L$ 时，此时 x 方向的位移为 0，它的物理意义是：随着 z 轴坐标的增大，表面波在 x 方向的位移幅度在初期快速减小，当 z 方向深度为波长的 19.2%时，此时 x 方向的位移为 0，即在此平面上无 x 方向的位移，当深度继续增加时，x 方向的位移幅度也逐渐增大，但其方向相反，有着反相位的振动；不同的是，对于 z 方向的位移 $\bar{u}_z$ 而言，随着 z 方向深度的增加，其值先小量增大，当 $z = 0.076L$ 时，达到最大值 $\bar{u}_z = 1.049$，然后逐渐减小，但在整个区间内 $\bar{u}_z$ 始终大于 0。

从式 (1.455) 容易看出，随着材料 Poisson 比的变化，此两个方向的无量纲位移不尽相同。当深度 $z \to +\infty$ 时，根据式 (1.455) 可知，两个方向的位移皆趋于 0。

若 (1.455) 所示方程组中第一式的值为 0：

$$\bar{u}_x = \left\{ \frac{2\xi_1\xi_2}{k^2} \frac{\exp[(\xi_1 - \xi_2)z] - 1}{\dfrac{2\xi_1\xi_2}{k^2} + C^{*2} - 2} + 1 \right\} \exp(-\xi_1 z) = 0 \tag{1.456}$$

可以解得

$$kz = \frac{1}{\sqrt{1 - C^{*2}\dfrac{1-2\nu}{2-2\nu}} - \sqrt{1 - C^{*2}}} \ln\left(\frac{2 - C^{*2}}{2\sqrt{1 - C^{*2}\dfrac{1-2\nu}{2-2\nu}}\sqrt{1 - C^{*2}}} \right) \tag{1.457}$$

即对于不同 Poisson 比材料而言，当 kz 满足式 (1.457) 时，x 方向的位移 $\bar{u}_x=0$，此时坐标 z 值与 L 之比的变化趋势如图 1.31 所示。从图 1.31 可以看出，随着材料 Poisson 比的增大，$\bar{u}_x=0$ 平面越浅，$\nu=0$ 时，$z=0.255L$；$\nu=0.5$ 时，$z=0.139L$。也就是说，随着材料 Poisson 比的增大，位移 $\bar{u}_x$ 沿着深度 z 方向衰减得很快。

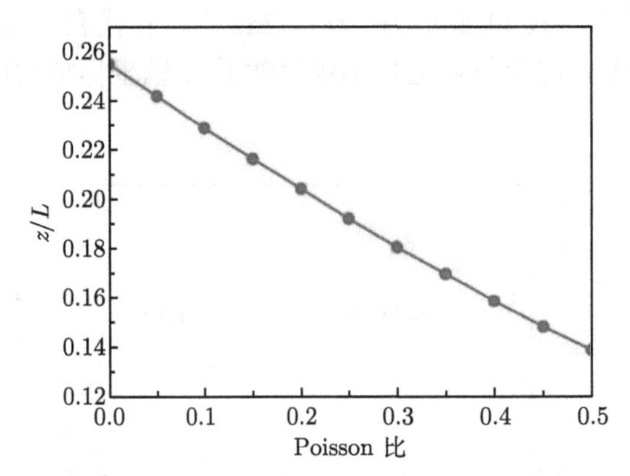

图 1.31　不同 Poisson 比材料 $\bar{u}_x$ 为 0 时的无量纲深度

对 (1.455) 所示方程组中第二式求导，并令 $\bar{u}'_z=0$，有

$$kz=\frac{1}{\sqrt{1-C^{*2}\dfrac{1-2\nu}{2-2\nu}}-\sqrt{1-C^{*2}}}\ln\left(\frac{2-C^{*2}}{2\sqrt{1-C^{*2}}}\sqrt{1-C^{*2}\frac{1-2\nu}{2-2\nu}}\right) \tag{1.458}$$

即对于不同 Poisson 比材料而言，当 kz 满足式 (1.458) 时，z 方向的位移 $\bar{u}_z$ 达到最大值，此时坐标 z 值与 L 之比的变化趋势如图 1.32 所示。从图中可以看出，对于 $\bar{u}_z$ 达到最大值时所对应的深度 z 而言，随着材料 Poisson 比的增大，其值越大即越深。$\nu=0$ 时，$z\doteq 0$，即此时表面上的位移幅度即为最大值，随着深度的增大则呈单调递减态势；$\nu=0.5$ 时，$z=0.139L$，此时达到最大值时的深度最大。

对比图 1.31 和图 1.32 容易看出，当 $\nu=0.5$ 且 $z=0.139L$ 时，$\bar{u}_x=0$ 且 $\bar{u}_z$ 达到最大值，也就是说，当假设体积不可压时，在 $z=0.139L$ 深度的平面上不存在 x 方向的位移振动而 z 方向的位移振动达到最大。

从前面的分析来看，整体上讲，Rayleigh 波引起的质点位移随着质点在介质内的深度增加呈明显衰减态势，其衰减速度与 kz 呈正向比例关系，也就是说，谐波的波数或圆频率越高，其振动的位移幅值衰减得越快，反之，圆频率越低衰减得就越慢；当 Rayleigh 波是由一系列不同圆频率谐波组成时，就会在传播过程中呈现较远处自由面将较少受到高频谐波的影响这一现象，一般将其称为趋肤效应。从能量角度上看，其引起的能量主要集中在自由面附近，其沿着自由表面任何一个方向传播时的能量为二维发散，而无限介质中的无旋波和等容波的传播能量为三维发散，因此 Rayleigh 波在表面内的某个方向的传播能量衰减速度小于无限介质中无旋波和等容波的传播能量衰减速度，其在远处的破坏作用更为大些。

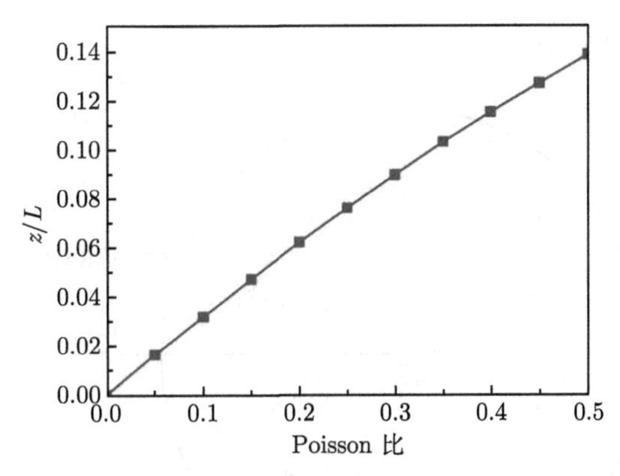

图 1.32 不同 Poisson 比材料 $\bar{u}_z$ 为最大值时的无量纲深度

1.4.2 半无限线弹性介质中轴对称 Rayleigh 波的传播

Rayleigh 平面波是一种典型且简单的表面波，其波源是一个平面，如只考虑半无限介质表面即 $z=0$ 的面，其波源是一条直线，如图 1.33 所示。或者波源曲线的最小曲率半径远大于 Rayleigh 波波长；又或者波源整体上近似为一条直线，但存在最大曲线半径远小于 Rayleigh 波波长的振荡。

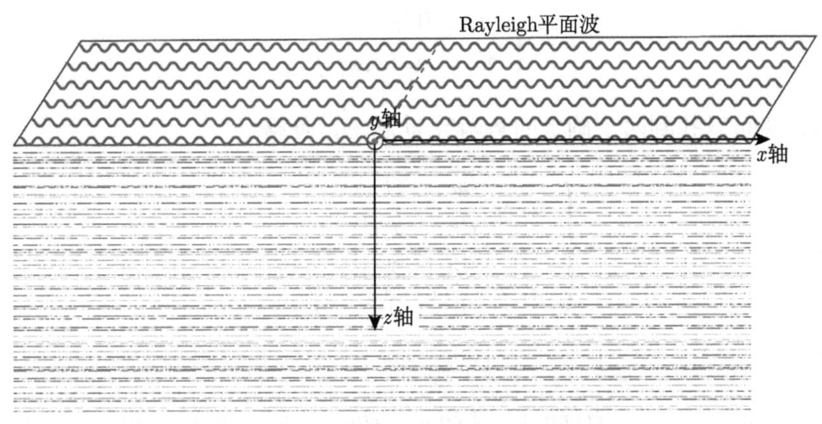

图 1.33 直线振动源在介质表面沿法线方向传播的 Rayleigh 平面波

而对于点源或近似点源的振动在半无限各向同性线弹性介质表面传播所引起的 Rayleigh 波而言，该问题即为轴对称问题；如图 1.34 所示，点源振动引起的 Rayleigh 波十分常见，如集团爆炸波在地面的传播、物体高速撞击地面或极厚平面物体时在介质表面附近的传播等。

为方便分析，轴对称问题中 Rayleigh 波的传播选取柱坐标系 $x\theta z$ 作为参考坐标系进行推导和分析。设以沿 r 方向传播的谐波为例，此时，其位移 u_r 表达式可以写为

$$u_r = A\cos k\left(r - Ct\right) = A\cos\left(kr - \omega t\right) \tag{1.459}$$

或

$$u_r = A\exp\left[\mathrm{i}\left(kr - \omega t\right)\right] \tag{1.460}$$

式中，各参数含义同 1.4.1 小节。

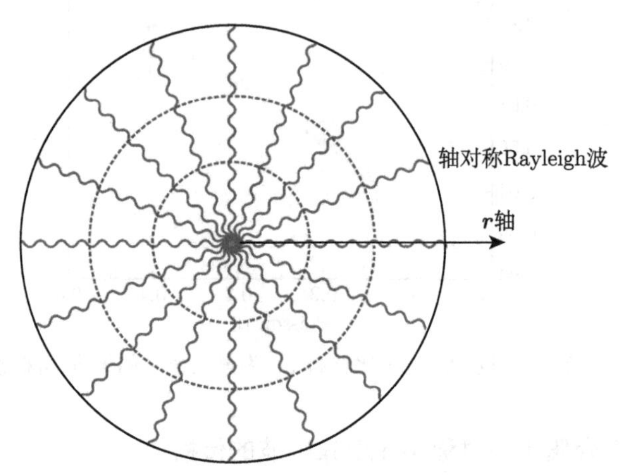

图 1.34 点源振动在弹性介质表面 Rayleigh 波的传播

对于轴对称问题，则此时 Rayleigh 波传播中质点位移与笛卡儿坐标 θ 无关，即

$$\begin{cases} u_r = u_r\left(r, z, t\right) \\ u_\theta \equiv 0 \\ u_z = u_z\left(x, z, t\right) \end{cases} \tag{1.461}$$

类似地，必可以找到两个确定的势函数 ϕ 和 ψ，使得

$$\begin{cases} u_r = \dfrac{\partial \phi}{\partial r} + \dfrac{\partial^2 \psi}{\partial r \partial z} \\ u_z = \dfrac{\partial \phi}{\partial z} - \dfrac{\partial^2 \psi}{\partial r^2} - \dfrac{1}{r}\dfrac{\partial \psi}{\partial r} \end{cases} \tag{1.462}$$

此时体应变应为

$$\theta = \varepsilon_{rr} + \varepsilon_{\theta\theta} + \varepsilon_{zz} = \frac{1}{r}\frac{\partial\left(r u_r\right)}{\partial r} + \frac{1}{r}\frac{\partial u_\theta}{\partial \theta} + \frac{\partial u_z}{\partial z} = \frac{1}{r}\frac{\partial\left(r u_r\right)}{\partial r} + \frac{\partial u_z}{\partial z} = \Delta\phi \tag{1.463}$$

式中，引入 Laplace 算子 Δ，其在柱坐标下的形式为

$$\Delta = \frac{1}{r}\frac{\partial}{\partial r}\left(r\frac{\partial}{\partial r}\right) + \frac{\partial^2}{\partial z^2} \tag{1.464}$$

式 (1.463) 显示：势函数 ϕ 与由于体应变扰动而产生的膨胀相关。

根据运动方程，并结合轴对称条件，有

$$\begin{cases} \rho\dfrac{\partial^2 u_r}{\partial t^2} = \left(\lambda + 2\mu\right)\dfrac{\partial \theta}{\partial r} + \mu\dfrac{\partial}{\partial z}\left(\dfrac{\partial u_r}{\partial z} - \dfrac{\partial u_z}{\partial r}\right) \\ \rho\dfrac{\partial^2 u_z}{\partial t^2} = \left(\lambda + 2\mu\right)\dfrac{\partial \theta}{\partial z} - \dfrac{\mu}{r}\dfrac{\partial}{\partial r}\left[r\left(\dfrac{\partial u_r}{\partial z} - \dfrac{\partial u_z}{\partial r}\right)\right] \end{cases} \tag{1.465}$$

将式 (1.462) 分别代入式 (1.465) 代表的运动方程，可以得到

$$\left\{\begin{array}{l}\dfrac{\partial}{\partial r}\left(\dfrac{\partial^2\phi}{\partial t^2}\right)+\dfrac{\partial^2}{\partial r\partial z}\left(\dfrac{\partial^2\psi}{\partial t^2}\right)=\dfrac{\lambda+2\mu}{\rho}\dfrac{\partial\left(\Delta\phi\right)}{\partial r}+\dfrac{\mu}{\rho}\dfrac{\partial^2\left(\Delta\psi\right)}{\partial r\partial z}\\ \dfrac{\partial}{\partial z}\left(\dfrac{\partial^2\phi}{\partial t^2}\right)-\left[\dfrac{\partial^2}{\partial r^2}\left(\dfrac{\partial^2\psi}{\partial t^2}\right)+\dfrac{1}{r}\dfrac{\partial}{\partial r}\left(\dfrac{\partial\psi}{\partial t^2}\right)\right]\\ \qquad=\dfrac{\lambda+2\mu}{\rho}\dfrac{\partial\left(\Delta\phi\right)}{\partial z}-\dfrac{\mu}{\rho}\left[\dfrac{\partial^2\left(\Delta\psi\right)}{\partial r^2}+\dfrac{1}{r}\dfrac{\partial\left(\Delta\psi\right)}{\partial r}\right]\end{array}\right. \tag{1.466}$$

令纵波波速为

$$C_L=\sqrt{\frac{\lambda+2\mu}{\rho}} \tag{1.467}$$

横波波速为

$$C_T=\sqrt{\frac{\mu}{\rho}} \tag{1.468}$$

则式 (1.466) 可以写为

$$\left\{\begin{array}{l}\dfrac{\partial}{\partial r}\left(\dfrac{\partial^2\phi}{\partial t^2}\right)+\dfrac{\partial^2}{\partial r\partial z}\left(\dfrac{\partial^2\psi}{\partial t^2}\right)=C_L^2\dfrac{\partial\left(\Delta\phi\right)}{\partial r}+C_T^2\dfrac{\partial^2\left(\Delta\psi\right)}{\partial r\partial z}\\ \dfrac{\partial}{\partial z}\left(\dfrac{\partial^2\phi}{\partial t^2}\right)-\left[\dfrac{\partial^2}{\partial r^2}\left(\dfrac{\partial^2\psi}{\partial t^2}\right)+\dfrac{1}{r}\dfrac{\partial}{\partial r}\left(\dfrac{\partial\psi}{\partial t^2}\right)\right]=C_L^2\dfrac{\partial\left(\Delta\phi\right)}{\partial z}-C_T^2\left[\dfrac{\partial^2\left(\Delta\psi\right)}{\partial r^2}+\dfrac{1}{r}\dfrac{\partial\left(\Delta\psi\right)}{\partial r}\right]\end{array}\right. \tag{1.469}$$

类似地，当

$$\left\{\begin{array}{l}\dfrac{\partial^2\phi}{\partial t^2}=C_L^2\Delta\phi\\ \dfrac{\partial^2\psi}{\partial t^2}=C_T^2\Delta\psi\end{array}\right. \tag{1.470}$$

时，式 (1.469) 恒成立。

如上所述，轴对称传播的 Rayleigh 波可以视为一种准一维波，即在任意深度上简化为一维弹性波；因此可知，沿着 r 方向传播的平面波中势函数 ϕ 和 ψ 的解可以分别写为以下谐波形式：

$$\left\{\begin{array}{l}\phi=F\left(z\right)\exp\left[\mathrm{i}\left(kr-\omega t\right)\right]\\ \psi=G\left(z\right)\exp\left[\mathrm{i}\left(kr-\omega t\right)\right]\end{array}\right. \tag{1.471}$$

式中，$F(z)$ 和 $G(z)$ 分别表示决定波的振幅沿着方向的变化；其他参数含义同上。

可以看出，以上两个方程与 Rayleigh 平面波传播方程形式基本一致，其推导过程与 1.4.1 节对应相同。因此，势函数 ϕ 和 ψ 的解即分别为

$$\left\{\begin{array}{l}\phi=A\exp\left(-\xi_1 z\right)\exp\left[\mathrm{i}\left(kr-\omega t\right)\right]\\ \psi=B\exp\left(-\xi_2 z\right)\exp\left[\mathrm{i}\left(kr-\omega t\right)\right]\end{array}\right. \tag{1.472}$$

结合势函数 ϕ 和 ψ 的物理意义，式 (1.472) 也说明，轴对称 Rayleigh 波与 Rayleigh 平面波引起的势函数代表的物理量扰动在沿着 z 轴正方向向介质内部传播时，其波的振幅 (强度) 是按照指数形式衰减的。

根据表面边界条件可知，在 $z=0$ 自由面上，其三个应力分量应等于零：

$$\begin{cases} \sigma_{zr}=0 \\ \sigma_{z\theta}=0 \\ \sigma_{zz}=0 \end{cases} \tag{1.473}$$

对于此类轴对称问题有

$$\begin{cases} \varepsilon_{rr}=\dfrac{\partial u_r}{\partial r} \\ \varepsilon_{\theta\theta}=\dfrac{u_r}{r} \\ \varepsilon_{zz}=\dfrac{\partial u_z}{\partial z} \end{cases}, \gamma_{rz}=\frac{\partial u_r}{\partial z}+\frac{\partial u_z}{\partial r} \tag{1.474}$$

因此，应力分量应为

$$\begin{cases} \sigma_{rr}=\lambda\theta+2\mu\varepsilon_{rr} \\ \sigma_{\theta\theta}=\lambda\theta+2\mu\varepsilon_{\theta\theta} \\ \sigma_{zz}=\lambda\theta+2\mu\varepsilon_{zz} \end{cases}, \quad \begin{cases} \sigma_{rz}=\mu\gamma_{rz} \\ \sigma_{\theta z}=\sigma_{r\theta}=0 \end{cases} \tag{1.475}$$

将式 (1.462)、式 (1.463) 和式 (1.474) 代入式 (1.475)，可以得到

$$\begin{cases} \sigma_{rr}=\lambda\Delta\phi+2\mu\left(\dfrac{\partial^2\phi}{\partial r^2}+\dfrac{\partial^3\psi}{\partial r^2\partial z}\right) \\ \sigma_{\theta\theta}=\lambda\Delta\phi+\dfrac{2\mu}{r}\left(\dfrac{\partial\phi}{\partial r}+\dfrac{\partial^2\psi}{\partial r\partial z}\right) \\ \sigma_{zz}=\lambda\Delta\phi+2\mu\dfrac{\partial}{\partial z}\left(\dfrac{\partial\phi}{\partial z}+\dfrac{\partial^2\psi}{\partial z^2}-\Delta\psi\right) \end{cases}, \begin{cases} \sigma_{rz}=\mu\dfrac{\partial}{\partial r}\left(2\dfrac{\partial\phi}{\partial z}+2\dfrac{\partial^2\psi}{\partial z^2}-\Delta\psi\right) \\ \sigma_{\theta z}=\sigma_{r\theta}=0 \end{cases} \tag{1.476}$$

将式 (1.476) 代入式 (1.473) 即有

$$\begin{cases} \dfrac{\partial}{\partial r}\left(2\dfrac{\partial\phi}{\partial z}+2\dfrac{\partial^2\psi}{\partial z^2}-\Delta\psi\right)=0 \\ \lambda\Delta\phi+2\mu\dfrac{\partial}{\partial z}\left(\dfrac{\partial\phi}{\partial z}+\dfrac{\partial^2\psi}{\partial z^2}-\Delta\psi\right)=0 \end{cases} \tag{1.477}$$

将式 (1.470) 代入式 (1.477)，有

$$\begin{cases} \dfrac{\partial}{\partial r}\left(2\dfrac{\partial\phi}{\partial z}+2\dfrac{\partial^2\psi}{\partial z^2}-\dfrac{1}{C_T^2}\dfrac{\partial^2\psi}{\partial t^2}\right)=0 \\ \dfrac{\lambda}{C_L^2}\dfrac{\partial^2\phi}{\partial t^2}+2\mu\dfrac{\partial}{\partial z}\left(\dfrac{\partial\phi}{\partial z}+\dfrac{\partial^2\psi}{\partial z^2}-\dfrac{1}{C_T^2}\dfrac{\partial^2\psi}{\partial t^2}\right)=0 \end{cases} \tag{1.478}$$

将式 (1.472) 代入式 (1.1.478)，有

$$\begin{cases} -2\xi_1 A\exp(-\xi_1 z)+\left(2\xi_2^2-\dfrac{\omega^2}{C_T^2}\right)B\exp(-\xi_2 z)=0 \\ \left(\dfrac{\lambda\omega^2}{C_L^2}+2\mu\xi_1^2\right)A\exp(-\xi_1 z)+2\mu\left(\dfrac{\omega^2\xi_2}{C_T^2}-\xi_2^3\right)B\exp(-\xi_2 z)=0 \end{cases} \tag{1.479}$$

考虑到边界条件 $z=0$，式 (1.479) 即可以简化为

$$\begin{cases} -2\xi_1 A+\left(2\xi_2^2-\dfrac{\omega^2}{C_T^2}\right)B=0 \\ \left(\dfrac{\lambda\omega^2}{C_L^2}+2\mu\xi_1^2\right)A+2\mu\left(\dfrac{\omega^2\xi_2}{C_T^2}-\xi_2^3\right)B=0 \end{cases} \tag{1.480}$$

通过式 (1.480) 方程组可以消去待定系数 A 和 B，即得到

$$\frac{\lambda\omega^2}{C_L^2}+2\mu\xi_1^2+2\mu\left(\frac{\omega^2\xi_2}{C_T^2}-\xi_2^3\right)\frac{2\xi_1}{2\xi_2^2-\dfrac{\omega^2}{C_T^2}}=0 \tag{1.481}$$

即

$$\lambda\frac{\omega^2}{C_L^2}+2\mu\xi_1^2+4\mu\xi_1\xi_2\frac{\dfrac{\omega^2}{C_T^2}-\xi_2^2}{2\xi_2^2-\dfrac{\omega^2}{C_T^2}}=0 \tag{1.482}$$

由于

$$\begin{cases} \dfrac{\xi_1^2}{k^2}=1-\dfrac{\omega^2}{k^2C_L^2} \\ \dfrac{\xi_2^2}{k^2}=1-\dfrac{\omega^2}{k^2C_T^2} \end{cases} \tag{1.483}$$

因此，式 (1.482) 可进一步写为

$$\left[(\lambda-2\mu)\frac{\omega^2}{k^2C_L^2}+2\mu\right]\left(2-3\frac{\omega^2}{k^2C_T^2}\right)+4\mu\sqrt{1-\frac{\omega^2}{k^2C_L^2}}\sqrt{1-\frac{\omega^2}{k^2C_T^2}}\left(2\frac{\omega^2}{k^2C_T^2}-1\right)=0 \tag{1.484}$$

根据谐波定义可知，Rayleigh 波波速应为

$$C=\frac{\omega}{k} \tag{1.485}$$

因此，式 (1.484) 可进一步写为

$$\left[(\lambda-2\mu)\frac{C^2}{C_L^2}+2\mu\right]\left(2-3\frac{C^2}{C_T^2}\right)+4\mu\sqrt{1-\frac{C^2}{C_L^2}}\sqrt{1-\frac{C^2}{C_T^2}}\left(2\frac{C^2}{C_T^2}-1\right)=0 \tag{1.486}$$

由于

$$C_L^2 = \frac{C_L^2}{C_T^2} C_T^2 = \frac{\lambda + 2\mu}{\mu} C_T^2 = \frac{2 - 2\nu}{1 - 2\nu} C_T^2 \tag{1.487}$$

从式 (1.487) 可以看出，点源轴对称传播的 Rayleigh 波波速也只与材料弹性常数相关，与谐波的频率无关。将式 (1.487) 中弹性常数皆转换为横波波速和 Poisson 比时，可写为

$$\left(\frac{3\nu - 1}{1 - \nu}\frac{C^2}{C_T^2} + 2\right)\left(2 - 3\frac{C^2}{C_T^2}\right) + 4\sqrt{1 - \frac{1 - 2\nu}{2 - 2\nu}\frac{C^2}{C_T^2}}\sqrt{1 - \frac{C^2}{C_T^2}}\left(2\frac{C^2}{C_T^2} - 1\right) = 0 \tag{1.488}$$

且定义无量纲 Rayleigh 波速为

$$C^{*2} = \frac{C^2}{C_T^2} \tag{1.489}$$

则式 (1.488) 可简化为

$$\left(\frac{3\nu - 1}{1 - \nu} C^{*2} + 2\right)\left(2 - 3C^{*2}\right) + 4\sqrt{1 - \frac{1 - 2\nu}{2 - 2\nu} C^{*2}}\sqrt{1 - C^{*2}}\left(2C^{*2} - 1\right) = 0 \tag{1.490}$$

当 Poisson 比取常规值 0.25 时，此时上述方程即可化为

$$\frac{\left(2 - \dfrac{C^{*2}}{3}\right)\left(2 - 3C^{*2}\right)}{\left(2C^{*2} - 1\right)} = -4\sqrt{1 - \frac{1}{3}C^{*2}}\sqrt{1 - C^{*2}} \tag{1.491}$$

式 (1.491) 左端表明

$$\frac{2}{3} < C^{*2} < 1 \quad 或 \quad 0 < C^{*2} < \frac{1}{2} \tag{1.492}$$

式 (1.491) 两端平方并简化可以得到

$$C^{*2}\left(-183x^3 + 840x^2 - 920x + 288\right) = 0 \tag{1.493}$$

考虑式 (1.492)，式 (1.493) 有解：

$$C^* = 0.919 \tag{1.494}$$

即 Rayleigh 波波速为

$$C \approx \sqrt{0.845} C_\omega = 0.919 C_\omega \tag{1.495}$$

即此种情况下 Rayleigh 波波速约为等容波 (剪切波) 波速的 91.9%，这与 1.4.1 小节中相同条件下 Rayleigh 平面波的传播速度近似相等。

当 Poisson 比取下极限值 0 时，式 (1.490) 简化为

$$\frac{\left(2 - C^{*2}\right)\left(2 - 3C^{*2}\right)}{2C^{*2} - 1} = -4\sqrt{1 - \frac{C^{*2}}{2}}\sqrt{1 - C^{*2}} \tag{1.496}$$

式 (1.496) 左端也表明

$$\frac{2}{3} < C^{*2} < 1 \quad \text{或} \quad 0 < C^{*2} < \frac{1}{2} \tag{1.497}$$

式 (1.496) 两端平方并简化可以得到

$$C^{*2}\left(23C^{*4} - 34C^{*2} + 12\right) = 0 \tag{1.498}$$

考虑式 (1.497)，式 (1.498) 有解

$$C^{*} = 0.947 \tag{1.499}$$

当 Poisson 比取上极限值 0.5 时，式 (1.490) 简化为

$$\frac{\left(C^{*2}+2\right)\left(2-3C^{*2}\right)}{2C^{*2}-1} = -4\sqrt{1-C^{*2}} \tag{1.500}$$

式 (1.500) 左端同样表明

$$\frac{2}{3} < C^{*2} < 1 \quad \text{或} \quad 0 < C^{*2} < \frac{1}{2} \tag{1.501}$$

式 (1.500) 两端平方并简化可以得到

$$C^{*2}\left(9C^{*6} + 88C^{*4} - 136C^{*2} + 48\right) = 0 \tag{1.502}$$

考虑式 (1.501)，式 (1.502) 有解：

$$C^{*} = 0.891 \tag{1.503}$$

当 $0 < \nu < 0.5$ 时，式 (1.490) 可写为

$$\frac{\left(\dfrac{3\nu-1}{1-\nu}C^{*2}+2\right)\left(2-3C^{*2}\right)}{2C^{*2}-1} = -4\sqrt{1-\frac{1-2\nu}{2-2\nu}C^{*2}}\sqrt{1-C^{*2}} \tag{1.504}$$

式中

$$\frac{2}{3} < C^{*2} < 1 \quad \text{或} \quad 0 < C^{*2} < \frac{1}{2} \tag{1.505}$$

式 (1.504) 两端平方并整理可以得到

$$\begin{aligned} &C^{*2}[\left(9a^2 - 64b\right)C^{*6} + \left(36a - 12a^2 + 128b + 64\right)C^{*4} \\ &+ \left(4a^2 - 48a - 80b - 92\right)C^{*2} + (16a + 16b + 32)] = 0 \end{aligned} \tag{1.506}$$

式中

$$\begin{cases} a = \dfrac{3\nu-1}{1-\nu} \\ b = \dfrac{1-2\nu}{2-2\nu} \end{cases} \tag{1.507}$$

结合式 (1.505)，即有

$$
\begin{aligned}
&\left(9a^2-64b\right)C^{*6}+\left(36a-12a^2+128b+64\right)C^{*4}\\
&+\left(4a^2-48a-80b-92\right)C^{*2}+\left(16a+16b+32\right)=0
\end{aligned}
\tag{1.508}
$$

当 $\nu=0$ 时，$a=-1$，$b=1/2$；当 $\nu=0.25$ 时，$a=-1/3$，$b=1/3$；当 $\nu=0.5$ 时，$a=1$，$b=0$；将 a 和 b 值代入式 (1.506)，分别可以得到式 (1.498)、式 (1.493) 和式 (1.502)。对于绝大部分材料而言，其 Poisson 比应在 0.0~0.5，此时容易根据式 (1.508) 求解出其有效解，从而可以给出 Rayleigh 波波速与横波波速之比，如表 1.10 所示。

表 1.10　不同 Poisson 比材料 Rayleigh 波波速与横波波速之比 (二)

Poisson 比	波速比	Poisson 比	波速比
0.00	0.947	0.30	0.914
0.05	0.941	0.35	0.908
0.10	0.936	0.40	0.902
0.15	0.930	0.45	0.897
0.20	0.925	0.50	0.891
0.25	0.919		

从表 1.10 可以看出，与 Rayleigh 平面波波速与 Poisson 比呈正比关系不同，点源轴对称 Rayleigh 波波速与 Poisson 比呈反比关系；两者相同点在于，其 Rayleigh 波波速均小于横波波速。此种条件下 Rayleigh 波波速与横波波速之比和 Poisson 比之间的关系如图 1.35 所示。

从图 1.35 容易发现，随着介质 Poisson 比的增加，Rayleigh 波波速逐渐减小，而且根据拟合结果发现，与 1.4.1 小节中 Rayleigh 平面波不同的是，Rayleigh 波波速与 Poisson 比之间几乎满足线性反比关系。点源轴对称 Rayleigh 波传播的其他具体问题的分析读者可以参考文献 (Graff，1975) 第 6 章相关内容，不属于本书的深入讨论范围，不在此详述。

由以上分析可知，半无限线弹性介质表面的瞬时荷载会在介质内部产生横波、纵波和 Rayleigh 波，一般而言，相同介质中这三类波中纵波波速 C_L 最大、Rayleigh 波波速 C_{R} 最小：

$$
C_L>C_T>C_{\mathrm{R}} \tag{1.509}
$$

而且，一般而言

$$
\left\{
\begin{aligned}
&\frac{C_L}{C_T}=\sqrt{\frac{2-2\nu}{1-2\nu}}>\sqrt{2}\\
&\frac{C_{\mathrm{R}}}{C_T}\in(0.8,1.0)
\end{aligned}
\right.
\tag{1.510}
$$

以常规点源轴对称问题为例，即如图 1.36 所示物体对半无限介质的高速撞击或半无限

介质表面的爆炸问题，等等，当材料为地质材料时，其 Poisson 比皆近似为 0.25，此时

$$\begin{cases} \dfrac{C_L}{C_T} = 1.732 \\ \dfrac{C_{\mathrm{R}}}{C_T} = 0.919 \end{cases} \tag{1.511}$$

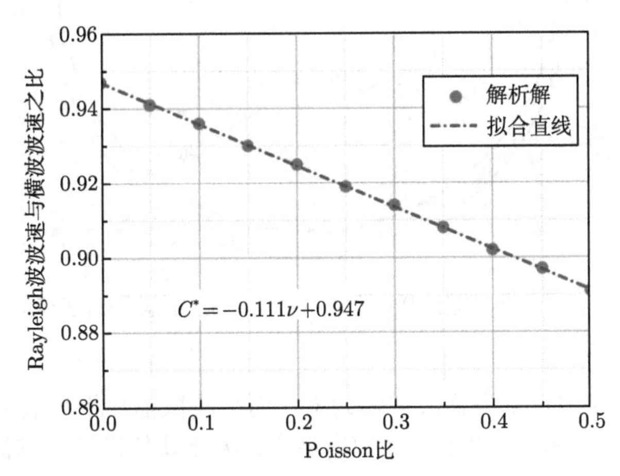

图 1.35 Poisson 比与轴对称 Rayleigh 波相对波速之间的线性关系

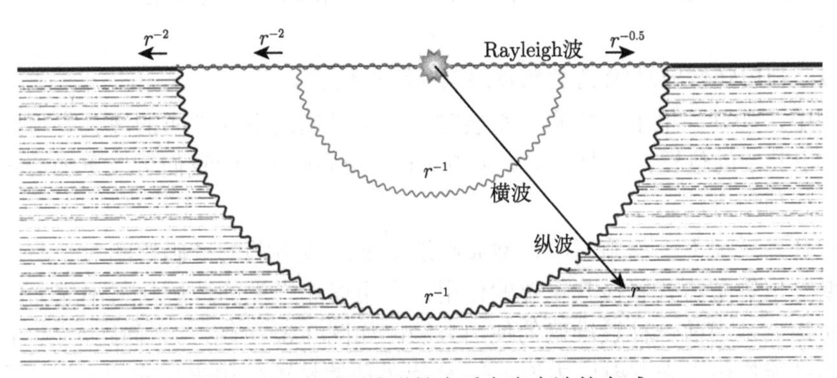

图 1.36 半无限线弹性介质中应力波的衰减

当介质为金属材料时，其 Poisson 比皆近似为 0.30，此时

$$\begin{cases} \dfrac{C_L}{C_T} = 1.871 \\ \dfrac{C_{\mathrm{R}}}{C_T} = 0.914 \end{cases} \tag{1.512}$$

研究表明，在半无限线弹性介质表面附近，横波和纵波的运动振幅等参数按照其距离中心径向距离的二次方衰减，可写为 $u_r \sim r^{-2}$；而 Rayleigh 波的传播只是按照距离的开

方衰减，即 $u_r \sim r^{-0.5}$，如图 1.36 所示。参考后面的分析可知，在深度方向，Rayleigh 波的传播按照指数形式衰减；而在介质内部远场区域，横波和纵波的传播则按照 r^{-1} 衰减。

通过分析，Woods (1968) 给出了 Poisson 比为 0.25 时典型地质材料内部横波和纵波波阵面粒子运动幅度示意图，如图 1.37 所示。

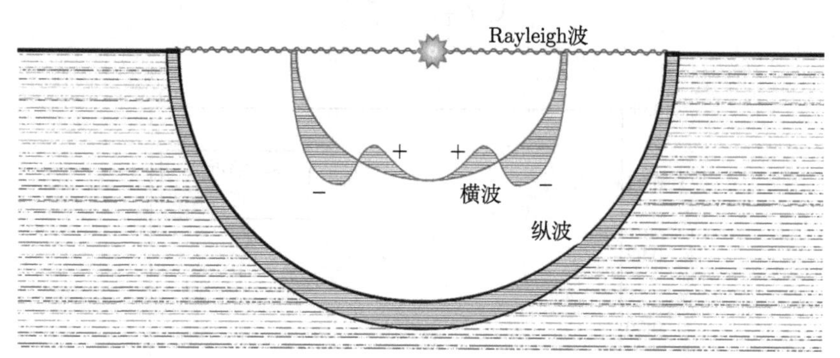

图 1.37　半无限线弹性介质中横波和纵波波阵面粒子运动

因此可以看到，波源正下方横波振幅为零，而纵波振幅却相对最大。整体来讲，在半无限介质表面，由于 Rayleigh 波的衰减幅度最小，因此其传播的距离最远；而且，一般而言 Rayleigh 波所携带的能量最多，以典型地质材料为例，其 Poisson 比近似为 0.25，此时 Rayleigh 波所携带的能量占总能量的 67%，而横波和纵波所携带的能量却分别只有 26% 和 7%。

例 1.3　利用弹性波理论测量地质溶洞和断层位置。

在工程中，如勘探地下断层和含水层时，就可以通过不同性质的波具有不同速度这一特点，反算出其空间位置，以参考文献 (Meyers，2006) 中实例我们可以更加清晰地了解不同波速的工程使用方法。

在煤矿开采或地下工程施工时，地质构造如断层或溶洞的准确探测对于防范地下空间水灾、瓦斯突出等防治有着极其重要的作用，利用爆炸产生的地质材料中应力波传播差异法测量地质溶洞是当前一种较准确的使用方法。如图 1.38 所示二维问题，在 A 点处放置一定当量的高能炸药用来发射应力波，在 B 点处放置地震仪用来接收应力波；设两点之间的距离为 1000m；需要测量溶洞点 C 的位置。

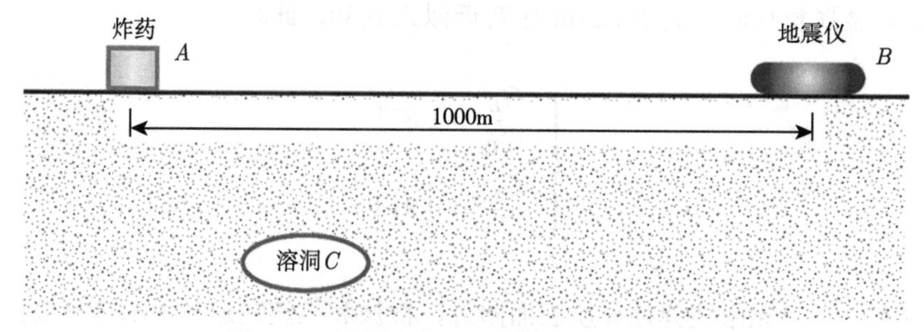

图 1.38　爆炸法测量地质溶洞原理示意图

地质主要介质为岩石，通过测量可以得到其杨氏模量为 100GPa，Poisson 比为 0.4，密度为 2.6g/cm^3。在无限介质中，当 A 点炸药发生爆炸时，在近爆点会产生强烈的冲击波，但随着冲击波在岩石中的传播很快会衰减为准弹性波，而且相对于弹性波在岩石介质中的传播，冲击波的传播距离小得多，可以忽略不计；因此可以近似将爆炸波在岩石传播皆视为弹性波来开展计算。在爆炸发生后，瞬间会在岩石介质中产生纵波 (P 波)、横波 (S 波) 和近地面的表面波 (Rayleigh 波，第 2 章对此波进行推导和分析)，如图 1.39 所示。

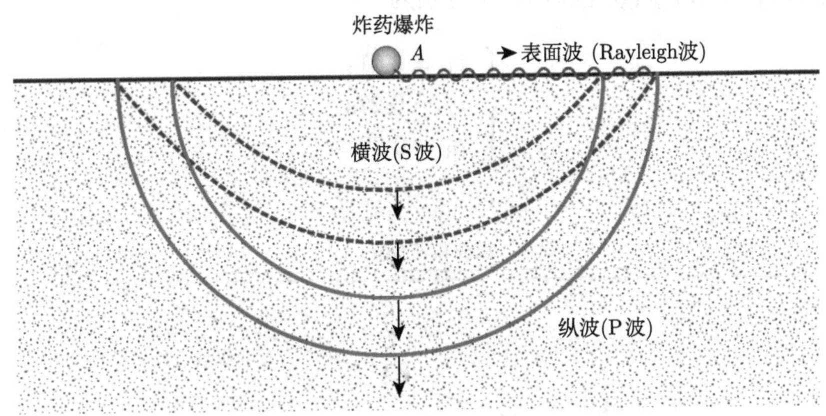

图 1.39 应力波在半无限介质中传播的三种主要弹性波

可以根据前面无限线弹性介质中弹性波波速计算公式给出其纵波波速为

$$C_L = \sqrt{\frac{1-\nu}{(1+\nu)(1-2\nu)}\frac{E}{\rho}} = 9078\text{m/s} \tag{1.513}$$

横波波速为

$$C_T = \sqrt{\frac{E}{2(1+\nu)\rho}} = 3706\text{m/s} \tag{1.514}$$

表面波 (Rayleigh 波) 波速 C_{R} 为横波波速的 94.22%，即有

$$C_{\mathrm{R}} = 0.9422 \cdot C_T = 3492\text{m/s} \tag{1.515}$$

因此，在图 1.38 所示问题中，从点 A 到点 B 传播的弹性波有纵波、横波和 Rayleigh 波，从点 A 到点 C 传播的弹性波有纵波和横波，而从点 C 到点 B 传播的弹性波为反射纵波、反射横波；如图 1.40 所示；需要说明的是，从点 C 反射的横波有两组，一组为由点 A 传播到点 C 的纵波在交界面上斜反射而产生的横波 (同时也会反射纵波)，另一组为由点 A 传播到点 C 的横波在交界面上反射的横波。

(1) 正向问题：已知位置求传播时间。

设 AB、AC 和 BC 之间的距离分别为

$$\begin{cases} l_1 = 1000\text{m} \\ l_2 = 250\text{m} \\ l_3 = 873\text{m} \end{cases} \tag{1.516}$$

根据式 (1.513)、式 (1.514) 和式 (1.515) 可以计算出从点 A 传播到点 B 的纵波时间 t_L、横波时间 t_T 和 Rayleigh 波时间 t_{R} 分别为

$$\begin{cases} t_L = 0.11\text{s} \\ t_T = 0.27\text{s} \\ t_{\text{R}} = 0.29\text{s} \end{cases} \tag{1.517}$$

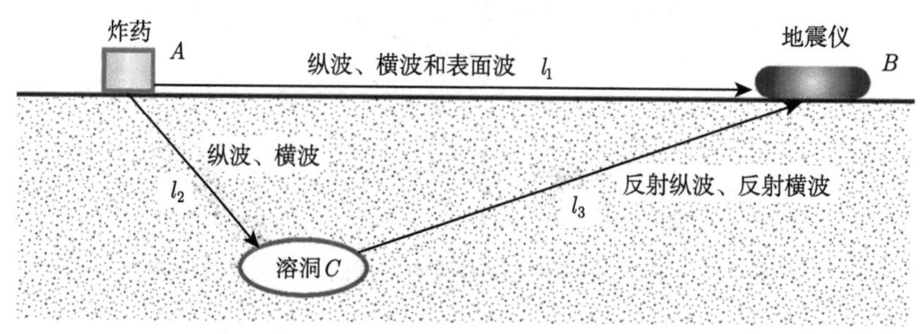

图 1.40 弹性波的传播路径示意图

当纵波从点 A 传播到点 C，然后从点 C 反射纵波到点 B，其总时间为

$$t_{L\text{R}} = \frac{l_2 + l_3}{C_L} = 0.12\text{s} \tag{1.518}$$

当纵波传播到点 C 后反射横波到点 B，其总时间为

$$t_{L\text{R}T} = \frac{l_2}{C_L} + \frac{l_3}{C_T} = 0.26\text{s} \tag{1.519}$$

当横波从点 A 传播到点 C，然后从点 C 反射横波到点 B，其总时间为

$$t_{T\text{R}} = \frac{l_2 + l_3}{C_T} = 0.30\text{s} \tag{1.520}$$

不同弹性波的传播时间分别如表 1.11 所示。

表 1.11 地震仪所测得波到达时间

弹性波	时间/s
纵波	0.11
反射纵波	0.12
反射横波 1	0.26
横波	0.27
反射横波 2	0.30
Rayleigh 波	0.29

(2) 反向问题：根据地震仪所接收的波求溶洞的位置。

反而言之，也可以通过地震仪上各类波的传播时间反算出溶洞的位置。一般而言，同一弹性介质中纵波波速大于横波波速、横波波速大于 Rayleigh 波波速，因此相同距离条件下其传播时间正好相反；可以通过关系：

$$C_L t_L = C_T t_T = C_{\mathrm{R}} t_{\mathrm{R}} = l_1 \tag{1.521}$$

且理论上，地震仪首先接收到的波应为纵波，因此该波传播的时间容易确定；结合式 (1.521)，可以确定地震仪上的横波和 Rayleigh 波，从而可以求出点 A 到点 B 的距离。

一般而言，反射纵波的波速大于反射横波 1 的波速、反射横波 1 的波速大于反射横波 2 的波速，因此可以根据此特征区分地震仪上的接收波，从而给出此三种波的传播时间；根据方程：

$$\begin{cases} t_{L\mathrm{R}} = \dfrac{l_2 + l_3}{C_L} \\ t_{T\mathrm{R}} = \dfrac{l_2 + l_3}{C_T} \end{cases} \tag{1.522}$$

可以对岩体中介质的纵波波速和横波波速进行适当的校正，然后联立

$$t_{L\mathrm{R}T} = \frac{l_2}{C_L} + \frac{l_3}{C_T} \tag{1.523}$$

即可计算出 AC 和 BC 的距离 l_2 和 l_3，再结合式 (1.521)，即可以定位溶洞的坐标。

1.4.3 半无限线弹性分层层间波 (Love 波) 的传播

1.4.1 小节和 1.4.2 小节中半无限线弹性介质中表面皆为自由面，且假设第 7 章无限线弹性介质均为单一均质材料，而实际情况无限介质中并不是单一的介质，而是若干层半无限介质层合结构，而每层介质之间结合面的边界条件与本章上两节中完全不同，同时由于并不是单一的均质材料，因此其应力波的传播也不能直接利用半无限均质固体中应力波传播对应的结论进行分析；特别是地震波传播过程中常存在一种半无限介质与有限厚低速分层交界面上的弹性波，该波类似于平行于层面方向运动的横波 (即 SH 波)，在波的传播路径上，粒子的运动平行于层面，而无垂直分量；该波往往破坏力较大，这类分层交界面上沿着界面方向传播的弹性波由 Love 首次系统研究，因此常称为 Love 波。

如图 1.41 所示，设半无限介质的剪切模量和横波波速分别为 μ' 和 C_T'；上覆线弹性介质厚度为 D，剪切模量和横波波速分别为 μ 和 C_T，取 x 轴为 Love 波的传播方向，z 轴为交界面法线方向，其正向为向半无限介质深部的方向，$z=0$ 为交界面平面。

同上分析，Love 波传播过程中质点只在交界面上平行于交界面方向上运动，且垂直于传播方向运动，并不考虑垂直于交界面的运动，即

$$\begin{cases} u_x = u_y \equiv 0 \\ u_x' = u_y' \equiv 0 \end{cases} \tag{1.524}$$

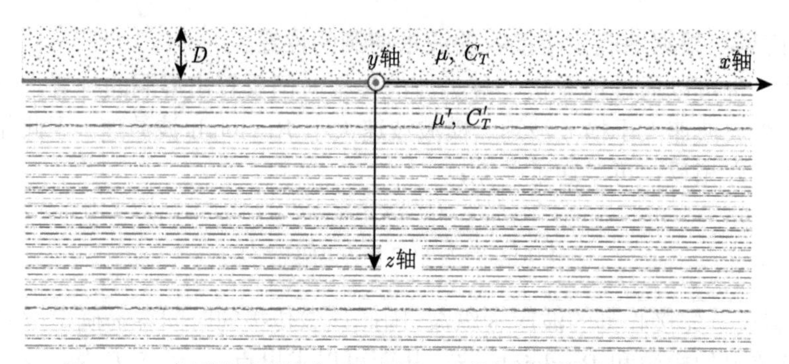

图 1.41　半无限线弹性介质与厚度 D 的低速弹性介质层合结构

因此这里只需考虑位移 u_y 和 u'_y。对于此类平面问题，容易知道

$$\left\{\begin{array}{l} u_y = u_y(x,z,t) \\ u'_y = u'_y(x,z,t) \end{array}\right. \tag{1.525}$$

根据运动方程可知

$$\left\{\begin{array}{l} \rho\dfrac{\partial^2 u_y}{\partial t^2} = (\lambda+\mu)\dfrac{\partial\theta}{\partial X} + \mu\Delta u_y \\ \rho'\dfrac{\partial^2 u'_y}{\partial t^2} = (\lambda'+\mu')\dfrac{\partial\theta'}{\partial X} + \mu'\Delta u_y \end{array}\right. \tag{1.526}$$

对于此问题中等容波问题，式 (1.526) 即可简化为

$$\left\{\begin{array}{l} \dfrac{\partial^2 u_y}{\partial t^2} = C_T^2\Delta u_y \\ \dfrac{\partial^2 u'_y}{\partial t^2} = C_T'^2\Delta u_y \end{array}\right. \tag{1.527}$$

结合式 (1.525) 并参考前面的对应分析，可令

$$\left\{\begin{array}{l} u_y = U_y(z)\exp\left[\mathrm{i}(kx-\omega t)\right] \\ u'_y = U'_y(z)\exp\left[\mathrm{i}(kx-\omega t)\right] \end{array}\right. \tag{1.528}$$

将式 (1.528) 代入式 (1.527)，可以得到

$$\left\{\begin{array}{l} \dfrac{\mathrm{d}^2 U_y(z)}{\mathrm{d}z^2} = \left(k^2 - \dfrac{\omega^2}{C_T^2}\right)U_y(z) \\ \dfrac{\mathrm{d}^2 U'_y(z)}{\mathrm{d}z^2} = \left(k^2 - \dfrac{\omega^2}{C_T'^2}\right)U'_y(z) \end{array}\right. \tag{1.529}$$

如令

$$\begin{cases} \xi^2 = k^2 - \dfrac{\omega^2}{C_T^2} \\ \xi'^2 = k^2 - \dfrac{\omega^2}{C_T'^2} \end{cases} \tag{1.530}$$

根据以上假设，半无限介质上覆层状介质横波波速相对较小，因此

$$\xi^2 = k^2 - \frac{\omega^2}{C_T^2} = k^2\left(1 - \frac{C^2}{C_T^2}\right) < 0 \tag{1.531}$$

可令

$$\eta^2 = -\xi^2 = \frac{\omega^2}{C_T^2} - k^2 > 0 \tag{1.532}$$

因此，式 (1.529) 可简写为

$$\begin{cases} \dfrac{\mathrm{d}^2 U_y(z)}{\mathrm{d}z^2} = -\eta^2 U_y(z) \\ \dfrac{\mathrm{d}^2 U_y'(z)}{\mathrm{d}z^2} = \xi'^2 U_y'(z) \end{cases} \tag{1.533}$$

假设

$$\xi'^2 = k^2 - \frac{\omega^2}{C_T'^2} = k^2\left(1 - \frac{C^2}{C_T'^2}\right) < 0 \tag{1.534}$$

式 (1.533) 的通解为

$$\begin{cases} u_y = A\exp\left[\mathrm{i}\left(\eta z + kx - \omega t\right)\right] + B\exp\left[\mathrm{i}\left(-\eta z + kx - \omega t\right)\right] \\ u_y' = A'\exp\left[\mathrm{i}\left(\xi' z + kx - \omega t\right)\right] + B'\exp\left[\mathrm{i}\left(\xi' z - kx - \omega t\right)\right] \end{cases} \tag{1.535}$$

式中，A、B、A' 和 B' 为待定系数。然而，式 (1.535) 所代表弹性波解与在地震波的传播过程中所观察的并不一致；因此，可以认为

$$\xi'^2 = k^2 - \frac{\omega^2}{C_T'^2} = k^2\left(1 - \frac{C^2}{C_T'^2}\right) > 0 \tag{1.536}$$

此时，式 (1.533) 的解应为

$$\begin{cases} u_y = A\exp\left[\mathrm{i}\left(\eta z + kx - \omega t\right)\right] + B\exp\left[\mathrm{i}\left(-\eta z + kx - \omega t\right)\right] \\ u_y' = A'\exp\left(\xi' z\right)\exp\left[\mathrm{i}\left(kx - \omega t\right)\right] + B'\exp\left(-\xi' z\right)\exp\left[\mathrm{i}\left(kx - \omega t\right)\right] \end{cases} \tag{1.537}$$

式中

$$A'\exp\left(\xi' z\right)\exp\left[\mathrm{i}\left(kx - \omega t\right)\right] \tag{1.538}$$

在物理上明显不合理，因此，式 (1.537) 可进一步写为

$$\left\{\begin{array}{l} u_y = A\exp\left[\mathrm{i}\left(\eta z + kx - \omega t\right)\right] + B\exp\left[\mathrm{i}\left(-\eta z + kx - \omega t\right)\right] \\ u'_y = B'\exp\left(-\xi' z\right)\exp\left[\mathrm{i}\left(kx - \omega t\right)\right] \end{array}\right. \tag{1.539}$$

如图 1.41 所示，该问题的边条件为

$$\left\{\begin{array}{l} \sigma_{zy} = 0 \\ z = -D \end{array}\right., \quad \left\{\begin{array}{l} \sigma_{zy} = \sigma'_{zy} \\ u_y = u'_y \\ z = 0 \end{array}\right. \tag{1.540}$$

由于

$$\left\{\begin{array}{l} \sigma_{zy} = \mu\gamma_{zy} = \mu\dfrac{\partial u_y}{\partial z} \\ \sigma'_{zy} = \mu'\gamma'_{zy} = \mu'\dfrac{\partial u'_y}{\partial z} \end{array}\right. \tag{1.541}$$

根据式 (1.539) 和式 (1.540)，并结合式 (1.541)，可以得到

$$A\exp\left[-\mathrm{i}\left(\eta D\right)\right] = B\exp\left[\mathrm{i}\left(\eta D\right)\right] \tag{1.542}$$

根据 Euler 公式，由式 (1.542) 即可以得到

$$A = \frac{1 + \mathrm{i}\tan\left(\eta D\right)}{1 - \mathrm{i}\tan\left(\eta D\right)}B \tag{1.543}$$

因而，可以得到

$$\left\{\begin{array}{l} A + B = B' \\ A\mathrm{i}\mu\eta - B\mathrm{i}\mu\eta = -B'\mu'\xi' \end{array}\right. \tag{1.544}$$

联立式 (1.543) 和式 (1.544)，可以得到

$$B' = \frac{2B}{1 - \mathrm{i}\tan\left(\eta D\right)} \tag{1.545}$$

将式 (1.543) 和式 (1.545) 代入式 (1.544)，可以得到

$$\mu'\xi' - \tan\left(\eta D\right)\mathrm{i}\mu\eta = 0 \tag{1.546}$$

即

$$\mu'\sqrt{k^2 - \frac{\omega^2}{C'^2_T}} - \mu\sqrt{\frac{\omega^2}{C^2_T} - k^2}\tan\left(D\sqrt{\frac{\omega^2}{C^2_T} - k^2}\right) = 0 \tag{1.547}$$

或

$$\mu'\sqrt{1-\frac{C^2}{C_T'^2}}-\mu\sqrt{\frac{C^2}{C_T^2}-1}\tan\left(kD\sqrt{\frac{C^2}{C_T^2}-1}\right)=0 \tag{1.548}$$

根据式 (1.548)，当已知两种介质的相关弹性常数时，即可求出对应的 Love 波波速。

第 2 章　典型线弹性固体介质中单纯应力波的传播

第 1 章中的几种典型线弹性传播问题是基于一维简化假设的，事实上，基于一维杆中应力波的传播非常具有代表性，适用范围也很广，是波动力学知识里面最基础也是最重要的部分之一。对于二维和更复杂的三维问题而言，应力波在固体介质中的传播非常复杂，绝大多数此类问题当前无法给出准确的解析解；即使对于线弹性波而言，也只有极少数相对理想的二维问题能够给出相对准确的解析解；这些典型问题的解能够更加准确地分析固体介质中应力波传播特征。本章基于第 1 章一维分析结果，考虑相关更加复杂的情况，分析典型情况下单纯线弹性波的传播特性与规律。

2.1　线弹性细长杆中纵波的传播与弥散效应

1.2.1 小节中的一维杆只是一种理论上的理想“杆”，首先，在应力波传播路径上，它没有径向变形、一维杆的截面在任何情况下都保持平面；其次，一维杆中应力波相关物理量只是轴线坐标 X 或 x 和 t 的函数。然而，在真实世界不可能找到如此理想的“杆”，一般用细长杆替代，但任何真实存在的杆都存在径向尺寸，同时由于一般材料的 Poisson 比皆大于零 $(0<\nu\leqslant 0.5)$，因此，在杆介质受轴线压缩或拉伸过程中，必然会产生径向膨胀或收缩，也就是说杆中介质质点速度不仅有轴向速度也有径向速度分量，即实际上，应力波在细长杆中的传播存在横向惯性效应。

细长金属杆中弹性波的传播一维理论波形与试验波形如图 2.1 所示，可以看出试验波形与理论波形核心规律一致，说明一维波理论的准确性；但也可以明显看到波的振荡和弥散。在一维杆中纵波传播过程的分析中，我们忽略了横向惯性效应对应力波传播的影响，图 2.1 显示的是细长杆中波的传播，此时理论结果并结合滤波分析，能够给出相对准确的

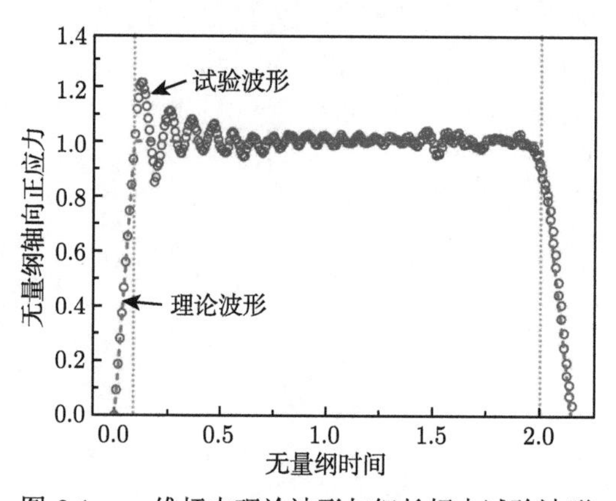

图 2.1　一维杆中理论波形与细长杆中试验波形

解；然而，并不是在所有条件下，理论波形与试验波形都如此吻合，这种一维假设是否合理、所推导出来的结果是否可靠准确以及在何种条件下这些结果是科学且足够准确的等等，这些问题都需要对横向惯性效应的影响进行初步分析。

根据弹性力学知识可知，对于线弹性材料而言，假定杆中介质所受到的轴向应力只与 L 氏坐标 X 和时间 t 相关，杆在轴向应力 $\sigma_X(X,t)$ 的作用下存在轴线应变的同时由于 Poisson 比大于零也存在径向应变 (L 氏描述)：

$$\begin{cases}\varepsilon_X = \dfrac{\partial u_X}{\partial X} = \dfrac{\sigma_X(X,t)}{E} \\ \varepsilon_Y = \dfrac{\partial u_Y}{\partial Y} = -\nu\varepsilon_X(X,t) \\ \varepsilon_Z = \dfrac{\partial u_Z}{\partial Z} = -\nu\varepsilon_X(X,t)\end{cases} \tag{2.1}$$

式中，E 为杆材料的杨氏模量；ν 为杆材料的 Poisson 比；u_X、u_Y 和 u_Z 分别表示位移在 X 轴、Y 轴和 Z 轴方向的分量。

从式 (2.1) 中第一个表达式可以看出，杆中介质的轴向应变与其轴向应力一致，也只与 L 氏坐标 X 和时间 t 相关，而与 Y、Z 坐标无关，因此通过对式 (2.1) 中后两者进行积分可以得到

$$\begin{cases}u_Y = -\nu Y\varepsilon_X = -\nu Y\dfrac{\partial u_X}{\partial X} \\ u_Z = -\nu Y\varepsilon_X = -\nu Z\dfrac{\partial u_X}{\partial X}\end{cases} \tag{2.2}$$

式 (2.2) 积分过程中取杆截面中心点为 Y 轴和 Z 轴的坐标原点。

由式 (2.2) 可以求出杆中质点运动时质点速度的横向分量 v_Y、v_Z 分别为

$$\begin{cases}v_Y = \dfrac{\partial u_Y}{\partial t} = -\nu Y\dfrac{\partial \varepsilon_X}{\partial t} = -\nu Y\dfrac{\partial v_X}{\partial X} \\ v_Z = \dfrac{\partial u_Z}{\partial t} = -\nu Z\dfrac{\partial \varepsilon_X}{\partial t} = -\nu Z\dfrac{\partial v_X}{\partial X}\end{cases} \tag{2.3}$$

同理，根据式 (2.3) 可以得到质点加速度的横向分量 a_Y、a_Z：

$$\begin{cases}a_Y = \dfrac{\partial v_Y}{\partial t} = -\nu Y\dfrac{\partial a_X}{\partial X} \\ a_Z = \dfrac{\partial v_Z}{\partial t} = -\nu Z\dfrac{\partial a_X}{\partial X}\end{cases} \tag{2.4}$$

根据式 (2.2)、式 (2.3) 和式 (2.4) 可知，随着 L 氏坐标 Y 值和 Z 值的变化，杆中截面上有着非均匀分布的横向质点位移、速度和加速度，这意味着应力波在杆中传播过程中原平截面上存在着非均匀分布的横向应力，从而导致平截面的歪曲。此时，由于杆中质点的横向运动，杆中介质质点的应力状态不再是假设中的一维应力问题，原平面截面也不再保持为平截面，此时应力波在杆中的传播问题变成了一个三维问题，对于圆截面杆来讲，至少是一个轴对称的二维问题。

2.1.1 线弹性细长杆中纵波传播的近似解析解

圆杆中线弹性波传播的弥散效应是一个典型的应力波弥散问题，得到广泛关注，通过不同方法，学者们得到了相关的数值解和解析解，其中有代表性的解析方法有 Rayleigh-Love 解法和 Pochhammer 解法。

1. Rayleigh-Love 解法

从能量的角度看，横向惯性效应的影响就是横向运动动能的影响；以如图 2.2 所示杆为例，取杆中的长度为 $\mathrm{d}X$ 微元进行分析，整个分析过程都在 L 氏坐标构架中完成，为简化方程，此处省略代表 L 氏描述的下标 "X"。图中微元的横向动能为

$$E_{YZ}=\int_A \frac{1}{2}\rho\left(v_Y^2+v_Z^2\right)\mathrm{d}X\mathrm{d}Y\mathrm{d}Z \tag{2.5}$$

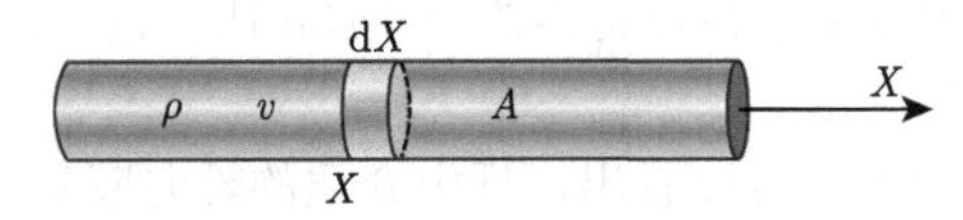

图 2.2 考虑横向惯性效应的杆

结合式 (2.3)，可以给出杆中单位体积介质的平均横向动能为

$$\frac{1}{A\mathrm{d}X}\int_A \frac{1}{2}\rho\left(v_Y^2+v_Z^2\right)\mathrm{d}X\mathrm{d}Y\mathrm{d}Z=\frac{1}{2}\rho\nu^2\left(\frac{\partial\varepsilon}{\partial t}\right)^2\cdot\frac{\displaystyle\int_A\left(Y^2+Z^2\right)\mathrm{d}Y\mathrm{d}Z}{A} \tag{2.6}$$

令

$$R=\sqrt{\frac{\displaystyle\int_A\left(Y^2+Z^2\right)\mathrm{d}Y\mathrm{d}Z}{A}} \tag{2.7}$$

可以发现，式 (2.7) 正好是截面对轴向坐标轴 X 轴的惯性半径 (也称回转半径)，此时有

$$\frac{1}{A\mathrm{d}X}\int_A \frac{1}{2}\rho\left(v_Y^2+v_Z^2\right)\mathrm{d}X\mathrm{d}Y\mathrm{d}Z=\frac{1}{2}\rho\nu^2\left(\frac{\partial\varepsilon}{\partial t}\right)^2\cdot R^2 \tag{2.8}$$

对波阵面能量守恒条件的推导过程中正是只考虑到纵向动能而忽略式 (2.8) 所示横向动能。

如图 2.2 所示，微元左端即质点 X 处的应力为 σ，则根据 Taylor 级数展开微元右端 $X+\mathrm{d}X$ 处的应力为

$$\sigma_{X+\mathrm{d}X}=\sigma+\frac{\partial\sigma}{\partial X}\mathrm{d}X+o\left(\mathrm{d}X\right) \tag{2.9}$$

式中，$o(\mathrm{d}X)$ 为 $\mathrm{d}X$ 的高阶无穷小。因此，忽略高阶小量后，该微元所受的总应力

$$\Delta\sigma=\left(\sigma+\frac{\partial\sigma}{\partial X}\mathrm{d}X\right)-\sigma=\frac{\partial\sigma}{\partial X}\mathrm{d}X \tag{2.10}$$

从线弹性波波阵面上的能量守恒方程的分析可知，外面力对上述微元闭口体系的功率可以分解为两项：一项是前后方的不均衡面力在微元前后方平均速度上的刚度功率；第二项则是微元前后方的均衡面力在前后方速度差上所产生的变形功率。其中，第一项微元前后方的不均衡面力在前后方平均速度上的刚度功率恰恰等于该微元闭口体系的动能增加率。由此，可以认为微元轴向面力单位时间内所做的功全部转化为微元的轴线动能的增加，因此可有

$$A\frac{\partial\sigma}{\partial X}\mathrm{d}X\cdot v=\frac{\partial}{\partial t}\left(\frac{1}{2}\rho A\mathrm{d}X\cdot v^2\right) \tag{2.11}$$

式 (2.11) 简化后，即有

$$\frac{\partial\sigma}{\partial X}=\rho\cdot\frac{\partial v}{\partial t} \tag{2.12}$$

式 (2.12) 与微元运动的动量定理内涵正好相同，事实上，它们是同一个表达式。

第二项微元闭口体系内能的增加率等于微元前后方的均衡面力在前后方速度差上所产生的变形功率。在前面的一维杆假设中，认为材料的内能就是其应力变形功转化来的应变能；而在考虑介质质点的横向运动的情况下，则可以视作由两部分组成：一部分转化为微元的纵向应变能，参考前面应力波波阵面上的守恒方程可知，单位体积介质纵向应变能增加率为

$$\dot{E}_\varepsilon=\frac{\partial}{\partial t}\left(\frac{1}{2}\sigma\varepsilon\right) \tag{2.13}$$

另一部分可近似地认为通过随横向运动所产生的横向应力坐标，转化为横向动能，参考式 (2.8)，可以给出单位体积介质横向动能增加率为

$$\dot{E}_k=\frac{\partial}{\partial t}\left[\frac{1}{2}\rho\nu^2\left(\frac{\partial\varepsilon}{\partial t}\right)^2\cdot R^2\right] \tag{2.14}$$

因此，单位体积介质应力变形功应等于式 (2.13) 和式 (2.14) 之和：

$$\sigma\frac{\partial\varepsilon}{\partial t}=\frac{\partial}{\partial t}\left(\frac{1}{2}\sigma\varepsilon\right)+\frac{\partial}{\partial t}\left[\frac{1}{2}\rho\nu^2\left(\frac{\partial\varepsilon}{\partial t}\right)^2\cdot R^2\right] \tag{2.15}$$

对于杨氏模量为 E 的线弹性材料而言，式 (2.15) 可写为

$$\sigma\frac{\partial\varepsilon}{\partial t}=\frac{\partial}{\partial t}\left(\frac{1}{2}E\varepsilon^2\right)+\frac{\partial}{\partial t}\left[\frac{1}{2}\rho\nu^2\left(\frac{\partial\varepsilon}{\partial t}\right)^2\cdot R^2\right] \tag{2.16}$$

式 (2.16) 简化后有

$$\sigma\frac{\partial\varepsilon}{\partial t}=E\varepsilon\frac{\partial\varepsilon}{\partial t}+\rho\nu^2R^2\frac{\partial\varepsilon}{\partial t}\frac{\partial^2\varepsilon}{\partial t^2} \tag{2.17}$$

即

$$\sigma=E\varepsilon+\rho\nu^2R^2\frac{\partial^2\varepsilon}{\partial t^2} \tag{2.18}$$

式 (2.18) 中当忽略横向动能即右端第二项时，即简化为一维应力状态下的 Hooke 定律。只有当右端第二项极小时才能忽略，而此项中对于一个特定杆径和杆材而言，$\rho\nu^2R^2$ 是常量，也就是说横向惯性所产生的横向动能与轴线应变对时间的二次导数 $\partial^2\varepsilon/\partial t^2$ 成正比，在极限情况下该项可以忽略，而在该值比较显著时，就有必要进行横向惯性效应校正了。

根据式 (2.12)，并考虑材料为线弹性介质，有

$$\frac{\partial\sigma}{\partial X}=\rho\cdot\frac{\partial^2 u}{\partial t^2} \tag{2.19}$$

对式 (2.18) 求偏导数，可以得到

$$\frac{\partial\sigma}{\partial X}=E\frac{\partial\varepsilon}{\partial X}+\rho\nu^2R^2\frac{\partial^3\varepsilon}{\partial t^2\partial X}=E\frac{\partial^2 u}{\partial X^2}+\rho\nu^2R^2\frac{\partial^4 u}{\partial t^2\partial X^2} \tag{2.20}$$

结合式 (2.19) 和式 (2.20)，即可得到

$$\rho\frac{\partial^2 u}{\partial t^2}=E\frac{\partial^2 u}{\partial X^2}+\rho\nu^2R^2\frac{\partial^4 u}{\partial t^2\partial X^2} \tag{2.21}$$

即

$$\frac{\partial^2 u}{\partial t^2}-\nu^2R^2\frac{\partial^4 u}{\partial t^2\partial X^2}=\frac{E}{\rho}\frac{\partial^2 u}{\partial X^2}=C^2\frac{\partial^2 u}{\partial X^2} \tag{2.22}$$

对比式 (2.22) 和一维杆中纵波传播的波动方程可以看出，考虑横向惯性效应后多出了左端第二项，该项就代表横向惯性效应。该项杆中的弹性纵波不再如一维杆假设中的以恒速 C 来传播，而是针对频率 f 或波长 λ 的谐波将以不同的波速 (相速)C' 传播。

假设杆中纵波传播的谐波方程为

$$u(X,t)=u_0\exp\left[\mathrm{i}\left(\omega t-kX\right)\right] \tag{2.23}$$

式中，$\omega=2\pi f$ 为圆频率；$k=2\pi/\lambda$ 为波数。

根据式 (2.23) 可以得到

$$\begin{cases}\dfrac{\partial^2 u}{\partial t^2}=-u_0\omega^2\cdot\dfrac{\partial^2\exp\left[\mathrm{i}\left(\omega t-kX\right)\right]}{\partial t^2}\\ \dfrac{\partial^2 u}{\partial X^2}=-u_0k^2\cdot\dfrac{\partial^2\exp\left[\mathrm{i}\left(\omega t-kX\right)\right]}{\partial t^2}\\ \dfrac{\partial^4 u}{\partial t^2\partial X^2}=u_0\omega^2k^2\cdot\dfrac{\partial^2\exp\left[\mathrm{i}\left(\omega t-kX\right)\right]}{\partial t^2}\end{cases} \tag{2.24}$$

式 (2.24) 代入式 (2.22)，可以得到

$$\omega^2+\nu^2R^2\omega^2k^2=C^2k^2 \tag{2.25}$$

由此可以得到圆频率为 $\omega=2\pi f$ 的谐波的相速：

$$C'=\frac{\omega}{k}=\sqrt{\frac{C^2}{1+\nu^2R^2k^2}} \tag{2.26}$$

即

$$\frac{C'}{C}=\frac{\omega}{kC}=\frac{1}{\sqrt{1+\nu^2R^2k^2}} \tag{2.27}$$

或

$$\frac{C'}{C}=\frac{\omega}{kC}=\frac{1}{\sqrt{1+\nu^2R^2\left(\frac{2\pi}{\lambda}\right)^2}}=\frac{1}{\sqrt{1+4\pi^2\nu^2\left(\frac{R}{\lambda}\right)^2}} \tag{2.28}$$

对于圆截面杆而言，其截面的回转半径为 $R=r/\sqrt{2}$(r 为圆截面半径)，此时式 (2.28) 可简化为

$$\frac{C'}{C}=\frac{1}{\sqrt{1+2\pi^2\nu^2\left(\frac{r}{\lambda}\right)^2}} \tag{2.29}$$

特别地，对于一般金属材料而言，其 Poisson 比约为 0.29，因此，式 (2.29) 对于一般金属材料而言可具体写为

$$\frac{C'}{C}=\frac{1}{\sqrt{1+1.66\left(\frac{r}{\lambda}\right)^2}} \tag{2.30}$$

图 2.3 为不同 Poisson 比弹性圆截面杆中不同相对半径 r/λ 条件下的无量纲波速 C'/C 曲线图。从图中容易看出：首先，杆材料 Poisson 比是影响杆中应力波弥散的最重要因素之一，当不考虑杆材料的 Poisson 比时，应力波传播过程中并没有弥散效应，此时杆中应力波传播特性与一维杆假设时杆中的应力波传播基本一致；其次，杆相对半径相同时，随着材料 Poisson 比的增大，应力波弥散越来越明显；最后，材料的 Poisson 比与相对半径耦合地影响无量纲波速，对于较大 Poisson 比杆材料而言，相对半径对无量纲波速的影响更加明显。

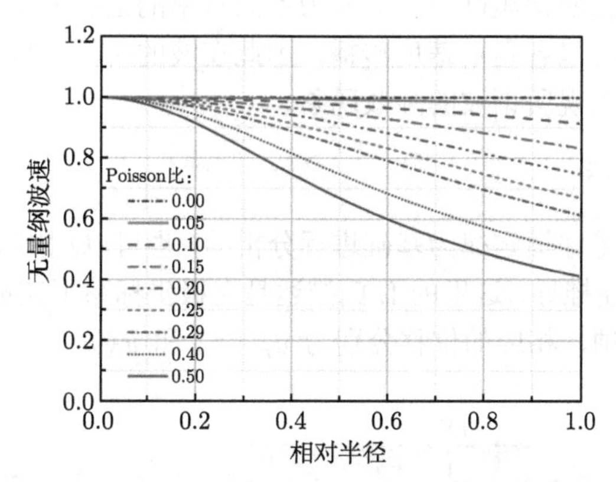

图 2.3 不同 Poisson 比和杆的相对半径条件下无量纲波速的变化趋势

针对典型金属杆材料，参考式 (2.30) 并考虑 Φ14.5mm 杆中不同波长弹性波的传播弥散效应，可以得到图 2.4 所示曲线。从图中可以看出，随着波长的增大，其波速逐渐增大；

当波长大于 75mm 时，杆中应力波传播过程中的弥散效应可以不予考虑，需要说明的是该波长并不是入射梯形波波长，而是谐波的波长。

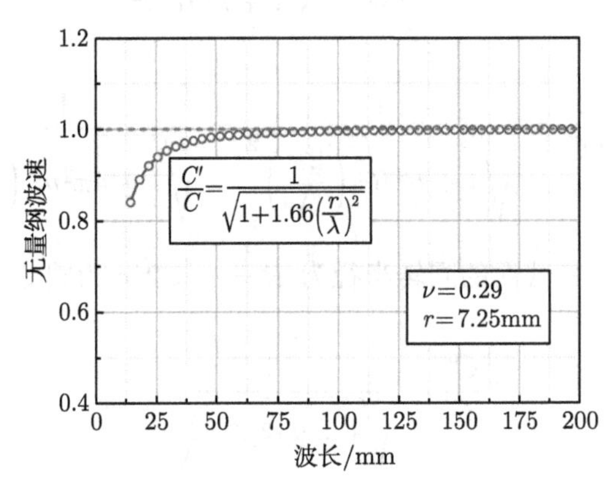

图 2.4　不同波长圆杆中无量纲波速的变化趋势

当 $\nu^2R^2k^2 \ll 1$ 时，根据 Taylor 级数展开，式 (2.30) 可等效为

$$\frac{C'}{C}=1-\frac{1}{2}\nu^2R^2k^2=1-\frac{1}{2}\nu^2R^2\left(\frac{2\pi}{\lambda}\right)^2 \tag{2.31-a}$$

或

$$\frac{C'}{C}=1-2\nu^2\pi^2\left(\frac{R}{\lambda}\right)^2 \tag{2.31-b}$$

式 (2.31) 即为通过能量法给出的近似横向惯性效应修正方程，称为 Rayleigh 近似解。该式表明，短波 (高频波) 的传播速度比对应的长波 (低频波) 的传播速度慢。在线弹性范围内，任意波形总可以按照傅里叶级数展开为不同频率的谐波分量叠加，然而在实际中由于不同频率的谐波分量将以各自的速度传播，因此在波的传播过程中波形不能保持原来形状，必定会分散开来，出现所谓波的弥散现象。

2. Pochhammer 解法

上面的推导是以能量守恒定律为基础进行分析的，也可以利用动量守恒定律进行推导。以圆截面杆为例，为方便推导，这里的 L 氏描述是在极坐标系下完成的，如图 2.5 所示，取 r、θ 和 X 作为极坐标轴，相应的位移分别为 u_r、u_θ 和 u_X。

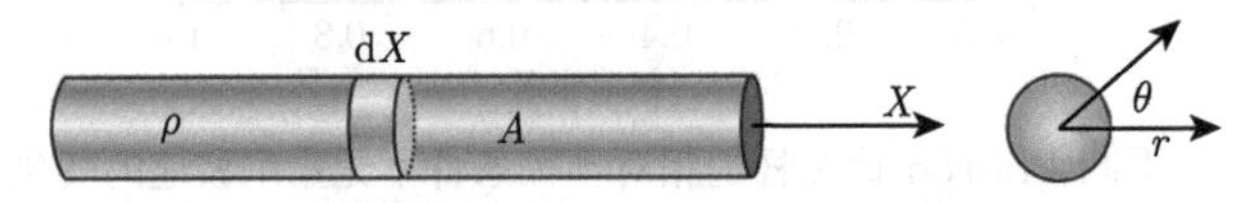

图 2.5　极坐标下圆截面杆中微元的动力学方程

根据动量定理，参考 1.3 节中的推导，可以给出极坐标下位移的动力学方程：

$$\begin{cases} \rho \dfrac{\partial^2 u_r}{\partial t^2} = (\lambda + 2\mu) \dfrac{\partial \Delta}{\partial r} - \dfrac{2\mu}{r} \dfrac{\partial \varpi_X}{\partial \theta} + 2\mu \dfrac{\partial \varpi_\theta}{\partial X} \\ \rho \dfrac{\partial^2 u_\theta}{\partial t^2} = (\lambda + 2\mu) \dfrac{1}{r} \dfrac{\partial \Delta}{\partial \theta} - 2\mu \dfrac{\partial \varpi_r}{\partial X} + 2\mu \dfrac{\partial \varpi_X}{\partial r} \\ \rho \dfrac{\partial^2 u_X}{\partial t^2} = (\lambda + 2\mu) \dfrac{\partial \Delta}{\partial X} - \dfrac{2\mu}{r} \dfrac{\partial (r\varpi_\theta)}{\partial \theta} + \dfrac{2\mu}{r} \dfrac{\partial \varpi_r}{\partial \theta} \end{cases} \tag{2.32}$$

式中，λ 和 μ 是杆介质材料的 Lamé 常量；$\Delta = \varepsilon_{rr} + \varepsilon_{\theta\theta} + \varepsilon_{XX}$ 表示体应变，其在极坐标中的表达式为

$$\Delta = \frac{1}{r} \frac{\partial (ru_r)}{\partial r} + \frac{1}{r} \frac{\partial u_\theta}{\partial \theta} + \frac{\partial u_X}{\partial X} \tag{2.33}$$

ϖ_r、ϖ_θ 和 ϖ_X 分别为微元旋转变形在 r 轴方向、rX 平面法向方向和 X 轴方向上的分量，它们与位移之间的关系如下：

$$\begin{cases} 2\varpi_r = \dfrac{1}{r} \dfrac{\partial u_X}{\partial \theta} - \dfrac{\partial u_\theta}{\partial X} \\ 2\varpi_\theta = \dfrac{\partial u_r}{\partial X} - \dfrac{\partial u_X}{\partial r} \\ 2\varpi_X = \dfrac{1}{r} \left[\dfrac{\partial (ru_\theta)}{\partial r} - \dfrac{\partial u_r}{\partial \theta} \right] \end{cases} \tag{2.34}$$

这三个量之间恒满足

$$\frac{1}{r} \frac{\partial (r\varpi_r)}{\partial r} + \frac{1}{r} \frac{\partial \varpi_\theta}{\partial \theta} + \frac{\partial \varpi_X}{\partial X} \equiv 0 \tag{2.35}$$

对于圆截面杆中纵波的传播问题而言，从理论上讲该问题可视为轴对称的二维问题，介质中质点在 θ 方向的位移为零，即 $u_\theta \equiv 0$，每个质点只在 rX 平面上振动。此种情况下有

$$\varpi_r = \varpi_X \equiv 0 \tag{2.36}$$

因此，对于圆柱杆中纵波传播这一轴对称二维问题，式 (2.32) 可以简化为

$$\begin{cases} \rho \dfrac{\partial^2 u_r}{\partial t^2} = (\lambda + 2\mu) \dfrac{\partial \Delta}{\partial r} + 2\mu \dfrac{\partial \varpi_\theta}{\partial X} \\ \rho \dfrac{\partial^2 u_X}{\partial t^2} = (\lambda + 2\mu) \dfrac{\partial \Delta}{\partial X} - \dfrac{2\mu}{r} \dfrac{\partial (r\varpi_\theta)}{\partial r} \end{cases} \tag{2.37}$$

同样，式 (2.33) 和式 (2.34) 还可以表示为

$$\Delta = \frac{1}{r} \frac{\partial (ru_r)}{\partial r} + \frac{\partial u_X}{\partial X} \tag{2.38}$$

$$\varpi_\theta = \frac{1}{2} \left(\frac{\partial u_r}{\partial X} - \frac{\partial u_X}{\partial r} \right) \tag{2.39}$$

假设杆中存在一系列谐波沿着杆体传播，其所产生的位移只是 L 氏坐标 X 和时间 t 的函数，即

$$\begin{cases} u_r = U_r \exp\left[\mathrm{i}\left(\omega t - kX\right)\right] \\ u_X = U_X \exp\left[\mathrm{i}\left(\omega t - kX\right)\right] \end{cases} \tag{2.40}$$

式中，$\omega = 2\pi f$ 为圆频率；$k = 2\pi/\lambda$ 为波数；f 为频率；λ 为波长，其相速度 C' 即为 ω/k；U_r 和 U_X 是 L 氏坐标 r 和 θ 的函数。式 (2.40) 对时间求二阶偏导数，则有

$$\begin{cases} \dfrac{\partial^2 u_r}{\partial t^2} = -U_r \exp\left[\mathrm{i}\left(\omega t - kX\right)\right]\omega^2 = -\omega^2 u_r \\ \dfrac{\partial^2 u_X}{\partial t^2} = -U_X \exp\left[\mathrm{i}\left(\omega t - kX\right)\right]\omega^2 = -\omega^2 u_X \end{cases} \tag{2.41}$$

同时，结合式 (2.40)，根据式 (2.38) 和式 (2.39) 可以得到

$$\begin{cases} \dfrac{\partial \varDelta}{\partial X} = -k\mathrm{i}\varDelta \\ \dfrac{\partial \varpi_\theta}{\partial X} = -k\mathrm{i}\varpi_\theta \end{cases} \tag{2.42}$$

根据式 (2.41) 和式 (2.42)，则式 (2.37) 可以写为

$$\begin{cases} -\rho\omega^2 u_r = (\lambda + 2\mu)\dfrac{\partial \varDelta}{\partial r} - 2k\mathrm{i}\mu\varpi_\theta \\ -\rho\omega^2 u_X = -k\mathrm{i}\left(\lambda + 2\mu\right)\varDelta - \dfrac{2\mu}{r}\dfrac{\partial\left(r\varpi_\theta\right)}{\partial r} \end{cases} \tag{2.43}$$

利用式 (2.38) 和式 (2.39)，对式 (2.43) 分别消去 ϖ_θ 和 $\varDelta$，可以得到

$$\begin{cases} \dfrac{\partial^2 \varDelta}{\partial r^2} + \dfrac{1}{r}\dfrac{\partial \varDelta}{\partial r} + \varPsi^2\varDelta = 0 \\ \dfrac{\partial^2 \varpi_\theta}{\partial r^2} + \dfrac{1}{r}\dfrac{\partial \varpi_\theta}{\partial r} - \dfrac{\varpi_\theta}{r^2} + \varPhi^2\varpi_\theta = 0 \end{cases} \tag{2.44}$$

式中，$\varPsi$ 和 $\varPhi$ 对于特定的杆介质材料和谐波而言为常数：

$$\begin{cases} \varPsi^2 = \dfrac{\rho\omega^2}{\lambda + 2\mu} - k^2 \\ \varPhi^2 = \dfrac{\rho\omega^2}{\mu} - k^2 \end{cases} \tag{2.45}$$

式 (2.44) 可以写为

$$\begin{cases} \left(\varPsi r\right)^2\dfrac{\partial^2 \varDelta}{\partial\left(\varPsi r\right)^2} + \left(\varPsi r\right)\dfrac{\partial \varDelta}{\partial\left(\varPsi r\right)} + \left(\varPsi r\right)^2\varDelta = 0 \\ \left(\varPhi r\right)^2\dfrac{\partial^2 \varpi_\theta}{\partial\left(\varPhi r\right)^2} + \left(\varPhi r\right)\dfrac{\partial \varpi_\theta}{\partial\left(\varPhi r\right)} + \left[\left(\varPhi r\right)^2 - 1\right]\varpi_\theta = 0 \end{cases} \tag{2.46}$$

对比 Bessel 方程，可知式 (2.46) 中第一式为零阶 Bessel 方程、第二式为一阶 Bessel 方程。根据数学物理方程中 Bessel 方程的解可以给出其解为第一类 Bessel 函数，即

$$\begin{cases}\varDelta = KJ_0(\varPsi r)\\ \varpi_\theta = BJ_1(\varPhi r)\end{cases} \tag{2.47}$$

式中，K 和 B 是 L 氏坐标 X 和时间 t 的函数，与 L 氏坐标 r 无关。

需要注意的是，本节推导过程中不考虑 $\varPsi=0$ 或 $\varPhi=0$ 的情况，事实上，这两种情况是特例。

当 $\varPsi=0$ 时，即

$$\varPsi^2 = \frac{\rho\omega^2}{\lambda+2\mu} - k^2 = 0 \Rightarrow C'^2 = \frac{\lambda+2\mu}{\rho} \tag{2.48}$$

式 (2.48) 所示波速即是膨胀波 (无旋波或体波) 的波速。

当 $\varPhi=0$ 时，则有

$$\varPhi^2 = \frac{\rho\omega^2}{\mu} - k^2 = 0 \Rightarrow C'^2 = \frac{\mu}{\rho} \tag{2.49}$$

式 (2.49) 所示波速即是等体积波 (剪切波或畸变波或扭转波) 的波速。

结合式 (2.38)、式 (2.39)、式 (2.40) 和式 (2.47)，可以得到

$$\begin{cases}\varDelta = \left(\dfrac{U_r}{r} + \dfrac{\partial U_r}{\partial r} - k\mathrm{i}U_X\right)\exp\left[\mathrm{i}\left(\omega t - kX\right)\right] = KJ_0(\varPsi r)\\ \varpi_\theta = \dfrac{1}{2}\left(-k\mathrm{i}U_r - \dfrac{\partial U_X}{\partial r}\right)\exp\left[\mathrm{i}\left(\omega t - kX\right)\right] = BJ_1(\varPhi r)\end{cases} \tag{2.50}$$

式 (2.50) 有解：

$$\begin{cases}U_r = K'\dfrac{\partial J_0(\varPsi r)}{\partial r} - B'kJ_1(\varPhi r)\\ U_X = -K'ikJ_0(\varPsi r) + \dfrac{B'i}{r}\dfrac{\partial\left[rJ_1(\varPhi r)\right]}{\partial r}\end{cases} \tag{2.51}$$

根据极坐标下弹性力学相关知识和式 (2.40)、式 (2.50)，容易得到圆截面杆中微元沿坐标轴 r 方向的应力分量分别为

$$\begin{aligned}\sigma_{rr} &= \lambda\varDelta + 2\mu\frac{\partial u_r}{\partial r} = \exp\left[\mathrm{i}\left(\omega t - kX\right)\right]\\ &\times\left[(\lambda+2\mu)K'\frac{\partial J_0^2(\varPsi r)}{\partial r^2} + \frac{K'\lambda}{r}\frac{\partial J_0(\varPsi r)}{\partial r} - \lambda k^2K'J_0(\varPsi r) - 2\mu B'k\frac{\partial J_1(\varPhi r)}{\partial r}\right]\end{aligned} \tag{2.52}$$

$$\begin{aligned}\sigma_{Xr} &= \mu\left(\frac{\partial u_r}{\partial X} + \frac{\partial u_X}{\partial r}\right) = \mu\mathrm{i}\exp\left[\mathrm{i}\left(\omega t - kX\right)\right]\\ &\times\left\{-2kK'\frac{\partial J_0(\varPsi r)}{\partial r} + \frac{B'}{r^2}\left[r^2\frac{\partial J_1^2(\varPhi r)}{\partial r^2} + r\frac{\partial J_1(\varPhi r)}{\partial r} + \left(r^2k^2-1\right)J_1(\varPhi r)\right]\right\}\end{aligned} \tag{2.53}$$

式 (2.52) 和式 (2.53) 也可写为

$$\begin{aligned}\sigma_{rr} = &\exp\left[\mathrm{i}\left(\omega t - kX\right)\right] \\ &\times \left\{\frac{K'\lambda}{r^2}\left[\left(\Psi r\right)^2 \frac{\partial J_0^2\left(\Psi r\right)}{\partial\left(\Psi r\right)^2} + \left(\Psi r\right)\frac{\partial J_0\left(\Psi r\right)}{\partial\left(\Psi r\right)} - r^2k^2J_0\left(\Psi r\right)\right]\right. \\ &\left. + 2\mu K'\frac{\partial J_0^2\left(\Psi r\right)}{\partial r^2} - 2\mu B'k\frac{\partial J_1\left(\Phi r\right)}{\partial r}\right\}\end{aligned} \tag{2.54}$$

$$\begin{aligned}\sigma_{Xr} = \mu\left(\frac{\partial u_r}{\partial X} + \frac{\partial u_X}{\partial r}\right) = \mu\mathrm{i}\exp\left[\mathrm{i}\left(\omega t - kX\right)\right] \\ \times\left\{-2kK'\frac{\partial J_0\left(\Psi r\right)}{\partial r} + \frac{B'}{r^2}\left[\left(\Phi r\right)^2\frac{\partial J_1^2\left(\Phi r\right)}{\partial\left(\Phi r\right)^2} + \left(\Phi r\right)\frac{\partial J_1\left(\Phi r\right)}{\partial\left(\Phi r\right)} + \left(r^2k^2 - 1\right)J_1\left(\Phi r\right)\right]\right\}\end{aligned} \tag{2.55}$$

结合式 (2.46) 和 Bessel 方程，对式 (2.54) 和式 (2.55) 进行简化，可以得到

$$\begin{cases}\sigma_{rr} = 2\mu\exp\left[\mathrm{i}\left(\omega t - kX\right)\right]\left\{K'\left[\dfrac{\partial J_0^2\left(\Psi r\right)}{\partial r^2} - \dfrac{\lambda\left(\Psi^2 + k^2\right)}{2\mu}J_0\left(\Psi r\right)\right] - B'k\dfrac{\partial J_1\left(\Phi r\right)}{\partial r}\right\} \\ \sigma_{Xr} = \mu\mathrm{i}\exp\left[\mathrm{i}\left(\omega t - kX\right)\right]\left[-2kK'\dfrac{\partial J_0\left(\Psi r\right)}{\partial r} + B'\left(k^2 - \Phi^2\right)J_1\left(\Phi r\right)\right]\end{cases} \tag{2.56}$$

根据边界条件对于半径为 r_0 的圆截面杆有 $\sigma_{rr}|_{r=r_0} = 0$ 和 $\sigma_{Xr}|_{r=r_0} = 0$，根据式 (2.56) 可有

$$\begin{cases}K'\left[\left.\dfrac{\partial J_0^2\left(\Psi r\right)}{\partial r^2}\right|_{r=r_0} - \dfrac{\lambda\left(\Psi^2 + k^2\right)}{2\mu}J_0\left(\Psi r_0\right)\right] - B'k\left.\dfrac{\partial J_1\left(\Phi r\right)}{\partial r}\right|_{r=r_0} = 0 \\ K'\left.\dfrac{\partial J_0\left(\Psi r\right)}{\partial r}\right|_{r=r_0} - B'\dfrac{\left(k^2 - \Phi^2\right)}{2k}J_1\left(\Phi r_0\right) = 0\end{cases} \tag{2.57}$$

消去式 (2.57) 中的常数 K' 和 B'，并结合式 (2.45)，则可以得到

$$\begin{aligned}&2\mu\left[2\mu - \rho\left(\frac{\omega}{k}\right)^2\right]\left.\frac{\partial J_0^2\left(\Psi r\right)}{\partial r^2}\right|_{r=r_0}J_1\left(\Phi r_0\right) - 4\mu^2\left.\left(\frac{\partial J_0\left(\Psi r\right)}{\partial r}\frac{\partial J_1\left(\Phi r\right)}{\partial r}\right)\right|_{r=r_0} \\ &- \lambda\left(\frac{\rho\omega^2}{\lambda + 2\mu}\right)\left[2\mu - \rho\left(\frac{\omega}{k}\right)^2\right]J_0\left(\Psi r_0\right)J_1\left(\Phi r_0\right) = 0\end{aligned} \tag{2.58}$$

根据 Bessel 函数可知

$$\begin{cases}J_0\left(\Psi r\right) = 1 - \dfrac{1}{4}\left(\Psi r\right)^2 + \dfrac{1}{64}\left(\Psi r\right)^4 - \cdots \\ J_1\left(\Phi r\right) = \dfrac{1}{2}\left(\Phi r\right) - \dfrac{1}{16}\left(\Phi r\right)^3 + \cdots\end{cases} \tag{2.59}$$

当杆的半径相对杆长足够小时，且 $\Psi r_0 \ll 1$ 和 $\Phi r_0 \ll 1$，忽略高阶小量，只保留 Ψr 的一阶小量，则可以得到

$$\begin{cases} \left.\dfrac{\partial J_0(\Psi r)}{\partial r}\right|_{r=r_0} \doteq -\dfrac{1}{2}\Psi^2 r_0 \\ J_0(\Psi r_0) \doteq 1 \\ \left.\dfrac{\partial J_0^2(\Psi r)}{\partial r^2}\right|_{r=r_0} \doteq -\dfrac{1}{2}\Psi^2 \end{cases} \quad \text{和} \quad \begin{cases} \left.\dfrac{\partial J_1(\Phi r)}{\partial r}\right|_{r=r_0} \doteq \dfrac{1}{2}\Phi \\ J_1(\Phi r_0) \doteq \dfrac{1}{2}\Phi r_0 \end{cases} \tag{2.60}$$

将式 (2.45) 和式 (2.60) 代入式 (2.58)，可以得到杆中谐波传播波速的一阶近似解：

$$C'^2 = \left(\frac{\omega}{k}\right)^2 = \frac{\mu(3\lambda + 2\mu)}{\rho(\lambda + \mu)} = \frac{E}{\rho} = C^2 \tag{2.61}$$

式 (2.67) 即为一维杆假设条件下应力波传播速度的表达式。

当考虑 Ψr 更高一阶小量 (二阶) 的情况下，式 (2.60) 则进一步写为

$$\begin{cases} \left.\dfrac{\partial J_0(\Psi r)}{\partial r}\right|_{r=r_0} \doteq -\dfrac{1}{2}\Psi^2 r_0 \\ J_0(\Psi r_0) \doteq 1 - \dfrac{1}{4}\Psi^2 r_0^2 \\ \left.\dfrac{\partial J_0^2(\Psi r)}{\partial r^2}\right|_{r=r_0} \doteq -\dfrac{1}{2}\Psi^2 + \dfrac{3}{16}\Psi^4 r_0^2 \end{cases} \quad \text{和} \quad \begin{cases} \left.\dfrac{\partial J_1(\Phi r)}{\partial r}\right|_{r=r_0} \doteq \dfrac{1}{2}\Phi - \dfrac{3}{16}\Phi^3 r_0^2 \\ J_1(\Phi r_0) \doteq \dfrac{1}{2}\Phi r_0 \end{cases} \tag{2.62}$$

将式 (2.45) 和式 (2.62) 代入式 (2.58)，再结合介质材料弹性常数之间的关系，可以得到杆中谐波传播波速的二阶近似解：

$$C'^2 \doteq \frac{E}{\rho}\left(1 - \frac{1}{4}\nu^2 k^2 r_0^2\right)^2 \tag{2.63}$$

即

$$\frac{C'}{C} \doteq 1 - \frac{1}{4}\nu^2 k^2 r_0^2 \tag{2.64}$$

利用波长代替式 (2.64) 中的波数，即可得到

$$\frac{C'}{C} \doteq 1 - \nu^2 \pi^2 \left(\frac{r_0}{\lambda}\right)^2 \tag{2.65}$$

式 (2.65) 与式 (2.31) 的形式基本一致，需要说明的是为了与式 (2.31) 方便对比，此处也以 λ 代表波长，这与上面推导过程中 λ 代表 Lamé 常量不同。

以上两种方法可以给出对于圆截面杆而言，由于横向惯性效应杆中不同波长谐波以不同速度进行传播，其相速度可以近似表达为

$$\frac{C'}{C} = \frac{1}{\sqrt{1 + 2\pi^2\nu^2\left(\dfrac{r}{\lambda}\right)^2}} \tag{2.66}$$

如定义两个无量纲量：无量纲相速度和无量纲杆半径分别为

$$\begin{cases}\bar{C}=\dfrac{C'}{C}\\ \bar{r}=\dfrac{r}{\lambda}\end{cases} \tag{2.67}$$

则式 (2.66) 可以写为无量纲形式：

$$\bar{C}=\frac{1}{\sqrt{1+2\pi^2\nu^2\bar{r}^2}} \tag{2.68}$$

当圆杆的无量纲半径极小时，式 (2.68) 可近似写为以下更易计算的抛物线函数：

$$\bar{C}\doteq 1-\pi^2\nu^2\bar{r}^2 \tag{2.69}$$

需要说明的是，式 (2.69) 和式 (2.68) 近似的前提是无量纲半径极小，在入射波长较小时，式 (2.69) 存在明显误差，如图 2.6 所示。

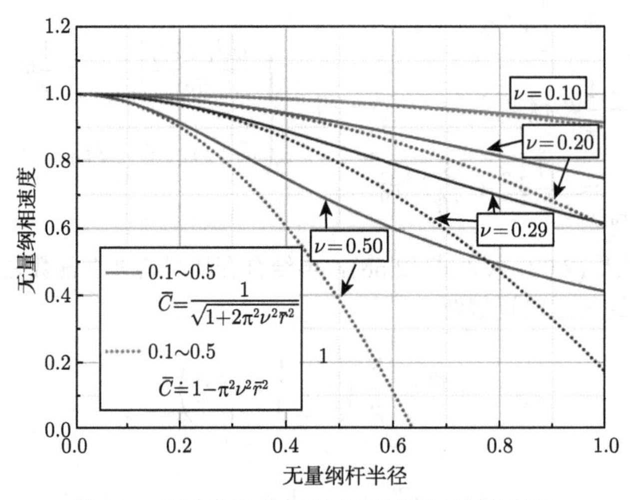

图 2.6　两种表达式在不同无量纲半径时的差别

从图中容易发现，随着无量纲杆半径的增大，式 (2.69) 的误差逐渐增大；也就是说，对于同一种杆径而言随着入射波波长的减小，或同一入射波波长条件下随着杆半径的增大，式 (2.69) 的误差就逐渐增大；反之亦然。而且，随着杆材料 Poisson 比的增大，这种误差会更加放大。对于常用金属材料而言，Piosson 比一般近似为 0.29，从图中可以看出，此时当无量纲杆半径小于 0.2 时，式 (2.68) 和式 (2.68) 可以近似视为相等。这里需要指出，这里的无量纲杆半径中波长是指谐波波长，而不是杆撞击产生的矩形或梯形脉冲的波长；而根据 Fourier 变换可知，矩形脉冲或梯形脉冲等不同波形的脉冲可以分解为无限个不同频率的谐波，因此需要判断高频小波长特别是波长使得无量纲半径大于 0.2 的波组合所起得的作用，是否可以忽略，若答案是否定的，建议使用式 (2.68) 进行进一步分析，而不使用式 (2.69)。

2.1.2　线弹性细长杆中纵波的弥散特征

根据 2.1.1 小节所给出的 Rayleigh-Love 公式可知，当材料 Poisson 比为零时，杆中应力波并不存在弥散效应，因为所有波长的谐波波速均为

$$C' = C = \sqrt{\frac{E}{\rho}} \tag{2.70}$$

如图 2.7 所示仿真计算结果，图中圆杆直径为 14.5mm，杆材料密度为 7.85g/cm^3，杨氏模量为 210GPa，Poisson 比为 0，入射应力波波幅为 800MPa。可以看出对于矩形波和梯形波而言，虽然它们可分解为由不同波长谐波组合而成的复合波，但在杆中的传播过程中并没有呈现弥散特征，即不同波长的分解谐波波速基本相同。

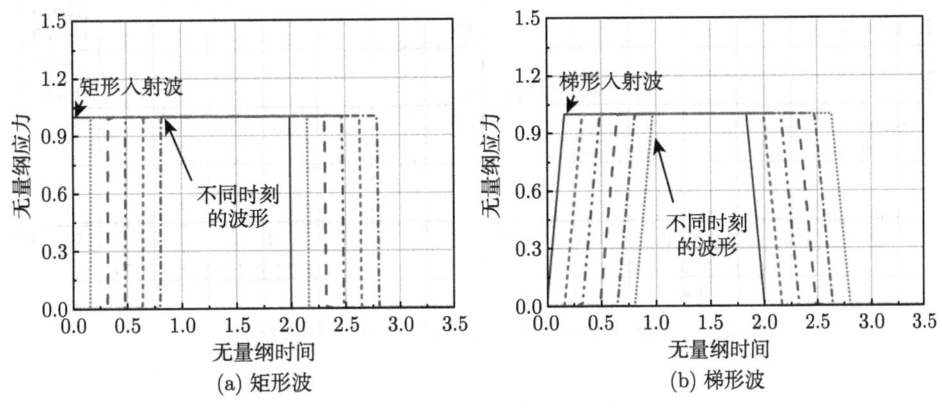

(a) 矩形波　　(b) 梯形波

图 2.7　Poisson 比为零时波形的保持

而对于一般材料而言，由于 Poisson 比皆大于零，因此存在不同波长谐波组合的应力波在传播过程中都存在弥散效应；当然，如果入射波只是单一谐波，则不存在波形弥散效应，如图 2.8 所示仿真结果。图中圆杆参数同图 2.7，只是此时 Poisson 比取为 0.3。

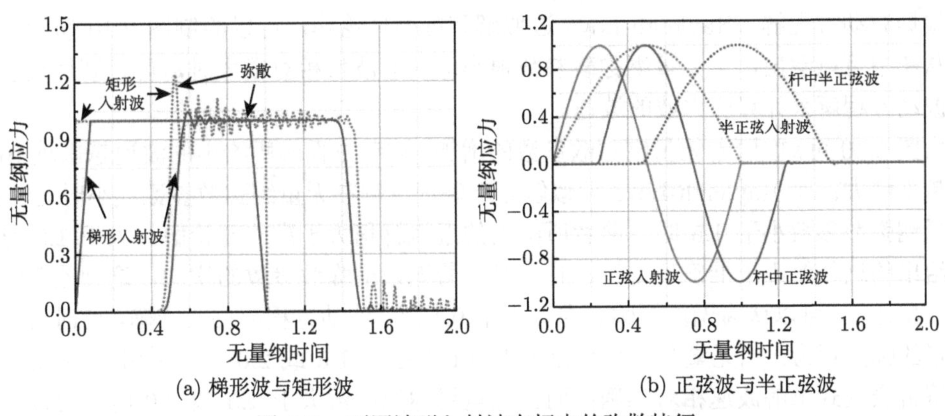

(a) 梯形波与矩形波　　(b) 正弦波与半正弦波

图 2.8　不同波形入射波在杆中的弥散特征

从图 2.8 可以看出，对复合波而言由于能够通过 Fourier 变换展开为不同频率的谐波，因此在杆中传播过程中出现波形弥散效应；而半正弦波和正弦波则并没有明显的弥散效应，只是由于无论半正弦波还是正弦波皆非周期函数，因此在两端间断点附近存在少量弥散特征。开展不同 Poisson 比和不同波长谐波在 14.5mm 长杆中传播的数值仿真计算，可以给出 Poisson 比和波长对波速的影响规律。

从图 2.9 可以看出，相同波长时随着杆材料 Poisson 比的增加相速度逐渐减小；对于相同 Poisson 比而言，随着波长的减小即无量纲杆半径的增大，波速逐渐减小。仿真结果与 Rayleigh-Love 解析结果在规律上符合性非常好，这说明在计算波长与杆径条件下，Rayleigh-Love 近似解是相对准确的。

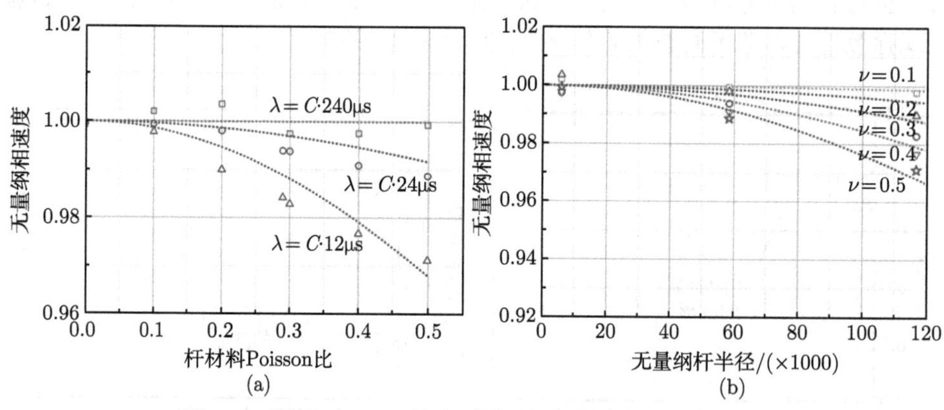

图 2.9　不同 Poisson 比和不同无量纲杆半径谐波相速度

如定义无量纲弥散参数：

$$\bar{\gamma} = \sqrt{2}\pi\nu\bar{r} \tag{2.71}$$

则式 (2.70) 可以进一步简化为

$$\bar{C} = \frac{1}{\sqrt{1+\bar{\gamma}^2}} \tag{2.72}$$

根据波动方程解、Rayleigh-Love 近似解和准确理论解，可以绘制图 2.10 所示三个曲线。从图中可以看出，当无量纲弥散参数很小即入射波长相对很大时，可以利用理想条件下的波动方程解来计算应力波的波速。

由图 2.10 可知，随着无量纲弥散参数的增加，波动方程解所给出的波速越来越不准确，偏差越来越大；而 Rayleigh-Love 近似解与准确理论解在无量纲弥散参数较小时更加接近，在无量纲弥散参数小于 1.5 时，前者所给出的近似解稍大于准确理论解；大于 1.5 时，前者所给出的近似解小于准确理论解，且此时随着无量纲弥散参数的增加，这种差距越来越大。一般而言，可以认为无量纲弥散参数小于 0.1 时，波动方程解相对准确，此时可以不考虑波形的弥散行为；当无量纲弥散参数大于 0.1 却小于 1.5 或 2.0 时，采用 Rayleigh-Love 近似解析表达式求解波速相对准确；而当无量纲弥散参数大于 1.5 或 2.0 时，可以认为波速近似等于 Rayleigh 波波速。

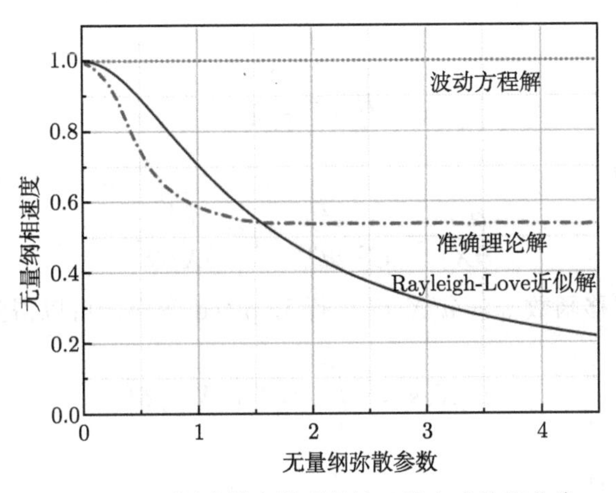

图 2.10 不同弥散参数弹性波三种方式的解曲线

同上，若考虑圆截面细长钢杆中弹性波的传播，杆直径为 14.5mm，Poisson 比为 0.29，材料一维弹性声速为 5172m/s，可以计算出无量纲弥散参数等于 1.5 或 2.0 时，对应入射谐波波长分布为

$$\lambda = \sqrt{2}\pi\nu\frac{r}{\bar{\gamma}} \Rightarrow \begin{cases} \lambda_{1.5} = 6.23\text{mm} \\ \lambda_{2.0} = 4.67\text{mm} \end{cases} \tag{2.73}$$

转换为时间波长即为

$$\begin{cases} \lambda_{1.5} = 1.2\mu\text{s} \\ \lambda_{2.0} = 0.9\mu\text{s} \end{cases} \tag{2.74}$$

即入射谐波的频率分别为

$$\begin{cases} f_{1.5} = 830518\text{Hz} \\ f_{2.0} = 1107357\text{Hz} \end{cases} \tag{2.75}$$

也就是说，频率高于式 (2.75) 的谐波在此杆中的传播可以利用 Rayleigh-Love 近似解进行分析。

2.1.3 线弹性细长杆中脉冲波传播弥散效应的 Rayleigh-Love 解析

参考 Davies(1948) 的推导，根据 2.1.1 小节中所给出的 Rayleigh-Love 方程可以得到

$$\frac{\partial^2 u}{\partial X^2} = \frac{1}{C^2}\frac{\partial^2 u}{\partial t^2} - \frac{\nu^2 R^2}{C^2}\frac{\partial^4 u}{\partial X^2 \partial t^2} \tag{2.76}$$

对于圆截面杆而言，其截面的回转半径为 $R = r/\sqrt{2}$(r 为圆截面半径)，此时式 (2.76) 可写为

$$\frac{\partial^2 u}{\partial X^2} = \frac{1}{C^2}\frac{\partial^2 u}{\partial t^2} - \frac{\nu^2 r^2}{2C^2}\frac{\partial^4 u}{\partial X^2 \partial t^2} \tag{2.77}$$

如令

$$H^2 = \frac{\nu^2 r^2}{2C^2} \tag{2.78}$$

则式 (2.77) 可简写为

$$\frac{\partial^2 u}{\partial X^2} = \frac{1}{C^2}\frac{\partial^2 u}{\partial t^2} - H^2 \frac{\partial^4 u}{\partial X^2 \partial t^2} \tag{2.79}$$

对式 (2.79) 中位移函数 $u = u(X,t)$ 进行 Laplace 变换，可以得到象函数：

$$\bar{u}(X,s) = \int_0^\infty \mathrm{e}^{-st} u(X,t)\,\mathrm{d}t \tag{2.80}$$

根据式 (2.79) 可有

$$\int_0^\infty \mathrm{e}^{-st}\frac{\partial^2 u}{\partial X^2}\mathrm{d}t = \frac{1}{C^2}\int_0^\infty \mathrm{e}^{-st}\frac{\partial^2 u}{\partial t^2}\mathrm{d}t - H^2\int_0^\infty \mathrm{e}^{-st}\frac{\partial^4 u}{\partial X^2 \partial t^2}\mathrm{d}t \tag{2.81}$$

式中

$$\int_0^\infty \mathrm{e}^{-st}\frac{\partial^2 u}{\partial X^2}\mathrm{d}t = \frac{\partial^2\left(\int_0^\infty \mathrm{e}^{-st} u \mathrm{d}t\right)}{\partial X^2} \tag{2.82}$$

和

$$\int_0^\infty \mathrm{e}^{-st}\frac{\partial^4 u}{\partial X^2 \partial t^2}\mathrm{d}t = \frac{\partial^2\left(\int_0^\infty \mathrm{e}^{-st} \frac{\partial^2 u}{\partial t^2}\mathrm{d}t\right)}{\partial X^2} \tag{2.83}$$

连续两次利用分部积分方式，可给出

$$\int_0^\infty \mathrm{e}^{-st}\frac{\partial^2 u}{\partial t^2}\mathrm{d}t = \left(\mathrm{e}^{-st}\frac{\partial u}{\partial t} + s\mathrm{e}^{-st}u\right)\Bigg|_0^\infty + s^2\int_0^\infty \mathrm{e}^{-st}u\mathrm{d}t \tag{2.84}$$

考虑初始时刻，圆杆处于自由松弛静止状态，即位移及其速度在初始时刻等于零：

$$\begin{cases} u|_{t=0} = 0 \\ \left.\dfrac{\partial u}{\partial t}\right|_{t=0} = 0 \end{cases} \tag{2.85}$$

结合式 (2.85) 所示初始条件，式 (2.84) 和式 (2.83) 即可分别简化为

$$\int_0^\infty \mathrm{e}^{-st}\frac{\partial^2 u}{\partial t^2}\mathrm{d}t = s^2\int_0^\infty \mathrm{e}^{-st}u\mathrm{d}t \tag{2.86}$$

和

$$\int_0^\infty \mathrm{e}^{-st}\frac{\partial^4 u}{\partial X^2 \partial t^2}\mathrm{d}t = \frac{s^2\partial^2\left(\int_0^\infty \mathrm{e}^{-st} u \mathrm{d}t\right)}{\partial X^2} \tag{2.87}$$

将式 (2.86)、式 (2.87) 和式 (2.82) 代入式 (2.81)，可以得到

$$\left(1+H^2s^2\right)\frac{\partial^2\left(\displaystyle\int_0^{\infty}\mathrm{e}^{-st}u\mathrm{d}t\right)}{\partial X^2}=\frac{s^2}{C^2}\int_0^{\infty}\mathrm{e}^{-st}u\mathrm{d}t \tag{2.88}$$

将式 (2.80) 代入式 (2.88)，即可得到

$$\left(1+H^2s^2\right)\frac{\mathrm{d}^2\bar{u}}{\mathrm{d}X^2}=\frac{s^2}{C^2}\bar{u}\Rightarrow\frac{\mathrm{d}^2\bar{u}}{\mathrm{d}X^2}-\frac{s^2}{C^2\left(1+H^2s^2\right)}\bar{u}=0 \tag{2.89}$$

式 (2.89) 是一个典型的二阶常系数线性齐次微分方程，可以得到其解为

$$\bar{u}=A\sinh\frac{s}{C\sqrt{1+H^2s^2}}X+B\cosh\frac{s}{C\sqrt{1+H^2s^2}}X \tag{2.90}$$

式中，A 和 B 为待定系数。

设杆左端施加一个强度为 P、脉宽即时间波长为 T 的强间断线弹性脉冲波，右端为自由面，设杆长度为 L，如图 2.11 所示。

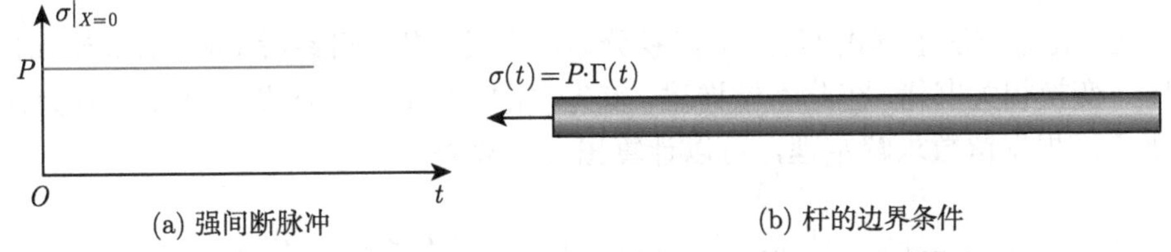

(a) 强间断脉冲　　(b) 杆的边界条件

图 2.11　强间断脉冲加载初始条件与杆的边界条件

因此有边界条件：

$$\begin{cases}\sigma|_{X=0}=E\varepsilon|_{X=0}=E\left.\dfrac{\partial u}{\partial X}\right|_{X=0}=P\cdot\Gamma(t)\\ \left.\dfrac{\partial u}{\partial X}\right|_{X=L}=0\end{cases} \tag{2.91}$$

式中

$$\Gamma(t)=\begin{cases}0, & t=0\\ 1, & t>0\end{cases} \tag{2.92}$$

根据式 (2.91) 和式 (2.92)，可以得到

$$\begin{cases}E\left.\dfrac{\partial\bar{u}}{\partial X}\right|_{X=0}=\displaystyle\int_0^{\infty}\mathrm{e}^{-st}E\frac{\partial u}{\partial X}\mathrm{d}t\bigg|_{X=0}=\int_0^{\infty}\mathrm{e}^{-st}P\cdot\Gamma(t)\,\mathrm{d}t=\frac{P}{s}\\ \left.\dfrac{\partial\bar{u}}{\partial X}\right|_{X=L}=\displaystyle\int_0^{\infty}\mathrm{e}^{-st}\frac{\partial u}{\partial X}\mathrm{d}t\bigg|_{X=L}=0\end{cases} \tag{2.93}$$

综合式 (2.90) 和式 (2.93)，即可解得

$$\begin{cases} A = \dfrac{PC\sqrt{1+H^2s^2}}{Es^2} \\ B = -A\coth\dfrac{s}{C\sqrt{1+H^2s^2}}L = -\dfrac{PC\sqrt{1+H^2s^2}}{Es^2}\coth\dfrac{s}{C\sqrt{1+H^2s^2}}L \end{cases} \tag{2.94}$$

将式 (2.94) 代入式 (2.90) 即可得到微分方程式 (2.89) 的具体解析解：

$$\bar{u} = -\frac{P}{Es\zeta}\frac{\cosh\zeta(X-L)}{\sinh\zeta L} \tag{2.95}$$

式中

$$\zeta = \frac{s}{C\sqrt{1+H^2s^2}} \tag{2.96}$$

对式 (2.96) 进行 Laplace 逆变换，根据 Bromwich 逆变换公式，有

$$u(X,t) = \frac{1}{2\pi\mathrm{i}}\int_{\beta-\mathrm{i}\infty}^{\beta+\mathrm{i}\infty}\bar{u}(X,s)\,\mathrm{e}^{st}\mathrm{d}s \tag{2.97}$$

可以通过留数方法求解式 (2.97)，其积分路径和极点分布可参考文献 (Graff, 1975) 和相关 Laplace 变换相关书籍，在此不做详述。首先，根据前面相关公式可知，$s=0$ 为式 (2.97) 的三阶极点，根据留数求解定理，可以计算出其留数为

$$\mathrm{Res}(s=0) = \frac{1}{2!}\lim_{s\to0}\frac{\mathrm{d}^2}{\mathrm{d}s^2}\left(s^3\bar{u}\mathrm{e}^{st}\right) = -\frac{1}{2}\frac{PC}{E}\lim_{s\to0}\frac{\mathrm{d}^2}{\mathrm{d}s^2}\left(s\bar{U}\mathrm{e}^{st}\right) \tag{2.98}$$

式中，$\mathrm{Res}(s=0)$ 是留数 $\mathrm{Res}\left(\bar{u}\mathrm{e}^{st}, s=0\right)$ 的缩写

$$\bar{U} = \sqrt{1+H^2s^2}\frac{\cosh\zeta(X-L)}{\sinh\zeta L} \tag{2.99}$$

式 (2.98) 可进一步展开为

$$\begin{aligned} \mathrm{Res}(s=0) &= -\frac{1}{2}\frac{PC}{E}\lim_{s\to0}\frac{\mathrm{d}^2}{\mathrm{d}s^2}\left(s\bar{U}\mathrm{e}^{st}\right) \\ &= -\frac{1}{2}\frac{PC}{E}\lim_{s\to0}\frac{\mathrm{d}}{\mathrm{d}s}\left[\left(\bar{U}+s\bar{U}'+ts\bar{U}\right)\mathrm{e}^{st}\right] \\ &= -\frac{1}{2}\frac{PC}{E}\lim_{s\to0}\left\{\left[\left(2t+t^2s\right)\bar{U}+(2+2ts)\bar{U}'+s\bar{U}''\right]\mathrm{e}^{st}\right\} \\ &= -\frac{1}{2}\frac{PC}{E}\lim_{s\to0}\left\{\left(2t+t^2s\right)\bar{U}+(2+2ts)\bar{U}'+s\bar{U}''\right\} \end{aligned} \tag{2.100}$$

再令

$$\bar{U} = \sqrt{1+H^2s^2}\tilde{U} \tag{2.101}$$

式中

$$\tilde{U}=\frac{\cosh\zeta\left(X-L\right)}{\sinh\zeta L} \tag{2.102}$$

则

$$\begin{cases}\bar{U}'=\dfrac{H^2 s}{\sqrt{1+H^2s^2}}\tilde{U}+\sqrt{1+H^2s^2}\tilde{U}'\\ \bar{U}''=\dfrac{H^2}{\left(1+H^2s^2\right)^{3/2}}\tilde{U}+\dfrac{2H^2s}{\sqrt{1+H^2s^2}}\tilde{U}'+\sqrt{1+H^2s^2}\tilde{U}''\end{cases} \tag{2.103}$$

将式 (2.101) 和式 (2.103) 代入式 (2.100)，即可进一步写为

$$\begin{aligned}&\operatorname{Res}\left(s=0\right)\\ &=-\frac{1}{2}\frac{PC}{E}\lim_{s\to 0}\left\{\frac{2t+t^2s+3H^2s+6tH^2s^2+2t^2H^2s^3+2H^4s^3+4tH^4s^4+t^2H^4s^5}{\left(1+H^2s^2\right)^{3/2}}\tilde{U}\right.\\ &\quad\left.+\frac{2+2ts+4H^2s^2+2tH^2s^3}{\sqrt{1+H^2s^2}}\tilde{U}'+s\sqrt{1+H^2s^2}\tilde{U}''\right\}\\ &=-\frac{1}{2}\frac{PC}{E}\left[\lim_{s\to 0}\frac{2t+t^2s+3H^2s+6tH^2s^2+2t^2H^2s^3+2H^4s^3+4tH^4s^4+t^2H^4s^5}{\left(1+H^2s^2\right)^{3/2}}\tilde{U}\right.\\ &\quad\left.+\lim_{s\to 0}\frac{2+2ts+4H^2s^2+2tH^2s^3}{\sqrt{1+H^2s^2}}\tilde{U}'+\lim_{s\to 0}\left(s\sqrt{1+H^2s^2}\tilde{U}''\right)\right]\end{aligned} \tag{2.104}$$

将式 (2.102) 代入式 (2.104) 并化简，可以得到

$$\begin{aligned}&\lim_{s\to 0}\frac{2t+t^2s+3H^2s+6tH^2s^2+2t^2H^2s^3+2H^4s^3+4tH^4s^4+t^2H^4s^5}{\left(1+H^2s^2\right)^{3/2}}\tilde{U}\\ &=\lim_{s\to 0}\frac{2t+t^2s+3H^2s}{\left(1+H^2s^2\right)^{3/2}}\frac{\cosh\zeta\left(X-L\right)}{\sinh\zeta L}\\ &=\lim_{s\to 0}\frac{2t}{\left(1+H^2s^2\right)^{3/2}}\frac{\cosh\zeta\left(X-L\right)}{\sinh\zeta L}+\frac{t^2C+3H^2C}{L}\end{aligned} \tag{2.105}$$

根据式 (2.102) 有

$$\tilde{U}'=\zeta'\left[\frac{X\sinh\zeta\left(X-L\right)}{\sinh\zeta L}-\frac{L\cosh\zeta X}{\sinh^2\zeta L}\right]=\frac{X\sinh\zeta\left(X-L\right)\sinh\zeta L-L\cosh\zeta X}{C\left(1+H^2s^2\right)^{3/2}\sinh^2\zeta L} \tag{2.106}$$

$$\begin{aligned}\tilde{U}''=&-\frac{3H^2s}{C\left(1+H^2s^2\right)^{5/2}}\left[\frac{X\sinh\zeta\left(X-L\right)}{\sinh\zeta L}-\frac{L\cosh\zeta X}{\sinh^2\zeta L}\right]\\ &+\frac{1}{C^2\left(1+H^2s^2\right)^{3}}\left[\frac{X^2\cosh\zeta\left(X-L\right)}{\sinh\zeta L}-\frac{2XL\sinh\zeta X}{\sinh^2\zeta L}+\frac{2L^2\cosh\zeta X\cosh\zeta L}{\sinh^3\zeta L}\right]\end{aligned} \tag{2.107}$$

类似地，可以得到

$$\begin{aligned}
&\lim_{s\to 0}\frac{2+2ts+4H^2s^2+2tH^2s^3}{\sqrt{1+H^2s^2}}\tilde{U}' \\
&=\lim_{s\to 0}\left(2+2ts+4H^2s^2\right)\frac{X\sinh\zeta\left(X-L\right)\sinh\zeta L-L\cosh\zeta X}{C\left(1+H^2s^2\right)^2\sinh^2\zeta L} \\
&=\frac{2X\left(X-L\right)}{CL}-\frac{4H^2C}{L}-\lim_{s\to 0}\frac{\left(2+2ts\right)L\cosh\zeta X}{C\left(1+H^2s^2\right)^2\sinh^2\zeta L}
\end{aligned} \tag{2.108}$$

和

$$\lim_{s\to 0}\left(s\sqrt{1+H^2s^2}\tilde{U}''\right)=\frac{3H^2C}{L}-\frac{X^2}{CL}+\lim_{s\to 0}\left[\frac{2L^2s}{C^2\left(1+H^2s^2\right)^{5/2}}\frac{\cosh\zeta X\cosh\zeta L}{\sinh^3\zeta L}\right] \tag{2.109}$$

将式 (2.108)、式 (2.109) 和式 (2.105) 代入式 (2.104) 并简化有

$$\mathrm{Res}\left(s=0\right)=-\frac{PC}{E}\left(\frac{t^2C}{2L}-\frac{X}{C}+\frac{H^2C}{L}+\frac{X^2}{2CL}\right) \tag{2.110}$$

根据式 (2.95) 可知，该函数中当分母为零时即双曲函数：

$$\sinh\frac{sL}{C\sqrt{1+H^2s^2}}=0 \tag{2.111}$$

无物理意义,即 Bromwich 积分路径虚轴上还存在一阶极点,根据式 (2.111) 可知极点处满足

$$\frac{sL}{C\sqrt{1+H^2s^2}}=n\pi\mathrm{i},\quad n\neq 0 \tag{2.112}$$

解以上一元二次方程，可得

$$s_n=\frac{n\pi\mathrm{i}C}{\psi} \tag{2.113}$$

和

$$s_{-n}=\frac{-n\pi\mathrm{i}C}{\psi} \tag{2.114}$$

式中

$$\psi=\sqrt{L^2+n^2\pi^2H^2C^2} \tag{2.115}$$

式 (2.113) 和式 (2.114) 分别表示正虚轴上的极点和负虚轴上的极点，而且容易判断除了 $n=0$ 外式 (2.113) 和式 (2.114) 代表的点皆为一阶极点。

先考虑正虚轴上极点上对应的留数，可以计算出在一阶极点 $s=s_n$ 上的留数为

$$\mathrm{Res}\left(s=s_n\right)=\mathrm{Res}\left[f\left(s\right),s=s_n\right] \tag{2.116}$$

式中

$$f(s)=-\frac{PC}{E}\frac{\sqrt{1+H^2s^2}}{s^2}\frac{\cosh\dfrac{s(X-L)}{C\sqrt{1+H^2s^2}}\mathrm{e}^{st}}{\sinh\dfrac{sL}{C\sqrt{1+H^2s^2}}} \tag{2.117}$$

根据留数求解的推论，可以给出

$$\operatorname{Res}(s=s_n)=\lim_{s\to s_n}(s-s_n)f(s)=-\frac{PC}{E}\lim_{s\to s_n}(s-s_n)\frac{\sqrt{1+H^2s^2}}{s^2}\frac{\cosh\dfrac{s(X-L)}{C\sqrt{1+H^2s^2}}\mathrm{e}^{st}}{\sinh\dfrac{sL}{C\sqrt{1+H^2s^2}}} \tag{2.118}$$

简化后有

$$\begin{aligned}\operatorname{Res}(s=s_n)&=-\frac{PC}{E}\lim_{s\to s_n}\frac{C\left(1+H^2s^2\right)^2\cosh\dfrac{s(X-L)}{C\sqrt{1+H^2s^2}}\mathrm{e}^{st}}{s^2L\cosh\dfrac{sL}{C\sqrt{1+H^2s^2}}}\\&=\frac{PC}{E}\lim_{s\to s_n}\frac{(-1)^n}{n^2\pi^2C}\left(\frac{L^3}{\psi^2}\right)\cos\frac{n\pi}{L}(X-L)\,\mathrm{e}^{\frac{n\pi\mathrm{i}C}{\psi}t}\\&=\frac{PL^3}{E\pi^2}\lim_{s\to s_n}\frac{1}{n^2\psi^2}\cos\frac{n\pi X}{L}\mathrm{e}^{\frac{n\pi\mathrm{i}C}{\psi}t}\end{aligned} \tag{2.119}$$

结合 Euler 公式，式 (2.119) 也可以进一步写为

$$\operatorname{Res}(s=s_n)=\frac{PL^3}{E\pi^2}\frac{1}{n^2\psi^2}\cos\frac{n\pi X}{L}\left(\cos\frac{n\pi C}{\psi}t+\mathrm{i}\sin\frac{n\pi C}{\psi}t\right) \tag{2.120}$$

同理，可以计算出

$$\operatorname{Res}(s=s_{-n})=\frac{PL^3}{E\pi^2}\frac{1}{n^2\psi^2}\cos\frac{n\pi X}{L}\left(\cos\frac{n\pi C}{\psi}t-\mathrm{i}\sin\frac{n\pi C}{\psi}t\right) \tag{2.121}$$

式 (2.120) 和式 (2.121) 相加即可消除虚部：

$$\mathrm{i}\frac{PL^3}{E\pi^2}\frac{1}{n^2\psi^2}\cos\frac{n\pi X}{L}\sin\frac{n\pi C}{\psi}t \tag{2.122}$$

即可得到

$$\operatorname{Res}[f(s),s=s_n]+\operatorname{Res}[f(s),s=s_{-n}]=\frac{2PL^3}{E\pi^2}\frac{1}{n^2\psi^2}\cos\frac{n\pi X}{L}\cos\frac{n\pi C}{\psi}t \tag{2.123}$$

将式 (2.110) 和式 (2.123) 代入

$$u(X,t)=\operatorname{Res}(s=0)+\sum_{n=1}^{\infty}\left[\operatorname{Res}(s=s_n)+\operatorname{Res}(s=s_{-n})\right] \tag{2.124}$$

即可得到

$$u(X,t)=-\frac{PC}{E}\left(\frac{t^2C}{2L}-\frac{X}{C}+\frac{H^2C}{L}+\frac{X^2}{2CL}\right)+\sum_{n=1}^{\infty}\frac{PL^3}{n^2\pi^2E\psi^2}\cos\frac{n\pi X}{L}\cos\frac{n\pi Ct}{\psi}\tag{2.125}$$

或写为

$$u(X,t)=\frac{P}{E}\left(X-\frac{t^2C^2}{2L}-\frac{H^2C^2}{L}-\frac{X^2}{2L}+\frac{2L^3}{\pi^2}\sum_{n=1}^{\infty}\frac{1}{n^2\psi^2}\cos\frac{n\pi X}{L}\cos\frac{n\pi Ct}{\psi}\right)\tag{2.126}$$

若利用材料一维声速的表达式将式 (2.126) 中杨氏模量 E 转换为密度 ρ，即可得到

$$u(X,t)=\frac{P}{\rho}\left(\frac{X}{C^2}-\frac{t^2}{2L}-\frac{H^2}{L}-\frac{X^2}{2LC^2}+\frac{2L^3}{\pi^2C^2}\sum_{n=1}^{\infty}\frac{1}{n^2\psi^2}\cos\frac{n\pi X}{L}\cos\frac{n\pi Ct}{\psi}\right)\tag{2.127}$$

式中，ρ 表示杆材料密度。

式 (2.127) 中，若不考虑横向效应的影响，即假设

$$H^2=\frac{\nu^2r^2}{2C^2}\equiv 0\tag{2.128}$$

即有

$$u(X,t)=\frac{P}{\rho}\left(\frac{X}{C^2}-\frac{t^2}{2L}-\frac{X^2}{2LC^2}+\frac{2L}{\pi^2C^2}\sum_{n=1}^{\infty}\frac{1}{n^2}\cos\frac{n\pi X}{L}\cos\frac{n\pi Ct}{L}\right)\tag{2.129}$$

根据式 (2.129)，可以得到

$$\begin{cases}\dfrac{\partial^2u}{\partial X^2}=-\dfrac{P}{\rho LC^2}\left(1+2\displaystyle\sum_{n=1}^{\infty}\cos\frac{n\pi X}{L}\cos\frac{n\pi Ct}{L}\right)\\ \dfrac{\partial^2u}{\partial t^2}=-\dfrac{P}{\rho L}\left(1+2\displaystyle\sum_{n=1}^{\infty}\cos\frac{n\pi X}{L}\cos\frac{n\pi Ct}{L}\right)\end{cases}\tag{2.130}$$

从式 (2.130) 可以看出，式 (2.129) 恰好是波动方程

$$\frac{\partial^2u}{\partial X^2}=\frac{1}{C^2}\frac{\partial^2u}{\partial t^2}\tag{2.131}$$

的解。

以上推导中假设 $t>0$；当 $t=0$ 时，压力为零，则必有

$$u(X,t)|_{t=0}=0\tag{2.132}$$

而且，根据式 (2.127) 可以计算得到

$$\left.\frac{\partial u}{\partial t}\right|_{t=0}=-\frac{P}{\rho}\left.\left(\frac{t}{L}+\frac{2L^3}{\pi C}\sum_{n=1}^{\infty}\frac{1}{n\psi^3}\cos\frac{n\pi X}{L}\sin\frac{n\pi Ct}{\psi}\right)\right|_{t=0}=0\tag{2.133}$$

以式 (2.132) 和式 (2.133) 正好与该问题的初始条件一致。

根据式 (2.126) 可以给出

$$\frac{\partial u}{\partial X}=\frac{P}{E}\left(1-\frac{X}{L}-\frac{2L^2}{\pi}\sum_{n=1}^{\infty}\frac{1}{n\psi^2}\sin\frac{n\pi X}{L}\cos\frac{n\pi Ct}{\psi}\right) \tag{2.134}$$

即有边界条件：

$$\begin{cases}\left.\dfrac{\partial u}{\partial X}\right|_{X=0}=\dfrac{P}{E}\\ \left.\dfrac{\partial u}{\partial X}\right|_{X=L}=0\end{cases} \tag{2.135}$$

这与该问题所给出的边界条件完全一致。

式 (2.127) 可表达为

$$u(X,t)=u_1+u_2+u_3 \tag{2.136}$$

式中

$$u_1=-\frac{P}{2\rho L}t^2 \tag{2.137}$$

表示杆刚体运动时质点 X 在 t 时刻的位移；这里应力以拉为正，因此当左端界面加载应力为拉时，刚体质点向负方向运动。

式 (2.136) 中等号右端第二项：

$$u_2=-\frac{P}{\rho L}H^2=-\frac{P\nu^2r^2}{2EL} \tag{2.138}$$

与 L 氏坐标 X 无关，对于相同杆材料与几何尺寸、加载条件而言，该式为常量；而且该量是一个极小量，以 14.5mm 直径圆截面钢杆为例，设杆长 2m，Poisson 比为 0.29，一维声速为 5172m/s，密度为 7.85g/cm^3，可以计算出式 (2.138) 具体非零值为

$$u_2(X,t)\doteq-2.11\times10^{-2}\mu\text{m/GPa}\cdot P \tag{2.139}$$

而对于弹性波而言，加载脉冲峰值最多不超过 2GPa，因此，式 (2.139) 的值极小而可以忽略。

式 (2.136) 中等号右端第三项：

$$u_3=\frac{P}{E}\left(X-\frac{X^2}{2L}\right)+\frac{2PL^3}{\pi^2E}\left(\sum_{n=1}^{\infty}\frac{1}{n^2\psi^2}\cos\frac{n\pi X}{L}\cos\frac{n\pi Ct}{\psi}\right) \tag{2.140}$$

才表示杆中的应力波在杆中传播振动模式。

根据式 (6.126) 可以求出杆中的应变和应力：

$$\varepsilon(X,t)=\frac{\partial u(X,t)}{\partial X}=\frac{P}{E}\left(1-\frac{X}{L}-\frac{2L^2}{\pi}\sum_{n=1}^{\infty}\frac{1}{n\psi^2}\sin\frac{n\pi X}{L}\cos\frac{n\pi Ct}{\psi}\right) \tag{2.141}$$

和

$$\sigma(X,t)=E\cdot\varepsilon(X,t)=P\left(1-\frac{X}{L}-\frac{2L^2}{\pi}\sum_{n=1}^{\infty}\frac{1}{n\psi^2}\sin\frac{n\pi X}{L}\cos\frac{n\pi Ct}{\psi}\right) \tag{2.142}$$

设准静态加载为

$$u_s=-\frac{P}{2\rho L}t^2 \tag{2.143}$$

定义质点 X 处在 t 时刻 $(t>0)$ 的无量纲位移：

$$u^*=\frac{u(X,t)}{u_s}=1-\frac{\left(\dfrac{2LX}{C^2}-2H^2-\dfrac{X^2}{C^2}+\dfrac{4L^4}{\pi^2C^2}\displaystyle\sum_{n=1}^{\infty}\frac{1}{n^2\psi^2}\cos\frac{n\pi X}{L}\cos\frac{n\pi Ct}{\psi}\right)}{t^2} \tag{2.144}$$

又定义无量纲时间量为

$$\begin{cases}t^*=\dfrac{t}{T}\\T=\dfrac{L}{C}\\X^*=\dfrac{X}{L}\end{cases} \tag{2.145}$$

式中，T 即表示一维弹性波在杆中传播单次所需的时间。此时，式 (2.144) 即可简写为

$$u^*=1+\frac{X^{*2}-2X^*+\dfrac{2H^2C^2}{L^2}}{t^{*2}}-\frac{4L^2}{\pi^2t^{*2}}\sum_{n=1}^{\infty}\frac{1}{n^2\psi^2}\cos n\pi X^*\cos\frac{n\pi Lt^*}{\psi} \tag{2.146}$$

式 (2.146) 可以进一步写为

$$u^*=1+\frac{X^{*2}-2X^*+\dfrac{\nu^2r^2}{L^2}}{t^{*2}}-\frac{4L^2}{\pi^2t^{*2}}\sum_{n=1}^{\infty}\frac{1}{n^2\left(L^2+n^2\pi^2\dfrac{\nu^2r^2}{2}\right)}\cos n\pi X^*\cos\frac{2n\pi Lt^*}{\sqrt{L^2+n^2\pi^2\dfrac{\nu^2r^2}{2}}} \tag{2.147}$$

再定义杆的无量纲直径：

$$r^*=\frac{r}{L} \tag{2.148}$$

则式 (2.147) 可写为

$$u^*=1+\frac{X^{*2}-2X^*+\nu^2r^{*2}}{t^{*2}}-\frac{4}{\pi^2t^{*2}}\sum_{n=1}^{\infty}\frac{1}{n^2(2+n^2\pi^2\nu^2r^{*2})}\cos n\pi X^*\cos\frac{\sqrt{2}n\pi t^*}{\sqrt{2+n^2\pi^2\nu^2r^{*2}}} \tag{2.149}$$

类似地，根据

$$\varepsilon(X,t)=\frac{\partial u}{\partial X}=\frac{P}{\rho}\left(\frac{1}{C^2}-\frac{X}{LC^2}-\frac{2L^2}{\pi C^2}\sum_{n=1}^{\infty}\frac{1}{n\psi^2}\sin\frac{n\pi X}{L}\cos\frac{n\pi Ct}{\psi}\right) \tag{2.150}$$

可以得到

$$\varepsilon=\frac{P}{E}\left[1-X^*-\frac{4}{\pi}\sum_{n=1}^{\infty}\frac{1}{n\left(2+n^2\pi^2\nu^2r^{*2}\right)}\sin n\pi X^*\cos\frac{\sqrt{2}n\pi t^*}{\sqrt{2+n^2\pi^2\nu^2r^{*2}}}\right] \tag{2.151}$$

根据

$$\sigma(X,t)=E\varepsilon=\frac{EP}{\rho}\left(\frac{1}{C^2}-\frac{X}{LC^2}-\frac{2L^2}{\pi C^2}\sum_{n=1}^{\infty}\frac{1}{n\psi^2}\sin\frac{n\pi X}{L}\cos\frac{n\pi Ct}{\psi}\right) \tag{2.152}$$

并定义无量纲应力：

$$\sigma^*=\frac{\sigma}{P} \tag{2.153}$$

可以得到

$$\sigma^*=1-X^*-\frac{4}{\pi}\sum_{n=1}^{\infty}\frac{1}{n\left(2+n^2\pi^2\nu^2r^{*2}\right)}\sin n\pi X^*\cos\frac{\sqrt{2}n\pi t^*}{\sqrt{2+n^2\pi^2\nu^2r^{*2}}} \tag{2.154}$$

特别情况下，如不考虑杆材料的 Poisson 比即可得到

$$\begin{cases}u^*=1+\dfrac{X^{*2}-2X^*}{t^{*2}}-\dfrac{2}{\pi^2t^{*2}}\displaystyle\sum_{n=1}^{\infty}\frac{1}{n^2}\cos n\pi X^*\cos n\pi t^*\\ \sigma^*=1-X^*-\dfrac{2}{\pi}\displaystyle\sum_{n=1}^{\infty}\frac{1}{n}\sin n\pi X^*\cos n\pi t^*\end{cases} \tag{2.155}$$

根据式 (2.155)，可以绘制出不同位置处质点的应力时程曲线图，如图 2.12 所示，其中 n 取数值 10000。从图中可以看出此时式 (2.155) 所给出的结果与第 1 章中一维杆中应力波推导结果完全一致。

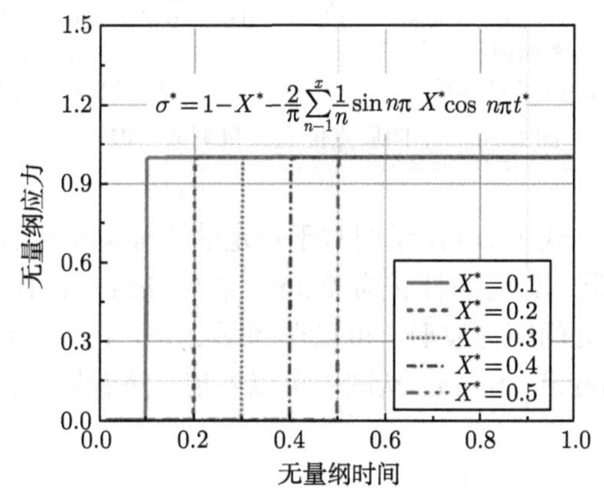

图 2.12 不同质点无量纲应力时程曲线图

式 (2.154) 形式复杂，将之绘制为曲线则很直观，如图 2.13 所示；图中所示为无量纲位置为 0.25 处的无量纲应力波形图，计算中取 n 为 10000，从图中可以发现，随着 Poisson 比的增大，无量纲应力波形弥散更加明显；图中杆长为 2.0m，直径为 14.5mm。若考虑 Poisson 比为 0.29 时的情况，杆直径和长度同上，考虑应力波传播路径上波形随着位置增大的演化情况，可以得到图 2.14，图 (a) 表示为无量纲位置分别为 0.1、0.2、0.3、0.4 和 0.5 处无量纲应力波形图，为了方便对比，图 (b) 将图 (a) 中的波形对齐。

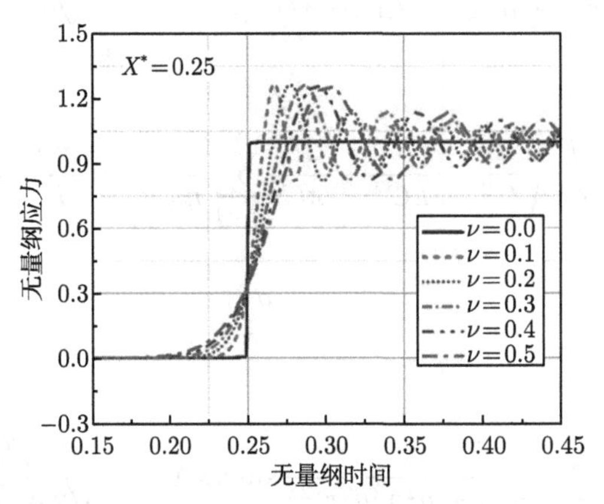

图 2.13　不同 Poisson 比时的无量纲应力波形图

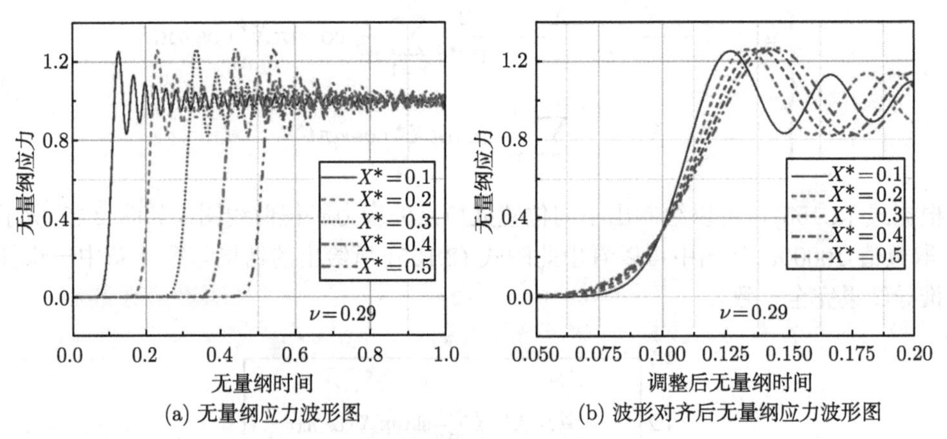

(a) 无量纲应力波形图　　(b) 波形对齐后无量纲应力波形图

图 2.14　不同质点位置无量纲应力波形图

从图 2.14 可以发现，式 (2.154) 说明对于特定的 Poisson 比而言，应力波随着传播位置的增大弥散越来越明显。如考虑杆长为 2.0m，材料 Poisson 比为 0.29，不同杆直径时杆中无量纲位置为 0.25 处的应力波形，可以得到图 2.15，图中杆的半径分别为 3.625mm、7.25mm、14.5mm、29mm 和 58mm。从图中可以发现，随着杆半径的增大，应力波弥散越来越明显。

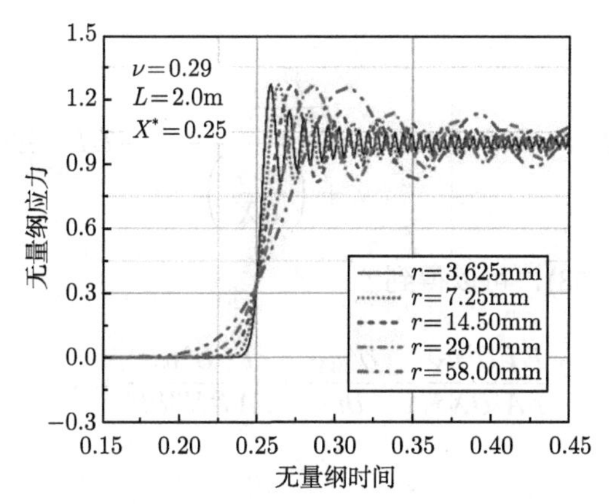

图 2.15 不同无量纲半径时杆中的应力波弥散

2.2 线弹性细长杆中弯曲波的传播与弥散效应

从式 (1.127) 不难发现，随着波长的减小，弯曲波的波速对应增大；当波长趋近无穷小时，对应波速远大于对应的纵波波速，甚至接近无穷大；这种特征是不合理的。这是因为，在此一维弯曲波的推导过程中，忽略了杆截面的转动惯性和剪切效应，这对于入射波长远大于杆截面尺寸时的情况是准确的；而当入射波长与截面尺寸相近时，截面转动惯性的影响就不能被忽略。

2.2.1 线弹性 Rayleigh 杆中弯曲波的传播

以上杆中纵波和弯曲波的传播皆是在 Bernoulli-Euler 平面假设的基础上推导的，即假设在应力波传播过程中杆截面并不扭曲而一直保持平面状态。1894 年 Rayleigh 考虑截面转动惯量的影响给出了杆中弯曲波的传播问题校正解。

如不考虑运动过程中所受体力和均布荷载 q，则动力学方程 (1.111) 即可简化为

$$\begin{cases}\dfrac{\partial Q}{\partial X}=\rho A\dfrac{\partial^2 u_Y}{\partial t^2}\\[2mm]\dfrac{\partial M}{\partial X}-Q=-\rho I\dfrac{\partial^2 \alpha}{\partial t^2}\end{cases}\tag{2.156}$$

根据式 (2.156) 可以进一步给出

$$\frac{\partial^2 M}{\partial X^2}-\frac{\partial Q}{\partial X}=-\rho I\frac{\partial^2 \alpha}{\partial t^2}\tag{2.157}$$

即

$$\frac{\partial^2 M}{\partial X^2}-\rho A\frac{\partial^2 u_Y}{\partial t^2}=-\rho I\frac{\partial^4 u_Y}{\partial X^2\partial t^2}\tag{2.158}$$

考虑到

$$M = EIk = -EI\frac{\dfrac{\partial^2 u_Y}{\partial X^2}}{1+\left(\dfrac{\partial u_Y}{\partial X}\right)^2} \approx -EI\frac{\partial^2 u_Y}{\partial X^2} \tag{2.159}$$

将式 (2.159) 代入式 (2.158)，可以得到

$$\frac{EI}{\rho A}\frac{\partial^4 u_Y}{\partial X^4} + \frac{\partial^2 u_Y}{\partial t^2} - \frac{I}{A}\frac{\partial^4 u_Y}{\partial X^2 \partial t^2} = 0 \tag{2.160}$$

即

$$C_L^2 R^2 \frac{\partial^4 u_Y}{\partial X^4} - R^2 \frac{\partial^4 u_Y}{\partial X^2 \partial t^2} + \frac{\partial^2 u_Y}{\partial t^2} = 0 \tag{2.161}$$

容易看出式 (2.161) 并不是波动方程，相对于不考虑截面转动惯量时所给出的方程式 (1.119)，式 (2.161) 左端多了第二项。类似地，考虑此一维杆受到在 Y 方向上做谐波运动，即

$$u_Y = A\cos k\left(X - Ct\right) = A\cos\left(kX - \omega t\right) \tag{2.162}$$

或

$$u_Y = A\exp\left[\mathrm{i}\left(kX - \omega t\right)\right] \tag{2.163}$$

式中，A 为振幅。

将式 (2.163) 代入式 (2.161) 可以得到

$$C_L^2 R^2 k^4 - \omega^2 R^2 k^2 - \omega^2 = 0 \tag{2.164}$$

即

$$\omega = \sqrt{\frac{C_L^2 R^2 k^4}{R^2 k^2 + 1}} \tag{2.165}$$

根据式 (2.165) 可以进一步给出波速的解析形式：

$$C = \frac{C_L}{\sqrt{1+\left(\dfrac{\lambda}{2\pi R}\right)^2}} \tag{2.166}$$

式 (2.166) 表明，无论波长多大或多小，弯曲波波速不可能趋于无穷大；其他条件不变时，随着波长的增大，弯曲波波速逐渐减小；随着波长的减小，弯曲波波速逐渐增大，但始终小于纵波波速，即

$$C < C_L \tag{2.167}$$

如定义无量纲波速为

$$\bar{C} = \frac{C}{C_L} \tag{2.168}$$

则 Rayleigh 杆中弯曲波波速可写为

$$\bar{C}=\left[1+\left(\frac{\lambda}{2\pi R}\right)^2\right]^{-1/2} \tag{2.169}$$

再定义无量纲波数为

$$\bar{k}=\frac{2\pi R}{\lambda}=kR \tag{2.170}$$

则式 (2.168) 可以进一步写为无量纲表达式：

$$\bar{C}=\left[1+\left(\frac{1}{\bar{k}}\right)^2\right]^{-1/2}=\frac{\bar{k}}{\sqrt{\bar{k}^2+1}} \tag{2.171}$$

对应地，一维 Bernoulli-Euler 杆中无量纲弯曲波波速可表达为

$$\bar{C}=\bar{k} \tag{2.172}$$

根据式 (2.171) 和式 (2.172) 可以绘制出两种假设基础上的无量纲弯曲波波速与无量纲波数之间的曲线关系，如图 2.16 所示。

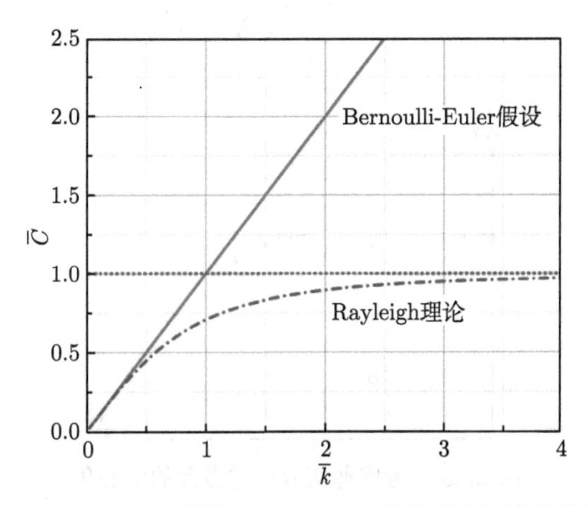

图 2.16 Bernoulli-Euler 假设与 Rayleigh 理论无量纲弯曲波波速与波数

2.2.2 线弹性 Timoshenko 杆中弯曲波的传播

在 Rayleigh 的分析基础上，1921 年 Timoshenko 同时考虑截面转动惯量和剪切效应的影响，此时微元的受力图如图 2.17 所示；对于小扰动而言，微元的曲率极小且旋转角也极小，设杆材料的密度为 ρ、初始截面积为 A，可以给出两个动力学方程近似形式：

$$\begin{cases}\dfrac{\partial Q}{\partial X}=\rho A\dfrac{\partial^2 u_Y}{\partial t^2}\\[2mm] \dfrac{\partial M}{\partial X}-Q=-\rho I\dfrac{\partial^2 \alpha}{\partial t^2}\end{cases} \tag{2.173}$$

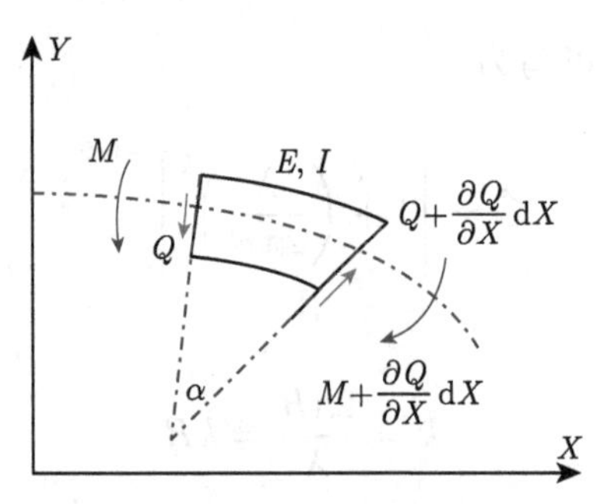

图 2.17　考虑剪切效应微元受力图

与图 1.8 不同之处在于，根据此时中心角 α 表达式并不满足式 (1.109)，而是如图 2.18 所示，即此时截面并不垂直于中心轴线，而是存在一个夹角 β，Timoshenko 认为此夹角为杆中心轴处的剪应变，其满足

$$\frac{\partial u_Y}{\partial X}=\alpha+\beta \tag{2.174}$$

则根据曲率 k_r 求解的相关知识可以求得

$$k_r=-\frac{\partial \alpha}{\partial X} \tag{2.175}$$

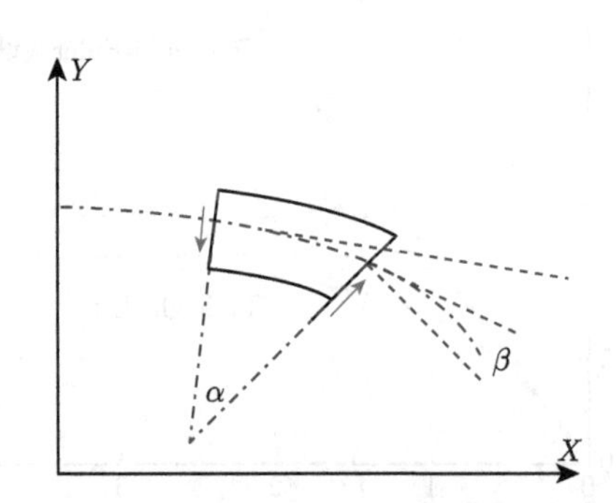

图 2.18　考虑剪切效应时微元的中心角

对于杆的线弹性弯曲问题，有

$$M=EIk_r=-EI\frac{\partial \alpha}{\partial X} \tag{2.176}$$

综上分析，参考 2.2.1 节的分析，此时即有方程组：

$$\begin{cases}EI\dfrac{\partial^3 \alpha}{\partial X^3}+\rho A\dfrac{\partial^2 u_Y}{\partial t^2}=\rho I\dfrac{\partial^3 \alpha}{\partial X\partial t^2}\\ \alpha=\dfrac{\partial u_Y}{\partial X}-\beta\end{cases} \tag{2.177}$$

设微元截面上的剪切力为 Q，剪应变为 γ，杆材料剪切模量为 G，则有

$$Q = G\int_A \gamma \mathrm{d}A \tag{2.178}$$

然而，一般情况下有

$$\int_A \gamma \mathrm{d}A \neq \beta A \tag{2.179}$$

Timoshenko 假设

$$\int_A \gamma \mathrm{d}A = \kappa\beta A \tag{2.180}$$

式中，κ 为校正系数。即有

$$Q = \kappa G A \beta \tag{2.181}$$

或

$$\beta = \frac{Q}{\kappa G A} \tag{2.182}$$

根据式 (2.182) 可以得到

$$\frac{\partial \beta}{\partial X} = \frac{1}{\kappa G A}\frac{\partial Q}{\partial X} \tag{2.183}$$

将式 (2.173) 中第一式代入式 (2.183)，可以得到

$$\frac{\partial \beta}{\partial X} = \frac{\rho}{\kappa G}\frac{\partial^2 u_Y}{\partial t^2} \tag{2.184}$$

此时方程组式 (2.177) 即可写为

$$EI\frac{\partial^4 u_Y}{\partial X^4} - \left(\rho I + EI\frac{\rho}{\kappa G}\right)\frac{\partial^4 u_Y}{\partial X^2 \partial t^2} + \rho I\frac{\rho}{\kappa G}\frac{\partial^4 u_Y}{\partial t^4} + \rho A\frac{\partial^2 u_Y}{\partial t^2} = 0 \tag{2.185}$$

或

$$\frac{EI}{\rho A}\frac{\partial^4 u_Y}{\partial X^4} - \frac{I}{A}\left(1 + \frac{E}{\kappa G}\right)\frac{\partial^4 u_Y}{\partial X^2 \partial t^2} + \frac{\rho I}{\kappa G A}\frac{\partial^4 u_Y}{\partial t^4} + \frac{\partial^2 u_Y}{\partial t^2} = 0 \tag{2.186}$$

式 (2.186) 也可写为以下形式：

$$C_L^2 R^2\frac{\partial^4 u_Y}{\partial X^4} - R^2\left(1 + \frac{E}{\kappa G}\right)\frac{\partial^4 u_Y}{\partial X^2 \partial t^2} + \frac{\rho}{\kappa G}R^2\frac{\partial^4 u_Y}{\partial t^4} + \frac{\partial^2 u_Y}{\partial t^2} = 0 \tag{2.187}$$

考虑此一维杆在 Y 方向上做谐波运动，即

$$u_Y = A\exp\left[\mathrm{i}\left(kX - \omega t\right)\right] \tag{2.188}$$

式中，A 为谐波振幅。

将式 (2.188) 代入式 (1.119) 可以得到

$$C_L^2 R^2 k^4 - R^2 \left(1 + \frac{E}{\kappa G}\right) k^2 \omega^2 + \frac{\rho}{\kappa G} R^2 \omega^4 - \omega^2 = 0 \tag{2.189}$$

对比式 (2.189) 和 Rayleigh 杆中不考虑剪切效应时对应的微分方程式 (2.164)，可以看出，式 (2.189) 左端多出了两项：

$$-R^2 k^2 \omega^2 \frac{E}{\kappa G} + \frac{\rho}{\kappa G} R^2 \omega^4 \tag{2.190}$$

这两项都有剪切模量，表示剪切效应对弯曲波传播的影响。式 (2.190) 写为以下形式物理意义更加清晰：

$$\underbrace{C_L^2 R^2 k^4 - \omega^2}_{\text{一维杆}} \underbrace{- R^2 \omega^2 k^2}_{\text{考虑转动惯量}} \underbrace{+ \frac{R^2 \omega^2}{\kappa G}\left(\rho \omega^2 - E k^2\right)}_{\text{考虑剪切效应}} = 0 \tag{2.191}$$

将

$$\begin{cases} C = \dfrac{\omega}{k} \\ k = \dfrac{2\pi}{\lambda} \end{cases} \tag{2.192}$$

代入式 (2.191)，可以得到

$$\frac{R^2 \rho}{\kappa G} C^4 - \left(\frac{R^2 E}{\kappa G} + \frac{1}{k^2} + R^2\right) C^2 + C_L^2 R^2 = 0 \tag{2.193}$$

即

$$C^4 - \left(1 + \frac{\kappa G}{k^2 R^2 E} + \frac{\kappa G}{E}\right) C^2 C_L^2 + \frac{\kappa G}{E} C_L^4 = 0 \tag{2.194}$$

式 (2.194) 有如下正根：

$$C^2 = \frac{\left(1 + \dfrac{\kappa G}{k^2 R^2 E} + \dfrac{\kappa G}{E}\right) \pm \sqrt{\left(1 - \dfrac{\kappa G}{E}\right)^2 + \dfrac{\kappa G}{k^2 R^2 E}\left(2 + \dfrac{\kappa G}{k^2 R^2 E} + \dfrac{2\kappa G}{E}\right)}}{2} C_L^2 \tag{2.195}$$

式 (2.195) 写为无量纲形式，有

$$\bar{C}^2 = \frac{\left(1 + \dfrac{\kappa G}{\bar{k}^2 E} + \dfrac{\kappa G}{E}\right) \pm \sqrt{\left(1 - \dfrac{\kappa G}{E}\right)^2 + \dfrac{\kappa G}{\bar{k}^2 E}\left(2 + \dfrac{\kappa G}{\bar{k}^2 E} + \dfrac{2\kappa G}{E}\right)}}{2} \tag{2.196}$$

对于各向同性线弹性材料而言，式 (2.196) 可进一步写为

$$\bar{C}^2 = \frac{\left[1+\dfrac{\kappa}{2\bar{k}^2(1+\nu)}+\dfrac{\kappa}{2(1+\nu)}\right]\pm\sqrt{\left[1-\dfrac{\kappa}{2(1+\nu)}\right]^2+\dfrac{\kappa}{\bar{k}^2(1+\nu)}\left[1+\dfrac{\kappa}{4\bar{k}^2(1+\nu)}+\dfrac{\kappa}{2(1+\nu)}\right]}}{2} \tag{2.197}$$

根据式 (2.197) 可知

$$\lim_{k\to\infty}\bar{C}^2 = \frac{\left[1+\dfrac{\kappa}{2(1+\nu)}\right]\pm\sqrt{\left[1-\dfrac{\kappa}{2(1+\nu)}\right]^2}}{2} \Rightarrow \begin{cases}\lim\limits_{k\to\infty}\bar{C}^2 = 1\\ \lim\limits_{k\to\infty}\bar{C}^2 = \dfrac{\kappa}{2(1+\nu)}\end{cases} \tag{2.198}$$

式 (2.198) 意味着当波数趋于无穷大或波长趋于无穷小时，声速有两个可能值：

$$\lim_{k\to\infty}\bar{C} = 1 \quad 或 \quad \lim_{k\to\infty}\bar{C} = \sqrt{\frac{\kappa}{2(1+\nu)}} \tag{2.199}$$

或

$$\lim_{k\to\infty}C = C_L \quad 或 \quad \lim_{k\to\infty}C = \sqrt{\kappa}C_T \tag{2.200}$$

即弯曲波波速可能等于一维杆中纵波波速，也可能等于横波波速乘以剪切校正系数平方根。

参考文献 (Graff, 1975) 中分析，考虑剪切效应的影响时，式 (2.197) 应取：

$$\bar{C}^2 = \frac{\left[1+\dfrac{\kappa}{2\bar{k}^2(1+\nu)}+\dfrac{\kappa}{2(1+\nu)}\right]-\sqrt{\left[1-\dfrac{\kappa}{2(1+\nu)}\right]^2+\dfrac{\kappa}{\bar{k}^2(1+\nu)}\left[1+\dfrac{\kappa}{4\bar{k}^2(1+\nu)}+\dfrac{\kappa}{2(1+\nu)}\right]}}{2} \tag{2.201}$$

根据式 (2.201)，可以绘制出无量纲弯曲波波速与无量纲波数之间关系对应的曲线，如图 2.19 所示，图中杆材料 Poisson 比为 0.29。图中两条曲线分别对应的杆截面形状分别为圆形和方形，参考文献 (Graff, 1975)，其对应的剪切校正系数分别为 10/9 和 0.833。

从图 2.19 可以看出，考虑剪切效应时，杆截面形状对其弯曲波波速有着明显的影响，这是 Bernoulli-Euler 杆和 Rayleigh 杆假设前提下并不存在的规律；而且，随着剪切校正系数的增大，相同无量纲波数时对应的无量纲弯曲波波速也增大。结合无量纲波数的定义和无量纲弯曲波波速的定义，可知：其他条件相同时，随着一维纵波波速的增大，对应的弯曲波波速也成比例增大；随着波数的增大或波长的减小，弯曲波波速会逐渐减小；随着杆截面回转半径的增大，弯曲波波速也会增大。从文献 (Graff, 1975) 对比分析可知，Timoshenko 理论所给出的弯曲波波速与准确理论解非常接近，可以近似为准确解。

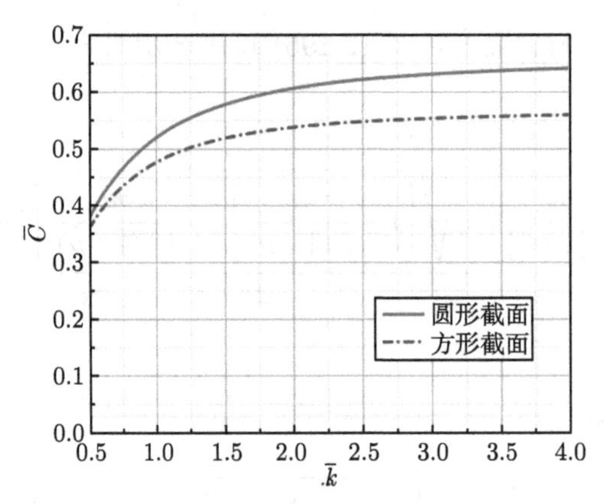

图 2.19 两种截面 Timoshenko 杆中无量纲弯曲波波速与波数

对三种理论下圆截面杆中弯曲波波速进行对比，图中杆材料的 Poisson 比为 0.29，如图 2.20 所示。从图中可以看出：首先，随着无量纲波数的增大，无量纲弯曲波波速皆会增大；其次，随着无量纲波数的增大，Bernoulli-Euler 假设时无量纲弯曲波波速呈线性增大直至达到无穷大，而 Rayleigh 理论给出的无量纲弯曲波波速呈非线性增长直至趋于 1 但始终小于 1，Timoshenko 理论给出的无量纲弯曲波波速与 Rayleigh 理论类似但其给出的最大波速明显小于后者，约为 0.65。

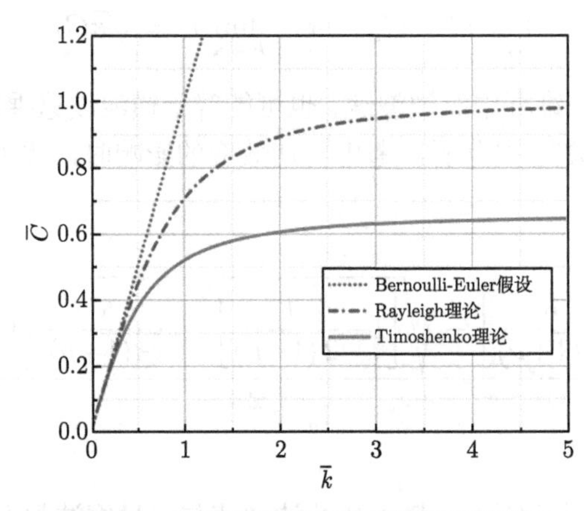

图 2.20 不同理论下弯曲波波速对比图

2.2.3 线弹性细环中应力波的传播

前面讨论的对象是直杆，对于曲线杆而言，其中弯曲波的传播问题相对更加复杂。弯曲杆中波的传播问题 Kelvin 在 1859 年就开展过相关研究，后来又得到不少学者的关注和研究，其中 Love 对圆环中应力波传播问题的研究是较系统和较经典的，之后大量的相关研究都参考了 Love 的研究成果。

如图 2.21 所示，设圆环截面中心线的半径为 R，截面积为 A，杆材料密度为 ρ。取圆环中某微元作为研究对象，其对应的中心角为 $\mathrm{d}\theta$，设在 θ 截面上的剪切力为 Q、弯矩为

M、轴向拉力为 T，则在截面 $\theta + \mathrm{d}\theta$ 上对应的物理量为

$$\begin{cases} Q(\theta + \Delta\theta) \approx Q + \dfrac{\partial Q}{\partial \theta}\mathrm{d}\theta \\ M(\theta + \Delta\theta) \approx M + \dfrac{\partial M}{\partial \theta}\mathrm{d}\theta \\ T(\theta + \Delta\theta) \approx T + \dfrac{\partial T}{\partial \theta}\mathrm{d}\theta \end{cases} \tag{2.202}$$

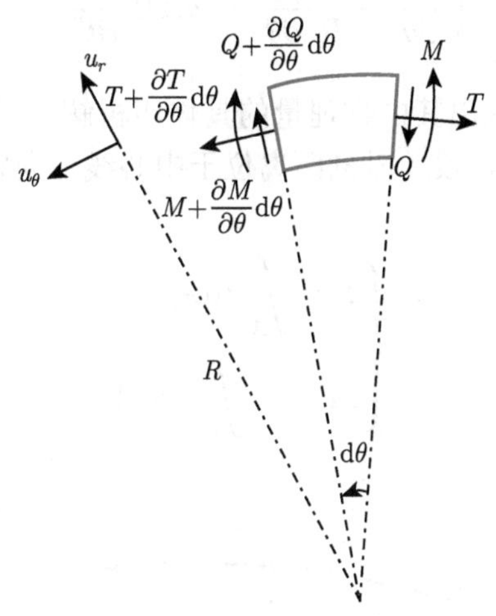

图 2.21 弯曲波传播路径上圆环的微元

设径向方向的位移为 u_r、环向方向的位移为 u_θ，则根据牛顿第二定律，可以得到

$$\begin{cases} \left(Q + \dfrac{\partial Q}{\partial \theta}\mathrm{d}\theta - Q\right)\cos\dfrac{\mathrm{d}\theta}{2} - \left(T + \dfrac{\partial T}{\partial \theta}\mathrm{d}\theta + T\right)\sin\dfrac{\mathrm{d}\theta}{2} = \rho AR \cdot \mathrm{d}\theta \cdot \dfrac{\partial^2 u_r}{\partial t^2} \\ \left(T + \dfrac{\partial T}{\partial \theta}\mathrm{d}\theta - T\right)\cos\dfrac{\mathrm{d}\theta}{2} + \left(Q + \dfrac{\partial Q}{\partial \theta}\mathrm{d}\theta + Q\right)\sin\dfrac{\mathrm{d}\theta}{2} = \rho AR \cdot \mathrm{d}\theta \cdot \dfrac{\partial^2 u_\theta}{\partial t^2} \end{cases} \tag{2.203}$$

式 (2.203) 忽略高阶无穷小量并简化可以得到

$$\begin{cases} \dfrac{\partial Q}{\partial \theta} - T = \rho AR \dfrac{\partial^2 u_r}{\partial t^2} \\ \dfrac{\partial T}{\partial \theta} + Q = \rho AR \dfrac{\partial^2 u_\theta}{\partial t^2} \end{cases} \tag{2.204}$$

根据动量矩定理，并忽略截面的转动惯性效应，可以得到

$$\left(M + \frac{\partial M}{\partial \theta}\mathrm{d}\theta - M\right)\cos\frac{\mathrm{d}\theta}{2} + \left(Q + \frac{\partial Q}{\partial \theta}\mathrm{d}\theta + Q\right)R\frac{\mathrm{d}\theta}{2} = \rho AR \cdot \mathrm{d}\theta \cdot \frac{\partial^2 u_r}{\partial t^2} \tag{2.205}$$

式 (2.205) 忽略高阶无穷小量并简化可以得到

$$\frac{\partial M}{\partial \theta} + QR = 0 \tag{2.206}$$

即有

$$Q = -\frac{1}{R}\frac{\partial M}{\partial \theta} \tag{2.207}$$

将式 (2.207) 代入式 (2.204) 可以得到

$$\begin{cases} -\dfrac{1}{R}\dfrac{\partial^2 M}{\partial \theta^2} - T = \rho AR\dfrac{\partial^2 u_r}{\partial t^2} \\ \dfrac{\partial T}{\partial \theta} - \dfrac{1}{R}\dfrac{\partial M}{\partial \theta} = \rho AR\dfrac{\partial^2 u_\theta}{\partial t^2} \end{cases} \tag{2.208}$$

仅根据式 (2.208) 无法求出其中物理量的具体明析解，还缺少拉力、弯矩与位移之间的函数关系。如图 2.22 所示，设 t 时刻距离位于中心线径向距离为 z，截面为 $\mathrm{d}A$ 的薄层上的正应力为 σ，则可得到

$$\begin{cases} T = \displaystyle\int_A \sigma \mathrm{d}A \\ M = -\displaystyle\int_A \sigma z \mathrm{d}A \end{cases} \tag{2.209}$$

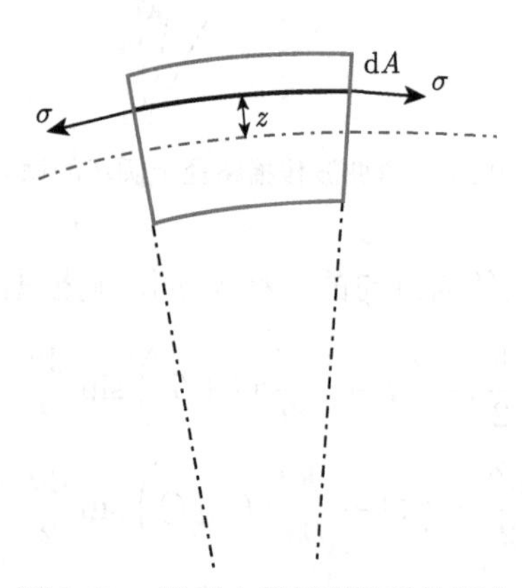

图 2.22 微元上薄层所承受的应力

对于线弹性环而言，设环材料的杨氏模量为 E，对于任意 t 时刻，根据 Hooke 定律有

$$\sigma(t) = E\varepsilon(t) \tag{2.210}$$

式中，ε 为 t 时刻对应的应变。

此时，式 (2.209) 即可写为

$$\begin{cases} T = E\displaystyle\int_A \varepsilon \mathrm{d}A \\ M = -E\displaystyle\int_A \varepsilon z \mathrm{d}A \end{cases} \tag{2.211}$$

本节先以环中轴线所在微元薄层为研究对象，如图 2.23 所示，在 t 时刻的环线长度为 $\mathrm{d}s$，在 $t+\mathrm{d}t$ 时刻的环向长度为 $\mathrm{d}s'$，容易知道环向应变为

$$\mathrm{d}s = R\mathrm{d}\theta \tag{2.212}$$

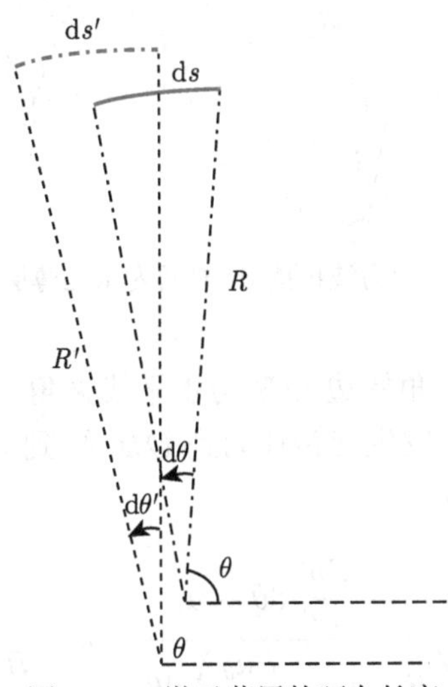

图 2.23 微元薄层的环向长度

设 θ 处微元薄层在 t 时刻的径向位移和环线位移分别为 u_r 和 u_θ，则在中轴线 $\theta+\mathrm{d}\theta$ 处的对应位移分别为

$$\begin{cases} u_r(\theta+\mathrm{d}\theta) = u_r + \dfrac{\partial u_r}{\partial \theta}\mathrm{d}\theta \\ u_\theta(\theta+\mathrm{d}\theta) = u_\theta + \dfrac{\partial u_\theta}{\partial \theta}\mathrm{d}\theta \end{cases} \tag{2.213}$$

此时图 2.24 中质点 A 和 B 分别会移动到点 A' 和 B'。从图中可以看出

$$\begin{cases} BC = u_r \\ \overset{\frown}{B'C} = u_\theta \end{cases}, \quad \begin{cases} A'D = u_r + \dfrac{\partial u_r}{\partial \theta}\mathrm{d}\theta \\ \overset{\frown}{EF} = u_\theta + \dfrac{\partial u_\theta}{\partial \theta}\mathrm{d}\theta \end{cases} \tag{2.214}$$

可以求出

$$\mathrm{d}s' = \overset{\frown}{A'B'} \approx \overset{\frown}{B'G} = (R+u_r)\,\mathrm{d}\theta + \left(u_\theta + \frac{\partial u_\theta}{\partial \theta}\mathrm{d}\theta - u_\theta\right) = \left(R + u_r + \frac{\partial u_\theta}{\partial \theta}\right)\mathrm{d}\theta \tag{2.215}$$

从图 2.24 中不难发现，应力波传播过程中微元的改变使得弧 $\overset{\frown}{A'B'}$ 对应的半径不再是 R，而是 R'；而且该弧对应的中心角也不再是 $\mathrm{d}\theta$，而是 $\mathrm{d}\theta'$；且需满足

$$\mathrm{d}s' = R'\mathrm{d}\theta' \Rightarrow R' = \frac{\mathrm{d}s'}{\mathrm{d}\theta'} \tag{2.216}$$

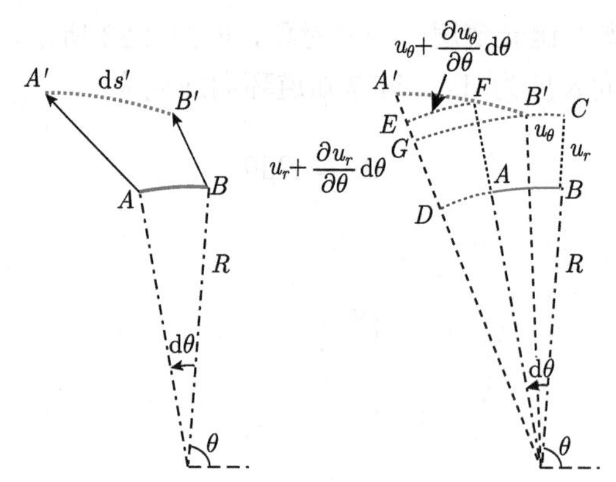

图 2.24　应力波传播 dt 时间内微元薄层的变形

在 t 时刻，微元对应的中心角始边 OB 与水平线夹角为 θ；在微元中轴线薄层发生变形和移动后的 $t+\mathrm{d}t$ 时刻，OB 发生旋转移动到 OB' 再到 $O'B'$，如图 2.25 所示。从图中可以得到 $O'B'$ 与水平线夹角为

$$\theta+\mathrm{d}\theta_1-\mathrm{d}\theta_2=\theta+\frac{u_\theta}{R+u_r}-\frac{u_r+\dfrac{\partial u_r}{\partial\theta}\mathrm{d}\theta-u_r}{\left(R+u_r+\dfrac{\partial u_\theta}{\partial\theta}\right)\mathrm{d}\theta}=\theta+\frac{u_\theta}{R+u_r}-\frac{\dfrac{\partial u_r}{\partial\theta}}{R+u_r+\dfrac{\partial u_\theta}{\partial\theta}} \tag{2.217}$$

考虑到

$$R\gg u_r+\frac{\partial u_\theta}{\partial\theta} \tag{2.218}$$

此时，式 (2.217) 可以近似简化为

$$\angle XO'B'=\theta+\mathrm{d}\theta_1-\mathrm{d}\theta_2=\theta+\frac{u_\theta}{R}-\frac{1}{R}\frac{\partial u_r}{\partial\theta} \tag{2.219}$$

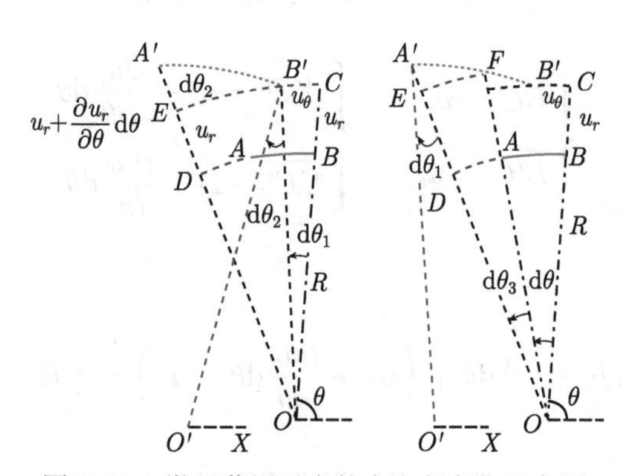

图 2.25　微元薄层对应的中心角变化示意图

同理，如图 2.25 所示，t 时刻微元中心角终边 OA 与水平线的夹角为 $\theta+\mathrm{d}\theta$；$t+\mathrm{d}t$ 时刻，OA 发生旋转移动到 OA' 再到 $O'A'$，可以给出 $O'A'$ 与水平线夹角为

$$\angle XO'A' = \theta + \mathrm{d}\theta + \mathrm{d}\theta_3 - \mathrm{d}\theta_4 \tag{2.220}$$

根据图 2.25，可以给出式 (2.220) 中

$$\mathrm{d}\theta_3 \approx \frac{1}{R}\left(u_\theta + \frac{\partial u_\theta}{\partial \theta}\mathrm{d}\theta\right) \tag{2.221}$$

结合图 2.25 和式 (2.217)、式 (2.219)，可以给出

$$\mathrm{d}\theta_4 \approx \frac{1}{R}\frac{\partial u_r}{\partial \theta} + \frac{\partial\left(\dfrac{1}{R}\dfrac{\partial u_r}{\partial \theta}\right)}{\partial \theta}\mathrm{d}\theta = \frac{1}{R}\left(\frac{\partial u_r}{\partial \theta} + \frac{\partial^2 u_r}{\partial \theta^2}\mathrm{d}\theta\right) \tag{2.222}$$

将式 (2.221) 和式 (2.222) 代入式 (2.220)，即有

$$\angle XO'A' = \theta + \mathrm{d}\theta + \frac{1}{R}\left(u_\theta + \frac{\partial u_\theta}{\partial \theta}\mathrm{d}\theta\right) - \frac{1}{R}\left(\frac{\partial u_r}{\partial \theta} + \frac{\partial^2 u_r}{\partial \theta^2}\mathrm{d}\theta\right) \tag{2.223}$$

因此，可以求出图 2.23 中变形后微元对应的中心角为

$$\begin{aligned}\mathrm{d}\theta' &= \left[\theta + \mathrm{d}\theta + \frac{1}{R}\left(u_\theta + \frac{\partial u_\theta}{\partial \theta}\mathrm{d}\theta\right) - \frac{1}{R}\left(\frac{\partial u_r}{\partial \theta} + \frac{\partial^2 u_r}{\partial \theta^2}\mathrm{d}\theta\right)\right] - \left(\theta + \frac{u_\theta}{R} - \frac{1}{R}\frac{\partial u_r}{\partial \theta}\right) \\ &= \left(1 + \frac{1}{R}\frac{\partial u_\theta}{\partial \theta} - \frac{1}{R}\frac{\partial^2 u_r}{\partial \theta^2}\right)\mathrm{d}\theta\end{aligned} \tag{2.224}$$

利用式 (2.224) 和式 (2.215)，根据式 (2.216) 可以得到

$$R' = \frac{\left(R + u_r + \dfrac{\partial u_\theta}{\partial \theta}\right)\mathrm{d}\theta}{\left(1 + \dfrac{1}{R}\dfrac{\partial u_\theta}{\partial \theta} - \dfrac{1}{R}\dfrac{\partial^2 u_r}{\partial \theta^2}\right)\mathrm{d}\theta} = \frac{R + u_r + \dfrac{\partial u_\theta}{\partial \theta}}{1 + \dfrac{1}{R}\dfrac{\partial u_\theta}{\partial \theta} - \dfrac{1}{R}\dfrac{\partial^2 u_r}{\partial \theta^2}} \tag{2.225}$$

根据图 2.26 可以得到 $t + \mathrm{d}t$ 时刻距离中轴线为 z 的微元环向长度为

$$(R' + z)\,\mathrm{d}\theta' = \left[\left(R + u_r + \frac{\partial u_\theta}{\partial \theta}\right) + z\left(1 + \frac{1}{R}\frac{\partial u_\theta}{\partial \theta} - \frac{1}{R}\frac{\partial^2 u_r}{\partial \theta^2}\right)\right]\mathrm{d}\theta \tag{2.226}$$

因此，可以给出距离中轴线为 z 的微元环向从 t 时刻到 $t + \mathrm{d}t$ 时刻的应变为

$$\varepsilon = \frac{(R' + z)\,\mathrm{d}\theta' - (R + z)\,\mathrm{d}\theta}{(R + z)\,\mathrm{d}\theta} = \frac{\left(u_r + \dfrac{\partial u_\theta}{\partial \theta}\right) + z\left(\dfrac{1}{R}\dfrac{\partial u_\theta}{\partial \theta} - \dfrac{1}{R}\dfrac{\partial^2 u_r}{\partial \theta^2}\right)}{R + z} \tag{2.227}$$

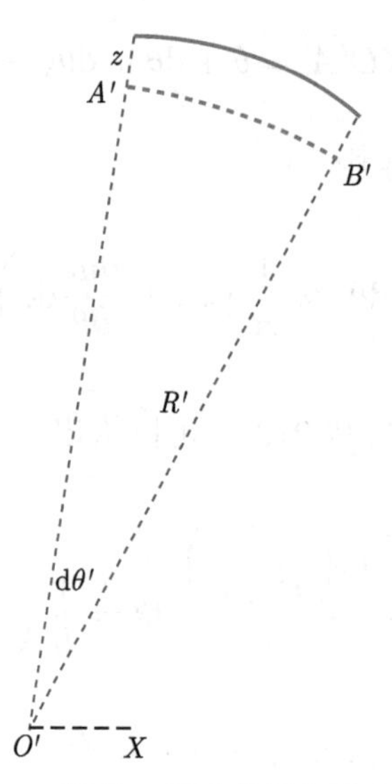

图 2.26 距离 z 微元薄层变形后长度

若考虑到对于圆环而言 z 远小于 R，式 (2.227) 可以简化为

$$\varepsilon=\frac{1}{R}\left[\left(u_r+\frac{\partial u_\theta}{\partial \theta}\right)+\frac{z}{R}\left(\frac{\partial u_\theta}{\partial \theta}-\frac{\partial^2 u_r}{\partial \theta^2}\right)\right] \tag{2.228}$$

将式 (2.228) 代入式 (2.211)，即有

$$\begin{cases}T=\dfrac{EA}{R}\left(u_r+\dfrac{\partial u_\theta}{\partial \theta}\right)\\ M=-\dfrac{E}{R^2}\left(\dfrac{\partial u_\theta}{\partial \theta}-\dfrac{\partial^2 u_r}{\partial \theta^2}\right)\displaystyle\int_A z^2\mathrm{d}A=-\dfrac{EAr^2}{R^2}\left(\dfrac{\partial u_\theta}{\partial \theta}-\dfrac{\partial^2 u_r}{\partial \theta^2}\right)\end{cases} \tag{2.229}$$

式中，r 为环截面回转半径:

$$r=\frac{\displaystyle\int_A z^2\mathrm{d}A}{A} \tag{2.230}$$

将式 (2.229) 代入运动方程式 (2.208)，可有

$$\begin{cases}\dfrac{r^2}{R^2}\left(\dfrac{\partial^3 u_\theta}{\partial \theta^3}-\dfrac{\partial^4 u_r}{\partial \theta^4}\right)-\left(u_r+\dfrac{\partial u_\theta}{\partial \theta}\right)=\dfrac{\rho}{E}R^2\dfrac{\partial^2 u_r}{\partial t^2}\\ \dfrac{r^2}{R^2}\left(\dfrac{\partial^2 u_\theta}{\partial \theta^2}-\dfrac{\partial^3 u_r}{\partial \theta^3}\right)+\dfrac{\partial^2 u_\theta}{\partial \theta^2}+\dfrac{\partial u_r}{\partial \theta}=\dfrac{\rho}{E}R^2\dfrac{\partial^2 u_\theta}{\partial t^2}\end{cases} \tag{2.231}$$

考虑此圆环上的质点在径向和环向方向上做谐波运动:

$$\begin{cases}u_r=B_1\exp\left[\mathrm{i}\left(kR\theta-\omega t\right)\right]\\ u_\theta=B_2\exp\left[\mathrm{i}\left(kR\theta-\omega t\right)\right]\end{cases} \tag{2.232}$$

式中，B_1 和 B_2 分别为径向和环向谐波振幅。

将式 (2.232) 代入式 (2.231)，可以得到

$$\begin{cases} \left(B_1 k^4 R^2 r^2 + B_1\right) + \mathrm{i}\left(B_2 k^3 R r^2 + B_2 k R\right) = \dfrac{\rho}{E} R^2 B_1 \omega^2 \\ \left(\dfrac{r^2}{R^2} B_2 + B_2\right) k^2 R^2 - \mathrm{i}\left(B_1 k^3 R r^2 + B_1 k R\right) = \dfrac{\rho}{E} R^2 B_2 \omega^2 \end{cases} \tag{2.233}$$

式 (2.233) 写为矩阵形式有

$$\begin{bmatrix} k^4 R^2 r^2 + 1 - \dfrac{\omega^2 R^2}{C_L^2} & \mathrm{i}\left(k^3 R r^2 + k R\right) \\ -\mathrm{i}\left(k^3 R r^2 + k R\right) & k^2 r^2 + k^2 R^2 - \dfrac{\omega^2 R^2}{C_L^2} \end{bmatrix} \begin{bmatrix} B_1 \\ B_2 \end{bmatrix} = \begin{bmatrix} 0 \\ 0 \end{bmatrix} \tag{2.234}$$

式中

$$C_L = \sqrt{\frac{E}{\rho}} \tag{2.235}$$

表示相同材料一维杆中纵波波速即材料一维声速。

式 (2.234) 存在解的必要条件即为

$$\begin{bmatrix} k^4 R^2 r^2 + 1 - \dfrac{\omega^2 R^2}{C_L^2} & \mathrm{i}\left(k^3 R r^2 + k R\right) \\ -\mathrm{i}\left(k^3 R r^2 + k R\right) & k^2 r^2 + k^2 R^2 - \dfrac{\omega^2 R^2}{C_L^2} \end{bmatrix} = 0 \tag{2.236}$$

展开后即可得到

$$\left(k^4 R^2 r^2 + 1 - \frac{\omega^2 R^2}{C_L^2}\right)\left(k^2 r^2 + k^2 R^2 - \frac{\omega^2 R^2}{C_L^2}\right) - \left(k^3 R r^2 + k R\right)^2 = 0 \tag{2.237}$$

考虑谐波波长无限大即波数趋于 0 的极限情况时，式 (2.237) 可简化为

$$\lim_{k \to 0} \omega^2 \left(\omega^2 - \frac{C_L^2}{R^2}\right) = 0 \tag{2.238}$$

式 (2.238) 给出了此极限情况下谐波的圆频率解。

定义无量纲量：

$$\bar{r} = \frac{r}{R}, \quad \bar{k} = kR, \quad \bar{C} = \frac{C}{C_L} = \frac{\omega/k}{C_L} \tag{2.239}$$

若波数不等于 0，则式 (2.237) 可简写为

$$\left(\bar{C}^2 - \bar{k}^2 \bar{r}^2 - \frac{1}{\bar{k}^2}\right)\left(\bar{C}^2 - \bar{r}^2 - 1\right) - \left(\bar{k}\bar{r}^2 + \frac{1}{\bar{k}}\right)^2 = 0 \tag{2.240}$$

式 (2.240) 展开后可以得到

$$\bar{C}^4-\left(\bar{r}^2+\frac{1}{\bar{k}^2}\right)\left(\bar{k}^2+1\right)\bar{C}^2+\bar{r}^2\bar{k}^2\left(1-\frac{1}{\bar{k}^2}\right)^2=0 \tag{2.241}$$

考虑谐波波长趋于 0 即波数趋于无穷大的极限情况时，式 (2.241) 可简化为

$$\lim_{k\to\infty}\bar{C}=1 \tag{2.242}$$

即此时的波速等于材料的一维声速。

若圆环曲率半径趋于无穷大，即无限接近直杆时，式 (2.241) 可写为

$$\bar{C}^4-\left(\bar{r}^2+\frac{1}{k^2R^2}\right)\left(k^2R^2+1\right)\bar{C}^2+r^2k^2\left(1-\frac{1}{k^2R^2}\right)^2=0 \tag{2.243}$$

可简化为

$$\lim_{R\to\infty}\left(\bar{C}^2-1\right)\left(\bar{C}^2-rk\right)=0 \tag{2.244}$$

式 (2.244) 意味着此时环中无量纲波速有两个解：

$$\begin{cases}\bar{C}_1^2=1\\ \bar{C}_2^2=rk\end{cases} \tag{2.245}$$

可以看出，式 (2.245) 中第一个解表示杆中一维纵波波速即材料一维声速，第二个解正好与 Bernoulli-Euler 杆中弯曲波波速相同。

一般情况下，式 (2.241) 中 $\bar{C}^2$ 有实数解的条件是

$$\varDelta=\left(\bar{r}^2+\frac{1}{\bar{k}^2}\right)^2\left(\bar{k}^2+1\right)^2-4\bar{r}^2\bar{k}^2\left(1-\frac{1}{\bar{k}^2}\right)^2\geqslant 0 \tag{2.246}$$

即

$$\varDelta=\left[\left(\bar{r}\bar{k}+1\right)^2+\left(\bar{r}-\frac{1}{\bar{k}}\right)^2\right]\left[\left(\bar{r}\bar{k}-1\right)^2+\left(\bar{r}+\frac{1}{\bar{k}}\right)^2\right]\geqslant 0 \tag{2.247}$$

式 (2.247) 恒成立，也就是说必有实数解，且为

$$\bar{C}^2=\frac{\left(\bar{r}^2+\dfrac{1}{\bar{k}^2}\right)\left(\bar{k}^2+1\right)\pm\sqrt{\varDelta}}{2}=\frac{\left(\bar{r}^2\bar{k}^2+\bar{r}^2+\dfrac{1}{\bar{k}^2}+1\right)\pm\sqrt{\varDelta}}{2} \tag{2.248}$$

或写为

$$\bar{C}^2=\frac{\left(r^2k^2+\dfrac{r^2}{R^2}+\dfrac{1}{k^2R^2}+1\right)\pm\sqrt{\left[(rk+1)^2+\dfrac{1}{R^2}\left(r-\dfrac{1}{k}\right)^2\right]\left[(rk-1)^2+\dfrac{1}{R^2}\left(r+\dfrac{1}{k}\right)^2\right]}}{2} \tag{2.249}$$

若定义无量纲波数为

$$\bar{k}=rk \tag{2.250}$$

则根据式 (2.249) 可得到

$$\bar{C}=\sqrt{\frac{\left(\bar{k}^2+\bar{r}^2+\dfrac{\bar{r}^2}{\bar{k}^2}+1\right)\pm\sqrt{\left[\left(\bar{k}+1\right)^2+\bar{r}^2\left(1-\dfrac{1}{\bar{k}}\right)^2\right]\left[\left(\bar{k}-1\right)^2+\bar{r}^2\left(1+\dfrac{1}{\bar{k}}\right)^2\right]}}{2}} \tag{2.251}$$

根据式 (2.251)，如果给出初始条件即可得到无量纲波速；根据式 (2.251) 可以给出无量纲波速与无量纲波数之间函数关系对应的曲线，如图 2.27 所示。

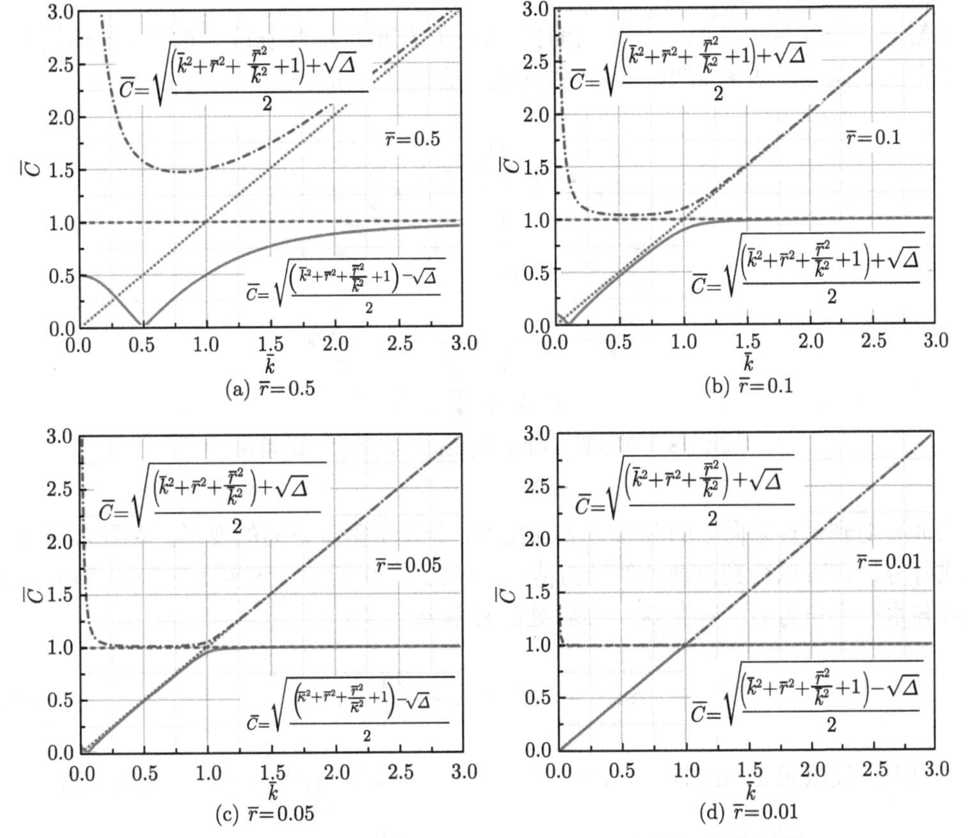

(a) $\bar{r}=0.5$ (b) $\bar{r}=0.1$

(c) $\bar{r}=0.05$ (d) $\bar{r}=0.01$

图 2.27 四种不同无量纲半径环中的无量纲波速与无量纲波数

从图 2.27 中四种不同无量纲半径时的无量纲波速与无量纲波数之间的曲线关系可以发现：首先，不同无量纲半径时无量纲波速与无量纲波数之间满足相似的关系，随着无量纲波数的增大，无量纲波速皆趋于两个解，一个即为 Bernoulli-Euler 杆中弯曲波波速，另一个即为一维纵波波速；其次，随着圆环无量纲半径的减小，圆环中应力波传播无量纲波速越来越接近 Bernoulli-Euler 杆中应力波传播波速解。

以上环中应力波的传播解析过程中，忽略了横向惯性效应、剪切效应和截面惯性效应，是一个相对理想化的解；考虑这些效应后的相关分析读者可以参考相关文献，在此不做详述。

2.3　线弹性薄膜中单纯应力波的传播

以上的线弹性介质中应力波传播主要针对一维或准一维杆与环 (曲杆)、一维柔性绳，应力波的传播也是主要考虑沿着轴向坐标方向的传播。事实上，当前应力波传播与演化问题中比较成熟的理论主要是一维或准一维应力波理论，因为二维或准二维、三维问题中应力波传播与演化问题非常复杂，只有极少数问题能够给出解析解。本节针对线弹性薄膜和壳中应力波传播这一相对简单的二维问题进行讨论，主要分析谐波在其中的传播与演化特征。

2.3.1　线弹性薄膜中平面波的传播

在笛卡儿坐标系中考虑一个受到面内拉应力 T(单位薄膜长度上的拉力) 而绷紧的薄膜，不考虑其厚度，如图 2.28 所示，设薄膜的面密度为 ρ，不考虑重力。

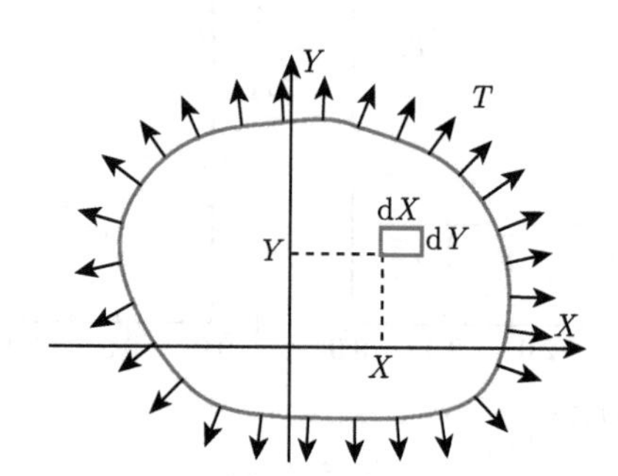

图 2.28　笛卡儿坐标系中受张力 T 而绷紧的薄膜

当薄膜受到垂直方向上的分布力 p 加载时，会发生垂直方向的变形，取图 2.28 中所示微元进行分析，可以得到该微元的受力情况，如图 2.29 所示。设置 t 时刻，该微元 X 处的切线与水平夹角为 α，则在 $X+\mathrm{d}X$ 处的夹角为

$$\alpha\left(X+\mathrm{d}X\right)=\alpha+\frac{\partial\alpha}{\partial X}\mathrm{d}X \tag{2.252}$$

类似地，设微元 Y 处的切线与水平夹角为 β，可以给出 $Y+\mathrm{d}Y$ 处的夹角为

$$\beta\left(Y+\mathrm{d}Y\right)=\beta+\frac{\partial\beta}{\partial Y}\mathrm{d}Y \tag{2.253}$$

因此，可以给出 Z 方向上的运动方程为

$$
\begin{aligned}
&T\cdot \mathrm{d}Y\sin\left(\alpha+\frac{\partial\alpha}{\partial X}\mathrm{d}X\right)-T\cdot \mathrm{d}Y\cdot\sin\alpha\\
&+T\cdot \mathrm{d}X\sin\left(\beta+\frac{\partial\beta}{\partial Y}\mathrm{d}Y\right)-T\cdot \mathrm{d}X\cdot\sin\beta+p\cdot \mathrm{d}X\mathrm{d}Y=\rho\cdot \mathrm{d}X\mathrm{d}Y\frac{\partial^2 u_Z}{\partial t^2}
\end{aligned}
\tag{2.254}
$$

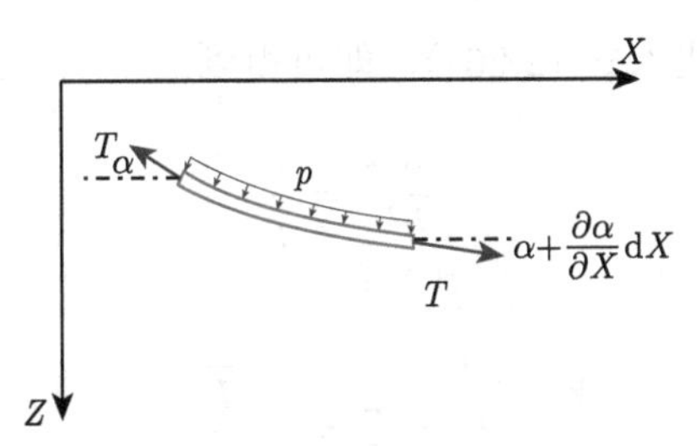

图 2.29 薄膜微元在 Z 方向上的受力示意图

考虑到夹角是小量，式 (2.254) 可以近似写为

$$
\begin{aligned}
&T\cdot \mathrm{d}Y\left(\alpha+\frac{\partial\alpha}{\partial X}\mathrm{d}X\right)-T\cdot \mathrm{d}Y\cdot\alpha\\
&+T\cdot \mathrm{d}X\left(\beta+\frac{\partial\beta}{\partial Y}\mathrm{d}Y\right)-T\cdot \mathrm{d}X\cdot\beta+p\cdot \mathrm{d}X\mathrm{d}Y=\rho\cdot \mathrm{d}X\mathrm{d}Y\frac{\partial^2 u_Z}{\partial t^2}
\end{aligned}
\tag{2.255}
$$

简化后有

$$
T\left(\frac{\partial\alpha}{\partial X}+\frac{\partial\beta}{\partial Y}\right)+p=\rho\frac{\partial^2 u_Z}{\partial t^2} \tag{2.256}
$$

参考图 2.29，可知

$$
\alpha\approx\frac{\partial u_Z}{\partial X} \tag{2.257}
$$

类似地，可以得到

$$
\beta\approx\frac{\partial u_Z}{\partial Y} \tag{2.258}
$$

将式 (2.257) 和式 (2.258) 代入式 (2.256)，可以得到

$$
T\left(\frac{\partial^2 u_Z}{\partial X^2}+\frac{\partial^2 u_Z}{\partial Y^2}\right)+p=\rho\frac{\partial^2 u_Z}{\partial t^2} \tag{2.259}
$$

若定义 Laplace 算子为

$$
\Delta=\frac{\partial^2}{\partial X^2}+\frac{1}{r^2}\frac{\partial^2}{\partial Y^2} \tag{2.260}
$$

则式 (2.259) 可简写为

$$
T\cdot\Delta u_Z+p=\rho\frac{\partial^2 u_Z}{\partial t^2} \tag{2.261}
$$

先讨论一个简单的平面谐波传播问题，设薄膜中应力波传播方向为 X 方向，即应力波传播路径上所有质点运动在垂直 X 方向上的分量是相同的。因此可以设谐波函数为

$$u_Z = A\exp\left[\mathrm{i}\left(kX - \omega t\right)\right] \tag{2.262}$$

如假设

$$p\left(X, Y, t\right) \equiv 0 \tag{2.263}$$

将式 (2.262) 和式 (2.263) 代入式 (2.261)，即可得到

$$\frac{\omega^{\ 2}}{k^2} = \frac{T}{\rho} \tag{2.264}$$

即

$$C = \frac{\omega}{k} = \sqrt{\frac{T}{\rho}} \tag{2.265}$$

2.3.2　线弹性薄膜中轴对称应力波的传播初值问题

对于轴对称问题而言，利用极坐标分析更加方便直观。同 2.3.1 节，考虑极坐标系下一个受到面内拉应力 T 而绷紧的薄膜，不考虑其厚度和重力，如图 2.30 所示。

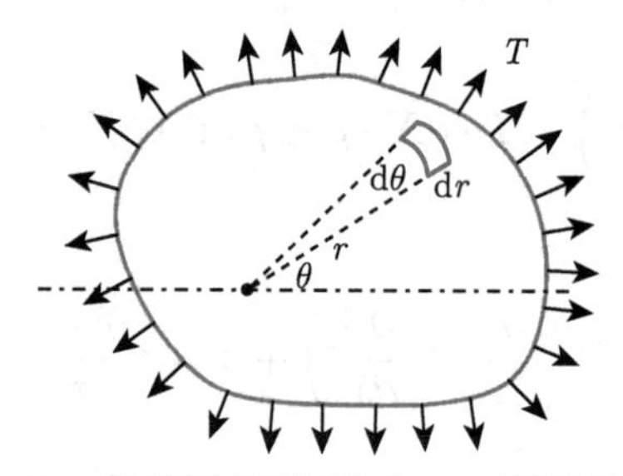

图 2.30　极坐标系下受张力 T 而绷紧的薄膜

当薄膜受到垂直方向上的分布力 p 加载时，会发生垂直方向的变形，取图 2.30 中所示微元进行分析，可以得到该微元的受力情况，如图 2.31 所示。设置 t 时刻，该微元 r 处的切线与水平夹角为 α，则在 $r + \mathrm{d}r$ 处的夹角为

$$\alpha\left(r + \mathrm{d}r\right) = \alpha + \frac{\partial\alpha}{\partial r}\mathrm{d}r \tag{2.266}$$

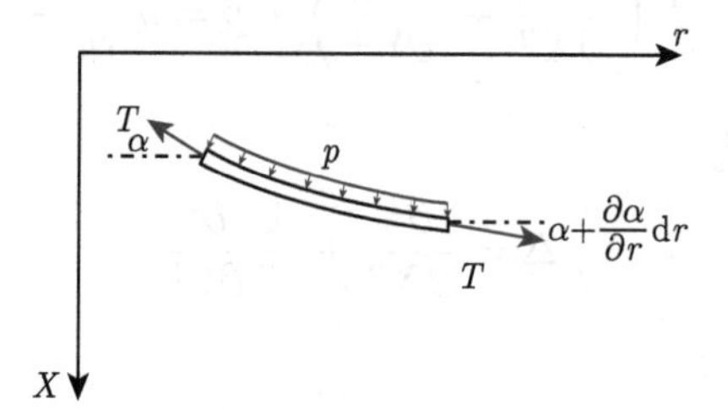

图 2.31　薄膜微元在 r 方向上的受力示意图

如图 2.32 所示，设微元 θ 处的切线与水平夹角为 β，可以给出 $\theta+\mathrm{d}\theta$ 处的夹角为

$$\beta(\theta+\mathrm{d}\theta)=\beta+\frac{\partial\beta}{\partial\theta}\mathrm{d}\theta \tag{2.267}$$

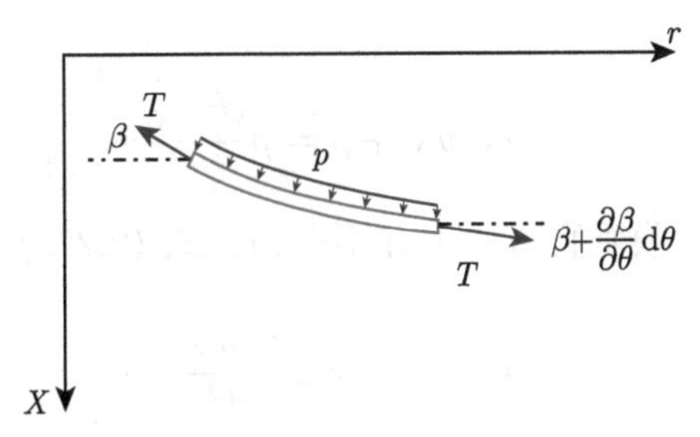

图 2.32 薄膜微元在 θ 方向上的受力示意图

因此，可以给出 X 方向上的运动方程为

$$\begin{aligned}&T\cdot(r+\mathrm{d}r)\,\mathrm{d}\theta\cdot\sin\left(\alpha+\frac{\partial\alpha}{\partial r}\mathrm{d}r\right)-T\cdot r\mathrm{d}\theta\cdot\sin\alpha\\&\quad+T\cdot\mathrm{d}r\cdot\sin\left(\beta+\frac{\partial\beta}{\partial\theta}\mathrm{d}\theta\right)-T\cdot\mathrm{d}r\cdot\sin\beta+p\cdot r\mathrm{d}r\mathrm{d}\theta=\rho\cdot r\mathrm{d}r\mathrm{d}\theta\frac{\partial^2u_X}{\partial t^2}\end{aligned} \tag{2.268}$$

考虑到夹角是小量，式 (2.268) 可以近似写为

$$\begin{aligned}&T\cdot(r+\mathrm{d}r)\,\mathrm{d}\theta\cdot\left(\alpha+\frac{\partial\alpha}{\partial r}\mathrm{d}r\right)-T\cdot r\mathrm{d}\theta\cdot\alpha\\&\quad+T\cdot\mathrm{d}r\cdot\left(\beta+\frac{\partial\beta}{\partial\theta}\mathrm{d}\theta\right)-T\cdot\mathrm{d}r\cdot\beta+p\cdot r\mathrm{d}r\mathrm{d}\theta=\rho\cdot r\mathrm{d}r\mathrm{d}\theta\frac{\partial^2u_X}{\partial t^2}\end{aligned} \tag{2.269}$$

简化后有

$$T\left[\frac{\partial\alpha}{\partial r}+\frac{1}{r}\left(\alpha+\frac{\partial\alpha}{\partial r}\mathrm{d}r+\frac{\partial\beta}{\partial\theta}\right)\right]+p=\rho\frac{\partial^2u_X}{\partial t^2} \tag{2.270}$$

式 (2.270) 忽略高阶小量，即可得到

$$T\left[\frac{\partial\alpha}{\partial r}+\frac{1}{r}\left(\alpha+\frac{\partial\beta}{\partial\theta}\right)\right]+p=\rho\frac{\partial^2u_X}{\partial t^2} \tag{2.271}$$

结合图 2.31 和图 2.32，可知

$$\begin{cases}\alpha\approx\dfrac{\partial u_X}{\partial r}\\[2ex]\beta\approx\dfrac{1}{r}\dfrac{\partial u_X}{\partial\theta}\end{cases} \tag{2.272}$$

将式 (2.272) 代入式 (2.271)，可以得到

$$T\left(\frac{\partial^2u_X}{\partial r^2}+\frac{1}{r}\frac{\partial u_X}{\partial r}+\frac{1}{r^2}\frac{\partial^2u_X}{\partial\theta^2}\right)+p=\rho\frac{\partial^2u_X}{\partial t^2} \tag{2.273}$$

定义极坐标下的 Laplace 算子为

$$\Delta = \frac{\partial^2}{\partial r^2} + \frac{1}{r}\frac{\partial}{\partial r} + \frac{1}{r^2}\frac{\partial^2}{\partial \theta^2} \tag{2.274}$$

则式 (2.259) 可简写为

$$T \cdot \Delta u_X + p = \rho \frac{\partial^2 u_X}{\partial t^2} \tag{2.275}$$

若应力波传播过程中薄膜垂直方向上并不受力，式 (2.275) 可简化为

$$T \cdot \Delta u_X = \rho \frac{\partial^2 u_X}{\partial t^2} \tag{2.276}$$

或

$$T\left(\frac{\partial^2 u_X}{\partial r^2} + \frac{1}{r}\frac{\partial u_X}{\partial r} + \frac{1}{r^2}\frac{\partial^2 u_X}{\partial \theta^2}\right) = \rho \frac{\partial^2 u_X}{\partial t^2} \tag{2.277}$$

对于轴对称问题，根据式 (2.277) 中的

$$\frac{\partial^2 u_X}{\partial \theta^2} \equiv 0 \tag{2.278}$$

则式 (2.277) 可进一步简化为

$$\frac{\partial^2 u_X}{\partial r^2} + \frac{1}{r}\frac{\partial u_X}{\partial r} = \frac{1}{C_0^2}\frac{\partial^2 u_X}{\partial t^2} \tag{2.279}$$

式中

$$C_0 = \sqrt{\frac{T}{\rho}} \tag{2.280}$$

表示薄膜中一维纵波波速。

若薄膜的初始条件为

$$\begin{cases} u_X|_{t=0} = f(r) \\ \left.\dfrac{\partial u_X}{\partial t}\right|_{t=0} = g(r) \end{cases}, \quad \begin{cases} u_X|_{r\to\infty} = 0 \\ \left.\dfrac{\partial u_X}{\partial t}\right|_{r\to\infty} = 0 \end{cases} \tag{2.281}$$

对位移函数 $u_X(r,t)$ 进行 0 阶 Hankel 变换，可以得到

$$\bar{u}_X(\xi,t) = H_0[u_X(r,t)] = \int_0^\infty r \cdot u_X(r,t) \cdot J_0(\xi r)\,\mathrm{d}r \tag{2.282}$$

式中，J_0 为 0 阶 Bessel 函数；n 阶第一类 Bessel 函数形式为

$$J_n(x) = x^n \sum_{m=0}^{\infty} \frac{(-1)^m x^{2m}}{2^{2m+n} m! \Gamma(m+n+1)} \tag{2.283}$$

同理，可以给出

$$\begin{cases} H_0\left(\dfrac{\partial^2 u_X}{\partial r^2}\right) = \displaystyle\int_0^{\infty} r \cdot \dfrac{\partial^2 u_X}{\partial r^2} \cdot J_0(\xi r)\,\mathrm{d}r \\ H_0\left(\dfrac{1}{r}\dfrac{\partial u_X}{\partial r}\right) = \displaystyle\int_0^{\infty} r \cdot \dfrac{1}{r}\dfrac{\partial u_X}{\partial r} \cdot J_0(\xi r)\,\mathrm{d}r = \int_0^{\infty} \dfrac{\partial u_X}{\partial r} \cdot J_0(\xi r)\,\mathrm{d}r \\ H_0\left(\dfrac{1}{C_0^2}\dfrac{\partial^2 u_X}{\partial t^2}\right) = \dfrac{1}{C_0^2}\displaystyle\int_0^{\infty} r \cdot \dfrac{\partial^2 u_X}{\partial t^2} \cdot J_0(\xi r)\,\mathrm{d}r \end{cases} \tag{2.284}$$

令

$$s = \xi r \tag{2.285}$$

则式 (2.284) 中前两式可写为

$$\begin{cases} H_0\left(\dfrac{\partial^2 u_X}{\partial r^2}\right) = \displaystyle\int_0^{\infty} s \cdot \dfrac{\partial^2 u_X}{\partial s^2} \cdot J_0(s)\,\mathrm{d}s \\ H_0\left(\dfrac{1}{r}\dfrac{\partial u_X}{\partial r}\right) = \displaystyle\int_0^{\infty} \dfrac{\partial u_X}{\partial s} \cdot J_0(s)\,\mathrm{d}s \end{cases} \tag{2.286}$$

利用分部积分方法，式 (2.286) 中第一式可展开为

$$H_0\left(\frac{\partial^2 u_X}{\partial r^2}\right) = \int_0^{\infty} s \cdot \frac{\partial^2 u_X}{\partial s^2} \cdot J_0(s)\,\mathrm{d}s = s \cdot \frac{\partial u_X}{\partial s} \cdot J_0(s)\bigg|_0^{\infty} - \int_0^{\infty} \frac{\partial u_X}{\partial s} \cdot [J_0(s) + s \cdot J_0'(s)]\,\mathrm{d}s \tag{2.287}$$

根据式 (2.286) 和式 (2.287) 可以得到

$$H_0\left(\frac{\partial^2 u_X}{\partial r^2} + \frac{1}{r}\frac{\partial u_X}{\partial r}\right) = s \cdot \frac{\partial u_X}{\partial s} \cdot J_0(s)\bigg|_0^{\infty} - \int_0^{\infty} \frac{\partial u_X}{\partial s} \cdot s \cdot J_0'(s)\,\mathrm{d}s \tag{2.288}$$

根据第一类 Bessel 函数的微分性质，可知

$$J_0'(x) = -J_1(x) \tag{2.289}$$

则式 (2.288) 可写为

$$H_0\left(\frac{\partial^2 u_X}{\partial r^2} + \frac{1}{r}\frac{\partial u_X}{\partial r}\right) = s \cdot \frac{\partial u_X}{\partial s} \cdot J_0(s)\bigg|_0^{\infty} + \int_0^{\infty} \frac{\partial u_X}{\partial s} \cdot s \cdot J_1(s)\,\mathrm{d}s \tag{2.290}$$

式中

$$\int_0^{\infty} \frac{\partial u_X}{\partial s} \cdot s \cdot J_1(s)\,\mathrm{d}s = u_X \cdot s \cdot J_1(s)|_0^{\infty} - \int_0^{\infty} u_X \cdot [sJ_1(s)]'\,\mathrm{d}s \tag{2.291}$$

因此，式 (2.290) 可进一步写为

$$H_0\left(\frac{\partial^2 u_X}{\partial r^2} + \frac{1}{r}\frac{\partial u_X}{\partial r}\right) = \left[s \cdot \frac{\partial u_X}{\partial s} \cdot J_0(s) + u_X \cdot s \cdot J_1(s)\right]\bigg|_0^{\infty} - \int_0^{\infty} u_X \cdot [sJ_1(s)]'\,\mathrm{d}s \tag{2.292}$$

根据第一类 Bessel 函数的微分性质，可知

$$[s \cdot J_1(s)]' = s \cdot J_0(s) \tag{2.293}$$

将式 (2.293) 代入式 (2.292)，可有

$$H_0\left(\frac{\partial^2 u_X}{\partial r^2} + \frac{1}{r}\frac{\partial u_X}{\partial r}\right) = \left[s \cdot \frac{\partial u_X}{\partial s} \cdot J_0(s) + u_X \cdot s \cdot J_1(s)\right]\Bigg|_0^\infty - \xi^2 \int_0^\infty r \cdot u_X \cdot J_0(\xi r)\,\mathrm{d}r \tag{2.294}$$

即

$$H_0\left(\frac{\partial^2 u_X}{\partial r^2} + \frac{1}{r}\frac{\partial u_X}{\partial r}\right) = \left[s \cdot \frac{\partial u_X}{\partial s} \cdot J_0(s) + u_X \cdot s \cdot J_1(s)\right]\Bigg|_\infty - \xi^2 \cdot \bar{u}_X(\xi, t) \tag{2.295}$$

根据边界条件式 (2.281)，有

$$H_0\left(\frac{\partial^2 u_X}{\partial r^2} + \frac{1}{r}\frac{\partial u_X}{\partial r}\right) = -\xi^2 \cdot \bar{u}_X(\xi, t) \tag{2.296}$$

因此对式 (2.279) 进行 Hankel 变换可以得到

$$\frac{\partial^2 \bar{u}_X(\xi, t)}{\partial t^2} + C_0^2 \xi^2 \bar{u}_X(\xi, t) = 0 \tag{2.297}$$

容易给出式 (2.297) 微分方程的解为

$$\bar{u}_X(\xi, t) = A\cos(C_0 \xi t) + B\sin(C_0 \xi t) \tag{2.298}$$

式中，A 和 B 为待定系数。

对式 (2.281) 所示初始条件进行 Hankel 变换，有

$$\begin{cases} \bar{f}(\xi) = \displaystyle\int_0^\infty r \cdot u_X(r, 0) \cdot J_0(\xi r)\,\mathrm{d}r \\ \bar{g}(\xi) = \displaystyle\int_0^\infty r \cdot \frac{\partial u_X(r, 0)}{\partial t} \cdot J_0(\xi r)\,\mathrm{d}r \end{cases} \tag{2.299}$$

即有

$$\begin{cases} \bar{u}_X(\xi, 0) = \bar{f}(\xi) \\ \dfrac{\partial \bar{u}_X(\xi, 0)}{\partial t} = \bar{g}(\xi) \end{cases} \tag{2.300}$$

将式 (2.298) 代入式 (2.300)，即可解得

$$\begin{cases} A = \bar{f}(\xi) \\ B = \dfrac{\bar{g}(\xi)}{C_0 \xi} \end{cases} \tag{2.301}$$

因此，可以给出式 (2.297) 所示微分方程的解为

$$\bar{u}_X(\xi,t)=\bar{f}(\xi)\cos(C_0\xi t)+\frac{\bar{g}(\xi)}{C_0\xi}\sin(C_0\xi t) \tag{2.302}$$

利用 Hankel 逆变换，可以得到

$$\begin{aligned}u_X(r,t)&=\int_0^{\infty}\xi\cdot\bar{u}_X(\xi,t)\cdot J_0(r\xi)\,\mathrm{d}\xi\\&=\int_0^{\infty}\xi\cdot\bar{f}(\xi)\cos(C_0\xi t)\cdot J_0(r\xi)\,\mathrm{d}\xi+\frac{1}{C_0}\int_0^{\infty}\bar{g}(\xi)\sin(C_0\xi t)\cdot J_0(r\xi)\,\mathrm{d}\xi\end{aligned} \tag{2.303}$$

若初始条件为

$$f(r)=\begin{cases}\dfrac{K}{\pi a^2}, & 0\leqslant r\leqslant a\\ 0, & r>a\end{cases},\quad g(r)=0 \tag{2.304}$$

即在初始时刻只有中心区域存在初始位移，且无初速度。式中，K 的量纲为长度的立方即 L^3 的常数。此时

$$\begin{cases}\bar{f}(\xi)=\displaystyle\int_0^a r\cdot\frac{K}{\pi a^2}\cdot J_0(\xi r)\,\mathrm{d}r=\frac{K}{\pi}\frac{J_1(\xi a)}{\xi a}\\ \bar{g}(\xi)=0\end{cases} \tag{2.305}$$

根据式 (2.305) 和式 (2.302)，可有

$$\bar{u}_X(\xi,t)=\cos(C_0\xi t)\cdot\frac{K}{\pi}\frac{J_1(\xi a)}{\xi a} \tag{2.306}$$

此情况下，质点 X 方向的位移函数即为

$$u_X(r,t)=\frac{K}{\pi a}\int_0^{\infty}\cos(C_0\xi t)\cdot J_1(\xi a)\cdot J_0(r\xi)\,\mathrm{d}\xi \tag{2.307}$$

若定义无量纲量：

$$r^*=\frac{r}{a},\quad \xi^*=a\xi,\quad t^*=\frac{C_0}{a}t,\quad u_X^*=\frac{u_X}{K/a^2} \tag{2.308}$$

则位移函数式 (2.307) 可写为无量纲形式：

$$u_X^*(r^*,t^*)=\frac{1}{\pi}\int_0^{\infty}\cos(\xi^*t^*)\cdot J_1(\xi^*)\cdot J_0(\xi^*r^*)\,\mathrm{d}\xi^* \tag{2.309}$$

特别地，当 $a\to 0$ 时，有

$$J_1(\xi a)\to\frac{\xi a}{2} \tag{2.310}$$

则式 (2.307) 可近似为

$$u_X(r,t)=\frac{K}{2\pi}\int_0^{\infty}\cos(C_0\xi t)\cdot\xi\cdot J_0(r\xi)\,\mathrm{d}\xi \tag{2.311}$$

根据常用函数的 Hankel 变换可知

$$\int_0^{\infty}\sin(ax)\cdot J_0(\xi x)\,\mathrm{d}x=\int_0^{\infty}x\cdot\frac{\sin(ax)}{x}\cdot J_0(\xi x)\,\mathrm{d}x=\begin{cases}0, & \xi>a\\ \dfrac{1}{\sqrt{a^2-\xi^2}}, & 0<\xi<a\end{cases} \tag{2.312}$$

成立；根据式 (2.312)，可以对式 (2.311) 进行转换：

$$u_X(r,t)=\frac{K}{2\pi C_0}\frac{\partial}{\partial t}\int_0^{\infty}\sin(C_0\xi t)\cdot J_0(r\xi)\,\mathrm{d}\xi=\begin{cases}0, & r>C_0t\\ \dfrac{K}{2\pi C_0}\dfrac{\partial}{\partial t}\dfrac{1}{\sqrt{C_0^2t^2-r^2}}, & 0<r<C_0t\end{cases}$$

$$=\begin{cases}0, & r>C_0t\\ -\dfrac{K}{2\pi}\dfrac{C_0t}{\left(C_0^2t^2-r^2\right)^{3/2}}, & 0<r<C_0t\end{cases} \tag{2.313}$$

若定义无量纲量：

$$r^*=\frac{r}{a},\quad t^*=\frac{C_0t}{a},\quad u_X^*=\frac{u_X}{K/a^2} \tag{2.314}$$

则式 (2.313) 可写为无量纲形式：

$$u_X^*(r^*,t^*)=\begin{cases}0, & r^*>t^*\\ -\dfrac{1}{2\pi}\dfrac{t^*}{\left(t^{*2}-r^{*2}\right)^{3/2}}, & 0<r^*<t^*\end{cases} \tag{2.315}$$

根据式 (2.315)，可以绘制出不同无量纲时刻薄膜中不同径向坐标对应的垂直位移曲线，如图 2.33 所示，图中无量纲时间分布为 $t^*=1$、2、3、4 和 5。

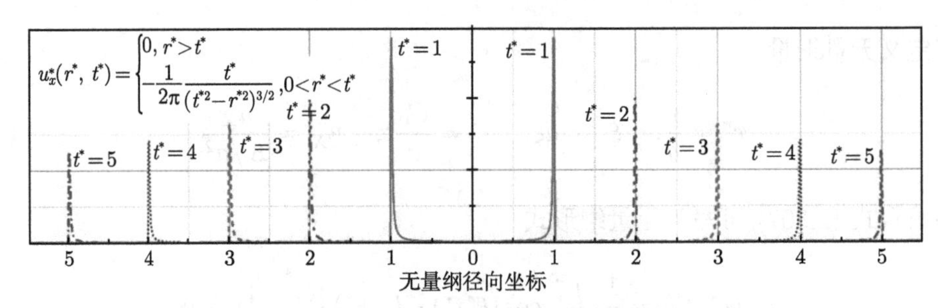

图 2.33　薄膜中心初始位移产生弯曲波的传播 (二维)

从图中可以看出，随着无量纲时间的增大，环向波向远离中心的方向传播；而且，随着薄膜中弯曲波的传播，弯曲波的位移峰值呈逐渐减小的趋势。根据图 2.33 绘制式 (2.315)

对应的三维图，如图 2.34 所示；图中无量纲时间与图 2.33 一一对应。从图 2.34 可以更直观地发现，初始条件为中心区域位移时，薄膜中的弯曲波呈环形向远离中心位置传播。

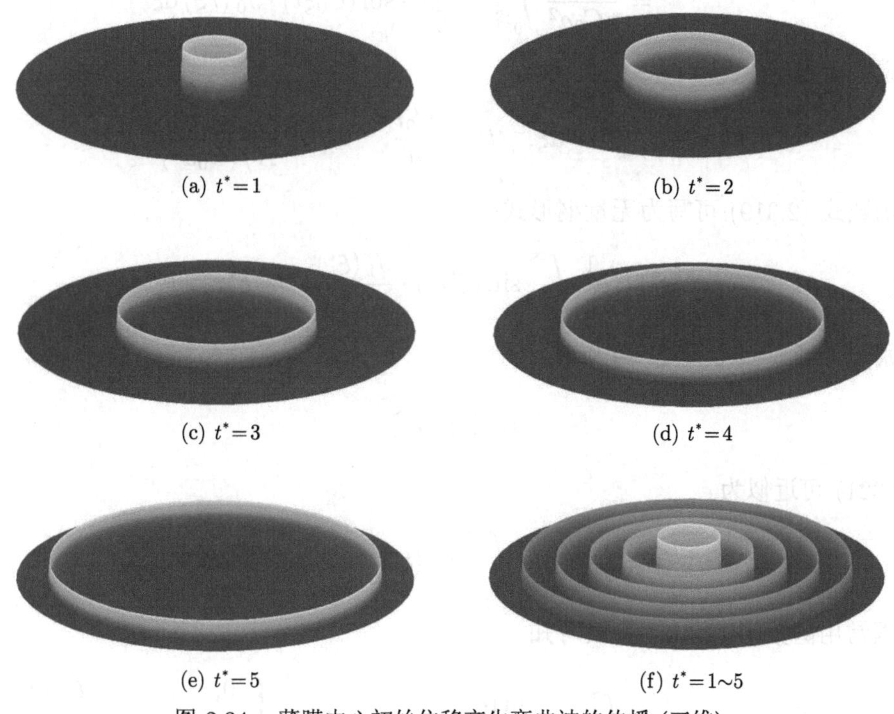

(a) $t^*=1$ (b) $t^*=2$

(c) $t^*=3$ (d) $t^*=4$

(e) $t^*=5$ (f) $t^*=1\sim5$

图 2.34 薄膜中心初始位移产生弯曲波的传播 (三维)

当初始条件为速度条件时，即初始时刻位移为 0，且有

$$f(r)=0,\quad g(r)=\begin{cases}\dfrac{K}{\pi a^2}, & 0\leqslant r\leqslant a\\ 0, & r>a\end{cases} \tag{2.316}$$

式中，K 的量纲为长度的立方即 $\mathrm{L}^3\mathrm{T}^{-1}$ 的常数。此时

$$\begin{cases}\bar{f}(\xi)=0\\ \bar{g}(\xi)=\displaystyle\int_0^a r\cdot\frac{K}{\pi a^2}\cdot J_0(\xi r)\,\mathrm{d}r=\frac{K}{\pi}\frac{J_1(\xi a)}{\xi a^2}\end{cases} \tag{2.317}$$

根据式 (2.317) 和式 (2.302)，可有

$$\bar{u}_X(\xi,t)=\frac{K}{\pi C_0}\frac{J_1(\xi a)}{\xi^2a^2}\sin(C_0\xi t) \tag{2.318}$$

此情况下，质点 X 方向的位移函数即为

$$
\begin{aligned}
u_X(r,t) &= \frac{1}{C_0}\int_0^{\infty} \bar{g}(\xi)\sin(C_0\xi t)\cdot J_0(r\xi)\,\mathrm{d}\xi \\
&= \frac{K}{\pi C_0 a^2}\int_0^{\infty} \frac{J_1(\xi a)}{\xi}\sin(C_0\xi t)\cdot J_0(r\xi)\,\mathrm{d}\xi
\end{aligned}
\tag{2.319}
$$

若定义无量纲量：

$$
r^* = \frac{r}{a},\quad \xi^* = a\xi,\quad t^* = \frac{C_0 t}{a},\quad u_X^* = \frac{u_X}{K/(C_0 a^2)}
\tag{2.320}
$$

则位移函数式 (2.319) 可写为无量纲形式：

$$
u_X^*(r^*,t^*) = \frac{1}{\pi}\int_0^{\infty} \sin(\xi^* t^*)\cdot \frac{J_1(\xi^*)}{\xi^*}\cdot J_0(\xi^* r^*)\,\mathrm{d}\xi^*
\tag{2.321}
$$

特别地，当 $a\to 0$ 即 $\xi^*\to 0$ 时，有

$$
J_1(\xi^*) \to \frac{\xi^*}{2}
\tag{2.322}
$$

则式 (2.321) 可近似为

$$
u_X^*(r^*,t^*) = \frac{1}{2\pi}\int_0^{\infty} \sin(\xi^* t^*)\cdot J_0(\xi^* r^*)\,\mathrm{d}\xi^*
\tag{2.323}
$$

根据常用函数的 Hankel 变换可知

$$
\int_0^{\infty} \sin(ax)\cdot J_0(\xi x)\,\mathrm{d}x = \int_0^{\infty} x\cdot\frac{\sin(ax)}{x}\cdot J_0(\xi x)\,\mathrm{d}x = \begin{cases} 0, & \xi > a \\ \dfrac{1}{\sqrt{a^2-\xi^2}}, & 0<\xi<a \end{cases}
\tag{2.324}
$$

成立；根据式 (2.324)，可以对式 (2.323) 进行转换：

$$
u_X^*(r^*,t^*) = \begin{cases} 0, & r^* > t^* \\ \dfrac{1}{2\pi}\dfrac{1}{\sqrt{t^{*2}-r^{*2}}}, & 0<r^*<t^* \end{cases}
\tag{2.325}
$$

根据式 (2.325)，可以绘制出当初始条件为中心区域的速度条件时不同无量纲时刻薄膜中不同径向坐标对应的垂直位移曲线，如图 2.35 所示，图中无量纲时间分布为 $t^* = 1$、2、3、4 和 5。

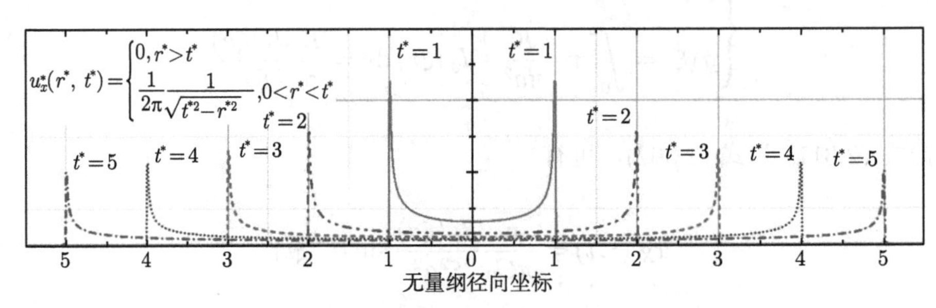

图 2.35　薄膜中心初始速度产生弯曲波的传播 (二维)

从图 2.35 可以看出，随着无量纲时间的增大，环向波向远离中心的方向传播；而且，随着薄膜中弯曲波的传播，弯曲波的位移峰值呈逐渐减小的趋势。根据图 2.35 绘制式 (2.325) 对应的三维图，如图 2.36 所示；图中无量纲时间与图 2.35 一一对应。从图 2.36 可以更直观地发现，初始条件为中心区域位移时，薄膜中的弯曲波呈环形向远离中心位置传播。

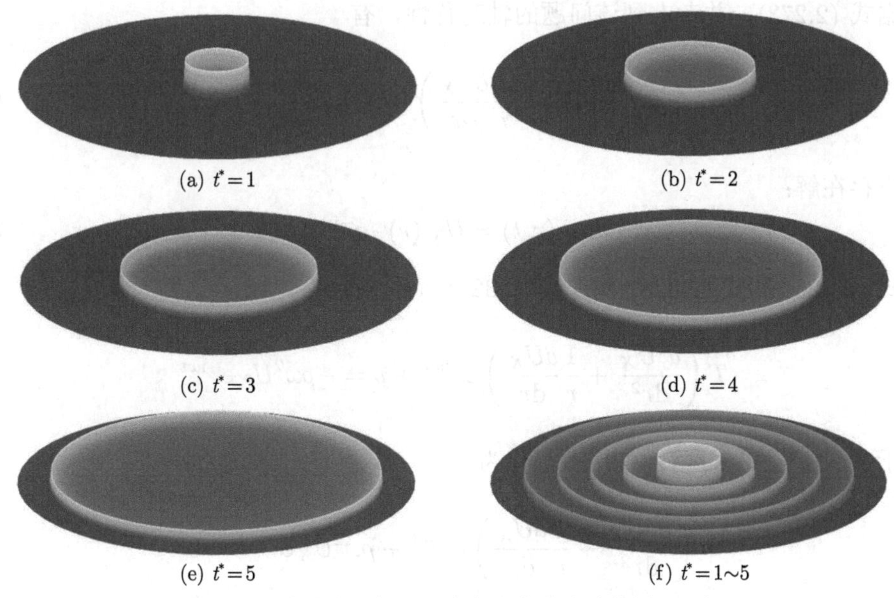

图 2.36 薄膜中心初始速度产生弯曲波的传播 (三维)

2.3.3 简谐应力加载条件下薄膜中的应力波

以上初始条件为中心区域的简单位移或速度条件，若考虑中心区域加速度初始条件或应力条件，则薄膜中弯曲波的传播问题相对更为复杂一些。如图 2.30 所示问题，设薄膜面内受到的均匀拉应力为 T，在此基础上考虑轴对称问题，设在无限薄膜中心 $r < a$ 区域受到垂直方向的应力 p，如图 2.37 所示。

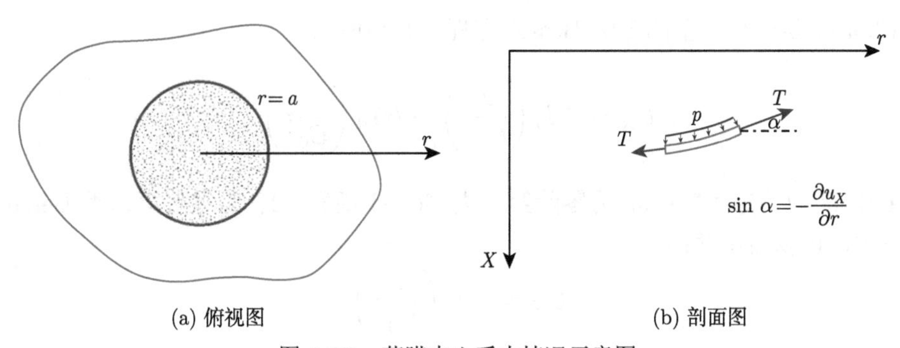

图 2.37 薄膜中心受力情况示意图

若分布力函数满足

$$p(r,t)=\begin{cases}0, & r>a\\ p_0\mathrm{e}^{-\mathrm{i}\omega t}, & r<a\end{cases} \tag{2.326}$$

式中，p_0 表示某常量。

根据式 (2.273)，并考虑到该问题的轴对称性，有

$$T\left(\frac{\partial^2 u_X}{\partial r^2}+\frac{1}{r}\frac{\partial u_X}{\partial r}\right)+p=\rho\frac{\partial^2 u_X}{\partial t^2} \tag{2.327}$$

假设存在解：

$$u_X(r,t)=U_X(r)\cdot\mathrm{e}^{-\mathrm{i}\omega t} \tag{2.328}$$

将式 (2.326) 和式 (2.328) 代入式 (2.327)，可以得到

$$T\left(\frac{\mathrm{d}^2 U_X}{\mathrm{d}r^2}+\frac{1}{r}\frac{\mathrm{d}U_X}{\mathrm{d}r}\right)\mathrm{e}^{-\mathrm{i}\omega t}+p=-\rho\omega^2 U_X\mathrm{e}^{-\mathrm{i}\omega t} \tag{2.329}$$

对于 $r>a$ 区域，式 (2.329) 可简化为

$$T\left(\frac{\mathrm{d}^2 U_X}{\mathrm{d}r^2}+\frac{1}{r}\frac{\mathrm{d}U_X}{\mathrm{d}r}\right)\mathrm{e}^{-\mathrm{i}\omega t}+\rho\omega^2 U_X\mathrm{e}^{-\mathrm{i}\omega t}=0 \tag{2.330}$$

或写为

$$\frac{\mathrm{d}^2 U_X}{\mathrm{d}r^2}+\frac{1}{r}\frac{\mathrm{d}U_X}{\mathrm{d}r}+\frac{\omega^2}{C_0^2}U_X=0 \tag{2.331}$$

式中

$$C_0=\sqrt{\frac{T}{\rho}} \tag{2.332}$$

为薄膜中一维纵波波速。

式 (2.331) 是一个典型的零阶 Bessel 方程，其通解为

$$U_X=AJ_0\left(\frac{\omega}{C_0}r\right)+BY_0\left(\frac{\omega}{C_0}r\right) \tag{2.333}$$

式中，A 和 B 为待定系数；J_0 为零阶第一类 Bessel 函数；Y_0 为零阶第二类 Bessel 函数。若令 $B=0$，可以给出解：

$$U_X=AJ_0\left(\frac{\omega}{C_0}r\right) \tag{2.334}$$

根据图 2.37，可知 $r=a$ 处夹角 α 满足

$$\sin\alpha(a,t)=-\frac{\partial u_X(a,t)}{\partial r} \tag{2.335}$$

参考文献 (Graff, 1975)，忽略薄膜受力区域的加速度，根据力的平衡条件，有

$$\pi a^2 p - 2\pi a T \sin\alpha = 0 \tag{2.336}$$

联立式 (2.335) 和式 (2.336)，即有

$$\pi a^2 p + 2\pi a T \frac{\partial u_X(a,t)}{\partial r} = 0 \tag{2.337}$$

因此，可以得到

$$a p_0 + 2T \frac{\mathrm{d}U_X(a)}{\mathrm{d}r} = 0 \tag{2.338}$$

将式 (2.333) 代入式 (2.338)，可有

$$AJ_1\left(\frac{\omega a}{C_0}\right) = \frac{a p_0 C_0}{2T\omega} \Rightarrow A = \frac{a p_0 C_0}{2T\omega} / J_1\left(\frac{\omega a}{C_0}\right) \tag{2.339}$$

结合式 (2.339) 和式 (2.334)，可以给出垂直方向位移的解为

$$u_X(r,t) = \frac{a p_0 C_0}{2T\omega} \frac{J_0\left(\dfrac{\omega}{C_0} r\right)}{J_1\left(\dfrac{\omega a}{C_0}\right)} \cdot \mathrm{e}^{-\mathrm{i}\omega t}, \quad r > a \tag{2.340}$$

2.4 无限线弹性薄板壳中单纯应力波的传播

如考虑薄膜的厚度或将解析梁二维化，其中应力波的传播即为薄板或薄壳中的波动问题。薄板壳中的应力波传播问题是一个很常见且很典型的问题，包含剪切波、弯曲波和纵波或者多种类型应力波混合或耦合形成的波。

2.4.1 无限线弹性薄板中纵波的传播

另一个典型也常见的问题即是薄板受到瞬态扰动作用下的应力波传播问题，相对于以上一维杆中的线弹性传播问题和无限线弹性介质中单纯简单波的传播问题，薄板中的线弹性波的传播更为复杂；这里只讨论两种简单情况，即入射波垂直于平面薄板板面方向时的情况和平行于板面方向两种情况。

1. 入射波垂直板面方向时的情况即一维应变波的传播

设平面薄板厚度方向为 Z 方向，无限大平面为 XY 面，入射突加波方向为沿 Z 方向从面外向面内，如图 2.38 所示。可以近似认为当纵波传播过程中，介质中质点始终处于一维应变状态时，即可认为此问题中的应力波为一维应变纵波。

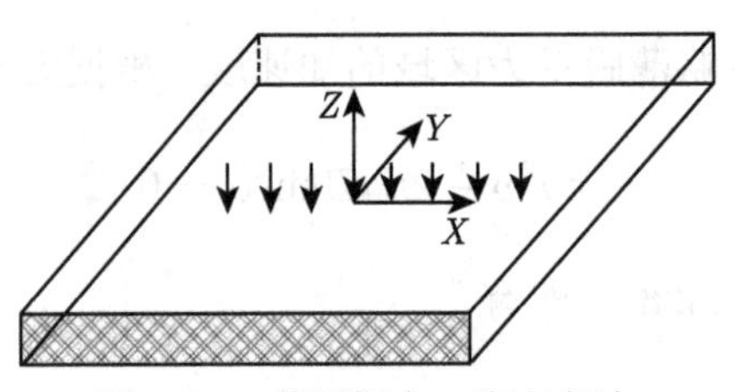

图 2.38　薄平板中一维应变波

与一维应力状态不同的是，一维应变状态介质仍处于三维应力状态，而前者只是一维应力状态。参考前面笛卡儿坐标系下的推导结论可知，对于此一维应变状态有

$$\gamma_{XY}=\gamma_{YZ}=\gamma_{XZ}=\varepsilon_{XX}=\varepsilon_{YY}\equiv 0 \tag{2.341}$$

此时体应变即为

$$\theta=\varepsilon_{XX}+\varepsilon_{YY}+\varepsilon_{ZZ}\equiv\varepsilon_{ZZ} \tag{2.342}$$

将式 (2.342) 代入 Hooke 定律可以得到

$$\begin{cases}\sigma_{XX}=\sigma_{YY}=\lambda\varepsilon_{ZZ}\\ \sigma_{ZZ}=(\lambda+2\mu)\,\varepsilon_{ZZ}\\ \sigma_{XY}=\sigma_{YZ}=\sigma_{XZ}=0\end{cases} \tag{2.343}$$

此时，笛卡儿坐标系中运动方程即可简化为

$$\rho\frac{\partial^2 u_Z}{\partial t^2}=\frac{\partial\sigma_{ZZ}}{\partial Z}=(\lambda+2\mu)\,\frac{\partial\varepsilon_{ZZ}}{\partial Z} \tag{2.344}$$

将几何相容方程代入式 (2.344)，即有

$$\rho\frac{\partial^2 u_Z}{\partial t^2}=(\lambda+2\mu)\,\frac{\partial^2 u_Z}{\partial Z^2} \tag{2.345}$$

即

$$\frac{\partial^2 u_Z}{\partial t^2}=\left(\frac{\lambda+2\mu}{\rho}\right)\frac{\partial^2 u_Z}{\partial Z^2} \tag{2.346}$$

根据波动方程的物理意义，式 (2.346) 表明其纵波波速为

$$C_L=\sqrt{\frac{\lambda+2\mu}{\rho}} \tag{2.347}$$

结合弹性常数之间的关系，式 (2.347) 可以推广写为

$$C_L=\sqrt{\frac{\lambda+2\mu}{\rho}}=\sqrt{\frac{K+\dfrac{4}{3}\mu}{\rho}}=\sqrt{\frac{1-\nu}{(1+\nu)\,(1-2\nu)}}\sqrt{\frac{E}{\rho}} \tag{2.348}$$

根据式 (2.348)，可以通过测量材料的杨氏模量、密度和 Poisson 比计算出其一维应变条件下的纵波波速。几种常见材料的一维应变弹性纵波波速如表 2.1 所示。

表 2.1 几种常见材料的一维应变弹性纵波波速

材料	λ/GPa	μ/GPa	C_L/(km/s)
钢	112	81	5.94
铜	95	45	4.56
铝	56	26	6.32
玻璃	28	28	5.80
橡胶	10	7.0×10^{-4}	1.04

由于

$$\frac{1-\nu}{(1+\nu)(1-2\nu)}=\frac{(1-\nu)}{(1-\nu)-2\nu^2}>1 \tag{2.349}$$

因此，一般情况下，一维应变弹性纵波波速 C_L 总是大于一维应力弹性纵波波速 C：

$$C_L>C \tag{2.350}$$

对于一般金属材料而言，其 Poisson 比约为 0.30，此时

$$C_L=\sqrt{\frac{1-\nu}{(1+\nu)(1-2\nu)}}\sqrt{\frac{E}{\rho}}\approx 1.16C \tag{2.351}$$

即一维应变纵波波速比一维应力弹性纵波波速大 16%。

类似地，利用柱坐标下的相关推导结论也可以得出以上结论。对比式 (2.351) 和 1.3.2 节中结论可以发现体应变波的波速与一维应变波的波速相等：

$$C_\Delta\equiv C_L \tag{2.352}$$

例 2.1 利用一维应力波、剪切波和一维应变波测量弹性常数。

从以上分析可知相同介质中一维应力波、一维应变波和剪切波的波速求解公式分别为

$$\begin{cases}C=\sqrt{\dfrac{E}{\rho}}\\[2ex] C_L=\sqrt{\dfrac{1-\nu}{(1+\nu)(1-2\nu)}}\sqrt{\dfrac{E}{\rho}}=\sqrt{\dfrac{1-\nu}{(1+\nu)(1-2\nu)}}\cdot C\\[2ex] C_s=\sqrt{\dfrac{\mu}{\rho}}\end{cases} \tag{2.353}$$

假设介质的密度和三种声速值已知，则根据式 (2.353) 分别可以计算出介质的杨氏模量、剪切模量和 Poisson 比分别为

$$\begin{cases} E = \rho C^2 \\ G = \mu = \rho C_s^2 \\ \nu = \dfrac{1 - C^{*2} + \sqrt{(9C^{*2} - 1)(C^{*2} - 1)}}{4C^{*2}} \end{cases} \tag{2.354}$$

式中

$$C^* = \frac{C_L}{C} \tag{2.355}$$

以金属铀为例，其密度为 18.95g/cm^3，一维应力波波速为 3012.7m/s，一维应变波波速为 3494.4m/s，剪切波波速为 1867.6m/s。根据式 (2.354) 可以计算出其杨氏模量为

$$E = \rho C^2 = 172.0\text{GPa} \tag{2.356}$$

同理，可以得到剪切模量为

$$G = \rho C_s^2 = 66.1\text{GPa} \tag{2.357}$$

可以得到 Poisson 比为

$$\nu = \frac{1 - C^{*2} + \sqrt{(9C^{*2} - 1)(C^{*2} - 1)}}{4C^{*2}} = 0.30 \tag{2.358}$$

事实上，对于各向同性线弹性材料而言，由于杨氏模量、Poisson 比和剪切模量之间满足

$$G = \frac{E}{2(1+\nu)} \tag{2.359}$$

因此，只需要测得一维应力波、一维应变波和剪切波中任何两个波的波速，即可求出杨氏模量、Poisson 比和剪切模量。

2. Lamb 波以及几种情况下 Lamb 传播与演化特征

平板中的应力波传播另一种理想情况是，入射纵波波速平行于平板平面时，如图 2.39 所示，设入射波入射方向为 X 轴正方向，入射波在薄板的 YZ 面上均匀分布。这类情况下线弹性波的传播相对复杂，常称为 Lamb 波；对于 Lamb 波传播的推导，以上线性方程组无法给出准确的解析解，通常利用谐波法对其进行求解；一般而言，应力波传播的解析方法主要有谐波法和特征线法，其物理意义与科学性在《固体中的应力波导论》一书中进行了初步的阐述，读者可参考之；后面内容中也对部分深入知识进行分析，在此不做详述。

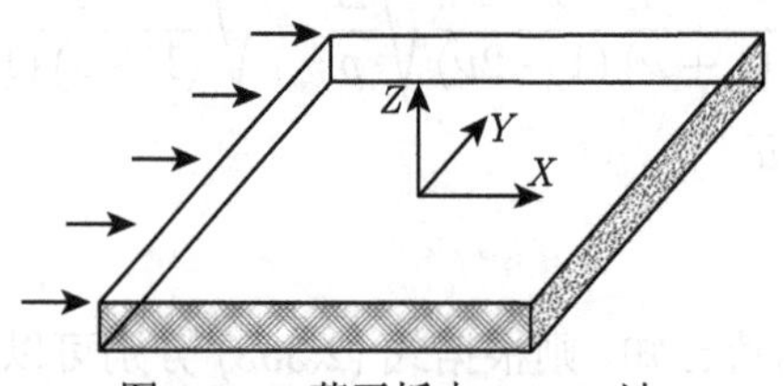

图 2.39　薄平板中 Lamb 波

如图 2.40 所示，假设平板的 Z 方向厚度为 D，密度为 ρ，考虑一个在 Y 方向上单位长度 X 方向上宽度为 $\mathrm{d}X$ 的微元。

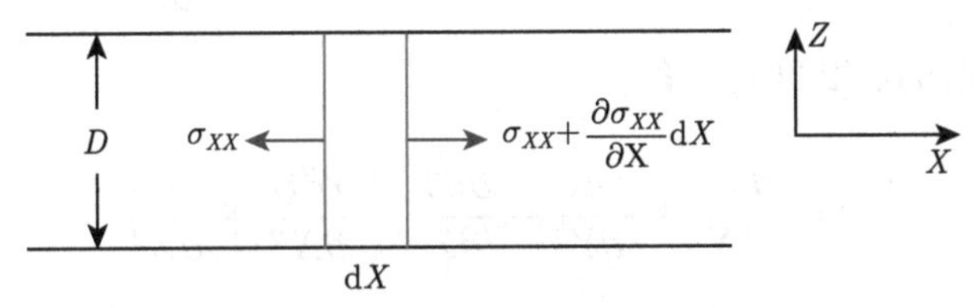

图 2.40 无限平板中微元受力状态

当沿 X 方向施加一个弱应力扰动时，对于无限平板而言，容易知道其位移分量为

$$\begin{cases} u_X = u_X(X, Z, t) \\ u_Y = 0 \\ u_Z = u_Z(X, Z, t) \end{cases} \tag{2.360}$$

且有边界条件：

$$\begin{cases} \sigma_{YX} = 0 \\ \sigma_{YZ} = 0 \end{cases} \tag{2.361}$$

将式 (2.360) 和式 (2.361) 代入动量守恒条件，可以得到

$$\begin{cases} \rho \dfrac{\partial^2 u_X}{\partial t^2} = \dfrac{\partial \sigma_{XX}}{\partial X} + \dfrac{\partial \sigma_{ZX}}{\partial Z} \\ \dfrac{\partial \sigma_{ZY}}{\partial Z} = 0 \\ \rho \dfrac{\partial^2 u_Z}{\partial t^2} = \dfrac{\partial \sigma_{XZ}}{\partial X} + \dfrac{\partial \sigma_{ZZ}}{\partial Z} \end{cases} \tag{2.362}$$

假设扰动只在平面 XZ 中传播，取 X 轴于板的中间面上，如图 2.41 所示。

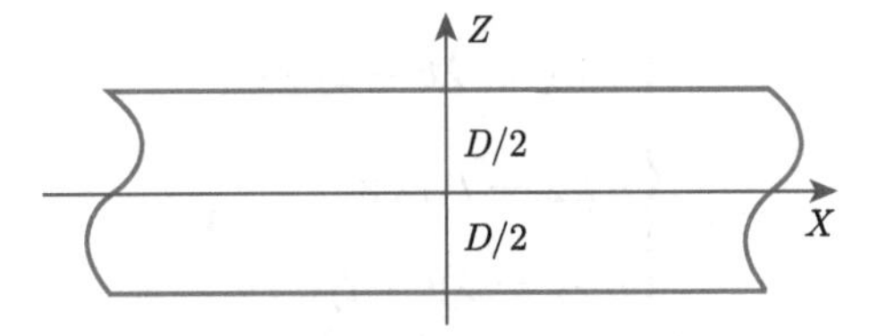

图 2.41 谐波在对称平面上的传播

理论上讲，必可以找到两个确定的势函数 ϕ 和 ψ，使得

$$\begin{cases} u_X = \dfrac{\partial \phi}{\partial X} + \dfrac{\partial \psi}{\partial Z} \\ u_Z = \dfrac{\partial \phi}{\partial Z} - \dfrac{\partial \psi}{\partial X} \end{cases} \tag{2.363}$$

此时体应变应为

$$\theta=\frac{\partial u_X}{\partial X}+\frac{\partial u_Y}{\partial Y}+\frac{\partial u_Z}{\partial Z}=\frac{\partial u_X}{\partial X}+\frac{\partial u_Z}{\partial Z} \tag{2.364}$$

将式 (2.363) 代入式 (2.364)，有

$$\theta=\frac{\partial u_X}{\partial X}+\frac{\partial u_Y}{\partial Y}+\frac{\partial u_Z}{\partial Z}=\frac{\partial^2 \phi}{\partial X^2}+\frac{\partial^2 \phi}{\partial Z^2} \tag{2.365}$$

引入 Laplace 算子 Δ，其形式为

$$\Delta=\frac{\partial^2}{\partial X^2}+\frac{\partial^2}{\partial Y^2}+\frac{\partial^2}{\partial Z^2}=\frac{\partial^2}{\partial X^2}+\frac{\partial^2}{\partial Z^2} \tag{2.366}$$

则式 (2.365) 可简写为

$$\theta=\Delta\phi \tag{2.367}$$

式 (2.367) 的物理意义是：势函数 ϕ 与由体应变扰动而产生的膨胀相关。

而 XZ 平面内的旋转量应为

$$\omega_{XZ}=\frac{1}{2}\left(\frac{\partial u_X}{\partial Z}-\frac{\partial u_Z}{\partial X}\right)=\frac{1}{2}\Delta\psi \tag{2.368}$$

式 (2.368) 的物理意义是：势函数 ψ 与由剪切应变扰动而产生的旋转相关。

将式 (2.363) 代入运动方程式 (2.362) 中可有

$$\begin{cases}\rho\dfrac{\partial^2}{\partial t^2}\left(\dfrac{\partial \phi}{\partial X}+\dfrac{\partial \psi}{\partial Z}\right)=\dfrac{\partial \sigma_{XX}}{\partial X}+\dfrac{\partial \sigma_{ZX}}{\partial Z}\\[2ex] \rho\dfrac{\partial^2}{\partial t^2}\left(\dfrac{\partial \phi}{\partial Z}-\dfrac{\partial \psi}{\partial X}\right)=\dfrac{\partial \sigma_{XZ}}{\partial X}+\dfrac{\partial \sigma_{ZZ}}{\partial Z}\end{cases} \tag{2.369}$$

在此问题中，弹性介质的 Hooke 定律和几何相容方程可写为

$$\begin{cases}\sigma_{XX}=\lambda\theta+2\mu\varepsilon_{XX}\\ \sigma_{XZ}=\mu\gamma_{XZ}\\ \sigma_{ZZ}=\lambda\theta+2\mu\varepsilon_{ZZ}\end{cases} \tag{2.370}$$

和

$$\begin{cases}\varepsilon_{XX}=\dfrac{\partial u_X}{\partial X}\\[2ex] \gamma_{XZ}=\dfrac{\partial u_X}{\partial Z}+\dfrac{\partial u_Z}{\partial X}\\[2ex] \varepsilon_{ZZ}=\dfrac{\partial u_Z}{\partial Z}\end{cases} \tag{2.371}$$

将式 (2.370) 和式 (2.371) 代入式 (2.369)，可以得到

$$\begin{cases}\rho\dfrac{\partial^2}{\partial t^2}\left(\dfrac{\partial\phi}{\partial X}+\dfrac{\partial\psi}{\partial Z}\right)=\lambda\dfrac{\partial\theta}{\partial X}+2\mu\dfrac{\partial^2u_X}{\partial X^2}+\mu\dfrac{\partial^2u_X}{\partial Z^2}+\mu\dfrac{\partial^2u_Z}{\partial X\partial Z}\\ \rho\dfrac{\partial^2}{\partial t^2}\left(\dfrac{\partial\phi}{\partial Z}-\dfrac{\partial\psi}{\partial X}\right)=\lambda\dfrac{\partial\theta}{\partial Z}+2\mu\dfrac{\partial^2u_Z}{\partial Z^2}+\mu\dfrac{\partial^2u_Z}{\partial X^2}+\mu\dfrac{\partial^2u_X}{\partial X\partial Z}\end{cases}\tag{2.372}$$

将式 (2.363)、式 (2.365) 和式 (2.367) 代入式 (2.372)，分别可以得到

$$\begin{cases}\rho\dfrac{\partial^2}{\partial t^2}\left(\dfrac{\partial\phi}{\partial X}+\dfrac{\partial\psi}{\partial Z}\right)=(\lambda+2\mu)\dfrac{\partial(\Delta\phi)}{\partial X}+\mu\dfrac{\partial(\Delta\psi)}{\partial Z}\\ \rho\dfrac{\partial^2}{\partial t^2}\left(\dfrac{\partial\phi}{\partial Z}-\dfrac{\partial\psi}{\partial X}\right)=(\lambda+2\mu)\dfrac{\partial(\Delta\phi)}{\partial Z}+\mu\dfrac{\partial(\Delta\psi)}{\partial X}\end{cases}\tag{2.373}$$

已知无限弹性介质中纵波声速和横波声速分别为

$$C_L=\sqrt{\frac{\lambda+2\mu}{\rho}}\tag{2.374}$$

和

$$C_T=\sqrt{\frac{\mu}{\rho}}\tag{2.375}$$

因此，式 (2.373) 可简化为

$$\begin{cases}\dfrac{\partial^2}{\partial t^2}\left(\dfrac{\partial\phi}{\partial X}+\dfrac{\partial\psi}{\partial Z}\right)=C_L^2\dfrac{\partial(\Delta\phi)}{\partial X}+C_T^2\dfrac{\partial(\Delta\psi)}{\partial Z}\\ \dfrac{\partial^2}{\partial t^2}\left(\dfrac{\partial\phi}{\partial Z}-\dfrac{\partial\psi}{\partial X}\right)=C_L^2\dfrac{\partial(\Delta\phi)}{\partial Z}+C_T^2\dfrac{\partial(\Delta\psi)}{\partial X}\end{cases}\tag{2.376}$$

容易看出，当

$$\begin{cases}\dfrac{\partial^2\phi}{\partial t^2}=C_L^2\Delta\phi\\ \dfrac{\partial^2\psi}{\partial t^2}=C_T^2\Delta\psi\end{cases}\tag{2.377}$$

时，式 (2.376) 恒成立。

此时沿着 X 方向传播的波中势函数 ϕ 和 ψ 的解可分别写为以下谐波形式：

$$\begin{cases}\phi=F\exp\left[\mathrm{i}(kX-\omega t)\right]\\ \psi=G\exp\left[\mathrm{i}(kX-\omega t)\right]\end{cases}\tag{2.378}$$

式中，F 和 G 分别表示决定波的振幅沿着 Z 方向的变化。

将式 (2.378) 代入式 (2.377) 中分别可以得到

$$\begin{cases} F'' - \left(k^2 - \dfrac{\omega^2}{C_L^2}\right) F = 0 \\ G'' - \left(k^2 - \dfrac{\omega^2}{C_T^2}\right) G = 0 \end{cases} \tag{2.379}$$

如令

$$\begin{cases} \xi_1^2 = k^2 - \dfrac{\omega^2}{C_L^2} \\ \xi_2^2 = k^2 - \dfrac{\omega^2}{C_T^2} \end{cases} \tag{2.380}$$

则式 (2.379) 可以简化为

$$\begin{cases} F'' - \xi_1^2 F = 0 \\ G'' - \xi_2^2 G = 0 \end{cases} \tag{2.381}$$

此时即有

$$\begin{cases} \dfrac{\partial^2 \phi}{\partial Z^2} = \xi_1^2 \phi \\ \dfrac{\partial^2 \psi}{\partial Z^2} = \xi_2^2 \psi \end{cases} \tag{2.382}$$

式 (2.381) 对应的通解为

$$\begin{cases} F = A \exp(\xi_1 Z) + A' \exp(-\xi_1 Z) \\ G = B \exp(\xi_2 Z) + B' \exp(-\xi_2 Z) \end{cases} \tag{2.383}$$

式中，A、A'、B 和 B' 为待定系数。式 (2.383) 结合式 (2.378) 代入式 (2.363)，可以给出两个方向上的位移分别表示为

$$\begin{cases} \dfrac{u_X}{\exp[\mathrm{i}(kX - \omega t)]} = \mathrm{i}k\left[A' \exp(-\xi_1 Z) + A \exp(\xi_1 Z)\right] + \xi_2\left[B \exp(\xi_2 Z) - B' \exp(-\xi_2 Z)\right] \\ \dfrac{u_Z}{\exp[\mathrm{i}(kX - \omega t)]} = \xi_1\left[A \exp(\xi_1 Z) - A' \exp(-\xi_1 Z)\right] - \mathrm{i}k\left[B' \exp(-\xi_2 Z) + B \exp(\xi_2 Z)\right] \end{cases} \tag{2.384}$$

如图 2.41 所示，取板中心面为 $Z = 0$ 面，即板是对称的，对称面为 $Z = 0$ 面，从理论上容易知道

$$\begin{cases} u_X(-Z) = u_X(Z) \\ u_Z(-Z) = -u_Z(Z) \end{cases} \tag{2.385}$$

联合式 (2.384)，式 (2.385) 即可表示为

$$\begin{cases} \mathrm{i}k\left(A-A'\right)\left[\exp\left(\xi_1 Z\right)-\exp\left(-\xi_1 Z\right)\right]+\xi_2\left(B+B'\right)\left[\exp\left(-\xi_2 Z\right)-\exp\left(\xi_2 Z\right)\right]=0 \\ \xi_1\left(A'-A\right)\left[\exp\left(\xi_1 Z\right)+\exp\left(-\xi_1 Z\right)\right]-\mathrm{i}k\left(B+B'\right)\left[\exp\left(\xi_2 Z\right)+\exp\left(-\xi_2 Z\right)\right]=0 \end{cases} \tag{2.386}$$

简化后即可以得到

$$\begin{cases} A-A'=0 \\ B+B'=0 \end{cases} \tag{2.387}$$

也就是说，式 (2.383) 具体形式应为

$$\begin{cases} F=A\left[\exp\left(\xi_1 Z\right)+\exp\left(-\xi_1 Z\right)\right]=2A\cosh\left(\xi_1 Z\right) \\ G=B\left[\exp\left(\xi_2 Z\right)-\exp\left(-\xi_2 Z\right)\right]=2B\sinh\left(\xi_2 Z\right) \end{cases} \tag{2.388}$$

此时有

$$\begin{cases} \phi=2A\cosh\left(\xi_1 Z\right)\exp\left[\mathrm{i}\left(kX-\omega t\right)\right] \\ \psi=2B\sinh\left(\xi_2 Z\right)\exp\left[\mathrm{i}\left(kX-\omega t\right)\right] \end{cases} \tag{2.389}$$

根据 Hooke 定律并结合几何方程，有

$$\begin{cases} \sigma_{ZX}=\mu\left(\dfrac{\partial u_X}{\partial Z}+\dfrac{\partial u_Z}{\partial X}\right) \\ \sigma_{ZZ}=\lambda\theta+2\mu\dfrac{\partial u_Z}{\partial Z} \end{cases} \tag{2.390}$$

利用势函数 ϕ 和 ψ 来表示式 (2.390)，则可以得到

$$\begin{cases} \sigma_{ZX}=\mu\left(2\dfrac{\partial^2\phi}{\partial X\partial Z}-\dfrac{\partial^2\psi}{\partial X^2}+\dfrac{\partial^2\psi}{\partial Z^2}\right) \\ \sigma_{ZZ}=\lambda\left(\dfrac{\partial^2\phi}{\partial X^2}+\dfrac{\partial^2\phi}{\partial Z^2}\right)+2\mu\left(\dfrac{\partial^2\phi}{\partial Z^2}-\dfrac{\partial^2\psi}{\partial X\partial Z}\right) \end{cases} \tag{2.391}$$

将式 (2.389) 代入式 (2.391)，可以得到

$$\begin{cases} \sigma_{ZX}=2\mu\mathrm{i}k\dfrac{\partial\phi}{\partial Z}+\mu\left(k^2+\xi_2^2\right)\psi \\ \sigma_{ZZ}=\mu\left(k^2+\xi_2^2\right)\phi-2\mu\mathrm{i}k\dfrac{\partial\psi}{\partial Z} \end{cases} \tag{2.392}$$

和

$$\begin{cases} \dfrac{\sigma_{ZX}}{2\mu\exp\left[\mathrm{i}\left(kX-\omega t\right)\right]}=2\mathrm{i}k\xi_1 A\sinh\left(\xi_1 Z\right)+B\left(k^2+\xi_2^2\right)\sinh\left(\xi_2 Z\right) \\ \dfrac{\sigma_{ZZ}}{2\mu\exp\left[\mathrm{i}\left(kX-\omega t\right)\right]}=A\left(k^2+\xi_2^2\right)\cosh\left(\xi_1 Z\right)-2\mathrm{i}k\xi_2 B\cosh\left(\xi_2 Z\right) \end{cases} \tag{2.393}$$

当 $z = \pm D/2$ 时，即在板的上下表面上，根据边界条件有

$$\begin{cases} \dfrac{\sigma_{ZX}}{2\mu\exp\left[\mathrm{i}\left(kX-\omega t\right)\right]} \equiv 0 \\ \dfrac{\sigma_{ZZ}}{2\mu\exp\left[\mathrm{i}\left(kX-\omega t\right)\right]} \equiv 0 \end{cases} \tag{2.394}$$

即

$$\begin{cases} 2\mathrm{i}k\xi_1 A\sinh\left(\xi_1\dfrac{D}{2}\right) + B\left(k^2+\xi_2^2\right)\sinh\left(\xi_2\dfrac{D}{2}\right) = 0 \\ A\left(k^2+\xi_2^2\right)\cosh\left(\xi_1\dfrac{D}{2}\right) - 2\mathrm{i}k\xi_2 B\cosh\left(\xi_2\dfrac{D}{2}\right) = 0 \end{cases} \tag{2.395}$$

式 (2.395) 消去系数 A 和 B 则可以得到

$$\frac{\tanh\left(\xi_1\dfrac{D}{2}\right)}{\tanh\left(\xi_2\dfrac{D}{2}\right)} = \frac{\left(k^2+\xi_2^2\right)^2}{4k^2\xi_1\xi_2} \tag{2.396}$$

1) 平板厚度相对极小即远小于入射谐波波长

根据式 (2.380)，有

$$\begin{cases} \xi_1^2 = k^2 - \dfrac{\omega^2}{C_L^2} = \left(1-\dfrac{C^2}{C_L^2}\right)k^2 = \left(1-\dfrac{C^2}{C_L^2}\right)\left(\dfrac{2\pi}{L}\right)^2 \\ \xi_2^2 = k^2 - \dfrac{\omega^2}{C_T^2} = \left(1-\dfrac{C^2}{C_T^2}\right)k^2 = \left(1-\dfrac{C^2}{C_T^2}\right)\left(\dfrac{2\pi}{L}\right)^2 \end{cases} \tag{2.397}$$

因此，进一步有

$$\begin{cases} \left(\xi_1\dfrac{D}{2}\right)^2 = \left(1-\dfrac{C^2}{C_L^2}\right)\left(\dfrac{2\pi}{L}\dfrac{D}{2}\right)^2 \\ \left(\xi_2\dfrac{D}{2}\right)^2 = \left(1-\dfrac{C^2}{C_T^2}\right)\left(\dfrac{2\pi}{L}\dfrac{D}{2}\right)^2 \end{cases} \tag{2.398}$$

在此假设板内波速同时满足小于无旋波波速和等容波波速，即假设

$$\begin{cases} C < C_L \\ C < C_T \end{cases} \tag{2.399}$$

此时

$$\begin{cases} \left(\xi_1\dfrac{D}{2}\right)^2 > 0 \\ \left(\xi_2\dfrac{D}{2}\right)^2 > 0 \end{cases} \tag{2.400}$$

当平板厚度相对极小，即波长远大于平板厚度时，即有

$$\begin{cases}\tanh\left(\xi_1\dfrac{D}{2}\right)\sim\xi_1\dfrac{D}{2}\\ \tanh\left(\xi_2\dfrac{D}{2}\right)\sim\xi_2\dfrac{D}{2}\end{cases}\tag{2.401}$$

此时，则式 (2.396) 可进一步写为

$$\frac{\left(k^2+\xi_2^2\right)^2}{4k^2\xi_1\xi_2}\approx\frac{\xi_1\dfrac{D}{2}}{\xi_2\dfrac{D}{2}}=\frac{\xi_1}{\xi_2}\tag{2.402}$$

即

$$\left(k^2+\xi_2^2\right)^2=4k^2\xi_1^2\tag{2.403}$$

将式 (2.397) 代入式 (2.403)，可有

$$\left(2-\frac{C^2}{C_T^2}\right)^2=4\left(1-\frac{C^2}{C_L^2}\right)\tag{2.404}$$

根据式 (2.404)，可解得

$$C^2=4\left(1-\frac{C_T^2}{C_L^2}\right)C_T^2\tag{2.405}$$

即

$$C^2=\frac{4(\lambda+\mu)}{(\lambda+2\mu)}\frac{\mu}{\rho}\tag{2.406}$$

容易看出

$$\begin{cases}C^2=\dfrac{4(\lambda+\mu)}{(\lambda+2\mu)}\dfrac{\mu}{\rho}>\dfrac{\mu}{\rho}=C_T\\ C^2=\dfrac{4\mu(\lambda+\mu)}{(\lambda+2\mu)^2}\dfrac{\lambda+2\mu}{\rho}<\dfrac{\lambda+2\mu}{\rho}=C_L\end{cases}\tag{2.407}$$

也就是说，式 (2.399) 的假设并不成立，结合式 (2.407)，在此可假设

$$\begin{cases}C<C_L\\ C>C_T\end{cases}\tag{2.408}$$

此时即有

$$\begin{cases}\xi_1^2>0\\ \xi_2^2<0\end{cases}\tag{2.409}$$

设

$$\xi_2 = i\xi_2' \tag{2.410}$$

此时，式 (2.396) 可转化为

$$\frac{\left(k^2+\xi_2^2\right)^2}{4\mathrm{i}k^2\xi_1\xi_2'} = \frac{\tanh\left(\xi_1\dfrac{D}{2}\right)}{\mathrm{i}\tan\left(\xi_2'\dfrac{D}{2}\right)} \Rightarrow \frac{\left(k^2+\xi_2^2\right)^2}{4k^2\xi_1\xi_2'} = \frac{\tanh\left(\xi_1\dfrac{D}{2}\right)}{\tan\left(\xi_2'\dfrac{D}{2}\right)} \tag{2.411}$$

当波长远大于平板厚度时，同理可有

$$\left(k^2+\xi_2^2\right)^2 = 4k^2\xi_1^2 \tag{2.412}$$

该式与式 (2.403) 相同，因此其解也为

$$C = \sqrt{\frac{4(\lambda+\mu)}{(\lambda+2\mu)}\frac{\mu}{\rho}} \tag{2.413}$$

事实上，不用以上谐波解也很容易通过运动方程给出式 (2.413) 所示的解。若平板厚度极小，以至于可以忽略不计，此时则有

$$\sigma_{XZ} = \sigma_{ZZ} = 0 \tag{2.414}$$

则由式 (2.362) 所示运动方程组可以简化为

$$\rho\frac{\partial^2 u_X}{\partial t^2} = \frac{\partial \sigma_{XX}}{\partial X} \tag{2.415}$$

根据弹性介质的 Hooke 定律可知

$$\begin{cases} \sigma_{XX} = \lambda\theta + 2\mu\varepsilon_{XX} = (\lambda+2\mu)\dfrac{\partial u_X}{\partial X} + \lambda\dfrac{\partial u_Z}{\partial z} \\ \sigma_{ZZ} = \lambda\theta + 2\mu\varepsilon_{ZZ} = (\lambda+2\mu)\dfrac{\partial u_Z}{\partial Z} + \lambda\dfrac{\partial u_X}{\partial X} \end{cases} \tag{2.416}$$

式中，体应变为

$$\theta = \frac{\partial u_X}{\partial X} + \frac{\partial u_Z}{\partial Z} \tag{2.417}$$

将式 (2.414) 代入式 (2.416)，即有

$$\begin{cases} \sigma_{XX} = (\lambda+2\mu)\dfrac{\partial u_X}{\partial X} + \lambda\dfrac{\partial u_Z}{\partial z} \\ 0 = (\lambda+2\mu)\dfrac{\partial u_Z}{\partial Z} + \lambda\dfrac{\partial u_X}{\partial X} \end{cases} \tag{2.418}$$

由式 (2.418) 可以得到

$$\sigma_{XX} = \frac{4\mu(\lambda+\mu)}{(\lambda+2\mu)}\frac{\partial u_X}{\partial X} \tag{2.419}$$

将式 (2.419) 代入式 (2.415) 即可有

$$\frac{4\mu(\lambda+\mu)}{(\lambda+2\mu)}\frac{\partial^2 u_X}{\partial X^2} = \rho\frac{\partial^2 u_X}{\partial t^2} \tag{2.420}$$

即

$$\frac{\partial^2 u_X}{\partial t^2} = \frac{4\mu(\lambda+\mu)}{\rho(\lambda+2\mu)}\frac{\partial^2 u_X}{\partial X^2} \tag{2.421}$$

式 (2.421) 是一个典型的波动方程，它表示扰动所产生的应力波传播速度为常数：

$$C = \sqrt{\frac{4\mu(\lambda+\mu)}{\rho(\lambda+2\mu)}} \tag{2.422}$$

或

$$C = \sqrt{\frac{E}{\rho(1-\nu^2)}} \tag{2.423}$$

当然，以上分析是基于单扰动假设的，只是一个理想状态，并没有考虑波在两个无限表面上的反射以及之后在板中的相互作用等行为；但式 (2.422) 与式 (2.413) 完全相同，这说明，当波长远大于无限平板的厚度时，其波速与单弱扰动下平板中波速一致，此时板中波在传播过程中横向效应可以忽略不计。

2) 入射谐波波长相对极小即远小于平板厚度

同样先假设板内波速同时满足小于无旋波波速和等容波波速，即假设

$$\begin{cases} C < C_L \\ C < C_T \end{cases} \tag{2.424}$$

此时

$$\begin{cases} \left(\xi_1 \dfrac{D}{2}\right)^2 > 0 \\ \left(\xi_2 \dfrac{D}{2}\right)^2 > 0 \end{cases} \tag{2.425}$$

当谐波波长远小于平板厚度时，式 (2.425) 中两个值足够大，可视为无穷大，此时有

$$\begin{cases} \tanh\left(\xi_1 \dfrac{D}{2}\right) \sim 1 \\ \tanh\left(\xi_2 \dfrac{D}{2}\right) \sim 1 \end{cases} \tag{2.426}$$

此时，式 (2.396) 可简化为

$$\frac{\left(k^2+\xi_2^2\right)^2}{4k^2\xi_1\xi_2}=1\Rightarrow\left(k^2+\xi_2^2\right)^2=4k^2\xi_1\xi_2 \tag{2.427}$$

即

$$\left(2-\frac{C^2}{C_T^2}\right)^4=16\left(1-\frac{C^2}{C_L^2}\right)\left(1-\frac{C^2}{C_T^2}\right) \tag{2.428}$$

由于

$$C_L^2=\frac{C_L^2}{C_T^2}C_T^2=\frac{\lambda+2\mu}{\mu}C_T^2=\frac{2-2\nu}{1-2\nu}C_T^2 \tag{2.429}$$

将式 (2.429) 代入式 (2.428)，可以得到

$$\left(2-\frac{C^2}{C_T^2}\right)^4-16\left(1-\frac{1-2\nu}{2-2\nu}\frac{C^2}{C_T^2}\right)\left(1-\frac{C^2}{C_T^2}\right)=0 \tag{2.430}$$

且令

$$C^{*2}=\frac{C^2}{C_T^2} \tag{2.431}$$

则式 (2.430) 可简化为

$$\left(C^{*2}\right)\left[\left(C^{*2}\right)^3-8\left(C^{*2}\right)^2+8\left(\frac{2-\nu}{1-\nu}\right)\left(C^{*2}\right)-\frac{8}{1-\nu}\right]=0 \tag{2.432}$$

由于 $C^*=0$ 无物理意义，因此问题就可以简化为一个一元三次方程：

$$\begin{cases}\left(C^{*2}\right)^3-8\left(C^{*2}\right)^2+8\left(\dfrac{2-\nu}{1-\nu}\right)\left(C^{*2}\right)-\dfrac{8}{1-\nu}=0\\ \left(C^{*2}\right)<1\end{cases} \tag{2.433}$$

因此，式 (2.424) 所做的假设是成立的，以上的解也是合理的。以上方程的推导与分析见后面 Rayleigh 波传播相关章节；对比 Rayleigh 波相关章节中的推导，可以看出式 (2.433) 与 Rayleigh 波推导过程中对应方程一致，也就是说当波长远小于无限平板的厚度时，板中的波传播速度与 Rayleigh 波波速相等。根据 Rayleigh 波波速的特征可知，特别地，当材料为不可压材料时，即其 Poisson 比为 0.5，此时

$$C=0.955C_T=0.955\sqrt{\frac{\mu}{\rho}} \tag{2.434}$$

3) 入射谐波波长与平板厚度接近

当波长与平板厚度接近时，这时候板中应力波的传播存在弥散现象，其传播过程较复杂，其波速依赖于波长与平板厚度之比，Lamb 在 1916 年对此问题进行了推导分析。

根据

$$\begin{cases}\xi_1^2 = k^2 - \dfrac{\omega^2}{C_L^2} = \left(1 - \dfrac{C^2}{C_L^2}\right)k^2 \\ \xi_2^2 = k^2 - \dfrac{\omega^2}{C_T^2} = \left(1 - \dfrac{C^2}{C_T^2}\right)k^2\end{cases} \tag{2.435}$$

可知对于一般材料而言，有

$$\xi_1 > \xi_2 \tag{2.436}$$

如令

$$\zeta = \frac{\xi_2}{\xi_1} = \frac{C_L}{C_T}\sqrt{\frac{C_T^2 - C^2}{C_L^2 - C^2}} \tag{2.437}$$

容易看出，当平板中应力波波速小于等容波波速时，参数 ζ 为一个实数且小于 1。此时则有

$$k^2 = \frac{\zeta^2\dfrac{\omega^2}{C_L^2} - \dfrac{\omega^2}{C_T^2}}{\zeta^2 - 1} \tag{2.438}$$

此时，其平板中的弹性波波速即为

$$C^2 = \frac{\omega^2}{k^2} = \frac{\zeta^2 - 1}{\zeta^2\dfrac{1}{C_L^2} - \dfrac{1}{C_T^2}} = \frac{\zeta^2 - 1}{\dfrac{\mu\zeta^2}{\lambda + 2\mu} - 1}\frac{\mu}{\rho} \tag{2.439}$$

式 (2.439) 表明，对于特定弹性介质而言，沿着板平面方向传播的弹性波波速只是变量 ζ 的函数。

首先，考虑不可压缩材料无限平板中的情况，此时其 Poisson 比无限接近 0.5，此时有

$$C_L^2 = \frac{\lambda + 2\mu}{\rho} = \frac{1 - \nu}{(1 + \nu)(1 - 2\nu)}\frac{E}{\rho} \to \infty \tag{2.440}$$

即有

$$\xi_1^2 = k^2 - \frac{\omega^2}{C_L^2} = k^2 \tag{2.441}$$

此时，有

$$\begin{cases}\xi_1 = k \\ \xi_2 = \zeta k\end{cases} \tag{2.442}$$

式 (2.439) 即可简化为

$$C^2 = \left(1 - \zeta^2\right)\frac{\mu}{\rho} \tag{2.443}$$

因此，根据式 (2.396) 有

$$\frac{\tanh\left(\xi_1 \dfrac{D}{2}\right)}{\tanh\left(\zeta\xi_1 \dfrac{D}{2}\right)} = \frac{\left(k^2+\zeta^2\xi_1^2\right)^2}{4k^2\zeta\xi_1^2} = \frac{\left(1+\zeta^2\right)^2}{4\zeta} \tag{2.444}$$

为了简化形式，令

$$\eta \equiv \xi_1 \frac{D}{2} \tag{2.445}$$

此时即有

$$\frac{\tanh(\eta)}{\tanh(\zeta\eta)} = \frac{\left(1+\zeta^2\right)^2}{4\zeta} \tag{2.446}$$

式 (2.446) 左端取对数后求导可以得到

$$\frac{\mathrm{d}}{\mathrm{d}\eta}\left[\ln\frac{\tanh(\eta)}{\tanh(\zeta\eta)}\right] = \frac{2}{\sinh(2\eta)} - \frac{2\zeta}{\sinh(2\zeta\eta)} \tag{2.447}$$

式 (2.447) 可进一步写为

$$\frac{\mathrm{d}}{\mathrm{d}\eta}\left[\ln\frac{\tanh(\eta)}{\tanh(\zeta\eta)}\right] = \frac{1}{\eta}\left[\frac{2\eta}{\sinh(2\eta)} - \frac{2\zeta\eta}{\sinh(2\zeta\eta)}\right] \tag{2.448}$$

ζ 的参数值应小于 1，而且结合函数 $x/\sinh(x)$ 的特征容易知道，式 (2.448) 右端恒为负值，即

$$\frac{1}{\eta}\left[\frac{2\eta}{\sinh(2\eta)} - \frac{2\zeta\eta}{\sinh(2\zeta\eta)}\right] < 0 \tag{2.449}$$

也就是说，式 (2.446) 左右两端值当参数 ζ 小于 1 时是单调递减的。当 $\eta \to 0$ 但 $\eta \neq 0$ 时，其值最大，为

$$\lim_{\eta\to 0}\frac{\tanh(\eta)}{\tanh(\zeta\eta)} = \frac{1}{\zeta} \tag{2.450}$$

即有

$$\frac{\left(1+\zeta^2\right)^2}{4\zeta} < \frac{1}{\zeta} \tag{2.451}$$

或

$$\left(1+\zeta^2\right)^2 < 4 \tag{2.452}$$

式 (2.452) 有且仅有一个合理的正解：

$$\zeta < 1 \tag{2.453}$$

该式与假设重复，也就是说在此假设前提下，其恒成立。

当 $\eta\to\infty$ 时，其值最小且等于 1，也就是说

$$\lim_{\eta\to\infty}\frac{\tanh(\eta)}{\tanh(\zeta\eta)}=1 \quad 即 \quad \frac{\left(1+\zeta^2\right)^2}{4\zeta}>1 \tag{2.454}$$

式 (2.454) 第二式等效为

$$\left(1+\zeta^2\right)^2-4\zeta=\zeta^4+2\zeta^2-4\zeta+1>0 \tag{2.455}$$

式 (2.455) 有且仅有一个合理的正解：

$$\zeta<0.296 \tag{2.456}$$

也就是说，参数 ζ 的合理取值范围为

$$0<\zeta<0.296 \tag{2.457}$$

当参数 ζ 在此范围内取最大值时，有

$$\eta\equiv\xi_1\frac{D}{2}=k\frac{D}{2}=\frac{\pi D}{L}\to\infty \tag{2.458}$$

根据式 (2.443) 可以得到此时平板中的应力波波速为

$$C=\sqrt{\left(1-\zeta^2\right)\frac{\mu}{\rho}}=0.955\sqrt{\frac{\mu}{\rho}} \tag{2.459}$$

可以看出，式 (2.459) 成立的条件和推导出的结果与式 (2.434) 相同。式 (2.445) 也可以写为

$$\eta=k\frac{D}{2}=\pi\frac{D}{L} \quad 或 \quad \frac{1}{\eta}=\frac{1}{\pi}\frac{L}{D} \tag{2.460}$$

由此，可以给出波长与平板厚度比、参数 $1/\eta$、参数 ζ 和平板中应力波波速之间的定量关系，如表 2.2 所示。

从表 2.2 中可以看出，当平板厚度相对于波长而言无限大时，其内应力波波速最小，为等容波波速的 95.5%；随着波长相对于平板厚度的增大，其内应力波波速逐渐增大，直到无限接近等容波波速，此时波长稍大于平板厚度的 78%。

而当假设平板中的应力波波速大于等容波波速且小于等旋波波速时，此时有

$$\begin{cases}\xi_1^2=k^2-\dfrac{\omega^2}{C_L^2}=\left(1-\dfrac{C^2}{C_L^2}\right)k^2>0\\[2ex]\xi_2^2=k^2-\dfrac{\omega^2}{C_T^2}=\left(1-\dfrac{C^2}{C_T^2}\right)k^2<0\end{cases} \tag{2.461}$$

表 2.2 不可压缩材料平板中应力波波速与相关参数之间的关系 (一)

波长与平板厚度比	参数 $1/\eta$	参数 ς	相对波速 (与等容波波速比)
0.00	0.00	0.296	0.955
0.05	0.05/π	0.296	0.955
0.10	0.10/π	0.296	0.955
0.15	0.15/π	0.256	0.955
0.20	0.20/π	0.296	0.955
0.25	0.25/π	0.295	0.955
0.30	0.30/π	0.294	0.956
0.35	0.35/π	0.291	0.957
0.40	0.40/π	0.286	0.958
0.45	0.45/π	0.279	0.960
0.50	0.50/π	0.268	0.963
0.55	0.55/π	0.254	0.967
0.60	0.60/π	0.234	0.972
0.65	0.65/π	0.208	0.978
0.70	0.70/π	0.171	0.985
0.75	0.75/π	0.114	0.993
0.77	0.77/π	0.077	0.997
0.78	0.78/π	0.047	0.999

因此，式 (2.461) 中 ξ_2 为虚数，此种情况下假设：

$$\varsigma' = \frac{\xi_2}{\xi_1} = \frac{C_L}{C_T}\sqrt{\frac{C_T^2 - C^2}{C_L^2 - C^2}} = \mathrm{i}\varsigma \tag{2.462}$$

式中，参数 ς 表示参数 ς' 的实部。

此时相应地有

$$k^2 = \frac{\varsigma'^2 \dfrac{\omega^2}{C_L^2} - \dfrac{\omega^2}{C_T^2}}{\varsigma'^2 - 1} = \frac{\varsigma^2 \dfrac{\omega^2}{C_L^2} + \dfrac{\omega^2}{C_T^2}}{\varsigma^2 + 1} \tag{2.463}$$

同样，考虑不可压缩材料无限平板中的情况，此时其 Poisson 比为 0.5，此时也可以得到

$$\begin{cases} \xi_1 = k \\ \xi_2 = \mathrm{i}\varsigma k \end{cases} \tag{2.464}$$

同时有

$$C^2 = \frac{\omega^2}{k^2} = \frac{\varsigma^2 + 1}{\varsigma^2 \dfrac{1}{C_L^2} + \dfrac{1}{C_T^2}} = \frac{\varsigma^2 + 1}{\dfrac{\mu\varsigma^2}{\lambda + 2\mu} + 1}\frac{\mu}{\rho} = \left(1 + \varsigma^2\right)\frac{\mu}{\rho} \tag{2.465}$$

此时，式 (2.396) 可写为

$$\frac{\tanh\left(\xi_1 \dfrac{D}{2}\right)}{\tanh\left(\mathrm{i}\varsigma\xi_1 \dfrac{D}{2}\right)} = \frac{\left(k^2 - \varsigma^2\xi_1^2\right)^2}{4k^2\mathrm{i}\varsigma\xi_1^2} = \frac{\left(1 - \varsigma^2\right)^2}{4\mathrm{i}\varsigma} \tag{2.466}$$

即

$$\frac{\tanh\left(\xi_1 \dfrac{D}{2}\right)}{\tan\left(\varsigma\xi_1 \dfrac{D}{2}\right)} = \frac{\left(1-\varsigma^2\right)^2}{4\varsigma} \tag{2.467}$$

为了简化形式与上一种情况进行对比，也令

$$\eta \equiv \xi_1 \frac{D}{2} = \frac{\pi D}{L} \tag{2.468}$$

此时即有

$$\frac{\tanh(\eta)}{\tan(\varsigma\eta)} = \frac{\left(1-\varsigma^2\right)^2}{4\varsigma} \tag{2.469}$$

式 (2.469) 左端取对数后求导可以得到

$$\frac{\mathrm{d}}{\mathrm{d}\eta}\left[\ln\frac{\tanh(\eta)}{\tan(\varsigma\eta)}\right] = \frac{2}{\sinh(2\eta)} - \frac{2\varsigma}{\sin(2\varsigma\eta)} \tag{2.470}$$

式 (2.470) 可进一步写为

$$\frac{\mathrm{d}}{\mathrm{d}\eta}\left[\ln\frac{\tanh(\eta)}{\tan(\varsigma\eta)}\right] = \frac{1}{\eta}\left[\frac{2\eta}{\sinh(2\eta)} - \frac{2\varsigma\eta}{\sin(2\varsigma\eta)}\right] \tag{2.471}$$

分别根据双曲函数 $\sinh(x)$ 和三角函数 $\sin(x)$ 的特征容易知道，式 (2.471) 右端恒为负值，即

$$\frac{1}{\eta}\left[\frac{2\eta}{\sinh(2\eta)} - \frac{2\varsigma\eta}{\sin(2\varsigma\eta)}\right] < 0 \tag{2.472}$$

也就是说，式 (2.469) 左右两端值是单调递减的。当 $\eta \to 0$ 但 $\eta \neq 0$ 时，其值最大，为

$$\lim_{\eta\to 0}\frac{\tanh(\eta)}{\tan(\varsigma\eta)} = \frac{1}{\varsigma} \quad \text{即} \quad \frac{\left(1-\varsigma^2\right)^2}{4\varsigma} < \frac{1}{\varsigma} \tag{2.473}$$

式 (2.473) 第二式等效为

$$\left(1-\varsigma^2\right)^2 < 4 \tag{2.474}$$

式 (2.474) 有且仅有一个合理的正解：

$$0 \leqslant \varsigma < \sqrt{3} \tag{2.475}$$

即

$$C_T^2 \leqslant C^2 < \frac{3\lambda + 7\mu}{4\mu} C_T^2 \tag{2.476}$$

同上，也可以根据式 (2.476) 给出不同平板厚度时此种情况下板中应力波传播速度，如表 2.3 所示。从表中可以看出，当波长大于平板厚度的 79%时，其内应力波波速大于等容

波波速；随着波长相对于平板厚度的增大，其内应力波波速继续逐渐增大，直到波长相对于平板厚度无限大时，此时板中应力波波速是等容波波速的 2 倍。

表 2.3　不可压缩材料平板中应力波波速与相关参数之间的关系 (二)

波长与平板厚度比	参数 $1/\eta$	参数 ς	相对波速 (与等容波波速比)
0.79	$0.79/\pi$	0.039	1.001
0.80	$0.80/\pi$	0.074	1.003
0.85	$0.85/\pi$	0.162	1.013
0.90	$0.90/\pi$	0.223	1.025
0.95	$0.95/\pi$	0.275	1.037
1.00	$1.00/\pi$	0.322	1.051
1.10	$1.10/\pi$	0.409	1.080
1.20	$1.20/\pi$	0.489	1.113
1.30	$1.30/\pi$	0.565	1.149
1.40	$1.40/\pi$	0.637	1.186
1.50	$1.50/\pi$	0.706	1.224
2.00	$2.00/\pi$	1.000	1.414
2.50	$2.50/\pi$	1.209	1.569
3.00	$3.00/\pi$	1.349	1.679
3.50	$3.50/\pi$	1.443	1.755
4.00	$4.00/\pi$	1.507	1.808
5.00	$5.00/\pi$	1.585	1.874
10.00	$10.00/\pi$	1.694	1.967
20.00	$20.00/\pi$	1.723	1.992
30.00	$30.00/\pi$	1.728	1.996
40.00	$40.00/\pi$	1.730	1.998
50.00	$50.00/\pi$	1.731	1.999
100.00	$100.00/\pi$	1.732	2.000
∞	∞	1.732	2.000

综合以上两种情况的分析结果，可知平板中相对波速 (板中应力波波速与等容波波速之比) 与波长和平板厚度之比之间的关系如图 2.42 所示。从图中可以看出，当波长远小于平板厚度和远大于平板厚度时，平板中的应力波波速在各自值上保持稳定，分别是 Rayleigh 波波速和等容波波速的 2 倍，而在波长是平板厚度的 0.5~10 倍区间内，随着波长相对平板厚度的增加，其波速快速增大。

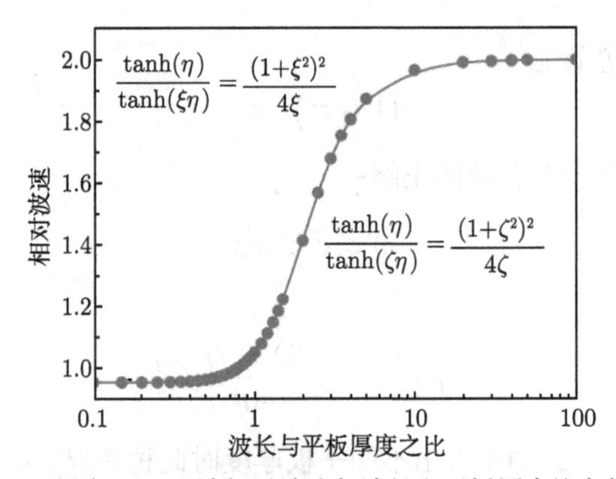

图 2.42　平板中 Lamb 波相对波速与波长和平板厚度比之间的关系

2.4.2　无限线弹性平面薄板中弯曲波的传播

相对于以上平面薄板 (本小节中简称薄板) 中纵波的传播而言，薄板中横波的传播则更为复杂。如图 2.43 所示厚度为 h 的无限大平板，其密度为 ρ；设面内方向为 X 和 Y 方向，厚度方向为 Z 方向。考虑面内坐标 (X，Y) 处厚度为 h、长度和宽度分别为 $\mathrm{d}X$ 和 $\mathrm{d}Y$ 的微元。如图 2.44 所示，设在横坐标为 X 且面积为 $h\mathrm{d}Y$ 微元面上单位宽度剪切力为

$$Q(X) = Q_X = \int_0^h \tau_{XZ} \mathrm{d}Z \tag{2.477}$$

式中，τ_{XZ} 是指法线为 X 的微元面上方向为 Z 的剪切应力。微元上单位宽度弯矩为

$$M(X) = M_X = \int_{-h/2}^{h/2} Z\sigma_{XX} \mathrm{d}Z \tag{2.478}$$

式中，σ_{XX} 是指法线为 X 的微元面上的正应力。微元上单位宽度扭矩为

$$T_{XY}(X) = T_{XY} = -\int_{-h/2}^{h/2} Z\tau_{XY} \mathrm{d}Z \tag{2.479}$$

式中，τ_{XY} 是指法线为 X 的微元面上方向为 Y 的剪切应力。

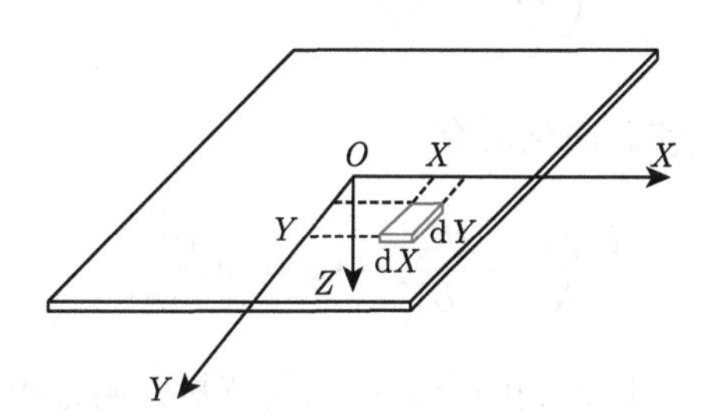

图 2.43　面内尺寸足够大的平面薄板及薄板微元

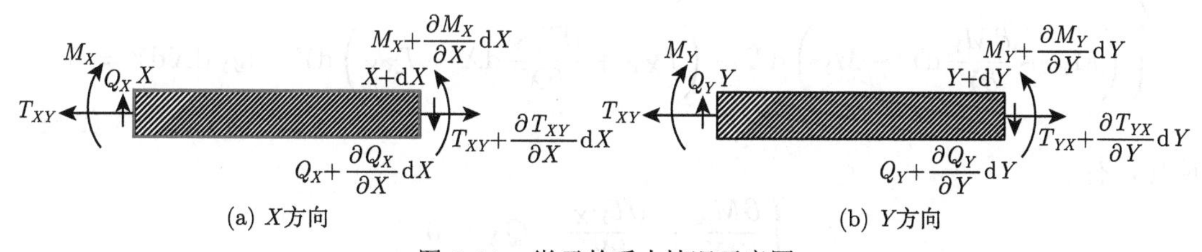

图 2.44　微元的受力情况示意图

根据 Taylor 级数展开知识可知，在 $X+\mathrm{d}X$ 微元面上单位宽度剪切力为

$$Q(X+\mathrm{d}X) = Q_X + \frac{\partial Q_X}{\partial X}\mathrm{d}X \tag{2.480}$$

单位宽度的弯矩为

$$M_X(X+\mathrm{d}X) = M_X + \frac{\partial M_X}{\partial X}\mathrm{d}X \tag{2.481}$$

单位宽度的扭矩为

$$T_{XY}(X+\mathrm{d}X)=T_{XY}+\frac{\partial T_{XY}}{\partial X}\mathrm{d}X \tag{2.482}$$

类似地，设在横坐标为 Y 且面积为 $h\mathrm{d}X$ 微元面上单位宽度剪切力为 Q_Y、单位宽度弯矩为 M_Y、单位宽度扭矩为 T_{YX}；则 $Y+\mathrm{d}Y$ 微元面上单位宽度剪切力为

$$Q(Y+\mathrm{d}Y)=Q_Y+\frac{\partial Q_Y}{\partial Y}\mathrm{d}Y \tag{2.483}$$

单位宽度的弯矩为

$$M_Y(Y+\mathrm{d}Y)=M_Y+\frac{\partial M_Y}{\partial Y}\mathrm{d}Y \tag{2.484}$$

单位宽度的扭矩为

$$T_{YX}(Y+\mathrm{d}Y)=T_{YX}+\frac{\partial T_{YX}}{\partial Y}\mathrm{d}Y \tag{2.485}$$

设微元受到 Z 方向的均布应力 q，因此容易给出 Z 方向的运动方程：

$$\left(Q_X+\frac{\partial Q_X}{\partial X}\mathrm{d}X-Q_X\right)\mathrm{d}Y+\left(Q_Y+\frac{\partial Q_Y}{\partial Y}\mathrm{d}Y-Q_Y\right)\mathrm{d}X+q\mathrm{d}X\mathrm{d}Y=\rho h\mathrm{d}X\mathrm{d}Y\frac{\partial^2 u_Z}{\partial t^2} \tag{2.486}$$

式中，u_Z 表示 Z 方向的位移。简化后有

$$\frac{\partial Q_X}{\partial X}+\frac{\partial Q_Y}{\partial Y}+q=\rho h\frac{\partial^2 u_Z}{\partial t^2} \tag{2.487}$$

若忽略转动惯性效应，可以得到两个方向上的弯矩平衡方程：

$$\begin{cases}\left(M_X+\dfrac{\partial M_X}{\partial X}\mathrm{d}X-M_X\right)\mathrm{d}Y+\left(T_{YX}+\dfrac{\partial T_{YX}}{\partial Y}\mathrm{d}Y-T_{YX}\right)\mathrm{d}X-Q_X\mathrm{d}Y\mathrm{d}X=0\\ \left(M_Y+\dfrac{\partial M_Y}{\partial Y}\mathrm{d}Y-M_Y\right)\mathrm{d}X-\left(T_{XY}+\dfrac{\partial T_{XY}}{\partial X}\mathrm{d}X-T_{XY}\right)\mathrm{d}Y-Q_Y\mathrm{d}X\mathrm{d}Y=0\end{cases} \tag{2.488}$$

简化后有

$$\begin{cases}\dfrac{\partial M_X}{\partial X}+\dfrac{\partial T_{YX}}{\partial Y}-Q_X=0\\ \dfrac{\partial M_Y}{\partial Y}-\dfrac{\partial T_{XY}}{\partial X}-Q_Y=0\end{cases} \tag{2.489}$$

根据式 (2.489) 可以得到

$$\begin{cases}Q_X=\dfrac{\partial M_X}{\partial X}+\dfrac{\partial T_{YX}}{\partial Y}\\ Q_Y=\dfrac{\partial M_Y}{\partial Y}-\dfrac{\partial T_{XY}}{\partial X}\end{cases} \tag{2.490}$$

将式 (2.490) 代入式 (2.487)，可以得到

$$\frac{\partial^2 M_X}{\partial X^2}+\frac{\partial^2 M_Y}{\partial Y^2}+\frac{\partial^2 T_{YX}}{\partial X\partial Y}-\frac{\partial^2 T_{XY}}{\partial X\partial Y}+q=\rho h\frac{\partial^2 u_Z}{\partial t^2} \tag{2.491}$$

当薄板受到弯矩作用时必然会产生弯曲变形，在式 (2.491) 的基础上，需要建立弯矩或扭矩与位移之间的函数关系。参考杆中的弯曲分析，对薄板微元中的微小厚度微片的弯曲变形进行分析，如图 2.45 所示。设初始时刻薄板微元中心面 (弯曲变形过程中面内应变为零) 处于 $Z=0$ 面，当薄板弯曲时，微元的变形如图 2.46 所示；假设在弯曲变形过程中，截面 AB 始终保持平面且垂直于中性面。考虑如图 2.45 中阴影所示距离中性面 Z 且厚度为 $\mathrm{d}Z$ 的微元薄片，容易给出其 X 方向上正应变为

$$\varepsilon_{XX}=\frac{(R_X+Z)\,\mathrm{d}X/R_X}{\mathrm{d}X}-1=\frac{Z}{R_X}\approx -Z\frac{\partial^2 u_Z}{\partial X^2} \tag{2.492}$$

同理，也可以给出

$$\varepsilon_{YY}=\frac{(R_Y+Z)\,\mathrm{d}Y/R_Y}{\mathrm{d}Y}-1=\frac{Z}{R_Y}\approx -Z\frac{\partial u_Z}{\partial Y^2} \tag{2.493}$$

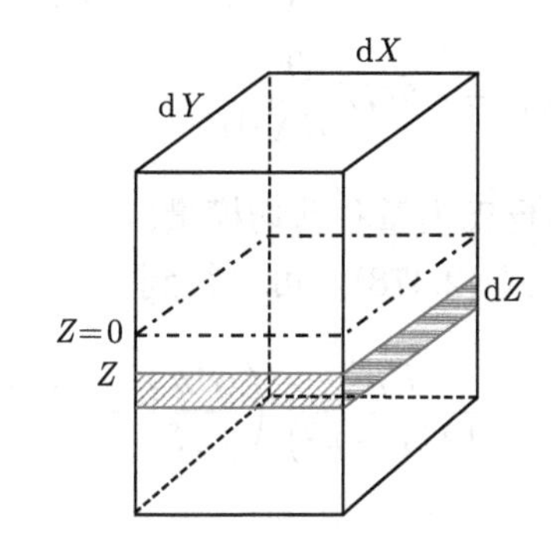

图 2.45 微元中厚度为 dZ 的微片

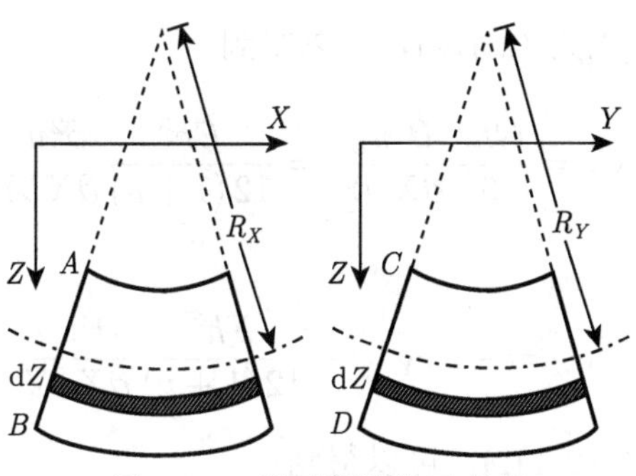

图 2.46 微元薄片的正应变

根据以上分析可近似给出

$$\begin{cases} u_X \approx -Z\dfrac{\partial u_Z}{\partial X} \\ u_Y \approx -Z\dfrac{\partial u_Z}{\partial Y} \end{cases} \tag{2.494}$$

在弯曲变形过程中，XY 平面上微元的剪切应变可表达为

$$\gamma_{XY} = \frac{\partial u_X}{\partial Y} + \frac{\partial u_Y}{\partial X} \tag{2.495}$$

将式 (2.494) 代入式 (2.495)，可以得到

$$\gamma_{XY} = -2Z\frac{\partial^2 u_Z}{\partial X \partial Y} \tag{2.496}$$

基于式 (2.492)$\sim$ 式 (2.496)，根据线弹性材料 Hooke 定律，可以得到

$$\begin{cases} \sigma_X = -\dfrac{EZ}{1-\nu^2}\left(\dfrac{\partial^2 u_Z}{\partial X^2} + \nu\dfrac{\partial^2 u_Z}{\partial Y^2}\right) \\ \sigma_Y = -\dfrac{EZ}{1-\nu^2}\left(\dfrac{\partial^2 u_Z}{\partial Y^2} + \nu\dfrac{\partial^2 u_Z}{\partial X^2}\right) \\ \tau_{XY} = -2GZ\dfrac{\partial^2 u_Z}{\partial X \partial Y} \end{cases} \tag{2.497}$$

式中，E 和 G 分别表示材料的杨氏模量和剪切模量。

将式 (2.497) 中第一式代入式 (2.478)，可以得到

$$M_X = -\frac{Eh^3}{12\left(1-\nu^2\right)}\left(\frac{\partial^2 u_Z}{\partial X^2} + \nu\frac{\partial^2 u_Z}{\partial Y^2}\right) \tag{2.498}$$

同理，可以求出

$$M_Y = -\frac{Eh^3}{12\left(1-\nu^2\right)}\left(\frac{\partial^2 u_Z}{\partial Y^2} + \nu\frac{\partial^2 u_Z}{\partial X^2}\right) \tag{2.499}$$

将式 (2.497) 第三式代入式 (2.479)，可以得到

$$T_{XY} = \frac{Gh^3}{6}\frac{\partial^2 u_Z}{\partial X \partial Y} = \frac{Eh^3}{12\left(1+\nu\right)}\frac{\partial^2 u_Z}{\partial X \partial Y} \tag{2.500}$$

和

$$T_{YX} = -T_{XY} = -\frac{Eh^3}{12\left(1+\nu\right)}\frac{\partial^2 u_Z}{\partial X \partial Y} \tag{2.501}$$

将上面四个公式代入式 (2.491)，可以得到

$$-\frac{Eh^3}{12\left(1-\nu^2\right)}\left(\frac{\partial^4 u_Z}{\partial X^4} + \frac{\partial^4 u_Z}{\partial Y^4} + 2\frac{\partial^4 u_Z}{\partial X^2 \partial Y^2}\right) + q = \rho h\frac{\partial^2 u_Z}{\partial t^2} \tag{2.502}$$

式 (2.502) 中，左端括号内部分可写为

$$\frac{\partial^4 u_Z}{\partial X^4} + \frac{\partial^4 u_Z}{\partial Y^4} + 2\frac{\partial^4 u_Z}{\partial X^2 \partial Y^2} = \left(\frac{\partial^2}{\partial X^2} + \frac{\partial^2}{\partial Y^2}\right)\left(\frac{\partial^2 u_Z}{\partial X^2} + \frac{\partial^2 u_Z}{\partial Y^2}\right) = \Delta\Delta u_Z \tag{2.503}$$

式中，Δ 为 Laplace 算子：

$$\Delta = \frac{\partial^2}{\partial X^2} + \frac{\partial^2}{\partial Y^2} \tag{2.504}$$

因此，式 (2.502) 可写为

$$\frac{Eh^3}{12(1-\nu^2)}\Delta\Delta u_Z + \rho h \frac{\partial^2 u_Z}{\partial t^2} = q \tag{2.505}$$

1. 无限线弹性薄板中平面弯曲波的传播

考虑一个形式如下的平面谐波在薄板中传播：

$$u_Z = A\exp\left[\mathrm{i}k\left(\boldsymbol{n}\cdot\boldsymbol{r} - Ct\right)\right] \tag{2.506}$$

式中，两个向量分别为

$$\begin{cases} \boldsymbol{n} = l\boldsymbol{i} + m\boldsymbol{j} \\ \boldsymbol{r} = X\boldsymbol{i} + Y\boldsymbol{j} \end{cases} \tag{2.507}$$

且

$$l^2 + m^2 = 1 \tag{2.508}$$

即式 (2.506) 也可写为

$$u_Z = A\exp\left[\mathrm{i}k\left(lX + mY - Ct\right)\right] \tag{2.509}$$

则有

$$\begin{cases} \dfrac{\partial^4 u_Z}{\partial X^4} = Ak^4 l^4 \exp\left[\mathrm{i}k\left(lX + mY - Ct\right)\right] \\ \dfrac{\partial^4 u_Z}{\partial Y^4} = Ak^4 m^4 \exp\left[\mathrm{i}k\left(lX + mY - Ct\right)\right] \\ \dfrac{\partial^4 u_Z}{\partial X^2 \partial Y^2} = Ak^4 l^2 m^2 \exp\left[\mathrm{i}k\left(lX + mY - Ct\right)\right] \end{cases} \tag{2.510}$$

因此，可有

$$\Delta\Delta u_Z = Ak^4 \exp\left[\mathrm{i}k\left(lX + mY - Ct\right)\right] \tag{2.511}$$

根据式 (2.509)，也可以得到

$$\frac{\partial^2 u_Z}{\partial t^2} = -Ak^2 C^2 \exp\left[\mathrm{i}k\left(lX + mY - Ct\right)\right] \tag{2.512}$$

将式 (2.511) 和式 (2.512) 代入式 (2.505)，可以给出方程：

$$Ak^2\left[\frac{Eh^3}{12\left(1-\nu^2\right)}k^2-C^2\rho h\right]\exp\left[\mathrm{i}k\left(lX+mY-Ct\right)\right]=q \tag{2.513}$$

若外部受力 $q=0$，则式 (2.513) 可简化为

$$\frac{Eh^3}{12\left(1-\nu^2\right)}k^2-C^2\rho h=0 \tag{2.514}$$

即

$$C=\sqrt{\frac{\dfrac{Eh^2}{12\left(1-\nu^2\right)}}{\rho}}k \tag{2.515}$$

2. 薄板中弯曲波传播的典型初值问题

考虑一个轴对称的初值问题，此时极坐标系下推导比以上直角坐标系下更加直观方便。若外部受力 $q=0$，此时式 (2.505) 可简化为

$$\frac{Eh^3}{12\left(1-\nu^2\right)}\Delta\Delta u_Z+\rho h\frac{\partial^2 u_Z}{\partial t^2}=0 \tag{2.516}$$

对于轴对称问题，在极坐标系中，有

$$\frac{\partial^2}{\partial\theta^2}=0 \tag{2.517}$$

根据直角坐标系和极坐标系对应关系，可以给出

$$\Delta\Delta u_Z=\left(\frac{\partial^2}{\partial r^2}+\frac{1}{r}\frac{\partial}{\partial r}\right)\left(\frac{\partial^2}{\partial r^2}+\frac{1}{r}\frac{\partial}{\partial r}\right)u_Z \tag{2.518}$$

如令

$$\eta=\sqrt{\frac{\dfrac{Eh^2}{12\left(1-\nu^2\right)}}{\rho}} \tag{2.519}$$

则在极坐标系下，式 (2.516) 可表达为

$$\frac{\partial^2 u_Z}{\partial t^2}+\eta^2\left(\frac{\partial^2}{\partial r^2}+\frac{1}{r}\frac{\partial}{\partial r}\right)\left(\frac{\partial^2}{\partial r^2}+\frac{1}{r}\frac{\partial}{\partial r}\right)u_Z=0 \tag{2.520}$$

假设问题的初始条件为

$$\begin{cases} u_Z\big|_{t=0}=u\left(r\right) \\ \left.\dfrac{\partial u_Z}{\partial t}\right|_{t=0}=0 \end{cases} \tag{2.521}$$

又设当 $r \to \infty$ 时，位移及其高阶导数均为零。

对 Z 方向位移进行 0 阶 Hankel 变换，有

$$H(u_Z) = \bar{u}_Z(\xi) = \int_0^\infty r \cdot u_Z(r) \cdot J_0(\xi r)\,\mathrm{d}r \tag{2.522}$$

同时，对应的 Hankel 逆变换有

$$u_Z(r) = \int_0^\infty \xi \cdot \bar{u}_Z(\xi) \cdot J_0(\xi r)\,\mathrm{d}\xi \tag{2.523}$$

利用式 (2.521) 可以得到

$$H(\Delta\Delta u_Z) = \int_0^\infty r\cdot\Delta\Delta u_Z\cdot J_0(\xi r)\,\mathrm{d}r = \int_0^\infty r\cdot\left(\frac{\partial^2}{\partial r^2}+\frac{1}{r}\frac{\partial}{\partial r}\right)\left(\frac{\partial^2}{\partial r^2}+\frac{1}{r}\frac{\partial}{\partial r}\right)u_Z\cdot J_0(\xi r)\,\mathrm{d}r \tag{2.524}$$

根据 Hankel 变换和 Bessel 函数的微分性质，有

$$\int_0^\infty r\cdot\left(\frac{\partial^2 f}{\partial r^2}+\frac{1}{r}\frac{\partial f}{\partial r}-\frac{n^2 f}{r^2}\right)\cdot J_n(\xi r)\,\mathrm{d}r = -\xi^2 H(f) \tag{2.525}$$

式中，f 表示某物理量；n 表示阶数，本例中 Bessel 函数和 Hankel 变换皆为 0 阶，因此该值取 0。即有

$$\int_0^\infty r\cdot\left(\frac{\partial^2 f}{\partial r^2}+\frac{1}{r}\frac{\partial f}{\partial r}\right)\cdot J_0(\xi r)\,\mathrm{d}r = -\xi^2 H(f) \tag{2.526}$$

如令

$$f = \frac{\partial^2 u_Z}{\partial r^2}+\frac{1}{r}\frac{\partial u_Z}{\partial r} \tag{2.527}$$

则式 (2.524) 可表达为

$$H(\Delta\Delta u_Z) = \int_0^\infty r\cdot\left(\frac{\partial^2 f}{\partial r^2}+\frac{1}{r}\frac{\partial f}{\partial r}\right)\cdot J_0(\xi r)\,\mathrm{d}r \tag{2.528}$$

结合式 (2.528）和式 (2.525)，可以得到

$$H(\Delta\Delta u_Z) = \int_0^\infty r\cdot\left(\frac{\partial^2 f}{\partial r^2}+\frac{1}{r}\frac{\partial f}{\partial r}\right)\cdot J_0(\xi r)\,\mathrm{d}r = -\xi^2 H(f) \tag{2.529}$$

类似地，可以得到

$$H(f) = \int_0^\infty r\cdot\left(\frac{\partial^2 u_Z}{\partial r^2}+\frac{1}{r}\frac{\partial u_Z}{\partial r}\right)\cdot J_0(\xi r)\,\mathrm{d}r = -\xi^2 H(u_Z) \tag{2.530}$$

联立式 (2.529) 和式 (2.530)，可以给出

$$H(\Delta\Delta u_Z) = \xi^4 H(u_Z) = \xi^4 \bar{u}_Z \tag{2.531}$$

将式 (2.531) 代入式 (2.520) 有

$$\frac{\partial^2 \bar{u}_Z}{\partial t^2} + \eta^2 \xi^4 \bar{u}_Z = 0 \tag{2.532}$$

式 (2.532) 的解为

$$\bar{u}_Z = A\cos\left(\eta\xi^2 t\right) + B\sin\left(\eta\xi^2 t\right) \tag{2.533}$$

式中，A 和 B 是待定系数。

根据初始条件式 (2.521)，可以得到式 (2.533) 的初始条件为

$$\begin{cases} \bar{u}_Z\big|_{t=0} = H(u) = \bar{u}(\xi) = \int_0^{\infty} r \cdot u(r) \cdot J_0(\xi r)\,\mathrm{d}r \\ \left.\dfrac{\partial \bar{u}_Z}{\partial t}\right|_{t=0} = 0 \end{cases} \tag{2.534}$$

将式 (2.534) 代入式 (2.533)，可以解得

$$\begin{cases} A = \bar{u}(\xi) \\ B = 0 \end{cases} \tag{2.535}$$

此时，式 (2.533) 所示解可具体写为

$$\bar{u}_Z = \bar{u}(\xi)\cos\left(\eta\xi^2 t\right) \tag{2.536}$$

基于式 (2.536)，根据 Hankel 逆变换公式，可以给出

$$u_Z(r) = \int_0^{\infty} \xi \cdot \bar{u}(\xi)\cos\left(\eta\xi^2 t\right) \cdot J_0(\xi r)\,\mathrm{d}\xi \tag{2.537}$$

将式 (2.534) 中第一式代入式 (2.537)，并考虑式 (2.534) 中第一式积分变量与式 (2.537) 中都存在 r，存在混淆的可能，因此，可将式 (2.534) 中第一式中积分变量利用其他符号代替，可以得到

$$u_Z(r) = \int_0^{\infty} \xi \cdot \cos\left(\eta\xi^2 t\right) \cdot J_0(\xi r)\,\mathrm{d}\xi \int_0^{\infty} \varpi \cdot u(\varpi) \cdot J_0(\xi\varpi)\,\mathrm{d}\varpi \tag{2.538}$$

根据双重积分的性质，式 (2.538) 也可以表达为

$$u_Z(r) = \int_0^{\infty} \varpi u(\varpi)\,\mathrm{d}\varpi \int_0^{\infty} \xi\cos\left(\eta\xi^2 t\right) J_0(\xi\varpi)\, J_0(\xi r)\,\mathrm{d}\xi \tag{2.539}$$

根据相关文献中对应的结论，有

$$\int_0^{\infty} \xi J_0(\xi\varpi)\, J_0(\xi r)\exp\left(-p\xi^2\right)\mathrm{d}\xi = \frac{1}{2p}\exp\left(-\frac{\varpi^2 + r^2}{4p}\right) \cdot J_0\left(\mathrm{i}\frac{\varpi r}{2p}\right) \tag{2.540}$$

成立，式中 p 为任一变量。若考虑

$$p = -\mathrm{i}\eta t \tag{2.541}$$

将式 (2.541) 代入式 (2.540)，并只考虑实数部分，则可以得到

$$\int_0^{\infty} \varpi J_0(\xi\varpi) J_0(\xi r)\cos\left(\eta t\xi^2\right)\mathrm{d}\varpi = \frac{1}{2\eta t}\sin\left(\frac{\varpi^2 + r^2}{4\eta t}\right)\cdot J_0\left(-\frac{\varpi r}{2\eta t}\right) \tag{2.542}$$

将式 (2.542) 代入式 (2.539) 有

$$u_Z(r) = \frac{1}{2\eta t}\int_0^{\infty} \varpi u(\varpi) J_0\left(-\frac{\varpi r}{2\eta t}\right)\sin\left(\frac{\varpi^2 + r^2}{4\eta t}\right)\mathrm{d}\varpi \tag{2.543}$$

进一步假设初始条件：

$$u_Z|_{t=0} = u(r) = u_0 \exp\left(-\frac{r^2}{a^2}\right) \tag{2.544}$$

式中，u_0 为某一常量。

将式 (2.544) 代入式 (2.536)，有

$$\bar{u}_Z = u_0 \cos\left(\eta\xi^2 t\right)\int_0^{\infty} r\exp\left(-\frac{r^2}{a^2}\right) J_0(\xi r)\,\mathrm{d}r \tag{2.545}$$

根据典型函数 Hankel 变换公式，有

$$\int_0^{\infty} r\exp\left(-\frac{r^2}{a^2}\right) J_0(\xi r)\,\mathrm{d}r = \frac{a^2}{2}\exp\left(-\frac{a^2\xi^2}{4}\right) \tag{2.546}$$

将式 (2.546) 代入式 (2.545)，可以得到

$$\bar{u}_Z = \frac{u_0 a^2}{2}\exp\left(-\frac{a^2\xi^2}{4}\right)\cos\left(\eta\xi^2 t\right) \tag{2.547}$$

对式 (2.547) 进行 Hankel 逆变换，可以得到

$$u_Z = \frac{u_0 a^2}{2}\int_0^{\infty} \xi\exp\left(-\frac{a^2\xi^2}{4}\right)\cos\left(\eta\xi^2 t\right) J_0(\xi r)\,\mathrm{d}\xi \tag{2.548}$$

相关分析给出了式 (2.548) 的解为

$$u_Z^* = \frac{1}{1+\eta^{*2}}\exp\left(-\frac{r^{*2}}{1+\eta^{*2}}\right)\left[\cos\left(\frac{\eta^* r^{*2}}{1+\eta^{*2}}\right) + \eta^*\sin\left(\frac{\eta^* r^{*2}}{1+\eta^{*2}}\right)\right] \tag{2.549}$$

式中

$$u_Z^* = \frac{u_Z}{u_0},\quad \eta^* = \frac{4\eta t}{a^2},\quad r^* = \frac{r}{a} \tag{2.550}$$

为三个无量纲量。

此种特定初始条件是少数能够给出此问题解析解的特例，根据式 (2.549) 和式 (2.550) 可以绘制其位移的演化曲线，如图 2.47 所示。

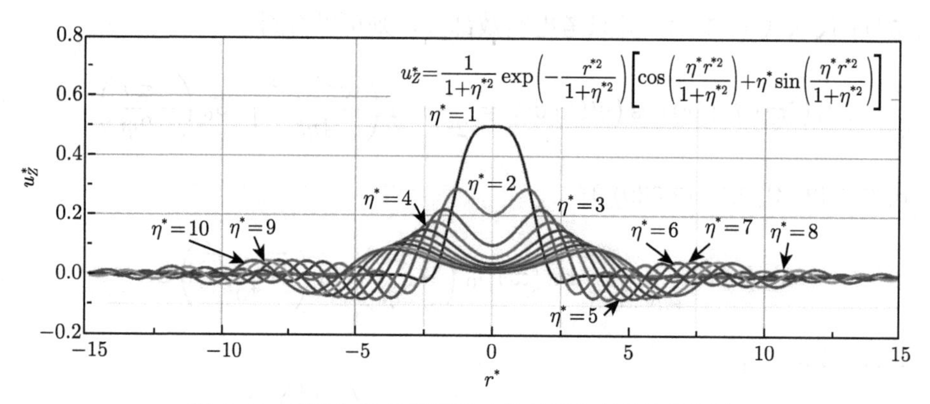

图 2.47　特殊初值问题时轴对称薄板中弯曲波的传播

图 2.47 显示随着时间的推移，薄板中横波随着径向的传播特征。从图中可以看出，初始时刻位移峰值是最大值，随着时间的推移，横波中质点的位移峰值逐渐减小，且逐渐从中心向远离中心的方向移动。

3. 瞬态加载作用下无限线弹性薄板中弯曲波的传播

同上还是考虑轴对称问题，类似地可以给出其运动方程为

$$\frac{Eh^3}{12\left(1-\nu^2\right)}\Delta\Delta u_Z\left(r,t\right)+\rho h\frac{\partial^2 u_Z\left(r,t\right)}{\partial t^2}=q\left(r,t\right) \tag{2.551}$$

或

$$\frac{\partial^2 u_Z\left(r,t\right)}{\partial t^2}+\eta^2\Delta\Delta u_Z\left(r,t\right)=\frac{q\left(r,t\right)}{\rho h} \tag{2.552}$$

设位移与速度初始条件为

$$\begin{cases} \left.u_Z\right|_{t=0}=0 \\ \left.\dfrac{\partial u_Z}{\partial t}\right|_{t=0}=0 \end{cases} \tag{2.553}$$

假设加载函数为

$$q\left(r,t\right)=8\eta\rho h f\left(r\right)g'\left(t\right) \tag{2.554}$$

则式 (2.552) 可简化为

$$\frac{\partial^2 u_Z\left(r,t\right)}{\partial t^2}+\eta^2\Delta\Delta u_Z\left(r,t\right)=8\eta f\left(r\right)g'\left(t\right) \tag{2.555}$$

式中，函数 $f\left(r\right)$ 和 $g'\left(t\right)$ 分别表示加载函数的空间特性与时间特性，其量纲分别为 L^{-1} 和 T^{-1}。且令

$$\begin{cases} g(t) = 0 \\ g'(t) = 0 \end{cases} \tag{2.556}$$

对式 (2.556) 两端进行 Hankel 变换，可以得到

$$H\left[\frac{\partial^2 u_Z(r,t)}{\partial t^2}\right] + H\left[\eta^2 \Delta\Delta u_Z(r,t)\right] = H\left[8\eta f(r) g'(t)\right] \tag{2.557}$$

类似于式 (2.531)，有

$$\begin{cases} H\left[\dfrac{\partial^2 u_Z(r,t)}{\partial t^2}\right] = \dfrac{\partial^2 \bar{u}_Z(\xi,t)}{\partial t^2} \\ H\left[\eta^2 \Delta\Delta u_Z(r,t)\right] = \eta^2 H\left[\Delta\Delta u_Z(r,t)\right] = \eta^2 \xi^4 \bar{u}_Z(\xi,t) \\ H\left[8\eta f(r) g'(t)\right] = 8\eta \bar{f}(\xi) g'(t) \end{cases} \tag{2.558}$$

式中

$$\begin{cases} \bar{u}_Z(\xi,t) = H\left[u_Z(r,t)\right] = \displaystyle\int_0^\infty r \cdot u_Z(r,t) \cdot J_0(\xi r)\,\mathrm{d}r \\ H\left[f(r)\right] = \bar{f}(r) = \displaystyle\int_0^\infty r \cdot f(r) \cdot J_0(\xi r)\,\mathrm{d}r \end{cases} \tag{2.559}$$

将式 (2.550) 代入式 (2.557)，可以得到

$$\frac{\partial^2 \bar{u}_Z(\xi,t)}{\partial t^2} + \eta^2 \xi^4 \bar{u}_Z(\xi,t) = 8\eta \bar{f}(\xi) g'(t) \tag{2.560}$$

同理，对式 (2.560) 两端进行 Laplace 变换，可以得到

$$L\left[\frac{\partial^2 u_Z(\xi,t)}{\partial t^2}\right] + \eta^2 \xi^4 \bar{U}_Z(\xi,s) = 8\eta \bar{f}(\xi) L\left[g'(t)\right] \tag{2.561}$$

式中，L 函数表示求取 Laplace 变换，如

$$\bar{U}_Z(\xi,s) = L\left[u_Z(\xi,t)\right] = \int_0^\infty u_Z(\xi,t)\,\mathrm{e}^{-st} \tag{2.562}$$

根据 Laplace 变换的微分性质、式 (2.556) 和初始条件式 (2.553)，可以得到

$$\begin{cases} L\left[\dfrac{\partial^2 u_Z(\xi,t)}{\partial t^2}\right] = s^2 \bar{U}_Z(\xi,s) \\ L\left[g'(t)\right] = sL\left[g(t)\right] = sG(s) \end{cases} \tag{2.563}$$

将式 (2.563) 代入式 (2.561)，即有

$$s^2 \bar{U}_Z(\xi,s) + \eta^2 \xi^4 \bar{U}_Z(\xi,s) = 8\eta s \bar{f}(\xi) G(s) \tag{2.564}$$

从式 (2.564) 可以解得

$$\bar{U}_Z(\xi,s)=\frac{8\eta s\bar{f}(\xi)G(s)}{s^2+\eta^2\xi^4} \tag{2.565}$$

对式 (2.565) 求 Laplace 逆变换，有

$$\bar{u}_Z(\xi,t)=L^{-1}\left[\frac{8\eta s\bar{f}(\xi)G(s)}{s^2+\eta^2\xi^4}\right]=8\eta\bar{f}(\xi)L^{-1}\left[\frac{s}{s^2+\eta^2\xi^4}G(s)\right] \tag{2.566}$$

由于

$$L^{-1}\left[\frac{s}{s^2+\eta^2\xi^4}\right]=\cos\left(\eta\xi^2t\right) \tag{2.567}$$

基于式 (2.567)，根据卷积定理，有

$$L^{-1}\left[\frac{s}{s^2+\eta^2\xi^4}G(s)\right]=\int_0^t g(\tau)\cos\left[\eta\xi^2(t-\tau)\right]\mathrm{d}\tau \tag{2.568}$$

因此，式 (2.566) 可进一步表达为

$$\bar{u}_Z(\xi,t)=8\eta\bar{f}(\xi)\int_0^t g(\tau)\cos\left[\eta\xi^2(t-\tau)\right]\mathrm{d}\tau \tag{2.569}$$

对式 (2.569) 进行 Hankel 逆变换，可以得到

$$\begin{aligned}u_Z(r,t)&=8\eta\int_0^\infty \xi\bar{f}(\xi)J_0(\xi r)\int_0^t g(\tau)\cos\left[\eta\xi^2(t-\tau)\right]\mathrm{d}\tau\mathrm{d}\xi\\&=8\eta\int_0^t g(\tau)\mathrm{d}\tau\int_0^\infty \xi\bar{f}(\xi)J_0(\xi r)\cos\left[\eta\xi^2(t-\tau)\right]\mathrm{d}\xi\\&=8\eta\int_0^t g(\tau)\mathrm{d}\tau\int_0^\infty \omega f(\omega)\mathrm{d}\omega\int_0^\infty \xi J_0(\xi\omega)J_0(\xi r)\cos\left[\eta\xi^2(t-\tau)\right]\mathrm{d}\xi\end{aligned} \tag{2.570}$$

利用 Weber 二次指数积分，并取其实数部分，有

$$\int_0^\infty \xi J_0(\xi\omega)J_0(\xi r)\cos\left[\eta\xi^2(t-\tau)\right]\mathrm{d}\varpi=\frac{1}{2\eta(t-\tau)}J_0\left[\frac{\omega r}{2\eta(t-\tau)}\right]\sin\left[\frac{\omega^2+r^2}{4\eta(t-\tau)}\right] \tag{2.571}$$

将式 (2.571) 代入式 (2.570)，可以得到

$$u_Z(r,t)=4\int_0^t g(\tau)\mathrm{d}\tau\int_0^\infty \omega f(\omega)\frac{1}{(t-\tau)}J_0\left[\frac{\omega r}{2\eta(t-\tau)}\right]\sin\left[\frac{\omega^2+r^2}{4\eta(t-\tau)}\right]\mathrm{d}\omega \tag{2.572}$$

式 (2.572) 的形式过于复杂，很难给出其解析解。若进一步假设加载瞬态力为集中力且加载在轴对称薄板中心，即

$$\begin{cases}f(r)=0, & r\neq 0\\ \displaystyle\int_0^\infty 2\pi r f(r)\mathrm{d}r=1\end{cases} \tag{2.573}$$

即有

$$f(r) = \frac{\delta(r)}{2\pi r} \tag{2.574}$$

式中，$\delta(r)$ 为 Dirac 函数；由于函数 $f(r)$ 的量纲为 L^{-1}，因此式 (2.574) 中 Dirac 函数是无量纲量。

将式 (2.574) 代入式 (2.572) 可得到

$$u_Z(r,t) = \frac{2}{\pi}\int_0^t g(\tau)\,\mathrm{d}\tau \int_0^\infty \frac{\delta(\omega)}{(t-\tau)} J_0\left[\frac{\omega r}{2\eta(t-\tau)}\right] \sin\left[\frac{\omega^2 + r^2}{4\eta(t-\tau)}\right] \mathrm{d}\omega \tag{2.575}$$

结合式 (2.573) 和 Dirac 函数、Bessel 函数的性质，式 (2.575) 可进一步简化得到

$$\begin{aligned} u_Z(r,t) &= \frac{2}{\pi}\int_0^t g(\tau)\frac{\delta(0)}{(t-\tau)} J_0(0)\sin\left[\frac{r^2}{4\eta(t-\tau)}\right]\mathrm{d}\tau \\ &= \frac{2}{\pi}\int_0^t \frac{g(\tau)}{(t-\tau)}\sin\left[\frac{r^2}{4\eta(t-\tau)}\right]\mathrm{d}\tau \end{aligned} \tag{2.576}$$

需要注意的是，式 (2.575) 两端的量纲是一致的，但式 (2.576) 两端的量纲却并不一致；其原因可以直接给出：

$$\int_0^\infty \delta(\omega)\,\mathrm{d}\omega = 1 \tag{2.577}$$

这在数学上是正确的，但在物理意义上左端的量纲为 L，而右端却为无量纲量。因此可以定义一个单位长度量 L^*，其量纲为 L。式 (2.576) 可写为

$$\frac{u_Z(r,t)}{L^*} = \frac{2}{\pi}\int_0^t \frac{g(\tau)}{(t-\tau)}\sin\left[\frac{r^2}{4\eta(t-\tau)}\right]\mathrm{d}\tau \tag{2.578}$$

假设

$$g'(t) = H\langle t\rangle \tag{2.579}$$

式中，$H\langle t\rangle$ 为 Heaviside 函数：

$$H\langle t\rangle = \begin{cases} 0, & t = 0 \\ 1, & t > 0 \end{cases} \tag{2.580}$$

根据式 (2.579) 容易知道，式 (2.580) 中 Heaviside 函数的量纲为 T^{-1}。因而，有

$$g(t) = tH\langle t\rangle \tag{2.581}$$

此种情况下，式 (2.578) 可进一步简化为

$$\frac{u_Z(r,t)}{L^*} = \frac{2}{\pi}\int_0^t H\langle\tau\rangle \frac{\tau}{(t-\tau)}\sin\left[\frac{r^2}{4\eta(t-\tau)}\right]\mathrm{d}\tau \tag{2.582}$$

结合式 (2.580) 可以得到

$$\frac{u_Z(r,t)}{L^*}=\frac{2}{\pi}\int_0^t\frac{\tau}{(t-\tau)}\sin\left[\frac{r^2}{4\eta(t-\tau)}\right]\mathrm{d}\tau \tag{2.583}$$

式 (2.583) 两端量纲不一致；主要是因为 $H\langle\tau\rangle$ 并不是无量纲量，而式 (2.582) 到式 (2.583) 的转化过程中只考虑其数量而并没有考虑其量纲。类似地，定义一个单位时间量 T^*，其量纲为 T，则对式 (2.583) 进行量纲校正后可以得到

$$u_Z(r,t)=\frac{2L^*}{\pi T^*}\int_0^t\frac{\tau}{(t-\tau)}\sin\left[\frac{r^2}{4\eta(t-\tau)}\right]\mathrm{d}\tau \tag{2.584}$$

参考文献 (Graff, 1975) 中的推导，如定义无量纲量：

$$\kappa=\frac{r^2}{4\eta(t-\tau)} \tag{2.585}$$

式中

$$\begin{cases}\kappa=\dfrac{r^2}{4\eta t}, & \tau=0\\ \kappa\to\infty, & \tau\to t\end{cases} \tag{2.586}$$

则式 (2.584) 可以表达为

$$u_Z(r,t)=\frac{2L^*}{\pi T^*}\int_{r^2/(4\eta t)}^{\infty}\left(t-\frac{r^2}{4\eta\kappa}\right)\frac{\sin\kappa}{\kappa}\mathrm{d}\kappa \tag{2.587}$$

再定义无量纲量：

$$\vartheta=\frac{r^2}{4\eta t} \tag{2.588}$$

则式 (2.587) 可表达为

$$u_Z(r,t)=\frac{2L^*}{\pi T^*}\int_{\vartheta}^{\infty}\left(t-\frac{\vartheta t}{\kappa}\right)\frac{\sin\kappa}{\kappa}\mathrm{d}\kappa=\frac{2t}{\pi}\frac{L^*}{T^*}\int_{\vartheta}^{\infty}\frac{\sin\kappa}{\kappa}\mathrm{d}\kappa-\frac{2\vartheta t}{\pi}\frac{L^*}{T^*}\int_{\vartheta}^{\infty}\frac{1}{\kappa}\frac{\sin\kappa}{\kappa}\mathrm{d}\kappa \tag{2.589}$$

由于

$$\begin{cases}\displaystyle\int_{\vartheta}^{\infty}\frac{\sin\kappa}{\kappa}\mathrm{d}\kappa=\int_0^{\infty}\frac{\sin\kappa}{\kappa}\mathrm{d}\kappa-\int_0^{\vartheta}\frac{\sin\kappa}{\kappa}\mathrm{d}\kappa=\frac{\pi}{2}-\int_0^{\vartheta}\frac{\sin\kappa}{\kappa}\mathrm{d}\kappa\\ \displaystyle\int_{\vartheta}^{\infty}\frac{1}{\kappa}\frac{\sin\kappa}{\kappa}\mathrm{d}\kappa=-\left.\frac{\sin\kappa}{\kappa}\right|_{\vartheta}^{\infty}+\int_{\vartheta}^{\infty}\frac{\cos\kappa}{\kappa}\mathrm{d}\kappa=\frac{\sin\vartheta}{\vartheta}+\int_{\vartheta}^{\infty}\frac{\cos\kappa}{\kappa}\mathrm{d}\kappa\end{cases} \tag{2.590}$$

将式 (2.590) 代入式 (2.589)，可以得到

$$u_Z(r,t)=\frac{2L^*}{\pi T^*}\int_{\vartheta}^{\infty}\left(t-\frac{\vartheta t}{\kappa}\right)\frac{\sin\kappa}{\kappa}\mathrm{d}\kappa=\frac{2t}{\pi}\frac{L^*}{T^*}\left(\frac{\pi}{2}-\int_0^{\vartheta}\frac{\sin\kappa}{\kappa}\mathrm{d}\kappa-\sin\vartheta-\vartheta\int_{\vartheta}^{\infty}\frac{\cos\kappa}{\kappa}\mathrm{d}\kappa\right) \tag{2.591}$$

若记

$$\Re(\vartheta)=\frac{\pi}{2}-\int_0^{\vartheta}\frac{\sin\kappa}{\kappa}\mathrm{d}\kappa-\sin\vartheta-\vartheta\int_{\vartheta}^{\infty}\frac{\cos\kappa}{\kappa}\mathrm{d}\kappa \tag{2.592}$$

则有

$$u_Z(r,t)=\frac{2t}{\pi}\frac{L^*}{T^*}\Re(\vartheta)=\frac{2t}{\pi}\frac{L^*}{T^*}\Re\left(\frac{r^2}{4\eta t}\right) \tag{2.593}$$

根据运动方程 (2.552) 可知，位移应是加载应力的函数；由于将加载应力 q 指定为特定情况，而使得式 (2.593) 并没有体现加载应力，而且为了平衡等式两端的量纲，还添加了两个单位量纲量；因而使得式 (2.593) 的物理意义不是很明显。

将式 (2.574) 和式 (2.579) 两个假设的特定情况代入式 (2.554)，可以得到

$$q(r,t)=\frac{4\eta\rho h}{\pi r}\delta(r)H\langle t\rangle \tag{2.594}$$

当 $t>0$ 时，薄板中心加载应力应为

$$q(r,t)=\frac{4\eta\rho h}{\pi r T^*} \tag{2.595}$$

从式 (2.594) 不难发现，此种假设适合于梯度加载情况。将式 (2.595) 代入式 (2.593) 消除一个无量纲参考单位 T^*，可有

$$u_Z(r,t)=\frac{2t}{\pi}\frac{L^*}{T^*}\Re(\vartheta)=\frac{qrL^*}{2\eta\rho h}t\Re\left(\frac{r^2}{4\eta t}\right) \tag{2.596}$$

若中心加载应力为梯度脉冲，其幅值为 Q，持续时间为 τ，即

$$Q=\frac{4\eta\rho h}{\pi r T^*} \tag{2.597}$$

此时薄板内质点的 Z 方向位移表达式应为

$$u_Z(r,t)=\frac{QrL^*}{2\eta\rho h}\left\{t\Re\left(\frac{r^2}{4\eta t}\right)-(t-\tau)\Re\left[\frac{r^2}{4\eta(t-\tau)}\right]\right\} \tag{2.598}$$

若定义无量纲时间、无量纲径向距离和无量纲脉冲时间分别为

$$t^*=\frac{t}{\tau},\quad r^*=\frac{r}{h},\quad \tau^*=\frac{4\eta\tau}{h^2} \tag{2.599}$$

则式 (2.598) 可写为

$$u_Z(r,t)=\frac{Qh^2}{8\eta^2\rho}L^*\tau^*r^*\left\{t^*\Re\left(\frac{r^{*2}}{\tau^*t^*}\right)-(t^*-1)\Re\left[\frac{r^{*2}}{\tau^*(t^*-1)}\right]\right\} \tag{2.600}$$

定义无量纲脉冲强度和无量纲质点位移分别为

$$Q^* = \frac{Qh^2}{8\rho\eta^2} \; u_Z^*(r,t) = \frac{u_Z(r,t)}{Q^*\tau^*L^*} \tag{2.601}$$

则式 (2.600) 可表达为无量纲形式：

$$u_Z^*(r,t) = r^*\left\{t^*\Re\left(\frac{r^{*2}}{\tau^*t^*}\right) - (t^*-1)\Re\left[\frac{r^{*2}}{\tau^*(t^*-1)}\right]\right\} \tag{2.602}$$

根据式 (2.600) 可以绘制不同无量纲时间对应的无量纲质点位移场曲线，取无量纲脉冲时间值为 1，可以得到曲线如图 2.48 所示。

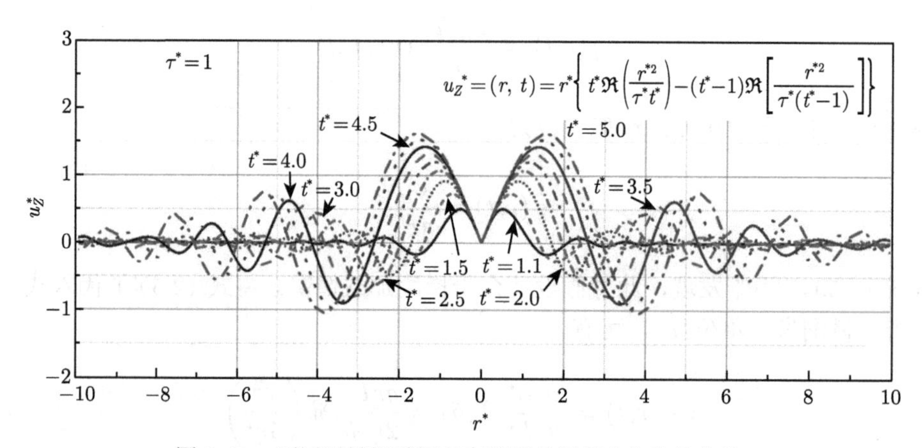

图 2.48　不同无量纲时间对应的无量纲质点位移场曲线

若我们考虑冲击加载，取

$$g'(t) = \delta(t) \tag{2.603}$$

代替式 (2.579)，式 (2.603) 显示此时 Dirac 函数的量纲为 T^{-1}，即有

$$g(t) = H\langle t\rangle \tag{2.604}$$

式中，Heaviside 函数为无量纲量。

类似地可以推导得到

$$u_Z(r,t) = \frac{2L^*}{\pi}\int_0^t \frac{1}{(t-\tau)}\sin\left[\frac{r^2}{4\eta(t-\tau)}\right]\mathrm{d}\tau \tag{2.605}$$

即有

$$u_Z(r,t) = \frac{2L^*}{\pi}\int_{r^2/(4\eta t)}^{\infty}\frac{\sin\kappa}{\kappa}\mathrm{d}\tau = \frac{2L^*}{\pi}\left(\int_0^{\infty}\frac{\sin\kappa}{\kappa}\mathrm{d}\kappa - \int_0^{r^2/(4\eta t)}\frac{\sin\kappa}{\kappa}\mathrm{d}\kappa\right) \tag{2.606}$$

类似地，式 (2.606) 可进一步简化为

$$u_Z(r,t)=\frac{2L^*}{\pi}\left(\frac{\pi}{2}-\int_0^{\vartheta}\frac{\sin\kappa}{\kappa}\mathrm{d}\kappa\right) \tag{2.607}$$

Medick(1961) 和 Graff(1975) 将式 (2.607) 中数字 2 利用加载应力代替，即

$$\frac{Q}{4\eta\rho h}=2 \tag{2.608}$$

式 (2.608) 其实可从以上推导中分析给出，该假设是合理的；不过式 (2.608) 两端量纲不一致，可以校正为

$$\frac{QL^*T^*}{4\eta\rho h}=2 \tag{2.609}$$

此时式 (2.607) 可表达为

$$u_Z(r,t)=\frac{QL^{*2}T^*}{4\pi\eta\rho h}\left(\frac{\pi}{2}-\int_0^{r^*/(t^*\tau^*)}\frac{\sin\kappa}{\kappa}\mathrm{d}\kappa\right) \tag{2.610}$$

定义无量纲脉冲强度和无量纲质点位移分别为

$$Q^*=\frac{QL^*T^*}{4\pi\eta\rho h},\quad u_Z^*(r,t)=\frac{u_Z(r,t)}{Q^*L^*} \tag{2.611}$$

则式 (2.610) 即可写为无量纲形式：

$$u_Z^*(r,t)=\frac{\pi}{2}-\int_0^{r^*/(t^*\tau^*)}\frac{\sin\kappa}{\kappa}\mathrm{d}\kappa \tag{2.612}$$

根据式 (2.612) 可以绘制不同无量纲时间对应的无量纲质点位移场曲线，也取无量纲脉冲时间值为 1，可以得到曲线如图 2.49 所示。

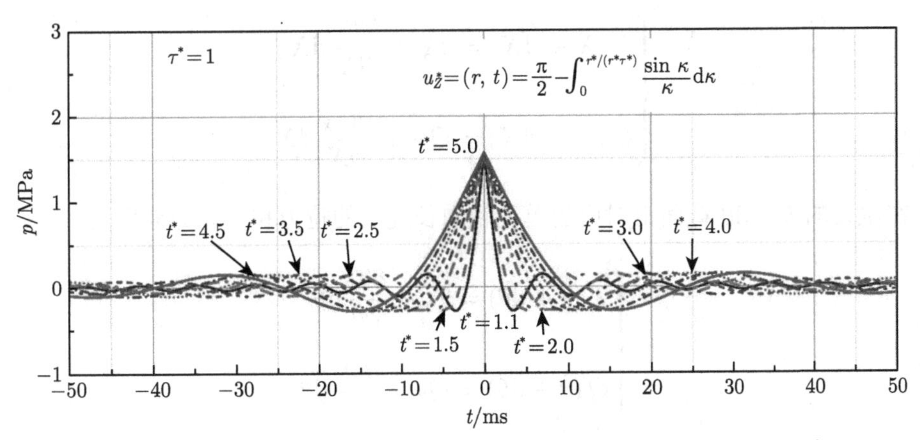

图 2.49 瞬态冲量作用时不同无量纲时间对应的无量纲质点位移场曲线

2.4.3 线弹性曲面薄壳中单纯应力波的传播

在 2.2 节中，我们对直杆中弯曲波进行了讨论，在此基础上考虑曲面杆即圆环中弯曲波的传播；类似地，本节以上对平面薄板和薄膜中的简单弯曲波进行了推导与分析，本小节对弯曲壳体中简单弯曲波的传播进行探讨。对于任意弯曲壳体中的弯曲波传播而言，其控制方程相对平面薄板中复杂得多，本小节只针对柱面壳体，不考虑壳截面的扭曲等行为，即考虑柱面薄膜壳中弯曲波传播问题。

如图 2.50 所示柱面薄膜壳，考虑半径为 R 厚度为 h 的柱壳，且有

$$h \ll R \tag{2.613}$$

考虑柱坐标系中柱面上角度为 θ 轴向坐标为 X 处质点的微元，微元的长度为 $\mathrm{d}X$、宽度为 $\mathrm{d}\theta$，设质点在 r、θ 和 X 三个坐标轴正方向上的位移分别为 u_r、u_θ 和 u_X。

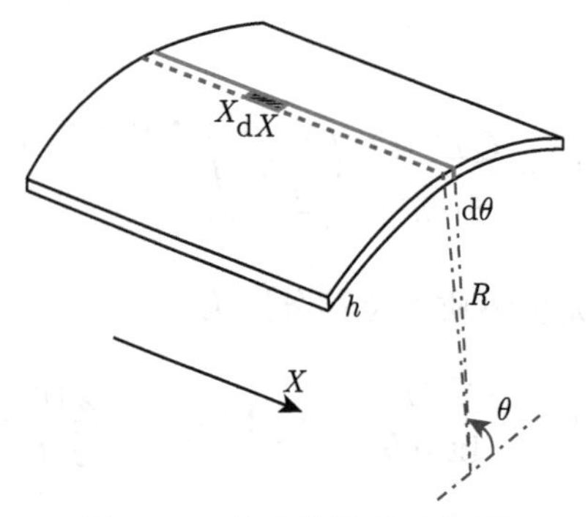

图 2.50　柱面薄膜壳示意图

将柱壳简化为薄膜，不考虑截面内在厚度方向上的应力变化。设微元 X 截面上单位环向长度上的拉力为 T_X，单位环向长度上的剪切力为 Q_X；在 θ 截面上单位轴向长度上的拉力为 T_θ，单位轴向长度上的剪切力为 Q_θ；如图 2.51 所示。则在微元的 $X+\mathrm{d}X$ 截面上对应的单位环向长度上的拉力和剪切力分别为

$$\begin{cases} T\left(X+\mathrm{d}X\right)=T_X+\dfrac{\partial T_X}{\partial X}\mathrm{d}X \\ Q\left(X+\mathrm{d}X\right)=Q_X+\dfrac{\partial Q_X}{\partial X}\mathrm{d}X \end{cases} \tag{2.614}$$

同理，在微元的 $\theta+\mathrm{d}\theta$ 截面上对应的单位轴向长度上的拉力和剪切力分别为

$$\begin{cases} T\left(\theta+\mathrm{d}\theta\right)=T_\theta+\dfrac{\partial T_\theta}{\partial \theta}\mathrm{d}\theta \\ Q\left(\theta+\mathrm{d}\theta\right)=Q_\theta+\dfrac{\partial Q_\theta}{\partial \theta}\mathrm{d}\theta \end{cases} \tag{2.615}$$

设柱壳材料密度为 ρ，其受到径向方向上的分布拉力为 q，根据图 2.51 可以给出 X、

r 和 θ 三个方向上的运动方程分别为

$$\begin{cases} -T_X R\mathrm{d}\theta + \left(T_X + \dfrac{\partial T_X}{\partial X}\mathrm{d}X\right) R\mathrm{d}\theta - Q_\theta \mathrm{d}X + \left(Q_\theta + \dfrac{\partial Q_\theta}{\partial \theta}\mathrm{d}\theta\right)\mathrm{d}X = \rho R\mathrm{d}\theta \mathrm{d}X h \dfrac{\partial^2 u_X}{\partial t^2} \\ -T_\theta \mathrm{d}X + \left(T_\theta + \dfrac{\partial T_\theta}{\partial \theta}\mathrm{d}\theta\right)\mathrm{d}X - Q_X R\mathrm{d}\theta + \left(Q_X + \dfrac{\partial Q_X}{\partial X}\mathrm{d}X\right) R\mathrm{d}\theta = \rho R\mathrm{d}\theta \mathrm{d}X h \dfrac{\partial^2 u_\theta}{\partial t^2} \\ -T_\theta \dfrac{\mathrm{d}\theta}{2}\mathrm{d}X - \left(T_\theta + \dfrac{\partial T_\theta}{\partial \theta}\mathrm{d}\theta\right)\dfrac{\mathrm{d}\theta}{2}\mathrm{d}X + qR\mathrm{d}\theta\mathrm{d}X = \rho R\mathrm{d}\theta\mathrm{d}X h\dfrac{\partial^2 u_r}{\partial t^2} \end{cases} \tag{2.616}$$

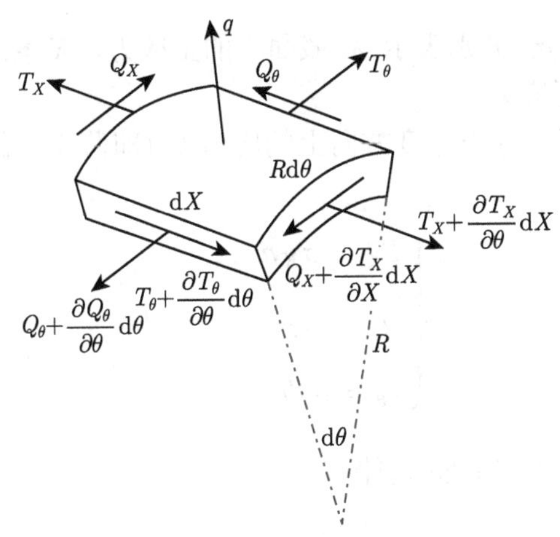

图 2.51 柱面薄膜壳微元受力示意图

式 (2.616) 简化后即可得到

$$\begin{cases} \dfrac{\partial T_X}{\partial X} + \dfrac{1}{R}\dfrac{\partial Q_\theta}{\partial \theta} = \rho h \dfrac{\partial^2 u_X}{\partial t^2} \\ \dfrac{1}{R}\dfrac{\partial T_\theta}{\partial \theta} + \dfrac{\partial Q_X}{\partial X} = \rho h \dfrac{\partial^2 u_\theta}{\partial t^2} \\ -\dfrac{T_\theta}{R} - \dfrac{1}{R}\dfrac{\partial T_\theta}{\partial \theta}\dfrac{\mathrm{d}\theta}{2} + q = \rho h \dfrac{\partial^2 u_r}{\partial t^2} \end{cases} \tag{2.617}$$

式 (2.617) 进一步忽略高阶小量，可以给出运动方程组为

$$\begin{cases} \dfrac{\partial T_X}{\partial X} + \dfrac{1}{R}\dfrac{\partial Q_\theta}{\partial \theta} = \rho h \dfrac{\partial^2 u_X}{\partial t^2} \\ \dfrac{1}{R}\dfrac{\partial T_\theta}{\partial \theta} + \dfrac{\partial Q_X}{\partial X} = \rho h \dfrac{\partial^2 u_\theta}{\partial t^2} \\ -\dfrac{T_\theta}{R} + q = \rho h \dfrac{\partial^2 u_r}{\partial t^2} \end{cases} \tag{2.618}$$

图 2.51 中截面受力皆为单位长度上的力，并不是应力；其与对应的应力之间的关系应为

$$
\begin{cases}
T_X = \displaystyle\int_{-h/2}^{h/2} \sigma_X \mathrm{d}z \\
Q_X = \displaystyle\int_{-h/2}^{h/2} \tau_{X\theta} \mathrm{d}z = \int_{-h/2}^{h/2} \tau_{\theta X} \mathrm{d}z \\
T_\theta = \displaystyle\int_{-h/2}^{h/2} \sigma_\theta \mathrm{d}z
\end{cases}
\tag{2.619}
$$

式中，σ_X、$\tau_{X\theta}$、$\tau_{\theta X}$ 和 σ_θ 分别表示 X 截面上的正应力、X 截面上的剪应力、θ 截面上的剪应力和 θ 截面上的正应力。

本小节以上假设不考虑柱壳厚度方向上的应力差 (即薄膜壳假设)，因此式 (2.619) 可以具体表达为

$$
\begin{cases}
T_X = \sigma_X h \\
Q_X = \tau_{X\theta} h = \tau_{\theta X} h \\
T_\theta = \sigma_\theta h
\end{cases}
\tag{2.620}
$$

根据线弹性材料变形的 Hooke 定律有

$$
\begin{cases}
\sigma_X = \dfrac{E}{1-\nu^2}\left(\varepsilon_X + \nu\varepsilon_\theta\right) \\
\tau_{X\theta} = \tau_{\theta X} = G\gamma = \dfrac{E\gamma}{2\left(1+\nu\right)} \\
\sigma_\theta = \dfrac{E}{1-\nu^2}\left(\varepsilon_\theta + \nu\varepsilon_X\right)
\end{cases}
\tag{2.621}
$$

式中，ε_X、γ 和 ε_θ 分别表示轴线方向上的正应变、剪应变和环线方向上的正应变。

将式 (2.621) 代入式 (2.620)，可以给出

$$
\begin{cases}
T_X = \dfrac{Eh}{1-\nu^2}\left(\varepsilon_X + \nu\varepsilon_\theta\right) \\
Q_X = Q_\theta = G\gamma h = \dfrac{E\gamma h}{2\left(1+\nu\right)} \\
T_\theta = \dfrac{Eh}{1-\nu^2}\left(\varepsilon_\theta + \nu\varepsilon_X\right)
\end{cases}
\tag{2.622}
$$

参考 2.2.3 节中圆环的变形，并考虑到式 (2.613) 所示条件，可以给出

$$\begin{cases} \varepsilon_X = \dfrac{\partial u_X}{\partial X} \\ \gamma = \dfrac{\partial u_\theta}{\partial X} + \dfrac{1}{R}\dfrac{\partial u_X}{\partial \theta} \\ \varepsilon_\theta = \dfrac{1}{R}\left(u_r + \dfrac{\partial u_\theta}{\partial \theta}\right) \end{cases} \tag{2.623}$$

将式 (2.623) 代入式 (2.622)，可以得到

$$\begin{cases} T_X = \dfrac{Eh}{1-\nu^2}\left(\dfrac{\partial u_X}{\partial X} + \dfrac{\nu u_r}{R} + \dfrac{\nu}{R}\dfrac{\partial u_\theta}{\partial \theta}\right) \\ Q_X = Q_\theta = \dfrac{Eh}{2(1+\nu)}\left(\dfrac{\partial u_\theta}{\partial X} + \dfrac{1}{R}\dfrac{\partial u_X}{\partial \theta}\right) \\ T_\theta = \dfrac{Eh}{1-\nu^2}\left(\dfrac{u_r}{R} + \dfrac{1}{R}\dfrac{\partial u_\theta}{\partial \theta} + \nu\dfrac{\partial u_X}{\partial X}\right) \end{cases} \tag{2.624}$$

再将式 (2.624) 代入运动方程组 (2.618)，可以得到

$$\begin{cases} \left(\dfrac{\partial^2 u_X}{\partial X^2} + \dfrac{\nu}{R}\dfrac{\partial u_r}{\partial X} + \dfrac{\nu}{R}\dfrac{\partial^2 u_\theta}{\partial X \partial \theta}\right) + \dfrac{1-\nu}{2R}\left(\dfrac{\partial^2 u_\theta}{\partial X \partial \theta} + \dfrac{1}{R}\dfrac{\partial^2 u_X}{\partial \theta^2}\right) = \dfrac{\rho(1-\nu^2)}{E}\dfrac{\partial^2 u_X}{\partial t^2} \\ \dfrac{1}{R}\left(\dfrac{1}{R}\dfrac{\partial u_r}{\partial \theta} + \dfrac{1}{R}\dfrac{\partial^2 u_\theta}{\partial \theta^2} + \nu\dfrac{\partial^2 u_X}{\partial X \partial \theta}\right) + \dfrac{1-\nu}{2}\left(\dfrac{\partial^2 u_\theta}{\partial X^2} + \dfrac{1}{R}\dfrac{\partial^2 u_X}{\partial X \partial \theta}\right) = \dfrac{\rho(1-\nu^2)}{E}\dfrac{\partial^2 u_\theta}{\partial t^2} \\ -\dfrac{1}{R}\left(\dfrac{u_r}{R} + \dfrac{1}{R}\dfrac{\partial u_\theta}{\partial \theta} + \nu\dfrac{\partial u_X}{\partial X}\right) + \dfrac{q(1-\nu^2)}{Eh} = \dfrac{\rho(1-\nu^2)}{E}\dfrac{\partial^2 u_r}{\partial t^2} \end{cases} \tag{2.625}$$

1. 薄壳中线弹性谐波的传播与演化

若考虑轴对称问题，并假设柱壳外部受力为零，即 $q=0$，式 (2.625) 即可简化为

$$\begin{cases} \dfrac{\partial^2 u_X}{\partial X^2} + \dfrac{\nu}{R}\dfrac{\partial u_r}{\partial X} = \dfrac{\rho(1-\nu^2)}{E}\dfrac{\partial^2 u_X}{\partial t^2} \\ \dfrac{1-\nu}{2}\dfrac{\partial^2 u_\theta}{\partial X^2} = \dfrac{\rho(1-\nu^2)}{E}\dfrac{\partial^2 u_\theta}{\partial t^2} \\ -\dfrac{1}{R}\left(\dfrac{u_r}{R} + \nu\dfrac{\partial u_X}{\partial X}\right) = \dfrac{\rho(1-\nu^2)}{E}\dfrac{\partial^2 u_r}{\partial t^2} \end{cases} \tag{2.626}$$

从式 (2.626) 中三个运动方程可以看出，轴线位移与径向位移总是耦合出现，而环向位移对应的运动方程却是独立的，如式 (2.626) 中的第二式，即有

$$\frac{\partial^2 u_\theta}{\partial X^2}=\frac{2\rho\left(1+\nu\right)}{E}\frac{\partial^2 u_\theta}{\partial t^2}=\frac{\rho}{G}\frac{\partial^2 u_\theta}{\partial t^2} \tag{2.627}$$

或

$$\frac{\partial^2 u_\theta}{\partial t^2}=C_\mu^2\frac{\partial^2 u_\theta}{\partial X^2} \tag{2.628}$$

式中

$$C_\mu=\sqrt{\frac{G}{\rho}} \tag{2.629}$$

式 (2.628) 是一个典型的一维波动方程，其物理意义很明显。结合式 (2.628) 和式 (2.629) 可以看出，薄膜柱壳中环向位移引起的应力波在轴线方向上总是以剪切波或扭转波波速传播；事实上，此结论不同壁厚的柱壳甚至圆柱杆皆适用，1.2.1 节中一维杆中扭转波的传播结论即说明了这一点。

设柱壳中应力波传播过程中质点的轴线和径向位移满足谐波方程：

$$\begin{cases}u_X=A\exp\left[\mathrm{i}\left(kX-\omega t\right)\right]\\u_r=B\exp\left[\mathrm{i}\left(kX-\omega t\right)\right]\end{cases} \tag{2.630}$$

式中，A 和 B 为波幅，在此为待定常数。

将式 (2.630) 代入式 (2.626) 中第一式和第三式，即可得到

$$\begin{cases}k^2A-\dfrac{B\nu\mathrm{i}k}{R}=\omega^2A\dfrac{\rho\left(1-\nu^2\right)}{E}\\\dfrac{B}{R}+A\nu\mathrm{i}k=\omega^2RB\dfrac{\rho\left(1-\nu^2\right)}{E}\end{cases} \tag{2.631}$$

若定义某波速为

$$C_t=\sqrt{\frac{E}{\rho\left(1-\nu^2\right)}} \tag{2.632}$$

则式 (2.631) 则可简化为

$$\begin{cases}k^2A-\dfrac{\omega^2A}{C_t^2}-\dfrac{B\nu\mathrm{i}k}{R}=0\\A\nu\mathrm{i}k+\dfrac{B}{R}-\dfrac{\omega^2RB}{C_t^2}=0\end{cases} \tag{2.633}$$

或写为矩阵形式：

$$\begin{bmatrix}k^2-\dfrac{\omega^2}{C_t^2} & -\dfrac{\nu\mathrm{i}k}{R}\\\nu\mathrm{i}k & \dfrac{1}{R}-\dfrac{\omega^2R}{C_t^2}\end{bmatrix}\begin{bmatrix}A\\B\end{bmatrix}=\begin{bmatrix}0\\0\end{bmatrix} \tag{2.634}$$

式 (2.634) 显示，方程组 (2.633) 存在解的必要条件是

$$\begin{vmatrix} k^2 - \dfrac{\omega^2}{C_t^2} & -\dfrac{\nu \mathrm{i} k}{R} \\ \nu \mathrm{i} k & \dfrac{1}{R} - \dfrac{\omega^2 R}{C_t^2} \end{vmatrix} = 0 \tag{2.635}$$

即

$$\frac{\omega^4 R}{C_t^4} - \frac{\omega^2 k^2 R}{C_t^2} - \frac{\omega^2}{C_t^2 R} + \frac{k^2}{R}\left(1-\nu^2\right) = 0 \tag{2.636}$$

因此，可以给出谐波传播的相速度 C(后面也将其称为波速) 满足方程：

$$\frac{C^4}{C_t^4} - \left(1 + \frac{1}{k^2 R^2}\right)\frac{C^2}{C_t^2} + \frac{1-\nu^2}{k^2 R^2} = 0 \tag{2.637}$$

式中

$$C = \frac{\omega}{k} \tag{2.638}$$

对于波数极小或波长极大的谐波而言，式 (2.637) 可表达为

$$\lim_{k\to 0} k^2 R^2 \frac{C^4}{C_t^4} - \left(k^2 R^2 + 1\right)\frac{C^2}{C_t^2} + \left(1-\nu^2\right) = 0 \tag{2.639}$$

即

$$C^2 = \left(1-\nu^2\right) C_t^2 \tag{2.640}$$

综合式 (2.640) 和式 (2.632) 可以得到

$$\lim_{k\to 0} C = \sqrt{\frac{E}{\rho}} \tag{2.641}$$

即表示此时谐波的波速等于材料的一维纵波波速。

如定义无量纲谐波相速度为

$$C^* = \frac{C}{C_t} \tag{2.642}$$

并定义无量纲波长为

$$\lambda^* = \frac{1}{kR} = 0 \tag{2.643}$$

则式 (2.637) 可以进一步简化为

$$C^{*4} - \left(1 + \lambda^{*2}\right) C^{*2} + \left(1-\nu^2\right)\lambda^{*2} = 0 \tag{2.644}$$

容易给出式 (2.644) 的解为

$$C^{*2} = \frac{(1+\lambda^{*2}) \pm \sqrt{(1+\lambda^{*2})^2 - 4(1-\nu^2)\lambda^{*2}}}{2} \tag{2.645}$$

根据式 (2.645)，可以给出谐波无量纲波速与无量纲波长之间函数关系的对应曲线，如图 2.52 所示。图 2.52(a) 为材料 Poisson 比为 0.3 时的情况，容易看出，两个解都显示随着无量纲波长的增大其无量纲波速也逐渐增大；图 2.52(b) 为 Poisson 比分别为 0.0、0.3 和 0.5 三种情况下的对比图。

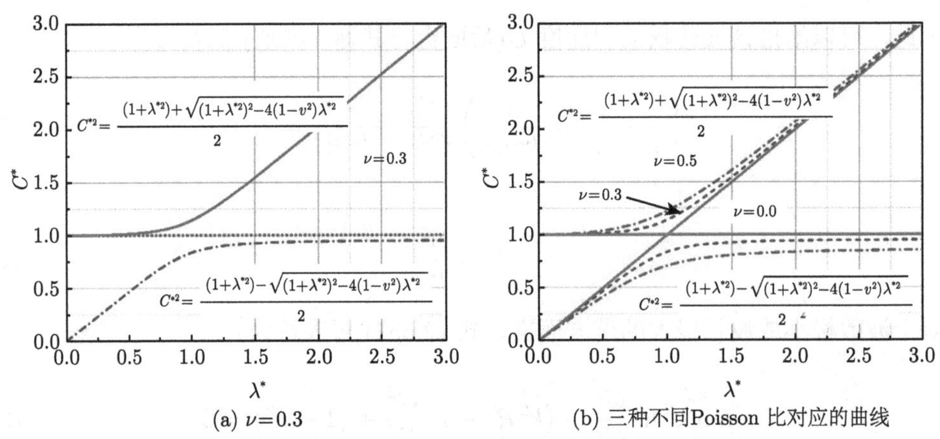

(a) $\nu=0.3$ (b) 三种不同Poisson 比对应的曲线

图 2.52 柱壳中谐波无量纲波速与无量纲波长关系曲线

当谐波的波数极大或波长极小时，有

$$\lim_{k\to\infty} C^* = \lim_{\lambda^*\to 0} C^* = \lim_{\lambda^*\to 0}\sqrt{\frac{(1+\lambda^{*2}) \pm \sqrt{(1+\lambda^{*2})^2 - 4(1-\nu^2)\lambda^{*2}}}{2}} = \begin{cases} 0 \\ 1 \end{cases} \tag{2.646}$$

当柱壳的半径极大时，也有

$$\lim_{R\to\infty} C^* = \lim_{\lambda^*\to 0} C^* = \begin{cases} 0 \\ 1 \end{cases} \tag{2.647}$$

2. 薄壳的轴向正冲击行为

考虑轴对称薄膜柱壳的瞬态弹性冲击问题，如图 2.53 所示。设柱壳的半径为 R(实际上为柱壳中心到壳中心面的距离，由于柱壳厚度远小于半径，这里近似为柱壳内径)，柱壳的厚度为 h。

设柱壳在初始时刻以速度 V_0 正撞击上一个刚性平面，在弹性阶段且对于轴对称问题，根据式 (2.626)，此问题的控制方程即可简化为

$$\begin{cases} \dfrac{\partial^2 u_X}{\partial X^2} + \dfrac{\nu}{R}\dfrac{\partial u_r}{\partial X} = \dfrac{\rho\left(1-\nu^2\right)}{E}\dfrac{\partial^2 u_X}{\partial t^2} \\ -\dfrac{1}{R}\left(\dfrac{u_r}{R} + \nu\dfrac{\partial u_X}{\partial X}\right) = \dfrac{\rho\left(1-\nu^2\right)}{E}\dfrac{\partial^2 u_r}{\partial t^2} \end{cases} \tag{2.648}$$

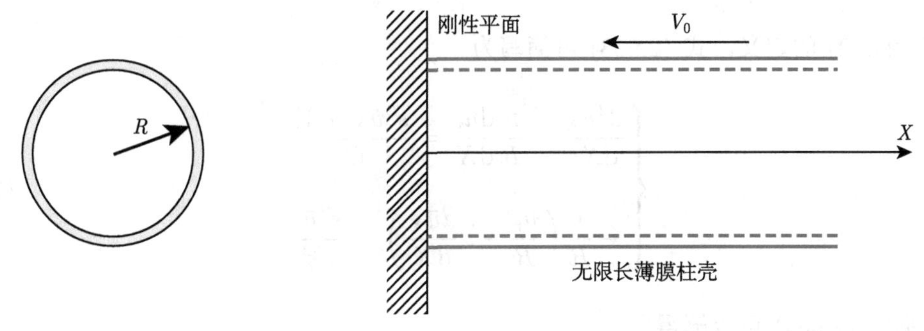

图 2.53 轴对称柱壳的轴向正冲击示意图

且有初始条件：

$$\begin{cases} u_X\left(X,0\right)=0 \\ u_r\left(X,0\right)=0 \end{cases}, \quad \begin{cases} \dfrac{\partial u_X\left(X,0\right)}{\partial t} = -V_0 \\ \dfrac{\partial u_r\left(X,0\right)}{\partial t} = 0 \end{cases} \tag{2.649}$$

和边界条件：

$$\begin{cases} \dfrac{\partial u_X\left(0,t\right)}{\partial t} = 0 \\ \dfrac{\partial u_X\left(\infty,t\right)}{\partial t} = -V_0 \end{cases} \tag{2.650}$$

对式 (2.648) 进行 Laplace 变换，可以得到

$$\begin{cases} \dfrac{\partial^2 \bar{u}_X}{\partial X^2} + \dfrac{\nu}{R}\dfrac{\partial \bar{u}_r}{\partial X} = \dfrac{\rho\left(1-\nu^2\right)}{E}\left[s^2\bar{u}_X - su_X\left(X,0\right) - \dfrac{\partial u_X\left(X,0\right)}{\partial t}\right] \\ -\dfrac{1}{R}\left(\dfrac{\bar{u}_r}{R} + \nu\dfrac{\partial \bar{u}_X}{\partial X}\right) = \dfrac{\rho\left(1-\nu^2\right)}{E}\left[s^2\bar{u}_r - su_r\left(X,0\right) - \dfrac{\partial u_r\left(X,0\right)}{\partial t}\right] \end{cases} \tag{2.651}$$

式中

$$\begin{cases} \bar{u}_X\left(X,s\right) = \displaystyle\int_0^\infty u_X\left(X,t\right)\mathrm{e}^{-st}\mathrm{d}t \\ \bar{u}_r\left(X,s\right) = \displaystyle\int_0^\infty u_r\left(X,t\right)\mathrm{e}^{-st}\mathrm{d}t \end{cases} \tag{2.652}$$

将初始条件式 (2.649) 代入式 (2.651)，即可得到

$$\begin{cases}\dfrac{\mathrm{d}^2\bar{u}_X}{\mathrm{d}X^2}+\dfrac{\nu}{R}\dfrac{\mathrm{d}\bar{u}_r}{\mathrm{d}X}=\dfrac{\rho\left(1-\nu^2\right)}{E}\left(s^2\bar{u}_X+V_0\right)\\[2ex]-\dfrac{1}{R}\left(\dfrac{\bar{u}_r}{R}+\nu\dfrac{\mathrm{d}\bar{u}_X}{\mathrm{d}X}\right)=\dfrac{\rho\left(1-\nu^2\right)}{E}\left(s^2\bar{u}_r\right)\end{cases} \tag{2.653}$$

结合式 (2.632) 的定义，式 (2.653) 可简写为

$$\begin{cases}\dfrac{\mathrm{d}^2\bar{u}_X}{\mathrm{d}X^2}+\dfrac{\nu}{R}\dfrac{\mathrm{d}\bar{u}_r}{\mathrm{d}X}=\dfrac{s^2\bar{u}_X+V_0}{C_t^2}\\[2ex]-\dfrac{1}{R}\left(\dfrac{\bar{u}_r}{R}+\nu\dfrac{d\bar{u}_X}{\mathrm{d}X}\right)=\dfrac{s^2\bar{u}_r}{C_t^2}\end{cases} \tag{2.654}$$

根据式 (2.654) 可以解得

$$\frac{\mathrm{d}^2\bar{u}_X}{\mathrm{d}X^2}-s^2\zeta^2\bar{u}_X=\zeta^2V_0 \tag{2.655}$$

式中

$$\zeta^2=\frac{s^2+C_t^2/R^2}{C_t^2\left(s^2+C_0^2/R^2\right)},\quad C_0^2=\frac{E}{\rho} \tag{2.656}$$

可以解二阶常微分方程式 (2.655) 得到

$$\bar{u}_X=A\mathrm{e}^{-s\zeta X}+B\mathrm{e}^{s\zeta X}-\frac{V_0}{s^2} \tag{2.657}$$

式中，A 和 B 为待定系数。对边界条件式 (2.650) 进行 Laplace 变换，并结合初始条件式 (2.649)，可以得到

$$\begin{cases}\bar{u}_X\left(0,s\right)=0\\[1ex]\bar{u}_X\left(\infty,s\right)=-\dfrac{V_0}{s^2}\end{cases} \tag{2.658}$$

将式 (2.658) 代入式 (2.657)，即可给出

$$\bar{u}_X=\frac{V_0}{s^2}\mathrm{e}^{-s\zeta X}-\frac{V_0}{s^2} \tag{2.659}$$

将式 (2.659) 代入式 (2.654)，可以得到

$$\bar{u}_r=\frac{\nu V_0}{Rs}\frac{\zeta C_t^2}{s^2+C_t^2/R^2}\mathrm{e}^{-s\zeta X} \tag{2.660}$$

根据式 (2.624) 中第一式，并考虑到轴对称这一假设，可以得到单位长度轴向力为

$$T_X = \frac{Eh}{1-\nu^2}\left(\frac{\partial u_X}{\partial X} + \frac{\nu u_r}{R}\right) \tag{2.661}$$

对式 (2.661) 进行 Laplace 变换，可以得到

$$\bar{T}_X = \frac{Eh}{1-\nu^2}\left(\frac{\mathrm{d}\bar{u}_X}{\mathrm{d}X} + \frac{\nu \bar{u}_r}{R}\right) \tag{2.662}$$

将式 (2.659) 和式 (2.660) 代入式 (2.662)，即可得到

$$\bar{T}_X = -\frac{EhV_0}{C_0^2}\frac{1}{s\zeta}\mathrm{e}^{-s\zeta X} \tag{2.663}$$

利用留数定理对式 (2.663) 进行 Laplace 逆变换，可以得到相关曲线。具体过程可参考相关文献，在此不做详述。

第 3 章　线弹性波在交界面上的透反射与共轴对撞问题

在一维杆中应力波的传播路径上存在很多波面，如图 3.1 所示，而最前方的波面把受扰动的介质与未受扰动的介质分开，广义地讲，就是未扰动介质与被扰动介质的分界面，本书把它称为波阵面。也就是说，波阵面是此波形成多个波面的最前方一个波面。在数学上，我们把波阵面视为一个所谓的奇异面，当跨过这个奇异面时介质中的某些物理量发生某种间断。波阵面不一定是平面，但在一维杆中，传播过程中波阵面一直保持平面状态。

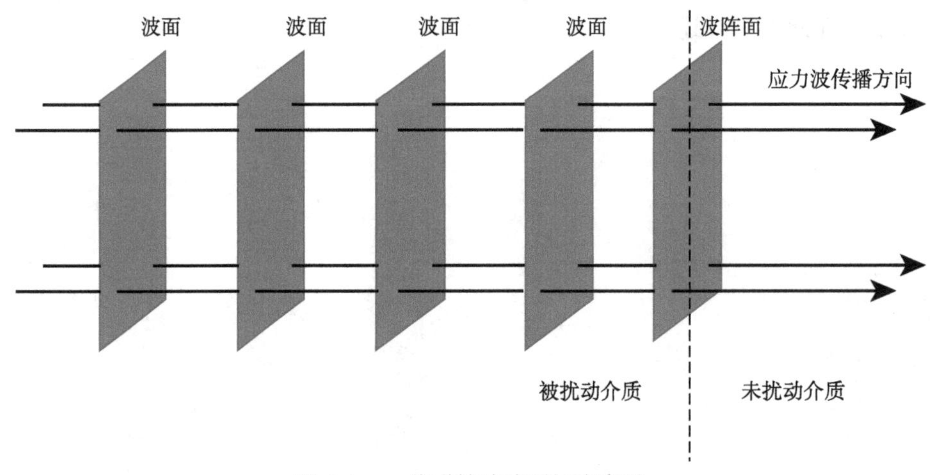

图 3.1　一维弹性波波面与波阵面

容易知道，在 L 氏空间中一维杆中波阵面的运动速度即为物质波速或声速，设 t 时刻波阵面到达 L 氏坐标为 X 的杆截面，则波阵面运动规律的 L 氏描述 (L 氏波阵面) 可写为

$$\begin{cases} X = X_w(t) \\ t = t_w(X) \end{cases} \tag{3.1}$$

式中，$X_w(t)$ 和 $t_w(X)$ 分别表示波阵面上的位移和时间参数。式 (3.1) 的物理意义是：对于特定介质而言，波阵面对应的 L 氏坐标只是时间的函数，即时间是确定波阵面 L 氏坐标的唯一因素，特定时间对应的波阵面 L 氏坐标是特定的，不同时间对应的波阵面 L 氏坐标必定不同；反之，波阵面 L 氏坐标也是确定时间的唯一因素，波阵面在不同 L 氏坐标时对应的时间必定不同。因此，波阵面 L 氏坐标 X_w 对时间 t 的导数和时间 t_w 对波阵面 L 氏坐标 X 的导数皆为全导数。根据定义可以求出 L 氏波速或物质波速为

$$C = \frac{\mathrm{d}X_w(t)}{\mathrm{d}t} \tag{3.2}$$

式 (3.2) 表明：物质波速表示单位时间内波阵面所经过的距离在初始构形中的长度，在一定程度上反映了波阵面所经过的物质量的多少。

然而，虽然介质声速是一个固有属性，其值与坐标系即观察者的运动无关，但波阵面在空间上的速度与观察者的空间状态相关，这种波阵面在空间中的传播速度称为空间波速，本质上其为 Euler 坐标系中波速，即应力波波速的 E 氏描述，其表达式可写为

$$c = \frac{\mathrm{d}x_w(t)}{\mathrm{d}t} = \left.\frac{\partial x}{\partial t}\right|_{X_w} + \left.\frac{\partial x}{\partial X_w}\right|_t \cdot \frac{\mathrm{d}X_w}{\mathrm{d}t} = \left.\frac{\partial x}{\partial t}\right|_{X_w} + \left.\frac{\partial x}{\partial X_w}\right|_t \cdot C \tag{3.3}$$

式中，c 表示空间波速。式 (3.3) 中右端第一项表示站在波阵面所在特定质点 $X = X_w$ 上感受到的其空间位置的移动速度，容易知道，该项即为质点运动速度：

$$v = \left.\frac{\partial x}{\partial t}\right|_{X_w} \tag{3.4}$$

根据 Lagrange 坐标与 Euler 坐标转换的推导结论，可知式 (3.3) 中右端第二项内：

$$\left.\frac{\partial x}{\partial X_w}\right|_t = 1 + \varepsilon \tag{3.5}$$

因此，式 (3.3) 最终可写为

$$c = v + C(1 + \varepsilon) \tag{3.6}$$

式 (3.6) 即为一维杆中应力波传播的空间波速 c 与物质波速 C 之间的关系。该式表明：与物质波速不同，空间波速与质点的运动速度 v 相关，同时也与介质的应变状态相关。式 (3.6) 的物理意义也是很清楚的：物质波速 C 的值等于单位时间内波所走过的一段杆在初始构形中的长度值，具有工程应变 ε 的该段杆在瞬时构形中的当前长度值为 $C(1+\varepsilon)$，再加上质点本身单位时间内所移动的距离数值上与速度 v 值相等，即得波在单位时间内所走过的空间距离即空间波速 c。其中

$$c^* = C(1 + \varepsilon) = c - v \tag{3.7}$$

表示波相对于介质质点的相对波速，称为局部波速，它与介质的物质波速一样完全是由介质的性质所决定。

3.1 一维杆中线弹性波在交界面上的透反射

在连续介质力学中，除了发生断裂的情况外，位移总是连续的；基于连续介质力学框架上的应力波传播过程中波阵面上的介质质点位移 u 也必定连续。我们将跨过这种“具有导数间断”的奇异面时发生间断的位移导数的阶数称为波阵面的阶。跨过波阵面时位移 u 本身保持连续而其一阶导数发生间断的波阵面称为一阶奇异面，跨过波阵面时位移 u 本身及其一阶导数 (质点速度 v 和应变 ε) 保持连续而其二阶导数发生间断的波阵面称为二阶奇异面，以此类推，跨过奇异面时位移 u 本身以及直至其 $n-1$ 阶导数都连续而其 n 阶导数发生间断的波阵面称为 n 阶奇异面。

3.1.1　一维线弹性波波阵面上的守恒方程

根据一维杆中纵波波速的定义可知，波阵面的运动迹线为

$$\frac{\mathrm{d}X}{\mathrm{d}t} = \frac{\mathrm{d}X_w}{\mathrm{d}t} = C \tag{3.8}$$

一般将 X-t 平面称为物理平面，在物理平面上波阵面运动规律的 L 氏描述即 L 氏波阵面 $X = X_w(t)$ 如图 3.2 中的曲线所示；需要说明的是：对于一般情况，介质中应力波传播的速度与介质瞬时应力或应变状态相关，即 $C = C(\sigma)$ 或 $C = C(\varepsilon)$，特殊情况下其为常数，如线弹性介质中应力波传播速度为常量。

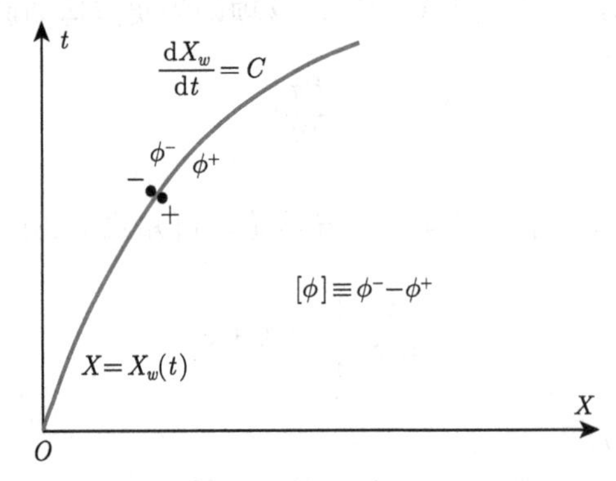

图 3.2　物理平面中波阵面迹线示意图

记号“+”和“−”分别表示波阵面紧前方和紧后方的两个相邻质点；上标“+”和“−”的物理量分别表示波阵面紧前方和紧后方的两个相邻质点上的对应物理量。

可以给出图 3.2 所示右行波波阵面的紧前方和紧后方质点上物理量 f 的随波导数以及两者之差分别为

$$\left\{\begin{aligned} \frac{\mathrm{d}f_w^+}{\mathrm{d}t} &= \left.\frac{\partial f}{\partial t}\right|_X^+ + C\cdot\left.\frac{\partial f}{\partial X}\right|_t^+ \\ \frac{\mathrm{d}f_w^-}{\mathrm{d}t} &= \left.\frac{\partial f}{\partial t}\right|_X^- + C\cdot\left.\frac{\partial f}{\partial X}\right|_t^- \end{aligned}\right. \Rightarrow \frac{\mathrm{d}\left[f_w\right]}{\mathrm{d}t} = \left.\left[\frac{\partial f}{\partial t}\right]\right|_X + C\cdot\left.\left[\frac{\partial f}{\partial X}\right]\right|_t \tag{3.9}$$

式中，符号 [ ] 表示波阵面紧后方的物理量减去紧前方的物理量，如

$$[\phi] \equiv \phi^- - \phi^+ \tag{3.10}$$

表示物理量 ϕ 由波阵面的紧前方跨至波阵面的紧后方时的跳跃量。当物理量 ϕ 在波阵面上连续时，$[\phi]=0$；当其在波阵面上间断时，$[\phi]\neq 0$，此时 $[\phi]$ 即是以物理量 ϕ 所表达的间断波强度。

式 (3.9) 将以物理量 f 所量度的间断波的强度 $[f_w]$ 随时间的变化率 $\mathrm{d}[f_w]/\mathrm{d}t$ 与量 f 两个偏导数的跳跃量 $\partial f/\partial t$ 和 $\partial f/\partial X$ 联系了起来。当物理量 f 本身连续时，即

$$[f_w] \equiv 0 \Rightarrow \frac{\mathrm{d}\left[f_w\right]}{\mathrm{d}t} \equiv 0 \tag{3.11}$$

若其一阶导数在波阵面上间断，则根据式 (3.9) 有

$$\left[\frac{\partial f}{\partial t}\right]\bigg|_X = -C\cdot\left[\frac{\partial f}{\partial X}\right]\bigg|_t \tag{3.12}$$

这就是著名的 Maxwell 定理。

取式 (3.12) 中物理量 f 为介质中质点 X 的位移 u，根据位移单值连续条件和式 (3.12)，可以得到

$$\left[\frac{\partial u}{\partial t}\right]\bigg|_X = -C\cdot\left[\frac{\partial u}{\partial X}\right]\bigg|_t \tag{3.13}$$

简化后有

$$[v] = -C\,[\varepsilon] \tag{3.14}$$

得出式 (3.14) 的物理依据是波阵面上的位移连续条件。对于一阶间断波即冲击波而言，式 (3.14) 即为应力波波阵面上的位移连续条件或运动学相容条件。式 (3.14) 的意义是把跨过冲击波波阵面时质点速度的跳跃量 $[v]$ 和工程应变的跳跃量 $[\varepsilon]$ 联系起来了。在一维杆内波动条件下，位移单值连续的条件是和物质既不产生也不消灭的质量守恒条件相等价的，故式 (3.14) 也是质量守恒的一种反映。在三维波动的情况下，位移连续条件所包含的内容比质量守恒条件更为丰富，后者只是前者的一个推论而已。

对于左行波而言，由于

$$\frac{\mathrm{d}X_w}{\mathrm{d}t} = -C \tag{3.15}$$

根据连续条件和几何相容关系，类似地可以得到

$$[v] = C\,[\varepsilon] \tag{3.16}$$

在波的传播过程中，无论纵波还是横波，其质点的速度与波传播的速度不一定相同，两者之间的物理意义完全不同，数值上也基本不相同；应力波波阵面上的连续条件形式简单，但给出了两者之间的函数关系，这使得我们通过测量其中一个量而推导出另一个量变得可能，因而其在实际中的应用非常广泛。

当应力波是二阶间断波或高阶间断波时，以上所给出右行波和左行波波阵面上的连续条件恒成立，因此此连续条件没有实用价值，严格来讲并不是有效的连续条件。类似地，可以推导得到此时有效的连续方程应为

$$\left[\frac{\partial^2 u}{\partial t^2}\right]\bigg|_X = C^2\cdot\left[\frac{\partial^2 u}{\partial X^2}\right]\bigg|_t \quad 或 \quad \left[\frac{\partial v}{\partial t}\right]\bigg|_X = C^2\cdot\left[\frac{\partial \varepsilon}{\partial X}\right]\bigg|_t \tag{3.17}$$

同理可以推导出更高阶间断波阵面上的位移连续条件。具体推导可以参考《固体中的应力波导论》相关章节。

如同以上分析，对于一维杆中应力波的传播而言，其位移连续关系是质量守恒定律的体现；同时，在杆中介质的运动还需满足动量守恒定律。以图 3.3 所示一维杆中一阶间断波即冲击波的传播为例，设介质的密度和杆的截面积分别为 ρ (对于弹性波而言，设压力相

对较小，波阵面前方和后方介质密度变化忽略不计) 和 A，假设一维杆中应力波波阵面为一个厚度为 δX 且无限薄 $\delta X \to 0$ 的微元，微元运动方向即为应力波的传播方向。图中，界面 1 坐标为 X_1，则界面 2 坐标为 $X_2 = X_1 + \delta X$。前面对闭口体系中动量定理概念进行了介绍，原则上讲，动量定理的 L 氏描述一般利用闭口体系进行分析；然而，本问题中虽然利用 L 氏坐标进行分析，却是站在波阵面上对问题进行分析，波阵面对应的物质坐标是不断变化的，波阵面内的介质也随之变化，此时利用开口体系的动量定理更为简单。所谓开口体系，是指在运动过程中体系是“开放的”，存在质量流入或流出，即存在动量流入或流出；此时动量定理可描述为：体系在单位时间内动量变化率等于动量的纯流入率和外力之和。

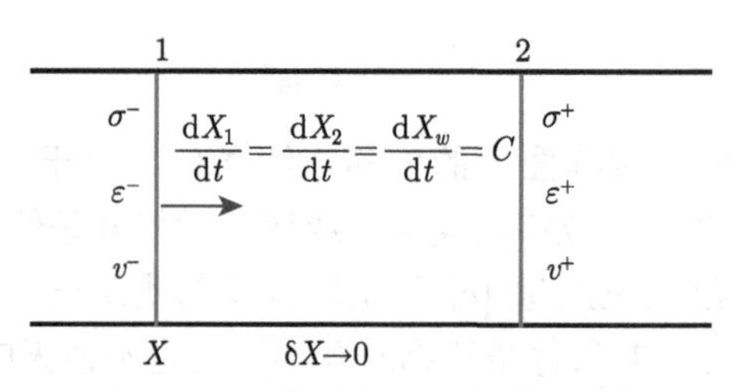

图 3.3　一维杆中开口体系间断波

如图 3.3 所示微元开口体系在单位时间内的动量变化率为

$$\frac{\rho A \cdot \delta X \cdot \mathrm{d}v_w(X,t)}{\mathrm{d}t} = \rho A \cdot \delta X \cdot \frac{\mathrm{d}v_w}{\mathrm{d}t} \tag{3.18}$$

界面 1 左侧介质中的应力和质点速度分别为 σ^- 和 v^-，界面 2 右侧介质中的应力和质点速度分别为 σ^+ 和 v^+，可以计算出微元开口体系所受外力的矢量和 (不考虑体力) 为

$$\sigma^+ A - \sigma^- A = A\left(\sigma^+ - \sigma^-\right) \tag{3.19}$$

当波阵面向前方运动时，外界在单位时间内向体系的动量纯流入率为

$$\frac{\rho A \cdot \mathrm{d}X_2 \cdot v^+}{\mathrm{d}t} - \frac{\rho A \cdot \mathrm{d}X_1 \cdot v^-}{\mathrm{d}t} = \rho A \cdot \left(\frac{\mathrm{d}X_2}{\mathrm{d}t} \cdot v^+ - \frac{\mathrm{d}X_1}{\mathrm{d}t} \cdot v^-\right) \tag{3.20}$$

根据开口体系的动量定理，并简化后可以得到方程：

$$\rho\delta X \frac{\mathrm{d}v(X,t)}{\mathrm{d}t} = \left(\sigma^+ - \sigma^-\right) + \rho\frac{\mathrm{d}X_2}{\mathrm{d}t}v^+ - \rho\frac{\mathrm{d}X_1}{\mathrm{d}t}v^- \tag{3.21}$$

式 (3.21) 即为一维杆中一阶间断波传播的动量方程，也可以认为是其动量守恒方程。当我们把此微元开口体系附着在无限薄的波阵面上时，即认为此微元长度 $\delta X \to 0$ 无限小，以至于可以认为

$$\frac{\mathrm{d}X_1}{\mathrm{d}t} = \frac{\mathrm{d}X_2}{\mathrm{d}t} = \frac{\mathrm{d}X_w}{\mathrm{d}t} = C \tag{3.22}$$

则有

$$-\rho\delta X\frac{\mathrm{d}v\left(X,t\right)}{\mathrm{d}t}=[\sigma]+\rho C\left[v\right] \tag{3.23}$$

容易看出，左端项相对于右端两项而言是高阶无穷小量，忽略无穷小量，即可以得到

$$[\sigma]=-\rho C\left[v\right] \tag{3.24}$$

式 (3.24) 成立的物理基础是附着在一阶间断波波阵面上无限薄层的动量守恒条件，故将其称为一阶间断波波阵面上的动量守恒条件或动力学相容条件。式 (3.24) 的意义在于它把跨越一阶间断波波阵面时的应力跳跃量与质点速度跳跃量联系起来了。

以上分析过程是针对右行波开展的，对于左行波而言，其推导过程基本相同，考虑到取 C 为波速的绝对值，对于左行波而言，应有

$$[\sigma]=\rho C\left[v\right] \tag{3.25}$$

式 (3.25) 即为左行波波阵面上的动量守恒条件或运动方程。

对于闭口体系而言，其动能守恒定律或热力学第一定律可表达为：单位时间内，闭口体系能量 (包含动能和内能) 增加量等于外部对体系所做的功和纯供热之和。对于波阵面上的能量守恒条件即可以表达为

$$\mathrm{d}U+\mathrm{d}K=\mathrm{d}W+\mathrm{d}Q \tag{3.26}$$

式中，$\mathrm{d}U$ 和 $\mathrm{d}K$ 分别表示在任意时间间隔 $\mathrm{d}t$ 内闭口体系内能的增加量和动能的增加量；$\mathrm{d}W$ 和 $\mathrm{d}Q$ 分别表示外部在 $\mathrm{d}t$ 时间内对闭口体系所做的功和纯供热。

在应力波的传播过程中，由于波动过程极快，外部供热效应通常来不及影响波动过程，所以我们可以近似地认为波动过程是绝热的，即所谓的绝热冲击波或绝热连续波，此时，外部对系统的纯供热：

$$\mathrm{d}Q\equiv 0 \tag{3.27}$$

式 (3.26) 即可简化为

$$\mathrm{d}U+\mathrm{d}K=\mathrm{d}W \tag{3.28}$$

一般而言，对于不太剧烈的连续波，可将之视为可逆的绝热等熵过程；而对于较剧烈的强间断冲击波，则可将之视为绝热熵增过程。

以图 3.4 所示一维杆右行冲击波为例，设杆的截面积为 A、密度为 ρ，在杆中存在一个向右传播且 L 氏波速为 C 的冲击波，其波阵面在 t 时刻到达 L 氏坐标为 X 处 (界面 1 处)，此时界面 1 紧后方的工程应力、工程应变、质点速度和比内能分别为 σ^-、ε^-、v^- 和 u^-，紧前方的工程应力、工程应变、质点速度和比内能分别为 σ^+、ε^+、v^+ 和 u^+；在 $t+\mathrm{d}t$ 时刻波阵面到达 L 氏坐标为 $X+C\mathrm{d}t$ 处 (界面 2 处)，此时界面 2 处紧后方的工程应力、工程应变、质点速度和比内能也分别为 σ^-、ε^-、v^- 和 u^-，紧前方的工程应力、工程应变、质点速度和比内能也分别为 σ^+、ε^+、v^+ 和 u^+；以界面 1 和界面 2 之间所包含的区域为闭口体系进行研究。

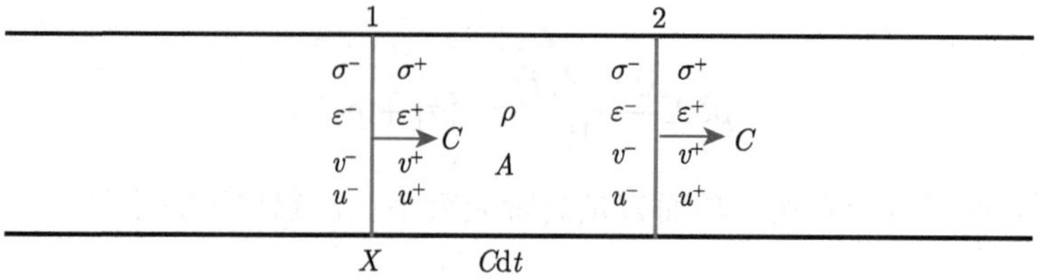

图 3.4　一维杆 L 氏描述闭口体系中冲击波能量守恒条件

根据图 3.4 可以得到冲击波传播过程中，dt 时间内，此微元闭口体系能量的增加量为

$$\mathrm{d}U = \rho AC\mathrm{d}t\left(u^- - u^+\right) = \rho AC\mathrm{d}t\,[u] \tag{3.29}$$

闭口体系动能的增加量为

$$\mathrm{d}K = \rho A\cdot C\mathrm{d}t\cdot\left[\frac{\left(v^-\right)^2}{2} - \frac{\left(v^+\right)^2}{2}\right] = \frac{1}{2}\rho A\cdot C\mathrm{d}t\cdot\left[v^2\right] \tag{3.30}$$

外部对闭口体系所做的功为

$$\mathrm{d}W = A\sigma^+\cdot v^+\mathrm{d}t - A\sigma^-\cdot v^-\mathrm{d}t = -A\mathrm{d}t\,[\sigma v] \tag{3.31}$$

将以上三式代入波阵面上的能量守恒条件 (3.28)，即有

$$\rho AC\mathrm{d}t\,[u] + \frac{1}{2}\rho A\cdot C\mathrm{d}t\cdot\left[v^2\right] = -A\mathrm{d}t\,[\sigma v] \tag{3.32}$$

简化后有

$$-\,[\sigma v] = \frac{1}{2}\rho C\left[v^2\right] + \rho C\,[u] \tag{3.33}$$

式 (3.33) 即为单位时间内冲击波扫过的一维杆中闭口体系的能量守恒条件。

前面根据一维杆中波阵面上的动量守恒定律，建立了右行冲击波波阵面紧前方和紧后方应力跳跃量与质点速度跳跃量之间的关系：

$$[\sigma] = -\rho C\,[v] \tag{3.34}$$

参考式 (3.34)，可以对式 (3.33) 中左端项进行拆解：

$$[\sigma v] = \sigma^-v^- - \sigma^+v^+ = \sigma^-v^- - \sigma^-v^+ + \sigma^-v^+ - \sigma^+v^+ = \sigma^-\,[v] + [\sigma]\,v^+ \tag{3.35}$$

或

$$[\sigma v] = \sigma^-v^- - \sigma^+v^+ = \sigma^-v^- - \sigma^+v^- + \sigma^+v^- - \sigma^+v^+ = [\sigma]\,v^- + \sigma^+\,[v] \tag{3.36}$$

式 (3.35) 和式 (3.36) 相加后求平均值，即有

$$[\sigma v] = \frac{1}{2}\,[\sigma]\left(v^+ + v^-\right) + \frac{1}{2}\left(\sigma^+ + \sigma^-\right)[v] \tag{3.37}$$

式 (3.37) 的物理意义是：外面力对上述闭口体系的功率可以分解为两项，其中第一项表示冲击波前后方的不均衡面力在前后方平均速度上的刚度功率，第二项则表示冲击波前后方的均衡面力在前后方速度差上所产生的变形功率。

将式 (3.35) 代入冲击波波阵面上的动量守恒条件，可以得到

$$\frac{1}{2}[\sigma]\left(v^{+}+v^{-}\right)=-\frac{1}{2}\rho C[v]\left(v^{+}+v^{-}\right)=-\frac{1}{2}\rho C\left(v^{-}-v^{+}\right)\left(v^{-}+v^{+}\right) \tag{3.38}$$

即

$$\frac{1}{2}[\sigma]\left(v^{+}+v^{-}\right)=-\frac{1}{2}\rho C\left[v^{2}\right] \tag{3.39}$$

式 (3.39) 的物理意义是：冲击波前后方的不均衡面力在前后方平均速度上的刚度功率恰恰等于该闭口体系内单位体积介质动能增加率，这是动能守恒定律在冲击波波阵面上的体现。

将式 (3.36) 和式 (3.39) 代入冲击波波阵面上的能量守恒条件即式 (3.33)，可有

$$\frac{1}{2}\rho C\left[v^{2}\right]-\frac{1}{2}\left(\sigma^{+}+\sigma^{-}\right)[v]=\frac{1}{2}\rho C\left[v^{2}\right]+\rho C[u] \tag{3.40}$$

简化后有

$$\rho C[u]=-\frac{1}{2}\left(\sigma^{+}+\sigma^{-}\right)[v] \tag{3.41}$$

式 (3.41) 的物理意义是：闭口体系内单位体积介质内能的增加率等于冲击波前后方的均衡面力在前后方速度差上所产生的变形功率，即在纯力学情况下，材料的内能就是其应力变形功转化来的应变能。

可以看出，以上的推导和论述过程，实际上是把冲击波波阵面上的能量守恒条件 (3.33) 分解成了动能守恒条件 (3.39) 和内能守恒条件 (3.41)。

3.1.2 一维线弹性杆中突加波在交界面上的透反射行为

我们常将沿着一个方向朝着前方均匀区中传播的应力波称为简单波，本章主要针对线弹性介质中一维简单波在交界面上的透反射问题进行分析推导。交界面上的透反射现象是应力波传播中非常重要且在实际工程问题中影响最大的现象之一，这些现象一般无法利用经典力学进行分析和说明，而其在日常生活、各类工程和国防军事上却非常常见，甚至在很多情况下该现象是关键影响因素之一，如碎甲弹的原理、分层阻尼防护原理等；因此界面上应力波传播的规律与机理是非常重要的动力学问题之一，了解和掌握应力波在界面上的透反射特征具有非常重要的理论意义和工程实用价值。根据微积分原理可知，任何波形的应力波可以等效为无数个类矩形波的代数组合，因此为了能够更清晰地阐述应力波在交界面上的透反射本质，本章中主要针对矩形波进行分析；对于一般矩形波而言，其包含突然加载波 (突加波) 和突然卸载波两个典型波阵面，虽然应力波特征不同，但其中交界面上的透反射性质并没有本质上的不同。

线弹性材料中弹性波的控制方程是线性的，因此线弹性波的相互作用满足线性叠加原理，具体推导见《固体中的应力波导论》一书相关内容。

1. 一维杆中线弹性突加波在交界面上透反射与波阻抗

如图 3.5 所示一维线弹性杆，杆由两种线弹性材料的介质 (一个杆中两种介质无论拉压始终粘在一起) 或由两个不同介质一维杆同轴对接在一起且在整个传播过程中入射波为恒压缩应力脉冲 (两个杆始终保持紧密接触而不会分离)，设两种介质皆为线弹性材料，初始时刻杆材料处于自然松弛静止状态，应力波为沿着轴线从介质 1 到介质 2 传播的纵波，两种材料的密度和弹性声速分别为 ρ_1、C_1 和 ρ_2、C_2。

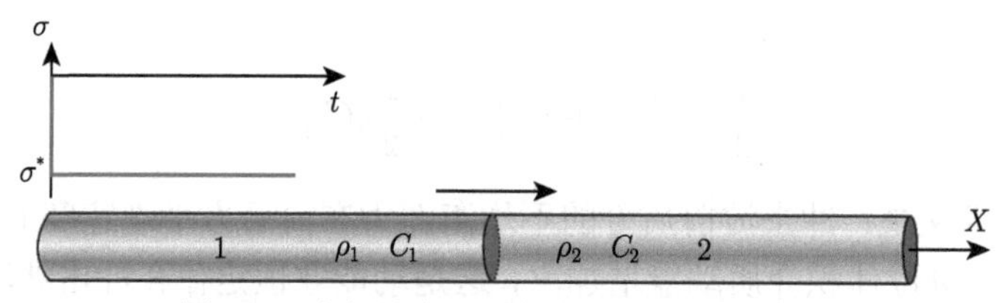

图 3.5　突加波在两种材料一维杆中的传播

设在初始 $t=0$ 时刻，杆左端施加了一个强度为 σ^* 的强间断压缩脉冲，如图 3.5 所示。此时会在杆介质 1 中产生一个右行线弹性纵波，其波速为 C_1，如物理平面图 3.6 中所示特征线 OA。设介质 1 中波阵面后方应力状态 $1(\sigma_1, v_1)$，根据波阵面上的动量守恒条件和初始条件有

$$\left\{\begin{array}{l}\sigma_1-\sigma_0=-\rho_1 C_1\left(v_1-v_0\right) \\ \sigma_1=\sigma^*\end{array} \Rightarrow\left\{\begin{array}{l}\sigma_1=\sigma^* \\ v_1=-\dfrac{\sigma^*}{\rho_1 C_1}\end{array}\right.\right. \tag{3.42}$$

当应力波到达两个介质的交界点，即图 3.6 物理平面图中点 A 时，设会同时向介质 2 中透射一个右行波，传播速度为 C_2，其特征线如图 3.6 所示直线 AB；并向介质 1 反射一个左行波，将图中直线 AC。设介质 2 中透射波波阵面后方介质状态为 $2(\sigma_2, v_2)$，介质 1 中反射波波阵面后方介质状态为 $3(\sigma_3, v_3)$；根据交界面处的应力平衡条件和连续条件，可有

$$\left\{\begin{array}{l}\sigma_2 \equiv \sigma_3 \\ v_2 \equiv v_3\end{array}\right. \tag{3.43}$$

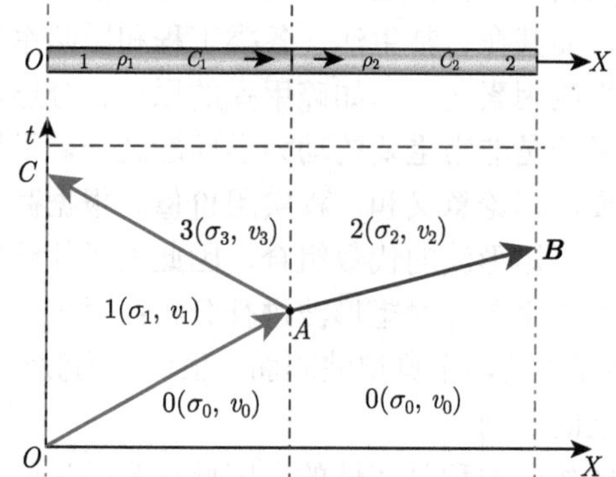

图 3.6　应力波在两种介质交界面上透反射物理平面图

根据介质 2 中右行波波阵面 $AB(0\sim2)$[①]上的动量守恒条件和介质 1 中左行波波阵面 $AC(1\sim3)$ 上的动量守恒条件，可有

$$\left\{\begin{array}{l}\sigma_2-\sigma_0=-\rho_2C_2\left(v_2-v_0\right)\\ \sigma_3-\sigma_1=\rho_1C_1\left(v_3-v_1\right)\end{array}\right. \Rightarrow \left\{\begin{array}{l}\sigma_3=\sigma_2=\dfrac{2\rho_2C_2}{\rho_1C_1+\rho_2C_2}\sigma^*\\ v_3=v_2=-\dfrac{2\sigma^*}{\rho_1C_1+\rho_2C_2}\end{array}\right. \tag{3.44}$$

可以给出入射波 $OA(0\sim1)$ 的应力强度和速度强度分别为

$$\left\{\begin{array}{l}[\sigma]_{OA}=\sigma_1-\sigma_0=\sigma^*\\ [v]_{OA}=v_1-v_0=-\dfrac{\sigma^*}{\rho_1C_1}\end{array}\right. \tag{3.45}$$

反射波 $AC(1\sim3)$ 的应力强度和速度强度分别为

$$\left\{\begin{array}{l}[\sigma]_{AC}=\sigma_3-\sigma_1=\dfrac{2\rho_2C_2}{\rho_1C_1+\rho_2C_2}\sigma^*-\sigma^*=\dfrac{\rho_2C_2-\rho_1C_1}{\rho_1C_1+\rho_2C_2}\sigma^*=\dfrac{k-1}{k+1}[\sigma]_{OA}\\ [v]_{AC}=v_3-v_1=-\dfrac{2\sigma^*}{\rho_1C_1+\rho_2C_2}+\dfrac{\sigma^*}{\rho_1C_1}=-\dfrac{\rho_1C_1-\rho_2C_2}{\rho_1C_1+\rho_2C_2}\dfrac{\sigma^*}{\rho_1C_1}=\dfrac{1-k}{k+1}[v]_{OA}\end{array}\right. \tag{3.46}$$

透射波 $AB(1\sim2)$ 的应力强度和速度强度分别为

$$\left\{\begin{array}{l}[\sigma]_{AB}=\sigma_2-\sigma_0=\dfrac{2\rho_2C_2}{\rho_1C_1+\rho_2C_2}\sigma^*=\dfrac{2k}{k+1}[\sigma]_{OA}\\ [v]_{AB}=v_2-\sigma_0=-\dfrac{2\sigma^*}{\rho_1C_1+\rho_2C_2}==\dfrac{2}{k+1}[v]_{OA}\end{array}\right. \tag{3.47}$$

式中

$$k=\frac{\rho_2C_2}{\rho_1C_1} \tag{3.48}$$

为无量纲参数波阻抗比。因此，当弹性波到达交界面瞬间同时产生一个继续向介质 2 中传播的透射波和一个向介质 1 中反方向传播的反射波；此时反射波与入射波的应力强度和速度强度之比为

$$\left\{\begin{array}{l}F_\sigma=\dfrac{\sigma_2-\sigma_1}{\sigma_1-\sigma_0}=\dfrac{k-1}{k+1}\\ F_v=\dfrac{v_2-v_1}{v_1-v_0}=-\dfrac{k-1}{k+1}\end{array}\right. \quad 和 \quad \left\{\begin{array}{l}T_\sigma=\dfrac{\sigma_2-\sigma_0}{\sigma_1-\sigma_0}=\dfrac{2k}{k+1}\\ T_v=\dfrac{v_2-v_0}{v_1-v_0}=\dfrac{2}{k+1}\end{array}\right. \tag{3.49}$$

式中，F_σ、F_v、T_σ 和 T_v 分别为应力反射系数、质点速度反射系数、应力透射系数和质点速度透射系数。

① 表示应力波波阵面前方状态点为 0，后方状态点为 2。

当 $k=1$ 时，由式 (3.49)，可以得到

$$\left\{\begin{array}{l}\dfrac{[\sigma]_{\text{reflect}}}{[\sigma]_{\text{incident}}}=0\\[2ex]\dfrac{[v]_{\text{reflect}}}{[v]_{\text{incident}}}=0\end{array}\right. \quad \text{和} \quad \left\{\begin{array}{l}\dfrac{[\sigma]_{\text{transmit}}}{[\sigma]_{\text{incident}}}=1\\[2ex]\dfrac{[v]_{\text{transmit}}}{[v]_{\text{incident}}}=1\end{array}\right. \tag{3.50}$$

其物理意义是：当交界面两侧介质的波阻抗相等时，应力波从介质 1 到达交界面瞬间只会产生一个透射波继续向介质 2 中传播，而不会产生任何反射波。

当 $k>1$ 时，有

$$\left\{\begin{array}{l}0<F_\sigma<1\\F_v<0\end{array}\right. \quad \text{和} \quad \left\{\begin{array}{l}1<T_\sigma\leqslant 2\\0<T_v<1\end{array}\right. \tag{3.51}$$

式 (3.51) 意味着：在一维杆中，如果应力波从低波阻抗介质传递到高波阻抗介质时，在两种材料介质的交界面会同时产生一个透射波和入射波；对于反射波而言，其应力与入射波同号而质点速度与入射波异号。其物理意义是：当入射波为压缩波时，反射波必为压缩波；入射波为拉伸波时，其反射波必为拉伸波。同时，反射发生后波阵面后方应力为

$$|\sigma_3|=\frac{2k}{k+1}|\sigma^*|>|\sigma^*| \quad \text{或} \quad \left|\frac{\sigma_3}{\sigma^*}\right|=\frac{2k}{k+1}>1 \tag{3.52}$$

其值大于入射波强度，而且随着波阻抗比的增大而增加；事实上，这种现象在很多时候都能观察到。另外，反射波使得波阵面后方质点速度却有所减小：

$$|v_3|=\frac{2}{k+1}|v_1|<|v_1| \quad \text{或} \quad \left|\frac{v_3}{v_1}\right|=\frac{2}{k+1}<1 \tag{3.53}$$

而且，在一维杆中，如果应力波从低波阻抗介质传递到高波阻抗介质时，透射波强度值总是大于入射波强度但小于入射波强度值的 2 倍，且透射波与入射波永远同号，即当入射波为压缩波时，透射波必为压缩波；入射波为拉伸波时，其透射波必为拉伸波。而且，透射波波阵面后方质点速度与入射波后方质点速度同号，但其值小于后者。

当介质 2 的波阻抗远大于介质 1 的波阻抗，即可以视两种介质波阻抗比 k 为无穷大时，此时介质 2 可视为刚壁 (即 $\rho_2C_2\to\infty$)，此类问题就转变成一种常用的特例：刚壁上的透反射问题，此时可有

$$\left\{\begin{array}{l}F_\sigma=1\\F_v=-1\end{array}\right. \quad \text{和} \quad \left\{\begin{array}{l}T_\sigma=2\\T_v=0\end{array}\right. \tag{3.54}$$

式 (3.54) 表明，对于弹性波而言，在刚壁上反射时应力加倍、质点速度反号，也就是说，应力波在刚壁上反射时对质点速度而言，反射波可视为入射波的倒像，而对应力而言反射波可视为入射波的正像；此现象常称为刚壁反射的“镜像法则”。

当 $k<1$ 时，即应力波由“硬”介质到“软”介质传播，根据式 (3.49) 可以得到

$$\left\{\begin{array}{l}-1<F_\sigma<0\\F_v>0\end{array}\right. \quad \text{和} \quad \left\{\begin{array}{l}0<T_\sigma<1\\1<T_v\leqslant 2\end{array}\right. \tag{3.55}$$

式 (3.55) 的物理意义是：对于交界面两侧入射方介质的波阻抗大于透射方介质的波阻抗情况，当入射波为压缩波时，反射波必为拉伸波；入射波为拉伸波时，其反射波必为压缩波。但透射波始终与入射波同号，即当入射波为压缩波时，透射波必为压缩波；入射波为拉伸波时，其透射波必为拉伸波。

特别地，当介质 2 波阻抗远小于介质 1 时，如介质 2 为空气或真空，此时波阻抗比 k 接近于 0，此时介质 2 可视为自由面，此类问题就转变成一种常用的特例：自由面上的透反射问题。

根据式 (3.49) 可有

$$\begin{cases} F_\sigma = -1 \\ F_v = 1 \end{cases} \quad 和 \quad \begin{cases} T_\sigma = 0 \\ T_v = 2 \end{cases} \tag{3.56}$$

式 (3.56) 说明：对于弹性波而言，在自由面上反射时质点速度加倍、应力反号，也就是说，应力波在自由面上反射时对应力而言，反射波可视为入射波的倒像，而对质点速度而言反射波可视为入射波的正像；此现象常称为自由面反射的“镜像法则”。

综上三种情况的分析结果可以看出：首先，无论从应力还是以质点速度角度来观察问题，也无论两种材料的波阻抗哪个大哪个小，透射波永远都是与入射波同号的；其次，当介质 2 的波阻抗比介质 1 的波阻抗大时，从应力增量角度观察问题入射波是与反射波同号的，而当介质 2 的波阻抗比介质 1 的波阻抗小时，从应力增量角度观察问题入射波则是与反射波异号的。需要说明的是，这里所得出的关于对透射波、反射波与入射波强度间符号关系的结论不仅适用于线弹性波，对一般的非线性材料也是适用的，只不过对非线性材料而言，无论冲击波还是连续波，材料的波阻抗都不再是常数，而是与应力状态和波的强度有关，同时透射波、反射波与入射波强度间的定量关系也将更加复杂。

2. 多层线弹性介质中突加波的传播问题

如图 3.7 所示，当一维杆由 n 种不同介质组合而成，其密度分别为 ρ_1，ρ_2，ρ_3，$\cdots$，ρ_{n-1} 和 ρ_n，一维弹性声速分别为 C_1，C_2，C_3，$\cdots$，C_{n-1} 和 C_n；则其波阻抗分别为 $\rho_1 C_1$，$\rho_2 C_2$，$\rho_3 C_3$，$\cdots$，$\rho_{n-1}C_{n-1}$ 和 $\rho_n C_n$。参考前面内容，令波阻抗比为

$$k_{n-1} = \frac{\rho_n C_n}{\rho_{n-1} C_{n-1}} \tag{3.57}$$

若在初始时刻在杆左端施加一个强度为 σ^* 的强间断压缩加载波，则会在杆中向右传播线弹性波。

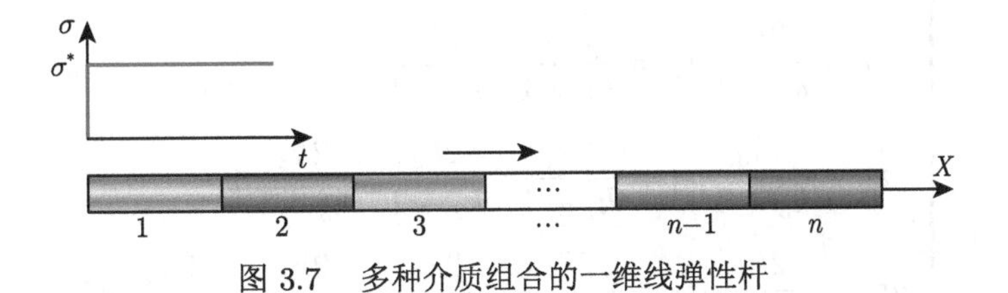

图 3.7　多种介质组合的一维线弹性杆

1) 波阻抗递增结构中应力波的“放大”效应

设弹性波传播方向上交界面后方介质的波阻抗总是大于前方介质的波阻抗，即

$$k_m = \frac{\rho_{m+1}C_{m+1}}{\rho_m C_m} > 1, \quad m = 1, 2, 3, \cdots, n-1 \tag{3.58}$$

此类结构常称为波阻抗递增结构。以 5 种介质组合而成的波阻抗递增结构为例，应力波传播的物理平面图和状态平面图分别如图 3.8 和图 3.9 所示。

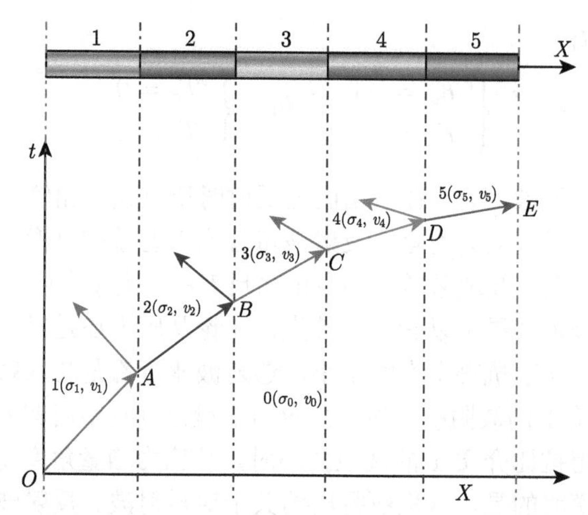

图 3.8　应力波在 5 种波阻抗递增一维杆中的传播物理平面图

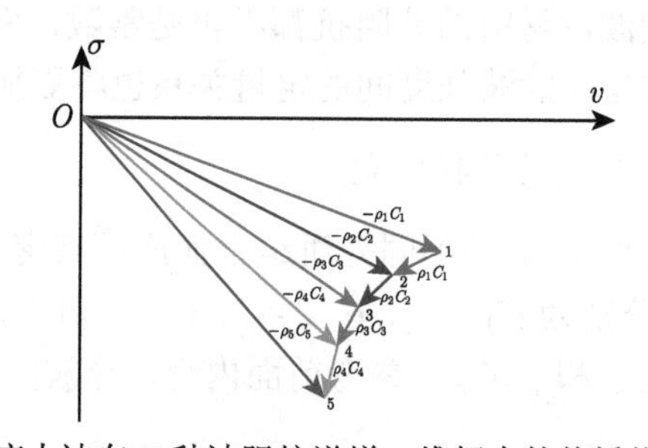

图 3.9　应力波在 5 种波阻抗递增一维杆中的传播状态平面图

在这里我们不考虑交界面处的二次透反射问题和自由面的反射问题，并设杆中介质初始状态为自由松弛静止状态。可以得到图 3.9 中状态点对应的应力为

$$\begin{cases} \sigma_2 = \dfrac{2k_1}{k_1+1}\sigma^* \\ \sigma_3 = \dfrac{2k_2}{k_2+1}\sigma_2 = \dfrac{2k_1}{k_1+1}\cdot\dfrac{2k_2}{k_2+1}\sigma^* \\ \sigma_4 = \dfrac{2k_3}{k_3+1}\sigma_3 = \dfrac{2k_1}{k_1+1}\cdot\dfrac{2k_2}{k_2+1}\cdot\dfrac{2k_3}{k_3+1}\sigma^* \\ \sigma_5 = \dfrac{2k_4}{k_4+1}\sigma_4 = \dfrac{2k_1}{k_1+1}\cdot\dfrac{2k_2}{k_2+1}\cdot\dfrac{2k_3}{k_3+1}\cdot\dfrac{2k_4}{k_4+1}\sigma^* \end{cases} \tag{3.59}$$

考虑到条件式 (3.58)，容易看出

$$|\sigma_5| > |\sigma_4| > |\sigma_3| > |\sigma_2| > |\sigma_1| = |\sigma^*| \tag{3.60}$$

式 (3.60) 表明，应力波在波阻抗递增复合结构中传播，其应力强度不断放大，即波阻抗梯度结构起到应力“放大镜”的作用；其状态平面图如图 3.9 所示。

设应力透射系数为

$$T_{\sigma m} = \frac{\sigma_{m+1}}{\sigma_m} = \frac{2k_m}{k_m + 1} \tag{3.61}$$

则可以得到总等效透射系数：

$$T_\sigma = \frac{\sigma_5}{\sigma_1} = \frac{2\rho_2 C_2}{\rho_1 C_1 + \rho_2 C_2} \cdot \frac{2\rho_3 C_3}{\rho_2 C_2 + \rho_3 C_3} \cdot \frac{2\rho_4 C_4}{\rho_3 C_3 + \rho_4 C_4} \cdot \frac{2\rho_5 C_5}{\rho_4 C_4 + \rho_5 C_5} \tag{3.62}$$

若没有中间的各个介质，直接将介质 1 与介质 5 结合形成复合材料杆，则透射系数为

$$T'_\sigma = \frac{\sigma_5}{\sigma_1} = \frac{2k}{k+1} = \frac{2\rho_5 C_5}{\rho_1 C_1 + \rho_5 C_5} \tag{3.63}$$

将式 (3.62) 和式 (3.63) 进行对比，求其商有

$$\frac{T_\sigma}{T'_\sigma} = \frac{8\,(1 + k_1 k_2 k_3 k_4)}{(1 + k_1)\,(1 + k_2)\,(1 + k_3)\,(1 + k_4)} \tag{3.64}$$

当式 (3.64) 中 4 个波阻抗比均大于 1 时，其结果必大于 1。这意味着：波阻抗梯度结构应力波“放大”效果大于只由首尾两种介质直接组合的结构的应力波“放大”效果。这点从状态平面图能够更加直观地看出，如图 3.10 所示。

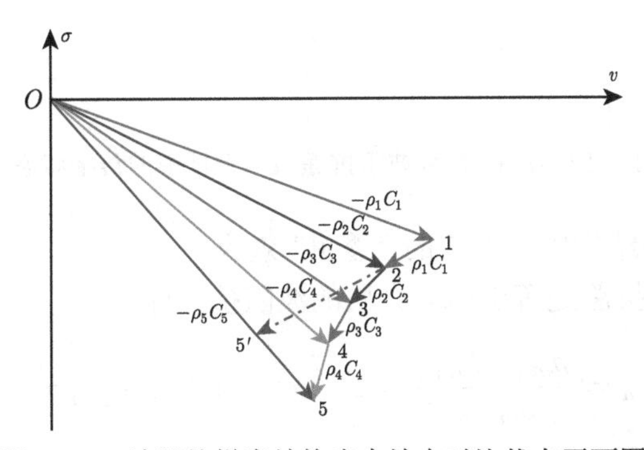

图 3.10 波阻抗梯度结构应力放大对比状态平面图

图中状态点 5 表示波阻抗梯度结构中介质 5 中第一个透射波过后的质点状态，5′ 表示直接将介质 1 与介质 5 组合时介质 5 中第一个透射波过后的质点状态。从图中容易看出波阻抗递增结构的应力透射系数明显较大，这与以上理论推导结论完全一致。

2) 波阻抗递减结构中应力波的“缩小”效应

设后方介质的波阻抗总是小于前方介质的波阻抗，即

$$k_m = \frac{\rho_{m+1}C_{m+1}}{\rho_m C_m} < 1, \quad m = 1, 2, 3, \cdots, n-1 \tag{3.65}$$

同上，在这里我们不考虑交界面处的二次透反射问题和自由面的反射问题，并设杆中介质初始状态为自由松弛静止状态。类似以上分析可知，此种条件下有

$$|\sigma_5| < |\sigma_4| < |\sigma_3| < |\sigma_2| < |\sigma_1| = |\sigma^*| \tag{3.66}$$

式 (3.66) 表明，应力波在波阻抗递减复合结构中传播，其应力强度不断缩小，即波阻抗梯度结构起到应力“缩小镜”的作用；其状态平面图如图 3.11 所示。

此种情况下有

$$\frac{T_\sigma}{T'_\sigma} = \frac{8(1+k_1k_2k_3k_4)}{(1+k_1)(1+k_2)(1+k_3)(1+k_4)} > 1 \tag{3.67}$$

式 (3.67) 意味着：波阻抗梯度结构应力波“缩小”效果小于只由首尾两种介质直接组合的结构的应力波“缩小”效果。这点从状态平面图能够更加直观地看出，如图 3.11 所示；图中状态点 5 表示波阻抗梯度结构中介质 5 中第一个透射波过后的质点状态，5′ 表示直接将介质 1 与介质 5 组合时介质 5 中第一个透射波过后的质点状态。

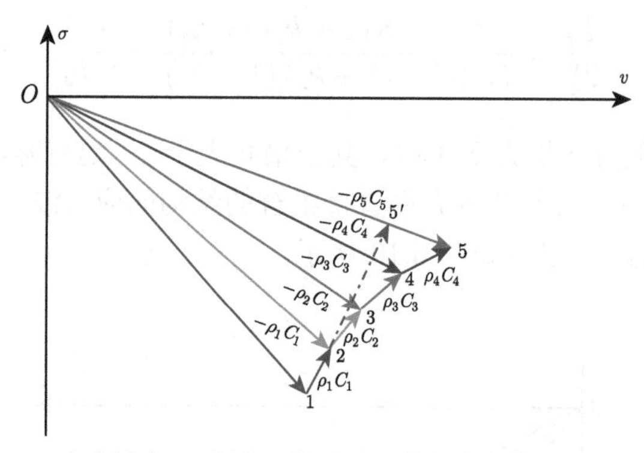

图 3.11　应力波在 5 种波阻抗递减一维杆中的传播状态平面图

3) 波阻抗不变多层结构中应力波的“透明”效应

设后方介质的波阻抗总是等于前方介质的波阻抗，即

$$k_m = \frac{\rho_{m+1}C_{m+1}}{\rho_m C_m} = 1, \quad m = 1, 2, 3, \cdots, n-1 \tag{3.68}$$

同上，在这里不考虑交界面处的二次透反射问题和自由面的反射问题，并设杆中介质初始状态为自由静止状态。根据式 (3.68) 可知，此种条件下有

$$|\sigma_5| \equiv |\sigma_4| \equiv |\sigma_3| \equiv |\sigma_2| \equiv |\sigma_1| = |\sigma^*| \tag{3.69}$$

质点速度值也是如此，这表明：多层结构中，即使介质不同，只要其波阻抗相同，对于应力波传播而言，可以将其视为同一种材料。

3.1.3 一维线弹性杆中矩形脉冲波的传播与演化

3.1.2 小节杆中加载条件均为一个强间断加载波，这是一个理想条件，一般而言完整的加载脉冲包含加载和卸载两个部分。同时考虑加载应力波和卸载应力波时，线弹性杆中应力波状态可能较为复杂，但其控制方程并没有增加，因此其求解过程与方法基本一致。常用的简化加载脉冲一般有矩形脉冲、梯形脉冲、三角形脉冲和指数形脉冲等。

1. 有限长一维线弹性杆中不同波长矩形脉冲的传播与演化

以最简单的矩形脉冲为例，可以将矩形脉冲视为两个强间断波的组合：即前方的突加波和后方的突然卸载强间断波，这两个强间断波的强度值相同。设矩形脉冲为压缩脉冲，其压缩峰值强度为 p，脉冲时长为 t_λ，设一维线弹性杆杆长为 L，初始状态为自然松弛状态，密度和声速分别为 ρ 和 C，可以给出在杆中应力波从最左端传播到最右端传播一次耗时 t_L 为

$$t_L = \frac{L}{C} \tag{3.70}$$

1) 波长相对极小时矩形脉冲的传播与演化

当 $t_L \gg t_\lambda$ 时，即相对于杆长而言，波长小得多，此时脉冲波在杆中的传播物理平面图如图 3.12 所示。

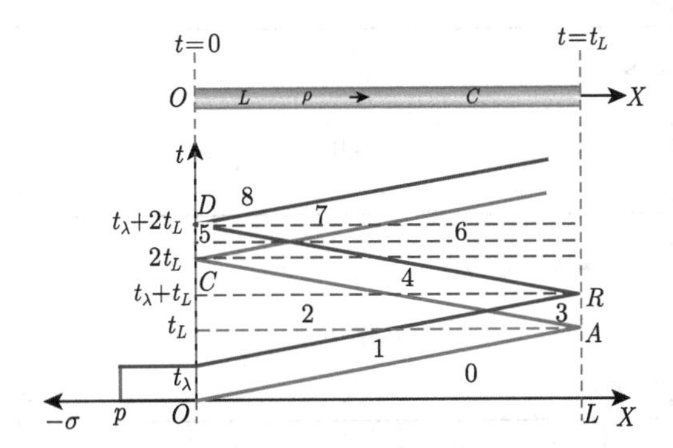

图 3.12 波长相对极小时矩形脉冲的传播物理平面图

根据右行波波阵面上运动方程，有

$$\begin{cases} \sigma_1 - \sigma_0 = -\rho C\left(v_1 - v_0\right) \\ \sigma_1 - \sigma_0 = p \end{cases} \Rightarrow \begin{cases} \sigma_1 = p \\ v_1 = -\dfrac{p}{\rho C} \end{cases} \tag{3.71}$$

结合式 (3.71)，根据左行波波阵面上运动方程和边界条件可以计算出状态 3 对应的量：

$$\begin{cases} \sigma_3 - \sigma_1 = \rho C\left(v_3 - v_1\right) \\ \sigma_3 = 0 \end{cases} \Rightarrow \begin{cases} \sigma_3 = 0 \\ v_3 = -\dfrac{2p}{\rho C} \end{cases} \tag{3.72}$$

根据右行波波阵面上动量守恒条件和初始条件，并结合式 (3.71)，有

$$\begin{cases} \sigma_2 - \sigma_1 = -\rho C\left(v_2 - v_1\right) \\ \sigma_1 - \sigma_2 = p \end{cases} \Rightarrow \begin{cases} \sigma_2 = 0 \\ v_2 = 0 \end{cases} \tag{3.73}$$

同理，分别根据右行波和左行波波阵面上的动量守恒条件，以及连续条件或边界条件，可以分别得到

$$\begin{cases} \sigma_4 = -p \\ v_4 = -\dfrac{p}{\rho C} \end{cases},\quad \begin{cases} \sigma_5 = 0 \\ v_5 = -\dfrac{2p}{\rho C} \end{cases},\quad \begin{cases} \sigma_6 = 0 \\ v_6 = 0 \end{cases},\quad \begin{cases} \sigma_7 = p \\ v_7 = -\dfrac{p}{\rho C} \end{cases},\quad \begin{cases} \sigma_8 = 0 \\ v_8 = 0 \end{cases} \tag{3.74}$$

依次类推，可以求出后续杆中应力波在不同时刻的状态量，在此不再详述，读者试推之。

从以上的分析可以看出，矩形脉冲在该线弹性杆中的传播呈周期振荡运动，其振荡周期为 $2t_L$，从图 3.13 也可以看出，在时间段 $[t_\lambda, t_\lambda + nt_L]\,(n \geqslant 1)$ 内应力波的运动规律与时间段 $[t_\lambda, t_\lambda + t_L]$ 内基本一致；因此我们可以通过分析时间段 $[0, t_\lambda + t_L]$ 内应力波的传播规律即可知整个传播时间内杆中应力波的演化规律。

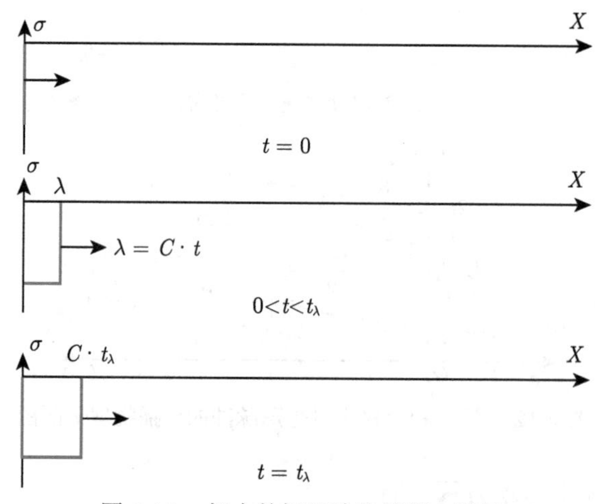

图 3.13　杆中的矩形波传播第一阶段

结合以上推导结果和图 3.13 所示物理平面图也可以给出应力波在杆中的传播过程，在时间段 $[0, t_\lambda + t_L]$ 内，矩形脉冲应力波传播可以分为 7 个阶段，具体分析见《固体中的应力波导论》一书对应章节。

2) 波长小于杆长但大于后者的一半时矩形脉冲的传播与演化

当 $t_L/2 < t_\lambda < t_L$ 时，即相对于杆长而言，波长较小但相差不多，此时脉冲波在杆中的传播物理平面图如图 3.14 所示。

此种情况下，杆中应力波的传播也可以同上分为七个阶段，其特征与上一种情况类似，读者试分析之。

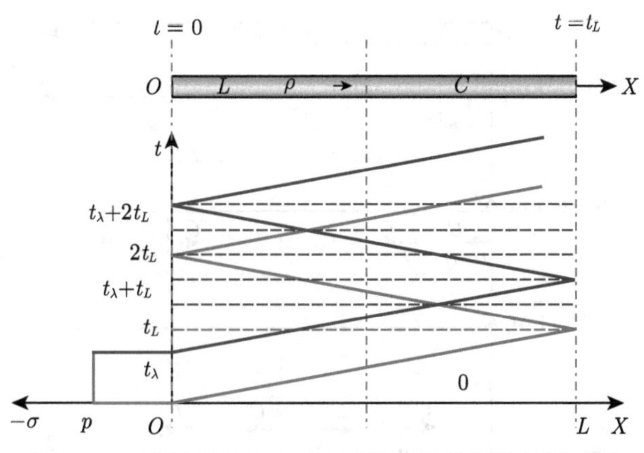

图 3.14 波长相对较小时矩形脉冲的传播物理平面图

3) 波长等于杆长时矩形脉冲的传播与演化

当 $t_\lambda = t_L$ 时，即波长正好等于杆长，此时脉冲波在杆中的传播物理平面图如图 3.15 所示。此时，杆中应力波按照波形特征可以分为四个阶段：第一阶段，当 $t < t_L$ 时，杆中只有压缩加载脉冲波阵面传播，其传播方向向右，传播速度为 C；直到 $t = t_L$ 时，杆中所有质点的应力均为 $-\sigma$，此时矩形脉冲波的两个波阵面分别在杆的最左端和最右端，杆中无波阵面；第二阶段到第四阶段具体讨论见《固体中的应力波导论》对应章节分析。

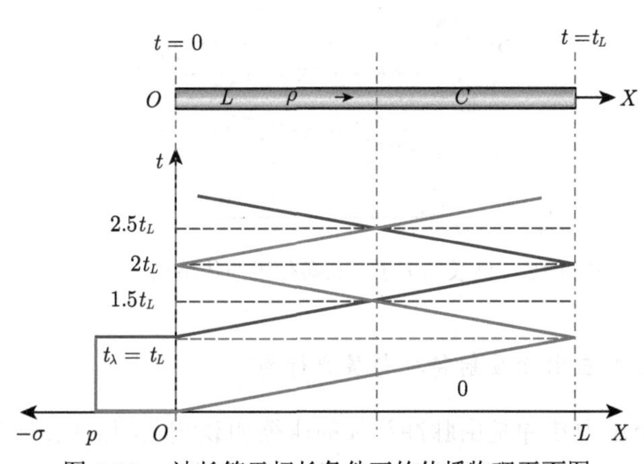

图 3.15 波长等于杆长条件下的传播物理平面图

然后，循环重复以上第二阶段到第四阶段，即以杆中点为中心，杆中应力波一直拉伸和压缩交错振荡，无限循环，如图 3.16 所示。

4) 波长大于杆长但小于两倍杆长时矩形脉冲的传播与演化

当 $t_L < t_\lambda < 2t_L$ 时，即相对于杆长而言，波长稍大，此时脉冲波在杆中的传播物理平面图如图 3.17 所示。此时，杆中应力波的传播与演化与上一种情况相似，只是杆中应力波振荡中心在中心区附近移动，具体方法参考前面内容，读者试分析之。

以上是矩形脉冲波在有限长杆中的传播与演化情况，事实上，对于其他波形，以上分析方法和步骤并没有本质的区别；在此不做赘述，读者可试分析之。

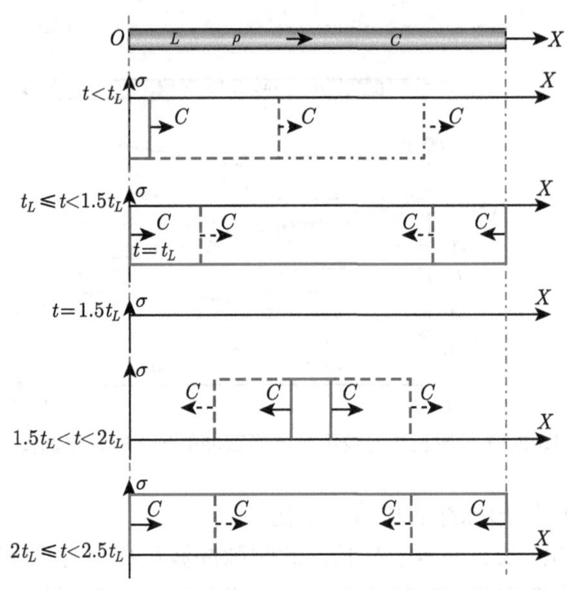

图 3.16　波长等于杆长时杆中的应力波传播示意图

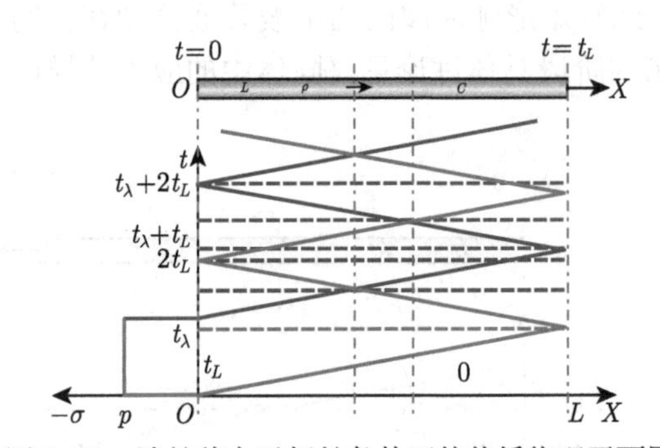

图 3.17　波长稍大于杆长条件下的传播物理平面图

2. 一维强弹性波在自由面反射特征与层裂行为

一般而言，一个压力脉冲是由脉冲头部的压缩加载波及随后的卸载波波阵面所共同组成的。从上面交界面应力波的透反射理论分析可知，压缩加载脉冲到达杆或板的自由面时，会在自由面邻近区域反射等量的卸载波，这些卸载波再与入射压力加载波随后的卸载波相互作用，会在自由面附近区域形成拉伸应力。

根据前面的分析可知，当 $t_\lambda = 2nt_L + t'$ (n 为非负整数，$0 < t' < 2t_L$) 时，此时弹性波在杆中的传播与反射问题可以分为两个部分，此种情况下，当入射波为压缩脉冲时，在时间段 $[0, (2n+2)t_L]$ 内，杆中应力只能为零或压缩状态。第二部分：在时间段 $(2nt_L, 2nt_L + t']$ 内，若 $t' \neq 0$，则杆中必会出现拉伸应力存在的情况。

当拉伸应力满足某材料的动态断裂准则时，会在此区域产生裂纹或孔洞，一旦裂纹或孔洞发展到一个极限值，就会使得此局域材料脱落分离，这种由压力脉冲在自由表面反射所造成背面的动态断裂现象称为层裂或崩落现象，分出的裂片称为层裂片或痂片；一般来讲，这些层裂片具有较高的动量，有着强大的破坏力。需要注意的是，当自由面出现层裂时，层裂片飞离，这就会在脱落面同时形成了新自由表面，继续入射的压力脉冲就将在此新自由表面上反射，从而可能造成第二层层裂；以此类推，在一定条件下可形成多层层裂，产生一系列的多层层裂片。

当然，层裂的形成条件中，拉伸应力只是一个前提，最后还是取决于是否满足动态断裂准则，具体来讲就是压力脉冲在自由表面反射后是否形成了足以满足动态断裂准则的拉应力，因此，压力脉冲的强度和形状对于能否形成层裂、在什么位置形成层裂、层裂片厚度是多少以及形成几层层裂等具有直接的影响。大多数工程材料往往能承受相当强的压应力波而不致破坏，但不能承受同样强度的拉应力波，如混凝土、岩石、陶瓷甚至金属材料，这些常用的工程材料在强爆炸或冲击载荷下常常会存在层裂行为，这种现象有时会干扰或损坏正常生产行为，例如，煤矿生产过程中强爆炸冲击会使得巷道顶板或侧边岩石或混凝土出现动态崩落行为而严重影响巷道的支护；碎甲弹在传统防护装甲表面的爆炸会使得内部表面产生大量高速层裂片从而导致内部人员的伤亡；强爆炸荷载使得人防工程中巷道或工事顶板产生层裂崩落而造成内部员工的伤亡或设备的损坏，等等，这类问题无论在民用工业上还是军事工程或武器装备上数不胜数；但是反过来，这种行为是有规律的，我们也可以利用层裂行为和规律来达到目标，如碎甲弹的制造和利用层裂试验来测试材料的动态拉伸强度等。

1) 矩形入射波问题

为方便起见，这里我们以 $p=-\sigma$ 表示压应力，考虑在一维杆中存在一个矩形入射波，该加载波具有一个明显特征，如图 3.18 所示，该波开始突加至峰值 p_m，在保持一段时间后突然卸载。设矩形波脉冲的波长为 λ。先考虑加载脉冲波长远小于杆长的情况，从 3.1.2 小节的分析可知，对于压缩脉冲在自由面的反射问题，根据“镜像法则”，将反射脉冲作为入射脉冲的镜面倒像 (应力) 或镜面正像 (质点速度) 而给出，并以叠加原理给出任意时刻杆中的应力剖面如图 3.18 所示。

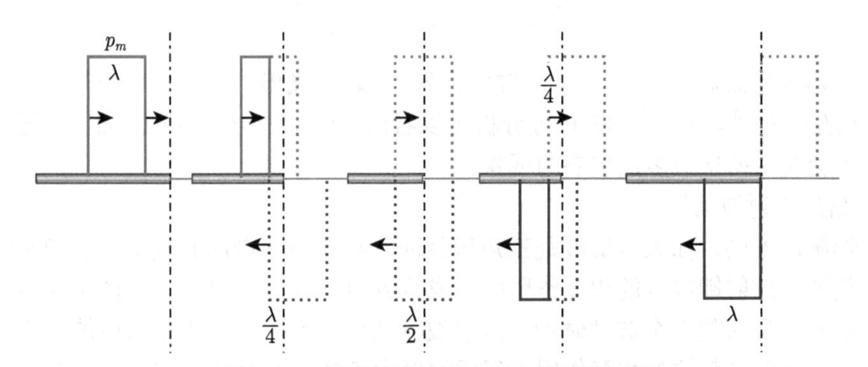

图 3.18　矩形脉冲在自由面上的反射问题

图 3.18 中是矩形压应力脉冲在自由面上反射的五个典型时刻下的应力波示意图，图中虚线表示实际并不存在的波形，只是辅助分析用；而实线表示实际的弹性波。

第一张图表示矩形脉冲接近自由面，此时整个杆中无拉应力区域。

第二张图表示入射矩形脉冲的 1/4 被反射，即波长为 $\lambda/4$ 的入射压应力脉冲被反射为

波长为 $\lambda/4$ 的反射卸载波，同时，反射的卸载波与入射波中接近自由面的 $\lambda/4$ 部分出现应力叠加，入射加载波被卸载波卸载使得其应力合力为零，入射波转化为波长为 $\lambda/2$ 的矩形脉冲了。

第三张图表示入射矩形脉冲的 1/2 被反射，同第二张图中的分析，此时入射加载波被反射卸载波完全卸载，杆中自由面附近的应力为 0，此时杆中自由面附近的 $\lambda/2$ 区域与加载脉冲经过之前的区别在于此区域内质点速度是入射压力波质点速度的 2 倍。

第四张图表示入射矩形脉冲的 3/4 被反射，根据“镜像法则”可知反射的卸载波波长为 $3\lambda/4$，其中在自由面端部 $\lambda/4$ 区域入射加载波被反射卸载波完全卸载，使得此区域应力为 0，反射波为一个波长为 $\lambda/2$ 的拉应力波。

第五张图表示入射加载波完全被反射为波长为 λ 的拉应力波，反射波向左传播。

从图 3.18 及分析可以看出，自由面反射后介质中出现了拉应力区，层裂的本质是压缩加载波在自由面反射产生的卸载波与入射的卸载波相遇使材料出现二次卸载导致材料中出现拉应力。对入射矩形脉冲的情况，所产生的最大拉应力恰等于入射压缩脉冲峰值 ($|\sigma_m| = p_m$)，且首先出现此拉应力的截面在一维杆中距离自由面 $\lambda/2$ 处，故若取材料的断裂准则为最大拉应力瞬时断裂准则：

$$|\sigma_m| \geqslant \sigma_c \tag{3.75}$$

即如果拉应力超过了材料的破坏应力即会出现层裂，则在一维杆中距离自由面 $\lambda/2$ 处发生层裂，层裂的厚度为

$$\delta = \frac{\lambda}{2} \tag{3.76}$$

根据动量守恒条件可知：层裂片脱离并飞出时的全部动量$\rho v\delta$ 是由入射脉冲头部到达断裂面至其尾部离开此面整个时间间隔 λ/C 内，入射压力施加到此面上的冲量 $p_m\lambda/C$ 转化而来。由此，可以求出层裂片飞出的速度：

$$v = \frac{p_m\lambda/C}{\rho\delta} = \frac{2p_m}{\rho C} = 2\frac{p_m}{\rho C} = 2v_0 \tag{3.77}$$

式中，v_0 表示入射波质点速度。式 (3.77) 即表示层裂片飞出的速度等于一维杆中入射波质点速度的两倍。另外，对图 3.18 进行分析可以看出，对于矩形入射脉冲而言，无论其幅值多大，也不会发生两层或多层层裂的现象。

2) 三角形入射波问题

与矩形脉冲不同，如果入射波是三角形脉冲，则脉冲在自由面发生反射初始阶段就发生入射卸载波与反射卸载波的相互作用而形成拉应力，如图 3.19 所示。图中显示三角形脉冲在自由面发生反射的五个典型时刻：入射波到达自由面附近；少量入射波被反射形成卸载波并在其与入射加载波的相互作用下形成宽度为 δ 的左行拉应力波；入射波一半被反射，反射卸载波与入射波相互作用下形成波长为 $\lambda/2$ 的左行拉应力波；入射波全部被发射为波长为 λ 的反射左行拉应力波。

为定量分析波的相互作用，我们定义一个入射加载波所在位置为参考点，如图 3.19 中第一张图所示，参考点左端距离参考点 ξ 处的压应力幅值为 $p(\xi)$，对于三角形脉冲而言可有

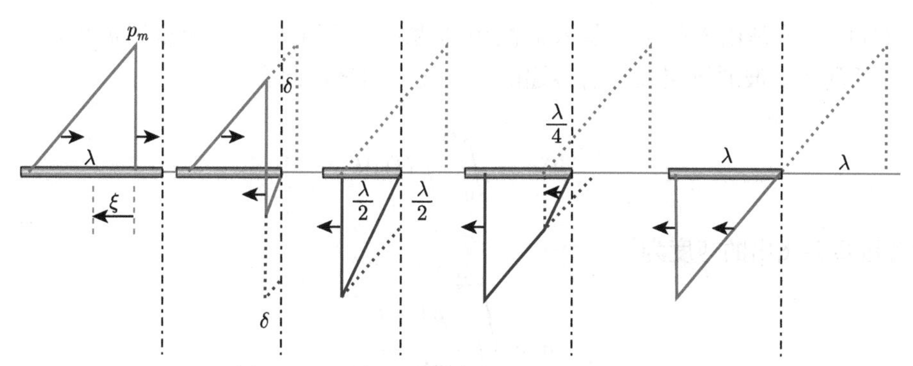

图 3.19 三角形脉冲在自由面上的反射问题

$$p(\xi) = p_m\left(1 - \frac{\xi}{\lambda}\right), \quad 0 \leqslant \xi \leqslant \lambda \tag{3.78}$$

根据式 (3.78) 可以给出此一维杆中任意一个截面的应力时程曲线。以任一截面为例，可将入射加载波阵面 (后面简称为波头) 到达该截面的时刻设为初始时刻 $t = 0$，则在 $t = t$ 时刻其相对坐标为 $\xi = Ct$，因而，可以得到此截面上压应力时程曲线为

$$p(t) = p_m\left(1 - \frac{Ct}{\lambda}\right) \tag{3.79}$$

如果取材料的断裂准则为最大拉应力瞬时断裂准则，并设 $p_m > \sigma_c$，则在某一时刻一维杆中会发生层裂。而且根据图 3.19 可知，发生层裂的地方一定在反射卸载波的波头上，因为该处的拉应力最大。如图 3.19 中第二张图所示，设在距离自由面 δ 处初次出现层裂现象，则层裂片厚度为 δ，此时卸载波波头的拉应力值为 $p = p_m$，而根据式 (3.79) 可以得到此波头对应入射波压应力值 $p(2\delta/C)$，因此，我们可以给出此时卸载波波头与入射波相互作用下截面上的拉应力值：

$$\sigma(\delta) = p_m - p_m\left(1 - \frac{2\delta}{\lambda}\right) = p_m\frac{2\delta}{\lambda} \tag{3.80}$$

从式 (3.80) 可以看出，随着 δ 的增大，其拉应力值逐渐增大，直到$\sigma(\delta) = \sigma_c$ 时开始出现层裂，由此可以计算出首次层裂发生的位置及首次层裂片的厚度：

$$\delta = \frac{\lambda}{2}\frac{\sigma_c}{p_m} \tag{3.81}$$

式 (3.81) 说明，当入射脉冲峰值 $p_m = \sigma_c$ 时，层裂片的厚度同以上所分析的矩形脉冲类似为 $\delta = \lambda/2$；另外，从式 (3.81) 也可以看出，随着入射波斜率的增大 (通俗地讲就是越陡)，即 p_m/λ 值越大，层裂片厚度越小即越薄。首次发生层裂的时间为从入射波波头到达自由面开始后的时刻：

$$t = \frac{\lambda}{2C}\frac{\sigma_c}{p_m} \tag{3.82}$$

层裂片的动量是由入射脉冲从入射波头到达层裂面的 $t = 0$ 至反射波到达层裂面的 $t = 2\delta/C$ 期间入射波通过层裂面所传递的冲量转化而来，故有

$$\rho\delta v = \int_0^{\frac{2\delta}{C}} p(t)\,\mathrm{d}t \tag{3.83}$$

即层裂片脱离并飞出的速度为

$$v = \frac{\displaystyle\int_0^{\frac{2\delta}{C}} p(t)\,\mathrm{d}t}{\rho\delta} \tag{3.84}$$

结合式 (3.79) 和式 (3.84)，可以给出一维杆中三角形脉冲在自由面反射时首次层裂片的速度：

$$v = \frac{2p_m\left(1-\dfrac{\delta}{\lambda}\right)}{\rho C} = \frac{2p_m-\sigma_c}{\rho C} \tag{3.85}$$

式 (3.85) 说明，对于同一种材料而言，三角形脉冲峰值越大，其层裂片飞出的速度越大，与层裂片的厚度不同，其飞出速度与入射波三角形斜率 (陡度) 无关，而只与脉冲峰值强度相关。

当 $p_m = \sigma_c$ 时，层裂发生的时间为 $t = \lambda/(2C)$，此时全部脉冲能量都转化为层裂片的动量，其飞出速度为 $v = \sigma_c/(\rho C)$，是相同波长和相等峰值压应力矩形脉冲在自由面反射所产生层裂片速度的一半。

当 $\sigma_c < p_m < 2\sigma_c$ 时，发生首次层裂后，层裂面形成了一个新的自由面，后方的三角形脉冲在新自由面也会再次发生反射，但由于后方三角形脉冲峰值 $p'_m = (p_m - \sigma_c) < 2\sigma_c$，因此不能产生二次层裂现象。

当 $2\sigma_c \leqslant p_m < 3\sigma_c$ 时，首次层裂后，后方的三角形脉冲峰值 $p'_m = (p_m - \sigma_c) \geqslant \sigma_c$，此时，后方的三角形脉冲在首次层裂面再次发生反射并产生层裂，二次层裂片的厚度为

$$\delta_2 = \frac{\lambda-2\delta}{2}\frac{\sigma_c}{p_m-\sigma_c} = \frac{\lambda-\lambda\dfrac{\sigma_c}{p_m}}{2}\frac{\sigma_c}{p_m-\sigma_c} = \frac{\lambda}{2}\frac{\sigma_c}{p_m} = \delta \tag{3.86}$$

参考式 (3.85)，可以求出二次层裂片的速度为

$$v_2 = \frac{2(p_m-\sigma_c)\left(1-\dfrac{\delta_2}{\lambda-2\delta_2}\right)}{\rho C} = \frac{2p_m-3\sigma_c}{\rho C} = \frac{2(p_m-\sigma_c)-\sigma_c}{\rho C} < v \tag{3.87}$$

从式 (3.87) 可以看出，发生二次层裂的条件是三角形脉冲幅值不小于材料最大拉应力瞬间断裂强度的 2 倍，二次层裂片厚度与首次层裂片厚度相同，只是层裂片飞出的速度较首次层裂片小。

同理，当 $n\sigma_c \leqslant p_m < (n+1)\sigma_c$ 且 $n \geqslant 3$ 时，三角形脉冲峰值为 $p'_m = p_m-(n-1)\sigma_c \geqslant \sigma_c$，即发生 $n-1$ 次层裂后方脉冲峰值依然达到材料最大拉应力瞬间断裂强度，会产生第 n 次

层裂，从上面的分析可以设前 $n-1$ 次每次层裂片的厚度均为 $\delta=\lambda\sigma_c/(2p_m)$，则第 n 次层裂片的厚度为

$$\delta_n=\frac{\lambda_{n-1}-2\delta_{n-1}}{2}\frac{\sigma_c}{p_m-(n-1)\,\sigma_c}=\frac{\lambda-2\,(n-1)\,\delta}{2}\frac{\sigma_c}{p_m-(n-1)\,\sigma_c}=\frac{\lambda}{2}\frac{\sigma_c}{p_m}=\delta \quad (3.88)$$

式 (3.88) 说明，第 n 次层裂片的厚度依然与之前每次层裂片的厚度一致，也就是说对于三角形脉冲，无论其幅值多大，产生层裂后层裂片的厚度均相等。第 n 次层裂时层裂片的速度为

$$v_n=\frac{2\,[p_m-(n-1)\,\sigma_c]-\sigma_c}{\rho C}=v_{n-1}-\frac{2\sigma_c}{\rho C}=v-\frac{2\,(n-1)\,\sigma_c}{\rho C} \quad (3.89)$$

式 (3.89) 说明，发生多次层裂后，其层裂片的速度是递减的，其递减的幅度为 $2\sigma_c/(\rho C)$。

3) 指数形入射波问题

从上面的推导来看，对于三角形脉冲而言，由于入射波卸载段斜率一致，其层裂片厚度一致、速度按照等量递减；在工程实际中，爆炸波常常以指数衰减，利用三角形入射波简化分析能够得到具有一定参考价值的定性和稍显粗糙的定量结论，但实际上还是有些特征不能捕捉到，现在我们对一维杆中入射波为指数形脉冲时的层裂情况进行分析。

类似于三角形脉冲相关分析，如图 3.20 所示指数形脉冲可以写为

$$p\,(\xi)=p_m\exp\left(-\frac{\xi}{C\tau}\right),\quad 0\leqslant\xi\leqslant\lambda \quad 或 \quad p\,(t)=p_m\exp\left(-\frac{t}{\tau}\right) \quad (3.90)$$

式中，τ 是时间常数，它具有与时间相同的量纲。同样使用材料的最大拉应力瞬时断裂准则，则可以得到

$$\sigma\,(\delta_1)=p_m-p_m\exp\left(-\frac{2\delta_1}{C\tau}\right)=\sigma_c \quad (3.91)$$

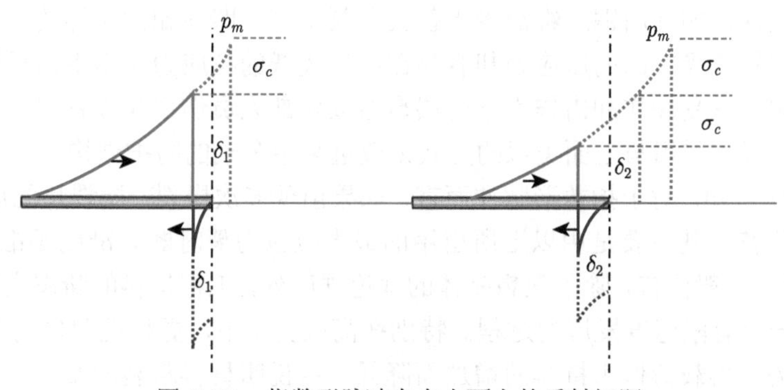

图 3.20 指数形脉冲在自由面上的反射问题

根据式 (3.91) 可以求出首次层裂片的厚度为

$$\delta_1=\frac{C\tau}{2}\ln\left(\frac{p_m}{p_m-\sigma_c}\right) \quad (3.92)$$

同三角形脉冲分析一样，可以得到首次层裂片的飞出速度为

$$v_1 = \frac{\int_0^{2\delta_1/C} p(t)\,\mathrm{d}t}{\rho\delta_1} = \frac{2\sigma_c}{\rho C \ln\left[p_m/(p_m - \sigma_c)\right]} \tag{3.93}$$

当 $2\sigma_c \leqslant p_m < 3\sigma_c$ 时，首次层裂后，后方的三角形脉冲峰值 $p'_m = (p_m - \sigma_c) \geqslant \sigma_c$，此时，后方的三角形脉冲在首次层裂面再次发生反射并产生层裂，结合式 (3.88)，可以计算出二次层裂片的厚度为

$$\delta_2 = \frac{C\tau}{2} \ln\left(\frac{p_m - \sigma_c}{p_m - 2\sigma_c}\right) > \delta_1 \tag{3.94}$$

参考式 (3.85)，可以求出二次层裂片的速度为

$$v_2 = \frac{2\sigma_c}{\rho C \ln\left[(p_m - \sigma_c)/(p_m - 2\sigma_c)\right]} < v_1 \tag{3.95}$$

式 (3.94) 说明，二次层裂片厚度比首次层裂片大，以此类推，当指数形脉冲幅值足够大时，会产生多次层裂，而且层裂片厚度越来越大；式 (3.95) 说明，与三角形脉冲不同，指数形脉冲虽然二次层裂片速度小于首次层裂片速度，但在多次层裂时，每一次层裂片速度并不是以恒定速度递减的。

以上的研究是在弹性波一维理论的基础上完成的，其未考虑几何上的二维效应和材料的弹塑性效应，实际情况要复杂得多，但在原理上它们是相同的，这些结论在很多时候能够给实际工程提供理论支撑。在很多时候，工程材料的拉伸强度远小于其压缩强度，如混凝土、岩石、陶瓷等脆性材料，强压力动载作用到此类材料中时，如果遇到自由面很容易发生层裂现象，这些高速破片会给自由面方向空间造成很大的伤害，如人防工程中顶板结构、地铁防爆室、煤矿井下巷道等。由上面的分析可知，最基本的办法有两种：减小入射压应力波波幅和增大材料的抗拉强度。前者就是采用新型材料或结构实现阻尼和削波；后者就是对材料进行改性，如利用钢纤维混凝土替代混凝土等。即使如钢这样的金属材料，在复合应力条件下能够承受较高的压应力却容易在相对较低的拉应力作用下出现层裂现象，这在装甲车辆含坦克承受爆炸冲击作用下的层裂造成内部人员伤亡和设备毁坏这一现象就明显看出，因此一般也采用与上面类似的方式来改进装甲车辆的防护结构。

由式 (3.94) 可知，对于指数形脉冲而言，如果出现多次层裂，层裂片的厚度越来越大，这与实际情况不符，其主要是由以上所引用的最大拉应力瞬时断裂准则不准确 (特别是软材料) 而造成的。一般而言，除了理想晶体的理论强度外，工程材料的断裂实际上不是瞬时发生的，而是一个有限速度发展的过程。特别在高应变率下，更呈现明显的断裂滞后现象，表现为临界应力随着载荷作用持续的增加而降低。这说明材料断裂的发生，不仅与作用在其上的应力值有关，还与应力作用的持续时间或者应力 (应变) 率有关。因此，此时应该采用有时间效应的损伤累积准则，常用的有如 Tuler 和 Butcher 在 1986 年提出的损伤累积准则：

$$\int_0^t \left[\sigma(t) - \sigma_0\right]^\gamma \mathrm{d}t = K \tag{3.96}$$

式中，σ_0、γ 和 K 为材料常数，σ_0 称为材料出现损伤的门槛应力，即当材料某处的拉应力$\sigma(t)$ 超过其门槛应力 σ_0 时，此处即会产生损伤；材料在 $\mathrm{d}t$ 时间内所产生的损伤以超应力的 γ 次幂和 $\mathrm{d}t$ 乘积所表达的量 $[\sigma(t)-\sigma_0]^{\gamma}\mathrm{d}t$ 来表征，而当此处在某时刻 t 时其损伤的累积值达到 K 时，材料即发生层裂。当然还有一些更严格准确的相关理论，其主要涉及材料的动态断裂准则相关知识，而在应力波知识方面与以上分析基本一致，因而在此不做详述。

3. 两层介质中一维线弹性矩形脉冲的传播

如图 3.21 所示，设两个一维线弹性杆紧密结合，杆 1 的介质密度和声速分别为 ρ_1 和 C_1，长度为 L_1，介质 2 的密度和声速分别为 ρ_2 和 C_2，已知两杆波阻抗不同，在初始 $t=0$ 时刻在杆 1 左端突然施加一个矩形压缩脉冲，脉冲强度为 p，入射波波长为 λ。

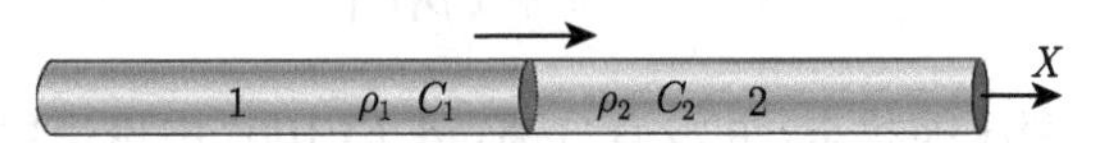

图 3.21 矩形脉冲波在两种材料一维杆中的传播

假设杆 2 的长度极大，从而可以不考虑此杆中应力波的反射问题。先考虑简单情况，设杆 1 的长度为

$$L_1=\frac{\lambda}{2} \tag{3.97}$$

设两杆在初始皆处于自然松弛静止状态，即应力与速度初始条件皆为零。自 $t=0$ 时刻从杆 1 左端向右端传播一个强间断加载波 $OA(0\sim1)$，结合边界条件和右行波波阵面上的运动方程可以给出其应力强度和速度强度分别为

$$\begin{cases}[\sigma]_{0\sim1}=\sigma_1-\sigma_0=-p\\ [v]_{0\sim1}=v_1-v_0=\dfrac{p}{\rho_1C_1}\end{cases} \tag{3.98}$$

但应力波到达杆 1 与杆 2 的交界面上瞬间，会同时反射和透射一个应力波，物理平面图如图 3.22 所示。

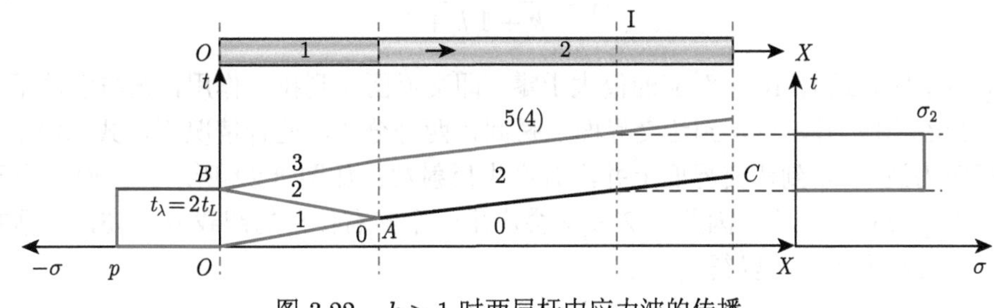

图 3.22 $k>1$ 时两层杆中应力波的传播

根据交界面上弹性波的透反射性质和式 (3.98) 可以计算出，反射波与透射波的强度

分别为

$$
\begin{cases}
[\sigma]_{1\sim 2} = \dfrac{k-1}{k+1}[\sigma]_{0\sim 1} = \dfrac{1-k}{k+1}p \\
[v]_{1\sim 2} = \dfrac{1-k}{k+1}[v]_{0\sim 1} = \dfrac{1-k}{k+1}\dfrac{p}{\rho_1 C_1}
\end{cases}
\quad 和 \quad
\begin{cases}
[\sigma]_{0\sim 2} = \dfrac{2k}{k+1}[\sigma]_{0\sim 1} = \dfrac{-2kp}{k+1} \\
[v]_{0\sim 2} = \dfrac{2}{k+1}[v]_{0\sim 1} = \dfrac{2}{k+1}\dfrac{p}{\rho_1 C_1}
\end{cases}
\tag{3.99}
$$

从式 (3.99) 可以得到此时交界面受力和速度分别为

$$
\begin{cases}
\sigma_2 = \dfrac{-2kp}{k+1} < 0 \\
v_2 = \dfrac{2}{k+1}\dfrac{p}{\rho_1 C_1}
\end{cases}
\tag{3.100}
$$

即两杆之间还是处于紧密压缩状态，并没有分离，式 (3.100) 中透反射给出的结果是准确的。

反射波 1~2 到达杆 1 左端会反射一个应力波，与脉冲波的卸载强间断波叠加，自左端向右端传播一个应力波 2~3，根据右行波波阵面上的运动方程，并结合边界条件，可以给出

$$
\begin{cases}
\sigma_3 - \sigma_2 = -\rho_1 C_1 (v_3 - v_2) \\
\sigma_3 = 0
\end{cases}
\Rightarrow
\begin{cases}
\sigma_3 = 0 \\
v_3 = \dfrac{1-k}{k+1}\dfrac{2p}{\rho_1 C_1}
\end{cases}
\tag{3.101}
$$

应力波 2~3 到达杆 1 和杆 2 的交界面上，也会同时产生一个反射波和透射波，根据交界面上应力波的透反射性质，可以给出

$$
\begin{cases}
[\sigma]_{3\sim 4} = \dfrac{k-1}{k+1}[\sigma]_{2\sim 3} = \dfrac{k-1}{k+1}\dfrac{2kp}{k+1} \\
[v]_{3\sim 4} = \dfrac{1-k}{k+1}[v]_{2\sim 3} = \dfrac{k-1}{(k+1)^2}\dfrac{2kp}{\rho_1 C_1}
\end{cases}
\quad 和 \quad
\begin{cases}
[\sigma]_{2\sim 4} = \dfrac{2k}{k+1}[\sigma]_{2\sim 3} = \dfrac{2k}{k+1}\dfrac{2kp}{k+1} \\
[v]_{2\sim 4} = \dfrac{2}{k+1}[v]_{2\sim 3} = -\dfrac{2}{(k+1)^2}\dfrac{2kp}{\rho_1 C_1}
\end{cases}
\tag{3.102}
$$

根据式 (3.102) 可以求出

$$
\sigma_4 = \frac{k-1}{k+1}\frac{2kp}{k+1} \tag{3.103}
$$

当 $k > 1$ 时，式 (3.103) 对应的值大于零，即交界面受到拉力作用，这与条件不符。这种情况意味着当应力波 3~4 到达交界面上瞬间，两杆分离，此种情况下，式 (3.101) 并不成立。即应力波 3~4 到达交界面上并没有产生反射波；如图 3.22 所示。然而，由于两杆分离，但式 (3.99) 也成立，因此杆 2 左端会产生一个向右传播的卸载波 2~5，根据右行波波阵面上的运动方程，可以得到

$$
\begin{cases}
\sigma_5 - \sigma_2 = -\rho_2 C_2 (v_5 - v_2) \\
\sigma_5 = 0
\end{cases}
\Rightarrow v_5 = 0
\tag{3.104}
$$

从式 (3.104) 和式 (3.101) 也可以看出，当 $k>1$ 时，有

$$v_3=\frac{1-k}{k+1}\frac{2p}{\rho_1 C_1}<0=v_5 \tag{3.105}$$

这也意味着两杆确实在分离。

以上分析表明，矩形压缩应力波脉冲从低波阻抗杆向高波阻抗传播情况下，当脉冲波长等于杆长的 2 倍时，在经历 $3l_1/C_1$ 时间后，杆 2 逐渐静止，杆 1 反弹。此时，透射杆中截面 I 处的输出应力波波形如图 3.22 所示，从图中可以看出，杆 2 中透射的应力波也是一个矩形脉冲波，其应力峰值为

$$\sigma_t=\sigma_2=\frac{-2kp}{k+1}<0 \tag{3.106}$$

即为一个压缩脉冲波，其强度为

$$|\sigma_t|=\frac{2kp}{k+1}>p \tag{3.107}$$

大于入射波。这意味着当透射杆 2 的波阻抗大于入射杆 1 的波阻抗时，出现应力波放大效应；透射应力波脉冲的波长为

$$\lambda_t=C_2\frac{2L_1}{C_1}=\frac{2C_2}{C_1}L_1 \tag{3.108}$$

当 $k<1$ 时，式 (3.103) 对应的值小于零，即交界面还是处于压缩状态，因此式 (3.102) 是合理存在的。同理可以给出状态点 4、状态点 6 的状态量：

$$\begin{cases}\sigma_4=\dfrac{k-1}{k+1}\dfrac{2kp}{k+1}\\ v_4=\dfrac{1-k}{(k+1)^2}\dfrac{2p}{\rho_1 C_1}\end{cases},\quad \begin{cases}\sigma_6=-\left(\dfrac{k-1}{k+1}\right)^2\dfrac{2kp}{k+1}\\ v_6=\dfrac{(k-1)^2}{(k+1)^3}\dfrac{2p}{\rho_1 C_1}\end{cases} \tag{3.109}$$

此时交界面仍处于压缩状态。因此，杆 1 中还存在进一步透反射行为，如图 3.23 所示。

类似地，可以求出状态点 7 和状态点 8 对应的应力和质点速度值：

$$\begin{cases}\sigma_7=0\\ v_7=\left(\dfrac{1-k}{k+1}\right)^3\dfrac{2p}{\rho_1 C_1}\end{cases},\quad \begin{cases}\sigma_8=\left(\dfrac{k-1}{k+1}\right)^3\dfrac{2kp}{k+1}\\ v_8=\dfrac{(1-k)^3}{(k+1)^4}\dfrac{2p}{\rho_1 C_1}\end{cases} \tag{3.110}$$

从式 (3.110) 可以看出

$$\sigma_8=\left(\frac{k-1}{k+1}\right)^3\frac{2kp}{k+1}<0 \tag{3.111}$$

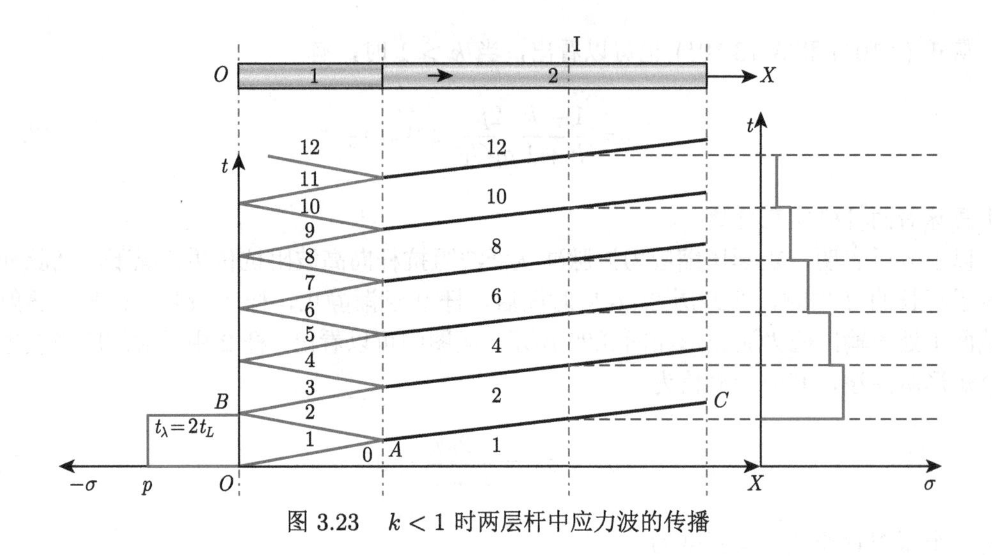

图 3.23　$k<1$ 时两层杆中应力波的传播

即交界面受到的应力还是压力，即交界面还是紧密结合的。依次类推，当杆 2 中应力波没有在其右端反射并影响到左端交界面时，交界面上的应力恒为压力，即两杆一直紧密结合；但交界面压力逐渐减小，$n+1(n>2)$ 次应力波达到交界面瞬间交界面的压力与第 n 次压力大小满足

$$\left|\sigma|_{2n+2}\right| = \left|\frac{k-1}{k+1}\right| \left|\sigma|_{2n}\right| \tag{3.112}$$

此时透射波形就从单一的矩形压缩脉冲改变为递减的宽脉冲，而且最大峰值也小于入射压力值，即该结构起到“削波”的作用，如图 3.23 所示。

以 $k=1/2$ 为例，此时根据以上分析结论可知

$$\sigma_{2n} = -\left(\frac{k-1}{k+1}\right)^{n-1} \frac{2kp}{k+1} = -\left(\frac{1}{3}\right)^{n-1} \frac{2}{3}p \tag{3.113}$$

定义无量纲时间和无量纲应力量：

$$\begin{cases} \bar{\sigma} = \dfrac{\sigma}{-p} \\ \bar{t} = \dfrac{t}{2L_1/C_1} \end{cases} \tag{3.114}$$

根据式 (3.113)，即可以绘制出透射杆即杆 2 截面 I 上的应力波与入射脉冲对比图，如图 3.24 所示。

图 3.24 中为更好地对比此结构的削波效果，忽略应力波从杆 1 左端到达杆 2 截面 I 所需要的时间，即将两个应力波波头对齐。

当入射脉冲波为其他波形或脉冲波波长取其他值时，甚至当需要考虑透射杆的长度即考虑其中应力波在右端自由面的反射并与左端入射波相互作用时，该问题变得更为烦琐，但其基本思路和方法并没有不同，读者可以针对具体情况分析之，在此不做赘述。

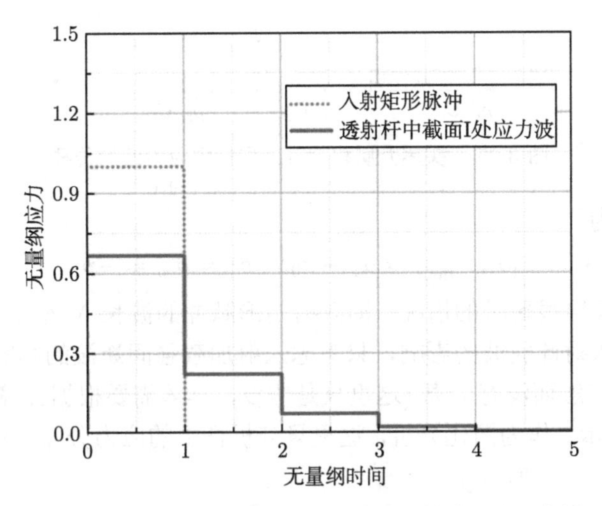

图 3.24 $k<1$ 时两层杆中入射波与透射波对比示意图

4. 一维矩形波在三层线弹性材料中的传播与演化

以上主要考虑一维线弹性波在同一个杆中的传播问题，而工程上很多结构是分层结构，其中应力波传播情况更为复杂；3.1.2 小节中考虑并讨论了单一强间断加载波在双层和多层介质中的传播问题，并没有考虑应力波脉冲后方紧随的卸载波和应力波在交界面的透反射叠加问题。本小节针对几种典型情况，以矩形弹性脉冲入射波为例，开展了双层杆中应力波传播与演化问题分析。事实上，一维应力与一维应变假设下所得出的相关结论一致，此时也适用于不同材料分层板结构中弹性波的传播问题。这里我们对三层杆中应力波的传播进行初步讨论，为了与实际工程问题更好地对应，假设多层材料间不能传递拉伸应力，即压缩时多层材料之间是保持完美接触的，而在拉伸时材料之间瞬间分离。

当组合结构为三个共轴的一维线弹性杆，即不考虑最左端和最右端的自由面上，还存在两个交界面。设初始时刻三杆处于自由松弛静止状态，三杆之间紧密接触但没有粘接，即交界面不受拉力的作用，否则会分离。为了简化问题的分析，假设最左端的杆 1 和最右端的杆 3 无限长，即不考虑此两杆中应力波在自由面上的反射问题，设中间的杆 2 长度为 L，入射波从杆 1 左端传入往杆 3 方向传播，设入射波为矩形压缩脉冲，其波长为 λ。

1) 夹心结构中矩形脉冲的传播——杆 1 和杆 3 介质相同

考虑杆 1 和杆 3 介质相同时的情况，如图 3.25 所示。设此两杆的介质密度为 ρ_1、声速为 C_1，设杆 2 的介质密度为 ρ_2、声速为 C_2，且有

$$\rho_1 C_1 \neq \rho_2 C_2 \tag{3.115}$$

这种情况虽然简单但却常见，如层状结构中经常在两种相同材料中放入夹心层，或者两层结构中存在薄黏结层。

设三杆在初始条件下皆处于自然松弛静止状态；入射波为矩形压缩脉冲，其峰值为 $-p$，即

$$\sigma_m = -p \tag{3.116}$$

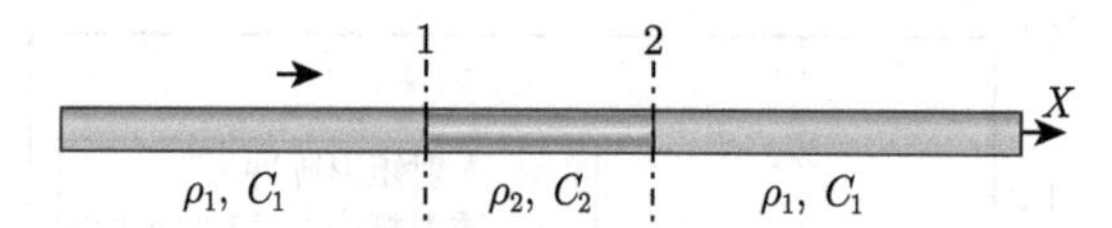

图 3.25　头尾介质相同时三层杆中应力波的传播

即入射波应力强度为

$$[\sigma]_{\text{incident}} = \sigma_1 - \sigma_0 = \sigma_1 = \sigma_m = -p \tag{3.117}$$

首先，考虑中间层很薄时的情况，即入射矩形脉冲的波长 λ 远大于中间层厚度 L；此时可以暂时不考虑入射卸载波的影响，只考虑入射加载强间断波的影响，假设交界面 1 和交界面 2 始终紧密接触而没有分离 (这里只是假设，具体需要根据计算结果分析)，其物理平面图如图 3.26 所示。作为简化分析，这里只分析杆中的应力分布与演化，而不考虑质点速度。

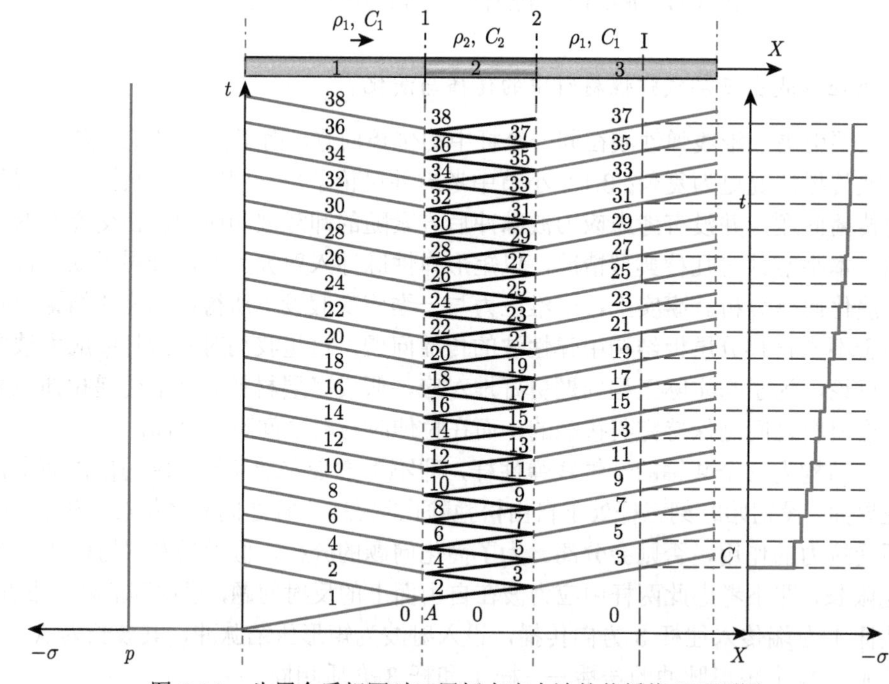

图 3.26　头尾介质相同时三层杆中应力波的传播物理平面图

图中交界面 1 和交界面 2 两端介质的波阻抗比分别为

$$\begin{cases} k_1 = \dfrac{\rho_2 C_2}{\rho_1 C_1} = k \\ k_2 = \dfrac{\rho_1 C_1}{\rho_2 C_2} \end{cases} \Rightarrow k_2 = \frac{1}{k_1} = \frac{1}{k} \tag{3.118}$$

根据弹性波在交界面上的透反射性质，可以得到

$$\sigma_n = \left[1 - \left(\frac{1-k}{1+k}\right)^{n-1}\right](-p), \quad n \geqslant 1 \tag{3.119}$$

当波阻抗比 $k<1$ 时，即中间层为较“软”材料，此时

$$0<\frac{1-k}{k+1}<1 \tag{3.120}$$

即交界面 1 和交界面 2 两端介质始终紧密接触，三杆之间应力状态为压力，其透射杆即杆 3 的截面 I 上的压力时程曲线示意图如图 3.26 所示。

以 $k=1/2$ 为例，定义无量纲时间和无量纲应力量：

$$\begin{cases}\bar{\sigma}=\dfrac{\sigma}{-p}\\[2ex]\bar{t}=\dfrac{t}{2L_1/C_1}\end{cases} \tag{3.121}$$

根据以上分析结果，在杆 3 中截面 I 上，有

$$\bar{\sigma}_n=1-\left(\frac{1-k}{1+k}\right)^{n-1}=1-\left(\frac{1}{3}\right)^{n-1} \tag{3.122}$$

若不考虑应力波从杆 1 左端传播到杆 3 截面 I 处所需的时间，将入射矩形脉冲波与杆 3 截面 I 上的应力波波头对齐，根据式 (3.122)，可以绘制出其应力波波形图，如图 3.27 所示。

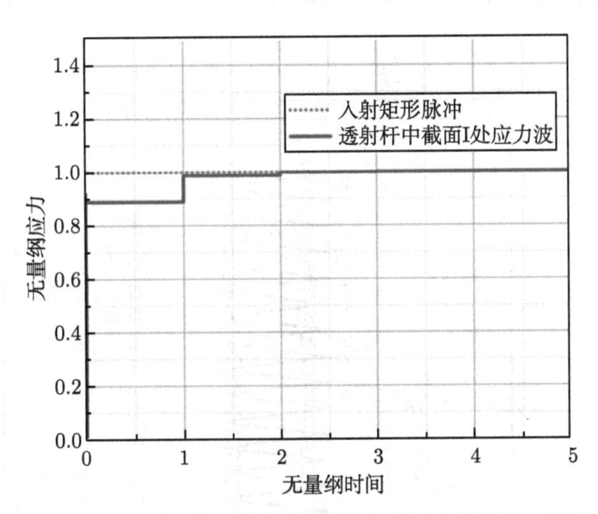

图 3.27 头尾介质相同时三层杆中入射波与透射波对比图

当波阻抗比 $k>1$ 时，有

$$-1<\frac{1-k}{k+1}<0 \tag{3.123}$$

此时，有

$$\left\{\begin{array}{l}\sigma_{2m+1}=\left[1-\left(\dfrac{1-k}{1+k}\right)^{2m}\right](-p)<0\\\sigma_{2m+2}=\left[1-\left(\dfrac{1-k}{1+k}\right)^{2m+1}\right](-p)=\left[1+\left|\dfrac{1-k}{1+k}\right|\left(\dfrac{1-k}{1+k}\right)^{2m}\right](-p)<0\end{array}\right. \tag{3.124}$$

式中，m 为非负整数。式 (3.124) 表明，此时两个交界面上始终处于压缩状态，即并没有分离，图 3.26 所示应力波透反射示意图是合理的；通过式 (3.124) 与图 3.26 可以看出，对于透射杆即杆 3 中截面 I 而言，其应力时程曲线也如图 3.26 所示。

以 $k=2$ 为例，同上定义无量纲时间和无量纲应力量，将入射矩形脉冲波与杆 3 截面 I 上的应力波波头对齐，根据式 (3.124)，可以绘制出其应力波波形图与 $k=1/2$ 时的情况完全一致。

若入射矩形脉冲波的波长 λ 明显大于中间杆即杆 2 的长度，且满足

$$\lambda=\frac{20C_1L}{C_2} \tag{3.125}$$

卸载波强度为

$$[\sigma]'=\sigma_{20\sim20*}=\sigma_{20*}-\sigma_{20}=p \tag{3.126}$$

此时，杆中应力波传播的物理平面图如图 3.28 所示。

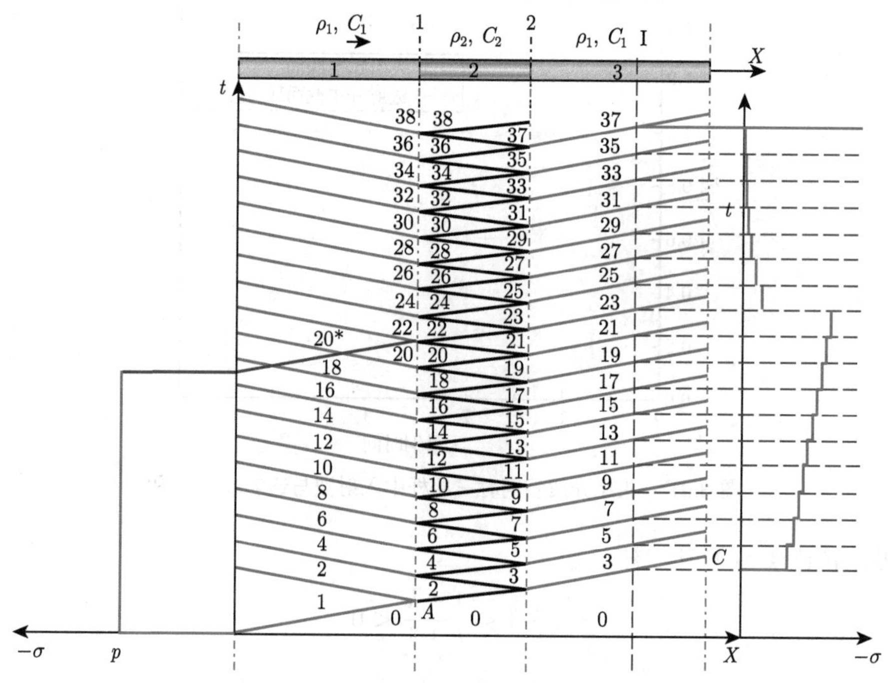

图 3.28　头尾介质相同时三层杆中脉冲波的传播物理平面图 (一)

容易看出，在卸载波未到达交界面时，此时杆中的应力 $\sigma_1 \sim \sigma_{21}$ 与上一种情况所给出的结果完全一致，即

$$\sigma_n = \left[1 - \left(\frac{1-k}{1+k}\right)^{n-1}\right](-p), \quad 1 \leqslant n \leqslant 21 \tag{3.127}$$

类似地，可以求出

$$\sigma_{22+n} = \left[1 - \left(\frac{1-k}{1+k}\right)^{20}\right]\left(\frac{1-k}{1+k}\right)^{n+1}(-p), \quad n \geqslant 1 \tag{3.128}$$

以 $k = 1/2$ 为例，同上定义无量纲时间和无量纲应力量，有

$$\begin{cases} \bar{\sigma}_n = 1 - \left(\dfrac{1-k}{1+k}\right)^{n-1} = 1 - \left(\dfrac{1}{3}\right)^{n-1}, \quad 3 \leqslant n \leqslant 21 \\ \bar{\sigma}_{22+m} = \left[1 - \left(\dfrac{1-k}{1+k}\right)^{20}\right]\left(\dfrac{1-k}{1+k}\right)^{m+1} = \left[1 - \left(\dfrac{1}{3}\right)^{20}\right]\left(\dfrac{1}{3}\right)^{m+1}, \quad m \geqslant 1 \end{cases} \tag{3.129}$$

若不考虑应力波从杆 1 左端传播到杆 3 截面 I 处所需的时间，将入射矩形脉冲波与杆 3 截面 I 上的应力波波头对齐，根据式 (3.129)，可以绘制出其应力波波形图，如图 3.29 所示。

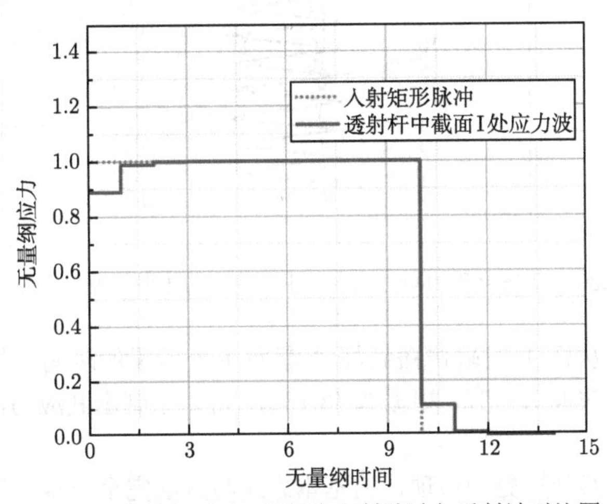

图 3.29 头尾介质相同时三层杆中入射脉冲与透射波对比图 (一)

当波阻抗比 $k > 1$ 时，交界面 1 处受力为拉力，这与条件不符，因此会瞬间分离；因此，此时必有

$$\sigma_{22} = 0 \tag{3.130}$$

且之后杆 2 左端即为自由面；此时可以求出

$$\sigma_{23+2m} = \left(\frac{k-1}{1+k}\right)^m \frac{1-k}{1+k}\left[\left(\frac{1-k}{1+k}\right)^{20} - 1\right](-p) \tag{3.131}$$

从而可以给出透射杆即杆 3 中截面 I 处的应力波，如图 3.30 所示。以 $k=2$ 为例，同上定义无量纲时间和无量纲应力量，有

$$\begin{cases} \bar{\sigma}_n = 1-\left(\dfrac{1-k}{1+k}\right)^{n-1} = 1-\left(\dfrac{1}{3}\right)^{n-1}, \quad 3\leqslant n\leqslant 21 \\ \bar{\sigma}_{23+2m} = \left(\dfrac{k-1}{1+k}\right)^{m}\dfrac{1-k}{1+k}\left[\left(\dfrac{1-k}{1+k}\right)^{20}-1\right] = \left(\dfrac{1}{3}\right)^{m+1}\left[1-\left(\dfrac{1}{3}\right)^{20}\right], \quad m\geqslant 1 \end{cases} \tag{3.132}$$

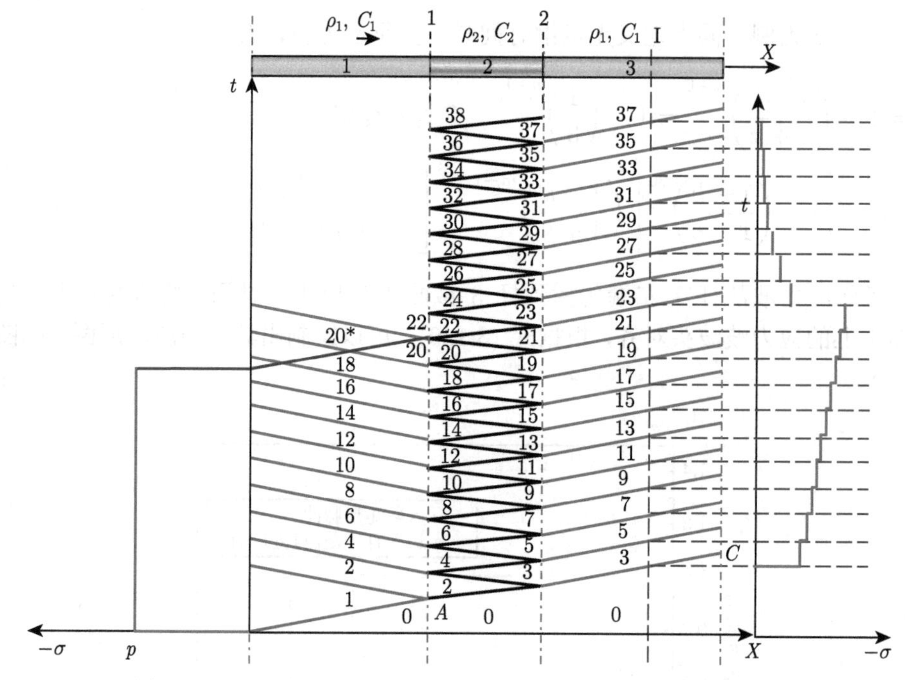

图 3.30　头尾介质相同时三层杆中脉冲波的传播物理平面图 (二)

若不考虑应力波从杆 1 左端传播到杆 3 截面 I 处所需的时间，将入射矩形脉冲波与杆 3 截面 I 上的应力波波头对齐，根据式 (3.132)，可以绘制出其应力波波形图，如图 3.31 所示。

其他情况下，虽然分析更为烦琐，但基本思路与方法完全一致，读者可视具体情况试推导之。

2) 波阻抗递增结构中矩形脉冲的传播

若三杆的波阻抗均不相同，如图 3.32 所示，同上，设入射杆即杆 1 和透射杆即杆 3 长度相对中间杆即杆 2 而言大得多，不考虑应力波在杆 1 左端和杆 3 右端自由面上的反射问题；设三杆初始皆处于自然松弛静止状态，即初始应力和初始质点速度皆为零。

设三杆的波阻抗分别为 ρ_1C_1、ρ_2C_2 和 ρ_3C_3，且有

$$\rho_1C_1 < \rho_2C_2 < \rho_3C_3 \tag{3.133}$$

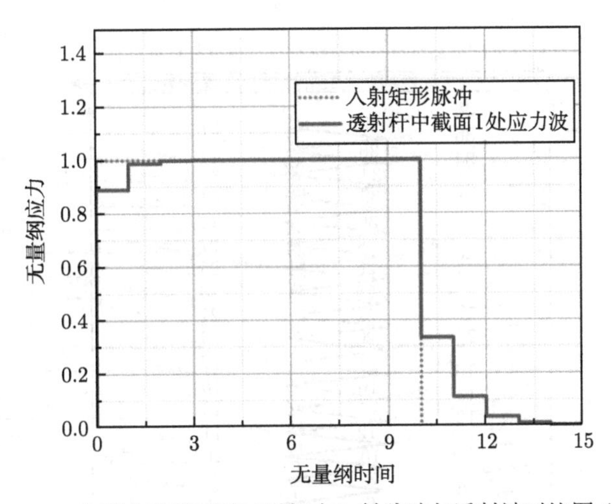

图 3.31 头尾介质相同时三层杆中入射脉冲与透射波对比图 (二)

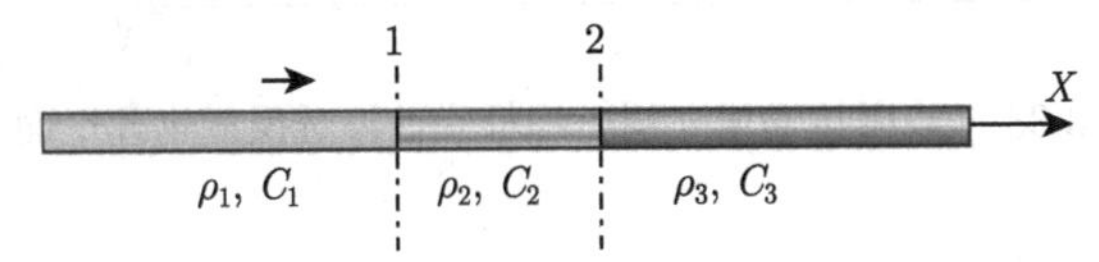

图 3.32 三层不同波阻抗一维杆截面透反射问题

和

$$k_1 = k_2 = k \tag{3.134}$$

式中，波阻抗比为

$$k_1 = \frac{\rho_2 C_2}{\rho_1 C_1}, \quad k_2 = \frac{\rho_3 C_3}{\rho_2 C_2} \tag{3.135}$$

先考虑入射矩形脉冲波长远大于中间杆的长度，即暂不考虑脉冲卸载波的影响，只视为一个强度为 p 的一个强间断压缩波的入射问题；应力波的透反射示意图见图 3.33 所示。

根据交界面上的透射性质，可以求出

$$\begin{cases} [\sigma]_{4n+2\sim 4n+3} = \dfrac{k-1}{k+1}[\sigma]_{4n+1\sim 4n+2} = \left(\dfrac{k-1}{k+1}\right)^{4n+1}\sigma_2 \\ [\sigma]_{4n+3\sim 4n+4} = -\dfrac{k-1}{k+1}[\sigma]_{4n+2\sim 4n+3} = -\left(\dfrac{k-1}{k+1}\right)^{4n+2}\sigma_2 \\ [\sigma]_{4n+4\sim 4n+5} = \dfrac{k-1}{k+1}[\sigma]_{4n+3\sim 4n+4} = -\left(\dfrac{k-1}{k+1}\right)^{4n+3}\sigma_2 \\ [\sigma]_{4n+5\sim 4n+6} = -\dfrac{k-1}{k+1}[\sigma]_{4n+4\sim 4n+5} = \left(\dfrac{k-1}{k+1}\right)^{4n+4}\sigma_2 \end{cases}, \quad n \geqslant 0 \tag{3.136}$$

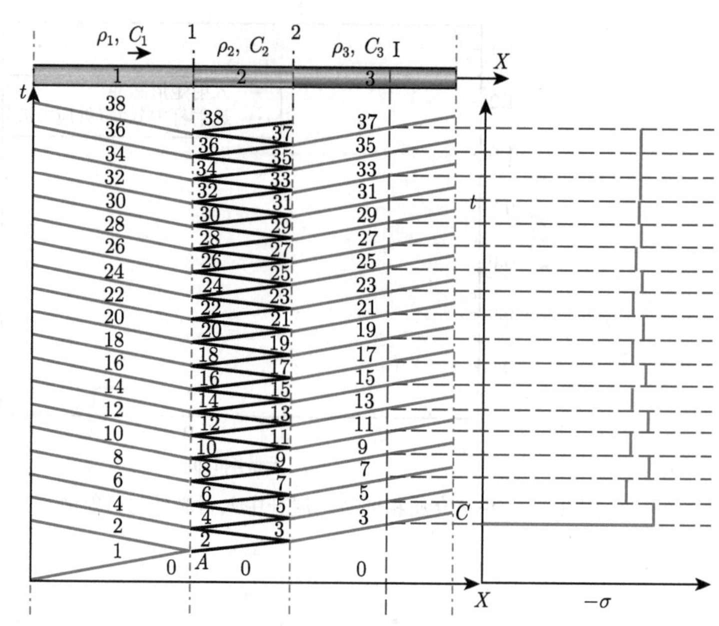

图 3.33　波阻抗递增三层一维杆弹性波透反射物理平面图

如令

$$F = \frac{k-1}{k+1} \tag{3.137}$$

则式 (3.136) 可以简写为

$$\begin{cases} [\sigma]_{4n+2\sim4n+3} = F^{4n+1}\sigma_2 \\ [\sigma]_{4n+4\sim4n+5} = -F^{4n+3}\sigma_2 \end{cases} \text{和} \quad \begin{cases} [\sigma]_{4n+3\sim4n+4} = -F^{4n+2}\sigma_2 \\ [\sigma]_{4n+5\sim4n+6} = F^{4n+4}\sigma_2 \end{cases}, \quad n \geqslant 0 \tag{3.138}$$

根据式 (3.138) 可以计算出

$$\begin{cases} \sigma_{2n} = \left[(1+F)\dfrac{1-\left(-F^2\right)^{n-1}}{1+F^2} + \left(-F^2\right)^{n-1}\right]\sigma_2 \\ \sigma_{2n+1} = (1+F)\dfrac{1-\left(-F^2\right)^{n}}{1+F^2}\sigma_2 \end{cases} \tag{3.139}$$

通过式 (3.139)，可以计算出：

$$\begin{cases} \sigma_{2n} < 0 \\ \sigma_{2n+1} < 0 \end{cases} \tag{3.140}$$

即交界面 1 和交界面 2 皆始终处于压缩状态。

根据式 (3.139) 也可以绘制出杆 3 截面 I 处的应力波示意图，如图 3.33 所示。以 $k=2$ 为例，可以求出

$$F = \frac{k-1}{k+1} = \frac{1}{3} \tag{3.141}$$

同上定义无量纲时间和无量纲应力量，有

$$\begin{cases}\bar{\sigma}_{2n}=\left[(1+F)\dfrac{1-\left(-F^{2}\right)^{n-1}}{1+F^{2}}+\left(-F^{2}\right)^{n-1}\right]\bar{\sigma}_{2}=\dfrac{4}{3}\left\{\dfrac{6}{5}\left[1-\left(-\dfrac{1}{9}\right)^{n-1}\right]+\left(-\dfrac{1}{9}\right)^{n-1}\right\}\\ \bar{\sigma}_{2n+1}=(1+F)\dfrac{1-\left(-F^{2}\right)^{n}}{1+F^{2}}\bar{\sigma}_{2}=\dfrac{8}{5}\left(1-\left(-\dfrac{1}{9}\right)^{n}\right)\end{cases}\tag{3.142}$$

若不考虑应力波从杆 1 左端传播到杆 3 截面 I 处所需的时间，将入射矩形脉冲波与杆 3 截面 I 上的应力波波头对齐，根据式 (3.142)，可以绘制出其应力波波形图。容易知道，如不考虑应力波到达前的部分，杆 3 截面 I 处的应力波应与交界面 1 处的应力波完全相同。根据式 (3.142) 可以绘制出交界面 1 上的应力波，同上，从应力到达交界面时刻开始绘制，将其应力波波头与入射波波头对齐，即可得到应力波波形图，如图 3.34 所示。

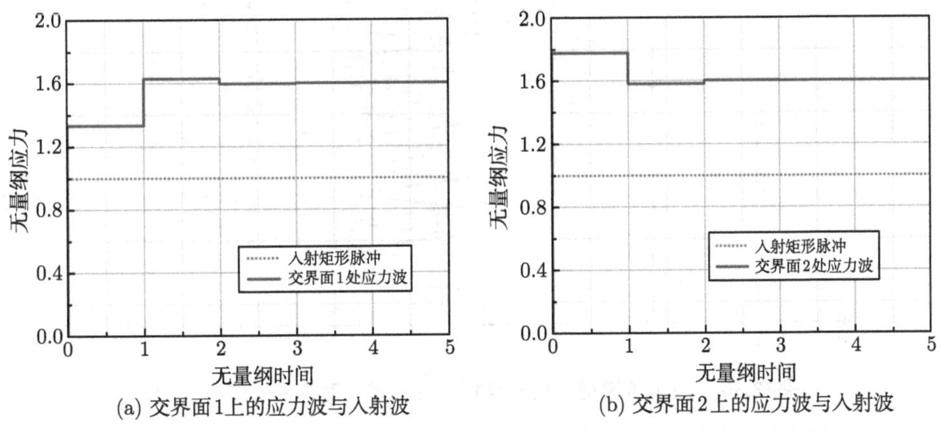

(a) 交界面1上的应力波与入射波　　(b) 交界面2上的应力波与入射波

图 3.34　波阻抗递增三层杆中入射波与两个交界面上的应力波对比图

可以看出交界面 1 上的压力随着应力波的透反射，虽然压力呈上下波动变化状态，但整体上呈增加趋势，当弹性波在杆 2 中反射次数足够多时，交界面 1 上的应力趋于

$$\sigma_{2n}(\infty)=\frac{-2k^{2}p}{k^{2}+1}\tag{3.143}$$

可以看出交界面 2 上的压力也呈上下波动变化状态，但整体上呈下降趋势，当弹性波在杆 2 中反射次数足够多时，交界面 2 上的应力趋于

$$\sigma_{2n+1}(\infty)=\frac{-2k^{2}p}{k^{2}+1}\tag{3.144}$$

对比式 (3.143) 和式 (3.144)，不难发现，当杆 2 中应力波发射次数很多时，杆中应力逐渐趋于平稳均匀。若考虑入射脉冲卸载间断波的影响，并入射矩形脉冲波的波长 λ 明显大于中间杆即杆 2 的长度，且满足

$$\lambda=\frac{20C_{1}L}{C_{2}}\tag{3.145}$$

卸载波强度为

$$[\sigma]' = \sigma_{20\sim 20*} = \sigma_{20*} - \sigma_{20} = p \tag{3.146}$$

此时，杆中应力波传播的物理平面图如图 3.35 所示。

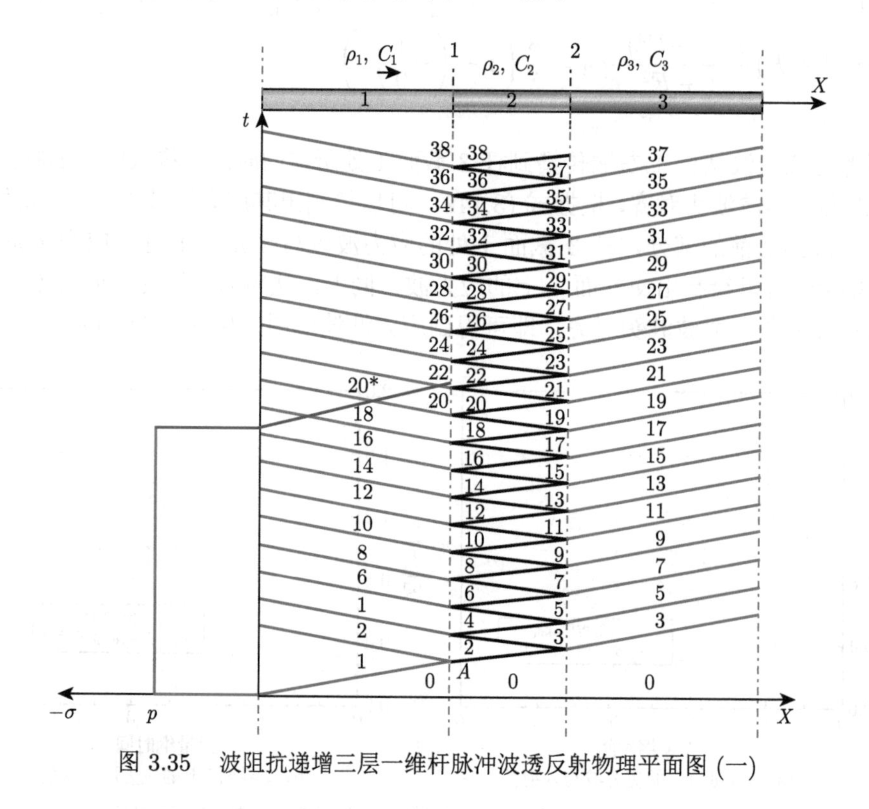

图 3.35　波阻抗递增三层一维杆脉冲波透反射物理平面图 (一)

容易看出，在卸载波未到达交界面时，此时杆中的应力 $\sigma_1 \sim \sigma_{21}$ 与上一种情况所给出的结果完全一致，可以给出

$$\sigma_{20*} = p + \sigma_{20} = \frac{F^{20} - F^{18} - 2}{1 + F^2} Fp \tag{3.147}$$

类似地，可以求出

$$\begin{cases} \sigma_{22} = 2\dfrac{\sigma_{21} + k\sigma_{20*}}{k+1} - \sigma_{20} = -\dfrac{(1-F^{20})\,F\,(1-F)\,(1+F)}{1+F^2}p < 0 \\ \sigma_{23} = \dfrac{F^2\,(1-F^{20})\,(1+F)^2}{1+F^2}p > 0 \end{cases} \tag{3.148}$$

这说明交界面 1 上承受的应力为压力，两者还是保持紧密接触，能够实现应力波的透反射；而交界面 2 上的应力为拉伸，这与条件不符，即杆 2 和杆 3 在应力波 21~22 到达交界面 2 瞬间就分离了。因此此后杆 3 中截面 I 处应力为零，即

$$\sigma_{23} = 0 \tag{3.149}$$

由此可以给出此种情况下三杆中应力波传播的物理平面图，如图 3.36 所示。

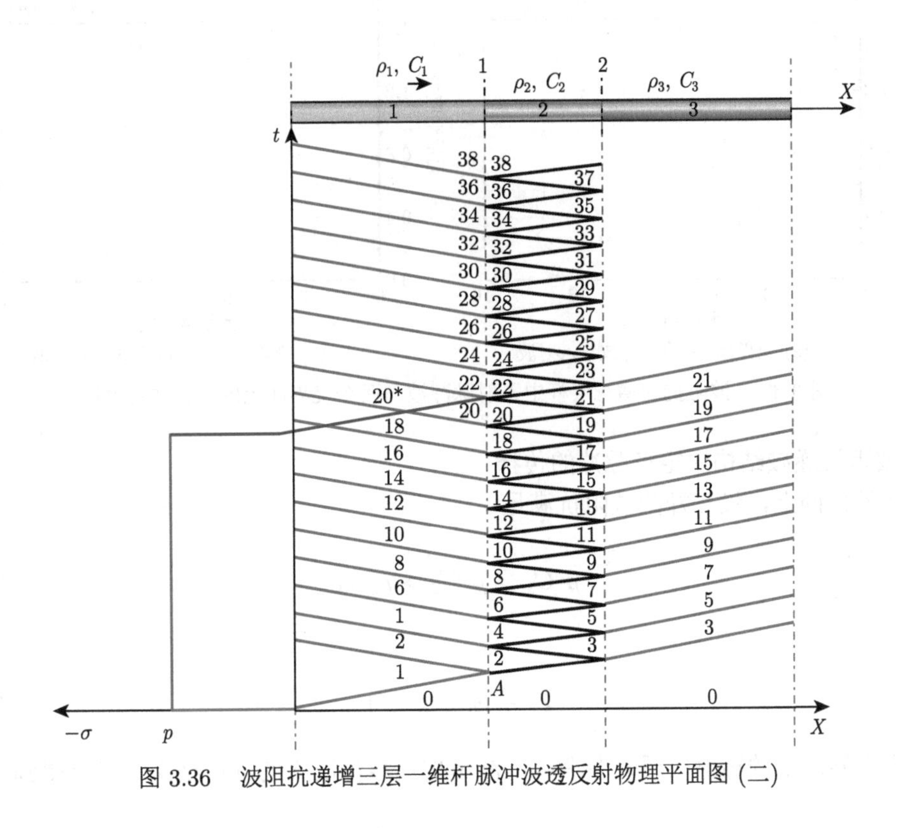

图 3.36 波阻抗递增三层一维杆脉冲波透反射物理平面图 (二)

根据交界面 1 上的反射性质和右端自由面上的反射的“镜像法则”，可有

$$\sigma_{20+2m}=-\frac{\left(1-F^{20}\right)F^{m}\left(1-F\right)\left(1+F\right)}{1+F^{2}}p,\quad m\geqslant 2 \tag{3.150}$$

以 $k=2$ 为例，在卸载波未到达交界面时，此时杆中的应力 $\sigma_1\sim\sigma_{21}$ 与上一种情况所给出的结果完全一致，即在交界面 1 上的应力为

$$\begin{cases}\bar{\sigma}_{2n}=\dfrac{4}{3}\left\{\dfrac{6}{5}\left[1-\left(-\dfrac{1}{9}\right)^{n-1}\right]+\left(-\dfrac{1}{9}\right)^{n-1}\right\}, & n\leqslant 10\\ \bar{\sigma}_{20+2m}=\dfrac{4}{5}\left(\dfrac{1}{3}\right)^{m}\left[1-\left(\dfrac{1}{3}\right)^{20}\right], & m\geqslant 1\end{cases} \tag{3.151}$$

由此即可以给出交界面 1 上的应力波，如图 3.37(a) 所示。同理，容易给出交界面 2 或杆 3 中截面 I 上的应力波，如图 3.37(b) 所示。

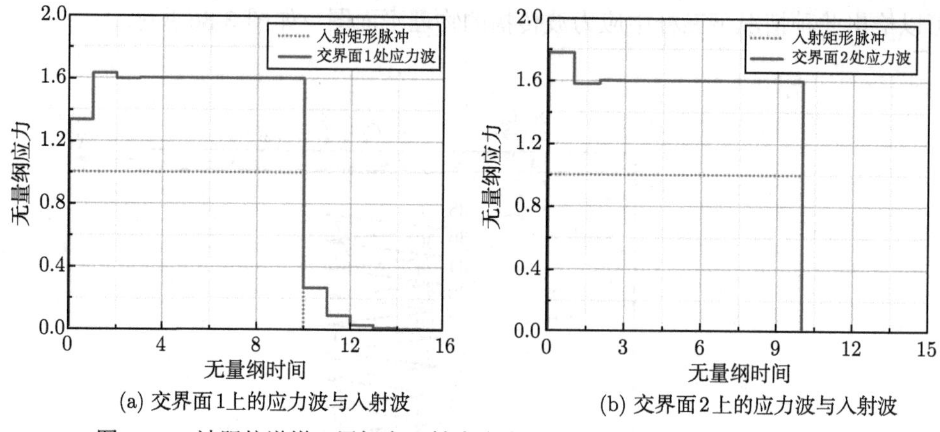

(a) 交界面 1 上的应力波与入射波　　(b) 交界面 2 上的应力波与入射波

图 3.37　波阻抗递增三层杆中入射脉冲波与两个交界面上的应力波对比图

3) 波阻抗递减结构中矩形脉冲的传播

其他条件同上，设三杆的波阻抗满足

$$\rho_1 C_1 > \rho_2 C_2 > \rho_3 C_3 \tag{3.152}$$

和

$$k_1 = k_2 = k < 1 \tag{3.153}$$

根据交界面上的透射性质，参考以上波阻抗递增情况下的分析结果，可以得到

$$\begin{cases} \sigma_{2n} = \left[(1+F)\dfrac{1-\left(-F^2\right)^{n-1}}{1+F^2} + \left(-F^2\right)^{n-1}\right]\sigma_2 \\ \sigma_{2n+1} = (1+F)\dfrac{1-\left(-F^2\right)^{n}}{1+F^2}\sigma_2 \end{cases} \tag{3.154}$$

当

$$k < \sqrt{5} - 2 \tag{3.155}$$

时，杆 1 和杆 2 分离，此时应力波传播物理平面图如图 3.38 所示。

此时有

$$\sigma_{2n} = 0, \quad n \geqslant 2 \tag{3.156}$$

根据交界面 2 上应力波的反射性质与杆 2 左端自由面上反射的“镜像法则”，可以计算出

$$\bar{\sigma}_{2n+1} = (-F)^{n-1}(1+F)\bar{\sigma}_2 \tag{3.157}$$

以 k= 0.2 为例，此时 $F = -2/3$，从而可以计算交界面 2 上不同时刻的无量纲应力，从而可以给出交界面 2 或杆 3 中截面 I 上的应力波波形图，如图 3.39 所示。

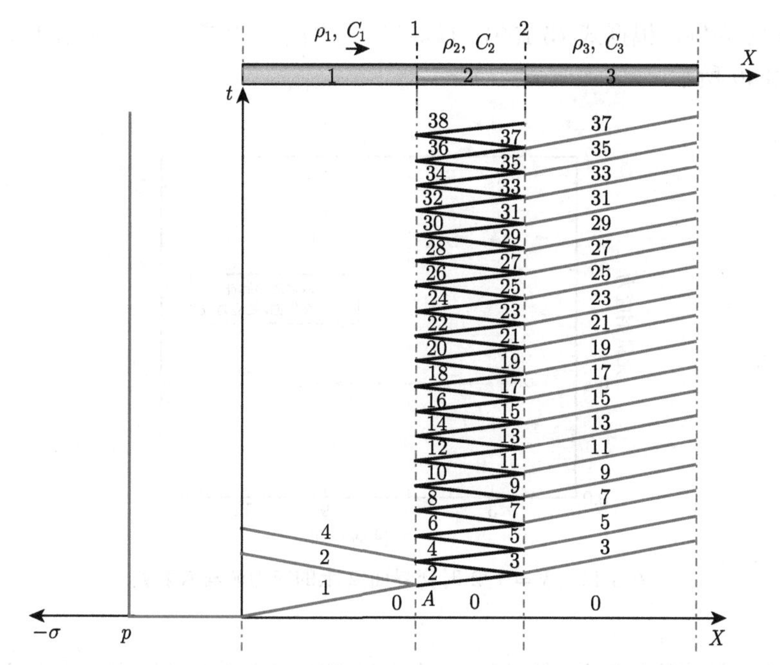

图 3.38 波阻抗相差较大时波阻抗递减三层一维杆弹性波透反射物理平面图

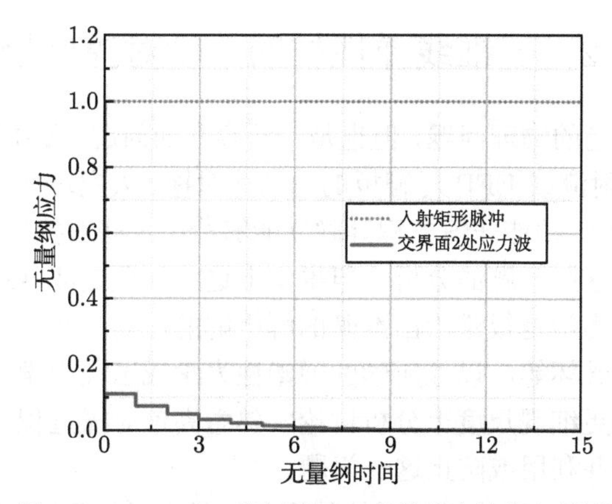

图 3.39 $k = 0.2$ 时交界面 2 上的应力波与入射波

当

$$\sqrt{5} - 2 \leqslant k < 1 \tag{3.158}$$

时，可以计算出，此种情况下交界面 1 上的应力无拉力情况发生。此时有

$$\begin{cases} \sigma_{2n} = \left[(1+F) \dfrac{1-(-F^2)^{n-1}}{1+F^2} + (-F^2)^{n-1} \right] \sigma_2 \\ \sigma_{2n+1} = (1+F) \dfrac{1-(-F^2)^n}{1+F^2} \sigma_2 \end{cases} \tag{3.159}$$

以 $k=1/2$ 为例，根据式 (3.159) 可以给出交界面 2 上或杆 3 中截面 I 上的应力波波形图，如图 3.40 所示。

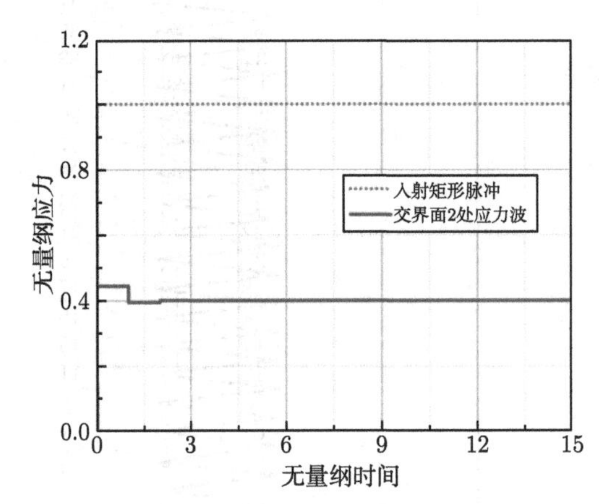

图 3.40　$k=1/2$ 时交界面 2 上的应力波与入射波

考虑脉冲卸载波的计算分析过程与以上两种情况无本质上的区别，在此不做赘述，读者可试分析推导之。

3.2　一维线弹性杆的共轴对撞问题

对撞问题是一个古老的物理问题，但也是广泛存在的问题，如牛顿摆、两车的相撞、弹体与靶板的高速对撞、射流或 EFP 对靶板的超高速对撞、太空垃圾与飞行器的高超速对撞等，虽然将动量守恒方程、动能守恒方程等联立能够给出某些对撞问题的解，可以参考《固体中的应力波导论》对这些问题的分析，但事实上这些问题是非常理想的情况下近似成立的，绝大多数问题经典力学是很难给出准确的解析解的，而且在高速对撞条件下，很多现象如破甲弹引起的层裂破坏等，以往所学的弹塑性力学或工程力学很难对其进行解释；此时，我们必须从时空的更细观尺度上分析讨论，熟悉高速对撞过程中应力波传播与演化特征，才能从本质上解释并利用或防止这一问题。

本节不考虑塑性变形，只考虑弹性对撞特别是线弹性对撞问题，且基于 1.2 节从一维线弹性杆中应力波传播与演化规律出发，来分析对撞问题杆中的应力波传播与演化问题；本节中详细内容在本科生教材《固体中的应力波导论》有所分析，重复内容在此只是简要介绍，读者可以参考此书对应章节。

3.2.1　材料相同一维线弹性杆的共轴对撞问题

设两个截面积完全相同的细长杆 1 和 2，其波阻抗均为ρC，假设两杆初始时刻均处于自然松弛状态即初始应力皆为 0，即两杆无预应力，杆 2 静止，杆 1 以速度 v_0 共轴对撞，如图 3.41 所示。

图 3.41　细长弹性杆的共轴对撞

当两杆相撞瞬间会在杆 1 中产生一个向左传播的弹性波和杆 2 中产生一个向右传播的弹性波，如图 3.42 所示。根据左行波和右行波波阵面上的动量守恒条件，结合初始条件，可以给出运动方程：

$$\begin{cases} \sigma_1 = \rho C \left(v_1 - v_0\right) \\ \sigma_{1*} = -\rho C v_{1*} \end{cases} \tag{3.160}$$

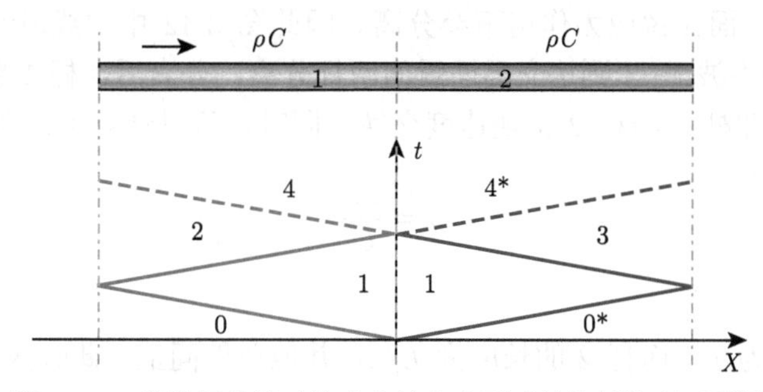

图 3.42　弹性杆共轴对撞应力波自由面反射传播物理平面图

此时两杆保持接触状态，因此接触面上应满足连续条件：

$$\begin{cases} \sigma_1 = \sigma_{1*} \\ v_1 = v_{1*} \end{cases} \tag{3.161}$$

联立式 (3.160) 和式 (3.161)，可以得到

$$\begin{cases} \sigma_1 = \sigma_{1*} = -\dfrac{\rho C v_0}{2} \\ v_1 = v_{1*} = \dfrac{v_0}{2} \end{cases} \tag{3.162}$$

式 (3.162) 表明，两杆相撞瞬间，杆端受力与撞击相对速度呈线性正比关系，与材料波阻抗也呈线性正比关系。以钢杆为例，杨氏模量为 210GPa，密度为 7.8g/cm^3，当撞击速度为 10m/s 时，撞击瞬间交界面压缩应力约为 202MPa；当撞击速度为 20m/s 时，压缩应力约为 405MPa，接近一般软钢的屈服强度；当撞击速度为 100m/s 时，撞击压缩应力约为 2GPa；同理，撞击速度为 1000m/s 时，撞击压缩应力约为 20GPa。从这些估算可以看出，在高速撞击过程中，撞击压力远大于材料的屈服强度，以射流为例，其撞击速度大于 6000m/s，因此，如果弹靶材料皆为钢，则撞击压力约 120GPa，此时完全可以忽略材料的屈服强度，而将其视为流体。

若杆 1 与杆 2 长度相等，皆为 L，则在 $t = L/C$ 时刻应力波同时到达杆 1 左端和杆 2 的右端，如图 3.42 所示，此时应力波会在自由面上反射。根据应力波在自由面的反射“镜

像法则”和边界条件，可以得到

$$\begin{cases} \sigma_2 = 0 \\ v_2 = 0 \end{cases} \quad 和 \quad \begin{cases} \sigma_3 = 0 \\ v_3 = v_0 \end{cases} \tag{3.163}$$

利用“应力波试探法”，假设存在反射波 1~2 和反射波 1~3 到达交界面后会进一步发生透射和反射行为，根据交界面上弹性波的透反射性质，可以给出此时交界面上的应力为

$$\sigma_4 = \rho C \frac{v_0}{2} > 0 \tag{3.164}$$

即此时杆 1 和杆 2 的交界面上应力为拉应力，而事实上，两杆之间并未粘接无法承受拉应力；也就是说，交界面在拉应力作用下会分离。因此图 3.42 中虚线所示应力波并不存在，在应力波 1~2 和应力波 1~3 到达交界面瞬间两杆分离，分离后，杆 1 静止，杆 2 以速度 v_0 匀速向右运动，即杆 1 与杆 2 实现速度交换；同时，可以计算出，当

$$t = \frac{2L}{C} \tag{3.165}$$

时，两杆分离。

设杆 1 的长度为 L，而杆 2 的长度为 $L/2$，其他条件同上，此时两杆共轴对撞后的物理平面图如图 3.43 所示，可以求出

$$\begin{cases} \sigma_1 = -\dfrac{\rho C v_0}{2} \\ v_1 = \dfrac{v_0}{2} \end{cases}, \quad \begin{cases} \sigma_2 = 0 \\ v_2 = 0 \end{cases}, \quad \begin{cases} \sigma_3 = 0 \\ v_3 = v_0 \end{cases} \tag{3.166}$$

参考两杆长度相同时的问题，利用“应力波试探法”可以判断此时透射波 3~4* 不存在，之后利用应力波在自由面上反射的“镜像法则”，以及线弹性应力波的叠加原则，分别可以求出

$$\begin{cases} \sigma_5 = 0 \\ v_5 = 0 \end{cases} \quad 和 \quad \begin{cases} \sigma_6 = 0 \\ v_6 = v_0 \end{cases}, \quad \begin{cases} \sigma_7 = -\dfrac{\rho C v_0}{2} \\ v_7 = \dfrac{v_0}{2} \end{cases} \tag{3.167}$$

同理，可以求出之后的应力波在杆 1 中往返运动，压缩波过后就是拉伸波，这种运动类似弹簧在向右运动时内部还在不断振动的情况。

设杆 1 的长度为 L，而杆 2 的长度为 $2L$，其他条件同上，此时必有

$$\begin{cases} \sigma_1 = -\dfrac{\rho C v_0}{2} \\ v_1 = \dfrac{v_0}{2} \end{cases}, \quad \begin{cases} \sigma_2 = 0 \\ v_2 = 0 \end{cases}, \quad \begin{cases} \sigma_3 = 0 \\ v_3 = v_0 \end{cases}, \quad \begin{cases} \sigma_4 = \dfrac{\rho C v_0}{2} \\ v_4 = \dfrac{v_0}{2} \end{cases} \tag{3.168}$$

因此当应力波 2~4 到达交界面瞬间两杆分离，同上情况通过假设也可以得知，此时杆 1 中并不存在任何应力波，其应力波传播的物理平面图如图 3.44 所示。此时杆 2 两端皆为自由面，应力波在杆 2 中往返运动，同上一起向右运动；而杆 1 保持静止。

根据图 3.43 和图 3.44 可以看出，以上两种情况，杆 1 与杆 2 的分离时间为

$$t = 2\frac{\max(L_1, L_2)}{C} \tag{3.169}$$

始终，L_1 和 L_2 分别表示两杆的长度，$\max(\cdot)$ 函数表示取两杆长度的最大值。式 (3.169) 表明，两个材料相同的一维线弹性杆共轴对撞，两杆分离时间为应力波在较长的一杆中往返一次所需时间；即决定分离时间的是较长杆的长度。而两杆分离后在较长杆中形成的应力波波长应为

$$\lambda = 2 \cdot \min(L_1, L_2) \tag{3.170}$$

即波长为较短杆长度的两倍，即决定分离后较长杆中应力波波长的是较短杆的长度。

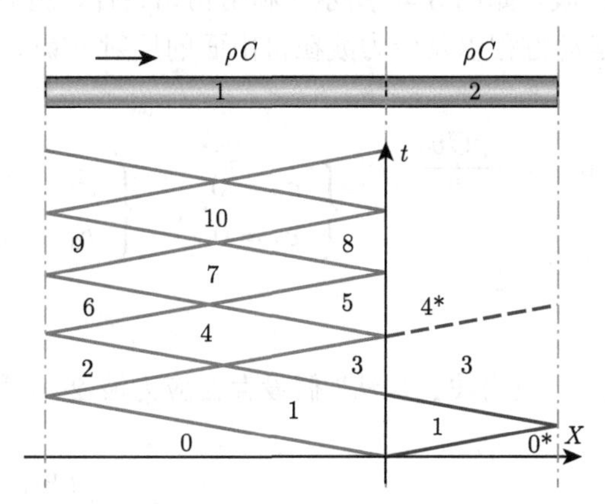

图 3.43 杆 1 为杆 2 长度 2 倍传播物理平面图

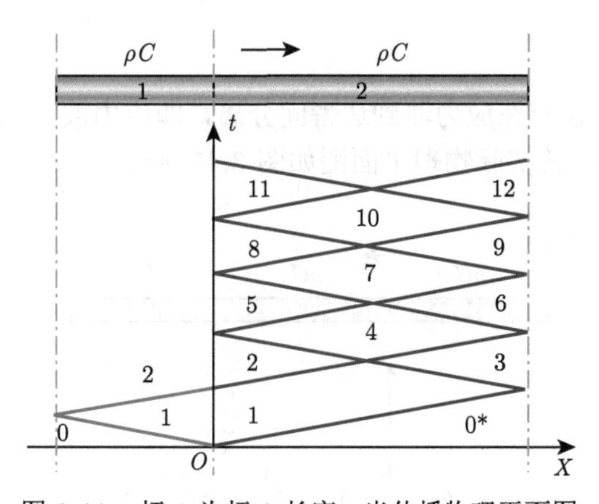

图 3.44 杆 1 为杆 2 长度一半传播物理平面图

式 (3.169) 所给出的结论对于其他杆长比例情况也是适用的，但其前提条件是两杆皆为一维线弹性杆且材料相同，而且两杆共轴对撞。

以上是两杆的共轴对撞情况，如果考虑如图 3.45 所示三杆共轴对撞的情况，以上分析方法也是适用的，事实上，其分析方法和思路本质上是完全相同的。

ρC → ρC ρC

1　　2　3

图 3.45　三杆共轴对撞示意图

设杆 2 和杆 3 紧密接触，但没有粘接，即两者的交界面不能承受拉伸应力的作用，否则两者分离。设三个完全相同长度为 L 的一维杆初始处于自然松弛状态且共轴，且杆 2 与杆 3 在初始处于静止状态，杆 1 以 v 向右匀速运动；在 $t=0$ 时刻撞击上杆 2 的左端。设三杆的波阻抗均为 ρC，则在撞击瞬间会从杆 1 和杆 2 的交界面分别向杆 1 向左传播和向杆 2 向右传播强间断压缩波，如图 3.46 所示。利用初始条件、边界条件、连续条件和应力波在交界面上透反射的运动方程以及应力波在自由面的反射 “镜像法则”，可以求出

$$\begin{cases} \sigma_1 = -\dfrac{\rho C v_0}{2} \\ v_1 = \dfrac{v_0}{2} \end{cases}, \quad \begin{cases} \sigma_2 = 0 \\ v_2 = 0 \end{cases}, \quad \begin{cases} \sigma_3 = 0 \\ v_3 = v_0 \end{cases} \tag{3.171}$$

如图 3.46 所示，利用 “应力波试探法” 假设存在应力波 2~4 和 3~4，可以计算出

$$\begin{cases} \sigma_4 - \sigma_3 = -\rho C\left(v_4 - v_3\right) \\ \sigma_4 - \sigma_2 = \rho C\left(v_4 - v_2\right) \end{cases} \Rightarrow \begin{cases} \sigma_4 = \dfrac{\rho C v_0}{2} > 0 \\ v_4 = \dfrac{v_0}{2} \end{cases} \tag{3.172}$$

因此此时杆 2 与杆 3 应在应力波到达瞬间分离，即应力波 1~2 和应力波 1~3 无法在交界面进行透射或反射；其实际物理平面图如图 3.47 所示。

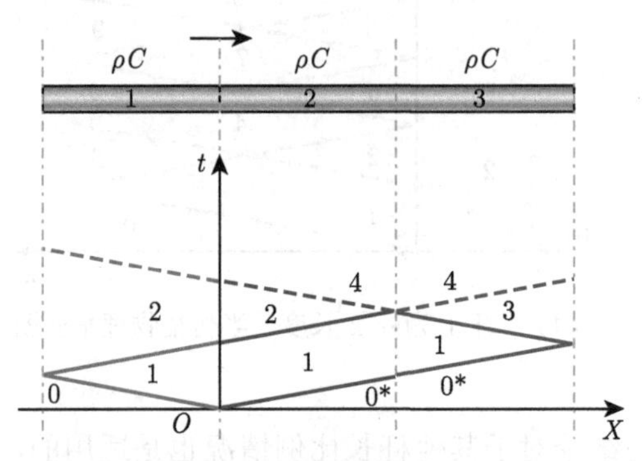

图 3.46　三杆共轴对撞传播物理平面图 (一)

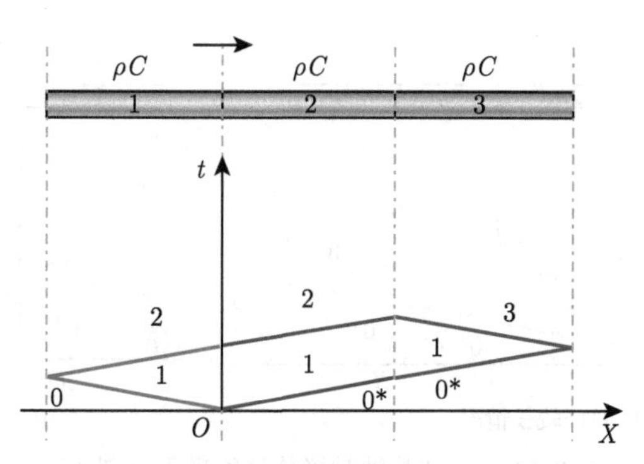

图 3.47 三杆共轴对撞传播物理平面图 (二)

由图 3.47 可知，三个完全相同的杆撞击后，在撞击发生时刻起经过时间

$$t = \frac{3L}{C} \tag{3.173}$$

后三杆中应力完全均匀，皆不存在应力波传播行为；此时杆 1 与杆 2 静止，杆 3 以速度 v 向右匀速运动。考虑初始条件中杆 1 以速度 v 向右匀速运动、杆 2 与杆 3 静止，对比撞击后杆 1 与杆 2 静止，杆 3 以速度 v 向右匀速运动，可以看出杆 1 与杆 2 出现动量交换或速度交换行为。对于 n 个完全相同的一维线弹性杆共轴对撞问题而言，以上方法也容易给出类似结论，即在经过

$$t = \frac{nL}{C} \tag{3.174}$$

时间后杆 1 到杆 $(n-1)$ 静止，杆 n 以速度 v 向右匀速运动，如图 3.48 所示；即最右端的杆与撞击杆实现速度交换，这与牛顿摆的试验结果完全一致，也解释了牛顿摆的试验原理。

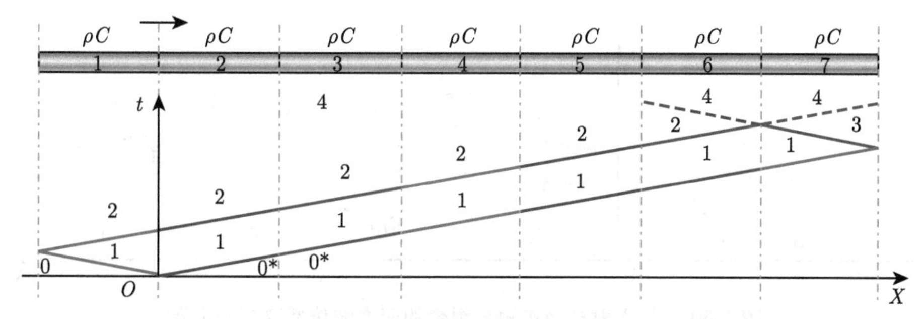

图 3.48 7 个完全相同的一维线弹性杆共轴对撞物理平面图

三杆共轴对撞问题中，若杆 1 与杆 2 完全相同，杆 2 其他条件与杆 1 相同但长度不同，此时其应力波传播物理平面图如图 3.49 所示。

对比图 3.49 和图 3.46，不难发现两图没有本质上的差别，应力波传播的控制方程并无不同，因此也可以计算出撞击发生

$$t = \frac{L_{\text{total}}}{C} \tag{3.175}$$

时间后，最左端杆 3 与初始杆 2 发生速度交换；始终 L_{total} 为三杆的总长。

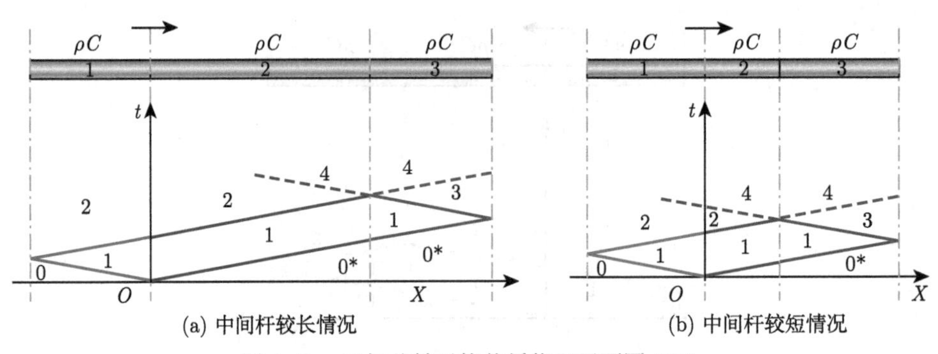

(a) 中间杆较长情况　　(b) 中间杆较短情况

图 3.49　三杆共轴对撞传播物理平面图 (三)

综上多杆对撞问题可知，当不同一维线弹性杆的材料相同时，只要入射杆与最右端杆长度相同，则对撞后入射杆与最右端杆实现速度交换，撞击到分离的时间见式 (3.175)。

若入射杆即杆 1 长度是杆 2 的 2 倍，而杆 2、杆 3、杆 4 和杆 5 完全相同均为 L，所有杆材料相同，如图 3.50 所示。利用 "应力波试探法" 可以求出状态点 4 对应的应力为零，即图 3.50 中两条虚线代表的应力波并不存在。即对撞发生

$$t = \frac{L_{\text{total}}}{C} \tag{3.176}$$

时间后，杆 3 与杆 4 分离，同上杆 4 和杆 5 紧密接触着一起向右以速度 v 匀速向右运动。即入射杆 1 与最右端两杆实现速度交换，且最右端两杆长度之和与杆 1 相等。

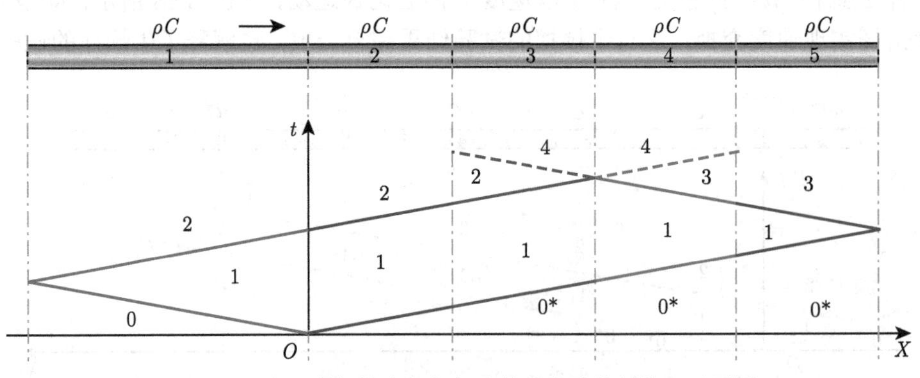

图 3.50　长入射杆撞击短杆组合的应力波传播物理平面图

同理，类似以上分析可知：其一，这种交换与杆 2 与杆 3 的长度无关，也就是说，并不需要杆 2 与杆 3 的长度相等，也不需要此两杆长度与其他杆相等；其二，杆 4 与杆 5 的长度相等也并不是必要条件，只要两杆长度之和与入射杆即杆 1 相等即可；其三，杆 1 并不限制于只是一个杆，入射杆是多个杆紧密接触的杆以相同入射速度撞击也行，可以是一个，也可以是 2 个、3 个、……、n 个，只要其长度之和与图 3.50 所示杆 1 的长度相等即可；其四，杆 4 和杆 5 也是如此，可以不仅仅只要求两个杆，如 3 个、4 个、……、n 个，只要这些杆的长度之和与图 3.50 中最右端两杆长度之和相等即可。总而言之，只要入

射杆或入射多杆组合的长度之和与被撞击的杆组合中最右端的 n 杆长度之和相等，则撞击后入射杆或入射多杆组合静止，最右端的 n 杆组合与入射杆组合实现速度交换；这与牛顿摆的试验结果完全一致。

考虑入射杆为三杆时的情况，如图 3.51 所示，设五杆完全相同，杆 1、杆 2 和杆 3 紧密结合皆处于自然松弛状态并以速度 v 向右匀速运动，在 $t=0$ 时刻此三杆共轴撞上处于自然松弛静止且紧密结合的杆 4 和杆 5 的组合。

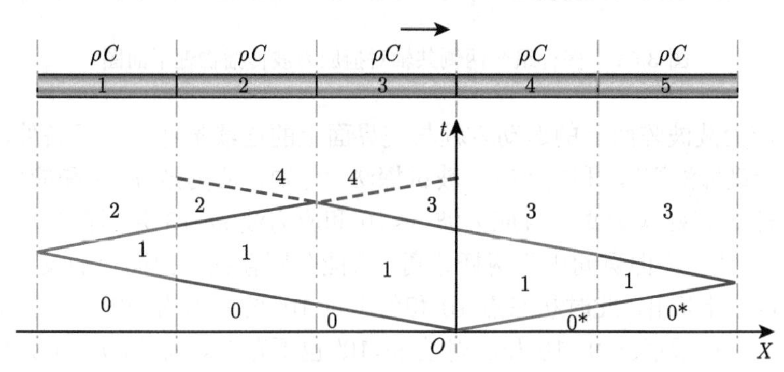

图 3.51　多杆组合撞击的应力波传播物理平面图

同理，利用“应力波试探法”可知应力波 2~4 和应力波 3~4 并不存在，因此撞击发生

$$t=\frac{L_{\text{total}}}{C} \tag{3.177}$$

后，杆 1 和杆 2 静止，杆 3、杆 4 和杆 5 以速度 v 向右匀速运动，即杆 3 运动状态不变，杆 1、杆 2 与杆 4、杆 5 实现速度交换。

以上几种情况中右端一维杆保持自然静止状态，只要右端存在撞击杆；现考虑一维杆组合左侧和右侧同时存在撞击行为时的情况，如图 3.52 所示。

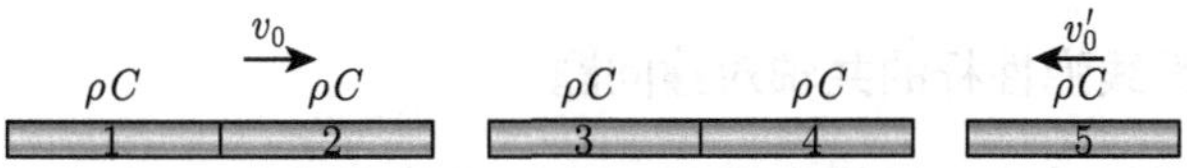

图 3.52　多杆组合两侧共轴对撞示意图

该问题的初始条件为

$$\begin{cases}\sigma_{0*}=0\\ v_{0*}=v_0\end{cases},\quad \begin{cases}\sigma_0=0\\ v_0=0\end{cases},\quad \begin{cases}\sigma_{0**}=0\\ v_{0**}=-v_0'\end{cases} \tag{3.178}$$

设在 $t=0$ 时刻，杆 1 和杆 2 撞上杆 3 的同时，杆 5 也撞上杆 4，对撞过程中应力波传播物理平面图如图 3.53 所示。

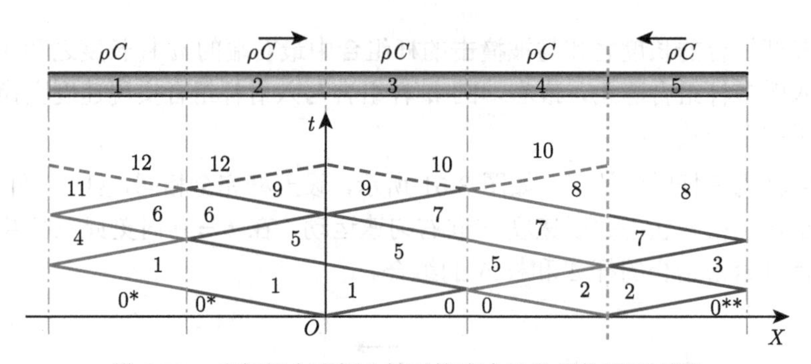

图 3.53 多杆组合两侧共轴对撞应力波传播物理平面图

此时根据应力波波阵面上的运动方程与交界面上的连续条件、边界条件、应力波在自由面上反射的“镜像法则”，利用“应力波试探法”可知，应力波 7~9 和应力波 7~8 到达交界面瞬间，杆 3 和杆 4 分离；且应力波 8~10 和应力波 9~10 并不存在，但应力波 7~9 和应力波 7~8 到达交界面瞬间由于两杆分离，可能分别存在自由面上的反射波 9~10 和反射波 8~10′。容易计算出，此时状态点 10 和状态点 10′ 的应力均为零，与状态点 9 和状态点 8 应力相等，因此反射波 9~10 和反射波 8~10′ 也不存在。同理，应力波 11~12 和应力波 9~12 也不存在，应力波 6~11 和应力波 6~9 到达交界面后，杆 1 与杆 2 分离。也就是说，实际上图 3.53 中虚线代表的应力波是不存在的。撞击后所有杆中皆不再存在应力波传播，即应力皆均匀化了；而且杆 4 和杆 5 一起以速度 v_0 向右运动、杆 1 以速度 v_0' 向左运动，如图 3.54 所示。

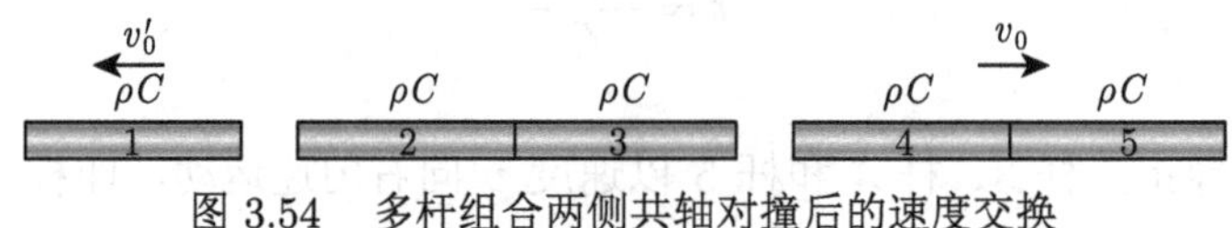

图 3.54 多杆组合两侧共轴对撞后的速度交换

对比图 3.54 和图 3.52 可以看出，对撞后杆 1 和杆 2 的速度传递给杆 4 和杆 5，杆 5 的速度传递给杆 1。以上分析结果与试验结果完全一致，其他撞击情况也可以进行类似分析，在此不做赘述，读者试推导牛顿摆试验的其他情况。

3.2.2 材料不同一维线弹性杆的共轴对撞问题

3.2.1 节中对相同材料的一维线弹性杆的共轴对撞问题进行了讨论，事实上，在实际问题中，这种情况只是特殊条件下具备的，大多数情况下撞击杆和被撞击杆材料并不相同。

首先考虑两杆虽然材料不同但波阻抗却相同时的情况，即

$$\begin{cases} \rho_1 \neq \rho_2 \\ C_1 \neq C_2 \end{cases} \text{但} \quad \rho_1 C_1 = \rho_2 C_2 = \rho C \tag{3.179}$$

设杆 1 的波阻抗为 $\rho_1 C_1$，杆 2 的波阻抗为 $\rho_2 C_2$，两者的长度分别为 L_1 和 L_2，且在对撞前皆处于自然松弛状态，如图 3.55 所示。在 $t = 0$ 时刻，杆 1 以速度 v_0 匀速向右运动并撞上处于静止状态的共轴杆 2。

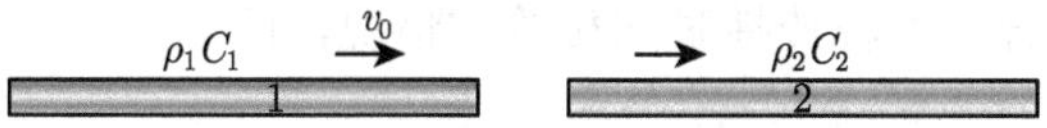

图 3.55 两杆材料不同波阻抗相同一维线弹性杆共轴对撞

根据初始条件、交界面上的连续条件和应力波在交界面上透反射运动方程，可以得到

$$\begin{cases} \sigma_0 = 0 \\ v_0 = v_0 \end{cases}, \quad \begin{cases} \sigma_{0*} = 0 \\ v_{0*} = 0 \end{cases}, \quad \begin{cases} \sigma_1 = \sigma_{1*} = -\dfrac{\rho C v_0}{2} \\ v_1 = v_{1*} = \dfrac{v_0}{2} \end{cases} \tag{3.180}$$

式 (3.180) 表明，即使两杆材料不同，只要其波阻抗相同，其碰撞瞬间交界面处的应力质点速度与两杆材料相同情况下完全一致。

当

$$\frac{L_1}{C_1} = \frac{L_2}{C_2} \tag{3.181}$$

时，应力波 1~2 和应力波 1~3 才能同时到达交界面，如图 3.56 所示。

利用“应力波试探法”可以得到对撞应力波传播的物理平面图，如图 3.56(a) 所示。根据自由面上的反射“镜像法则”和交界面上透反射运动方程，可以求出状态点 4 的应力为拉力，即两杆会分离，状态点 4 并不成立。因此，该问题中应力波的传播物理平面图应为图 3.56(b)。

(a) 假设有应力波2~4和3~4　　(b) 实际物理平面图

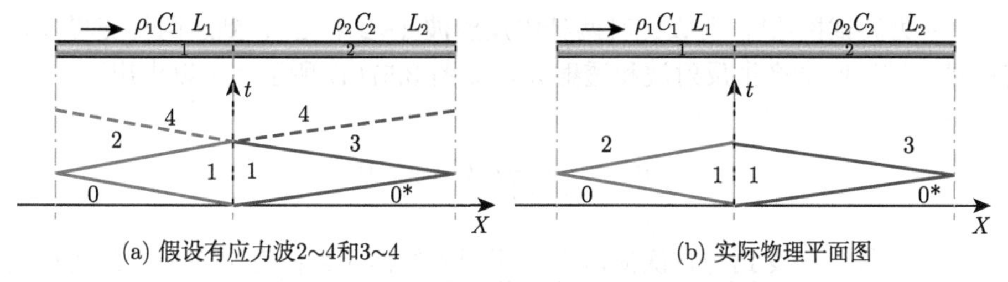

图 3.56 弹性杆共轴对撞应力波传播物理平面图

即两杆对撞后，杆中皆不存在应力波即应力实现均匀化，入射杆即杆 1 静止，而被撞击杆即杆 2 以与入射速度相同的速度 v_0 向右运动；即在此情况下，两杆材料不同但波阻抗和质量相同，因此能够实现速度交换。

若

$$\frac{L_1}{C_1} \neq \frac{L_2}{C_2} \tag{3.182}$$

则应力波 1~2 和应力波 1~3 必定不是同时到达交界面。此时撞击后的情况类似于两杆对撞时长度不等时的情况，读者可试分析之。

设两杆波阻抗比为

$$k = \frac{\rho_2 C_2}{\rho_1 C_1} \neq 1 \tag{3.183}$$

此时两杆中的应力波传播更为复杂，在此分三种情况进行分析。

先考虑应力波在两杆中单程传播时间相等的情况，即

$$\frac{L_1}{C_1} = \frac{L_2}{C_2} \tag{3.184}$$

两杆对撞过程中应力波的传播与演化物理平面图如图 3.57 所示。

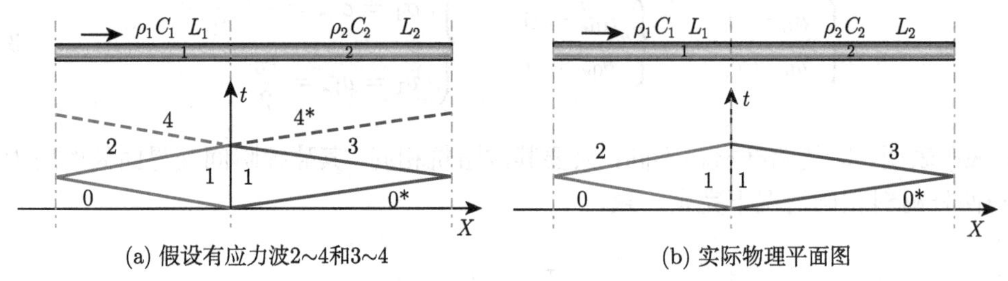

图 3.57　不同波阻抗弹性杆共轴对撞应力波传播物理平面图

类似地，根据初始条件、边界条件和连续条件，通过运动方程，可以得到

$$\begin{cases} \sigma_1 = -\dfrac{\rho_2 C_2 v_0}{k+1} \\ v_1 = \dfrac{v_0}{k+1} \end{cases}, \quad \begin{cases} \sigma_2 = 0 \\ v_2 = -\dfrac{k-1}{k+1} v_0 \end{cases}, \quad \begin{cases} \sigma_3 = 0 \\ v_3 = \dfrac{2}{k+1} v_0 \end{cases} \tag{3.185}$$

利用“应力波试探法”，假设此时两杆中反射波 1~2 和 2~3 到达两杆交界面，两杆仍然紧密接触，则同时会产生反射波和透射波，如图 3.57(a) 所示，可以求出

$$\sigma_4 = \frac{k}{k+1} \rho_1 C_1 v_0 > 0 \tag{3.186}$$

即此时两杆交界面两端受到与首次撞击大小相同的拉伸应力；而事实上，此两杆之间交界面并不能承受拉伸应力，即受到压缩应力时两杆会保持接触，但受到拉伸应力时却会分开；所以，当自由面反射拉伸波到达交界面瞬间由于交界面两端的拉伸应力直接分开形成各自的自由面，而不会产生相互透射的应力波。也就是说，实际上应力波 2~4 和 3~4* 并不存在，其应力波传播物理平面图应如图 3.57(b) 所示。

以上分析说明，当一个细长杆以入射速度 v_0 撞击另一个共轴、波阻抗不相等但应力波在杆中单程传播时间相同的细长杆时，在

$$t = \frac{2L_1}{C_1} = \frac{2L_2}{C_2} \tag{3.187}$$

时间后，两杆分离，撞击杆内无应力，且其速度为 v_2，被撞击杆获得撞击杆的入射速度 v_3，且杆中无应力。而且，若低波阻抗杆撞击高波阻抗杆，即

$$k = \frac{\rho_2 C_2}{\rho_1 C_1} > 1 \tag{3.188}$$

时，有

$$\begin{cases} v_2 = -\dfrac{k-1}{k+1}v_0 < 0 \\ v_3 = \dfrac{2}{k+1}v_0 \end{cases} \tag{3.189}$$

即撞击杆反弹，速度方向与入射方向相反。此时有

$$\rho_2 L_2 = k\rho_1 L_1 > \rho_1 L_1 \tag{3.190}$$

即杆 1 的质量小于杆 2 的质量。反之，若高波阻抗杆撞击低波阻抗杆，则撞击后两杆均向右运动，此时杆 1 的质量大于杆 2 的质量。

考虑应力波在两杆中单程传播时间不相等，且

$$\frac{L_1}{C_1} < \frac{L_2}{C_2} < \frac{2L_1}{C_1} \tag{3.191}$$

时的情况。此时杆中透反射物理平面图如图 3.58 所示，此时状态点 1、状态点 2 和状态点 3 对应的应力和质点速度与以上第一种情况相同。

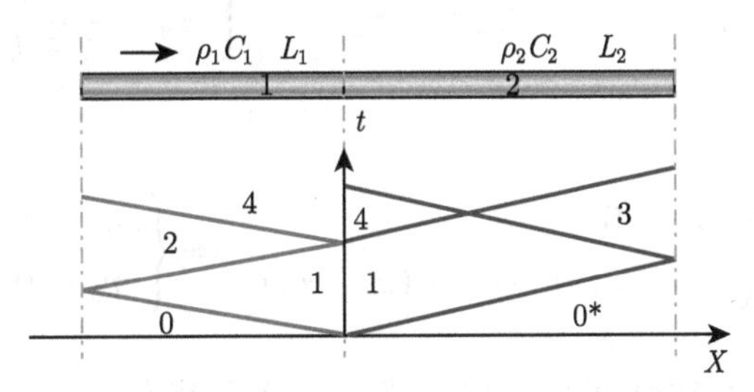

图 3.58 不考虑两杆分离时波阻抗不等第一种情况物理平面图

同理，可以求出图中不同状态点对应的应力与质点速度值：

$$\begin{cases} \sigma_1 = -\dfrac{\rho_2 C_2 v_0}{k+1} \\ v_1 = \dfrac{v_0}{k+1} \end{cases} \quad \begin{cases} \sigma_2 = 0 \\ v_2 = \dfrac{1-k}{k+1}v_0 \end{cases} \quad \begin{cases} \sigma_3 = 0 \\ v_3 = \dfrac{2v_0}{k+1} \end{cases}, \quad \begin{cases} \sigma_4 = \dfrac{k(k-1)}{(k+1)^2}\rho_1 C_1 v_0 \\ v_4 = \dfrac{1-k}{(k+1)^2}v_0 \end{cases} \tag{3.192}$$

当 $k > 1$ 时，从式 (3.192) 中可以看出

$$\begin{cases} \sigma_1 = -\dfrac{k}{k+1}\rho_1 C_1 v_0 < 0 \\ \sigma_4 = \dfrac{k(k-1)}{(k+1)^2}\rho_1 C_1 v_0 > 0 \end{cases} \tag{3.193}$$

也就是此时交界面上承受拉伸应力，对于两杆共轴对撞而言，这是不成立的，因此此时两杆应该是分离状态，然而，在应力波 1~2 到达交界面前，两杆之间受力状态为压力，这意

味着两杆在此时应该保持稳定接触；因此，我们可以认为在应力波 1~2 到达交界面瞬间，也会发生透反射行为，但当交界面上应力为 0 时瞬间分离。也就是说，当应力波 1~2 到达交界面瞬间，两杆分离，杆 1 右端和杆 2 左端成为新的自由面，此时杆 1 中会产生一个自由面上的反射波，杆 2 中会产生一个向右传播的卸载波，如图 3.59 所示。

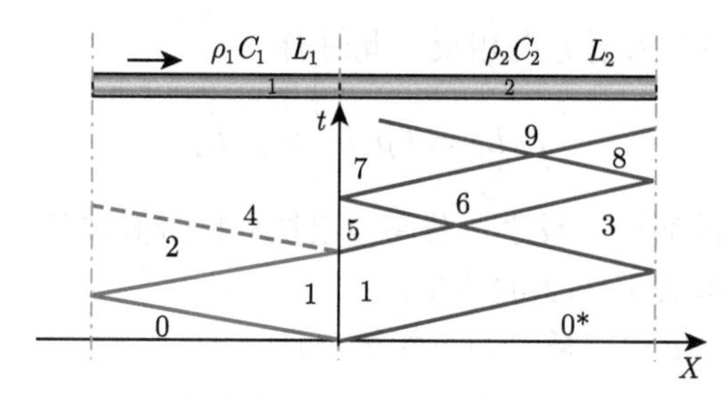

图 3.59　考虑两杆分离时波阻抗不等第一种情况物理平面图

此时即有

$$
\left\{\begin{array}{l}\sigma_4=0\\ \sigma_4-\sigma_2=\rho_1 C_1\left(v_4-v_2\right)\end{array}\right. \Rightarrow \left\{\begin{array}{l}\sigma_4=0\\ v_4=\dfrac{1-k}{k+1}v_0\end{array}\right. \tag{3.194}
$$

和

$$
\left\{\begin{array}{l}\sigma_5=0\\ \sigma_5-\sigma_1=-\rho_2 C_2\left(v_5-v_1\right)\end{array}\right. \Rightarrow \left\{\begin{array}{l}\sigma_5=0\\ v_5=0\end{array}\right. \tag{3.195}
$$

从式 (3.192) 和式 (3.194) 可以看出，状态点 2 到状态点 4 无论应力还是质点速度皆无变化，这意味着应力波 2~4 并不存在，也就是说此时虽然两杆波阻抗不相等，但应力波 1~2 到达交界面后并不存在反射波，只有透射波进入杆 2。

同理，根据波阵面上的运动方程和自由面上应力波反射的“镜像法则”，可以计算出

$$
\left\{\begin{array}{l}\sigma_6=\dfrac{\rho_2 C_2 v_0}{k+1}\\ v_6=\dfrac{v_0}{k+1}\end{array}\right.,\quad \left\{\begin{array}{l}\sigma_7=0\\ v_7=\dfrac{2v_0}{k+1}\end{array}\right.,\quad \left\{\begin{array}{l}\sigma_8=0\\ v_8=0\end{array}\right.,\quad \left\{\begin{array}{l}\sigma_9=-\dfrac{\rho_2 C_2 v_0}{k+1}\\ v_9=\dfrac{v_0}{k+1}\end{array}\right. \tag{3.196}
$$

对比两杆波阻抗相等时的情况，我们不难发现，两种情况非常类似，杆 1 中应力波皆是在对撞

$$
t=\frac{2L_1}{C_1} \tag{3.197}
$$

时间后内部应力消失；所有应力波皆在杆 2 内部振荡，即杆 2 在振动中向右运动。

容易看出，对于 $k>1$ 的情况，此结论对于 $L_2/C_2>L_1C_1$ 的其他情况也皆成立。只有当 $k<1$ 时，式 (3.193) 中状态 4 对应的应力才保持为压应力状态，两杆仍保持连接在

一起的状态，如图 3.60 所示。此时也有

$$\begin{cases} \sigma_4 = \dfrac{k-1}{(k+1)^2}\rho_2 C_2 v_0 \\ v_4 = \dfrac{1-k}{(k+1)^2} v_0 \end{cases}, \quad \begin{cases} \sigma_5 = \dfrac{2k\rho_2 C_2 v_0}{(k+1)^2} \\ v_5 = \dfrac{2v_0}{(k+1)^2} \end{cases}, \quad \begin{cases} \sigma_7 = \dfrac{\rho_2 C_2 v_0}{k+1} > 0 \\ v_7 = \dfrac{v_0}{k+1} \end{cases} \tag{3.198}$$

由以上分析可知，如果假设杆 2 中应力波 4~5 到达交界面后进行透反射，则计算出交界面两端承受的应力状态为拉伸应力，这与实际不符，此时两杆是分离状态，因此并不满足连续方程。此时两杆交界面分别成为各自的自由面，即产生一个向杆 1 传播的卸载波和向杆 2 传播的反射波，如图 3.61 所示。

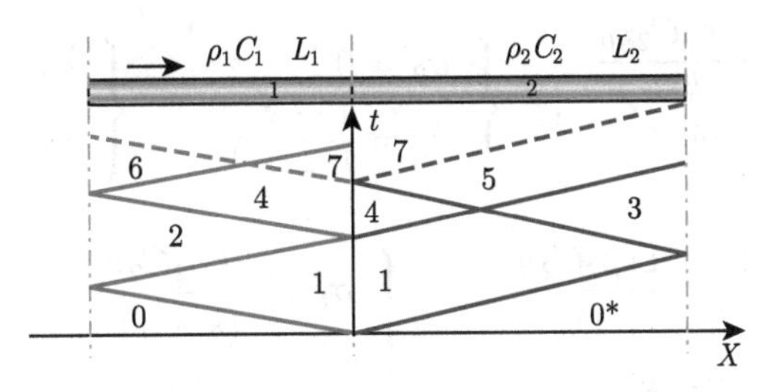

图 3.60 波阻抗不等第二种情况试探法物理平面图

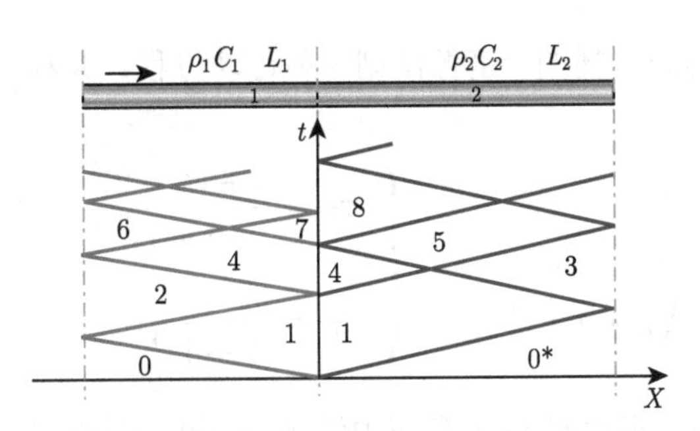

图 3.61 波阻抗不等第二种情况物理平面图

根据波阵面上的运动方程，可以得到

$$\begin{cases} \sigma_7 = 0 \\ v_7 = \dfrac{1-k}{k+1} v_0 \end{cases}, \quad \begin{cases} \sigma_8 = 0 \\ v_8 = \dfrac{2v_0}{k+1} \end{cases} \tag{3.199}$$

之后，应力波在杆 1 和杆 2 中往返运动。以上分析表明，在此条件下，两杆撞击

$$t = \frac{2L_2}{C_2} \tag{3.200}$$

时间后两杆分离。

当 $k < 1$ 且 $l_2/C_2 = 2l_1/C_1$ 时，此时两杆中应力波传播物理平面图如图 3.62 所示。

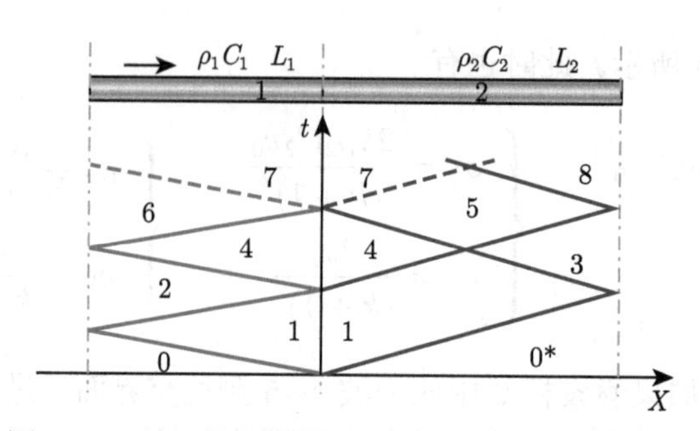

图 3.62　波阻抗不等第三种情况试探法物理平面图

同理，可以计算出

$$\begin{cases}\sigma_1=-\dfrac{\rho_2C_2v_0}{k+1}\\v_1=\dfrac{v_0}{k+1}\end{cases},\quad\begin{cases}\sigma_2=0\\v_2=\dfrac{1-k}{k+1}v_0\end{cases},\quad\begin{cases}\sigma_3=0\\v_3=\dfrac{2v_0}{k+1}\end{cases}$$

$$\begin{cases}\sigma_4=\dfrac{(k-1)\,\rho_2C_2v_0}{(k+1)^2}\\v_4=\dfrac{1-k}{(k+1)^2}v_0\end{cases},\quad\begin{cases}\sigma_5=\dfrac{2k\rho_2C_2v_0}{(k+1)^2}\\v_5=\dfrac{2v_0}{(k+1)^2}\end{cases}\tag{3.201}$$

根据自由面上应力波传播的“镜像法则”和运动方程，并利用“应力波试探法”，可以得到

$$\begin{cases}\sigma_6=0\\v_6=\left(\dfrac{k-1}{k+1}\right)^2v_0\end{cases},\quad\begin{cases}\sigma_7=\dfrac{5-(k-2)^2}{(k+1)^3}k\rho_1C_1v>0\\v_7=\dfrac{3k^2+1}{(k+1)^3}v_0\end{cases}\tag{3.202}$$

即交界面承受拉伸应力，应力波 4~6 和应力波 4~5 同时到达交界面后两杆分离，交界面两侧并不满足连续条件。此时应力波传播物理平面图应如图 3.63 所示，此时两杆分离，交界面变成两杆的自由面。此时有

$$\begin{cases}\sigma_7=0\\v_7=v_6=\left(\dfrac{k-1}{k+1}\right)^2v_0\end{cases},\quad\begin{cases}\sigma_8=0\\v_8=\dfrac{2}{k+1}v_0\end{cases}\tag{3.203}$$

不难看出，状态点 6 中应力和质点速度与状态点 7 中完全相等，这说明，应力波 6~7 并不存在，也就是说应力波 4~6 到达交界面后并没有产生反射波而只产生透射波，且应力波 4~5 到达交界面后也没有产生透射波而只存在反射波。同时也可以求出两杆从对撞到分离的时间为

$$t=\frac{2L_2}{C_2}=\frac{4L_1}{C_1}\tag{3.204}$$

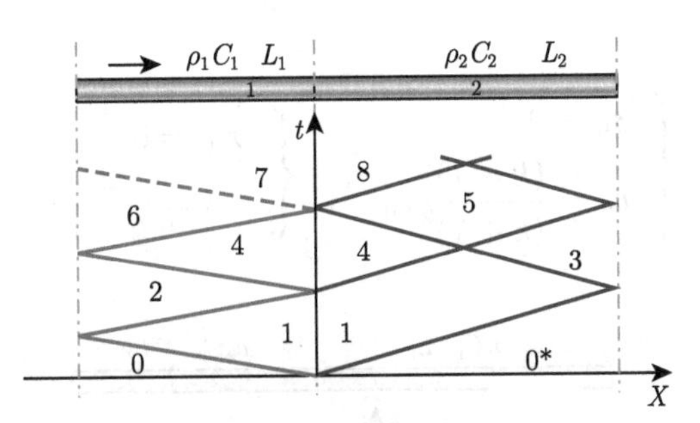

图 3.63 波阻抗不等第三种情况物理平面图

以上的分析表明，此种情况下两杆撞击后杆 1 和杆 2 均向右运动，但杆 1 中并无应力波即应力均匀，杆 2 中应力波往返运动即处于振荡状态。

当 $k<1$ 且 $2l_1/C_1<l_2/C_2<3l_1/C_1$ 时，杆中应力波传播物理平面图如图 3.64 所示，对比该图和图 3.63 可以看到，此种条件下的透反射前期状态点 1~6 所对应的应力也和质点速度值一样与前面相同。

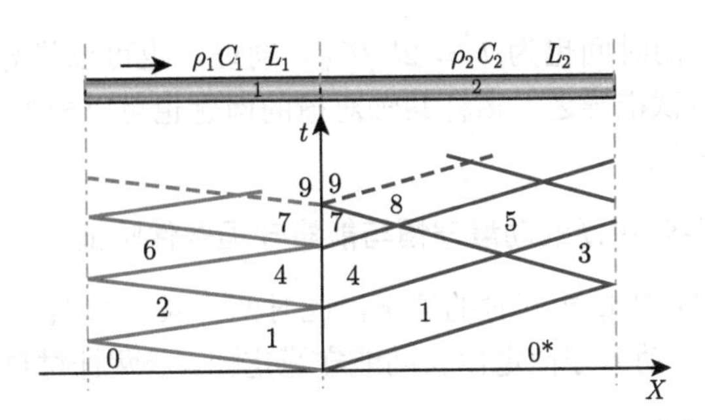

图 3.64 波阻抗不等第四种情况试探法物理平面图

根据运动方程，结合连续条件，可以得到

$$\left\{\begin{aligned}\sigma_7&=-\frac{k\left(k-1\right)^2}{\left(k+1\right)^3}\rho_1C_1v_0\\ v_7&=\frac{\left(k-1\right)^2}{\left(k+1\right)^3}v_0\end{aligned}\right.,\quad\left\{\begin{aligned}\sigma_8&=\frac{4k^2}{\left(k+1\right)^3}\rho_1C_1v_0\\ v_8&=\frac{2\left(k^2+1\right)}{\left(k+1\right)^3}v_0\end{aligned}\right.\tag{3.205}$$

从式 (3.205) 可以看出，计算出的状态 7 所对应的应力为负，即此时两杆之间仍是压缩状态，因此以上假设是正确的。在此基础上假设杆 2 中的应力波 7~8 到达交界面时同时产生透射波和反射波，而在整个透反射过程中两杆之间保持紧密接触状态，则有

$$\left\{\begin{aligned}\sigma_9-\sigma_7&=\rho_1C_1\left(v_9-v_7\right)\\ \sigma_9-\sigma_8&=-\rho_2C_2\left(v_9-v_8\right)\end{aligned}\right.\Rightarrow\left\{\begin{aligned}\sigma_9&=\frac{5-\left(k-2\right)^2}{\left(k+1\right)^3}k\rho_1C_1v_0>0\\ v_9&=\frac{3k^2+1}{\left(k+1\right)^3}v_0\end{aligned}\right.\tag{3.206}$$

式 (3.206) 表示此假设不正确，此时两杆质点并不连续，即应力波 7~8 到达交界面后两杆分离，此时杆中应力波传播物理平面图如图 3.65 所示，根据波阵面上运动方程，可

以得到

$$\begin{cases} \sigma_9 = 0 \\ v_9 = \dfrac{(k-1)^2}{(k+1)^2} v_0 \end{cases}, \quad \begin{cases} \sigma_{10} = 0 \\ v_{10} = \dfrac{2}{k+1} v_0 \end{cases} \tag{3.207}$$

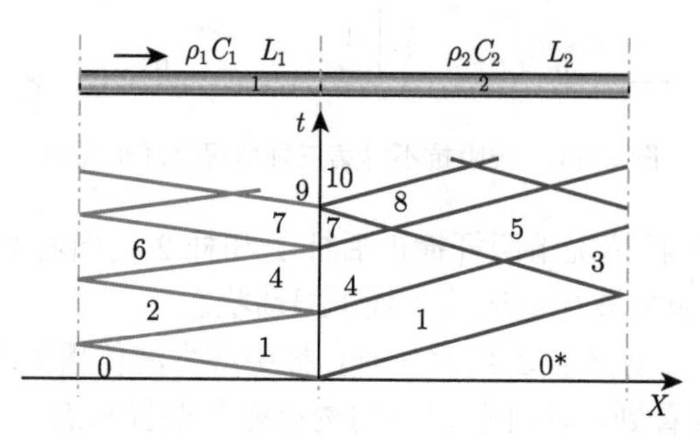

图 3.65 波阻抗不等第四种情况物理平面图

此时距离两杆对撞的时间也为 $t = 2l_2/C_2$。同理，也可以推导出 $k < 1$ 且 $l_2/C_2 \geqslant 3l_1/C_1$ 时的情况，读者试推导之。多杆共轴对撞的问题也可以根据以上思路和方法分析和解答，读者也可试推导之。

3.2.3 一维线弹性杆共轴对撞的动量守恒与能量守恒条件验证

考虑两杆材料相同且质量相同时的情况，此时两杆长度必然相同，可知撞击后两杆实现速度交换，这必然满足动量守恒定律和动能守恒定律。当两杆材料不同但质量相同时，即

$$\rho_1 L_1 = \rho_2 L_2 \tag{3.208}$$

式 (3.208) 可写为

$$\rho_1 C_1 \cdot \frac{L_1}{C_1} = \rho_2 C_2 \cdot \frac{L_2}{C_2} \tag{3.209}$$

式 (3.209) 可以分两种情况讨论，若两杆波阻抗相等，则必有

$$\frac{L_1}{C_1} = \frac{L_2}{C_2} \tag{3.210}$$

此时，两杆撞击后也会实现速度交换。当两杆波阻抗不相同时，设

$$k = \frac{\rho_2 C_2}{\rho_1 C_1} \tag{3.211}$$

由两杆质量相同，有

$$\frac{L_1}{C_1} = \frac{kL_2}{C_2} \tag{3.212}$$

首先，当 $k > 1$ 时，有

$$\frac{L_1}{C_1} > \frac{L_2}{C_2} \tag{3.213}$$

此时两杆撞击过程中应力波传播的可能物理平面图如图 3.66(a) 所示。可计算出图中状态 1、状态点 2、状态点 3 和状态点 4 对应的应力与质点速度量分别为

$$\begin{cases}\sigma_1=-\dfrac{\rho_2C_2v_0}{k+1}\\ v_1=\dfrac{v_0}{k+1}\end{cases},\quad\begin{cases}\sigma_2=0\\ v_2=\dfrac{1-k}{k+1}v_0\end{cases},\quad\begin{cases}\sigma_3=0\\ v_3=\dfrac{2v_0}{k+1}\end{cases},\quad\begin{cases}\sigma_4=-\dfrac{k-1}{(k+1)^2}\rho_2C_2v_0<0\\ v_4=\dfrac{3k+1}{(k+1)^2}v_0\end{cases}\tag{3.214}$$

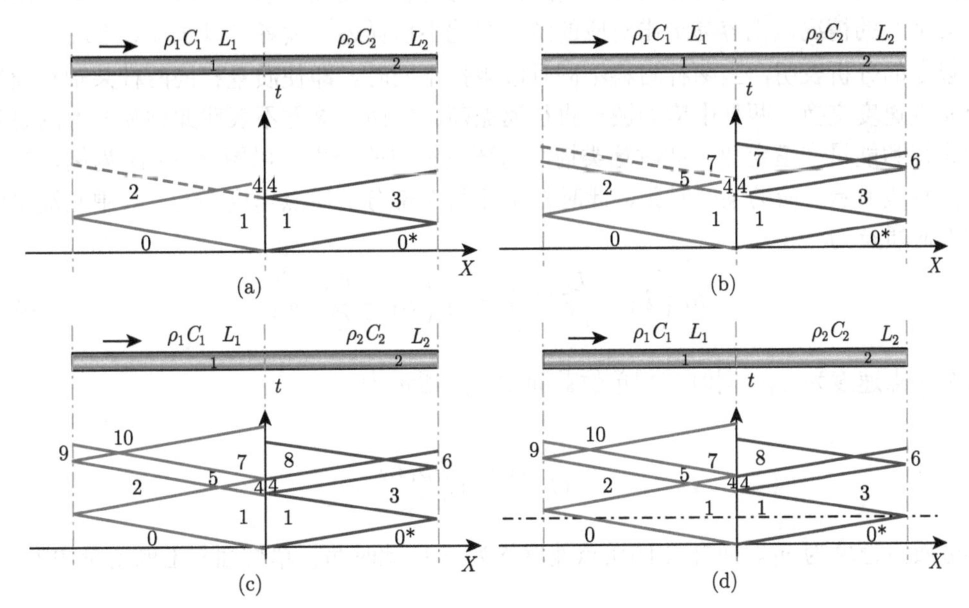

图 3.66 波阻抗比大于 1 两同质量杆对撞物理平面图

根据杆 1 中应力波波阵面上的运动方程，可以给出状态点 5 中的应力与质点速度量，如图 3.66(b) 所示：

$$\begin{cases}\sigma_5-\sigma_2=\rho_1C_1(v_5-v_2)\\ \sigma_5-\sigma_4=-\rho_1C_1(v_5-v_4)\end{cases}\Rightarrow\begin{cases}\sigma_5=\dfrac{2k}{(k+1)^2}\rho_1C_1v_0\\ v_5=\dfrac{2k+1-k^2}{(k+1)^2}v_0\end{cases}\tag{3.215}$$

假设应力波 4~5 到达交界面瞬间发生透反射过程中两杆始终保持紧密接触，进而根据交界面上的应力平衡与联系条件、波阵面上的运动方程，可以得到

$$\begin{cases}\sigma_7-\sigma_5=\rho_1C_1(v_7-v_5)\\ \sigma_7-\sigma_4=-\rho_2C_2(v_7-v_4)\end{cases}\Rightarrow\begin{cases}\sigma_7=\dfrac{\rho_2C_2v_0}{k+1}>0\\ v_7=\dfrac{v_0}{k+1}\end{cases}\tag{3.216}$$

因此，以上假设不合理，即透反射过程中两杆会分离，此时应力波的传播物理平面图如图 3.66(c) 所示，根据边界条件和波阵面上的运动方程可以得到

$$\begin{cases}\sigma_7=0\\ v_7=\dfrac{1-k}{k+1}v_0\end{cases},\quad \begin{cases}\sigma_8=0\\ v_8=\dfrac{2}{k+1}v_0\end{cases},\quad \begin{cases}\sigma_9=0\\ v_9=\dfrac{4k+1-k^2}{(k+1)^2}v_0\end{cases},\quad \begin{cases}\sigma_{10}=-\dfrac{\rho_1 C_1 v_0}{2}\\ v_{10}=\dfrac{3-k}{2(k+1)}v_0\end{cases} \tag{3.217}$$

以此类推，可以给出不同时刻两杆中的应力状态与质点速度状态。同理，对于两杆波阻抗比 $k<1$ 时的情况，也容易给出对应的解；在此不作详述，读者可以试推导之。

以上的分析表明，当两杆材料不同且波阻抗不同时，即使质量相同两杆共轴对撞后也没有实现速度交换，两杆中应力波一直往返振荡。然而，这并不表明此种撞击不满足动量守恒定律和能量守恒定律，此时这类情况需要更细观的分析。以图 3.66(d) 为例，在图中水平点划线所示对应的某一时刻，此时杆 1 中两个部分的质点速度不同，其中左端单位截面积对应质量为

$$\rho_1\left(L_1-\frac{L_2}{C_2}C_1\right)=\rho_1\left(L_1-\frac{C_1}{C_2}L_2\right) \tag{3.218}$$

的部分质点速度为 v_0；同时右端单位截面积对应质量为

$$\rho_1\frac{L_2}{C_2}C_1=\frac{C_1}{C_2}\rho_1 L_2 \tag{3.219}$$

的部分质点速度为 v_1。而杆 2 的质点速度均为 v_1；此时两杆单位面积上的动量和为

$$\rho_1\left(L_1-\frac{C_1}{C_2}L_2\right)v_0+\left(\frac{C_1}{C_2}\rho_1 L_2+\rho_2 L_2\right)\frac{v_0}{k+1}=\rho_1 L_1 v_0 \tag{3.220}$$

即等于初始动量。

能量守恒方面，由于杆 1 和杆 2 在撞击后存在内能，因此撞击后的动能和与初始动能并不相等，存在动能与内能的转换，感兴趣的同学可以试分析之。

以上是两杆质量相同时情况的分析，对于质量不同时两杆的撞击分析方法与控制方程并没有本质上的区别，可以用类似以上的方法进行推导，读者可以试推之。

3.3 细长线弹性杆共轴对撞问题与分离式 Hopkinson 杆

对于一维杆而言，其半径对应力波的传播问题的分析没有任何影响；因此若忽略应力波弥散效应，一维杆理论应用于等截面细长杆中应力波传播分析是相对准确的。然而，若细长杆截面积并不是不变，此时忽略两杆半径而简单地利用一维杆应力波理论是不准确的。如图 3.67 所示，在应力波传播路径上线弹性细长杆截面积由 A_1 突然减小到 A_2，杆材料的密度和声速分别为 ρ 和 C。

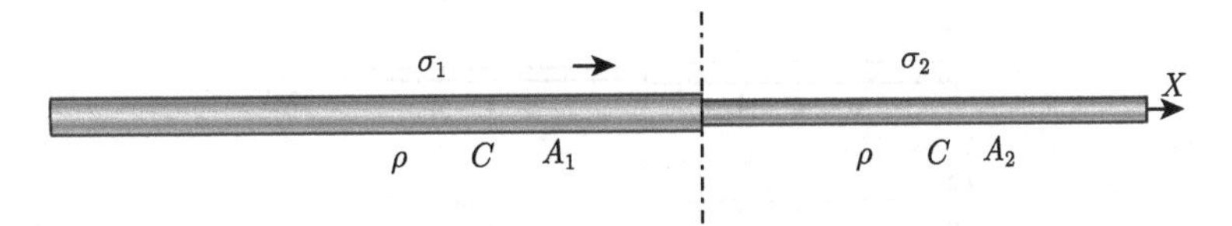

图 3.67 材料相同不同半径共轴对撞

设在初始时刻杆处于松弛静止状态，即

$$
\begin{cases} \sigma_0 = 0 \\ v_0 = 0 \end{cases} \tag{3.221}
$$

利用一维杆应力波传播理论可以给出其应力波传播物理平面图，如图 3.68 所示。由于截面突变处两端杆材料相同，因此应有

$$
\sigma_1 = \sigma_2 \tag{3.222}
$$

然而，根据平衡条件：

$$
\sigma_1 A_1 = \sigma_2 A_2 \tag{3.223}
$$

可知

$$
\frac{\sigma_1}{\sigma_2} = \frac{A_2}{A_1} \neq 1 \Rightarrow \sigma_1 \neq \sigma_2 \tag{3.224}
$$

式 (3.222) 所示一维杆假设所给出的这个结论明显与式 (3.224) 经典理论所得到的结果相矛盾；这说明一维假设对于变截面杆中应力波传播可能存在不合理之处，事实上，试验中均发现两杆材料相同截面积不同的细长杆共轴对撞后，撞击杆中明显存在反射波。对于此类问题，当前最简单的解决方法之一就是将截面突变处视为一个交界面，其两端由于截面保持不变而可利用一维应力波理论，即结合一维应力波理论和经典力学；此时，变截面杆中应力波传播物理平面图应如图 3.69 所示。

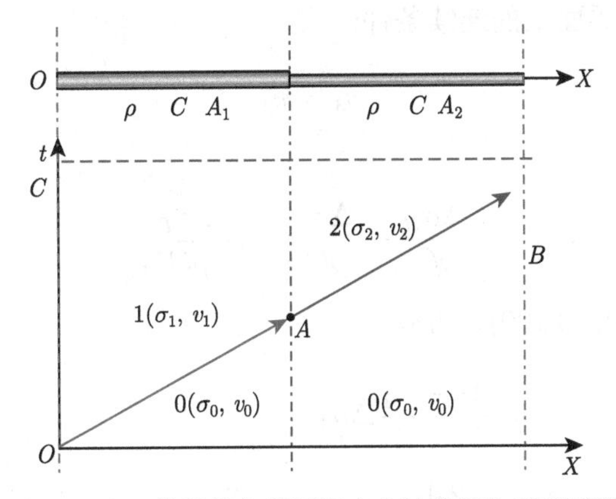

图 3.68 一维假设变截面杆应力波传播物理平面图

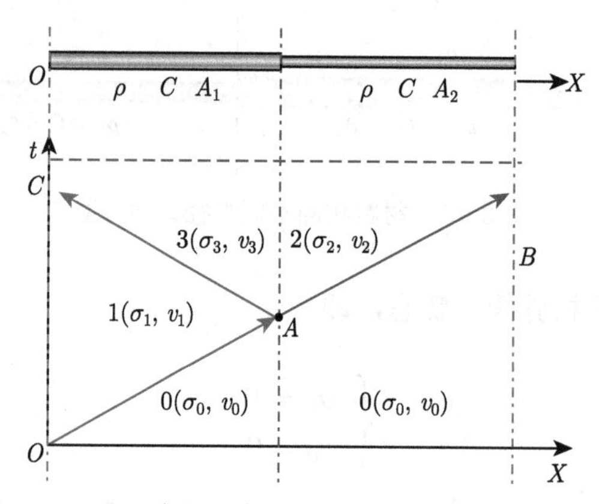

图 3.69　准一维假设变截面杆应力波传播物理平面图

如图 3.69 所示，入射波、反射波和透射波强度分别为

$$\begin{cases} \Delta\sigma_I = \sigma_1 - \sigma_0 = \sigma_1 \\ \Delta\sigma_R = \sigma_3 - \sigma_1 \\ \Delta\sigma_T = \sigma_2 - \sigma_0 = \sigma_2 \end{cases} \tag{3.225}$$

根据波阵面上的运动方程，可以得到

$$\begin{cases} \Delta\sigma_I = -\rho C\left(v_1 - v_0\right) = -\rho C v_1 \\ \Delta\sigma_R = \rho C\left(v_3 - v_1\right) \\ \Delta\sigma_T = -\rho C\left(v_2 - v_0\right) = -\rho C v_2 \end{cases} \tag{3.226}$$

根据截面突变处交界面两端力平衡条件：

$$\sigma_3 A_1 = \sigma_2 A_2 \tag{3.227}$$

结合式 (3.225)，有

$$(\Delta\sigma_I + \Delta\sigma_R)\cdot A_1 = \Delta\sigma_T \cdot A_2 \tag{3.228}$$

根据截面突变处交界面上的连续条件:

$$v_3 = v_2 \tag{3.229}$$

和式 (3.226)，可以得到

$$\frac{\Delta\sigma_R}{\rho C} - \frac{\Delta\sigma_I}{\rho C} = -\frac{\Delta\sigma_T}{\rho C} \tag{3.230}$$

联立式 (3.228) 和式 (3.230)，可有

$$\begin{cases} \Delta\sigma_R = \dfrac{A_2 - A_1}{A_2 + A_1}\Delta\sigma_I \\ \Delta\sigma_T = \dfrac{2A_1}{A_2 + A_1}\Delta\sigma_I = \dfrac{2A_2}{A_2 + A_1}\left(\dfrac{A_1}{A_2}\Delta\sigma_I\right) \end{cases} \tag{3.231}$$

式 (3.231) 表明，当杆材料相同时，变截面杆突变处应力波透反射规律与交界面两端的截面积密切相关，若截面不存在突变即 $A_1 = A_2$，式 (3.231) 即简化为

$$\begin{cases} \Delta\sigma_R = 0 \\ \Delta\sigma_T = \Delta\sigma_I \end{cases} \tag{3.232}$$

若考虑 $A_2 = 0$，即有

$$\begin{cases} \Delta\sigma_R = -\Delta\sigma_I \\ \Delta\sigma_T = 2\Delta\sigma_I \end{cases} \tag{3.233}$$

式 (3.233) 正好是一维杆中应力波在自由面上的透反射应力规律。式 (3.232) 和式 (3.233) 给出的结论与一维杆假设下对应结论完全相同，这说明以上准一维分析方法是相对准确的。对比式 (3.233) 和 3.2 节中不同波阻抗一维杆共轴对撞问题中透反射规律，不难发现，其表达式形式非常相近。

考虑更加普适的情况，若变截面处两端材料不同，应力波入射的左端波阻抗为 $\rho_1 C_1$，透射的右端波阻抗为 $\rho_2 C_2$，此时准一维假设下应力波传播的物理平面图如图 3.70 所示，对应的运动方程为

$$\begin{cases} \Delta\sigma_I = -\rho_1 C_1 (v_1 - v_0) = -\rho_1 C_1 v_1 \\ \Delta\sigma_R = \rho_1 C_1 (v_3 - v_1) \\ \Delta\sigma_T = -\rho_2 C_2 (v_2 - v_0) = -\rho_2 C_2 v_2 \end{cases} \tag{3.234}$$

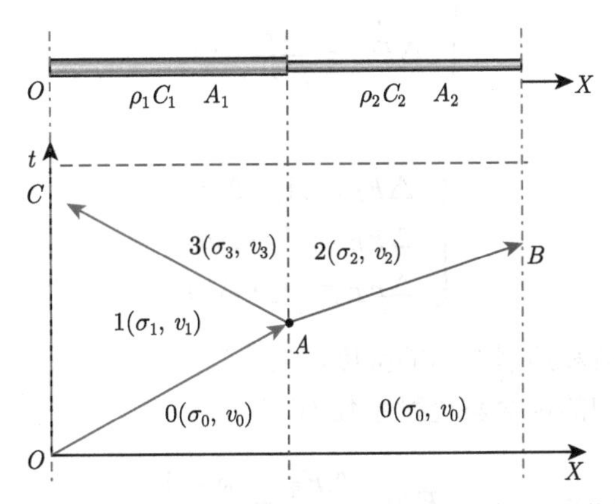

图 3.70 不同材料变截面杆应力波传播物理平面图

根据交界面上的连续条件和两端力平衡条件可以给出

$$\begin{cases} (\Delta\sigma_I + \Delta\sigma_R) \cdot A_1 = \Delta\sigma_T \cdot A_2 \\ \dfrac{\Delta\sigma_R}{\rho_1 C_1} - \dfrac{\Delta\sigma_I}{\rho_1 C_1} = -\dfrac{\Delta\sigma_T}{\rho_2 C_2} \end{cases} \tag{3.235}$$

从而可以解得

$$
\begin{cases}
\Delta\sigma_R = \dfrac{\rho_2 C_2 A_2 - \rho_1 C_1 A_1}{\rho_2 C_2 A_2 + \rho_1 C_1 A_1}\Delta\sigma_I \\[2ex]
\Delta\sigma_T = \dfrac{2\rho_2 C_2 A_1}{\rho_2 C_2 A_2 + \rho_1 C_1 A_1}\Delta\sigma_I = \dfrac{2\rho_2 C_2 A_2}{\rho_2 C_2 A_2 + \rho_1 C_1 A_1}\left(\dfrac{A_1}{A_2}\Delta\sigma_I\right)
\end{cases}
\tag{3.236}
$$

对比式 (3.236) 和 3.1.2 小节中应力波在交界面上的透反射规律不难发现，考虑截面积变化时，应力波的透反射应力强度需要同时考虑材料的波阻抗及其对应的截面积，因此，一般定义波阻抗与截面积的乘积为广义波阻抗，而将

$$
k = \frac{\rho_2 C_2 A_2}{\rho_1 C_1 A_1}
\tag{3.237}
$$

定义为广义波阻抗比。

可将式 (3.236) 写为如下形式：

$$
\begin{cases}
\Delta F_R = \dfrac{\rho_2 C_2 A_2 - \rho_1 C_1 A_1}{\rho_2 C_2 A_2 + \rho_1 C_1 A_1}\Delta F_I \\[2ex]
\Delta F_T = \dfrac{2\rho_2 C_2 A_2}{\rho_2 C_2 A_2 + \rho_1 C_1 A_1}\Delta F_I
\end{cases}
\tag{3.238}
$$

或

$$
\begin{cases}
\Delta F_R = \dfrac{k-1}{k+1}\Delta F_I \\[2ex]
\Delta F_T = \dfrac{2k}{k+1}\Delta F_I
\end{cases}
\tag{3.239}
$$

式中

$$
\begin{cases}
\Delta F_I = A_1 \cdot \Delta\sigma_I \\
\Delta F_R = A_1 \cdot \Delta\sigma_I \\
\Delta F_T = A_2 \cdot \Delta\sigma_I
\end{cases}
\tag{3.240}
$$

分别表示入射波、反射波和透射波力的强度。

类似地，可以给出力的反射与透射系数为

$$
\begin{cases}
F_F = \dfrac{\Delta F_R}{\Delta F_I} = \dfrac{k-1}{k+1} \\[2ex]
T_F = \dfrac{\Delta F_T}{\Delta F_I} = \dfrac{2k}{k+1}
\end{cases}
\tag{3.241}
$$

式 (3.241) 与 3.1.2 小节中应力波在交界面上的透反射系数形式基本一致；不同之处在于，3.1.2 小节中透反射系数针对应力，而式 (3.241) 针对的是力，事实上，可以将应力透反射系数视为力的透反射系数的特例。容易看出，式 (3.231) 只是式 (3.238) 的特例。

3.3.1 变截面线弹性杆中应力波传播与演化问题

事实上，应力波在截面突变区域的传播是紊乱的，但对于两端等截面细长杆而言，该区域非常小，在远离该交界面处的应力已经近似均匀；而且，本书也正好关注交界面两端杆中主要区域的应力波传播问题，因此，以上变截面中应力波传播问题我们可以利用准一维理论进行分析。若杆截面在应力波传播方向是变化的或者只关注杆中截面一直变化的区间中应力波的传播问题，以上结论就不能直接应用，此问题即为变截面杆中应力波传播问题。

如图 3.71 所示变截面圆杆，设在圆杆中轴线为直线并取之为 X 轴，杆截面积为

$$A = A(X) \tag{3.242}$$

设坐标 X 处杆截面积为 A，则 $X + \mathrm{d}X$ 处杆截面积为

$$A(X + \mathrm{d}X) = A + \frac{\partial A}{\partial X}\mathrm{d}X \tag{3.243}$$

考虑截面变化缓慢而假设应力瞬间均匀，不考虑截面方向上应力的差异，此时该问题也近似为一维问题。设在 X 处截面上的应力为 σ，则 $X + \mathrm{d}X$ 处截面上的应力为

$$\sigma(X + \mathrm{d}X) = \sigma + \frac{\partial \sigma}{\partial X}\mathrm{d}X \tag{3.244}$$

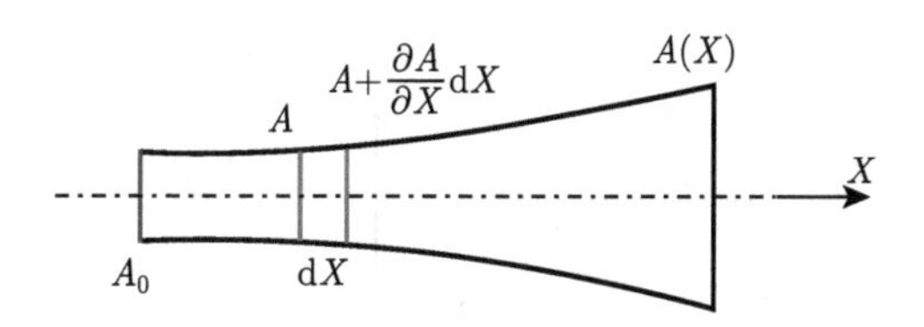

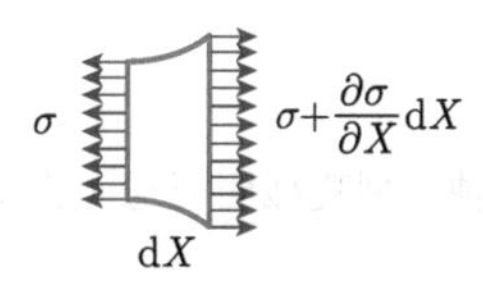

图 3.71 变截面圆杆及其微元

设此微元的位移为

$$u = u(X) \tag{3.245}$$

参考图 3.71 可以给出该微元的运动方程：

$$\left(\sigma + \frac{\partial \sigma}{\partial X}\mathrm{d}X\right)\left(A + \frac{\partial A}{\partial X}\mathrm{d}X\right) - \sigma A = \rho \frac{A + A + \dfrac{\partial A}{\partial X}\mathrm{d}X}{2}\mathrm{d}X\frac{\partial^2 u}{\partial t^2} \tag{3.246}$$

忽略高阶小量，并简化后，有

$$\sigma\frac{\partial A}{\partial X} + A\frac{\partial \sigma}{\partial X} = \rho A\frac{\partial^2 u}{\partial t^2} \tag{3.247}$$

式 (3.247) 也可以写为

$$\frac{1}{A}\frac{\partial(\sigma A)}{\partial X}=\rho\frac{\partial^2 u}{\partial t^2} \tag{3.248}$$

根据线弹性材料的 Hooke 定律和几何方程，有

$$\sigma=E\frac{\partial u}{\partial X} \tag{3.249}$$

将式 (3.249) 代入式 (3.248)，可以得到

$$\frac{1}{A}\frac{\partial}{\partial X}\left(A\frac{\partial u}{\partial X}\right)=\frac{1}{C_L^2}\frac{\partial^2 u}{\partial t^2} \tag{3.250}$$

或

$$\frac{\partial^2 u}{\partial X^2}+\frac{1}{A}\frac{\partial A}{\partial X}\frac{\partial u}{\partial X}=\frac{1}{C_L^2}\frac{\partial^2 u}{\partial t^2} \tag{3.251}$$

对于等截面杆而言，式 (3.251) 即可简化为 1.2.1 小节中一维杆中纵波的波动方程；而当截面积不再是恒值时，式 (3.251) 也不再是典型波动方程。

以如图 3.72 所示两种变截面函数为例，图中两个锥形杆母线分别为线性函数和指数型函数，其中线性函数锥体在 $X=L$ 处截面积为 A_0，指数型函数锥体在 $X=0$ 处截面积为 A_0，指数系数为 k。

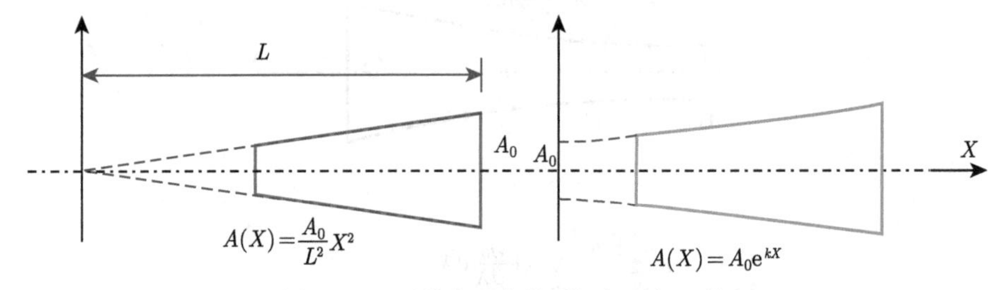

图 3.72　两种典型变截面杆与面积函数

容易给出图 3.72 中两种锥体截面积的函数表达式分别为

$$\begin{cases} A(X)=\dfrac{A_0}{L^2}X^2 \\ A(X)=A_0\mathrm{e}^{kX} \end{cases} \tag{3.252}$$

以图 3.72 中左小图线性函数锥体为例，将式 (3.252) 中第一式代入式 (3.251)，可以得到

$$\frac{\partial^2 u}{\partial X^2}+\frac{2}{X}\frac{\partial u}{\partial X}=\frac{1}{C_L^2}\frac{\partial^2 u}{\partial t^2} \tag{3.253}$$

式 (3.253) 也可以写为

$$\frac{\partial^2(Xu)}{\partial X^2}=\frac{1}{C_L^2}\frac{\partial^2(Xu)}{\partial t^2} \tag{3.254}$$

式 (3.254) 与 1.3.3 小节中无限线弹性介质中球面波传播波动方程形式上一致，其解为

$$u = \frac{1}{X} f\left(X - C_L t\right) + \frac{1}{X} g\left(X + C_L t\right) \tag{3.255}$$

设轴向位移满足谐波方程：

$$u = U\left(X\right) \mathrm{e}^{-\mathrm{i}\omega t} \tag{3.256}$$

式 (3.256) 代入式 (3.253)，可以得到

$$U'' + \frac{2}{X} U' + \beta^2 U = 0 \tag{3.257}$$

式中

$$\beta = \frac{\omega}{C_L} \tag{3.258}$$

再令

$$W\left(X\right) = U\left(X\right) \cdot \sqrt{X} \tag{3.259}$$

将式 (3.259) 代入式 (3.257)，可以得到

$$X^2 W'' + X W' + \left(\beta^2 X^2 - \frac{1}{4}\right) W = 0 \tag{3.260}$$

式 (3.260) 是一个典型的 1/2 阶 Bessel 方程，其通解为

$$W = B_1 J_{1/2}\left(\beta X\right) + B_2 J_{-1/2}\left(\beta X\right) \tag{3.261}$$

式中

$$\begin{cases} J_{1/2}\left(\beta X\right) = \sqrt{\beta X} \displaystyle\sum_{m=0}^{\infty} \frac{\left(-1\right)^m \left(\beta X\right)^{2m}}{2^{2m+1/2} m! \Gamma\left(m + 3/2\right)} \\ J_{-1/2}\left(\beta X\right) = \dfrac{1}{\sqrt{\beta X}} \displaystyle\sum_{m=0}^{\infty} \frac{\left(-1\right)^m \left(\beta X\right)^{2m}}{2^{2m-1/2} m! \Gamma\left(m + 1/2\right)} \end{cases} \tag{3.262}$$

B_1 和 B_2 为任意常数；

$$\Gamma\left(s\right) = \int_0^{+\infty} t^{s-1} \mathrm{e}^{-t} \mathrm{d}t \tag{3.263}$$

由此，可以给出式 (3.253) 的通解为

$$u = \frac{B_1 J_{1/2}\left(\beta X\right) + B_2 J_{-1/2}\left(\beta X\right)}{\sqrt{X}} \mathrm{e}^{-\mathrm{i}\omega t} \tag{3.264}$$

定义无量纲量为

$$\bar{X} = \beta X = \frac{\omega}{C_L} X \tag{3.265}$$

则式 (3.264) 可以写为

$$u=\sqrt{\beta}\frac{B_1J_{1/2}\left(\bar{X}\right)+B_2J_{-1/2}\left(\bar{X}\right)}{\sqrt{\bar{X}}}\mathrm{e}^{-\mathrm{i}\omega t} \tag{3.266}$$

根据半奇数 Bessel 函数的性质，可知

$$\begin{cases} J_{1/2}\left(\bar{X}\right)=\sqrt{\dfrac{2}{\pi\bar{X}}}\sin\bar{X} \\ J_{-1/2}\left(\bar{X}\right)=\sqrt{\dfrac{2}{\pi\bar{X}}}\cos\bar{X} \end{cases} \tag{3.267}$$

因而，式 (3.266) 可具体写为

$$u=\sqrt{\frac{2\beta}{\pi}}\frac{B_1\sin\bar{X}+B_2\cos\bar{X}}{\bar{X}}\mathrm{e}^{-\mathrm{i}\omega t} \tag{3.268}$$

设在初始时刻 $t=0$，$X=L$ 截面上位移满足

$$u\left(L\right)|_{t=0}=0 \tag{3.269}$$

即

$$B_1\sin\left(\beta L\right)+B_2\cos\left(\beta L\right)=0 \tag{3.270}$$

且在 $X=L$ 截面上边界条件有

$$EA_0\frac{\partial u\left(L\right)}{\partial X}=P_0\mathrm{e}^{-\mathrm{i}\omega t} \tag{3.271}$$

即

$$B_1\left[\beta L\cos\left(\beta L\right)-\sin\left(\beta L\right)\right]-B_2\left[\beta L\sin\left(\beta L\right)+\cos\left(\beta L\right)\right]=\frac{P_0L^2}{EA_0}\sqrt{\frac{\pi\beta}{2}} \tag{3.272}$$

联立式 (3.270) 和式 (3.272)，可以解出

$$\begin{cases} B_1=-\dfrac{\cos\left(\beta L\right)\dfrac{P_0L^2}{EA_0}\sqrt{\dfrac{\pi\beta}{2}}}{\beta L} \\ B_2=\dfrac{\sin\left(\beta L\right)\dfrac{P_0L^2}{EA_0}\sqrt{\dfrac{\pi\beta}{2}}}{\beta L} \end{cases} \tag{3.273}$$

由此，可以给出微分方程式 (3.257) 解的具体形式：

$$u=\frac{P_0L}{EA_0}\frac{\sin\beta\left(L-X\right)}{\bar{X}}\mathrm{e}^{-\mathrm{i}\omega t} \tag{3.274}$$

当变截面杆以图 3.72 中右小图指数型函数锥体为例时，将式 (3.252) 中第二式代入式 (3.251)，可以得到

$$\frac{\partial^2 u}{\partial X^2}+k\frac{\partial u}{\partial X}=\frac{1}{C_L^2}\frac{\partial^2 u}{\partial t^2} \tag{3.275}$$

令

$$u=U(X)\,\mathrm{e}^{-\mathrm{i}\omega t} \tag{3.276}$$

将式 (3.276) 代入式 (3.275)，可以得到

$$U''+kU'+\beta^2 U=0 \tag{3.277}$$

式 (3.277) 是一个典型的二阶常微分方程，若

$$k^2-4\beta^2=0 \tag{3.278}$$

则有通解：

$$u=\left(B_1\mathrm{e}^{-\beta X}+B_2X\mathrm{e}^{-\beta X}\right)\mathrm{e}^{-\mathrm{i}\omega t} \tag{3.279}$$

同理，可以给出另两种情况下的通解：

$$\begin{cases} u=\left[B_1\exp\left(\dfrac{-k+\sqrt{k^2-4\beta^2}}{2}\right)+B_2\exp\left(\dfrac{-k-\sqrt{k^2-4\beta^2}}{2}\right)\right]\mathrm{e}^{-\mathrm{i}\omega t}, & k^2-4\beta^2>0 \\ u=\exp\left(\dfrac{-kX}{2}\right)\left[B_1\cos\left(\dfrac{\sqrt{4\beta^2-k^2}}{2}\right)+B_2\sin\left(\dfrac{\sqrt{4\beta^2-k^2}}{2}\right)\right]\mathrm{e}^{-\mathrm{i}\omega t}, & k^2-4\beta^2<0 \end{cases} \tag{3.280}$$

结合初始条件和边界条件，根据式 (3.280) 即可给出具体解。

从以上的分析可以看出，对于变截面而言，随着 X 坐标即截面积的不同，材料的位移函数以及应力等参数随之改变；事实上，大部分变截面问题的解析解非常难获取，此时可以利用数值计算给出，如将图 3.72 等效为图 3.73。

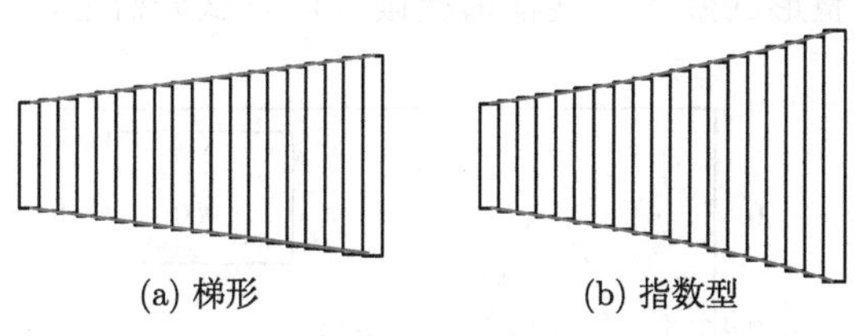

图 3.73 变截面的数值等效示意图

从微积分的性质可知，若图中矩形宽度足够小，则计算精度就足够高；此时即可利用一维杆理论对其进行分析。事实上，很多情况下由于材料的性能如波阻抗调节起来比较困难，这时可以通过调节杆的截面直径来构造交界面，从而实现应力波在系统中的“阻尼”效应。如图 3.74 所示，设入射杆和透射杆半无限长即不考虑应力波在自由面的反射问题，杆直径为 14.5mm；设杆材料密度为 7.85g/cm^3，杨氏模量为 210GPa，为了排除应力波在杆中的弥散效应影响，取杆材料的 Poisson 比为 0；在入射杆左端加载一个半正弦压缩波。

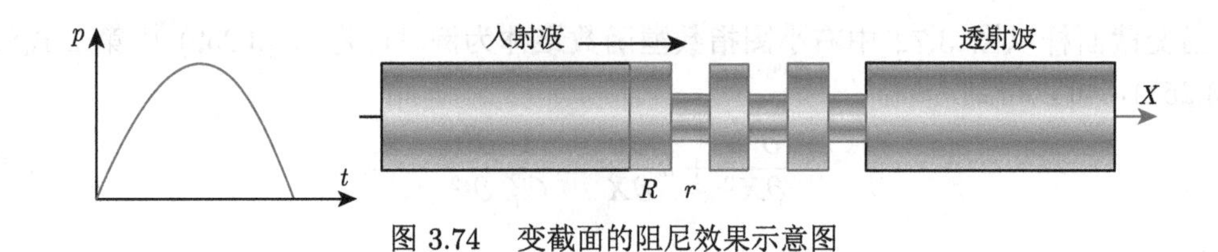

图 3.74　变截面的阻尼效果示意图

设在两杆完全相同的杆中设置 3 对截面变化的垫片，如图 3.74 所示，每一对中大截面垫片半径 R 与杆相等，小截面垫片半径为 r，每个垫片厚度均为 5mm。图 3.75 为三对垫片时入射波与透射波的波形数值仿真结果，图中小截面垫片与杆半径比分别为 0.50、0.75、1.25 和 1.50，从图中不难发现，虽然垫片材料完全相同，但改变其截面积也能取得对入射波形进行整形的效果，其主要原因是构建了广义波阻抗不同的交界面。

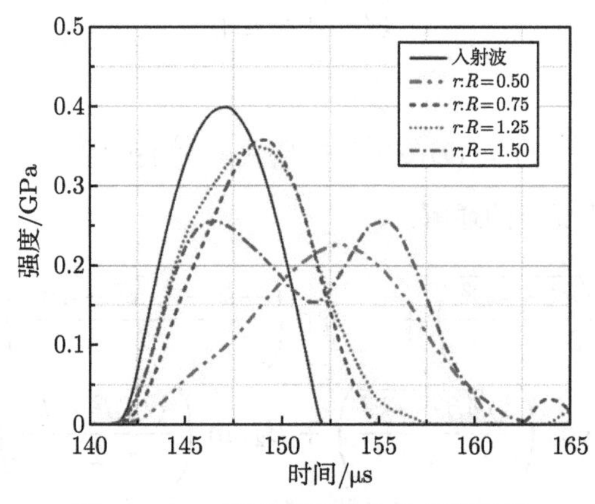

图 3.75　三层变截面垫片的整形效果

若垫片厚度不变皆为 5mm，小截面垫片半径与杆之比为 0.50，对入射杆与透射杆之间存在一对、两对和三对垫片的情况进行计算，可以给出图 3.76。从图中可以看出，随着层数的增多，应力波上升沿坡度逐渐减缓，波形也发生改变，也就是说改变层数即改变交界面数量也能够取得波形整形的效应，其他情况读者可以试分析之，在此不做展开讨论。

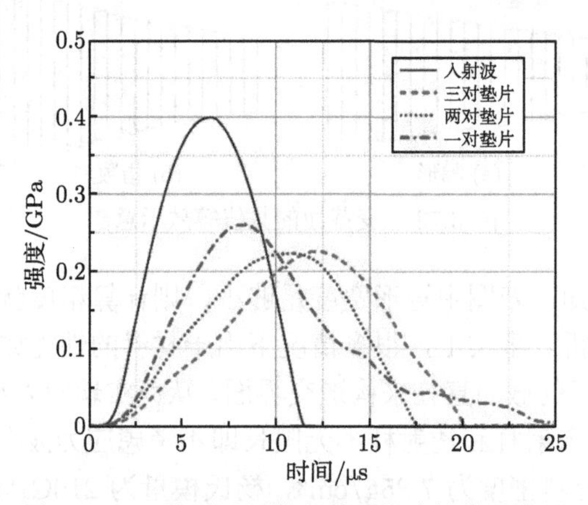

图 3.76　三种不同层数变截面垫片的整形效果

以上变截面讨论过程中，我们假设应力波始终处于一维状态，即不考虑应力波的弥散效应，事实上，当截面改变时，应力波必会发生紊乱，应力场不再是一维均匀状态，只是若不考虑变截面区域以及附近区域，只考虑变截面对相对远区域如图 3.74 中入射杆和透射杆中应力波波形改变问题时，这种紊乱可以忽略不计。然而，有些问题中需要考虑紊乱区内应力场问题，如 SHPB 中若试件尺寸远小于杆尺寸，应力波在交界面透反射会产生应力紊乱区，对于某些脆性试件而言，此时紊乱区的影响就需要考虑，而且还需要设计过渡垫片减小试件中应力紊乱区的范围和幅度，读者可试分析之，这里不做详述。

3.3.2 细长杆共轴对撞问题中应力波的弥散的几个典型精确解

在 3.2 节中利用初等理论对一维杆共轴对撞问题进行了讨论，事实上，从 2.1 节中的分析可知，实际上的细长杆由于存在径向尺寸与 Poisson 比效应，在应力波轴线传播过程中也会由于横向能量的存在而产生弥散。对于细长杆的共轴对撞问题中的应力波弥散问题，可以利用 3.2 节中一维杆共轴对撞结论并结合 2.1 节中细长杆中纵波传播 Rayleigh-Love 近似解进行分析；本小节参考文献 (Graff，1975) 对半无限细长杆共轴对撞问题中杆端弹性波几个代表性精确求解方法及其精确解进行简要介绍。

1. 两个一维应变无限细长杆共轴对撞的 Skalak 解

如图 3.77 所示，两个完全相同的无限长线弹性细长杆皆以初始速率 V 相向运动，并于 $t=0$ 时刻共轴对撞。设杆的直径为 $2a$，轴线方向为 X 方向，径向方向为 r 方向。

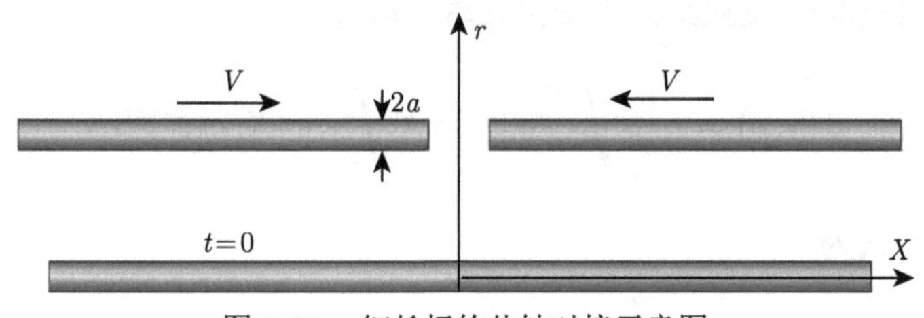

图 3.77 细长杆的共轴对撞示意图

以右杆为例，即考虑 $X \geqslant 0$；根据一维杆共轴对撞理论可知，杆中轴向位移可表达为

$$u_X(X,t) = \begin{cases} -Vt, & X > C_1 t \\ -\dfrac{X}{C_1}V, & 0 < X \leqslant C_1 t \end{cases} \tag{3.281}$$

式中，C_1 表示一维应变条件下纵波波速即等于体波波速。

设杆撞击和应力波传播过程中径向应变 $\varepsilon_{rr}|_{r=a} \equiv 0$，即杆始终处于一维应变状态，此时必有

$$\sigma_{rr}(a,X,t) = \lambda \frac{\partial u_X}{\partial X} \tag{3.282}$$

式中，λ 为材料的 Lamé 常量。

此问题中径向方向和轴向方向上的运动方程为

$$\begin{cases}(\lambda+2\mu)\dfrac{\partial \varDelta}{\partial r}+2\mu\dfrac{\partial \varOmega}{\partial X}=\rho\dfrac{\partial^2 u_r}{\partial t^2}\\[2mm](\lambda+2\mu)\dfrac{\partial \varDelta}{\partial X}-\dfrac{2\mu}{r}\dfrac{\partial(r\varOmega)}{\partial r}=\rho\dfrac{\partial^2 u_X}{\partial t^2}\end{cases}\tag{3.283}$$

式中，u_r 表示径向位移

$$\begin{cases}\varDelta=\dfrac{1}{r}\dfrac{\partial(ru_r)}{\partial r}+\dfrac{\partial u_X}{\partial X}\\[2mm]\varOmega=\dfrac{1}{2}\left(\dfrac{\partial u_r}{\partial X}-\dfrac{\partial u_X}{\partial r}\right)\end{cases}\tag{3.284}$$

且根据式 (3.281) 和式 (3.282) 可以给出边界条件为

$$\sigma_{rr}|_{r=a}=R(X,t)=\begin{cases}0, & |X|>C_1 t\\[1mm]\dfrac{\lambda V}{C_1}, & |X|\leqslant C_1 t\end{cases}\tag{3.285}$$

和

$$\sigma_{rX}|_{r=a}=0\tag{3.286}$$

Skalak 利用 Laplace 变换给出正变换表达式形式为

$$\bar{g}(\gamma,p)=\frac{1}{4\pi^2}\int_{-\infty}^{\infty}\mathrm{e}^{-\mathrm{i}\gamma X}\mathrm{d}X\int_0^{\infty}g(X,t)\,\mathrm{e}^{-\mathrm{i}pt}\mathrm{d}t\tag{3.287}$$

和逆变换表达式形式为

$$g(X,t)=\int_{-\infty}^{\infty}\mathrm{e}^{\mathrm{i}\gamma X}\mathrm{d}\gamma\int_{-\infty-\mathrm{i}\alpha}^{\infty-\mathrm{i}\alpha}\bar{g}(\gamma,p)\,\mathrm{e}^{\mathrm{i}pt}\mathrm{d}p\tag{3.288}$$

对式 (3.283) 进行 Laplace 变换，并消除 $\bar{u}_r$ 和 $\bar{u}_X$，可以得到

$$\begin{cases}\dfrac{\partial^2\bar{\varDelta}}{\partial r^2}+\dfrac{1}{r}\dfrac{\partial\bar{\varDelta}}{\partial r}+h^2\bar{\varDelta}=0\\[2mm]\dfrac{\partial^2\bar{\varOmega}}{\partial r^2}+\dfrac{1}{r}\dfrac{\partial\bar{\varOmega}}{\partial r}+\left(k^2-\dfrac{1}{r^2}\right)\dfrac{\partial\bar{\varOmega}}{\partial r}=0\end{cases}\tag{3.289}$$

式中

$$\begin{cases}h^2=\dfrac{\rho p^2}{\lambda+2\mu}-\gamma^2\\[2mm]k^2=\dfrac{\rho p^2}{\mu}-\gamma^2\end{cases}\tag{3.290}$$

式 (3.289) 的解为

$$\begin{cases} \bar{\varDelta} = B \cdot J_0(hr) \\ \bar{\varOmega} = D \cdot J_1(kr) \end{cases} \tag{3.291}$$

式中，B 和 D 为待定系数；J 表示 Bessel 函数。结合式 (3.284) 可以给出 $\bar{u}_r$ 和 $\bar{u}_X$ 的解为

$$\begin{cases} \bar{u}_r = A\dfrac{\partial}{\partial r}J_0(hr) + C\gamma J_1(kr) \\ \bar{u}_X = \mathrm{i}\gamma A J_0(hr) + \dfrac{\mathrm{i}C}{r}\dfrac{\partial}{\partial r}[rJ_1(kr)] \end{cases} \tag{3.292}$$

进而可以求出 Laplace 变换应力表达式，将之代入经过 Laplace 变换的边界条件，可以求出式中待定系数 A 和 C 的表达式：

$$\begin{cases} A = \dfrac{\bar{R}}{F}\left(2\gamma^2 - \dfrac{\rho p^2}{\mu}\right)J_1(ka) \\ C = -\dfrac{2\bar{R}\gamma}{F}\dfrac{\partial J_0(ha)}{\partial a} \end{cases} \tag{3.293}$$

式中，$\bar{R}$ 表示式 (3.285) 对应的 Laplace 变换结果：

$$F = \left[2\mu\frac{\partial^2 J_0(ha)}{\partial a^2} - \frac{p^2\rho\lambda}{\lambda+2\mu}J_0(ha)\right]\left(2\gamma^2 - \frac{p^2\rho}{\mu}\right)J_1(ka) - 2\mu\gamma\frac{\partial J_1(ka)}{\partial a}2\gamma\frac{\partial J_0(ha)}{\partial a} \tag{3.294}$$

利用 Laplace 逆变换，可以给出

$$\frac{\partial u_X}{\partial X} = -\int_{-\infty}^{\infty}\int_{-\infty-\mathrm{i}\alpha}^{\infty-\mathrm{i}\alpha}\bar{R}\left[\gamma^2\left(2\gamma^2 - \frac{\rho p^2}{\mu}\right)J_1(ka)J_0(hr) + 2\gamma^2 hkJ_1(ha)J_0(kr)\right] \cdot \frac{\mathrm{e}^{\mathrm{i}(\gamma X+pt)}}{F}\mathrm{d}\gamma\mathrm{d}p \tag{3.295}$$

式中

$$\bar{R} = \frac{\lambda V}{2\pi C_1^2\left(\gamma^2 - \dfrac{p^2}{C_1^2}\right)} \tag{3.296}$$

利用留数定理等方法，Skalak 给出结果：

$$\frac{\partial u_X}{\partial X} = \frac{\mathrm{i}V}{\pi}\int_0^{\infty}\sum_n\left[\frac{-\gamma^2\lambda\left(2\gamma^2 - \dfrac{\rho p^2}{\mu}\right)J_1(ka)J_0(hr) - 2\gamma^2\lambda hkJ_1(ha)J_0(kr)}{C_1^2\left(\gamma^2 - \dfrac{p^2}{C_1^2}\right)\dfrac{\partial F}{\partial p}}\right]\mathrm{e}^{\mathrm{i}(\gamma X+pt)}\mathrm{d}\gamma \tag{3.297}$$

式中

$$p = p_n(\gamma) \tag{3.298}$$

Skalak 根据式 (3.298) 给出近似解形式：

$$\frac{\partial u_X}{\partial X}=\frac{V}{C_1}\left[\frac{1}{\pi}\int_0^{\infty}\frac{\sin\left(\alpha''+\eta^3/3\right)}{\eta}\mathrm{d}\eta+\frac{1}{\pi}\int_0^{\infty}\frac{\sin\left(\alpha'+\eta^3/3\right)}{\eta}\mathrm{d}\eta\right] \tag{3.299}$$

式中

$$\begin{cases}\alpha''=\dfrac{X''}{(3\mathrm{d}t)^{1/3}}\\ \alpha'=\dfrac{X'}{(3\mathrm{d}t)^{1/3}}\end{cases} \tag{3.300}$$

其中

$$\begin{cases}X''=-X-C_1t\\ X'=X-C_1t\end{cases} \tag{3.301}$$

根据 Airy 积分形式，有

$$(\mathrm{Ai})(\alpha)=\frac{1}{\pi}\int_0^{\infty}\cos\left(\alpha\eta+\eta^3/3\right)\mathrm{d}\eta \tag{3.302}$$

因而，有

$$\frac{\partial u_X}{\partial X}=\frac{V}{C_1}\left[\frac{1}{6}+\int_0^{\alpha''}(\mathrm{Ai})(\alpha)\,\mathrm{d}\alpha+\frac{1}{6}+\int_0^{\alpha'}(\mathrm{Ai})(\alpha)\,\mathrm{d}\alpha\right] \tag{3.303}$$

定义无量纲应变为

$$\bar{\varepsilon}_X=-\frac{\partial u_X}{\partial X}\frac{C_1}{V} \tag{3.304}$$

和等效时间为

$$\bar{t}=\frac{X'}{(\mathrm{d}t)^{1/3}} \tag{3.305}$$

则有

$$\alpha'=\frac{\bar{t}}{\sqrt[3]{3}} \tag{3.306}$$

则式 (3.303) 可表达为

$$\bar{\varepsilon}_X=-\left[\frac{1}{3}+\int_0^{\alpha''}(\mathrm{Ai})(\alpha)\,\mathrm{d}\alpha+\int_0^{\alpha'}(\mathrm{Ai})(\alpha)\,\mathrm{d}\alpha\right] \tag{3.307}$$

根据式 (3.307)，结合 Airy 函数积分表格，Skalak 给出两杆共轴对撞时杆中应力波波形图，如图 3.78 所示。

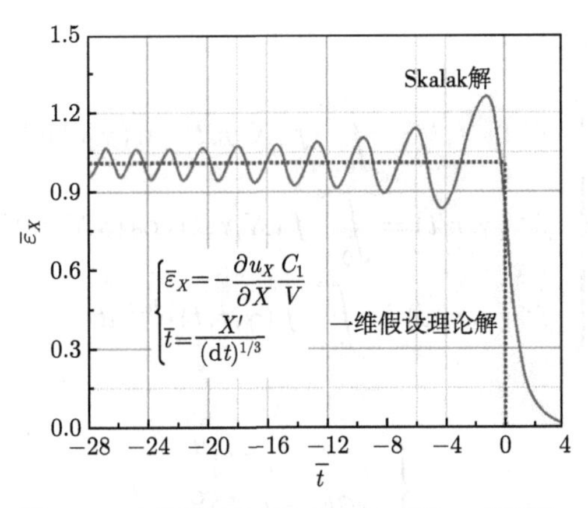

图 3.78 两杆共轴对撞 Skalak 解与一维理论

图 3.78 所示曲线与试验曲线非常接近，图中显示应力波实际到达时间要早于一维假设所给出的理论解，但到达应力峰值的时间要晚于一维假设理论解。具体推导过程及其推导方法读者可以参考文献 (Graff，1975) 及相关作者发表的学术论文，在此只做简单介绍，不展开讨论。

2. 细长杆中弹性波的 Folk 解

Skalak 首先给出了对撞问题中杆中应力波解，在此基础上，不少学者开展了相关扩展研究，其中 Folk 针对杆端瞬态加载问题开展类似的研究，这里参考文献 (Graff，1975) 对其求解过程进行简要介绍。在 Folk 研究的问题中，初始条件为

$$\left\{\begin{array}{l} u_r = u_X = 0 \\ \dfrac{\partial u_r}{\partial t} = \dfrac{\partial u_X}{\partial t} = 0 \end{array}\right. \tag{3.308}$$

边界条件为侧面自由条件，即

$$\sigma_{rr}\left(a, X, t\right) = \sigma_{rX}\left(a, X, t\right) = 0 \tag{3.309}$$

和加载端边界条件：

$$\left\{\begin{array}{l} \sigma_{XX}\left(r, 0, t\right) = -P_0 H\left\langle t\right\rangle \\ u_r\left(r, 0, t\right) = 0 \end{array}\right. \tag{3.310}$$

式中，函数的意义同第 2 章对应函数。

运动方程也表示为

$$\left\{\begin{array}{l} (\lambda+2\mu)\dfrac{\partial \varDelta}{\partial r} + 2\mu\dfrac{\partial \varOmega}{\partial X} = \rho\dfrac{\partial^2 u_r}{\partial t^2} \\ (\lambda+2\mu)\dfrac{\partial \varDelta}{\partial X} - \dfrac{2\mu}{r}\dfrac{\partial\left(r\varOmega\right)}{\partial r} = \rho\dfrac{\partial^2 u_X}{\partial t^2} \end{array}\right. \tag{3.311}$$

定义函数简写形式：

$$\begin{cases} f^S(\gamma,r,t)=\int_0^\infty f(X,r,t)\sin(\gamma X)\,\mathrm{d}X \\ f^C(\gamma,r,t)=\int_0^\infty f(X,r,t)\cos(\gamma X)\,\mathrm{d}X \\ f^F(\gamma,r,\omega)=\int_0^\infty f(\gamma,r,t)\,\mathrm{e}^{\mathrm{i}\omega t}\mathrm{d}t \end{cases} \tag{3.312}$$

和

$$\begin{cases} f^{SF}=\left(f^F\right)^S \\ f^{CF}=\left(f^F\right)^C \end{cases} \tag{3.313}$$

利用 Fourier-Laplace 变换后，Folk 给出：

$$\begin{aligned} E^{SF}&=\varepsilon_{\theta\theta}^{SF}+\varepsilon_{XX}^{SF}=\frac{u_r^{SF}}{r}-\gamma u_r^{CF} \\ &=\frac{A(\lambda+2\mu)}{\rho\omega^2}\left[\frac{hJ_1(hr)}{r}+\gamma^2J_0(hr)\right]+\frac{2\mu\gamma B}{\rho\omega^2}\left[\frac{J_1(kr)}{r}-kJ_0(kr)\right]+\frac{\mathrm{i}P_0\gamma}{(\lambda+2\mu)\,\omega h^2} \end{aligned} \tag{3.314}$$

式中

$$\begin{cases} A=\dfrac{\mathrm{i}P_0\rho\lambda\gamma\left(k^2-\gamma^2\right)\omega J_1(ka)}{(\lambda+2\mu)^2\,\mu h^2\Phi(\gamma,\omega)} \\ B=\dfrac{\mathrm{i}P_0\rho\lambda\gamma^2\omega J_1(ha)}{(\lambda+2\mu)\,\mu^2h\Phi(\gamma,\omega)} \end{cases} \tag{3.315}$$

其中

$$\Phi(\gamma,\omega)=\frac{2h}{a}\left(k^2+\gamma^2\right)J_1(ha)\,J_1(ka)-\left(k^2-\gamma^2\right)J_0(ha)\,J_1(ka)-4\gamma^2hkJ_1(ha)\,J_0(ka) \tag{3.316}$$

可以看出

$$\Phi(\gamma,\omega)=0 \tag{3.317}$$

即为杆中应力波弥散的 Pochhammer 方程。

在此基础上 Folk 利用 Fourier 逆变换和留数定理，计算出

$$E^F=-\frac{\mathrm{i}}{\pi}\int_{-\infty}^{\infty}E^{SF}\mathrm{e}^{\mathrm{i}\gamma X}\mathrm{d}\gamma=\frac{\mathrm{i}P_0(1-\nu)}{E}\sum_q F(r,\gamma_q,\omega)\,\mathrm{e}^{\mathrm{i}\gamma_q X} \tag{3.318}$$

式中，右端 E 表示杨氏模量，且有

$$F(r,\gamma_q,\omega)=\frac{4\nu(1+\nu)}{(1-\nu)^2}\frac{\gamma}{\omega h}\frac{1}{\partial\Phi/\partial\gamma}\left\{\frac{\left(k^2-\gamma^2\right)J_1(ka)}{h}\left[\frac{hJ_1(hr)}{r}+\gamma^2J_0(hr)\right]\right.$$

$$+2\gamma^2 J_1(ha)\left[\frac{J_1(kr)}{r} - kJ_0(kr)\right]\Bigg\}\Bigg|_{\gamma=\gamma_q(\omega)} \tag{3.319}$$

进一步进行 Laplace 逆变换，可以给出

$$\begin{aligned} E(X,r,t) &= \frac{1}{2\pi}\int_{-\infty+\mathrm{i}\alpha}^{\infty+\mathrm{i}\alpha} E^F \mathrm{e}^{\mathrm{i}\omega t}\mathrm{d}\omega \\ &= -\frac{P_0(1-\nu)}{E}\sum_q \frac{1}{2\pi\mathrm{i}}\int_{-\infty+\mathrm{i}\alpha}^{\infty+\mathrm{i}\alpha} F(r,\gamma_q,\omega)\exp\left[\mathrm{i}(\gamma_q X - \omega t)\right]\mathrm{d}\omega \end{aligned} \tag{3.320}$$

在式 (3.320) 基础上，Folk 利用留数定理给出近似解：

$$E(X,r,t) = \frac{P_0(1-\nu)}{E}\left[\frac{1}{3} + \int_0^B (\mathrm{Ai})(-B)\,\mathrm{d}B\right] \tag{3.321}$$

式中

$$B = \left(t - \frac{X}{C_0}\right)\left(\frac{4C_0^3}{3\nu^2 a^2 X}\right)^{\frac{1}{3}} \tag{3.322}$$

对比 Folk 的推导结论与 Skalak 的推导结论可以看出，两者结论非常相近，只是由于两者边界条件不同才导致存在差别，但应力波在杆中的弥散皆具有类似特征。

定义无量纲应变：

$$\bar{\varepsilon}_X = \frac{E(X,r,t)}{P_0(1-\nu)/E} \tag{3.323}$$

和无量纲时间：

$$\bar{t} = \frac{t - X/C_0}{X/C_0} \tag{3.324}$$

即有

$$B = \bar{t}\left(\frac{4X^2}{3\nu^2 a^2}\right)^{\frac{1}{3}} = \bar{t}\left(\frac{4\bar{X}^2}{3\nu^2}\right)^{\frac{1}{3}} \tag{3.325}$$

式中

$$\bar{X} = \frac{X}{a} \tag{3.326}$$

表示无量纲 L 氏坐标。

此时，式 (3.322) 即可表达为无量纲形式：

$$\bar{\varepsilon}_X = \left[\frac{1}{3} + \int_0^B (\mathrm{Ai})(-B)\,\mathrm{d}B\right] \tag{3.327}$$

根据式 (3.327) 可以绘制出 $\bar{\varepsilon}_X$-B 之间的曲线，如图 3.79 所示，其波形弥散效应与 Skalak、Rayleigh-Love 近似解类似。

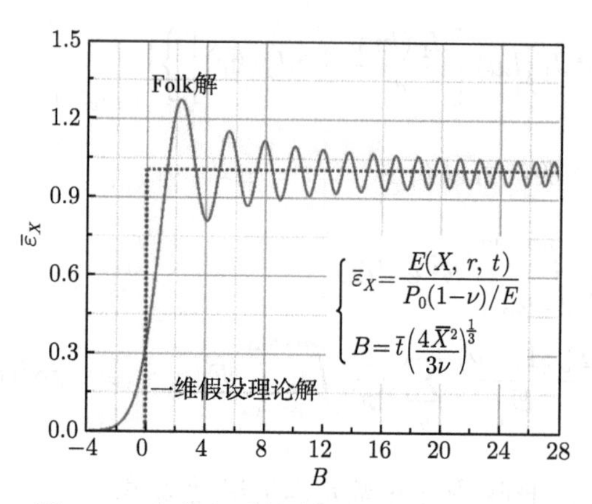

图 3.79　细长杆弹性波 Folk 解与一维理论

具体推导过程及其推导方法读者可以参考文献 (Graff，1975) 及相关作者发表的学术论文，在此只做简单介绍，不展开讨论。

3.3.3　分离式 Hopkinson 杆试验中几类应力波问题

分离式 Hopkinson 杆装置 (简称 SHB 装置) 主要由发射装置、撞击杆、入射杆、透射杆和吸收杆组成，如图 3.80 所示为一种测试材料动态力学性能的试验装置。以 SHPB 装置为例，《固体中的应力波导论》一书中，对其测试基本理论进行过介绍，在此不做详述。

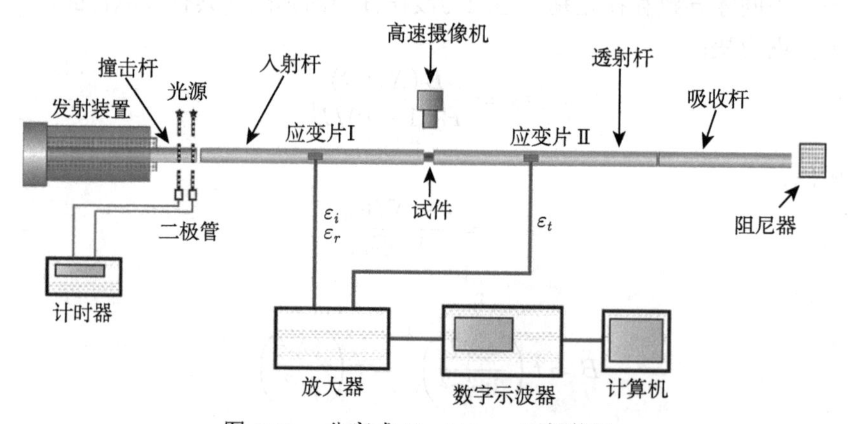

图 3.80　分离式 Hopkinson 压杆装置

在杆中一维平面弹性波和试件中应力均匀两个基本假设的基础上，通过测量入射杆和透射杆两界面对应的表面处的应变信号$\varepsilon(t)$ 就可以计算出试件的平均应力 σ_s、应变 ε_s 和应变率 $\dot{\varepsilon}_s$：

$$\begin{cases} \sigma_s(t') = \dfrac{EA}{2A_s}\left[\varepsilon_T(X_T, t') + \varepsilon_I(X_I, t') + \varepsilon_R(X_I, t')\right] \\ \varepsilon_s(t') = \dfrac{C}{l_s}\displaystyle\int_0^t \left[\varepsilon_I(X_I, t') - \varepsilon_T(X_T, t') - \varepsilon_R(X_I, t')\right] \mathrm{d}t \\ \dot{\varepsilon}_s(t') = \dfrac{C}{l_s}\left[\varepsilon_I(X_I, t') - \varepsilon_T(X_T, t') - \varepsilon_R(X_I, t')\right] \end{cases} \tag{3.328}$$

式 (3.328) 即为 SHPB 装置试验数据处理的基本公式；式中，E、A、C 分别表示杆材料的杨氏模量、截面积和一维声速；A_s 和 l_s 表示试件的截面积和长度；ε_T、ε_I 和 ε_R 分别表示透射波应变信号、入射波应变信号和反射波应变信号。

当试件为介质均匀性较好、声速较大的材料如金属材料，此时试件尺寸较小且试件中达到应力均匀性试件时间很短，此时对于整个入射、反射和透射波形而言，绝大部分时间内试件应力达到了均匀，如此一来就可以认为

$$\varepsilon_I(X_I,t')+\varepsilon_R(X_I,t')=\varepsilon_T(X_T,t') \tag{3.329}$$

此时式 (3.328) 就可以简化为

$$\begin{cases}\sigma_S(t')=\dfrac{EA}{A_s}\left[\varepsilon_I(X_I,t')+\varepsilon_R(X_I,t')\right]\\ \varepsilon_s(t')=-\dfrac{2C}{l_s}\displaystyle\int_0^t\varepsilon_R(X_I,t')\,\mathrm{d}t\\ \dot{\varepsilon}_s(t')=-\dfrac{2C}{l_s}\varepsilon_R(X_I,t')\end{cases} \tag{3.330}$$

或

$$\begin{cases}\sigma_S(t')=\dfrac{EA}{A_s}\varepsilon_T(X_T,t')\\ \varepsilon_s(t')=-\dfrac{2C}{l_s}\displaystyle\int_0^t\varepsilon_R(X_I,t')\,\mathrm{d}t\\ \dot{\varepsilon}_s(t')=-\dfrac{2C}{l_s}\varepsilon_R(X_I,t')\end{cases} \tag{3.331}$$

式 (3.330) 和式 (3.331) 在 SHPB 装置数据处理中常称为“二波法”。

理想条件下，式 (3.328)、式 (3.330) 和式 (3.331) 所给出的结果是相同的且是准确的；但事实上并非如此，SHPB 试验中诸多问题导致数据不准确，或者数据相对合理但数据处理存在明显误差等问题；本小节针对 SHPB 精细化测试中几个典型问题进行讨论。需要说明的是，这里不考虑入射杆、透射杆以及撞击杆自身质量问题、弯曲问题或端面不平整、不共轴等问题，这些问题不属于学术问题，只是加工工艺问题，其影响也不是简单地通过理论分析与校正等手段能够消除的。

1. 杆与试件非紧密接触对应力波传播的影响

SHPB 试验中常利用式 (3.328)、式 (3.330) 或式 (3.331) 进行数据处理，然而试件端面与杆端面的接触不良对试验数据的影响可能是明显且不可忽略的。对于延性金属材料而言，试件端面与杆端面不平整导致局部接触，可能只能影响所给出的应力应变曲线前面一小部分的准确性：但对于脆性材料如混凝土材料而言，由于其单轴压缩过程中整个应力应变曲线区间很小，破坏应变远小于延性金属材料，此时端面不平整对试验结果的影响可能非常明显，可能显示出错误的结论，此时需要采取一定的“找平”措施尽可能减少端面不平

整带来的影响。如图 3.81 所示，对比图 (a) 和图 (b) 不难发现，端面不平整对于混凝土最终工程应力应变曲线影响非常明显，不采取修正措施，容易给出“混凝土杨氏模量具有明显应变率效应”这类不科学或不准确的结论，而采取“找平”措施后可以明显看出不同应变率时杨氏模量并不存在明显变化，这与理论分析是一致的。

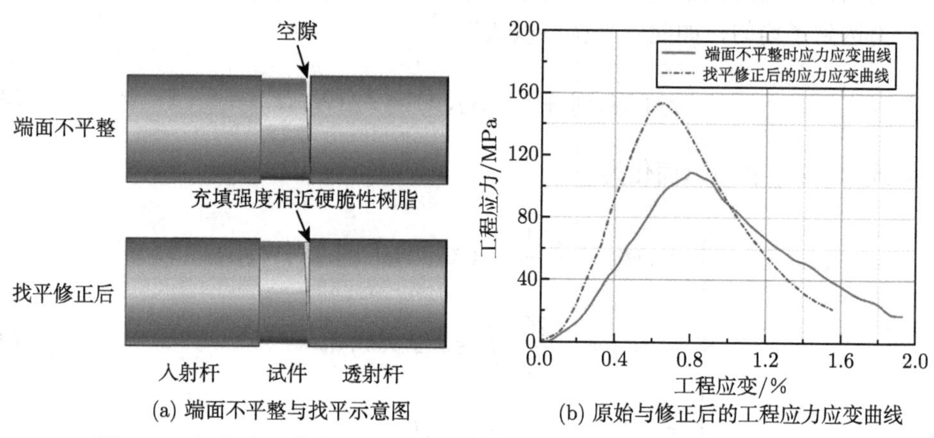

(a) 端面不平整与找平示意图　　(b) 原始与修正后的工程应力应变曲线

图 3.81　混凝土试件端面不平整时与“找平”修正后的工程应力应变曲线

而在 SHPB 试验中普遍存在的另外一个问题即为试件与端面存在明显的缝隙，由于试件与杆之间并没有预压缩力，特别对于大口径 SHPB 而言，由于杆自重使得杆与试件无法自然保持紧密接触。此时入射波到达缝隙处会产生反射波，而透射波波长与入射波波长并不相同，如图 3.82 所示，图中不考虑试件与应力波在杆中的弥散问题，即只考虑入射杆与透射杆之间存在缝隙。

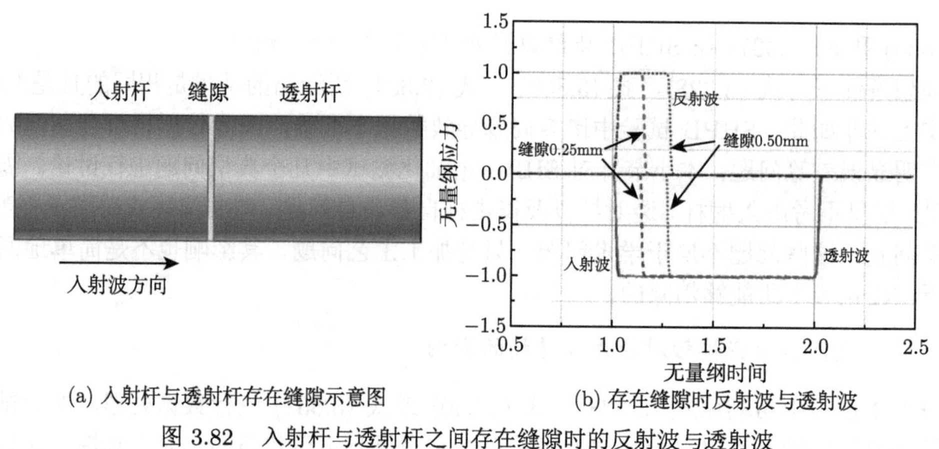

(a) 入射杆与透射杆存在缝隙示意图　　(b) 存在缝隙时反射波与透射波

图 3.82　入射杆与透射杆之间存在缝隙时的反射波与透射波

图 3.82 中杆的直径为 14.5mm，撞击杆长度 L 为 0.5m，入射杆与透射杆均长 2.0m，杆材料杨氏模量为 210GPa，密度为 7.85g/cm^3，撞击速度 V 为 10m/s，Poisson 比为 0。对入射杆与透射杆中应力波进行无量纲化，结合 3.2 节中一维杆共轴对撞理论，定义无量

纲应力和无量纲时间分别为

$$\begin{cases} \bar{\sigma} = \dfrac{\sigma}{\dfrac{1}{2}\rho CV} = \dfrac{\sigma}{\dfrac{1}{2}\sqrt{E\rho}V} \\ \bar{t} = \dfrac{t}{2L/C} = \dfrac{t}{2L\Big/\sqrt{E/\rho}} \end{cases} \tag{3.332}$$

图中当入射杆与透射杆无缝隙时，无反射波，即入射波与透射波平移后基本重合，这与一维杆中应力波传播理论完全一致。而存在缝隙时则会自入射杆中产生反射波，而且缝隙越大，反射波波长也就越大，对应的透射波波长就越小。虽然整体上式 (3.329) 是成立的，但缝隙对波形有明显的影响也是明显存在的。

在 SHPB 试验中，试件与杆之间通常会存在图 3.83 所示三种形式的缝隙，试件没有掉落的原因有两种：在大口径试验中，会专门设置软材料挂住试件；在小口径试验中，试件质量小，缝隙并不是全是空气，还存在凡士林等润滑剂，使得试件短时间内还是粘在杆上。如图 3.83 所示，设试件为线性强化弹塑性材料，其杨氏模量为 118GPa，塑性模量为 400MPa，屈服强度为 225MPa，密度为 8.96g/cm^3，直径 8mm，厚 5mm。撞击杆长度为 0.5m，撞击速度为 10m/s。以入射杆与试件中存在缝隙为例，不考虑弥散效应即杆与试件材料的 Poisson 比设为 0，缝隙为 0、0.25mm 和 0.50mm 三种情况，计算结果如图 3.83 所示。

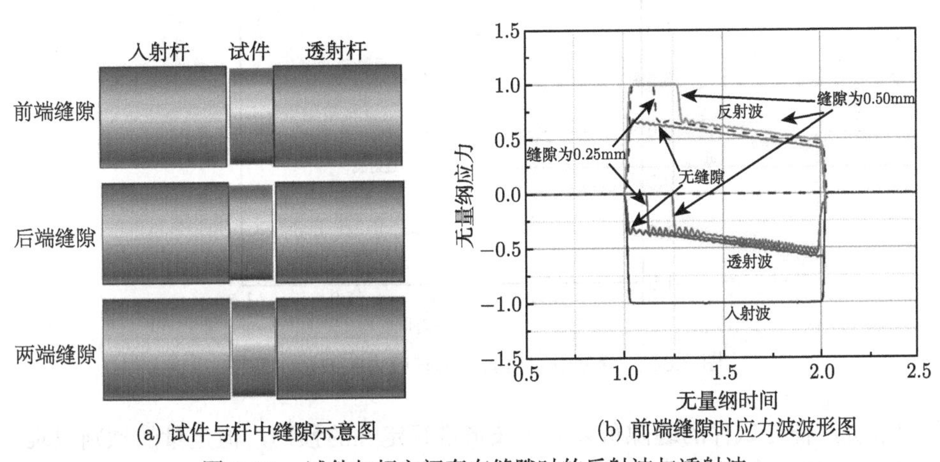

(a) 试件与杆中缝隙示意图 (b) 前端缝隙时应力波波形图

图 3.83 试件与杆之间存在缝隙时的反射波与透射波

从图中可以看出，当杆与试件完美接触无缝隙时，透射波与反射波波长基本相等且等于入射波波长；而存在缝隙时，透射波波长明显小于入射波波长。当然，从图 3.83 中容易看出反射波有一部分强度等于入射波强度，从而容易判断存在缝隙；然而，以上计算过程中忽略了应力波在杆和试件中的弥散效应，所以波形相当完美，实际上由于波形弥散效应，波形则复杂得多，如图 3.84 所示。图中试件与入射杆中间的缝隙为 0.25mm，考虑试件和杆材料的 Poisson 比均为 0.29；从图中可以看出，此时透射波波长还是小于入射波波长，但由于应力波弥散效应，很难从两波波长判断出准确的缝隙宽度，而且，反射波中缝隙引起的自由面反射部分平台也不明显。不过从图 3.84 中三个波形对比定性分析也能够判断试件与杆存在接触不完美情况。

然而，在实际情况下，可能存在中空缝隙、也可能是由于涂抹过厚凡士林形成夹层、还可能由于试件表面毛刺形成的某些低密度类缝隙，或是几种情况混合；此时仅从反射波与透射波就不容易判断波形的真正起点，如图 3.85 所示，图中缝隙中充满了低强度润滑材料，此时从透射波与反射波无法判断是否存在缝隙以及缝隙几何特征。

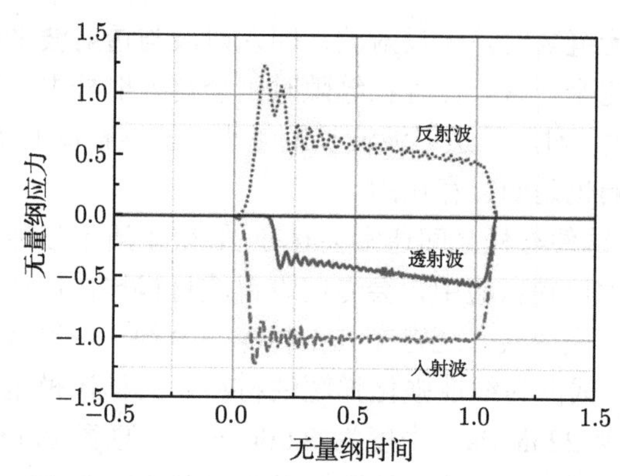

图 3.84 考虑弥散效应时缝隙对应力波的影响

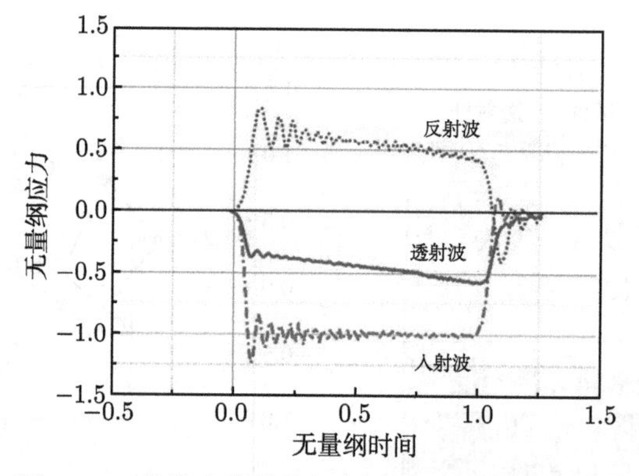

图 3.85 缝隙中充填润滑剂时应力波波形示意图

总的来讲，杆与试件的缝隙可以通过波形进行定性的预判，但定量的预判很难；若对此类缝隙不加修正，而直接利用式 (3.328)、式 (3.330) 或式 (3.331) 进行数据处理，则容易给出误差很大的数据，如图 3.86 所示。图中试验与图 3.81 所示相同，考虑某高强混凝土的 SHPB 试验，当试件与杆间存在缝隙时，表征材料强度的透射波前端存在缓慢上升阶段，从而使得数据处理后给出的混凝土工程应力应变曲线明显偏低。而当前降低缝隙的影响最有效经济的方法就是施加预应力且控制润滑剂的量，最大限度上减小试件与杆间的缝隙，图 3.86 中利用此手段给出的工程应力应变曲线明显高于原曲线，而且，根据这些手段给出的动态杨氏模量并没有所谓的应变率效应，且其值与根据测量应力波波速法反算处理的杨氏模量值基本一致；这说明利用此手段减小缝隙的影响是可靠准确的。

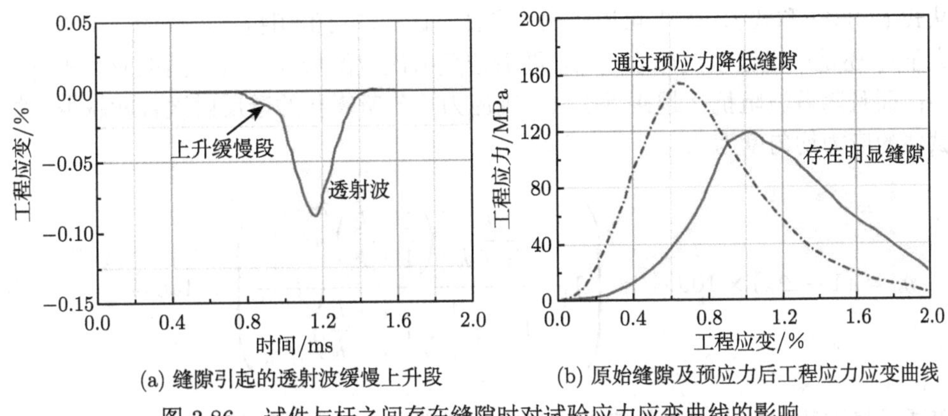

(a) 缝隙引起的透射波缓慢上升段　　(b) 原始缝隙及预应力后工程应力应变曲线

图 3.86　试件与杆之间存在缝隙时对试验应力应变曲线的影响

2. SHPB 试验中试件应力均匀性问题

若入射杆中的入射波为矩形波，此时入射波只有一个强间断波，反射波和透射波有很多。参考《固体中的应力波导论》一书中 SHPB 应力均匀章节，某一时刻试件两端的应力差与其平均应力之比为试件两端的应力相对应力差：

$$\varDelta_n=\frac{|\bar{\sigma}_{Rn}-\bar{\sigma}_{Tn}|}{\bar{\sigma}_{Rn}+\bar{\sigma}_{Tn}}=\frac{\dfrac{k}{1+k}\left|\left(\dfrac{1-k}{1+k}\right)^{2n-1}\right|}{1-\dfrac{1}{1+k}\left(\dfrac{1-k}{1+k}\right)^{2n-1}} \tag{3.333}$$

式中，n 为应力波在试件中往返次数

$$k=\frac{\rho_s C_s A_s}{\rho C A} \tag{3.334}$$

为广义波阻抗比。

当 $k=1$ 时，式 (3.334) 可以简化为

$$\varDelta_n=0 \tag{3.335}$$

即并没有透反射行为，应力波传播通过试件后试件两端应力瞬间均匀。

当 $k>1$ 时，式 (3.334) 可以写为

$$\varDelta_n=\frac{k}{\left(\dfrac{k+1}{k-1}\right)^{2n-1}(k+1)+1} \tag{3.336}$$

当 $k<1$ 时，式 (3.334) 可以写为

$$\varDelta_n=\frac{k}{\left(\dfrac{1+k}{1-k}\right)^{2n-1}(1+k)-1} \tag{3.337}$$

从式 (3.336) 和式 (3.337) 可以看出，当杆与试件广义波阻抗不匹配时，无论广义波阻抗比大于 1 还是广义波阻抗比小于 1，随着透反射次数的增大，试件两端应力相对应力差就越小；而且随着波阻抗比越接近于 1，则应力均匀所需要的透反射次数就越少。如继续定义试件的应力均匀度为

$$\eta_n = (1-\Delta_n)\times 100\% = \left(1-\frac{\dfrac{k}{1+k}\left|\left(\dfrac{1-k}{1+k}\right)^{2n-1}\right|}{1-\dfrac{1}{1+k}\left(\dfrac{1-k}{1+k}\right)^{2n-1}}\right)\times 100\% \tag{3.338}$$

则随着透反射次数的增大，试件应力均匀度逐渐增大，直到近似等于 100% 。

以直径为 80mmSHPB 装置中混凝土试验为例，设混凝土试件的直径为 75mm，杆材料密度为 7.85g/cm^3，杨氏模量为 210GPa；混凝土材料密度约为 2.50g/cm^3，杨氏模量约为 30GPa；此时广义波阻抗比约为 0.187，此时试件应力波传播 1 次后，应力均匀度为

$$\eta_n = (1-\Delta_n)\times 100\% \approx \left(1-\frac{0.158\times 0.684^{2n-1}}{1-0.842\times 0.684^{2n-1}}\right)\times 100\% = 74.5\% \tag{3.339}$$

要使得试件两端应力均匀度达到 95% ，则可以计算出应力波需要在试件中往返 3 次，设试件厚度为 35mm，则这段时间约为 60μs，也就是说在入射波上升沿从应力 0 到混凝土屈服强度区间应力波时间波长必须大于 60μs，因而，只能通过波形整形实现。关于波形整形以及脆性材料 SHPB 精细化试验读者可以参考相关文献，在此不做详述。

3. 杆中弹性波弥散问题对数据处理的影响

事实上，应力波在杆中和试件中传播并不是严格上一维的，其在传播路径上由于不同波长的波波速不同而不断弥散，以直径 14.5mm 钢杆为例，设入射杆长度为 2m，当长度为 0.5m 撞击杆以 10m/s 共轴对撞入射杆，在杆中间即距离自由面 1m 处测得的入射波与反射波经对波且取绝对值后并不重叠，如图 3.87 所示。

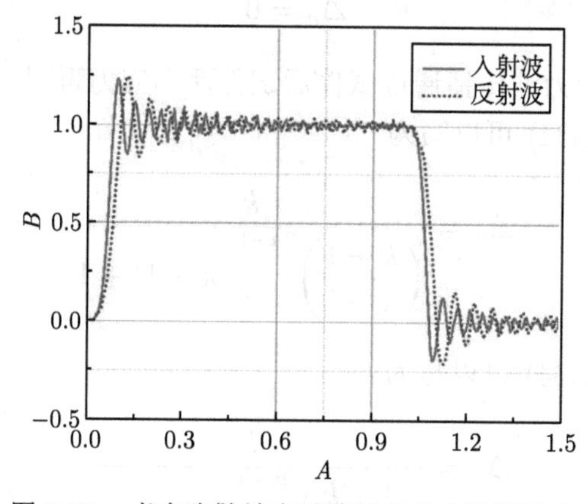

图 3.87 考虑弥散效应时缝隙对应力波的影响

因而采用三波法即利用式 (3.328) 势必会在应力应变曲线计算过程中特别是在弹性段产生明显误差，此时通过合理的试件设计，在透射杆也就是距离试件端 1m 处进行透射波测量，且满足试件应力均匀条件时，利用式 (3.331) 可能更加准确。

当不使用整形片技术时，入射波一般近似为梯形，此时可以利用 2.1 节 Rayleigh-Love 近似解进行解析分析，可参考文献 (周风华等，2019)，进而给出应力波随着距离而弥散的定量规律；或者纯粹利用数值仿真软件进行大量的仿真，结合解析结果与试验波形，建立定量规律或数据库，利用算法对入射波、透射波与反射波进行修正；这两种方法皆是对 SHPB 试验结果进行精细化处理的有效方法，读者可尝试之。

需要说明的是，如同 2.1 节所述，Rayleigh-Love 近似解对于频率高即波长小的弹性波而言，其预测的波速是不准确的，如图 3.88 所示；也就是说利用 Rayleigh-Love 求解进行 Fourier 变换，分解的谐波项数越多对应的最大频率就越大，但当频率大到使得

$$\frac{C'}{C}=\frac{1}{\sqrt{1+2\pi^2\nu^2\left(\dfrac{r}{\lambda}\right)^2}}<\frac{C_{\text{Rayleigh}}}{C} \tag{3.340}$$

即波速小于 Rayleigh 波波速时，再增加项数计算精度反而下降。根据式 (3.340) 可以给出项数值，读者可以试推导之，此处只是根据细长杆中应力波理论简要说明，不做详述。

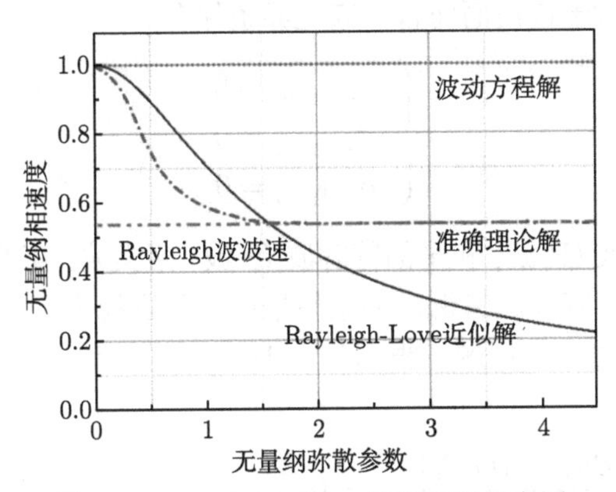

图 3.88 Rayleigh-Love 解的下限示意图

3.4 半无限线弹性介质中应力波的传播与演化

3.4.1 平面波在自由面上的斜入射问题

当弹性波到达交界面上时，一般会同时产生反射波和透射波，而且波阻抗不匹配时反射波和透射波的强度特别是透射波强度一般与入射波并不相同，也就是说存在反射和折射现象。在无限弹性介质中当平面弹性波正入射到交界面上时，平面波的透反射过程中无旋波和等容波等可以相互解耦而利用弹性波理论来推导演化，而当平面波斜入射到交界面时，其反射和透射波中既有无旋波也有等容波，它们之间相互耦合，常称为波形耦合。

考虑一个半无限平面，如图 3.89 所示，坐标轴 xy 轴上方假设为真空而下方即 z 轴正方向为无限介质，即该平面是一个自由面，介质中的应力波到达此自由面均只产生反射波，

而不存在透射波。对于一个平面波而言，其质点位移可以分解成三个分量，其对应的平面波分量也有三个，如图 3.89 所示。

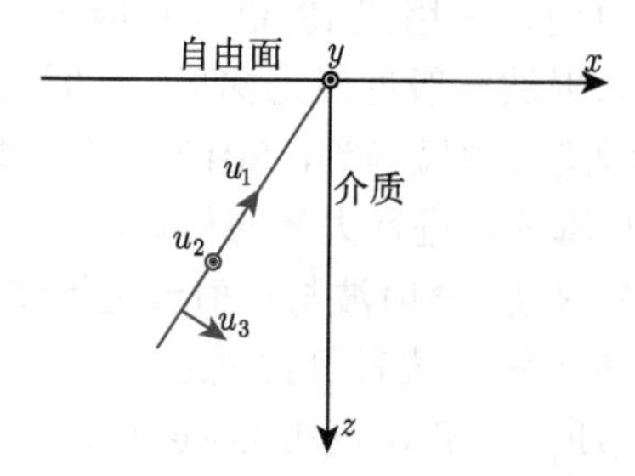

图 3.89　平面波在自由面上的斜入射问题

一个分量，即为沿着入射波方向传播的位移分量 u_1，其对应的是平面无旋波，也就是地震学中所谓的 P 波，它是一种纵波，速度较快。第二个分量，即为波阵面内与水平面平行的位移分量 u_2，其方向与 y 轴方向一致，它是一种横波，波速较慢，属于等容波，由于其位移方向与水平面平行，在地震学中常将其称为 SH 波。第三个分量，即在波阵面内且在铅垂面 xz 内同时又与 u_1 相互垂直的位移分量 u_3，它也是一种横波，也属于等容波，由于其处于铅垂面内，在地震学中常将其称为 SV 波。

从图中容易看出，对于自由面而言，其边界条件有

$$\left\{\begin{array}{l}\sigma_{zx}\big|_{z=0}=0\\ \sigma_{zy}\big|_{z=0}=0\\ \sigma_{zz}\big|_{z=0}=0\end{array}\right. \tag{3.341}$$

这里考虑平面无旋波 (P 波) 和平面等容波 (S 波) 两类波，事实上，平面无旋波和平面等容波分别是无旋波和等容波的特例。如果将平面波问题视为沿着波传播方向的一维应变问题，即与 y 无关的平面应变问题，根据广义 Hooke 定律和相容关系，可以将式 (3.341) 进一步写为

$$\left\{\begin{array}{l}\sigma_{zx}\big|_{z=0}=\mu\left(\dfrac{\partial u_x}{\partial z}+\dfrac{\partial u_z}{\partial x}\right)\bigg|_{z=0}=0\\ \sigma_{zy}\big|_{z=0}=\mu\left(\dfrac{\partial u_y}{\partial z}+\dfrac{\partial u_z}{\partial y}\right)\bigg|_{z=0}=0\\ \sigma_{zz}\big|_{z=0}=\left(\lambda\theta+2\mu\dfrac{\partial u_z}{\partial z}\right)\bigg|_{z=0}=\left[(\lambda+2\mu)\dfrac{\partial u_z}{\partial z}+\lambda\dfrac{\partial u_x}{\partial x}\right]\bigg|_{z=0}=0\end{array}\right. \tag{3.342}$$

1. 平面无旋波 (P 波) 在自由面上的斜入射问题

先考虑一个平面无旋波 u_0 以入射角 α_0 斜入射到该自由面上的情况 ($\alpha\in(0,\pi/2)$)，本节中为了统一说法，暂都以地震学中的概念即 P 波、SH 波和 SV 波来叙述。

假设入射平面 P 波是一个简单的平面谐波，如图 3.90 所示；容易看出，对于平面 P 波传播路径中任意点 $M(x,-z)$ 的波函数应与点 M' 完全相同，根据图 3.90 可以求出

$$OM'=OM''+M'M''=\frac{-z}{\cos\alpha}+[x-(-z)\tan\alpha]\cdot\sin\alpha=x\sin\alpha-z\cos\alpha \tag{3.343}$$

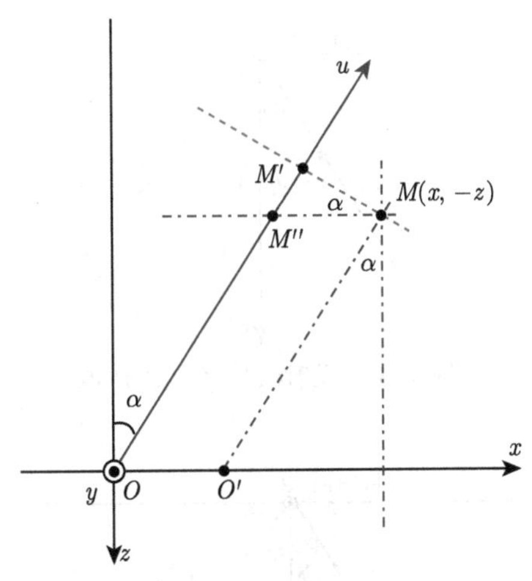

图 3.90 平面无旋波斜入射谐波函数

参考谐波的波函数推导和波函数 Euler 变换可知，此种情况下其谐波函数可写为

$$u = A_0 \exp\left[\mathrm{i}\left(k_0 x \sin\alpha - k_0 z \cos\alpha - \omega_0 t\right)\right] \tag{3.344}$$

因此，图 3.89 所示问题中入射波谐波函数可写为

$$u_0 = A_0 \exp\left[\mathrm{i}\left(k_0 x \sin\alpha_0 - k_0 z \cos\alpha_0 - \omega_0 t\right)\right] \tag{3.345}$$

式中，A_0 为入射波波幅；k_0 为波数; 其他符号意义同上。其在 x 和 z 方向上的位移分量分别为

$$\begin{cases} u_{0x} = u_0 \sin\alpha_0 \\ u_{0z} = -u_0 \cos\alpha_0 \end{cases} \tag{3.346}$$

假设此时平面 P 波到达自由面后反射波也只有平面 P 波，如图 3.91 所示。同上推导可知，反射平面 P 波的波函数为

$$u_1 = A_1 \exp\left[\mathrm{i}\left(k_1 x \sin\alpha_1 + k_1 z \cos\alpha_1 - \omega_1 t + \delta_1\right)\right] \tag{3.347}$$

式中，A_1 表示反射平面 P 波的振幅；k_1 为反射 P 波的波数；δ_1 表示反射波的初始相位；其他符号意义同上。其在 x 和 z 方向上的位移分量分别为

$$\begin{cases} u_{1x} = u_1 \sin\alpha_1 \\ u_{1z} = u_1 \cos\alpha_1 \end{cases} \tag{3.348}$$

对于弹性简谐波而言，波的叠加满足线性关系，如图 3.92 所示；因此，在入射波和反射波叠加作用下，质点的位移分量分别为

$$\begin{cases} u_x = u_{0x} + u_{1x} = u_0 \sin\alpha_0 + u_1 \sin\alpha_1 \\ u_z = u_{0z} + u_{1z} = -u_0 \cos\alpha_0 + u_1 \cos\alpha_1 \end{cases} \tag{3.349}$$

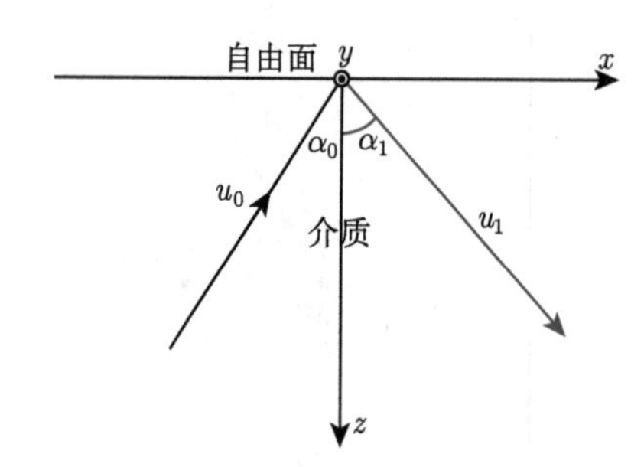

图 3.91　反射波只有平面 P 波

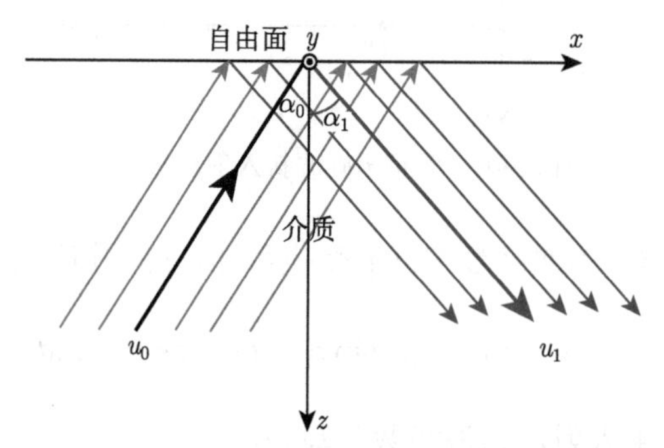

图 3.92　平面 P 波在自由面反射后位移的线性叠加

将式 (3.349) 代入边界条件 (3.342) 中第三式后可有

$$\sigma_{zz}\big|_{z=0} = \left[(\lambda+2\mu)\left(\frac{\partial u_1}{\partial z}\cos\alpha_1 - \frac{\partial u_0}{\partial z}\cos\alpha_0\right) + \lambda\left(\frac{\partial u_1}{\partial x}\sin\alpha_1 + \frac{\partial u_0}{\partial x}\sin\alpha_0\right)\right]\Bigg|_{z=0} = 0 \tag{3.350}$$

将式 (3.345) 和式 (3.347) 代入式 (3.350)，并简化即可得

$$\begin{aligned}&\left(2\mu A_1 k_1\cos^2\alpha_1 + \lambda A_1 k_1\right)\exp\left[\mathrm{i}\left(k_1 x\sin\alpha_1 - \omega_1 t + \delta_1\right)\right]\\&+\left(2\mu A_0 k_0\cos^2\alpha_0 + \lambda A_0 k_0\right)\exp\left[\mathrm{i}\left(k_0 x\sin\alpha_0 - \omega_0 t\right)\right] = 0\end{aligned} \tag{3.351}$$

式 (3.351) 对于任意 x 和 t 都成立，因此必有

$$\begin{cases} k_0\sin\alpha_0 = k_1\sin\alpha_1 \\ \omega_0 = \omega_1 \end{cases} \tag{3.352}$$

对于同一介质中的入射波和反射波皆为平面 P 波，其声速 C 相等，结合式 (3.352) 有

$$\begin{cases} k_0 = k_1 \\ \alpha_0 = \alpha_1 \\ \omega_0 = \omega_1 \end{cases} \tag{3.353}$$

将式 (3.353) 代入式 (3.351)，即可得到

$$A_1\exp\left[\mathrm{i}\left(k_0 x\sin\alpha_0 - \omega_0 t + \delta_1\right)\right] + A_0\exp\left[\mathrm{i}\left(k_0 x\sin\alpha_0 - \omega_0 t\right)\right] = 0 \tag{3.354}$$

式 (3.354) 对于任意 x 和 t 都成立，因此必有

$$\begin{cases} \delta_1 = 0 \\ A_0 = -A_1 \end{cases} \text{或} \begin{cases} \delta_1 = \pi \\ A_0 = A_1 \end{cases} \tag{3.355}$$

事实上，以上两种情况本质上一样，都表示入射波与反射波的相位差为 π；可取式 (3.355) 中第一式为解。将式 (3.355) 第一式和式 (3.353) 代入式 (3.345) 和式 (3.347)，则有

$$\begin{cases} u_0 = A_0 \exp\left[\mathrm{i}\left(k_0 x \sin\alpha_0 - k_0 z \cos\alpha_0 - \omega_0 t\right)\right] \\ u_1 = -A_0 \exp\left[\mathrm{i}\left(k_0 x \sin\alpha_0 + k_0 z \cos\alpha_0 - \omega_0 t\right)\right] \end{cases} \tag{3.356}$$

即

$$u_0 = -u_1 \tag{3.357}$$

以上是自由面上正应力的边界条件，在以上基础上再考虑自由面切应力边界条件，即将式 (3.349) 代入式 (3.342) 中第一式后，可以得到

$$\sigma_{zx}\big|_{z=0} = \mu\left[\frac{\partial\left(u_0 \sin\alpha_0 + u_1 \sin\alpha_1\right)}{\partial z} + \frac{\partial\left(-u_0 \cos\alpha_0 + u_1 \cos\alpha_1\right)}{\partial x}\right]\Bigg|_{z=0} = 0 \tag{3.358}$$

将式 (3.353) 和式 (3.357) 代入式 (3.358)，即可简化得到

$$\left.\frac{\partial u_0}{\partial x}\right|_{z=0} = 0 \tag{3.359}$$

将式 (3.345) 代入式 (3.359)，即有

$$A_0 k_0 \sin\alpha_0 \exp\left[\mathrm{i}\left(k_0 x \sin\alpha_0 - \omega_0 t\right)\right] = 0 \tag{3.360}$$

根据边界条件，对于任意 x 和 t，式 (3.360) 恒等于零；则必有 $A_0 = 0$，这与条件不符；也就是说，如果假设反射波只有平面 P 波，则不满足边界条件。因而，当一个 P 波斜入射到自由面时，其反射波应同时存在 P 波和 S 波。同时，从上面的定义可以看出，SH 波中质点位移不在平面 xz 内，因此与 P 波并不相耦合，因此反射波中的 S 波必为 SV 波。此时，假设反射 P 波 u_1 的反射角为 α_1，反射 SV 波 u_2 的反射角为 α_2，如图 3.93 所示。

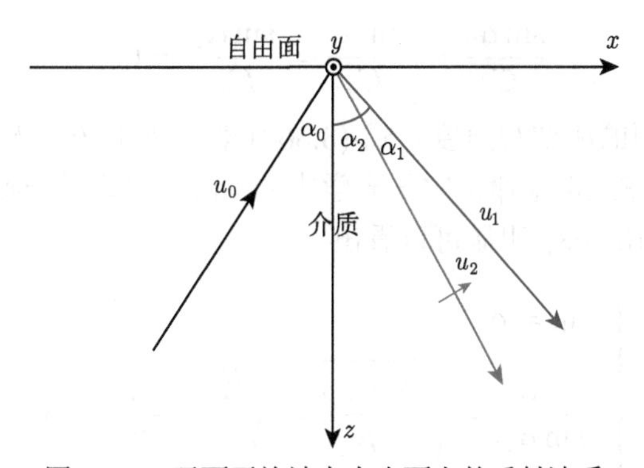

图 3.93 平面无旋波在自由面上的反射波系

假设反射平面 P 波为

$$u_1 = A_1 \exp\left[\mathrm{i}\left(k_1 x \sin\alpha_1 + k_1 z \cos\alpha_1 - \omega_1 t\right)\right] \tag{3.361}$$

式中，A_1 表示反射平面 P 波的振幅；波数 $k_1 = \omega_1 / C$; 其他符号意义同上。其在 x 和 z 方向上的位移分量分别为

$$\begin{cases} u_{1x} = u_1 \sin\alpha_1 \\ u_{1z} = u_1 \cos\alpha_1 \end{cases} \tag{3.362}$$

反射平面 SV 波为

$$u_2 = A_2 \exp\left[\mathrm{i}\left(k_2 x \sin\alpha_2 + k_2 z \cos\alpha_2 - \omega_2 t\right)\right] \tag{3.363}$$

式中，A_2 表示反射平面 SV 波的振幅；波数 $k_2 = \omega_2 / C_\omega$；$C_\omega$ 表示等容波波速；其他符号意义同上。其在 x 和 z 方向上的位移分量分别为

$$\begin{cases} u_{2x} = u_2 \cos\alpha_2 \\ u_{2z} = -u_2 \sin\alpha_2 \end{cases} \tag{3.364}$$

因而，可以给出质点在两个方向上的合位移为

$$\begin{cases} u_x = u_{0x} + u_{1x} + u_{2x} = u_0 \sin\alpha_0 + u_1 \sin\alpha_1 + u_2 \cos\alpha_2 \\ u_z = u_{0z} + u_{1z} + u_{2z} = -u_0 \cos\alpha_0 + u_1 \cos\alpha_1 - u_2 \sin\alpha_2 \end{cases} \tag{3.365}$$

边界条件式 (3.342) 中第二式在此问题中恒成立，将式 (3.365) 代入式 (3.342) 第一式和第三式后，可有

$$\begin{cases} \left(-k_0 \sin 2\alpha_0 u_0 + k_1 \sin 2\alpha_1 u_1 + k_2 \cos 2\alpha_2 u_2\right)\big|_{z=0} = 0 \\ \left[\left(\lambda + 2\mu \cos^2\alpha_0\right) k_0 u_0 + \left(\lambda + 2\mu \cos^2\alpha_1\right) k_1 u_1 - \mu \sin 2\alpha_2 k_2 u_2\right]\big|_{z=0} = 0 \end{cases} \tag{3.366}$$

从式 (3.366) 容易看出，满足式 (3.366) 的必要条件是

$$\begin{cases} k_0 \sin\alpha_0 = k_1 \sin\alpha_1 = k_2 \sin\alpha_2 \\ \omega_0 = \omega_1 = \omega_2 \end{cases} \tag{3.367}$$

即

$$\frac{\sin\alpha_0}{C} = \frac{\sin\alpha_1}{C} = \frac{\sin\alpha_2}{C_\omega} = C^* \tag{3.368}$$

式中，C^* 为波沿自由面的所谓视速度。式 (3.368) 表示入射角、入射波波速和反射角、反射波波速的关系，称为 Snell 定律，它与光学中的 Snell 定律是一致的。

从式 (3.367) 和式 (3.368) 明显可以看出

$$\begin{cases} \alpha_0 = \alpha_1 \\ \dfrac{\sin\alpha_0}{\sin\alpha_2} = \sqrt{\dfrac{\lambda + 2\mu}{\mu}} = \sqrt{\dfrac{2(1-\nu)}{1-2\nu}} = \chi \\ k_0 = k_1 \end{cases} \tag{3.369}$$

式 (3.369) 的物理意义是：首先，反射无旋波 (P 波) 的反射角与入射无旋波 (P 波) 的入射角相等；其次，当入射无旋波 (P 波) 的入射角非零时 (即不是正入射时)，反射等容波 (SV 波) 必然存在，且其反射角 α_2 必大于 0 且小于入射角。即入射波为 P 波且非正入射到自由面时，反射波必为 P 波和 SV 波的耦合形式。从式 (3.369) 也可以看出，SV 波的反射角 α_2 的反射系数是介质 Poisson 比 ν 的单轴函数，也就是说，SV 波反射角 α_2 可以只由 P 波入射角 α_0 和介质 Poisson 比 ν 来确定，以常规地质材料 $\nu = 0.25$ 为例，其反射系数为 $\chi = \sqrt{3}$，反射系数与 Poisson 比之间的关系如图 3.94 所示。

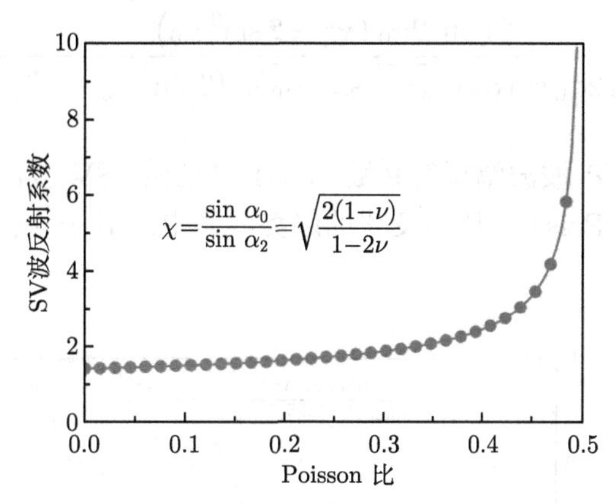

图 3.94 反射系数与 Poisson 比之间的关系

将式 (3.367) 代入式 (3.366)，可以得到

$$\left\{\begin{array}{l}-k_0 \sin 2\alpha_0 A_0 + k_1 \sin 2\alpha_1 A_1 + k_2 \cos 2\alpha_2 A_2 = 0 \\ \left(\lambda + 2\mu \cos^2 \alpha_0\right) k_0 A_0 + \left(\lambda + 2\mu \cos^2 \alpha_1\right) k_1 A_1 - \mu \sin 2\alpha_2 k_2 A_2 = 0\end{array}\right. \tag{3.370}$$

结合式 (3.369)，可以得到

$$\left\{\begin{array}{l}\sin 2\alpha_0 \dfrac{A_1}{A_0} + \dfrac{k_2}{k_0} \cos 2\alpha_2 \dfrac{A_2}{A_0} = \sin 2\alpha_0 \\ \left(\lambda + 2\mu \cos^2 \alpha_0\right) \dfrac{A_1}{A_0} - \mu \sin 2\alpha_2 \dfrac{k_2}{k_0} \dfrac{A_2}{A_0} = -\left(\lambda + 2\mu \cos^2 \alpha_0\right)\end{array}\right. \tag{3.371}$$

替换掉式中的弹性常数，有

$$\left\{\begin{array}{l}\sin 2\alpha_0 \dfrac{A_1}{A_0} + \chi \cos 2\alpha_2 \dfrac{A_2}{A_0} = \sin 2\alpha_0 \\ \chi \cos 2\alpha_2 \dfrac{A_1}{A_0} - \sin 2\alpha_2 \dfrac{A_2}{A_0} = -\chi \cos 2\alpha_2\end{array}\right. \tag{3.372}$$

进而可以解得

$$\left\{\begin{array}{l}\dfrac{A_1}{A_0} = \dfrac{\sin 2\alpha_0 \sin 2\alpha_2 - \chi^2 \cos^2 2\alpha_2}{\sin 2\alpha_0 \sin 2\alpha_2 + \chi^2 \cos^2 2\alpha_2} \\ \dfrac{A_2}{A_0} = \dfrac{2\chi \sin 2\alpha_0 \cos 2\alpha_2}{\sin 2\alpha_0 \sin 2\alpha_2 + \chi^2 \cos^2 2\alpha_2}\end{array}\right. \tag{3.373}$$

可以看出，反射 P 波的波幅与反射 SV 波的波幅可以由反射角与入射角来唯一确定，再结合反射角的求解方程，可以确定，反射 P 波的波幅与反射 SV 波的波幅可以由入射 P 波入射角和介质的 Poisson 比来唯一确定。

根据式 (3.369)，可以把式 (3.373) 写为纯粹由入射角和 Poisson 比来表示的方程组：

$$\left\{\begin{array}{l}\dfrac{A_1}{A_0}=1-\dfrac{2\left(2\sin^2\alpha_0-\chi^2\right)^2}{2\sin2\alpha_0\sin\alpha_0\sqrt{\chi^2-\sin^2\alpha_0}+\left(2\sin^2\alpha_0-\chi^2\right)^2}\\ \dfrac{A_2}{A_0}=\dfrac{2\chi\sin2\alpha_0\left(\chi^2-2\sin^2\alpha_0\right)}{2\sin2\alpha_0\sin\alpha_0\sqrt{\chi^2-\sin^2\alpha_0}+\left(2\sin^2\alpha_0-\chi^2\right)^2}\end{array}\right. \tag{3.374}$$

可以分别得到反射 P 波波幅反射系数 A_1/A_0 与反射 SV 波波幅反射系数 A_2/A_0 随着入射角度变化和介质 Poisson 比而变化的趋势，其中反射 P 波波幅反射系数如图 3.95 所示。

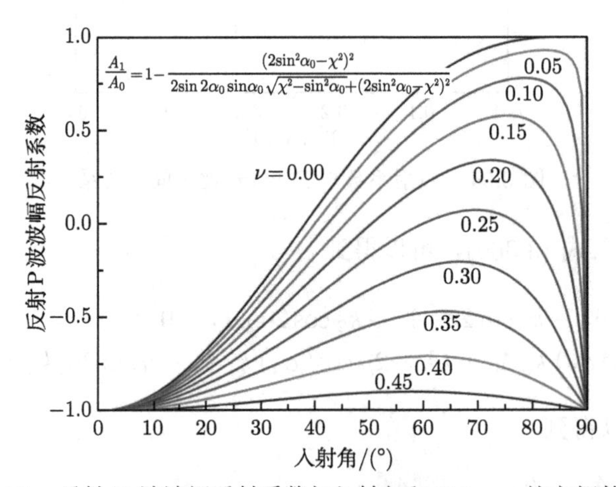

图 3.95　反射 P 波波幅反射系数与入射角和 Poisson 比之间的关系

从图中可以看出以下几个方面。

(1) 对于同一种介质，当材料的 Poisson 比大于 0 时，随着入射 P 波角度的增大，反射 P 波波幅反射系数呈先逐渐增加后急剧减小的趋势；此时，考虑 Poisson 比为常量，对式 (3.374) 中第一式求导，并令

$$\left(\frac{A_1}{A_0}\right)'=0 \tag{3.375}$$

即有

$$\alpha_0=\arccos\left[\frac{-\left(3\chi^4-3\chi^2+2\right)+\sqrt{\left(3\chi^4-3\chi^2+2\right)^2-4\left(\chi^2-1\right)\left(\chi^4+2\chi^2-1\right)}}{2\left(\chi^2-1\right)}\right] \tag{3.376}$$

通过式 (3.376) 可以绘制反射 P 波波幅反射系数极值对应的入射角与 Poisson 比之间的关系曲线，如图 3.96 所示。从上面两个图中皆可以看出，其极值对应的入射角随着 Poisson 比的增大而减小。

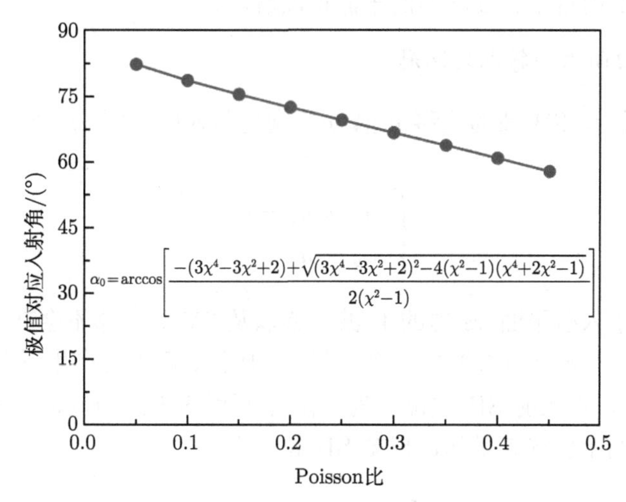

图 3.96 反射 P 波波幅反射系数极值对应的入射角与 Poisson 比之间的关系

(2) 当材料的 Poisson 比 $\nu > 0.26$ 时，反射 P 波的波幅值始终小于 0，即 $A_1/A_0 < 0$；而当 $\nu < 0.26$ 时，则同时存在正值和负值区间，且一般存在两个入射角，皆使得 $A_1/A_0 = 0$，说明此时虽然入射波为 P 波，但反射波却只有 SV 波，这种现象称为波型转换或偏振转换，对应的这两个角度为波型转换角，它是与介质的 Poisson 比密切相关的。当 $\nu = 0.25$ 时，其波型转换角分别为 60° 和 77.2°。

同理，也可以从式 (3.374) 中第二式给出反射 SV 波波幅反射系数如图 3.97 所示。

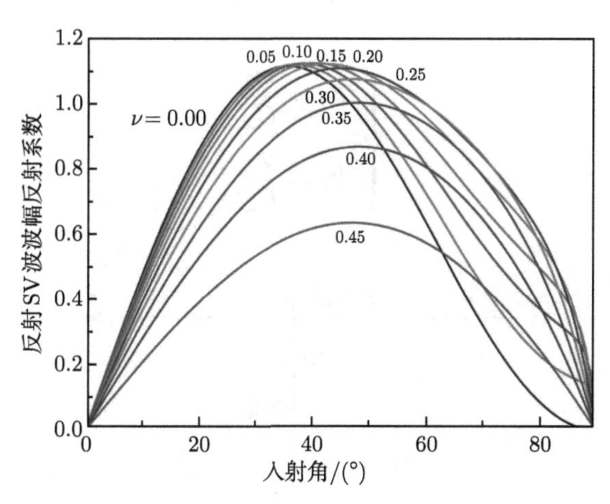

图 3.97 反射 SV 波波幅反射系数与入射角和 Poisson 比之间的关系

从图中可以看出，对于某种特定的介质而言，随着入射 P 波的入射角增大，其反射 SV 波波幅反射系数呈先增大后减小的趋势，而且，随着介质 Poisson 比的增大，其峰值呈先小量增加后加速减小的趋势。对比图 3.95 和图 3.97 可以看到，当 P 波入射角 $\alpha_0 = 0$ 时，即 P 波垂直入射时，只有反射 P 波存在，而不存在反射 SV 波；而当 P 波入射角 $\alpha_0 \to \pi/2$ 时，反射 SV 波不存在，而且，反射 P 波与入射 P 波幅值相等方向相反，即其合成了零运动情况，此时自由面附近不存在均匀的平面谐波解。

2. SH 波在自由面上的斜入射问题

根据图 3.89 所示，SH 波的位移 u 沿 y 方向而与入射平面 xz 平行，即其在三个方向上的分量为

$$\begin{cases} u_x = u_z = 0 \\ u_y = u \end{cases} \tag{3.377}$$

也就是说，其与处于入射平面 xz 内的 P 波位移以及 SV 波位移不会产生耦合作用，因此，当 SH 波入射至自由面时将只会产生一个反射的 SH 波，而不会产生反射的 P 波和 SV 波。

如图 3.98 所示，设入射 SH 波位移为 u_0，其反射 SH 波的位移为 u_1，则介质中任意一点的位移将是此两个位移矢量和，根据 SH 特征有

$$\begin{cases} u_x = u_z = 0 \\ u_y = u_{0y} + u_{1y} \end{cases} \tag{3.378}$$

假设入射 SH 波和反射 SH 波的谐波方程分别可写为

$$\begin{cases} u_0 = u_{0y} = B_0 \exp\left[\mathrm{i}\left(k_0 x \sin\beta_0 - k_0 z \cos\beta_0 - \omega_0 t\right)\right] \\ u_1 = u_{1y} = B_1 \exp\left[\mathrm{i}\left(k_1 x \sin\beta_1 + k_1 z \cos\beta_1 - \omega_1 t\right)\right] \end{cases} \tag{3.379}$$

式中，B_0 和 B_1 分别表示两个谐波幅值；其他参数的物理意义参考以上对应方程。其中两波的波数满足

$$\begin{cases} k_0 = \dfrac{\omega_0}{C_\omega} \\ k_1 = \dfrac{\omega_1}{C_\omega} \end{cases} \tag{3.380}$$

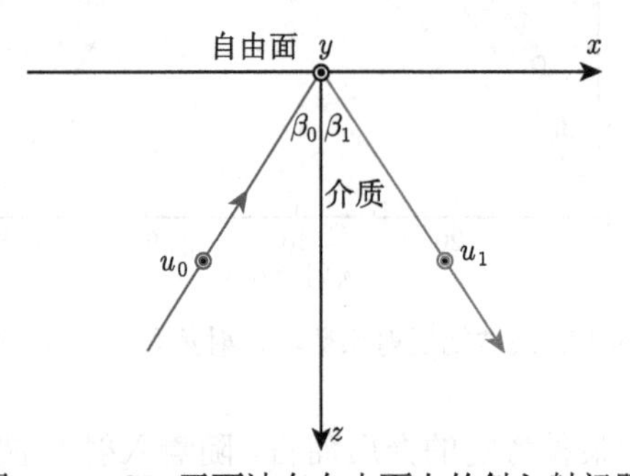

图 3.98 SH 平面波在自由面上的斜入射问题

因此，可以得到质点位移量为

$$
\begin{cases}
u_x = u_z = 0 \\
u_y = u_{0y} + u_{1y} = B_0 \exp\left[\mathrm{i}\left(k_0 x \sin\beta_0 - k_0 z \cos\beta_0 - \omega_0 t\right)\right] \\
\qquad + B_1 \exp\left[\mathrm{i}\left(k_1 x \sin\beta_1 + k_1 z \cos\beta_1 - \omega_1 t\right)\right]
\end{cases}
\tag{3.381}
$$

将式 (3.381) 代入边界条件 (3.342)，其中第一式和第三式恒满足条件，由第二式可以得到

$$
k_1 \cos\beta_1 B_1 \exp\left[\mathrm{i}\left(k_1 x \sin\beta_1 - \omega_1 t\right)\right] - k_0 \cos\beta_0 B_0 \exp\left[\mathrm{i}\left(k_0 x \sin\beta_0 - \omega_0 t\right)\right] = 0 \tag{3.382}
$$

容易知道，式 (3.382) 满足的必要条件是

$$
\begin{cases}
k_1 \sin\beta_1 = k_0 \sin\beta_0 \\
\omega_1 = \omega_0
\end{cases}
\tag{3.383}
$$

结合式 (3.380)，式 (3.383) 可等效为

$$
\begin{cases}
k_1 = k_0 \\
\omega_1 = \omega_0 \\
\beta_1 = \beta_0
\end{cases}
\tag{3.384}
$$

再将式 (3.384) 代入式 (3.382)，即可以得到

$$
B_1 = B_0 \tag{3.385}
$$

上面一系列推导结论的物理意义是：当 SH 平面谐波入射到自由面时，反射波必为且仅有 SH 波，且两波的频率相等、波数相同，反射波的反射角一定与入射波的入射角相等，两波的位移幅值也相等。

3. SV 波在自由面上的斜入射问题

当入射波为 SV 平面波时，根据 P 波、SH 波和 SV 的位移特性，同前面的分析可知，反射波应该只有 P 波和 SV 波。假设入射 SV 波的入射角为 γ_0，反射 P 波的反射角为 γ_1，反射 SV 波的反射角为 γ_2，其质点位移分别为 u_0、u_1 和 u_2，如图 3.99 所示。

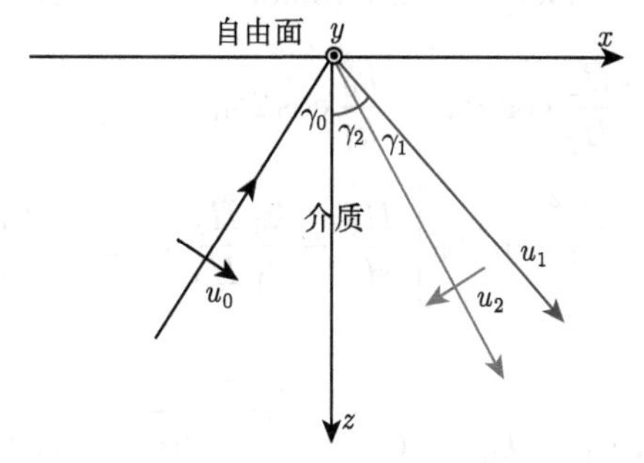

图 3.99 SV 平面波在自由面上的斜入射问题

同理，可将入射 SV 波、反射 P 波和反射 SV 的谐波方程写为

$$\begin{cases} u_0 = H_0 \exp\left[\mathrm{i}\left(k_0 x \sin\gamma_0 - k_0 z \cos\gamma_0 - \omega_0 t\right)\right] \\ u_1 = H_1 \exp\left[\mathrm{i}\left(k_1 x \sin\gamma_1 + k_1 z \cos\gamma_1 - \omega_1 t\right)\right] \\ u_2 = H_2 \exp\left[\mathrm{i}\left(k_2 x \sin\gamma_2 + k_2 z \cos\gamma_2 - \omega_2 t\right)\right] \end{cases} \tag{3.386}$$

式中，H_0、H_1 和 H_2 分别表示入射 SV 波、反射 P 波和反射 SV 波三个谐波的波幅；其他参数意义参考前面对应方程，其中三个波的波数分别满足

$$k_0 = \frac{\omega_0}{C_\omega}, \quad k_1 = \frac{\omega_1}{C}, \quad k_2 = \frac{\omega_2}{C_\omega} \tag{3.387}$$

式 (3.386) 所示位移在 x 轴和 z 轴正方向的微元分量分别为

$$\begin{cases} u_x = u_{0x} + u_{1x} + u_{2x} = u_0 \cos\gamma_0 + u_1 \sin\gamma_1 - u_2 \cos\gamma_2 \\ u_z = u_{0z} + u_{1z} + u_{2z} = u_0 \sin\gamma_0 + u_1 \cos\gamma_1 + u_2 \sin\gamma_2 \end{cases} \tag{3.388}$$

将式 (3.388) 代入边界条件 (3.342)，容易知道其中第二式恒成立：

$$\begin{cases} \left.\left(-k_0 u_0 \cos 2\gamma_0 + k_1 u_1 \sin 2\gamma_1 - k_2 u_2 \cos 2\gamma_2\right)\right|_{z=0} = 0 \\ \left.\left[\lambda k_1 u_1 + \mu\left(-k_0 u_0 \sin 2\gamma_0 + 2k_1 u_1 \cos^2\gamma_1 + k_2 u_2 \sin 2\gamma_2\right)\right]\right|_{z=0} = 0 \end{cases} \tag{3.389}$$

结合式 (3.386) 和式 (3.389)，容易知道，以上方程组成立的必要条件是

$$\begin{cases} \omega_0 = \omega_1 = \omega_2 \\ k_0 \sin\gamma_0 = k_1 \sin\gamma_1 = k_2 \sin\gamma_2 \end{cases} \tag{3.390}$$

结合式 (3.387)，即有

$$\frac{\sin\gamma_0}{C_\omega} = \frac{\sin\gamma_1}{C} = \frac{\sin\gamma_2}{C_\omega} = C^* \tag{3.391}$$

也就是说此时反射规律也满足 Snell 定律。从式 (3.390) 和式 (3.391) 可以看出，此时 $\gamma_0 = \gamma_2$ 和 $k_0 = k_2$，即反射 SV 波的反射角与入射 SV 波的入射角相等，两个谐波的波数也相等；而且反射 P 波的反射角大于反射 SV 波的反射角。

结合上述结论，并将式 (3.386) 代入式 (3.389)，可以得到

$$\begin{cases} \dfrac{H_1}{H_0} \sin 2\gamma_1 - \dfrac{k_0}{k_1}\dfrac{H_2}{H_0} \cos 2\gamma_0 = \dfrac{k_0}{k_1} \cos 2\gamma_0 \\ \left[\dfrac{\lambda + 2\mu}{\mu} - 2\left(\dfrac{k_0}{k_1}\right)^2 \sin^2\gamma_0\right] \dfrac{H_1}{H_0} + \dfrac{k_0}{k_1}\dfrac{H_2}{H_0} \sin 2\gamma_0 = \dfrac{k_0}{k_1} \sin 2\gamma_0 \end{cases} \tag{3.392}$$

令

$$\chi = \frac{\sin\gamma_1}{\sin\gamma_0} = \frac{k_0}{k_1} = \frac{C}{C_w} = \sqrt{\frac{\lambda + 2\mu}{\mu}} = \sqrt{\frac{2(1-\nu)}{1-2\nu}} \tag{3.393}$$

可以发现，式 (3.393) 所定义的常数与前面对应的量一致。此时式 (3.392) 可写为

$$\begin{cases} \sin 2\gamma_1 \dfrac{H_1}{H_0} - \chi \cos 2\gamma_0 \dfrac{H_2}{H_0} = \chi \cos 2\gamma_0 \\ \cos 2\gamma_0 \chi \dfrac{H_1}{H_0} + \sin 2\gamma_0 \dfrac{H_2}{H_0} = \sin 2\gamma_0 \end{cases} \tag{3.394}$$

由式 (3.394) 可以解得

$$\begin{cases} \dfrac{H_1}{H_0} = \dfrac{2\chi \sin 2\gamma_0 \cos 2\gamma_0}{\sin 2\gamma_1 \sin 2\gamma_0 + \chi^2 \cos^2 2\gamma_0} \\ \dfrac{H_2}{H_0} = \dfrac{\sin 2\gamma_0 \sin 2\gamma_1 - \chi^2 \cos^2 2\gamma_0}{\sin 2\gamma_0 \sin 2\gamma_1 + \chi^2 \cos^2 2\gamma_0} \end{cases} \tag{3.395}$$

可以看出，式 (3.395) 与式 (3.373) 形式上相似。将式 (3.395) 转换为由 Poisson 比和入射角表示的方程，可以得到

$$\begin{cases} \dfrac{H_1}{H_0} = \dfrac{\chi \sin 4\gamma_0}{2 \sin \gamma_0 \chi \sqrt{1 - \chi^2 \sin^2 \gamma_0} \sin 2\gamma_0 + \chi^2 \cos^2 2\gamma_0} \\ \dfrac{H_2}{H_0} = 1 - \dfrac{2\chi^2 \cos^2 2\gamma_0}{2 \sin 2\gamma_0 \sin \gamma_0 \chi \sqrt{1 - \chi^2 \sin^2 \gamma_0} + \chi^2 \cos^2 2\gamma_0} \end{cases} \tag{3.396}$$

从式 (3.396) 可以看出，反射 P 波和 SV 波波幅反射系数是入射角和介质 Poisson 比的函数。根据式 (3.393)，可以得到

$$\sin \gamma_0 = \frac{\sin \gamma_1}{\sqrt{\dfrac{2(1-\nu)}{1-2\nu}}} \leqslant \sqrt{\frac{1-2\nu}{2(1-\nu)}} = \sqrt{1 - \frac{1}{2(1-\nu)}} \tag{3.397}$$

也就是说，SV 平面波的入射角必须满足式 (3.397) 才能反射 P 波，否则将不会反射 P 波，即存在入射角上限，其上限随着介质 Poisson 比的增加而减小，其入射角上限如表 3.1 所示。当 SV 平面波入射角大于这个极限值时，反射问题不再符合 Snell 定律，式 (3.396) 就会存在虚数解，也就是说此时不会存在正常的均匀反射 P 波，就会导致所谓复反射或全反射现象，此时自由面附近会产生非均匀的表面波，可参考 1.4 节中的 Rayleigh 波相关内容。

表 3.1 不同 Poisson 比材料 SV 平面波入射角上限

Poisson 比	入射角上限	Poisson 比	入射角上限
0.00	45°	0.30	32.3°
0.05	43.5°	0.35	28.7°
0.10	41.8°	0.40	24.1°
0.15	39.9°	0.45	17.5°
0.20	37.8°	0.50	0.0°
0.25	35.3°		

针对式 (3.396) 中第一式，给出其曲线图，如图 3.100 所示。从图中可以看出，对于不同 Poisson 比介质而言，其有效反射 P 波波幅值对应的入射 SV 平面波的入射角皆在表 3.1 所示角度范围内，反射 P 波的位移幅值恒不小于 0；随着介质 Poisson 比的增大，曲线由“下弯”形态逐渐转变为“上弯”形态，曲线初始斜率逐渐减小；当 SV 平面波的入射角为 0 时，即正入射时，不存在反射 P 波。

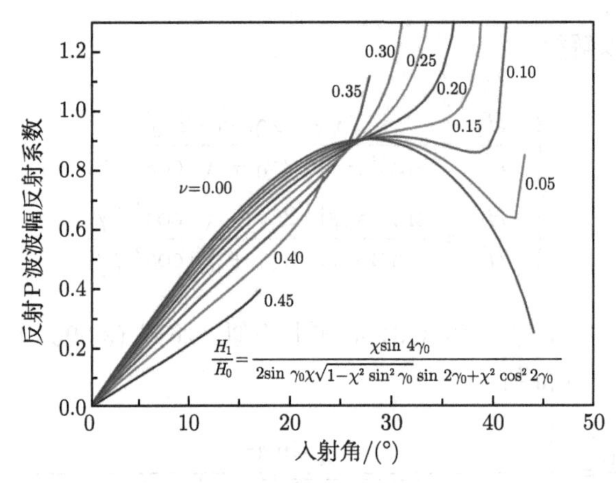

图 3.100　反射 P 波波幅反射系数与入射 SV 波入射角和 Poisson 比之间的关系

同理，可以绘制出反射 SV 波波幅反射系数与入射 SV 平面波入射角、介质 Poisson 比之间的关系，如图 3.101 所示。从图中可以看出，不同 Poisson 比时，介质内反射 SV 平面波位移幅度随着入射 SV 平面波入射角的变化而变化的趋势相近，只是随着介质 Poisson 比的增大，反射 SV 波波幅衰减变慢；当 $\nu > 0.26$ 时，反射 SV 波幅值恒小于 0，参考图 3.100 可知，其意味着反射 SV 波位移方向与入射 SV 波位移方向恒一致；当 $\nu > 0.26$ 时，反射 SV 波幅值随着 Poisson 比的增大逐渐减小，而且达到反射系数峰值后，随着入射角的增加，反射 SV 波幅值会逐渐减小，直至在某个角度，SV 波波幅为 0，也就是说，此时只有反射 P 波，而不存在反射 SV 波，称为波型转换角。

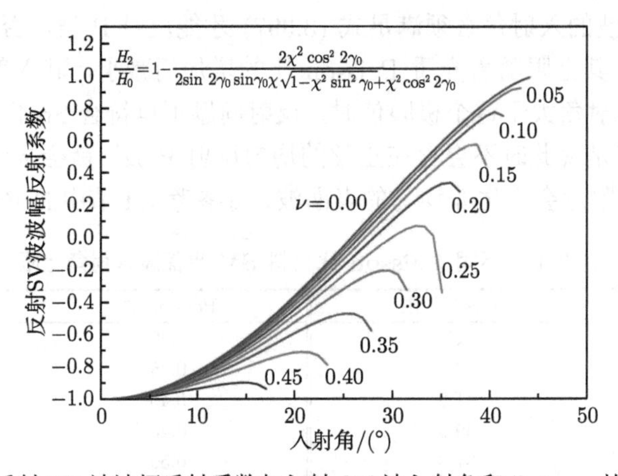

图 3.101　反射 SV 波波幅反射系数与入射 SV 波入射角和 Poisson 比之间的关系

结合式 (3.395) 和图 3.100 以及图 3.101，可以看出当 SV 平面波入射角为 0° 或 45° 时，反射 P 波的波幅值皆为 0，也就是说此时反射波只存在 SV 波。

3.4.2 平面波在两种介质交界面上的斜入射问题

对于不存在相对滑动的两种介质交界面而言，当一个平面 P 波或平面 SV 波斜入射到界面上时，一般会产生两个反射波和两个透射波共四个波。同 3.4.1 小节，考虑在 xz 平面内波的传播问题，交界面取 xy 平面，如图 3.102 所示，此时在交界面上应该存在以下边界条件。

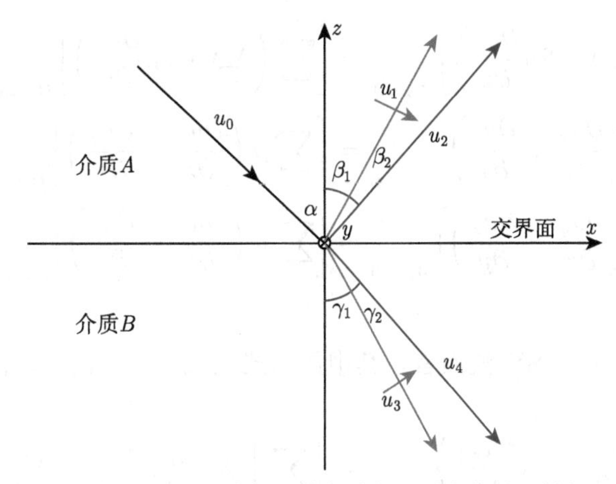

图 3.102 平面 P 波在两种介质交界面上的斜入射问题

1. 位移连续边界条件

位移连续包括交界面法线方向上位移连续和切线两个方向上的位移连续：

$$\begin{cases} \left(\sum u_x\right)_{A,z=0} = \left(\sum u_x\right)_{B,z=0} \\ \left(\sum u_y\right)_{A,z=0} = \left(\sum u_y\right)_{B,z=0} \\ \left(\sum u_z\right)_{A,z=0} = \left(\sum u_z\right)_{B,z=0} \end{cases} \tag{3.398}$$

式中，下标 A 和 B 分别代表介质 A 和介质 B 中的量，本节中下面类同。对于入射波为 P 波或 SV 波而言，其中第二式恒成立，因此，位移连续条件可简化为

$$\begin{cases} \left(\sum u_x\right)_{A,z=0} = \left(\sum u_x\right)_{B,z=0} \\ \left(\sum u_z\right)_{A,z=0} = \left(\sum u_z\right)_{B,z=0} \end{cases} \tag{3.399}$$

2. 应力平衡边界条件

应力平衡包括交界面法线方向上正应力平衡和切线两个方向上切应力平衡：

$$\begin{cases} \left(\sum \sigma_{zz}\right)_{A,z=0} = \left(\sum \sigma_{zz}\right)_{B,z=0} \\ \left(\sum \sigma_{zx}\right)_{A,z=0} = \left(\sum \sigma_{zx}\right)_{B,z=0} \\ \left(\sum \sigma_{zy}\right)_{A,z=0} = \left(\sum \sigma_{zy}\right)_{B,z=0} \end{cases} \tag{3.400}$$

结合广义 Hooke 定律和相容方程，式 (3.400) 可进一步写为

$$\begin{cases} \left[\sum \left(\lambda\Delta + 2\mu \dfrac{\partial u_z}{\partial z}\right)\right]_{A,z=0} = \left[\sum \left(\lambda\Delta + 2\mu \dfrac{\partial u_z}{\partial z}\right)\right]_{B,z=0} \\ \left[\sum \mu \left(\dfrac{\partial u_x}{\partial z} + \dfrac{\partial u_z}{\partial x}\right)\right]_{A,z=0} = \left[\sum \mu \left(\dfrac{\partial u_x}{\partial z} + \dfrac{\partial u_z}{\partial x}\right)\right]_{B,z=0} \\ \left[\sum \mu \left(\dfrac{\partial u_y}{\partial z} + \dfrac{\partial u_z}{\partial y}\right)\right]_{A,z=0} = \left[\sum \mu \left(\dfrac{\partial u_y}{\partial z} + \dfrac{\partial u_z}{\partial y}\right)\right]_{B,z=0} \end{cases} \tag{3.401}$$

对于入射波为 P 波或 SV 波而言，其中第三式恒成立，因此，位移连续条件可简化为

$$\begin{cases} \left\{\sum \left[(\lambda + 2\mu) \dfrac{\partial u_z}{\partial z} + \lambda \dfrac{\partial u_x}{\partial x}\right]\right\}_{A,z=0} = \left\{\sum \left[(\lambda + 2\mu) \dfrac{\partial u_z}{\partial z} + \lambda \dfrac{\partial u_x}{\partial x}\right]\right\}_{B,z=0} \\ \left[\sum \mu \left(\dfrac{\partial u_x}{\partial z} + \dfrac{\partial u_z}{\partial x}\right)\right]_{A,z=0} = \left[\sum \mu \left(\dfrac{\partial u_x}{\partial z} + \dfrac{\partial u_z}{\partial x}\right)\right]_{B,z=0} \end{cases} \tag{3.402}$$

假设介质 A 中有一个平行于 xz 平面的 P 波斜入射到介质 A 和介质 B 的交界面上，入射角为 α，此时会同时反射一个 SV 波和一个 P 波，设其反射角分别为β_1 和 β_2，同时会透射到介质 B 中一个 SV 波和一个 P 波，设其透射角分别为 γ_1 和 γ_2，如图 3.102 所示。

可以将入射波、反射波和透射波的位移谐波方程写为

$$\begin{cases} u_0 = H_0 \exp\left[\mathrm{i}\left(k_0 x \sin\alpha - k_0 z \cos\alpha - \omega_0 t\right)\right] \\ u_1 = H_1 \exp\left[\mathrm{i}\left(k_1 x \sin\beta_1 + k_1 z \cos\beta_1 - \omega_1 t\right)\right] \\ u_2 = H_2 \exp\left[\mathrm{i}\left(k_2 x \sin\beta_2 + k_2 z \cos\beta_2 - \omega_2 t\right)\right] \\ u_3 = H_3 \exp\left[\mathrm{i}\left(k_3 x \sin\gamma_1 - k_3 z \cos\gamma_1 - \omega_3 t\right)\right] \\ u_4 = H_4 \exp\left[\mathrm{i}\left(k_4 x \sin\gamma_2 - k_4 z \cos\gamma_2 - \omega_4 t\right)\right] \end{cases} \tag{3.403}$$

式中，$H_0 \sim H_4$ 分别表示如图 3.102 所示各谐波的微元幅值；$k_0 \sim k_4$ 表示对应谐波的波数；$\omega_0 \sim \omega_4$ 表示对应谐波的圆频率。

根据图 3.102，可以给出两种介质中的位移在不同坐标轴上的分量：

$$\left\{\begin{array}{l}\left(\sum u_x\right)_A = u_0\sin\alpha + u_1\cos\beta_1 + u_2\sin\beta_2\\ \left(\sum u_x\right)_B = u_3\cos\gamma_1 + u_4\sin\gamma_2\\ \left(\sum u_z\right)_A = -u_0\cos\alpha - u_1\sin\beta_1 + u_2\cos\beta_2\\ \left(\sum u_z\right)_B = u_3\sin\gamma_1 - u_4\cos\gamma_2\end{array}\right. \tag{3.404}$$

将式 (3.403) 和式 (3.404) 代入式 (3.399) 可以得到

$$\left\{\begin{array}{l}\left\{\begin{array}{l}H_0\exp\left[\mathrm{i}\left(k_0x\sin\alpha-\omega_0t\right)\right]\sin\alpha + H_1\exp\left[\mathrm{i}\left(k_1x\sin\beta_1-\omega_1t\right)\right]\cos\beta_1\\ +H_2\exp\left[\mathrm{i}\left(k_2x\sin\beta_2-\omega_2t\right)\right]\sin\beta_2 = H_3\exp\left[\mathrm{i}\left(k_3x\sin\gamma_1-\omega_3t\right)\right]\cos\gamma_1\\ +H_4\exp\left[\mathrm{i}\left(k_4x\sin\gamma_2-\omega_4t\right)\right]\sin\gamma_2\end{array}\right\}_{z=0}\\ \left\{\begin{array}{l}-H_0\exp\left[\mathrm{i}\left(k_0x\sin\alpha-\omega_0t\right)\right]\cos\alpha - H_1\exp\left[\mathrm{i}\left(k_1x\sin\beta_1-\omega_1t\right)\right]\sin\beta_1\\ +H_2\exp\left[\mathrm{i}\left(k_2x\sin\beta_2-\omega_2t\right)\right]\cos\beta_2 = H_3\exp\left[\mathrm{i}\left(k_3x\sin\gamma_1-\omega_3t\right)\right]\sin\gamma_1\\ -H_4\exp\left[\mathrm{i}\left(k_4x\sin\gamma_2-\omega_4t\right)\right]\cos\gamma_2\end{array}\right\}_{z=0}\end{array}\right. \tag{3.405}$$

式 (3.405) 成立的一个必要条件即为

$$\left\{\begin{array}{l}k_0\sin\alpha = k_1\sin\beta_1 = k_2\sin\beta_2 = k_3\sin\gamma_1 = k_4\sin\gamma_2\\ \omega_0=\omega_1=\omega_2=\omega_3=\omega_4\end{array}\right. \tag{3.406}$$

由于

$$k_0=\frac{\omega_0}{(C)_A},\quad k_1=\frac{\omega_1}{(C_\omega)_A},\quad k_2=\frac{\omega_2}{(C)_A},\quad k_3=\frac{\omega_3}{(C_\omega)_B},\quad k_4=\frac{\omega_4}{(C)_B} \tag{3.407}$$

将其代入式 (3.406)，可有

$$\frac{\sin\alpha}{(C)_A}=\frac{\sin\beta_1}{(C_\omega)_A}=\frac{\sin\beta_2}{(C)_A}=\frac{\sin\gamma_1}{(C_\omega)_B}=\frac{\sin\gamma_2}{(C)_B} \tag{3.408}$$

式 (3.408) 说明对于两种介质交界面上平面波斜入射问题也满足 Snell 定律。同时，可知

$$\alpha=\beta_2 \tag{3.409}$$

且

$$\left\{\begin{array}{l}\dfrac{\sin\beta_2}{\sin\beta_1}=\dfrac{(C)_A}{(C_\omega)_A}=\left(\sqrt{\dfrac{\lambda+2\mu}{\mu}}\right)_A=\left(\sqrt{\dfrac{2-2\nu}{1-2\nu}}\right)_A\\ \dfrac{\sin\gamma_2}{\sin\gamma_1}=\dfrac{(C)_B}{(C_\omega)_B}=\left(\sqrt{\dfrac{\lambda+2\mu}{\mu}}\right)_B=\left(\sqrt{\dfrac{2-2\nu}{1-2\nu}}\right)_B\end{array}\right. \tag{3.410}$$

和

$$\frac{\sin\alpha}{\sin\gamma_2}=\frac{(C)_A}{(C)_B}=\frac{\left(\sqrt{\frac{\lambda+2\mu}{\rho}}\right)_A}{\left(\sqrt{\frac{\lambda+2\mu}{\rho}}\right)_B} \tag{3.411}$$

式 (3.409) 说明，入射 P 波和反射 P 波对应的入射角与反射角相等，这与自由面反射时的情况一致；式 (3.410) 在同一介质中两个反射波/透射波之间的角度比只与介质的 Poisson 比相关；式 (3.411) 说明，不同介质的透反射角比不仅与两个介质的弹性常数相关，还与介质的密度相关。

此时，式 (3.405) 可简化为

$$\begin{cases} H_0\sin\alpha+H_1\cos\beta_1+H_2\sin\alpha=H_3\cos\gamma_1+H_4\sin\gamma_2 \\ -H_0\cos\alpha-H_1\sin\beta_1+H_2\cos\alpha=H_3\sin\gamma_1-H_4\cos\gamma_2 \end{cases} \tag{3.412}$$

将式 (3.403)、式 (3.404) 和式 (3.406) 代入应力平衡边界条件 (3.402)，可有

$$\begin{cases} \left[\lambda k_0\left(H_0+H_2\right)+2\mu k_0\cos^2\alpha\left(H_0+H_2\right)-\mu k_1H_1\sin 2\beta_1\right]_A \\ =\left[\lambda k_4H_4+\mu\left(-k_3H_3\sin 2\gamma_1+2k_4\cos^2\gamma_2H_4\right)\right]_B \\ \left[\mu k_0\left(H_0-H_2\right)\sin 2\alpha-\mu k_1H_1\cos 2\beta_1\right]_A=\left[\mu\left(k_3H_3\cos 2\gamma_1+k_4H_4\sin 2\gamma_2\right)\right]_B \end{cases} \tag{3.413}$$

以入射 P 波位移幅值 H_0 为基准量，以上四个方程可以解出四个反射波/透射波的位移幅值反射系数/透射系数，具体推导过程参考 3.4.1 小节，在此不做详述。

当平面 P 波正入射到交界面上时，即 $\alpha=0°$，根据式 (3.408) 可知，此时所有反射角和透射角皆为 0，此时式 (3.412) 和式 (3.413) 可简化为

$$\begin{cases} H_1=H_3 \\ -H_0+H_2=-H_4 \\ \left[(\lambda+2\mu)\,k_0\left(H_0+H_2\right)\right]_A=\left[(\lambda+2\mu)\,k_4H_4\right]_B \\ \left[-\mu k_1H_1\right]_A=\left[\mu\left(k_3H_3\right)\right]_B \end{cases} \tag{3.414}$$

根据式 (3.414)，即可以得到

$$\begin{cases} \dfrac{H_1}{H_0}=\dfrac{H_3}{H_0}=0 \\ \dfrac{H_2}{H_0}=1-\dfrac{2\left(\rho C\right)_A}{\left(\rho C\right)_A+\left(\rho C\right)_B} \\ \dfrac{H_4}{H_0}=\dfrac{2\left(\rho C\right)_A}{\left(\rho C\right)_A+\left(\rho C\right)_B} \end{cases} \tag{3.415}$$

式 (3.415) 说明，平面 P 波正入射到两种介质的交界面上，不会反射或透射 SV 波，推广来讲，平面无旋波正入射到两种介质的交界面上，不会反射或透射等容波，而只会反射

或透射无旋波。类似一维杆中弹性波的透反射问题，假设波阻抗比为

$$\kappa = \frac{(\rho C)_B}{(\rho C)_A} \tag{3.416}$$

则式 (3.416) 后两项可以写为

$$\begin{cases} \dfrac{H_2}{H_0} = 1 - \dfrac{2}{1+\kappa} \\ \dfrac{H_4}{H_0} = \dfrac{2}{1+\kappa} \end{cases} \tag{3.417}$$

对比一维杆中弹性波在交界面上的质点速度透反射规律可知，式 (3.417) 与其规律一致。

同理，如图 3.103 所示，当入射波为平面 SV 波时，也可以根据交界面上的位移连续条件和应力平衡条件列出四个线性无关的表达式，并解出四个谐波位移幅值反射系数/透射系数值。读者试推导之。

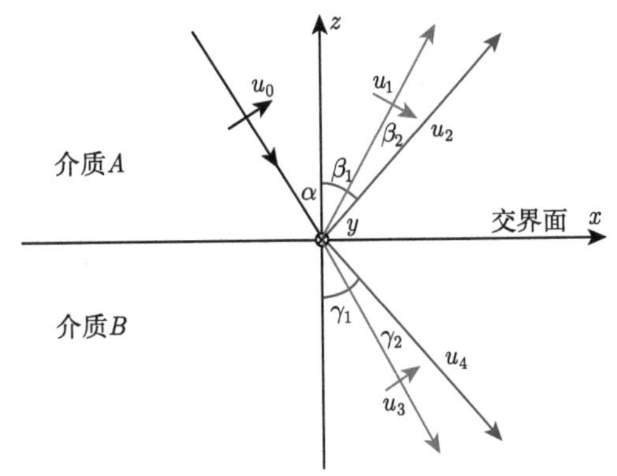

图 3.103 平面 SV 波在两种介质交界面上的斜入射问题

容易得到，其透反射也满足 Snell 定律，即

$$\frac{\sin\alpha}{(C_\omega)_A} = \frac{\sin\beta_1}{(C_\omega)_A} = \frac{\sin\beta_2}{(C)_A} = \frac{\sin\gamma_1}{(C_\omega)_B} = \frac{\sin\gamma_2}{(C)_B} \tag{3.418}$$

第二部分
固体中弹塑性波基础理论与应用

弹性波特别是线弹性波在过去百余年间得到大量的关注与研究，如同第一部分分析，对于固体介质中的线弹性波传播问题而言，特别是一维线弹性波传播问题，质点的运动一般满足波动方程，而波动方程常用的解析方法当前主要有两种——傅里叶变换法与特征线法，从物理角度看即对应谐波法和增量波法。然而，当应力扰动过于强烈而导致传播过程中材料进入塑性状态，势必会产生弹性波与塑性波同时传播的问题，即固体中的弹塑性波问题。

与弹性波传播不同，塑性波在固体中的传播一般皆伴随弹性前驱波，即使材料屈服强度低而塑性波强度高，从而可以忽略弹性加载波的影响，但卸载阶段一般还是弹性卸载，皆可能存在弹性卸载波，也就是说，塑性波的传播过程中一般皆存在所谓的“双波结构”；需要说明的是，此“双波结构”并不是特指介质中有两个波，而是指同时存在弹性波与塑性波两类波。另外，与常规材料弹性阶段近似为线性不同，一般材料的塑性阶段皆为非线性，因而，塑性波波速与质点的应力状态、加载路径密切相关。正因为弹塑性波传播的强非线性，所以对于绝大多数此类问题而言，很难得到准确的解析解；此时，谐波法一般不再适用，通常利用特征线方法对此类问题进行分析。

弹塑性波的相互作用也比纯弹性波的相互作用 (相互作用后也不涉及塑性问题) 复杂得多，而且由于塑性问题的路径敏感性，在弹塑性波传播过程中同一种材料内也会产生“应变间断面”而出现内反射现象。对于有限尺寸介质而言，由于交界面上弹性前驱波的反射与后方塑性波相互作用，还可能会产生一种“弹塑性交界面”的运动，这种运动从物理图像上既不是弹性波也不是塑性波，只是一种弹塑性交界面的运动，而且在很多工程或试验中，此种界面运动经常可以观察到。

总而言之，固体中的弹塑性波是应力波理论的难点也是重点。本部分包含两章，主要对固体中一维弹塑性理论与应用进行讨论分析，重点介绍特征线理论与应用、弹塑性的内反射机制、弹塑性交界面的运动等内容；而一维弹塑性的传播、演化与相互作用等基础知识读者可以参考《固体中的应力波导论》一书，本书中此部分只作简要介绍。

第 4 章　一维杆中弹塑性波的传播与演化

弹性纵波是一种非常理想且简单的线性波，多个线弹性波相互作用满足线性叠加原则；而且对于传统的线弹性材料而言，材料的加载和卸载皆遵循同一个线性应力应变关系，在热力学上是一个可逆过程，因此加载波和卸载波并无本质上的区别，而且其波速也相同。因此，在一维杆中弹性波内容的讨论过程中我们并没有限制两波到底是加载波还是卸载波。然而，在高速撞击或冲击作用下，根据一维弹性波理论可知

$$[\sigma] = \rho C\,[v] \tag{4.1}$$

当撞击或冲击速度足够大时，材料中的应力势必超过其弹性屈服极限而出现塑性变形。

塑性变形阶段中，材料的应力应变关系一般为非线性的；且应力应变也不存在一一对应关系，它与加载历史密切相关；因此，材料的塑性变形远比弹性变形复杂得多。判断材料是否进入塑性阶段，是解决弹塑性问题的必要前提。对于一维应力问题而言，这个问题相对简单，当压缩或拉伸强度大于屈服强度即进入塑性阶段；而对于复杂应力状态下的弹塑性问题，判断材料进入是否进入塑性状态是一个较复杂的力学问题。从 1.3.1 小节的知识可知，固体介质中任一点的应力状态可以用应力张量表示：

$$\boldsymbol{\sigma} = \begin{bmatrix} \sigma_{11} & \sigma_{12} & \sigma_{13} \\ \sigma_{21} & \sigma_{22} & \sigma_{23} \\ \sigma_{31} & \sigma_{32} & \sigma_{33} \end{bmatrix} \tag{4.2}$$

式中，加粗符号表示张量；下标 1、2、3 分别对应 1.3.1 小节中的 X、Y、Z。其中有

$$\begin{cases} \sigma_{12} = \sigma_{21} \\ \sigma_{13} = \sigma_{31} \\ \sigma_{23} = \sigma_{32} \end{cases} \tag{4.3}$$

即任一点的应力状态是有六个应力分量所确定；取任意一个分量作为评判量都不科学且不准确，应该考虑所有分量对材料状态的影响，这种评判材料是否处于塑性状态的标准常称为材料的屈服准则。参考式 (4.2)，将应力分量可以写为 σ_{ij}，其中整数 i 和 j 取值为 1~3，则屈服准则可以写为以下形式：

$$f(\sigma_{ij}) = 0 \tag{4.4}$$

对于各向同性材料而言，必可找到三个主应力，此时，应力张量可以简化为

$$\boldsymbol{\sigma} = \begin{bmatrix} \sigma_1 & 0 & 0 \\ 0 & \sigma_2 & 0 \\ 0 & 0 & \sigma_3 \end{bmatrix} \tag{4.5}$$

式中，σ_1、σ_2 和 σ_3 分别表示主应力空间内 X、Y 和 Z 三个方向的主应力。此时，式 (4.4) 函数中自变量可以进一步简化，即函数只依赖于主应力 σ_i，即

$$f(\sigma_i) = 0 \tag{4.6}$$

以三个主应力方向为坐标轴形成的几何空间称为应力空间，在应力空间中任意一点代表一个应力状态，在应力空间中所有代表屈服状态的应力点连接起来就形成一个曲面即为区分弹性区和塑性区的分界面，这个分界面称为屈服面，而这个屈服面的数学描述即为屈服函数 (或屈服方程) 或屈服准则 (或屈服条件)。

过去数百年内，许多力学家对材料的屈服机理进行讨论分析。起初科学家认为材料进入塑性状态时由最大主应力 (Galileo) 或最大主应变 (Saint-Venant) 引起的；这些结论明显与试验结果不同，例如，在静水压所用下，主应力和主应变远远超过其屈服应力时，材料并未进入塑性状态；其后，Beltrami 认为当物体的弹性能达到某一极限值时材料便进入塑性状态，这个结果也没有考虑形状改变弹性能和体积变形能的区别，也不甚科学。1864 年法国工程师 Tresca 开展了大量的金属挤压试验，从中发现金属的塑性变形是由于剪切应力引起金属中晶体滑移而形成的；因此，他认为：当物体所受到的最大剪切应力达到某一极限值时，材料便进入塑性状态；该屈服准则即为著名的 Tresca 屈服准则。

材料 Tresca 屈服准则的数学描述即为

$$\begin{cases} |\sigma_1 - \sigma_3| = 2k \\ |\sigma_1 - \sigma_2| = 2k \\ |\sigma_2 - \sigma_3| = 2k \end{cases} \tag{4.7}$$

或

$$\max\left\{\frac{|\sigma_1 - \sigma_3|}{2}, \frac{|\sigma_1 - \sigma_2|}{2}, \frac{|\sigma_2 - \sigma_3|}{2}\right\} = k \tag{4.8}$$

式中

$$k = \frac{\sigma_s}{2} \tag{4.9}$$

当材料的应力状态满足以上 3 个方程时，材料即进入塑性状态；这些应力点组成的面即为材料的屈服面。Tresca 屈服准则有时也常称为最大剪应力准则，其数学表达式简单，在整个应力状态区间由六个线性表达式构成；而且，其结论与试验结果比较一致，因此得到广泛认可。

材料的变形一般可以分为形状变形和体积变形，而后者主要由于受到静水压而引起的，体现在应力空间中，我们也可以将主应力空间中的一点应力张量分解为应力偏量张量和球张量之和：

$$\boldsymbol{\sigma} = \boldsymbol{s} + \overline{\boldsymbol{\sigma}} \tag{4.10}$$

式中，应力偏量张量为

$$
\boldsymbol{s}=\begin{bmatrix} s_{11} & s_{12} & s_{13} \\ s_{21} & s_{22} & s_{23} \\ s_{31} & s_{32} & s_{33} \end{bmatrix}=\begin{bmatrix} \sigma_{11}-\overline{\sigma} & \sigma_{12} & \sigma_{13} \\ \sigma_{21} & \sigma_{22}-\overline{\sigma} & \sigma_{23} \\ \sigma_{31} & \sigma_{32} & \sigma_{33}-\overline{\sigma} \end{bmatrix} \tag{4.11}
$$

球张量为

$$
\overline{\boldsymbol{\sigma}}=\begin{bmatrix} \overline{\sigma} & 0 & 0 \\ 0 & \overline{\sigma} & 0 \\ 0 & 0 & \overline{\sigma} \end{bmatrix}=\begin{bmatrix} -p & 0 & 0 \\ 0 & -p & 0 \\ 0 & 0 & -p \end{bmatrix} \tag{4.12}
$$

其中，p 表示静水压力，且

$$
\overline{\sigma}=-p=\frac{\sigma_{11}+\sigma_{22}+\sigma_{33}}{3}=\frac{\sigma_1+\sigma_2+\sigma_3}{3} \tag{4.13}
$$

式 (4.13) 中，由于静水压力以压为正，而连续介质力学中应力一般以拉为正，因此压力 p 的符号为负号。

由式 (4.11) 和式 (4.13)，可以得到

$$
s_{11}+s_{22}+s_{33}=0 \tag{4.14}
$$

式 (4.10) 也可写为简化的分量形式：

$$
\sigma_{ij}=s_{ij}+\delta_{ij}\overline{\sigma},\quad i,j=1,2,3 \tag{4.15}
$$

式中，δ_{ij} 称为 Kronecker 符号，其定义为

$$
\delta_{ij}=\begin{cases} 1, & i=j \\ 0, & i\neq j \end{cases} \tag{4.16}
$$

在应力空间中，函数

$$
p=-\frac{\sigma_1+\sigma_2+\sigma_3}{3}=0 \tag{4.17}
$$

对应的是一个通过原点、与三个主应力轴成等倾角的平面，该平面常称为 π 平面。应力空间中 Tresca 屈服准则对应的屈服面在 π 平面上投影如图 4.1(a) 所示，它是由六条首尾相连的直线组成。其形式简单但在六个节点上并不连续；1913 年德国力学家 Mises 认为：图中这六个节点的数据是 Tresca 通过试验得到的，但节点之间的直线却是 Tresca 通过假设给出的，这种处理虽然简单，但会产生间断点，因此，可以将这六个点通过一个圆进行连接，如图 4.1(b) 所示。

根据图 4.1，可以给出 Mises 屈服面的数学描述：

$$
\left[\sigma_1-\frac{1}{2}(\sigma_2+\sigma_3)\right]^2+\left[\frac{\sqrt{3}}{2}(\sigma_2-\sigma_3)\right]^2=R^2 \tag{4.18}
$$

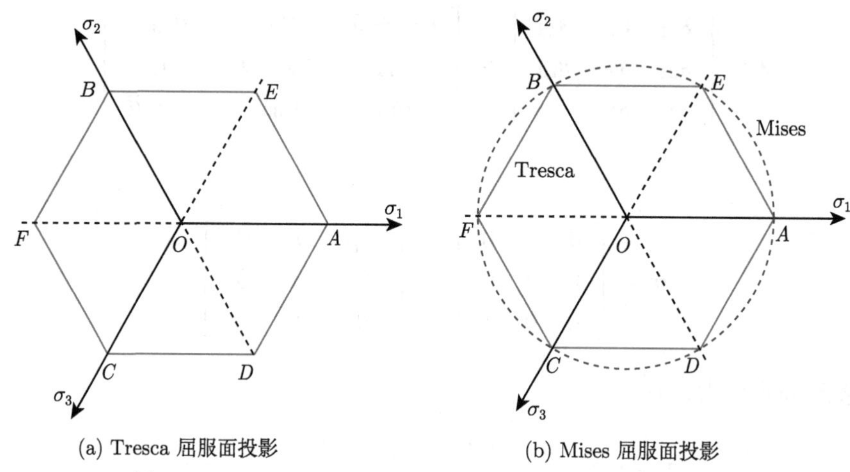

(a) Tresca 屈服面投影　(b) Mises 屈服面投影

图 4.1　Tresca 屈服面与 Mises 屈服面在 π 平面上的投影

简化后有

$$(\sigma_1-\sigma_2)^2+(\sigma_2-\sigma_3)^2+(\sigma_3-\sigma_1)^2=2R^2 \tag{4.19}$$

式中

$$R=\sigma_s \tag{4.20}$$

之后很多试验结果表明，对于韧性金属而言，Mises 屈服准则更加准确。

苏联力学家提出了一个应力强度或等效应力 σ_{eq} 的概念，认为应力强度是表征物体受力程度的一个参量，并定义这个强度：当应力强度 σ_{eq} 等于材料单轴拉伸的屈服极限时，材料进入塑性状态，即屈服条件为：

$$\sigma_{eq}=\sigma_s \tag{4.21}$$

结合 Mises 屈服准则，可以给出其等效应力表达式为

$$\sigma_{eq}=\frac{1}{\sqrt{2}}\sqrt{(\sigma_1-\sigma_2)^2+(\sigma_2-\sigma_3)^2+(\sigma_3-\sigma_1)^2} \tag{4.22}$$

如果用应力偏量表示，即有

$$\sigma_{eq}=\sqrt{\frac{3}{2}}\sqrt{s_1^2+s_2^2+s_3^2} \tag{4.23}$$

以式 (4.22) 和式 (4.23) 所定义的等效应力常称为 Mises 等效应力。

对于韧性金属，Mises 屈服准则相对准确和科学，其能量本质是：当弹性形变比能达到一定值时，材料进入塑性状态。在材料产生弹性变形时，其弹性总比能 W 为

$$W=\frac{1}{2}\left(\sigma_1\varepsilon_1+\sigma_2\varepsilon_2+\sigma_3\varepsilon_3\right)$$

$$
= \frac{1}{2E}\left[\sigma_1^2 + \sigma_2^2 + \sigma_3^2 - 2\nu\left(\sigma_1\sigma_2 + \sigma_2\sigma_3 + \sigma_3\sigma_1\right)\right] \tag{4.24}
$$

由于体积变化产生的体变比能 W_V 为

$$
\begin{aligned}
W_V &= \frac{1}{2}\frac{\sigma_1 + \sigma_2 + \sigma_3}{3}\left(\varepsilon_1 + \varepsilon_2 + \varepsilon_3\right) \\
&= \frac{1-2\nu}{6E}\left(\sigma_1 + \sigma_2 + \sigma_3\right)^2
\end{aligned} \tag{4.25}
$$

因此，可以求出形变比能 W_s 为

$$
\begin{aligned}
W_s &= W - W_V \\
&= \frac{1}{2E}\left[\sigma_1^2 + \sigma_2^2 + \sigma_3^2 - 2\nu\left(\sigma_1\sigma_2 + \sigma_2\sigma_3 + \sigma_3\sigma_1\right)\right] - \frac{1-2\nu}{6E}\left(\sigma_1 + \sigma_2 + \sigma_3\right)^2 \\
&= \frac{1}{12G}\left[\left(\sigma_1 - \sigma_2\right)^2 + \left(\sigma_2 - \sigma_3\right)^2 + \left(\sigma_3 - \sigma_1\right)^2\right]
\end{aligned} \tag{4.26}
$$

对比式 (4.26) 和 Mises 准则，不难看出 Mises 准则的本质可以视为形变比能达到一定值时材料进入塑性状态。

4.1 典型弹塑性本构模型与增量本构理论

简单地讲，材料的本构关系一般是指将描述连续介质变形的参量与描述内力的参量联系起来的一组关系式；具体地讲，指将变形的应变张量与应力张量联系起来的一组关系式。对于不同的物质，在不同的变形条件下有不同的本构关系，也称为不同的本构模型，它是结构或者材料的宏观力学性能的综合反映，也是反映物质宏观性质的数学模型；材料本构关系的数学表示即为本构方程。同上所述，对于涉及连续介质力学的工程问题而言，仅仅根据连续方程、运动方程、能量方程、几何方程甚至动量矩方程不足以构成求解问题的封闭方程组，此时，问题中材料的本构方程是不可或缺的核心方程之一。从材料本构关系的特点来看，可以将材料分为热弹性材料、弹塑性材料、黏弹性材料、黏塑性材料、黏性流体材料等。最熟知的反映纯力学性质的本构关系有 Hooke 定律、牛顿内摩擦定律 (牛顿黏性定律)、Saint-Venant 理想塑性定律等；反映热力学性质的有 Clapeyron 理想气体状态方程、傅里叶热传导方程等。事实上，第一部分弹性波传播章节的推导过程中，我们看出不同弹性本构模型的材料中应力波传播特征相差甚大，这也说明本构模型是应力波传播的决定性条件之一；由于材料的塑性本构模型与屈服准则远复杂于弹性模型，相对于弹性波而言，塑性波的传播更加复杂。

4.1.1 典型固体材料一维弹塑性应力应变关系

一般而言，在不考虑温度和黏性效应前提下，金属材料的本构关系可写为

$$
\sigma = \sigma\left(\varepsilon^e, \varepsilon^p\right) \tag{4.27}
$$

式中，$\sigma(\cdot)$ 表示本构方程函数形式；上标 e 在此表示“弹性 elastic”，上标 p 表示“塑性 plastic”；对应的应变分别为弹性应变和塑性应变。在塑性变形阶段，材料总的总应变包含弹性应变 ε^e 和塑性应变 ε^p；一般而言，在塑性阶段不同应变时，对应的弹性应变不一定相同。理论上讲，材料从塑性阶段卸载至完全不受力期间，其卸载路径基本平行于弹性区间卸载路径，如图 4.2 所示。

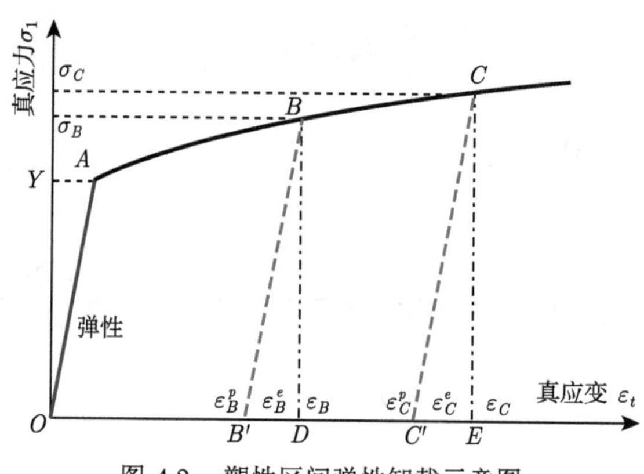

图 4.2　塑性区间弹性卸载示意图

图 4.2 中，塑性区间两个状态点 B 和 C 对应的总应变分别为 ε_B 和 ε_C、对应的应力分别为 σ_B 和 σ_C。如果分别从此两状态点卸载到自然状态，理论上皆会沿着平行于线弹性阶段加载线卸载直到应力为零；此时横坐标轴上 B' 点和 C' 点分别为两状态点卸载到自然状态后对应残余的塑性应变 ε_B^p 和 ε_C^p，卸载过程中所释放的弹性应变分别为 ε_B^e 和 ε_C^e。

从图 4.2 容易得到

$$\begin{cases} \varepsilon_B^e < \varepsilon_C^e \\ \varepsilon_B^p < \varepsilon_C^p \end{cases} \tag{4.28}$$

也就是说，对于一般金属材料而已，不同塑性状态点对应的弹性应变也不一定相同，考虑到塑性区间弹性卸载直线平行于弹性加载线，因此，可以将不同塑性状态点的应变写为

$$\varepsilon = \frac{\sigma}{E} + \varepsilon^p \tag{4.29}$$

1. 一维应力状态下固体介质塑性应力应变关系

对于一般材料而言，其塑性变形阶段基本皆呈现非线性特征，即在不同塑性应变时式 (4.29) 的值通常不为常数：

$$\frac{\mathrm{d}\sigma^p}{\mathrm{d}\varepsilon^p} \neq \mathrm{const} \tag{4.30}$$

根据塑性屈服应力随塑性应变增加而变化的特征，可将材料分为塑性应变强化材料 (又通常称为塑性应变硬化材料) 和塑性应变软化材料，如图 4.3 所示；然而，有很多材料在塑

性变形阶段兼具这两种特征，我们也可以类似地将其塑性变形分为塑性应变强化阶段和塑性应变软化阶段。对于塑性应变强化材料和塑性变形中应变强化阶段而言，有

$$\frac{\mathrm{d}\sigma^p}{\mathrm{d}\varepsilon^p} > 0 \tag{4.31}$$

对于塑性应变软化材料和塑性变形中应变软化阶段而言，有

$$\frac{\mathrm{d}\sigma^p}{\mathrm{d}\varepsilon^p} < 0 \tag{4.32}$$

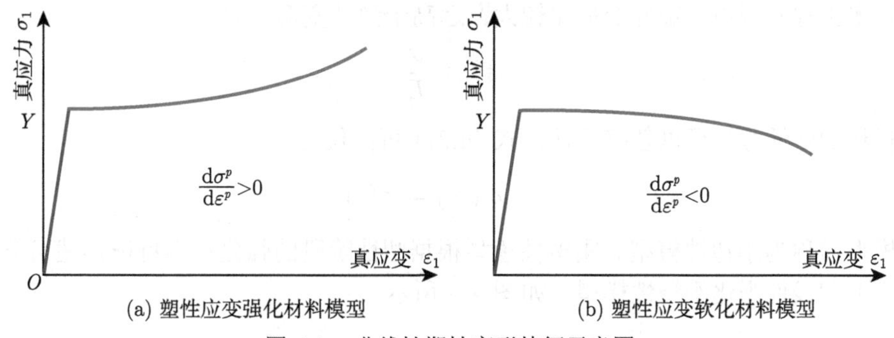

(a) 塑性应变强化材料模型 (b) 塑性应变软化材料模型

图 4.3 非线性塑性变形特征示意图

塑性应变强化材料根据塑性应力随着塑性应变增大而增加的趋势分为递增强化 (或递增硬化) 材料、线性强化 (线性硬化) 材料、递减强化 (或递减硬化) 材料，其中递增强化材料和递减强化材料如图 4.4 所示。有些塑性应变强化材料兼具这两种或三种材料的特征，我们也可以将其划分为递增强化阶段、线性强化阶段和递减强化阶段。

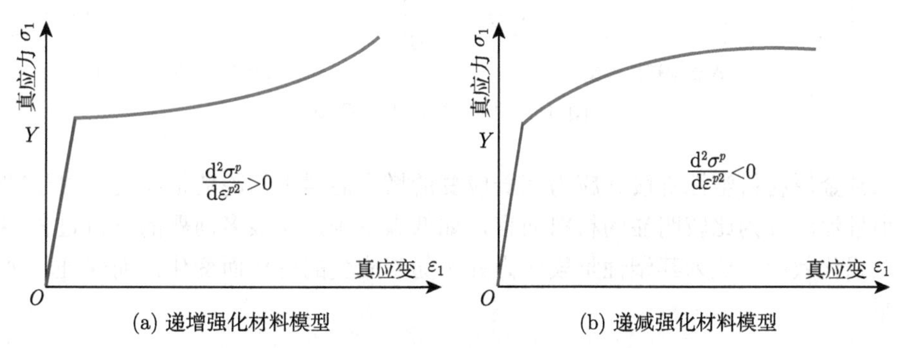

(a) 递增强化材料模型 (b) 递减强化材料模型

图 4.4 递增强化材料与递减强化材料示意图

从图 4.4 容易看出,递增强化材料或塑性应变强化材料的递增强化阶段其塑性阶段满足

$$\frac{\mathrm{d}^2\sigma^p}{\mathrm{d}\varepsilon^{p2}} > 0 \tag{4.33}$$

递减强化材料或塑性应变强化材料的递减强化阶段其塑性阶段满足

$$\frac{\mathrm{d}^2\sigma^p}{\mathrm{d}\varepsilon^{p2}} < 0 \tag{4.34}$$

容易知道，线性强化材料或塑性应变强化材料的线性强化阶段其塑性阶段满足

$$\frac{\mathrm{d}^2\sigma^p}{\mathrm{d}\varepsilon^{p2}}=0 \tag{4.35}$$

由于塑性变形的非线性函数表达式较为复杂，将其直接应用于实际问题的计算不甚方便，因此，通常根据所研究的问题特征，我们对准静态单轴压缩或准静态单轴拉伸试验所得到的材料真应力真应变 (下面简称为应力应变) 关系进行不同程度的简化，从而可以得到基本能反映该材料在所研究问题中主要力学特征的简化模型，下面对几种最常用的材料简化应力应变关系 (本构模型) 进行简要介绍。

在许多工程问题中，塑性变形比较大，远高于弹性变形，即

$$\varepsilon^p \gg \frac{\sigma}{E} \tag{4.36}$$

此时，材料的弹性行为可以忽略不计，式 (4.27) 可简化为

$$\sigma=\sigma\left(\varepsilon^p\right)=\sigma\left(\varepsilon\right) \tag{4.37}$$

该简化模型常称为刚塑性模型。刚塑性模型根据塑性阶段的强化行为特征描述可分为理想刚塑性模型和线性强化刚塑性模型，如图 4.5 所示。

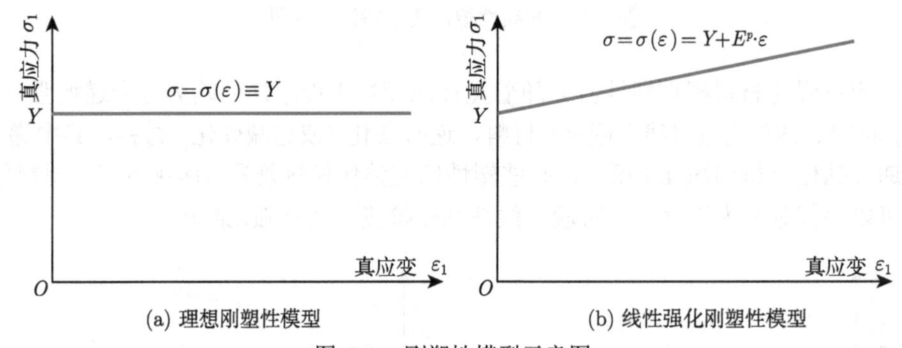

(a) 理想刚塑性模型　　(b) 线性强化刚塑性模型

图 4.5　刚塑性模型示意图

考虑到金属材料塑性阶段其应力随着应变的增大而增大的趋势很缓慢，对于塑性强化效应很小且流动行为比较明显的材料而言，如低碳钢等，在很多问题的分析过程中可以忽略其塑性强化效应，认为其塑性阶段应力并不随着应变的变化而变化，而保证一个近似恒定值，即

$$\sigma=\sigma\left(\varepsilon\right)\equiv Y \tag{4.38}$$

式中，Y 为屈服强度。该模型常称为理想刚塑性模型，该模型形式简单，在不需要考虑塑性强化性质时对理论的推导极为有利，很多时候能够给出相对准确的解析解。

如果需要考虑塑性阶段的强化效应时，刚塑性模型就相对不甚合适。从诸多金属材料的准静态理想性能试验结果容易发现，其塑性阶段强化效应相对于弹性阶段而言极小，其塑性应力与塑性应变可以近似为线性正比关系，此时有

$$\sigma=\sigma\left(\varepsilon\right)=Y+E^p\varepsilon \quad 或 \quad \varepsilon=\frac{\sigma-Y}{E^p} \tag{4.39}$$

式中，E^p 表示塑性强化模量。

而在很多情况下，如考虑弹性波的影响或弹性变形对问题的分析具有重要影响等，弹性阶段就不能忽视，类似以上理想刚塑性模型和线性强化刚塑性模型特征，考虑弹性变形时也有两个经典的简化模型：理想弹塑性模型和线性强化弹塑性模型，如图 4.6 所示。

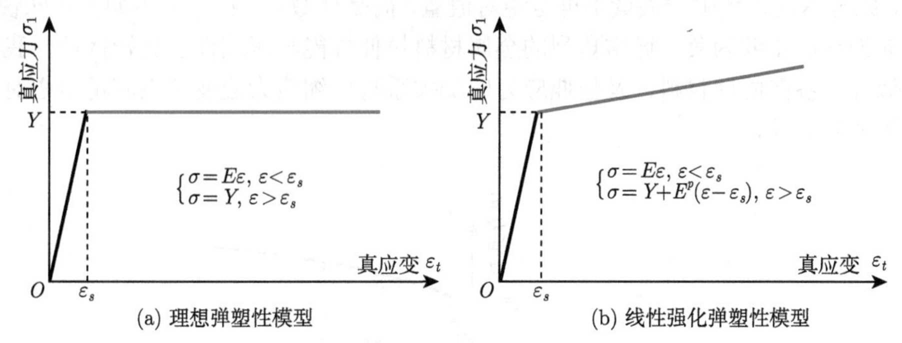

(a) 理想弹塑性模型　　(b) 线性强化弹塑性模型

图 4.6　弹塑性模型示意图

当不考虑塑性阶段应变强化效应时，即

$$\begin{cases} \sigma = E\varepsilon, & \varepsilon < \varepsilon_s \\ \sigma = Y, & \varepsilon \geqslant \varepsilon_s \end{cases} \tag{4.40}$$

或

$$\begin{cases} \varepsilon = \dfrac{\sigma}{E}, & \sigma < Y \\ \varepsilon = \varepsilon_s, & \sigma \geqslant Y \end{cases} \tag{4.41}$$

式中，ε_s 表示弹性极限应变。此类模型考虑到线弹性行为和塑性阶段韧性特征，又相对简单，由于非常方便理论推导而得到广泛的应用；此类模型称为理想弹塑性模型。

然而，对一些材料而言，其塑性阶段应变硬化效应较明显；后者在爆炸与冲击作用下，我们需要考虑塑性阶段应力波的传播，此时塑性应变强化模量不可忽视。然而，相对于弹性模量，塑性阶段应变硬化效应远小于前者，利用线性模型在很多情况下所给出的结论足够准确，此时，材料的应力应变关系即简化为

$$\begin{cases} \sigma = E\varepsilon, & \varepsilon < \varepsilon_s \\ \sigma = Y + E^p\left(\varepsilon - \varepsilon_s\right), & \varepsilon < \varepsilon_s \end{cases} \tag{4.42}$$

或

$$\begin{cases} \varepsilon = \dfrac{\sigma}{E}, & \sigma < Y \\ \varepsilon = \dfrac{\sigma - Y}{E^p} + \varepsilon_s, & \sigma \geqslant Y \end{cases} \tag{4.43}$$

此模型称为线性强化弹塑性模型，有时也称为双线性模型。

以上四种简化模型是金属材料最典型的简化模型，当然，针对所分析问题的材料特征，材料简化本构模型还有很多，如幂次强化模型、Ramberg-Osgood 模型、黏弹性模型、黏塑性模型、黏弹塑性模型等。

以上四种材料简化本构模型并不区分压缩行为还是拉伸行为，而在实际问题中需要进行区分，此时本构方程中相关量不再是绝对值量，而是代数量，在本书中如无特殊说明，均假设拉伸为正、压缩为负。通常典型的金属材料拉伸性能与压缩性能比较接近，我们可以将其近似视为各向同性材料，及拉伸应力应变关系与压缩应力应变关系满足中心对称的关系，如图 4.7 所示。

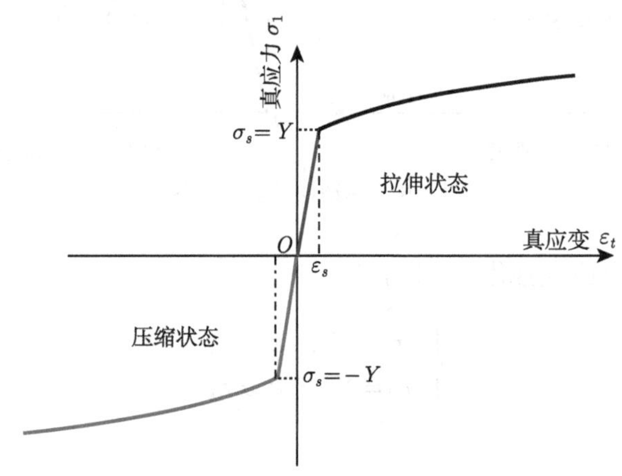

图 4.7 各向同性材料应力应变关系示意图

以上简化模型均对应拉伸或压缩加载阶段的应力应变关系，实际上材料的本构关系还涉及材料的卸载阶段，如定义拉伸行为为加载，压缩行为则为卸载；如图 4.8 所示，当对塑性应变强化材料进行拉伸直至材料的应变达到 ε_C 时，材料中的应力会按照路径 O—A—B 到达状态点 B；此时如将材料卸载到自然松弛状态 (即弹性应变为 0)，由前面的分析可知，卸载路径为 B—C；当我们再对该材料进行拉伸时，材料的应力会按照 C—B 路径达到屈服点 B，也就是说，材料的屈服强度增大了 σ_B-Y，即材料的拉伸弹性屈服强度增大了。

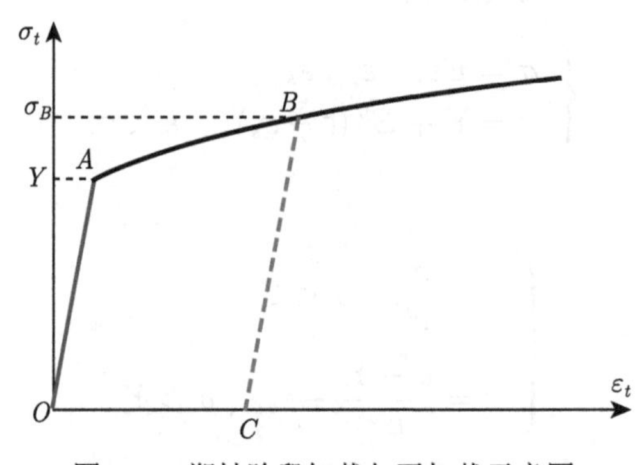

图 4.8 塑性阶段卸载与再加载示意图

如果在以上 B—C 卸载路径的基础上继续卸载，即为压缩加载行为，随着卸载应力的增大，材料逐渐从弹性卸载过渡到塑性卸载 (即弹性压缩过渡到塑性压缩)，如图 4.9 所示。

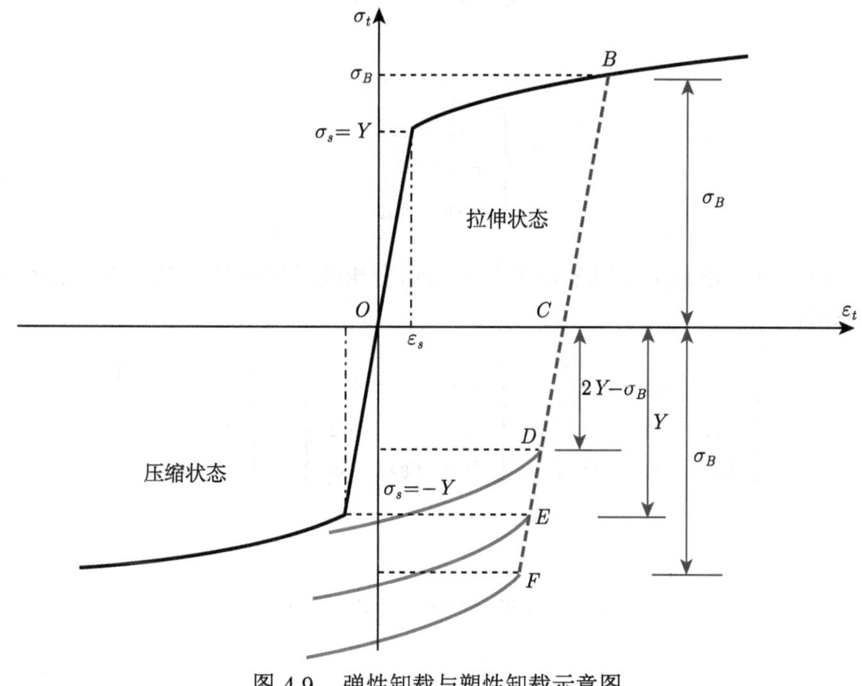

图 4.9 弹性卸载与塑性卸载示意图

一般而言，从塑性加载状态点卸载后，弹性卸载极限屈服强度与初始屈服强度并不相等，即其屈服点并不在图 4.9 中状态点 E 处，有

$$\sigma_s \neq -Y \tag{4.44}$$

但一般阶段状态点 D 和状态点 F 之间。如卸载屈服极限状态点处于 F 点：

$$|\sigma_s| = |\sigma_B| \tag{4.45}$$

即加载强化或卸载弹性屈服极限也相应强化，且对应相同，我们称这类材料屈服特征为各向同性强化屈服模型 (或各向同性硬化屈服模型)。

如卸载屈服极限状态点处于 D 点，有

$$|\sigma_s| + |\sigma_B| = 2Y \tag{4.46}$$

即无论塑性加载或塑性卸载会产生多少应变强化量，屈服面中对应的加载弹性屈服极限与卸载弹性屈服极限数值和保持不变，均为 $2Y$。

2. 三维应力状态下连续介质的等效应变

相对于一维应力状态而言，三维应力状态下固体介质的应力应变关系复杂得多。类似应力张量，连续介质中任一点的变形也可用应变张量表示：

$$\boldsymbol{\varepsilon} = \begin{bmatrix} \varepsilon_{11} & \varepsilon_{12} & \varepsilon_{13} \\ \varepsilon_{21} & \varepsilon_{22} & \varepsilon_{23} \\ \varepsilon_{31} & \varepsilon_{32} & \varepsilon_{33} \end{bmatrix} \tag{4.47}$$

式中

$$\begin{cases} \varepsilon_{12} = \varepsilon_{21} \\ \varepsilon_{13} = \varepsilon_{31} \\ \varepsilon_{23} = \varepsilon_{32} \end{cases} \tag{4.48}$$

任意一点的应变张量也可以表达为与介质形变相关的应变偏量和与介质体积变化相关的球应变张量：

$$\begin{bmatrix} \varepsilon_{11} & \varepsilon_{12} & \varepsilon_{13} \\ \varepsilon_{21} & \varepsilon_{22} & \varepsilon_{23} \\ \varepsilon_{31} & \varepsilon_{32} & \varepsilon_{33} \end{bmatrix} = \begin{bmatrix} e_{11} & e_{12} & e_{13} \\ e_{21} & e_{22} & e_{23} \\ e_{31} & e_{32} & e_{33} \end{bmatrix} + \begin{bmatrix} \bar{\varepsilon} & 0 & 0 \\ 0 & \bar{\varepsilon} & 0 \\ 0 & 0 & \bar{\varepsilon} \end{bmatrix} \tag{4.49}$$

或

$$\varepsilon_{ij} = e_{ij} + \bar{\varepsilon} \cdot \delta_{ij}, \quad i, j = 1, 2, 3 \tag{4.50}$$

式中

$$\bar{\varepsilon} = \frac{\varepsilon_{11} + \varepsilon_{22} + \varepsilon_{33}}{3} \tag{4.51}$$

表示平均应变。因此，任意一点的应变偏量即可写为

$$\boldsymbol{e} = \begin{bmatrix} e_{11} & e_{12} & e_{13} \\ e_{21} & e_{22} & e_{23} \\ e_{31} & e_{32} & e_{33} \end{bmatrix} = \begin{bmatrix} \varepsilon_{11} - \bar{\varepsilon} & \varepsilon_{12} & \varepsilon_{13} \\ \varepsilon_{21} & \varepsilon_{22} - \bar{\varepsilon} & \varepsilon_{23} \\ \varepsilon_{31} & \varepsilon_{32} & \varepsilon_{33} - \bar{\varepsilon} \end{bmatrix} \tag{4.52}$$

设对应的主应变分别为 ε_1、ε_2 和 ε_3，则式 (4.52) 可以进一步写为

$$\boldsymbol{e} = \begin{bmatrix} \dfrac{2\varepsilon_1 - \varepsilon_2 - \varepsilon_3}{3} & \varepsilon_{12} & \varepsilon_{13} \\ \varepsilon_{21} & \varepsilon_{22} - \bar{\varepsilon} & \varepsilon_{23} \\ \varepsilon_{31} & \varepsilon_{32} & \varepsilon_{33} - \bar{\varepsilon} \end{bmatrix} \tag{4.53}$$

特别地，对于单轴拉伸或压缩问题即一维应力问题而言，对应的应变张量、应变偏量和平均应变分别为

$$\boldsymbol{\varepsilon} = \begin{bmatrix} \varepsilon & 0 & 0 \\ 0 & -\nu\varepsilon & 0 \\ 0 & 0 & -\nu\varepsilon \end{bmatrix}, \quad \boldsymbol{e} = \begin{bmatrix} 2(1+\nu)\varepsilon/3 & 0 & 0 \\ 0 & -(1+\nu)\varepsilon/3 & 0 \\ 0 & 0 & -(1+\nu)\varepsilon/3 \end{bmatrix} \tag{4.54}$$

和

$$\overline{\varepsilon}=\frac{(1-2\nu)\,\varepsilon}{3} \tag{4.55}$$

式中，ν 表示材料 Poisson 比；ε 表示单轴拉伸应变。

若类似应力空间，我们定义一个应变空间，其三个坐标轴分别为三个相互垂直的主应变方向；特别地，若假设材料是不可压缩的，此时必有

$$e_i\equiv\varepsilon_i,\quad i=1,2,3 \tag{4.56}$$

即主应变坐标轴与主应变偏量坐标轴重合，即有

$$e_1+e_2+e_2=\varepsilon_1+\varepsilon_2+\varepsilon_2\equiv 0 \tag{4.57}$$

应变空间内任意一点应变在等倾面上投影的平方和即为

$$e_{eq}=\sqrt{\frac{2}{3}}\sqrt{e_1^2+e_2^2+e_3^2}=\frac{2}{3}\sqrt{\frac{3}{2}\left(e_1^2+e_2^2+e_3^2\right)} \tag{4.58}$$

结合式 (4.57) 和式 (4.58)，可有

$$e_{eq}=\frac{2}{3}\sqrt{\frac{3}{2}\left(e_1^2+e_2^2+e_3^2\right)-\frac{1}{2}\left(e_1+e_2+e_3\right)^2}=\frac{\sqrt{2}}{3}\sqrt{\left(e_1-e_2\right)^2+\left(e_2-e_3\right)^2+\left(e_3-e_1\right)^2} \tag{4.59}$$

将式 (4.56) 代入式 (4.59)，可得

$$e_{eq}=\frac{\sqrt{2}}{3}\sqrt{\left(\varepsilon_1-\varepsilon_2\right)^2+\left(\varepsilon_2-\varepsilon_3\right)^2+\left(\varepsilon_3-\varepsilon_1\right)^2} \tag{4.60}$$

式 (4.60) 中包含三个主应变量，表征变形程度；容易看出，式 (4.60) 的值一定是非负值。式 (4.60) 所定义的量与该点塑性变形功直接相关，一般称为应变强度或等效应变。

4.1.2 三维应力状态下塑性本构关系增量理论

连续介质中一点的应力进入塑性状态后，其总应变 ε_{ij} 可分为弹性应变部分 ε_{ij}^e 和塑性应变部分 ε_{ij}^p：

$$\varepsilon_{ij}=\varepsilon_{ij}^e+\varepsilon_{ij}^p,\quad i,j=1,2,3 \tag{4.61}$$

其中弹性部分满足 Hooke 定律。式 (4.61) 可写为

$$\varepsilon_{ij}^p=\varepsilon_{ij}-\varepsilon_{ij}^e \tag{4.62}$$

将式 (4.62) 写为增量形式即有

$$\mathrm{d}\varepsilon_{ij}^p=\mathrm{d}\varepsilon_{ij}-\mathrm{d}\varepsilon_{ij}^e \tag{4.63}$$

根据 Hooke 定律，并假设材料塑性不可压，可以给出

$$\frac{\mathrm{d}s_{ij}}{\mathrm{d}e_{ij}^{e}}=2G \tag{4.64}$$

或

$$\mathrm{d}e_{ij}^{e}=\frac{\mathrm{d}s_{ij}}{2G} \tag{4.65}$$

式 (4.64) 和式 (4.65) 的物理意义是：在弹性阶段应力偏量增量与应变偏量增量是呈线性正比关系的，且其比例常数为 $2G$。将式 (4.65) 代入式 (4.61)，并考虑应变与应变偏量的关系和塑性变形不可压假设，可以得到

$$\mathrm{d}\varepsilon_{ij}^{p}=\mathrm{d}e_{ij}-\frac{\mathrm{d}s_{ij}}{2G} \tag{4.66}$$

与弹性变形阶段不同，材料的塑性变形阶段的应力应变关系是非线性的，应力应变并没有一一对应关系，应变不仅与应力状态相关，而且还和变形历史有关。也就是说，如果不知道塑性变形的历史，便不能只根据瞬时应力状态唯一地确定应变状态；同样，如果只知道最终的应变状态，也无法唯一地确定应力状态。Lord 基于试验研究发现，塑性变形过程中应力 Lord 数与应变 Lord 数可以认为是相等的。在 Lord 的试验基础上，假设材料塑性不可压，可以得到

$$\frac{\mathrm{d}e_{ij}^{p}}{s_{ij}}=\frac{\mathrm{d}\varepsilon_{ij}^{p}}{s_{ij}}=\mathrm{d}\lambda \tag{4.67}$$

式中，$\mathrm{d}\lambda$ 为非负无量纲比例系数，不同加载历史，该值不尽相同。式 (4.67) 表明：假设材料在塑性变形阶段是不可压缩的，则任意一个微增量内，塑性应变增量与其瞬时应力偏量呈线性正比关系。

根据式 (4.67)，有

$$\mathrm{d}\varepsilon_{ij}^{p}=\mathrm{d}\lambda\cdot s_{ij} \tag{4.68}$$

联立式 (4.68) 和式 (4.65)，并考虑到塑性应变偏量增量等于其应变增量，可以给出塑性变形过程中，一点的应变增量可描述为

$$\mathrm{d}e_{ij}=\frac{\mathrm{d}s_{ij}}{2G}+\mathrm{d}\lambda\cdot s_{ij} \tag{4.69}$$

式 (4.69) 表明，塑性应变增量依赖于瞬时应变偏量，且应力偏量主轴与塑性应变增量主轴是相重合的。

事实上，以上思想由 Saint-Venant 最早提出，他认为在材料是塑性变形阶段，应力和应变不存在一一对应关系，应力和应变的关系式应该以增量的形式表示，而且塑性应变增量的主轴与应力偏量的主轴是重合的。基于该思路，经过诸多学者的研究之后发展

出塑性变形增量理论；该理论主要通过研究应力增量与应变增量之间的关系，以研究材料塑性阶段应力应变关系，当前被认为是相对准确科学的方法，它是塑性力学中的基本理论之一。

在很多塑性大变形问题中，材料的弹性形变和弹性应力可以不予考虑，或弹性应变增量相比于塑性应变增量可以忽略不计，即可假设材料为刚塑性材料，此时有

$$\mathrm{d}e_{ij} = \mathrm{d}e_{ij}^{p} \tag{4.70}$$

同上分析假设材料塑性不可压，即塑性阶段材料的体应变为零；则有

$$\mathrm{d}e_{ij} = \mathrm{d}\varepsilon_{ij} \tag{4.71}$$

因而，式 (4.69) 即可简化为

$$\mathrm{d}\varepsilon_{ij} = \mathrm{d}\lambda \cdot s_{ij} \tag{4.72}$$

进一步假设材料满足 Mises 屈服准则，结合材料的刚塑性假设，即可知材料的 Mises 等效应力 $\overline{\sigma}$ 与其屈服应力 σ_s 相等，即

$$\overline{\sigma} = \sigma_s \tag{4.73}$$

根据材料的等效应变定义，即式 (4.60)，可以得到等效应变增量为

$$\mathrm{d}\overline{\varepsilon} = \sqrt{\frac{2}{9}\left[(\mathrm{d}\varepsilon_1 - \mathrm{d}\varepsilon_2)^2 + (\mathrm{d}\varepsilon_2 - \mathrm{d}\varepsilon_3)^2 + (\mathrm{d}\varepsilon_3 - \mathrm{d}\varepsilon_1)^2\right]} \tag{4.74}$$

将式 (4.72) 代入式 (4.74)，即可得到

$$\mathrm{d}\overline{\varepsilon} = \sqrt{\frac{2}{9}(\mathrm{d}\lambda)^2\left[(\sigma_1 - \sigma_2)^2 + (\sigma_2 - \sigma_3)^2 + (\sigma_3 - \sigma_1)^2\right]} \tag{4.75}$$

结合式 (4.22) 中 Mises 等效应力的定义，即可得到

$$\mathrm{d}\overline{\varepsilon} = \frac{2}{3}\mathrm{d}\lambda \cdot \overline{\sigma} \tag{4.76}$$

或

$$\mathrm{d}\lambda = \frac{3}{2} \cdot \frac{\mathrm{d}\overline{\varepsilon}}{\overline{\sigma}} \tag{4.77}$$

将式 (4.77) 代入式 (4.72)，可以得到

$$\mathrm{d}\varepsilon_{ij} = \frac{3}{2}\frac{\mathrm{d}\overline{\varepsilon}}{\overline{\sigma}} \cdot s_{ij} \tag{4.78}$$

式 (4.78) 即为 Levy-Mises 本构方程或 Levy-Mises 流动法则。

在塑性大变形问题中，与塑性应变增量相比，弹性应变增量相对小得多而可以忽略，此时利用 Levy-Mises 流动法则是科学的且相对准确的；然而，在一些问题中，弹性应变需要考虑，此时 Levy-Mises 流动法则需要进一步完善。

根据 Mises 屈服准则有

$$(s_{11}-s_{22})^2+(s_{22}-s_{33})^2+(s_{33}-s_{22})^2+6\left(s_{12}^2+s_{23}^2+s_{31}^2\right)=2\sigma_s^2 \tag{4.79}$$

展开后可以得到

$$s_{11}^2+s_{22}^2+s_{33}^2-s_{11}s_{22}-s_{22}s_{33}-s_{33}s_{11}+3\left(s_{12}^2+s_{23}^2+s_{31}^2\right)=\sigma_s^2 \tag{4.80}$$

考虑到

$$s_{11}+s_{22}+s_{33}\equiv 0 \tag{4.81}$$

式 (4.80) 即可简化为

$$s_{11}^2+s_{22}^2+s_{33}^2+2\left(s_{12}^2+s_{23}^2+s_{31}^2\right)=\frac{2}{3}\sigma_s \tag{4.82}$$

对式 (4.82) 进行微分，可以得到

$$s_{11}\mathrm{d}s_{11}+s_{22}\mathrm{d}s_{22}+s_{33}\mathrm{d}s_{33}+2\left(s_{12}\mathrm{d}s_{12}+s_{23}\mathrm{d}s_{23}+s_{31}\mathrm{d}s_{31}\right)=0 \tag{4.83}$$

根据式 (4.69)，可以得到

$$\left\{\begin{array}{l} s_{11}\mathrm{d}e_{11}=\dfrac{s_{11}\mathrm{d}s_{11}}{2G}+\mathrm{d}\lambda\cdot s_{11}^2 \\ s_{22}\mathrm{d}e_{22}=\dfrac{s_{22}\mathrm{d}s_{22}}{2G}+\mathrm{d}\lambda\cdot s_{22}^2 \\ s_{33}\mathrm{d}e_{33}=\dfrac{s_{33}\mathrm{d}s_{33}}{2G}+\mathrm{d}\lambda\cdot s_{33}^2 \end{array}\right., \quad \left\{\begin{array}{l} s_{12}\mathrm{d}e_{12}=\dfrac{s_{12}\mathrm{d}s_{12}}{2G}+\mathrm{d}\lambda\cdot s_{12}^2 \\ s_{23}\mathrm{d}e_{23}=\dfrac{s_{23}\mathrm{d}s_{23}}{2G}+\mathrm{d}\lambda\cdot s_{23}^2 \\ s_{31}\mathrm{d}e_{31}=\dfrac{s_{31}\mathrm{d}s_{31}}{2G}+\mathrm{d}\lambda\cdot s_{31}^2 \end{array}\right. \tag{4.84}$$

以上左右三式各自相加，即可得到

$$s_{11}\mathrm{d}e_{11}+s_{22}\mathrm{d}e_{22}+s_{33}\mathrm{d}e_{33}=\frac{s_{11}\mathrm{d}s_{11}+s_{22}\mathrm{d}s_{22}+s_{33}\mathrm{d}s_{33}}{2G}+\mathrm{d}\lambda\cdot\left(s_{11}^2+s_{22}^2+s_{33}^2\right) \tag{4.85}$$

和

$$s_{12}\mathrm{d}e_{12}+s_{23}\mathrm{d}e_{23}+s_{31}\mathrm{d}e_{31}=\frac{s_{12}\mathrm{d}s_{12}+s_{23}\mathrm{d}s_{23}+s_{31}\mathrm{d}s_{31}}{2G}+\mathrm{d}\lambda\cdot\left(s_{12}^2+s_{23}^2+s_{31}^2\right) \tag{4.86}$$

式 (4.85) 加上式 (4.86) 的两倍，结合式 (4.82) 和式 (4.83)，可以得到

$$s_{11}\mathrm{d}e_{11}+s_{22}\mathrm{d}e_{22}+s_{33}\mathrm{d}e_{33}+s_{12}\mathrm{d}e_{12}+s_{23}\mathrm{d}e_{23}+s_{31}\mathrm{d}e_{31}=\frac{2}{3}\mathrm{d}\lambda\cdot\sigma_s^2 \tag{4.87}$$

式中，左端物理意义相对明显，可以定义为塑性功增量 $\mathrm{d}W$，因此，由式 (4.87) 可以得到

$$\mathrm{d}\lambda=\frac{3}{2}\frac{\mathrm{d}W}{\sigma_s^2} \tag{4.88}$$

因此，式 (4.88) 可以写为

$$\mathrm{d}e_{ij}=\frac{\mathrm{d}s_{ij}}{2G}+\frac{3\mathrm{d}W}{2\sigma_s^2}\cdot s_{ij} \tag{4.89}$$

式 (4.89) 即为 Prandtl-Reuss 本构方程或 Prandtl-Reuss 流动法则。相对于 Levy-Mises 流动法则而言，Prandtl-Reuss 流动法则考虑弹性应变增量的影响，更加普适；然而，相对于前者，后者形式复杂得多，很难给出问题的解析解。

1. Drucker 公设和 I1'yushin 公设

对于理想弹塑性材料而言，其屈服面是不变的，即材料的初始屈服面与后继屈服面重合：

$$f\left(\sigma_{ij}\right)=0 \tag{4.90}$$

此时介质内一点的应力状态只在屈服面上和屈服面内变化，如图 4.10 所示，其加载和卸载的判别准则分别可写为

$$f\left(\sigma_{ij}+\mathrm{d}\sigma_{ij}\right)=0,\quad 加载 \tag{4.91}$$

和

$$f\left(\sigma_{ij}+\mathrm{d}\sigma_{ij}\right)<0,\quad 卸载 \tag{4.92}$$

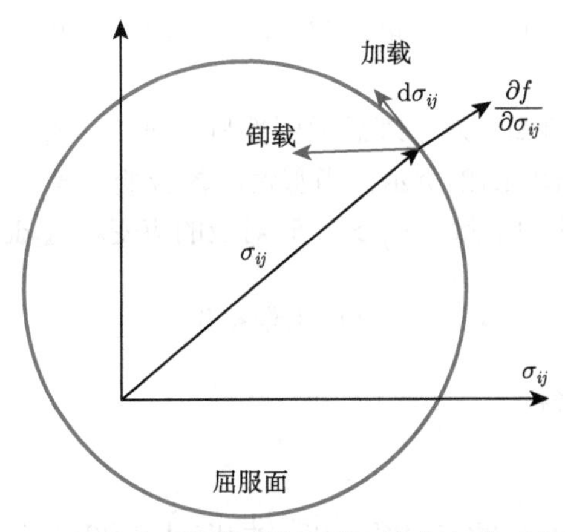

图 4.10 理想弹塑性材料屈服面与加卸载示意图

利用 Taylor 级数展开对式 (4.92) 展开并忽略高阶小量，以上两个判别准则即可分别写为

$$\frac{\partial f}{\partial \sigma_{ij}}\mathrm{d}\sigma_{ij}=0,\quad 加载 \tag{4.93}$$

和

$$\frac{\partial f}{\partial \sigma_{ij}} \cdot \mathrm{d}\sigma_{ij} < 0, \quad \text{卸载} \tag{4.94}$$

式 (4.93) 和式 (4.94) 表明：当一点的应力状态从屈服面上的一点 σ_{ij} 到达屈服面上的另一点 $\sigma_{ij} + \mathrm{d}\sigma_{ij}$，$\mathrm{d}\sigma_{ij}$ 必与屈服面相切；当一点的应力状态从屈服面上移动到屈服面内，则表示卸载，$\mathrm{d}\sigma_{ij}$ 的方向指向屈服面内。

实际上一般材料在塑性阶段会产生应变强化特征，但也存在具有塑性应变软化特征的材料；我们把如图 4.11 所示塑性变形阶段应力增量 $\mathrm{d}\sigma_{ij}$ 在所产生的应变增量 $\mathrm{d}\varepsilon_{ij}^{p}$ 上所做的功：

$$\mathrm{d}\sigma_{ij}\mathrm{d}\varepsilon_{ij}^{p} \geqslant 0 \tag{4.95}$$

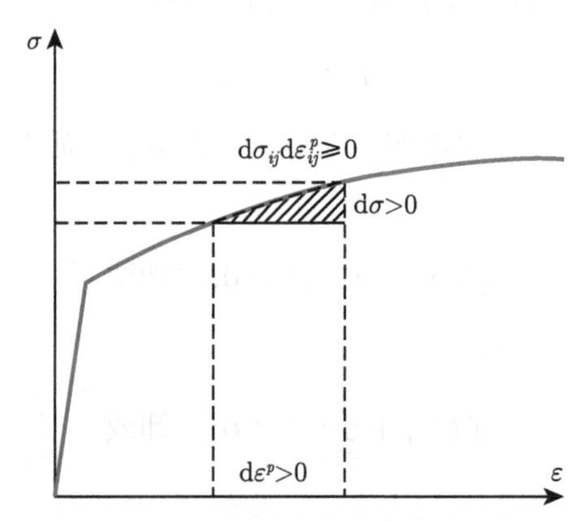

图 4.11　稳定材料应力应变曲线示意图

材料称为稳定材料。容易判断，对于理想弹塑性材料而言，式 (4.95) 恒为零，因此其也是一种稳定材料。反正，如图 4.12 所示，当塑性阶段应变增量 $\mathrm{d}\varepsilon_{ij}^{p}$ >0 时对应的应力增量 $\mathrm{d}\sigma_{ij} < 0$，或当塑性阶段应力增量 $\mathrm{d}\sigma_{ij} > 0$ 时对应的应变增量 $\mathrm{d}\varepsilon_{ij}^{p} < 0$，即所做的功：

$$\mathrm{d}\sigma_{ij}\mathrm{d}\varepsilon_{ij}^{p} < 0 \tag{4.96}$$

这类材料常称为不稳定材料。

由于

$$\mathrm{d}\sigma_{ij}\mathrm{d}\varepsilon_{ij} = \mathrm{d}\sigma_{ij}\left(\mathrm{d}\varepsilon_{ij}^{e} + \mathrm{d}\varepsilon_{ij}^{p}\right) > \mathrm{d}\sigma_{ij}\mathrm{d}\varepsilon_{ij}^{p} \tag{4.97}$$

因此，对于稳定材料而言，在加载过程中应力增量所做的功恒为正；这就是材料的稳定性假设，也是 Drucker 公设的两个内容之一，也就是稳定材料的定义。在此基础上，Drucker 公设对于稳定材料而言，在加载和卸载的整个循环中，应力增量所做的净功恒为非负，即

$$\left(\sigma_{ij} - \sigma_{ij}^{0}\right)\mathrm{d}\varepsilon_{ij}^{p} \geqslant 0 \tag{4.98}$$

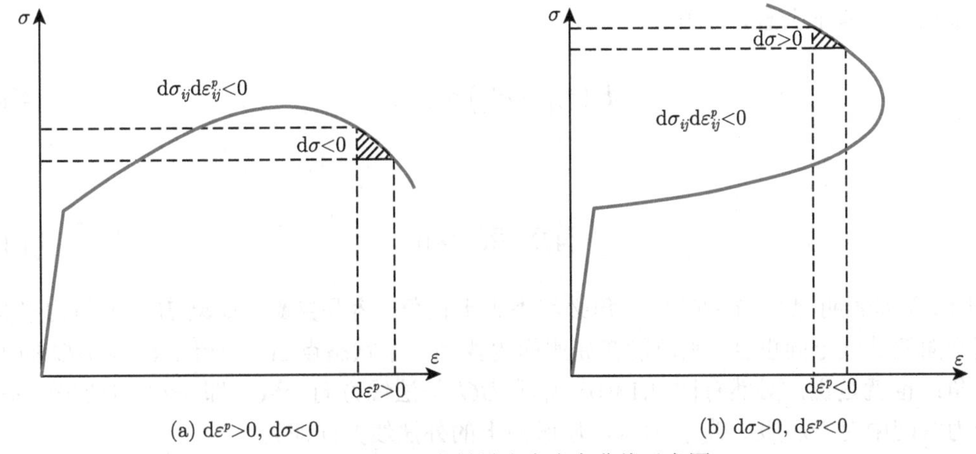

(a) $d\varepsilon^p>0$, $d\sigma<0$　　(b) $d\sigma>0$, $d\varepsilon^p<0$

图 4.12　不稳定材料应力应变曲线示意图

式 (4.95) 和式 (4.98) 也常称为最大塑性耗散原理。利用 Drucker 公设，容易推导出，在应力空间中，屈服面必须是外凸的。

Drucker 公设是针对应力空间中的稳定材料而言的，对于非稳定材料不再使用。I1'yushin 在应变空间中也对塑性变形过程中屈服面问题进行了讨论，也提出了一个新的结论，弹塑性材料的物质微元体在应变空间的任一应变循环中所完成的功非负，即

$$\oint \sigma_{ij}d\varepsilon_{ij} \geqslant 0 \tag{4.99}$$

根据 I1'yushin 公设也可以证明，在应变空间中屈服面具有外凸性。

2. 正交流动法则

根据屈服面外凸性法则可知，过在屈服面上任一点作一个超平面与屈服面相切，则屈服面必位于该超平面的一侧。建立塑性应变空间，并将其与应力空间重合，如图 4.13(a) 所示；设状态点 A 为屈服面上或屈服面内的一点，其应力为 σ_{ij}^0；B 为屈服面上的一点，其应力为 σ_{ij}；从状态点 A 加载到状态点 B 即为图中的矢量 $\overline{AB}$。

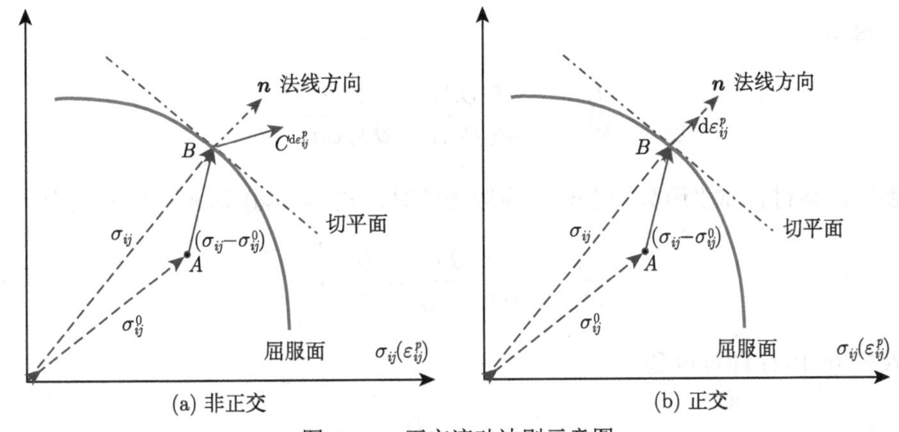

(a) 非正交　　(b) 正交

图 4.13　正交流动法则示意图

根据 Drucker 公设，可知

$$\oint \left(\sigma_{ij} - \sigma_{ij}^0\right) \mathrm{d}\varepsilon_{ij}^p \geqslant 0 \tag{4.100}$$

即

$$\overline{AB} \cdot \overline{BC} \geqslant 0 \tag{4.101}$$

式 (4.101) 即表明 AB 与 BC 的夹角必然不大于直角。容易判断，如果 BC 不与切平面即该超平面的法线方向重合，则总能在屈服面内找到一个状态点 A，使得 AB 与 BC 的夹角为钝角；也就是说，必然有图 4.13(b) 所示 BC 与法线方向一致，即 BC 与切平面垂直。在应力空间中对于屈服函数 f 而言，屈服面上的外法线方向即为

$$\frac{\partial f}{\partial \sigma_{ij}} \tag{4.102}$$

根据以上分析，塑性应变增量必满足

$$\mathrm{d}\varepsilon_{ij}^p = \mathrm{d}\lambda \frac{\partial f}{\partial \sigma_{ij}} \tag{4.103}$$

式中，$\mathrm{d}\lambda$ 表示一个非负的比例因子；式 (4.103) 称为塑性应变增量的正交流动法则。

对于一般金属材料而言，如不考虑静水压力对屈服面的影响，材料的屈服函数即可写为

$$f\left(\sigma_{ij}\right) = 0 \to f\left(J_2, J_3\right) = 0 \tag{4.104}$$

式中，J_2 和 J_3 分别表示偏应力第二不变量和偏应力第三不变量：

$$\begin{cases} J_2 = \dfrac{1}{2} s_{ij} s_{ij} \\ J_3 = \dfrac{1}{3} s_{ij} s_{jk} s_{ki} \end{cases} \tag{4.105}$$

因此可以得到

$$\frac{\partial f}{\partial \sigma_{ij}} = \frac{\partial f}{\partial J_2} \frac{\partial J_2}{\partial \sigma_{ij}} + \frac{\partial f}{\partial J_3} \frac{\partial J_3}{\partial \sigma_{ij}} \tag{4.106}$$

特别地，当材料屈服函数为 Mises 屈服函数时，式 (4.106) 可进一步简化为

$$\frac{\partial f}{\partial \sigma_{ij}} = \frac{\partial f}{\partial J_2} \frac{\partial J_2}{\partial \sigma_{ij}} = \frac{\partial f}{\partial J_2} s_{ij} \tag{4.107}$$

将其代入式 (4.103) 即可得到

$$\mathrm{d}\varepsilon_{ij}^p = \mathrm{d}\lambda \frac{\partial f}{\partial J_2} s_{ij} \tag{4.108}$$

4.1.3 几种典型弹塑性模型的增量本构关系

1928 年 Mises 提出了塑性势的概念，其数学形式为

$$\mathrm{d}\varepsilon_{ij}^{p} = \mathrm{d}\lambda \frac{\partial g}{\partial \sigma_{ij}} \tag{4.109}$$

式中，g 表示塑性势函数。对于服从 Drucker 公设的稳定材料而言，应取屈服函数 f 为塑性势函数 g，我们将这种塑性本构关系称为屈服函数相关联的流动法则。对于一般金属材料而言，其塑性本构关系一般认为是服从屈服函数相关联的流动法则；下面对几种典型屈服关联流动法则进行讨论分析。

1. 理想弹塑性材料的增量本构关系

若材料满足 Mises 屈服条件，即

$$f(\sigma_{ij}) = J_2 - \frac{\sigma_s^2}{3} = 0 \tag{4.110}$$

先以最简单的理想弹塑性材料为例，若

$$J_2 - \frac{\sigma_s^2}{3} < 0 \tag{4.111}$$

或

$$\begin{cases} J_2 - \dfrac{\sigma_s^2}{3} = 0 \\ \mathrm{d}J_2 < 0 \end{cases} \tag{4.112}$$

则式 (4.108) 中，系数

$$\mathrm{d}\lambda = 0 \tag{4.113}$$

若

$$\begin{cases} J_2 - \dfrac{\sigma_s^2}{3} = 0 \\ \mathrm{d}J_2 > 0 \end{cases} \tag{4.114}$$

则式 (4.108) 中，系数

$$\mathrm{d}\lambda \geqslant 0 \tag{4.115}$$

将式 (4.108) 中两端各自点积，可以得到

$$\mathrm{d}\varepsilon_{ij}^{p}\mathrm{d}\varepsilon_{ij}^{p} = (\mathrm{d}\lambda)^2 s_{ij}s_{ij} \tag{4.116}$$

即

$$\mathrm{d}\lambda = \sqrt{\frac{\mathrm{d}\varepsilon_{ij}^{p}\mathrm{d}\varepsilon_{ij}^{p}}{s_{ij}s_{ij}}} \tag{4.117}$$

式 (4.117) 也可写为

$$\mathrm{d}\lambda = \sqrt{\frac{\mathrm{d}\varepsilon_{ij}^{p}\mathrm{d}\varepsilon_{ij}^{p}}{2J_2}} = \sqrt{\frac{3}{2}}\frac{\sqrt{\mathrm{d}\varepsilon_{ij}^{p}\mathrm{d}\varepsilon_{ij}^{p}}}{\sigma_s} = \frac{3}{2}\frac{\overline{\mathrm{d}\varepsilon_{ij}^{p}}}{\sigma_s} \tag{4.118}$$

式中，$\overline{\mathrm{d}\varepsilon_{ij}^{p}}$ 为等效塑性应变增量。

将 (4.108) 中两端同时与 s_{ij} 点积，可以得到

$$\mathrm{d}W^p = \mathrm{d}\lambda s_{ij}s_{ij} \tag{4.119}$$

式中

$$\mathrm{d}W^p = s_{ij}\mathrm{d}\varepsilon_{ij}^{p} \tag{4.120}$$

表示塑性功增量。

因此，也有

$$\mathrm{d}\lambda = \frac{\mathrm{d}W^p}{s_{ij}s_{ij}} = \frac{\mathrm{d}W^p}{2J_2} = \frac{3}{2}\frac{\mathrm{d}W^p}{\sigma_s^2} \tag{4.121}$$

将式 (4.118) 和式 (4.121) 分别代入式 (4.108)，即可给出，对于满足 Mises 屈服条件的理想弹塑性材料而言，其屈服函数相关联流动法则可写为以下两种形式：

$$\mathrm{d}\varepsilon_{ij}^{p} = \frac{3}{2}\frac{\overline{\mathrm{d}\varepsilon_{ij}^{p}}}{\sigma_s}s_{ij} \tag{4.122}$$

和

$$\mathrm{d}\varepsilon_{ij}^{p} = \frac{3}{2}\frac{\mathrm{d}W^p}{\sigma_s^2}s_{ij} \tag{4.123}$$

2. 塑性强化材料的增量本构关系

若材料是塑性应变强化材料，此时屈服面随着塑性变形的发展而不断变化。如令

$$\mathrm{d}\lambda = \frac{1}{h}\frac{\partial f}{\partial \sigma_{ij}}\mathrm{d}\sigma_{ij} \tag{4.124}$$

式中，一般情况下 h 是与 $\mathrm{d}\sigma_{ij}$ 无关的参数，一般被称为塑性模量 (该定义的依据及参数的物理意义后面的推导结果能够说明之)。

将式 (4.124) 代入式 (4.103) 即可得到

$$\mathrm{d}\varepsilon_{ij}^{p} = \frac{1}{h}\frac{\partial f}{\partial \sigma_{ij}}\frac{\partial f}{\partial \sigma_{kl}}\mathrm{d}\sigma_{kl} \tag{4.125}$$

由于式中屈服函数 f 和参数 h 都不包含 $\mathrm{d}\sigma_{ij}$，式 (4.125) 即表示塑性应变增量 $\mathrm{d}\varepsilon_{ij}^{p}$ 与应力增量 $\mathrm{d}\sigma_{ij}$ 之间满足线性关系。

根据等效塑性应变增量的定义，可知

$$\overline{\mathrm{d}\varepsilon_{ij}^{p}}=\sqrt{\frac{2}{3}\mathrm{d}\varepsilon_{ij}^{p}\mathrm{d}\varepsilon_{ij}^{p}} \tag{4.126}$$

将式 (4.103) 代入式 (4.126)，可以得到

$$\overline{\mathrm{d}\varepsilon_{ij}^{p}}=\mathrm{d}\lambda\sqrt{\frac{2}{3}\frac{\partial f}{\partial\sigma_{ij}}\frac{\partial f}{\partial\sigma_{ij}}} \tag{4.127}$$

即

$$\mathrm{d}\lambda=\frac{\overline{\mathrm{d}\varepsilon_{ij}^{p}}}{\sqrt{\frac{2}{3}\frac{\partial f}{\partial\sigma_{ij}}\frac{\partial f}{\partial\sigma_{ij}}}} \tag{4.128}$$

同理,根据塑性功增量的表达式 (4.120),也可以给出式 (4.128) 对应的塑性功增量形式:

$$\mathrm{d}\lambda=\frac{\mathrm{d}W^{p}}{\frac{\partial f}{\partial\sigma_{ij}}s_{ij}} \tag{4.129}$$

从式 (4.128) 和式 (4.129) 可以看出，如果能够确定内变量 (累积塑性应变或塑性功) 的演化，则可以求出比例因子 $\mathrm{d}\lambda$；然后，利用式 (4.124) 求出塑性模量 h；此时，式 (4.125) 即可给出具体的流动法则表达式。

根据内变量演化的一致性条件，并采用累积塑性应变为内变量，有

$$\frac{\partial f}{\partial\sigma_{ij}}\mathrm{d}\sigma_{ij}+\frac{\partial f}{\partial\left(\int\overline{\mathrm{d}\varepsilon_{ij}^{p}}\right)}\overline{\mathrm{d}\varepsilon_{ij}^{p}}=0 \tag{4.130}$$

将式 (4.124) 代入式 (4.130)，可以得到

$$h\mathrm{d}\lambda+\frac{\partial f}{\partial\left(\int\overline{\mathrm{d}\varepsilon_{ij}^{p}}\right)}\overline{\mathrm{d}\varepsilon_{ij}^{p}}=0 \tag{4.131}$$

将式 (4.127) 代入式 (4.131)，可以求出塑性模量为

$$h=-\frac{\partial f}{\partial\left(\int\overline{\mathrm{d}\varepsilon_{ij}^{p}}\right)}\sqrt{\frac{2}{3}\frac{\partial f}{\partial\sigma_{ij}}\frac{\partial f}{\partial\sigma_{ij}}} \tag{4.132}$$

以各向同性强化 Mises 材料为例，其屈服面方程可描述为

$$f=\overline{\sigma}-k\left(\int\overline{\mathrm{d}\varepsilon_{ij}^{p}}\right)=0 \tag{4.133}$$

式中，$\overline{\sigma}$ 表示等效应力；$k(\cdot)$ 为强化函数。

根据式 (4.107) 可以给出：

$$\frac{\partial f}{\partial\sigma_{ij}}=\frac{\partial f}{\partial J_2}s_{ij}=\frac{\sqrt{3}}{2}\frac{1}{\sqrt{J_2}}s_{ij} \tag{4.134}$$

根据式 (4.134)，可以求出：

$$\sqrt{\frac{2}{3}\frac{\partial f}{\partial\sigma_{ij}}\frac{\partial f}{\partial\sigma_{ij}}}=1 \tag{4.135}$$

将式 (4.135) 分别代入式 (4.128) 和式 (4.132) 可以给出比例因子和塑性模量的表达式：

$$\mathrm{d}\lambda=\overline{\mathrm{d}\varepsilon_{ij}^{p}} \tag{4.136}$$

和

$$h=-\frac{\partial f}{\partial\left(\int\overline{\mathrm{d}\varepsilon_{ij}^{p}}\right)}=\frac{\mathrm{d}k}{\mathrm{d}\left(\int\overline{\mathrm{d}\varepsilon_{ij}^{p}}\right)}=\frac{\mathrm{d}\overline{\sigma}}{\mathrm{d}\left(\int\overline{\mathrm{d}\varepsilon_{ij}^{p}}\right)} \tag{4.137}$$

式 (4.137) 表明，参数 h 是曲线 $\overline{\sigma}\sim\int\overline{\mathrm{d}\varepsilon_{ij}^{p}}$ 的切线斜率，因此将其称为塑性模量。结合式 (4.137) 和式 (4.125) 即可给出该条件下的流动法则。其他情况下流动法则的推导可以参考弹塑性力学相关书籍，在此不做详述。

4.2　一维杆中弹塑性波传播与同性波相互作用

由于固体介质中，应力波对介质的干扰和影响是极其快速的，在此快速的应力扰动过程中，介质中的粒子来不及与周围介质粒子进行热量的交换，因此，从本质上讲波动过程是热力学上的绝热过程：状态变化较平缓的增量波属于可逆的绝热过程即等熵过程；因为在动态加卸载时材料来不及与外界进行热量交换，过程是绝热的；而准静态的材料本构关系实际上则是等温本构关系，因为在慢速加载条件下材料可以通过热量交换而保持与环境温度的一致。所以，在应力波传播中所应用的本构关系应该是材料的动态本构关系。

在《固体中的应力波导论》一书中，我们对波阵面上的动量守恒条件和连续条件进行了详细的推导和分析，给出了对应的数学表达式：

$$\begin{cases} [v] = -C[\varepsilon] \\ [\sigma] = -\rho C[v] \\ C = \sqrt{\dfrac{[\sigma]}{\rho[\varepsilon]}} \end{cases}, \quad 强间断波 \tag{4.138}$$

和

$$\begin{cases} \mathrm{d}v = -C\mathrm{d}\varepsilon \\ \mathrm{d}\sigma = -\rho C\mathrm{d}v \\ C = \sqrt{\dfrac{\mathrm{d}\sigma}{\rho\mathrm{d}\varepsilon}} \end{cases}, \quad 增量波 \tag{4.139}$$

以上表达式的推导过程中，并没有涉及固体材料的本构关系；也就是说，以上表达式的推导与材料的本构关系无关，它是对任何连续介质都是成立的。然而，从第一部分弹性波理论中可以看出，几乎所有问题中应力波传播与演化结论的推导都离不开本构方程，或者说如果缺失材料本构方程，我们几乎都无法给出最终的解析解。而从 4.1 节中的知识可知，材料的塑性变形与流动远比弹性变形复杂，对应的塑性波传播也显得格外复杂，使得大多数塑性波的传播问题很难给出准确的解析解；只能针对一些典型较简单的问题分析塑性波的传播特性与演化规律。下面内容中弹塑性材料皆为稳定材料，暂不考虑不稳定材料的塑性波问题。

4.2.1　一维杆中弹塑性波传播特性与简单“双波结构”

假设材料是率无关弹塑性材料，其本构方程可表达为

$$\varepsilon = \varepsilon(\sigma) \tag{4.140}$$

且应力波前方的初始状态为 $(\sigma_A, v_A, \varepsilon_A)$，对于强间断冲击波而言，可以给出其波速为

$$D = \sqrt{\frac{[\sigma]}{\rho[\varepsilon]}} = \sqrt{\frac{\sigma - \sigma_A}{\rho(\varepsilon - \varepsilon_A)}} = \sqrt{\frac{\sigma - \sigma_A}{\rho[\varepsilon(\sigma) - \varepsilon(\sigma_A)]}} \equiv D(\sigma, \sigma_A) \tag{4.141}$$

为了与连续波波速区分，此小节中利用 D 表示强间断冲击波波速。如图 4.14 所示，容易知道两种典型材料的冲击波波速与弦 Aa 的斜率成正比，因而常称弦 Aa 为激波弦或 Rayleigh 线。从图 4.14(a) 和 (b) 中可以看出，在当前的应力状态特定的情况下，设冲击波前方的应力状态：

$$\sigma_D > \sigma_C > \sigma_A > \sigma_B \tag{4.142}$$

对于递增强化材料而言，对应的冲击波波速：

$$D_D > D_C > D_A > D_B \tag{4.143}$$

对于递减强化材料而言，对应的冲击波波速：

$$D_D < D_C < D_A < D_B \tag{4.144}$$

从图 4.14(c) 和 (d) 中可以看出，在波前的应力状态特定的情况下，设冲击波后方当前应力状态：

$$\sigma_d > \sigma_c > \sigma_b > \sigma_a \tag{4.145}$$

对于递增强化材料而言，对应的冲击波波速：

$$D_d > D_c > D_b > D_a \tag{4.146}$$

对于递减强化材料而言，对应的冲击波波速：

$$D_d < D_c < D_b < D_a \tag{4.147}$$

因此，式 (4.141) 表明：材料中的强间断冲击波波速与当前应力状态和波前方初始应力状态相关。

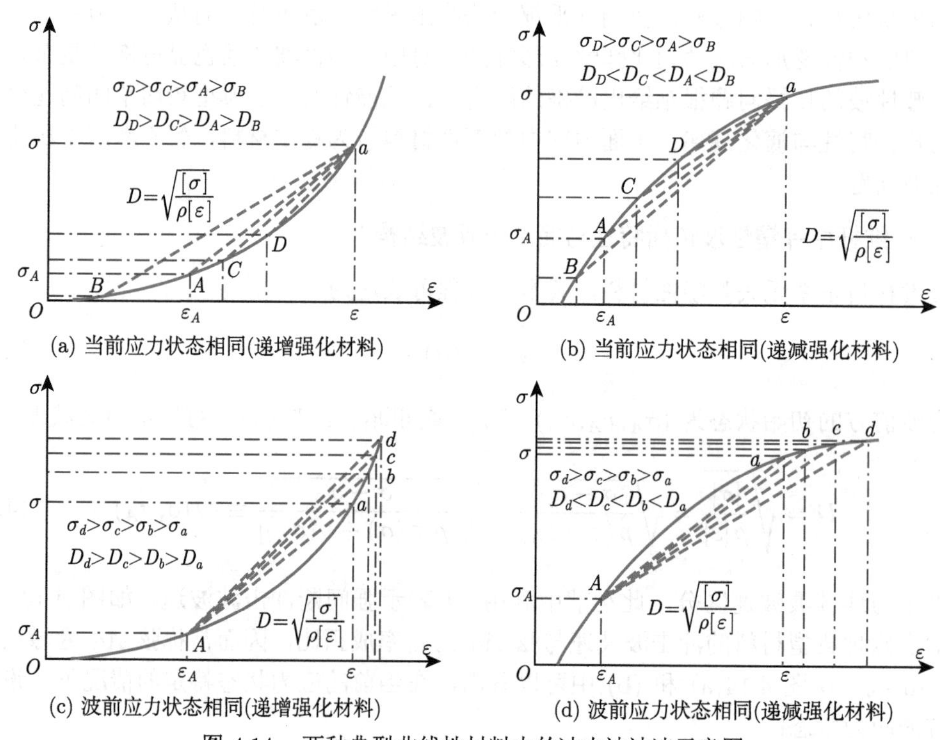

图 4.14　两种典型非线性材料中的冲击波波速示意图

对于连续波而言，其波速则为

$$C = \sqrt{\frac{\mathrm{d}\sigma}{\rho \mathrm{d}\varepsilon}} \equiv C(\sigma) \tag{4.148}$$

如图 4.15 所示，对于递增强化材料杆和递减强化材料杆而言，若

$$\sigma_A < \sigma_B < \sigma_C \tag{4.149}$$

则杆中的波速分别有

$$C_A < C_B < C_C,\quad \text{递增强化} \tag{4.150}$$

和

$$C_A > C_B > C_C,\quad \text{递减强化} \tag{4.151}$$

从以上分析可知，式 (4.148) 表明：材料中的弱间断连续波波速只与当前应力状态相关。

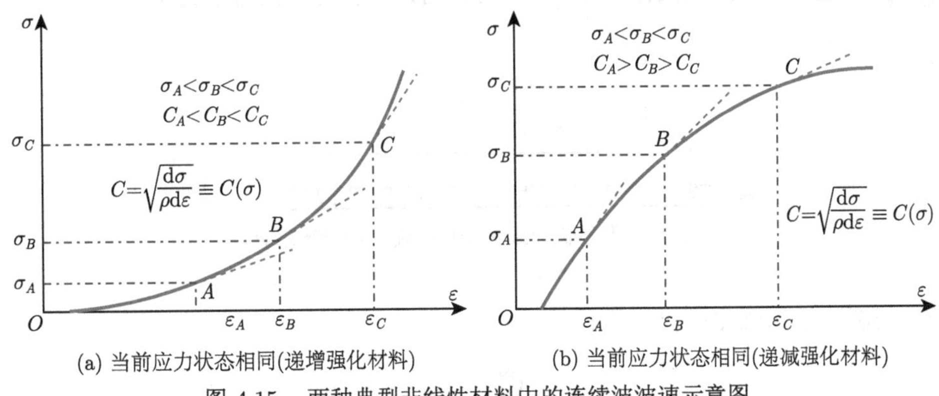

(a) 当前应力状态相同(递增强化材料) (b) 当前应力状态相同(递减强化材料)

图 4.15 两种典型非线性材料中的连续波波速示意图

从上两种典型材料中强间断冲击波和连续波的波速求解公式可以看出，虽然应力波波速的表达式 (4.138) 和式 (4.139) 与材料的本构关系无关，但其最终结果式 (4.141) 和式 (4.148) 却由材料的本构关系决定。

设在一维弹塑性杆材料中入射波为连续波，可以根据右行增量波波阵面上的动量守恒条件给出速度增量：

$$\mathrm{d}v = -\frac{\mathrm{d}\sigma}{\rho C(\sigma)} \tag{4.152}$$

式 (4.152) 说明对于弹塑性杆中应力波而言，其速度增量与当前材料中的应力状态相关。由此可以给出当前材料中的质点速度为

$$v = v_0 - \int_{\sigma_0}^{\sigma} \frac{\mathrm{d}\sigma}{\rho C(\sigma)} \equiv \phi(\sigma, \sigma_0) \tag{4.153}$$

式 (4.153) 对应的曲线常称为材料的右行连续波动态响应曲线，它的物理含义是：对一个初始状态为 (σ_0, v_0) 的一维弹塑性杆而言，当左端入射连续波时，要使杆的应力达到 σ，其质点速度应达到 $v = v_0 - \phi(\sigma, \sigma_0)$，显然它是由材料的应力应变关系所决定的，是材料本身动态性能的一种反映。

同理，如果一维弹塑性杆的入射波是强间断波，则有

$$v = v_0 - \frac{\sigma - \sigma_0}{\rho C(\sigma, \sigma_0)} \equiv \varPhi(\sigma, \sigma_0) \tag{4.154}$$

式 (4.154) 对应的曲线常称为材料的右行强间断波动态响应曲线 (或 σ-v 平面上的 Hugoniot 曲线)，它的物理含义是：对一个初始状态为 (σ_0, v_0) 的一维弹塑性杆而言，当左端入射强间断波时，要使杆的应力达到 σ，其质点速度应达到 $v = v_0 - \varPhi(\sigma, \sigma_0)$，显然它也是由材料的应力应变关系所决定的，也是材料本身动态性能的一种反映。

1. 一维弹塑性杆中应力波传播特征线

设如图 4.16 所示无限长一维弹塑性杆在初始时刻左端受到轴向方向上的加载应力 $\sigma(t)$，因而会产生一组右行连续纵波沿着 X 正方向传播，设杆材料的密度为 ρ。

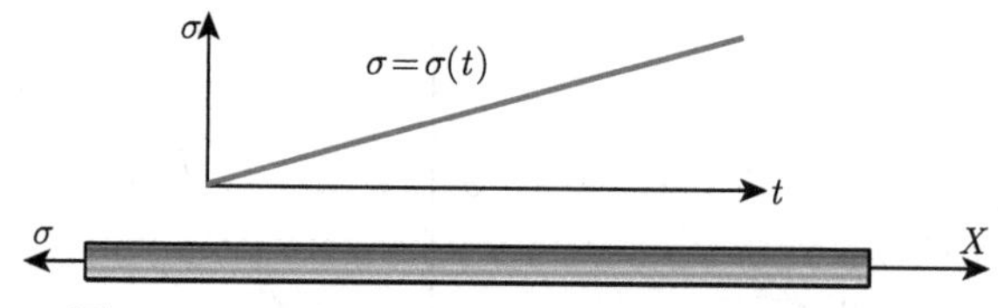

图 4.16　无限长一维弹塑性两端加载情况示意图

若杆材料为递增强化材料，即有

$$\frac{\mathrm{d}^2\sigma}{\mathrm{d}\varepsilon^2} > 0 \tag{4.155}$$

根据式 (4.148) 可知

$$\frac{\mathrm{d}\sigma}{\mathrm{d}\varepsilon} = \rho C^2 > 0 \tag{4.156}$$

将式 (4.156) 代入式 (4.155)，可有

$$\frac{\mathrm{d}^2\sigma}{\mathrm{d}\varepsilon^2} = \rho C \frac{\mathrm{d}C}{\mathrm{d}\sigma}\frac{\mathrm{d}\sigma}{\mathrm{d}\varepsilon} > 0 \Rightarrow \frac{\mathrm{d}C}{\mathrm{d}\sigma} > 0 \tag{4.157}$$

即随着应力的增大，波速也逐渐增大。在《固体中的应力波导论》中介绍了特征线的概念与基础知识，容易知道，一维杆中右行波的特征线为

$$\frac{\mathrm{d}X}{\mathrm{d}t} = C(\sigma) \tag{4.158}$$

因而可以给出此种条件下一维杆中右行纵波的传播物理平面图，如图 4.17 所示，在物理平面图中随着应力即时间的增加，其斜率逐渐减小。容易知道，随着纵波向右传播，特征线之间会相互接近甚至相交；需要说明的是，特征线有无数条，实际上并不一定正好交于一点，该图只是为了方便理解取了一个理想状态的示意图。

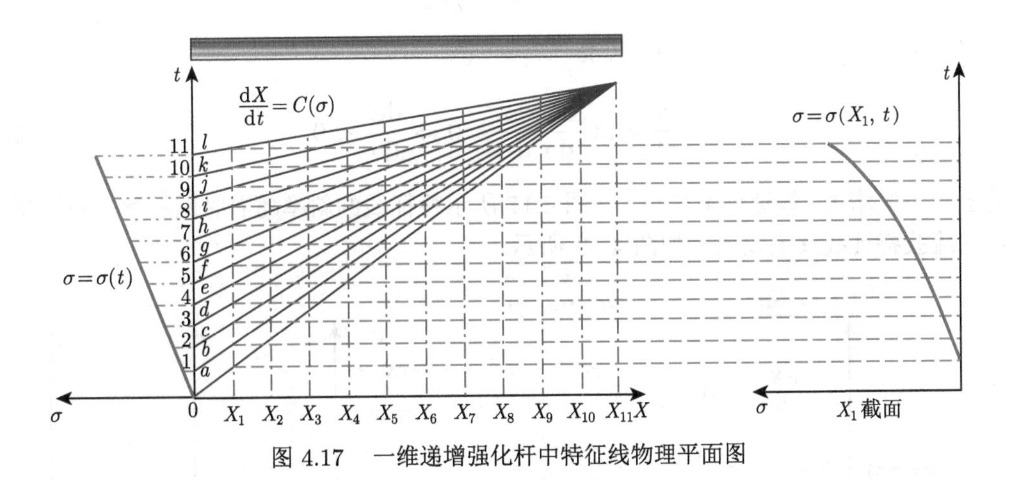

图 4.17 一维递增强化杆中特征线物理平面图

若考虑不同截面上的应力波形，可以做垂直于 X 轴的直线，以 X_1 截面为例，该直线与特征线交点分别为 a、b、c、d、e、f、g、h、i、j、k 和 l，根据特征线性质可知

$$\sigma(a)=\sigma(0),\quad \sigma(b)=\sigma(1),\quad \sigma(c)=\sigma(2),\quad \cdots,\quad \sigma(l)=\sigma(11) \tag{4.159}$$

因而可以给出 X_1 截面上不同时刻的应力即该截面上的应力波：

$$\sigma=\sigma(X_1,t) \tag{4.160}$$

如图 4.17 所示。类似地可以做出杆中 $X_2\sim X_{11}$ 截面上的应力波波形图，如图 4.18 所示。

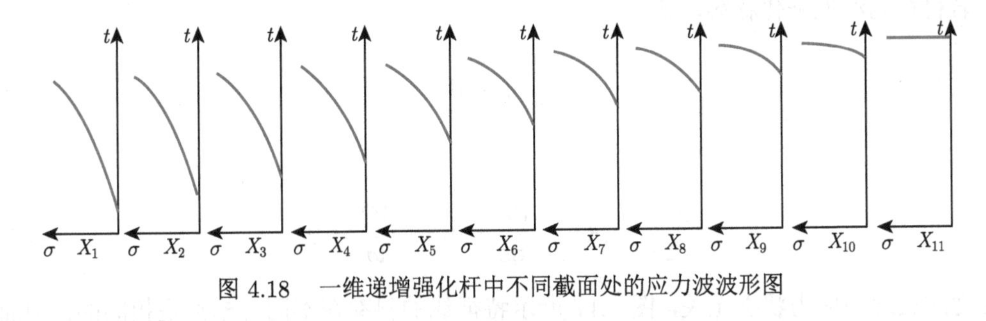

图 4.18 一维递增强化杆中不同截面处的应力波波形图

从图中可以看出，随着应力波的传播，应力加载斜面越来越陡，直至形成冲击波；一般来讲，只有加载时间足够和强度较大，一维递增强化杆中连续波一定能够发展成为冲击波。类似地，可以给出图 4.17 做不同时刻的水平线，根据特征线的性质可以给出该水平线与特征线交点对应的应力，从而可以给出不同时刻杆中的应力波波形图，在此不做赘述，读者可试绘制之。

若杆材料为递减强化材料，即有

$$\frac{d^2\sigma}{d\varepsilon^2}<0 \tag{4.161}$$

对于强化材料而言，有

$$\frac{d\sigma}{d\varepsilon}=\rho C^2>0 \tag{4.162}$$

将式 (4.162) 代入式 (4.161)，可有

$$\frac{\mathrm{d}^2\sigma}{\mathrm{d}\varepsilon^2} = \rho C \frac{\mathrm{d}C}{\mathrm{d}\sigma}\frac{\mathrm{d}\sigma}{\mathrm{d}\varepsilon} < 0 \Rightarrow \frac{\mathrm{d}C}{\mathrm{d}\sigma} < 0 \tag{4.163}$$

即随着应力的增大，波速逐渐减小。即图 4.17 所示特征线的斜率随着时间的增加逐渐增大，类似稀疏波特征线逐渐发散，如图 4.19 所示。

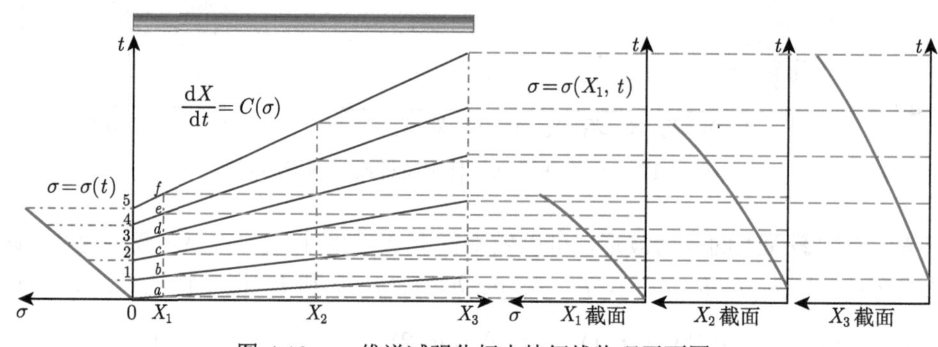

图 4.19　一维递减强化杆中特征线物理平面图

如图 4.19 所示，在一维递减强化杆中，随着应力波传播距离的增大，加载波陡度逐渐减小，即应力波波形逐渐减缓；也就是说，即使入射波是一个强间断的冲击波，经过一段时间的传播后也会逐渐衰减为弱间断连续波。这说明在递减强化材料中无法稳定传播冲击波。

若材料为线性强化材料，即

$$\frac{\mathrm{d}^2\sigma}{\mathrm{d}\varepsilon^2} = 0 \tag{4.164}$$

因而

$$\frac{\mathrm{d}^2\sigma}{\mathrm{d}\varepsilon^2} = \rho C \frac{\mathrm{d}C}{\mathrm{d}\sigma}\frac{\mathrm{d}\sigma}{\mathrm{d}\varepsilon} = 0 \Rightarrow \frac{\mathrm{d}C}{\mathrm{d}\sigma} = 0 \tag{4.165}$$

即应力波波速与应力状态无关，图 4.17 所示特征线的斜率在不同时刻都是相同的，因而不同时刻不同截面应力波波形是不变的。

以上分析说明，材料的本构关系不仅影响应力波传播波速，也能够影响应力波在材料中传播的性质和特点，因此材料的本构关系也是应力波传播与演化的关键之一。

2. 一维线弹性-线性强化杆中弹塑性“双波结构”

若材料为弹塑性材料，由于弹性阶段和塑性阶段的应力应变关系差别较大，因此一般将弹性阶段与塑性阶段分开考虑；特别地，对于线弹性-塑性强化材料而言，其在弹性阶段和塑性阶段的特征线和波速分别为

$$\begin{cases} \dfrac{\mathrm{d}X}{\mathrm{d}t} = C_e \\ \dfrac{\mathrm{d}X}{\mathrm{d}t} = C_p(\sigma) \end{cases} \tag{4.166}$$

式中，C_e 表示线弹性材料弹性波波速；C_p 表示塑性波波速。而对于非线弹性-塑性强化材料而言，弹性阶段的应力波速也是应力状态的函数。

假设简单波扰动方程在物理平面上的某一参考状态点为 (X_0, t_0)，可有

$$X - X_0 = C(\sigma)(t - t_0) \tag{4.167}$$

式 (4.167) 即为简单波波阵面的方程。它的物理意义是：t_0 时刻波阵面 X_0 处的应力 σ 将在 t 时刻到达粒子 X 处。

如图 4.20 所示，设在杆左端存在一个时程曲线为 $\sigma = f(\tau)$ 的加载波，设一维杆杆左端的应力初始边界条件为

$$\sigma|_{X_0=0} = f(\tau_0) \tag{4.168}$$

式中，τ_0 表示时间；$X_0 = 0$ 表示参考状态点为杆左端处的状态点；$f(\tau_0)$ 表示杆左端在 τ_0 时刻的应力值。此时的参考状态点物理平面上的坐标为 $(0, \tau_0)$。

对于任意一个状态点 (X, t)，可以求出该应力在 $X = 0$ 处对应的时刻：

$$\tau_0 = t - \frac{X}{C(\sigma)} \tag{4.169}$$

由于在同一个简单波波阵面上的应力不变，即如图 4.20 所示物理平面上状态点 (X, t) 对应的应力等于状态点 $(0, t - X/C)$ 对应的应力：

$$\sigma(X, t) = \sigma\left[0, t - \frac{X}{C(\sigma)}\right] \tag{4.170}$$

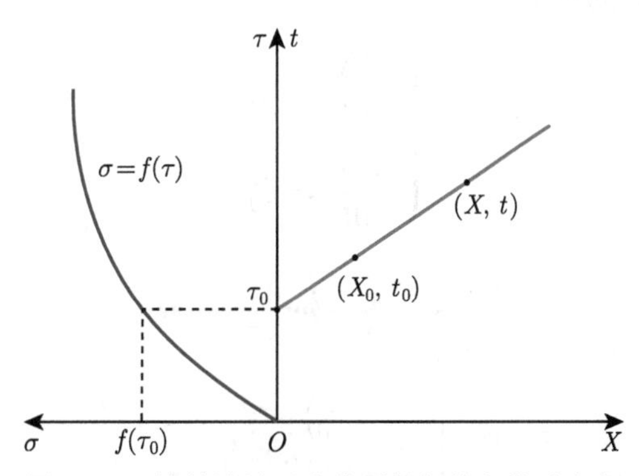

图 4.20 简单波波区内典型特征线与扰动方程

由此，可以根据一维杆左端入射波方程求出点 (X, t) 的应力：

$$\sigma(X, t) = f\left[t - \frac{X}{C(\sigma)}\right] \tag{4.171}$$

式 (4.171) 称为右行简单波的解析表达式。它的物理意义是：边界 $X_0 = 0$ 处 τ_0 时刻的应力 $f(\tau_0)$ 将在 $t - X/C$ 时刻到达质点 X 处。从式 (4.171) 可以看出，材料的波速是其应力的函数，它由材料的本构关系决定。

一般可以通过材料的本构方程求出其解 $C(\sigma)$，故对给定的边界应力载荷 $\sigma = f(\tau_0)$，式 (4.171) 就是一个关于函数 $\sigma = \sigma(X,t)$ 的一个隐式方程。对一般的非线性本构关系，由隐式方程 (4.171) 未必能求出函数 $\sigma = \sigma(X,t)$ 的显式表达式，但对某些特殊的本构形式有时则是可以求出其显式表达式的。例如，对于线弹性材料和线弹性-线性强化的弹塑性材料，即可以求出其显式表达式。因而本书在弹塑性波传播与演化问题的定量分析以及解析推导过程中，一般以线弹性-线性强化弹塑性材料 (后面简称线性强化弹塑性材料) 为研究对象。

根据式 (4.171) 可知，材料的本构方程和应力状态对应力波波速有着密切的关系，对于一般材料而言，其弹性阶段的应力波速明显大于塑性应力波波速；因此，当一维杆中传播弹塑性波时，其塑性的应力扰动会落后于弹性的应力扰动，以线性强化弹塑性材料为例，假设材料的杨氏模量为 E、塑性阶段为 E'，因此其弹性波波速和塑性波波速分别为

$$\begin{cases} C_e = \sqrt{\dfrac{\mathrm{d}\sigma}{\rho \mathrm{d}\varepsilon}} = \sqrt{\dfrac{E}{\rho}} \\ C_p = \sqrt{\dfrac{\mathrm{d}\sigma_p}{\rho \mathrm{d}\varepsilon_p}} = \sqrt{\dfrac{E'}{\rho}} \end{cases} \tag{4.172}$$

假设在一维无限长线性强化弹塑性杆左端施加一个加载波 $\sigma = f(\tau)$；当 $\tau = \tau_0$ 时，加载波应力值到达杆的屈服强度 Y，即 $Y = f(\tau_0)$。根据加载曲线可知，当 $\tau < \tau_0$ 时，加载波为弹性波，此时向杆中传播弹性加载波；当 $\tau > \tau_0$ 时，加载波为塑性波，此时向杆中传输塑性加载波，其应力波传播物理平面图如图 4.21 所示。从图中不难发现，右行特征线在弹性段和塑性段的斜率皆为常数：

$$\begin{cases} \dfrac{\mathrm{d}X}{\mathrm{d}t} = C_e \\ \dfrac{\mathrm{d}X}{\mathrm{d}t} = C_p \end{cases} \tag{4.173}$$

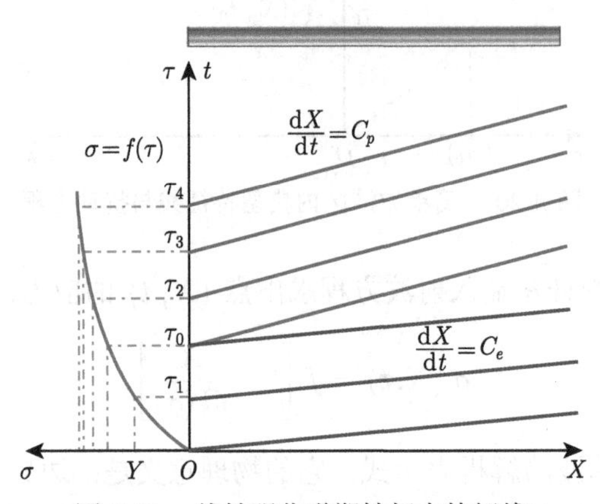

图 4.21 线性强化弹塑性杆中特征线

因而，在 $\tau>\tau_0$ 时杆中会传播一组速度相同的弹性增量波和一组速度相同的塑性增量波，如图 4.22 所示。从图中 $t=\tau_1$ 和 $t=\tau_2$ 时刻杆中的应力波波形可以看出，随意时间的推移，杆中弹性波和塑性波分别以恒定速度 C_e 和 C_p 传播，传播过程中两种波形并不发生改变，只是应力为 Y 的平台段不断加长。

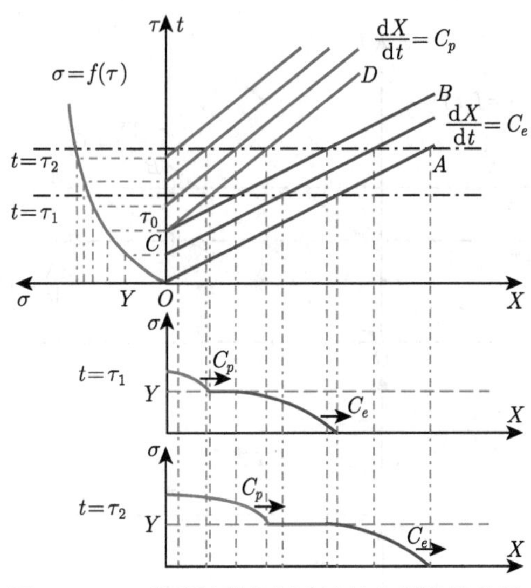

图 4.22　一维线性强化杆中连续入射波的传播

基于图 4.22，根据波阵面上的守恒条件，容易给出简单波区内任意节点的状态量。对于任意点 (X,t)，若 $0\leqslant t\leqslant X/C_e$，即节点处于 XOA 区域，则有

$$\sigma(X,t)=0 \tag{4.174}$$

若 $X/C_e<t\leqslant X/C_e+\tau_0$，即节点处于 $OABC$ 区域，则有

$$\sigma(X,t)=f\left(t-\frac{X}{C_e}\right) \tag{4.175}$$

若 $X/C_e+\tau_0<t\leqslant X/C_p+\tau_0$，即节点处于 BCD 区域，则有

$$\sigma(X,t)=Y \tag{4.176}$$

若 $t>X/C_p+\tau_0$ 且不大于左端应力的加载时间，即节点处于 CD 区域以上，则有

$$\sigma(X,t)=f\left(t-\frac{X}{C_p}\right) \tag{4.177}$$

然后根据特征线上的特征关系可以给出对应的质点速度值。

以上问题中左端加载应力为连续加载情况，从弹性加载到塑性加载连续过渡到塑性，因此杆中的应力扰动随着时间推移逐渐从弹性扰动过渡到塑性扰动。如果加载波是一个强突跃的间断波，即杆左端介质直接跳跃到塑性状态，此时杆中应力波的传播就与上面的情况有所不同了。如图 4.23 所示。假设入射应力波为 $\sigma = f(\tau)$，但当 $\tau = 0$ 时，其值为

$$\sigma_0 = f(0) > Y \tag{4.178}$$

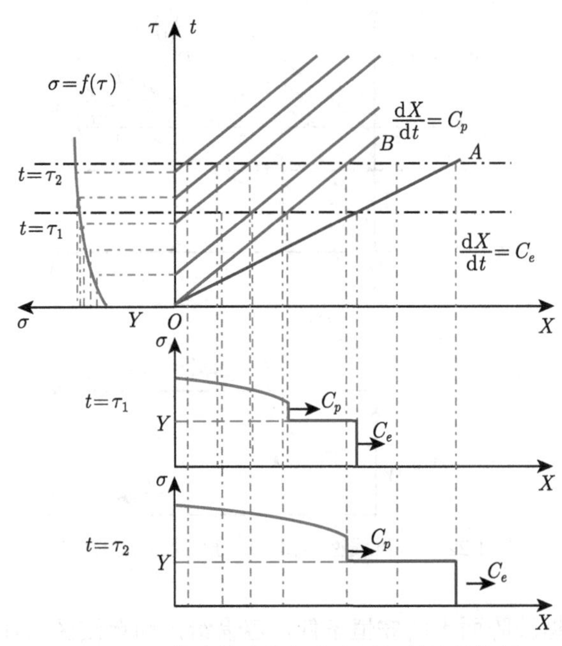

图 4.23　一维线性强化杆中突跃入射波的传播

此时由于初始时刻应力强度 $f(0) > Y$，因此在 $\tau = 0$ 时刻会在杆左端向右方杆中同时传播一个强度为 $[\sigma] = Y$ 的弹性冲击波和强度为 $[\sigma] = f(0) - Y$ 的塑性冲击波；之后，当 $\tau > 0$ 时，同上会向杆中传播塑性波。类似地可以给出 $t = \tau_1$ 和 $t = \tau_2$ 时刻杆中的应力波波形，从图中可以看到，杆中同时存在弹性冲击波、塑性冲击波和塑性连续波。

从图 4.22 和图 4.23 都可以看到，无论一维杆左端加载波是连续弹塑性波还是突跃强间断冲击波，杆中都同时存在弹性波和塑性波，而且这两种波波速在传播过程中皆保持不变，我们称这种应力波结构为“弹塑性双波结构”，常简称“双波结构”；一般而言，弹性波由于波速快于塑性波，因此一般称此弹性波为弹性前驱波。

4.2.2　一维杆中弹塑性加载波的相互作用

在第一部分中对杆中弹性波相互作用进行了讨论，对于弹性波而言，由于皆为线性波，其波的相互作用满足线性叠加原理，而对于弹塑性材料而言，由于其非线性特征，叠加原理不再适用，此时就必须考虑加载路径了。本章中以线弹性-塑性材料为研究对象，即在本章后面若提起弹塑性皆是指线弹性-塑性，对于一般非黏弹性材料而言，这个假设是科学准确的。本小节中部分内容的具体推导过程可参考《固体中的应力波导论》相关内容，在此只给出结果和进一步分析。

1. 线性强化材料中弹塑性加载波的相互作用

设一维线性强化弹塑性杆初始处于静止松弛状态，即初始应力 σ_0 和质点速度 v_0 均为 0；杆材料密度为 ρ，弹性波波速为 C_e，塑性波波速为 C_p。设杆在 $t=0$ 时刻杆左端面上和右端面上分别突然受到恒值冲击应力分别为 σ_1 和 σ_2 的弹性突加波 (也称弹性加载波)，如图 4.24 所示。

σ_1 σ_2

图 4.24 一维弹塑性杆两端施加弹性加载波

假设两杆加载应力满足

$$\begin{cases} 0<\sigma_1<Y \\ 0<\sigma_1<Y \\ \sigma_1+\sigma_2>Y \end{cases} \tag{4.179}$$

同弹性波相互作用中的分析方法，以物理平面 X-t 结合状态平面 σ-v 来研究弹塑性波的传播和相互作用情况。

由于突加应力皆小于屈服强度 Y，从杆的左右端分别向中心方向传播弹性加载波；当两个弹性波迎面相遇时并相互作用后，由于叠加应力大于屈服应力，此两个弹性波迎面相互作用后会产生塑性加载波，根据前面弹塑性双波结构相关结论可知，此两个弹性加载波迎面相互作用后会产生双波结构且向对方方向继续传播：弹性前驱波和紧随而来的塑性加载波，其在物理平面上的扰动线如图 4.25 所示。

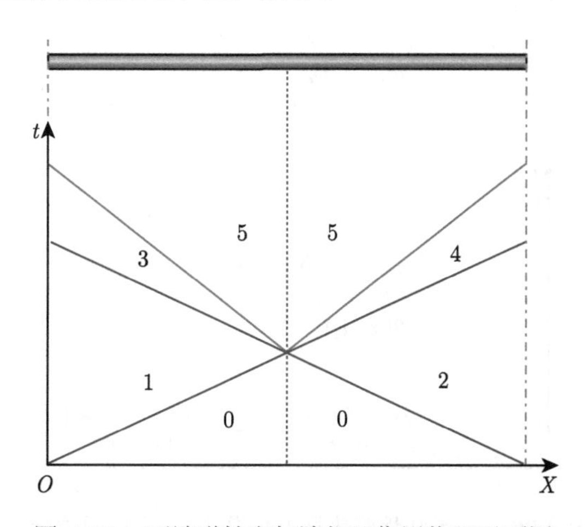

图 4.25 两端弹性突加波相互作用物理平面图

根据波阵面上的守恒条件、初始条件和连续条件，可以求得

$$\begin{cases} v_1=-\dfrac{\sigma_1}{\rho C_e} \\ v_2=\dfrac{\sigma_2}{\rho C_e} \end{cases},\quad \begin{cases} \sigma_3=Y \\ v_3=\dfrac{Y-2\sigma_1}{\rho C_e} \end{cases},\quad \begin{cases} \sigma_4=Y \\ v_4=\dfrac{2\sigma_2-Y}{\rho C_e} \end{cases}$$

$$
\begin{cases}
\sigma_5 = \dfrac{C_p}{C_e}(\sigma_1+\sigma_2-Y)+Y \\
v_5 = \dfrac{\sigma_2-\sigma_1}{\rho C_e}
\end{cases}
\tag{4.180}
$$

一般来讲，$C_p < C_e$，因此有

$$
\sigma_5 < \sigma_1+\sigma_2 \tag{4.181}
$$

它的物理意义是：对于非线性波而言，两个波的相互作用并不满足线性波时的线性叠加原理，这是非线性波问题与线性波问题的本质区别。当然，弹性波 1~3、2~4 和塑性波 3~5、4~5 到达杆两端自由面后会产生反射卸载波，此时反射波还会与塑性加载波相互作用，这属于弹塑性加载波与卸载波相互作用的内容，本章后面内容会进行分析和讨论。

强弹性加载波波在刚壁上的反射就是此类问题的极端情况。设一维线性强化弹塑性杆初始时处于自然松弛静止状态 $(\sigma_0=0, v_0=0)$，在 $t=0$ 时刻杆左端面上突然受到恒值冲击应力 σ_1 加载波，杆右端与刚壁固连。设杆材料密度为 ρ，弹性波波速为 C_e，塑性波波速为 C_p，加载波强度小于材料的单轴屈服强度 Y 但大于 $Y/2$，根据弹性波在刚壁上的分析结果可以给出完全弹性条件下反射物理平面图，如图 4.26 所示。由于状态 2 对应的应力大于材料的屈服强度 Y，因此必会存在“双波”结构；分别根据弹性波和塑性波波阵面上的守恒条件和边界条件，可以求出

$$
\sigma_5 = \frac{C_p}{C_1}(2\sigma_1 - Y)+Y < 2\sigma_1 \tag{4.182}
$$

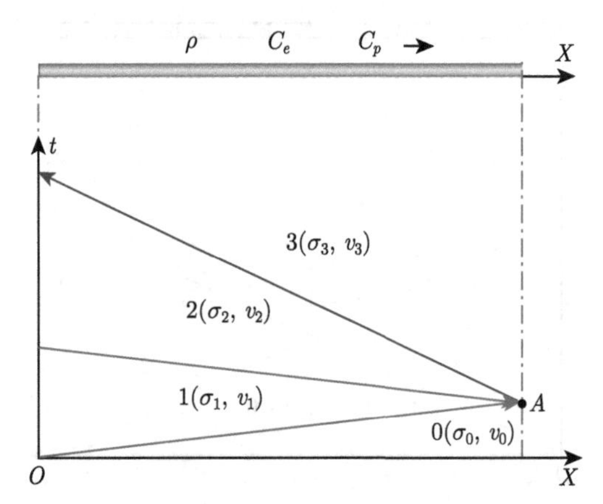

图 4.26　一维线性强化杆中强弹性波在刚壁上的反射

若杆左端施加一个强度为 $\sigma_L < Y$ 的弹性突加波，右端施加一个强度为 Y 的突加波，应力波传播的物理平面图如图 4.27 所示。由于杆右端强间断加载波强度等于屈服应力，根据一维弹塑性杆中双波结构规律，此时杆右端向左端可能同时传播一个弹性前驱波和一个塑性加载波。

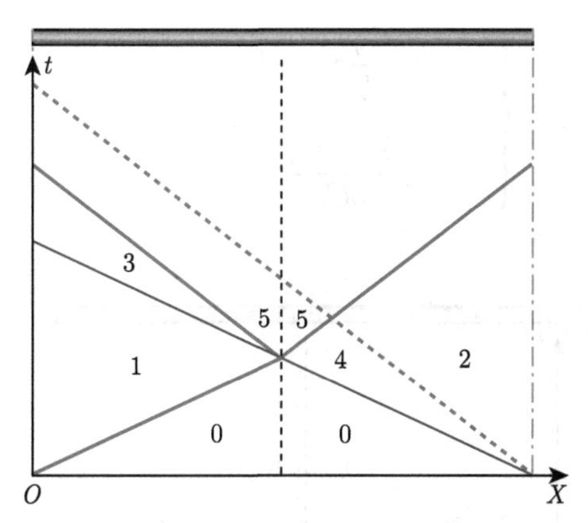

图 4.27　弹性突加波与强度为 Y 的突加波相互作用

设杆右端向杆中传播弹性前驱波 0~4 和塑性加载波 4~2，根据弹塑性波波阵面上的运动方程、连续条件、边界条件和初始条件，可以计算出

$$
\begin{cases} \sigma_1 = \sigma_L \\ v_1 = -\dfrac{\sigma_L}{\rho C_e} \end{cases}, \quad \begin{cases} \sigma_2 = Y \\ v_2 = \dfrac{Y}{\rho C_e} \end{cases}, \quad \begin{cases} \sigma_4 = Y \\ v_4 = \dfrac{Y}{\rho C_e} \end{cases} \tag{4.183}
$$

从式 (4.183) 容易看出，状态点 2 对应的状态值和状态点 4 对应的值相同，也就是说，并不存在塑性加载波 4~2。类似以上两个强弹性突加波相互作用情况，容易知道，加载波 0~1 和加载波 0~4 相遇并相互作用后，波阵面后方的应力必处于塑性状态，由于状态点 4 的应力值为 Y，因此应力波 4~5 必然为一个塑性加载波；而状态点 1 的应力小于 Y，即处于弹性状态，根据连续条件可知，两波作用后 1~5 波阵面后方应力也大于 Y，因此存在双波结构，即应力波 1~5 并不是一个波，而是弹性波 1~3 和塑性波 3~5 的组合。根据波阵面上的守恒条件与连续条件，可以计算出

$$
\begin{cases} \sigma_3 = Y \\ v_3 = \dfrac{Y - 2\sigma_L}{\rho C_e} \end{cases}, \quad \begin{cases} \sigma_5 = \dfrac{C_p}{C_e}\sigma_L + Y \\ v_5 = \dfrac{Y - \sigma_L}{\rho C_e} = \dfrac{\sigma_R - \sigma_L}{\rho C_e} \end{cases} \tag{4.184}
$$

之后弹性波 1~3 和塑性波 3~5、塑性波 4~5 在杆两端的自由面还会继续发生反射行为，进一步在杆中形成不同类型应力波的相互作用，关于弹塑性波在自由面上的反射问题参考后面相关内容。

若杆左端施加一个强度为 $\sigma_L < Y$ 的弹性突加波，右端施加一个强度为 $\sigma_R > Y$ 的弹塑性突加波，类似地可以给出杆中应力波传播与演化的物理平面图，如图 4.28 所示。同上一种情况分析，根据弹塑性波波阵面上的守恒条件、边界条件、初始条件，分别可以求出状态点 1、状态点 2、状态点 3、状态点 4 和状态点 5 的参数：

$$
\begin{cases} \sigma_1 = \sigma_L \\ v_1 = -\dfrac{\sigma_L}{\rho C_e} \end{cases}, \quad \begin{cases} \sigma_2 = \sigma_R \\ v_5 = \dfrac{\sigma_R - Y}{\rho C_p} + \dfrac{Y}{\rho C_e} \end{cases}, \quad \begin{cases} \sigma_3 = Y \\ v_3 = \dfrac{Y - 2\sigma_L}{\rho C_e} \end{cases}
$$

$$\begin{cases} \sigma_4 = Y \\ v_4 = \dfrac{Y}{\rho C_e} \end{cases}, \quad \begin{cases} \sigma_5 = \dfrac{C_p}{C_e}\sigma_L + Y \\ v_5 = \dfrac{Y - \sigma_L}{\rho C_e} \end{cases} \tag{4.185}$$

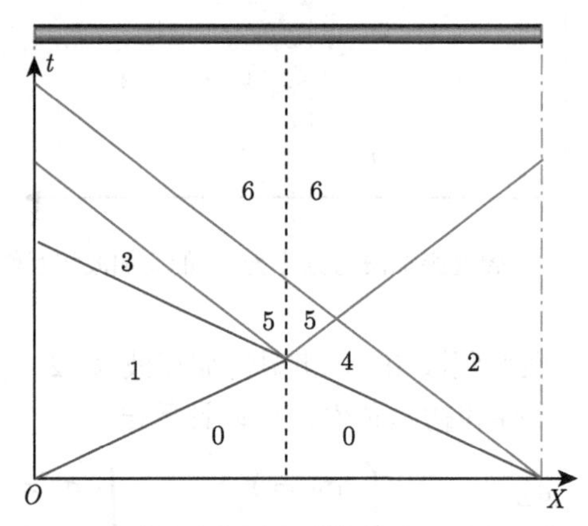

图 4.28　弹性突加波与弹塑性突加波相互作用

根据连续条件和右行塑性波 4~5、左行塑性波 4~2 波阵面上的运动方程，可以给出状态点 6 对应的参数：

$$\begin{cases} \sigma_6 = \dfrac{C_p}{C_e}\sigma_L + \sigma_R \\ v_6 = \dfrac{\sigma_R - Y}{\rho C_p} + \dfrac{Y - \sigma_L}{\rho C_e} \end{cases} \tag{4.186}$$

若杆左端和右端各施加一个强度分别为 σ_L 和 σ_R 的塑性突加波，杆两端会同时向杆中心位置传播弹性前驱波和塑性加载波，如图 4.29 所示。

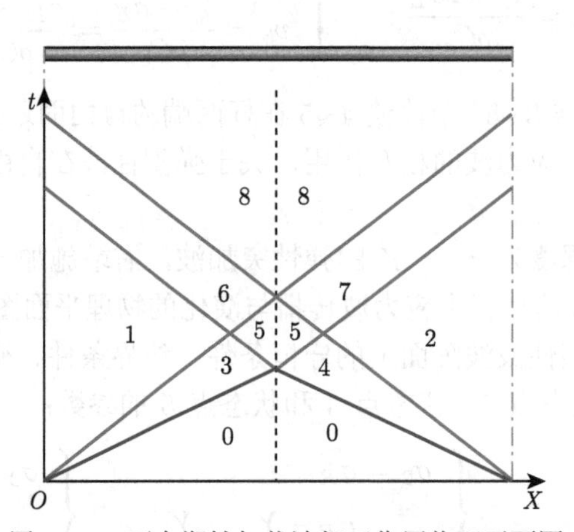

图 4.29　两个塑性加载波相互作用物理平面图

类似地，根据边界条件和弹塑性波波阵面上的守恒条件，可以求出状态点 1~ 状态点 4 的参数分别为

$$\begin{cases} \sigma_1 = \sigma_L \\ v_1 = -\dfrac{\sigma_L - Y}{\rho C_p} - \dfrac{Y}{\rho C_e} \end{cases}, \quad \begin{cases} \sigma_2 = \sigma_R \\ v_2 = \dfrac{\sigma_R - Y}{\rho C_p} + \dfrac{Y}{\rho C_e} \end{cases}$$

$$\begin{cases} \sigma_3 = Y \\ v_3 = -\dfrac{Y}{\rho C_e} \end{cases}, \quad \begin{cases} \sigma_4 = Y \\ v_4 = \dfrac{Y}{\rho C_e} \end{cases} \tag{4.187}$$

根据连续方程和波阵面上的守恒条件，可以求出状态点 5 的参数为

$$\begin{cases} \sigma_5 = \left(\dfrac{C_p}{C_e} + 1\right) Y \\ v_5 = 0 \end{cases} \tag{4.188}$$

类似地，利用塑性加载波波阵面上的动量守恒条件和连续条件，分别可以得到状态点 6、状态点 7 和状态点 8 的参数：

$$\begin{cases} \sigma_6 = \dfrac{C_p}{C_e} Y + \sigma_L \\ v_6 = \dfrac{Y - \sigma_L}{\rho C_p} \end{cases}, \quad \begin{cases} \sigma_7 = \dfrac{C_p}{C_e} Y + \sigma_R \\ v_7 = \dfrac{\sigma_R - Y}{\rho C_p} \end{cases}, \quad \begin{cases} \sigma_8 = (\sigma_L + \sigma_R) + \left(\dfrac{C_p}{C_e} - 1\right) Y \\ v_8 = \dfrac{\sigma_R - \sigma_L}{\rho C_p} \end{cases} \tag{4.189}$$

事实上，对于以上几个弹塑性相互作用问题而言，我们可以结合状态平面图，根据初始条件、边界条件、连续条件和波阵面上的守恒条件，更直观地给出给状态点的参数；以两个塑性突加波相互作用为例，可以给出状态平面图如图 4.30 所示，该图中各直线代表的运动方程详见《固体中的应力波导论》中相关推导，在此不做详述。

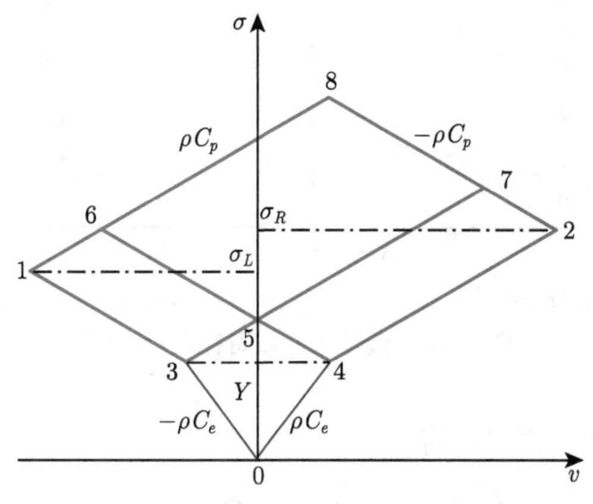

图 4.30　两个塑性加载波相互作用状态平面图

2. 非线性强化材料中弹塑性加载波的相互作用

对于线弹性-非线性强化弹塑性材料而言，在塑性阶段波阵面的波阻抗不再是常值，其塑性波波速：

$$C_p = C_p(\sigma) \tag{4.190}$$

是应力强度的函数。以递减强化材料为例，若杆左端和右端各施加一个强度分别为 σ_L 和 σ_R 的塑性突加波，杆两端会同时分别向杆中心位置传播一个弹性前驱波和一组塑性加载波，由于塑性波波速随着应力强度的增大而减小，体现在物理平面中就是一族无限多个起于一个中心发散的特征线，称为塑性中心波，为了简化分析，这里用三条不同斜率的特征线代替；容易理解，当特征线绘制得越密集则给出的结果越光滑准确。

假设 $\sigma_L < \sigma_R$，左右两端的入射塑性波分别用三条特征线表征即将一系列连续的塑性波波阵面简化为三个间断的塑性波波阵面，如图 4.31 所示，强度分别为

$$\begin{cases} [\sigma]_{1-2} = [\sigma]_{2-3} = [\sigma]_{3-4} = \dfrac{\sigma_L - Y}{3} \\ [\sigma]_{11-12} = [\sigma]_{12-13} = [\sigma]_{13-14} = \dfrac{\sigma_R - Y}{3} \end{cases} \tag{4.191}$$

因此可以给出对应的塑性波波速分别为

$$C_{1-2} = C_p(Y), \quad C_{2-3} = C_p\left(\frac{\sigma_L + 2Y}{3}\right), \quad C_{3-4} = C_p\left(\frac{2\sigma_L + Y}{3}\right) \tag{4.192}$$

和

$$C_{11-12} = C_p(Y), \quad C_{12-13} = C_p\left(\frac{\sigma_R + 2Y}{3}\right), \quad C_{13-14} = C_p\left(\frac{2\sigma_R + Y}{3}\right) \tag{4.193}$$

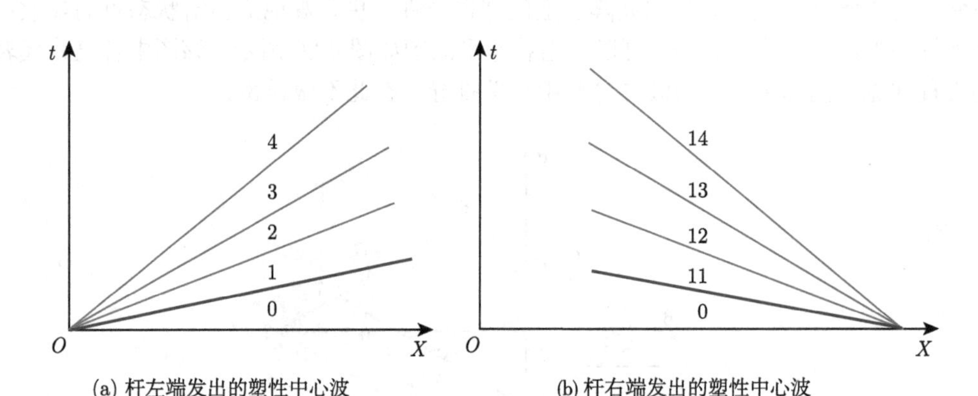

(a) 杆左端发出的塑性中心波　　(b) 杆右端发出的塑性中心波

图 4.31 塑性中心波特征线示意图

对于递减强化弹塑性杆而言，有

$$\begin{cases} C_{1-2} > C_{2-3} > C_{3-4} \\ C_{11-12} > C_{12-13} > C_{13-14} \end{cases} \tag{4.194}$$

和

$$
\left\{
\begin{array}{l}
C_{1-2} > C_{11-12} \\
C_{2-3} >> C_{12-13} \\
C_{3-4} > C_{13-14}
\end{array}
\right.
\tag{4.195}
$$

可以绘制出此杆中弹塑性波相互作用的物理平面图，如图 4.32(a) 所示。需要说明的是，由于材料是递减强化材料，因此任何两个塑性波相互作用后所给出的两个塑性波波速会小于之前的塑性波波速，即在图中其斜率会增加；因而，塑性波 3~4 和塑性波 7~8、塑性波 13~14 互不共线，事实上图中所有网格边都互不共线。

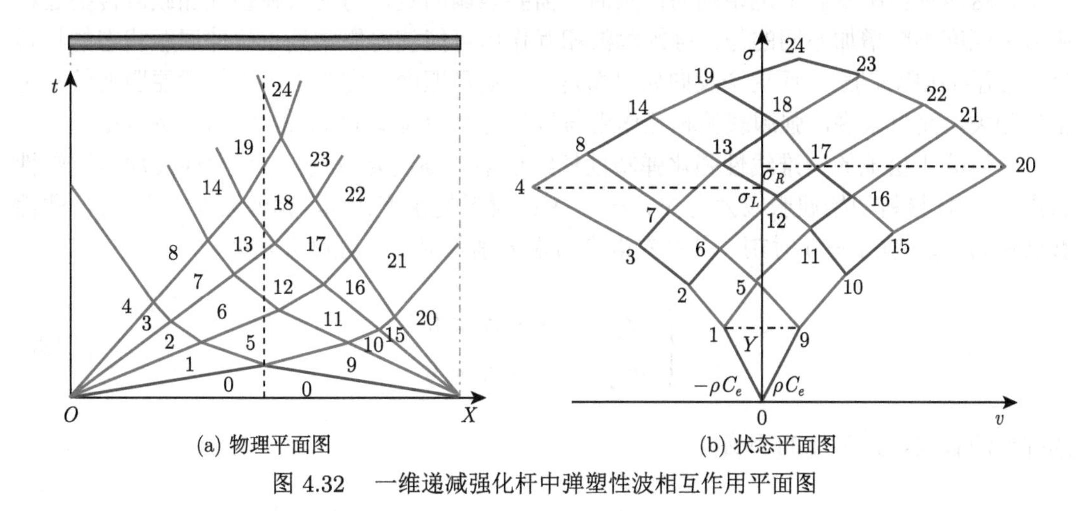

(a) 物理平面图 (b) 状态平面图

图 4.32 一维递减强化杆中弹塑性波相互作用平面图

该问题中的计算方法与线性强化弹塑性杆中应力波的相互作用问题并没有差别，皆是利用初始条件、边界条件、连续条件和波阵面上的守恒条件给出状态参数，其状态平面图如图 4.32(b) 所示。

与线性强化材料中塑性波波速或塑性波阻抗保持不变这一特征不同，递减强化材料中塑性波相互作用后波数会减小。如图 4.32 所示，利用初始条件和波阵面上的守恒条件，可以给出状态点 1 和状态点 9 的参数，进而可以给出塑性加载波 1~2、1~5 和塑性加载波 9~10、9~5 的波速 $C_p(Y)$；进一步根据波阵面上的守恒条件求出状态点 2、状态点 5 和状态点 10 的应力与质点速度参数，从而可以得到塑性加载波 2~3、2~6、5~6、5~11 和塑性加载波 10~11、10~15 的波速；根据以上所给出的 5 个塑性加载波波阵面上的守恒条件与连续条件，可以求出状态点 3、状态点 6、状态点 11 和状态点 15 的应力与质点速度参；依次类推，参考图 4.32，可以求出所有状态点的应力与质点速度参数；读者可试推导之。

以上分析说明，实际上塑性冲击波有无限多个，塑性波波速的减小趋势是连续的；而以上研究只简化取三个塑性突加波来替代，势必会降低计算精度；我们可以通过增加塑性加载波数量或利用二阶平均算法来提高精度，此方法可参考特征线理论相关内容。若塑性加载波是连续波，我们也可以将之等效为无穷多个塑性突加波的组合，此时应力波传播和塑性波相互作用就显得有些复杂，我们可以利用特征线法对其进行分析，具体内容见 5.1 节相关内容，在此不做详述。

4.2.3　一维杆中弹塑性卸载波的相互作用

在爆炸与冲击动力学的工程问题中，一般而言将压缩应力的增大视为加载，而把压缩应力的减小视为卸载；本书中弹塑性波部分即前两个部分都以拉伸应力为正，为了保持符号定义的一致性，这里也定义拉伸应力为加载应力，而将拉伸应力的减小定义为卸载。以一维弹塑性为例，杆中卸载波的传播使得拉伸应力减小，这些卸载波本质上是压缩波，弹性卸载波的相互作用可以视为弹性压缩波的相互作用，从而可以利用弹性波相互作用的相关理论；甚至在很多弹塑性压缩波问题的分析中也与弹塑性加载波相互作用基本一致。事实上，这两种情况本质上是相同的；然而，需要强调的是，与前面弹塑性加载波传播过程中应力强度不断增加不同的是，强卸载波相互作用可能使得原本处于拉伸屈服状态的材料反向屈服 (压缩屈服)，而这个反向屈服面是一个后屈服面，它与上一个加载屈服面的状态密切相关，简单来讲，强卸载波相互作用与材料的本构模型 (屈服准则) 密切相关。

设原静止松弛的一维线性强化弹塑性杆经过某个强度为 σ_0 的右行塑性波加载到塑性状态 σ_0，杆材料初始屈服应力为 Y，$\sigma_0 > Y$；材料的密度为 ρ，弹性波波速为 C_e，塑性波波速为 C_p；在 $t=0$ 时刻，从杆左端和右端分别入射一个强度分别为

$$\begin{cases} [\sigma]_L = \sigma_1 - \sigma_0 < 0 \\ [\sigma]_R = \sigma_2 - \sigma_0 < 0 \end{cases} \tag{4.196}$$

的弹性卸载波，如图 4.33 所示。

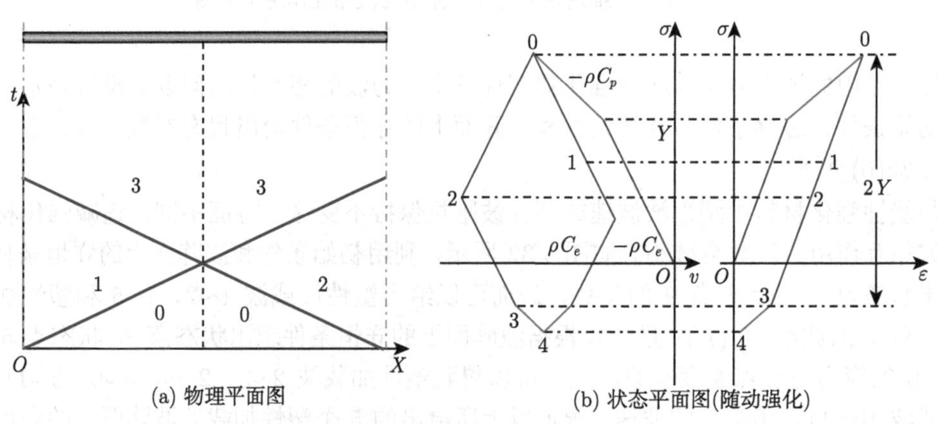

图 4.33　一维随动线性强化弹塑性杆中弱弹性卸载波的相互作用平面图

根据一维线性强化杆中弹塑性波“双波结构”传播的相关知识可以给出杆中质点的初始速度为

$$v_0 = -\frac{\sigma_0 - Y}{\rho C_p} - \frac{Y}{\rho C_e} \tag{4.197}$$

根据右行波和左行波波阵面上的运动方程可以给出

$$\begin{cases} \sigma_1 - \sigma_0 = -\rho C_e (v_1 - v_0) \\ \sigma_2 - \sigma_0 = \rho C_e (v_2 - v_0) \end{cases} \tag{4.198}$$

结合式 (4.198) 波阵面上的守恒条件、边界条件和初始条件，可以给出状态点 1 和状态点 2 的应力与质点速度分别为

$$\begin{cases} \sigma_1 = \sigma_0 + [\sigma]_L \\ v_1 = -\dfrac{\sigma_0 - Y}{\rho C_p} - \dfrac{[\sigma]_L + Y}{\rho C_e} \end{cases}, \quad \begin{cases} \sigma_2 = \sigma_0 + [\sigma]_R \\ v_2 = -\dfrac{\sigma_0 - Y}{\rho C_p} - \dfrac{Y}{\rho C_e} + \dfrac{[\sigma]_R}{\rho C_e} \end{cases} \tag{4.199}$$

假设此两个入射卸载波相互作用后波阵面后方介质仍处于弹性状态，如图 4.33 所示，根据波阵面上的守恒条件和连续条件：

$$\begin{cases} \sigma_3 - \sigma_2 = -\rho C_e (v_3 - v_2) \\ \sigma_3 - \sigma_1 = \rho C_e (v_3 - v_1) \end{cases} \tag{4.200}$$

可以解出状态点 3 的应力与质点速度：

$$\begin{cases} \sigma_3 = \sigma_0 + [\sigma]_R + [\sigma]_L \\ v_3 = \dfrac{[\sigma]_R - [\sigma]_L - Y}{\rho C_e} - \dfrac{\sigma_0 - Y}{\rho C_p} \end{cases} \tag{4.201}$$

若杆材料为随动线性强化材料，则弹性卸载波的标准即式 (4.201) 成立的前提即为

$$-[\sigma]_R - [\sigma]_L \leqslant 2Y \tag{4.202}$$

若材料为各向同性线性强化材料，则为

$$-[\sigma]_R - [\sigma]_L \leqslant 2\sigma_0 \tag{4.203}$$

此时该问题的状态平面图如图 4.33(b) 所示。

若式 (4.202) 和式 (4.203) 不成立，但两个卸载波皆为弹性卸载波，此种情况即为强弹性卸载波的相互作用问题。此时必有

$$\sigma_3 = \sigma_4 = \sigma_0 - 2Y \tag{4.204}$$

根据弹性卸载波 2~4 和 1~3 波阵面上的守恒条件，有

$$\begin{cases} \sigma_4 - \sigma_2 = -\rho C_e (v_4 - v_2) \\ \sigma_3 - \sigma_1 = \rho C_e (v_3 - v_1) \end{cases} \tag{4.205}$$

结合式 (4.204) 和式 (4.205)，可以给出

$$\left\{\begin{array}{l}\sigma_3=\sigma_0-2Y\\ v_3=-\dfrac{\sigma_0-Y}{\rho C_p}-\dfrac{3Y+2\left[\sigma\right]_L}{\rho C_e}\end{array}\right.,\quad\left\{\begin{array}{l}\sigma_4=\sigma_0-2Y\\ v_4=-\dfrac{\sigma_0-Y}{\rho C_p}+\dfrac{2\left[\sigma\right]_R+Y}{\rho C_e}\end{array}\right. \tag{4.206}$$

根据塑性卸载波 3~5 和 4~5 波阵面上的守恒条件与连续条件，可以给出

$$\left\{\begin{array}{l}\sigma_5-\sigma_4=-\rho C_e\left(v_5-v_4\right)\\ \sigma_5-\sigma_3=\rho C_e\left(v_5-v_3\right)\end{array}\right. \tag{4.207}$$

从而可以给出状态点 5 的应力与质点速度为

$$\left\{\begin{array}{l}\sigma_5=\sigma_0+\left[\sigma\right]_R+\left[\sigma\right]_L\\ v_5=-\dfrac{\sigma_0-Y}{\rho C_p}+\dfrac{\left[\sigma\right]_R-\left[\sigma\right]_L-Y}{\rho C_e}\end{array}\right. \tag{4.208}$$

对应的物理平面图和状态平面图如图 4.34 所示。

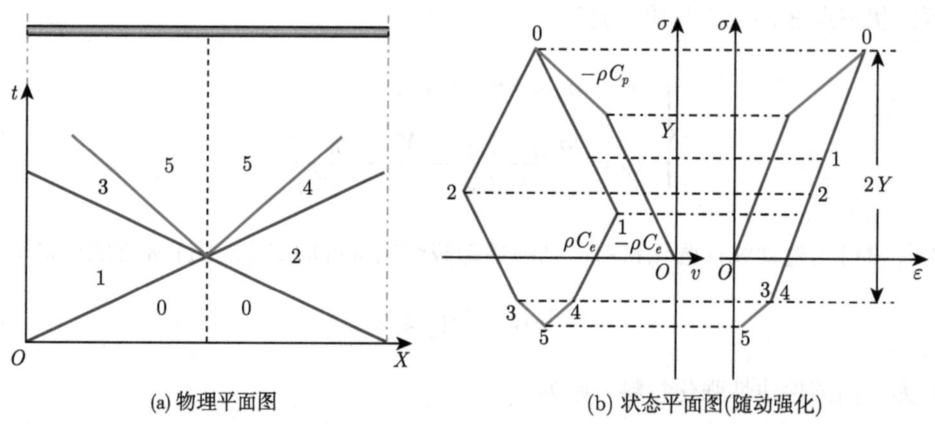

图 4.34　一维随动线性强化弹塑性杆中强弹性卸载波的相互作用平面图

以随动线性强化材料为例，若

$$-\left[\sigma\right]_L\geqslant 2Y\quad \text{或}\quad -\left[\sigma\right]_R\geqslant 2Y \tag{4.209}$$

或

$$\left\{\begin{array}{l}-\left[\sigma\right]_L\geqslant 2Y\\ -\left[\sigma\right]_R\geqslant 2Y\end{array}\right. \tag{4.210}$$

此时该问题即为弹塑性卸载波的相互作用问题，事实上当下屈服面确定后，该问题与弹塑性加载波相互作用并没有本质差别。

以两个弹塑性卸载波的相互作用为例，其物理平面图和状态平面图如图 4.35 所示。具体推导过程和相关更多情况的分析读者试推导之，在此不做详细说明。

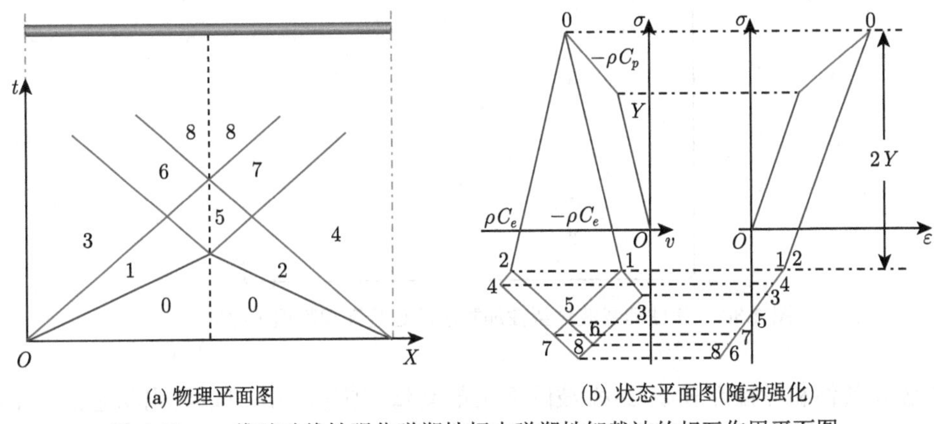

(a) 物理平面图　　(b) 状态平面图(随动强化)

图 4.35　一维随动线性强化弹塑性杆中弹塑性卸载波的相互作用平面图

4.3 一维弹塑性杆中加载波与卸载波的相互作用

弹塑性材料中应力波传播和相互作用的非线性问题本质主要体现在弹性卸载波与塑性加载波的相互作用，因为只有在这样的问题中，弹塑性材料在由塑性加载转变成弹性卸载时的变形不可逆性才起了决定性的作用。本节主要针对一维线性强化杆种弹塑性波传播问题进行讨论，非线性如递增强化弹塑性杆、递减强化弹塑性杆或复合非线性弹塑性杆中加载波与卸载波的相互作用问题可以利用后面特征线方法进行分析，不在本节讨论。

4.3.1 一维杆中弹性卸载波对塑性突加波的追赶卸载

在实际工程问题中，弹性卸载波对塑性突加波的追赶卸载问题普遍存在，例如，脉冲应力峰值大于材料的屈服强度时强脉冲波在杆中的传播问题。如图 4.36 所示，假设在初始时刻处于静止松弛的一维弹塑性杆左端突然加载一个强度为 $\sigma > Y$ 的塑性强突加波，根据弹塑性双波结构理论可知，此时会在杆中从左端向右端传播一个弹性前驱波和塑性突加波；假设当该塑性突加波在一维弹塑性杆中传输一段距离后，又有一个弹性卸载波自杆左端向杆中传播，由于弹性卸载波波速大于塑性突加波波速，因此前者在 A 点相遇。

根据弹性突加波 0~1 和塑性突加波 1~2 波阵面上守恒条件、初始条件和边界条件，可以得到

$$\left\{\begin{array}{l}\sigma_1 = Y\\ v_1 = -\dfrac{Y}{\rho C_e}\end{array}\right., \quad \left\{\begin{array}{l}\sigma_2 = \sigma\\ v_2 = -\dfrac{\sigma - Y}{\rho C_p} - \dfrac{Y}{\rho C_e}\end{array}\right. \tag{4.211}$$

设弹性卸载波的强度为

$$[\sigma] = \sigma_3 - \sigma_2 < 0 \tag{4.212}$$

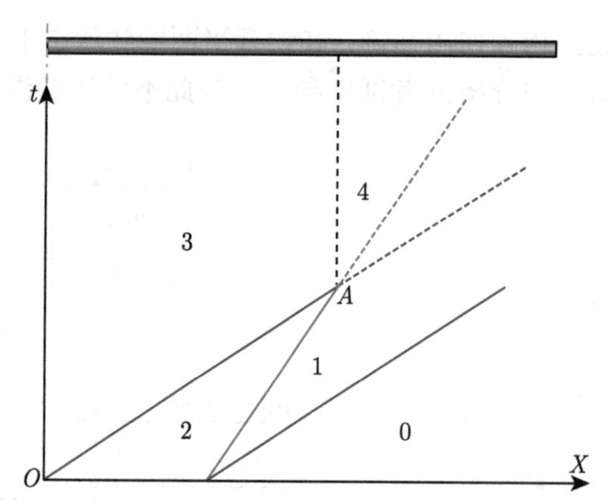

图 4.36　弹性卸载波对塑性加载波的追赶卸载物理平面图 (一)

根据此边界条件和弹性卸载波 2~3 波阵面上的动量守恒条件，可以给出状态点 3 的应力与质点速度：

$$\begin{cases} \sigma_3 = \sigma + [\sigma] \\ v_3 = -\dfrac{[\sigma] + Y}{\rho C_e} - \dfrac{\sigma - Y}{\rho C_p} \end{cases} \tag{4.213}$$

假设当弹性卸载波 2~3 追赶上塑性突加波 1~2 后，即在 A 对应的时刻和位置后，两波相互作用后只产生向右传播的应力波，由于状态点 1 对应的应力即为材料的屈服强度，因此只可能是塑性突加波或弹性卸载波中的某一类。不过，无论该应力波是哪一种类型，根据应力波 1~4 波阵面上的动量守恒条件和连续条件，皆可以求出状态点 4 的应力与质点速度为

$$\begin{cases} \sigma_4 - Y = -\rho C_e \left(v_4 - v_1\right) \\ v_4 = -\dfrac{[\sigma] + Y}{\rho C_e} - \dfrac{\sigma - Y}{\rho C_p} \end{cases}, \quad 1 \sim 4 \text{ 为弹性卸载波} \tag{4.214}$$

或

$$\begin{cases} \sigma_4 - Y = -\rho C_p \left(v_4 - v_1\right) \\ v_4 = -\dfrac{[\sigma] + Y}{\rho C_e} - \dfrac{\sigma - Y}{\rho C_p} \end{cases}, \quad 1 \sim 4 \text{ 为塑性突加波} \tag{4.215}$$

将式 (4.211) 代入式 (4.214) 和式 (4.215)，分别可以给出

$$\begin{cases} \sigma_4 = Y + [\sigma] + \dfrac{C_e}{C_p} \left(\sigma - Y\right) \\ v_4 = -\dfrac{[\sigma] + Y}{\rho C_e} - \dfrac{\sigma - Y}{\rho C_p} \end{cases}, \quad 1 \sim 4 \text{ 为弹性卸载波} \tag{4.216}$$

或

$$\begin{cases} \sigma_4 = \sigma + \dfrac{C_p}{C_e}[\sigma] \\ v_4 = -\dfrac{[\sigma]+Y}{\rho C_e} - \dfrac{\sigma - Y}{\rho C_p} \end{cases}, \quad 1 \sim 4 \text{ 为塑性突加波} \tag{4.217}$$

由于

$$\begin{cases} \sigma > Y \\ C_p < C_e \end{cases} \tag{4.218}$$

则有

$$\sigma_4 - \sigma_3 = \left(\frac{C_e}{C_p} - 1\right)(\sigma - Y) > 0, \quad 1 \sim 4 \text{ 为弹性卸载波} \tag{4.219}$$

或

$$\sigma_4 - \sigma_3 = \left(\frac{C_p}{C_e} - 1\right)[\sigma] > 0, \quad 1 \sim 4 \text{ 为塑性突加波} \tag{4.220}$$

即无论应力波 1~4 是弹性卸载波还是塑性突加波，状态点 3 和状态点 4 对应的应力皆不相等，这意味着，状态点 3 和状态点 4 之间应该还存在反射波，即实际物理平面图应如图 4.37 所示。

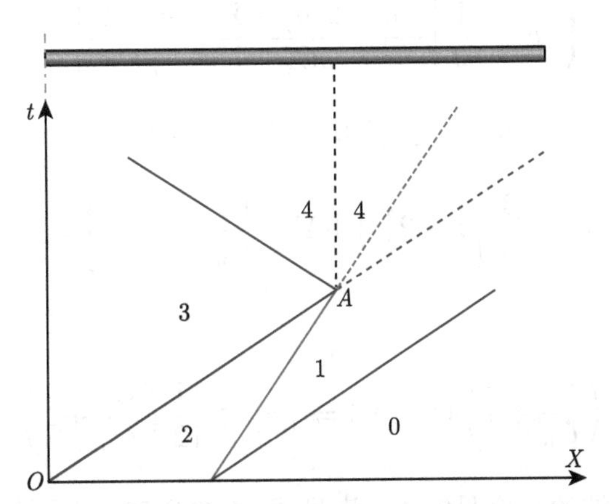

图 4.37 弹性卸载波对塑性加载波的追赶卸载物理平面图 (二)

1. “强”弹性卸载波对“弱”塑性突加波的追赶卸载

假设弹性卸载波追赶上塑性突加波后，应力波 1~4 为弹性卸载波，此时该问题的物理平面图与状态平面图如图 4.38 所示。

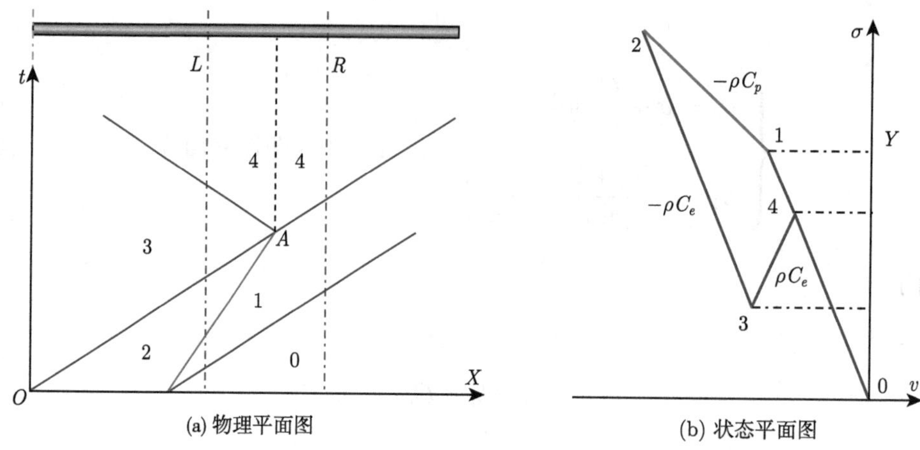

图 4.38　“强”弹性卸载波对“弱”塑性加载波的追赶卸载

根据连续条件可知，此时应力波 3~4 必为弹性波，根据弹性波波阵面上的动量守恒条件和连续条件有

$$\begin{cases} \sigma_4 - \sigma_3 = \rho C_e (v_4 - v_3) \\ \sigma_4 - \sigma_1 = -\rho C_e (v_4 - v_1) \end{cases} \tag{4.221}$$

由此可以解得状态点 4 对应的应力和质点速度为

$$\begin{cases} \sigma_4 = \dfrac{1}{2}\left[\sigma + 2[\sigma] + Y + \dfrac{C_e}{C_p}(\sigma - Y)\right] \\ v_4 = \dfrac{1}{2}\left[-\dfrac{\sigma + 2[\sigma] + Y}{\rho C_e} - \dfrac{\sigma - Y}{\rho C_p}\right] \end{cases} \tag{4.222}$$

根据式 (4.222) 可知，满足以上弹性波假设的充要条件是

$$\sigma_4 = \frac{1}{2}\left[\sigma + 2[\sigma] + Y + \frac{C_e}{C_p}(\sigma - Y)\right] \leqslant Y \tag{4.223}$$

即

$$[\sigma] \leqslant \frac{1}{2}\left(\frac{C_e}{C_p} + 1\right)(\sigma - Y) \Rightarrow |[\sigma]| \geqslant \left|\frac{1}{2}\left(\frac{C_e}{C_p} + 1\right)(\sigma - Y)\right| \tag{4.224}$$

也就是说，当弹性卸载波的强度足够大，满足式 (4.224) 时，上面的假设成立，此时一维杆中塑性突加波被较“强”弹性卸载波追赶上后衰减为弹性卸载波。

2. “弱”弹性卸载波对“强”塑性突加波的追赶卸载

若式 (4.224) 的假设不成立，即

$$|[\sigma]| < \left|\frac{1}{2}\left(\frac{C_e}{C_p} + 1\right)(\sigma - Y)\right| \tag{4.225}$$

则塑性突加波被较“弱”弹性卸载波追赶上后依然向右传播塑性突加波，即应力波 1~4 为塑性突加波，此时该问题的物理平面图和状态平面图如图 4.39 所示。

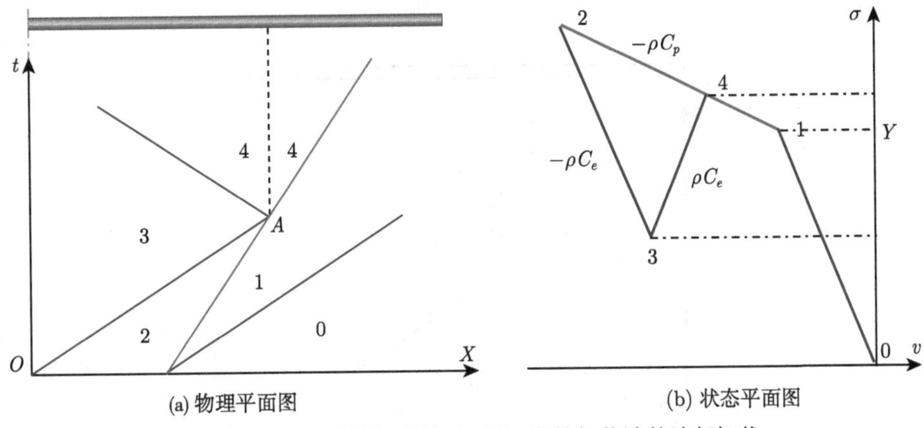

(a) 物理平面图 (b) 状态平面图

图 4.39 “弱”弹性卸载波对“强”塑性加载波的追赶卸载

根据弹性波波阵面上的动量守恒条件和连续条件有

$$\begin{cases} \sigma_4 - \sigma_3 = \rho C_e \left(v_4 - v_3\right) \\ \sigma_4 - \sigma_1 = -\rho C_p \left(v_4 - v_1\right) \end{cases} \tag{4.226}$$

由此可以解得状态点 4 对应的应力和质点速度为

$$\begin{cases} \sigma_4 = \sigma + \dfrac{2C_p}{C_e + C_p}[\sigma] \\ v_4 = -\dfrac{2[\sigma]}{\rho C_e + \rho C_p} + \dfrac{Y - \sigma}{\rho C_p} - \dfrac{Y}{\rho C_e} \end{cases} \tag{4.227}$$

根据以上假设，该问题自洽的前提是

$$\sigma_4 = \sigma + \frac{2C_p}{C_e + C_p}[\sigma] \geqslant Y \tag{4.228}$$

即弹性卸载波强度与塑性突加波强度满足关系：

$$\frac{(C_e + C_p)(\sigma - Y)}{2C_p} \leqslant [\sigma] \leqslant 0 \tag{4.229}$$

4.3.2 一维杆中弹性卸载波对塑性加载波的迎面卸载

当弹塑性波在一维杆中传播过程中，根据弹性波在交界面上的透反射规律知，其弹性前驱波在自由面或低波阻抗材料界面上反射后将会产生弹性卸载波，此弹性卸载波与紧随弹性前驱波而来的塑性加载波迎面相遇，即会产生迎面卸载的问题。当然，在一维弹塑性杆的一端施加弹塑性加载波，另一端施加弹性卸载波也将遇到迎面卸载的问题。

设在初始处于静止松弛状态的一维线性强化弹塑性杆左端施加强度为 σ 的塑性突加波，此时会向杆中传播一个弹性突加波和一个塑性突加波，同时在杆的右端施加一个强度为 $[\sigma]$ 的弹性卸载波，如图 4.40 所示。

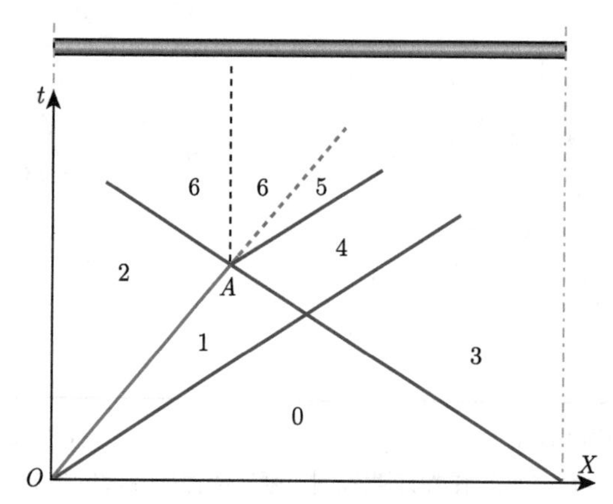

图 4.40 弹性卸载波对塑性突加波的迎面卸载物理平面图

根据初始条件和弹塑性双波结构特征有

$$\begin{cases} \sigma_1 = Y \\ \sigma_2 = \sigma \\ \sigma_3 = [\sigma] \end{cases} \tag{4.230}$$

容易知道，弹性突加波 0~1 与弹性卸载波 0~3 相互作用后所传播的应力波 1~4 和 3~4 必为弹性波，根据弹性波线性叠加性质，可知

$$\sigma_4 = Y + [\sigma] \tag{4.231}$$

根据波阵面上的守恒条件，可以给出状态点 1、状态点 2、状态点 3 和状态点 4 的应力与质点速度分别为

$$\begin{cases} \sigma_1 = Y \\ v_1 = -\dfrac{Y}{\rho C_e} \end{cases}, \quad \begin{cases} \sigma_2 = \sigma \\ v_2 = -\dfrac{\sigma - Y}{\rho C_p} - \dfrac{Y}{\rho C_e} \end{cases}, \quad \begin{cases} \sigma_3 = [\sigma] \\ v_3 = \dfrac{[\sigma]}{\rho C_e} \end{cases}, \quad \begin{cases} \sigma_4 = [\sigma] + Y \\ v_4 = \dfrac{[\sigma] - Y}{\rho C_e} \end{cases} \tag{4.232}$$

塑性突加波 1~2 与弹性卸载波 1~4 在 A 点相遇，之后必定会向左传播一个左行弹性卸载波 2~6，同时向右传播一个弹性突加波 4~5；据波阵面上的守恒条件有

$$\begin{cases} \sigma_6 - \sigma_2 = \rho C_e (v_6 - v_2) \\ \sigma_5 - \sigma_4 = -\rho C_e (v_5 - v_4) \end{cases} \tag{4.233}$$

1. "强" 弹性卸载波对 "弱" 塑性加载波的迎面卸载

现在需要考虑的是，是否存在如图 4.40 中的塑性突加波 5~6。假设右端入射的弹性卸载波足够 "强"，使得其与塑性突加波 1~2 相互作用后向右传播的只有弹性突加波 4~5，而无塑性突加波 5~6，即状态点 5 和状态点 6 完全相同。此时应力波相互作用的物理平面图即简化为图 4.41。此时，根据波阵面上的守恒条件和连续条件，可有

$$\begin{cases} \sigma_5 - \sigma_2 = \rho C_e (v_5 - v_2) \\ \sigma_5 - \sigma_4 = -\rho C_e (v_5 - v_4) \end{cases} \tag{4.234}$$

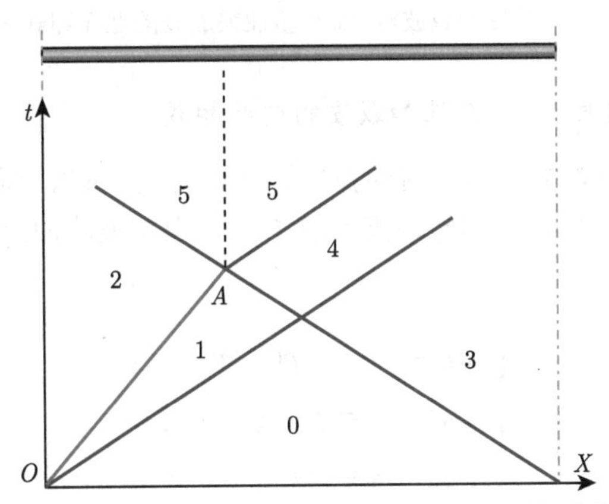

图 4.41 "强" 弹性卸载波对 "弱" 塑性突加波的迎面卸载物理平面图

根据式 (4.232) 和式 (4.234) 即可给出：

$$\begin{cases} \sigma_5 = [\sigma] + \dfrac{1}{2}\left[\left(\dfrac{C_e}{C_p}+1\right)\sigma + \left(1-\dfrac{C_e}{C_p}\right)Y\right] \\ v_5 = \dfrac{2[\sigma]-\sigma-Y}{2\rho C_e} - \dfrac{\sigma - Y}{2\rho C_p} \end{cases} \tag{4.235}$$

根据以上 "强" 弹性卸载波假设，可知式 (4.235) 成立的前提是

$$\sigma_5 \leqslant Y \tag{4.236}$$

即

$$|[\sigma]| \geqslant \frac{1}{2}\left(\frac{C_e}{C_p}+1\right)(\sigma - Y) \tag{4.237}$$

也就是说，当弹性卸载波足够 "强"，能够达到式 (4.237) 的标准，弹性卸载波与塑性突加波迎面相遇后会在相遇面向两端分别传播两个弹性波；此时两波相互作用的状态平面图如图 4.42 所示。

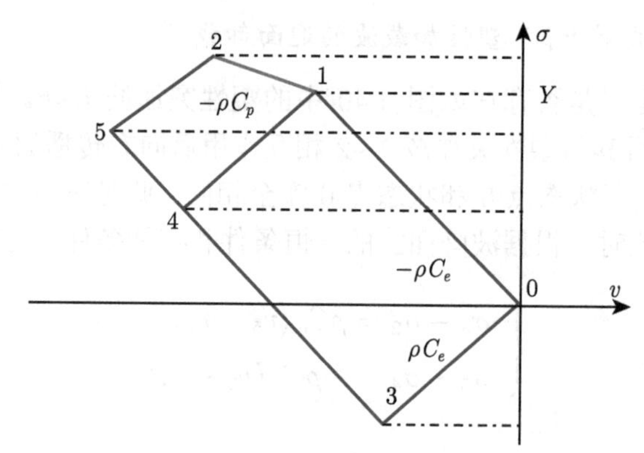

图 4.42　“强” 弹性卸载波对 “弱” 塑性突加波的迎面卸载状态平面图

2. “弱” 弹性卸载波对 “强” 塑性加载波的迎面卸载

若式 (4.237) 不成立，即右端入射的弹性卸载波比较 “弱”，而左端入射的塑性突加波较 “强”，此时必存在图 4.40 中的塑性突加波 5~6，根据波阵面上的动量守恒条件和连续条件，有

$$\begin{cases} \sigma_5 - \sigma_4 = -\rho C_e \left(v_5 - v_4\right) \\ \sigma_6 - \sigma_2 = \rho C_e \left(v_6 - v_2\right) \\ \sigma_6 - \sigma_5 = -\rho C_p \left(v_6 - v_5\right) \end{cases} \tag{4.238}$$

式 (4.238) 结合式 (4.232) 并考虑到

$$\sigma_5 = Y \tag{4.239}$$

可以解得状态点 6 的应力与质点速度为

$$\begin{cases} \sigma_6 = \sigma + \dfrac{2\rho C_p \left[\sigma\right]}{\rho C_e + \rho C_p} \\ v_6 = \left(\dfrac{1}{\rho C_p} - \dfrac{1}{\rho C_e}\right) Y - \dfrac{\sigma}{\rho C_p} + \dfrac{C_p}{C_e} \dfrac{2\left[\sigma\right]}{\rho C_e + \rho C_p} \end{cases} \tag{4.240}$$

可以给出该情况下应力波相互作用的状态平面图，如图 4.43 所示。式 (4.240) 成立的前提是

$$\sigma_6 = \sigma + \frac{2\rho C_p \left[\sigma\right]}{\rho C_e + \rho C_p} > Y \tag{4.241}$$

即

$$\left|\left[\sigma\right]\right| < \frac{1}{2}\left(\frac{C_e}{C_p} + 1\right)\left(\sigma - Y\right) \tag{4.242}$$

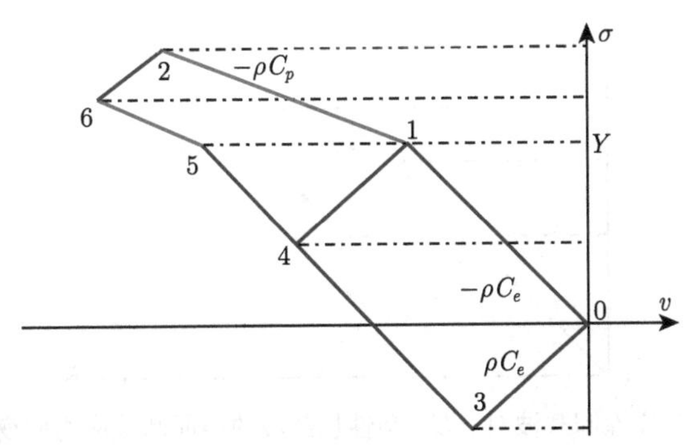

图 4.43 “弱” 弹性卸载波对 “强” 塑性突加波的迎面卸载状态平面图

4.3.3 应变间断面及弹塑性波的内反射

4.3.1 小节和 4.3.2 小节中分别对弹性卸载波对塑性突加波的追赶卸载与迎面卸载问题进行的讨论，从物理平面图中容易看到，虽然在同一个一维杆中，但当两波相遇后竟然会在相遇的截面上同时产生一个反射波和透射波，类似于弹塑性波在交界面上的透反射特征，我们通常将这种介质内的反射与透射称为内反射波和内透射波。

在 “强” 弹性卸载波对 “弱” 塑性突加波的追赶卸载过程中，杆中 A 点处截面左侧 (如图 4.38(a) 中截面 L 所示) 的应力历史为 0-1-2-3-4，而截面右侧 (如图 4.38(a) 中截面 R 所示) 的应力历史为 0-1-4，从图 4.38(b) 状态平面图可以看出，它们的应力历史差异较大；从图 4.44 所示该问题应力应变状态平面图可以更直观地看出两个应力历史的差异。

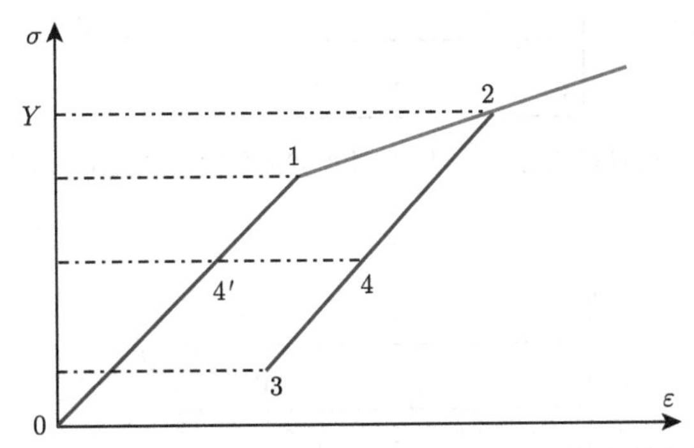

图 4.44 “强” 弹性卸载波对 “弱” 塑性加载波的追赶卸载应力应变状态平面图

在 “强” 弹性卸载波对 “弱” 塑性突加波的迎面卸载问题中也是如此，在两波相遇的截面左侧和右侧应力历史也有明显差异，如图 4.41 和图 4.42 所示，其应力历史分别为 0-1-2-5 和 0-1-4-5，两个截面上介质的应力应变状态平面图如图 4.45 所示。从图 4.44 和图 4.45 中两种情况下的弹塑性突加波与弹性卸载波相关作用结果可以看出，截面两侧右一侧经历了塑性变形而另一侧始终处于弹性状态；最终状态点 4 与 4′、5 与 5′ 虽然应力和质点速度相同，但应变状态不同，经历过塑性变形的介质存在残余塑性应变。这种由于应力历史不同，使得两波相遇后在同一杆中由应变不同而产生的 “内间断面”，称为应变间断面；且把这种间断面两侧最终状态皆处于弹性状态的应变间断面称为第 I 类应变间断面。

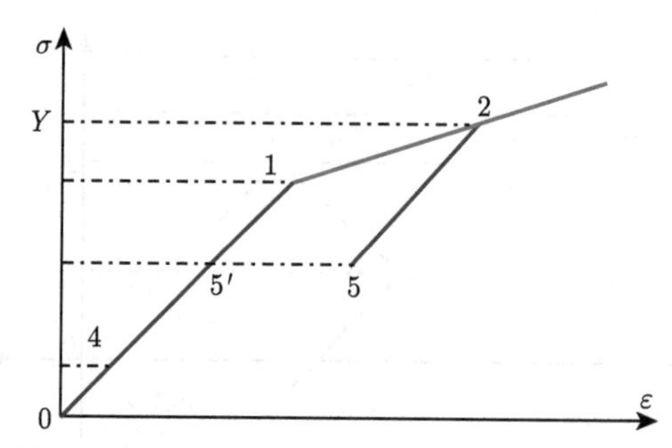

图 4.45　“强” 弹性卸载波对 “弱” 塑性加载波的迎面卸载应力应变状态平面图

类似地，可以根据图 4.39 可以给出 “弱” 弹性卸载波对 “强” 塑性加载波的追赶卸载应力应变状态平面图如图 4.46 所示；根据图 4.40 和图 4.43 可以给出、“弱” 弹性卸载波对 “强” 塑性加载波的迎面卸载应力应变状态平面图如图 4.47 所示。这两幅图中依旧存在由于截面两侧应力历史不同而造成的应变间断现象；我们把这种一侧处于弹性状态而另一侧却处于塑性状态的应变间断面称为第 II 类应变间断面。

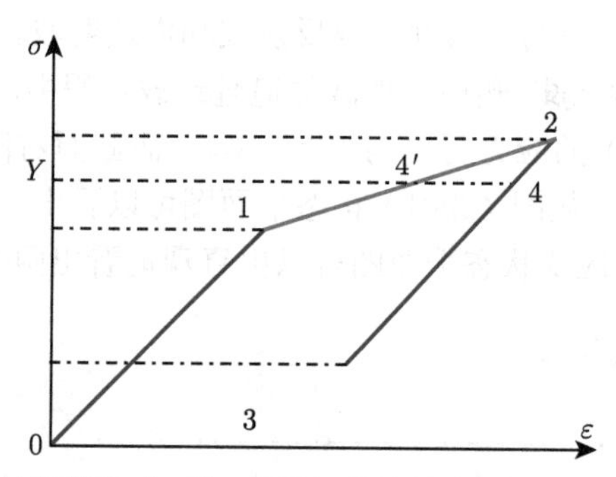

图 4.46　“弱” 弹性卸载波对 “强” 塑性加载波的追赶卸载应力应变状态平面图

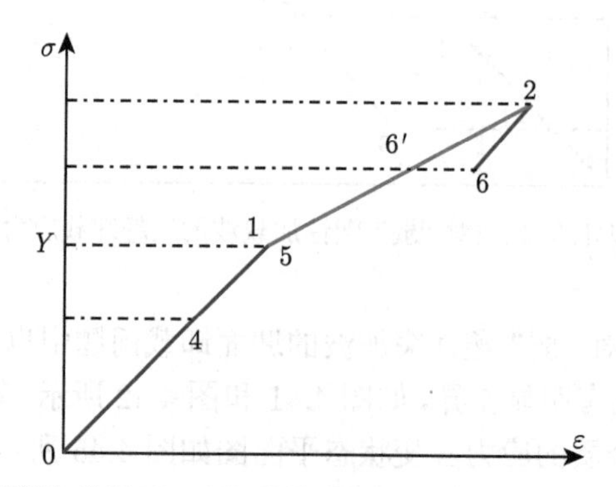

图 4.47　“弱” 弹性卸载波对 “强” 塑性加载波的迎面卸载应力应变状态平面图

利用应变间断面分步等效分析方法也能够给出 4.3.1 小节和 4.3.2 小节中弹性卸载波与弹塑性突加波相互作用问题的解，具体推导与分析见《固体中的应力波导论》相关章节内容，在此不再重复推导。

从以上的分析结论可以发现，无论弹性卸载波对弹塑性突加波的追赶卸载还是弹性卸载波对弹塑性突加波的迎面卸载，当两波相互作用后都会产生应变间断面；当两波通过应变间断面后到达前方的交界面如自由面会产生反射，反射波经过应变间断面后会如何传播？有没有内反射现象？下面将对这个问题进行分类讨论。

1. 弹性波在第 I 类应变间断面上的内透反射

根据第 I 类应变间断面的特征可知，应变间断面两端的最终应力状态应为弹性状态，因此，我们只需考虑弹性突加波或弹性卸载波入射到第 I 类应变间断面时的情况，这里以弹性突加波入射时的情况为例进行分析。

如图 4.48 所示，设有第 I 类应变间断面 A-A，且间断面两侧的应力历史中最大应力分别为 $\sigma_{L\max}$ 和 $\sigma_{R\max}$，且满足

$$\sigma_{L\max} > \sigma_{R\max} \tag{4.243}$$

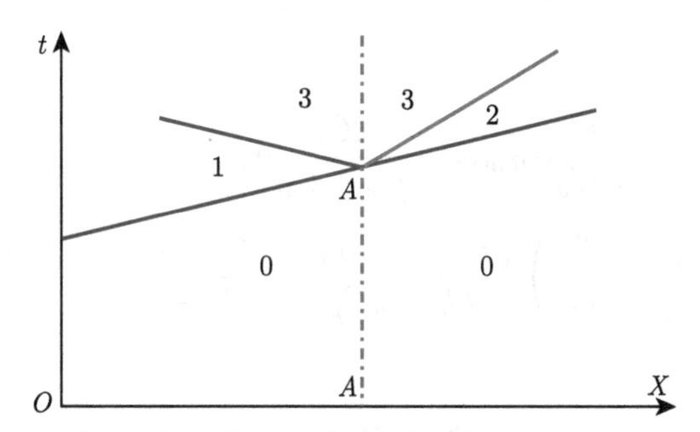

图 4.48 弹性突加波在第 I 类应变间断面上的传播物理平面图

此时有一个右行弹性突加波 3~4 从应变间断面左侧入射，容易知道，对于此种情况，有

$$\sigma_3 < \sigma_4 < \sigma_{L\max} \tag{4.244}$$

若 $\sigma_R \leqslant \sigma_{R\max}$，则可知当弹性突加波传播到应变间断面上时，透射波也应为弹性突加波；反之，当 $\sigma_R > \sigma_{R\max}$ 时，如果入射弹性突加波在应变间断面上没有内透反射行为，而直接透射到间断面右侧，则此时应变间断面右方应力状态为塑性状态，即透射波应存在弹塑性“双波结构”。

先考虑 $\sigma_R \leqslant \sigma_{R\max}$ 时的情况，此时应变间断面两侧在弹性突加波传播过程中一直保持弹性状态，由于间断面两侧材料杨氏模量并没有发生改变，即两侧的波阻抗应相等，即此时弹性突加波 0~1 直接透射到应变间断面右侧且只产生一个弹性突加波 5~6，且两波强度相等。也就是说，此种情况下应变间断面对应力波的传播无影响。

而当 $\sigma_R > \sigma_{R\max}$ 时，此时弹性突加波 0~1 透射到应变间断面右侧会产生塑性波，我们可以认为此时应变间断面左侧因为处于弹性状态，因此其波阻抗为 ρC_e，而应变间断面右侧当加载到屈服强度后其波阻抗为 ρC_p，也就是说，此时应变间断面两侧波阻抗不匹配，从而会同时产生透射波和反射波。

如图 4.48 所示，此时透射波为一个弹性前驱波 0~2 和一个塑性突加波 2~3，反射波为一个弹性波 1~3，根据边界条件：

$$\sigma_2 = \sigma_{R\max} \tag{4.245}$$

和动量守恒条件、连续条件：

$$\begin{cases} \sigma_1 - \sigma_0 = -\rho C_e (v_1 - v_0) \\ \sigma_2 - \sigma_0 = -\rho C_e (v_2 - v_0) \\ \sigma_3 - \sigma_1 = \rho C_e (v_3 - v_1) \\ \sigma_3 - \sigma_2 = -\rho C_p (v_3 - v_2) \end{cases} \tag{4.246}$$

可以解得各状态点 2 和状态点 3 的应力和质点速度值为

$$\begin{cases} \sigma_2 = \sigma_{R\max} \\ v_2 = v_0 - \dfrac{\sigma_{R\max} - \sigma_0}{\rho C_e} \end{cases} \tag{4.247}$$

和

$$\begin{cases} \sigma_3 = \dfrac{C_e - C_p}{C_e + C_p}\sigma_{R\max} + \dfrac{2C_p}{C_e + C_p}\sigma_1 \\ v_3 = \left(1 - \dfrac{C_p}{C_e}\right)\dfrac{(\sigma_{R\max} - \sigma_0)}{\rho C_e + \rho C_p} - \dfrac{C_e - C_p}{C_e + C_p}v_0 + \dfrac{2C_e v_1}{C_e + C_p} \end{cases} \tag{4.248}$$

从式 (4.248) 可知

$$\sigma_3 - \sigma_1 = \frac{C_e - C_p}{C_e + C_p}(\sigma_{R\max} - \sigma_1) < 0 \tag{4.249}$$

其物理意义是，“强”弹性突加波从左侧入射到第 I 类应变间断面上后内反射波为弹性卸载波。同时，也可以看出

$$\frac{\sigma_3 - \sigma_1}{\sigma_1 - \sigma_0} = \frac{C_p - C_e}{C_e + C_p}\left(\frac{\sigma_1 - \sigma_{R\max}}{\sigma_1 - \sigma_0}\right) \neq \frac{C_p - C_e}{C_e + C_p} \tag{4.250}$$

即并不能直接将应变间断面右端波阻抗等效为 ρC_p。事实上，这个问题也很容易理解，我们可以将入射波分解成两个同时达到间断面的弹性突加波 $0 \sim 0'$ 和 $0' \sim 1$，其中

$$\sigma_{0'} = \sigma_{R\max} \tag{4.251}$$

弹性突加波 $0 \sim 0'$ 到应变间断面的传播类似于“弱”弹性突加波，即该波到达应变间断面后并不产生内反射，而直接透射过去；此时应变间断面右端介质处于屈服状态，当第二个弹性突加波到达后，右端处于完全处于塑性状态，其波阻抗为 ρC_p，此时可利用弹性波在交界面上的透反射理论得到

$$\frac{\sigma_3 - \sigma_1}{\sigma_1 - \sigma_0} = \frac{\sigma_3 - \sigma_1}{\sigma_1 - \sigma_{0'}} = \frac{C_p - C_e}{C_e + C_p} \tag{4.252}$$

同理也可以求出透射波应力强度。

2. 弹性波在第 II 类应变间断面上的内透反射

如图 4.49 所示，对于此第 II 类应变间断面，我们考虑应变间断面左侧为弹性状态右侧为塑性状态时的情况，此时有一个弹性突加波 0~1 到达应变间断面，容易知道，右侧的等效波阻抗不大于左侧，因此，如果存在反射波，则反射波应该为弹性波。

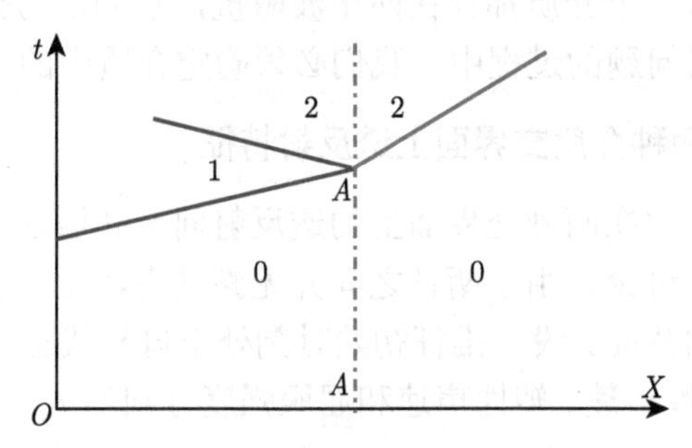

图 4.49　弹性突加波在第 II 类应变间断面上的传播物理平面图

根据动量守恒条件和连续条件，可有

$$\begin{cases} \sigma_2 - \sigma_0 = -\rho C_p \left(v_2 - v_0\right) \\ \sigma_2 - \sigma_1 = \rho C_e \left(v_2 - v_1\right) \end{cases} \tag{4.253}$$

可以解得状态点 2 应力和质点速度为

$$\begin{cases} \sigma_2 = \sigma_0 + \dfrac{2C_p}{C_e + C_p}\left(\sigma_1 - \sigma_0\right) \\ v_2 = v_1 + \dfrac{C_e - C_p}{C_e + C_p}\left(v_1 - v_0\right) \end{cases} \tag{4.254}$$

事实上，以上问题可以等效为弹性波到达波阻抗比不等于 1 时交界面上的透反射问题，其结果相同，读者可以试推导之。

4.4　一维弹塑性波在交界面上的透反射问题

前面章节对弹性波在不同介质交界面上透反射问题进行了详细的推导和说明，结论显示，透射波和反射波的强度主要取决于入射波的强度和交界面两端介质的波阻抗比，其透反射系数与波阻抗比之间满足关系：

$$\begin{cases} T_\sigma = \dfrac{2k}{k+1} \\ T_v = \dfrac{2}{k+1} \end{cases} \quad 和 \quad \begin{cases} F_\sigma = \dfrac{k-1}{k+1} \\ F_v = -\dfrac{k-1}{k+1} \end{cases} \tag{4.255}$$

式中，波阻抗比定义为

$$k = \frac{\left(\rho C_e\right)_2}{\left(\rho C_e\right)_1} \tag{4.256}$$

对于一维线性硬化材料弹塑性杆中交界面上的透反射问题，以上结论仍然成立，但相对复杂得多。首先，在弹性阶段材料的波阻抗是恒定的，因此交界面两端的波阻抗比也是确定的，但当材料进入塑性状态时，其等效波阻抗是变化的，以最简单的线性强化材料为例，此时虽然塑性状态下材料的波阻抗是恒定的，但一般与材料在弹塑性阶段的波阻抗不相等，也就是说，此时每一个介质都存在两个波阻抗，它们是与介质的应力状态紧密相关的；因此，在研究透反射问题的过程中，我们必须确定介质中的应力状态。

4.4.1　一维弹塑性波在两种介质交界面上透反射特征

下面我们分弹性突加波在两种交界面上的透反射问题和塑性突加波在两种交界面上的透反射问题两种情况进行讨论。由于两杆之间并无黏结力，无法承受拉伸应力，因此这里只考虑入射波为压缩波的情况。设一维杆初始时刻处于自然状态，介质 1 和介质 2 均为线性强化材料，其密度、弹性声速、塑性声速和屈服强度分别为 ρ_1、C_{e1}、C_{p1}、Y_1 和 ρ_2、C_{e2}、C_{p2}、Y_2，如图 4.50 所示。

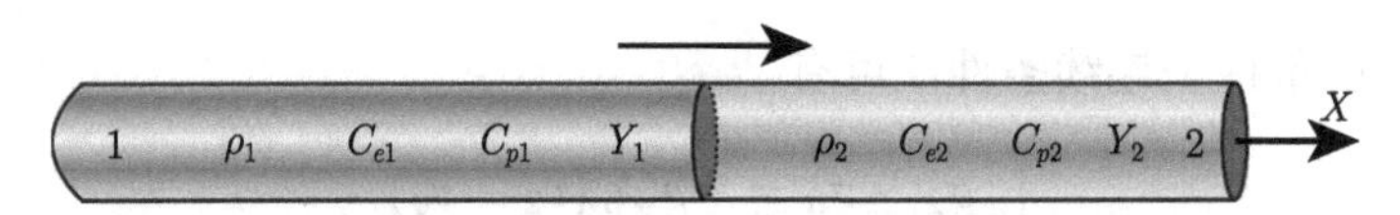

图 4.50　弹塑性突加波在两种弹塑性介质交界面上的透反射

1. 弹性突加波在两种弹塑性介质交界面上的透反射

设有一个强度为 σ_I 弹性突加波 (压缩波)0~1 自介质 1 向介质 2 中传播，交界面两侧材料波阻抗不同时，一般应该同时产生反射波和透射波。根据透反射波的性质，有以下 4 种可能的情况：透射波和反射波皆为弹性波、透射波为塑性波且反射波为弹性波、透射波为弹性波且反射波为塑性波、透射波和反射波皆为塑性波。下面分别对这 4 种情况进行分析。

若透射波和反射波皆为弹性波，此时就属于弹性波在两种材料交界面上的透反射问题了，对于线性硬化弹塑性材料而言，其波阻抗分为弹性波阻抗 ρC_e 和塑性波阻抗 ρC_p 两种，假设弹性波阻抗比为

$$k_{ee} = \frac{\rho_2 C_{e2}}{\rho_1 C_{e1}} \tag{4.257}$$

根据弹性波在交界面上的透反射规律和连续条件，可以计算出透射波波阵面后方杆 2 中应力和反射波波阵面后方杆 1 中的应力为

$$\sigma_t = \sigma_f = \frac{2k_{ee}}{k_{ee}+1}\sigma_I \tag{4.258}$$

式 (4.258) 成立的前提是透射波和反射波皆为弹性波：

$$\left|\frac{2k_{ee}}{k_{ee}+1}\sigma_I\right| \leqslant \min\left(|Y_1|, |Y_2|\right) \tag{4.259}$$

即

$$|\sigma_I| \leqslant \min\left(\left|\frac{Y_1}{2k_{ee}}(k_{ee}+1)\right|, \left|\frac{Y_2}{2k_{ee}}(k_{ee}+1)\right|\right) \tag{4.260}$$

需要说明的是，由于本节中考虑入射波为压缩波时的情况，因此入射波和屈服强度代数值均为负值。

当

$$\begin{cases} |Y_1| > |Y_2| \\ \left|\dfrac{(k_{ee}+1)Y_2}{2k_{ee}}\right| < |\sigma_I| < \left|\dfrac{(k_{ee}+1)Y_1}{2k_{ee}}\right| \end{cases} \tag{4.261}$$

时，此时透射波为塑性波而反射波为弹性波，如图 4.51 所示。

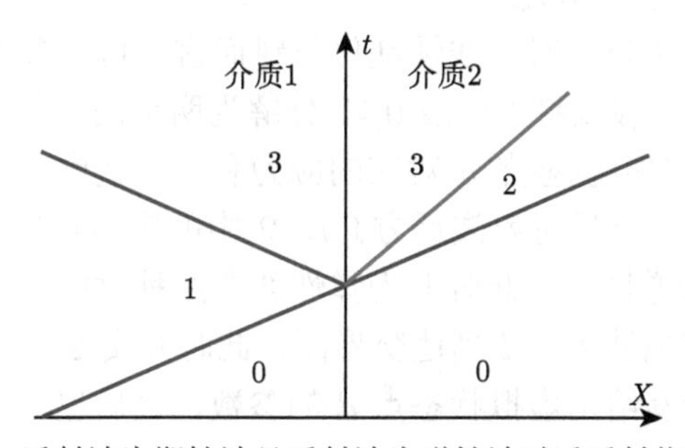

图 4.51 透射波为塑性波且反射波为弹性波时透反射物理平面图

根据弹塑性波波阵面上的动量守恒条件、初始条件和边界条件，可以给出状态点 1 和状态点 2 的应力与质点速度：

$$\begin{cases} \sigma_1 = \sigma_I \\ v_1 = -\dfrac{\sigma_I}{\rho_1 C_{e1}} \end{cases}, \quad \begin{cases} \sigma_2 = Y_2 \\ v_2 = -\dfrac{Y_2}{\rho_2 C_{e2}} \end{cases} \tag{4.262}$$

再根据连续条件和动量守恒条件，可以解得状态点 3 的应力与质点速度：

$$\begin{cases} \sigma_3 = \dfrac{\rho_2 C_{p2}}{\rho_1 C_{e1} + \rho_2 C_{p2}} 2\sigma_I + \dfrac{\rho_1 C_{e1}}{\rho_1 C_{e1} + \rho_2 C_{p2}} (1 - C_{p2}/C_{e2}) Y_2 \\ v_3 = \dfrac{(1 - C_{p2}/C_{e2}) Y_2 - 2\sigma_I}{\rho_1 C_{e1} + \rho_2 C_{p2}} \end{cases} \tag{4.263}$$

如令介质 1 对应的弹性波阻抗与介质 2 对应的塑性等效波阻抗之比为

$$k_{ep} = \frac{\rho_2 C_{p2}}{\rho_1 C_{e1}} \tag{4.264}$$

则式 (4.263) 可以简写为

$$\begin{cases} \sigma_3 = \dfrac{2k_{ep}}{1+k_{ep}}\sigma_I + \dfrac{1}{1+k_{ep}}\left(1-\dfrac{C_{p2}}{C_{e2}}\right)Y_2 \\ v_3 = \dfrac{1}{\rho_1 C_{e1}}\dfrac{(1-C_{p2}/C_{e2})\,Y_2 - 2\sigma_I}{1+k_{ep}} \end{cases} \tag{4.265}$$

从上面的结果可以得到其应力反射系数和透射系数为

$$\begin{cases} F_\sigma = \dfrac{\sigma_2-\sigma_1}{\sigma_1-\sigma_0} = \dfrac{k_{ep}-1}{k_{ep}+1} + \dfrac{1-k_{ep}/k_{ee}}{k_{ep}+1}\dfrac{Y_2}{\sigma_I} \\ T_\sigma = \dfrac{\sigma_2-\sigma_0}{\sigma_1-\sigma_0} = \dfrac{2k_{ep}}{1+k_{ep}} + \dfrac{1-k_{ep}/k_{ee}}{k_{ep}+1}\dfrac{Y_2}{\sigma_I} \end{cases} \tag{4.266}$$

从式 (4.266) 可以看出，其应力反射系数和透射系数在此种情况下不仅与波阻抗比相关，还与介质 2 材料屈服强度相关。

上面的解算过程稍显复杂，对于线性硬化材料而言，可以参考弹性波在两种材料交界面上的透反射规律来解答。假设将入射波 0~1 分解为两个同时传播的弹性压缩波 $0\sim a$ 和 $a\sim 1$，如图 4.52 所示，虚拟状态点 a 对应的应力和质点速度分别为 σ_a 和 v_a，假设当弹性突加波 0~ a 到达交界面上后透射波后方介质 2 中的应力正好达到 $\sigma_3 = Y_2$，根据以上假设，反射波 $a\sim b$ 也为弹性波，此时即为弹性波在两种材料交界面上的透反射问题。在此同时，又有一个弹性突加波 $b\sim d$ 到达交界面，此时介质 2 已经达到塑性状态；根据弹性波的线性叠加原理，容易给出虚拟状态点 d 的参数，之后也可以参考弹性波在交界面上的透反射规律，可以得到

$$\begin{cases} \sigma_3 - \sigma_d = \dfrac{k_{ep}-1}{k_{ep}+1}(\sigma_d-\sigma_b) \\ \sigma_3 - \sigma_2 = \dfrac{2k_{ep}}{k_{ep}+1}(\sigma_d-\sigma_b) \end{cases} \Rightarrow \sigma_3 = \dfrac{2k_{ep}}{k_{ep}+1}\sigma_I + \dfrac{(1-k_{ep}/k_{ee})}{(k_{ep}+1)}Y_2 \tag{4.267}$$

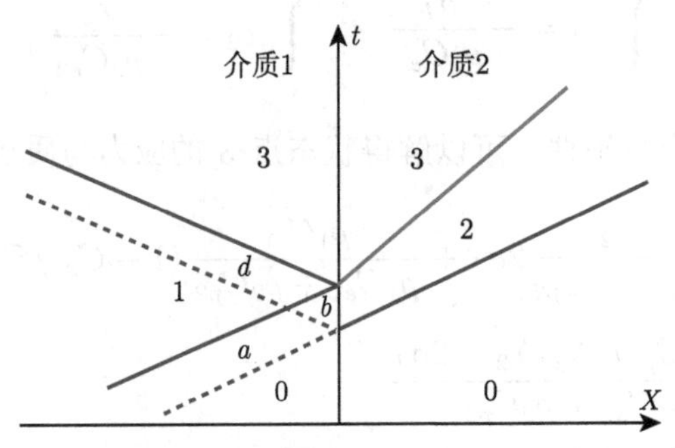

图 4.52　透射波为塑性波且反射波为弹性波时透反射问题的分解方法

对比式 (4.267) 与式 (4.265) 可以看出，两者所得到的结果完全一致，同理也容易得到其质点速度值。此种方法思路简单，而且求解计算过程简单。

当

$$\begin{cases} |Y_1| < |Y_2| \\ \left|\dfrac{(k_{ee}+1)\,Y_2}{2k_{ee}}\right| > |\sigma_I| > \left|\dfrac{(k_{ee}+1)\,Y_1}{2k_{ee}}\right| \end{cases} \tag{4.268}$$

此时透射波为弹性波而反射波为弹塑性波，如图 4.53 所示。

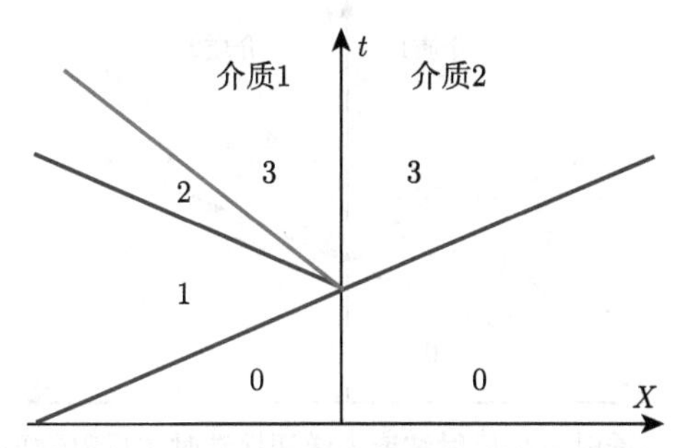

图 4.53 透射波为弹性波且反射波为弹塑性波时透反射物理平面图

根据初始条件、连续条件和波阵面上的动量守恒条件，可以求出状态点 2 和状态点 3 的应力和质点速度值：

$$\begin{cases} \sigma_2 = Y_1 \\ v_2 = \dfrac{Y_1 - 2\sigma_I}{\rho_1 C_{e1}} \end{cases}, \quad \begin{cases} \sigma_3 = -\dfrac{\rho_2 C_{e2}}{\rho_1 C_{e1}} \dfrac{(\rho_1 C_{p1} - \rho_1 C_{e1})\,Y_1 - 2\rho_1 C_{p1}\sigma_I}{\rho_1 C_{p1} + \rho_2 C_{e2}} \\ v_3 = \dfrac{1}{\rho_1 C_{e1}} \dfrac{(\rho_1 C_{p1} - \rho_1 C_{e1})\,Y_1 - 2\rho_1 C_{p1}\sigma_I}{\rho_1 C_{p1} + \rho_2 C_{e2}} \end{cases} \tag{4.269}$$

如再定义介质 1 塑性状态下的等效波阻抗与介质 2 弹性波阻抗比为

$$k_{pe} = \frac{\rho_2 C_{e2}}{\rho_1 C_{p1}} \tag{4.270}$$

则式 (4.269) 可表达为

$$\begin{cases} \sigma_3 = \dfrac{2k_{ee}}{k_{pe}+1}\sigma_I - \dfrac{k_{ee}-k_{pe}}{k_{pe}+1}Y_1 \\ v_3 = \dfrac{1}{\rho_2 C_{e2}} \dfrac{k_{ee}-k_{pe}}{k_{pe}+1}Y_1 - \dfrac{1}{\rho_1 C_{e1}} \dfrac{2\sigma_I}{k_{pe}+1} \end{cases} \tag{4.271}$$

此时从上面的结果可以得到其应力反射系数和透射系数为

$$\begin{cases} F_\sigma = \dfrac{\sigma_4 - \sigma_1}{\sigma_1 - \sigma_0} = \dfrac{2k_{ee}}{k_{pe}+1} - \dfrac{k_{ee}-k_{pe}}{k_{pe}+1}\dfrac{Y_1}{\sigma_I} - 1 \\ T_\sigma = \dfrac{\sigma_3 - \sigma_0}{\sigma_1 - \sigma_0} = \dfrac{2k_{ee}}{k_{pe}+1} - \dfrac{k_{ee}-k_{pe}}{k_{pe}+1}\dfrac{Y_1}{\sigma_I} \end{cases} \tag{4.272}$$

当

$$|\sigma_I| > \max\left(\left|\frac{(k_{ee}+1)Y_2}{2k_{ee}}\right|, \left|\frac{(k_{ee}+1)Y_1}{2k_{ee}}\right|\right) \tag{4.273}$$

时，此时透反射波后方介质 1 和介质 2 中的材料皆处于塑性状态，即反射波和透射波皆为弹塑性双波，如图 4.54 所示。

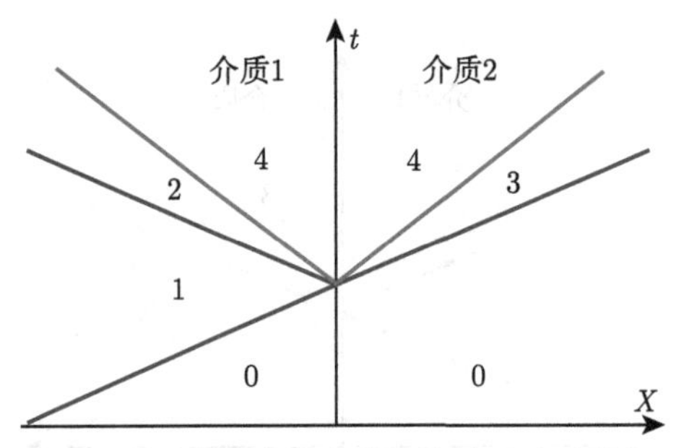

图 4.54　透射波和反射波皆为弹塑性波时透反射物理平面图

根据初始条件、边界条件和波阵面上的动量守恒条件，可以给出

$$\begin{cases} \sigma_1 = \sigma_I \\ v_1 = -\dfrac{\sigma_I}{\rho_1 C_{e1}} \end{cases}, \quad \begin{cases} \sigma_2 = Y_1 \\ v_2 = \dfrac{Y_1 - 2\sigma_I}{\rho_1 C_{e1}} \end{cases}, \quad \begin{cases} \sigma_3 = Y_2 \\ v_3 = -\dfrac{Y_2}{\rho_2 C_{e2}} \end{cases} \tag{4.274}$$

进而根据动量守恒条件和连续条件，并令

$$k_{pp} = \frac{\rho_2 C_{p2}}{\rho_1 C_{p1}} \tag{4.275}$$

可以求出状态点 4 的应力与质点速度：

$$\begin{cases} \sigma_4 = \dfrac{(k_{pp}-k_{ep})Y_1 + (1-k_{ep}/k_{ee})Y_2}{k_{pp}+1} + \dfrac{2k_{ep}}{k_{pp}+1}\sigma_I \\ v_4 = \dfrac{1}{\rho_1 C_{p1}} \dfrac{(k_{ee}/k_{pe}-1)Y_1 + (1-k_{ep}/k_{ee})Y_2}{k_{pp}+1} - \dfrac{2}{\rho_1 C_{e1}}\sigma_I \end{cases} \tag{4.276}$$

2. 塑性突加波在两种弹塑性介质交界面上的透反射

设有一个强度为 $|\sigma_I| > |Y_1|$ 塑性突加波 (压缩波) 自介质 1 向介质 2 中传播，根据弹塑性双波结构理论，可知其中介质 1 中将产生两个入射波——弹性突加波 0~1 和塑性突加波 1~2，理论上，一般应该产生反射波和透射波，假设

$$k_{pp} < 1, \quad k_{ee} < 1 \tag{4.277}$$

容易知道，此时反射波皆为塑性波，结合初始条件和波阵面上的动量守恒条件为

$$\begin{cases} \sigma_1 = Y_1 \\ v_1 = -\dfrac{Y_1}{\rho_1 C_{e1}} \end{cases}, \quad \begin{cases} \sigma_2 = \sigma_I \\ v_2 = -\dfrac{\sigma_I - Y_1}{\rho_1 C_{p1}} - \dfrac{Y_1}{\rho_1 C_{e1}} \end{cases} \tag{4.278}$$

而其透射波有以下 3 种可能的情况：弹性突加波透射后在介质 2 中只产生弹性波且塑性突加波透射后在介质 2 中也只产生弹性波、弹性突加波透射后在介质 2 中只产生弹性波且塑性突加波透射后在介质 2 中产生弹塑性双波、弹性突加波透射后在介质 2 中产生弹塑性双波。下面分别对这 3 种情况进行分析。

若透射波为弹性波，如图 4.55 所示，根据波阵面上的动量守恒条件与连续条件，可以求出状态点 3、状态点 4 和状态点 5 的应力与质点速度分别为

$$\begin{cases} \sigma_3 = \dfrac{\rho_1 C_{p1} + \rho_1 C_{e1}}{\rho_1 C_{p1} + \rho_2 C_{e2}} \dfrac{\rho_2 C_{e2}}{\rho_1 C_{e1}} Y_1 \\ v_3 = -\dfrac{\rho_1 C_{p1} + \rho_1 C_{e1}}{\rho_1 C_{p1} + \rho_2 C_{e2}} \dfrac{Y_1}{\rho_1 C_{e1}} \end{cases}, \quad \begin{cases} \sigma_4 = \dfrac{\rho_2 C_{e2} - \rho_1 C_{e1}}{\rho_1 C_{p1} + \rho_2 C_{e2}} \dfrac{\rho_1 C_{p1}}{\rho_1 C_{e1}} Y_1 + \sigma_I \\ v_4 = \dfrac{Y_1}{\rho_1 C_{p1} + \rho_2 C_{e2}} \left(\dfrac{\rho_2 C_{e2}}{\rho_1 C_{p1}} - \dfrac{\rho_1 C_{p1}}{\rho_1 C_{e1}} \right) - \dfrac{\sigma_I}{\rho_1 C_{p1}} \end{cases} \tag{4.279}$$

和

$$\begin{cases} \sigma_5 = \dfrac{\rho_2 C_{e2}}{\rho_1 C_{p1} + \rho_2 C_{e2}} \left(\dfrac{\rho_1 C_{p1}}{\rho_1 C_{e1}} - 1 \right) Y_1 + \dfrac{2\rho_2 C_{e2}}{\rho_1 C_{p1} + \rho_2 C_{e2}} \sigma_I \\ v_5 = \left(1 - \dfrac{\rho_1 C_{p1}}{\rho_1 C_{e1}} \right) \dfrac{Y_1}{\rho_1 C_{p1} + \rho_2 C_{e2}} - \dfrac{2\sigma_I}{\rho_1 C_{p1} + \rho_2 C_{e2}} \end{cases} \tag{4.280}$$

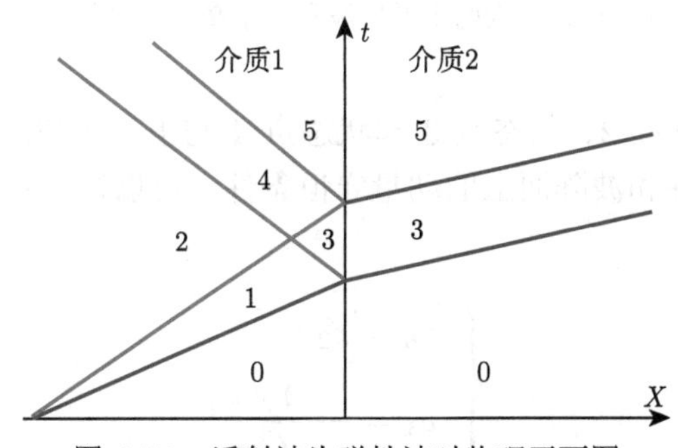

图 4.55 透射波为弹性波时物理平面图

因此可以分别计算出透射波和入射波强度为

$$\begin{cases} \sigma_5 - \sigma_2 = \dfrac{\rho_2 C_{e2}}{\rho_1 C_{p1} + \rho_2 C_{e2}} \left(\dfrac{\rho_1 C_{p1}}{\rho_1 C_{e1}} - 1 \right) Y_1 + \dfrac{\rho_2 C_{e2} - \rho_1 C_{p1}}{\rho_1 C_{p1} + \rho_2 C_{e2}} \sigma_I \\ \sigma_5 - \sigma_0 = \dfrac{\rho_2 C_{e2}}{\rho_1 C_{p1} + \rho_2 C_{e2}} \left(\dfrac{\rho_1 C_{p1}}{\rho_1 C_{e1}} - 1 \right) Y_1 + \dfrac{2\rho_2 C_{e2}}{\rho_1 C_{p1} + \rho_2 C_{e2}} \sigma_I \end{cases} \tag{4.281}$$

此时应力反射系数和应力透射系数分别为

$$\left\{\begin{array}{l}F_{\sigma}=\dfrac{\sigma_5-\sigma_2}{\sigma_2-\sigma_0}=\dfrac{\rho_2C_{e2}}{\rho_1C_{p1}+\rho_2C_{e2}}\left(\dfrac{\rho_1C_{p1}}{\rho_1C_{e1}}-1\right)\dfrac{Y_1}{\sigma_I}+\dfrac{\rho_2C_{e2}-\rho_1C_{p1}}{\rho_1C_{p1}+\rho_2C_{e2}}\\ T_{\sigma}=\dfrac{\sigma_5-\sigma_0}{\sigma_2-\sigma_0}=\dfrac{\rho_2C_{e2}}{\rho_1C_{p1}+\rho_2C_{e2}}\left(\dfrac{\rho_1C_{p1}}{\rho_1C_{e1}}-1\right)\dfrac{Y_1}{\sigma_I}+\dfrac{2\rho_2C_{e2}}{\rho_1C_{p1}+\rho_2C_{e2}}\end{array}\right. \tag{4.282}$$

当

$$\left\{\begin{array}{l}|\sigma_I|>\dfrac{1}{2}\left(\dfrac{\rho_1C_{p1}}{\rho_2C_{e2}}+1\right)|Y_2|+\dfrac{1}{2}\left(1-\dfrac{\rho_1C_{p1}}{\rho_1C_{e1}}\right)|Y_1|\\ |\sigma_3|=\dfrac{\rho_1C_{p1}+\rho_1C_{e1}}{\rho_1C_{p1}+\rho_2C_{e2}}\dfrac{\rho_2C_{e2}}{\rho_1C_{e1}}|Y_1|<|Y_2|\end{array}\right. \tag{4.283}$$

时，此时弹性突加波 0~1 到达交界面上瞬间，会反射一个塑性波并透射一个弹性波；当塑性突加波 1~2 到达交界面瞬间，会反射一个塑性波并同时透射弹性波和塑性波，如图 4.56 所示。

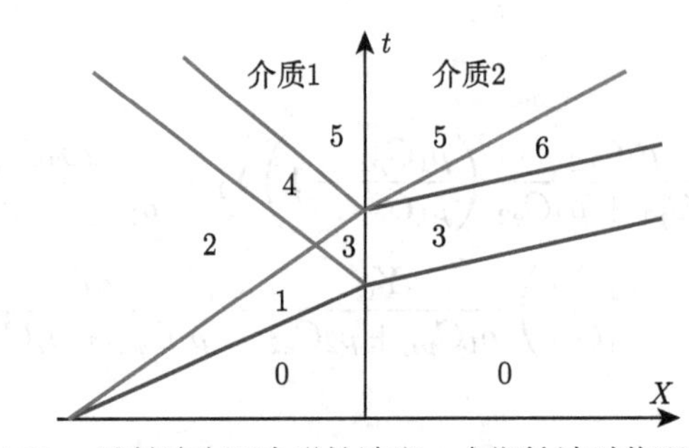

图 4.56 透射波为两个弹性波和一个塑性波时物理平面图

图中状态点 1、状态点 2、状态点 3 和状态点 4 与上一种情况下对应的应力和质点速度值相同；根据边界条件和波阵面上的动量守恒条件，可以得到状态点 6 的应力与质点速度，即有

$$\left\{\begin{array}{l}\sigma_6=Y_2\\ v_6=-\dfrac{Y_2}{\rho_2C_{e2}}\end{array}\right. \tag{4.284}$$

根据连续条件和动量守恒条件，可以得到状态点 5 的应力与质点速度：

$$\left\{\begin{array}{l}\sigma_5=\dfrac{1}{k_{pp}+1}\left[\left(1-\dfrac{C_{p2}}{C_{e2}}\right)Y_2-(k_{pp}-k_{ep})Y_1+2k_{pp}\sigma_I\right]\\ v_5=\dfrac{1}{\rho_1C_{p1}}\dfrac{\left(1-\dfrac{C_{p2}}{C_{e2}}\right)Y_2+\left(1-\dfrac{C_{p1}}{C_{e1}}\right)Y_1-2\sigma_I}{k_{pp}+1}\end{array}\right. \tag{4.285}$$

当

$$\begin{cases} |\sigma_I| > \dfrac{1}{2}\left(\dfrac{\rho_1 C_{p1}}{\rho_2 C_{e2}} + 1\right)|Y_2| + \dfrac{1}{2}\left(1 - \dfrac{\rho_1 C_{p1}}{\rho_1 C_{e1}}\right)|Y_1| \\ \dfrac{\rho_1 C_{p1} + \rho_1 C_{e1}}{\rho_1 C_{p1} + \rho_2 C_{e2}} \dfrac{\rho_2 C_{e2}}{\rho_1 C_{e1}} |Y_1| > |Y_2| \end{cases} \tag{4.286}$$

时，此时弹性突加波 0~1 到达交界面上瞬间，会反射一个塑性波并同时透射弹性波和塑性波；当塑性突加波 1~2 到达交界面瞬间，会反射一个塑性波并同时透射一个塑性波，如图4.57 所示。

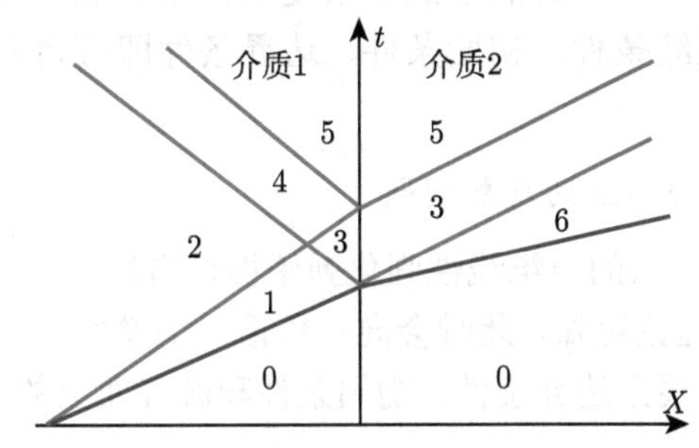

图 4.57 透射波为一个弹性波和两个塑性波时物理平面图

容易知道，图中状态点 1、状态点 2 和状态点 6 的应力和质点速度值分别为

$$\begin{cases} \sigma_1 = Y_1 \\ v_1 = -\dfrac{Y_1}{\rho_1 C_{e1}} \end{cases}, \quad \begin{cases} \sigma_2 = \sigma_I \\ v_2 = -\dfrac{\sigma_I - Y_1}{\rho_1 C_{p1}} - \dfrac{Y_1}{\rho_1 C_{e1}} \end{cases}, \quad \begin{cases} \sigma_6 = Y_2 \\ v_6 = -\dfrac{Y_2}{\rho_2 C_{e2}} \end{cases} \tag{4.287}$$

根据波阵面上的动量守恒条件和连续条件，可以给出状态点 3 的应力和质点速度：

$$\begin{cases} \sigma_3 = \dfrac{\rho_1 C_{p1}}{\rho_1 C_{p1} + \rho_2 C_{p2}}\left(1 - \dfrac{\rho_2 C_{p2}}{\rho_2 C_{e2}}\right)Y_2 + \dfrac{\rho_2 C_{p2}}{\rho_1 C_{p1} + \rho_2 C_{p2}}\left(1 + \dfrac{\rho_1 C_{p1}}{\rho_1 C_{e1}}\right)Y_1 \\ v_3 = \dfrac{\left(1 - \dfrac{\rho_2 C_{p2}}{\rho_2 C_{e2}}\right)Y_2 - \left(1 + \dfrac{\rho_1 C_{p1}}{\rho_1 C_{e1}}\right)Y_1}{\rho_1 C_{p1} + \rho_2 C_{p2}} \end{cases} \tag{4.288}$$

根据波阵面上的动量守恒条件，可有

$$\begin{cases} \sigma_4 = \dfrac{\rho_1 C_{p1}}{\rho_1 C_{p1} + \rho_2 C_{p2}}\left(1 - \dfrac{\rho_2 C_{p2}}{\rho_2 C_{e2}}\right)Y_2 + \dfrac{\rho_1 C_{p1}}{\rho_1 C_{p1} + \rho_2 C_{p2}}\left(\dfrac{\rho_2 C_{p2}}{\rho_1 C_{e1}} - 1\right)Y_1 + \sigma_I \\ v_4 = \dfrac{1}{\rho_1 C_{p1} + \rho_2 C_{p2}}\left(\dfrac{\rho_2 C_{p2}}{\rho_1 C_{p1}} - \dfrac{\rho_1 C_{p1}}{\rho_1 C_{e1}}\right)Y_1 + \dfrac{1}{\rho_1 C_{p1} + \rho_2 C_{p2}}\left(1 - \dfrac{\rho_2 C_{p2}}{\rho_2 C_{e2}}\right)Y_2 - \dfrac{\sigma_I}{\rho_1 C_{p1}} \end{cases} \tag{4.289}$$

进一步根据波阵面上的动量守恒条件和连续条件求出状态点 5 的应力和质点速度：

$$\begin{cases} \sigma_5 = \dfrac{\rho_1 C_{p1}}{\rho_1 C_{p1} + \rho_2 C_{p2}} \left[\left(1 - \dfrac{\rho_2 C_{p2}}{\rho_2 C_{e2}}\right) Y_2 + \left(\dfrac{\rho_2 C_{p2}}{\rho_1 C_{e1}} - \dfrac{\rho_2 C_{p2}}{\rho_1 C_{p1}}\right) Y_1 \right] + \dfrac{\rho_2 C_{p2}}{\rho_1 C_{p1} + \rho_2 C_{p2}} 2\sigma_I \\ v_5 = \dfrac{\left(1 - \dfrac{\rho_2 C_{p2}}{\rho_2 C_{e2}}\right) Y_2 + \left(1 - \dfrac{\rho_1 C_{p1}}{\rho_1 C_{e1}}\right) Y_1 - 2\sigma_I}{\rho_1 C_{p1} + \rho_2 C_{p2}} \end{cases} \tag{4.290}$$

以上即为弹塑性波在两种材料交界面上透反射问题的几种情况下的解。事实上，容易看出，虽然过程看起来复杂，解的形式也很复杂，但其思路非常简单，直接利用波阵面上的动量守恒条件和连续条件、初始条件、边界条件即可得到各状态点的应力与质点速度。

3. 弹塑性加载波在自由面上的反射问题

设初始处于静止松弛状态的一维线性强化弹塑性杆右端突加一个强度为 $\sigma > 0$ 的塑性突加波，根据弹塑性双波理论可知，此时会向右传播一个弹性前驱波 0~1 和一个塑性突加波 1~2，如图 4.58 所示。根据边界条件、初始条件和波阵面上的动量守恒条件，可以得到如下。

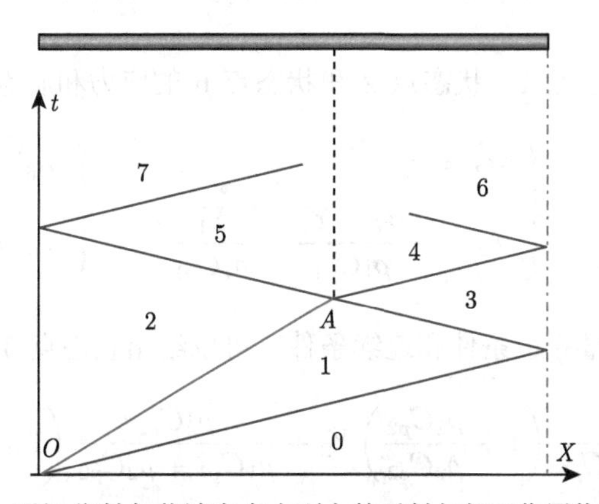

图 4.58　“弱” 塑性加载波在自由面上的反射与相互作用物理平面图

根据动量守恒条件有

$$\begin{cases} \sigma_1 = Y \\ v_1 = -\dfrac{Y}{\rho C_e} \end{cases}, \quad \begin{cases} \sigma_2 = \sigma - Y \\ v_2 = -\dfrac{\sigma - Y}{\rho C_p} - \dfrac{Y}{\rho C_e} \end{cases} \tag{4.291}$$

当弹性前驱波到达自由面后会产生反射应力波 1~3，根据弹性波在自由面上的反射“镜像法则”可知，反射波应为等量符号相反的应力波，即反射波应为一个强度为 Y 的弹性卸载波；此时塑性加载波在自由面上的反射问题就转换成弹性卸载波 1~3 对塑性突加波 1~2 的迎面卸载问题了。

当

$$Y > \frac{1}{2}\left(\frac{C_e}{C_p}+1\right)(\sigma - Y) \Leftrightarrow \sigma < \left[\frac{2}{(C_e/C_p+1)}+1\right]Y \tag{4.292}$$

时，此问题就是“强”弹性卸载波对“弱”塑性突加波的迎面卸载问题，如图 4.58 所示，两波相遇后分别向应变间断面两端传播弹性波。

根据波阵面上的动量守恒条件与边界条件、连续条件，可以计算出状态点 3、状态点 4 和状态点 5 的应力与质点速度：

$$\begin{cases} \sigma_3 = 0 \\ v_3 = -\dfrac{2Y}{\rho C_e} \end{cases}, \quad \begin{cases} \sigma_4 = \sigma_5 = \dfrac{1}{2}\left[\left(\dfrac{C_e}{C_p}+1\right)(\sigma - Y) - Y\right] \\ v_4 = v_5 = \dfrac{1}{2}\left(-\dfrac{\sigma+2Y}{\rho C_e} - \dfrac{\sigma - Y}{\rho C_p}\right) \end{cases} \tag{4.293}$$

此时弹性波 3~4 传到右端自由面上会产生反射波 4~6，以及弹性波 2~5 到达左端自由面上也会产生反射波 5~7，状态点 6 和状态点 7 对应的应力和质点速度值容易利用以上弹性波章节的知识进行推导。反射波 4~6 和 5~7 到达应变间断面后也可能产生内反射问题，读者可参考 4.3.3 小节内容分析之。

当

$$\sigma > \left[\frac{2}{(C_e/C_p+1)}+1\right]Y \tag{4.294}$$

时，此问题就是“弱”弹性卸载波对“强”塑性突加波的迎面卸载问题，此时在物理平面上应力波相互作用如图 4.59 所示。

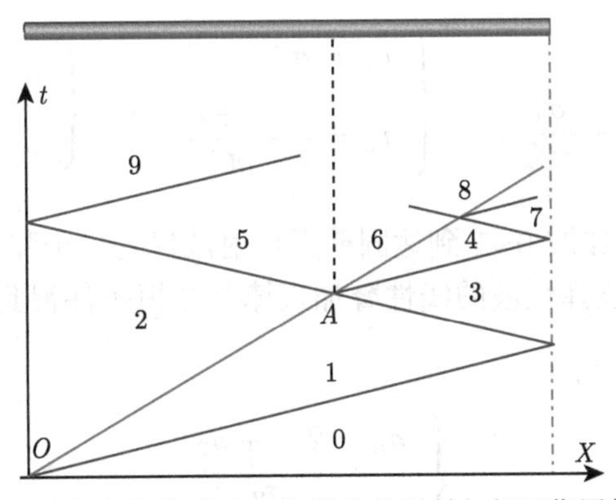

图 4.59 “强”塑性加载波在自由面上的反射与相互作用物理平面图

根据边界条件和动量守恒条件容易得到状态点 1、状态点 2、状态点 3 和状态点 4 对应的应力和质点速度值；再根据波阵面上的守恒条件与连续条件计算出状态点 5 和状态点 6 的应力与质点速度：

$$\begin{cases} \sigma_5 = \sigma_6 = \sigma + \dfrac{-3C_p}{C_e + C_p} Y \\ v_5 = v_6 = -\dfrac{\sigma - Y}{\rho C_p} - \dfrac{C_p}{C_e} \dfrac{3Y}{\rho C_e + \rho C_p} \end{cases} \tag{4.295}$$

之后，弹性波 2~5 和 3~4 到达左端自由面分别产生反射波 5~9 和 4~7，见弹性波在自由面的反射问题结论，反射后的弹性波 5~9 到达应变间断面后可能会产生内反射，同时反射弹性卸载波 4~7 与塑性突加波 4~6 相遇，此问题也属于弹性卸载波对塑性突加波的迎面卸载问题，同上分析结论，以此类推，读者试推导之。

4. 弹塑性加载波在刚壁上的反射问题

假设一维线性强化弹塑性杆右端与刚壁连接，设杆在初始时刻处于静止松弛状态，如图 4.60 所示，在杆左端突加两个强度分别为 σ_1 和 σ_2，时间间隔为 Δt 的弹塑性突加波，这是典型一维杆中弹塑性加载波在固壁上反射问题。这里仅以 $\sigma_1 < Y$ 且 $\sigma_2 < Y$ 时的情况为例对此类问题进行讨论。

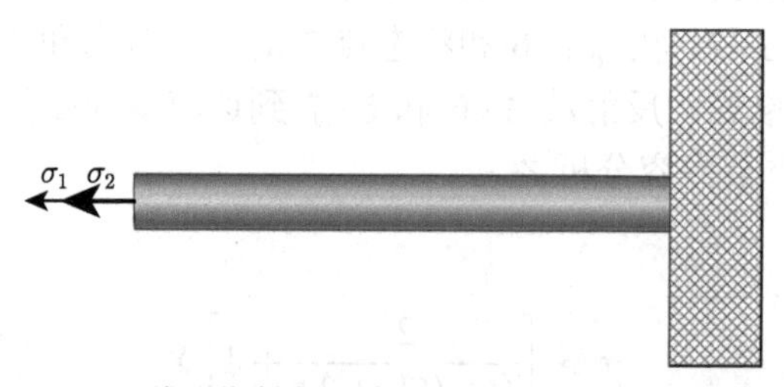

图 4.60　一维弹塑性杆两个突加波在刚壁上的反射问题

已知弹性突加波 0~1 的应力强度为 σ_1，弹性突加波 1~2 的应力强度为 σ_2；根据波阵面上的守恒条件以及弹性波在刚壁上的反射规律，即有

$$\begin{cases} \sigma_1 = \sigma_1 \\ v_1 = -\dfrac{\sigma_1}{\rho C_e} \end{cases}, \quad \begin{cases} \sigma_3 = \sigma_1 + \sigma_2 \\ v_3 = -\dfrac{\sigma_1 + \sigma_2}{\rho C_e} \end{cases}, \quad \begin{cases} \sigma_4 = 2\sigma_1 \\ v_4 = 0 \end{cases} \tag{4.296}$$

若 $2\sigma_1 < Y$，弹性突加波 0~1 到达固壁后反射波仅为一个弹性突加波 1~4。若 $2\sigma_1 + \sigma_2 < Y$，根据可以根据线弹性波的线性叠加规律及守恒条件得到状态点 5 的应力和质点速度：

$$\begin{cases} \sigma_5 = 2\sigma_1 + \sigma_2 \\ v_5 = -\dfrac{\sigma_2}{\rho C_e} \end{cases} \tag{4.297}$$

若 $2(\sigma_1 + \sigma_2) < Y$，此时弹性突加波 4~5 也到达固壁并反射，且反射波也仅为一个弹性突加波，及整个杆中应力波的相互作用纯粹就是弹性波相互作用的过程，读者可参考第 3 章内容分析之。若 $2\sigma_1 + \sigma_2 < Y$ 但 $2(\sigma_1 + \sigma_2) > Y$，此时，弹性突加波 4~5 到达固壁后反射一个弹性前驱波和塑性突加波，如图 4.61 所示，根据边界条件和动量守恒条件，可以解得状态点 6 和状态点 7 的应力和质点速度分别为

$$\left\{\begin{array}{l}\sigma_6 = Y \\ v_6 = \dfrac{Y - 2(\sigma_1 + \sigma_2)}{\rho C_e}\end{array}\right., \quad \left\{\begin{array}{l}\sigma_7 = \dfrac{C_p}{C_e}\left[2(\sigma_1 + \sigma_2) - Y\right] + Y \\ v_7 = 0\end{array}\right. \tag{4.298}$$

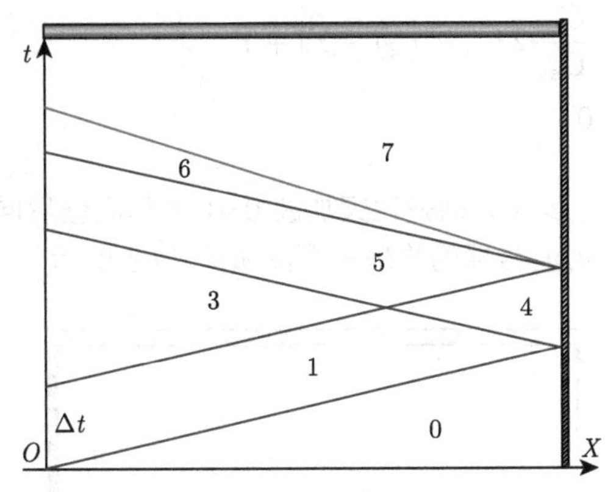

图 4.61 两个相对弱弹性突加波在固壁上反射物理平面图

若 $2\sigma_1 < Y$ 且 $\sigma_1 + \sigma_2 < Y$ 但 $2\sigma_1 + \sigma_2 > Y$，此时应力传播的物理平面图如图 4.62 所示。弹性突加波 1~3 和弹性加载波 1~4 相互作用后不仅产生弹性波还产生塑性波。根据边界条件和动量守恒条件，可以求得状态点 5、状态点 6 和状态点 7 的应力和质点速度：

$$\left\{\begin{array}{l}\sigma_5 = Y \\ v_5 = \dfrac{2\sigma_1 - Y}{\rho C_e}\end{array}\right., \quad \left\{\begin{array}{l}\sigma_6 = Y \\ v_6 = \dfrac{Y - 2(\sigma_1 + \sigma_2)}{\rho C_e}\end{array}\right., \quad \left\{\begin{array}{l}\sigma_7 = \dfrac{C_p}{C_e}(2\sigma_1 + \sigma_2 - Y) + Y \\ v_7 = -\dfrac{\sigma_2}{\rho C_e}\end{array}\right. \tag{4.299}$$

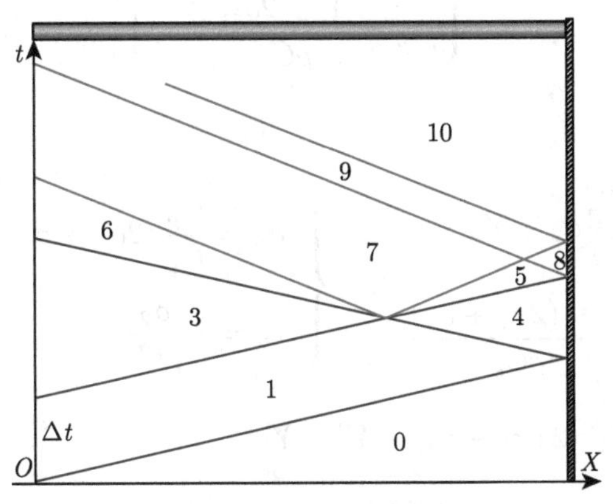

图 4.62 两个较强弹性突加波在固壁上反射物理平面图

之后即为塑性突加波之间的相互作用问题了，根据边界条件和动量守恒条件依次可以求出状态点 8、状态点 9 和状态点 10 的应力和质点速度：

$$\begin{cases} \sigma_8 = \dfrac{C_p}{C_e}(Y-2\sigma_1)+Y \\ v_8 = 0 \end{cases}, \quad \begin{cases} \sigma_9 = \dfrac{C_p}{C_e}\sigma_2+Y \\ v_9 = \dfrac{Y-(2\sigma_1+\sigma_2)}{\rho C_e} \end{cases},$$

$$\begin{cases} \sigma_{10} = \dfrac{C_p}{C_e}[2(\sigma_1+\sigma_2)-Y]+Y \\ v_{10} = 0 \end{cases} \tag{4.300}$$

若 $\sigma_1+\sigma_2<Y$ 但 $2\sigma_1>Y$，则弹性突加波 0~1 到达固壁后同时反射弹性前驱波和塑性突加波，此种情况下应力波传播的物理平面图如图 4.63 所示。

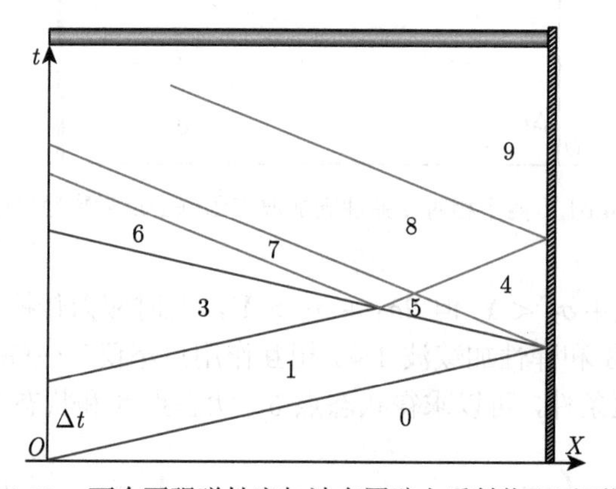

图 4.63　两个更强弹性突加波在固壁上反射物理平面图

类似地，可以求出各状态点的应力与质点速度：

$$\begin{cases} \sigma_4 = \dfrac{C_p}{C_e}(2\sigma_1-Y)+Y \\ v_4 = 0 \end{cases}, \quad \begin{cases} \sigma_5 = Y \\ v_5 = \dfrac{Y-2\sigma_1}{\rho C_e} \end{cases}, \quad \begin{cases} \sigma_6 = Y \\ v_6 = \dfrac{Y-2(\sigma_1+\sigma_2)}{\rho C_e} \end{cases} \tag{4.301}$$

和

$$\begin{cases} \sigma_7 = \dfrac{C_p}{C_e}\sigma_2+Y \\ v_7 = \dfrac{Y-(2\sigma_1+\sigma_2)}{\rho C_e} \end{cases}, \quad \begin{cases} \sigma_8 = \dfrac{C_p}{C_e}(2\sigma_1+\sigma_2-Y)+Y \\ v_8 = -\dfrac{\sigma_2}{\rho C_e} \end{cases}$$

$$\begin{cases} \sigma_9 = \dfrac{C_p}{C_e}[2(\sigma_1+\sigma_2)-Y]+Y \\ v_9 = 0 \end{cases} \tag{4.302}$$

若 $\sigma_1+\sigma_2>Y$ 但 $2\sigma_1<Y$，此种情况下应力波传播的物理平面图如图 4.64 所示，读者可试推之。其他情况读者也可以参考《固体中的应力波导论》相关章节推导之，在此不做详述。

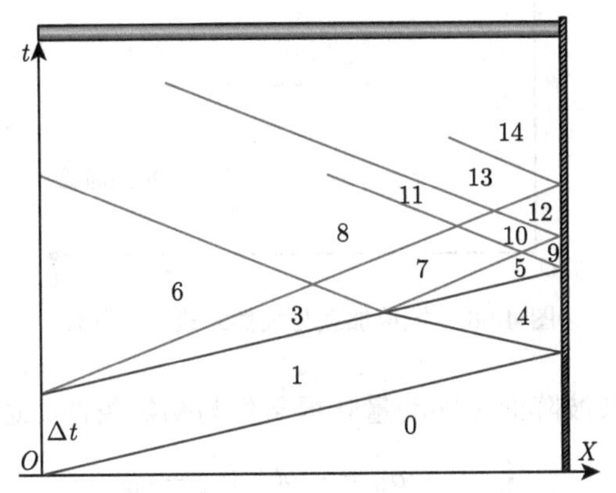

图 4.64 两个强弹性突加波在固壁上反射物理平面图

4.4.2 一维弹塑性杆中刚性卸载问题

在以上弹塑性波传播及与卸载波的相互作用问题的分析过程中，皆建立在材料本构理论的“弹性卸载”假设基础上，即认为卸载波以弹性波波速 C_e 传播。对于一般材料而言，其弹性波波速 C_e 远大于塑性波波速 C_p；因而，在很多塑性波传播问题中可以假设弹性波波速为无穷大，即近似认为卸载行为是刚性卸载，从而简化问题的分析过程与结果。

以密度为 ρ 的一维无限长弹塑性杆中追赶卸载问题为例，设材料为线性强化塑性材料，其本构关系为

$$\sigma=E_p\varepsilon \tag{4.303}$$

如图 4.65 所示，容易知道其塑性波波速为

$$C_p=\sqrt{\frac{E_p}{\rho}} \tag{4.304}$$

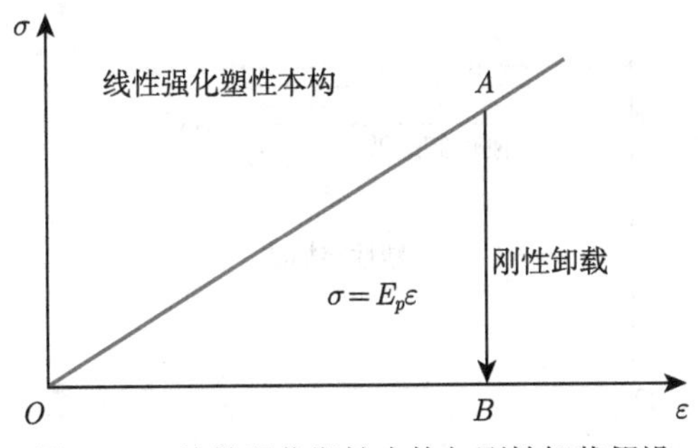

图 4.65 线性强化塑性本构与刚性卸载假设

设杆在初始时刻处于静止松弛状态，在 $t=0$ 时刻突然施加一个速度为 v_M 的恒速载荷，在 $t=\tau$ 时刻突然卸载到 0，如图 4.66 所示。

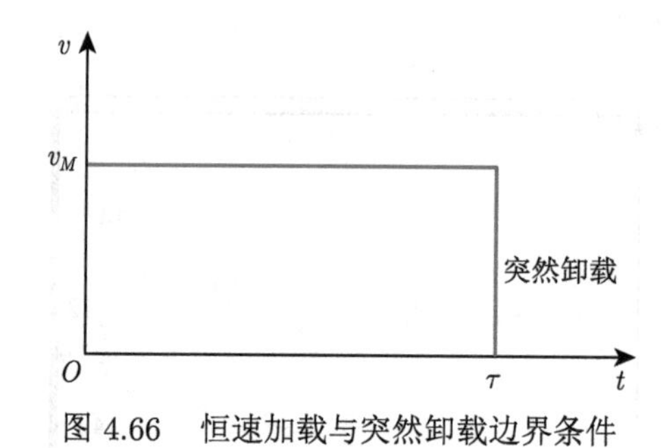

图 4.66　恒速加载与突然卸载边界条件

根据右行塑性突加波波阵面上的动量守恒条件与初始条件、边界条件，有

$$\begin{cases} \sigma_1-\sigma_0=-\rho C_p\left(v_1-v_0\right) \\ v_0=0, \sigma_0=0 \\ v_1=v_M \end{cases} \tag{4.305}$$

根据式 (4.305) 可以给出图 4.67 所示物理平面图中状态点 1 的应力与质点速度为

$$\begin{cases} \sigma_1=-\rho C_p v_M \\ v_1=v_M \end{cases} \tag{4.306}$$

假设卸载行为为刚性卸载，即卸载波波速为无穷大；因而，在 $t=\tau$ 时刻刚性卸载波立刻到达塑性波波阵面：

$$X_\tau=C_p\tau \tag{4.307}$$

处，之后塑性突加波在弹性卸载波的扰动下不断衰减，此部分分析可参考弹性卸载波对塑性突加波的追赶卸载部分内容和卸载界面衰减部分内容；不同之处在于，这里弹性卸载波波速为无穷大，即如图 4.67 所示皆是平行于 X 轴的系列直线。此时，$X<X_\tau$ 部分杆处于刚体状态，而之后弹塑性界面以塑性波波速 C_p 向前传播，界面两端的应力与质点速度的变化如图 4.68 所示。

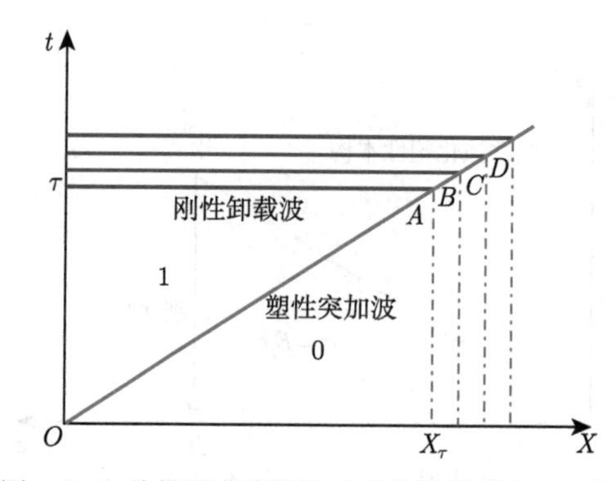

图 4.67　线性强化塑性杆中刚性卸载物理平面图

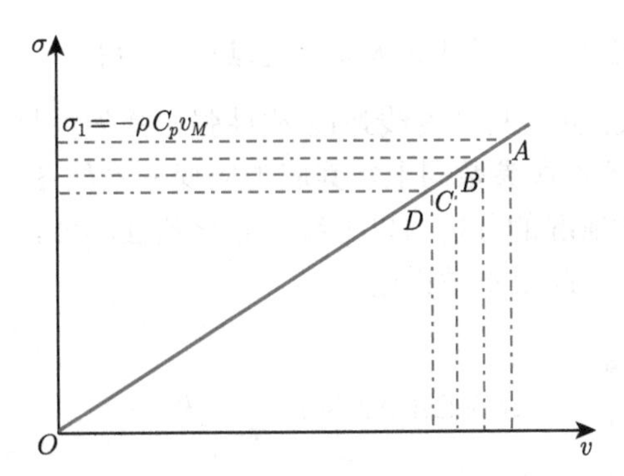

图 4.68 线性强化塑性杆中刚性卸载状态平面图

虽然塑性波强度在不断衰减，但其波速并没有发生改变，且卸载界面前方皆处于初始静止松弛状态；因而，根据塑性波波阵面上的动量守恒定律和初始条件可知，对于强间断塑性波而言，传播过后卸载界面靠近塑性侧的强度 σ_p 与质点速度 v_p 满足

$$\sigma_p = -\rho C_p v_p \tag{4.308}$$

在任意 $t \geqslant \tau$ 时刻，根据式 (4.308) 与连续条件可知，卸载界面后方长度为

$$l\,(t) = C_p t \tag{4.309}$$

的刚性杆部分的应力与速度和卸载界面塑性侧的应力与质点速度对应相等。

根据牛顿第二定律，可以得到

$$\sigma_p\,(t) = \rho C_p t \frac{\mathrm{d}v_p\,(t)}{\mathrm{d}t} \tag{4.310}$$

联立式 (4.310) 和式 (4.308)，可以得到

$$\frac{\mathrm{d}v_p\,(t)}{\mathrm{d}t} + \frac{v_p\,(t)}{t} = 0 \tag{4.311}$$

对式 (4.311) 进行积分，并考虑边界条件

$$v_p\,(\tau) = v_M \tag{4.312}$$

可以得到

$$\left\{\begin{array}{l} v_p\,(t) \cdot t = v_M \tau \\ v_p\,(t) \cdot X\,(t) = v_M X_\tau \end{array}\right. \tag{4.313}$$

将式 (4.313) 代入式 (4.308) 即有

$$\left\{\begin{array}{l} \sigma_p\,(t) \cdot t = \sigma_M \tau \\ \sigma_p\,(t) \cdot X\,(t) = \sigma_M X_\tau \end{array}\right. \tag{4.314}$$

1. 一维线性强化弹塑性杆中塑性突加波的连续刚性卸载

若考虑材料的弹性段，并设材料为线弹性-线性强化弹塑性材料，材料的杨氏模量为 E，弹性波波速为 C_e，其他塑性段参数同上，其应力应变关系如图 4.69 所示。对于线性强化弹塑性杆中突然刚性卸载情况的分析与以上线性强化塑性相似，只需要考虑弹性前驱波即可，读者可以试推导分析，此处不做详述。

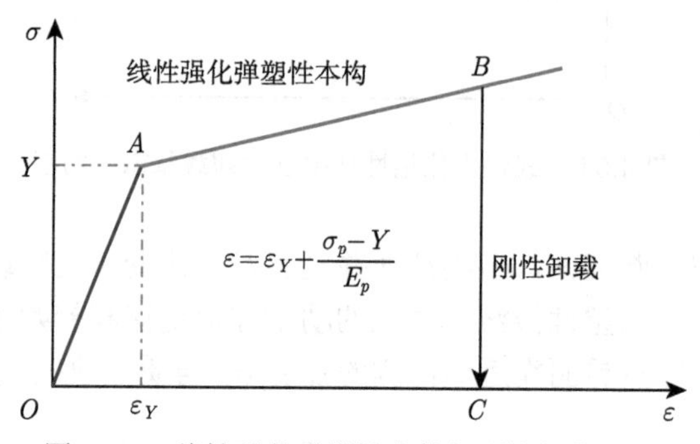

图 4.69　线性强化弹塑性本构与刚性卸载假设

设在 $t=0$ 时刻一维杆左端受到一个强度为 $\sigma_M > Y$ 的塑性突加波，之后缓慢衰减到 $t=\tau$ 时刻至零，如图 4.70 所示。根据线性强化弹塑性杆中“双波结构”可知，在 $t=0$ 时刻会同时从杆左端向右传播一个弹性前驱波和塑性突加波；如图 4.71 所示，根据波阵面上的动量守恒条件和初始条件，可知

$$\begin{cases} \sigma_1 = Y \\ v_1 = -\dfrac{Y}{\rho C_e} \end{cases} \tag{4.315}$$

和

$$\sigma_p - Y = -\rho C_p \left(v_p - v_1\right) \tag{4.316}$$

式中，σ_p 和 v_p 分别表示卸载界面塑性侧的应力与质点速度。

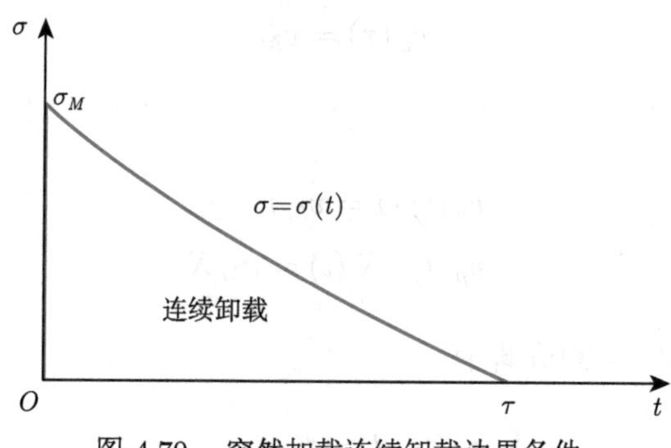

图 4.70　突然加载连续卸载边界条件

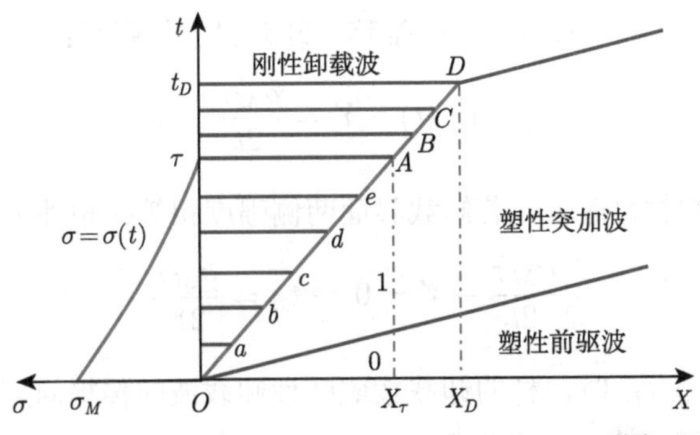

图 4.71 线性强化杆连续刚性卸载物理平面图

卸载界面后方刚体段的运动方程为

$$\sigma_p - \sigma(t) = \rho C_p t \frac{\mathrm{d}v_p}{\mathrm{d}t} \tag{4.317}$$

结合式 (4.316) 和式 (4.317)，可以给出

$$\frac{\mathrm{d}\sigma_p}{\mathrm{d}t} = \frac{\sigma(t) - \sigma_p}{t} \tag{4.318}$$

从而可以解得

$$\sigma_p = \frac{1}{t}\int_0^t \sigma(t)\,\mathrm{d}t \tag{4.319}$$

卸载应力 $\sigma(t)$ 是一个单调递减函数，因此式 (4.319) 就是一个随着时间单调递减的衰减函数。当卸载条件给定后式 (4.319) 即可确定，特别地，当卸载函数是一个线性函数

$$\sigma(t) = \sigma_M\left(1 - \frac{t}{\tau}\right) \tag{4.320}$$

时，根据式 (4.319)，当 $t \leqslant \tau$ 时卸载波塑性侧的应力函数为

$$\sigma_p(t) = \sigma_M\left(1 - \frac{t}{2\tau}\right) \tag{4.321}$$

当 $t = \tau$ 时，卸载波塑性侧的应力强度为

$$\sigma_p(t) = \frac{\sigma_M}{2} \tag{4.322}$$

而当 $t > \tau$ 时，此时刚性卸载问题同突然卸载时对应的情况，即转变为强度 $\sigma_M/2$ 的塑性波突然刚性卸载问题，参考式 (4.314) 即可给出此区间卸载界面塑性侧的应力函数：

$$\sigma_p(t) = \frac{\sigma_M \tau}{2t} \tag{4.323}$$

从式 (4.323) 可以看出，随着时间的推移，卸载界面的强度：

$$[\sigma]=\sigma_p(t)-Y=\frac{\sigma_M\tau}{2t}-Y \tag{4.324}$$

逐渐减小；对于弹塑性材料而言，若卸载界面两侧强度相等即塑性突加波消失，则

$$\frac{\sigma_M\tau}{2t}-Y=0\Rightarrow t_D=\frac{\sigma_M\tau}{2Y} \tag{4.325}$$

如图 4.72 所示；而 $t>t_D$ 时，杆的卸载按照弹性卸载波的传播问题进行分析和计算，见第 3 章内容，在此不做详述。

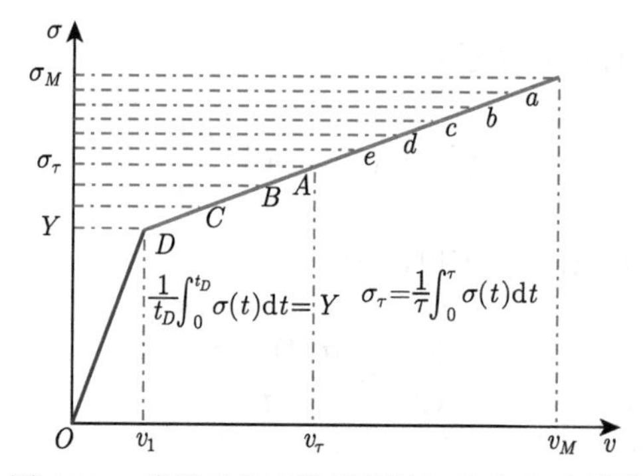

图 4.72　线性强化杆连续刚性卸载状态平面图

2. 一维线性强化弹塑性杆中塑性连续加载波的连续刚性卸载

若边界条件中突加波也为连续加载波，如图 4.73 所示，其加载应力函数为 σ_l、卸载应力函数为 σ_u：

$$\begin{cases}\sigma=\sigma_l(t), & 0<t\leqslant t_0\\ \sigma=\sigma_u(t), & t_0<t\leqslant\tau\end{cases} \tag{4.326}$$

当 $t=t_0$ 时应力达到最大值 $\sigma_M>Y$，$t=\tau$ 时应力卸载到零。

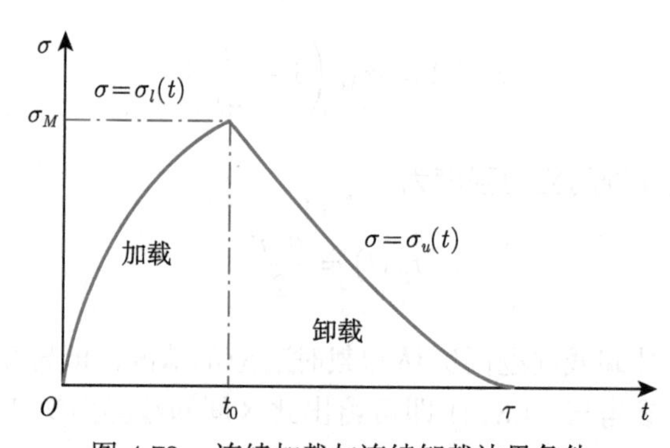

图 4.73　连续加载与连续卸载边界条件

在 $t < t_0$ 时，杆中应力波是典型的"双波结构"，图 4.74 所示物理平面图中 ED 特征线下方区域即为简单波区，根据一维杆中弹塑性"双波结构"知识容易知道，跨过弹性波波阵面和塑性波波阵面有

$$\begin{cases} \mathrm{d}\sigma = -\rho C_e \mathrm{d}v \\ \mathrm{d}\sigma = -\rho C_p \mathrm{d}v \end{cases} \tag{4.327}$$

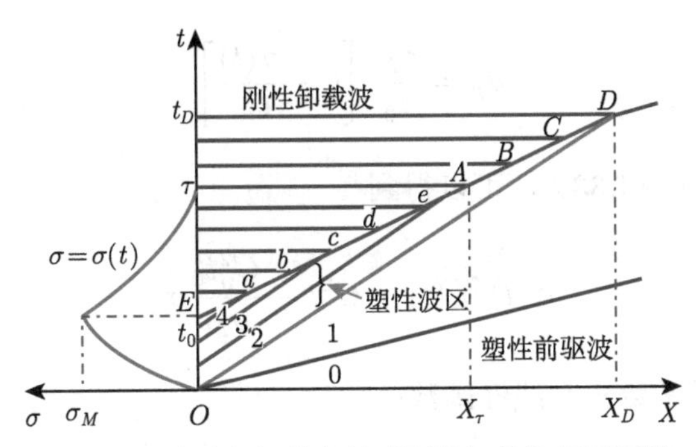

图 4.74 连续加卸载条件时刚性卸载物理平面图

结合边界条件与初始条件，可以给出简单波区不同位置、不同时刻杆介质的应力及质点速度。当 $t \geqslant t_0$ 时，跨过卸载界面有特征关系：

$$\mathrm{d}\sigma_p = -\rho C_p \mathrm{d}v_p \tag{4.328}$$

设卸载界面的传播函数为

$$X_{ep} = \phi(t) \tag{4.329}$$

因此卸载界面左侧刚体的运动方程即为

$$\sigma_p(t) - \sigma_u(t) = \rho\phi(t)\frac{\mathrm{d}v_p}{\mathrm{d}t} \tag{4.330}$$

联立式 (4.328) 和式 (4.330)，可以得到

$$\sigma_p(t) - \sigma_u(t) + \frac{\phi(t)}{C_p}\frac{\mathrm{d}\sigma_p}{\mathrm{d}t} = 0 \tag{4.331}$$

以图 4.74 中卸载界面上的点 a 为例，由于其前方为单波区，若已知此点的应力和加载条件，容易给出点 a 在物理平面图中纵坐标 (即时间) 和横坐标 (即位移)：

$$\sigma_p(a) = \sigma_l(t_a) \Rightarrow t_a = \sigma_l^{-1}[\sigma_p(a)] \Rightarrow X_a = C_p \cdot \left\{t - \sigma_l^{-1}[\sigma_p(a)]\right\} \tag{4.332}$$

式中，上标 -1 表示求逆函数。特别地，当加载函数是线性函数：

$$\sigma_l(t) = \sigma_M \frac{t}{t_0}, \quad 0 \leqslant t \leqslant t_0 \tag{4.333}$$

式 (4.332) 可表达为

$$\begin{cases} t_a = \dfrac{\sigma_p(a)\cdot t_0}{\sigma_M} \\ X_a = C_p\left[t - \dfrac{\sigma_p(a)\cdot t_0}{\sigma_M}\right] \end{cases} \tag{4.334}$$

因而，对于卸载界面上任一点，应有

$$\sigma_p = \frac{\sigma_M}{t_0}\left[t - \frac{\phi(t)}{C_p}\right] \tag{4.335}$$

将式 (4.335) 代入式 (4.331)，可以得到

$$\phi(t)\,\phi'(t) = C_p^2 t - \frac{C_p^2 t_0}{\sigma_M}\sigma_u \tag{4.336}$$

若进一步假设卸载函数也是线性函数：

$$\sigma_u(t) = \begin{cases} \sigma_M \dfrac{t-\tau}{t_0-\tau}, & t_0 \leqslant t \leqslant \tau \\ 0, & t > \tau \end{cases} \tag{4.337}$$

则式 (4.336) 可表达为

$$\phi(t)\,\phi'(t) = \begin{cases} C_p^2\left[t - \dfrac{(t-\tau)\,t_0}{t_0-\tau}\right], & t_0 \leqslant t \leqslant \tau \\ C_p^2 t, & t > \tau \end{cases} \tag{4.338}$$

对式 (4.338) 进行积分，并考虑到初始条件 $\phi(t_0) = 0$，可以得到

$$\phi(t) = \begin{cases} C_p(t-t_0)\sqrt{\dfrac{\tau}{\tau-t_0}}, & t_0 \leqslant t \leqslant \tau \\ C_p\sqrt{t^2 - t_0\tau}, & t > \tau \end{cases} \tag{4.339}$$

从式 (4.339) 可以看出，当 $t_0 \leqslant t \leqslant \tau$ 时，卸载界面在物理平面图中是一个随着时间推进而呈线性传播的线，而在 $t > \tau$ 时却是一个抛物线。

将式 (4.339) 代入式 (4.335)，可以得到

$$\sigma_p = \begin{cases} \dfrac{\sigma_M}{t_0}\left[t - (t-t_0)\sqrt{\dfrac{\tau}{\tau-t_0}}\right], & t_0 \leqslant t \leqslant \tau \\ \dfrac{\sigma_M}{t_0}\left(t - \sqrt{t^2 - t_0\tau}\right), & t > \tau \end{cases} \tag{4.340}$$

其状态平面图如图 4.75 所示。

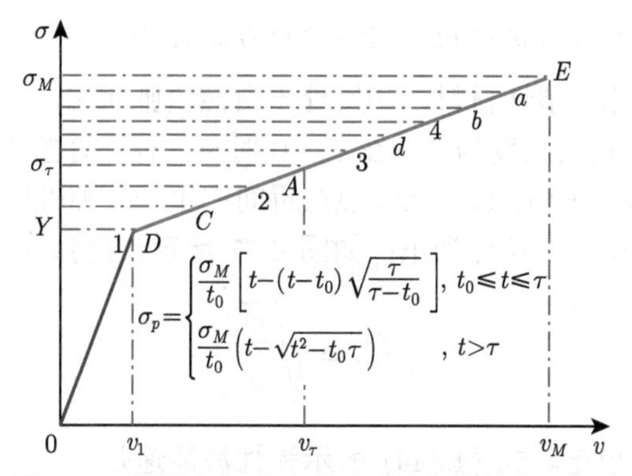

图 4.75 连续加卸载条件时刚性卸载状态平面图

4.4.3 一维弹塑性杆高速撞击弹塑性变形演化与弹塑性波

在 3.2 节和《固体中的应力波导论》一书中，对一线弹性杆的共轴对撞问题及其中的应力波传播与演化特征进行了详细的讨论与推导；当两个完全相同的线弹性杆共轴对撞时，其交界面上的瞬时应力为

$$\sigma = \frac{1}{2}\rho C v \tag{4.341}$$

式中，ρC 表示杆材料的波阻抗；v 表示两杆的相对速度。

从式 (4.341) 容易判断，如两杆的相对速度一直增大，必会超过其弹性屈服极限而达到塑性变形阶段。直杆的高速碰撞变形问题是一个相对较复杂的问题，其塑性变形特征与材料动态屈服强度之间的关系最早由 Taylor 研究并建立。考虑一个水平一维杆以恒定速度 V_0 高速正撞击一个表面光滑且强度极大的刚性平板，如图 4.76 所示，平板的面积相对无限大且不考虑其屈服与变形。设撞击速度足够大以至于能够在撞击瞬间使得杆中产生塑性变形，即

$$V_0 > V_Y \tag{4.342}$$

式中

$$V_Y = \frac{Y}{\rho C_e} \tag{4.343}$$

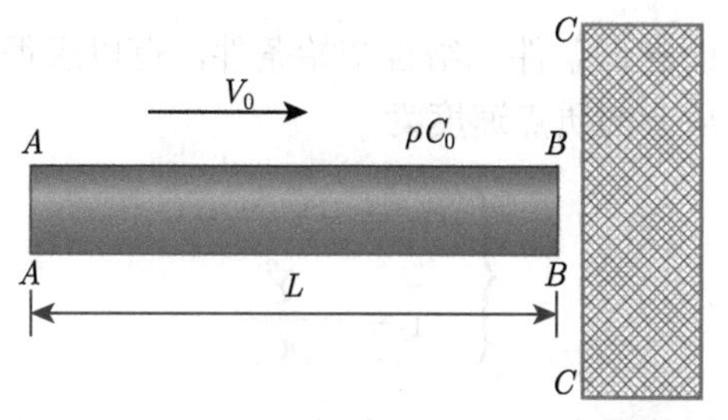

图 4.76 一维杆高速正撞击刚性靶板示意图

1. 一维线性强化弹塑性杆恒速撞击过程中应力波传播

设杆材料为线性强化弹塑性材料，初始处于自然松弛状态，其密度为 ρ，弹性声速为 C_e，塑性波波速为 C_p，初始长度为 L；在 $t=0$ 时刻，杆正好撞击上刚性平板，即一维杆截面 B-B 到达刚性平板表面 C-C，此时会在瞬间产生一个弹性突加波并向左传播，其中 Y 为材料的初始屈服强度，以拉伸为正；如图 4.77 所示。此弹性波波速为

$$C_e = \sqrt{\frac{E}{\rho}} \tag{4.344}$$

式中，E 为材料的杨氏模量。式 (4.344) 所示弹性波波速是物质波速，在空间上此弹性波波阵面的速度应为

$$c = V_0 - C_e = V_0 - \sqrt{\frac{E}{\rho}} \tag{4.345}$$

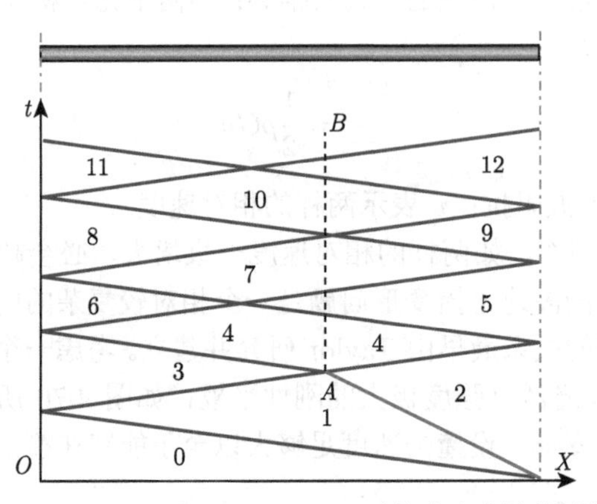

图 4.77 $V_0 < V_Y(3C_e + C_p)/(C_e + C_p)$ 时撞击应力波传播物理平面图

为了简化分析，可以站在以速度 V_0 匀速向右运动的坐标系上看该问题，即将其等效为杆是静止的，在 $t=0$ 时刻有一个刚性厚板以速度为 $-V_0$ 正向撞击一个初始处于静止松弛状态的一维线性强化弹塑性杆的问题。即有初始条件：

$$v_0 = 0, \quad \sigma_0 = 0, \quad \varepsilon_0 = 0 \tag{4.346}$$

根据左行波波阵面上的守恒条件，结合初始条件，可以求得撞击后产生的第一个向左传播的弹性突加波波阵面后方的质点速度为

$$\begin{cases} \sigma_1 = -Y \\ v_1 = -\dfrac{Y}{\rho C_e} \end{cases} \tag{4.347}$$

并在 $t = L/C_e$ 时刻达到杆的最左端。对于稳定材料而言，撞击发生后必会产生向左传播的塑性突加波；对于线性强化弹塑性材料而言，其塑性突加波波速恒定，即撞击瞬间会在

杆中形成“双波结构”，如图 4.77 所示；根据左行塑性突加波波阵面上的守恒方程与边界条件，可以得到状态点 2 的应力与质点速度：

$$\begin{cases} \sigma_2 = \left(\dfrac{C_p}{C_e} - 1\right) Y - \rho C_p V_0 \\ v_2 = -V_0 \end{cases} \tag{4.348}$$

根据弹性波在自由面上反射的“镜像法则”可知，反射波 1~3 的强度与 0~1 在数值上相等，而方向相反，即反射波是一个拉伸波，如以压缩波为加载，此时该问题就是一个弹性卸载波对塑性加载波的迎面卸载问题，可参考 4.3.2 节中内容。若撞击速度相对较低，使得弹性卸载波 1~3 与塑性加载波 1~2 作用后杆中皆为弹性波，即强弹性卸载波对弱塑性加载波的迎面卸载问题。

参考图 4.77 所示物理平面图，根据波阵面上的守恒条件、连续条件以及自由面上反射的“镜像法则”可以给出质点 3 和质点 4 的应力与质点速度：

$$\begin{cases} \sigma_3 = 0 \\ v_3 = -\dfrac{2Y}{\rho C_e} \end{cases}, \quad \begin{cases} \sigma_4 = \dfrac{1}{2}\left(1 + \dfrac{C_p}{C_e}\right)(Y - \rho C_e V_0) \\ v_4 = \dfrac{1}{2}\left[\dfrac{Y}{\rho C_e}\left(\dfrac{C_p}{C_e} - 3\right) - \left(1 + \dfrac{C_p}{C_e}\right) V_0\right] \end{cases} \tag{4.349}$$

以上强弹性卸载波假设的前提是

$$|\sigma_4| \leqslant Y \Rightarrow \sigma_4 \geqslant -Y \tag{4.350}$$

即

$$V_0 \leqslant \frac{Y}{\rho C_e} + \frac{Y}{\rho(C_e + C_p)/2} = \frac{3C_e + C_p}{C_e + C_p} V_Y \tag{4.351}$$

根据 4.3.3 节内容可知，由于界面 AB 两侧应力历程不同，形成应变间断面 AB；应变间断面 AB 左侧杆材料的压缩屈服强度还是 $-Y$，但右侧材料压缩屈服强度此时则为 $-\sigma_2$：根据杆右端的速度边界条件，从图 4.78 可以看出，若撞击后撞击面仍保持紧密接触即撞击面两侧质点速度相等，则状态点 5 与状态点 2 重合，即入射波 2~4 到达杆右端后只反射弹性波 4~5，如图 4.77 所示。

根据边界条件和波阵面上的守恒条件，可以给出状态点 5 和状态点 6 的应力与质点速度：

$$\begin{cases} \sigma_5 = 2Y - \rho C_e V_0 \\ v_5 = -V_0 \end{cases}, \quad \begin{cases} \sigma_6 = 0 \\ v_6 = \dfrac{Y}{\rho C_e}\left(\dfrac{C_p}{C_e} - 1\right) - \left(1 + \dfrac{C_p}{C_e}\right) V_0 \end{cases} \tag{4.352}$$

根据式 (4.352) 可知，若

$$V_Y < V_0 < 2V_Y \tag{4.353}$$

则

$$\begin{cases} \sigma_4 < 0 \\ \sigma_5 > 0 \end{cases} \tag{4.354}$$

即撞击面承受的力为拉力，这是不合理的；因此在低速条件下，状态点 5 的应力与质点速度应为

$$\begin{cases} \sigma_5 = 0 \\ v_5 = -\dfrac{2Y}{\rho C_e} \end{cases} \tag{4.355}$$

此后应力波传播即如图 4.77 所示，杆中应力波往返振荡，各状态点的状态平面图如图 4.78 所示。从图中可以看出，状态点 7 对应的应力是拉应力，其应力和质点速度分别为

$$\begin{cases} \sigma_7 = \dfrac{1}{2}\left(\dfrac{C_p}{C_e}+1\right)(\rho C_e V_0 - Y) \\ v_7 = \dfrac{1}{2}\left[\dfrac{Y}{\rho C_e}\left(\dfrac{C_p}{C_e}-3\right) - \left(1+\dfrac{C_p}{C_e}\right)V_0\right] \end{cases} \tag{4.356}$$

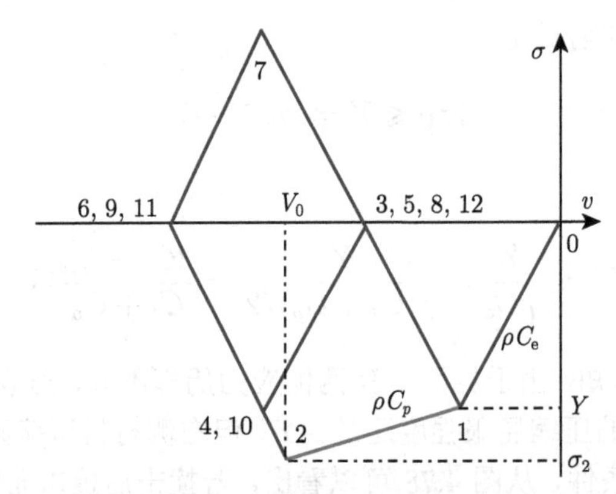

图 4.78　$V_0 < 2V_Y$ 时撞击应力波传播状态平面图

根据式 (4.353) 可知

$$0 < \frac{1}{2}\left(\frac{C_p}{C_e}+1\right)(\rho C_e V_0 - Y) < Y \tag{4.357}$$

因而对于各向同性强化材料而言，该点还是处于弹性状态；即在应力波振荡过程中杆介质一直处于弹性状态。若材料满足随动强化模型，在式 (4.353) 的前提下，根据状态点 2 和状态点 7 这两个最大压缩和拉伸应力，可知

$$\sigma_7 - \sigma_2 < \frac{3}{2}\left(\frac{C_p}{C_e}+1\right)Y \tag{4.358}$$

根据材料的弹塑性应力应变关系可知，对于一般材料而言，塑性波波速远小于弹性波波速：

$$C_p = \sqrt{\frac{\mathrm{d}\sigma}{\mathrm{d}\varepsilon^p}} \ll C_e \tag{4.359}$$

因此

$$\sigma_7 - \sigma_2 < 2Y \tag{4.360}$$

即仍处于弹性状态。

若

$$2V_Y < V_0 \leqslant \frac{3C_e + C_p}{C_e + C_p} V_Y \tag{4.361}$$

则根据式 (4.352) 可知，图 4.77 中状态点 5 仍处于压缩状态，即此时状态点 5 应由式 (4.352) 给出：

$$\begin{cases} \sigma_5 = 2Y - \rho C_e V_0 \\ v_5 = -V_0 \end{cases} \tag{4.362}$$

假设此种条件下应力波的传播与相互作用物理平面图仍如图 4.77 所示，可以给出状态点 7 的应力与质点速度为

$$\begin{cases} \sigma_7 = \dfrac{1}{2}\left[\left(3 - \dfrac{C_p}{C_e}\right) Y + \left(\dfrac{C_p}{C_e} - 1\right) \rho C_e V_0\right] \\ v_7 = \dfrac{1}{2}\left[\dfrac{Y}{\rho C_e}\left(\dfrac{C_p}{C_e} + 1\right) - \left(3 + \dfrac{C_p}{C_e}\right) V_0\right] \end{cases} \tag{4.363}$$

根据式 (4.361) 条件，可知

$$-2V_0\left[1 - \frac{C_e}{3C_e + C_p}\right] \leqslant v_7 = \frac{1}{2}\left[\frac{Y}{\rho C_e}\left(\frac{C_p}{C_e} + 1\right) - \left(3 + \frac{C_p}{C_e}\right) V_0\right] < -\frac{V_0}{4}\left(\frac{C_p}{C_e} + 5\right) < -V_0 \tag{4.364}$$

因而，当弹性波 5~7 到达撞击面后，两者分离；此种情况下应力波传播的物理平面图仍如图 4.77 所示，其状态平面图如图 4.79 所示。

若

$$V_0 > \frac{3C_e + C_p}{C_e + C_p} V_Y \tag{4.365}$$

则图 4.77 中状态点 4 应力大于初始屈服强度，即左行塑性波 1~2 跨过应变间断面后产生“双波结构”，此时应力波传播的物理平面图如图 4.80 所示。

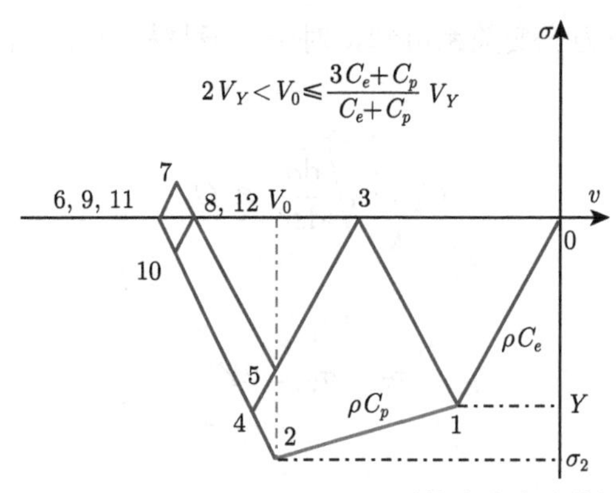

图 4.79　$V_0 < V_Y(3C_e + C_p)/(C_e + C_p)$ 时撞击应力波传播状态平面图

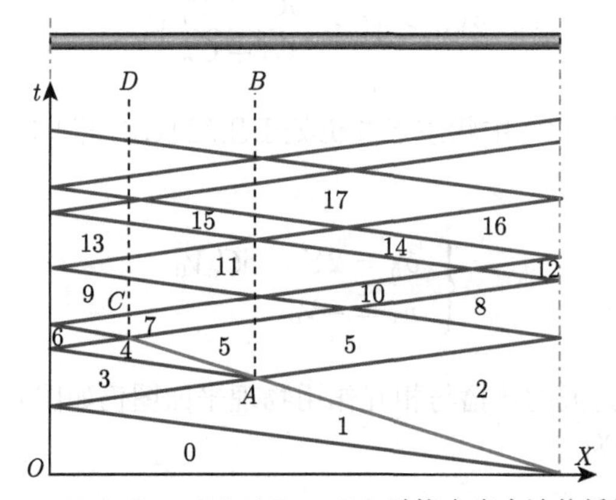

图 4.80　$V_0 < V_Y(5C_e + C_p)/(C_e + C_p)$ 时撞击应力波传播物理平面图

根据波阵面上的守恒条件与连续条件、边界条件，可以给出状态点 4、状态点 5 和状态点 6 的应力与质点速度：

$$\left\{\begin{array}{l}\sigma_4 = -Y \\ v_4 = -\dfrac{3Y}{\rho C_e}\end{array}\right., \quad \left\{\begin{array}{l}\sigma_5 = \left(\dfrac{C_p}{C_e}\dfrac{3C_e + C_p}{C_e + C_p} - 1\right)Y - \rho C_p V_0 \\ v_5 = -\dfrac{2C_p}{C_e + C_p}\dfrac{Y}{\rho C_e} - V_0\end{array}\right., \quad \left\{\begin{array}{l}\sigma_6 = 0 \\ v_6 = -\dfrac{4Y}{\rho C_e}\end{array}\right. \tag{4.366}$$

若左行塑性波 4~5 与右行弹性波 4~6 相遇后被卸载至弹性状态，即应力波 6~7 和应力波 5~7 均为弹性波，此时根据弹性波波阵面上的守恒条件与连续条件，可以给出

$$\left\{\begin{array}{l}\sigma_7 = \dfrac{1}{2}\left[\left(\dfrac{C_p}{C_e} + 3\right)Y - \left(\dfrac{C_p}{C_e} + 1\right)\rho C_e V_0\right] \\ v_7 = \dfrac{1}{2}\left[\left(\dfrac{C_p}{C_e} - 5\right)\dfrac{Y}{\rho C_e} - \left(\dfrac{C_p}{C_e} + 1\right)V_0\right]\end{array}\right. \tag{4.367}$$

根据以上弹性假设，即有状态点 7 处于弹性状态：

$$\sigma_7 = \frac{1}{2}\left[\left(\frac{C_p}{C_e}+3\right)Y-\left(\frac{C_p}{C_e}+1\right)\rho C_e V_0\right] \geqslant -Y \tag{4.368}$$

即

$$V_0 \leqslant \frac{C_p+5C_e}{C_p+C_e}V_Y \tag{4.369}$$

此时即形成了一个新的应变间断面 CD。

类似地，根据边界条件、连续条件和波阵面上的动量守恒条件，可以给出状态点 8、状态点 9 和状态点 10 的应力与质点速度：

$$\begin{cases} \sigma_8 = \left(\dfrac{C_p}{C_e}\dfrac{5C_e+C_p}{C_e+C_p}-1\right)Y-\rho C_p V_0 \\ v_8 = -V_0 \end{cases}, \quad \begin{cases} \sigma_9 = 0 \\ v_9 = \left(\dfrac{C_p}{C_e}-1\right)\dfrac{Y}{\rho C_e}-\left(\dfrac{C_p}{C_e}+1\right)V_0 \end{cases} \tag{4.370}$$

和

$$\begin{cases} \sigma_{10} = \dfrac{1}{2}\left[\left(\dfrac{C_p}{C_e}\dfrac{5C_e+C_p}{C_e+C_p}+3\right)Y-\left(\dfrac{C_p}{C_e}+1\right)\rho C_e V_0\right] \\ v_{10} = \dfrac{1}{2}\left[\left(\dfrac{C_p}{C_e}\dfrac{5C_e+C_p}{C_e+C_p}-5\right)\dfrac{Y}{\rho C_e}-\left(\dfrac{C_p}{C_e}+1\right)V_0\right] \end{cases} \tag{4.371}$$

结合式 (4.365) 和式 (4.369)，可知

$$\left(-\frac{C_p+C_e}{C_p+3C_e}-1\right)V_0 < v_{10} \leqslant \left(\frac{-2C_p}{C_p+5C_e}-1\right)V_0 \tag{4.372}$$

因而，应力波 8~10 到达撞击面时，两者分离；之后应力波一直在杆中振荡，如杆中应力一直处于弹性而不存在拉伸屈服，则其物理平面图如图 4.80 所示，而状态平面图如图 4.79 所示；读者可参考两图试推导其他状态点的参量。

参考以上分析过程与方法，不难发现，当撞击速度继续增大时，塑性波 4~5 继续向前传播，会不断形成新的应变间断面，杆中弹性部分逐渐缩短。需要说明的是，随着撞击速度的增大，杆中可能会出现强拉伸应力状态，这时需要考虑是否会出现拉伸屈服与断裂现象，此时需要考虑杆材料的屈服准则，如各向同性强化或随动强化模型等。这些问题不在此讨论，不做详述。

2. 准一维弹塑性杆高速撞击变形的 Taylor 理论与钱氏修正

从以上高速撞击时杆中应力波传播分析可以看出，高速撞击后在撞击面会形成系列弹塑性波向左端传播；而且由于其与弹性前驱波在自由面的反射卸载波相遇，之后的塑性波强度逐渐减小直至消失。现在考虑一个长度为 L 的细长杆以初始速度 v_0 向右正撞击到一个无限大刚性板，如图 4.81(a) 所示，当初始速度足够大时，必会在撞击面区域产生塑性变

形，设在变形和应力波传播过程中，各参数只是轴向坐标的函数，即平面一维假设；但这里需要考虑径向塑性膨胀，因而在此暂且将其称为准一维弹塑性杆高速撞击变形问题。

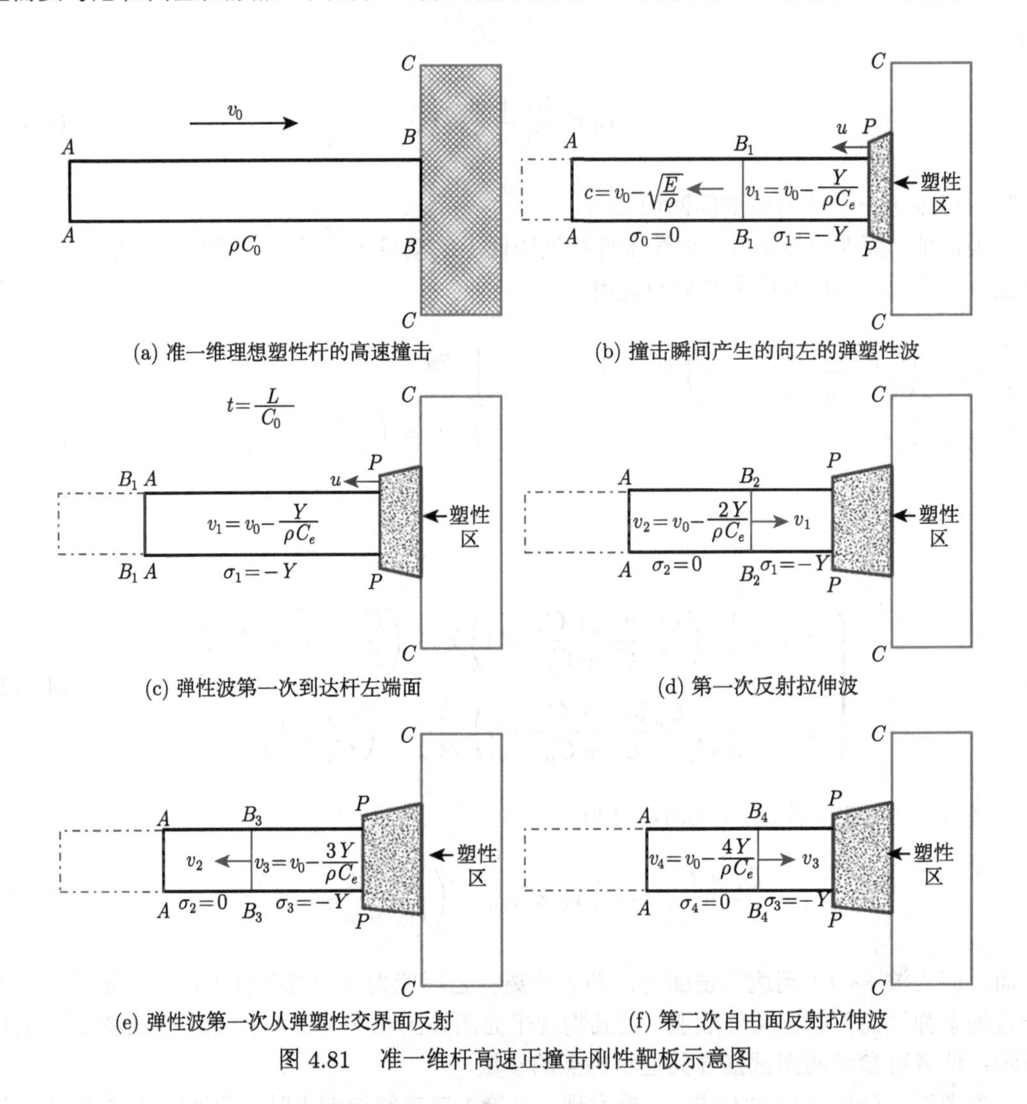

(a) 准一维理想塑性杆的高速撞击　　(b) 撞击瞬间产生的向左的弹塑性波

(c) 弹性波第一次到达杆左端面　　(d) 第一次反射拉伸波

(e) 弹性波第一次从弹塑性交界面反射　　(f) 第二次自由面反射拉伸波

图 4.81　准一维杆高速正撞击刚性靶板示意图

假设杆撞击后弹塑性交界面以匀速 u 向杆左端传播，如图 4.81(b) 中 PP 截面所示；不考虑杆材料强度的率效应，即设材料的动态屈服强度是一个常量；设材料塑性变形阶段流动应力变化很小，即忽略材料屈服面的流动，将其近似为理想塑性材料，则图中 B_1B_1 截面与 PP 截面之间区域内材料的应力均近似为 $-Y$。

当 $t = L/C_e$ 时，弹性波波阵面到达杆最左端，如图 4.81(c) 所示。此时杆弹塑性交界面左端区域质点速度均为

$$v_1 = v_0 - \frac{Y}{\rho C_e} \tag{4.373}$$

之后弹性波波阵面以声速向右传播，波阵面的绝对速度此时应为

$$c = v_1 + C_e = v_0 + \sqrt{\frac{E}{\rho}} - \frac{Y}{\rho C_0} \tag{4.374}$$

根据弹性波在自由面上反射的“镜像法则”可知，此时反射弹性波为拉伸波，其强度为 Y，即反射波波阵面 B_2B_2 后方区域的应力为零。根据右行波波阵面上的守恒方程：

$$[\sigma] = -\rho C_0 [v] \tag{4.375}$$

结合式 (4.373)，反射拉伸波后方杆中质点的速度应为

$$v_2 = v_1 - \frac{Y}{\rho C_e} = v_0 - \frac{2Y}{\rho C_e} \tag{4.376}$$

而波阵面 B_2B_2 前方的质点速度和应力仍为 v_1 和 $-Y$，如图 4.81(d) 所示。

若材料近似为线性强化材料，其塑性模量为 E_p，其塑性波波速为

$$C_p = \sqrt{\frac{E_p}{\rho}} \ll C_e \tag{4.377}$$

因此当弹性波到达弹塑性交界面 PP 上瞬间，会产生一个内反射波，根据弹性波在交界面上的透反射规律，可以得到

$$\begin{cases} \dfrac{\sigma_3 - \sigma_2}{\sigma_2 - \sigma_1} = \dfrac{\rho C_p/\rho C_e - 1}{\rho C_p/\rho C_e + 1} \\[2ex] \dfrac{v_3 - v_2}{v_2 - v_1} = -\dfrac{\rho C_p/\rho C_e - 1}{\rho C_p/\rho C_e + 1} \end{cases} \tag{4.378}$$

设杆材料的塑性模量非常小从而近似为理想塑性材料，其塑性模量可以忽略不计，式 (4.378) 则可近似为应力波在自由面上的反射问题，即

$$\begin{cases} \sigma_3 = \sigma_1 = -Y \\ v_3 = 2v_2 - v_1 = v_0 - \dfrac{3Y}{\rho C_e} \end{cases} \tag{4.379}$$

式 (4.379) 就表示波阵面 B_3B_3 右侧的应力与质点速度，如图 4.81(e) 所示。波阵面第二次到达杆左端发生拉伸波，波阵面后方即 B_4B_4 左侧应力与质点速度为

$$\begin{cases} \sigma_4 = 0 \\ v_4 = v_0 - \dfrac{4Y}{\rho C_e} \end{cases} \tag{4.380}$$

如图 4.81(f) 所示。以此类推，可知第 n 个弹性拉伸波传播过后，杆中弹性部分质点速度为

$$v_n = v_0 - \frac{nY}{\rho C_e} \tag{4.381}$$

根据以上卸载波对塑性波的迎面卸载问题的分析可知，随着应力波在左端自由面反射拉伸波的卸载，弹塑性交界面的强度逐渐减弱，但由于弹性波卸载是有时间间隔的，这使得整个过程是一个连续的分段运动过程。对于金属材料等延性材料而言，塑性波波速远小于弹性波波速；特别是以上将杆材料近似为理想塑性材料，因此可以假设材料的弹性波波速无穷大，即类似 4.4.2 节中的刚性卸载问题，即将杆材料进一步假设为刚塑性材料，此时弹塑性交界面的运动可以近似为一个连续的运动过程。

如图 4.82 所示，设准一维杆弹塑性交界面左侧刚性部分长度为 x，运动速度为 v；塑性变形部分长度为 h，运动速度为 u；杆材料密度为 ρ。

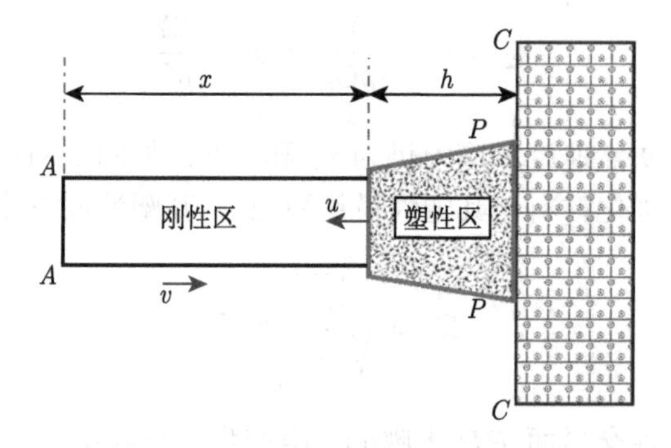

图 4.82　准一维刚塑性杆的高速撞击

对于刚性部分，根据牛顿第二定律，有

$$Y = -\rho x \frac{\mathrm{d}v}{\mathrm{d}t} \tag{4.382}$$

或写为

$$\frac{\mathrm{d}v}{\mathrm{d}t} = -\frac{Y}{\rho x} \tag{4.383}$$

从图 4.82 容易看出，刚性部分长度与塑性变形部分长度变化分别满足

$$\frac{\mathrm{d}x}{\mathrm{d}t} = -(v+u) \tag{4.384}$$

和

$$\frac{\mathrm{d}h}{\mathrm{d}t} = u \tag{4.385}$$

以上表达式有 4 个变量，因此还必须找出这 4 个量的另一个关系。设在 t 时刻，杆刚性部分长度为 x，塑性变形部分长度为 h；如图 4.83 所示，在 $t+\mathrm{d}t$ 时刻，刚性部分长度则为

$$x(t+\mathrm{d}t) = x(t) - (v+u)\,\mathrm{d}t \tag{4.386}$$

而塑性变形部分长度为

$$h(t+\mathrm{d}t) = h(t) + u\mathrm{d}t \tag{4.387}$$

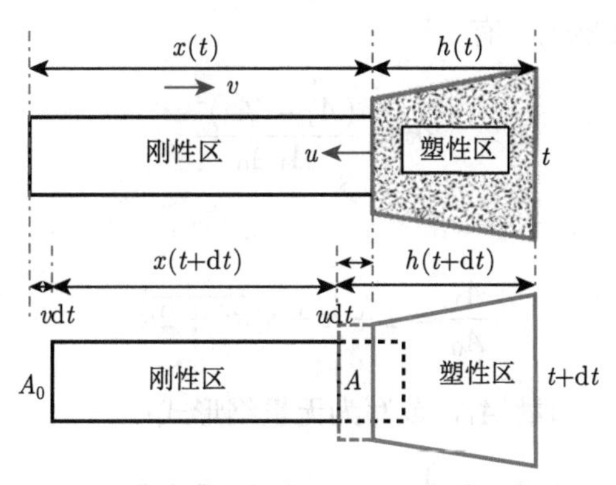

图 4.83　弹塑性交界面运动的连续条件

设杆初始截面积为 A_0，变形到图 4.83 所示塑性区对应的截面积为 A；根据质量守恒定律可以给出连续条件为

$$A_0(v+u) = Au \tag{4.388}$$

同时，根据动量定理可知

$$\rho A_0(v+u)\,\mathrm{d}tv = YA\mathrm{d}t - YA_0\mathrm{d}t \tag{4.389}$$

即

$$\rho A_0(v+u)\,v = Y(A-A_0) \tag{4.390}$$

设在初始 $t=0$ 时刻塑性截面积为

$$A(0) = A_1 > A_0 \tag{4.391}$$

在撞击停止的 $t=T$ 时刻，由于

$$\begin{cases} v=0 \\ u=0 \end{cases} \tag{4.392}$$

则

$$A(T) = A_0 \tag{4.393}$$

联立式 (4.388) 和式 (4.390)，可以得到

$$\frac{\rho v^2}{Y} = \frac{(A-A_0)^2}{AA_0} \tag{4.394}$$

定义无量纲入射动能为

$$\kappa = \frac{\rho v_0^2/2}{Y} \tag{4.395}$$

则结合式 (4.391) 和式 (4.394)，有

$$2\kappa = \frac{(A_1 - A_0)^2}{A_1 A_0} \tag{4.396}$$

从而可以给出

$$\frac{A_1}{A_0} = 1 + \kappa + \sqrt{\kappa^2 + 2\kappa} \tag{4.397}$$

根据式 (4.397) 即可给出未知量 A_1，或写为无量纲形式：

$$\overline{A}_1 = \frac{A_1}{A_0} = 1 + \kappa + \sqrt{\kappa^2 + 2\kappa} \tag{4.398}$$

其函数形式如图 4.84 所示。

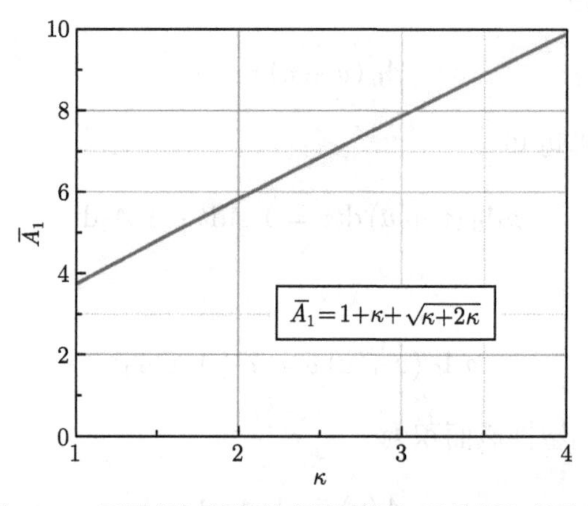

图 4.84　无量纲初始塑性变形面积与无量纲入射动能

联立式 (4.383)、式 (4.384) 和式 (4.388)，可以得到

$$\frac{\mathrm{d}x}{\mathrm{d}v} = \frac{Ax}{A - A_0}\frac{\rho v}{Y} \tag{4.399}$$

即有

$$\frac{\mathrm{d}x}{x} = \frac{A}{A - A_0}\frac{\rho v}{Y}\mathrm{d}v = \frac{1}{2}\frac{A}{A - A_0}\mathrm{d}\frac{\rho v^2}{Y} \tag{4.400}$$

将式 (4.394) 代入式 (4.400)，即可得到

$$\frac{\mathrm{d}x}{x} = \frac{1}{2}\frac{A + A_0}{AA_0}\mathrm{d}A \tag{4.401}$$

对式 (4.401) 进行积分，并利用初始条件：

$$\begin{cases} x(0) = L \\ A(0) = A_1 \end{cases} \tag{4.402}$$

可以得到

$$\ln\left(\frac{x}{L}\right)^2 = \frac{A - A_1}{A_0} + \ln\frac{A}{A_1} \tag{4.403}$$

即

$$x = L\exp\frac{\dfrac{A}{A_0} - \dfrac{A_1}{A_0} + \ln\dfrac{A}{A_1}}{2} \tag{4.404}$$

或写为无量纲形式：

$$\overline{x} = \exp\frac{\overline{A} - \overline{A}_1 + \ln\dfrac{\overline{A}}{\overline{A}_1}}{2} \tag{4.405}$$

式中，定义无量纲瞬时塑性变形截面积：

$$\overline{A} = \frac{A}{A_0} \tag{4.406}$$

定义刚性部分相对长度：

$$\overline{x} = \frac{x}{L} \tag{4.407}$$

若定义函数：

$$\Re(A) = \exp\frac{\overline{A} + \ln\overline{A}}{2} = \sqrt{\overline{A}e^{\overline{A}}} \tag{4.408}$$

则式 (4.405) 即可简写为

$$\overline{x} = \frac{\Re\left(\overline{A}\right)}{\Re\left(\overline{A}_1\right)} \tag{4.409}$$

结合式 (4.398)，可以给出不同无量纲入射动能情况下，杆刚性部分相对长度与弹塑性交界面塑性侧瞬时截面积之间的函数关系，如图 4.85 所示。特别地，根据初始条件可以得到撞击终止时杆中刚性部分的长度为

$$\overline{x}(T) = \exp\left(\frac{1 - \overline{A}_1 - \ln\overline{A}_1}{2}\right) \tag{4.410}$$

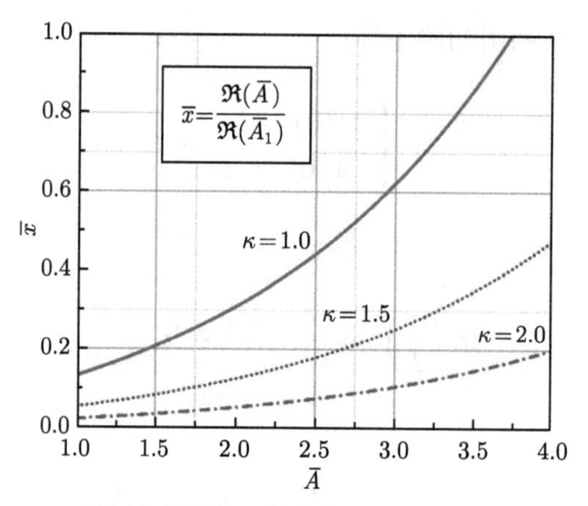

图 4.85　不同入射动能刚性部分杆长与瞬间塑性截面积

结合式 (4.398) 即可给出其与无量纲入射动能之间的函数关系，如图 4.86 所示。

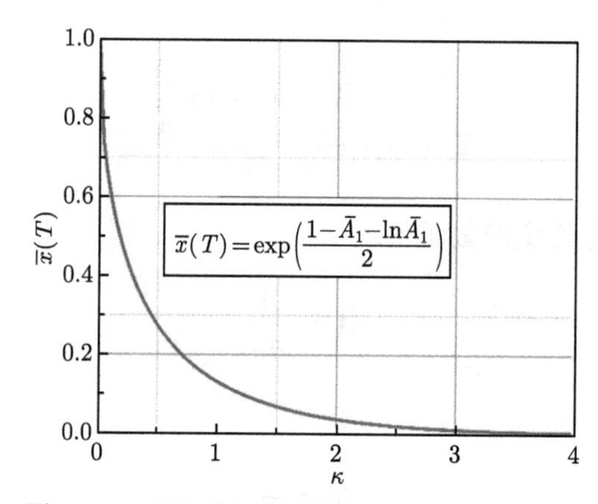

图 4.86　刚性部分最终长度与无量纲入射动能

根据式 (4.384)、式 (4.385) 和式 (4.388)，可以得到

$$\frac{\mathrm{d}h}{\mathrm{d}x}=-\frac{u}{v+u}=-\frac{A_0}{A} \tag{4.411}$$

结合式 (4.403)，积分后有

$$h=-\int_L^x \frac{A_0}{A}\mathrm{d}x \tag{4.412}$$

定义杆中塑性部分相对长度：

$$\overline{h}=\frac{h}{L} \tag{4.413}$$

结合式 (4.405) 和式 (4.409)，则式 (4.412) 可表达为

$$\overline{h}=-\int_1^{\overline{x}}\frac{A_0}{A}\mathrm{d}\overline{x}=-\frac{1}{\Re\left(\overline{A}_1\right)}\int_{\overline{A}_1}^{\overline{A}}\frac{1}{\overline{A}}\mathrm{d}\Re\left(\overline{A}\right)=\frac{1}{2\Re\left(\overline{A}_1\right)}\int_{\overline{A}}^{\overline{A}_1}\frac{\mathrm{e}^{\overline{A}/2}}{\sqrt{\overline{A}}}\left(1+\frac{1}{\overline{A}}\right)\mathrm{d}\overline{A} \tag{4.414}$$

结合式 (4.398) 可以给出不同入射动能时杆塑性部分长度与弹塑性交界面塑性侧的截面积之间的关系，如图 4.87 所示。特别地，当 $A = A_0$ 时，可以得到撞击终止时杆塑性部分的长度为

$$\bar{h}_1 = \frac{1}{2\Re\left(\bar{A}_1\right)} \int_1^{\bar{A}_1} \frac{\mathrm{e}^{\bar{A}/2}}{\sqrt{\bar{A}}} \left(1 + \frac{1}{\bar{A}}\right) \mathrm{d}\bar{A} \tag{4.415}$$

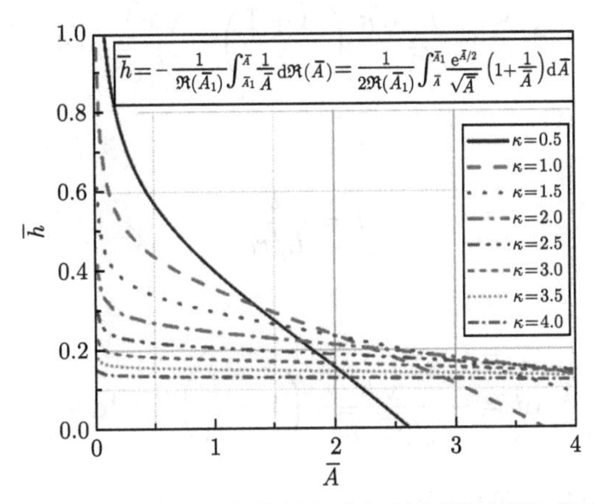

图 4.87 不同入射动能塑性部分杆长与瞬间塑性截面积

结合式 (4.398) 可以给出不同入射动能时杆最终塑性部分的长度，如图 4.88 所示。

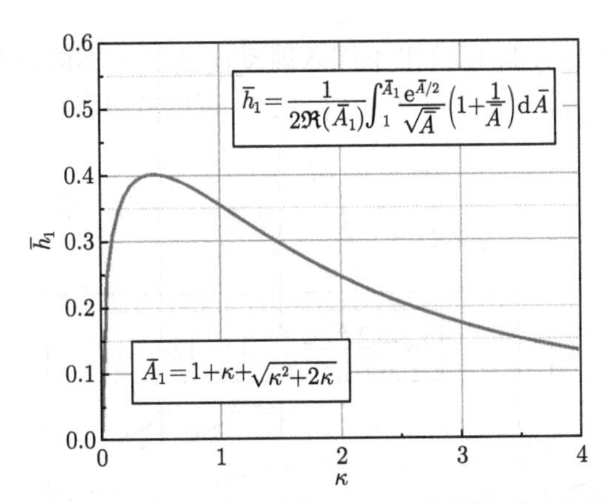

图 4.88 不同无量纲入射动能杆最终塑性部分长度

根据式 (4.384) 和式 (4.388)，可以得到

$$\mathrm{d}t = -\frac{A - A_0}{Av}\mathrm{d}x \tag{4.416}$$

将式 (4.404) 代入式 (4.416)，可有

$$\mathrm{d}t = -\frac{1}{v}\left(1 - \frac{1}{\bar{A}^2}\right)\frac{L}{2}\frac{\Re\left(\bar{A}\right)}{\Re\left(\bar{A}_1\right)}\mathrm{d}\bar{A} \tag{4.417}$$

再将式 (4.394) 代入式 (4.417)，消去速度 v，可以得到

$$\mathrm{d}t=-\sqrt{\frac{\rho}{Y}}\left(\frac{\overline{A}+1}{\overline{A}}\right)\frac{L}{2}\frac{\sqrt{\mathrm{e}^{\overline{A}}}}{\sqrt{\overline{A}_1\mathrm{e}^{\overline{A}_1}}}\mathrm{d}\overline{A} \tag{4.418}$$

结合式 (4.395)，式 (4.418) 可表达为

$$\mathrm{d}t=-\frac{L}{\sqrt{2}}\frac{\sqrt{\kappa}}{v_0}\left(\frac{\overline{A}+1}{\overline{A}}\right)\frac{\sqrt{\mathrm{e}^{\overline{A}}}}{\sqrt{\overline{A}_1\mathrm{e}^{\overline{A}_1}}}\mathrm{d}\overline{A} \tag{4.419}$$

定义无量纲时间为

$$\bar{t}=\frac{t}{L/v_0} \tag{4.420}$$

则式 (4.419) 可表达为

$$\mathrm{d}\bar{t}=-\frac{\sqrt{\kappa}}{\sqrt{2\overline{A}_1\mathrm{e}^{\overline{A}_1}}}\left(1+\frac{1}{\overline{A}}\right)\sqrt{\mathrm{e}^{\overline{A}}}\mathrm{d}\overline{A} \tag{4.421}$$

对式 (4.421) 进行积分，可以得到

$$\bar{t}=\frac{\sqrt{\kappa}}{\sqrt{2\overline{A}_1\mathrm{e}^{\overline{A}_1}}}\int_{\overline{A}}^{\overline{A}_1}\left(1+\frac{1}{\overline{A}}\right)\sqrt{\mathrm{e}^{\overline{A}}}\mathrm{d}\overline{A} \tag{4.422}$$

利用式 (4.422) 和式 (4.398) 即可给出不同入射动能条件下不同时刻弹塑性交界面塑性侧的截面积，如图 4.89 所示。特别地，由式 (4.422) 可以给出杆撞击终止时间为

$$\bar{t}_1=\frac{\sqrt{\kappa}}{\sqrt{2\overline{A}_1\mathrm{e}^{\overline{A}_1}}}\int_{1}^{\overline{A}_1}\left(1+\frac{1}{\overline{A}}\right)\sqrt{\mathrm{e}^{\overline{A}}}\mathrm{d}\overline{A} \tag{4.423}$$

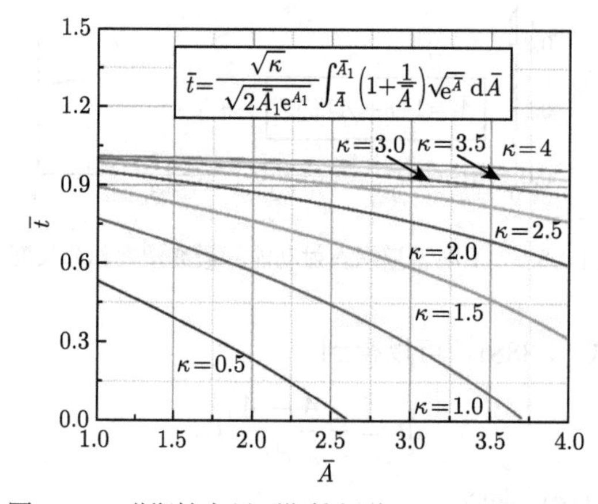

图 4.89　弹塑性交界面塑性侧截面积与时间的关系

根据式 (4.423) 可以给出不同入射动能时撞击过程的总时间，如图 4.90 所示。

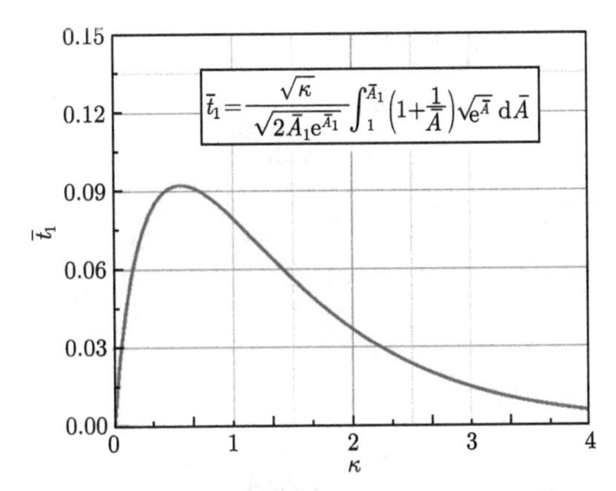

图 4.90 不同无量纲入射动能时撞击总时间

根据式 (4.394) 和式 (4.395)，可以给出

$$\frac{v}{v_0}=\frac{\overline{A}-1}{\sqrt{2\kappa\overline{A}}} \tag{4.424}$$

定义刚性部分的无量纲速度：

$$\overline{v}=\frac{v}{v_0} \tag{4.425}$$

则式 (4.424) 可简化为

$$\overline{v}=\frac{\overline{A}-1}{\sqrt{2\kappa\overline{A}}} \tag{4.426}$$

根据式 (4.426) 可以给出不同入射动能条件下刚性部分无量纲速度与弹塑性交界面塑性侧截面积之间的关系，如图 4.91 所示。特别地，当撞击终止时最终刚性部分速度即为

$$\overline{v}_1=0 \tag{4.427}$$

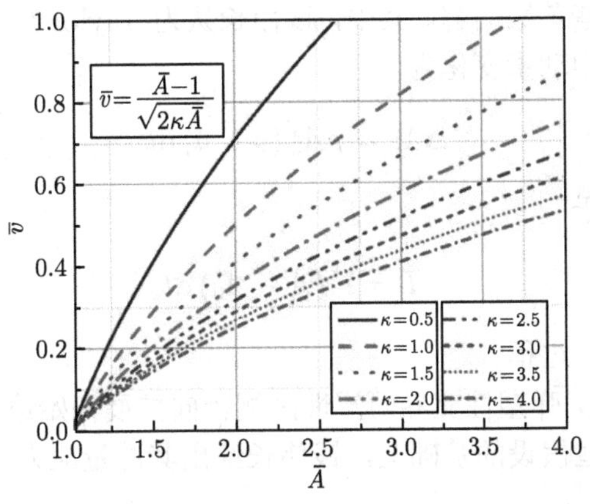

图 4.91 不同入射动能刚性部分无量纲速度与瞬间塑性截面积

根据式 (4.424) 和式 (4.388)，可以给出

$$\frac{u}{v_0}=\frac{1}{\sqrt{2\kappa\overline{A}}} \tag{4.428}$$

定义塑性部分的无量纲速度：

$$\overline{u}=\frac{u}{v_0} \tag{4.429}$$

则式 (4.427) 可简化为

$$\overline{u}=\frac{1}{\sqrt{2\kappa\overline{A}}} \tag{4.430}$$

根据式 (4.430) 可以给出不同入射动能条件下塑性部分无量纲速度与弹塑性交界面塑性侧截面积之间的关系，如图 4.92 所示。

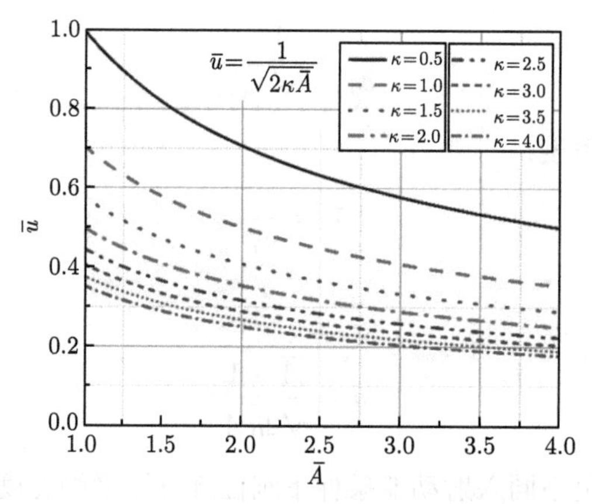

图 4.92　不同入射动能弹塑性界面速度与塑性侧截面积

以上分析基于连续条件、动量守恒条件和运动方程等，并在一系列简化假设如刚塑性假设等前提下，给出了撞击问题中主要参数的解析表达式，根据它们可以容易给出特定无量纲入射动能条件下这些参数的解。其中，钱伟长认为 Taylor 理论中动量守恒条件过于简化，明显可以改进。其中动量变化为

$$\Delta M=\rho A_0\left(v+u\right)\mathrm{d}tv \tag{4.431}$$

没问题，但冲量应该小于

$$I=Y\left(A-A_0\right)\mathrm{d}t \tag{4.432}$$

需要考虑径向面积的扩张过程。

假设在此 dt 时间内，弹塑性交界面塑性区侧径向扩展初始速度为 w，且此扩张运动是一个匀减速运动；在这些假设的基础上，钱伟长给出其冲量应为

$$I=\frac{2}{3}Y\left(A-A_0\right)\mathrm{d}t \tag{4.433}$$

因而式 (4.390) 所示动量守恒条件应校正为

$$\rho A_0 (v+u) v = \frac{2}{3} Y (A - A_0) \tag{4.434}$$

此时，式 (4.394) 对应地校正为

$$\frac{\rho v^2}{Y} = \frac{2}{3}\left(\overline{A} + \frac{1}{\overline{A}} - 2\right) \tag{4.435}$$

进而可以给出

$$\overline{A}_1 = 1 + \frac{3}{2}\kappa + \sqrt{\left(\frac{3}{2}\kappa\right)^2 + 3\kappa} \tag{4.436}$$

类似地，可以得到

$$\frac{\mathrm{d}x}{x} = \frac{1}{3}\left(1 + \frac{1}{\overline{A}}\right)\mathrm{d}\overline{A} \tag{4.437}$$

对式 (4.437) 进行积分，并利用初始条件，可以得到

$$\ln \overline{x} = \frac{1}{3}\left[\left(\overline{A} + \ln \overline{A}\right) - \left(\overline{A}_1 + \ln \overline{A}_1\right)\right] \tag{4.438}$$

和

$$\ln \overline{x}(T) = \frac{1}{3}\left[1 - \left(\overline{A}_1 + \ln \overline{A}_1\right)\right] \tag{4.439}$$

式 (4.414) 和式 (4.415) 对应地校正为

$$\overline{h} = -\int_1^{\overline{x}} \frac{A_0}{A}\mathrm{d}\overline{x} = \frac{1}{3}\int_{\overline{A}}^{\overline{A}_1} \frac{1}{\overline{A}}\left(1 + \frac{1}{\overline{A}}\right)\exp\left\{\frac{\left(\overline{A} + \ln \overline{A}\right) - \left(\overline{A}_1 + \ln \overline{A}_1\right)}{3}\right\}\mathrm{d}\overline{A} \tag{4.440}$$

和

$$\overline{h}_1 = \frac{1}{3}\int_1^{\overline{A}_1} \frac{1}{\overline{A}}\left(1 + \frac{1}{\overline{A}}\right)\exp\left\{\frac{\left(\overline{A} + \ln \overline{A}\right) - \left(\overline{A}_1 + \ln \overline{A}_1\right)}{3}\right\}\mathrm{d}\overline{A} \tag{4.441}$$

同理，可以对其他参数进行校正，在此不做详述，读者可试推导之。

根据以上分析，Taylor 给出了时间和塑性部分长度的表达式，因而可以给出塑性部分长度随着时间推进而变化的关系。在对比不同无量纲入射动能的塑性部分长度随时间的变化关系时，由于不同入射动能对应的初始速度不同，而无量纲时间中包含初始速度，为了方便对比，排除初始速度对时间变量的影响，这里定义无量纲时间为

$$\bar{t} = \frac{t}{L/v_0^{\kappa=1}} \tag{4.442}$$

式中，$v_0^{\kappa=1}$ 表示无量纲入射动能为 1 时对应的初始速度。可以绘制出无量纲塑性部分长度与式 (4.442) 代表的无量纲时间之间的关系曲线，如图 4.93 所示。

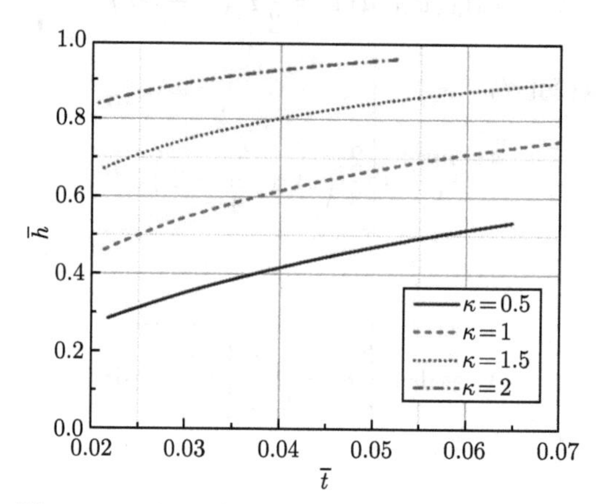

图 4.93　不同入射动能时塑性部分长度变化曲线

从图 4.93 可以看出，对于不同无量纲入射动能而言，塑性部分长度随着时间的变化近似线性；而且可以看出，不同无量纲入射动能这个近似直线的斜率也近似相等。因此可假设在准一维刚塑性杆高速撞击过程中，对于不同无量纲入射动能，皆有

$$\frac{\mathrm{d}h}{\mathrm{d}t}=u=C=\mathrm{const} \tag{4.443}$$

即是一个常量。根据式 (4.443)，有

$$C=\frac{h_1}{t_1} \tag{4.444}$$

若进一步将刚性部分运动简化为匀减速运动，即可得到

$$C=\frac{h_1}{\dfrac{L-L_1-h_1}{v_0/2}}=\frac{h_1v_0}{2\left(L-L_1-h_1\right)} \tag{4.445}$$

式中

$$L_1=x\left(T\right) \tag{4.446}$$

表示撞击终止时刚性部分的剩余长度。

根据式 (4.383) 和式 (4.384)，并结合式 (4.446)，可以得到

$$\frac{\mathrm{d}v}{\mathrm{d}x}=\frac{Y}{\rho\left(v+u\right)x}=\frac{Y}{\rho\left(v+C\right)x} \tag{4.447}$$

即

$$\frac{\mathrm{d}x}{x}=\frac{\rho}{Y}\left(v+C\right)\mathrm{d}v \tag{4.448}$$

对式 (4.448) 进行积分，并考虑初始条件，可以得到

$$\ln\frac{x}{L}=\frac{\rho}{Y}\left[\frac{v^2-v_0^2}{2}+C\left(v-v_0\right)\right] \tag{4.449}$$

当撞击终止时，有

$$\ln\frac{L_1}{L}=-\frac{\rho}{Y}\left(\frac{v_0^2}{2}+Cv_0\right) \tag{4.450}$$

将式 (4.445) 代入式 (4.450)，可有

$$\ln\frac{L_1}{L}=-\frac{\rho v_0^2}{2Y}\frac{L-L_1}{L-L_1-h_1} \tag{4.451}$$

即可给出动态屈服强度的表达式：

$$Y=\frac{\rho v_0^2\left(L-L_1\right)}{2\left(L-L_1-h_1\right)\ln\left(L/L_1\right)} \tag{4.452}$$

根据式 (4.452)，可以通过容易测量的几何量和已知的材料密度、入射速度给出材料的动态屈服强度，这就是 Taylor 杆撞击试验的基本理论，也就是著名的强度测试 Taylor 公式。

事实上，根据弹塑性交界面相关知识容易知道，Taylor 杆高速撞击过程中应力波的传播可以近似为一维强间断弹塑性交界面的传播问题，假设材料为线性强化材料，此时杆中弹塑性交界面的速度等于塑性波波速：

$$C=C_p \tag{4.453}$$

将式 (4.453) 代入式 (4.450)，可以得到

$$Y=\frac{\rho\left(\dfrac{v_0^2}{2}+C_pv_0\right)}{\ln\left(L/L_1\right)} \tag{4.454}$$

即可给出动态屈服强度的求解表达式。

第 5 章 应力波传播的特征线理论与应用

从以上四章内容中弹塑性传播问题的分析可以看出，固体介质中的应力波传播问题非常复杂，只有极少数特殊情况下才能得出其解析解，而绝大部分问题无法给出准确的结论；因而，在理论框架指导下，利用数值计算技术开展固体中应力波传播与演化的分析和讨论，是当前行之有效且相对科学准确的一种方法。特征线法即为研究应力波传播问题的一种特别且行之有效的方法，也可以认为它是一个“理论优化”的有限差分方法。在《固体中的应力波导论》一书中，对特征线相关基本概念以及特征线求解波动方程的方法进行了简要介绍，从中可以发现，应力波传播问题中由于相关偏微分方程比较复杂而很难给出任意状态点的解析解，但沿着某个特征线则容易给出形式相对简单易解的特征关系方程；也就是说，利用特征线法可以将复杂的波动偏微分方程组分解为特征线及其对应的特征关系方程，很大程度上简化了求解难度。简单来讲，特征线数值方法的核心思想就是将特征线微分方程和特征关系微分方程分别展开为差分形式的代数方程，从而向时间增加的方向逐步地对问题进行求解。

5.1 一维杆中纵波传播与演化问题的特征线法

相对于其他数值方法如有限差分法、有限元法、离散元、光滑粒子法等而言，特征线数值方法的最大优点是其物理图案清晰即物理意义明确、计算精度高，非常适合一维应力波传播问题的计算；然而，其缺点也很明显，计算程序走向的逻辑控制较复杂，对于研究二维或三维应力波传播问题，以及更复杂的工程实际问题，其适用性受到限制。不过，整体而言，特征线法对于理解应力波传播的过程与本质是十分重要且基本的，本节对几种典型问题的特征线分析或数值方法进行推导分析。

5.1.1 一维杆中纵波传播的特征线与特征关系

考虑一个长度为 L 的一维杆，如图 5.1 所示，设杆材料的密度为ρ。参考前面章节的推导可以给出杆中一维纵波传播过程的运动方程为

$$\frac{\partial v}{\partial t}-\frac{1}{\rho}\frac{\partial \sigma}{\partial X}=0 \tag{5.1}$$

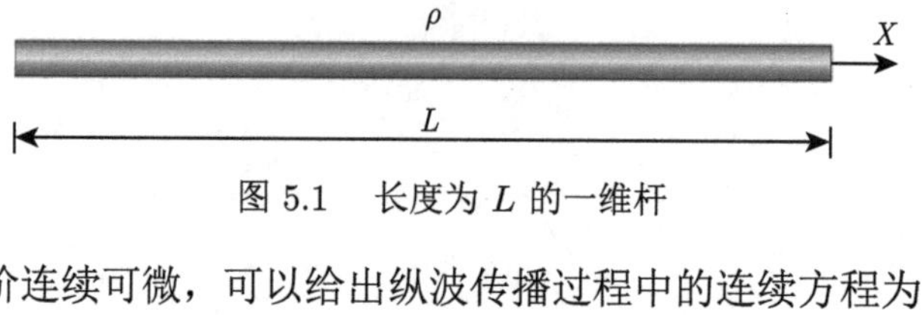

图 5.1 长度为 L 的一维杆

如质点运动位移二阶连续可微，可以给出纵波传播过程中的连续方程为

$$\frac{\partial \varepsilon}{\partial t}-\frac{\partial v}{\partial X}=0 \tag{5.2}$$

设杆材料的一维应力本构方程为

$$\sigma=\sigma(\varepsilon) \quad \text{或} \quad \varepsilon=\varepsilon(\sigma) \tag{5.3}$$

即不考虑材料的黏性，认为材料强度是应变率无关的。

以上三个方程所组成的控制方程组包含三个变量，因此可以求解出每个变量。若定义物理量：

$$C=\sqrt{\frac{1}{\rho}\frac{\mathrm{d}\sigma}{\mathrm{d}\varepsilon}} \tag{5.4}$$

根据式 (5.3)，式 (5.4) 可表达应力或应变的函数，即有

$$C=C(\sigma) \quad \text{或} \quad C=C(\varepsilon) \tag{5.5}$$

将本构方程式 (5.3) 代入式 (5.1) 和式 (5.2)，可以消去应变ε 或应力σ。以消去应变ε为例，根据上三式，有

$$\frac{\partial\varepsilon}{\partial t}=\frac{\mathrm{d}\varepsilon}{\mathrm{d}\sigma}\frac{\partial\sigma}{\partial t}=\frac{1}{\rho C^2(\sigma)}\frac{\partial\sigma}{\partial t} \tag{5.6}$$

代入连续方程式 (5.2) 可以得到

$$\frac{1}{\rho C^2(\sigma)}\frac{\partial\sigma}{\partial t}-\frac{\partial v}{\partial X}=0 \Rightarrow \frac{\partial\sigma}{\partial t}-\rho C^2(\sigma)\frac{\partial v}{\partial X}=0 \tag{5.7}$$

因此可以得到以质点速度 v 和应力 σ 为基本量的一阶偏微分方程组：

$$\begin{cases} \dfrac{\partial v}{\partial t}-\dfrac{1}{\rho}\dfrac{\partial\sigma}{\partial X}=0 \\ \dfrac{\partial\sigma}{\partial t}-\rho C^2(\sigma)\dfrac{\partial v}{\partial X}=0 \end{cases} \tag{5.8}$$

类似地，也可以得到以质点速度 v 和应变 ε 为基本量的一阶偏微分方程组：

$$\begin{cases} \dfrac{\partial v}{\partial t}-C^2(\varepsilon)\dfrac{\partial\varepsilon}{\partial X}=0 \\ \dfrac{\partial\varepsilon}{\partial t}-\dfrac{\partial v}{\partial X}=0 \end{cases} \tag{5.9}$$

若考虑材料的本构是应变率相关的形式，即材料是黏性材料，也可以得到类似的一阶拟线性偏微分方程组。

一般而言，一维波传播的问题皆可表达为以下一阶拟线性偏微分方程组：

$$\frac{\partial\boldsymbol{W}}{\partial t}+\boldsymbol{B}\cdot\frac{\partial\boldsymbol{W}}{\partial X}=\boldsymbol{b} \tag{5.10}$$

式中

$$\boldsymbol{W}=\begin{bmatrix} w_1 \\ w_2 \\ \vdots \\ w_n \end{bmatrix},\quad \boldsymbol{B}=\begin{bmatrix} B_{11} & B_{12} & \cdots & B_{1n} \\ B_{21} & B_{22} & \cdots & B_{2n} \\ \vdots & \vdots & & \vdots \\ B_{n1} & B_{n2} & \cdots & B_{nn} \end{bmatrix},\quad \boldsymbol{b}=\begin{bmatrix} b_1 \\ b_2 \\ \vdots \\ b_n \end{bmatrix} \tag{5.11}$$

由于矩阵 $\boldsymbol{B}$ 和矢量 $\boldsymbol{b}$ 皆不依赖于矢量 $\boldsymbol{W}$，因此相对于 $\boldsymbol{W}$ 的一阶偏导数 $\partial \boldsymbol{W}/\partial t$ 和 $\partial \boldsymbol{W}/\partial X$ 而言式 (5.10) 是线性的，我们称这类对最高阶偏导数是线性的方程为拟线性偏微分方程，式 (5.10) 所示方程组为一阶拟线性偏微分方程组。若矩阵不依赖物理量 $\boldsymbol{W}$ 和 X、t 即为常量矩阵，且矢量 $\boldsymbol{b}$ 为物理量 $\boldsymbol{W}$ 的线性函数时，式 (5.10) 即可称为一阶线性偏微分方程组。

在物理平面 X-t 上，式 (5.10) 皆包含沿 X 方向上的偏导数和沿 t 方向上的偏导数，即两个方向上的偏导数，因此很难按照常微分方程的方法进行数值积分；因而，希望根据式 (5.10)，构建一个全导数，能够将两个方向上的偏导数组合成一个全导数。根据全导数的性质，有

$$\frac{\mathrm{d}\boldsymbol{W}}{\mathrm{d}t}=\frac{\partial \boldsymbol{W}}{\partial t}+\frac{\partial \boldsymbol{W}}{\partial X}\frac{\mathrm{d}X}{\mathrm{d}t} \tag{5.12}$$

如令

$$\lambda=\frac{\mathrm{d}X}{\mathrm{d}t} \tag{5.13}$$

式 (5.13) 即为物理平面上某曲线在某特定点处的斜率。式 (5.12) 即可表达为

$$\frac{\mathrm{d}\boldsymbol{W}}{\mathrm{d}t}=\frac{\partial \boldsymbol{W}}{\partial t}+\lambda\frac{\partial \boldsymbol{W}}{\partial X} \tag{5.14}$$

对比式 (5.14) 和式 (5.10) 中矩阵的形式可知，需要找到一个矢量 $\boldsymbol{l}$:

$$\boldsymbol{l}=\begin{bmatrix} l_1 & l_2 & \cdots & l_n \end{bmatrix} \tag{5.15}$$

左点乘式 (5.10)，有

$$\boldsymbol{l}\cdot\frac{\partial \boldsymbol{W}}{\partial t}+\boldsymbol{l}\cdot\boldsymbol{B}\cdot\frac{\partial \boldsymbol{W}}{\partial X}=\boldsymbol{l}\cdot\boldsymbol{b} \tag{5.16}$$

式中, $\boldsymbol{l}$ 与 $\boldsymbol{l}\cdot\boldsymbol{B}$ 皆为相同形式的矢量。

若

$$\boldsymbol{l}\cdot\boldsymbol{B}=\lambda\boldsymbol{l} \tag{5.17}$$

则式 (5.16) 可写为

$$\boldsymbol{l}\cdot\frac{\partial \boldsymbol{W}}{\partial t}+\boldsymbol{l}\cdot\lambda\frac{\partial \boldsymbol{W}}{\partial X}=\boldsymbol{l}\cdot\boldsymbol{b}\Rightarrow \boldsymbol{l}\cdot\left(\frac{\partial \boldsymbol{W}}{\partial t}+\lambda\frac{\partial \boldsymbol{W}}{\partial X}\right)=\boldsymbol{l}\cdot\boldsymbol{b} \tag{5.18}$$

将式 (5.12) 代入式 (5.18)，即有

$$\boldsymbol{l}\cdot\frac{\mathrm{d}\boldsymbol{W}}{\mathrm{d}t}=\boldsymbol{l}\cdot\boldsymbol{b} \tag{5.19}$$

式 (5.19) 即为物理量 $\boldsymbol{W}$ 的全导数方程，其对应的条件是

$$\boldsymbol{l}\cdot\boldsymbol{B}=\lambda\boldsymbol{l}\Rightarrow\boldsymbol{l}\cdot(\boldsymbol{B}-\lambda\boldsymbol{I})=\boldsymbol{O} \tag{5.20}$$

式中, $\boldsymbol{I}$ 表示单位矩阵；$\boldsymbol{O}$ 表示零矢量。

式 (5.20) 表明λ 正好是矩阵 $\boldsymbol{B}$ 的特征值，矢量 $\boldsymbol{l}$ 是与特征值λ 对应的矩阵 $\boldsymbol{B}$ 左特征矢量，其为非零值的充要条件是：

$$|\boldsymbol{B}-\lambda\boldsymbol{I}|=0 \tag{5.21}$$

式 (5.21) 即为求解矩阵 $\boldsymbol{B}$ 特征值λ 的特征方程。

式 (5.19) 即为沿式 (5.13) 所示特征方向上的特征关系，事实上，由于特征关系也限制了量沿着特征线本身的分布规律，因此也称为沿特征线的相容方程。此两式可以综合写为

$$\boldsymbol{l}\cdot\frac{\mathrm{d}\boldsymbol{W}}{\mathrm{d}t}=\boldsymbol{l}\cdot\boldsymbol{b}\quad\left(沿\lambda=\frac{\mathrm{d}X}{\mathrm{d}t}\right) \tag{5.22}$$

若 n 阶矩阵 $\boldsymbol{B}$ 有 n 个实数特征值，且存在 n 个对应的线性无关的左特征矢量 $\boldsymbol{l}$，此类一阶拟线性偏微分方程组称为完全双曲型偏微分方程组，一般而言应力波的传播问题对应的一阶拟线性偏微分方程组皆为完全双曲型偏微分方程组。

从以上分析中可以发现，特征线即为物理平面上一些特殊的曲线，通过这个曲线可以将应力波传播问题的一阶拟线性偏微分方程组沿着其切线方向简化为常微分方程，从而便于对物理量进行数值积分。式 (5.8) 或式 (5.9) 所示一维杆中纵波传播问题即为一个比较简单的特殊情况，此时 $n=2$，以式 (5.8) 所示一阶拟线性偏微分方程组为例，且有

$$\boldsymbol{W}=\begin{bmatrix}v\\\sigma\end{bmatrix},\quad\boldsymbol{B}=\begin{bmatrix}0&-\dfrac{1}{\rho}\\-\rho C^2&0\end{bmatrix},\quad\boldsymbol{b}=\begin{bmatrix}0\\0\end{bmatrix} \tag{5.23}$$

从而可以给出两个特征值和对应的左特征矢量：

$$\begin{cases}\boldsymbol{l}_1=\begin{bmatrix}-\rho C & 1\end{bmatrix}\\ \dfrac{\mathrm{d}X}{\mathrm{d}t}=\lambda_1=C\end{cases}\quad 和\quad\begin{cases}\boldsymbol{l}_2=\begin{bmatrix}\rho C & 1\end{bmatrix}\\ \dfrac{\mathrm{d}X}{\mathrm{d}t}=\lambda_2=-C\end{cases} \tag{5.24}$$

两个特征线上的特征关系即可写为

$$\mathrm{d}v-\frac{\mathrm{d}\sigma}{\rho C}=0,\quad 沿特征线\frac{\mathrm{d}X}{\mathrm{d}t}=C \tag{5.25}$$

$$\mathrm{d}v+\frac{\mathrm{d}\sigma}{\rho C}=0,\quad 沿特征线\frac{\mathrm{d}X}{\mathrm{d}t}=-C \tag{5.26}$$

具体推导与分析见《固体中的应力波导论》中对应部分的内容，在此不再详述。

5.1.2　一维有限长杆中应力波传播的特征线网格法

考虑如图 5.1 所示的一维杆，若已知初始条件：

$$\begin{cases} \sigma(X,0)=\sigma \\ v(X,0)=v \end{cases},\quad 0\leqslant X\leqslant L \tag{5.27}$$

即在物理平面 X-t 上 X 轴上点的应力σ 与质点速度 v 已知。如图 5.2 所示，若将 Aa 进行 4 等分，即在点 A 和 a 之间另取 3 个点 1、2 和 3，则从左到右这五个点对应的状态量分布为 $(v_A，\sigma_A)$、$(v_1，\sigma_1)$、$(v_2，\sigma_2)$、$(v_3，\sigma_3)$ 和 $(v_a，\sigma_a)$，其值由初始条件给定，因而根据式 (5.4) 可以给出对应的波速分布为

$$C_A=C(\sigma_A),\quad C_1=C(\sigma_1),\quad C_2=C(\sigma_2),\quad C_3=C(\sigma_3),\quad C_a=C(\sigma_a) \tag{5.28}$$

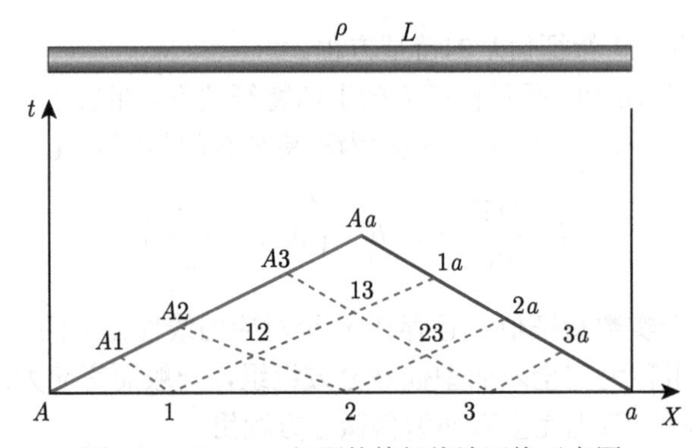

图 5.2　Cauchy 问题的特征线法网格示意图

1. *初值问题或 Cauchy 问题*

从 5.1.1 节中的结论可知，沿特征线 A-$A1$ 即

$$\mathrm{d}X=C_A\mathrm{d}t \tag{5.29}$$

有特征关系：

$$\mathrm{d}\sigma=\rho C_A\mathrm{d}v \tag{5.30}$$

将式 (5.29) 和式 (5.30) 写为差分形式，即可给出

$$\begin{cases} X_{A1}-X_A=C_A(t_{A1}-t_A) \\ \sigma_{A1}-\sigma_A=\rho C_A(v_{A1}-v_A) \end{cases} \tag{5.31}$$

类似地，也可以给出沿特征线 1-$A1$ 方向特征线与特征关系差分形式：

$$\begin{cases} X_{A1}-X_1=-C_1(t_{A1}-t_1) \\ \sigma_{A1}-\sigma_1=-\rho C_1(v_{A1}-v_1) \end{cases} \tag{5.32}$$

联立以上两个方程组,可以求出点 $A1$ 在物理平面图上的坐标及其对应的状态量分别为

$$\begin{cases} X_{A1}=\dfrac{C_1X_A+C_AX_1+C_1C_A(t_1-t_A)}{C_1+C_A} \\ t_{A1}=\dfrac{X_1-X_A+C_1t_1+C_At_A}{C_1+C_A} \end{cases} \tag{5.33}$$

和

$$\begin{cases} v_{A1} = \dfrac{\sigma_1 - \sigma_A + \rho C_1 v_1 + \rho C_A v_A}{\rho C_1 + \rho C_A} \\ \sigma_{A1} = \dfrac{\rho C_A \sigma_1 + \rho C_1 \sigma_A + \rho C_1 \rho C_A (v_1 - v_A)}{\rho C_1 + \rho C_A} \end{cases} \tag{5.34}$$

类似地，参考图 5.2，可以给出节点 12、节点 23 和节点 $3a$ 的物理坐标与速度 v、应力σ 状态值。需要说明的是，式 (5.28) 所示五个点对应的波速不一定相等，因此图中直线段 A-$A1$、1-$A1$、1-12、2-12、2-23、3-23、3-$3a$ 和 a-$3a$ 的斜率绝对值不一定相同。

考虑到横坐标轴上的点对应的时间为 0，因此，式 (5.33) 即可简化为

$$\begin{cases} X_{A1} = \dfrac{C_1 X_A + C_A X_1}{C_1 + C_A} \\ t_{A1} = \dfrac{X_1 - X_A}{C_1 + C_A} \end{cases} \tag{5.35}$$

同理，利用与式 (5.31)、式 (5.32) 相似的方程，我们可以求出点 $A2$、13、$2a$、$A3$、$1a$ 和 Aa 的物理坐标 (X_{A2}, t_{A2})、(X_{13}, t_{13})、(X_{2a}, t_{2a})、(X_{A3}, t_{A3})、(X_{1a}, t_{1a}) 和 (X_{Aa}, t_{Aa}) 及其状态量 (v_{A2}, σ_{A2})、(v_{13}, σ_{13})、(v_{2a}, σ_{2a})、(v_{A3}, σ_{A3})、(v_{1a}, σ_{1a}) 和 (v_{Aa}, σ_{Aa})。在此需要进一步说明的是，图 5.2 中 A-Aa、1-$1a$-$2a$ 和 a-Aa 等线看似是一条直线，但这只是示意图，事实上，每个网格的四个边的斜率绝对值皆不一定相等；当杆材料是各向同性线弹性材料时，它们的斜率绝对值相等，此时这些线是一条直线。

基于图 5.2，结合以上分析可以看出，在图中 A-Aa-a 准三角区域内各点的物理坐标及状态值可以根据材料本构方程与初始条件利用特征线数值方法给出，即这些点的相关参数由初值状态决定；因此称这类问题为初值问题或 Cauchy 问题。

事实上，A-Aa-a 准三角区域内各点状态不尽相同；以 A-Aa 特征线为例，由于各点的波速不尽相同，沿着该线上各点处的斜率可能一直变化，即该特征线应为一条曲线。如图 5.2 所示，以上分析过程中我们在横坐标轴上取了 3 个点，如图 5.3 所示，即将曲线 A-Aa 简化为 4 段线段的组合：

$$\mathrm{d}X = C(\sigma)\,\mathrm{d}t \Rightarrow \begin{cases} \mathrm{d}X = C_A \mathrm{d}t, A\text{-}A1 \\ \mathrm{d}X = C_{A1} \mathrm{d}t, A1\text{-}A2 \\ \mathrm{d}X = C_{A2} \mathrm{d}t, A2\text{-}A3 \\ \mathrm{d}X = C_{A3} \mathrm{d}t, A3\text{-}Aa \end{cases} \tag{5.36}$$

这种简化极大程度上方便差分计算过程，但也在一定程度上降低了差分计算结果的精度。从图 5.3 容易看出，提高差分计算精度最直接的方法即使增加分段数量，对应在图 5.2 即增加网格密度，如图 5.4 所示。

需要再次说明的是，图 5.4 中网格四边皆是直线段，但 A, $A1$,$\cdots$, Aa 并不一定是共线，此图只是示意图而已。如将图 5.4 网格加密，虽然计算量提高了，但其计算精度也随之提高；当网格非常小且密时，计算精度就足够高。

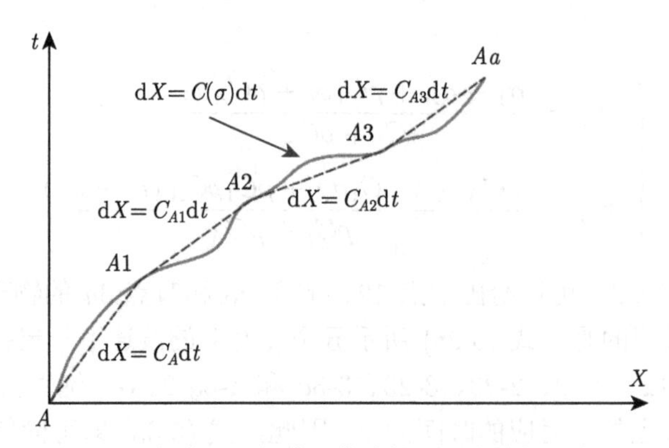

图 5.3　初值问题的特征曲线的三段式简化示意图

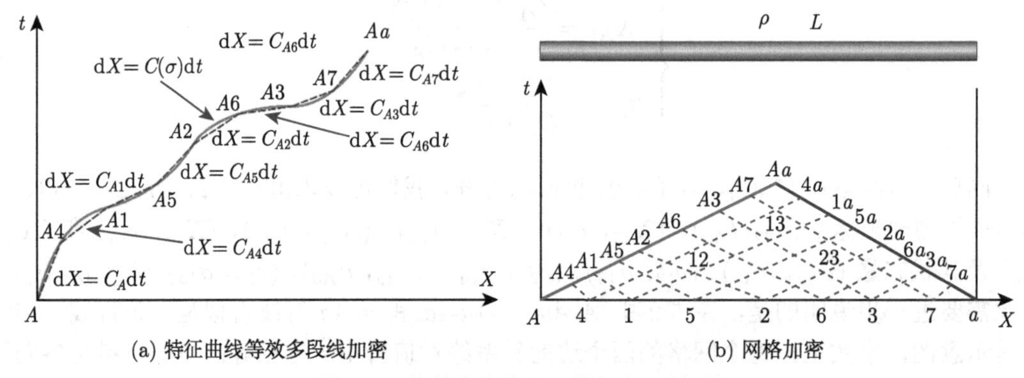

(a) 特征曲线等效多段线加密　　(b) 网格加密

图 5.4　简单多段线和网格加密示意图

对相同网格密度而言，如图 5.2 和图 5.3 所示，提高精度的另一种方法是将一阶计算精度提高到二阶精度。以图 5.3 所示 $A1$ 点物理平面上的坐标求解为例，以上分析中根据

$$\begin{cases} X_{A1} = X_A + C_A\left(t_{A1} - t_A\right) \\ X_{A1} = X_1 - C_1\left(t_{A1} - t_1\right) \end{cases} \tag{5.37}$$

给出 $(X_{A1}，t_{A1})$。假设在物理平面上 A-$A1'$ 和 1-$A1'$ 特征曲线形状如图 5.5 所示，两者真实坐标为 $A1'$；式 (5.37) 即假设特征线是斜率分别为 C_A 和 $-C_1$ 的两条直线段，因此给出的近似值为图上的点 $A1$，显然这种近似是一个最简单的线性一阶近似，若根据以上分析给出 $A1$ 点的波速，并进一步假设：

$$\begin{cases} C_{A\text{-}A1''} = \dfrac{C_A + C_{A1}}{2} \\ C_{1\text{-}A1''} = \dfrac{C_1 + C_{A1}}{2} \end{cases} \tag{5.38}$$

将式 (5.38) 中两个波速分别对应替换式 (5.31) 中的 C_A 和式 (5.32) 中的 C_1，可以得到

$$\begin{cases} X_{A1} - X_A = C_{A\text{-}A1''}\left(t_{A1} - t_A\right) \\ X_{A1} - X_1 = -C_{1\text{-}A1''}\left(t_{A1} - t_1\right) \end{cases} \tag{5.39}$$

和

$$\begin{cases} \sigma_{A1} - \sigma_A = \rho C_{A\text{-}A1''}(v_{A1} - v_A) \\ \sigma_{A1} - \sigma_1 = -\rho C_{1\text{-}A1''}(v_{A1} - v_1) \end{cases} \tag{5.40}$$

解算出的物理平面上的坐标见图 5.5 中点 $A1''$；从该图中可以看出，此时给出的近似解更接近真实解。这样计算结果有二阶精度，相对于一阶精度而言，其计算结果更加准确。

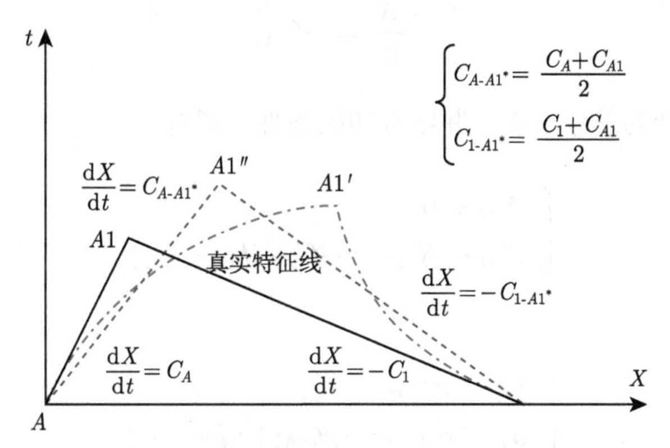

图 5.5 初值问题的二阶精度计算示意图

利用以上网格法并选取足够小且密集的网格，如果再利用二阶精度算法，容易通过编程给出应力波传播与演化过程中不同质点的速度 v 和应力σ 解。

2. 混合问题或 Picard 问题

如考虑如图 5.6 所示 A-E-Aa 区域内点的物理参数，则不能够仅仅通过初始条件就能够给出的；此时还需要考虑边界条件。设一维杆的左边界条件为

$$v = v(0, t) \tag{5.41}$$

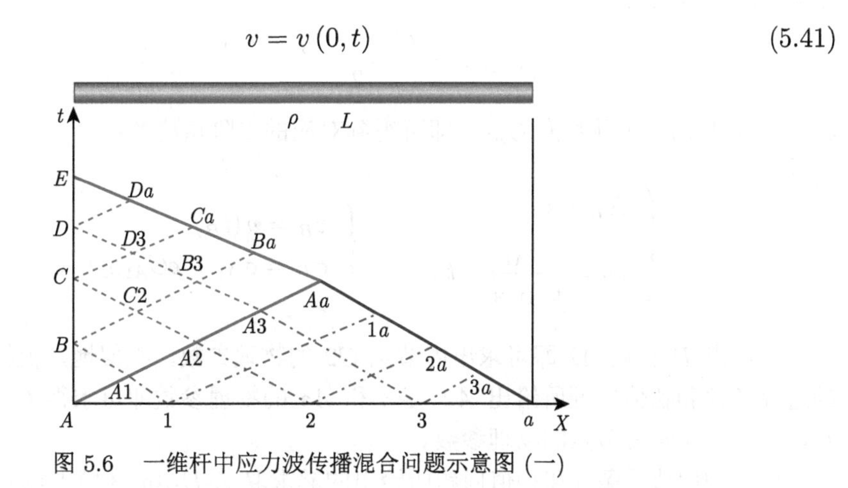

图 5.6 一维杆中应力波传播混合问题示意图 (一)

利用前面一维杆中应力波传播初值问题部分所给出的方法，可以求解出特征曲线 A-Aa 上 5 个点的物理参数，在此基础上结合材料的本构关系，可以给出

$$C_A = C(\sigma_A),\ C_{A1} = C(\sigma_{A1}),\ C_{A2} = C(\sigma_{A2}),\ C_{A3} = C(\sigma_{A3}),\ C_{Aa} = C(\sigma_{Aa}) \tag{5.42}$$

根据边界条件，可知

$$X_B = 0,\ \ X_C = 0,\ \ X_D = 0,\ \ X_E = 0 \tag{5.43}$$

将左行波特征曲线 $A1\text{-}B$ 简化为直线：

$$\frac{\mathrm{d}X}{\mathrm{d}t} = -C_{A1} \tag{5.44}$$

将式 (5.44) 展开为差分方程，并结合初始条件，即有

$$\begin{cases} X_B = 0 \\ X_B - X_{A1} = -C_{A1}\left(t_B - t_{A1}\right) \end{cases} \tag{5.45}$$

其对应的特征关系为

$$\begin{cases} v_B = v\left(t_B\right) \\ \sigma_B - \sigma_{A1} = -\rho C_{A1}\left(v_B - v_{A1}\right) \end{cases} \tag{5.46}$$

根据式 (5.45) 和式 (5.46)，可以解得

$$\begin{cases} X_B = 0 \\ t_B = \dfrac{X_{A1}}{C_{A1}} + t_{A1} \end{cases},\quad \begin{cases} v_B = v\left(t_B\right) \\ \sigma_B = \sigma_{A1} - \rho C_{A1}\left(v_B - v_{A1}\right) \end{cases} \tag{5.47}$$

式 (5.47) 即为点 B 物理参数的一阶精度解，类似以上初值问题中所给出的方法，根据式 (5.47) 可以得到

$$C_{A1\text{-}B} = \frac{C_{A1} + C_B}{2} = \frac{C_{A1} + C\left(\sigma_B\right)}{2} \tag{5.48}$$

将之代入式 (5.47) 并替换 C_{A1}，即可得到对应的二阶精度解：

$$\begin{cases} X_B = 0 \\ t_B = \dfrac{X_{A1}}{C_{A1\text{-}B}} + t_{A1} \end{cases},\quad \begin{cases} v_B = v\left(t_B\right) \\ \sigma_B = \sigma_{A1} - \rho C_{A1\text{-}B}\left(v_B - v_{A1}\right) \end{cases} \tag{5.49}$$

根据点 B 和点 $A2$ 即可求出内节点 $C2$ 的物理参数，类似地，根据 C、D 和 E 点处的边界条件和初值问题所给出 $A2$、$A3$ 和 Aa 的物理参数即可求得 C、D、E、$B3$、$D3$、Ba、Ca 和 Da 等节点的物理参数。

以上利用边界条件和初值问题所给出的解求取 $A\text{-}E\text{-}Aa$ 区域内点的物理参数，其物理意义即这些点参数的变化是由边界所引起的扰动和初始扰动共同作用所造成的，此类问题一般称为混合问题。同理，如图 5.7 所示，可以利用一维杆的右边界条件和初值问题所给出特征曲线 $a\text{-}Aa$ 上点的物理参数，求解出节点 b、c、d、e、$2ab$、$1ab$、$1ac$、Aab、Aac 和 Aad 的物理平面上的坐标值和状态值，读者可试推之，在此不做详述。

类似地，同上方法，基于以上所求得特征曲线 Aa-E 和 Aa-e 上点的物理参数，可以计算出 Aa-E-Ee-e 区域内节点和特征曲线 E-Ee、Ee-e 上点的物理参数，如图 5.8 所示，这类问题一般称为特征边值问题。

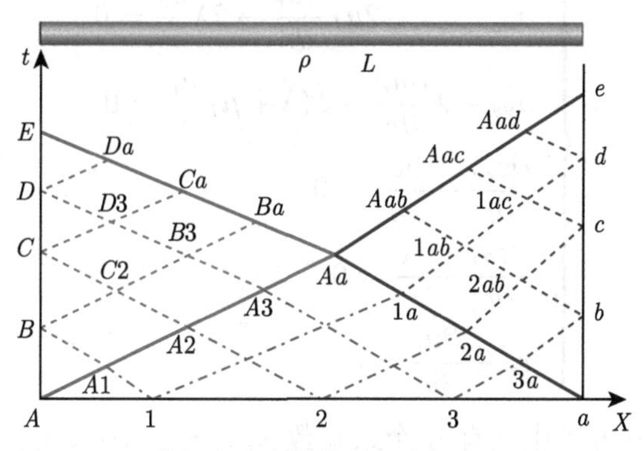

图 5.7　一维杆中应力波传播混合问题示意图 (二)

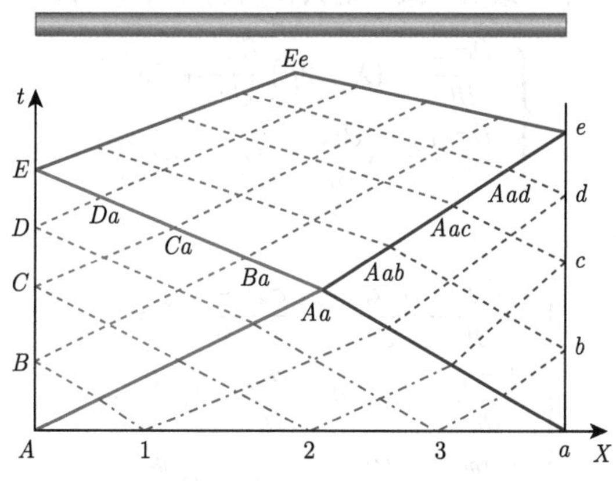

图 5.8　一维杆中应力波传播特征边值问题示意图

5.1.3　球面波与柱面波传播的特征线解法

参考 1.3 节内容可知，对于球对称问题，为保证位移 u_r 的连续性，球对称问题的连续方程可写为

$$\begin{cases} \dfrac{\partial \varepsilon_{rr}}{\partial t} = \dfrac{\partial v_r}{\partial r} \\ \dfrac{\partial \varepsilon_{\theta\theta}}{\partial t} = \dfrac{v_r}{r} \end{cases} \tag{5.50}$$

或

$$\begin{cases} \dfrac{\partial \varepsilon_{rr}}{\partial t} - \dfrac{\partial v_r}{\partial r} = 0 \\ \dfrac{\partial \varepsilon_{\theta\theta}}{\partial t} - \dfrac{v_r}{r} = 0 \end{cases} \tag{5.51}$$

因此，线弹性材料中球面波在径向 r 方向传播的基本方程组为

$$\begin{cases} \rho\dfrac{\partial^2 u_r}{\partial t^2}-\dfrac{\partial\sigma_{rr}}{\partial r}-2\dfrac{\sigma_{rr}-\sigma_{\theta\theta}}{r}=0 \\ \sigma_{rr}-(\lambda+2\mu)\dfrac{\partial u_r}{\partial r}-2\lambda\dfrac{u_r}{r}=0 \\ \sigma_{\theta\theta}-\lambda\dfrac{\partial u_r}{\partial r}-2(\lambda+\mu)\dfrac{u_r}{r}=0 \\ \dfrac{\partial\varepsilon_{rr}}{\partial t}-\dfrac{\partial v_r}{\partial r}=0 \\ \dfrac{\partial\varepsilon_{\theta\theta}}{\partial t}-\dfrac{v_r}{r}=0 \\ v_r-\dfrac{\partial u_r}{\partial t}=0 \end{cases} \tag{5.52}$$

式 (5.52) 方程组各独立方程中共有 6 个未知数 u_r、σ_{rr}、$\sigma_{\theta\theta}$、ε_{rr}、$\varepsilon_{\theta\theta}$ 和 v_r，因此可以解出这 6 个未知量的函数表达式。将式 (5.52) 中第二式和第三式所示 Hooke 定律对时间 t 求偏导，并结合式 (5.52) 中最后一式，消去径向位移 u_r，可以得到

$$\begin{cases} \dfrac{\partial\sigma_{rr}}{\partial t}=(\lambda+2\mu)\dfrac{\partial v_r}{\partial r}+2\lambda\dfrac{v_r}{r} \\ \dfrac{\partial\sigma_{\theta\theta}}{\partial t}=\lambda\dfrac{\partial v_r}{\partial r}+2(\lambda+\mu)\dfrac{v_r}{r} \end{cases} \tag{5.53}$$

因此式 (5.52) 可简化为

$$\begin{cases} \rho\dfrac{\partial v_r}{\partial t}-\dfrac{\partial\sigma_{rr}}{\partial r}-2\dfrac{\sigma_{rr}-\sigma_{\theta\theta}}{r}=0 \\ \dfrac{\partial\sigma_{rr}}{\partial t}-(\lambda+2\mu)\dfrac{\partial v_r}{\partial r}-2\lambda\dfrac{v_r}{r}=0 \\ \dfrac{\partial\sigma_{\theta\theta}}{\partial t}-\lambda\dfrac{\partial v_r}{\partial r}-2(\lambda+\mu)\dfrac{v_r}{r}=0 \\ \dfrac{\partial\varepsilon_{rr}}{\partial t}-\dfrac{\partial v_r}{\partial r}=0 \\ \dfrac{\partial\varepsilon_{\theta\theta}}{\partial t}-\dfrac{v_r}{r}=0 \end{cases} \tag{5.54}$$

式 (5.54) 方程组有 5 个独立的方程和 5 个未知量，因此也能够利用特征线法进行求解，给出特征线和沿着特征线的特征关系。从式 (5.54) 可以看出，以上方程组中前 3 个方程包含 3 个未知数，通过其求出径向速度 v_r 后，即容易给出后 2 个方程中的两个未知数ε_{rr} 和$\varepsilon_{\theta\theta}$；因此，球面波传播问题的核心方程组为

$$\begin{cases} \dfrac{\partial v_r}{\partial t}-\dfrac{1}{\rho}\dfrac{\partial\sigma_{rr}}{\partial r}=\dfrac{2}{\rho}\dfrac{\sigma_{rr}-\sigma_{\theta\theta}}{r} \\ \dfrac{\partial\sigma_{rr}}{\partial t}-(\lambda+2\mu)\dfrac{\partial v_r}{\partial r}=2\lambda\dfrac{v_r}{r} \\ \dfrac{\partial\sigma_{\theta\theta}}{\partial t}-\lambda\dfrac{\partial v_r}{\partial r}=2(\lambda+\mu)\dfrac{v_r}{r} \end{cases} \tag{5.55}$$

式 (5.55) 所示方程组为一阶拟线性偏微分方程组，写为矩阵形式即为

$$\frac{\partial \boldsymbol{W}}{\partial t}+\boldsymbol{B}\cdot\frac{\partial \boldsymbol{W}}{\partial r}=\boldsymbol{H} \tag{5.56}$$

式中

$$\boldsymbol{W}=\begin{bmatrix} v_r \\ \sigma_{rr} \\ \sigma_{\theta\theta} \end{bmatrix},\quad \boldsymbol{B}=\begin{bmatrix} 0 & -\dfrac{1}{\rho} & 0 \\ -(\lambda+2\mu) & 0 & 0 \\ -\lambda & 0 & 0 \end{bmatrix},\quad \boldsymbol{H}=\begin{bmatrix} \dfrac{2}{\rho}\dfrac{\sigma_{rr}-\sigma_{\theta\theta}}{r} \\ 2\lambda\dfrac{v_r}{r} \\ 2(\lambda+\mu)\dfrac{v_r}{r} \end{bmatrix} \tag{5.57}$$

参考 5.1.1 节中一阶偏微分方程的特征线推导方法，矩阵 $\boldsymbol{W}$ 沿曲线 $r=r(t)$ 的全导数可写为

$$\frac{\mathrm{d}\boldsymbol{W}}{\mathrm{d}t}=\frac{\partial \boldsymbol{W}}{\partial t}+\frac{\mathrm{d}r}{\mathrm{d}t}\frac{\partial \boldsymbol{W}}{\partial r} \tag{5.58}$$

将其代入式 (5.56) 可以得到

$$\frac{\mathrm{d}\boldsymbol{W}}{\mathrm{d}t}-\frac{\mathrm{d}r}{\mathrm{d}t}\frac{\partial \boldsymbol{W}}{\partial r}+\boldsymbol{B}\cdot\frac{\partial \boldsymbol{W}}{\partial r}=\boldsymbol{H} \tag{5.59}$$

对式 (5.59) 两端同时左点乘一个非零矢量：

$$\boldsymbol{l}=\begin{bmatrix} l_1 & l_2 & l_3 \end{bmatrix} \tag{5.60}$$

即可以将此一阶拟线性偏微分方程转换为方程：

$$\boldsymbol{l}\cdot\frac{\mathrm{d}\boldsymbol{W}}{\mathrm{d}t}-\boldsymbol{l}\cdot\frac{\mathrm{d}r}{\mathrm{d}t}\frac{\partial \boldsymbol{W}}{\partial r}+\boldsymbol{l}\cdot\boldsymbol{B}\cdot\frac{\partial \boldsymbol{W}}{\partial r}=\boldsymbol{l}\cdot\boldsymbol{H} \tag{5.61}$$

即

$$\boldsymbol{l}\cdot\frac{\mathrm{d}\boldsymbol{W}}{\mathrm{d}t}+\left(\boldsymbol{l}\cdot\boldsymbol{B}-\boldsymbol{l}\cdot\frac{\mathrm{d}r}{\mathrm{d}t}\right)\cdot\frac{\partial \boldsymbol{W}}{\partial r}=\boldsymbol{l}\cdot\boldsymbol{H} \tag{5.62}$$

式 (5.62) 对应的特征方向或特征线为

$$\frac{\mathrm{d}r}{\mathrm{d}t}=\varLambda \tag{5.63}$$

由矩阵 $\boldsymbol{B}$ 的特征方程给出

$$\|\boldsymbol{B}-\varLambda\boldsymbol{I}\|=0 \tag{5.64}$$

即

$$\left\|\begin{matrix} -\varLambda & -\dfrac{1}{\rho} & 0 \\ -(\lambda+2\mu) & -\varLambda & 0 \\ -\lambda & 0 & -\varLambda \end{matrix}\right\|=0\Rightarrow\left(\varLambda+\sqrt{\frac{\lambda+2\mu}{\rho}}\right)\left(\varLambda-\sqrt{\frac{\lambda+2\mu}{\rho}}\right)\varLambda=0 \tag{5.65}$$

即存在三个特征值和特征方向：

$$\frac{\mathrm{d}X}{\mathrm{d}t}=\lambda_1=C,\quad \frac{\mathrm{d}X}{\mathrm{d}t}=\lambda_2=-C,\quad \frac{\mathrm{d}X}{\mathrm{d}t}=\lambda_3=0 \tag{5.66}$$

式中

$$C=\sqrt{\frac{\lambda+2\mu}{\rho}} \tag{5.67}$$

为无限线弹性介质中纵波波速。

将式 (5.66) 中的三个特征值代入

$$\boldsymbol{l}\cdot(\boldsymbol{B}-\Lambda\boldsymbol{I})=\boldsymbol{O} \tag{5.68}$$

即

$$\boldsymbol{l}\cdot\begin{bmatrix} -\Lambda & -\dfrac{1}{\rho} & 0 \\ -(\lambda+2\mu) & -\Lambda & 0 \\ -\lambda & 0 & -\Lambda \end{bmatrix}=\boldsymbol{O} \tag{5.69}$$

此时三个特征值对应的左特征矢量分别为

$$\boldsymbol{l}_1=\begin{bmatrix} -\rho C & 1 & 0 \end{bmatrix},\quad \boldsymbol{l}_2=\begin{bmatrix} \rho C & 1 & 0 \end{bmatrix},\quad \boldsymbol{l}_3=\begin{bmatrix} 0 & -\dfrac{\lambda}{\lambda+2\mu} & 1 \end{bmatrix} \tag{5.70}$$

此时根据线弹性介质中球面波传播的核心一阶拟线性偏微分方程组可以给出：

$$\boldsymbol{l}\cdot\frac{\mathrm{d}\boldsymbol{W}}{\mathrm{d}t}=\boldsymbol{l}\cdot\boldsymbol{H} \tag{5.71}$$

或

$$\begin{bmatrix} l_1 & l_2 & l_3 \end{bmatrix}\begin{bmatrix} \dfrac{\mathrm{d}v_r}{\mathrm{d}t} \\ \dfrac{\mathrm{d}\sigma_{rr}}{\mathrm{d}t} \\ \dfrac{\mathrm{d}\sigma_{\theta\theta}}{\mathrm{d}t} \end{bmatrix}=\begin{bmatrix} l_1 & l_2 & l_3 \end{bmatrix}\begin{bmatrix} \dfrac{2}{\rho}\dfrac{\sigma_{rr}-\sigma_{\theta\theta}}{r} \\ 2\lambda\dfrac{v_r}{r} \\ 2(\lambda+\mu)\dfrac{v_r}{r} \end{bmatrix} \tag{5.72}$$

因此，结合式 (5.70) 所示三个左特征值矢量，可以给出, 沿特征线

$$\frac{\mathrm{d}r}{\mathrm{d}t}=C \tag{5.73}$$

方向上，对应的特征关系为

$$\mathrm{d}\sigma_{rr}=\rho C\mathrm{d}v_r+2\left(\lambda\frac{v_r}{r}-C\frac{\sigma_{rr}-\sigma_{\theta\theta}}{r}\right)\mathrm{d}t \tag{5.74}$$

即

$$\mathrm{d}\sigma_{rr} = \rho C \mathrm{d}v_r + 2\left[\frac{\lambda}{C}v_r - (\sigma_{rr} - \sigma_{\theta\theta})\right]\frac{\mathrm{d}r}{r} \tag{5.75}$$

沿特征线

$$\frac{\mathrm{d}r}{\mathrm{d}t} = -C \tag{5.76}$$

方向上，对应的特征关系为

$$\mathrm{d}\sigma_{rr} = -\rho C \mathrm{d}v_r - 2\left[\frac{\lambda}{C}v_r + (\sigma_{rr} - \sigma_{\theta\theta})\right]\frac{\mathrm{d}r}{r} \tag{5.77}$$

沿特征线

$$\frac{\mathrm{d}r}{\mathrm{d}t} = 0 \tag{5.78}$$

方向上，对应的特征关系为

$$-\frac{\lambda}{\lambda + 2\mu}\mathrm{d}\sigma_{rr} + \mathrm{d}\sigma_{\theta\theta} = \frac{3\lambda + 2\mu}{\lambda + 2\mu}\frac{2\mu v_r}{r}\mathrm{d}t \tag{5.79}$$

1. 动态球腔膨胀弹性波传播特征线边界条件

在加载瞬间会在介质中产生一个从内壁向外传播的冲击波，对球对称问题而言，冲击波的传播只是径向坐标的函数，结合波阵面上的守恒方程，根据径向位移连续条件、动量守恒条件可知

$$\begin{cases} [v_r] = -D[\varepsilon_{rr}] \\ [\sigma_{rr}] = -\rho D[v_r] \end{cases} \tag{5.80}$$

式中, D 表示该无限线弹性介质中冲击波波速。根据式 (5.80) 可知

$$D = \sqrt{\frac{[\sigma_{rr}]}{\rho[\varepsilon_{rr}]}} \tag{5.81}$$

由于冲击波波阵面前方未扰动介质初始质点速度 v_r、径向应变ε_{rr} 和径向应力σ_{rr} 均为 0，因此，根据式 (5.80) 和式 (5.81) 可以求出冲击波波阵面紧后方对应的物理量为

$$\begin{cases} v_r = -D\varepsilon_{rr} \\ \sigma_{rr} = -\rho D v_r \end{cases} \tag{5.82}$$

此时，冲击波波速计算式 (5.81) 可进一步写为

$$D = \sqrt{\frac{\sigma_{rr}}{\rho\varepsilon_{rr}}} \tag{5.83}$$

根据波阵面上的连续条件可知，波阵面紧前方与紧后方的径向位移差为

$$[u_r]=0 \tag{5.84}$$

而在波阵面紧前方质点径向位移为 0，因此，波阵面紧后方的质点速度也有

$$u_r=0 \tag{5.85}$$

将式 (5.85) 代入式 (5.52)，可以得到

$$\sigma_{rr}=(\lambda+2\mu)\frac{\partial u_r}{\partial r}=(\lambda+2\mu)\,\varepsilon_{rr} \tag{5.86}$$

将式 (5.86) 代入式 (5.83)，即有

$$D=\sqrt{\frac{\lambda+2\mu}{\rho}}=C \tag{5.87}$$

式 (5.87) 表明，该弹性冲击波的波速与无限线弹性介质中纵波声速相等，或者可以认为，该弹性冲击波以纵波波速传播。

对球对称问题而言，由于位移等参数只是径向坐标 r 和时间 t 的函数，在不同时刻加载冲击波的迹线如图 5.9 所示。从图中可以看出，冲击波波阵面的迹线 AB 为

$$\frac{\mathrm{d}r}{\mathrm{d}t}=D=C=\sqrt{\frac{\lambda+2\mu}{\rho}} \tag{5.88}$$

需要说明的是，图 5.9 中坐标系为物质坐标系，因此，在球腔内壁变形过程中，内壁的径向坐标 r 始终不变；图中竖直直线 $r=R_0$ 并不是说明球腔内壁在整个传播过程中不变形。从图中可以看出，在任意时刻，根据质点的状态量，特征空间可以分为 3 个区域。

区域 I 即 $r<R_0$ 区，球腔内壁区域，该区域内设定无介质，因此在问题的分析过程中可以不予考虑。

区域 Ⅲ 即 $\mathrm{d}r/\mathrm{d}t>D$ 区，弹性冲击波前方的区域，由于初始介质处于自然松弛状态，因此该区域内介质状态与初始状态完全一致。

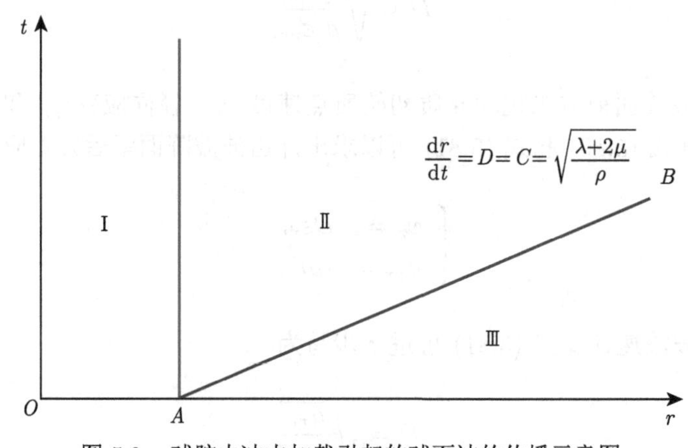

图 5.9　球腔内冲击加载引起的球面波的传播示意图

因此，实际上线弹性介质中球腔内部冲击加载引起的球形应力波的传播问题就归结为图 5.9 中区域 Ⅱ 内介质质点状态及其演化问题。该区域包含内边界 $r = R_0$、外边界 $\mathrm{d}r/\mathrm{d}t = D$ 和 $r > R_0$ 且 $\mathrm{d}r/\mathrm{d}t < D$ 内部区域三个部分。

在内边界 $r = R_0$ 上，其应力边界条件为

$$\sigma_{rr}|_{r=R_0} = -P_0 \tag{5.89}$$

其也是一条特征线，$\mathrm{d}r/\mathrm{d}t = 0$，其上的物理量满足特征关系：

$$-\frac{\lambda}{\lambda + 2\mu}\mathrm{d}\sigma_{rr} + \mathrm{d}\sigma_{\theta\theta} = \frac{3\lambda + 2\mu}{\lambda + 2\mu}\frac{2\mu v_r}{r}\mathrm{d}t \tag{5.90}$$

在外边界冲击波波阵面迹线 AB 上，其紧后方也是一条右行特征线，且根据式 (5.88) 可知，该冲击波波阵面迹线可视为一条右行特征线，因此，其上的物理量满足右行特征关系:

$$\mathrm{d}\sigma_{rr} = \rho C \mathrm{d}v_r + 2\left[\frac{\lambda}{C}v_r - (\sigma_{rr} - \sigma_{\theta\theta})\right]\frac{\mathrm{d}r}{r} \tag{5.91}$$

根据波阵面上的连续条件并结合初始介质处于自然松弛等初始条件，可知波阵面紧后方质点径向位移为零，即式 (5.85) 成立；将其代入式 (5.52) 即可以得到

$$\sigma_{\theta\theta} = \lambda\frac{\partial u_r}{\partial r} + 2(\lambda + \mu)\frac{u_r}{r} = \lambda\frac{\partial u_r}{\partial r} = \lambda\varepsilon_{rr} \tag{5.92}$$

将式 (5.92) 代入式 (5.91) 可得

$$\mathrm{d}\sigma_{rr} = \rho C \mathrm{d}v_r + 2\left[\frac{\lambda}{C}v_r - (\sigma_{rr} - \lambda\varepsilon_{rr})\right]\frac{\mathrm{d}r}{r} \tag{5.93}$$

将式 (5.82) 代入式 (5.93)，再考虑到该线弹性材料中冲击波速与纵波波速相等，可以得到

$$\frac{\mathrm{d}\sigma_{rr}}{\sigma_{rr}} = -\frac{\mathrm{d}r}{r} \tag{5.94}$$

结合式 (5.89) 所示边界条件，即可得到式 (5.94) 的积分形式：

$$\sigma_{rr} = -\frac{P_0 R_0}{r} \tag{5.95}$$

根据式 (5.95) 和式 (5.82) 即可给出

$$v_r = -\frac{\sigma_{rr}}{\rho C} = \frac{P_0 R_0}{\rho C r} \tag{5.96}$$

$$\varepsilon_{rr} = \frac{v_r}{-C} = -\frac{P_0 R_0}{\rho C^2 r} \tag{5.97}$$

将式 (5.97) 代入式 (5.92)，可以得到

$$\sigma_{\theta\theta} = \lambda \varepsilon_{rr} = -\frac{\lambda P_0 R_0}{\rho C^2 r} = -\frac{\lambda}{\lambda + 2\mu} \cdot \frac{P_0 R_0}{r} = -\frac{\nu}{1-\nu} \cdot \frac{P_0 R_0}{r} \tag{5.98}$$

即在冲击波波阵面迹线 AB 上的外边界条件为

$$\begin{cases} \sigma_{rr}\big|_{\frac{\mathrm{d}r}{\mathrm{d}t}=C} = -\dfrac{P_0 R_0}{r} \\ \sigma_{\theta\theta}\big|_{\frac{\mathrm{d}r}{\mathrm{d}t}=C} = -\dfrac{\lambda}{\lambda+2\mu} \cdot \dfrac{P_0 R_0}{r} = -\dfrac{\nu}{1-\nu} \cdot \dfrac{P_0 R_0}{r} \\ v_r\big|_{\frac{\mathrm{d}r}{\mathrm{d}t}=C} = \dfrac{P_0 R_0}{\rho C r} \\ \varepsilon_{rr}\big|_{\frac{\mathrm{d}r}{\mathrm{d}t}=C} = \dfrac{v_r}{-C} = -\dfrac{P_0 R_0}{\rho C^2 r} \end{cases} \tag{5.99}$$

式 (5.99) 说明当球腔内部加载的应力为突加压应力时：

$$\begin{cases} \sigma_{rr}\big|_{\frac{\mathrm{d}r}{\mathrm{d}t}=C} = -\dfrac{P_0 R_0}{r} < 0 \\ \sigma_{\theta\theta}\big|_{\frac{\mathrm{d}r}{\mathrm{d}t}=C} = -\dfrac{\nu}{1-\nu} \cdot \dfrac{P_0 R_0}{r} < 0 \end{cases} \tag{5.100}$$

即冲击波波阵面上的径向应力σ_{rr} 与环向应力$\sigma_{\theta\theta}$ 均为压应力；这与弹性力学中所给出的 $r = R_0$ 内球腔内部受到压力 P_0 时球腔静态膨胀结果并不一致，根据弹性力学中所给出的结果

$$\begin{cases} \sigma_{rr} = -\dfrac{P_0 R_0^3}{r^3} < 0 \\ \sigma_{\theta\theta} = \dfrac{P_0 R_0^3}{2r^3} > 0 \end{cases} \tag{5.101}$$

容易看出，静态球腔膨胀与动态膨胀冲击波波阵面上的应力表达式有些非常重要的差别：首先，当加载应力均为压应力时，动态问题中冲击波波阵面上介质的环向应力$\sigma_{\theta\theta}$ 也为压应力，而静态问题中环向应力$\sigma_{\theta\theta}$ 则为拉应力；其原因是动态变形很快，介质在环向方向上来不及变形而使得环向上的介质起着相互约束的作用，从而显示为压应力；其次，动态问题中冲击波波阵面上的径向应力σ_{rr} 和环向应力$\sigma_{\theta\theta}$ 皆是与传播位移呈反比关系衰减的，而静态问题中介质的径向应力σ_{rr} 和环向应力$\sigma_{\theta\theta}$ 皆是与径向位移的立方呈反比关系而衰减的。

2. 动态球腔膨胀弹性波传播特征线混合问题或 Picard 问题

在 $r > R_0$ 且 $\mathrm{d}r/\mathrm{d}t < D$ 内部区域中介质在不同时刻的状态量的求解一般很难直接利用解析解给出具体的求解公式，通常采用特征线差分方法求解；如图 5.10 所示。

本小节前面的分析说明，线弹性介质中球面波的传播存在三组特征线：

$$\begin{cases} \dfrac{\mathrm{d}r}{\mathrm{d}t} = \pm C \\ \dfrac{\mathrm{d}r}{\mathrm{d}t} = 0 \end{cases} \tag{5.102}$$

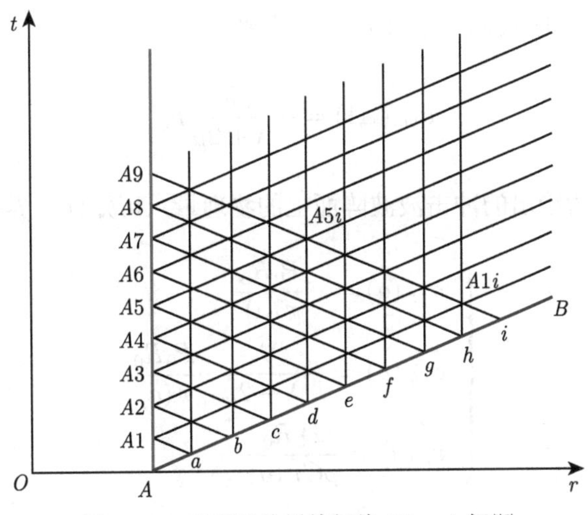

图 5.10 球面波传播特征线 Picard 问题

图 5.10 中 A-$A9$ 和 A-B 两个边界条件已知 (本节前面已求出)，见式 (5.89) 和式 (5.99)。利用特征线法求解弹性冲击波波阵面后方扰动区域介质状态量的思路是：第一步，我们可以根据式 (5.102) 所示三组特征线将区域划分网格，设 A-$A1$、$A1$-$A2$、$\cdots$ 各两点之间时间间隔相同，即在计算过程中一般选取时间步长相同来进行计算，此时三个特征线总是能够交于一点，如图 5.10 所示；第二步，根据初始条件和此三组特征线对应的特征关系联立求出图中的网格交点对应的状态量。容易判断，当网格足够密集，则所给出的状态量数值解则足够准确。

如图 5.10 所示，设内边界上的点 $A1$ 距离点 A 足够小，即 $\mathrm{d}t_{A\text{-}A1}$ 时间步长足够小，左行特征线与冲击波波阵面迹线相交于点 a，初始条件为

$$\begin{cases} \sigma_{rr}(A) = 0 \\ \sigma_{\theta\theta}(A) = 0 \\ v_r(A) = 0 \end{cases} \tag{5.103}$$

内边界 $r = R_0$ 边界条件为

$$\begin{cases} \sigma_{rr}(A1) = -P_0 \\ r(A1) = R_0 \end{cases} \tag{5.104}$$

根据式 (5.90)，内边界即图 5.10 所示直线 $AA1$ 代表的特征线 $\mathrm{d}r/\mathrm{d}t = 0$ 特征对应的特征关系为

$$-\frac{\lambda}{\lambda+2\mu}\mathrm{d}\sigma_{rr} + \mathrm{d}\sigma_{\theta\theta} = \frac{3\lambda+2\mu}{\lambda+2\mu}\frac{2\mu v_r(A)}{r(A)}\mathrm{d}t \tag{5.105}$$

假设时间步长足够小，因此可以利用差分来代替微分，于是有

$$-\frac{\lambda}{\lambda+2\mu}\left[\sigma_{rr}(A1) - \sigma_{rr}(A)\right] + \left[\sigma_{\theta\theta}(A1) - \sigma_{\theta\theta}(A)\right] = \frac{3\lambda+2\mu}{\lambda+2\mu}\frac{2\mu v_r(A)}{r(A)}\left[t(A1) - t(A)\right] \tag{5.106}$$

将式 (5.103) 和式 (5.104) 代入式 (5.106)，即得到

$$\sigma_{\theta\theta}(A1) = -\frac{\lambda}{\lambda+2\mu}P_0 \tag{5.107}$$

根据本小节前面所给出的冲击波波阵面上的物理量，可知外边界条件为

$$\begin{cases} \sigma_{rr}(a) = -\dfrac{P_0 R_0}{r(a)} \\ \sigma_{\theta\theta}(a) = -\dfrac{\lambda}{\lambda+2\mu}\cdot\dfrac{P_0 R_0}{r(a)} \\ v_r(a) = \dfrac{P_0 R_0}{\rho C r(a)} \end{cases} \tag{5.108}$$

根据左行波特征线对应的特征关系式 (5.77)，有

$$\begin{aligned} &\sigma_{rr}(A1) - \sigma_{rr}(a) \\ &= -\rho C\left[v_r(A1) - v_r(a)\right] - 2\left\{\frac{\lambda v_r(a)}{C} + \left[\sigma_{rr}(a) - \sigma_{\theta\theta}(a)\right]\right\}\frac{r(A1) - r(a)}{r(a)} \end{aligned} \tag{5.109}$$

将式 (5.104) 和式 (5.108) 代入式 (5.109)，可以得到

$$v_r(A1) = \frac{P_0}{\rho C} + 2\left(\frac{\lambda}{\rho C^2} - \frac{2\mu}{\lambda+2\mu}\right)P_0 R_0 \frac{r(a) - R_0}{\rho C r^2(a)} \tag{5.110}$$

简化后有

$$v_r(A1) = \frac{P_0}{\rho C} + 2\frac{\lambda-2\mu}{\lambda+2\mu}P_0 R_0 \frac{r(a) - R_0}{\rho C r^2(a)} \tag{5.111}$$

根据图 5.10，并结合左右特征线方程，可以计算出

$$r(a) = C\cdot\frac{t(A1) - t(A)}{2} + R_0 = \frac{C\cdot\Delta t}{2} + R_0 \tag{5.112}$$

将式 (5.112) 代入式 (5.110)，即可以得到

$$v_r(A1) = \frac{P_0}{\rho C}\left[1 + \frac{\lambda-2\mu}{\lambda+2\mu}R_0 C\cdot\frac{\Delta t}{\left(\dfrac{C\cdot\Delta t}{2} + R_0\right)^2}\right] \tag{5.113}$$

综上分析，通过图 5.10 中所示特征线及其对应的特征关系，并结合初始条件和边界条件，即可得到点 $A1$ 和点 a 节点处质点的物理量$\sigma_{rr}(A1)$、$\sigma_{\theta\theta}(A1)$、$v_r(A1)$、$r(A1)$ 和$\sigma_{rr}(a)$、$\sigma_{\theta\theta}(a)$、$v_r(a)$、$r(a)$。

以上是求节点状态量特征线法的第一步，然后第二步求取节点 1 对应的物理量，如图 5.11 所示。从图中可以看出，内节点 1 在右行特征线 $A1$-1

$$\frac{\mathrm{d}r}{\mathrm{d}t}=C \tag{5.114}$$

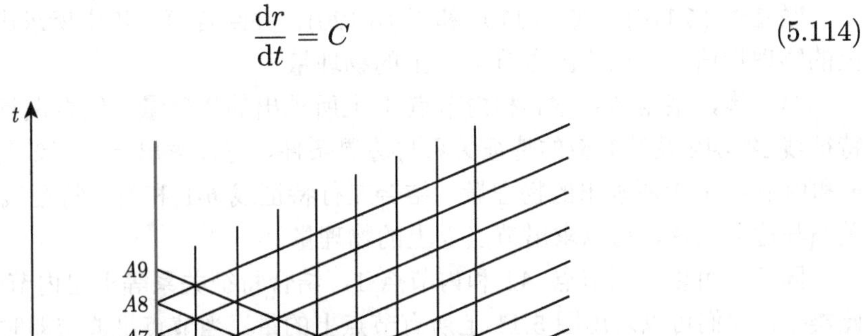

图 5.11　球面波传播特征线 Picard 问题内节点物理量求解

上，对应的特征关系为

$$\mathrm{d}\sigma_{rr}=\rho C\mathrm{d}v_r+2\left[\frac{\lambda}{C}v_r-\left(\sigma_{rr}-\sigma_{\theta\theta}\right)\right]\frac{\mathrm{d}r}{r} \tag{5.115}$$

即

$$\sigma_{rr}(1)-\sigma_{rr}(A1)=\rho C\left[v_r(1)-v_r(A1)\right]+2\left[\frac{\lambda}{C}v_r(A1)-\left[\sigma_{rr}(A1)-\sigma_{\theta\theta}(A1)\right]\right]\frac{r(1)-r(A1)}{r(A1)} \tag{5.116}$$

同时，内节点 1 也在上行特征线

$$\frac{\mathrm{d}r}{\mathrm{d}t}=0 \tag{5.117}$$

上，对应的特征关系为

$$-\frac{\lambda}{\lambda+2\mu}\mathrm{d}\sigma_{rr}+\mathrm{d}\sigma_{\theta\theta}=\frac{3\lambda+2\mu}{\lambda+2\mu}\frac{2\mu v_r}{r}\mathrm{d}t \tag{5.118}$$

即

$$-\frac{\lambda}{\lambda+2\mu}\left[\sigma_{rr}(1)-\sigma_{rr}(a)\right]+\left[\sigma_{\theta\theta}(1)-\sigma_{\theta\theta}(a)\right]=\frac{3\lambda+2\mu}{\lambda+2\mu}\frac{2\mu v_r(a)}{r(a)}\Delta t \tag{5.119}$$

且根据两个特征线方程和图 5.11，容易给出

$$r(1) = r(A1) \tag{5.120}$$

联立式 (5.116)、式 (5.119) 和式 (5.120)，并结合第一步中所求出的节点 $A1$ 和节点 a 上的物理量值，可以给出内节点 1 上的物理量。

第三步，根据节点 $A1$ 和内节点 1 上所求出的物理量，结合左行特征线 1-$A2$ 和上行特征线 $A1$-$A2$ 及其对应的特征关系与边界条件，可以求出节点 $A2$ 上的物理量；根据节点 a 和内节点 1 上所求出的物理量，结合左行特征线 b-1 和右行特征线 a-b 及其对应的特征关系与边界条件，可以求出节点 b 上的物理量。

同理，可以根据节点 $A2$ 和内节点 1，结合特征关系等求出内节点 3 上的物理量；以此类推，我们可以求出图 5.11 上所有节点上的量。当节点足够密即时间步长足够小，我们就可以较准确地求出球面波传播过程中任意质点在不同时刻时的物理量，从而给出球面波传播与演化过程中应力或应变场分布。

3. 柱面波传播的特征线基本方程

对于轴对称问题，有

$$\begin{cases} u_r = u_r(r, X, t) \\ u_\theta \equiv 0 \\ u_X = u_X(r, X, t) \end{cases} \tag{5.121}$$

和

$$\begin{cases} \varepsilon_{rr} = \dfrac{\partial u_r}{\partial r} \\ \varepsilon_{\theta\theta} = \dfrac{u_r}{r} \end{cases} \tag{5.122}$$

为保证位移 u_r 的连续性，轴对称问题的连续方程可写为

$$\begin{cases} \dfrac{\partial \varepsilon_{rr}}{\partial t} = \dfrac{\partial v_r}{\partial r} \\ \dfrac{\partial \varepsilon_{\theta\theta}}{\partial t} = \dfrac{v_r}{r} \end{cases} \tag{5.123}$$

或

$$\begin{cases} \dfrac{\partial \varepsilon_{rr}}{\partial t} - \dfrac{\partial v_r}{\partial r} = 0 \\ \dfrac{\partial \varepsilon_{\theta\theta}}{\partial t} - \dfrac{v_r}{r} = 0 \end{cases} \tag{5.124}$$

线弹性介质的 Hooke 定律也可简化为

$$\begin{cases} \sigma_{rr} = (\lambda + 2\mu)\dfrac{\partial u_r}{\partial r} + \lambda\dfrac{u_r}{r} \\ \sigma_{\theta\theta} = \lambda\dfrac{\partial u_r}{\partial r} + (\lambda + 2\mu)\dfrac{u_r}{r} \\ \sigma_{XX} = \lambda\dfrac{\partial u_r}{\partial r} + \lambda\dfrac{u_r}{r} \\ \sigma_{r\theta} = \sigma_{\theta X} = \sigma_{rX} \equiv 0 \end{cases} \tag{5.125}$$

结合式 (5.125) 和径向方向的运动方程即可简化为

$$\rho\frac{\partial^2 u_r}{\partial t^2}=\frac{\partial\sigma_{rr}}{\partial r}+\frac{\sigma_{rr}-\sigma_{\theta\theta}}{r} \tag{5.126}$$

因此，线弹性材料中柱面波在径向 r 方向传播的基本方程组即为

$$\begin{cases}\rho\dfrac{\partial^2 u_r}{\partial t^2}-\dfrac{\partial\sigma_{rr}}{\partial r}-\dfrac{\sigma_{rr}-\sigma_{\theta\theta}}{r}=0\\ \sigma_{rr}-(\lambda+2\mu)\dfrac{\partial u_r}{\partial r}-\lambda\dfrac{u_r}{r}=0\\ \sigma_{\theta\theta}-\lambda\dfrac{\partial u_r}{\partial r}-(\lambda+2\mu)\dfrac{u_r}{r}=0\\ \dfrac{\partial\varepsilon_{rr}}{\partial t}-\dfrac{\partial v_r}{\partial r}=0\\ \dfrac{\partial\varepsilon_{\theta\theta}}{\partial t}-\dfrac{v_r}{r}=0\\ v_r-\dfrac{\partial u_r}{\partial t}=0\end{cases} \tag{5.127}$$

式 (5.127) 方程组各独立方程中共有 6 个未知数 u_r、σ_{rr}、$\sigma_{\theta\theta}$、ε_{rr}、$\varepsilon_{\theta\theta}$ 和 v_r，因此可以解出这 6 个未知量的函数表达式。将式 (5.125) 中第一式和第二式所示 Hooke 定律对时间 t 求偏导，并结合式 (5.127) 中最后一式，消去径向位移 u_r，可以得到

$$\begin{cases}\dfrac{\partial\sigma_{rr}}{\partial t}=(\lambda+2\mu)\dfrac{\partial v_r}{\partial r}+\lambda\dfrac{v_r}{r}\\ \dfrac{\partial\sigma_{\theta\theta}}{\partial t}=\lambda\dfrac{\partial v_r}{\partial r}+(\lambda+2\mu)\dfrac{v_r}{r}\end{cases} \tag{5.128}$$

因此式 (5.127) 可简化为

$$\begin{cases}\rho\dfrac{\partial v_r}{\partial t}-\dfrac{\partial\sigma_{rr}}{\partial r}-\dfrac{\sigma_{rr}-\sigma_{\theta\theta}}{r}=0\\ \dfrac{\partial\sigma_{rr}}{\partial t}-(\lambda+2\mu)\dfrac{\partial v_r}{\partial r}-\lambda\dfrac{v_r}{r}=0\\ \dfrac{\partial\sigma_{\theta\theta}}{\partial t}-\lambda\dfrac{\partial v_r}{\partial r}-(\lambda+2\mu)\dfrac{v_r}{r}=0\\ \dfrac{\partial\varepsilon_{rr}}{\partial t}-\dfrac{\partial v_r}{\partial r}=0\\ \dfrac{\partial\varepsilon_{\theta\theta}}{\partial t}-\dfrac{v_r}{r}=0\end{cases} \tag{5.129}$$

式 (5.129) 方程组有 5 个独立的方程和 5 个未知量，因此也能够利用特征线法进行求解，给出特征线和沿着特征线的特征关系。同上文中球面波的传播部分，以上方程组中前 3 个方程包含 3 个未知数，通过其求出径向速度 v_r 后，容易给出后 2 个方程中的两个未知数ε_{rr}和$\varepsilon_{\theta\theta}$；因此，柱面波传播问题的核心方程组为

$$\begin{cases} \dfrac{\partial v_r}{\partial t} - \dfrac{1}{\rho}\dfrac{\partial \sigma_{rr}}{\partial r} = \dfrac{1}{\rho}\dfrac{\sigma_{rr}-\sigma_{\theta\theta}}{r} \\ \dfrac{\partial \sigma_{rr}}{\partial t} - (\lambda+2\mu)\dfrac{\partial v_r}{\partial r} = \lambda\dfrac{v_r}{r} \\ \dfrac{\partial \sigma_{\theta\theta}}{\partial t} - \lambda\dfrac{\partial v_r}{\partial r} = (\lambda+2\mu)\dfrac{v_r}{r} \end{cases} \tag{5.130}$$

式 (5.130) 所示方程组为一阶拟线性偏微分方程组，写为矩阵形式即为

$$\frac{\partial \boldsymbol{W}}{\partial t} + \boldsymbol{B}\cdot\frac{\partial \boldsymbol{W}}{\partial r} = \boldsymbol{H} \tag{5.131}$$

式中

$$\boldsymbol{W} = \begin{bmatrix} v_r \\ \sigma_{rr} \\ \sigma_{\theta\theta} \end{bmatrix},\quad \boldsymbol{B} = \begin{bmatrix} 0 & -\dfrac{1}{\rho} & 0 \\ -(\lambda+2\mu) & 0 & 0 \\ -\lambda & 0 & 0 \end{bmatrix},\quad \boldsymbol{H} = \begin{bmatrix} \dfrac{1}{\rho}\dfrac{\sigma_{rr}-\sigma_{\theta\theta}}{r} \\ \lambda\dfrac{v_r}{r} \\ (\lambda+2\mu)\dfrac{v_r}{r} \end{bmatrix} \tag{5.132}$$

参考一阶偏微分方程的特征线推导方法，矩阵 $\boldsymbol{W}$ 沿曲线 $r=r(t)$ 的全导数可写为

$$\frac{\mathrm{d}\boldsymbol{W}}{\mathrm{d}t} = \frac{\partial \boldsymbol{W}}{\partial t} + \frac{\mathrm{d}r}{\mathrm{d}t}\frac{\partial \boldsymbol{W}}{\partial r} \tag{5.133}$$

代入式 (5.131) 中可以得到

$$\frac{\mathrm{d}\boldsymbol{W}}{\mathrm{d}t} - \frac{\mathrm{d}r}{\mathrm{d}t}\frac{\partial \boldsymbol{W}}{\partial r} + \boldsymbol{B}\cdot\frac{\partial \boldsymbol{W}}{\partial r} = \boldsymbol{H} \tag{5.134}$$

对式 (5.134) 两端同时左点乘一个非零矢量：

$$\boldsymbol{l} = \begin{bmatrix} l_1 & l_2 & l_3 \end{bmatrix} \tag{5.135}$$

即可以将此一阶拟线性偏微分方程转换为方程：

$$\boldsymbol{l}\cdot\frac{\mathrm{d}\boldsymbol{W}}{\mathrm{d}t} - \boldsymbol{l}\cdot\frac{\mathrm{d}r}{\mathrm{d}t}\frac{\partial \boldsymbol{W}}{\partial r} + \boldsymbol{l}\cdot\boldsymbol{B}\cdot\frac{\partial \boldsymbol{W}}{\partial r} = \boldsymbol{l}\cdot\boldsymbol{H} \tag{5.136}$$

即

$$\boldsymbol{l}\cdot\frac{\mathrm{d}\boldsymbol{W}}{\mathrm{d}t} + \left(\boldsymbol{l}\cdot\boldsymbol{B} - \boldsymbol{l}\cdot\frac{\mathrm{d}r}{\mathrm{d}t}\right)\cdot\frac{\partial \boldsymbol{W}}{\partial r} = \boldsymbol{l}\cdot\boldsymbol{H} \tag{5.137}$$

式 (5.137) 对应的特征方向或特征线为

$$\frac{\mathrm{d}r}{\mathrm{d}t} = \mathit{\Lambda} \tag{5.138}$$

由矩阵 $\boldsymbol{B}$ 的特征方程给出：

$$\|\boldsymbol{B}-\Lambda \boldsymbol{I}\|=0 \tag{5.139}$$

即

$$\left\|\begin{array}{ccc} -\Lambda & -\dfrac{1}{\rho} & 0 \\ -(\lambda+2\mu) & -\Lambda & 0 \\ -\lambda & 0 & -\Lambda \end{array}\right\|=0 \Rightarrow\left(\Lambda+\sqrt{\frac{\lambda+2\mu}{\rho}}\right)\left(\Lambda-\sqrt{\frac{\lambda+2\mu}{\rho}}\right)\Lambda=0 \tag{5.140}$$

即存在三个特征值和特征方向：

$$\frac{\mathrm{d}X}{\mathrm{d}t}=\lambda_1=C,\quad \frac{\mathrm{d}X}{\mathrm{d}t}=\lambda_2=-C,\quad \frac{\mathrm{d}X}{\mathrm{d}t}=\lambda_3=0 \tag{5.141}$$

式中

$$C=\sqrt{\frac{\lambda+2\mu}{\rho}} \tag{5.142}$$

为无限线弹性介质中纵波波速。

将式 (5.141) 中的三个特征值代入

$$\boldsymbol{l}\cdot\left[\begin{array}{ccc} -\Lambda & -\dfrac{1}{\rho} & 0 \\ -(\lambda+2\mu) & -\Lambda & 0 \\ -\lambda & 0 & -\Lambda \end{array}\right]=\boldsymbol{O} \tag{5.143}$$

此时三个特征值对应的左特征矢量分别为

$$\boldsymbol{l}_1=\left[\begin{array}{ccc} -\rho C & 1 & 0 \end{array}\right],\quad \boldsymbol{l}_2=\left[\begin{array}{ccc} \rho C & 1 & 0 \end{array}\right],\quad \boldsymbol{l}_3=\left[\begin{array}{ccc} 0 & -\dfrac{\lambda}{\lambda+2\mu} & 1 \end{array}\right] \tag{5.144}$$

此时根据线弹性介质中柱面波传播的核心一阶拟线性偏微分方程组可以给出

$$\left[\begin{array}{ccc} l_1 & l_2 & l_3 \end{array}\right]\left[\begin{array}{c} \dfrac{\mathrm{d}v_r}{\mathrm{d}t} \\ \dfrac{\mathrm{d}\sigma_{rr}}{\mathrm{d}t} \\ \dfrac{\mathrm{d}\sigma_{\theta\theta}}{\mathrm{d}t} \end{array}\right]=\left[\begin{array}{ccc} l_1 & l_2 & l_3 \end{array}\right]\left[\begin{array}{c} \dfrac{1}{\rho}\dfrac{\sigma_{rr}-\sigma_{\theta\theta}}{r} \\ \lambda\dfrac{v_r}{r} \\ (\lambda+2\mu)\dfrac{v_r}{r} \end{array}\right] \tag{5.145}$$

因此，结合式 (5.144) 所示三个左特征值矢量，可以给出：沿特征线

$$\frac{\mathrm{d}r}{\mathrm{d}t}=C \tag{5.146}$$

方向上，对应的特征关系为

$$\mathrm{d}\sigma_{rr}=\rho C\mathrm{d}v_r+\left[\frac{\lambda}{C}v_r-(\sigma_{rr}-\sigma_{\theta\theta})\right]\frac{\mathrm{d}r}{r} \tag{5.147}$$

沿特征线

$$\frac{\mathrm{d}r}{\mathrm{d}t}=-C \tag{5.148}$$

方向上，对应的特征关系为

$$\mathrm{d}\sigma_{rr}=-\rho C\mathrm{d}v_r-2\left[\frac{\lambda}{C}v_r+(\sigma_{rr}-\sigma_{\theta\theta})\right]\frac{\mathrm{d}r}{r} \tag{5.149}$$

沿特征线

$$\frac{\mathrm{d}r}{\mathrm{d}t}=0 \tag{5.150}$$

方向上，对应的特征关系为：

$$-\frac{\lambda}{\lambda+2\mu}\mathrm{d}\sigma_{rr}+\mathrm{d}\sigma_{\theta\theta}=\frac{\lambda+\mu}{\lambda+2\mu}\frac{4\mu v_r}{r}\mathrm{d}t \tag{5.151}$$

利用以上方程，参考球面波传播特征线数值法，容易给出柱面波传播时介质中的状态参数，在此不作详述，读者可试推导之。

5.2　一维/准一维黏性杆纵波传播与演化的特征线法

热弹性材料是指对变形历史和温度历史没有记忆能力的材料，其本构响应完全由当前时刻的变形与温度所决定，因而，各种相应量的瞬间值均是材料当前时刻的变形量与温度或温度相关物理量的函数，即

$$\boldsymbol{\sigma}=\sigma(\boldsymbol{\varepsilon},T) \tag{5.152}$$

或

$$\begin{cases}\boldsymbol{\sigma}=\sigma(\boldsymbol{\varepsilon},s)\\ \boldsymbol{\sigma}=\sigma(\boldsymbol{\varepsilon},u)\\ \boldsymbol{\sigma}=\sigma(\boldsymbol{\varepsilon},H)\end{cases} \tag{5.153}$$

式 (5.153) 中三个函数分别为熵型本构关系、内能型本构关系和焓型本构关系，此三个本构关系也属于热弹性本构关系。

若不考虑热效应的影响，即简化为纯力学问题的弹性材料，Hooke 弹性固体材料皆为此类材料的特例。设材料在零应变和常温 T_0 下处于自然状态，即

$$\sigma_{ij}(0,T_0)\equiv 0 \tag{5.154}$$

式中，为了简写函数形式，将应力的不同分量写为σ_{ij} 形式，其对比关系如下：

$$\begin{cases}\sigma_{11}=\sigma_{xx}\\ \sigma_{22}=\sigma_{yy}\\ \sigma_{33}=\sigma_{zz}\end{cases},\quad\begin{cases}\sigma_{12}=\sigma_{xy}\\ \sigma_{13}=\sigma_{xz}\\ \sigma_{23}=\sigma_{yz}\end{cases} \tag{5.155}$$

其他依次类推。同样，本小节中将应变也写为ε_{ij} 形式，其对比关系如下：

$$\begin{cases} \varepsilon_{11} = \varepsilon_{xx} \\ \varepsilon_{22} = \varepsilon_{yy} \\ \varepsilon_{33} = \varepsilon_{zz} \end{cases}, \quad \begin{cases} \varepsilon_{12} = \varepsilon_{xy} \\ \varepsilon_{13} = \varepsilon_{xz} \\ \varepsilon_{23} = \varepsilon_{yz} \end{cases} \tag{5.156}$$

利用以上两种形式，纯力学情况下线弹性本构关系即可简写为

$$\sigma_{ij} = \sigma_{ij}\left(\varepsilon_{kl}\right) \tag{5.157}$$

式 (5.157) 在零应变处展开为 Taylor 级数即可得到

$$\sigma_{ij} = \sigma_{ij}\left(\varepsilon_{kl} = 0\right) + \frac{\partial \sigma_{ij}}{\partial \varepsilon_{kl}}\varepsilon_{kl} + o\left(\varepsilon_{kl}\right) \tag{5.158}$$

式中，$o(\varepsilon_{kl})$ 表示的ε_{kl} 高阶小量，可以忽略；其次，根据初始条件可知，初始零应变时刻应力为零。因此式 (5.158) 即可简化为

$$\sigma_{ij} = M_{ijkl}\varepsilon_{kl} \tag{5.159}$$

式中

$$M_{ijkl} = \frac{\partial \sigma_{ij}}{\partial \varepsilon_{kl}} \tag{5.160}$$

同理，将式 (5.152) 在零应变和常温 T_0 处展开为 Taylor 级数，并忽略高阶小量，即可得到

$$\sigma_{ij} = \sigma_{ij}\left(\varepsilon_{kl}, T\right) = \sigma_{ij}\left(0, T_0\right) + \frac{\partial \sigma_{ij}}{\partial \varepsilon_{kl}}\varepsilon_{kl} + \frac{\partial \sigma_{ij}}{\partial T}\left(T - T_0\right) \tag{5.161}$$

考虑到初始条件式 (5.154)，式 (5.161) 可以简化为

$$\sigma_{ij} = \frac{\partial \sigma_{ij}}{\partial \varepsilon_{kl}}\varepsilon_{kl} + \frac{\partial \sigma_{ij}}{\partial T}\left(T - T_0\right) \tag{5.162}$$

或简写为

$$\sigma_{ij} = M_{ijkl}\varepsilon_{kl} - \beta_{ij}\left(T - T_0\right) \tag{5.163}$$

式中

$$\begin{cases} M_{ijkl} = \dfrac{\partial \sigma_{ij}}{\partial \varepsilon_{kl}} \\ \beta_{ij} = -\dfrac{\partial \sigma_{ij}}{\partial T} \end{cases} \tag{5.164}$$

对各向同性材料而言，式 (5.164) 两个张量必定分别为 4 阶各向同性张量和 2 阶各向同性张量；即可知温度的改变不会引起切应力。式 (5.163) 即可以写为具体形式：

$$\begin{bmatrix} \sigma_{11} \\ \sigma_{22} \\ \sigma_{33} \end{bmatrix} = \begin{bmatrix} \lambda + 2\mu & \lambda & \lambda \\ \lambda & \lambda + 2\mu & \lambda \\ \lambda & \lambda & \lambda + 2\mu \end{bmatrix} \begin{bmatrix} \varepsilon_{11} \\ \varepsilon_{22} \\ \varepsilon_{33} \end{bmatrix}$$

$$-\begin{bmatrix} \beta(T-T_0) & 0 & 0 \\ 0 & \beta(T-T_0) & 0 \\ 0 & 0 & \beta(T-T_0) \end{bmatrix} \tag{5.165}$$

和

$$\begin{bmatrix} \sigma_{12} \\ \sigma_{23} \\ \sigma_{13} \end{bmatrix} = \begin{bmatrix} 2\mu & 0 & 0 \\ 0 & 2\mu & 0 \\ 0 & 0 & 2\mu \end{bmatrix} \begin{bmatrix} \varepsilon_{12} \\ \varepsilon_{23} \\ \varepsilon_{13} \end{bmatrix} \tag{5.166}$$

5.2.1　典型线性黏弹性本构模型

不考虑热效应的影响时，在一维应力状态下，弹性模量为 E 的线弹性固体材料本构关系可以表达为

$$\varepsilon = \frac{\sigma}{E} \tag{5.167}$$

该本构关系的基本特点是瞬变性和可恢复性；即在某一时刻施加应力σ 时，材料在该时刻瞬时产生相应的应变$\varepsilon=\sigma/E$；撤去应力σ 时，应变ε 也立即消失而恢复原状。这里线弹性本构关系一般用一个弹性模量为 E 的弹簧的示意图来刻画，如图 5.12(a) 所示。

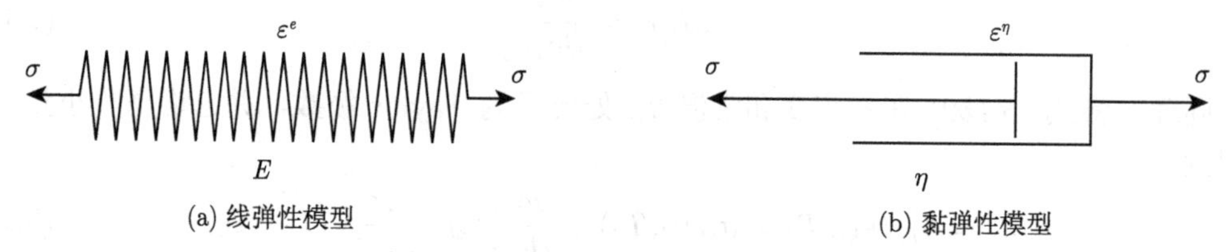

(a) 线弹性模型　　(b) 黏弹性模型

图 5.12　线弹性模型与黏弹性模型

而自然界或者工业界中许多材料如高分子材料及其复合材料、生物材料等虽然也是固体材料，但它们具备黏性流体的某些特征，即材料对过去的变形历史有记忆作用，应力并不立即引起材料的应变，或者说，材料的应变对应力的响应有着黏性滞后效应；这类材料常称为黏弹性材料，其一维应力的本构关系可以表达为

$$\dot{\varepsilon} = \frac{\sigma}{\eta} \tag{5.168}$$

该本构关系的基本特点是时间滞后性和流动性。在某一时刻施加应力σ 时，只使材料在该时刻产生一定的应变率 $\dot{\varepsilon} = \sigma/\eta$，而只有当应力$\sigma$ 持续时间 dt 后才在材料中产生一个应变增量：

$$\mathrm{d}\varepsilon = \frac{\sigma}{\eta}\mathrm{d}t \tag{5.169}$$

若应力持续作用，则应变会以此应变率继续流动。黏弹性本构关系一般以黏壶示意图来刻画，如图 5.12(b) 所示。

对工程高分子材料等黏弹性材料而言，既具有部分线弹性材料的性质也具有部分黏性材料的性质，可以视为线弹性模型与黏性模型的组合。

第一种典型的简单组合是串联组合，如图 5.13 所示，即一个弹簧 E 与黏壶η 的串联模型；这种最简单的串联模型常称为 Maxwell 模型。

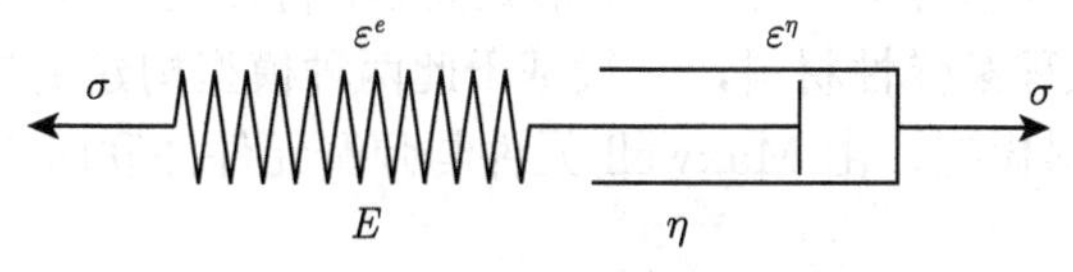

图 5.13 Maxwell 模型示意图

根据图 5.13 可知，Maxwell 模型中两个元件受力相同，即

$$\sigma^e = \sigma^\eta = \sigma \tag{5.170}$$

而，总应变ε 应该等于弹簧元件应变 ε^e 与黏壶元件应变 ε^η 之和：

$$\varepsilon = \varepsilon^e + \varepsilon^\eta \tag{5.171}$$

由于两个元件对应的本构关系可写为式 (5.167) 和式 (5.168)，根据式 (5.171)，即可得到

$$\dot{\varepsilon} = \dot{\varepsilon}^e + \dot{\varepsilon}^\eta = \frac{\dot{\sigma}}{E} + \frac{\sigma}{\eta} \tag{5.172}$$

第二种典型的简单组合是并联组合，如图 5.14 所示，即一个弹簧 E 与黏壶η 的并联模型；这种最简单的并联模型常称为 Voigt 模型。根据图 5.14 可知，Viogt 模型中两个元件的应变相同，即

$$\varepsilon^e = \varepsilon^\eta = \varepsilon \tag{5.173}$$

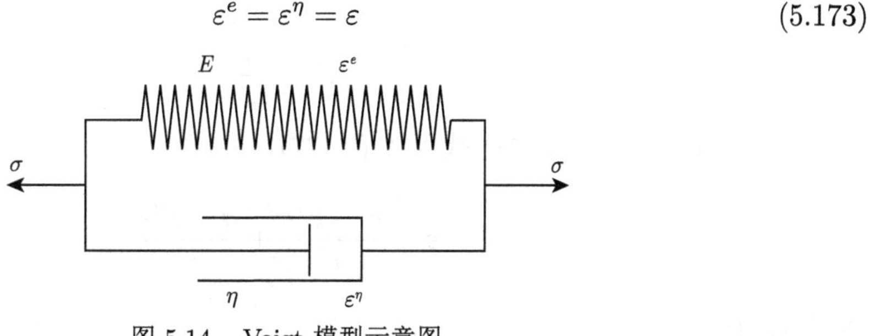

图 5.14 Voigt 模型示意图

总应力应该等于弹簧元件应力 σ^e 与黏壶元件应力 σ^η 之和：

$$\sigma = \sigma^e + \sigma^\eta \tag{5.174}$$

由于两个元件对应的本构关系可写为式 (5.167) 和式 (5.168)，根据式 (5.174)，即可得到

$$\sigma = E\varepsilon + \eta\dot{\varepsilon} \tag{5.175}$$

根据式 (5.172) 可以看出，虽然 Maxwell 模型能够定性地反映材料在等应力情况下的应变蠕变行为，但蠕变结果的平衡态应变却趋于无穷大，即材料不存在有限的平衡态应变。根据式 (5.175) 也可以看出，虽然 Voigt 模型能够较好地刻画材料在等应力条件下的应变

蠕变行为，而且蠕变结果的平衡态应变为有限值，但不能刻画材料在等应变条件下的应力松弛行为，因为在等应变条件时该模型并不发生应力松弛现象，而且有限的瞬态应力并不能在材料中产生有限的瞬态应变。两种模型形式简单，特点也明显，但缺陷也非常明显；为了更准确全面地刻画工程黏弹性材料，一般基于此两种模型构建更加复杂的材料模型。

图 5.15 所示的材料模型，由 Maxwell 元件与弹簧元件并联而成。

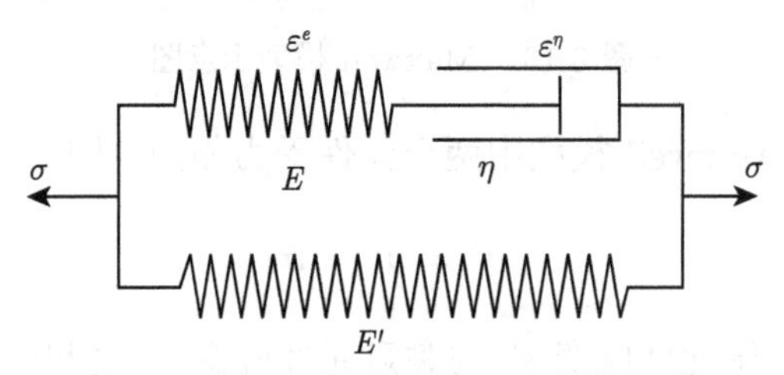

图 5.15 Maxwell 元件与弹簧元件并联模型

根据图 5.15 可知，Maxwell 元件与弹簧元件的应变相等，且总应力等于两者之和，即

$$\begin{cases} \varepsilon^M = \varepsilon^e = \varepsilon \\ \sigma^M + \sigma^e = \sigma \end{cases} \tag{5.176}$$

设 Maxwell 元件与弹簧元件的应力分别为σ_M 和σ_e，则根据两个模型的特点，可以分别得到

$$\dot{\varepsilon}^M = \frac{\dot{\sigma}_M}{E} + \frac{\sigma_M}{\eta} \tag{5.177}$$

和

$$\varepsilon^e = \frac{\sigma_e}{E'} \tag{5.178}$$

将式 (5.176) 和式 (5.178) 代入式 (5.177)，可以得到

$$\dot{\varepsilon} = \frac{\dot{\sigma} - E'\dot{\varepsilon}}{E} + \frac{\sigma - E'\varepsilon}{\eta} \tag{5.179}$$

整理后，有

$$\dot{\sigma} + \frac{E}{\eta}\sigma = (E + E')\,\dot{\varepsilon} + \frac{EE'}{\eta}\varepsilon \tag{5.180}$$

另一种简单的组合模型如图 5.16 所示，该模型由 Voigt 元件与弹簧元件串联而成。由图可知，Voigt 元件与弹簧元件的应力相等，且总应变等于两者之和，即

$$\begin{cases} \sigma^V = \sigma^e = \sigma \\ \varepsilon^V + \varepsilon^e = \varepsilon \end{cases} \tag{5.181}$$

设 Voigt 元件与弹簧元件的应变分别为ε_V 和ε_e，则根据两个模型的特点，可以分别得到

$$\sigma^V = E\varepsilon^V + \eta\dot{\varepsilon}^V \tag{5.182}$$

和

$$\varepsilon^e = \frac{\sigma_e}{E'} \tag{5.183}$$

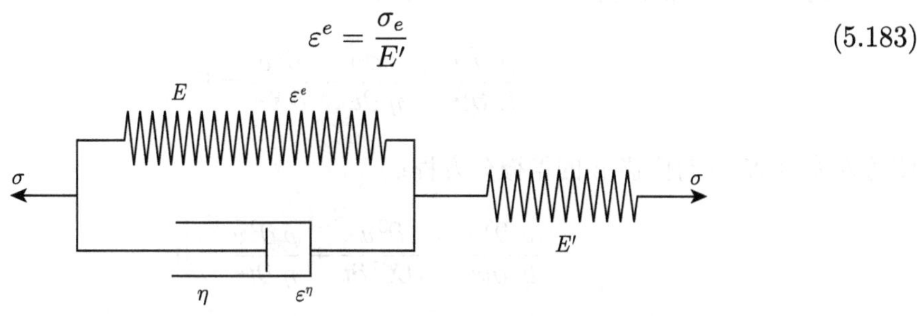

图 5.16 Voigt 元件与弹簧元件串联模型

将式 (5.181) 和式 (5.183) 代入式 (5.182)，可以得到

$$\sigma = E\left(\varepsilon - \frac{\sigma}{E'}\right) + \eta\left(\dot{\varepsilon} - \frac{\dot{\sigma}}{E'}\right) \tag{5.184}$$

整理后，有

$$\dot{\sigma} + \frac{E+E'}{\eta}\sigma = E'\dot{\varepsilon} + \frac{EE'}{\eta}\varepsilon \tag{5.185}$$

以上两类模型统称为标准线性黏弹性模型或 Kelvin 模型。

5.2.2 一维线性黏弹性杆中纵波的传播问题

考虑一个长度为 L、密度为ρ 的一维线性黏弹性杆，参考 1.2.1 小节的推导可以给出杆中一维纵波传播过程的运动方程为

$$\frac{\partial v}{\partial t} - \frac{1}{\rho}\frac{\partial \sigma}{\partial X} = 0 \tag{5.186}$$

若质点运动位移二阶连续可微，则可以给出纵波传播过程中的连续方程为

$$\frac{\partial \varepsilon}{\partial t} - \frac{\partial v}{\partial X} = 0 \tag{5.187}$$

1. 一维 Maxwell 杆中纵波的传播问题

若考虑 Maxwell 杆，根据 5.2.1 小节可知其本构方程可写为

$$\frac{\partial \varepsilon}{\partial t} = \frac{1}{E}\frac{\partial \sigma}{\partial t} + \frac{\sigma}{\eta} \tag{5.188}$$

将式 (5.188) 本构方程代入式 (5.187)，即可得到

$$\frac{1}{E}\frac{\partial \sigma}{\partial t} + \frac{\sigma}{\eta} - \frac{\partial v}{\partial X} = 0 \tag{5.189}$$

式 (5.189) 两端对 X 求偏导，可以得到

$$\frac{1}{E}\frac{\partial^2 \sigma}{\partial X \partial t} + \frac{1}{\eta}\frac{\partial \sigma}{\partial X} - \frac{\partial^2 v}{\partial X^2} = 0 \tag{5.190}$$

将式 (5.186) 代入式 (5.190)，即可给出

$$\frac{\rho}{E}\frac{\partial^2 v}{\partial t^2}+\frac{\rho}{\eta}\frac{\partial v}{\partial t}-\frac{\partial^2 v}{\partial X^2}=0 \tag{5.191}$$

或写为关于 X 方向位移 u 的偏微分方程：

$$\frac{\rho}{E}\frac{\partial^3 u}{\partial t^3}-\frac{\partial^3 u}{\partial X^2\partial t}+\frac{\rho}{\eta}\frac{\partial^2 u}{\partial t^2}=0 \tag{5.192}$$

设一维杆在初始时刻处于静止松弛状态，则式 (5.192) 可简化为

$$\frac{\rho}{E}\frac{\partial^2 u}{\partial t^2}-\frac{\partial^2 u}{\partial X^2}+\frac{\rho}{\eta}\frac{\partial u}{\partial t}=0 \tag{5.193}$$

定义对应的一维线弹性杆声速：

$$C_0=\sqrt{\frac{E}{\rho}} \tag{5.194}$$

和

$$\theta=\frac{\eta}{E} \tag{5.195}$$

则式 (5.193) 可表达为

$$\frac{\partial^2 u}{\partial t^2}-C_0^2\frac{\partial^2 u}{\partial X^2}+\frac{1}{\theta}\frac{\partial u}{\partial t}=0 \tag{5.196}$$

式 (5.195) 具有清晰的物理意义，根据 Maxwell 本构方程式 (5.188) 可知，在恒应变作用下，可以给出

$$\frac{1}{E}\frac{\partial\sigma}{\partial t}+\frac{\sigma}{\eta}=0 \tag{5.197}$$

设初始应力为σ_0，则式 (5.197) 可以给出瞬时应力的衰减规律：

$$\sigma=\sigma_0\exp\left(-\frac{E}{\eta}t\right)=\sigma_0\exp\left(-\frac{t}{\theta}\right) \tag{5.198}$$

因此，θ 表示某种松弛时间。

设位移满足谐波方程：

$$u=A\cdot\exp\left[\mathrm{i}\left(kX-\omega t\right)\right] \tag{5.199}$$

式中, A 表示波幅。将其代入式 (5.196)，即可得到

$$\omega^2\theta-k^2C_0^2\theta+\mathrm{i}\omega=0 \tag{5.200}$$

谐波的圆频率 ω 是实数，因此参数 k 应为虚数，设其为

$$k=k_1+\mathrm{i}k_2 \tag{5.201}$$

将式 (5.201) 代入式 (5.200)，即可给出

$$\begin{cases} \omega^2 - \left(k_1^2 - k_2^2\right) C_0^2 = 0 \\ -2k_1 k_2 C_0^2 \theta + \omega = 0 \end{cases} \tag{5.202}$$

式 (5.202) 可以解得

$$\begin{cases} k_1 = \dfrac{\omega}{C_0}\sqrt{\dfrac{1}{2}\left(\sqrt{1+\dfrac{1}{\omega^2\theta^2}}+1\right)} \\ k_2 = \dfrac{\omega}{C_0}\sqrt{\dfrac{1}{2}\left(\sqrt{1+\dfrac{1}{\omega^2\theta^2}}-1\right)} \end{cases} \text{或} \begin{cases} k_1 = -\dfrac{\omega}{C_0}\sqrt{\dfrac{1}{2}\left(\sqrt{1+\dfrac{1}{\omega^2\theta^2}}+1\right)} \\ k_2 = -\dfrac{\omega}{C_0}\sqrt{\dfrac{1}{2}\left(\sqrt{1+\dfrac{1}{\omega^2\theta^2}}-1\right)} \end{cases} \tag{5.203}$$

因此，可以给出位移谐波解的具体形式为

$$u = A\cdot\exp\left[\mathrm{i}\left(k_1X-\omega t\right)-k_2X\right] = A\cdot\exp\left(-k_2X\right)\exp\left[\mathrm{i}\left(k_1X-\omega t\right)\right] \tag{5.204}$$

若 k_2 取负值, 则

$$\lim_{X\to\infty}\left(-k_2X\right)\to\infty \tag{5.205}$$

这是不满足能量守恒定律的，因此不合理，即 k_2 应取正值：

$$k_2 = \frac{\omega}{C_0}\sqrt{\frac{1}{2}\left(\sqrt{1+\frac{1}{\omega^2\theta^2}}-1\right)} \tag{5.206}$$

因此，随着传播距离 X 的增加，谐波的波幅呈指数性地衰减。从式 (5.203) 可知对应的波数 k_1 也为正值：

$$k_1 = \frac{\omega}{C_0}\sqrt{\frac{1}{2}\left(\sqrt{1+\frac{1}{\omega^2\theta^2}}+1\right)} \tag{5.207}$$

此时，谐波的相速度可由

$$C = \frac{\omega}{k_1} = \frac{C_0}{\sqrt{\dfrac{1}{2}\left(\sqrt{1+\dfrac{1}{\omega^2\theta^2}}+1\right)}} \tag{5.208}$$

给出。当入射波为高频波时，由于 $\omega\theta\gg1$，有

$$C\approx C_0 \tag{5.209}$$

即此时谐波的相速度趋于一维杆中弹性声速。

若定义无量纲谐波圆频率和无量纲相速度分别为

$$\begin{cases} \omega^* = \omega\theta \\ C^* = \dfrac{C}{C_0} \end{cases} \tag{5.210}$$

则式 (5.208) 可写为

$$C^* = \frac{1}{\sqrt{\dfrac{1}{2}\left(\sqrt{1+\dfrac{1}{\omega^{*2}}}+1\right)}} \tag{5.211}$$

根据式 (5.211) 可以给出无量纲相速度与无量纲谐波圆频率之间的关系曲线，如图 5.17 所示。

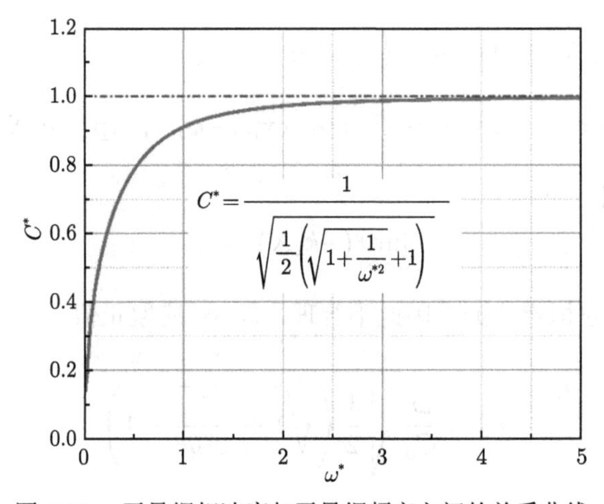

图 5.17　无量纲相速度与无量纲频率之间的关系曲线

此时谐波的波幅也可以表达为

$$U(X) = A\cdot\exp\left[-\frac{\omega}{C_0}\sqrt{\frac{1}{2}\left(\sqrt{1+\frac{1}{\omega^{*2}}}-1\right)}X\right] \tag{5.212}$$

将式 (5.207) 代入式 (5.212) 并消去频率ω，可以得到

$$U(X) = A\cdot\exp\left[-\omega^*\left(\sqrt{1+\frac{1}{\omega^{*2}}}-1\right)k_1X\right] \tag{5.213}$$

设在杆左端初始入射谐波的边界条件为

$$U(0) = U_0 \tag{5.214}$$

联立式 (5.213) 和式 (5.214)，即可以给出杆中谐波方程和波幅方程分别为

$$u = U_0\cdot\exp(-k_2X)\exp[\mathrm{i}(k_1X-\omega t)] \tag{5.215}$$

和

$$U(X) = U_0 \cdot \exp\left[-\omega^*\left(\sqrt{1+\frac{1}{\omega^{*2}}}-1\right)k_1 X\right] \tag{5.216}$$

定义无量纲波幅和无量纲位移分别为

$$\begin{cases} U^* = \dfrac{U(X)}{U_0} \\ X^* = k_1 X \end{cases} \tag{5.217}$$

则式 (5.216) 可表达为无量纲形式：

$$U^* = \exp\left[-\omega^*\left(\sqrt{1+\frac{1}{\omega^{*2}}}-1\right)X^*\right] \tag{5.218}$$

根据式 (5.218) 可以给出不同无量纲频率情况下无量纲波幅与无量纲位移之间的关系曲线，如图 5.18 所示。

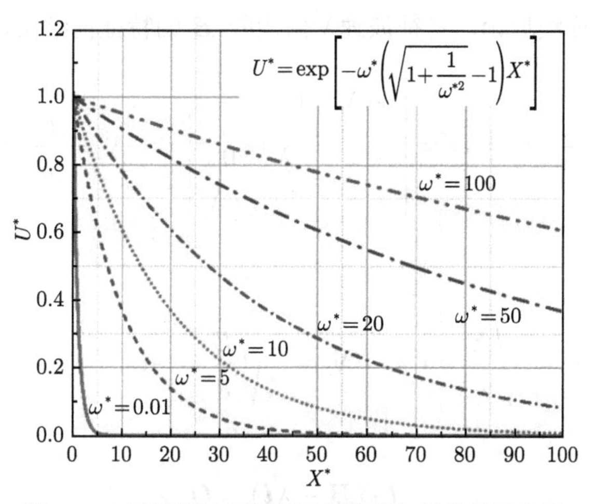

图 5.18　无量纲波幅与无量纲位移之间的关系曲线

从图 5.18 中可以看出，随着入射谐波的无量纲频率逐渐增大，无量纲波幅随着谐波传播位移而衰减的速度则逐渐减小。

以上是通过谐波法给出的解形式，下面通过特征线法对问题进行分析。从以上分析可知，一维 Maxwell 杆中纵波传播的控制方程为

$$\begin{cases} \dfrac{\partial v}{\partial t} - \dfrac{1}{\rho}\dfrac{\partial \sigma}{\partial X} = 0 \\ \dfrac{\partial \varepsilon}{\partial t} - \dfrac{\partial v}{\partial X} = 0 \\ \dfrac{\partial \varepsilon}{\partial t} - \dfrac{1}{E}\dfrac{\partial \sigma}{\partial t} = \dfrac{\sigma}{\eta} \end{cases} \tag{5.219}$$

式 (5.219) 可进一步简化为

$$\begin{cases} \dfrac{\partial v}{\partial t} - \dfrac{1}{\rho}\dfrac{\partial \sigma}{\partial X} = 0 \\ \dfrac{\partial \varepsilon}{\partial t} - \dfrac{\partial v}{\partial X} = 0 \\ \dfrac{\partial \sigma}{\partial t} - E\dfrac{\partial v}{\partial X} = -\dfrac{E\sigma}{\eta} \end{cases} \tag{5.220}$$

将式 (5.220) 写成矩阵形式，即可得到

$$\frac{\partial \boldsymbol{W}}{\partial t} + \boldsymbol{B} \cdot \frac{\partial \boldsymbol{W}}{\partial X} = \boldsymbol{b} \tag{5.221}$$

式中

$$\boldsymbol{W} = \begin{bmatrix} v \\ \varepsilon \\ \sigma \end{bmatrix}, \quad \boldsymbol{B} = \begin{bmatrix} 0 & 0 & -\dfrac{1}{\rho} \\ -1 & 0 & 0 \\ -E & 0 & 0 \end{bmatrix}, \quad \boldsymbol{b} = \begin{bmatrix} 0 \\ 0 \\ -\dfrac{E\sigma}{\eta} \end{bmatrix} \tag{5.222}$$

按照一维波的特征线理论，特征波速λ 由矩阵 $\boldsymbol{B}$ 的特征值给出，即有特征方程：

$$|\boldsymbol{B} - \lambda \boldsymbol{I}| = \boldsymbol{B} = \begin{vmatrix} -\lambda & 0 & -\dfrac{1}{\rho} \\ -1 & -\lambda & 0 \\ -E & 0 & -\lambda \end{vmatrix} = -\lambda^3 + \frac{E\lambda}{\rho} = 0 \tag{5.223}$$

式 (5.223) 即有根

$$\lambda_1 = \sqrt{\frac{E}{\rho}} = C_0, \quad \lambda_2 = -\sqrt{\frac{E}{\rho}} = -C_0, \quad \lambda_3 = 0 \tag{5.224}$$

根据

$$\boldsymbol{l} \cdot (\boldsymbol{B} - \lambda \boldsymbol{I}) = \boldsymbol{O} \tag{5.225}$$

有

$$\begin{bmatrix} l_1 & l_2 & l_3 \end{bmatrix} \begin{bmatrix} -\lambda & 0 & -\dfrac{1}{\rho} \\ -1 & -\lambda & 0 \\ -E & 0 & -\lambda \end{bmatrix} = \begin{bmatrix} 0 & 0 & 0 \end{bmatrix} \tag{5.226}$$

考虑到以上矩阵对应的方程组中不完全是独立的，可令 $l_3 = 1$，则左特征矢量为

$$\begin{cases} \boldsymbol{l} = \begin{bmatrix} -\rho C_0 & 0 & 1 \end{bmatrix}, & \lambda_1 = C_0 \\ \boldsymbol{l} = \begin{bmatrix} \rho C_0 & 0 & 1 \end{bmatrix}, & \lambda_2 = -C_0 \\ \boldsymbol{l} = \begin{bmatrix} 0 & -E & 1 \end{bmatrix}, & \lambda_3 = 0 \end{cases} \tag{5.227}$$

对应的特征关系可写为

$$\boldsymbol{l}\cdot\left(\boldsymbol{b}-\frac{d\boldsymbol{W}}{dt}\right)=\boldsymbol{O} \tag{5.228}$$

因而，以三个特征线对应的特征关系分别为

$$\begin{cases} \mathrm{d}v=\dfrac{\mathrm{d}\sigma}{\rho C_0}+\dfrac{C_0}{\eta}\sigma\mathrm{d}t \\ \mathrm{d}X=C_0\mathrm{d}t \end{cases} \tag{5.229}$$

$$\begin{cases} \mathrm{d}v=-\dfrac{\mathrm{d}\sigma}{\rho C_0}-\dfrac{C_0}{\eta}\sigma\mathrm{d}t \\ \mathrm{d}X=-C_0\mathrm{d}t \end{cases} \tag{5.230}$$

和

$$\begin{cases} \mathrm{d}\varepsilon=\dfrac{\mathrm{d}\sigma}{E}-\dfrac{\sigma}{\eta}\mathrm{d}t \\ \mathrm{d}X=0 \end{cases} \tag{5.231}$$

对比式 (5.231) 一维线弹性杆中纵波传播问题中的特征关系，容易发现黏弹性杆中特征关系包含时间增量，这体现黏弹性波传播的速率相关性。

设一维 Maxwell 杆初始处于静止松弛状态，即初始速度 v_0 与应力σ_0、应变ε_0 为零，在 $t=0$ 初始时刻杆左端 $X=0$ 突加恒定强度σ_0 的强间断波。此时如图 5.19 所示物理平面图中最下端的一条特征线 OO' 即表示强间断波传播波阵面，根据 3.1 节中右行波波阵面上的连续条件，有

$$[v]=-C\,[\varepsilon] \tag{5.232}$$

根据右行波波阵面上的动量守恒条件，可以给出

$$[\sigma]=-\rho C\,[v] \tag{5.233}$$

结合 Maxwell 材料本构方程，根据式 (5.232) 和式 (5.233) 可以给出波阵面的传播速度，即波速为

$$C=\sqrt{\frac{1}{\rho}\frac{[\sigma]}{[\varepsilon]}}=\sqrt{\frac{E}{\rho}\left(1-\frac{\sigma}{\eta\dot{\varepsilon}}\right)} \tag{5.234}$$

由于强间断波波阵面上应变率趋于无穷大，因此可知 Maxwell 杆中强间断波波速为

$$C=\sqrt{\frac{E}{\rho}}=C_0 \tag{5.235}$$

即等于一维杆中纵波声速。

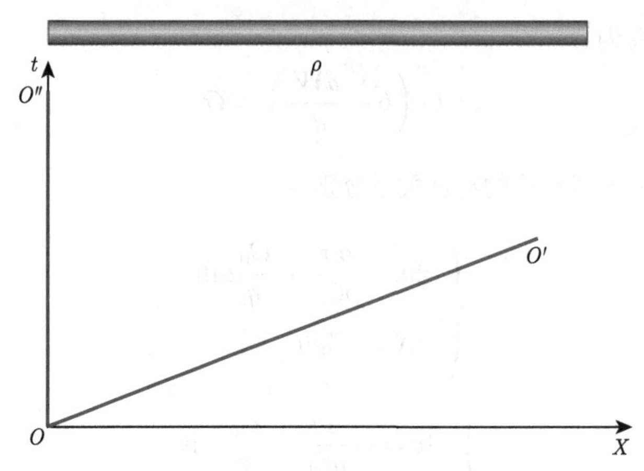

图 5.19　Maxwell 杆中纵波传播边界特征线示意图

因此沿着波阵面 OO' 有

$$\begin{cases} v - v_0 = -C_0 (\varepsilon - \varepsilon_0) \\ \sigma - \sigma_0 = -\rho C_0 (v - v_0) \end{cases} \tag{5.236}$$

根据初始条件，由式 (5.236) 即可给出

$$\begin{cases} v = -C_0 \varepsilon \\ v = -\dfrac{\sigma}{\rho C_0} \end{cases} \tag{5.237}$$

同时，根据右行特征线上的特征关系式 (5.229)，有

$$\mathrm{d}v = \frac{\mathrm{d}\sigma}{\rho C_0} + \frac{\mathrm{d}X}{\eta}\sigma \tag{5.238}$$

联立式 (5.237) 和式 (5.238)，可以得到

$$\frac{\mathrm{d}\sigma}{\mathrm{d}X} + \frac{\rho C_0}{\eta}\sigma = 0 \tag{5.239}$$

考虑边界条件：

$$\sigma|_{X=0} = \sigma_0 \tag{5.240}$$

则可以进一步给出

$$\begin{cases} \sigma = \sigma_0 \exp\left(-\dfrac{\rho C_0}{2\eta} X\right) \\ v = -\dfrac{\sigma_0}{\rho C_0} \exp\left(-\dfrac{\rho C_0}{2\eta} X\right) \\ \varepsilon = \dfrac{\sigma_0}{E} \exp\left(-\dfrac{\rho C_0}{2\eta} X\right) \end{cases} \tag{5.241}$$

式 (5.241) 表明，一维 Maxwell 杆中强间断波的传播过程中应力σ、速度 v 和应变ε 等参量呈指数衰减。不难发现式 (5.241) 中所给出的衰减指数与以上高频谐波解完全相等。

图中另外一条特征线 OO'' 正好在边界上，可由边界条件给出。因此，如图 5.20 所示，一维 Maxwell 杆中应力波传播中各节点参数的求解即为特征线边值问题的求解。图中右行特征线、左行特征线和竖直方向上的特征关系可以参考对应的特征关系式 (5.229)、式 (5.230) 和式 (5.231)，可以利用 5.1.2 小节中的特征线边值问题的数值方法求出，在此不做详述，读者可以参考 5.1.2 小节中的差分方程组试解之。

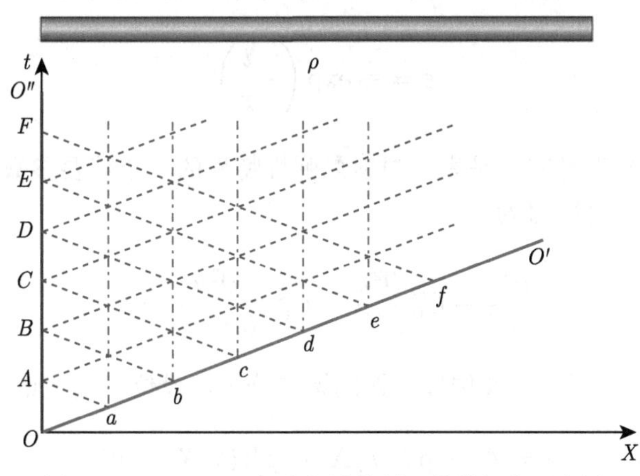

图 5.20 Maxwell 杆中纵波传播三族特征线示意图

2. 一维 Voigt 杆中纵波的传播问题

对一维 Voigt 杆中纵波传播而言，其控制方程为

$$
\begin{cases}
\dfrac{\partial v}{\partial t}-\dfrac{1}{\rho}\dfrac{\partial \sigma}{\partial X}=0 \\
\dfrac{\partial \varepsilon}{\partial t}-\dfrac{\partial v}{\partial X}=0 \\
\sigma=E\varepsilon+\eta\dfrac{\partial \varepsilon}{\partial t}
\end{cases}
\tag{5.242}
$$

将式 (5.242) 中第三式代入第一式，可以简化方程组为

$$
\begin{cases}
\dfrac{\partial v}{\partial t}-\dfrac{E}{\rho}\dfrac{\partial \varepsilon}{\partial X}-\dfrac{\eta}{\rho}\dfrac{\partial^2 \varepsilon}{\partial X\partial t}=0 \\
\dfrac{\partial \varepsilon}{\partial t}-\dfrac{\partial v}{\partial X}=0
\end{cases}
\tag{5.243}
$$

将

$$
\begin{cases}
v=\dfrac{\partial u}{\partial t} \\
\varepsilon=\dfrac{\partial u}{\partial X}
\end{cases}
\tag{5.244}
$$

代入式 (5.243) 可以得到针对位移 u 的偏微分方程：

$$\frac{\partial^2 u}{\partial t^2}-\frac{E}{\rho}\frac{\partial^2 u}{\partial X^2}-\frac{\eta}{\rho}\frac{\partial^3 u}{\partial X^2\partial t}=0 \tag{5.245}$$

如令

$$\tau=\frac{\eta}{E} \tag{5.246}$$

式 (5.246) 的物理意义比较明显；应变在应力卸载到 0 时，此时有

$$\varepsilon=\varepsilon_0\exp\left(-\frac{t}{\tau}\right) \tag{5.247}$$

因此式 (5.246) 表示延迟时间，是表征材料黏弹性特性的一个重要参数。

此时，式 (5.245) 可简写为

$$\frac{\partial^2 u}{\partial t^2}-C_0^2\frac{\partial^2 u}{\partial X^2}-C_0^2\tau\frac{\partial^3 u}{\partial X^2\partial t}=0 \tag{5.248}$$

类似一维 Maxwell 杆中纵波传播问题的谐波分析，设位移满足谐波方程：

$$u=A\cdot\exp\left(-k_2X\right)\exp\left[\mathrm{i}\left(k_1X-\omega t\right)\right] \tag{5.249}$$

式中, A 表示波幅。类似地，式 (5.249) 中 k_2 必为非负数，否则不满足能量守恒定律。将式 (5.249) 代入式 (5.248)，即可得到

$$\omega^2+C_0^2\left(\mathrm{i}\tau\omega-1\right)\left(k_1^2-k_2^2+2\mathrm{i}k_1k_2\right)=0 \tag{5.250}$$

由式 (5.250) 可以得出

$$\left\{\begin{array}{l}\omega^2-C_0^2\left(k_1^2-k_2^2+2\tau\omega k_1k_2\right)=0\\ \tau\omega\left(k_1^2-k_2^2\right)-2k_1k_2=0\end{array}\right. \tag{5.251}$$

考虑到 k_2 为非负数，由式 (5.251) 可以解得

$$\left\{\begin{array}{l}k_1=\dfrac{\omega}{C_0}\sqrt{\dfrac{\sqrt{1+\tau^2\omega^2}+1}{2\left(1+\tau^2\omega^2\right)}}\\ k_2=\dfrac{\omega}{C_0}\sqrt{\dfrac{\sqrt{1+\tau^2\omega^2}-1}{2\left(1+\tau^2\omega^2\right)}}\end{array}\right. \tag{5.252}$$

因此，随着传播距离 X 的增加，一维 Voigt 杆中谐波的波幅也呈指数衰减。此时，谐波的相速度为

$$C=\frac{\omega}{k_1}=C_0\sqrt{\frac{2\left(1+\tau^2\omega^2\right)}{\sqrt{1+\tau^2\omega^2}+1}} \tag{5.253}$$

当入射波为低频波时，由于 $\omega\tau \ll 1$，有

$$C \approx C_0 \tag{5.254}$$

即此时谐波的相速度趋于一维杆中弹性声速。

若定义无量纲谐波频率和无量纲相速度分别为

$$\begin{cases} \omega^* = \omega\tau \\ C^* = \dfrac{C}{C_0} \end{cases} \tag{5.255}$$

则式 (5.208) 可写为

$$C^* = \sqrt{\frac{2\left(1+\omega^{*2}\right)}{\sqrt{1+\omega^{*2}}+1}} \tag{5.256}$$

根据式 (5.256) 可以给出无量纲相速度与无量纲谐波频率之间的关系曲线，如图 5.21 所示。

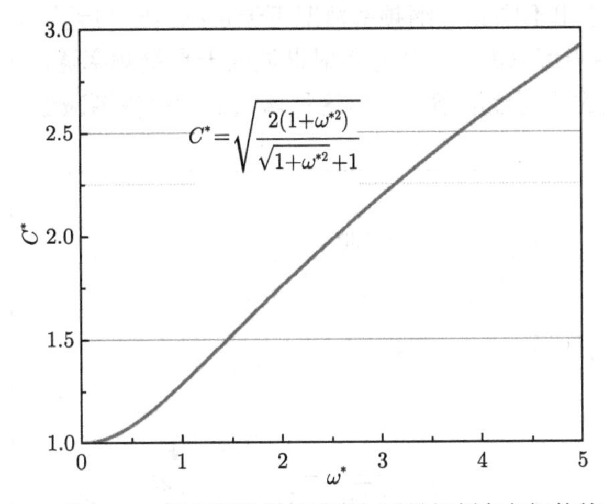

图 5.21 一维 Voigt 杆中无量纲相速度与无量纲频率之间的关系曲线

此时谐波的波幅也可以表达为

$$U(X) = A \cdot \exp\left(-\frac{\omega}{C_0}\sqrt{\frac{\sqrt{1+\tau^2\omega^2}-1}{2\left(1+\tau^2\omega^2\right)}}X\right) \tag{5.257}$$

将式 (5.252) 中第一式代入式 (5.257) 并消去频率ω，可以得到

$$U(X) = A \cdot \exp\left(-\sqrt{\frac{\sqrt{1+\tau^2\omega^2}-1}{\sqrt{1+\tau^2\omega^2}+1}}k_1 X\right) \tag{5.258}$$

设在杆左端初始入射谐波的边界条件为

$$U(0) = U_0 \tag{5.259}$$

联立式 (5.258) 和式 (5.259)，即可以给出杆中波幅方程为

$$U(X)=U_0\cdot\exp\left(-\sqrt{\frac{\sqrt{1+\tau^2\omega^2}-1}{\sqrt{1+\tau^2\omega^2}+1}}k_1X\right) \tag{5.260}$$

定义无量纲波幅和无量纲位移分别为

$$\begin{cases} U^*=\dfrac{U(X)}{U_0} \\ X^*=k_1X \end{cases} \tag{5.261}$$

则式 (5.260) 可表达为无量纲形式：

$$U^*=\exp\left(-\sqrt{\frac{\sqrt{1+\omega^{*2}}-1}{\sqrt{1+\omega^{*2}}+1}}X^*\right) \tag{5.262}$$

根据式 (5.262) 可以给出不同无量纲频率情况下无量纲波幅与无量纲位移之间的关系曲线，如图 5.22 所示。从图中可以看出，随着入射谐波的无量纲频率逐渐增大，无量纲波幅随着谐波传播位移而衰减的速度逐渐增大，但这种增大的趋势逐渐减缓。

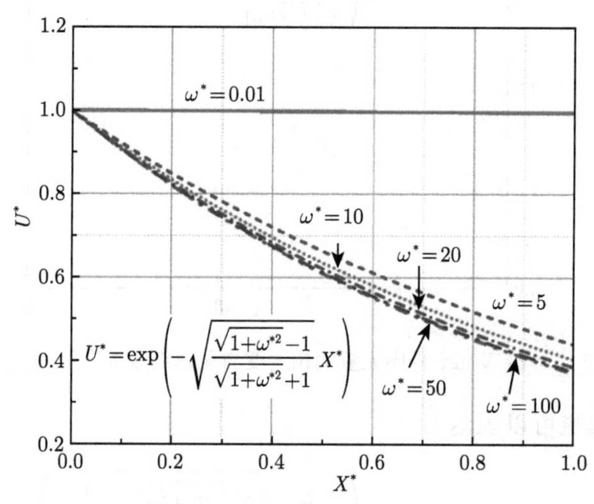

图 5.22　一维 Voigt 杆中无量纲波速与无量纲位移之间的关系曲线

3. 一维 Kelvin 杆中纵波的传播问题

对于一维 Kelvin 杆中纵波的传播问题，以 Kelvin 本构方程为例，其控制方程为

$$\begin{cases} \dfrac{\partial v}{\partial t}-\dfrac{1}{\rho}\dfrac{\partial\sigma}{\partial X}=0 \\ \dfrac{\partial\varepsilon}{\partial t}-\dfrac{\partial v}{\partial X}=0 \\ \dfrac{\partial\sigma}{\partial t}+\dfrac{E}{\eta}\sigma=(E+E')\dfrac{\partial\varepsilon}{\partial t}+\dfrac{EE'}{\eta}\varepsilon \end{cases} \tag{5.263}$$

式 (5.263) 第三式两端对 X 求偏导，可以得到

$$\frac{\partial^2 \sigma}{\partial X \partial t}+\frac{E}{\eta}\frac{\partial \sigma}{\partial X}=\left(E+E'\right)\frac{\partial^2 \varepsilon}{\partial X \partial t}+\frac{EE'}{\eta}\frac{\partial \varepsilon}{\partial X} \tag{5.264}$$

将式 (5.263) 中前两式代入式 (5.264) 并消去应力σ，可以得到

$$\rho\frac{\partial^2 v}{\partial t^2}+\frac{E}{\eta}\rho\frac{\partial v}{\partial t}=\left(E+E'\right)\frac{\partial^2 \varepsilon}{\partial X \partial t}+\frac{EE'}{\eta}\frac{\partial \varepsilon}{\partial X} \tag{5.265}$$

或写为关于 X 方向位移 u 的偏微分方程：

$$\frac{\partial^3 u}{\partial t^3}-\left(C_{0M}+C_{0V}\right)\frac{\partial^3 u}{\partial X^2 \partial t}+\frac{1}{\theta}\frac{\partial^2 u}{\partial t^2}-\frac{C_{0V}}{\theta}\frac{\partial^2 u}{\partial X^2}=0 \tag{5.266}$$

式中，θ 为松弛时间；C_{0M} 表示 Maxwell 弹性声速; C_{0V} 表示 Voigt 弹性声速：

$$\theta=\frac{\eta}{E},\quad C_{0M}=\sqrt{\frac{E}{\rho}},\quad C_{0V}=\sqrt{\frac{E'}{\rho}} \tag{5.267}$$

设位移满足谐波方程：

$$u=A\cdot\exp\left(-k_2 X\right)\exp\left[\mathrm{i}\left(k_1 X-\omega t\right)\right] \tag{5.268}$$

式中, A 表示波幅。类似地，式 (5.268) 中 k_2 必为非负数，否则不满足能量守恒定律。将式 (5.268) 代入式 (5.266)，即可得到

$$\frac{\partial^3 u}{\partial t^3}+\frac{1}{\theta}\frac{\partial^2 u}{\partial t^2}-\left(C_{0M}^2+C_{0V}^2\right)\frac{\partial^3 u}{\partial X^2 \partial t}-\frac{C_{0V}^2}{\theta}\frac{\partial^2 u}{\partial X^2}=0 \tag{5.269}$$

由式 (5.269) 可以得出

$$\begin{cases} -\omega^2+2\left(C_{0M}^2+C_{0V}^2\right)\omega\theta k_1 k_2+C_{0V}^2\left(k_1^2-k_2^2\right)=0 \\ \omega^3\theta-\left(C_{0M}^2+C_{0V}^2\right)\omega\theta\left(k_1^2-k_2^2\right)+2C_{0V}^2 k_1 k_2=0 \end{cases} \tag{5.270}$$

从而可以求出

$$\begin{cases} k_1^2-k_2^2=\dfrac{\omega^2}{C_{0V}^2}\dfrac{\left(E/E'+1\right)\omega^2\theta^2+1}{\left(E/E'+1\right)^2\omega^2\theta^2+1} \\ k_1 k_2=\dfrac{\omega^3\theta}{2C_{0V}^2}\dfrac{E/E'}{\left(E/E'+1\right)^2\omega^2\theta^2+1} \end{cases} \tag{5.271}$$

考虑到 k_2 为非负数，由式 (5.271) 可以解得

$$\begin{cases} k_1=\dfrac{\omega}{C_{0V}}\sqrt{\dfrac{1}{2}\dfrac{\left(E/E'+1\right)\omega^2\theta^2+1}{\left(E/E'+1\right)^2\omega^2\theta^2+1}\left(\sqrt{1+\left(\dfrac{\omega\theta E/E'}{\left(E/E'+1\right)\omega^2\theta^2+1}\right)^2}+1\right)} \\ k_2=\dfrac{\omega}{C_{0V}}\sqrt{\dfrac{1}{2}\dfrac{\left(E/E'+1\right)\omega^2\theta^2+1}{\left(E/E'+1\right)^2\omega^2\theta^2+1}\left(\sqrt{1+\left(\dfrac{\omega\theta E/E'}{\left(E/E'+1\right)\omega^2\theta^2+1}\right)^2}-1\right)} \end{cases} \tag{5.272}$$

此时，谐波的相速度为

$$C=\frac{\omega}{k_1}=\frac{C_{0V}}{\sqrt{\dfrac{1}{2}\dfrac{(E/E'+1)\,\omega^2\theta^2+1}{(E/E'+1)^2\,\omega^2\theta^2+1}\left(\sqrt{1+\left(\dfrac{\omega\theta E/E'}{(E/E'+1)\,\omega^2\theta^2+1}\right)^2}+1\right)}} \tag{5.273}$$

即相速度也是频率的函数，即一维 Kelvin 杆中纵波传播具有明显的弥散效应或色散现象。特别地，当入射波为高频波时，由于 $\omega\theta\gg 1$，有

$$C\approx\sqrt{\frac{E+E'}{\rho}} \tag{5.274}$$

即此时谐波的相速度与频率无关，即在传播路径上弥散效应可以忽略不计。

若定义无量纲相速度、无量纲杨氏模量和无量纲谐波频率分别为

$$C^*=\frac{C}{\sqrt{\dfrac{E+E'}{\rho}}},\quad E^*=E/E',\quad \omega^*=\omega\theta \tag{5.275}$$

则式 (5.208) 可写为

$$C^*=\frac{1}{\sqrt{E^*+1}\sqrt{\dfrac{1}{2}\dfrac{(E^*+1)\,\omega^{*2}+1}{(E^*+1)^2\,\omega^{*2}+1}\left(\sqrt{1+\left(\dfrac{\omega^*E^*}{(E^*+1)\,\omega^{*2}+1}\right)^2}+1\right)}} \tag{5.276}$$

根据式 (5.276) 可以给出三种无量纲杨氏模量时无量纲相速度与无量纲谐波频率之间的关系曲线，如图 5.23 所示。

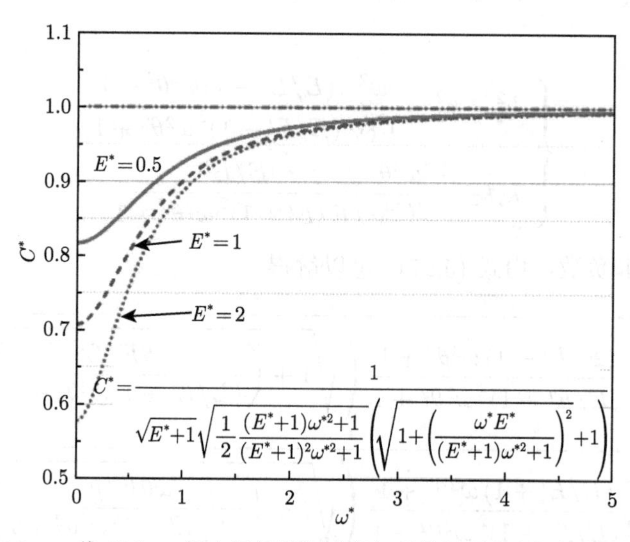

图 5.23 一维 Kelvin 杆中无量纲相速度与无量纲频率之间的关系曲线

此时谐波的波幅也可以表达为

$$U(X) = A\cdot\exp\left[-\frac{\omega}{C_{0V}}\sqrt{\frac{1}{2}\frac{(E/E'+1)\,\omega^2\theta^2+1}{(E/E'+1)^2\,\omega^2\theta^2+1}\left(\sqrt{1+\left(\frac{\omega\theta E/E'}{(E/E'+1)\,\omega^2\theta^2+1}\right)^2}-1\right)}X\right] \tag{5.277}$$

将式 (5.272) 代入式 (5.277) 并消去频率ω，可以得到

$$U(X) = A\cdot\exp\left[-\left(\frac{\sqrt{[(E^*+1)\,\omega^{*2}+1]^2+(\omega^*E^*)^2}-[(E^*+1)\,\omega^{*2}+1]}{\omega^*E^*}\right)k_1X\right] \tag{5.278}$$

设在杆左端初始入射谐波的边界条件为

$$U(0) = U_0 \tag{5.279}$$

定义无量纲波幅和无量纲位移分别为

$$U^* = \frac{U(X)}{U_0},\quad X^* = k_1X \tag{5.280}$$

根据式 (5.279) 和式 (5.280)，即可以给出杆中谐波方程和波幅方程为

$$U^* = \exp\left[-\left(\frac{\sqrt{[(E^*+1)\,\omega^{*2}+1]^2+(\omega^*E^*)^2}-[(E^*+1)\,\omega^{*2}+1]}{\omega^*E^*}\right)X^*\right] \tag{5.281}$$

根据式 (5.281) 可以分别给出不同无量纲杨氏模量和无量纲频率情况下无量纲波幅与无量纲位移之间的关系曲线，如图 5.24 和图 5.25 所示。

从图 5.24 和图 5.25 可以看出，随着无量纲杨氏模量的增大，无量纲波幅随着谐波的传播位移而衰减的速度逐渐增大；反之，随着入射谐波的无量纲频率逐渐增大，无量纲波幅随着谐波传播位移而衰减的速度则逐渐减小。

以上是通过谐波法给出的解形式，下面通过特征线法对问题进行分析。从以上分析可知，一维 Kelvin 杆中纵波传播的控制方程为

$$\left\{\begin{array}{l}\dfrac{\partial v}{\partial t}-\dfrac{1}{\rho}\dfrac{\partial \sigma}{\partial X}=0\\[2mm]\dfrac{\partial \varepsilon}{\partial t}-\dfrac{\partial v}{\partial X}=0\\[2mm]\dfrac{\partial \sigma}{\partial t}+\dfrac{E}{\eta}\sigma=(E+E')\,\dfrac{\partial \varepsilon}{\partial t}+\dfrac{EE'}{\eta}\varepsilon\end{array}\right. \tag{5.282-a}$$

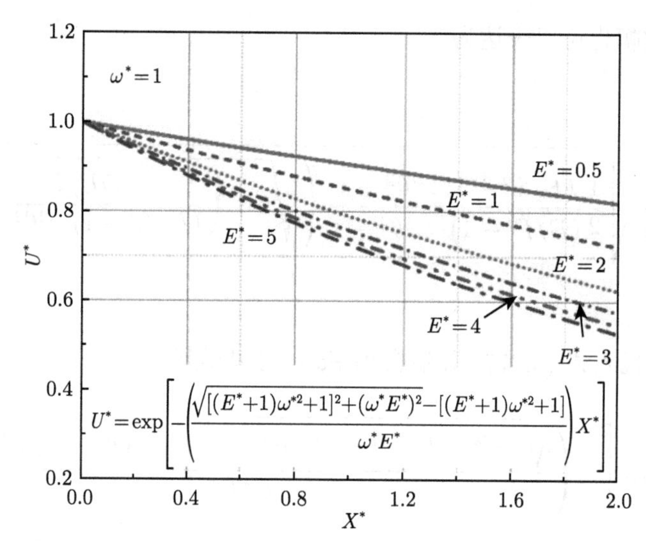

图 5.24 一维 Kelvin 杆中不同无量纲杨氏模量时无量纲波速与无量纲位移之间的关系曲线

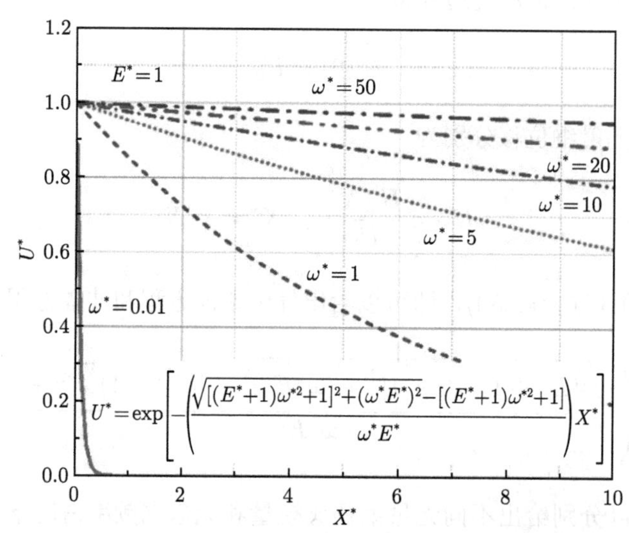

图 5.25 一维 Kelvin 杆中不同无量纲频率时无量纲波速与无量纲位移之间的关系曲线

式 (5.282-a) 可以整理成如下形式：

$$\begin{cases} \dfrac{\partial v}{\partial t}-\dfrac{1}{\rho}\dfrac{\partial \sigma}{\partial X}=0 \\ \dfrac{\partial \varepsilon}{\partial t}-\dfrac{\partial v}{\partial X}=0 \\ \dfrac{\partial \sigma}{\partial t}-(E+E')\dfrac{\partial v}{\partial X}=\dfrac{EE'}{\eta}\varepsilon-\dfrac{E}{\eta}\sigma \end{cases} \tag{5.282-b}$$

将式 (5.282-b) 写成矩阵形式，即可得到

$$\frac{\partial \boldsymbol{W}}{\partial t}+\boldsymbol{B}\cdot\frac{\partial \boldsymbol{W}}{\partial X}=\boldsymbol{b} \tag{5.283}$$

式中

$$\boldsymbol{W}=\begin{bmatrix} v \\ \varepsilon \\ \sigma \end{bmatrix},\quad \boldsymbol{B}=\begin{bmatrix} 0 & 0 & -\dfrac{1}{\rho} \\ -1 & 0 & 0 \\ -(E+E') & 0 & 0 \end{bmatrix},\quad \boldsymbol{b}=\begin{bmatrix} 0 \\ 0 \\ \dfrac{EE'}{\eta}\varepsilon-\dfrac{E}{\eta}\sigma \end{bmatrix} \tag{5.284}$$

式 (5.284) 三个矩阵与以上一维 Maxwell 杆中纵波传播问题非常相近，类似地可以给出三个特征值：按照一维波的特征线理论，特征波速λ 由矩阵 $\boldsymbol{B}$ 的特征值给出，即有特征方程：

$$\lambda_1=\sqrt{\frac{E+E'}{\rho}}=C_k,\quad \lambda_2=-\sqrt{\frac{E+E'}{\rho}}=-C_k,\quad \lambda_3=0 \tag{5.285}$$

对应的三个特征矢量分别为

$$\begin{cases} \boldsymbol{l}_1=\begin{bmatrix} -\rho C_K & 0 & 1 \end{bmatrix} \\ \boldsymbol{l}_2=\begin{bmatrix} \rho C_K & 0 & 1 \end{bmatrix} \\ \boldsymbol{l}_3=\begin{bmatrix} 0 & -(E+E') & 1 \end{bmatrix} \end{cases} \tag{5.286}$$

对应的特征关系可写为

$$\boldsymbol{l}\cdot\left(\boldsymbol{b}-\frac{\mathrm{d}\boldsymbol{W}}{\mathrm{d}t}\right)=\boldsymbol{O} \tag{5.287}$$

因而，可以三个特征线对应的特征关系分别为

$$\begin{cases} \mathrm{d}v=\dfrac{\mathrm{d}\sigma}{\rho C_K}+\dfrac{E}{\rho C_K\eta}\sigma\mathrm{d}t-\dfrac{EE'}{\rho C_K\eta}\varepsilon\mathrm{d}t \\ \mathrm{d}X=C_K\mathrm{d}t \end{cases} \tag{5.288}$$

$$\begin{cases} \mathrm{d}v=-\dfrac{\mathrm{d}\sigma}{\rho C_K}-\dfrac{E}{\rho C_K\eta}\sigma\mathrm{d}t+\dfrac{EE'}{\rho C_K\eta}\varepsilon\mathrm{d}t \\ \mathrm{d}X=-C_K\mathrm{d}t \end{cases} \tag{5.289}$$

和

$$\begin{cases} \mathrm{d}\varepsilon=-\dfrac{\mathrm{d}\sigma}{E+E'}+\dfrac{EE'}{(E+E')\,\eta}\varepsilon\mathrm{d}t-\dfrac{E}{(E+E')\,\eta}\sigma\mathrm{d}t \\ \mathrm{d}X=0 \end{cases} \tag{5.290}$$

根据以上三组特征线及其对应的特征关系，即可在物理平面图上给出三族特征线，具体求解参考以上一维 Maxwell 杆中纵波传播的特征线数值方法，步骤完全相同，只是所使用的方程不同而已，读者可以试推之。

5.2.3　准一维黏弹性变截面杆中纵波的传播

在 3.3.1 小节中对几种典型的准一维线弹性变截面杆中纵波传播问题进行了谐波分析，所谓准一维是指利用一维纵波理论即假设纵波在传播过程中波阵面始终垂直于轴线的平面，但与一维不同的是考虑杆截面沿着轴线方向上的变化。对于黏弹性材料且为变截面时，当前利用谐波分析方法很难给出相关参数解，须用数值分析方法来给出。本小节利用特征线数值方法对该问题进行分析。

如图 5.26 所示为轴对称变截面细长杆，杆的轴线与 X 轴重合，杆左端端面处于 $X=0$，杆沿着 X 正方向截面积为

$$A = A(X) \tag{5.291}$$

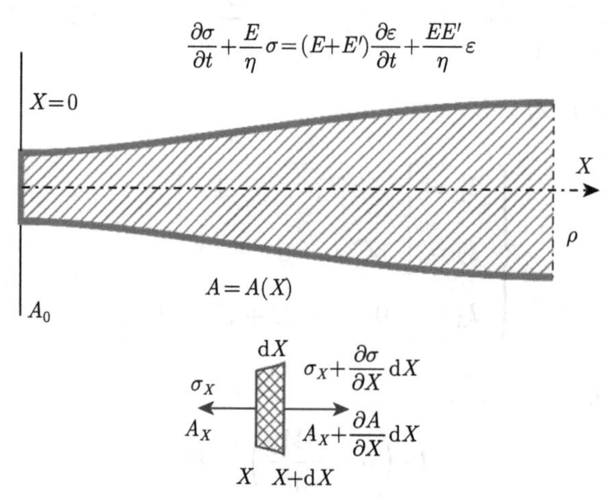

图 5.26　准一维黏弹性变截面杆示意图

杆左端截面积为

$$A(X) = A_0 \tag{5.292}$$

设在纵波传播过程中杆处于一维应力状态且传播一维应力平面波。杆材料为 Kelvin 黏弹性材料，密度为ρ，本构方程为

$$\frac{\partial\sigma}{\partial t}+\frac{E}{\eta}\sigma=(E+E')\frac{\partial\varepsilon}{\partial t}+\frac{EE'}{\eta}\varepsilon \tag{5.293}$$

若质点运动位移二阶连续可微，则可以给出纵波传播过程中的连续方程为

$$\frac{\partial\varepsilon}{\partial t}-\frac{\partial v}{\partial X}=0 \tag{5.294}$$

考虑图 5.26 所示坐标 X 处长度为 $\mathrm{d}X$ 的微元，其在 X 截面上受到应力σ_X，截面积为 A_X；则在 $X+\mathrm{d}X$ 截面上受到的应力和截面积分别为

$$\begin{cases}\sigma(X+\mathrm{d}X)=\sigma(X)+\dfrac{\partial\sigma}{\partial X}\mathrm{d}X=\sigma_X+\dfrac{\partial\sigma}{\partial X}\mathrm{d}X\\ A(X+\mathrm{d}X)=A(X)+\dfrac{\partial A}{\partial X}\mathrm{d}X=A_X+\dfrac{\partial A}{\partial X}\mathrm{d}X\end{cases} \tag{5.295}$$

不计体力的影响，可以给出其运动方程为

$$\left(\sigma_X+\frac{\partial\sigma}{\partial X}\mathrm{d}X\right)\left(A_X+\frac{\partial A}{\partial X}\mathrm{d}X\right)-\sigma_X A_X=\rho\frac{A_X+A_X+\dfrac{\partial A}{\partial X}\mathrm{d}X}{2}\mathrm{d}X\frac{\partial v}{\partial t} \tag{5.296}$$

展开并忽略高阶小量，可以得到

$$\frac{\partial v}{\partial t}-\frac{1}{\rho}\frac{\partial\sigma}{\partial X}=\frac{\sigma}{\rho}\frac{\partial\ln A}{\partial X} \tag{5.297}$$

联立连续方程、运动方程和本构方程，即可给出该问题的控制方程：

$$\begin{cases}\dfrac{\partial v}{\partial t}-\dfrac{1}{\rho}\dfrac{\partial\sigma}{\partial X}=\dfrac{\sigma}{\rho}\dfrac{\partial\ln A}{\partial X}\\ \dfrac{\partial\varepsilon}{\partial t}-\dfrac{\partial v}{\partial X}=0\\ \dfrac{\partial\sigma}{\partial t}-(E+E')\dfrac{\partial v}{\partial X}=\dfrac{EE'}{\eta}\varepsilon-\dfrac{E}{\eta}\sigma\end{cases} \tag{5.298}$$

将式 (5.298) 写成矩阵形式，即可得到

$$\frac{\partial\boldsymbol{W}}{\partial t}+\boldsymbol{B}\cdot\frac{\partial\boldsymbol{W}}{\partial X}=\boldsymbol{b} \tag{5.299}$$

式中

$$\boldsymbol{W}=\begin{bmatrix}v\\ \varepsilon\\ \sigma\end{bmatrix},\quad \boldsymbol{B}=\begin{bmatrix}0&0&-\dfrac{1}{\rho}\\ -1&0&0\\ -(E+E')&0&0\end{bmatrix},\quad \boldsymbol{b}=\begin{bmatrix}\dfrac{\sigma}{\rho}\dfrac{\partial\ln A}{\partial X}\\ 0\\ \dfrac{EE'}{\eta}\varepsilon-\dfrac{E}{\eta}\sigma\end{bmatrix} \tag{5.300}$$

按照一维波的特征线理论，特征波速λ 由矩阵 $\boldsymbol{B}$ 的特征值给出，即有特征方程：

$$|\boldsymbol{B}-\lambda\boldsymbol{I}|=\boldsymbol{B}=\begin{vmatrix}-\lambda&0&-\dfrac{1}{\rho}\\ -1&-\lambda&0\\ -(E+E')&0&-\lambda\end{vmatrix}=-\lambda^3+\frac{(E+E')\lambda}{\rho}=0 \tag{5.301}$$

式 (5.301) 即有根

$$\lambda_1=\sqrt{\frac{E+E'}{\rho}}=C_K,\quad \lambda_2=-\sqrt{\frac{E+E'}{\rho}}=-C_K,\quad \lambda_3=0 \tag{5.302}$$

根据

$$\boldsymbol{l}\cdot(\boldsymbol{B}-\lambda\boldsymbol{I})=\boldsymbol{O} \tag{5.303}$$

可以给出左特征矢量为

$$\begin{cases} \boldsymbol{l}_1 = \begin{bmatrix} -\rho C_K & 0 & 1 \end{bmatrix} \\ \boldsymbol{l}_2 = \begin{bmatrix} \rho C_K & 0 & 1 \end{bmatrix} \\ \boldsymbol{l}_3 = \begin{bmatrix} 0 & -(E+E') & 1 \end{bmatrix} \end{cases} \tag{5.304}$$

对应的特征关系可写为

$$\boldsymbol{l} \cdot \left(\boldsymbol{b} - \frac{\mathrm{d}\boldsymbol{W}}{\mathrm{d}t} \right) = \boldsymbol{O} \tag{5.305}$$

因而，可以三个特征线对应的特征关系分别为

$$\begin{cases} \mathrm{d}v = \dfrac{\mathrm{d}\sigma}{\rho C_K} + \dfrac{E}{\rho C_K \eta}\sigma\mathrm{d}t - \dfrac{EE'}{\rho C_K \eta}\varepsilon\mathrm{d}t + \dfrac{\sigma}{\rho}\dfrac{\partial \ln A}{\partial X}\mathrm{d}t \\ \mathrm{d}X = C_K\mathrm{d}t \end{cases} \tag{5.306}$$

$$\begin{cases} \mathrm{d}v = -\dfrac{\mathrm{d}\sigma}{\rho C_K} - \dfrac{E}{\rho C_K \eta}\sigma\mathrm{d}t + \dfrac{EE'}{\rho C_K \eta}\varepsilon\mathrm{d}t + \dfrac{\sigma}{\rho}\dfrac{\partial \ln A}{\partial X}\mathrm{d}t \\ \mathrm{d}X = C_K\mathrm{d}t \end{cases} \tag{5.307}$$

和

$$\begin{cases} \mathrm{d}\varepsilon = \dfrac{\mathrm{d}\sigma}{E+E'} + \dfrac{E}{(E+E')\,\eta}\sigma\mathrm{d}t - \dfrac{EE'}{(E+E')\,\eta}\varepsilon\mathrm{d}t \\ \mathrm{d}X = 0 \end{cases} \tag{5.308}$$

设一维变截面 Kelvin 杆初始处于静止松弛状态，即初始速度 v_0 与应力σ_0、应变ε_0 均为零，在 t=0 初始时刻杆左端 $X=0$ 突加恒定强度σ_0 的强间断波。根据右行波波阵面上的连续条件，有

$$[v] = -C\,[\varepsilon] \tag{5.309}$$

根据右行波波阵面上的动量守恒条件，可以给出

$$[\sigma] = -\rho C\,[v] \tag{5.310}$$

结合 Kelvin 材料本构方程，根据式 (5.309) 和式 (5.310) 可以给出波阵面的传播速度，即波速为

$$C = \sqrt{\frac{1}{\rho}\frac{[\sigma]}{[\varepsilon]}} \tag{5.311}$$

由于强间断波波阵面上应变率和应力率趋于无穷大，即有

$$\frac{\partial \sigma}{\partial t} = (E+E')\,\frac{\partial \varepsilon}{\partial t} \tag{5.312}$$

因此可知 Maxwell 杆中强间断波波速为

$$C = \sqrt{\frac{E + E'}{\rho}} = C_K \tag{5.313}$$

即等于一维杆中纵波声速；也就是说此时波阵面传播迹线 OO' 应与图 5.27 所示物理平面图中最下端的一条特征线重合。

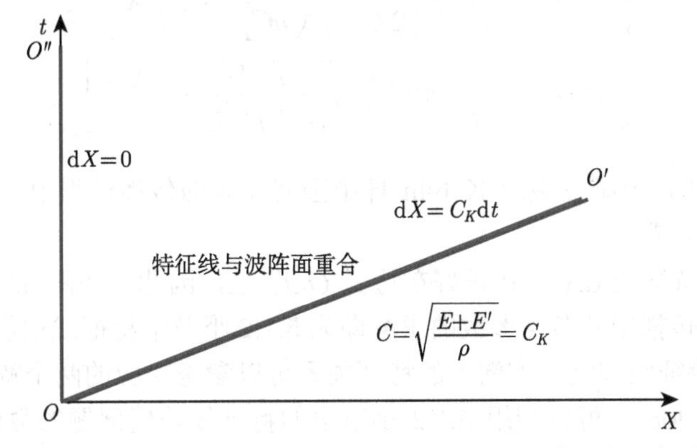

图 5.27 一维变截面 Kelvin 杆中纵波传播边界特征线示意图

因此沿着波阵面 OO' 有

$$\begin{cases} v - v_0 = -C_K(\varepsilon - \varepsilon_0) \\ \sigma - \sigma_0 = -\rho C_K(v - v_0) \end{cases} \tag{5.314}$$

根据初始条件，式 (5.314) 即可给出

$$\begin{cases} v = -C_K \varepsilon \\ v = -\dfrac{\sigma}{\rho C_K} \end{cases} \tag{5.315}$$

同时，根据右行特征线上的特征关系式 (5.306)，有

$$\begin{cases} \mathrm{d}v = \dfrac{\mathrm{d}\sigma}{\rho C_K} + \dfrac{E}{\rho C_K \eta}\sigma \mathrm{d}t - \dfrac{EE'}{\rho C_K \eta}\varepsilon \mathrm{d}t + \dfrac{\sigma}{\rho}\dfrac{\partial \ln A}{\partial X}\mathrm{d}t \\ \mathrm{d}X = C_K \mathrm{d}t \end{cases} \tag{5.316}$$

联立式 (5.315) 和式 (5.316)，可以得到

$$\frac{2\mathrm{d}\sigma}{\sigma} = \left(\frac{EE'}{\rho C_K^3 \eta} - \frac{E}{C_K \eta} - \frac{\partial \ln A}{\partial X}\right)\mathrm{d}X \tag{5.317}$$

考虑边界条件：

$$\sigma|_{X=0} = \sigma_0 \tag{5.318}$$

对式 (5.317) 进行积分，可以得出

$$\sigma=\sigma_0\exp\left[\frac{1}{2}\frac{E}{C_K\eta}\left(\frac{E'}{\rho C_K^2}-1\right)X\right] \tag{5.319}$$

进而根据式 (5.315) 可以给出

$$\begin{cases}\varepsilon=\dfrac{\sigma_0}{\rho C_K^2}\exp\left[\dfrac{1}{2}\dfrac{E}{C_K\eta}\left(\dfrac{E'}{\rho C_K^2}-1\right)X\right]\\ v=-\dfrac{\sigma_0}{\rho C_K}\exp\left[\dfrac{1}{2}\dfrac{E}{C_K\eta}\left(\dfrac{E'}{\rho C_K^2}-1\right)X\right]\end{cases} \tag{5.320}$$

式 (5.320) 表明，一维变截面 Kelvin 杆中强间断波的传播过程中应力σ、速度 v 和应变ε 等参量呈指数衰减。

图中另外一条特征线 $\mathrm{d}X=0$ 正好在边界 OO'' 上，因此，如图 5.28 所示一维变截面 Kelvin 杆中应力波传播中各节点参数的求解即为 5.1.2 小节中特征线边值问题的求解。图中右行特征线、左行特征线和竖直方向上的特征关系可以参考对应的两个特征关系式 (5.306)、式 (5.307) 和式 (5.308)，可以利用 5.1.2 小节中的特征线边值问题的数值方法求出，在此不做详述，读者可以参考 5.1.2 小节中的差分方程组试解之。

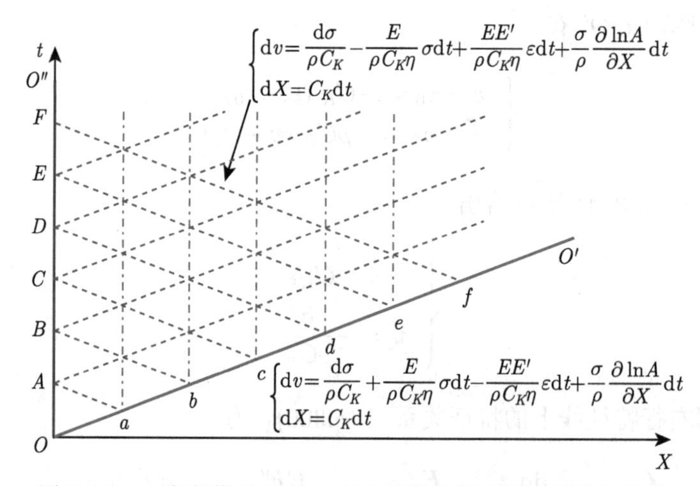

图 5.28　一维变截面 Kelvin 杆中纵波传播三族特征线示意图

5.3　一维杆中弹塑性交界面传播的特征线法

由第 4 章弹塑性波传播知识可知，强应力波在弹塑性杆中传播的过程中，杆内各截面存在弹性状态和塑性状态两种，在弹性区和塑性区存在一个分界面，这个界面常称为弹塑性交界面。在应力波的作用下，弹塑性交界面的位置随着时间的推移会以某种规律改变，这就是弹塑性交界面的传播。设在物理平面上弹塑性交界面的运动迹线为

$$X_{ep}=X_{ep}\left(t\right) \tag{5.321}$$

则其在杆中传播的 L 氏速度为

$$C_{ep}=\frac{\mathrm{d}X_{ep}}{\mathrm{d}t} \tag{5.322}$$

该传播速度可称为“弹塑性交界面波速”或“弹塑性相变波速”，但除了某些特殊情况其与特征波速相等之外，其在物理本质上与弹性特征波速或塑性特征波速明显不同，因此在这类仅将其称为“弹塑性交界面传播速度”。根据弹塑性加卸载的转换是发生在上屈服面还是下屈服面，弹塑性交界面也分为与上屈服面相关联的弹塑性交界面和与下屈服面相关联的弹塑性交界面两种；本节针对与上屈服面相关联的弹塑性交界面进行分析，下文简称弹塑性交界面。

设在物理平面上弹塑性交界面迹线如图 5.29 中 $ABCD$ 所示，迹线左端或后方为弹性区、左端或前方为塑性区。图中迹线 $ABCD$ 按照运动方向可以分为两类：迹线 AB 和 CD 上弹塑性交界面随着时间的增加向塑性区方向移动，即弹性区不断扩大而塑性区不断缩小，弹塑性交界面经过的介质由塑性加载状态转变为弹性卸载状态，这类界面常称为“塑性加载-弹性卸载界面”或简称“卸载界面”；迹线 BC 上弹塑性交界面随着时间的增加向弹性区方向移动，即弹性区不断缩小而塑性区不断扩大，弹塑性交界面经过的介质由弹性加载状态转变为塑性加载状态，这类界面常称为“弹性加载-塑性加载界面”或简称“加载界面”。

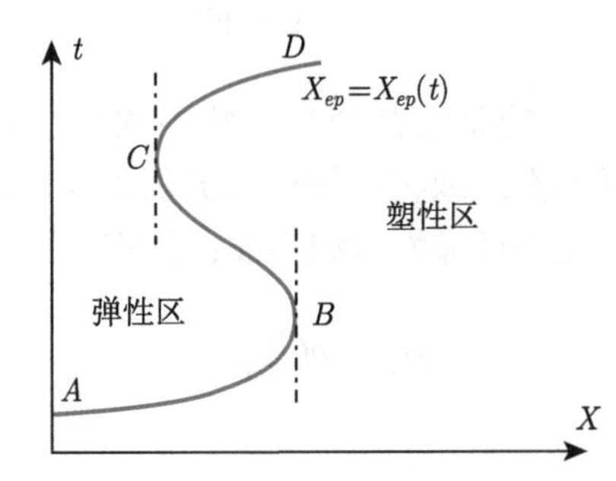

图 5.29 弹塑性交界面迹线示意图

对卸载边界而言，介质由塑性加载转变状态为弹性卸载状态，因此有

$$\frac{\partial\sigma^e}{\partial t}\Big/\frac{\partial\sigma^p}{\partial t}\leqslant 0,\quad \frac{\partial\sigma^p}{\partial t}\neq 0 \tag{5.323}$$

式中，上标 e 表示弹性区的量，p 表示塑性区的量。若

$$\frac{\partial\sigma^e}{\partial t}=\frac{\partial\sigma^p}{\partial t}=0 \tag{5.324}$$

则应有

$$\frac{\partial^2\sigma^e}{\partial t^2}\Big/\frac{\partial^2\sigma^p}{\partial t^2}\geqslant 0 \tag{5.325}$$

类似地，对加载界面而言，介质由弹性加载状态转变为塑性加载状态，因而有

$$\begin{cases}\dfrac{\partial\sigma^e}{\partial t}\Big/\dfrac{\partial\sigma^p}{\partial t}\geqslant 0, & \dfrac{\partial\sigma^p}{\partial t}\neq 0\\[2ex] \dfrac{\partial^2\sigma^e}{\partial t^2}\Big/\dfrac{\partial^2\sigma^p}{\partial t^2}\leqslant 0, & \dfrac{\partial\sigma^e}{\partial t}=\dfrac{\partial\sigma^p}{\partial t}\neq 0\end{cases} \tag{5.326}$$

5.3.1 强间断弹塑性交界面的传播

参考 3.1.1 小节中强间断波波阵面上的守恒条件可知，对于强间断弹塑性交界面而言，根据界面紧前方和紧后方的位移连续条件有

$$[v] = \mp C_{ep}[\varepsilon] \tag{5.327}$$

式中，交界面向右传播时取负号，反之取正号。根据交界面动量守恒条件可以给出运动方程：

$$[\sigma] = \mp \rho C_{ep}[v] \tag{5.328}$$

式中，交界面向右传播时取负号，反之取正号。

根据式 (5.327) 和式 (5.328) 可知，交界面无论向左传播还是向右传播，皆有

$$[\sigma] = \rho C_{ep}^2[\varepsilon] \tag{5.329}$$

因而可以给出交界面的传播速度为

$$C_{ep} = \pm\sqrt{\frac{1}{\rho}\frac{[\sigma]}{[\varepsilon]}} \tag{5.330}$$

如果在弹塑性交界面上发生的是由某个弹性状态向屈服面上塑性状态的突跃弹性加载，即交界面是突跃弹性加载界面；或在弹塑性交界面上发生的是由屈服面上某个塑性状态的突跃弹性卸载，即交界面是突跃弹性卸载界面；均有

$$[\sigma] = \rho C_e^2[\varepsilon] \tag{5.331}$$

式中，C_e 为弹性波波速。

此时弹塑性交界面与强间断弹性加载扰动或强间断卸载扰动的传播轨迹重合，对比式 (5.329) 和式 (5.331) 可以得到此时弹塑性交界面的传播速度为

$$C_{ep} = \pm C_e \tag{5.332}$$

即此时弹塑性交界面的传播速度必然是弹性波波速。

若弹塑性交界面两侧应力连续而应变发生强间断，则根据式 (5.327) 可知此时交界面的传播速度为

$$C_{ep} = 0 \tag{5.333}$$

即此时的弹塑性交界面是驻定的应变间断面。

若在弹塑性交界面上存在突跃塑性加载，根据式 (5.330) 可知，此时交界面的传播应为

$$C_{ep} = D_p \tag{5.334}$$

即此时弹塑性交界面的传播速度等于塑性冲击波波速 D_p，也就是说此时交界面与此突跃的塑性冲击波轨迹重合。

5.3.2 弱间断弹塑性交界面的传播

弱间断弹塑性交界面，是指跨过交界面时紧后方和紧前方两侧的应力σ 和质点速度 v 等物理量连续但其导数发生间断。若这些连续物理量的一阶导数在交界面两侧发生间断，则称其为一阶弱间断弹塑性交界面；类似地，若物理量的 $n(n>1)$ 阶导数发生间断，则称其为 n 阶弱间断交界面。

1. 一阶弱间断弹塑性交界面的传播

弹塑性交界面是一种特殊的相变界面，在交界面的两侧材料分别具有弹性本构关系和塑性本构关系，两者一般并不相同；对一阶弱间断交界面而言，由于两侧的应力σ 和应变ε 保持连续，即跨过交界面两侧的材料应力应变曲线保持连续；但由于材料本构关系发生变化，材料的应力应变曲线的斜率在跨过交界面时发生间断，因此必有

$$[C]=C_e-C_p\neq 0 \tag{5.335}$$

即弹塑性交界面两侧应力扰动的特征波速发生间断。

应力波传播过程中的连续方程

$$\frac{\partial \varepsilon}{\partial t}-\frac{\partial v}{\partial X}=0 \tag{5.336}$$

和运动方程

$$\frac{\partial v}{\partial t}-\frac{1}{\rho}\frac{\partial \sigma}{\partial X}=0 \tag{5.337}$$

与材料的本构关系无关，因此对于整个应力波场而言都是成立的。

对于一阶弹塑性交界面传播问题而言，由于应力连续可微，则连续方程可进一步写为

$$\frac{\partial v}{\partial X}-\frac{1}{\rho C^2}\frac{\partial \sigma}{\partial t}=0 \tag{5.338}$$

式中，波速 C 在弹性区应取弹性波速 C_e 而在塑性区应取塑性波速 C_p。

将连续方程式 (5.338) 和运动方程式 (5.337) 分别应用于弹塑性交界面的紧后方和紧前方并相减，即可得到

$$\left[\frac{\partial v}{\partial X}\right]-\frac{1}{\rho}\left[\frac{1}{C^2}\frac{\partial \sigma}{\partial t}\right]=0 \tag{5.339}$$

和

$$\left[\frac{\partial v}{\partial t}\right]-\frac{1}{\rho}\left[\frac{\partial \sigma}{\partial X}\right]=0 \tag{5.340}$$

对一阶弹塑性交界面而言，由于应力σ 和质点速度 v 跨界面连续，即

$$\begin{cases}[\sigma]=0\\ [v]=0\end{cases} \tag{5.341}$$

即有

$$\frac{\mathrm{d}\,[\sigma]}{\mathrm{d}t} = \left[\frac{\partial \sigma}{\partial t}\right] + C_{ep}\left[\frac{\partial \sigma}{\partial X}\right] = 0 \tag{5.342}$$

和

$$\frac{\mathrm{d}\,[v]}{\mathrm{d}t} = \left[\frac{\partial v}{\partial t}\right] + C_{ep}\left[\frac{\partial v}{\partial X}\right] = 0 \tag{5.343}$$

以及

$$\left[\frac{\partial \sigma}{\partial t}\right] = -C_{ep}\left[\frac{\partial \sigma}{\partial X}\right] \tag{5.344}$$

和

$$\left[\frac{\partial v}{\partial t}\right] = -C_{ep}\left[\frac{\partial v}{\partial X}\right] \tag{5.345}$$

将式 (5.339)、式 (5.340) 和式 (5.345) 分别代入式 (5.344)，可以得到

$$\left[\frac{\partial \sigma}{\partial t}\right] = -\rho C_{ep}\left[\frac{\partial v}{\partial t}\right] = \rho C_{ep}^2\left[\frac{\partial v}{\partial X}\right] = C_{ep}^2\left[\frac{1}{C^2}\frac{\partial \sigma}{\partial t}\right] \tag{5.346}$$

若弹塑性交界面传播速度不为零，则有

$$\left[\frac{1}{C^2}\frac{\partial \sigma}{\partial t}\right] = \frac{1}{C_{ep}^2}\left[\frac{\partial \sigma}{\partial t}\right] \tag{5.347}$$

式 (5.347) 即给出了弹塑性交界面传播速度 C_{ep} 所必须满足的关系。从式 (5.347) 可以看出，此时

$$\left[\frac{1}{C^2}\frac{\partial \sigma}{\partial t}\right] \text{和} \left[\frac{\partial \sigma}{\partial t}\right] \tag{5.348}$$

必全不为零或全为零。

当

$$\left[\frac{\partial \sigma}{\partial t}\right] = 0 \tag{5.349}$$

时，根据式 (5.347) 可知，此时有

$$\left[\frac{1}{C^2}\frac{\partial \sigma}{\partial t}\right] = \frac{1}{C_{ep}^2}\left[\frac{\partial \sigma}{\partial t}\right] = 0 \tag{5.350}$$

根据式 (5.335) 可知

$$\left[\frac{1}{C^2}\right] \neq 0 \tag{5.351}$$

因此，根据式 (5.350) 和式 (5.351) 可知，必有

$$\frac{\partial \sigma}{\partial t} = 0 \tag{5.352}$$

即弹塑性交界面紧前方和紧后方的应力率必然同时为零:

$$\frac{\partial \sigma^e}{\partial t} = \frac{\partial \sigma^p}{\partial t} = 0 \tag{5.353}$$

将式 (5.353) 代入式 (5.338)，可知

$$\frac{\partial v^e}{\partial X} = \frac{\partial v^p}{\partial X} = 0 \tag{5.354}$$

即质点速度梯度跨过弹塑性交界面时也是连续的。将式 (5.354) 代入式 (5.344) 和式 (5.345)，可得

$$\left[\frac{\partial \sigma}{\partial X}\right] = \left[\frac{\partial v}{\partial t}\right] = 0 \tag{5.355}$$

从以上分析结果可知，跨过弹塑性交界面时应力σ 和质点速度 v 的一阶导数都是连续的，因此，该弹塑性交界面必是二阶或二阶以上弹塑性交界面。从以上分析可以得出结论：对于一个弱间断弹塑性交界面，若跨过弹塑性交界面时应力率连续，则跨过该交界面时应力和质点速度的一阶偏导数皆连续，且交界面紧前方和紧后方应力率和质点速度梯度必然同时为零，此交界面必为二阶或更高阶的弹塑性交界面。

当

$$\left[\frac{\partial \sigma}{\partial t}\right] \neq 0 \tag{5.356}$$

时，由式 (5.347) 可以得出弹塑性交界面传播速度为

$$C_{ep}^2 = \frac{\left[\dfrac{\partial \sigma}{\partial t}\right]}{\left[\dfrac{1}{C^2}\dfrac{\partial \sigma}{\partial t}\right]} \tag{5.357}$$

或写为

$$\frac{\dfrac{\partial \sigma^e}{\partial t}}{\dfrac{\partial \sigma^p}{\partial t}} = \frac{\dfrac{1}{C_p^2} - \dfrac{1}{C_{ep}^2}}{\dfrac{1}{C_e^2} - \dfrac{1}{C_{ep}^2}} \tag{5.358}$$

从以上分析可知，对于一个弱间断弹塑性交界面，若跨过该交界面时应力率间断，则它必然是一阶弱间断的弹塑性交界面，且该交界面的传播速度可由式 (5.358) 给出。

设在杆端施加应力载荷$\sigma(t)$ 在 A 时刻发出一个 “弹性加载-塑性加载界面”，即 “加载界面”AB，如图 5.30 所示；此种情况下，有

$$\frac{\partial \sigma^e}{\partial t} \geqslant 0, \quad \frac{\partial \sigma^p}{\partial t} \geqslant 0 \tag{5.359}$$

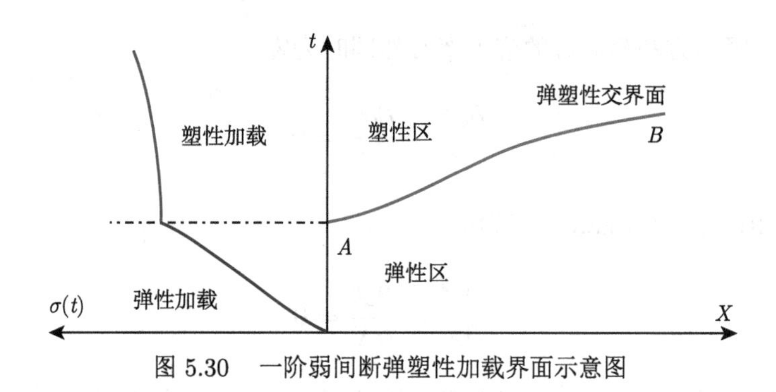

图 5.30 一阶弱间断弹塑性加载界面示意图

代入式 (5.358)，可得

$$\frac{\dfrac{1}{C_p^2}-\dfrac{1}{C_{ep}^2}}{\dfrac{1}{C_e^2}-\dfrac{1}{C_{ep}^2}}\geqslant 0 \tag{5.360}$$

即对一阶弱间断的加载界面而言，弹塑性交界面的传播速度必须满足

$$C_{ep}^2\leqslant C_p^2 \quad \text{或} \quad C_{ep}^2\geqslant C_e^2 \tag{5.361}$$

若设在杆端施加应力载荷$\sigma(t)$ 在 A 时刻发出一个“塑性加载-弹性卸载界面”，即“卸载界面”AB，如图 5.31 所示。

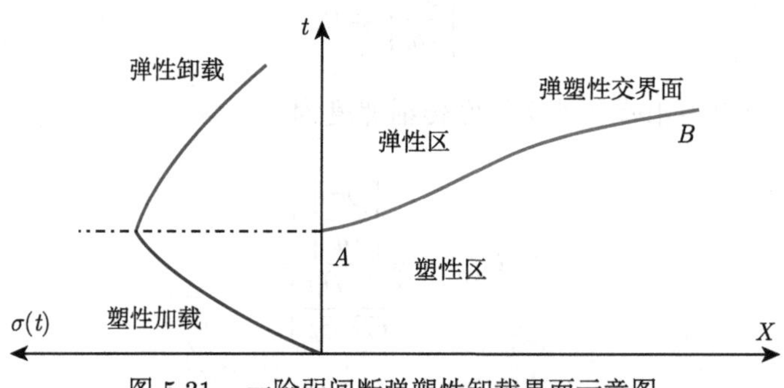

图 5.31 一阶弱间断弹塑性卸载界面示意图

此种情况下，有

$$\frac{\partial\sigma^e}{\partial t}\leqslant 0,\quad \frac{\partial\sigma^p}{\partial t}\geqslant 0 \tag{5.362}$$

代入式 (5.358)，可得

$$\frac{\dfrac{1}{C_p^2}-\dfrac{1}{C_{ep}^2}}{\dfrac{1}{C_e^2}-\dfrac{1}{C_{ep}^2}}\leqslant 0 \tag{5.363}$$

即对一阶弱间断的加载界面而言，弹塑性交界面的传播速度必须满足

$$C_p^2\leqslant C_{ep}^2\leqslant C_e^2 \tag{5.364}$$

2. 二阶弱间断弹塑性交界面的传播

从以上分析可知，若

$$\left[\frac{\partial\sigma}{\partial t}\right]=0 \tag{5.365}$$

则必有

$$\frac{\partial\sigma^e}{\partial t}=\frac{\partial\sigma^p}{\partial t}=\frac{\partial v^e}{\partial X}=\frac{\partial v^p}{\partial X}=\left[\frac{\partial\sigma}{\partial X}\right]=\left[\frac{\partial v}{\partial t}\right]=0 \tag{5.366}$$

该弹塑性交界面必为二阶或二阶以上弱间断交界面。

容易看出，此时式 (5.350) 两端均为零，无法给出交界面的传播速度，因而需要考虑更高一阶的偏导数。根据式 (5.366) 可知，沿着此二阶或高阶弹塑性交界面两侧，应力率和质点速度梯度的全导数也必为零，即

$$\left\{\begin{aligned}&\frac{\mathrm{d}\left(\partial\sigma/\partial t\right)}{\mathrm{d}t}=\frac{\partial^2\sigma}{\partial t^2}+C_{ep}\frac{\partial^2\sigma}{\partial X\partial t}=0\\&\frac{\mathrm{d}\left(\partial v/\partial X\right)}{\mathrm{d}t}=\frac{\partial^2 v}{\partial X\partial t}+C_{ep}\frac{\partial^2\sigma}{\partial X^2}=0\end{aligned}\right. \tag{5.367}$$

即有

$$\left\{\begin{aligned}&\frac{\partial^2\sigma}{\partial t^2}=-C_{ep}\frac{\partial^2\sigma}{\partial X\partial t}\\&\frac{\partial^2\sigma}{\partial X^2}=-\frac{1}{C_{ep}}\frac{\partial^2 v}{\partial X\partial t}\end{aligned}\right. \tag{5.368}$$

类似地，根据式 (5.366) 可知，由于跨过此二阶或更高阶弹塑性交界面时，有

$$\left[\frac{\partial\sigma}{\partial X}\right]=\left[\frac{\partial v}{\partial t}\right]=0 \tag{5.369}$$

即此两个一阶偏导数跨界面连续，因而，沿着此弹塑性交界面以上两个一阶偏导数也必然跨界面连续，即有

$$\left\{\begin{aligned}&\left[\frac{\mathrm{d}\left(\partial\sigma/\partial X\right)}{\mathrm{d}t}\right]=\left[\frac{\partial^2\sigma}{\partial X\partial t}\right]+C_{ep}\left[\frac{\partial^2\sigma}{\partial X^2}\right]=0\\&\left[\frac{\mathrm{d}\left(\partial v/\partial t\right)}{\mathrm{d}t}\right]=\left[\frac{\partial^2 v}{\partial t^2}\right]+C_{ep}\left[\frac{\partial^2\sigma}{\partial X\partial t}\right]=0\end{aligned}\right. \tag{5.370}$$

即有

$$\left\{\begin{aligned}&\left[\frac{\partial^2\sigma}{\partial X^2}\right]=-\frac{1}{C_{ep}}\left[\frac{\partial^2\sigma}{\partial X\partial t}\right]\\&\left[\frac{\partial^2 v}{\partial t^2}\right]=-C_{ep}\left[\frac{\partial^2\sigma}{\partial X\partial t}\right]\end{aligned}\right. \tag{5.371}$$

对应力波传播的连续方程和运动方程：

$$\begin{cases} \dfrac{\partial v}{\partial X} - \dfrac{1}{\rho C^2}\dfrac{\partial \sigma}{\partial t} = 0 \\ \dfrac{\partial v}{\partial t} - \dfrac{1}{\rho}\dfrac{\partial \sigma}{\partial X} = 0 \end{cases} \tag{5.372}$$

分别求 X 和 t 的偏导，并考虑到式 (5.366)，可以得到

$$\begin{cases} \dfrac{\partial^2 v}{\partial X^2} = \dfrac{1}{\rho C^2}\dfrac{\partial^2 \sigma}{\partial X \partial t} \\ \dfrac{\partial^2 v}{\partial X \partial t} = \dfrac{1}{\rho C^2}\dfrac{\partial^2 \sigma}{\partial t^2} \\ \dfrac{\partial^2 v}{\partial X \partial t} = \dfrac{1}{\rho}\dfrac{\partial^2 \sigma}{\partial X^2} \\ \dfrac{\partial^2 v}{\partial t^2} = \dfrac{1}{\rho}\dfrac{\partial^2 \sigma}{\partial X \partial t} \end{cases} \tag{5.373}$$

根据式 (5.368) 中第一式，依次联立式 (5.371) 中第一式、式 (5.373) 中第三式和第二式，可以得到

$$\left[\frac{\partial^2 \sigma}{\partial t^2}\right] = -C_{ep}\left[\frac{\partial^2 \sigma}{\partial X \partial t}\right] = C_{ep}^2\left[\frac{\partial^2 \sigma}{\partial X^2}\right] = \rho C_{ep}^2\left[\frac{\partial^2 v}{\partial X \partial t}\right] = \left[\frac{C_{ep}^2}{C^2}\frac{\partial^2 \sigma}{\partial t^2}\right] \tag{5.374}$$

即

$$\left[\frac{\partial^2 \sigma}{\partial t^2}\right] = C_{ep}^2\left[\frac{1}{C^2}\frac{\partial^2 \sigma}{\partial t^2}\right] \tag{5.375}$$

式 (5.375) 即为二阶或高阶弹塑性交界面传播速度须满足的关系。

若 C_{ep} 不等于零，则根据式 (5.375) 可知

$$\begin{cases} \left[\dfrac{\partial^2 \sigma}{\partial t^2}\right] = 0 \\ \left[\dfrac{1}{C^2}\dfrac{\partial^2 \sigma}{\partial t^2}\right] = 0 \end{cases} \quad \text{或} \quad \begin{cases} \left[\dfrac{\partial^2 \sigma}{\partial t^2}\right] \neq 0 \\ \left[\dfrac{1}{C^2}\dfrac{\partial^2 \sigma}{\partial t^2}\right] \neq 0 \end{cases} \tag{5.376}$$

先考虑两者同时等于零时的情况，由于跨过弹塑性交界面必有

$$\left[\frac{1}{C^2}\right] \neq 0 \tag{5.377}$$

因而有

$$\frac{\partial^2 \sigma}{\partial t^2} = 0 \tag{5.378}$$

即

$$\frac{\partial^2 \sigma^e}{\partial t^2} = \frac{\partial^2 \sigma^p}{\partial t^2} = 0 \tag{5.379}$$

将式 (5.378) 依次结合式 (5.368) 中第一式、式 (5.373) 中第二式、第三式、第一式和第四式，可以得到

$$\frac{\partial^2 \sigma}{\partial X \partial t} = 0, \quad \frac{\partial^2 v}{\partial X \partial t} = 0, \quad \frac{\partial^2 \sigma}{\partial X^2} = 0, \quad \frac{\partial^2 v}{\partial X^2} = 0, \quad \frac{\partial^2 v}{\partial t^2} = 0 \tag{5.380}$$

即此弹塑性交界面两侧的紧前方和紧后方的应力σ 与质点速度 v 的二阶偏导数皆为零，它们跨交界面连续，因而此交界面必为三阶或更高阶的弹塑性交界面。根据以上分析可以得出结论：对二阶或二阶以上弱间断交界面而言，若跨过此弹塑性交界面时 $\partial^2\sigma/\partial t^2 = 0$，则跨过该交界面时应力$\sigma$ 和质点速度 v 的一阶和二阶偏导数都连续，且在交界面两侧的紧前方和紧后方式 (5.366) 和式 (5.380) 同时成立；这种交界面必然是三阶或更高阶的弱间断弹塑性交界面。

若

$$\frac{\partial^2 \sigma}{\partial t^2} \neq 0 \tag{5.381}$$

则根据式 (5.375) 可以给出该弹塑性交界面的传播速度为

$$C_{ep}^2 = \frac{\left[\dfrac{\partial^2 \sigma}{\partial t^2}\right]}{\left[\dfrac{1}{C^2}\dfrac{\partial^2 \sigma}{\partial t^2}\right]} \tag{5.382}$$

或有

$$\frac{\dfrac{\partial^2 \sigma^e}{\partial t^2}}{\dfrac{\partial^2 \sigma^p}{\partial t^2}} = \frac{\dfrac{1}{C_p^2} - \dfrac{1}{C_{ep}^2}}{\dfrac{1}{C_e^2} - \dfrac{1}{C_{ep}^2}} \tag{5.383}$$

从以上分析可知，对于一个二阶或二阶以上弱间断弹塑性交界面，若跨过该交界面时 $\partial^2\sigma/\partial t^2 \neq 0$，则它必然是二阶弱间断的弹塑性交界面，且该交界面的传播速度可以由式 (5.383) 给出。

设在杆端施加应力载荷$\sigma(t)$ 在 A 时刻发出一个 “弹性加载-塑性加载界面”，即 “加载界面”AB，如图 5.32 所示；此种情况下，有

$$\frac{\partial \sigma^e}{\partial t} \leqslant 0, \quad \frac{\partial \sigma^p}{\partial t} \geqslant 0 \tag{5.384}$$

代入式 (5.383)，可知

$$\frac{\dfrac{1}{C_p^2} - \dfrac{1}{C_{ep}^2}}{\dfrac{1}{C_e^2} - \dfrac{1}{C_{ep}^2}} \leqslant 0 \tag{5.385}$$

即对一阶弱间断的加载界面而言，弹塑性交界面的传播速度必须满足

$$C_p^2 \leqslant C_{ep}^2 \leqslant C_e^2 \tag{5.386}$$

若设在杆端施加应力载荷$\sigma(t)$ 在 A 时刻发出一个 “塑性加载-弹性卸载界面”，即 “卸载界面”AB，如图 5.33 所示。

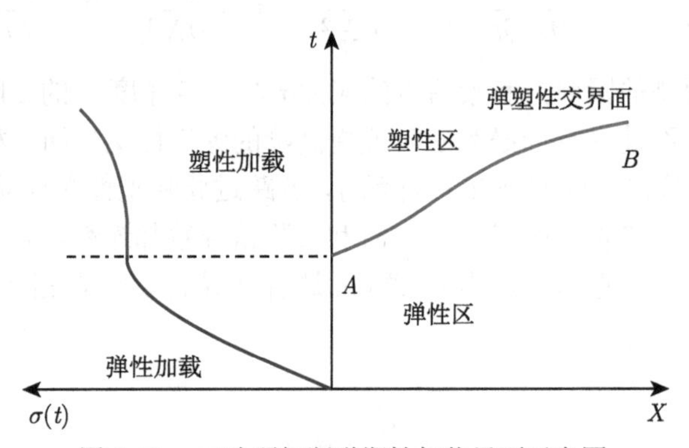

图 5.32　二阶弱间断弹塑性加载界面示意图

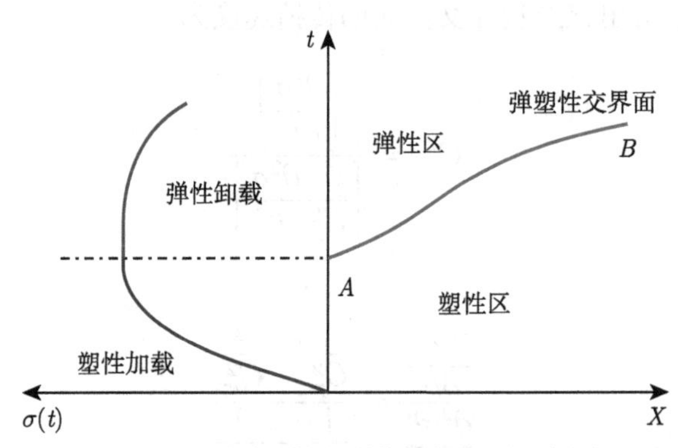

图 5.33　二阶弱间断弹塑性卸界面示意图

此种情况下，有

$$\frac{\partial \sigma^e}{\partial t} \leqslant 0, \quad \frac{\partial \sigma^p}{\partial t} \leqslant 0 \tag{5.387}$$

代入式 (5.383)，可知

$$\frac{\dfrac{1}{C_p^2} - \dfrac{1}{C_{ep}^2}}{\dfrac{1}{C_e^2} - \dfrac{1}{C_{ep}^2}} \geqslant 0 \tag{5.388}$$

即对一阶弱间断的加载界面而言，弹塑性交界面的传播速度必须满足

$$C_{ep}^2 \leqslant C_p^2 \quad 或 \quad C_{ep}^2 \geqslant C_e^2 \tag{5.389}$$

3. 二阶以上弱间断弹塑性交界面的传播

对于二阶以上弱间断弹塑性交界面的传播，这里参考王礼立等的证明，介绍李永池在《波动力学》一书中的证明方法。对于杆中平面纵波的传播，其连续方程和运动方程组合可以表达为

$$\frac{\partial \boldsymbol{W}}{\partial t}+\boldsymbol{B}\cdot\frac{\partial \boldsymbol{W}}{\partial X}=\boldsymbol{O} \tag{5.390}$$

式中

$$\boldsymbol{W}=\begin{bmatrix} v \\ \sigma \end{bmatrix},\quad \boldsymbol{B}=\begin{bmatrix} 0 & -\dfrac{1}{\rho} \\ -\rho C^2 & 0 \end{bmatrix},\quad \boldsymbol{O}=\begin{bmatrix} 0 \\ 0 \end{bmatrix} \tag{5.391}$$

对式 (5.390) 求偏导数，可以得到

$$\begin{cases} \dfrac{\partial^2 \boldsymbol{W}}{\partial t^2}=-\dfrac{\partial \boldsymbol{B}}{\partial t}\cdot\dfrac{\partial \boldsymbol{W}}{\partial X}-\boldsymbol{B}\cdot\dfrac{\partial^2 \boldsymbol{W}}{\partial X\partial t} \\ \dfrac{\partial^2 \boldsymbol{W}}{\partial X\partial t}=-\dfrac{\partial \boldsymbol{B}}{\partial X}\cdot\dfrac{\partial \boldsymbol{W}}{\partial X}-\boldsymbol{B}\cdot\dfrac{\partial^2 \boldsymbol{W}}{\partial X^2} \end{cases} \tag{5.392}$$

对式 (5.392) 进一步求偏导数，可以得到

$$\begin{cases} \dfrac{\partial^3 \boldsymbol{W}}{\partial t^3}=-\dfrac{\partial^2 \boldsymbol{B}}{\partial t^2}\cdot\dfrac{\partial \boldsymbol{W}}{\partial X}-2\dfrac{\partial \boldsymbol{B}}{\partial t}\cdot\dfrac{\partial^2 \boldsymbol{W}}{\partial X\partial t}-\boldsymbol{B}\cdot\dfrac{\partial^3 \boldsymbol{W}}{\partial X\partial t^2} \\ \dfrac{\partial^3 \boldsymbol{W}}{\partial X\partial t^2}=-\dfrac{\partial^2 \boldsymbol{B}}{\partial X\partial t}\cdot\dfrac{\partial \boldsymbol{W}}{\partial X}-\dfrac{\partial \boldsymbol{B}}{\partial t}\cdot\dfrac{\partial^2 \boldsymbol{W}}{\partial X^2}-\dfrac{\partial \boldsymbol{B}}{\partial X}\cdot\dfrac{\partial^2 \boldsymbol{W}}{\partial X\partial t}-\boldsymbol{B}\cdot\dfrac{\partial^3 \boldsymbol{W}}{\partial X^2\partial t} \\ \dfrac{\partial^3 \boldsymbol{W}}{\partial X^2\partial t}=-\dfrac{\partial^2 \boldsymbol{B}}{\partial X^2}\cdot\dfrac{\partial \boldsymbol{W}}{\partial X}-2\dfrac{\partial \boldsymbol{B}}{\partial X}\cdot\dfrac{\partial^2 \boldsymbol{W}}{\partial X^2}-\boldsymbol{B}\cdot\dfrac{\partial^3 \boldsymbol{W}}{\partial X^3} \end{cases} \tag{5.393}$$

从以上二阶弱间断弹塑性交界面的分析可知，在三阶弱间断弹塑性交界面上，必有

$$\frac{\partial \boldsymbol{W}}{\partial t}=\begin{bmatrix} \dfrac{\partial v}{\partial t} \\ 0 \end{bmatrix},\quad \frac{\partial \boldsymbol{W}}{\partial X}=\begin{bmatrix} 0 \\ \dfrac{\partial \sigma}{\partial X} \end{bmatrix},\quad \left[\frac{\partial \boldsymbol{W}}{\partial t}\right]=\left[\frac{\partial \boldsymbol{W}}{\partial X}\right]=0 \tag{5.394}$$

和

$$\frac{\partial^2 \boldsymbol{W}}{\partial t^2}=\frac{\partial^2 \boldsymbol{W}}{\partial X\partial t}=\frac{\partial^2 \boldsymbol{W}}{\partial X^2}=0 \tag{5.395}$$

将式 (5.395) 代入式 (5.383)，即可得出

$$\begin{cases} \dfrac{\partial^3 \boldsymbol{W}}{\partial t^3}=-\dfrac{\partial^2 \boldsymbol{B}}{\partial t^2}\cdot\dfrac{\partial \boldsymbol{W}}{\partial X}-\boldsymbol{B}\cdot\dfrac{\partial^3 \boldsymbol{W}}{\partial X\partial t^2} \\ \dfrac{\partial^3 \boldsymbol{W}}{\partial X\partial t^2}=-\dfrac{\partial^2 \boldsymbol{B}}{\partial X\partial t}\cdot\dfrac{\partial \boldsymbol{W}}{\partial X}-\boldsymbol{B}\cdot\dfrac{\partial^3 \boldsymbol{W}}{\partial X^2\partial t} \\ \dfrac{\partial^3 \boldsymbol{W}}{\partial X^2\partial t}=-\dfrac{\partial^2 \boldsymbol{B}}{\partial X^2}\cdot\dfrac{\partial \boldsymbol{W}}{\partial X}-\boldsymbol{B}\cdot\dfrac{\partial^3 \boldsymbol{W}}{\partial X^3} \end{cases} \tag{5.396}$$

根据式 (5.391) 可以得出

$$\frac{\partial^2 \boldsymbol{B}}{\partial t^2}=\begin{bmatrix} 0 & 0 \\ -\rho\dfrac{\partial^2\left(C^2\right)}{\partial t^2} & 0 \end{bmatrix},\frac{\partial^2 \boldsymbol{B}}{\partial X\partial t}=\begin{bmatrix} 0 & -\dfrac{1}{\rho} \\ -\rho\dfrac{\partial^2\left(C^2\right)}{\partial X\partial t} & 0 \end{bmatrix}\frac{\partial^2 \boldsymbol{B}}{\partial X^2}=\begin{bmatrix} 0 & -\dfrac{1}{\rho} \\ -\rho\dfrac{\partial^2\left(C^2\right)}{\partial X^2} & 0 \end{bmatrix} \tag{5.397}$$

综合考虑式 (5.397) 和式 (5.394)，并将其代入式 (5.396)，即可得到

$$\begin{cases} \dfrac{\partial^3 \boldsymbol{W}}{\partial t^3}=-\boldsymbol{B}\cdot\dfrac{\partial^3 \boldsymbol{W}}{\partial X\partial t^2} \\ \dfrac{\partial^3 \boldsymbol{W}}{\partial X\partial t^2}=-\boldsymbol{B}\cdot\dfrac{\partial^3 \boldsymbol{W}}{\partial X^2\partial t} \\ \dfrac{\partial^3 \boldsymbol{W}}{\partial X^2\partial t}=-\boldsymbol{B}\cdot\dfrac{\partial^3 \boldsymbol{W}}{\partial X^3} \end{cases} \tag{5.398}$$

由于在三阶弱间断弹塑性交界面上式 (5.380) 成立，则有

$$\begin{cases} \dfrac{d\left(\partial^2 \boldsymbol{W}/\partial t^2\right)}{dt}=\dfrac{\partial^3 \boldsymbol{W}}{\partial t^3}+C_{ep}\dfrac{\partial^3 \boldsymbol{W}}{\partial X\partial t^2}=0 \\ \dfrac{d\left(\partial^2 \boldsymbol{W}/\partial X\partial t\right)}{dt}=\dfrac{\partial^3 \boldsymbol{W}}{\partial X\partial t^2}+C_{ep}\dfrac{\partial^3 \boldsymbol{W}}{\partial X^2\partial t}=0 \\ \dfrac{d\left(\partial^2 \boldsymbol{W}/\partial X^2\right)}{dt}=\dfrac{\partial^3 \boldsymbol{W}}{\partial X^2\partial t}+C_{ep}\dfrac{\partial^3 \boldsymbol{W}}{\partial X^3}=0 \end{cases} \tag{5.399}$$

即有

$$\begin{cases} \dfrac{\partial^3 \boldsymbol{W}}{\partial t^3}=-C_{ep}\dfrac{\partial^3 \boldsymbol{W}}{\partial X\partial t^2} \\ \dfrac{\partial^3 \boldsymbol{W}}{\partial X\partial t^2}=-C_{ep}\dfrac{\partial^3 \boldsymbol{W}}{\partial X^2\partial t} \\ \dfrac{\partial^3 \boldsymbol{W}}{\partial X^2\partial t}=-C_{ep}\dfrac{\partial^3 \boldsymbol{W}}{\partial X^3} \end{cases} \tag{5.400}$$

将式 (5.400) 代入式 (5.398)，可以得出

$$\begin{cases} \left(\boldsymbol{B}-C_{ep}\boldsymbol{I}\right)\cdot\dfrac{\partial^3 \boldsymbol{W}}{\partial t^3}=0 \\ \left(\boldsymbol{B}-C_{ep}\boldsymbol{I}\right)\cdot\dfrac{\partial^3 \boldsymbol{W}}{\partial X\partial t^2}=0 \\ \left(\boldsymbol{B}-C_{ep}\boldsymbol{I}\right)\cdot\dfrac{\partial^3 \boldsymbol{W}}{\partial X^2\partial t}=0 \\ \left(\boldsymbol{B}-C_{ep}\boldsymbol{I}\right)\cdot\dfrac{\partial^3 \boldsymbol{W}}{\partial X^3}=0 \end{cases} \tag{5.401}$$

类似一阶和二阶弱间断弹塑性交界面中的分析，对三阶弱间断弹塑性交界面而言，必有

$$\frac{\partial^3 \boldsymbol{W}}{\partial t^3} \neq 0, \quad \frac{\partial^3 \boldsymbol{W}}{\partial X \partial t^2} \neq 0, \quad \frac{\partial^3 \boldsymbol{W}}{\partial X^2 \partial t} \neq 0, \quad \frac{\partial^3 \boldsymbol{W}}{\partial X^3} \neq 0 \tag{5.402}$$

结合式 (5.401) 和式 (5.402) 可知，在三阶弱间断弹塑性交界面的某一侧，应有

$$|\boldsymbol{B} - C_{ep}\boldsymbol{I}| = 0 \tag{5.403}$$

即 C_{ep} 正好是 B 的特征值，此时弹塑性交界面必与弹性或塑性特征线重合。类似以上证明，也可以得出四阶、五阶甚至更高阶的相同结论。

从以上分析可以得出结论：三阶或三阶以上的弱间断弹塑性交界面必与特征线重合。

5.3.3 单波区中卸载界面的传播

设杆材料为弹塑性递减强化材料，在杆的左端施加一个压力载荷 $p(t)$，压力峰值为 p_M；如图 5.34 所示。设在 $t \leqslant t_H$ 时系列弹塑性加载波从杆左端向右传播，对无限长杆而言，这是一族弹塑性单波区；当 $t > t_H$ 时，杆端出现向右传播的系列卸载波，卸载界面向右传播，此弹塑性交界面前方也为单波区。

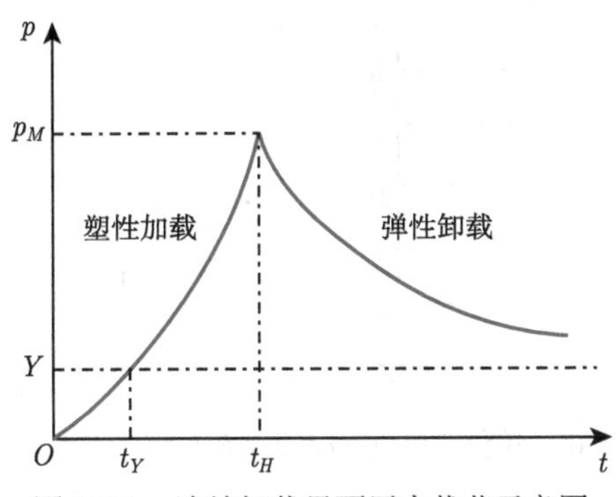

图 5.34 连续卸载界面压力载荷示意图

由于交界面两端：

$$[C] \neq 0 \tag{5.404}$$

根据 3.1.2 小节应力波在交界面上的透反射规律可知，卸载波在弹塑性交界面上必定存在反射现象；可以绘制出该问题应力波传播过程的物理平面图，如图 5.35 所示。由于是连续卸载，因此跨过该弹塑性交界面时应力σ 和质点速度 v 连续。

第一步，先考虑塑性加载段单波区物理平面图与状态平面图特征，如图 5.36 所示。根据纵波传播运动方程，在弹性阶段有

$$\mathrm{d}\sigma = -\rho C_e \mathrm{d}v \tag{5.405}$$

对线弹性材料而言，弹性声速为常量，因此式 (5.405) 可写为

$$p = -\sigma = \rho C_e v \tag{5.406}$$

可以给出 F 点对应的质点速度：

$$v_F = \frac{p_F}{\rho C_e} = \frac{Y}{\rho C_e} \tag{5.407}$$

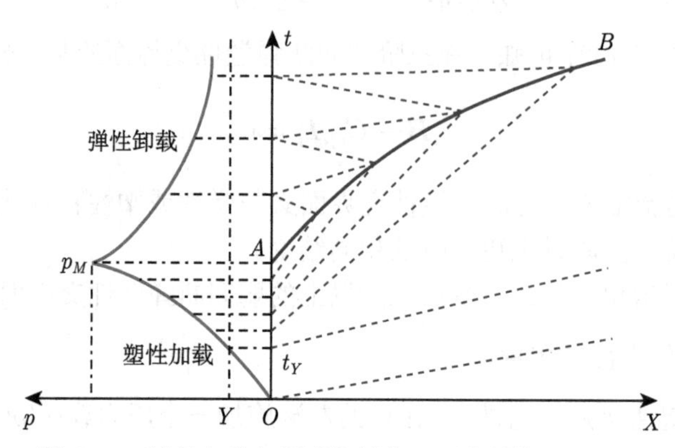

图 5.35　连续卸载问题弹塑性交界面传播物理平面图

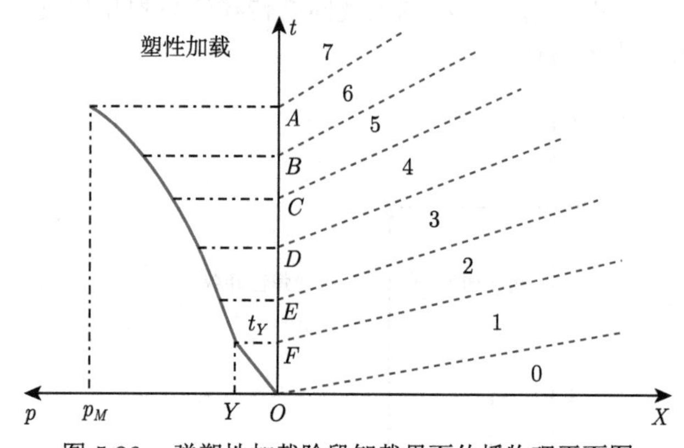

图 5.36　弹塑性加载阶段卸载界面传播物理平面图

在物理平面图 FE 段，根据式 (5.406) 可以得到

$$v = \int_0^p \frac{\mathrm{d}p}{\rho C} = \frac{p_F}{\rho C_e} + \int_{p_F}^p \frac{\mathrm{d}p}{\rho C_p} \tag{5.408}$$

在 E 点有

$$v_E = \int_0^{p_E} \frac{\mathrm{d}p}{\rho C} = \frac{p_F}{\rho C_e} + \int_{p_F}^{p_E} \frac{\mathrm{d}p}{\rho C} = v_F + \frac{1}{\rho}\int_{p_F}^{p_E} \frac{\mathrm{d}p}{C_p(p)} \tag{5.409}$$

类似地，可以给出 D 点、C 点、B 点和 A 点处的质点速度分别为

$$v_D = v_E + \frac{1}{\rho}\int_{p_E}^{p_D} \frac{\mathrm{d}p}{C_p(p)},\quad v_C = v_D + \frac{1}{\rho}\int_{p_D}^{p_C} \frac{\mathrm{d}p}{C_p(p)},\quad v_B = v_C + \frac{1}{\rho}\int_{p_C}^{p_B} \frac{\mathrm{d}p}{C_p(p)} \tag{5.410}$$

和

$$v_A = v_B + \frac{1}{\rho}\int_{p_B}^{p_A} \frac{\mathrm{d}p}{C_p(p)} = v_B + \frac{1}{\rho}\int_{p_B}^{p_M} \frac{\mathrm{d}p}{C_p(p)} \tag{5.411}$$

可将式 (5.409) 写为

$$v_E = v_F + \frac{p_E - p_F}{\rho \bar{C}_{F-E}} \tag{5.412}$$

式中，$\bar{C}_{F-E}$ 表示 EF 区间积分平均塑性波速度，以下类似形式四个波速的代表的意义也类似。则其他几个点的质点速度可写为

$$v_D = v_E + \frac{p_D - p_E}{\rho \bar{C}_{E-D}}, v_C = v_D + \frac{p_C - p_D}{\rho \bar{C}_{D-C}}, v_B = v_C + \frac{p_B - p_C}{\rho \bar{C}_{C-B}}, v_A = v_B + \frac{p_M - p_B}{\rho \bar{C}_{B-A}} \tag{5.413}$$

对于递减强化材料而言，容易知道

$$\bar{C}_{F-E} > \bar{C}_{E-D} > \bar{C}_{D-C} > \bar{C}_{C-B} > \bar{C}_{B-A} \tag{5.414}$$

因此塑性加载阶段的状态平面图应如图 5.37 所示。

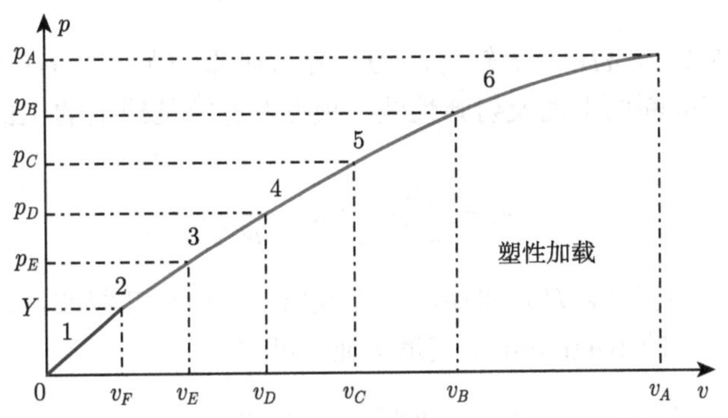

图 5.37 弹塑性加载阶段卸载界面传播状态平面图

在弹性卸载阶段，弹塑性交界面前方是单波区，此时该问题即为相对复杂的弹性卸载波对塑性加载波的追赶卸载问题，交界面后方存在入射弹性卸载波和应变间断面上的内反射弹性波，对于线弹性而言，其卸载波速不变，此时卸载阶段特征线见物理平面图 5.38 所示。图 5.38 中 A 为弹塑性交界面的起点，根据一阶弱间断弹塑性卸载界面传播速度公式：

$$C_{ep} = \sqrt{\frac{\left[\dfrac{\partial \sigma}{\partial t}\right]}{\left[\dfrac{1}{C^2}\dfrac{\partial \sigma}{\partial t}\right]}} \tag{5.415}$$

可以求出物理平面图中弹塑性交界面在 A 点的斜率；并绘制出直线段 Aa，如图 5.38 所示，当 Aa 长度越小则给出的值就越精确，图中只是示意而已。根据一阶弱间断弹塑性卸载界面的性质可知，a 点处交界面传播速度必定满足

$$C_p < C_{ep}(a) < C_e \tag{5.416}$$

因而在物理平面图中卸载界面前方单波区中必能找到一条塑性特征线经过点 a，如图中 a-a_0 所示，因此可以给出 a 点对应的压力为

$$p(a) = p(a_0) = p_a \tag{5.417}$$

对应的质点速度 v_a 也可以在单波区给出。

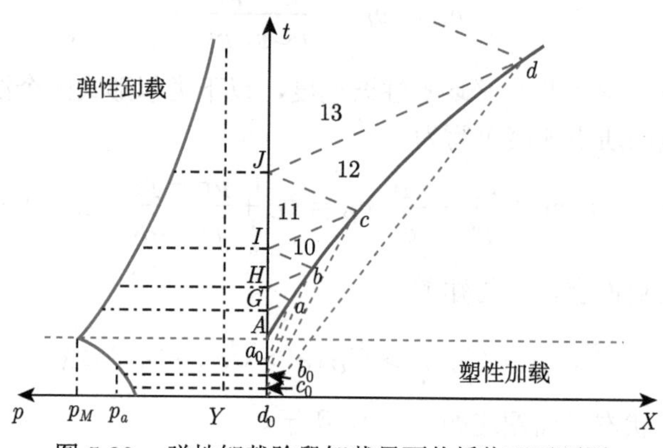

图 5.38　弹性卸载阶段卸载界面传播物理平面图

过点 a 作左行特征线 aH 交 t 轴与点 H，容易理解，特征线 aH 即为弹性卸载波 Ga 在卸载界面这个应变间断面上的反射弹性波，根据左行特征线上的 Riemann 不变量特征，可知

$$v_a - \frac{p_a}{\rho C_e} = v_H - \frac{p_H}{\rho C_e} \tag{5.418}$$

然后，过 H 点作右行特征线 Hb，即从 H 点发出一个弹性卸载波，达到卸载界面上点 b 处；根据右行特征线上的 Riemann 不变量特征，可知

$$v_H + \frac{p_H}{\rho C_e} = v_b + \frac{p_b}{\rho C_e} \tag{5.419}$$

联立式 (5.418) 和式 (5.419)，可以得到

$$v_b + \frac{p_b}{\rho C_e} = v_a - \frac{p_a}{\rho C_e} + \frac{2p_H}{\rho C_e} \tag{5.420}$$

式 (5.420) 称为点 a 与点 b 之间的共轭关系，点 b 称为点 a 的共轭点。根据式 (5.420) 可以在状态平面图上确定点 b 的坐标，如图 5.39 所示。

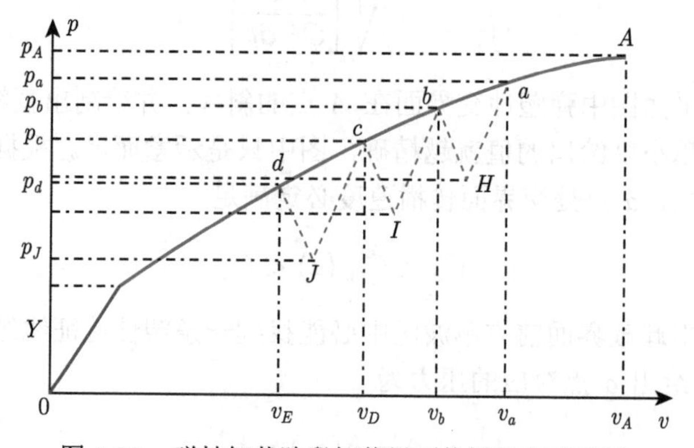

图 5.39　弹性卸载阶段卸载界面传播状态平面图

在物理平面图 5.38 中，根据特征线方程和边界条件可有

$$\frac{-X_a}{t_H - t_a} = -C_e \tag{5.421}$$

因而可以给出物理平面图上 H 点的坐标。以上在状态平面图的求解过程中，得到了 b 点的压力 p_b，根据弹塑性加载曲线，在物理平面图 5.36 中 t 轴上容易找出一点 b_0，使得

$$p(b_0) = p_b \tag{5.422}$$

过点 b_0 在单波区中作特征线

$$\frac{\mathrm{d}X}{\mathrm{d}t} = C_p(p_{b0}) \tag{5.423}$$

与过 H 点作弹性卸载波右行特征线的交点即为物理平面图中点 b，如图 5.38 所示。

类似以上方法，可有依次给出物理平面图和状态平面图中卸载界面上的点 c、点 d、$\cdots$，直到弹性波特征线与卸载界面平行。以上各点中间的点可用插值方法给出。

以上是杆左端连续弹塑性加载和连续弹性卸载的情况，若弹塑性加载和弹性卸载是强间断的，即初始 $t=0$ 时刻在一维递减强化弹塑性杆左端突然施加一个恒值荷载 $p_M > Y$，且在 $t=\tau$ 时刻压力突然卸载到 0；此时卸载界面传播问题即为一维递减强化弹塑性杆中突然加卸载时卸载界面的传播问题。

同上，我们先考虑加载区域的情况，对于递减强化弹塑性材料而言，此时会在杆左端产生一个弹性突加波和塑性中心波，如图 5.40 所示，对线弹性材料而言，弹性突加波前方杆介质处于静止松弛状态，即状态点 1 的应力与质点速度均为 0；而弹性突加波后方状态点 2 的应力为 Y，即弹性前驱波后方塑性波阵面前方介质处于初始屈服状态，其质点速度为

$$v_1 = \frac{Y}{\rho C_e} \tag{5.424}$$

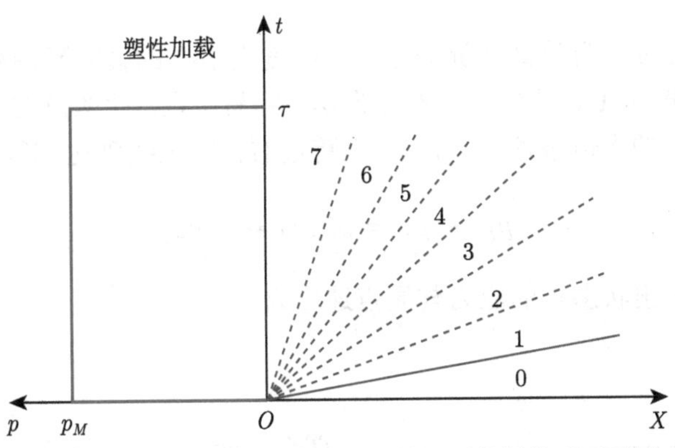

图 5.40 弹塑性加载阶段突然卸载界面传播物理平面图

状态点 7 应为塑性波传播过后恒值区，其应力等于加载应力的峰值，可以计算出其质点速度为

$$v_7 = \frac{Y}{\rho C_e} + \int_Y^{p_M} \frac{\mathrm{d}p}{\rho C_p(p)} \tag{5.425}$$

状态点 1 与状态点 7 之间的各个状态点对应的应力与质点速度可以利用第 4 章一维杆中弹塑性波传播知识进行分析求解，在此不做详述；因而可以给出加载阶段状态平面图，如图 5.41 所示。

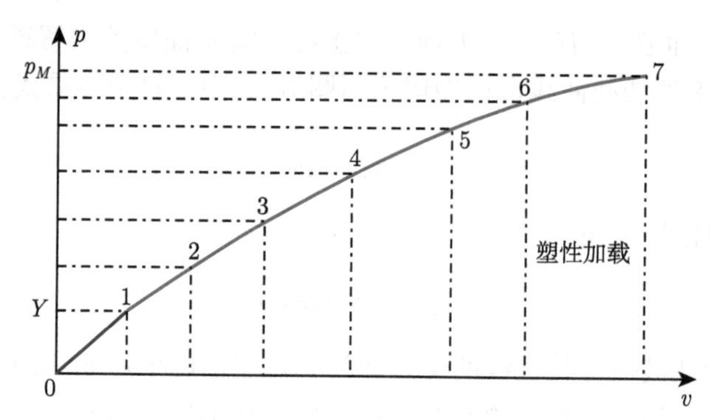

图 5.41　弹塑性加载阶段突然卸载界面传播状态平面图

当 $t \geqslant \tau$ 时，弹性突然卸载波开始从杆左端向右端传播；卸载界面也从图 5.42 所示的物理平面图中点 A 处开始传播，此处塑性侧的应力变化率为

$$\left(\frac{\partial p}{\partial t}\right)_p = 0 \tag{5.426}$$

而弹性侧的应力变化率为

$$\left(\frac{\partial p}{\partial t}\right)_e = -\infty \tag{5.427}$$

由强间断弹塑性交界面的传播速度公式可知，此时卸载界面的初始传播速度必为

$$\bar{C} = C_e \tag{5.428}$$

即等于弹性卸载波波速，且该卸载界面是一个强度为 p_M 的强间断卸载界面。设该卸载界面的弹性侧状态点设为 A^e，塑性侧状态点为 A；容易质点，此两点在物理平面图中应是重合的。根据波阵面上的守恒条件可知，从 A 跨过右行特征线到达 A^e，满足

$$p_{A^e} - p_A = \rho C_e \left(v_{A^e} - v_A\right) \tag{5.429}$$

结合边界条件即可给出状态点的应力与质点速度为

$$\left\{\begin{array}{l} p_{A^e} = 0 \\ v_{A^e} = \dfrac{-p_A}{\rho C_e} + v_A = v_7 - \dfrac{p_M}{\rho C_e} = \displaystyle\int_Y^{p_M} \frac{dp}{\rho C_p\left(p\right)} - \frac{p_M - Y}{\rho C_e} > 0 \end{array}\right. \tag{5.430}$$

式 (5.430) 表明，虽然卸载波过后介质应力为 0，但还是存在残余速度。

该弹性卸载界面在强间断特征没有改变前一直以弹性波速度向前传播，其迹线在弹性侧与右行波传播特征线重合，因而可以给出其在物理平面图中的迹线为 A-b。设强间断弹

性卸载界面的传播迹线 A-b 与塑性突加波的最后一个加载波即与该塑性中心波最左侧特征线的交点为 a，该交点在弹性侧的状态点为 a^e，根据右行弹性卸载波特征线上的特征关系和跨过右行弹性卸载波波阵面上的动量守恒条件，可以得到

$$\begin{cases} p_{a^e} = p_{A^e} - \rho C_e \left(v_{a^e} - v_{A^e}\right) \\ p_{a^e} = p_a + \rho C_e \left(v_{a^e} - v_a\right) \end{cases} \tag{5.431}$$

容易知道，在交界面塑性侧由于点 A 与点 a 皆在塑性恒值区，两点在状态平面图上是重合的。因而，根据式 (5.431) 可以给出状态点 a^e 的应力与质点速度：

$$\begin{cases} p_{a^e} = 0 \\ v_{a^e} = \dfrac{Y - p_M}{\rho C_e} + \displaystyle\int_Y^{p_M} \dfrac{\mathrm{d}p}{\rho C_p\left(p\right)} \end{cases} \tag{5.432}$$

对比式 (5.432) 和式 (5.403)，不难发现，点 A^e 和点 a^e 在状态平面图上是重合的，即两点的应力和质点速度对应相等。

强间断的卸载界面传播速度高于塑性波传播速度，因而会在点 a 追上塑性中心波并与之相互作用；设强间断卸载界面传播到点 b，且 $X_b > X_a$，在物理平面图中连接塑性中心波的中心点 O 和点 b，即可给出

$$C_p\left(b\right) = \frac{\mathrm{d}X_b}{\mathrm{d}t} \tag{5.433}$$

从而可以给出点 b 的应力 p_b，进而可以得到

$$v_b = \frac{Y}{\rho C_e} + \int_Y^{p_b} \frac{\mathrm{d}p}{\rho C_p} \tag{5.434}$$

利用跨过右行弹性卸载波波阵面 a-b 的动量守恒条件，有

$$p_{b^e} = p_b + \rho C_e \left(v_{b^e} - v_b\right) \tag{5.435}$$

同时根据卸载界面弹性侧右行特征线 a^e-b^e 上的特征关系，有

$$p_{b^e} = p_{a^e} - \rho C_e \left(v_{b^e} - v_{a^e}\right) \tag{5.436}$$

联立式 (5.435) 和式 (5.436)，可以给出

$$\begin{cases} p_{b^e} = \dfrac{1}{2}\left(p_b - \rho C_e v_b\right) - \dfrac{1}{2}\left(p_a - \rho C_e v_a\right) \\ v_{b^e} = \dfrac{1}{2}\left(v_b + v_{a^e} - \dfrac{p_b}{\rho C_e}\right) \end{cases} \tag{5.437}$$

因而由点 b 跨至 b^e 的卸载界面间断强度为

$$\left|\left[p_{b-b^e}\right]\right| = p_b - p_{b^e} = \frac{1}{2}\left(p_b + \rho C_e v_b\right) + \frac{1}{2}\left(p_A - \rho C_e v_A\right) \tag{5.438}$$

即有

$$|[p_{b-b^e}]| = \frac{1}{2}\left(p_b + \rho C_e \int_Y^{p_b} \frac{\mathrm{d}p}{\rho C_p} + Y\right) + \frac{1}{2}(p_A - \rho C_e v_A) \tag{5.439}$$

对于特定材料与加载应力而言，式 (5.439) 右端第二项是常量；随着卸载界面的传播，点 b 的应力 p_b 逐渐减小，因而式 (5.439) 右端第一项也随着卸载界面的传播而减小，直至

$$|[p_{b-b^e}]| = 0 \tag{5.440}$$

该间断消失。此时，必有

$$p_b + \rho C_e \int_Y^{p_b} \frac{\mathrm{d}p}{\rho C_p} = \rho C_e v_A - p_A - Y \tag{5.441}$$

根据式 (5.441) 和式 (5.437) 可以给出点 b 的压力与质点速度，由于此时卸载界面塑性侧与弹性侧无间断，则在状态平面图上点 b 和 b^e 必定重合，如图 5.43 所示。根据点 b 的压力，也可以给出经过 b 点塑性中心波波速，从而根据式 (5.433) 在物理平面图上给出点 b，如图 5.42 所示。

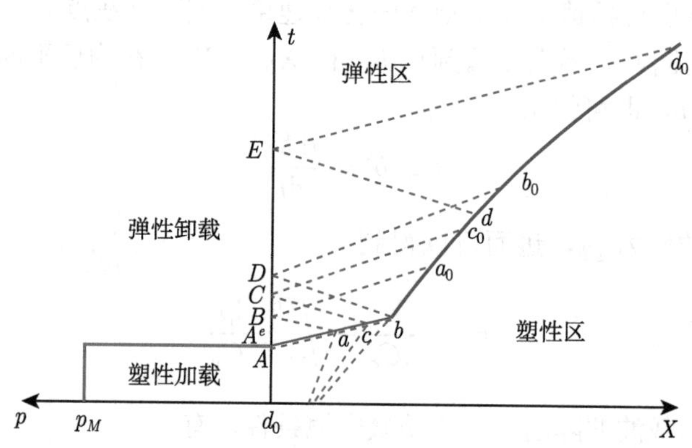

图 5.42 卸载阶段突然卸载界面传播物理平面图

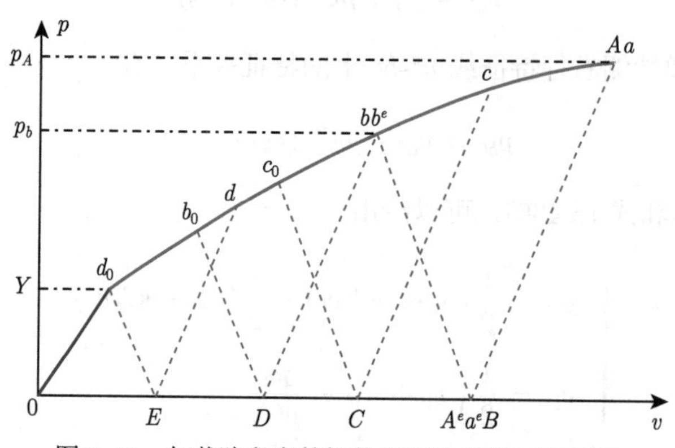

图 5.43 卸载阶段突然卸载界面传播状态平面图

由于卸载界面上应有

$$p_b \geqslant Y \tag{5.442}$$

若式 (5.442) 等号成立时，仍有

$$|[p_{b-b^e}]| > 0 \tag{5.443}$$

则说明在卸载界面传播过程中，卸载界面一直存在强间断特征，因而该卸载界面一直以弹性波速向前传播。根据式 (5.442) 和式 (5.443) 并结合式 (5.425)，此种情况下有

$$\int_{Y}^{p_M} \frac{\mathrm{d}p}{\rho C_p(p)} - \frac{p_M}{\rho C_e} < \frac{Y}{\rho C_e} \tag{5.444}$$

式 (5.444) 左端项正好是杆的最终残余速度。

在满足式 (5.444) 条件下，卸载界面前方即为塑性中心波区而后方为弹性波区；塑性中心波区中应力与质点速度可以利用强间断塑性波传播理论给出；而卸载界面的弹性侧应力与质点速度可以利用式 (5.437) 求出，而弹性波区内各点的应力与质点速度的求解问题即为特征线混合问题，读者可以参考 5.1 节相关内容分析。

若式 (5.444) 所示条件并不满足，则强间断卸载界面传播到点 b 处即转变为连续卸载界面；关于连续卸载界面的传播问题可参考图 5.42、图 5.43 和本小节以上连续卸载界面的传播相关内容，读者可试推导之，在此不重复描述。

5.4 流体中的简单波传播的特征线法

本书主要针对固体中的应力波开展分析讨论，然而，在高温高压条件下如强冲击波作用下，固体介质中应力波传播特性非常接近流体中冲击波传播特征，因而了解流体中简单波的传播基础知识对于后面内容中固体介质中冲击波传播理论的讲解有着一定的支撑。本节主要讨论流体中一维弹性波的基础理论及其基于特征线方法的简单波解。

5.4.1 弹性流体中的应力波传播基本理论

流体作为一种连续介质，其中应力波扰动信号的传播和在固体中的表现形式和处理方法基本上相同。不同的是，其物理形态和本构关系的形式与固体不同，而且由于流体具有较大的流动性，一般用 E 氏坐标为空间变量来描述其中的运动规律。流体中传播最常见的一种应力波就是声波，它是一种特殊的应力波，从本质上讲就是流体中声压扰动的传播。

先考虑最简单的一维扰动情况，如图 5.44 所示，假设管道中均匀分布着某种流体，当管道中活塞被向右缓慢推动时，活塞会对相邻的流体产生一个压力扰动，从而导致紧挨着活塞的流体的密度和压力微量增加，这一变化又会引起其前方流体密度和压力发生微量增加，这种连锁传播会在管道的流体中产生一个向右传播的压缩波。相反，当活塞受力向左缓慢运动时，紧挨着活塞的流体密度和压力会微量减小，这一变化又会使其前方流体密度和压力发生微量减小，从而会在管道的流体中产生一个向右传播的稀疏波。此一维情况下流体中声波的传播包含压缩波和稀疏波两种，它们产生的扰动效果不同，前者传播过后会使得介质的压力产生微量增加，而后者则使得介质中的压力产生微量减小；但值得注意的是，它们的传播方向皆是一致的。

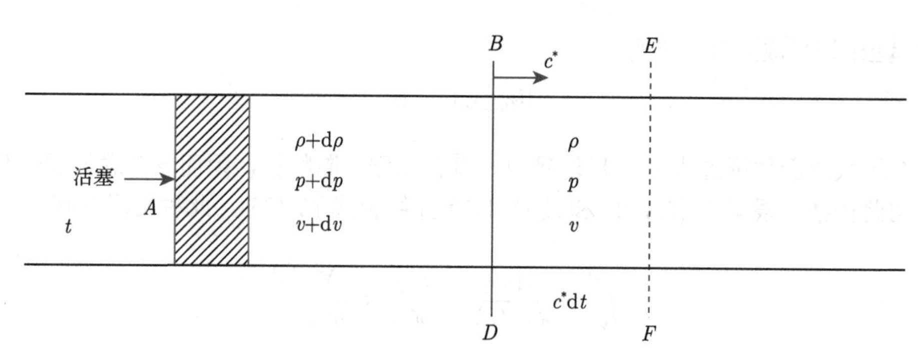

图 5.44　管道内流体中的声波 (一)

设声波波阵面在 t 时刻到达截面 BD 处，其前方介质的质点速度、瞬时质量密度和压力分别为 v、ρ 和 p，其受到扰动的后方介质的质点速度、瞬时质量密度和压力分别为 $v+\mathrm{d}v$、$\rho+\mathrm{d}\rho$ 和 $p+\mathrm{d}p$；设波阵面在 $t+\mathrm{d}t$ 时刻到达截面 EF 处，以 c^* 表示波阵面相对于前方介质的传播速度 (相对声速或局部声速)，也就是说，在 $\mathrm{d}t$ 时刻内，波阵面移动的位移为 $c^*\mathrm{d}t$。这里以 $\mathrm{d}t$ 时刻内波阵面所扫过的介质作为一个微闭口体系进行分析，此时该闭口体系包括初始 t 时刻时 $BDEF$ 所包含的介质，设管道截面积为 A，此时可以计算出该微闭口体系在 t 时刻时的质量为

$$\mathrm{d}m=\rho Ac^*\mathrm{d}t \tag{5.445}$$

在 t 时刻到 $t+\mathrm{d}t$ 时刻期间，截面 EF 移动 $v\mathrm{d}t$，而截面 BD 则移动 $(v+\mathrm{d}v)\mathrm{d}t$，如图 5.45 所示。在 $t+\mathrm{d}t$ 时刻，区间 $BDEF$ 的长度为 $(c^*-\mathrm{d}v)\,\mathrm{d}t$；同时，此微闭口体系内的密度为 $\rho+\mathrm{d}\rho$，因此，此时微闭口体系的质量为

$$\mathrm{d}m=(\rho+\mathrm{d}\rho)\,A\,(c^*-\mathrm{d}v)\,\mathrm{d}t \tag{5.446}$$

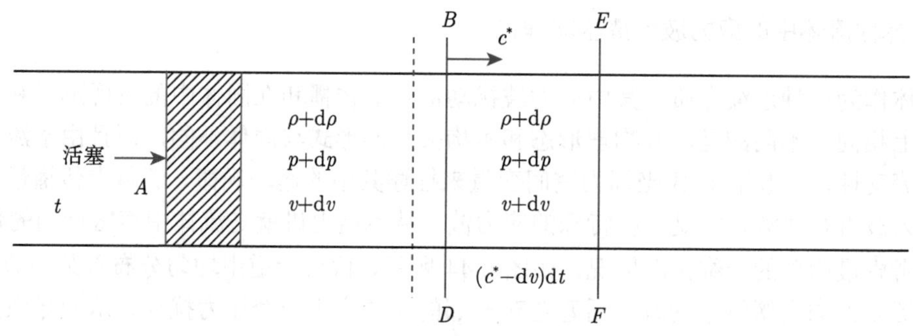

图 5.45　管道内流体中的声波 (二)

根据质量守恒条件有

$$\mathrm{d}m=\rho Ac^*\mathrm{d}t=(\rho+\mathrm{d}\rho)\,A\,(c^*-\mathrm{d}v)\,\mathrm{d}t \tag{5.447}$$

忽略高阶小量后简化有

$$\mathrm{d}v=\frac{c^*d\rho}{\rho} \tag{5.448}$$

式 (5.448) 即为质量守恒条件所推导出来的结论，它把声波扰动所引起的质点速度微增量 $\mathrm{d}v$ 和密度微增量 $\mathrm{d}\rho$ 联系起来了。

对于微闭口体系 $\mathrm{d}m$ 而言，其在 $\mathrm{d}t$ 时刻中单位时间内动量的增加量为

$$\frac{\mathrm{d}m\Delta v}{\mathrm{d}t}=\frac{\mathrm{d}m\left(v+\mathrm{d}v-v\right)}{\mathrm{d}t}=\frac{\mathrm{d}m\mathrm{d}v}{\mathrm{d}t} \tag{5.449}$$

根据动量守恒条件，微闭口体系单位时间内动量的增加量等于外力和，可以得到

$$\frac{\mathrm{d}m\mathrm{d}v}{\mathrm{d}t}=A\left(p+\mathrm{d}p-p\right)=A\mathrm{d}p \tag{5.450}$$

即

$$\mathrm{d}v=A\frac{\mathrm{d}p}{\mathrm{d}m}\mathrm{d}t=\frac{\mathrm{d}p}{\rho c^*} \tag{5.451}$$

简化后有

$$\mathrm{d}p=\rho c^*\mathrm{d}v \tag{5.452}$$

联立式 (5.448) 和式 (5.452)，可以进一步得到

$$\mathrm{d}p=c^{*2}\mathrm{d}\rho \tag{5.453}$$

或

$$c^*=\sqrt{\frac{\mathrm{d}p}{\mathrm{d}\rho}} \tag{5.454}$$

式 (5.454) 说明，声波相对于介质的局部声速 c^* 是由声波引起的压力微增量 $\mathrm{d}p$ 和密度微增量 $\mathrm{d}\rho$ 之比决定的。

从式 (5.454) 可以看出，声波的局部声速 c^* 是一个热力学量，但我们并不知道其到底是一个等温过程还是一个等熵过程。假设流体中声波的传播是一个等温过程，以理想气体为例，其状态方程为

$$p=\rho RT \tag{5.455}$$

式中，R 为单位质量气体的气体常数，对于空气而言，其值为 $287.14\mathrm{m}^2/(\mathrm{s}^2\cdot\mathrm{K})$；$T$ 为热力学温度，常温定为 288K。根据式 (5.454) 可以计算出理想气体中声波的声速为

$$c^*=\sqrt{\frac{\mathrm{d}p}{\mathrm{d}\rho}}=\sqrt{RT}=287.57\mathrm{m/s} \tag{5.456}$$

这个结果与实际情况相差很多，它说明将空气中声波传播过程视为等温过程显然是不准确的。

事实上，由于介质中声波的传播速度很快，在传播过程中，声波扰动所经过的介质来不及和周围相邻介质进行热量交换，因此，定性上讲，我们可以将声波的传播过程视为一

个绝热过程；当波的传播不是非常剧烈而可以视为连续波即声波的传播时，进一步可以将其视为可逆的绝热过程，即等熵过程。此时根据式 (5.454) 可以计算出空气中的声速为

$$c^* = \sqrt{\left(\frac{\mathrm{d}p}{\mathrm{d}\rho}\right)_s} = \sqrt{\frac{\gamma p}{\rho}} \approx \sqrt{\gamma RT} \tag{5.457}$$

式中，γ 表示绝热系数，对于空气而言，$\gamma = 1.4$。由此可以计算出其值为 340.26m/s，这与实际测量的空气声速完全符合，这进一步说明空气中声波的传播是一个等熵过程。

需要注意的是，当流体中压力的扰动非常剧烈而出现强间断的冲击波时，虽然波的传播仍然是一个绝热过程，但将不是一个可逆的绝热过程而是一个不可逆的绝热过程。根据热力学第二定律，不可逆的绝热过程即是一个熵增过程，所以强间断的冲击波的通过必将引起介质熵的增加和温度的提高。在固体中冲击波虽然也会引起介质的熵增，但一般而言固体中冲击波引起的熵增是比较小的，而且常常可以忽略不计，只有对非常强的冲击波才需要考虑其引起的熵增；然而，在流体中特别是在气体中冲击波所引起的熵增和温升通常是很重要而必须予以考虑的。

5.4.2　流体均熵场中的应力波及其简单波解

假设冲击波在传播过程中的强度保持不变或者可视为近似保持不变，则其在传播过程中所引起的介质熵增也将可视为是不变的，即在整个流场中介质的熵处处相等，于是在冲击波后方将遇到所谓的均熵场。由于连续波对介质中的每个粒子而言也是一个等熵过程，因此在均熵场中的波动问题中熵将是一个与时间和位置都无关的常数，这样就不必再把熵作为一个未知量而进行求解了，此时介质的状态方程即成为纯力学形式所谓的正压流体的状态方程：

$$p = p(\rho) \tag{5.458}$$

在 E 氏构架中考虑一个微开口体系，如图 5.46 所示，体系的 E 氏坐标为 x，截面积为 A，长度为 $\mathrm{d}x$，因此其体积为 $A\mathrm{d}x$。

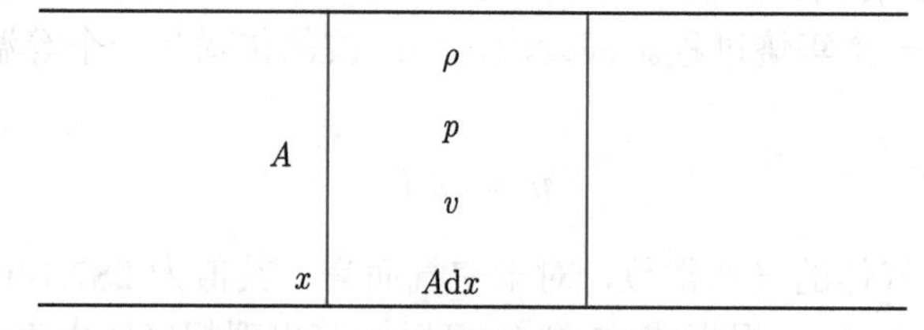

图 5.46　流体均熵场中的应力波

根据微开口体系的动量守恒定律：任意时刻 t 微开口体系的动量增加率等于该时刻体系所受外力与动量的纯流入率之和，即

$$\frac{\partial(\rho v)}{\partial t}A\mathrm{d}x = pA|_x - pA|_{x+\mathrm{d}x} + \left(\rho A v^2\right)\big|_x - \left(\rho A v^2\right)\big|_{x+\mathrm{d}x} \tag{5.459}$$

即

$$\frac{\partial(\rho v)}{\partial t}\mathrm{d}x = p|_x - p|_{x+\mathrm{d}x} + \left(\rho v^2\right)\big|_x - \left(\rho v^2\right)\big|_{x+\mathrm{d}x} = -\frac{\partial p}{\partial x}\mathrm{d}x - \frac{\partial(\rho v^2)}{\partial x}\mathrm{d}x \tag{5.460}$$

简化后有

$$\frac{\partial \rho}{\partial t}v+\rho\frac{\partial v}{\partial t}+\frac{\partial p}{\partial x}+\frac{\partial \rho}{\partial x}v^2+2\rho v\frac{\partial v}{\partial x}=0 \tag{5.461}$$

根据微开口体系的质量守恒定律：任意时刻 t 微开口体系的质量增加率等于该时刻体系质量的纯流入率，即

$$\frac{\partial \rho}{\partial t}A\mathrm{d}x=\left.(\rho Av)\right|_x-\left.(\rho Av)\right|_{x+dx}=-\frac{\partial(\rho v)}{\partial x}A\mathrm{d}x \tag{5.462}$$

即

$$\frac{\partial \rho}{\partial t}+\rho\frac{\partial v}{\partial x}+\frac{\partial \rho}{\partial x}v=0 \tag{5.463}$$

将连续方程 (5.463) 代入运动方程 (5.461)，可以得到

$$\frac{\partial v}{\partial t}+\frac{1}{\rho}\frac{\partial p}{\partial x}+v\frac{\partial v}{\partial x}=0 \tag{5.464}$$

因此，可以给出一维均熵场中波动力学的基本方程组：

$$\begin{cases}\dfrac{\partial v}{\partial t}+\dfrac{1}{\rho}\dfrac{\partial p}{\partial x}+v\dfrac{\partial v}{\partial x}=0\\ p=p(\rho)\\ \dfrac{\partial \rho}{\partial t}+\rho\dfrac{\partial v}{\partial x}+\dfrac{\partial \rho}{\partial x}v=0\end{cases} \tag{5.465}$$

定义局部声速：

$$c^{*2}=\frac{\mathrm{d}p}{\mathrm{d}\rho} \tag{5.466}$$

代入式 (5.465) 中第三式，可以得到

$$\frac{\partial p}{\partial t}+\rho c^{*2}\frac{\partial v}{\partial x}+\frac{\partial p}{\partial x}v=0 \tag{5.467}$$

容易知道，式中密度ρ 和局部声速 c^* 也是压力 p 的函数。因此式 (5.465) 中第一式和第三式可以写为

$$\begin{cases}\dfrac{\partial v}{\partial t}+\dfrac{1}{\rho}\dfrac{\partial p}{\partial x}+v\dfrac{\partial v}{\partial x}=0\\ \dfrac{\partial p}{\partial t}+\rho c^{*2}\dfrac{\partial v}{\partial x}+\dfrac{\partial p}{\partial x}v=0\end{cases} \tag{5.468}$$

式 (5.468) 即为以参数 v 和 p 为基本未知量的一阶拟线性偏微分方程组。其规范形式可简单地写为

$$\frac{\partial \boldsymbol{W}}{\partial t}+\boldsymbol{B}\cdot\frac{\partial \boldsymbol{W}}{\partial x}=\boldsymbol{O} \tag{5.469}$$

式 (5.469) 中三个张量分别为

$$
\boldsymbol{W}=\begin{bmatrix} v \\ p \end{bmatrix},\quad \boldsymbol{B}=\begin{bmatrix} v & \dfrac{1}{\rho} \\ \rho c^{*2} & v \end{bmatrix},\quad \boldsymbol{O}=\begin{bmatrix} 0 \\ 0 \end{bmatrix} \tag{5.470}
$$

其在物理平面 x-t 平面上特征方向的斜率或特征波速为

$$
\lambda=\frac{\mathrm{d}x}{\mathrm{d}t} \tag{5.471}
$$

由张量 $\boldsymbol{B}$ 的特征值所决定，它满足特征方程：

$$
\|\boldsymbol{B}-\lambda\boldsymbol{I}\|=\left\|\begin{matrix} v-\lambda & \dfrac{1}{\rho} \\ \rho c^2 & v-\lambda \end{matrix}\right\|=(v-\lambda)^2-c^{*2}=0 \tag{5.472}
$$

根据式 (5.472)，可以求得两个特征波波速分别为

$$
\begin{cases} \lambda_1=v+c^* \\ \lambda_2=v-c^* \end{cases} \tag{5.473}
$$

分别相对于以质点速度 v 运动的介质的右行波和左行波波速。由此，可以得到与特征值对应的左特征矢量分别为

$$
\begin{cases} \boldsymbol{l}_1=\begin{bmatrix} \rho c^* & 1 \end{bmatrix} \\ \boldsymbol{l}_2=\begin{bmatrix} -\rho c^* & 1 \end{bmatrix} \end{cases} \tag{5.474}
$$

其对应的特征关系为

$$
\frac{\rho c^{*2}}{\lambda-v}\mathrm{d}v+\mathrm{d}p=0 \tag{5.475}
$$

将式 (5.473) 分别代入式 (5.475) 中，可以得到在 v-p 平面上的两组特征关系：

$$
\mathrm{d}v+\frac{\mathrm{d}p}{\rho c^*}=0,\quad \text{沿特征线}\frac{\mathrm{d}x}{\mathrm{d}t}=v+c^* \tag{5.476}
$$

$$
\mathrm{d}v-\frac{\mathrm{d}p}{\rho c^*}=0,\quad \text{沿特征线}\frac{\mathrm{d}x}{\mathrm{d}t}=v-c^* \tag{5.477}
$$

对于指数为γ 的流体，有

$$
p=p(\rho)=p_0\left(\frac{\rho}{\rho_0}\right)^{\gamma} \tag{5.478}
$$

结合式 (5.466)，可以进一步得到

$$
c^{*2}=\frac{\mathrm{d}p}{\mathrm{d}\rho}=\gamma\frac{p_0}{\rho_0^{\gamma}}\rho^{\gamma-1} \tag{5.479}
$$

即

$$\mathrm{d}\left(c^{*2}\right)=2c^{*}\mathrm{d}c^{*}=\gamma\left(\gamma-1\right)\frac{p_0}{\rho_0^{\gamma}}\rho^{\gamma-2}\mathrm{d}\rho=\left(\gamma-1\right)\frac{c^{*2}}{\rho}\mathrm{d}\rho=\left(\gamma-1\right)\frac{\mathrm{d}p}{\rho} \tag{5.480}$$

因此，式 (5.476) 和式 (5.477) 可分别写为 v-c^* 平面上的特征关系：

$$\mathrm{d}v+\frac{2\mathrm{d}c^*}{\gamma-1}=0,\quad 沿特征线\frac{\mathrm{d}x}{\mathrm{d}t}=v+c^* \tag{5.481}$$

$$\mathrm{d}v-\frac{2\mathrm{d}c^*}{\gamma-1}=0,\quad 沿特征线\frac{\mathrm{d}x}{\mathrm{d}t}=v-c^* \tag{5.482}$$

同样，如果引入接触速度φ：

$$\mathrm{d}\varphi=\frac{\mathrm{d}p}{\rho c^*} \tag{5.483}$$

和 Riemann 不变量 R_1、R_2：

$$\begin{cases}\mathrm{d}R_1=\mathrm{d}v+\mathrm{d}\varphi=\mathrm{d}v+\dfrac{\mathrm{d}p}{\rho c^*}\\[2ex]\mathrm{d}R_2=\mathrm{d}v-\mathrm{d}\varphi=\mathrm{d}v-\dfrac{\mathrm{d}p}{\rho c^*}\end{cases} \tag{5.484}$$

此时，特征关系可以转化为在 v -φ 和 R_1-R_2 平面上的关系：

$$\mathrm{d}v\pm\mathrm{d}\varphi=0,\quad 沿特征线\frac{\mathrm{d}x}{\mathrm{d}t}=v\pm c^* \tag{5.485}$$

$$\mathrm{d}R_{1,2}=0,\quad 沿特征线\frac{\mathrm{d}x}{\mathrm{d}t}=v\pm c^* \tag{5.486}$$

从以上分析过程可以看到，与一维杆中纵波传播类似，尽管在物理平面上特征线：

$$\frac{\mathrm{d}x}{\mathrm{d}t}=v\pm c^* \tag{5.487}$$

是不能事先确定的，而且一般这些特征线也未必是直线；但是对于任意类型的正压流体中应力波传播问题而言，在 v -φ 平面和 R_1-R_2 平面上的特征关系都是可由直接积分给出的，而且皆为直线；而且，由特征关系式 (5.481) 和式 (5.482) 可知，对于多方流体而言，状态平面 v-c^* 上的特征关系也是直线。

与以上固体介质中应力波传播 L 氏描述一样，定义 E 氏空间中沿着一个方向朝前方均匀区传播的波称为简单波。需要说明的是，在流体运动过程中由于介质质点可能已超过局部声速运动，因而左行波虽然相对于质点向左运动，但在空间中可能向右传播，其在物理平面图上特征线的斜率可能是正的；类似地，右行波可能在空间中向左传播，其在物理平面图上特征线的斜率也可能是负的。不过，为了简单起见，这里特征线图解法中还是以向右传播的曲线表示右行特征线。

设在 E 氏空间中存在右行的简单波区，如图 5.47 所示，AB 表示波的前阵面，其前方为均匀区。过右行简单波区中每一点都存在左行和右行两条特征线；设均匀区中点 N 在简单波区中自点 $M(x, t)$ 作出的左行特征线上。

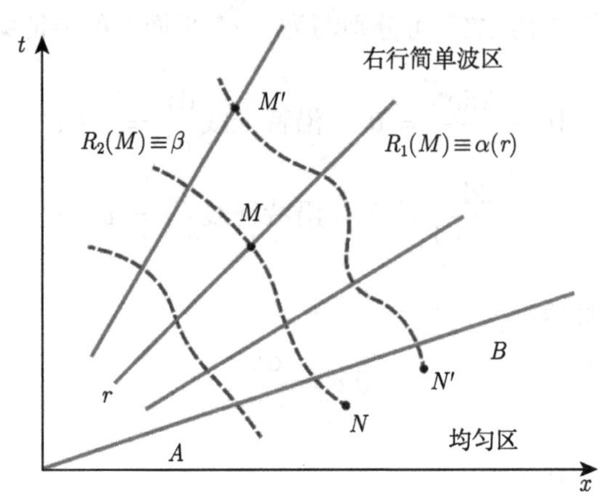

图 5.47　E 氏空间中右行简单波区示意图

根据左行特征线上的特征关系式 (5.486) 可知

$$R_2(M) = v(M) - \int_0^{p(M)} \frac{\mathrm{d}p}{\rho c^*} = v(N) - \int_0^{p(N)} \frac{\mathrm{d}p}{\rho c^*} \equiv \beta \tag{5.488}$$

式中, β 表示一个常数，它与 M 在简单波区内的位置无关，只由前阵面 AB 前方的均匀区状态决定。即如图 5.47 所示，对于简单波区内的另一点 M'，在其左行特征线上势必能够找到一个在前方均匀区中的点 N'，也必有

$$R_2(M') = v(M') - \int_0^{p(M')} \frac{\mathrm{d}p}{\rho c^*} = v(N') - \int_0^{p(N')} \frac{\mathrm{d}p}{\rho c^*} \equiv \beta \tag{5.489}$$

若以 r 表示简单波区中过 M 点的右行特征线，则根据右行特征线上的特征关系式 (5.486) 可知

$$R_1(M) = v(M) + \int_0^{p(M)} \frac{\mathrm{d}p}{\rho c^*} \equiv \alpha(r) \tag{5.490}$$

式中, α 在此右行特征线上是常数；与β 不同之处在于：前者是右行特征线的函数，即只有沿着某个特定的右行特征线时它才是常数：

$$R_1 = \alpha(r) \tag{5.491}$$

而在简单波区并不一定甚至一般并不是常数；后者只有波阵面前方均匀区确定后，对于整个简单波区来讲才皆是常数。

联立式 (5.488) 和式 (5.490) 可知

$$\begin{cases} v = v(r) \\ p = p(r) \end{cases} \tag{5.492}$$

进而可给出

$$c^* = c^*(p) = c^*(r) \tag{5.493}$$

因此，在物理平面上，右行特征线：

$$\frac{\mathrm{d}x}{\mathrm{d}t} = v(r) + c^*(r) \tag{5.494}$$

即沿着同一条右行特征线 r 上，式 (5.490) 必然是常数。因此可以得出结论：在右行简单波区中，每一条右行特征线都必然是斜率为 $\mathrm{d}x/\mathrm{d}t = v(r) + c^*(r)$ 的直线，不同的右行特征线对应的斜率不一定相同；而对于左行特征线而言，由于其上各点对应不同的右行特征线，因此各点对应的左行特征线切线斜率也可能一直变化，即左行特征线可能是曲线。在右行简单波区内，右行特征线在物理上代表右行简单波阵面的运动迹线，而左行特征线则只有数学上的意义，并不具有实际的物理意义。类似地，对于左行简单波区而言，左行特征线必为直线，其代表左行简单波阵面的运动迹线，而右行特征线却不一定为直线。

设右行简单波区中右行特征线 r 在 t 轴上的截距为 $F(r)$，如图 5.48 所示，对于任意特定的右行特征线 r 而言，对应的状态量如质点速度 v、压力 p、密度ρ、声速 c^* 等皆为常量，因此该截距也可以表达为 $F(v)$、$F(p)$、$F(\rho)$、$F(c^*)$ 等，具体选择哪一个状态量作为参量需要根据边界条件来确定。当问题的边界条件为速度条件时，可以选择 $F(v)$ 来表征物理平面图 t 轴上的截距，即有

$$\begin{cases} x = (v + c^*)\,t + F(v) \\ v - \displaystyle\int_0^p \frac{\mathrm{d}p}{\rho c^*} = \beta \end{cases} \tag{5.495}$$

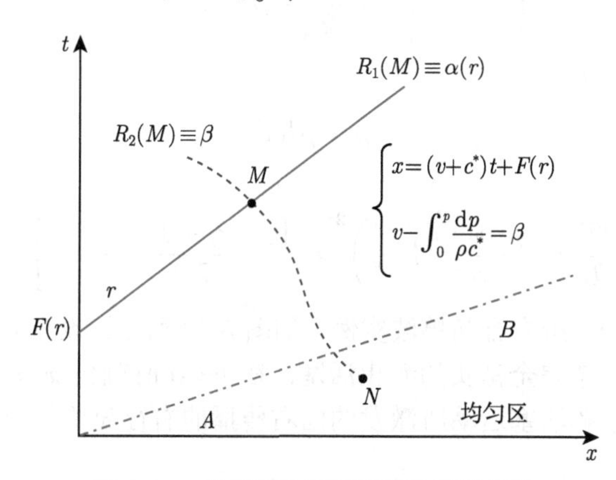

图 5.48 右行简单波区简单波解示意图

当介质为指数为γ 的多方型正压流体时，式 (5.495) 即可写为

$$\begin{cases} x = (v + c^*)\,t + F(v) \\ v - \dfrac{2c^*}{\gamma - 1} = \beta \end{cases} \tag{5.496}$$

式 (5.496) 中截距 $F(v)$ 由边界条件确定，β 可根据初始条件由式 (5.497) 给出：

$$\beta = v_0 - \frac{2c_0^*}{\gamma - 1} \tag{5.497}$$

式中, v_0 和 c_0^* 分别表示波阵面前方均匀区的初始质点速度和声速。

根据式 (5.497) 和式 (5.496) 中第二式，可有

$$v = v_0 + \frac{2\left(c^* - c_0^*\right)}{\gamma - 1} \tag{5.498}$$

和

$$c^* = c_0^* + \frac{\gamma - 1}{2}\left(v - v_0\right) \tag{5.499}$$

对式 (5.480) 进行积分，并结合初始条件，有

$$\left\{\begin{array}{l} \dfrac{\rho}{\rho_0} = \left(\dfrac{c^*}{c_0^*}\right)^{\frac{2}{\gamma-1}} \\ \dfrac{p}{p_0} = \left(\dfrac{c^*}{c_0^*}\right)^{\frac{2\gamma}{\gamma-1}} \end{array}\right. \tag{5.500}$$

将式 (5.499) 代入式 (5.500)，即可得到

$$\left\{\begin{array}{l} \dfrac{\rho}{\rho_0} = \left[1 + \dfrac{\gamma - 1}{2c_0^*}\left(v - v_0\right)\right]^{\frac{2}{\gamma-1}} \\ \dfrac{p}{p_0} = \left[1 + \dfrac{\gamma - 1}{2c_0^*}\left(v - v_0\right)\right]^{\frac{2\gamma}{\gamma-1}} \end{array}\right. \tag{5.501}$$

根据理想气体状态方程:

$$p = \rho R T \tag{5.502}$$

即可得到

$$\frac{T}{T_0} = \frac{p}{p_0}\frac{\rho_0}{\rho} = \left(\frac{c^*}{c_0^*}\right)^2 = \left[1 + \frac{\gamma - 1}{2c_0^*}\left(v - v_0\right)\right]^2 \tag{5.503}$$

现考虑一个简单的一维右行简单波实例，如图 5.49 所示，设充满静止均匀多方型气体的光滑水平管道中有一个完全密实的静止活塞，在 t= 0 时刻自 x = 0 处以加速度值 a 向左匀加速运动，需要求解活塞运动所激发的向右传播的右行简单稀疏波解。

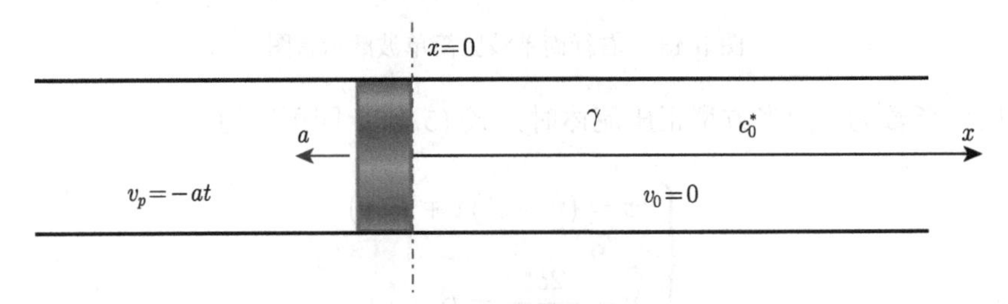

图 5.49　管中左行匀加速运动活塞激发的右行稀疏波情况

容易给出活塞的瞬时速度为

$$v_p = -at \tag{5.504}$$

其中物理平面上的运动迹线为

$$x_p = -\frac{at^2}{2} \tag{5.505}$$

设运动过程中活塞右端面与紧邻的气体质点保持紧密接触，根据连续条件可知，此时在移动边界:

$$x = -\frac{at^2}{2} \tag{5.506}$$

上质点的瞬时速度为

$$v\left(-\frac{at^2}{2}\right) = v_p = -at \tag{5.507}$$

由式 (5.499) 可给出右行稀疏波的瞬时声速为

$$c^* = c_0^* + \frac{\gamma - 1}{2}(v - v_0) = c_0^* + \frac{\gamma - 1}{2}v \tag{5.508}$$

该问题的特征线如图 5.50 所示，图中 OA 为最前面的波阵面迹线，其前方为静止均匀区；OB 为活塞的运动迹线，AOB 区域即为稀疏波区。

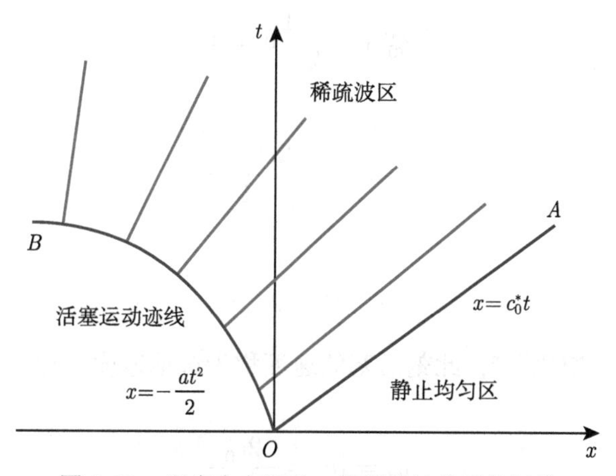

图 5.50 活塞向左运动一维稀疏波传播特征线

将式 (5.508) 代入式 (5.496) 中第一式，可以给出迹线方程:

$$x = \left(c_0^* + \frac{\gamma + 1}{2}v\right)t + F(t) \tag{5.509}$$

将边界条件式 (5.507) 代入式 (5.509)，可解得右行特征线在物理平面图 t 轴上的截距为

$$F(t) = \frac{\gamma}{2}at^2 - c_0^*t \tag{5.510}$$

将式 (5.510) 写为质点速度的函数，即有

$$F(v) = \frac{\gamma v^2}{2a} + \frac{c_0^* v}{a} \tag{5.511}$$

将式 (5.511) 代入式 (5.509)，即有

$$x = \left(c_0^* + \frac{\gamma+1}{2}v\right)t + \frac{\gamma v^2}{2a} + \frac{c_0^* v}{a} \tag{5.512}$$

式 (5.512) 可表达为关于 v 的一元二次方程：

$$\frac{\gamma v^2}{2a} + \left(\frac{\gamma+1}{2}t + \frac{c_0^*}{a}\right)v + c_0^* t - x = 0 \tag{5.513}$$

考虑初始条件，根据式 (5.513) 可解得质点速度的表达式为

$$v = -\frac{1}{\gamma}\left(c_0^* + \frac{\gamma+1}{2}at\right) + \frac{1}{\gamma}\sqrt{\left(\frac{\gamma+1}{2}at + c_0^*\right)^2 - 2a\gamma\left(c_0^* t - x\right)} \tag{5.514}$$

从式 (5.508) 可以看出，随着质点速度的减小，瞬时声速逐渐减小；考虑活塞紧邻的气体质点，当

$$c_0^* + \frac{\gamma-1}{2}v = 0 \tag{5.515}$$

即

$$v = -\frac{2c_0^*}{\gamma-1} \tag{5.516}$$

时，有

$$c^* = 0 \tag{5.517}$$

即活塞后面形成真空“空化区”；此刻活塞的速度称为逃逸速度，对于此问题而言，其逃逸速度为

$$v_e = |v| = \frac{2c_0^*}{\gamma-1} \tag{5.518}$$

此时对应的时间和活塞位置分别为

$$\begin{cases} t_e = \dfrac{2c_0^*}{(\gamma-1)a} \\ x_e = -\dfrac{2c_0^{*2}}{(\gamma-1)^2 a} \end{cases} \tag{5.519}$$

如图 5.51 所示。

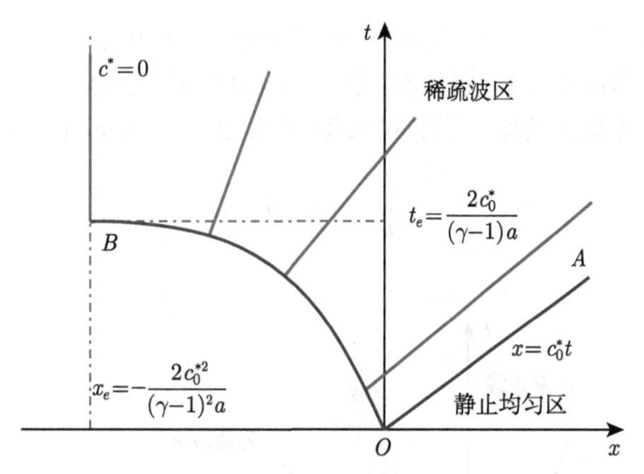

图 5.51 活塞向左运动逃逸速度与逃逸点示意图

若

$$|v| \geqslant \frac{2c_0^*}{\gamma-1} \tag{5.520}$$

则活塞与空气分离而不再影响气体的运动，此时气体向左侧真空中飞散。

上例中活塞从零开始匀加速向左运动，可以视为连续加载问题；若活塞在 $t=0$ 时刻突然向左以匀速 v^* 运动，即突然加载，其他条件同上例，在初始时刻 $x=0$ 位置瞬时激发一系列稀疏波，这些稀疏波的波速随着介质压力的下降而逐渐减小，但其激发时间和出发地点相同，因而在活塞右侧传播的右行波应为中心稀疏波，如图 5.52 所示。此时式 (5.496) 中 $F(v)$ 为零，即有

$$\begin{cases} x=(v+c^*)\,t \\ v-\dfrac{2c^*}{\gamma-1}=\beta \end{cases} \tag{5.521}$$

利用波阵面前方静止均匀区的状态 (v_0, c_0^*) 可以给出常数β：

$$\beta=v_0-\frac{2c_0^*}{\gamma-1} \tag{5.522}$$

联立式 (5.521) 和式 (5.522)，即可给出

$$v=v_0+\frac{2}{\gamma+1}\left(\frac{x}{t}-c_0^*-v_0\right) \tag{5.523}$$

和

$$c^*=\frac{2c_0^*}{\gamma+1}+\frac{\gamma-1}{\gamma+1}\left(\frac{x}{t}-v_0\right) \tag{5.524}$$

从式 (5.523) 和式 (5.524) 可以看出，右行简单稀疏波区中质点的状态参数如质点速度 v、瞬时声速 c^* 都只是一个独立组合量 x/t 的函数，容易知道，根据此两个状态量所可以给

出的其他状态量也是如此；这些状态量并不独立地依赖 x 和 t，而是依赖它们的组合 x/t，这种形式的解一般称为自相似解或自模拟解，称介质的这类运动是自相似的或自模拟的。

容易知道，右行稀疏波的第一道特征线即图 5.52 中头波 OA 应为

$$\frac{x}{t}=c_0^*+v_0 \tag{5.525}$$

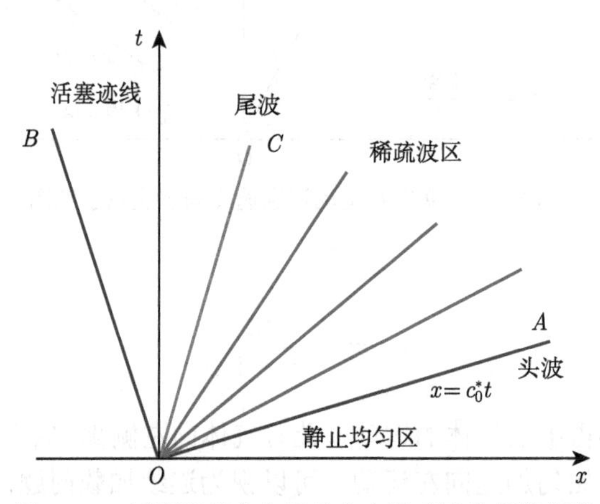

图 5.52　活塞突然向左运动中心稀疏波传播特征线

若活塞速度小于逃逸速度，此时活塞与其右侧紧邻的质点保持连续，如图 5.52 所示，则最后一道稀疏波上质点速度必为

$$v=-v^* \tag{5.526}$$

即图 5.52 中 OC 中心稀疏波的尾波迹线应为

$$\frac{x}{t}=c_0^*-\frac{\gamma+1}{2}v^*-\frac{\gamma-1}{2}v_0 \tag{5.527}$$

也就是说，这一系列中心稀疏波应满足

$$c_0^*-\frac{\gamma+1}{2}v^*-\frac{\gamma-1}{2}v_0\leqslant\frac{x}{t}\leqslant c_0^*+v_0 \tag{5.528}$$

而在中心稀疏波尾波 OC 和活塞运动迹线 OB 之间区域也是一个均匀区状态，其中气体状态与尾波保持一致。

5.4.3　流体中的非均熵连续波

当流体中出现非常突然而剧烈的压力扰动时，将出现强间断的冲击波，此种情况下虽然应力波的传播仍然是一个绝热过程，但必是一个不可逆的绝热过程。根据热力学第二定律可知，不可逆过程中介质熵增 $\mathrm{d}S$ 将大于单位热源温度的供热：

$$\mathrm{d}S>\frac{\mathrm{d}Q}{T} \tag{5.529}$$

即绝热冲击波是一个熵增过程，因而必将导致流体熵增并引起其温度的升高。如果该冲击波是非定常的强间断波，即其强度是变化的，则在传播过程中将会在其所经历过的不同流体质点中引起不等值的熵增，因而必会在流体中形成非均熵场。本小节主要讨论流体中非均熵场中的连续波问题，至于非均熵场中强间断冲击波在后面内容具体讲解。

对于一维弹性流体而言，其运动方程为

$$\frac{\partial v}{\partial t}+v\frac{\partial v}{\partial x}+\frac{1}{\rho}\frac{\partial p}{\partial x}=0 \tag{5.530}$$

式中，v、ρ 和 p 分别表示质点速度、流体密度与压力。

连续方程为

$$\frac{\partial \rho}{\partial t}+\rho\frac{\partial v}{\partial x}+v\frac{\partial \rho}{\partial x}=0 \tag{5.531}$$

该连续波的传播是一个绝热过程，因而其内能增加只来源于纯力学的压力变形功，因此连续波中的绝热能量方程为

$$\frac{\mathrm{d}e}{\mathrm{d}t}+p\frac{\mathrm{d}V}{\mathrm{d}t}=0 \tag{5.532}$$

式中，e 表示比内能；

$$V=\frac{1}{\rho} \tag{5.533}$$

表示比容。式 (5.532) 展开后即为

$$\frac{\partial e}{\partial t}+v\frac{\partial e}{\partial x}+p\left(\frac{\partial V}{\partial t}+v\frac{\partial V}{\partial x}\right)=0 \tag{5.534}$$

连续波中的等熵方程为

$$\frac{\mathrm{d}s}{\mathrm{d}t}=\frac{\partial s}{\partial t}+v\frac{\partial s}{\partial x}=0 \tag{5.535}$$

式中，s 表示比熵。

流体的熵型状态方程可表达为

$$p=p\left(\rho,s\right) \tag{5.536}$$

对式 (5.536) 求随体导数，有

$$\frac{\mathrm{d}p}{\mathrm{d}t}=\left.\frac{\partial p}{\partial \rho}\right|_s\frac{\mathrm{d}\rho}{\mathrm{d}t}+\left.\frac{\partial p}{\partial s}\right|_\rho\frac{\mathrm{d}\rho}{\mathrm{d}t} \tag{5.537}$$

将等熵方程式 (5.535) 代入式 (5.537)，即可有

$$\frac{\mathrm{d}p}{\mathrm{d}t}=\left.\frac{\partial p}{\partial \rho}\right|_s\frac{\mathrm{d}\rho}{\mathrm{d}t}=c^{*2}\frac{\mathrm{d}\rho}{\mathrm{d}t} \tag{5.538}$$

式中

$$c^{*2}=\left.\frac{\partial p}{\partial \rho}\right|_s \tag{5.539}$$

将式 (5.538) 两端进行随体导数展开，即可得到

$$\frac{\partial p}{\partial t}+v\frac{\partial p}{\partial x}=c^{*2}\left(\frac{\partial \rho}{\partial t}+v\frac{\partial \rho}{\partial x}\right) \tag{5.540}$$

再将连续方程代入式 (5.540)，可有

$$\frac{\partial p}{\partial t}+v\frac{\partial p}{\partial x}+\rho c^{*2}\frac{\partial v}{\partial x}=0 \tag{5.541}$$

运动方程式 (5.530)、式 (5.541) 和等熵方程式 (5.535) 即构成关于未知量 v、p 和 s 的一阶拟线性偏微分方程组：

$$\begin{cases}\dfrac{\partial v}{\partial t}+v\dfrac{\partial v}{\partial x}+\dfrac{1}{\rho}\dfrac{\partial p}{\partial x}=0\\[2mm]\dfrac{\partial p}{\partial t}+\rho c^{*2}\dfrac{\partial v}{\partial x}+v\dfrac{\partial p}{\partial x}=0\\[2mm]\dfrac{\partial s}{\partial t}+v\dfrac{\partial s}{\partial x}=0\end{cases} \tag{5.542}$$

式 (5.542) 利用矩阵形式表达即有

$$\frac{\partial \boldsymbol{W}}{\partial t}+\boldsymbol{B}\cdot\frac{\partial \boldsymbol{W}}{\partial x}=\boldsymbol{b} \tag{5.543}$$

式中

$$\boldsymbol{W}=\begin{bmatrix}v\\p\\s\end{bmatrix},\quad \boldsymbol{B}=\begin{bmatrix}v & \dfrac{1}{\rho} & 0\\ \rho c^{*2} & v & 0\\ 0 & 0 & v\end{bmatrix},\quad \boldsymbol{b}=\begin{bmatrix}0\\0\\0\end{bmatrix} \tag{5.544}$$

根据式 (5.543) 对应的特征方程：

$$|\boldsymbol{B}-\lambda\boldsymbol{I}|=0 \tag{5.545}$$

可以求出其特征值为

$$\begin{cases}\lambda_1=v+c^*\\ \lambda_2=v-c^*\\ \lambda_3=0\end{cases} \tag{5.546}$$

将以上三个特征值代入方程组：

$$\boldsymbol{L}\cdot(\boldsymbol{B}-\lambda\boldsymbol{I})=\boldsymbol{O} \tag{5.547}$$

可以给出三个特征值对应的左特征矢量分别为

$$\begin{cases}L_1=\begin{bmatrix}\rho c^{*2} & 1 & 0\end{bmatrix}\\ \lambda_1=v+c^*\end{cases},\quad \begin{cases}L_2=\begin{bmatrix}-\rho c^{*2} & 1 & 0\end{bmatrix}\\ \lambda_2=v-c^*\end{cases},\quad \begin{cases}L_2=\begin{bmatrix}0 & 0 & 1\end{bmatrix}\\ \lambda_3=0\end{cases} \tag{5.548}$$

将以上三组特征值和特征矢量分别代入特征关系：

$$\boldsymbol{L}\cdot\frac{\mathrm{d}\boldsymbol{W}}{\mathrm{d}t}=\boldsymbol{O} \tag{5.549}$$

即可给出三组沿着特征线的特征关系：

$$\begin{cases}\mathrm{d}v+\dfrac{\mathrm{d}p}{\rho c^{*2}}=0\\[2ex]\dfrac{\mathrm{d}x}{\mathrm{d}t}=v+c^*\end{cases} \tag{5.550}$$

表示沿着右行波特征线的特征关系；

$$\begin{cases}\mathrm{d}v-\dfrac{\mathrm{d}p}{\rho c^{*2}}=0\\[2ex]\dfrac{\mathrm{d}x}{\mathrm{d}t}=v-c^*\end{cases} \tag{5.551}$$

表示沿着左行波特征线的特征关系；

$$\begin{cases}\mathrm{d}s=0\\[2ex]\dfrac{\mathrm{d}x}{\mathrm{d}t}=v\end{cases} \tag{5.552}$$

表示沿着质点运动迹线的特征关系；在此迹线上，根据等熵方程式 (5.538) 和绝热能量方程式 (5.532)，也分别有

$$\begin{cases}\dfrac{\mathrm{d}\rho}{\mathrm{d}t}=\dfrac{1}{c^{*2}}\dfrac{\mathrm{d}p}{\mathrm{d}t}\\[2ex]\dfrac{\mathrm{d}x}{\mathrm{d}t}=v\end{cases} \tag{5.553}$$

和

$$\begin{cases}\dfrac{\mathrm{d}e}{\mathrm{d}t}=-p\dfrac{\mathrm{d}V}{\mathrm{d}t}\\[2ex]\dfrac{\mathrm{d}x}{\mathrm{d}t}=v\end{cases} \tag{5.554}$$

根据上面的几个公式，利用 5.1 节中特征线方法，容易给出不同状态点处的质点速度 v、压力 p、比熵 s、密度ρ 和比内能 e 这五个状态量；读者可以参考 5.1 节知识试推导之，在此不做详述。

第三部分

固体中冲击波基础理论与应用

从以上章节中弹塑性波理论可知，随着撞击或冲击速度的增大，固体介质中的应力逐渐增大，从弹性发展到塑性；当撞击或冲击速度极大时，固体介质承受的压力也会极大。以上金属材料常用的两种屈服准则即 Tresca 和 Mises 屈服准则皆不考虑静水压的影响，即认为材料“塑性体积不可压”，在金属材料承受的压力不太高时，此种假设是合理且相对准确的；然而，当金属材料承受极高的压力时，如高速或超高速撞击、射流侵彻、爆炸冲击等，此时静水压的影响不可忽略。另外，对于岩石、混凝土以及陶瓷等这类脆性材料而言，即使压力不太高，静水压对屈服准则也有非常明显的影响。相反，当固体介质所承受的压力极大时，固体介质中的压力远远大于材料的塑性流动应力，此时，材料的变形与运动工程中，其剪切强度相对极小而可以忽略不计，使得材料看起来“没有”剪切强度。这种条件下，固体介质中的应力波传播本质上与流体中冲击波传播特征是近似相同的，可以利用流体中的冲击波理论对固体介质中的冲击波产生、传播与演化进行分析，再结合固体介质自身特征在此基础上进行校正或修正，从而给出相对准确科学的固体介质中的冲击波传播理论。

第 6 章　固体中冲击波的传播理论基础

固体中冲击波与爆轰波的传播问题涉及大变形问题，在很多情况下呈现流体特性，因而与以上五章不同的是，第三部分和第四部分冲击波与爆轰波的传播与演化问题是基于 E 氏构建进行讨论与推导的，因而坐标以小写的 x、y 和 z 表示，后面如没做特殊说明皆是如此，不再重复说明；对应地，此种条件下对连续介质运动问题的分析中的研究体系也以开口体系为主。所谓开口体系是指所观察的体系并不是由固定粒子组成而是与外界存在质量交换的体系，即通过开口体系的表面外界向体系有质量流入或流出，所以开口体系中介质质量随时间的变化率等于外界向体系的介质质量纯流入率。当开口体系取空间中静止的某一固定区域时，这种静止的开口体系即为静止控制体，也就是一般流体力学中最常用的开口体系。

根据 1.1.3 小节中的推导，可知开口体系质量守恒定律即连续方程可表达为

$$\frac{\partial \rho}{\partial t}+\operatorname{div}(\rho \boldsymbol{v})=0 \tag{6.1}$$

或写为

$$\left(\frac{\partial \rho}{\partial t}+\frac{\partial \rho}{\partial x}v_x+\frac{\partial \rho}{\partial y}v_y+\frac{\partial \rho}{\partial z}v_z\right)+\rho\left(\frac{\partial v_x}{\partial x}+\frac{\partial v_y}{\partial y}+\frac{\partial v_z}{\partial z}\right)=0 \tag{6.2}$$

式 (6.2) 可写为

$$\frac{1}{\rho}\frac{\mathrm{d}\rho}{\mathrm{d}t}+\frac{\partial v_x}{\partial x}+\frac{\partial v_y}{\partial y}+\frac{\partial v_z}{\partial z}=0 \tag{6.3}$$

或写为

$$\frac{\dot{\rho}}{\rho}+\frac{\partial v_x}{\partial x}+\frac{\partial v_y}{\partial y}+\frac{\partial v_z}{\partial z}=0 \tag{6.4}$$

开口体系动量守恒定律即运动方程可表达为

$$\frac{\partial(\rho \boldsymbol{v})}{\partial t}=\rho \boldsymbol{b}+\operatorname{div}\boldsymbol{\sigma}-\operatorname{div}(\rho \boldsymbol{v}\boldsymbol{v}) \tag{6.5}$$

对于强冲击问题，可以忽略体积力如重力的影响，式 (6.5) 可简化为

$$\frac{\partial(\rho \boldsymbol{v})}{\partial t}=\operatorname{div}\boldsymbol{\sigma}-\operatorname{div}(\rho \boldsymbol{v}\boldsymbol{v}) \tag{6.6}$$

利用导数的性质和连续方程，式 (6.6) 也可写为

$$\rho\frac{\mathrm{d}\boldsymbol{v}}{\mathrm{d}t}=\operatorname{div}\boldsymbol{\sigma} \tag{6.7}$$

式 (6.7) 可表达为分量形式：

$$\begin{cases} \dot{v}_x = \dfrac{\mathrm{d}v_x}{\mathrm{d}t} = \dfrac{1}{\rho}\left(\dfrac{\partial \sigma_{xx}}{\partial x} + \dfrac{\partial \sigma_{yx}}{\partial y} + \dfrac{\partial \sigma_{zx}}{\partial z}\right) \\ \dot{v}_y = \dfrac{\mathrm{d}v_y}{\mathrm{d}t} = \dfrac{1}{\rho}\left(\dfrac{\partial \sigma_{xy}}{\partial x} + \dfrac{\partial \sigma_{yy}}{\partial y} + \dfrac{\partial \sigma_{zy}}{\partial z}\right) \\ \dot{v}_z = \dfrac{\mathrm{d}v_z}{\mathrm{d}t} = \dfrac{1}{\rho}\left(\dfrac{\partial \sigma_{xz}}{\partial x} + \dfrac{\partial \sigma_{yz}}{\partial y} + \dfrac{\partial \sigma_{zz}}{\partial z}\right) \end{cases} \tag{6.8}$$

如将应力分量分解为应力偏量和静水压，则有

$$\sigma_{ij} = s_{ij} - p\delta_{ij} \tag{6.9}$$

式中，p 表示静水压力，由于静水压力以压缩为正，而应力以拉伸为正，因此式 (6.9) 中右端为减号；

$$\delta_{ij} = \begin{cases} 1, & i = j \\ 0, & i \neq j \end{cases} \tag{6.10}$$

为 Kronecker 符号。

将式 (6.9) 和式 (6.10) 代入式 (6.8)，即可得到

$$\begin{cases} \dot{v}_x = \dfrac{\mathrm{d}v_x}{\mathrm{d}t} = \dfrac{1}{\rho}\left(\dfrac{\partial s_{xx}}{\partial x} + \dfrac{\partial s_{yx}}{\partial y} + \dfrac{\partial s_{zx}}{\partial z} - \dfrac{\partial p}{\partial x}\right) \\ \dot{v}_y = \dfrac{\mathrm{d}v_y}{\mathrm{d}t} = \dfrac{1}{\rho}\left(\dfrac{\partial s_{xy}}{\partial x} + \dfrac{\partial s_{yy}}{\partial y} + \dfrac{\partial s_{zy}}{\partial z} - \dfrac{\partial p}{\partial y}\right) \\ \dot{v}_z = \dfrac{\mathrm{d}v_z}{\mathrm{d}t} = \dfrac{1}{\rho}\left(\dfrac{\partial s_{xz}}{\partial x} + \dfrac{\partial s_{yz}}{\partial y} + \dfrac{\partial s_{zz}}{\partial z} - \dfrac{\partial p}{\partial z}\right) \end{cases} \tag{6.11}$$

若式 (6.11) 中所有应力偏量分量皆为零，即可简化为理想流体的 Euler 方程。

应力波传播过程是一个瞬态问题，因此可以近似是一个绝热过程，在此情况下可将问题视为纯力学问题，此时开口体系的能量守恒定律即能量方程可以表达为

$$\int_V \frac{\partial\left[\rho\left(K+E\right)\right]}{\partial t}\mathrm{d}V = \int_V \boldsymbol{v}\cdot\rho\boldsymbol{b}\mathrm{d}V + \int_V \mathrm{div}\left(\boldsymbol{v}\cdot\boldsymbol{\sigma}\right)\mathrm{d}V - \int_V \mathrm{div}\left[\rho\left(K+E\right)\boldsymbol{v}\right]\mathrm{d}V \tag{6.12}$$

或

$$\frac{\partial\left[\rho\left(K+E\right)\right]}{\partial t} = \boldsymbol{v}\cdot\rho\boldsymbol{b} + \mathrm{div}\left(\boldsymbol{v}\cdot\boldsymbol{\sigma}\right) - \mathrm{div}\left[\rho\left(K+E\right)\boldsymbol{v}\right] \tag{6.13}$$

式中, K 表示介质的比动能; E 表示介质的比内能。

对于强冲击问题，忽略体积力的影响，式 (6.13) 即可简化为

$$\frac{\partial\left[\rho\left(K+E\right)\right]}{\partial t} = \mathrm{div}\left(\boldsymbol{v}\cdot\boldsymbol{\sigma}\right) - \mathrm{div}\left[\rho\left(K+E\right)\boldsymbol{v}\right] \tag{6.14}$$

根据局部导数与随体导数的关系，参考 1.1.3 节中闭口体系与开口体系的相关推导，式 (6.14) 可表达为

$$\rho\left(\frac{\mathrm{d}K}{\mathrm{d}t}+\frac{\mathrm{d}E}{\mathrm{d}t}\right)=\mathrm{div}\left(\boldsymbol{v}\cdot\boldsymbol{\sigma}\right) \tag{6.15}$$

利用运动方程式 (6.7)，可以得到

$$\rho\frac{\mathrm{d}K}{\mathrm{d}t}=\rho\frac{\mathrm{d}\boldsymbol{v}}{\mathrm{d}t}\cdot\boldsymbol{v}=\mathrm{div}\boldsymbol{\sigma}\cdot\boldsymbol{v} \tag{6.16}$$

联立式 (6.15) 和式 (6.16)，即可得到

$$\rho\frac{\mathrm{d}E}{\mathrm{d}t}=\mathrm{div}\boldsymbol{v}\cdot\boldsymbol{\sigma} \tag{6.17}$$

或写为分量形式：

$$\rho\frac{\mathrm{d}E}{\mathrm{d}t}=\sigma_{ij}\mathrm{div}v_{ij} \tag{6.18}$$

对于小应变问题而言，其变形几何方程可表达为

$$\left\{\begin{array}{l}\varepsilon_{xx}=\dfrac{\partial u_x}{\partial x}\\[2ex]\varepsilon_{yy}=\dfrac{\partial u_y}{\partial y}\\[2ex]\varepsilon_{zz}=\dfrac{\partial u_z}{\partial z}\end{array}\right.,\quad\left\{\begin{array}{l}\varepsilon_{xy}=\varepsilon_{yx}=\dfrac{1}{2}\left(\dfrac{\partial u_x}{\partial y}+\dfrac{\partial u_y}{\partial x}\right)\\[2ex]\varepsilon_{yz}=\varepsilon_{zy}=\dfrac{1}{2}\left(\dfrac{\partial u_y}{\partial z}+\dfrac{\partial u_z}{\partial y}\right)\\[2ex]\varepsilon_{xz}=\varepsilon_{zx}=\dfrac{1}{2}\left(\dfrac{\partial u_x}{\partial z}+\dfrac{\partial u_z}{\partial x}\right)\end{array}\right. \tag{6.19}$$

将式 (6.19) 代入式 (6.18)，可以得到

$$\frac{\mathrm{d}E}{\mathrm{d}t}=\frac{\sigma_{ij}}{\rho}\frac{\mathrm{d}\varepsilon_{ij}}{\mathrm{d}t}=\frac{s_{ij}}{\rho}\frac{\mathrm{d}\varepsilon_{ij}}{\mathrm{d}t}-\frac{\delta_{ij}}{\rho}\frac{p\mathrm{d}\varepsilon_{ij}}{\mathrm{d}t} \tag{6.20}$$

若记

$$\left\{\begin{array}{l}\dot{E}=\dfrac{\mathrm{d}E}{\mathrm{d}t}\\[2ex]\dot{\varepsilon}_{ij}=\dfrac{\mathrm{d}\varepsilon_{ij}}{\mathrm{d}t}\end{array}\right. \tag{6.21}$$

则能量方程可表达为

$$\dot{E}=\frac{s_{ij}\dot{\varepsilon}_{ij}}{\rho}-\frac{\delta_{ij}\dot{\varepsilon}_{ij}}{\rho} \tag{6.22}$$

根据第 4 章所示三维应力状态下增量型本构模型，可以给出

$$\mathrm{d}e_{ij}=\frac{\mathrm{d}s_{ij}}{2G}+\mathrm{d}\lambda\cdot s_{ij} \tag{6.23}$$

由于

$$\mathrm{d}e_{ij} = \mathrm{d}\varepsilon_{ij} - \frac{\mathrm{d}\rho}{3\rho}\delta_{ij} \tag{6.24}$$

根据式 (6.23) 和式 (6.24)，可以给出

$$\dot{\varepsilon}_{ij} - \frac{\dot{\rho}}{3}\delta_{ij} = \frac{1}{2G}\frac{\mathrm{d}s_{ij}}{\mathrm{d}t} + \frac{\mathrm{d}\lambda}{\mathrm{d}t}\cdot s_{ij} = \frac{\dot{s}_{ij}}{2G} + \dot{\lambda}\cdot s_{ij} \tag{6.25}$$

强冲击作用下固体介质的物态方程可表示为

$$p = p(\rho, T)\text{或}p = p(\rho, E)\text{或}p = p(\rho, s) \tag{6.26}$$

以上连续方程、运动方程、能量方程、几何方程、本构方程和状态方程，再加上应变协调方程，就构成了三维状态下弹塑性固体介质运动方程组。

6.1 气体中的一维冲击波基础理论

参考 5.4.2 小节一维均熵场中的分析和图 5.49 所示实例，若活塞向右做匀加速运动以对活塞右侧的气体进行压缩运动。其他条件相同，加速度值为 a。容易给出活塞的瞬时速度、运动迹线分别为

$$\begin{cases} v_p = at \\ x_p = \dfrac{at^2}{2} \end{cases} \tag{6.27}$$

运动过程中活塞右端面与紧邻的气体质点保持紧密接触，根据连续条件可知，此时在移动边界:

$$x = \frac{at^2}{2} \tag{6.28}$$

上质点的瞬时速度为

$$v\left(\frac{at^2}{2}\right) = v_p = at \tag{6.29}$$

可以给出右行压缩波的瞬时声速为

$$c^* = c_0^* + \frac{\gamma-1}{2}(v - v_0) = c_0^* + \frac{\gamma-1}{2}v \tag{6.30}$$

该问题的特征线如图 6.1 所示，图中 OA 为最前面的波阵面迹线，其前方为静止均匀区；OB 为活塞的运动迹线，AOB 区域即为压缩波区。

可以给出迹线方程：

$$x = \left(c_0^* + \frac{\gamma+1}{2}v\right)t + F(t) \tag{6.31}$$

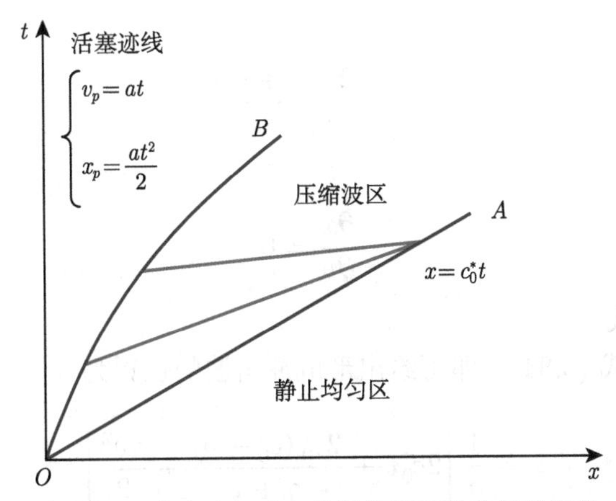

图 6.1 活塞向右运动一维等熵压缩波传播特征线

将边界条件式 (6.28) 代入式 (6.31)，可以解得右行特征线在物理平面图 t 轴上的截距为

$$F(t) = -\frac{\gamma}{2}at^2 - c_0^* t \tag{6.32}$$

将式 (6.32) 写为质点速度的函数，即有

$$F(v) = -\frac{\gamma v^2}{2a} - \frac{c_0^* v}{a} \tag{6.33}$$

将式 (6.33) 代入式 (6.31)，即有

$$x = \left(c_0^* + \frac{\gamma+1}{2}v\right)t - \frac{\gamma v^2}{2a} - \frac{c_0^* v}{a} \tag{6.34}$$

式 (6.34) 可表达为关于 v 的一元二次方程：

$$\frac{\gamma v^2}{2a} + \left(-\frac{\gamma+1}{2}t + \frac{c_0^*}{a}\right)v - c_0^* t + x = 0 \tag{6.35}$$

考虑初始条件，根据式 (6.35) 可以解得质点速度的表达式为

$$v = \frac{1}{\gamma}\left(\frac{\gamma+1}{2}at - c_0^*\right) + \frac{1}{\gamma}\sqrt{\left(\frac{\gamma+1}{2}at - c_0^*\right)^2 - 2a\gamma\left(x - c_0^* t\right)} \tag{6.36}$$

从式 (6.30) 可以看出，随着质点速度即时间的推移，瞬时声速则逐渐增大，如图 6.1 所示，此时后方的连续压缩波会逐渐追赶上前面的连续波，即逐渐汇聚而形成强间断的冲击波。之后冲击波的传播问题不再是等熵问题。

6.1.1 气体中冲击波的产生条件

对式 (6.34) 两端求关于速度 v 的偏导数，可以得到

$$\frac{\partial x}{\partial v} = \frac{\gamma+1}{2}t - \frac{\gamma v + c_0^*}{a} \tag{6.37}$$

也可以得到，当

$$t = \frac{2(\gamma v + c_0^*)}{a(\gamma + 1)} \tag{6.38}$$

时, 有

$$\frac{\partial x}{\partial v} = 0 \tag{6.39}$$

即形成强间断的冲击波。

将式 (6.38) 代入式 (6.34)，即可给出形成冲击波的位置为

$$x = \frac{1}{a}\left[2c_0^* v + \frac{2c_0^*(c_0^* - v)}{\gamma + 1} + \frac{\gamma v^2}{2}\right] \tag{6.40}$$

而且，在冲击波形成处有

$$v = 0 \tag{6.41}$$

因此，形成冲击波的时间和位置即为

$$\begin{cases} t = \dfrac{2c_0^*}{a(\gamma + 1)} \\ x = \dfrac{2c_0^{*2}}{a(\gamma + 1)} \end{cases} \tag{6.42}$$

从式 (6.42) 容易看出，若活塞并不是匀加速连续运动，而是突然以某速度向右压缩运动，则在初始时刻在初始位置即形成冲击波。

设活塞运动持续到 $t = \tau$ 时刻后突然停止。若

$$\tau < \frac{2c_0^*}{a(\gamma + 1)} \tag{6.43}$$

此问题就类似一个刚性卸载问题。此时活塞的位置即为

$$x_\tau = c_0^* \tau \tag{6.44}$$

此时质点速度为

$$v_\tau = \frac{1}{\gamma}\left(\frac{\gamma + 1}{2} a\tau - c_0^*\right) + \frac{1}{\gamma}\sqrt{\left(\frac{\gamma + 1}{2} a\tau - c_0^*\right)^2 - 2a\gamma(x - c_0^* \tau)} \tag{6.45}$$

活塞及其紧邻气体质点速度为

$$v = a\tau \tag{6.46}$$

该问题可以等效为两个步骤：第一步，活塞向右侧静止气体区域做匀加速运动；第二步，将坐标系放在右侧气体上，活塞的静止即等效成活塞突然向左运动，同 5.4.2 小节中实例，只是本步骤中中心稀疏波前方介质不是静止均匀区而已。此时物理平面图上气体运动

可以分为四个区，如图 6.2 所示。第一个区域即为最前面压缩波波阵面前方的静止均匀区，其范围为图中直线 OA 右侧区域：

$$x \geqslant c_0^* t \tag{6.47}$$

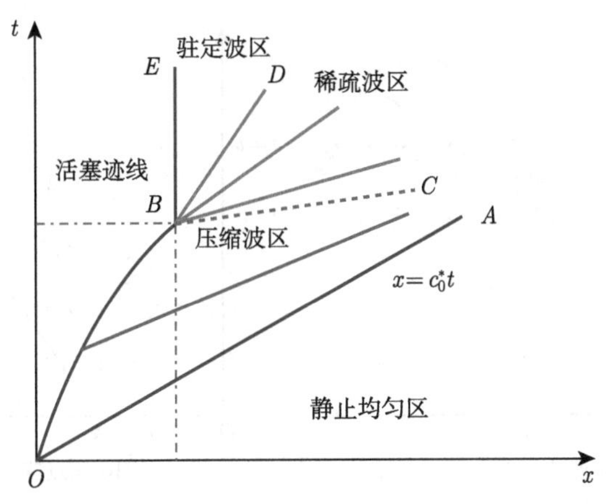

图 6.2 活塞突然停止时特征线物理平面图

第二个区域为压缩波区，其范围为图中 $AOBC$ 区域：

$$x_\tau + \left(c_0^* + \frac{\gamma+1}{2}v\right)(t-\tau) \leqslant x \leqslant c_0^* t \tag{6.48}$$

第三个区域为稀疏波区，其范围为图中 CBD 区域：

$$x_\tau + c_0^*(t-\tau) \leqslant x \leqslant x_\tau + \left(c_0^* + \frac{\gamma+1}{2}v\right)(t-\tau) \tag{6.49}$$

第四个区域为驻定波区，其范围为图中 DBE 区域：

$$x_\tau \leqslant x \leqslant x_\tau + c_0^*(t-\tau) \tag{6.50}$$

此区域内质点速度为零。

根据以上推导可以给出任意时刻 $t = t_0 > \tau$ 气体的质点速度与波速变化曲线，如图 6.3 所示，从图中可以看出在质点速度与波速的变化规律。

以上实例中若活塞一直加速运动，势必在某点产生冲击波；现在考虑一个极端特例，若冲击波点正好在活塞的运动迹线上，如图 6.4 所示。设在 t_s 时刻活塞追赶上冲击波波阵面，此时冲击波波阵面的位置为

$$x_s = c_0^* t_s \tag{6.51}$$

根据式 (6.31)，在压缩波区中有

$$x - x_s = \left(c_0^* + \frac{\gamma+1}{2}v\right)(t-t_s) \tag{6.52}$$

对于活塞迹线 (x_p, t_p)，也应满足式 (6.52)，即有

$$x_p - x_s = \left(c_0^* + \frac{\gamma+1}{2} v_p\right)(t - t_s) \tag{6.53}$$

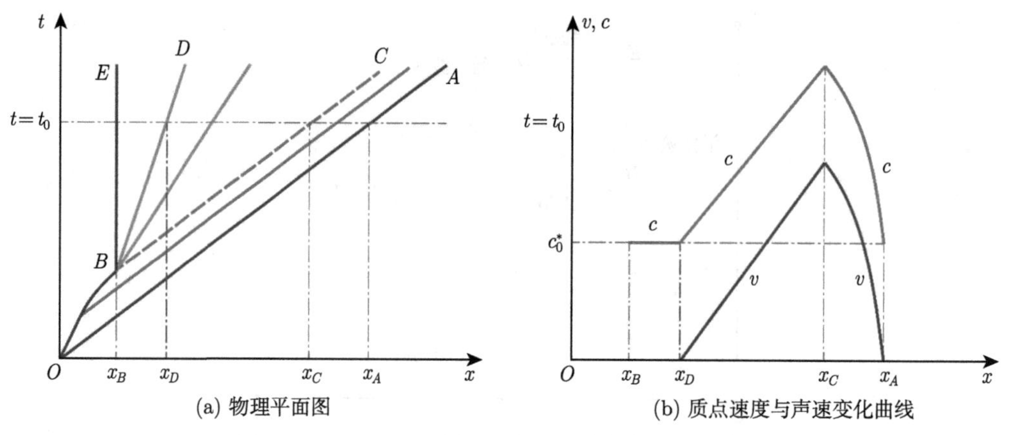

(a) 物理平面图　　(b) 质点速度与声速变化曲线

图 6.3　$t = t_0 > \tau$ 时刻气体质点速度与波速示意图

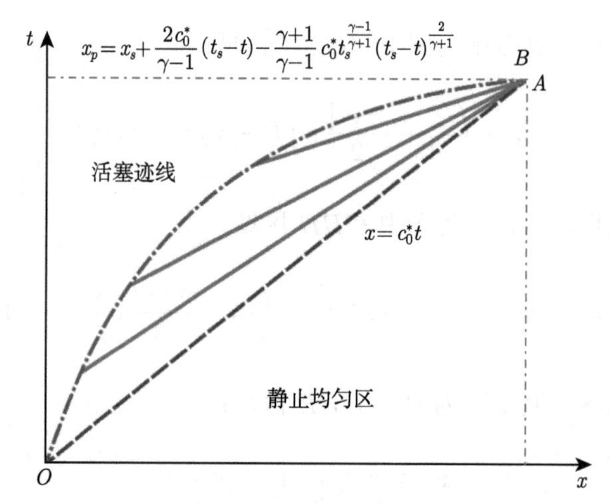

图 6.4　冲击波在活塞运动迹线上时特征线图

且有

$$v_p = \frac{\mathrm{d}x_p}{\mathrm{d}t} \tag{6.54}$$

将式 (6.54) 代入式 (6.53) 即可给出一个一阶非齐次微分常微分方程：

$$\frac{\mathrm{d}x_p}{\mathrm{d}t_p} - \frac{2}{\gamma+1}\frac{x_p - x_s}{t - t_s} = -\frac{2c_0^*}{\gamma+1} \tag{6.55}$$

求解式 (6.55)，并结合初始条件与边界条件：

$$\begin{cases} x_p\,(t=0) = 0 \\ x_p\,(t=t_s) = x_s \end{cases} \tag{6.56}$$

可以求得

$$x_p = x_s + \frac{2c_0^*}{\gamma - 1}(t_s - t) - \frac{\gamma + 1}{\gamma - 1} c_0^* t_s^{\frac{\gamma-1}{\gamma+1}} (t_s - t)^{\frac{2}{\gamma+1}} \tag{6.57}$$

对应的活塞速度为

$$v_p = \frac{2c_0^*}{\gamma - 1}\left[\left(\frac{t_s}{t_s - t}\right)^{\frac{\gamma-1}{\gamma+1}} - 1\right] \tag{6.58}$$

6.1.2 气体中一维冲击波波阵面上的守恒条件

从以上分析可以看出，若活塞向右突然匀速运动，则在初始时刻即会产生一个冲击波。如图 6.5 所示，设在 $t = 0$ 时刻活塞处于 $x = 0$ 的位置，且突然向右以速度 u 匀速运动，此时会形成一个冲击波在气体介质中向右传播。设气体介质初始质点速度、压力、密度和温度分别为 u_0、p_0、ρ_0 和 T_0，冲击波波阵面速度为 D，波阵面后方气体的质点速度应为 u，设其压力、密度和温度分别为 p、ρ 和 T。

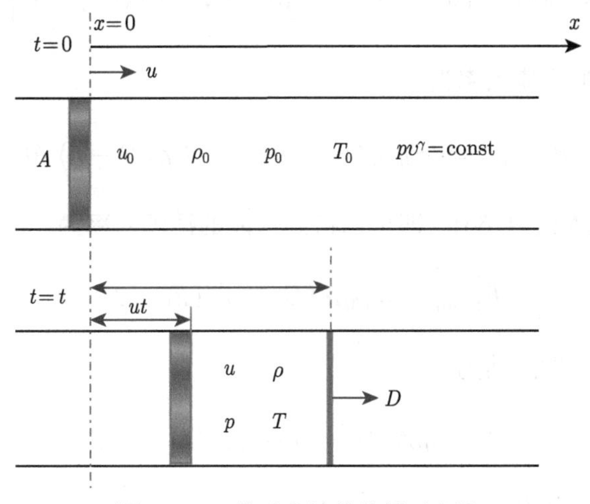

图 6.5 一维冲击波的传播示意图

假设站在波阵面上看波阵面的传播问题，即以运动的波阵面为参考系，由于波阵面的运动假设为匀速运动，因此，以此运动参考系建立的守恒方程与静止参考系下建立的守恒方程本质上是一致的。此时波阵面前方粒子的相对速度为 $(u_0 - D)$，波阵面后方粒子的相对速度为 $(u - D)$。

根据质量守恒条件可知，单位时间内流入波阵面的介质质量等于流出波阵面的介质质量：

$$\rho (D - u) A = \rho_0 (D - u_0) A \tag{6.59}$$

即有连续方程：

$$\rho (D - u) = \rho_0 (D - u_0) \tag{6.60}$$

根据动量守恒条件可知，单位时间内开口体系的动量净流入率等于外力之和：

$$\rho_0 (D - u_0) A (D - u_0) - \rho (D - u) A (D - u) = (p - p_0) A \tag{6.61}$$

简化后有

$$p - p_0 = \rho_0 (D - u_0)(D - u_0) - \rho (D - u)(D - u) \tag{6.62}$$

将连续方程 (6.59) 代入式 (6.62)，即可以得到波阵面上的运动方程为

$$p - p_0 = \rho_0 (D - u_0)(u - u_0) \tag{6.63}$$

根据能量守恒条件可知，绝热运动过程中，单位时间内开口体系动能的净流入率和内能的净流入率等于单位时间内外力所做的功；动能的净流入率为

$$\dot{E}_{k-\text{input}} = \frac{1}{2}\left[\rho_0 (D - u_0) A (D - u_0)^2 - \rho (D - u) A (D - u)^2\right] \tag{6.64}$$

将连续方程 (6.60) 和运动方程 (6.63) 代入式 (6.64)，可以得到动能的净流入率为

$$\dot{E}_{k-\text{input}} = \left[(p - p_0) D - \frac{1}{2}\rho_0 (D - u_0)\left(u^2 - u_0^2\right)\right] A \tag{6.65}$$

单位时间内内能的净流入率为

$$\dot{E}_{i-\text{input}} = [E_0 \rho_0 (D - u_0) A - E\rho (D - u) A] \tag{6.66}$$

将连续方程 (6.60) 代入式 (6.66)，即可以得到内能的净流入率为

$$\dot{E}_{i-\text{input}} = \rho_0 A (D - u_0)(E_0 - E) \tag{6.67}$$

单位时间内外力所做的功为

$$\dot{W} = [pA (D - u) - p_0 A (D - u_0)] \tag{6.68}$$

因此，根据能量守恒条件有

$$\rho_0 (D - u_0)\left[(E_0 - E) - \frac{1}{2}\left(u^2 - u_0^2\right)\right] = p_0 u_0 - pu \tag{6.69}$$

或写为能量守恒方程：

$$\frac{p_0 u_0 - pu}{\rho_0 (D - u_0)} = (E_0 - E) - \frac{1}{2}\left(u^2 - u_0^2\right) \tag{6.70}$$

因此，冲击波波阵面上的控制方程组为

$$\begin{cases} \rho (D - u) = \rho_0 (D - u_0) \\ p - p_0 = \rho_0 (D - u_0)(u - u_0) \\ \dfrac{pu - p_0 u_0}{\rho_0 (D - u_0)} = (E - E_0) + \dfrac{1}{2}\left(u^2 - u_0^2\right) \end{cases} \tag{6.71}$$

1. 一维冲击波的冲击绝热线即 Hugoniot 绝热线

式 (6.71) 存在 5 个变量，但只有 3 个方程，所以给出任意 2 个变量，即可确定其他 3 个变量，也就是说，可以利用任意 2 个变量来表达其他 3 个变量。如可以利用密度ρ 和压力 p 来表征其他 3 个变量；将连续方程展开，给出冲击波波速的表达式：

$$D=\frac{\dfrac{u_0}{\rho}-\dfrac{u}{\rho_0}}{\dfrac{1}{\rho}-\dfrac{1}{\rho_0}}=\frac{u_0 v-u v_0}{v-v_0} \tag{6.72}$$

式中, 瞬时比容和初始比容分别为

$$v=\frac{1}{\rho},\quad v_0=\frac{1}{\rho_0} \tag{6.73}$$

将式 (6.72) 代入式 (6.71) 中第二式运动方程并化简，可以得到

$$u-u_0=\sqrt{(p-p_0)(v_0-v)} \tag{6.74}$$

类似地，将连续方程展开，可以给出瞬时质点速度的表达式：

$$u=D+\frac{v}{v_0}(u_0-D) \tag{6.75}$$

将式 (6.75) 代入运动方程并化简，可以得到

$$D=u_0+v_0\sqrt{\frac{p-p_0}{v_0-v}} \tag{6.76}$$

将式 (6.74) 和式 (6.76) 代入式 (6.71) 中第三式能量方程并化简，可以得到

$$E-E_0=\frac{1}{2}(p+p_0)(v_0-v) \tag{6.77}$$

因而，式 (6.71) 所示控制方程组也可写为

$$\begin{cases} u-u_0=\sqrt{(p-p_0)(v_0-v)} \\ D-u_0=v_0\sqrt{\dfrac{p-p_0}{v_0-v}} \\ E-E_0=\dfrac{1}{2}(p+p_0)(v_0-v) \end{cases} \tag{6.78}$$

式 (6.78) 所示控制方程组即为平面冲击波传播路径上波阵面上的三大守恒方程，整个方程组存在 5 个变量——ρ 或v、D、u、p 和 E，因此必须再给出任意 2 个物理量才能得到其他变量的值，然而事实上，冲击传播过程中任意 2 个物理量之间有其必然的内在联系，因而必须找出另外一个独立的方程。从第一部分中弹性波传播章节可知，对于固体中弹性

波传播而言，此方程皆为弹性本构方程，其给出应力与应变之间的关系；而对于流体而言，对应的方程应为其物态方程。以最简单的理想气体为例，其方程的形式为

$$p = \rho RT \quad \text{或} \quad pv = RT \tag{6.79}$$

式中，R 为常数；T 表示热力学温度。特别地，如进一步假设气体满足多方指数规律，即

$$pv^{\gamma} = \text{const} \tag{6.80}$$

式中，γ 表示多方指数，其与气体特性相关，也是一个材料常数。根据热力学关系，可以得到

$$E = \frac{pv}{\gamma - 1}, \quad E_0 = \frac{p_0 v_0}{\gamma_0 - 1} \tag{6.81}$$

式中，γ 和γ_0 分别表示波阵面后方和初始指数。

将式 (6.81) 代入式 (6.78) 中第三式能量方程，可以得到

$$\frac{p}{p_0} = \frac{\dfrac{\gamma_0 + 1}{\gamma_0 - 1}\dfrac{v_0}{v} - 1}{\dfrac{\gamma + 1}{\gamma - 1} - \dfrac{v_0}{v}} = \frac{\dfrac{\gamma_0 + 1}{\gamma_0 - 1}\dfrac{\rho}{\rho_0} - 1}{\dfrac{\gamma + 1}{\gamma - 1} - \dfrac{\rho}{\rho_0}} \tag{6.82}$$

和

$$\frac{\rho}{\rho_0} = \frac{\dfrac{\gamma + 1}{\gamma - 1}\dfrac{p}{p_0} + 1}{\dfrac{\gamma_0 + 1}{\gamma_0 - 1} + \dfrac{p}{p_0}} \tag{6.83}$$

若冲击波不是极强，不考虑冲击电离等效应，此时可以近似认为

$$\gamma = \gamma_0 \tag{6.84}$$

式 (6.82) 和式 (6.83) 即可简化为

$$\frac{p}{p_0} = \frac{(\gamma + 1)\,v_0 - (\gamma - 1)\,v}{(\gamma + 1)\,v - (\gamma - 1)\,v_0} = \frac{(\gamma + 1)\,\rho - (\gamma - 1)\,\rho_0}{(\gamma + 1)\,\rho_0 - (\gamma - 1)\,\rho} \tag{6.85}$$

和

$$\frac{\rho}{\rho_0} = \frac{v_0}{v} = \frac{(\gamma + 1)\,p + (\gamma - 1)\,p_0}{(\gamma + 1)\,p_0 + (\gamma - 1)\,p} \tag{6.86}$$

将式 (6.86) 代入控制方程 (6.78)，可以得到质点速度与压力之间的关系：

$$u - u_0 = (p - p_0)\sqrt{\frac{2v_0}{(\gamma + 1)\,p + (\gamma - 1)\,p_0}} \tag{6.87}$$

和冲击波波速与压力之间的关系：

$$D - u_0 = v_0\sqrt{\frac{(\gamma + 1)\,p + (\gamma - 1)\,p_0}{2v_0}} \tag{6.88}$$

或能量与压力之间的关系：

$$E - E_0 = \frac{(p + p_0)^2 v_0}{(\gamma + 1) p + (\gamma - 1) p_0} \tag{6.89}$$

同理，根据控制方程组和式 (6.89)，可以给出其他任意两个未知量之间的关系。冲击波传播过程中压力、密度、质点速度、冲击波波速与能量这 5 个量两两之间的关系可以通过三大守恒方程与物态方程给出，常称为冲击波传播的冲击绝热关系或冲击 Hugoniot 绝热关系，根据这些关系，可以绘制出其对应的曲线，称为冲击绝热线或冲击 Hugoniot 绝热线，如图 6.6 所示 p-v 型 Hugoniot 绝热线。

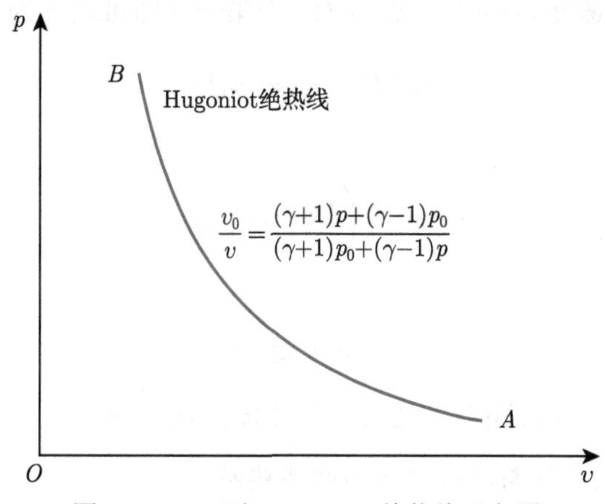

图 6.6 p-v 型 Hugoniot 绝热线示意图

特别地，若波阵面前方质点静止，即其初始质点速度为零：

$$u_0 = 0 \tag{6.90}$$

此时控制方程组即可表达为

$$\begin{cases} u = \sqrt{(p - p_0)(v_0 - v)} \\ D = v_0\sqrt{\dfrac{p - p_0}{v_0 - v}} \\ E - E_0 = \dfrac{1}{2}(p + p_0)(v_0 - v) \end{cases} \tag{6.91}$$

满足多方指数规律的理想气体中声速表达式为

$$c_0 = \sqrt{\frac{\gamma p_0}{\rho_0}} \tag{6.92}$$

即有

$$p_0 = \frac{\rho_0 c_0^2}{\gamma} \tag{6.93}$$

考虑波阵面前方介质质点速度为零，将式 (6.93) 代入式 (6.88)，即可得到

$$D = v_0\sqrt{\frac{(\gamma+1)\,p+(\gamma-1)\,p_0}{2v_0}} > \sqrt{\gamma p_0 v_0} = c_0 \tag{6.94}$$

即冲击波传播过程中，冲击波波速始终大于其初始声速。仅在 $p \to p_0$ 且$\rho \to \rho_0$ 极端条件下:

$$D = c_0 \tag{6.95}$$

即此时冲击波波阵面两端压力连续，可以近似为连续波，因而其波速等于气体声速，即此时冲击波衰减为声速。

当波阵面前方质点速度为零时，式 (6.71) 中第一式即可表达为

$$\rho\,(D-u) = \rho_0 D \tag{6.96}$$

即有

$$u = \left(\frac{v_0 - v}{v_0}\right) D \tag{6.97}$$

由式 (6.97) 可知

$$0 < u < D \tag{6.98}$$

即波阵面质点速度始终小于冲击波波速且与冲击波波速方向一致。

2. Hugoniot 绝热线特征与冲击波传播的某些特性

Hugoniot 绝热线在冲击波理论中具有非常重要的物理意义，它给出了冲击波波阵面前方与后方之间的联系以及冲击波后方参量之间的函数关系。根据式 (6.86) 可知，当$v = v_0$ 时，$p = p_0$；即状态点 (p_0, v_0) 必在图 6.6 所示 Hugoniot 绝热线上，且在 p-v 型 Hugoniot 绝热线的最右端边界。Hugoniot 绝热线的一个物理意义是：无论冲击波波阵面前方或后方的质点速度、压力等参量如何，冲击波波阵面前方到后方的跳跃强度多大，其参量必定在对应的 Hugoniot 绝热线上，如冲击波传播过程中波阵面前方与后方的压力与比容必定在如图 6.6 所示 Hugoniot 绝热线上。

设冲击波的强度为

$$[p] = p_1 - p_0 \tag{6.99}$$

假设波阵面前方质点速度为零，则根据式 (6.91) 中第二式可以给出：

$$D = v_0\sqrt{\frac{p_1 - p_0}{v_0 - v_1}} \tag{6.100}$$

从图 6.7 中可以看出，连接 Hugoniot 曲线 AB 上点 A(代表波阵面前方质点的压力与比容状态点) 与点 C(代表波阵面后方质点的压力与比容状态点)，则线段 AC 的物理意义即为冲击波从波阵面前方状态突跃到波阵面后方状态，直线 AC 与横轴的夹角α 满足

$$\tan\alpha = \frac{p_1 - p_0}{v_0 - v_1} \tag{6.101}$$

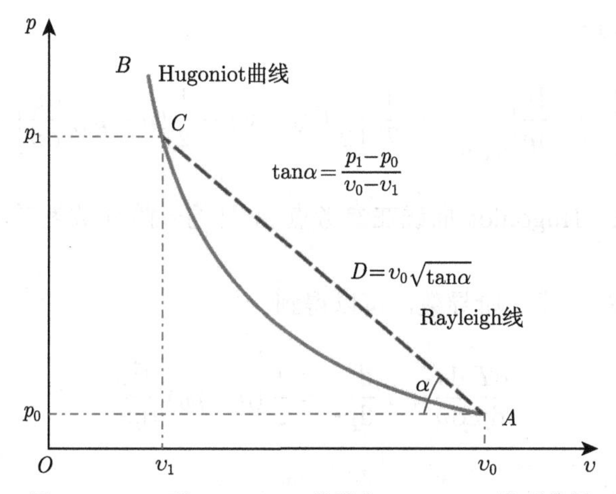

图 6.7 p-v 型 Hugoniot 曲线与 Rayleigh 线示意图

综合考虑式 (6.100) 和式 (6.101)，可以得到

$$D = v_0\sqrt{\tan\alpha} \tag{6.102}$$

即冲击波波速与夹角呈广义正比关系。因而，AC 不仅体现冲击波波阵面两侧状态量的突跃量，还表征了冲击波波速，具有重要的物理意义，常将其称为 Rayleigh 线，如图 6.7 所示。

从图中可以看出，当

$$\begin{cases} [p] = p_1 - p_0 = \mathrm{d}p \to 0 \\ [v] = v_1 - v_0 = \mathrm{d}v \to 0 \end{cases} \tag{6.103}$$

时，有

$$\tan\alpha = -\frac{\mathrm{d}p}{\mathrm{d}v} \tag{6.104}$$

即有

$$D = v_0\sqrt{-\frac{\mathrm{d}p}{\mathrm{d}v}} = c_0 \tag{6.105}$$

式 (6.105) 说明 Hugoniot 绝热线与过波阵面前方状态点 A 点的 Poisson 绝热线即等熵线一阶相切。

根据热力学第一定律，有

$$T\mathrm{d}s = \mathrm{d}E + p\mathrm{d}v \tag{6.106}$$

将控制方程组式 (6.91) 中第三式代入式 (6.106)，可以得到

$$T\mathrm{d}s = \frac{1}{2}\mathrm{d}p\,(v_0 - v) - \frac{1}{2}(p + p_0)\,\mathrm{d}v + p\mathrm{d}v = \frac{1}{2}\mathrm{d}p\,(v_0 - v) + \frac{1}{2}(p - p_0)\,\mathrm{d}v \tag{6.107}$$

即

$$T\frac{\mathrm{d}s}{\mathrm{d}p} = \frac{1}{2}(v_0 - v) + \frac{1}{2}(p - p_0)\frac{\mathrm{d}v}{\mathrm{d}p} \tag{6.108}$$

根据式 (6.108) 可知

$$\left.\frac{\mathrm{d}s}{\mathrm{d}p}\right|_A = \left.\frac{\mathrm{d}s}{\mathrm{d}p}\right|_{(p_0,v_0)} = \frac{1}{T}\left[\frac{1}{2}(v_0 - v) + \frac{1}{2}(p - p_0)\frac{\mathrm{d}v}{\mathrm{d}p}\right] = 0 \tag{6.109}$$

即在 p-s 状态平面上，Hugoniot 曲线在参考点 A 处的一阶导数为零，即其与等熵线一阶相切。

式 (6.108) 两端对 p 求一阶导数，可以得到

$$\frac{\mathrm{d}T}{\mathrm{d}p}\frac{\mathrm{d}s}{\mathrm{d}p} + T\frac{\mathrm{d}^2 s}{\mathrm{d}p^2} = \frac{1}{2}(p - p_0)\frac{\mathrm{d}^2 v}{\mathrm{d}p^2} \tag{6.110}$$

结合式 (6.109)，可知

$$\left.\frac{\mathrm{d}^2 s}{\mathrm{d}p^2}\right|_A = \left.\frac{\mathrm{d}^2 s}{\mathrm{d}p^2}\right|_{(p_0,v_0)} = 0 \tag{6.111}$$

即在 p-s 状态平面上，Hugoniot 曲线在参考点 A 处的二阶导数也为零，即其与等熵线也存在二阶相切的特征。

式 (6.108) 两端对 p 求二阶导数，可以得到

$$\frac{\mathrm{d}^2 T}{\mathrm{d}p^2}\frac{\mathrm{d}s}{\mathrm{d}p} + 2\frac{\mathrm{d}T}{\mathrm{d}p}\frac{\mathrm{d}^2 s}{\mathrm{d}p^2} + T\frac{\mathrm{d}^3 s}{\mathrm{d}p^3} = \frac{1}{2}\frac{\mathrm{d}^2 v}{\mathrm{d}p^2} + \frac{1}{2}(p - p_0)\frac{\mathrm{d}^3 v}{\mathrm{d}p^3} \tag{6.112}$$

结合式 (6.109) 和式 (6.111)，可知

$$\left.\frac{\mathrm{d}^3 s}{\mathrm{d}p^3}\right|_A = \left.\frac{\mathrm{d}^3 s}{\mathrm{d}p^3}\right|_{(p_0,v_0)} = \frac{1}{2T_0}\left.\frac{\mathrm{d}^2 v}{\mathrm{d}p^2}\right|_A \tag{6.113}$$

即在 p-s 状态平面上，Hugoniot 曲线在参考点 A 处的三阶导数不一定为零。因而，在 p-s 状态平面上 Hugoniot 曲线在参考点 A 应存在一个拐点，如图 6.8 所示。

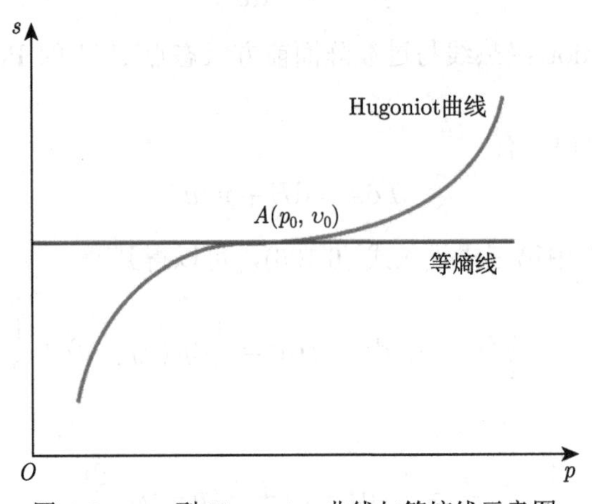

图 6.8　p-s 型 Hugoniot 曲线与等熵线示意图

设气体介质为理想气体，有

$$\mathrm{d}Q = p\mathrm{d}v + C_v\mathrm{d}T \tag{6.114}$$

则其熵增为

$$\mathrm{d}s = \frac{\mathrm{d}Q}{T} = \frac{p}{T}\mathrm{d}v + C_v\frac{\mathrm{d}T}{T} = R\mathrm{d}\ln v + C_v\mathrm{d}\ln T \tag{6.115}$$

因此图 6.7 所示冲击波波阵面前方 A 跳跃到后方 C 的熵增为

$$s_C - s_A = R\ln\frac{v_C}{v_A} + C_v\ln\frac{T_C}{T_A} = \ln\left[\left(\frac{v_C}{v_A}\right)^R\left(\frac{T_C}{T_A}\right)^{C_v}\right] \tag{6.116}$$

将理想气体状态方程代入式 (6.116)，消去 T，可以得到

$$s_C - s_A = C_v\ln\left[\frac{p_C}{p_A}\left(\frac{v_C}{v_A}\right)^{\frac{R}{C_v}+1}\right] = C_v\ln\left[\frac{p_C}{p_A}\left(\frac{v_C}{v_A}\right)^{\gamma}\right] \tag{6.117}$$

式中

$$\gamma = \frac{R}{C_v} + 1 \tag{6.118}$$

将式 (6.86) 代入式 (6.117)，可以得到

$$s_C - s_A = C_v\ln\left[\frac{p_C}{p_A}\left(\frac{(\gamma+1)+(\gamma-1)\dfrac{p_C}{p_A}}{(\gamma+1)\dfrac{p_C}{p_A}+(\gamma-1)}\right)^{\gamma}\right] \tag{6.119}$$

当

$$\frac{p_C}{p_A} > 1 \tag{6.120}$$

时，可以证明：

$$s_C - s_A = C_v\ln\left[\frac{p_C}{p_A}\left(\frac{(\gamma+1)+(\gamma-1)\dfrac{p_C}{p_A}}{(\gamma+1)\dfrac{p_C}{p_A}+(\gamma-1)}\right)^{\gamma}\right] > 0 \tag{6.121}$$

式 (6.121) 的物理意义上，在 Hugoniot 曲线上两点的跳跃即从冲击波波阵面前方跳跃到波阵面后方必会导致熵增。而且，式 (6.121) 右侧是一个递增函数，因而波阵面后方与前方的压力比越大，熵增就越大；也就是说过一点的等熵线必定在 Hugoniot 曲线下方，如图 6.9 所示。

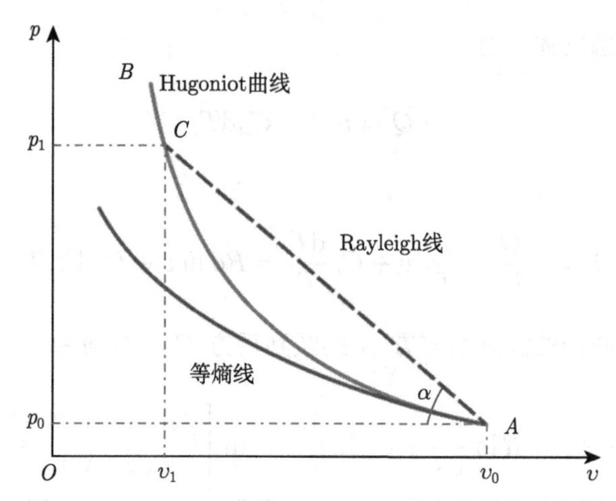

图 6.9　Hugoniot 曲线、Rayleigh 线与等熵线示意图

根据气体中声速公式，可知

$$c=\sqrt{\left.\frac{\partial p}{\partial \rho}\right|_s} \tag{6.122}$$

对式 (6.122) 求偏导，可有

$$\left.\frac{\partial c}{\partial \rho}\right|_s=\frac{1}{2c}\left.\frac{\partial^2 p}{\partial \rho^2}\right|_s \tag{6.123}$$

因此若

$$\left.\frac{\partial^2 p}{\partial \rho^2}\right|_s>0 \tag{6.124}$$

即在 p-ρ 平面上若等熵线是凹的，则必有

$$\left.\frac{\partial c}{\partial \rho}\right|_s>0 \tag{6.125}$$

因而有

$$\left.\frac{\partial c}{\partial p}\right|_s=\left.\frac{\partial c}{\partial \rho}\frac{\partial \rho}{\partial p}\right|_s=\frac{1}{c^2}\left.\frac{\partial c}{\partial \rho}\right|_s>0 \tag{6.126}$$

式 (6.126) 的物理意义是：从局部声速来看，随着压力的增大，声速逐渐增大。

利用连续声波波阵面上的动量守恒条件，可有

$$\mathrm{d}v=\frac{\mathrm{d}p}{\rho c^*} \tag{6.127}$$

式中, c^* 表示局部声速。

在等熵条件下求绝对波速等压力的导数，可得到

$$\frac{\mathrm{d}c}{\mathrm{d}p}=\frac{\mathrm{d}\left(v+c^*\right)}{\mathrm{d}p}=\frac{\mathrm{d}v}{\mathrm{d}p}+\frac{\mathrm{d}c^*}{\mathrm{d}p}=\frac{1}{\rho c^*}+\frac{\mathrm{d}c^*}{\mathrm{d}v}\frac{\mathrm{d}v}{\mathrm{d}p}_s \tag{6.128}$$

式中

$$\frac{\mathrm{d}c^*}{\mathrm{d}v}=\frac{1}{2c^*}\left(-2v\frac{\mathrm{d}p}{\mathrm{d}v}-v^2\frac{\mathrm{d}^2p}{\mathrm{d}v^2}\right) \tag{6.129}$$

因而，有

$$\frac{\mathrm{d}c}{\mathrm{d}p}=-\frac{v^2}{2c^*}\frac{\dfrac{\mathrm{d}^2p}{\mathrm{d}v^2}}{\dfrac{\mathrm{d}p}{\mathrm{d}v}}=\frac{v^4}{2c^{*^3}}\left.\frac{\partial^2p}{\partial v^2}\right|_s \tag{6.130}$$

在 p-v 平面上若等熵线是凹的，则必有

$$\left.\frac{\partial^2p}{\partial v^2}\right|_s>0 \tag{6.131}$$

因而有

$$\frac{\mathrm{d}c}{\mathrm{d}p}>0 \tag{6.132}$$

式 (6.132) 的物理意义是：随着压力的增大，流体中绝对波速逐渐增大。

综合以上局部声速和绝对波速与压力之间的正比关系，可以看出流体中可以存在稳定传播的加载冲击波。

从图 6.9 可以看出，Rayleigh 线的斜率处于波阵面前方状态点切线斜率与波阵面后方状态点切线斜率之间，即

$$-\left.\frac{\partial p}{\partial v}\right|_A<\frac{p_B-p_A}{v_A-v_B}<-\left.\frac{\partial p}{\partial v}\right|_B \tag{6.133}$$

也就是

$$\begin{cases}-\left.v_A^2\dfrac{\partial p}{\partial v}\right|_A<v_A^2\dfrac{p_B-p_A}{v_A-v_B}\\ \dfrac{v_B^2}{v_A^2}v_A^2\dfrac{p_B-p_A}{v_A-v_B}<-\left.v_B^2\dfrac{\partial p}{\partial v}\right|_B\end{cases} \tag{6.134}$$

根据局部声速的公式和冲击波波速公式，式 (6.134) 简化后可以得到

$$\begin{cases}c_A^*<D\\ \dfrac{v_B^2}{v_A^2}D<c_B^*\end{cases} \tag{6.135}$$

将冲击波波阵面上的连续条件代入式 (6.135)，可以进一步得到

$$\begin{cases}c_A^*<D\\ D-u_B<c_B^*\end{cases} \tag{6.136}$$

式 (6.136) 即为冲击波稳定传播的 Lax 条件，它表明冲击波相对于前方介质是超声速的，而相对于其后方介质则是亚声速的，即

$$c_A^* + u_A < D < c_B^* + u_B \tag{6.137}$$

式 (6.137) 表明冲击波波速应小于后方介质的绝对声速而大于前方介质的绝对声速。

3. 低强度冲击波参量突跃特征

若冲击波的强度相对较低，其中压力、密度、质点速度等参量通过波阵面的突跃量均可视为小量。由于焓可以表达为

$$h = h(p, s) \tag{6.138}$$

将式 (6.138) 在初始状态点附近展开，即可得到

$$\begin{aligned} h_1 - h_0 = & \left.\frac{\partial h}{\partial p}\right|_s (p_1 - p_0) + \frac{1}{2}\left.\frac{\partial^2 h}{\partial p^2}\right|_s (p_1 - p_0)^2 + \frac{1}{6}\left.\frac{\partial^3 h}{\partial p^3}\right|_s (p_1 - p_0)^3 + \cdots \\ & + \left.\frac{\partial h}{\partial s}\right|_p (s_1 - s_0) + \frac{1}{2}\left.\frac{\partial^2 h}{\partial s^2}\right|_p (s_1 - s_0)^2 + \frac{1}{6}\left.\frac{\partial^3 h}{\partial s^3}\right|_p (s_1 - s_0)^3 + \cdots \end{aligned} \tag{6.139}$$

根据热力学理论，有

$$v = \left.\frac{\partial h}{\partial p}\right|_s, \quad T = \left.\frac{\partial h}{\partial s}\right|_p \tag{6.140}$$

将式 (6.140) 代入式 (6.139)，即可得到

$$\begin{aligned} h_1 - h_0 = & (p_1 - p_0) v_1 + \frac{1}{2}\left.\frac{\partial v}{\partial p}\right|_s (p_1 - p_0)^2 + \frac{1}{6}\left.\frac{\partial^2 v}{\partial p^2}\right|_s (p_1 - p_0)^3 + \cdots \\ & + (s_1 - s_0) T_1 + \frac{1}{2}\left.\frac{\partial T}{\partial s}\right|_p (s_1 - s_0)^2 + \frac{1}{6}\left.\frac{\partial^2 T}{\partial s^2}\right|_p (s_1 - s_0)^3 + \cdots \end{aligned} \tag{6.141}$$

而且，根据式 (6.91) 中能量方程，可以给出

$$h_1 - h_0 = E_1 - E_0 + p_1 v_1 - p_0 v_0 = \frac{1}{2}(p_1 - p_0)(v_0 + v_1) \tag{6.142}$$

将式 (6.142) 代入式 (6.141)，消去焓差，即有

$$\begin{aligned} \frac{1}{2}(p_1 - p_0)(v_0 - v_1) = & \frac{1}{2}\left.\frac{\partial v}{\partial p}\right|_s (p_1 - p_0)^2 + \frac{1}{6}\left.\frac{\partial^2 v}{\partial p^2}\right|_s (p_1 - p_0)^3 + \cdots \\ & + (s_1 - s_0) T_1 + \frac{1}{2}\left.\frac{\partial T}{\partial s}\right|_p (s_1 - s_0)^2 + \frac{1}{6}\left.\frac{\partial^2 T}{\partial s^2}\right|_p (s_1 - s_0)^3 + \cdots \end{aligned} \tag{6.143}$$

类似式 (6.139)，将比容在初始状态点附近展开，可以得到

$$v_1 - v_0 = \left.\frac{\partial v}{\partial p}\right|_s (p_1 - p_0) + \frac{1}{2}\left.\frac{\partial^2 v}{\partial p^2}\right|_s (p_1 - p_0)^2 + \cdots \tag{6.144}$$

根据式 (6.144)，有

$$\frac{1}{2}(p_1-p_0)(v_0-v_1)=\frac{1}{2}\frac{\partial v}{\partial p}\bigg|_s(p_1-p_0)^2+\frac{1}{4}(p_1-p_0)\frac{1}{2}\frac{\partial^2 v}{\partial p^2}\bigg|_s(p_1-p_0)^3+\cdots \tag{6.145}$$

利用式 (6.143) 减去式 (6.145)，即可有

$$s_1-s_0=\frac{1}{12T_1}\frac{\partial^2 v}{\partial p^2}\bigg|_s(p_1-p_0)^3+\cdots \tag{6.146}$$

式 (6.156) 表明，一阶近似情况下熵的突跃量正比于压力突跃量的立方。对于热容量恒定的理想气体而言，其在 p-v 平面上等熵线是凹的，即

$$\frac{\partial^2 v}{\partial p^2}\bigg|_s>0 \tag{6.147}$$

且根据热力学第二定律可知，必有

$$s_1-s_0>0 \tag{6.148}$$

结合式 (6.146)~ 式 (6.148)，可知必有

$$p_1-p_0>0 \tag{6.149}$$

即这种情况下只可能存在压缩冲击波，而不存在稀疏冲击波。

4. 冲击波波阵面突跃特征及其参量

对于满足多方指数规律的理想气体而言，根据式 (6.83) 有

$$\frac{\rho_{sw}}{\rho_0}=\frac{\dfrac{\gamma+1}{\gamma-1}\dfrac{p_{sw}}{p_0}+1}{\dfrac{\gamma_0+1}{\gamma_0-1}+\dfrac{p_{sw}}{p_0}}=\frac{\gamma+1}{\gamma-1}-\frac{\dfrac{\gamma_0+1}{\gamma_0-1}\dfrac{\gamma+1}{\gamma-1}-1}{\dfrac{\gamma_0+1}{\gamma_0-1}+\dfrac{p}{p_0}} \tag{6.150}$$

式 (6.150) 表明，随着冲击波波阵面压力突跃量的增大，冲击波波阵面上的气体密度逐渐增大；当波阵面后方压力相对于前方压力无穷大时，即

$$p\gg p_0 \tag{6.151}$$

时，由式 (6.150) 可知

$$\frac{\rho_{sw}}{\rho_0}=\frac{\gamma+1}{\gamma-1} \tag{6.152}$$

即此时波阵面上的密度并不是无穷大，而是趋于一个固定值，其相对密度为 10~12。

设波阵面前方介质初始速度为零，对于强冲击波而言，将式 (6.152) 代入式 (6.97)，也可以得到

$$u=\frac{2}{\gamma+1}D \tag{6.153}$$

根据式 (6.152) 和运动方程，可以得到

$$D=\sqrt{\frac{pv_0-p_0v_0}{\frac{2}{\gamma+1}}}\approx\sqrt{\frac{\gamma+1}{2}pv_0} \tag{6.154}$$

以上推导过程中，我们假设冲击波是一个无限波的突跃面，如图 6.10(a) 所示，经过这个面气体介质中物理量出现间断性突跃；然而，实际上由于导热性和黏性的影响，介质状态参数的梯度不可能无限大，一般真实冲击波波阵面剖面具有图 6.10(b) 所示形状。

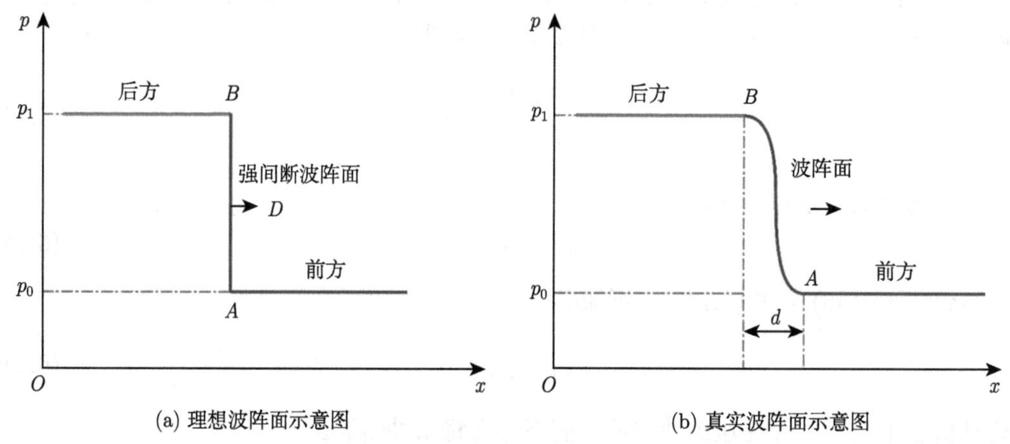

(a) 理想波阵面示意图　　(b) 真实波阵面示意图

图 6.10　理想冲击波波阵面与真实冲击波波阵面示意图

图 6.10(b) 中 AB 之间的中间层为冲击波波阵面过渡区，在该区域内只有极少量的介质，一般处于定常状态，在冲击波传播过程中该区域并不扩展，因而在控制方程组中各守恒方程的推导过程可以不考虑该过渡区发生的过程。若给定波阵面前方未扰动区域介质的参量，利用 Hugoniot 曲线可以单值地确定波阵面后方介质的参量，却不能表征过渡区内介质状态的变化；因为在该过渡区的分析过程中，须考虑黏性力和热传导。Zeldovich 利用热导率和黏性系数的分子动力学给出波阵面宽度的表达式：

$$d\approx\frac{lp}{\Delta p}\approx\frac{lc_0}{u} \tag{6.155}$$

式中，l 是气体中分子自由程长度。Taylor 假定空气动力学黏性系数与热扩散率的比值为 1，从而得到

$$d\approx\frac{4\times10^{-7}}{\Delta p} \tag{6.156}$$

式中, 压力单位为 atm。这些都表明，强冲击波波阵面宽度的量级应与分子自由程长度相同。

6.1.3　空气冲击波在交界面上的反射问题

一般而言气体冲击波撞上障碍物反射产生的压力大于入射波波阵面后方的压力。在分析气体冲击波与障碍物相互作用过程中，一般不考虑障碍物的密度变化而将其视为刚体，从

而将问题简化为气体冲击波在刚壁上的反射问题。若气体冲击波的传播方向平行于刚壁的法线方向，且刚壁为平面，此时该问题即简化为一维气体冲击波对刚壁的正反射问题。

考虑一个一维定常冲击波对刚壁的正反射问题，设入射冲击波波阵面前方介质静止 $u_0 = 0$，其初始压力和初始密度分别为 p_0 和ρ_0，波阵面后方介质的压力、密度和质点速度分别为 p_1、ρ_1 和 u_1，入射波波速为 D_1；正撞击上平面刚壁上瞬间会产生一个反射冲击波，设反射冲击波也是一个定常波，其波阵面后方介质的压力、密度和质点速度分别为 p_2、ρ_2 和 u_2；其物理平面图如图 6.11 所示。

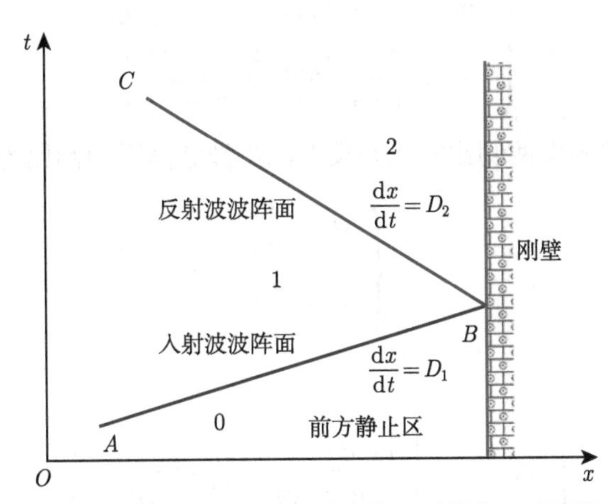

图 6.11　气体冲击波在刚壁上的正反射物理平面图

对于入射冲击波而言，波阵面前方介质质点速度为零，假设气体为满足多方指数规律的理想气体，并设冲击波波阵面前方和后方指数相等，则根据 6.1.2 小节中的分析结果，可知入射右行冲击波波阵面和反射左行冲击波波阵面上的连续条件分别为

$$u_1 = \sqrt{(p_1 - p_0)(v_0 - v_1)} \tag{6.157}$$

和

$$u_1 - u_2 = \sqrt{(p_2 - p_1)(v_1 - v_2)} \tag{6.158}$$

根据刚壁表面的质点速度边界条件，可知

$$u_2 \equiv 0 \tag{6.159}$$

联立上面三式，可以得到

$$\frac{p_1 - p_0}{p_2 - p_1} = \frac{v_1 - v_2}{v_0 - v_1} \tag{6.160}$$

或

$$\bar{p}_r = 1 + \frac{\dfrac{v_0}{v_1} - 1}{1 - \dfrac{v_2}{v_1}}\left(1 - \frac{1}{\bar{p}_i}\right) \tag{6.161}$$

式中, 定义无量纲入射强度和无量纲反射强度分别为

$$\begin{cases} \bar{p}_r = \dfrac{p_2}{p_1} \\ \bar{p}_i = \dfrac{p_1}{p_0} \end{cases} \tag{6.162}$$

根据式 (6.86) 有

$$\begin{cases} \dfrac{v_0}{v_1} = \dfrac{(\gamma+1)\,p_1 + (\gamma-1)\,p_0}{(\gamma+1)\,p_0 + (\gamma-1)\,p_1} \\ \dfrac{v_1}{v_2} = \dfrac{(\gamma+1)\,p_2 + (\gamma-1)\,p_1}{(\gamma+1)\,p_1 + (\gamma-1)\,p_2} \end{cases} \tag{6.163}$$

定义入射冲击波波阵面两侧比容比和反射冲击波波阵面两侧比容比分别为

$$\begin{cases} \bar{v}_r = \dfrac{v_2}{v_1} \\ \bar{v}_i = \dfrac{v_1}{v_0} \end{cases} \tag{6.164}$$

则式 (6.163) 可表达为

$$\begin{cases} \bar{v}_r = \dfrac{(\gamma+1) + (\gamma-1)\,\bar{p}_r}{(\gamma+1)\,\bar{p}_r + (\gamma-1)} = \dfrac{\bar{\gamma} + \bar{p}_r}{\bar{\gamma}\bar{p}_r + 1} \\ \bar{v}_i = \dfrac{(\gamma+1) + (\gamma-1)\,\bar{p}_i}{(\gamma+1)\,\bar{p}_i + (\gamma-1)} = \dfrac{\bar{\gamma} + \bar{p}_i}{\bar{\gamma}\bar{p}_i + 1} \end{cases} \tag{6.165}$$

式中

$$\bar{\gamma} = \frac{\gamma+1}{\gamma-1} \tag{6.166}$$

将式 (6.165) 代入式 (6.161)，有

$$\frac{(\bar{p}_r - 1)^2}{(\bar{p}_i - 1)^2} = \frac{1}{\bar{p}_i}\frac{\bar{\gamma}\bar{p}_r + 1}{\bar{p}_i + \bar{\gamma}} \tag{6.167}$$

解以上关于 $(\bar{p}_r - 1)$ 的一元二次方程，可以得到

$$\bar{p}_r = \frac{(\bar{\gamma}+1)\,(\bar{p}_i - 1)}{\bar{p}_i + \bar{\gamma}} + 1 \tag{6.168}$$

或写为

$$\bar{p}_r = \frac{2\gamma\,(\bar{p}_i - 1)}{(\gamma-1)\,\bar{p}_i + \gamma + 1} + 1 \tag{6.169}$$

根据式 (6.169)，可以给出不同指数时反射冲击波无量纲压力强度与入射波无量纲压力强度之间的关系，如图 6.12 所示。特别地，对于强冲击波，$\bar{p}_i \to \infty$，根据式 (6.169) 即可得到反射波相对强度为

$$\bar{p}_r = \bar{\gamma} + 2 = \frac{2}{\gamma-1} + 3 \tag{6.170}$$

当$\gamma = 1.4$ 时，反射波相对强度即为 $\bar{p}_r = 8$，即 $p_2 = 8p_1$。

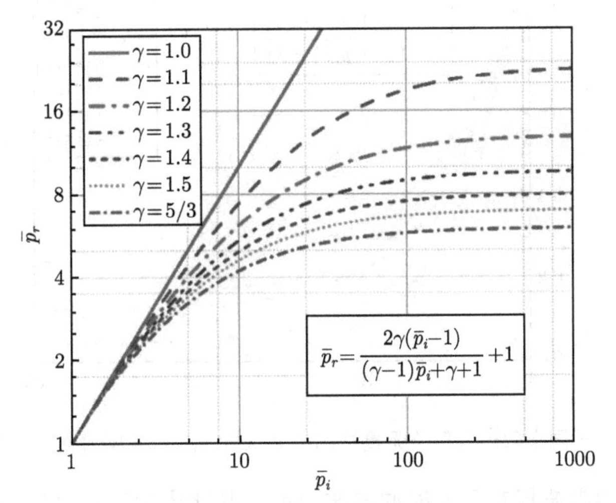

图 6.12　不同指数时反射波压力强度与入射波强度的关系

对于弱冲击波，$\bar{p}_i \to 1$，根据式 (6.168) 即可得到反射波相对强度为

$$\bar{p}_r = 1 \tag{6.171}$$

参考 3.1 节内容可知，这正是弹性波在刚壁上反射的“镜像法则”。

将式 (6.168) 代入式 (6.165)，可以得到反射冲击波波阵面两侧相对比容为

$$\bar{v}_r = \frac{1}{\bar{p}_i}\frac{2\bar{p}_i + \bar{\gamma} - 1}{\bar{\gamma} + 1} = \frac{(\gamma - 1)\,\bar{p}_i + 1}{\gamma\bar{p}_i} \tag{6.172}$$

根据式 (6.172) 和式 (6.165) 中第二式，可以给出不同指数时反射波或入射波无量纲比容突跃量与入射波压力强度之间的关系，如图 6.13 和图 6.14 所示。

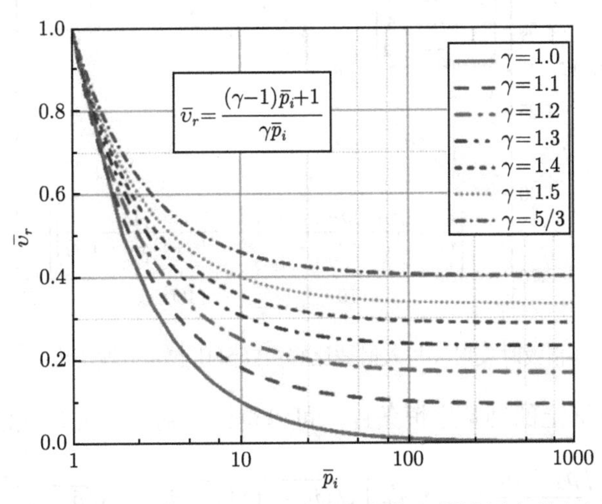

图 6.13　不同指数时反射波无量纲比容突跃量与入射波压力强度之间的关系

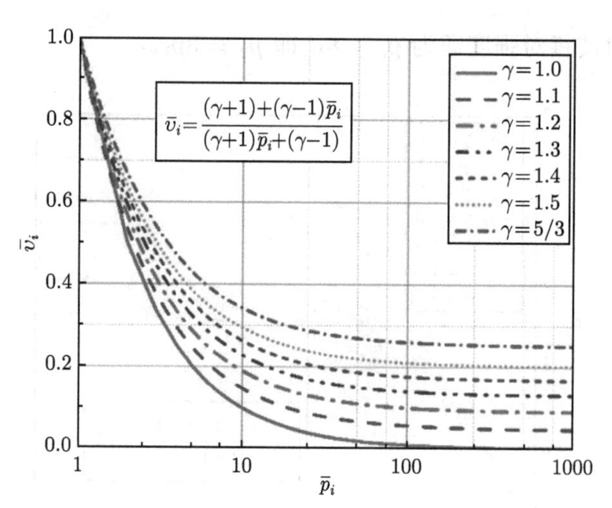

图 6.14　不同指数时入射波无量纲比容突跃量与入射波压力强度之间的关系

因而可以给出反射冲击波相对于入射冲击波而言，其比容突跃量之比为

$$\frac{\bar{v}_r}{\bar{v}_i}=\frac{\bar{\gamma}\bar{p}_i+1}{\bar{p}_i}\left(\frac{2}{\bar{\gamma}+1}-\frac{1}{\bar{\gamma}+\bar{p}_i}\right) \tag{6.173}$$

或表达为

$$\frac{\bar{v}_r}{\bar{v}_i}=\frac{(\gamma+1)\,\bar{p}_i+(\gamma-1)}{\bar{p}_i}\left[\frac{1}{\gamma}-\frac{1}{(\gamma+1)+(\gamma-1)\,\bar{p}_i}\right] \tag{6.174}$$

式 (6.174) 即给出了不同指数时反射波与入射波相对比容突跃量之比和入射波压力强度之间的关系，如图 6.15 所示。

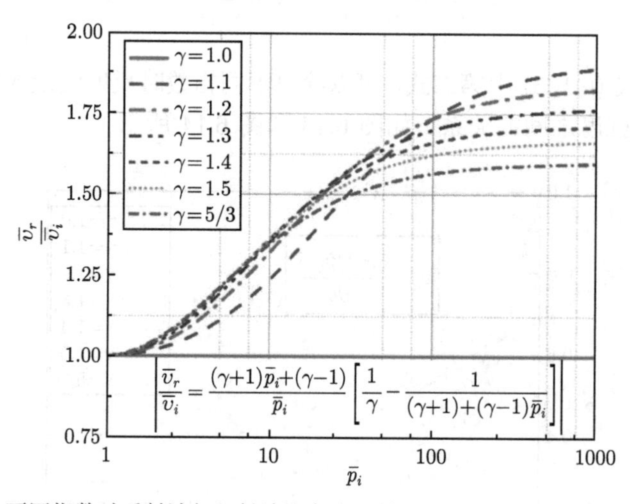

图 6.15　不同指数时反射波与入射波比容突跃量比和入射波压力强度之间的关系

根据冲击波波阵面上的动量守恒条件，可以得到反射左行冲击波波速为

$$D_2=u_1-v_1\sqrt{\frac{p_2-p_1}{v_1-v_2}}=\sqrt{p_0v_0}\left[\sqrt{(\bar{p}_i-1)(1-\bar{v}_i)}-\sqrt{\bar{p}_i\bar{v}_i}\sqrt{\frac{\bar{p}_r-1}{1-\bar{v}_r}}\right] \tag{6.175}$$

定义反射冲击波波速与入射冲击波波速比为无量纲波速反射系数：

$$\bar{D}=\frac{D_2}{D_1} \tag{6.176}$$

可有

$$\bar{D}=1-\bar{v}_i-\sqrt{\bar{p}_i\bar{v}_i}\sqrt{\frac{\bar{p}_r-1}{\bar{p}_i-1}\frac{1-\bar{v}_i}{1-\bar{v}_r}} \tag{6.177}$$

依次将式 (6.168)、式 (6.165) 和式 (6.172) 代入式 (6.177)，可以得到

$$\bar{D}=\frac{1-\bar{\gamma}-2\bar{p}_i}{\bar{\gamma}\bar{p}_i+1} \tag{6.178}$$

或表达为

$$\bar{D}=\frac{-2\left[1+(\gamma-1)\,\bar{p}_i\right]}{(\gamma+1)\,\bar{p}_i+\gamma-1} \tag{6.179}$$

根据式 (6.179)，可以给出不同指数时，反射波相对波速的绝对值与入射波压力强度之间的关系，如图 6.16 所示。

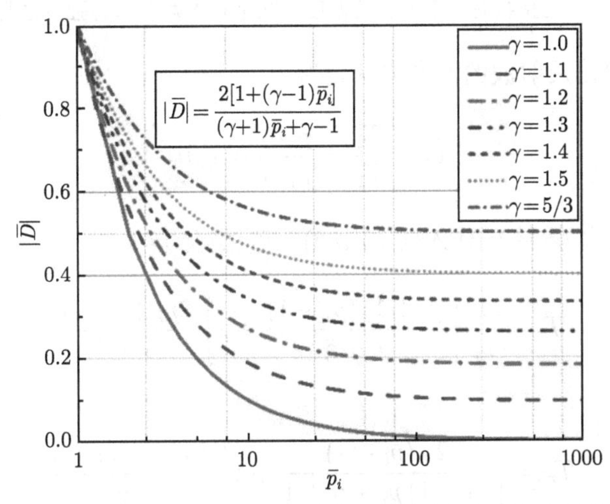

图 6.16 不同指数时反射波相对波速与入射波压力强度之间的关系

对于弱冲击波，$\bar{p}_i\to 1$，根据式 (6.168) 即可得到反射波相对波速为

$$\bar{D}=\frac{1-\bar{\gamma}-2\bar{p}_i}{\bar{\gamma}\bar{p}_i+1}=-1 \tag{6.180}$$

参考 3.1 节内容可知，这正是弹性波在刚壁上反射的“镜像法则”。

对于理想气体而言，可以给出入射波的相对温度突跃量为

$$\bar{T}_i=\frac{T_1}{T_0}=\frac{p_1v_1}{p_0v_0}=\bar{p}_i\frac{\bar{\gamma}+\bar{p}_i}{\bar{\gamma}\bar{p}_i+1} \tag{6.181}$$

或表达为

$$\bar{T}_i = \bar{p}_i \frac{\gamma + 1 + (\gamma - 1)\,\bar{p}_i}{(\gamma + 1)\,\bar{p}_i + \gamma - 1} \tag{6.182}$$

从而可以给出不同指数时相对温度突跃量与入射波压力强度之间的关系，如图 6.17 所示。

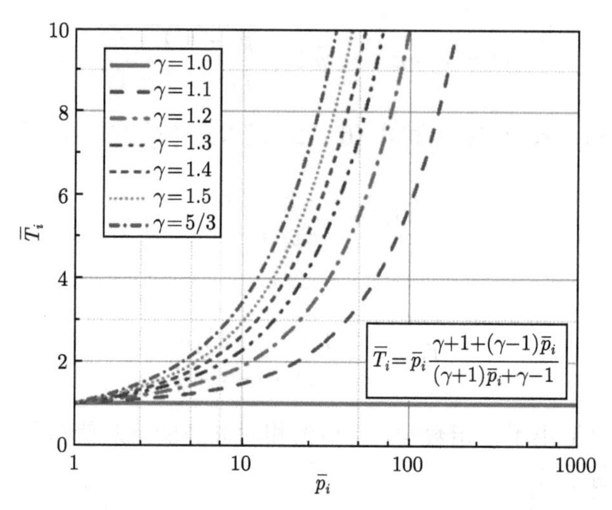

图 6.17 不同指数时入射波相对温度突跃量和入射波压力强度之间的关系

类似地，可以给出反射波的温度突跃量为

$$\bar{T}_r = \frac{T_2}{T_1} = \frac{p_2 v_2}{p_1 v_1} = \bar{p}_r \bar{v}_r \tag{6.183}$$

将式 (6.168) 和式 (6.172) 代入式 (6.183)，可以得到

$$\bar{T}_r = \frac{1}{\bar{p}_i}\left[\frac{(\bar{\gamma} + 1)\,(\bar{p}_i - 1)}{\bar{p}_i + \bar{\gamma}} + 1\right]\frac{2\bar{p}_i + \bar{\gamma} - 1}{\bar{\gamma} + 1} \tag{6.184}$$

或表达为

$$\bar{T}_r = \left[\frac{2\gamma\,(\bar{p}_i - 1)}{(\gamma - 1)\,\bar{p}_i + \gamma + 1} + 1\right]\frac{(\gamma - 1)\,\bar{p}_i + 1}{\gamma \bar{p}_i} \tag{6.185}$$

从而可以给出不同指数时反射波相对温度突跃量与入射波压力强度之间的关系，如图 6.18 所示。

以上分析结果是针对理想气体所给出的，而且假设热容量与温度呈线性关系，同时没有考虑冲击波波阵面中气体的电离和离解；因而，对于空气而言，这个只适合入射冲击波相对压力强度不大于 40 时的情况。

对于满足多方指数方程的真实气体中强冲击波在刚壁上的反射问题而言，冲击波波阵面前方与后方对应的指数并不一定相同。因而对于入射冲击波应有 p-v 型 Hugoniot 关系：

$$\bar{v}_i = \frac{\bar{\gamma}_0 + \bar{p}_i}{\bar{\gamma}_1 \bar{p}_i + 1} \tag{6.186}$$

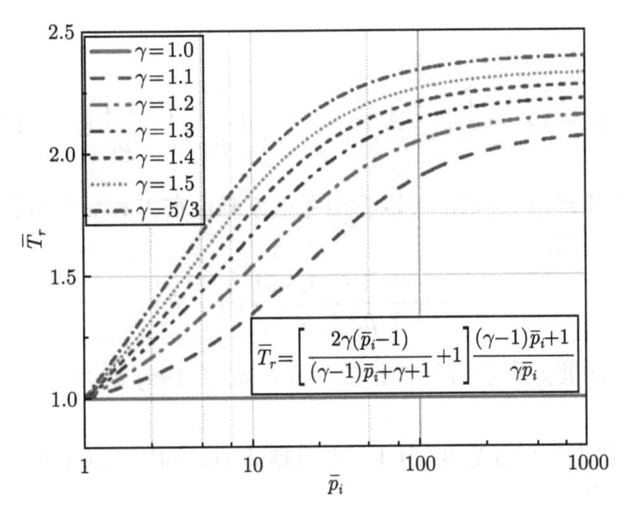

图 6.18　不同指数时反射波相对温度突跃量和入射波压力强度之间的关系

而对于刚壁上的反射冲击波应有 p-v 型 Hugoniot 关系：

$$\bar{v}_r = \frac{\bar{\gamma}_1 + \bar{p}_r}{\bar{\gamma}_2 \bar{p}_r + 1} \tag{6.187}$$

式中

$$\bar{\gamma}_0 = \frac{\gamma_0 + 1}{\gamma_0 - 1}, \quad \bar{\gamma}_1 = \frac{\gamma_1 + 1}{\gamma_1 - 1}, \quad \bar{\gamma}_2 = \frac{\gamma_2 + 1}{\gamma_2 - 1} \tag{6.188}$$

从图 6.12 可以看出，对于强冲击波而言:

$$\bar{p}_r \ll \bar{p}_i \tag{6.189}$$

即相对于入射波波阵面前方初始压力而言，入射冲击波波阵面后方的压力增量远大于反射冲击波波阵面后方对前方的压力增量，可以近似认为在高压区有

$$\gamma_1 \approx \gamma_2 \tag{6.190}$$

此时式 (6.187) 可近似写为

$$\bar{v}_r \approx \frac{\bar{\gamma}_1 + \bar{p}_r}{\bar{\gamma}_1 \bar{p}_r + 1} \tag{6.191}$$

将式 (6.160) 写为无量纲形式，可以得到

$$\frac{\bar{p}_i - 1}{\bar{p}_r - 1} = \bar{p}_i \bar{v}_i \frac{1 - \bar{v}_r}{1 - \bar{v}_i} \tag{6.192}$$

将式 (6.186) 和式 (6.191) 代入式 (6.192)，消去无量纲比容，即可得到

$$(\bar{p}_r - 1)^2 = \frac{\bar{\gamma}_1 \bar{p}_i + 1 - \bar{\gamma}_0 - \bar{p}_i}{\bar{p}_i (\bar{\gamma}_1 - 1)} \frac{\bar{\gamma}_1 \bar{p}_r + 1}{\bar{\gamma}_0 + \bar{p}_i} (\bar{p}_i - 1) \tag{6.193}$$

式 (6.193) 可表达为

$$\left(\bar{p}_r-1\right)^2=\left[\left(\bar{p}_i-1\right)+\frac{\bar{\gamma}_1-\bar{\gamma}_0}{\bar{\gamma}_1-1}\right]\frac{1}{\bar{p}_i}\frac{\bar{\gamma}_1\bar{p}_r+1}{\bar{\gamma}_0+\bar{p}_i}\left(\bar{p}_i-1\right) \tag{6.194}$$

对比式 (6.194) 和式 (6.167)，可以看出考虑波阵面前方和后方气体的指数不同，使得式 (6.194) 右端多了一项:

$$\frac{\bar{\gamma}_1-\bar{\gamma}_0}{\bar{\gamma}_1-1}\frac{1}{\bar{p}_i}\frac{\bar{\gamma}_1\bar{p}_r+1}{\bar{\gamma}_0+\bar{p}_i}\left(\bar{p}_i-1\right) \tag{6.195}$$

若式 (6.195) 中波阵面前方和后方气体指数相等，式 (6.195) 即为零，式 (6.194) 即简化为式 (6.167)。

若入射冲击波相对压力强度 $\bar{p}_i$ 为 1，则根据式 (6.194) 可以得到

$$\bar{p}_r=1 \tag{6.196}$$

即反射波相对压力强度 $\bar{p}_r$ 也为 1，这即为弹性波在波阵面上的“镜像法则”。

式 (6.194) 可以展开为关于 $(\bar{p}_r-1)$ 的一元二次方程：

$$\left(\bar{p}_r-1\right)^2-\lambda\bar{\gamma}_1\left(\bar{p}_r-1\right)-\lambda\left(\bar{\gamma}_1+1\right)=0 \tag{6.197}$$

式中

$$\lambda=\left[\left(\bar{p}_i-1\right)+\frac{\bar{\gamma}_1-\bar{\gamma}_0}{\bar{\gamma}_1-1}\right]\frac{\left(\bar{p}_i-1\right)}{\bar{p}_i\left(\bar{\gamma}_0+\bar{p}_i\right)} \tag{6.198}$$

解方程 (6.197)，并考虑其物理意义与初始条件，可以给出其解为

$$\bar{p}_r=\frac{\lambda\bar{\gamma}_1+\sqrt{\lambda^2\bar{\gamma}_1^2+4\lambda\left(\bar{\gamma}_1+1\right)}}{2}+1 \tag{6.199}$$

当入射冲击波为强冲击波时，即

$$\frac{\left(\bar{p}_i-1\right)}{\bar{p}_i\left(\bar{\gamma}_0+\bar{p}_i\right)}\bar{p}_i\gg 1 \tag{6.200}$$

忽略高阶小量，式 (6.199) 即可近似为

$$\bar{p}_r=\frac{\left(3\gamma_1-1\right)\bar{p}_i-\left(\gamma_1-1\right)}{\left(\gamma_1-1\right)\bar{p}_i-\left(\gamma_1+1\right)}+\frac{\kappa}{\bar{p}_i}\frac{\left(\gamma_1+1\right)\left(\bar{p}_i-1\right)^2}{\left(\gamma_1-1\right)\bar{p}_i-\left(\gamma_1+1\right)} \tag{6.201}$$

式中

$$\kappa=\frac{\dfrac{\bar{\gamma}_1-\bar{\gamma}_0}{\bar{\gamma}_1-1}}{\bar{p}_i-1}\frac{\bar{\gamma}_1\bar{p}_i+1}{\bar{p}_i+\bar{\gamma}_1}=\frac{\gamma_0-\gamma_1}{\left(\bar{p}_i-1\right)\left(\gamma_0-1\right)}\frac{\left(\gamma_1+1\right)\bar{p}_i+\left(\gamma_1-1\right)}{\left(\gamma_1-1\right)\bar{p}_i+\left(\gamma_1+1\right)} \tag{6.202}$$

根据式 (6.201) 和式 (6.202) 可以给出考虑波阵面前后方介质指数不同情况下反射波压力强度与入射波压力强度之间的关系。

以上对单加载冲击波进行了分析，事实上完整的冲击波包含加载部分和卸载部分即冲击波脉冲，完整冲击波在刚壁上的反射问题十分重要但其求解也十分困难，一般很难给出准确解；然而平面、柱面或球面冲击波对应地在平面刚壁、柱面刚壁或球面刚壁上反射问题是一维问题，其解则可以结合数值方法如特征线法给出。

设入射冲击波如图 6.19 所示，波长为λ，波峰压力为 p_m，波速为 D_1；冲击波波形表达式为

$$p_1=\begin{cases}p_0+(p_m-p_0)\left(1-\dfrac{x_0-x+D_1t}{\lambda}\right)^{\alpha}, & 0<\dfrac{x_0-x+D_1t}{\lambda}<1\\ p_0, & \dfrac{x_0-x+D_1t}{\lambda}\geqslant 1\end{cases}\tag{6.203}$$

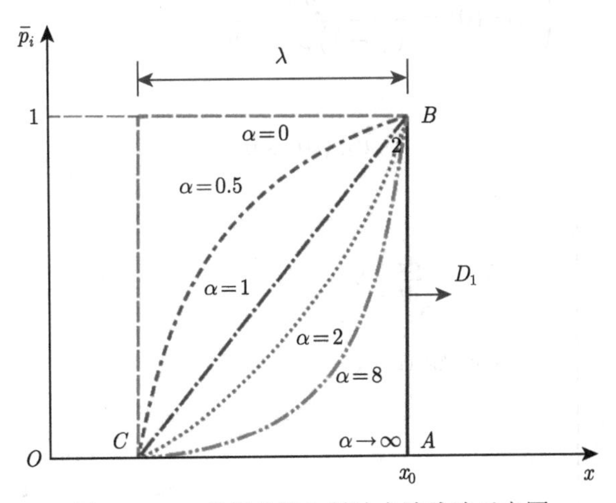

图 6.19 一维爆炸波入射冲击波脉冲示意图

如定义入射冲击波的瞬时无量纲强度:

$$\bar{p}_i=\frac{p_1-p_0}{p_m-p_0}\tag{6.204}$$

则式 (6.203) 可表达为

$$\bar{p}_i=\begin{cases}\left(1-\dfrac{x_0-x+D_1t}{\lambda}\right)^{\alpha}, & 0<\dfrac{x_0-x+D_1t}{\lambda}<1\\ 0, & \dfrac{x_0-x+D_1t}{\lambda}\geqslant 1\end{cases}\tag{6.205}$$

式中, α 表示入射冲击波卸载曲线指数。从图中可以看出：当$\alpha=0$ 时，入射波为矩形冲击波；当 $0<\alpha<1$ 时，冲击波卸载部分为外凸形加速衰减波；当$\alpha=1$ 时，入射波为三角形冲击波；当$\alpha>1$ 时，冲击波卸载部分为内凹形减速衰减波；当$\alpha\to\infty$ 时，入射波即为一个波长无限小突加突卸波。

对于初始条件给定的 D_1 和 p_m，根据冲击波基本理论，容易给出加载冲击波 AB 过后 B 点处的各状态量如 c_m^*、u_m、ρ_m 等；设在 $t=0$ 时刻加载冲击波波阵面 AB 到达刚壁上，

且瞬间产生反射波，如图 6.20 所示，根据以上冲击波在刚壁上的反射规律式 (6.169) 和式 (6.172)，可以得到初始时刻图 6.20 中点 B 即反射波在 $t=0$ 时刻的初始压力与比容值：

$$\begin{cases} p_B(0)=p_m\dfrac{(3\gamma-1)p_m+(\gamma+1)p_0}{(\gamma-1)p_m+(\gamma+1)p_0} \\ v_B(0)=\dfrac{(\gamma-1)p_m+p_0}{\gamma p_m} \end{cases} \tag{6.206}$$

或

$$\begin{cases} p_B(0)=p_m\dfrac{(3\gamma-1)p_m+(\gamma+1)p_0}{(\gamma-1)p_m+(\gamma+1)p_0} \\ \rho_B(0)=\dfrac{\gamma p_m}{(\gamma-1)p_m+p_0} \end{cases} \tag{6.207}$$

且有速度边界条件:

$$u_B(0)=0 \tag{6.208}$$

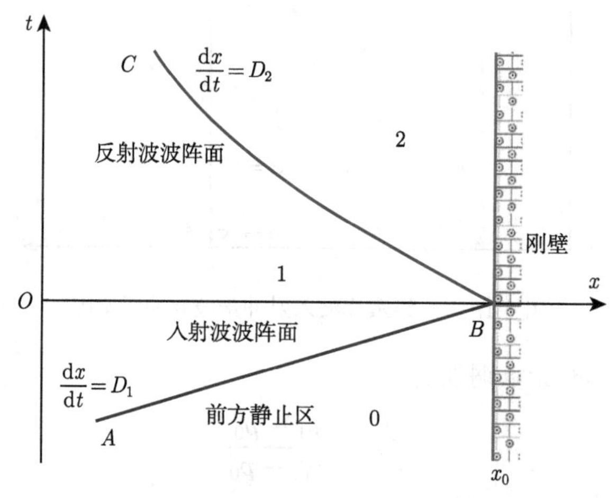

图 6.20　爆炸波在刚壁上的一维反射

而入射加载冲击波后方的 BC 可以视为一系列卸载波作用的结果。设入射冲击波在传播过程中没有衰减，则可以根据简单波理论来给出瞬时质点速度。参考 5.4 节一维气体运动基本方程组的推导，可以给出满足多方指数规律理想气体的运动基本方程组为

$$\begin{cases} \dfrac{\partial u}{\partial t}+\dfrac{1}{\rho}\dfrac{\partial p}{\partial x}+u\dfrac{\partial u}{\partial x}=0 \\ \dfrac{\partial(p/\rho^{\gamma})}{\partial t}+u\dfrac{\partial(p/\rho^{\gamma})}{\partial x}=0 \\ \dfrac{\partial\rho}{\partial t}+\rho\dfrac{\partial v}{\partial x}+u\dfrac{\partial\rho}{\partial x}+\dfrac{N\rho u}{x}=0 \end{cases} \tag{6.209}$$

式中, $N=0$，1，2 分别表示平面波、柱面波和球面波时的情况。考虑平面冲击波情况时，

式 (6.209) 即可简化为

$$\begin{cases} \dfrac{\partial u}{\partial t}+\dfrac{1}{\rho}\dfrac{\partial p}{\partial x}+u\dfrac{\partial u}{\partial x}=0 \\ \dfrac{\partial\left(p/\rho^{\gamma}\right)}{\partial t}+u\dfrac{\partial\left(p/\rho^{\gamma}\right)}{\partial x}=0 \\ \dfrac{\partial \rho}{\partial t}+\rho\dfrac{\partial v}{\partial x}+u\dfrac{\partial \rho}{\partial x}=0 \end{cases} \tag{6.210}$$

基于式 (6.210)，根据特征线方法可以给出右行冲击波传播的简单波关系，具体参考 5.4.2 小节的分析，可以给出

$$\frac{p_1}{p_0}=\left[1+\frac{\gamma-1}{2c_0^*}\left(u_1-u_0\right)\right]^{\frac{2\gamma}{\gamma-1}} \tag{6.211}$$

即可以给出入射冲击波作用后质点的速度为

$$u_1=u_m-\frac{2}{\gamma-1}c_m\left[1-\left(\frac{p_1}{p_m}\right)^{\frac{\gamma-1}{2\gamma}}\right] \tag{6.212}$$

根据状态方程容易给出入射波后方的气体密度为

$$\rho_1=\rho_m\left(\frac{p_1}{p_m}\right)^{\frac{1}{\gamma}} \tag{6.213}$$

根据入射波波阵面后方即图 6.20 所示 1 区中的状态量，结合反射波 BC 后方 2 区边界条件：

$$u_2=0 \tag{6.214}$$

和控制方程组：

$$\begin{cases} u_2-u_1=\sqrt{\left(p_2-p_1\right)\left(v_1-v_2\right)} \\ D_2-u_1=v_1\sqrt{\dfrac{p_2-p_1}{v_1-v_2}} \end{cases} \tag{6.215}$$

且对于满足多方指数规律的理想气体有

$$v_2=v_1\frac{(\gamma-1)\,p_2+(\gamma+1)\,p_1}{(\gamma+1)\,p_2+(\gamma-1)\,p_1} \tag{6.216}$$

从而给出反射波波阵面后方 2 区的状态量。

在以上初始条件和边界条件前提下，根据基本方程组 (6.210) 可以给出反射波 2 区的相关解，文献 (奥尔连科，2011a) 给出了利用 Hartree 格式特征线方法的数值解，读者可参考并分析之，由于不属于本书核心内容，在此不做展开。

6.2 固体高压物态方程与波阵面上的守恒条件

冲击波是一种强间断应力波，我们可以将该间断定义为压力、温度 (内能) 和密度的间断；其特点是有一个 “陡峭” 的波阵面。当冲击波强度极大时，在固体介质中，冲击波波阵面会使得材料中产生极大的静水压，此时可以忽略固体介质中弹性阶段和剪切流动的影响，而参考 6.1 节中流体中的冲击波理论对该问题进行分析讨论。

在利用流体动力学理论推导冲击波在固体中传播和演化特征时，我们先做以下五个基本假设：

(1) 冲击波波阵面是一个强间断面且没有明显厚度;

(2) 在冲击波传播过程中不考虑材料的相变行为;

(3) 冲击波波阵面上的体力和热传导可以忽略不计;

(4) 材料没有弹塑性行为;

(5) 材料的剪切模量为零，即冲击波传播过程中，材料中的应力非常大，使得固体材料具有流体材料的特征。

6.2.1 固体介质的典型高压物态方程

从 6.1 节中气体中一维冲击波传播的基本理论可知，利用质量守恒条件、动量守恒条件和能量守恒条件，分别可以给出连续方程、运动方程和能量方程，从而构成基本方程组。然而，基本方程组 3 个方程却有 5 个未知量，根据这 5 个未知量的性质可知，需要构建应力与几何参数如应变等量之间的关系，即需要提供材料的本构关系，如不考虑率效应，广义本构模型可表达为

$$\boldsymbol{\sigma} = \sigma\left(\boldsymbol{\varepsilon}\right) \tag{6.217}$$

或

$$\sigma_{ij} = \sigma_{ij}\left(\varepsilon_{ij}\right) \tag{6.218}$$

可以将应力分解为偏应力和静水压、将应变分解为偏应变和体应变：

$$\begin{cases} \sigma_{ij} = s_{ij} - \delta_{ij} p \\ \varepsilon_{ij} = e_{ij} - \delta_{ij}\dfrac{\theta}{3} \end{cases} \tag{6.219}$$

需要说明的是，在固体力学中定义以拉为正，而式 (6.219) 中定义静水压以压为正、压缩体应变也以压为正，所以右端皆为负号。在固体特别是金属类延性材料的本构关系和屈服准则的推导过程中，假设塑性不可压，从而忽略了静水压和体应变的影响，从而给出本构关系：

$$s_{ij} = s_{ij}\left(e_{ij}\right) \tag{6.220}$$

而在高强度冲击波作用下，材料中的静水压力远大于流动应力，因此可以忽略偏应力与偏应变，从而将广义本构关系简化为

$$p = p\left(\theta\right) \tag{6.221}$$

与传统固体材料屈服准则和本构关系的分析不同，式 (6.221) 中的量只取决于介质的状态，与状态变化的路径无关，因此称为材料的物态方程或状态方程。

前面内容中理想气体的物态方程为

$$pv = RT \tag{6.222}$$

式中，v 表示比容；R 为气体常数；T 表示热力学温度。式 (6.222) 是一个典型的温度型状态方程：

$$f_T(p, v, T) = 0 \tag{6.223}$$

1. 固体等温物态方程

对于温度型状态方程而言，如果不考虑温度项，即假设状态变化是一个等温过程，例如，在静高压条件下考虑材料体积模量与静水压力之间的内在联系时，可以得到一种等温的纯力学型物态方程：

$$f_T(p, V) = 0 \tag{6.224}$$

式中, V 表示体积。

对固体高压物态方程的研究，是在静高压条件下，对材料体积模量随着静水压力的变化规律进行实验研究开始的。Bridgman 在 1945~1949 年研究了等温和静水压力在 1~10GPa 条件下数十种元素和化合物的体积压缩量与静水压力之间的关系，根据试验结果，提出了经验表达式：

$$\frac{V_0 - V}{V_0} = ap - bp^2 \tag{6.225}$$

式中，V_0 表示初始体积；a 和 b 为材料常数。式 (6.225) 常称为 Bridgman 方程或固体等温物态方程，如图 6.21 所示。

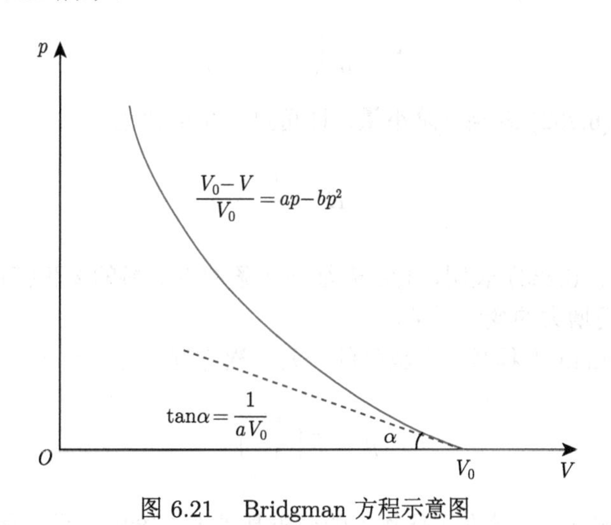

图 6.21 Bridgman 方程示意图

式 (6.225) 中，则常数 a 的量级处于

$$a \in 10^{-3} \sim 10^{-2}\text{GPa}^{-1} \tag{6.226}$$

而常数 b 的量级为

$$b \in 10^{-4}\mathrm{GPa}^{-2} \tag{6.227}$$

以 Fe 为例，根据测量结果，在 24℃ 时，其 Bridgman 方程为

$$\frac{V_0 - V}{V_0} = 5.826 \times 10^{-3}\mathrm{GPa}^{-2} \cdot p - 0.80 \times 10^{-4}\mathrm{GPa}^{-2} \cdot p^2 \tag{6.228}$$

根据式 (6.225)，可以计算出体积模量 K 的表达式为

$$K = -V_0\frac{\mathrm{d}p}{\mathrm{d}V} = \frac{1}{a - 2bp} \tag{6.229}$$

式 (6.229) 表明，随着压力的增大，材料的体积模量也增大。其物理意义是：固体材料随着压缩变形程度的增大，其对抗体积压缩的能力就越来越强。

式 (6.229) 可以写为

$$K = \frac{1}{a\left(1 - \dfrac{2b}{a}p\right)} \tag{6.230}$$

根据式 (6.226) 和式 (6.227) 可知

$$\frac{2b}{a} \in 10^{-2} \sim 10^{-1}\mathrm{GPa}^{-1} \tag{6.231}$$

结合式 (6.230) 和式 (6.231) 可以看出，当压力变化至少为 GPa 量级时，体积模量变化量才约为 1%；因而在非高压条件下常常忽略体积模量的变化。当式 (6.231) 的值远小于 1 时，忽略二阶及以上的小量，有

$$K \approx \frac{1}{a}\left(1 + \frac{2b}{a}p\right) \tag{6.232}$$

当压力较低时，式 (6.232) 忽略一阶小量，即可进一步简化为

$$K \approx \frac{1}{a} \tag{6.233}$$

式 (6.232) 和式 (6.233) 表明，$1/a$ 表征低压条件下材料的体积模量，而 $2b/a$ 表征体积模量随压力增大而增大的变化系数。

事实上，Bridgman 方程是一个典型的一元二次方程，可以给出其解应为

$$p = f\left(\frac{V_0}{V}\right) \tag{6.234}$$

Pack、Evans 和 Jame 等在固体物理的分析基础上，给出了另一种物态方程的模型：

$$p = \alpha\left(\frac{V_0}{V}\right)^{2/3}\left\{\left[\exp\left[\beta\left(1 - \frac{V}{V_0}\right)^{1/3}\right] - 1\right]\right\} \tag{6.235}$$

式中，α 和 β 为材料参数。

基于以上模型，根据 Bridgman 的试验结果，Broberg 给出了几种材料的 α 和 β 值，如表 6.1 所示。

表 6.1 几种材料的 α 和 β 值

材料	$\rho/(\mathrm{g/cm^3})$	α/GPa	β
铁	7.86	60.1	8.4
铝	2.72	19.0	11.4
镁	1.74	6.39	15.6
铜	8.93	35.2	11.7
铅	11.34	13.2	10.0
石英玻璃	2.21	47.0	2.0

2. 固体等熵物态方程

类似地，也可以给出含熵 s 的熵型状态方程：

$$f_s(p, V, s) = 0 \tag{6.236}$$

如果假设状态变化是一个等熵过程，同样可以得到一个等熵的纯力学型状态方程：

$$f_s(p, V) = 0 \tag{6.237}$$

Bridgman 方程中体积模量的定义是在 L 氏 (初始) 构架中描述的，称为 L 氏体积模量；若在 E 氏 (瞬时) 构架对材料的体积模量进行描述，即利用真应变来定义，即有

$$k = -\frac{\mathrm{d}p}{\mathrm{d}\ln V} = -V\frac{\mathrm{d}p}{\mathrm{d}V} \tag{6.238}$$

假设在瞬时构架下材料的体积模量近似满足

$$k = k_0(1 + \alpha p) \tag{6.239}$$

式中，k_0 为压力为零时刻的体积模量即初始体积模量；α 为材料常数。结合瞬时体积模量的表达式 (6.238) 有

$$-V\frac{\mathrm{d}p}{\mathrm{d}V} = k_0(1 + \alpha p) \tag{6.240}$$

对式 (6.240) 进行积分，并考虑到初始条件:

$$V|_{p=0} = V_0 \tag{6.241}$$

即可得到方程：

$$(1 + \alpha p)\left(\frac{V}{V_0}\right)^{\alpha k_0} = 1 \tag{6.242}$$

即

$$p = \frac{1}{\alpha}\left[\left(\frac{V}{V_0}\right)^{-\alpha k_0} - 1\right] \tag{6.243}$$

或写为

$$p = \frac{k_0}{\gamma}\left[\left(\frac{V_0}{V}\right)^{\gamma} - 1\right] \tag{6.244}$$

式中

$$\gamma = \alpha k_0 \tag{6.245}$$

式 (6.245) 即为固体等熵物态方程，常称为 Murnaghan 方程，其示意图如图 6.22 所示。其中材料参数一般可以根据等熵条件下波传播试验结果给出，对于一些金属材料而言，一般有 $\gamma = 4$。

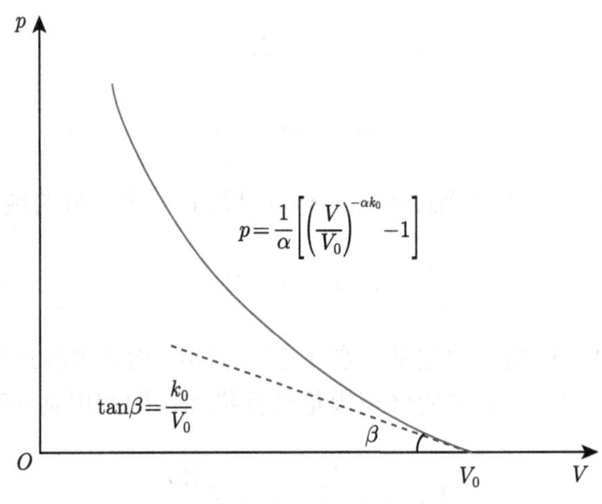

图 6.22　Murnaghan 方程示意图

3. Grüneisen 方程

以上两个经典的纯力学物态方程——Bridgman 方程和 Murnaghan 方程，它们分别属于等温型物态方程和等熵型物态方程；然而，对于冲击绝热过程来讲，从 6.1 节中对应的控制方程可以看出，以上的温度型物态方程和熵型物态方程两种形式均不适用或不准确。因为其只涉及压力 p、比容 v 或密度 ρ 和内能 E，而并未直接涉及温度 T 和熵 s，所以在冲击波传播问题中，常使用所谓内能型状态方程表述：

$$f_E(p, v, E) = 0 \tag{6.246}$$

在这方面，Mie-Grüneisen 物态方程 (下面简称 Grüneisen 物态方程) 是相对合理和适用的，特别地，其在确定冲击和残余温度，以及预测多孔材料的冲击响应方面非常重要。

一般而言，热力学着眼于宏观，而统计力学则不同，它关注微观问题。在统计力学中，我们把原子视为量子化的振子，这与应力波微观机理类似，每个原子都有三个振动方向。根据量子理论，量子化振子的基级能量为 $h\nu/2$，第 n 级量子化振子的能量为 $nh\nu$，其中，h

表示 Planck(普朗克) 常量，ν 表示振动频率。因此晶体中 N 个原子微粒的总振动能 (不含基级能量) 为

$$\bar{E}=\sum_{j=1}^{3N}n_jh\nu_j=\sum_{j=1}^{3N}\bar{\varepsilon}_j \tag{6.247}$$

式中

$$\bar{\varepsilon}_j=n_jh\nu_j \tag{6.248}$$

表示系统平均能量。

对于能级为 ε_i 的系统而言，考虑到处于相同能级的振子有 g 个不同的微观形态 (称为该能级的简并度)，其在第 i 个能级出现的相对概率为

$$P_i'=g_i\exp\left[-\varepsilon_i/(kT)\right] \tag{6.249}$$

式中，k 是 Boltzmann 常量。

因此，可以得到绝对概率为

$$P_i=\frac{g_i\exp\left[-\varepsilon_i/(kT)\right]}{\sum\limits_{j=1}^{\infty}g_j\exp\left[-\varepsilon_j/(kT)\right]} \tag{6.250}$$

因此，可以求出系统的平均能量为

$$\bar{\varepsilon}=\sum_{i=1}^{\infty}P_i\varepsilon_i=\frac{\sum\limits_{i=1}^{\infty}\varepsilon_ig_i\exp\left[-\varepsilon_i/(kT)\right]}{\sum\limits_{j=1}^{\infty}g_j\exp\left[-\varepsilon_j/(kT)\right]} \tag{6.251}$$

假设中间变量：

$$\begin{cases}\chi=\sum\limits_{i=1}^{\infty}g_i\exp\left(\kappa\varepsilon_i\right)\\ \kappa=-1/(kT)\end{cases} \tag{6.252}$$

则有

$$\frac{\mathrm{d}\chi}{\mathrm{d}\kappa}=\sum_{i=1}^{\infty}\varepsilon_ig_i\exp\left(\kappa\varepsilon_i\right) \tag{6.253}$$

将式 (6.252) 和式 (6.253) 代入式 (6.251)，则可以得到

$$\bar{\varepsilon}=\sum_{i=1}^{\infty}P_i\varepsilon_i=\frac{\dfrac{\mathrm{d}\chi}{\mathrm{d}\kappa}}{\chi}=\frac{\mathrm{d}\ln\chi}{\mathrm{d}\kappa} \tag{6.254}$$

根据量子理论，能级能量为

$$\varepsilon = nh\nu \tag{6.255}$$

式中，n 取所有整数；而且能级在此种情况下不简并，即 $g_i = 1$。此时有

$$\chi = \sum_{i=1}^{\infty} g_i \exp\left[-\varepsilon_i/(kT)\right] = \sum_{n=1}^{\infty} \exp\left[-nh\nu/(kT)\right] = \sum_{n=1}^{\infty} \{\exp\left[-h\nu/(kT)\right]\}^n \tag{6.256}$$

式 (6.256) 收敛于

$$\chi = \frac{1}{1-\exp\left[-h\nu/(kT)\right]} \tag{6.257}$$

因此，式 (6.251) 所示系统平均能量简化为

$$\bar{\varepsilon} = \frac{\mathrm{d}\ln\dfrac{1}{1-\exp(\kappa h\nu)}}{\mathrm{d}\kappa} = \frac{h\nu}{\exp(-\kappa h\nu)-1} = \frac{h\nu}{\exp\left[h\nu/(kT)\right]-1} \tag{6.258}$$

晶体的总振动能 (包含基级能量) 为

$$\bar{E} = \sum_{j=1}^{3N}\left\{\frac{1}{2}h\nu_j + \frac{h\nu_j}{\exp\left[h\nu_j/(kT)\right]-1}\right\} \tag{6.259}$$

因此，原子的总能量即势能 $\phi(\nu)$ 与振动能 $\bar{E}$ 之和为

$$E_{\text{total}} = \phi(\nu) + \sum_{j=1}^{3N}\left\{\frac{1}{2}h\nu_j + \frac{h\nu_j}{\exp\left[h\nu_j/(kT)\right]-1}\right\} \tag{6.260}$$

式 (6.260) 建立了微观的统计力学与宏观的热力学之间的联系。

根据热力学第一定律和第二定律，有

$$\mathrm{d}E = T\mathrm{d}s - p\mathrm{d}v \tag{6.261}$$

可以求出定容比热①为

$$C_v = T\frac{\partial s}{\partial T}\bigg|_v = \frac{\partial E_{\text{total}}}{\partial T}\bigg|_v = \sum_{j=1}^{3N}\left(\frac{(h\nu_j)^2\exp\left[h\nu_j/(kT)\right]}{\{\exp\left[h\nu_j/(kT)\right]-1\}^2 kT^2}\right) \tag{6.262}$$

根据定容比热与熵之间的关系有

$$\frac{\partial s}{\partial T}\bigg|_v = \frac{C_v}{T} = \sum_{j=1}^{3N}\left(\frac{(h\nu_j)^2\exp\left[h\nu_j/(kT)\right]}{\{\exp\left[h\nu_j/(kT)\right]-1\}^2 kT^3}\right) \tag{6.263}$$

积分后有

$$s = \sum_{j=1}^{3N}\left(\frac{\exp\left[h\nu_j/(kT)\right]}{\exp\left[h\nu_j/(kT)\right]-1}\frac{h\nu_j}{T} - k\ln\{\exp\left[h\nu_j/(kT)\right]-1\}\right) \tag{6.264}$$

① 本书中，定容比热即为比定容热容。

根据热力学理论，可以给出原子的 Helmholtz 自由能 A 为

$$A = E_{\text{total}} - Ts \tag{6.265}$$

将式 (6.260) 和式 (6.263) 代入式 (6.265) 后，可以得到

$$A = \phi(\nu) + \sum_{j=1}^{3N}\left(\frac{1}{2}h\nu_j\right) + kT\sum_{j=1}^{3N}\ln\{1 - \exp[-h\nu_j/(kT)]\} \tag{6.266}$$

根据热力学关系，对 Helmholtz 自由能在等温条件下对比容微分，即可以得到压力为

$$p = -\left.\frac{\partial A}{\partial v}\right|_T = -\frac{\mathrm{d}\phi}{\mathrm{d}v} - \sum_{j=1}^{3N} h\frac{\partial \nu_j}{\partial v}\left\{\frac{1}{2} + \frac{1}{\exp[h\nu_j/(kT)] - 1}\right\} \tag{6.267-a}$$

为了方便与振动能对比分析，式 (6.267-a) 参考振动能的形式并简化后可写为

$$p = -\frac{\mathrm{d}\phi}{\mathrm{d}v} - \frac{1}{v}\sum_{j=1}^{3N}\frac{\partial \ln \nu_j}{\partial \ln v}\left\{\frac{1}{2}h\nu_j + \frac{h\nu_j}{\exp[h\nu_j/(kT)] - 1}\right\} \tag{6.267-b}$$

定义一个量，使得其为

$$\gamma_j = -\left.\frac{\partial \ln \nu_j}{\partial \ln v}\right|_T \tag{6.268}$$

式 (6.268) 定义的量称为第 j 个振子的 Grüneisen 系数

此时，式 (6.267-b) 可进一步简化为

$$p = -\frac{\mathrm{d}\phi}{\mathrm{d}v} + \frac{1}{v}\sum_{j=1}^{3N}\gamma_j\left\{\frac{1}{2}h\nu_j + \frac{h\nu_j}{\exp[h\nu_j/(kT)] - 1}\right\} \tag{6.269-a}$$

如果所有振子的 Grüneisen 系数γ_j 都相同，即$\gamma_j \equiv \gamma$，称γ 为 Grüneisen 常数。需要注意的是，在此将 Grüneisen 常数 γ 近似为体积 V 或比容v 的函数，即 $\gamma \approx \gamma(V)$ 或 $\gamma \approx \gamma(v)$。此时式 (6.269-a) 可更进一步简化，并将式 (6.259) 代入，式 (6.269-a) 即可写为

$$p = -\frac{\mathrm{d}\phi}{\mathrm{d}v} + \frac{\gamma}{v}\sum_{j=1}^{3N}\left\{\frac{1}{2}h\nu_j + \frac{h\nu_j}{\exp[h\nu_j/(kT)] - 1}\right\} = -\frac{\mathrm{d}\phi}{\mathrm{d}v} + \frac{\gamma}{v}E \tag{6.269-b}$$

当温度为零开时，利用式 (6.269-b) 可以得到

$$p_0 = -\frac{\mathrm{d}\phi}{\mathrm{d}v} + \frac{\gamma}{v_0}E_0 \tag{6.270}$$

式中，p_0、v_0 和 E_0 分别表示温度为 0K 时的压力、比容和能量。当然这个初始状态点也可以写为其他状态，如 Hugoniot 曲线上的状态点 $(p_{\mathrm{H}}, v_{\mathrm{H}}, E_{\mathrm{H}})$，可以写为

$$p_{\mathrm{H}} = -\frac{\mathrm{d}\phi}{\mathrm{d}v} + \frac{\gamma}{v_{\mathrm{H}}} E_{\mathrm{H}} \tag{6.271}$$

将式 (6.271) 减去式 (6.270)，可以得到

$$p - p_0 = \frac{\gamma}{v} E - \frac{\gamma}{v_0} E_0 \tag{6.272-a}$$

如果这一过程是一个等容过程，即在变化过程中体积是恒定的，此时式 (6.272-a) 即可写为

$$p - p_0 = \frac{\gamma}{v} (E - E_0) \tag{6.272-b}$$

式 (6.272-b) 即为 Grüneisen 状态方程，其中 E_0 和 E 分别称为冷能和热能，p_0 和 p 分别称为冷压和热压。该状态方程的关键参数即为 Grüneisen 常数。表 6.2 列出一些常用材料的 Hugoniot 方程参数和 Grüneisen 常数。

表 6.2 一些常用材料的 Hugoniot 方程参数和 Grüneisen 常数

材料	初始密度$\rho_0/(\mathrm{g/cm^3})$	$a/(\mathrm{km/s})$	线性系数λ	Grüneisen 常数γ
Ag	10.49	3.23	1.60	2.5
Au	19.24	3.06	1.57	3.1
Be	1.85	8.00	1.12	1.2
Bi	9.84	1.83	1.47	1.1
Ca	1.55	3.60	0.95	1.1
Cr	7.12	5.17	1.47	1.5
Cs	1.83	1.05	1.04	1.5
Cu	8.93	3.94	1.49	2.0
Fe	7.85	3.57	1.92	1.8
Hg	13.54	1.49	2.05	3.0
K	0.86	1.97	1.18	1.4
Li	0.53	4.65	1.13	0.9
Mg	1.74	4.49	1.24	1.6
Mo	10.21	5.12	1.23	1.7
Na	0.97	2.58	1.24	1.3
Nb	8.59	4.44	1.21	1.7
Ni	8.87	4.60	1.44	2.0
Pb	11.35	2.05	1.46	2.8
Pd	11.99	3.95	1.59	2.5
Pt	21.42	3.60	1.54	2.9
Rb	1.53	1.13	1.27	1.9
Sn	7.29	2.61	1.49	2.3
Ta	16.65	3.41	1.20	1.8
U	18.95	2.49	2.20	2.1
W	19.22	4.03	1.24	1.8
Zn	7.14	3.01	1.58	2.1
KCl	1.99	2.15	1.54	1.3

续表

材料	初始密度$\rho_0/(\mathrm{g/cm^3})$	$a/(\mathrm{km/s})$	线性系数λ	Grüneisen 常数γ
LiF	2.64	5.15	1.35	2.0
NaCl	2.16	3.53	1.34	1.6
2024Al	2.79	5.33	1.34	2.0
6061Al	2.70	5.35	1.34	2.0
304SS	7.90	4.57	1.49	2.2
PMMA	1.19	2.60	1.52	1.0
PE	0.92	2.90	1.48	1.6
PS	1.04	2.75	1.32	1.2
黄铜	8.45	3.73	1.43	2.0
水	1.00	1.65	1.92	0.1
聚四氟乙烯	2.15	1.84	1.71	0.6

假设体积或比容是不变量，对式 (6.272-b) 两端微分后可以得到

$$\mathrm{d}p = \frac{\gamma}{v}\mathrm{d}E \tag{6.273}$$

即

$$\frac{\gamma}{v} = \left.\frac{\mathrm{d}p}{\mathrm{d}E}\right|_v = \left.\frac{\mathrm{d}p}{\mathrm{d}T}\right|_v \left.\frac{\mathrm{d}T}{\mathrm{d}E}\right|_v = \frac{1}{C_v}\left.\frac{\mathrm{d}p}{\mathrm{d}T}\right|_v \tag{6.274}$$

式中

$$\left.\frac{\mathrm{d}p}{\mathrm{d}T}\right|_v = -\left.\frac{\mathrm{d}p}{\mathrm{d}v}\right|_T \left.\frac{\mathrm{d}v}{\mathrm{d}T}\right|_p = -v\left.\frac{\mathrm{d}p}{\mathrm{d}v}\right|_T \left.\frac{1}{v}\frac{\mathrm{d}v}{\mathrm{d}T}\right|_p \tag{6.275}$$

根据等温体积模量和热膨胀系数的定义可知

$$\begin{cases} k_T = -v\left.\dfrac{\partial p}{\partial v}\right|_T \\ \alpha_T = \left.\dfrac{1}{v}\dfrac{\mathrm{d}v}{\mathrm{d}T}\right|_p \end{cases} \tag{6.276}$$

因此，式 (6.274) 可写为

$$\frac{\gamma}{v} = \left.\frac{\mathrm{d}p}{\mathrm{d}E}\right|_v = \left.\frac{\mathrm{d}p}{\mathrm{d}T}\right|_v \left.\frac{\mathrm{d}T}{\mathrm{d}E}\right|_v = \frac{\alpha_T k_T}{C_v} \tag{6.277}$$

根据式 (6.277)，即可以计算出

$$\gamma_0 = v_0\frac{\alpha_T k_T}{C_v} \tag{6.278}$$

或

$$\gamma = v\frac{\alpha_T k_T}{C_v} \tag{6.279}$$

以常用的 Al 元素为例，其摩尔体积 $v_0 = 10.0\times10^{-6}\text{m}^3/\text{mol}$，热膨胀系数 $\alpha_T = 67.8\times10^{-6}{}^\circ\text{C}^{-1}$，等温体积模量的倒数 $k_T^{-1} = 1.37\times10^{-11}\text{m}^2/\text{N}$，定容比热 $C_v = 22.8\text{J}/(\text{mol}\cdot{}^\circ\text{C})$，根据式 (6.279) 有

$$\gamma_0 = v_0\frac{\alpha_T k_T}{C_v} = 2.17 \tag{6.280}$$

对于离子晶体也同样可以按照相同的方法计算。如对于 NaCl 晶体而言，其摩尔体积 $v_0 = 27.1\times10^{-6}\text{m}^3/\text{mol}$，热膨胀系数 $\alpha_T = 121\times10^{-6}{}^\circ\text{C}^{-1}$，等温体积模量的倒数 $k_T^{-1} = 4.2\times10^{-11}\text{m}^2/\text{N}$，定容比热 $C_v = 47.6\text{J}/(\text{mol}\cdot{}^\circ\text{C})$，根据式 (6.279) 有

$$\gamma_0 = v_0\frac{\alpha_T k_T}{C_v} = 1.64 \tag{6.281}$$

一些常用元素和离子晶体的热力学参数和通过式 (6.279) 计算出来的 Grüneisen 常数γ_0 如表 6.3 所示。

表 6.3 一些常用元素和离子晶体的热力学参数与 Grüneisen 常数 γ_0

材料	分子量	$\rho_0/(\text{g/cm}^3)$	$v_0/(10^{-6}\text{m}^3/\text{mol})$	$\alpha_T/(10^{-6}{}^\circ\text{C}^{-1})$	$k_T^{-1}/(10^{-11}\text{m}^2/\text{N})$	$C_v/(\text{J}/(\text{mol}\cdot{}^\circ\text{C}))$	γ_0
Li	6.94	0.546	12.7	180.0	8.9	22.0	1.17
Na	23.00	0.971	23.7	216.0	15.8	26.0	1.25
K	39.10	0.862	45.5	250.0	33.0	25.8	1.34
Rb	85.50	1.530	56.0	270.0	40.0	25.6	1.48
Cs	132.80	1.87	71.0	290.0	61.0	26.2	1.29
Cu	63.57	8.92	7.1	49.2	0.75	23.7	1.97
Ag	107.88	10.49	10.27	57.0	1.01	24.2	2.40
Au	197.20	19.2	10.3	43.2	0.59	24.9	3.03
Al	26.97	2.70	10.0	67.8	1.37	22.8	2.17
C	12.00	3.51	3.42	2.91	0.16	5.66	1.10
Pb	207.20	11.35	18.2	86.4	2.30	25.0	2.73
P	31.04	1.83	17.0	370.0	20.5	24.0	1.28
Ta	181.50	16.7	10.9	19.2	0.49	24.4	1.75
Mo	96.00	10.2	9.5	15.0	0.36	25.2	1.57
W	184.00	19.2	9.6	13.0	0.30	25.8	1.61
Mn	54.93	7.37	7.7	63.0	0.84	23.8	2.43
Fe	55.84	7.85	7.1	33.6	0.60	24.8	1.60
Co	58.97	8.8	6.7	37.2	0.55	24.2	1.87
Ni	58.68	8.7	6.7	38.1	0.54	25.2	1.88
Pd	106.70	12.0	8.9	34.5	0.54	25.6	2.22
Pt	195.20	21.3	9.2	26.7	0.38	25.5	2.53
NaCl	58.46	2.16	27.1	121.0	4.2	47.6	1.64
KCl	74.6	1.99	37.5	114.0	5.6	47.4	1.61
KBr	119.0	2.75	43.3	126.0	6.7	48.4	1.68
KI	166.0	3.12	53.2	128.0	8.6	48.7	1.63
AgCl	143.3	5.55	25.8	99.0	2.4	50.2	2.12
AgBr	187.8	6.32	29.7	104.0	2.7	50.1	2.28
CaF_2	78.1	3.18	24.6	56.4	1.24	65.8	1.70
FeS_2	120.0	4.98	24.1	26.2	0.71	59.9	1.48
PbS	239.3	7.55	31.7	60.0	1.96	50.0	1.94

在工程实际应用中，经常假设

$$\frac{\gamma}{v}=\frac{\gamma_0}{v_0}=\mathrm{const} \tag{6.282}$$

或者更进一步假设

$$\gamma=\gamma_0=\mathrm{const} \tag{6.283}$$

而在工程实际应用中，也发现下列关系近似成立：

$$\gamma_0\approx 2\lambda-1 \tag{6.284}$$

Grüneisen 物态方程是冲击波传播研究中最常用的状态方程，主要是因为：①它与冲击突跃条件变量统一，属于内能型状态方程；②该物态方程中参数能够通过试验结果推导出来。式 (6.282) 所示简化模型在高达几百 GPa 的压力下对一般固体和初始密度在 1/3 以上的多孔材料也是适用的。

6.2.2 高压固体中一维冲击波波阵面上的守恒条件

参考 6.1 节中一维气体冲击波波阵面上守恒条件的推导，设未扰动区域即波阵面紧前方的初始压力、初始密度、初始粒子速度和初始内能分别为 p_0、ρ_0、u_0 和 E_0，波阵面紧后方的压力、密度和内能分别为 p、ρ 和 E，波阵面的速度为 D，波阵面上和波阵面后方的粒子速度为 u。

类似 6.1.2 小节中的推导，可以给出连续方程：

$$\rho\left(u-D\right)=\rho_0\left(u_0-D\right) \tag{6.285}$$

假设波阵面前方介质粒子速度静止，即 $u_0=0$，则可以得到波阵面上的连续方程：

$$\rho\left(D-u\right)=\rho_0 D \tag{6.286}$$

根据动量守恒条件给出其运动方程为

$$\rho_0\left(u_0-D\right)\left(u_0-D\right)-\rho\left(u-D\right)\left(u-D\right)=p-p_0 \tag{6.287}$$

若初始粒子速度 $u_0=0$，则式 (6.287) 可继续简化为

$$\rho_0 D^2-\rho\left(u-D\right)\left(u-D\right)=p-p_0 \tag{6.288}$$

将连续方程 (6.286) 代入式 (6.288)，即可以得到波阵面上的运动方程：

$$\rho_0 D u=p-p_0 \tag{6.289}$$

根据能量守恒条件，并假设初始粒子速度 $u_0=0$，可以得到能量方程：

$$pu=\frac{1}{2}\rho_0 D u^2+\rho_0 D\left(E-E_0\right) \tag{6.290}$$

因此，若初始粒子速度 $u_0 = 0$，则冲击波波阵面上三个守恒条件所给出的控制方程组为

$$\begin{cases} \rho(D-u) = \rho_0 D \\ \rho_0 D u = p - p_0 \\ pu = \dfrac{1}{2}\rho_0 D u^2 + \rho_0 D(E - E_0) \end{cases} \tag{6.291}$$

类似 6.1.2 小节的推导，式 (6.291) 也可以表达为

$$\begin{cases} \rho(D-u) = \rho_0 D \\ \rho_0 D u = p - p_0 \\ E - E_0 = \dfrac{1}{2}(p + p_0)(v_0 - v) \end{cases} \tag{6.292}$$

式 (6.292) 也即为固体介质中冲击波传播的冲击突跃条件。

结合以上固体介质中冲击波波阵面上的守恒条件即冲击突跃条件及其内能型物态方程，即可给出控制方程组：

$$\begin{cases} \rho(D-u) = \rho_0 D \\ \rho_0 D u = p - p_0 \\ E - E_0 = \dfrac{1}{2}(p + p_0)(v_0 - v) \\ f_E(p, v, E) = 0 \end{cases} \tag{6.293}$$

方程组中含有 4 个线性无关的方程和 5 个独立的基本物理量，只要根据初始条件知道其中的任意一个物理量，即可确定其他 4 个物理量了；事实上，即使没有给出初始条件，通过以上方程组也能够给出 5 个基本物理量任意两个物理量之间的 10 对函数关系 20 个方程。这 10 对函数方程称为冲击绝热方程，又称为固体介质中冲击波传播的 Rankine-Hugoniot 方程或简称为 Hugoniot 方程，在不同的状态平面上 Hugoniot 方程所代表的曲线称为冲击绝热线，或称为 Hugoniot 曲线。容易知道，Hugoniot 方程和 Hugoniot 曲线并不止一个，其有 20 个不同形式的方程和对应的在不同状态平面上的 20 个不同类型曲线。本小节下面对几种典型的 Hugoniot 方程即曲线进行讨论，如没有特别说明，本小节后面均假设波阵面前方介质中粒子速度为零，此时冲击波空间波速 D 应等于其相对波速或物质波速 D^*。

1. D-u 型 Hugoniot 曲线

在固体介质中，由于动态条件下的压力、比容和温度等较难直接准确测量，而冲击波波速和波阵面后方质点速度一般相对容易直接测得，因此常常利用介质中冲击波波速 D 与波阵面后方的粒子速度 u 之间的内在函数关系即 D-u 型 Hugoniot 曲线来描述介质的冲击响应。理论上，根据式 (6.293) 可以唯一地确定冲击波波速 D 与波阵面后方质点速度 u 之间的函数关系：

$$D = f(u) \tag{6.294}$$

文献 (奥尔连科，2011b) 附录给出了几种金属冲击波波速与粒子速度的试验结果，如表 6.4 所示。表中给出了镍 Ni、铜 Cu、铁 Fe、锌 Zn、镉 Cd、锡 Sn、铅 Pb 和铝 Al(2.70g/cm^3) 等八种金属粒子速度小于 8.0km/s 时的冲击波波速。

表 6.4 几种金属的冲击波波速 D 与粒子速度 u 的关系

u/(km/s)	D/(km/s)							
	Ni	Cu	Fe	Zn	Cd	Sn	Pb	Al
0.0	4.63	3.92	—	3.05	2.40	2.45	1.91	—
0.5	5.38	4.68	—	3.83	3.26	3.26	2.75	5.95
1.0	6.14	5.44	5.38	4.62	4.12	4.08	3.56	6.70
1.5	6.90	6.22	6.30	5.40	4.99	4.89	4.33	7.40
2.0	7.66	6.96	7.15	6.18	5.82	5.68	5.07	8.07
2.5	8.42	7.70	7.96	6.97	6.58	6.41	5.76	8.75
3.0	9.18	8.45	8.76	7.74	7.31	7.09	6.43	9.42
3.5	9.92	9.19	9.54	8.48	8.00	7.71	7.05	10.07
4.0	10.61	9.93	10.33	9.18	8.68	8.31	7.65	10.70
4.5	11.27	10.64	11.10	9.88	9.32	8.90	8.25	11.35
5.0	11.91	11.31	11.82	10.55	9.96	9.49	8.85	11.97
5.5	12.55	11.99	12.52	11.20	10.56	10.09	9.45	12.60
6.0	13.19	12.67	13.22	11.86	11.18	10.68	10.04	13.23
6.5	13.84	13.34	13.92	12.52	11.79	11.26	10.64	13.85
7.0	14.48	14.00	14.62	13.17	12.40	11.86	11.24	14.46
7.5	15.12	14.68	15.32	13.82	13.10	12.44	11.84	15.08
8.0	—	—	—	14.47	—	13.04	—	15.68

从表 6.4 所示试验结果可以看出，随着质点速度的增大，金属材料中冲击波波速也增大，两者之间呈正比关系，如图 6.23 所示。对于更高压力和粒子速度情况下也有类似规律，如图 6.24 所示，铁 Fe、铜 Cu、镉 Cd 和铅 Pb 等四种金属材料中粒子速度最高达到 20km/s 情况下，冲击波波速与粒子速度之间也满足正比关系。从这两幅图中试验数据点与拟合曲线直线的对比可以看出，利用二次多项式对其进行拟合可以相对准确地给出冲击波波速与对应粒子速度之间的关系；即对于金属材料而言，有

$$D = a + \lambda u + \lambda_0 u^2 \tag{6.295}$$

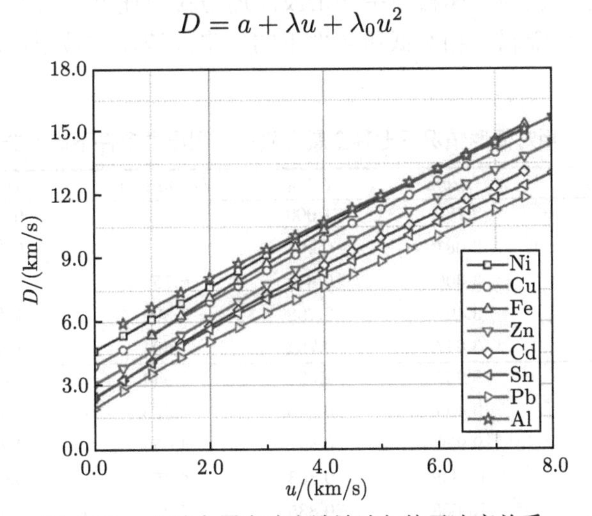

图 6.23 八种金属中冲击波波速与粒子速度关系

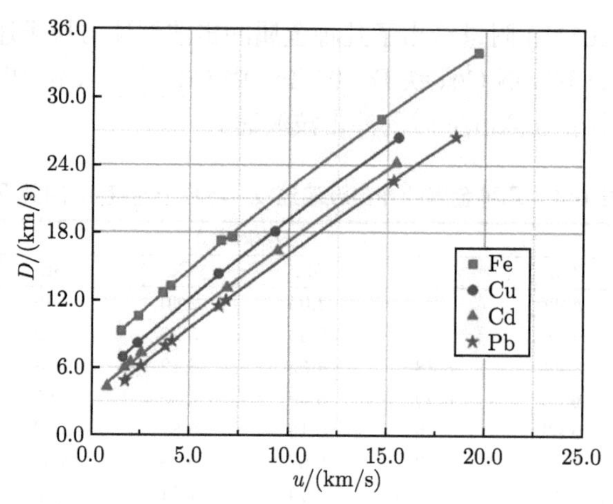

图 6.24　四种金属中冲击波波速与粒子速度关系

利用式 (6.295) 对铁 Fe 和铜 Cu 两种金属材料中 D-u 型 Hugoniot 曲线进行拟合，可以给出其系数如表 6.5 所示。

表 6.5　铁和铜 D-u 型 Hugoniot 曲线拟合系数

材料	$\rho_0/(\mathrm{g/cm^3})$	$a/(\mathrm{km/s})$	λ	$\lambda_0/(\mathrm{s/km})$	u 范围/(km/s)
Fe	7.85	3.664	1.79	−0.0337	< 7.27
Cu	8.92	3.899	1.52	−0.009	< 15.0

从表 6.5 容易看出

$$\lambda_0 \ll \lambda \tag{6.296}$$

且二次型系数远小于 1，因此为了简化模型，当不考虑相变发生的情况下，常忽略二次项，而将式 (6.295) 进一步简化为

$$D = a + \lambda u \tag{6.297}$$

即在高压条件下，近似认为金属材料中冲击波波速与粒子速度呈线性正比关系。

表 6.6 给出了七种金属在相对低压条件下的冲击波波速与粒子速度等参量的试验测量数据。

表 6.6　相对低速情况下七种金属介质在不同压力条件下的冲击波参数

材料	p/GPa	$\rho\ /(\mathrm{g/cm^3})$	v/v_0	$D/(\mathrm{km/s})$	$u/(\mathrm{km/s})$	$c/(\mathrm{km/s})$
2024Al	0	2.785	1.000	5.328	0.000	5.328
	10	3.081	0.904	6.114	0.587	6.220
	20	3.306	0.842	6.751	1.064	6.849
	30	3.490	0.798	7.302	1.475	7.350
	40	3.647	0.764	7.694	1.843	7.774
Cu	0	8.930	1.000	3.940	0.000	3.940
	10	9.499	0.940	4.325	0.259	4.425
	20	9.959	0.897	4.656	0.481	4.808
	30	10.349	0.863	4.950	0.679	5.131
	40	10.668	0.835	5.218	0.858	5.415

续表

材料	p/GPa	ρ /(g/cm^3)	v/v_0	D/(km/s)	u/(km/s)	c/(km/s)
Fe	0	7.85	1.000	3.574	0.000	3.574
	10	8.497	0.926	4.155	0.306	4.411
	20	8.914	0.881	4.610	0.550	5.054
	30	9.258	0.848	4.993	0.759	5.602
	40	9.543	0.823	5.329	0.945	6.092
Ni	0	8.874	1.000	4.581	0.000	4.581
	10	9.308	0.953	4.916	0.229	5.005
	20	9.679	0.917	5.213	0.432	5.357
	30	9.998	0.888	5.483	0.617	5.661
	40	10.285	0.863	5.732	0.786	5.933
304SS	0	7.896	1.000	4.569	0.000	4.569
	10	8.326	0.948	4.950	0.256	5.051
	20	8.684	0.909	5.283	0.479	5.439
	30	8.992	0.878	5.583	0.681	5.770
	40	9.264	0.852	5.858	0.865	6.061
Ti	0	4.528	1.000	5.220	0.000	5.220
	10	4.881	0.928	5.527	0.400	5.420
	20	5.211	0.869	5.804	0.761	5.578
	30	5.525	0.820	6.059	1.094	5.708
	40	5.826	0.777	6.296	1.403	5.815
W	0	19.224	1.000	4.029	0.000	4.029
	10	19.813	0.970	4.183	0.124	4.207
	20	20.355	0.944	4.326	0.240	4.365
	30	20.849	0.922	4.462	0.350	4.508
	40	21.331	0.901	4.590	0.453	4.638

对表 6.6 七种金属材料的冲击波波速与粒子速度数据进行拟合，可以给出图 6.25，从图中可以看出，在粒子速度小于 2km/s 相对低速条件下，这七种金属材料中冲击波波速 D 与波阵面后方的粒子速度 u 近似满足线性关系。当粒子速度极大或冲击波速度极大时，如图 6.24 中四种金属材料在冲击波波速大于 10km/s 时数据，对其进行拟合，也可以给出相对准确的线性拟合方程，其线性系数如表 6.7 所示。

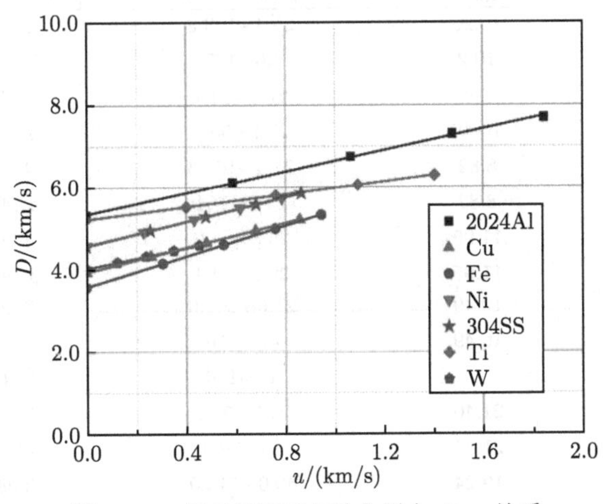

图 6.25 相对低速下七种金属中 D-u 关系

表 6.7　极高速度下两种金属线性 D-u 关系拟合参数

材料	a/(km/s)	λ	D 范围/(km/s)
Fe	5.30	1.320	$14 < D < 27$
Cd	3.70	1.250	$9 < D < 25$
Cu	4.92	1.307	$10 < D < 27$
Pb	2.80	1.220	$9 < D < 27$

对于密度超低的碱金属锂 Li(ρ_0=0.53g/cm^3)、钠 Na(ρ_0=0.97g/cm^3) 和钾 K(ρ_0=0.86g/cm^3) 在不同条件下的冲击波波速与质点速度试验数据进行整理和拟合，可以给出图 6.26。

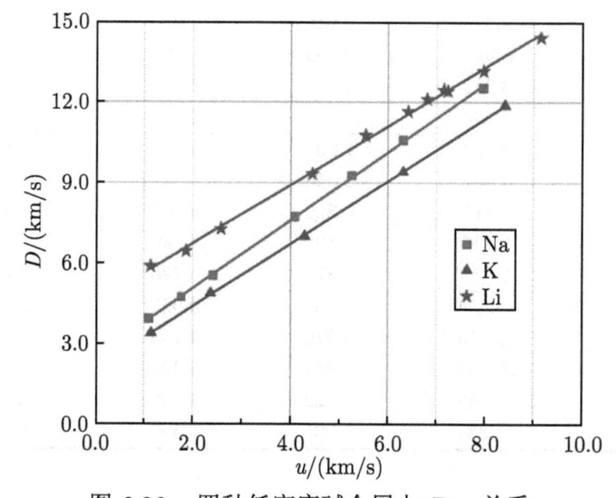

图 6.26　四种低密度碱金属中 D-u 关系

从以上分析可以看出，可以近似认为高压条件下如不考虑相变，单金属材料中冲击波波速与粒子速度满足线性关系，表 6.8 给出了一些金属在压力范围内线性关系的系数。

表 6.8　一些典型金属材料中 D-u 线性关系拟合系数

材料	ρ_0/(g/cm^3)	p 范围/GPa	a/(km/s)	λ
钼 Mo	10.20	25.4~163.3	5.16	1.24
	10.2	26~167	5.157	1.238
钽 Ta	16.46	27.2~54.7	3.37	1.16
	16.46	27.7~55.7	3.374	1.155
钴 Co	8.82	24.4~160.3	4.75	1.33
	8.82	24.6~164	4.748	1.33
钯 Pd	11.95	26.3~37.2	3.79	1.92
	11.95	26.7~54.1	3.793	1.922
银 Ag	10.49	21.6~401.0	3.24	1.59
	10.49	46~410	3.30	1.54
	—	22~156	3.243	1.586
铂 Pt	21.40	29.5~58.6	3.67	1.41
	21.37	30~59.8	3.671	1.405
金 Au	19.24	59.0~513.0	3.08	1.56
	19.30	59~520	3.15	1.47
	19.24	28~200	3.075	1.56

续表

材料	$\rho_0/(g/cm^3)$	p 范围/GPa	$a/(km/s)$	λ
铅 Pb	11.34	39.0~730.0	2.03	1.58
	11.34	20~141	2.028	1.517
	—	100~425	2.58	1.26
铝 Al	2.71	2.0~200	5.33	1.35
铍 Be	1.845	14.4~29	7.975	1.091
钒 V	6.1	20.7~127	5.108	1.210
铋 Bi	9.8	35~350	2.00	1.340
钨 W	19.17	40~211	4.005	1.268
	—	40~500	4.00	1.285
低碳钢 (0.2%碳)	7.85	40~500	3.80	1.580
	—	100~410	4.00	1.580
镉 Cd	8.64	36~350	2.65	1.48
	—	21.8~138	2.443	1.671
铟 In	7.27	21.8~41.4	2.37	1.61
	—	70~110	3.60	0.7
钾 K	0.86	3.3~86	2.00	1.172
锂 Li	0.53	<50	4.45	1.115
镁 Mg	1.72	6~40	4.78	1.16
	1.725	5.1~26.5	4.493	1.266
铜 Cu	8.90	<400	3.915	1.495
	8.93	100~430	4.00	1.48
钠 Na	0.97	<97	2.55	1.262
镍 Ni	8.86	24~152	4.646	1.445
铌 Nb	8.6	25~49.1	4.447	1.212
锡 Sn	7.28	17.5~140	2.64	1.476
铑 Rh	12.42	28.4~56.2	4.68	1.645
汞 Hg	13.55	23~47.3	1.45	2.200
锑 Sb	6.69	25.2~120	2.00	1.60
铊 Tl	11.84	21.8~155	1.859	1.515
钛 Ti	4.51	17.5~108	4.779	1.088
钍 Th	11.68	20.7~143	2.132	1.278
铀 U	9.5	31.3~400	4.00	1.869
	18.9	34.2~657	2.55	1.504
铬 Cr	7.10	23.8~140	5.217	1.465
锌 Zn	7.14	35~330	3.20	1.45
	7.14	19~143	3.05	1.559
锆 Zr	6.49	26~41.7	3.77	0.93

对于合金材料而言，其冲击波波速与粒子速度也满足类似关系，以四种不同比例的铜钨合金为例，如图 6.27 所示。从图中容易看出，25%W 的铜钨合金在粒子速度大于 1.5km/s，其他三种铜钨合金在粒子速度大于 0.5km/s 条件下，冲击波波速与粒子速度近似满足线性关系。

表 6.9 给出合金和金属混合物材料中冲击波波速与粒子速度之间线性关系的拟合系数。

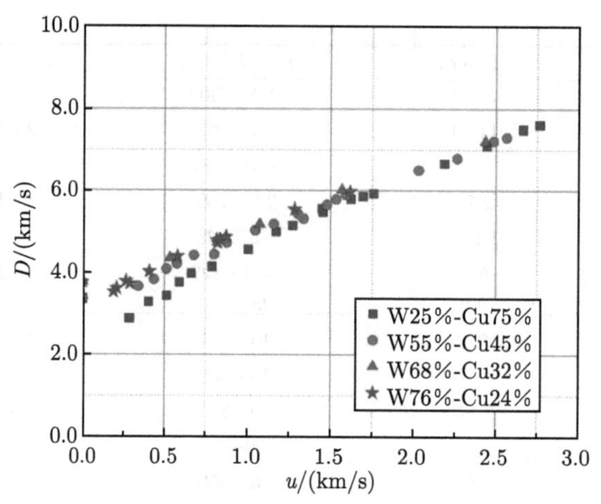

图 6.27 四种不同比例铜钨合金中 D-u 关系

表 6.9 一些合金和金属混合物材料中 D-u 线性关系拟合系数

材料	$\rho_0/(\mathrm{g/cm^3})$	p 范围/GPa	u 范围/(km/s)	$a/(\mathrm{km/s})$	λ
铁镍钨 (W 90%,Ni 7%,Fe 3%)	17.1	—	0.6~3.6	3.832	1.497
(W 95%,Ni 3%,Cu 2%)	18.04	—	0.4~3.6	3.692	1.481
铜镍钨 (W 95%,Ni 3.5%,Cu 1.5%)	17.99	—	0.3~2.5	3.925	1.317
铝合金 AMΓ-6	2.64	—	0.6~6.1	5.508	1.233
铝合金 д-16	2.78	—	0.7~6.0	5.386	1.284
30X13 钢	7.74	—	0.8~3.2	4.00	1.610
25XΓA 钢	7.77	—	0.8~2.3	3.97	1.54
45 钢	7.85	—	0.8~3.1	3.94	1.58
40X 钢	7.83	—	0.8~3.2	4.01	1.50
12X18H10T 钢	7.89	—	0.2~2.8	4.553	1.482
铝合金 2024	2.785	5~120	—	5.328	1.338
铝合金 921-T	2.833	5~120	—	5.041	1.420
铀钼合金 (3%)	18.45	20~350	—	2.565	1.531
304 不锈钢	7.85	<200	—	4.57	1.490
碳化钨	—	<200	—	4.92	1.339
黄铜	8.41	22.4~180	—	3.80	1.42
伍德合金	9.7	15~40	—	2.31	1.03

试验结果显示，不仅对于金属材料高压下冲击波波速与粒子速度满足线性正比关系，对于非金属材料也是如此，图 6.28 和图 6.29 分别是有机玻璃、长石与石英玻璃中冲击波波速与粒子速度试验数据及其线性拟合结果。

从图中容易看出，在试验范围内，线性函数能够相对准确地表征三种材料中冲击波波速与粒子速度之间的关系。表 6.10 给出一些非金属材料冲击波波速与粒子速度之间线性关系的拟合系数。

对于碱卤化物材料而言，也能够利用线性关系相对准确地拟合其中冲击波波速与粒子速度之间的关系，其系数如表 6.11 所示。

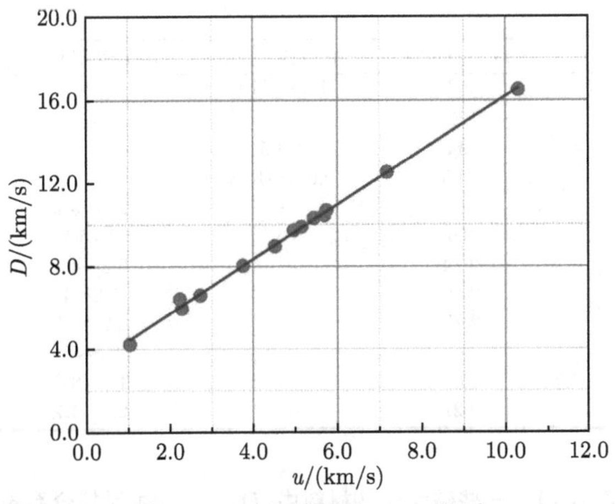

图 6.28 有机玻璃中 D-u 关系

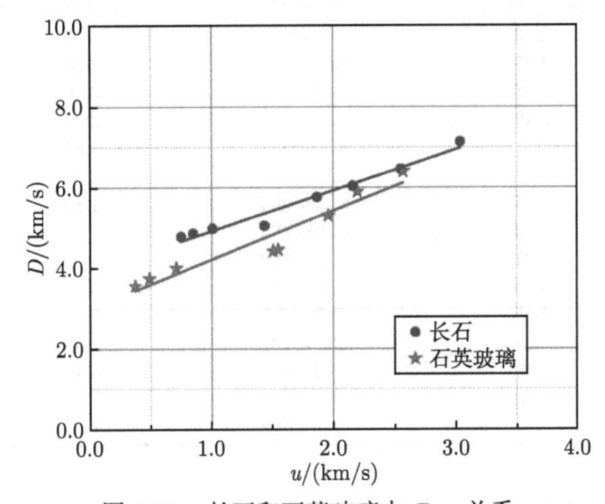

图 6.29 长石和石英玻璃中 D-u 关系

表 6.10 一些非金属材料中 D-u 线性关系拟合系数

材料	$\rho_0/(\mathrm{g/cm^3})$	p 范围/GPa	u 范围/(km/s)	a/(km/s)	λ
碘 I	4.93	5~70	—	1.35	1.7
	—	70~110	—	3.60	0.7
硫 S	2.1	6.8~20.4		2.20	1.00
单晶金刚石	3.51	<600	—	12.16	1.04
铁电陶瓷 $BaTiO_3$	5.72	2.5~100	—	3.51	1.69
铁电陶瓷 $Pb(Zr_{0.52}Ti_{0.48})O_3$	7.58	2~41	—	1.63	3.53
干冰 (固体二氧化碳)	1.54	5.4~64	—	2.16	1.46
石蜡	0.91	2.25~6.63	—	1.81	2.31
	0.91	6.63~26	—	3.32	1.24
有机玻璃	1.18	0.3~7.6	—	2.59	1.51
	1.18	13~130	—	3.10	1.32
	1.18	1.7~200	—	2.74	1.35
热解石墨	2.2	3.1~48	—	4.057	1.763
石英	2.65	3.9~18.5	—	3.71	1.24
	2.65	5.7~14.7	—	3.68	2.12
	2.65	14.7~39.1	—	5.561	0.14
	2.65	39.1~73	—	1.739	1.7
大理石	2.7	5.1~14.93	—	3.39	2

续表

材料	$\rho_0/(\mathrm{g/cm^3})$	p 范围/GPa	u 范围/(km/s)	a/(km/s)	λ
	2.7	15.9~51.8	—	4.01	1.3
砂土	1.66	1~5	—	5.00	2.41
	1.65	>4.5	—	1.28	1.42
	1.65	0.071~12.3	—	1.30	1.35
砂岩	—	—	2.3~6.2	2.02	1.65
花岗石	2.6	—	2~5.1	2.435	1.525
凝灰岩	2.74	—	2.5~4.8	2.69	1.556
辉长岩	2.89	—	1.8~4	3.35	1.46
页岩	2.77	—	2.2~6.1	2.77	1.54
石灰岩	—	—	0.8~8	3.75	1.44
白云岩	2.84	—	1.1~8.6	4.99	1.24
黏土	2.21	—	2.8~4.7	3.32	1.02

表 6.11　一些碱卤化物材料中 D-u 线性关系拟合系数

材料	$\rho_0/(\mathrm{g/cm^3})$	压力p 范围/GPa	a/(km/s)	λ
CsBr	4.43	14.9~33.5	3.10	0.3
CsCl	3.95	6.1~32.4	2.20	0.5
KCl	1.98	14.9~33.5	3.10	0.3
KF	2.49	6.1~32.4	2.20	0.5
KI	3.1	4.1~23.3	1.80	1.8
LiBr	3.3	11.9~27.1	2.40	1.6
LiCl	2.05	11.2~28.3	1.80	1.4
LiF	2.62	13.8~30.5	2.60	1.4
LiI	4.01	12.3~26.9	4.10	1.5
NaBr	3.16	15.8~33.8	5.00	1.6
NaCl	2.15	20.9~32.7	2.80	0.9
NaI	3.64	5.9~31.2	2.60	1.3
RbBr	3.30	5.3~80	3.40	1.37
RbCl	2.70	13.6~31.8	2.00	1.6
RbI	3.5	11.4~29.2	1.40	1.6

事实上，对于很多凝聚物质而言，皆有此线性规律，对于流体也是如此，如图 6.30 所示水中冲击波波速与粒子速度在粒子速度大于 2.5km/s 时也近似满足线性规律。表 6.12 给出了一些液体材料中冲击波波速与粒子速度线性相关的拟合系数。

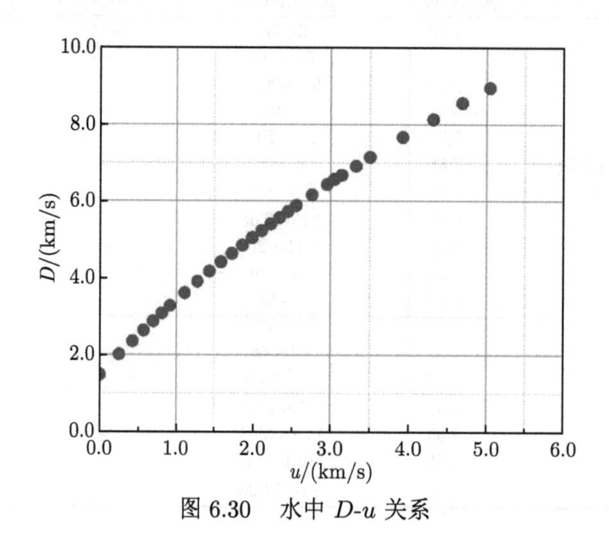

图 6.30　水中 D-u 关系

表 6.12 一些液体材料中 D-u 线性关系拟合系数

材料	$\rho_0/(\mathrm{g/cm^3})$	压力p 范围/GPa	$a/(\mathrm{km/s})$	λ
液氮	0.808	3.0~41.2	1.50	1.4
N-戊醇	0.81	5.1~11.8	2.00	1.5
丙酮	0.8	4.7~10.8	1.90	1.4
苯	0.88	5.3~12.3	1.80	1.6
溴乙烷	1.46	6.9~16.0	1.50	1.5
水	1.0	<2.0	1.50	2.0
	1.0	1.0~11.4	1.70	1.7
己烷	0.68	4.2~9.8	1.90	1.4
甘油	1.25	7.7~17.3	2.40	1.6
甲醇	0.80	4.8~11.2	1.80	1.5
硝基甲苯	1.17	6.6~15.5	2.20	1.3
硝基甲烷	1.14	2.0~8.8	2.00	1.38
乙醚	0.7	—	1.70	1.5
甲苯	0.88	5.3~12.4	1.80	1.6
硫化碳	1.26	6.0~13.2	2.00	0.9
四氯化碳	1.6	7.5~17.4	1.50	1.5
酒精	0.79	4.7~11.2	1.60	1.6

从以上金属、非金属、复合或混合材料甚至液体材料中冲击波波速与粒子速度的试验数据及其分析结果可以看出，在一定压力或粒子速度范围内，可以近似认为线性关系式 (6.297) 是相对准确的。需要说明的是，如果材料在冲击过程中产生相变或材料是多孔材料，线性状态方程就不再适用了，必须进行修正。

如利用式 (6.297) 替代控制方程组中未知或复杂的高压物态方程，即可形成一个新的控制方程组：

$$\begin{cases} v_0\left(D-u\right)=vD \\ Du=\left(p-p_0\right)v_0 \\ E-E_0=\dfrac{1}{2}\left(p+p_0\right)\left(v_0-v\right) \\ D=a+\lambda u \end{cases} \tag{6.298}$$

容易知道，根据该新方程组，也能够给出不同类型的 Hugoniot 方程并绘制其 Hugoniot 曲线，而且，可以根据其反演计算出材料的物态方程，事实上，由于此类型的 Hugoniot 方程容易通过实验准确地测量出来，因此通过此方程研究材料的物态方程是一种常用的方法。需要再次强调的是，冲击波波速与质点速度的近似线性关系式 (6.297) 成立的条件是波阵面前方介质粒子速度为零；事实上前方粒子速度不为零时，近似线性关系也是成立的，只是常数项系数不是式 (6.297) 所示值了。

对于大多数金属材料而言，如再假设波阵面前方介质处于自然松弛状态即 $p_0=0$，可以对这 5 个物理量两两之间的函数关系进行推导。

根据控制方程组式 (6.298)，将其中线性 D-u 型 Hugoniot 方程代入连续方程，可以得到物理量 u-v 关系：

$$u=\frac{\left(v_0-v\right)a}{v_0-\left(v_0-v\right)\lambda} \tag{6.299}$$

或写为

$$u=\left[\frac{v_0}{v_0+(v-v_0)\,\lambda}-1\right]\frac{a}{\lambda} \tag{6.300}$$

即

$$u=\left[\frac{1}{1+(v/v_0-1)\,\lambda}-1\right]\frac{a}{\lambda} \tag{6.301}$$

式 (6.301) 也可以写为v-u 关系：

$$v=v_0\left(1-\frac{u}{\lambda u+a}\right) \tag{6.302}$$

将线性 D-u 型 Hugoniot 方程代入式 (6.301)，可以得到物理量 D-v 关系：

$$D=\frac{av_0}{v_0-(v_0-v)\,\lambda} \tag{6.303}$$

即

$$D=\frac{a}{1-(1-v/v_0)\,\lambda} \tag{6.304}$$

也可以写为

$$v=\left(1-\frac{1}{\lambda}+\frac{a}{D\lambda}\right)v_0 \tag{6.305}$$

也可以给出能量增量 $\Delta E=E-E_0$ 与其他参数之间的关系。将运动方程代入能量守恒方程，可以得到

$$\Delta E=\frac{1}{2}\left(\frac{Du}{v_0}\right)(v_0-v) \tag{6.306}$$

将式 (6.299) 和式 (6.303) 代入式 (6.306)，可以得到物理量 ΔE-v 关系：

$$\Delta E=\frac{1}{2}\left[\frac{(v_0-v)\,a}{v_0-(v_0-v)\,\lambda}\right]^2 \tag{6.307}$$

将式 (6.302) 代入式 (6.307)，可以得到物理量 ΔE-u 关系：

$$\Delta E=\frac{1}{2}u^2 \tag{6.308}$$

将线性 D-u 型 Hugoniot 方程代入式 (6.308)，可以得到物理量 ΔE-D 关系：

$$\Delta E=\frac{(D-a)^2}{2\lambda^2} \tag{6.309}$$

将线性 D-u 型 Hugoniot 方程和式 (6.299) 代入运动方程，可以得到物理量 p-v 的关系：

$$p=\frac{(v_0-v)\,a^2}{\left[v_0-(v_0-v)\,\lambda\right]^2} \tag{6.310}$$

式 (6.310) 也可以写为

$$v = \frac{a^2}{2p\lambda^2}\left[\sqrt{1+\frac{4\lambda v_0}{a^2}p}+\frac{2\lambda(\lambda-1)v_0}{a^2}p-1\right] \tag{6.311}$$

将式 (6.311) 代入能量方程，可以得到物理量 ΔE-p 关系：

$$\Delta E = \frac{1}{2}pv_0 - \frac{a^2}{4\lambda^2}\left[\sqrt{1+\frac{4\lambda v_0}{a^2}p}+\frac{2\lambda(\lambda-1)v_0}{a^2}p-1\right] \tag{6.312}$$

将式 (6.302) 代入式 (6.310)，可以得到物理量 p-u 关系：

$$p = \rho_0 u(u\lambda + a) \tag{6.313}$$

将线性 D-u 型 Hugoniot 方程代入式 (6.313)，可以得到物理量 p-D 关系：

$$p = \frac{(D-a)D}{v_0\lambda} \tag{6.314}$$

2. p-v 型 Hugoniot 曲线

该类型 Hugoniot 曲线是常用的一种形式，一般来讲，Hugoniot 曲线代表材料中所有冲击状态的轨迹。根据控制方程组式 (6.298)，可以得到考虑波阵面前方介质中初始压力时波阵面后方的压力与比容之间的关系：

$$p - p_0 = \frac{(v_0 - v)a^2}{[v_0 - (v_0 - v)\lambda]^2} \tag{6.315}$$

即

$$\frac{p-p_0}{v-v_0} = -\frac{a^2}{[v_0-(v_0-v)\lambda]^2} \tag{6.316}$$

式 (6.316) 表明，压力增量 $\Delta p = p - p_0$ 与比容增量 $\Delta v = v - v_0$ 并不满足线性关系，而是非线性关系。式 (6.316) 也可写为

$$p - p_0 = \frac{(1 - v/v_0)a^2/v_0}{[1-(1-v/v_0)\lambda]^2} \tag{6.317}$$

若介质初始处于静止松弛状态，式 (6.317) 即简化为

$$p = \frac{(1 - v/v_0)a^2/v_0}{[1-(1-v/v_0)\lambda]^2} \tag{6.318}$$

或写为

$$p = \frac{(1-\rho_0/\rho)\rho_0 a^2}{[1-(1-\rho_0/\rho)\lambda]^2} \tag{6.319}$$

由式 (6.319) 可知

$$\frac{\mathrm{d}p}{\mathrm{d}\left(v/v_0\right)} < 0 \tag{6.320}$$

即随着比容增量的增大，压力增量逐渐减小，两者之间呈广义的反比关系。且也可以给出

$$\frac{\mathrm{d}^2p}{\mathrm{d}\left(v/v_0\right)^2} < 0 \tag{6.321}$$

即 p-v 型 Hugoniot 曲线应该是内凹的。图 6.31 所示为金、银、铜、铅和钨五种金属材料冲击波传播 p-v 平面上的 Hugoniot 曲线，即 p-v 型 Hugoniot 曲线；从图中容易看到，该曲线是递减且内凹的。

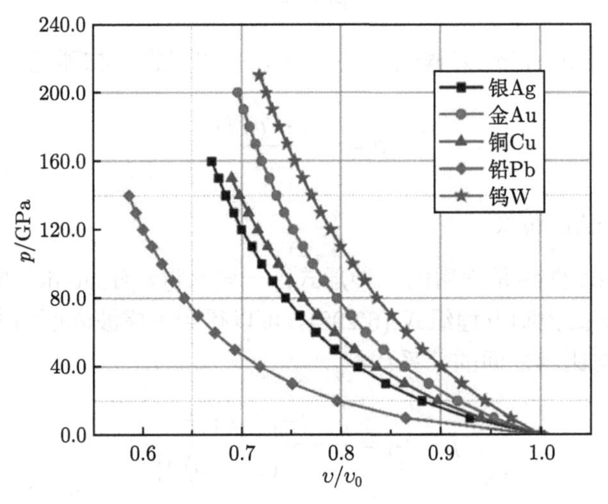

图 6.31 五种金属 p-v 平面上的 Hugoniot 曲线

根据连续方程，可以得到

$$v - v_0 = -v_0\frac{u}{D} \tag{6.322}$$

根据运动方程，有

$$p - p_0 = \frac{Du}{v_0} \tag{6.323}$$

式 (6.322) 和式 (6.323) 相除，即可以得到

$$\frac{p - p_0}{v - v_0} = -\frac{D^2}{v_0^2} = -\left(\rho_0 D\right)^2 \tag{6.324}$$

从而可以给出冲击波波速的表达式：

$$D = v_0\sqrt{\frac{p - p_0}{v_0 - v}} \tag{6.325}$$

式 (6.325) 的物理意义是，冲击波波速和压力增量与比容增量之比绝对值的平方根成正比；反过来讲，压力增量与比容增量之比直接与冲击波波速对应。式 (6.324) 正好是 Hugoniot 曲线上弦的斜率，与当前波阵面后方的状态值相关，如当在状态点 (p_1, v_1) 时，其弦斜率为

$$\frac{p_1 - p_0}{v_1 - v_0} = -(\rho_0 D)^2 \tag{6.326}$$

我们称 p-v 平面上初始状态点 (p_0, v_0) 和波阵面后方某状态点 (p_1, v_1) 的连线为 p-v 平面上 Rayleigh 线 (弦)，如图 6.32 所示。事实上，对于稳定的冲击波而言，其波阵面上的每一部分均是以相同的波速传播的，这也意味着在冲击突跃过程中波阵面上的状态点的运动轨迹正是 Rayleigh 线，反过来讲，Rayleigh 线才是冲击突跃的过程线。

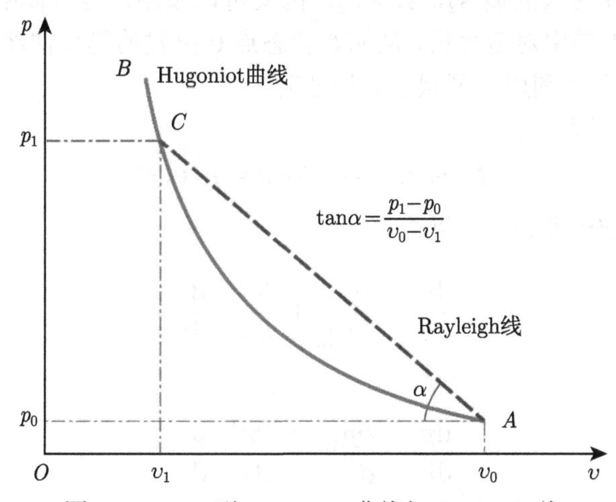

图 6.32 p-v 型 Hugoniot 曲线与 Rayleigh 线

从能量的角度上看，冲击突跃应该是一个具有不可逆熵增的过程，而且沿着 p-v 型 Hugoniot 曲线，随着压力 p 的增加，其熵 s 是增大的，这点可以通过能量守恒方程和热力学定律推导出来。

对能量守恒方程两端进行微分有

$$\mathrm{d}E = \frac{1}{2}(v_0 - v)\,\mathrm{d}p - \frac{1}{2}(p + p_0)\,\mathrm{d}v \tag{6.327}$$

同时，根据热力学定律有

$$\mathrm{d}E = T\mathrm{d}s - p\mathrm{d}v \tag{6.328}$$

式 (6.327) 和式 (6.328) 联立后可以得到

$$T\mathrm{d}s = \frac{1}{2}(v_0 - v)\,\mathrm{d}p + \frac{1}{2}(p - p_0)\,\mathrm{d}v \tag{6.329}$$

也可以写为

$$T\mathrm{d}s = \frac{1}{2}(v_0 - v)\,\mathrm{d}p + \frac{1}{2}\frac{\dfrac{p - p_0}{v_0 - v}}{\dfrac{\mathrm{d}p}{\mathrm{d}v}}(v_0 - v)\,\mathrm{d}p = \frac{1}{2}\left(1 - \frac{\dfrac{p - p_0}{v - v_0}}{\dfrac{\mathrm{d}p}{\mathrm{d}v}}\right)(v_0 - v)\,\mathrm{d}p \tag{6.330}$$

由于

$$\frac{\mathrm{d}p}{\mathrm{d}v} < \frac{p-p_0}{v-v_0} < 0 \Rightarrow \frac{\dfrac{p-p_0}{v-v_0}}{\dfrac{\mathrm{d}p}{\mathrm{d}v}} < 1 \tag{6.331}$$

代入式 (6.330)，即有

$$\frac{\mathrm{d}s}{\mathrm{d}p} > 0 \tag{6.332}$$

式 (6.332) 的物理意义正是沿着 Hugoniot 曲线，熵随着压力的增高而增大的，即随着压力的增大，Hugoniot 曲线上状态点对应的熵是逐渐增大的，即如图 6.33 所示状态点 1 对应的熵 s_1 大于状态点 0 对应的熵 s_2，$s_1 > s_2$；因此可以预测，与气体中的冲击波 Hugoniot 曲线性质类似，见 6.1 节中对应分析，从初始状态点 0 出发的等熵曲线应该在 Hugoniot 曲线的下方；这个结论可以利用熵型状态方程证明。

熵型状态方程可写为

$$f_s(p,v,s) = 0 \Leftrightarrow p = p(v,s) \tag{6.333}$$

式 (6.333) 对比容v 求导，可以得到

$$\frac{\mathrm{d}p}{\mathrm{d}v} = \left.\frac{\partial p}{\partial v}\right|_s + \left.\frac{\partial p}{\partial s}\right|_v \frac{\mathrm{d}s}{\mathrm{d}v} \tag{6.334}$$

即

$$\frac{\mathrm{d}p}{\mathrm{d}v} - \left.\frac{\partial p}{\partial v}\right|_s = \left.\frac{\partial p}{\partial s}\right|_v \frac{\mathrm{d}s}{\mathrm{d}v} \tag{6.335}$$

对式 (6.333) 两端微分，有

$$\mathrm{d}p = \left.\frac{\partial p}{\partial s}\right|_v \mathrm{d}s + \left.\frac{\partial p}{\partial v}\right|_s \mathrm{d}v \tag{6.336}$$

考虑等压过程，此时即有 $\mathrm{d}p = 0$，式 (6.336) 可写为

$$\left.\frac{\partial p}{\partial s}\right|_v = -\left.\frac{\partial p}{\partial v}\right|_s \left.\frac{\mathrm{d}v}{\mathrm{d}s}\right|_p = -v\left.\frac{\partial p}{\partial v}\right|_s \frac{1}{v}\left.\frac{\mathrm{d}v}{\mathrm{d}s}\right|_p = -V\left.\frac{\partial p}{\partial V}\right|_s \frac{1}{V}\left.\frac{\mathrm{d}V}{\mathrm{d}s}\right|_p \tag{6.337}$$

根据等熵体积模量和熵膨胀系数的定义可知

$$\begin{cases} k_s = -V\left.\dfrac{\partial p}{\partial V}\right|_s > 0 \\ \alpha_s = \dfrac{1}{V}\left.\dfrac{\mathrm{d}V}{\mathrm{d}s}\right|_p > 0 \end{cases} \tag{6.338}$$

综合考虑式 (6.337) 和式 (6.338)，有

$$\left.\frac{\partial p}{\partial s}\right|_v = -V\left.\frac{\partial p}{\partial V}\right|_s \frac{1}{V}\left.\frac{\mathrm{d}V}{\mathrm{d}s}\right|_p > 0 \tag{6.339}$$

同时，根据式 (6.331) 和式 (6.332)，可有

$$\operatorname{sgn}\left(\frac{\mathrm{d}p}{\mathrm{d}v}\right)=\operatorname{sgn}\left(\frac{\mathrm{d}s}{\mathrm{d}v}\right)=-1 \tag{6.340}$$

根据式 (6.339) 和式 (6.340) 可以看出

$$\frac{\mathrm{d}p}{\mathrm{d}v}-\left.\frac{\partial p}{\partial v}\right|_s=\left.\frac{\partial p}{\partial s}\right|_v\frac{\mathrm{d}s}{\mathrm{d}v}<0\Rightarrow\frac{\mathrm{d}p}{\mathrm{d}v}<\left.\frac{\partial p}{\partial v}\right|_s \tag{6.341}$$

或

$$\frac{\mathrm{d}p}{\mathrm{d}v}-\left.\frac{\partial p}{\partial v}\right|_s=\left.\frac{\partial p}{\partial s}\right|_v\frac{\mathrm{d}s}{\mathrm{d}v}<0\Rightarrow\left|\frac{\mathrm{d}p}{\mathrm{d}v}\right|>\left|\left.\frac{\partial p}{\partial v}\right|_s\right| \tag{6.342}$$

式 (6.342) 意味着，在 p-v 平面上，从初始状态点 A 出发的 Hugoniot 曲线 AB 在等熵曲线 AC 的上方，反之，从最终状态点 B 出发的 Hugoniot 曲线 BA 在等熵曲线 BD 的下方，如图 6.33 所示。

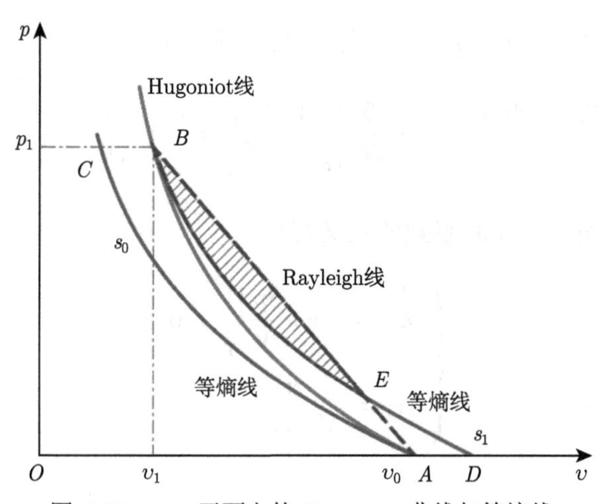

图 6.33 p-v 平面上的 Hugoniot 曲线与等熵线

在图中初始状态点 A 处，有 $v=v_0$，根据式 (6.330) 可知，在此状态点有

$$\left.\mathrm{d}s\right|_A=0\Rightarrow\left.\frac{\mathrm{d}s}{\mathrm{d}v}\right|_A=0 \tag{6.343}$$

结合式 (6.343)，根据式 (6.334)，可以得到在初始状态 A 处：

$$\frac{\mathrm{d}p}{\mathrm{d}v}=\left.\frac{\partial p}{\partial v}\right|_s \tag{6.344}$$

式 (6.344) 的物理意义是：在 p-v 平面上初始状态点 A 处的 Hugoniot 曲线的斜率与等熵曲线的斜率相等。事实上，参考 6.1.2 节中对应分析也可知，Hugoniot 曲线与等熵曲线起点处二阶导数也必然相等，即两条曲线在初始状态点上也具有相同的曲率。

根据式 (6.328) 可知，图中等熵线 BD 下方面积代表等熵过程中可恢复的内能变化；因此图 6.33 中 BE 中间的阴影部分的面积即为冲击突跃过程中不可逆的能量耗散，其计算表达式即为式 (6.330)。

对于等温曲线与等熵曲线的对比，可以参考温度型状态方程：

$$f_s(p,v,T)=0 \Leftrightarrow p=p(v,T) \tag{6.345}$$

在等熵条件下对式 (6.345) 求导，可以得到

$$\left.\frac{\partial p}{\partial v}\right|_s=\left.\frac{\partial p}{\partial v}\right|_T+\left.\frac{\partial p}{\partial T}\right|_v\left.\frac{\partial T}{\partial v}\right|_s \tag{6.346}$$

对式 (6.345) 两端微分，有

$$\mathrm{d}p=\left.\frac{\partial p}{\partial T}\right|_v\mathrm{d}T+\left.\frac{\partial p}{\partial v}\right|_T\mathrm{d}v \tag{6.347}$$

考虑等压过程，此时即有 $\mathrm{d}p=0$，式 (6.347) 可写为

$$\left.\frac{\partial p}{\partial T}\right|_v=-\left.\frac{\partial p}{\partial v}\right|_T\left.\frac{\mathrm{d}v}{\mathrm{d}T}\right|_p=-v\left.\frac{\partial p}{\partial v}\right|_T\frac{1}{v}\left.\frac{\mathrm{d}v}{\mathrm{d}T}\right|_p=-V\left.\frac{\partial p}{\partial V}\right|_T\frac{1}{V}\left.\frac{\mathrm{d}V}{\mathrm{d}s}\right|_p \tag{6.348}$$

根据等温体积模量和热膨胀系数的定义可知

$$\begin{cases} k_T=-V\left.\dfrac{\partial p}{\partial V}\right|_T>0 \\ \alpha_T=\dfrac{1}{V}\left.\dfrac{\mathrm{d}V}{\mathrm{d}T}\right|_p>0 \end{cases} \tag{6.349}$$

可以知道

$$\left.\frac{\partial p}{\partial T}\right|_v=-V\left.\frac{\partial p}{\partial V}\right|_T\frac{1}{V}\left.\frac{\mathrm{d}V}{\mathrm{d}T}\right|_p>0 \tag{6.350}$$

而

$$\left.\frac{\partial T}{\partial v}\right|_s=-\left.\frac{\partial p}{\partial s}\right|_v<0 \tag{6.351}$$

因此，可以得到

$$\left.\frac{\partial p}{\partial v}\right|_s-\left.\frac{\partial p}{\partial v}\right|_T<0\Rightarrow\left.\frac{\partial p}{\partial v}\right|_s<\left.\frac{\partial p}{\partial v}\right|_T\Rightarrow\left|\left.\frac{\partial p}{\partial v}\right|_s\right|>\left|\left.\frac{\partial p}{\partial v}\right|_T\right| \tag{6.352}$$

式 (6.352) 意味着，在 p-v 平面上从初始状态点 A 出发的等熵曲线 AC 在等温曲线 AF 的上方，如图 6.34 所示。

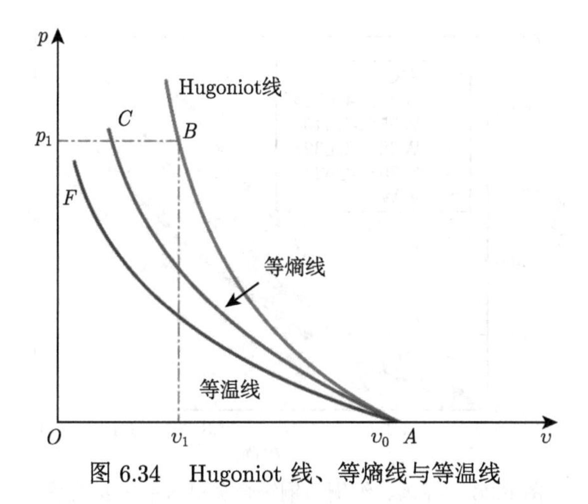

图 6.34 Hugoniot 线、等熵线与等温线

事实上，p-v 型 Hugoniot 关系与 p-ρ 型 Hugoniot 关系本质上是相同的，式 (6.319) 也可表达为

$$p=\frac{(\rho/\rho_0-1)\,\rho a^2}{[\rho/\rho_0-(\rho/\rho_0-1)\,\lambda]^2}=\rho_0 a^2\frac{(\rho/\rho_0-1)\,\rho/\rho_0}{[(1-\lambda)\,\rho/\rho_0+\lambda]^2} \tag{6.353}$$

根据式 (6.353) 可有

$$\frac{\mathrm{d}p}{\mathrm{d}\,(\rho/\rho_0)}>0 \tag{6.354}$$

且

$$\frac{\mathrm{d}^2 p}{\mathrm{d}\,(\rho/\rho_0)^2}>0 \tag{6.355}$$

因而，压力随密度的增大而增大，且曲线是内凹的，如图 6.35 和图 6.36 所示。图 6.35 中显示的是 11 种金属介质中压力与密度之间的关系曲线；图 6.36 是纯钨、纯铜以及不同配比的铜钨合金材料在冲击作用下压力与密度之间的关系。

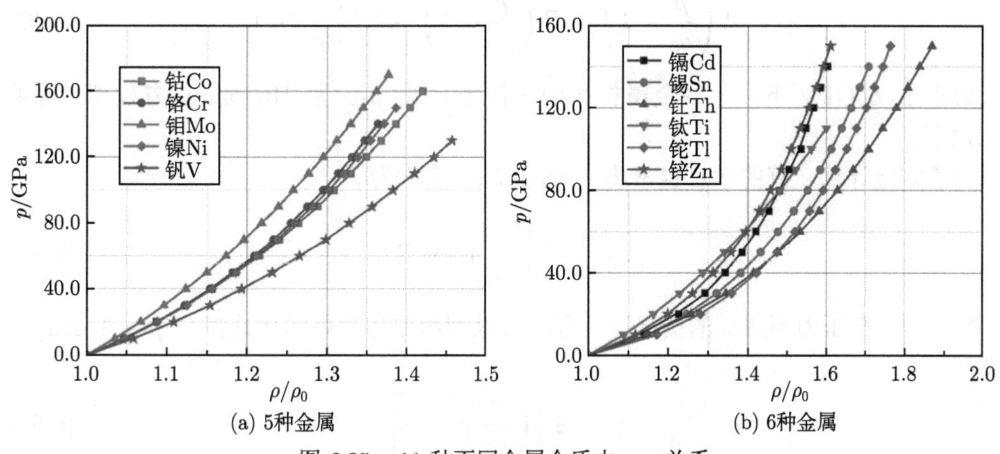

(a) 5种金属 (b) 6种金属

图 6.35 11 种不同金属介质中 p-ρ 关系

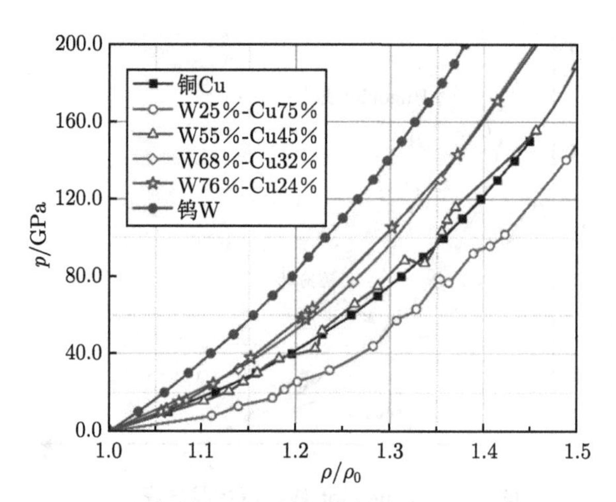

图 6.36 纯钨、纯铜与铜钨合金材料中 p-ρ 关系

式 (6.353) 形式相对较复杂，因此常将其近似为多项式形式：

$$p=\sum_{i=1}^{n}a_i\left(\frac{\rho}{\rho_0}-1\right)^i \tag{6.356}$$

表 6.13 给出了铝、铜、铅和铁四种常用金属材料中 p-ρ 型 Hugoniot 方程的拟合系数。

表 6.13 四种常用金属材料中 p-ρ 型 Hugoniot 方程拟合系数

a_i	铝	铜	铅	铁
a_1	73.1	137	41.4	30.3
a_2	152.7	271.7	101.7	724.5
a_3	143.5	224	120	−271.2
a_4	−887	1078	−43	−14
a_5	2862	−2967	547	852
a_6	−3192	3674	−801	—
a_7	1183	−1346	312	—

如对式 (6.356) 进一步简化，利用三次多项式拟合代替式 (6.356)，即有

$$p=A\left(\frac{\rho}{\rho_0}-1\right)+B\left(\frac{\rho}{\rho_0}-1\right)^2+C\left(\frac{\rho}{\rho_0}-1\right)^3 \tag{6.357-a}$$

在压力小于 50GPa 下，一些金属材料中三次多项式 p-ρ 型 Hugoniot 方程拟合系数如表 6.14 所示。

为了方便计算，有的学者也常将式 (6.357-a) 简化为

$$p=A\left(\frac{\rho}{\rho_0}\right)^n+B \tag{6.357-b}$$

特别地，在压力不太高的情况下，有时可以利用更加简单的形式拟合 p-ρ 型 Hugoniot 方程：

$$p=A\left[\left(\frac{\rho}{\rho_0}\right)^n-1\right] \tag{6.357-c}$$

参考 6.2.1 节中固体材料的物态方程，容易看出，式 (6.357-c) 即为固体等熵型物态方程的形式 (即 Murnaghan 方程)。一些金属材料式 (6.357-c) 形式 p-ρ 型 Hugoniot 方程拟合系数如表 6.15 所示。

表 6.14 若干金属材料中三次多项式 p-ρ 型 Hugoniot 方程拟合系数

材料	A/GPa	B/GPa	C/GPa	材料	A/GPa	B/GPa	C/GPa
铍	118.2	138.2	0	钛	99.0	116.8	124.6
镉	47.9	108.7	282.9	锌	66.2	157.7	124.2
铬	207.0	223.6	702.9	铝	76.5	165.9	42.8
钴	195.4	388.9	173.8	黄铜	103.7	217.7	327.5
铜	140.7	287.1	233.5	铟	49.6	116.3	0
金	142.7	526.7	0	铌	165.8	278.6	0
铅	41.7	115.9	101.0	钯	174.4	380.1	1523.0
镁	37.0	54.0	18.6	铂	276.0	726.0	0
钼	268.6	424.3	73.3	镭	284.2	645.2	0
镍	196.3	375.0	0	钽	179.0	302.3	0
银	108.8	268.7	252.0	铱	31.7	93.8	148.5
钍	57.2	64.6	85.5	锆	93.4	72.0	0
锡	43.2	87.8	193.5				

表 6.15 一些金属材料中 Murnaghan 方程形式 p-ρ 型 Hugoniot 方程拟合系数

材料	$\rho_0/(\mathrm{g/cm^3})$	p/GPa	A/GPa	n
铍	1.845	0~35	37.5	3.2
铝合金	2.785	0~50	19.7	4.2
钛	4.51	0~70	26.0	3.8
铁	7.84	25~100	21.5	5.5
镉	8.64	0~70	7.7	6.3
铜	8.90	0~70	30.2	4.8
钼	10.20	0~70	72.9	3.8
铅	11.34	0~50	8.6	5.3
钽	16.46	0~50	45.8	4.0
金	19.24	0~70	31.6	5.7
铂	21.37	0~50	53.9	5.3
钨铜合金 (W25%)	10.0	0~70	9.2	8.5

3. p-u 型 Hugoniot 曲线

根据冲击波波阵面上的运动方程，若考虑波阵面前方介质压力为零，可以给出

$$p = \rho_0 u D \tag{6.358-a}$$

即

$$D = \frac{1}{\rho_0}\frac{p}{u} \tag{6.358-b}$$

或写为

$$\rho_0 D = \frac{p}{u} \tag{6.358-c}$$

容易知道，若考虑波阵面前方的介质初始压力与粒子速度，式 (6.358-c) 即表达为

$$\rho_0 D = \frac{p - p_0}{u - u_0} \tag{6.359}$$

类似弹性波理论，式 (6.359) 代表速度跳跃量与压力跳跃量之间的关系，定义为冲击波波阻抗；在 p-u 平面上 Hugoniot 曲线上任意一个波阵面后方状态点 B 与初始状态点连线的斜率即为冲击波波阻抗，如图 6.37 所示。

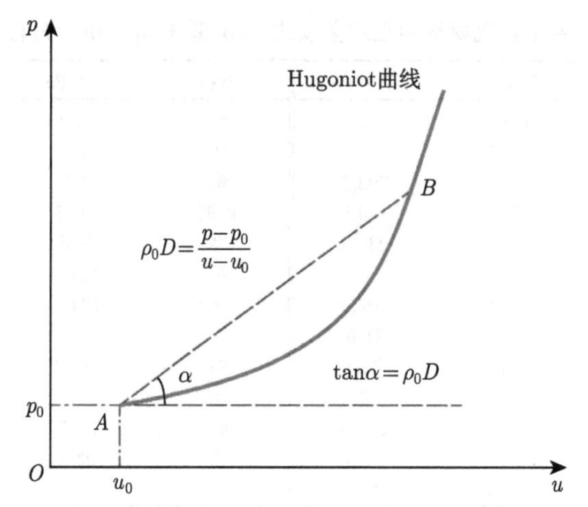

图 6.37　p-u 型 Hugoniot 曲线与冲击波波阻抗示意图

若考虑冲击波波阵面前方粒子速度为零，将线性 D-u 型 Hugoniot 方程代入式 (6.358)，即可以得到 p-u 型 Hugoniot 关系：

$$p = \rho_0 \left(au + \lambda u^2\right) \tag{6.360}$$

即压力与粒子速度呈抛物线关系，如图 6.38 所示。

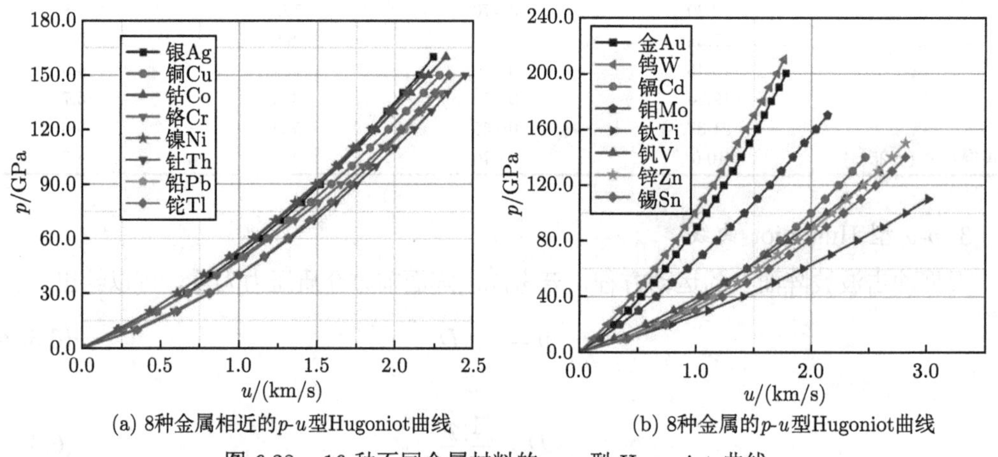

(a) 8种金属相近的p-u型Hugoniot曲线　　(b) 8种金属的p-u型Hugoniot曲线

图 6.38　16 种不同金属材料的 p-u 型 Hugoniot 曲线

图 6.38 所示 16 种金属材料的 p-u 型 Hugoniot 曲线皆满足抛物线特征，其中图 (a) 中 8 种金属曲线非常相近，图 (b) 中金属钨和金属金的曲线也非常相近。类似于弹塑性波相互作用及其在交界面上的透反射问题分析过程中的σ-v 状态曲线，p-u 型 Hugoniot 曲线在后面内容中讨论冲击波的相互作用以及冲击波在交界面上的透反射问题的分析中使用得最多，也最为方便。

6.2.3 固体介质的冲击压缩特性与试验原理

在固体介质中冲击波参量关系的推导过程中，我们给出了两种形式的控制方程组式 (6.293) 和式 (6.298)，前者包含波阵面上的质量守恒条件、动量守恒条件、能量守恒条件与内能型物态方程，后者包含阵面上的质量守恒条件、动量守恒条件、能量守恒条件与 D-u 型 Hugoniot 方程；这实际上就涉及两类问题：一类是最传统的方法也是一个确定的问题，类似弹塑性波相关问题的推导，基于冲击波波阵面上的突跃条件以及固体材料物态方程，求出各类形式的 Hugoniot 方程；另一类是理论上是一个不确定的问题，首先对某 Hugoniot 方程进行假设，如对 D-u 型 Hugoniot 方程进行线性假设，在此基础上将其代替物态方程，推导出其他形式的 Hugoniot 方程，甚至给出材料的物态方程。理论上第一类方式最科学准确，但实际上由于条件限制常用第二类方式来研究固体介质的物态方程和其他形式的 Hugoniot 方程。

设冲击波波阵面前方介质粒子速度为零，则冲击波突跃条件为

$$\begin{cases} v_0 (D-u) = vD \\ Du = (p-p_0)\, v_0 \\ E - E_0 = \dfrac{1}{2}(p+p_0)(v_0 - v) \end{cases} \tag{6.361}$$

式 (6.361) 中第一式和第二式分别为波阵面上的连续方程与运动方程；第三式为波阵面上的能量方程，式中 E_0 表示介质的初始比内能，E 表示冲击波波阵面上介质的瞬时比内能。假设波阵面前方介质在初始时刻处于自然松弛状态即初始压力为零，或相对于冲击波波阵面后方其前方初始压力忽略不计时，式 (6.361) 可简化为

$$\begin{cases} v_0 (D-u) = vD \\ Du = pv_0 \\ E - E_0 = \dfrac{1}{2}p(v_0 - v) \end{cases} \tag{6.362}$$

冲击过程中对单位质量介质所做的总功为

$$W_{\text{total}} = p(v_0 - v) \tag{6.363}$$

根据能量守恒定律可知，冲击过程做功一部分转化为介质的动能，另一部分转化为介质的内能，两部分之和应等于总功。

结合连续方程与运动方程，可以给出冲击波过后介质的比动能为

$$E_k = \frac{1}{2}\rho u^2 = \frac{1}{2}p(v_0 - v) = \frac{1}{2}W_{\text{total}} \tag{6.364}$$

因而，介质内能增加量也应为总功的一半；即如图 6.39 所示 p-v 平面上三角形 ABC 的面积：

$$E - E_0 = S_{\Delta ABC} = \frac{1}{2}p(v_0 - v) = \frac{1}{2}W_{\text{total}} \tag{6.365}$$

理论上，介质比内能增量可以分为热能部分和弹性能部分：

$$E - E_0 = E_Q + E_e \tag{6.366}$$

式中, 热能部分 E_Q 表示粒子围绕其平衡位置振动的能量；弹性能部分 E_e 则表示 $T = 0\text{K}$ 时粒子之间弹性相互作用导致粒子之间距离发生变化的结果。

设 $T = 0\text{K}$、$p = 0\text{Pa}$ 状态下材料的比容为$\upsilon_{0\text{K}}$，其在 p-υ 平面上等温冷压缩曲线如图 6.39 中曲线 FG 所示，由于在 $T = 0\text{K}$ 时热能部分为零：

$$E_Q\left(0\text{K}\right) = 0 \tag{6.367}$$

即此时介质的比内能即等于弹性能部分：

$$E - E_0 = E_e \tag{6.368}$$

弹性能部分应等于图 6.39 中曲面 $\triangle BGF$ 即阴影部分的面积：

$$E_e = S_{\triangle BGF} = \int_{\upsilon}^{\upsilon_{0\text{K}}} p_e \mathrm{d}\upsilon \tag{6.369}$$

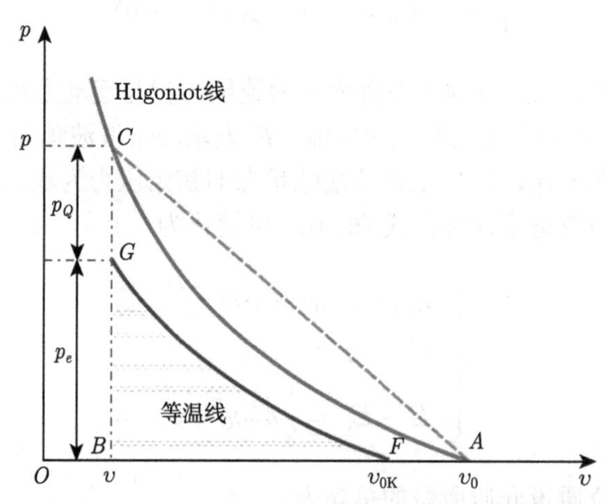

图 6.39　p-υ 型 Hugoniot 曲线与等温冷压缩曲线

式中, p_e 为总压力的弹性部分：

$$p_e = p_e\left(\upsilon\right) \tag{6.370}$$

由粒子间的弹性相互作用引起，并由作用于粒子间排斥力确定；当 $T = 0\text{K}$ 时，所有压力均为弹性压力，即

$$p = p_e \tag{6.371}$$

冲击过程中不同相对密度时总压力与弹性压力数据和拟合曲线如图 6.40 所示，从图中可以看出，随着冲击压力的增大，总压力与弹性压力之间的差距越来越大，即内能部分逐渐增大。

因此冲击过程中比内能增加量热能部分对应于图 6.39 中曲面四边形 $CGFA$, 即 $\triangle ABC$ 去掉阴影部分剩下部分的面积。

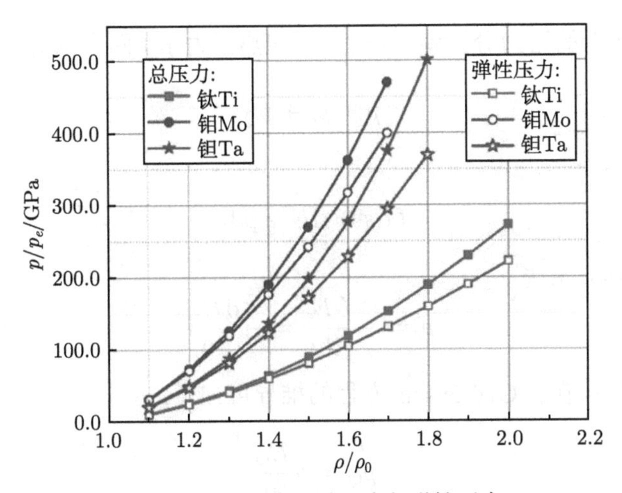

图 6.40 三种金属总压力与弹性压力

假设在此问题所涉及的温度范围内，定容比热：

$$C_v = \left.\frac{\partial E}{\partial T}\right|_v = \left.\frac{\partial E_Q}{\partial T}\right|_v \tag{6.372}$$

近似为常数，此时比内能的热能部分可表达为

$$E_Q - E_0 = C_v (T - T_0) \tag{6.373}$$

冲击过程中不同相对密度时温度的变化如图 6.41 所示，容易看出，随着相对密度的增大(参考图 6.40 即对应随着冲击压力的增大)，温度呈抛物线形上升。

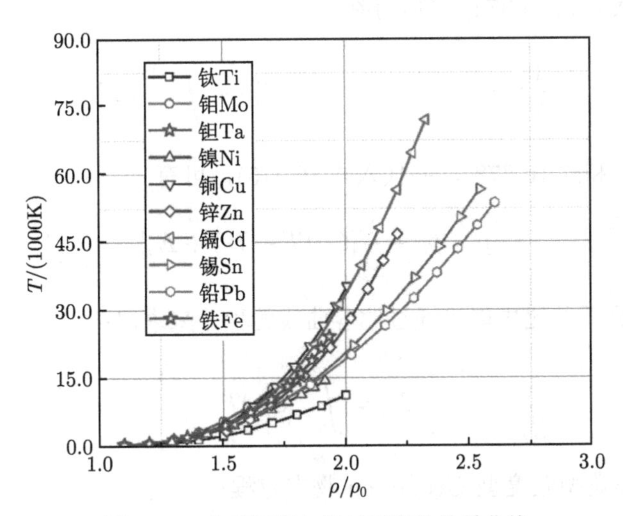

图 6.41 介质温度与相对密度的关系曲线

因此，比内能的增加量可表达为

$$E - E_0 = C_v (T - T_0) + \int_v^{v_{0\mathrm{K}}} p_e \mathrm{d}v \tag{6.374}$$

若将 Hugoniot 曲线上的压力分为弹性压力 p_e 和热压力 p_Q 两个部分：

$$p = p_e + p_Q \tag{6.375}$$

根据热力学定律:

$$T\mathrm{d}s = \mathrm{d}E + p\mathrm{d}v \tag{6.376}$$

因而，在 $T = 0\mathrm{K}$ 时，有

$$p_e = -\frac{\partial E_e}{\partial v} = -\frac{\mathrm{d}E_e}{\mathrm{d}v} \tag{6.377}$$

同时，参考 6.2.1 节中 Grüneisen 方程的推导可知

$$p_Q = \gamma \frac{E_Q}{v} \tag{6.378}$$

式中，γ 为 Grüneisen 系数。

因而式 (6.375) 可具体写为

$$p = -\frac{\mathrm{d}E_e}{\mathrm{d}v} + \gamma \frac{E_Q}{v} \tag{6.379}$$

式 (6.379) 即为 6.2.1 节中所推导出的 Grüneisen 物态方程。式中

$$\gamma = \gamma(v) \tag{6.380}$$

即 Grüneisen 系数是比容的函数。

将式 (6.365) 代入式 (6.374) 可以得到

$$\frac{1}{2} p (v_0 - v) = C_v (T - T_0) + \int_v^{v_{0\mathrm{K}}} p_e \mathrm{d}v \tag{6.381}$$

联立式 (6.373) 和式 (6.378)，并代入式 (6.375)，可有

$$p = p_e + \frac{\gamma}{v} \left[C_v (T - T_0) + E_0 \right] \tag{6.382}$$

式中，波阵面前方介质的比内能可通过比容曲线的积分来求出：

$$E_0 = \int_0^{T_0} C_v \mathrm{d}T \tag{6.383}$$

式 (6.382) 就是典型温度型 Grüneisen 物态方程：

$$p = p(v, T) \tag{6.384}$$

在此基础上不难给出内能型物态方程：

$$p = p(v, E) \tag{6.385}$$

表 6.16 以表格形式给出了三种金属材料的温度型物态方程相关参数。

表 6.16 铝、铜与铅的 Grüneisen 方程参数

ρ/ρ_0	p/GPa	p_e/GPa	E_e/(10kJ/kg)	T/K	γ	ρ/ρ_0	p/GPa	p_e/GPa	E_e/(10kJ/kg)	T/K	γ
					铝						
1.05	4.2	3.1	2	315	2	1.45	71.3	61.9	249	1980	1.41
1.10	9	7.8	10.5	348	1.81	1.50	86.1	72.7	306	2640	1.44
1.15	14.5	13.4	26	401	1.56	1.55	103	84.5	368	3440	1.44
1.20	21.1	19.7	47	488	1.37	1.60	121.7	97	435	4410	1.43
1.25	28.8	26.6	76	625	1.28	1.65	142.7	110	508	5530	1.41
1.30	37.4	34.5	111	818	1.28	1.70	165.2	125	585	6790	1.39
1.35	47.2	42.9	151	1097	1.31	1.75	189.7	140	667	8180	1.34
1.40	58.2	51.9	198	1476	1.37	1.80	216.0	157	754	9670	1.3
					铜						
1.05	7.5	6.1	1.3	317	1.89	1.40	122.5	105.2	117	2300	1.63
1.10	16.7	15.1	6.3	360	1.85	1.45	152.2	127.2	148.7	3180	1.59
1.15	28	25.4	15.1	438	1.87	1.50	185.8	151.8	184.8	4350	1.55
1.20	41.3	37.5	27.9	577	1.88	1.55	225.2	178.3	224	5760	1.53
1.25	56.6	51.6	44.6	802	1.84	1.60	271.4	207.5	267.2	7530	1.53
1.30	75.5	67.4	64.7	1150	1.77	1.65	324.7	238.7	314.5	9710	1.53
1.35	97.1	85.3	89.1	1630	1.70	1.70	388	273	366	12425	1.54
					铅						
1.10	5.3	4.2	1.2	364	2.20	1.80	176.5	123.7	127.3	11590	1.48
1.20	13.4	11.6	6.2	563	2.00	1.85	200.7	139.5	144.6	13260	1.42
1.30	25.0	21.6	15.3	1045	1.90	1.90	225.5	156.0	163.2	15000	1.35
1.40	42.3	34.6	28.8	2000	1.84	1.95	251.2	173.8	182.8	16720	1.28
1.50	65.5	51.0	46.7	3550	1.77	2.00	277.6	192.6	203.5	18470	1.21
1.55	79.7	60.7	57.2	4570	1.73	2.05	305.5	212.3	225.2	20300	1.14
1.60	95.5	71.3	69.0	5730	1.69	2.10	335.5	233.0	248.2	22150	1.07
1.65	113.5	82.7	81.7	7070	1.65	2.15	367.7	254.5	272.0	24125	1.02
1.70	133.0	95.3	95.8	8485	1.60	2.20	401.0	277.0	297.0	26230	0.98
1.75	154.0	109.2	111.1	10000	1.54						

表 6.16 中参数的求解思路也比较简单，根据 6.2.2 节分析结论可知，若能够给出任意一种形式的 Hugoniot 方程，即可得到其 p-v 型 Hugoniot 方程：

$$
p = p(v) \tag{6.386}
$$

根据已知的 p-v 型等温冷压缩曲线，利用固体理论中所建立的 $T = 0\mathrm{K}$ 时 Grüneisen 系数与弹性压力 $p_e(v)$ 之间的关系：

$$
\gamma(v) = -\frac{2}{3} - \frac{v}{2}\frac{\mathrm{d}^2 p_e/\mathrm{d}v^2}{\mathrm{d}p_e/\mathrm{d}v} \tag{6.387}
$$

或

$$
\gamma(v) = -\frac{v}{2}\frac{\mathrm{d}^2\left(p_e v^{2/3}\right)/\mathrm{d}v^2}{\mathrm{d}\left(p_e v^{2/3}\right)/\mathrm{d}v} - \frac{1}{3} \tag{6.388}
$$

求出不同比容对应的 Grüneisen 系数。图 6.42 给出了三种金属材料冲击波传播过程中 Grüneisen 系数与弹性压力之间的关系曲线。

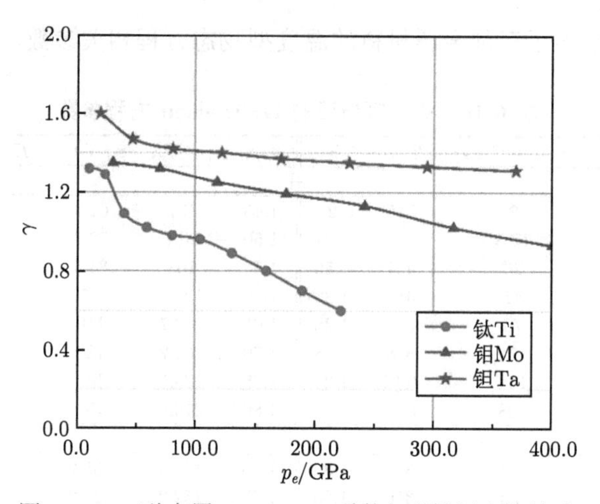

图 6.42　三种金属 Grüneisen 系数与弹性压力的关系

通常为了方便计算，我们将弹性压力函数简化为多项式形式：

$$p_e(v) = \sum_{i=0}^{n} a_i \left(1 - \frac{v}{v_{0K}}\right)^i \tag{6.389}$$

因而，有

$$\gamma(v) = \sum_{j=0}^{m} b_j \left(1 - \frac{v}{v_{0K}}\right)^j \tag{6.390}$$

和

$$E_e(v) = -\int_{v_0}^{v} p_e \mathrm{d}v = -v_0 \sum_{i=0}^{n} \frac{a_i}{i+1} \left(1 - \frac{v}{v_{0K}}\right)^{i+1} \tag{6.391}$$

图 6.43 给出 16 种金属材料弹性能与等温冷压缩曲线上相对比容之间的关系曲线。

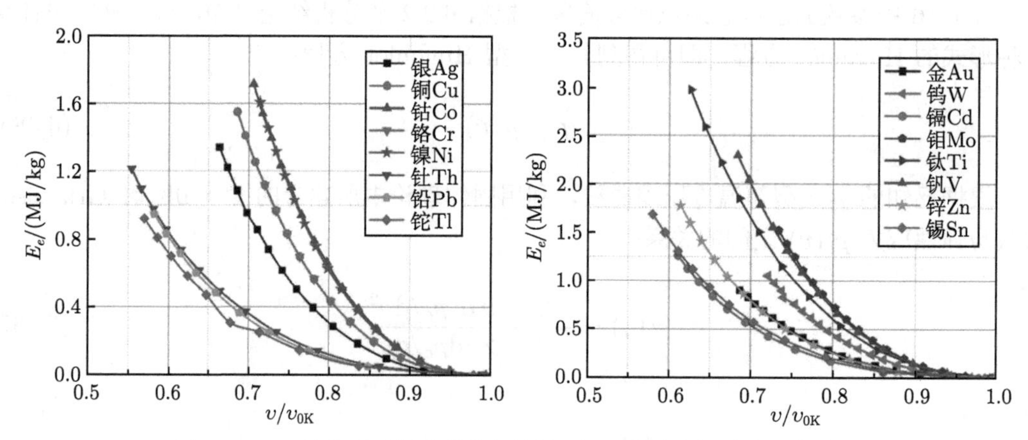

图 6.43　16 种金属材料弹性能与等温冷压缩曲线上相对比容的关系

从而可以给出内能型物态方程：

$$p = p_e(v) + \frac{\gamma(v)}{v}\left[E - E_e(v)\right] \tag{6.392}$$

特别地，有时可以将等温冷压缩函数进一步简化为

$$p_e(v) = \sum_{i=1}^{n} a_i \left(\frac{v_{0K}}{v}\right)^{i/3+1} \tag{6.393}$$

此时式 (6.390) 和式 (6.391) 即可写为更加简单的形式：

$$\gamma(v) = \sum_{j=0}^{m} b_j \left(\frac{v_{0K}}{v}\right)^{j} \tag{6.394}$$

和

$$E_e(v) = v_0 \sum_{i=1}^{n} \frac{3a_i v_{0K}}{i} \left[\left(\frac{v_{0K}}{v}\right)^{i/3} - 1\right] \tag{6.395}$$

表 6.17 给出四种金属材料的上述方程中系数。

表 6.17 四种金属材料的系数

材料	a_1/GPa	a_2/GPa	a_3/GPa	a_4/GPa	a_5/GPa	a_6/GPa	a_7/GPa
铝	−16.21	−197.95	−435.20	−197.95	829.18	−450.69	72.92
铜	1439.84	−13102.14	36634.57	−47711.98	31523.93	−10010.92	1226.70
铅	7.27	−222.35	1259.72	−2656.33	2356.45	−858.52	113.76
镍	1865.83	−17387.99	50034.44	−67392.71	46318.80	−15433.32	1994.95
材料	b_0	b_1	b_2	b_3	b_4	b_5	b_6
铝	24.964	−71.192	93.033	−66.214	26.745	−5.7812	0.5208
铜	3.3099	−2.0913	1.1573	−0.375	0.0521	—	—
铅	34.383	−97.301	124.36	−86.326	33.985	−7.1615	0.6293
镍	5.2719	−6.5119	4.9052	−1.8125	0.2604	—	—

一些材料的弹性压力可以表达为

$$p_e(\rho) = \frac{\rho_0 c_0}{n}\left[\left(\frac{\rho}{\rho_0}\right)^n - 1\right] \tag{6.396}$$

从而可以给出弹性能的表达式：

$$E_e(\rho) = \frac{c_0^2}{n}\left\{\frac{\rho_0}{\rho}\left[\frac{1}{n+1}\left(\frac{\rho}{\rho_0}\right)^n + 1\right] - \frac{n}{n-1}\right\} \tag{6.397}$$

图 6.44 给出 16 种金属材料弹性能与 Hugoniot 曲线上相对比容之间的关系曲线。

当波阵面的压力低于 50GPa 时，Grüneisen 系数变化不大，可以近似认为

$$\gamma = \gamma_0 \tag{6.398}$$

表 6.18 给出了六种材料近似物态方程的参数。

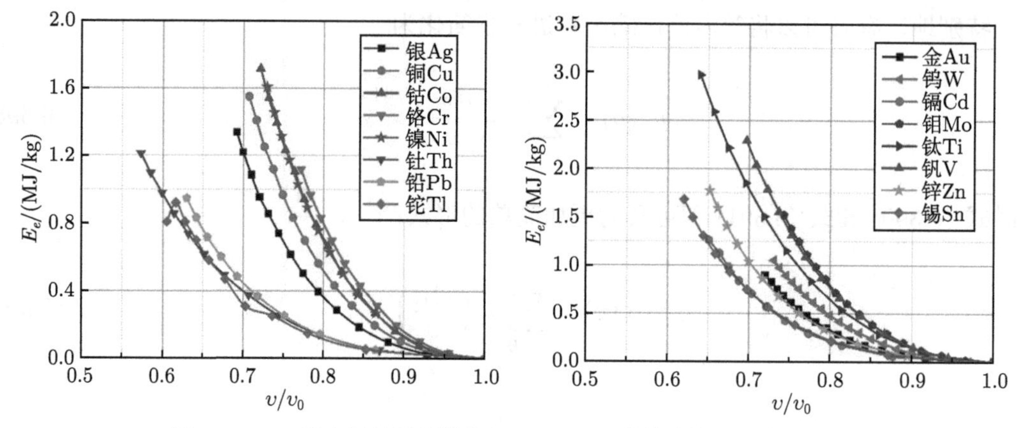

图 6.44　16 种金属材料弹性能与 Hugoniot 曲线上相对比容的关系

表 6.18　六种材料近似物态方程的参数

材料	ρ_0/(g/cm^3)	c_0/(km/s)	n	γ_0
氯化钠	2.16	3.4	3.75	1
砂混凝土	2.03	1.64	5	0.4
铝	2.77	5.5	3.5	0.9
潮湿陶土	2	2.1	5.33	0.57
氯化锌水溶液	2	1.64	6.5	0.8
水	1	1.5	6	1

由以上分析可知，如果能够获得科学准确的 p-v 型 Hugoniot 关系或 D-u 型 Hugoniot 关系，即可得到固体介质的内能型状态方程，同时也可以给出其他类型的 Hugoniot 关系。当前最常用的方法是选用后者即利用试验测试建立 D-u 型 Hugoniot 关系，再开展相关分析。

开展冲击波相关问题的试验研究，必须要具备能够产生不同高压范围的试验装置，必须具备两个基本条件：压力可调和接近一维平面冲击波。前者要求试验技术能够产生不同压力条件的冲击波，其压力范围比较宽，能够进行从低压到高压的 Hugoniot 曲线的测量；后者要求生成的冲击波具有一定的平面度，能够利用一维理论进行对照分析。

当前，产生高压的技术主要可以分为两大类：静高压技术和动高压技术。用静高压技术实现高压的难度较大，当前所能够达到的最高压力为 100GPa 量级；动高压技术则相对容易很多，能够实现不同量级的高压，在当前得到广泛的应用。

当前，能够产生动高压的技术较多，如化爆高压技术、气炮高压技术、激光高压技术、电炮高压技术、轨道炮高压技术、离子束高压技术、核爆高压技术等，但其中常用的且技术成熟的主要有化爆高压技术和气炮高压技术两种。化学炸药具有很高的化学反应释能和很快的反应速度，是一种最常用的高压冲击能源，早期的试验技术多采用这种化爆技术来生成高压冲击波。利用化爆技术可以产生数 GPa 到数十 GPa 的高压，其压力可调，满足固体高压状态方程研究试验技术的第一个条件，通过科学的结构设计，形成一种爆炸透镜即平面波发生器结构，能够产生高质量平面度的准平面冲击波。如图 6.45 所示，平面波发生器包含雷管、高爆速炸药和低爆速炸药三个部分，通过结构设计将点起爆的爆轰波调整为平面爆轰波。

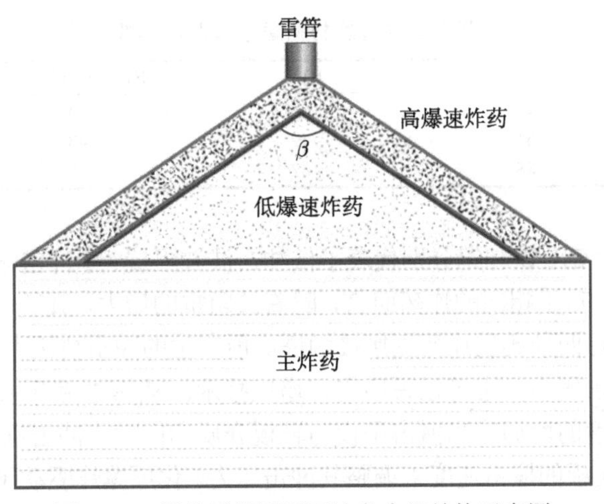

图 6.45 爆炸透镜即平面波发生器结构示意图

图中爆炸透镜药柱锥角满足

$$\tan\beta = \sqrt{\left(\frac{D_1}{D_2}\right)^2 - 1} \tag{6.399}$$

式中，D_1 为高爆速炸药的爆速；D_2 为低爆速炸药的爆速。在此设计下，爆炸波理论上同时到达透镜底平面即透镜与主炸药的交界面。

利用平面波发生器可以产生较高质量的高压平面冲击波，因此可以直接将样品与炸药接触，这是一种最原始简单的结构，如图 6.46 所示。爆炸产生的平面冲击波在炸药与样品会发生反射和透射现象 (此方面内容将在第 7 章中进行分析推导)，透射到材料中的必定是冲击波，其强度与入射冲击波相比和两种介质波阻抗之比相关；但反射波根据炸药与材料波阻抗之间的关系可能是冲击波，也可能是稀疏波。表 6.19 为铝、铁和钨三种金属材料与 TNT、RDX、RDX60/TNT40 和 HMX 四种典型炸药直接接触爆炸时产生的冲击压力。

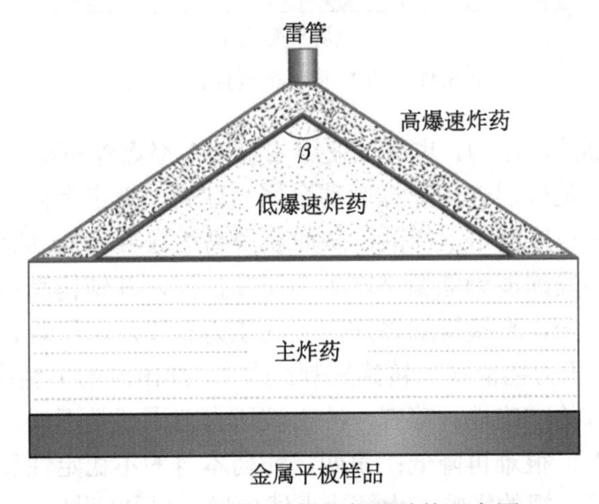

图 6.46 直接接触爆炸装置结构示意图

表 6.19　四种典型炸药与三种金属材料直接接触爆炸冲击压力 (单位：GPa)

材料	TNT	RDX	RDX60/TNT40	HMX
Al	26	38	33	42
Fe	31	49	43	55
W	38	67	57	76

从表中可以看出，铝、铁和钨分别代表了低冲击波波阻抗、中冲击波波阻抗和高冲击波波阻抗材料，容易看出，对于相同的炸药而言，随着波阻抗的增大，其冲击波压力也增加。从表中也可以看出，利用这四种典型炸药直接接触爆炸所产生的冲击波压力皆没有超过 80GPa。

为获取更高的冲击压力，常可以采用飞片增压技术。从第 7 章平板对撞问题中的分析结果可知，随着撞击速度的增加，当撞击平板与靶板介质相同时，冲击压力呈二次幂函数增加，因此，可以通过调节飞板的撞击速度来调整其冲击压力。化爆爆炸驱动飞片增压装置示意图如图 6.47 所示，在平面波发生器作用下，飞片被加速飞离，在飞行过程中，爆炸冲击波多次反射加速飞片，当飞片经过长时间飞行并充分吸收爆轰能量后，飞片内部压力基本消失，其速度达到最大值；当高速飞片撞击到样品上时，即会在样品中产生高压平面冲击波。

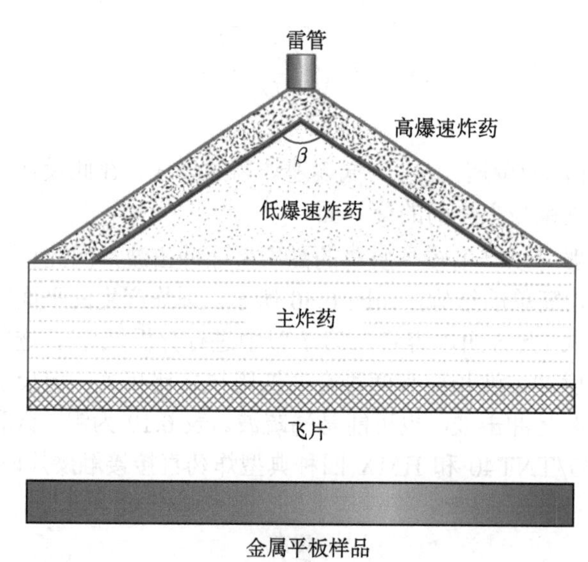

图 6.47　爆炸驱动平板撞击示意图

如果需要继续提高冲击压力，也可以使用二级或多级爆炸驱动装置，如图 6.48 所示为二级半球形驱动装置，最外层炸药爆炸驱动金属半球壳，撞击上内层炸药后引爆炸药从而驱动内部半球壳以更高速度撞击上样品，从而获得高达数百 GPa 的压力。

上述装置皆以炸药爆炸能为能源来产生高压冲击波，其结构简单、成本低，但其也有暂很难解决的问题：第一，直接接触爆炸产生的压力和飞片增压装置中的飞片速度很难精确控制，这导致冲击波压力幅值很难精确控制；第二，冲击波的平整度也很难精确控制，影响测试精度和参数计算的准确性；第三，冲击波压力范围还是不够，特别是低压部分，其最低压力为 15~20GPa，很难再降低；第四，炸药本身的不稳定性和高能性对于试验的安全性与可靠性都有不可忽视的影响。为解决上述问题，自 20 世纪 60 年代开始，以高压气体来代替炸药来驱动飞片高速飞行开展得到应用，并获得相对理想的结果。与传统的化爆高压试验装置相比，高压气炮装置中飞片的速度可以根据调节气压来精确控制，而且，其飞行平稳，所产生的平面冲击波平整度好，这些都满足研究固体高压状态方程的需要。同时，其试验重复性好，测试准确，对于获得准确的状态方程参数极为有利。在压力范围方面，高压气炮当前有一级气炮能够很准确地产生低压冲击波；二级轻气炮能够将冲击压力提高到与化爆装置相比拟的高压区，而且当前所研制的三级轻气炮能够将压力更进一步地提高；因此，其压力范围比化爆驱动更大。传统的高压气炮装置示意图如图 6.49 所示。

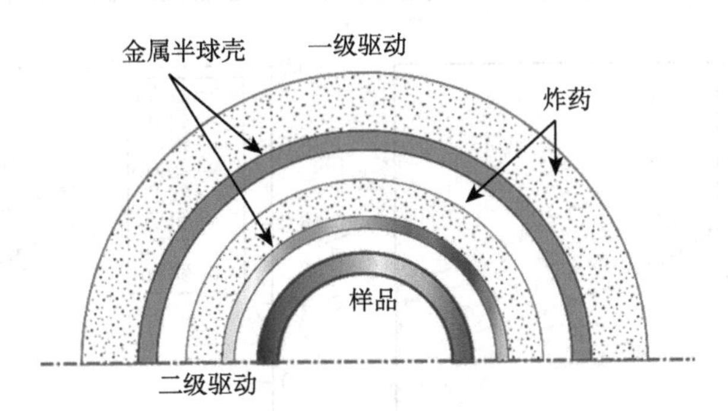

图 6.48 二级爆炸驱动加速撞击装置结构示意图

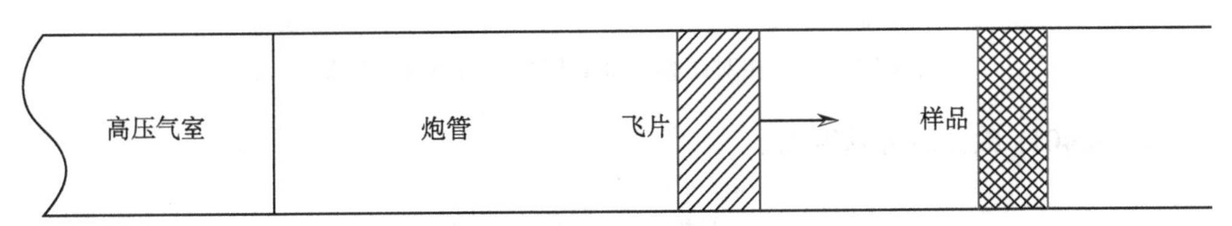

图 6.49 高压气炮装置示意图

表 6.20 给出了几种典型口径一级气炮和二级轻气炮中飞片的最小和最大速度。

表 6.20 典型口径高压气炮中飞片速度

气炮	炮管口径/mm	飞片速度/(m/s)	
		最小值	最大值
一级气炮	62.5	100	1500
	101	100	1500
	152	100	600
二级轻气炮	30	2000	8200
	50.8	1400	6500
	69	1000	4000

在以上驱动装置的基础上，采用光学、电学等方法可以在不同撞击压力条件下获取冲击波波速和粒子速度，从而建立冲击波 D-u 型 Hugoniot 关系。

当冲击波强度相对较弱时，近似将其视为一个等熵过程，则固体物态方程可近似为 Murnaghan 方程形式，即

$$p = \frac{k_0}{n}\left[\left(\frac{V_0}{V}\right)^n - 1\right] \tag{6.400}$$

根据式 (6.400) 可以在不同压力条件下得到瞬时声速：

$$c=\sqrt{\left.\frac{\partial p}{\partial \rho}\right|_s}=\sqrt{\frac{k_0}{\rho_0}}\left(\frac{\rho}{\rho_0}\right)^{\frac{n-1}{2}} \tag{6.401}$$

即瞬时声速是相对密度或相对比容的函数；事实上，即使对于强冲击波而言，瞬时声速也是压力或比容的函数。如图 6.50 所示，随着相对比容的增大即相对密度的减小，金属材料中的声速也逐渐减小；也就是说随着相对密度或压力的增大，金属材料中的声速逐渐增大。

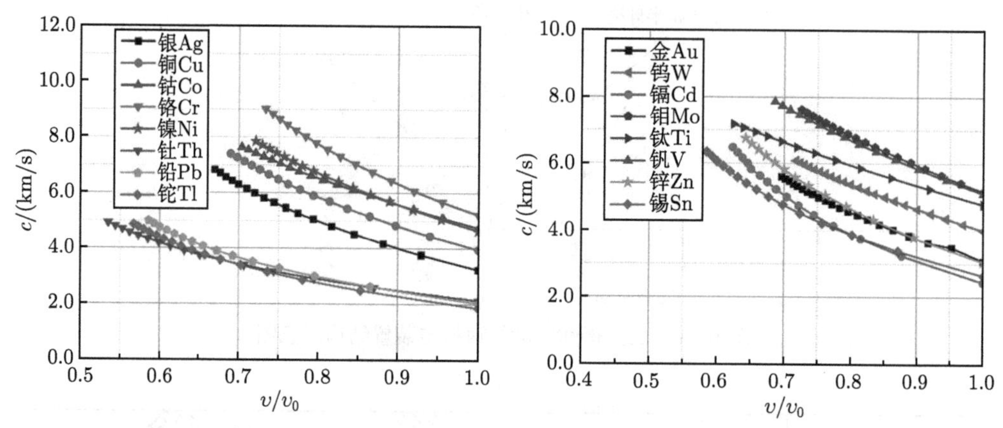

图 6.50　不同相对比容时金属材料中的声速变化曲线

对式 (6.401) 微分后可以得到

$$\frac{2}{n-1}\mathrm{d}c=\frac{c}{\rho}\mathrm{d}\rho \tag{6.402}$$

对于弱冲击波，根据连续条件可以得到

$$\frac{2}{n-1}\mathrm{d}u=(D-u)\,\frac{\mathrm{d}\rho}{\rho}=c\frac{\mathrm{d}\rho}{\rho} \tag{6.403}$$

将式 (6.403) 代入式 (6.402) 并积分可以得到

$$c=c_0+\frac{n-1}{2}\,(u-u_0) \tag{6.404}$$

假设波阵面前方介质初始处于静止状态，则有

$$c=c_0+\frac{n-1}{2}u \tag{6.405}$$

因此弱冲击波空间波速可表达为

$$D=c_0+\lambda u \tag{6.406}$$

式中，λ 为材料参数。

式 (6.406) 与冲击波传播波阵面上的 D-u 型 Hugoniot 线性方程形式一致，只是将常数项系数设定为材料初始声速；事实上，由于 D-u 型 Hugoniot 线性方程中系数:

$$a \approx c_0 \tag{6.407}$$

如表 6.21 所示，此两个量数值上相对非常接近。事实上，假设波阵面前方粒子速度为零，波阵面后方粒子速度也无限接近于零，此时冲击波就退化成连续波了，此时冲击波波速即为连续波波速即声速，所以从这个角度上看，式 (6.407) 应是成立的。

表 6.21 若干金属材料的初始声速与 D-u 型 Hugoniot 线性方程常数项系数

材料	$\rho_0/(\mathrm{g/cm^3})$	$c_0/(\mathrm{m/s})$	$a/(\mathrm{m/s})$
铍	1.845	7934	7975
钒	6.1	5180	5108
钨	19.17	4050	4005
金	19.24	3057	3075
铟	7.27	2330	2370
镉	—	2417	2443
钴	8.82	4630	4748
镁	1.725	4450	4493
铜	8.90	3980	3915
钼	10.2	5192	5157
镍	8.86	4630	4646
铌	8.6	4427	4447
锡	7.28	2761	2640
钯	11.95	3800	3793
铂	21.37	3640	3671
铑	12.42	4630	4680
铅	11.34	2029	2028
铊	11.84	1830	1859
钽	16.46	3410	3374
钛	4.51	4847	4779
钍	11.68	2059	2132
铬	7.10	5150	5217
锌	7.14	3030	3050
锆	6.49	3740	3770

因而，在工程中为了计算方便，常将 D-u 型 Hugoniot 线性方程写为类似式 (6.406) 的形式，即对于不同强度的冲击波，皆近似认为冲击波波速与质点速度满足式 (6.406) 所示线性关系。

6.3 固体中一维冲击波传播的弹塑性流体理论

固体中应力波理论随着介质中压力的增大是在变化的。首先在低压和低速撞击行为中，发展最简单的线弹性波理论或黏弹性波理论，这也是当前应力波理论研究得相对最系统深入的部分；随着载荷的增加和压力的增大，应力波传播过程中出现材料的塑性变形，此时需要考虑塑性流动等非线性问题来研究弹塑性波的传播，本书以上 5 章内容就是按照这个思路进行的，这两个阶段以传统的本构方程作为控制方程的一个组成部分，联立连续方程、运动方程或能量方程等基本方程分析解决相关问题，在很多时候忽略了静水压和体应变的影响。然而，当压力继续增大，此时材料的静水压不可忽视甚至可能主导固体介质在应力波中的传播问题；在强冲击波传播过程中，固体介质受到的载荷极大导致其压力极大，此时固体介质体现明显的流体特征，此类固体介质的弹塑性特征与塑性流动特征常常被忽视，即传统的材料本构方程与屈服准则被忽略，固体物态方程则替代传统的本构方程成为控制方程组中核心方程之一，此时利用流体中的冲击波理论来分析此类问题是相当准确且也是科学的。

然而，在冲击波传播过程中，固体介质中压力较高但不是极高条件下，此时固体的弹塑性特征和流体特征皆得到明显的体现，偏应力偏应变之间的关系与静水压力体应变之间的关系即弹塑性本构关系与物态方程在冲击过程中皆不可忽略；此压力阶段问题的分析当前沿着两个不同的途径发展。如图 6.51 所示，第一个途径还是按照正向思路发展相对较低压力的弹塑性波理论，结合物态方程对弹塑性波传播相关结果进行校正分析，从而解决高压弹塑性空间中冲击波传播问题；另一个途径按照反向思路发展，即基于流体中的冲击波理论，随着压力的降低考虑弹塑性剪切应力与剪切变形的影响，对理论进行校正，从而发展弹塑性空间中的冲击波理论；此两种途径思路迥异但目标相同。

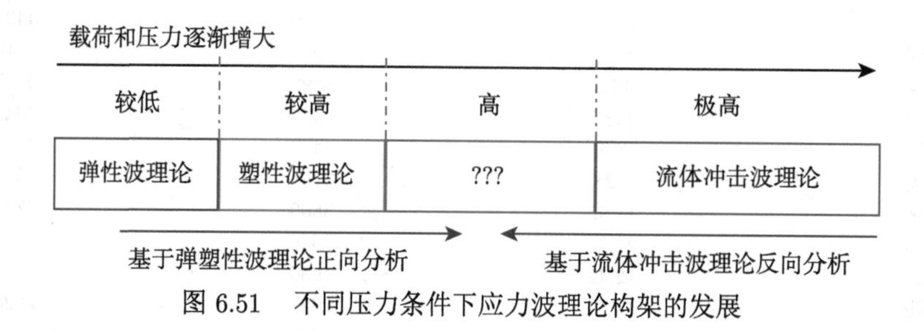

图 6.51　不同压力条件下应力波理论构架的发展

6.3.1　一维应变条件下弹塑性平面波的传播

在平板冲击波的传播参数测定过程中，近似认为所测定的应力σ_X 数值上等于静水压力 p，当介质为流体时，这个结论是准确的；然而，对于固体材料而言，平面冲击波的传播过程中，材料处于一维应变状态，即

$$\begin{cases} \varepsilon_Y = \varepsilon_Z = 0 \\ \varepsilon_Y = \theta \end{cases} \tag{6.408}$$

式中，θ 表示体应变。此时其他两个方向的应力为

$$\sigma_Y = \sigma_Z = \frac{\nu}{1-\nu}\sigma_X = \frac{\lambda}{\lambda+2\mu}\sigma_X \tag{6.409}$$

对于弹性固体材料或考虑体积变化的塑性变形而言，由于

$$\nu \neq 0.5 \tag{6.410}$$

因而

$$\sigma_X \neq -p \tag{6.411}$$

即此时需要利用一维应变条件下弹塑性特性对流体假设给出的结论进行校正。

在一维应变下，体应变与偏应变可以表达为

$$\begin{cases} \theta = \varepsilon_X \\ e_{ij} = \dfrac{2}{3}\varepsilon_X \end{cases} \tag{6.412}$$

则纵向应力应变关系可表达为

$$\sigma_X = -p + s_X = K\theta + 2Gs_X = \left(K + \frac{4G}{3}\right)\varepsilon_X \tag{6.413}$$

即

$$\frac{\sigma_X}{\varepsilon_X} = K + \frac{4G}{3} = \lambda + 2\mu = \frac{(1-\nu)E}{(1+\nu)(1-2\nu)} \tag{6.414}$$

因而，一维应变条件下线弹性固体中纵波声速应为

$$C_L = \sqrt{\frac{(1-\nu)}{(1+\nu)(1-2\nu)}}C_0 \tag{6.415}$$

这与第 1 章一维应变波波速推导结果一致。

当材料塑性变形过程中材料应力状态一直保持一维应变状态时，此时材料的等效 Mises 应力即为

$$\sigma_{\mathrm{eq}} = \frac{1}{\sqrt{2}}\sqrt{(\sigma_X - \sigma_Y)^2 + (\sigma_Y - \sigma_X)^2 + (\sigma_Z - \sigma_X)^2} = |\sigma_X - \sigma_Y| \tag{6.416}$$

正好与 Tresca 屈服准则形式完全一致。

将式 (6.409) 代入式 (6.416)，即有

$$\sigma_{\mathrm{eq}} = \frac{1-2\nu}{1-\nu}\sigma_X = \frac{2\mu}{\lambda+2\mu}\sigma_X = \frac{2G}{K + \dfrac{4G}{3}}\sigma_X \tag{6.417}$$

设一维应力状态下初始屈服应力为 Y_0，则在一维应变条件下，材料的屈服强度 Y_H 即为

$$Y_H = \frac{1-\nu}{1-2\nu}Y_0 = \frac{\lambda+2\mu}{2\mu}Y_0 = \frac{K + \dfrac{4G}{3}}{2G}Y_0 \tag{6.418}$$

常称为侧限屈服强度或 Hugoniot 弹性极限 (常简写为 HEL)。在高压高应变率条件下，其强度值明显大于准静态下的一维应力状态下的屈服强度。对于金属材料而言，其 Hugoniot 弹性极限值相对较小，如 2024 Al 的 HEL 约为 0.6GPa，因此，其影响并不重要；而对于陶瓷类材料而言，其 Hugoniot 弹性极限值非常大，如蓝宝石的 HEL 值接近 20GPa。表 6.22 给出几种材料的 Hugoniot 弹性极限值。

表 6.22　几种材料的 Hugoniot 弹性极限值

材料	HEL/GPa	材料	HEL/GPa
蓝宝石 (Al_2O_3)	12～21	Cu(冷加工)	0.6
Al_2O_3 多晶体	9	Fe	1～1.5
熔态石英	9.8	Ni	1.0
WC	4.5	Ti	1.9
2024Al	0.6		

假设材料塑性不可压，即塑性变形不影响材料的体积变化，则纵向加载时一维应变条件下材料的弹塑性纵向应力应变关系可写为

$$\sigma_X = \begin{cases} \left(K + \dfrac{4G}{3}\right)\varepsilon_X, & \sigma_X \leqslant Y_H \\ K\varepsilon_X + \dfrac{2}{3}\sigma_Y, & \sigma_X > Y_H \end{cases} \tag{6.419}$$

式中，σ_Y 表示材料的塑性屈服强度:

$$\sigma_Y = \sigma_Y\left(\varepsilon_X^p\right) \tag{6.420}$$

在一维应变状态下，它是纵向塑性应变的函数。

对于理想弹塑性材料而言，由于

$$\sigma_Y \equiv Y_0 \tag{6.421}$$

因而

$$\frac{\mathrm{d}\sigma_X}{\mathrm{d}\varepsilon_X} = \begin{cases} K + \dfrac{4G}{3}, & \sigma_X \leqslant Y_H \\ K, & \sigma_X > Y_H \end{cases} \tag{6.422}$$

即无论弹性阶段还是塑性阶段，其斜率皆为常数。

而对于各向同性强化材料而言，其塑性阶段的斜率并非常数。由于材料的最大剪应力τ与最大剪应变γ 分别为

$$\begin{cases} \tau = \sigma_X - \sigma_Y \\ \gamma = \varepsilon_X - \varepsilon_Y \end{cases} \tag{6.423}$$

则在弹性阶段，根据式 (6.419) 可以得到

$$\frac{\mathrm{d}\tau}{\mathrm{d}\gamma^e} = 2G \tag{6.424}$$

或

$$\frac{\mathrm{d}\gamma^e}{\mathrm{d}\tau} = \frac{1}{2G} \tag{6.425}$$

式中, 上标 e 表示弹性状态的量，后面同。

由于材料塑性不可压假设，并考虑一维应变假设，可有

$$\varepsilon_X^p = \frac{2}{3}\left(\varepsilon_X^p - \varepsilon_Y^p\right) = \frac{4}{3}\gamma^p \tag{6.426}$$

式中，上标 p 表示塑性状态的量，后面同。则在塑性阶段：

$$\frac{\mathrm{d}\tau}{\mathrm{d}\gamma^p} = \frac{1}{2}\frac{\mathrm{d}\sigma_Y}{\mathrm{d}\varepsilon_X^p}\frac{\mathrm{d}\varepsilon_X^p}{\mathrm{d}\gamma^p} = \frac{2}{3}\frac{\mathrm{d}\sigma_Y}{\mathrm{d}\varepsilon_X^p} = \frac{2}{3}\sigma_Y' \tag{6.427}$$

或

$$\frac{\mathrm{d}\gamma^p}{\mathrm{d}\tau} = \frac{3}{2\sigma_Y'} \tag{6.428}$$

综合考虑式 (6.425) 和式 (6.428)，可以给出

$$\frac{\mathrm{d}\gamma}{\mathrm{d}\tau} = \frac{\mathrm{d}\gamma^e}{\mathrm{d}\tau} + \frac{\mathrm{d}\gamma^p}{\mathrm{d}\tau} = \frac{1}{2G} + \frac{3}{2\sigma_Y'} = \frac{\sigma_Y' + 3G}{2G\sigma_Y'} \tag{6.429}$$

因此可以给出

$$\frac{\mathrm{d}\sigma_X}{\mathrm{d}\varepsilon_X} = \begin{cases} K + \dfrac{4G}{3}, & \sigma_X \leqslant Y_H \\ K + \dfrac{4G_p}{3}, & \sigma_X > Y_H \end{cases} \tag{6.430}$$

式中

$$G_p = \frac{1}{2}\frac{\mathrm{d}\tau}{\mathrm{d}\gamma} = \frac{G\sigma_Y'}{\sigma_Y' + 3G} \tag{6.431}$$

表征塑性剪切刚度，且从式 (6.429) 可知

$$G_p < G \tag{6.432}$$

由式 (6.432) 可知，在一维应变状态下，平面纵波的弹性波波速与塑性波波速满足

$$C_L^e = \sqrt{\frac{K + \dfrac{4}{3}G}{\rho_0}} > \sqrt{\frac{K + \dfrac{4}{3}G_p}{\rho_0}} = C_L^p \tag{6.433}$$

即塑性波波速也小于弹性波波速，对于线性强化材料也存在双波结果。因而，一维应变条件下弹塑性波传播特性与第 4 章中一维应力条件下弹塑性波的传播特性是基本相同的，即可以利用第 4 章知识分析一维应变条件下弹塑性波的传播与演化。

6.3.2 流体弹塑性介质中的平面冲击波

如同本节前面所述，在冲击波传播的高压状态下，若压力不是极高，此时需要考虑材料剪切应力和剪切应变的影响，正向分析法即在弹塑性理论构架下对弹塑性波传播理论进

行修正，将固体中的弹塑性波理论推广到较高压力下的非线性弹塑性波理论；在此前提下，虽然对于一维应变平面波也可以给出：

$$\frac{\mathrm{d}\sigma_X}{\mathrm{d}\varepsilon_X}=\begin{cases}K+\dfrac{4G}{3}, & \sigma_X\leqslant Y_H\\ K+\dfrac{4G_p}{3}, & \sigma_X>Y_H\end{cases}\tag{6.434}$$

但体积模量 K 和剪切模量 G 在高压条件下不再是常量，而是应力或应变的函数，即

$$\begin{cases}K=K(\sigma_X)\\ G=G(\sigma_X)\end{cases}\quad 或\quad \begin{cases}K=K(\varepsilon_X)\\ G=G(\varepsilon_X)\end{cases}\tag{6.435}$$

如图 6.52 所示，此时无论弹性阶段 OC 还是塑性阶段 CF 都是曲线。

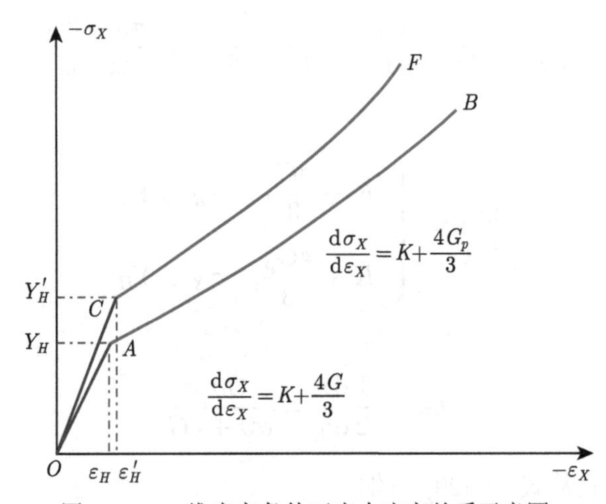

图 6.52　一维应变条件下应力应变关系示意图

式 (6.435) 中，体积模量可以利用 Bridgman 方程给出，即

$$K=\frac{1}{a-2bp}\tag{6.436}$$

或利用 Murnaghan 方程给出，即

$$K=K_0(1+\alpha p)\tag{6.437}$$

对于非线性弹性剪切模量 G 而言，在压力较低如低于 1GPa 时，有学者曾提出类似 Murnaghan 方程形式的线性关系：

$$G_e=G_0(1+\alpha p)\tag{6.438}$$

在工程上也常将其近似为常数。

对式 (6.434) 中弹性部分两端求导，可以得到

$$\frac{\mathrm{d}^2\sigma_X}{\mathrm{d}\varepsilon_X^2} = K' + \frac{4G'}{3} \tag{6.439}$$

根据式 (6.436) 或式 (6.437)、式 (6.438)，可知

$$\begin{cases} K' > 0 \\ G' > 0 \end{cases} \tag{6.440}$$

因而，必有

$$\frac{\mathrm{d}^2\sigma_X}{\mathrm{d}\varepsilon_X^2} > 0 \tag{6.441}$$

这表明弹性阶段应力应变关系应为内凹的曲线。

对于理想弹塑性材料而言，根据式 (6.431) 可知

$$G_p \equiv 0 \tag{6.442}$$

因此对于式 (6.434) 的塑性阶段，也可以给出

$$\frac{\mathrm{d}^2\sigma_X}{\mathrm{d}\varepsilon_X^2} = K' > 0 \tag{6.443}$$

即塑性阶段应力应变关系也为内凹的曲线。

也就是说, 无论弹性阶段还是塑性阶段，应力应变曲线皆是内凹型的，因此能够稳定传播冲击波。此时弹性冲击波波速由 Rayleigh 线 OC 的斜率决定：

$$D_{OC} = \sqrt{\frac{1}{\rho_0}\frac{\sigma_X(C)}{\varepsilon_X(C)}} \tag{6.444}$$

塑性冲击波波速由 Rayleigh 线 CF 的斜率决定：

$$D_{CF} = \sqrt{\frac{1}{\rho_0}\frac{\sigma_X(F) - \sigma_X(C)}{\varepsilon_X(F) - \varepsilon_X(C)}} \tag{6.445}$$

由于

$$\sigma_X = -p + s_X \tag{6.446}$$

因而，式 (6.434) 也可分为两部分：

$$\frac{\mathrm{d}\sigma_X}{\mathrm{d}\varepsilon_X} = -\frac{\mathrm{d}p}{\mathrm{d}\varepsilon_X} + \frac{\mathrm{d}s_X}{\mathrm{d}\varepsilon_X} \tag{6.447}$$

式中，右端第一项由内能型状态方程确定：

$$p = p(v, E) \tag{6.448}$$

而相对于固体中冲击波的流体动力学假设，式 (6.447) 多了右端第二项，即考虑弹塑性畸变律的影响：

$$\frac{\mathrm{d}s_X}{\mathrm{d}\varepsilon_X}=\begin{cases}\dfrac{4G}{3}, & |s_X|\leqslant\dfrac{2\sigma_Y}{3}\\ \dfrac{4G_p}{3}, & |s_X|>\dfrac{2\sigma_Y}{3}\end{cases}\tag{6.449}$$

我们把具有这种兼具流体与弹塑性畸变律的本构模型称为流体弹塑性本构模型，把具有这种本构模型的介质称为流体弹塑性介质。

理论上，流体弹塑性介质中冲击波传播的控制方程与流体中冲击波控制方程中波阵面上的守恒方程即连续方程、运动方程和能量方程是相同的；不同之处在于后者只有内能型状态方程，而流体弹塑性介质中冲击波理论中还需要考虑畸变律，即此时控制方程组可写为

$$\begin{cases}\rho\left(D-u\right)=\rho_0 D\\ \rho_0 Du=\sigma_X-\sigma_{X_0}\\ E-E_0=\dfrac{1}{2}\left(\sigma_X+\sigma_{X_0}\right)\left(\upsilon_0-\upsilon\right)\\ \sigma_X=-p+s_X\end{cases}\tag{6.450}$$

和

$$\begin{cases}p=p\left(\upsilon,E\right)\\ \dfrac{\mathrm{d}s_X}{\mathrm{d}\varepsilon_X}=\begin{cases}\dfrac{4G}{3}, & |s_X|\leqslant\dfrac{2\sigma_Y}{3}\\ \dfrac{4G_p}{3}, & |s_X|>\dfrac{2\sigma_Y}{3}\end{cases}\\ \varepsilon_X=\dfrac{\upsilon_0}{\upsilon}-1\end{cases}\tag{6.451}$$

6.3.3 流体弹塑性介质中的塑性冲击波的熵增

与流体动力学中冲击波传播分析不同，流体弹塑性介质中冲击波考虑到材料的畸变特性，因而必然会产生不可逆的塑性变形，因而在流体弹塑性介质中冲击突跃过程中，不可逆熵增应包含两个部分：

$$\mathrm{d}s=\mathrm{d}s_p+\mathrm{d}s_\tau\tag{6.452}$$

式中，$\mathrm{d}s_p$ 表示不考虑畸变特性的流体中冲击突跃熵增，可用图 6.53 中 AB 之间平行线形成的月牙形网格部分面积表征：

$$\mathrm{d}W_p=T\mathrm{d}s_p\tag{6.453}$$

$\mathrm{d}s_\tau$ 表示不可逆塑性变形引起的熵增，如图 6.53 中交叉线形成的曲线五边形阴影部分的面积：

$$\mathrm{d}W_\tau^p=T\mathrm{d}s_\tau\tag{6.454}$$

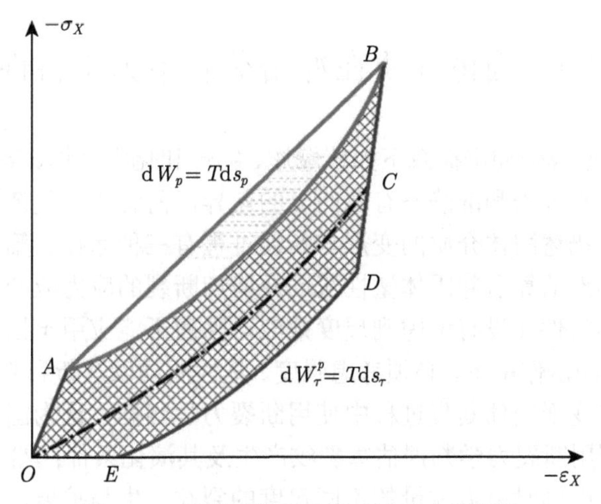

图 6.53 流体弹塑性介质中冲击突跃熵增

根据图 6.53，参考式 (6.330)，可以给出

$$\mathrm{d}W_p = T\mathrm{d}s_p = \frac{1}{2}\left(1 - \frac{\dfrac{\sigma_X - \sigma_{XA}}{\varepsilon_X - \varepsilon_{XA}}}{\dfrac{\mathrm{d}\sigma_X}{\mathrm{d}\varepsilon_X}}\right)(\varepsilon_X - \varepsilon_{XA})\, V_0 \mathrm{d}\sigma_X \tag{6.455}$$

在一维应变条件下，总畸变功为

$$\mathrm{d}W_\tau = V_0 s_X \mathrm{d}\varepsilon_X = \frac{4}{3} V_0 \tau \mathrm{d}\varepsilon_X \tag{6.456}$$

式中，τ 为最大切应力。其中，弹性部分按照线弹性计算，有

$$\mathrm{d}W_\tau^e = V_0 \frac{4}{3} G \varepsilon_X \mathrm{d}\varepsilon_X = \frac{4}{3}\frac{V_0 \tau}{G}\mathrm{d}\tau \tag{6.457}$$

因而可以得到

$$T\mathrm{d}s_\tau = \mathrm{d}W_\tau^p = \mathrm{d}W_\tau - \mathrm{d}W_\tau^e = \frac{4}{3} V_0 \tau \left(\mathrm{d}\varepsilon_X - \frac{\mathrm{d}\tau}{G}\right) \tag{6.458}$$

表 6.23 中为铝和铜在不同压力条件下流体冲击熵增与总熵增的比例。从表中可以看出，随着压力的增大，塑性变形产生不可逆熵增占比越来越小，在高压情况下可以忽略，即此时可以利用流体动力学方法分析固体中的冲击波传播问题。

表 6.23 几种材料的 Hugoniot 弹性极限值

材料	压力/GPa	$\mathrm{d}s_p/\mathrm{d}s$
铝	9.0	0.75
	20.2	0.87
	37.5	0.92
铜	16.6	0.88
	41.3	0.95
	81.6	0.97

6.4　固体介质在冲击荷载下力学特性

研究表明，在高速或强冲击荷载下如核爆炸、物理和化学爆炸、高速撞击等作用，固体介质的变形与屈服断裂行为和准静态有着明显的差异，前者明显复杂得多。整体来讲，在连续介质力学构架中描述固体介质的变形与断裂过程有三种途径。第一种途径是应用传统的强度与塑性屈服判据估算引起固体塑性流动及剪切断裂的应力应变状态的极限参数；只是这些判据中无量纲条件并没有考虑到尺度效应，因而不能应用于描述具有尺度效应的断裂现象；而且在高速冲击作用下，必须考虑强度、塑性流动以及断裂判据的应变率效应。第二种途径是在分析可变形固体断裂过程中使用断裂力学判据，认为固体通过裂纹快速宏观传播而断裂，从而利用断裂力学判据估算裂纹产生及其演化条件；然而，在强冲击作用下，材料中伴随高速变形的同时有着大量的不同尺度的裂纹产生与扩展，利用目前断裂力学对每个裂纹进行分析是不现实且无法实现的，因此此种方法一般用于一些特殊情况如主裂纹传播的分析。第三种途径是通过裂纹特性参数随时间的变化来对裂纹体系的演化进行描述，这对于描述冲击荷载下各个几何形状可变形固体中产生大量裂纹破坏过程是相对有效的。这三种途径各有优势与特色，实际问题中可以根据需要融合多种途径进行分析。

6.4.1　固体介质中实际冲击波构形

如同 6.3 节中的分析，在弹塑性空间中平面冲击波传播过程中应力应变关系满足

$$\frac{\mathrm{d}\sigma_X}{\mathrm{d}\varepsilon_X}=\begin{cases}K+\dfrac{4G}{3}, & \sigma_X\leqslant Y_H\\ K+\dfrac{4G_p}{3}, & \sigma_X>Y_H\end{cases}\tag{6.459}$$

即在弹性阶段介质中的压力不大于材料的 Hugoniot 弹性极限强度，一维平面弹性纵波波速为

$$C_L=\sqrt{\frac{K+\dfrac{4G}{3}}{\rho_0}}\tag{6.460}$$

若不考虑弹性阶段体积模量和剪切模量的变化，将弹性阶段应力应变关系近似为一条直线，即式 (6.460) 是一个常量，此时弹性波波速也可以表达为

$$C_L=\sqrt{\frac{\lambda+2\mu}{\rho_0}}=\sqrt{\frac{(1-\nu)\,E}{(1+\nu)\,(1-2\nu)\,\rho_0}}=\sqrt{\frac{(1-\nu)}{(1+\nu)\,(1-2\nu)}}C_0\tag{6.461}$$

需要再次说明的是，一般而言材料在冲击波作用下 Hugoniot 弹性极限远大于等效塑性强度，特别是对于脆性材料而言，该特征更加明显，表 6.24 给出脆性材料的 Hugoniot 弹性极限值。

表 6.24 几种材料的 Hugoniot 弹性极限值

材料	Hugoniot 弹性极限/GPa	材料	Hugoniot 弹性极限/GPa
玻璃	7.3	石英岩	1.55~4
石英晶体	3.5~5(X 轴) 6.5~8(Y 轴)	铁电陶瓷 (钛酸钡 $BaTiO_3$)	3.2~4
长石 (晶石)	5.05	锗	4~6
熔石英	9.8	硅	6.6~7.6

而塑性阶段任意一点处的冲击波波速可表达为

$$D = u_H + v_H\sqrt{\frac{\sigma - Y_H}{v_H - v}} \tag{6.462}$$

当波阵面压力跨度不是极大时，一般

$$D < C_L \tag{6.463}$$

随着冲击波压力的增大，冲击波波速逐渐增大，直到达到某个极大值，冲击波波速等于或大于弹性波波速。因而当冲击波压力不是极大时，冲击波传播过程中加载波会存在两类波：弹性前驱波和塑性冲击波，如考虑平台段与卸载段，则平板撞击产生的冲击波形应该包含弹性前驱波、冲击波、Hugoniot 状态平台段和卸载段 4 个阶段，如图 6.54 所示。

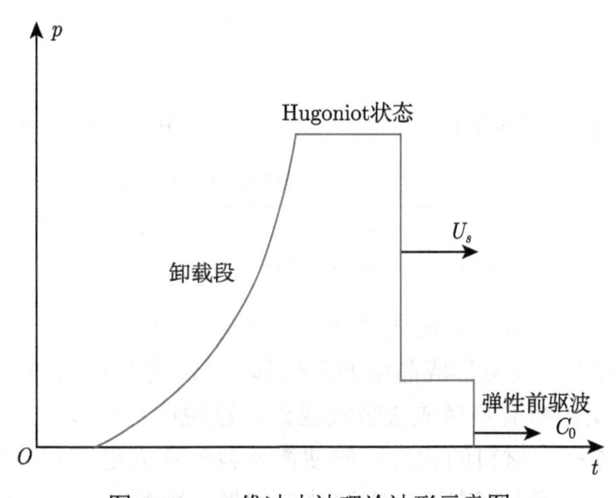

图 6.54 一维冲击波理论波形示意图

在应力达到 Hugoniot 弹性极限之前，材料处于弹性阶段，其弹性波波速稳定且基本恒定，其理论结果与实际观察相符。而在塑性冲击波阶段，其粒子速度或压力并不是理论上那样理想，弹塑性波波速间断并不像理论上那么绝对，而且存在连续过渡区，但整体来讲两个阶段的区别还是比较明显。试验研究表明，随着加载压力的增加，介质中粒子速度增加的速率明显增大，根据介质的 Hugoniot 方程有

$$D = a + \lambda u \tag{6.464}$$

式 (6.464) 对时间求导，可以得到

$$\frac{\partial D}{\partial t} = \lambda\frac{\partial u}{\partial t} \tag{6.465}$$

即说明，此时的冲击波波速随着压力的增加速率增大，这意味着，塑性加载阶段冲击波波速线是一个凹形。当然从这个现象也可以推导出来，随着加载速率的增大，材料的应力也逐渐增大；也就是说，在高压条件下，材料的应力与应变率呈正比关系；这个现象在很多材料中都能观测到，大量的研究表明，在平板撞击的高压条件下，材料中的应力与应变率的对数呈线性关系，即

$$\sigma = k\ln\dot{\varepsilon} \tag{6.466}$$

式中，k 表示一个常参数，其量纲为应力乘以时间。式 (6.466) 与材料在中高应变率条件下 SHPB 试验分析结果所得到的规律基本一致。

在卸载阶段，也大致分为两个小阶段：弹性卸载阶段和塑性卸载阶段，此两个阶段一般具有不同的斜率；另外需要注意的是，在平板撞击过程中，冲击波在靶板背面的发射产生的强拉伸应力可能会产生层裂现象。综上分析，可以得到非常接近实际观测结果的冲击波波形，在此不考虑高压条件下材料的相变，如图 6.55 所示。

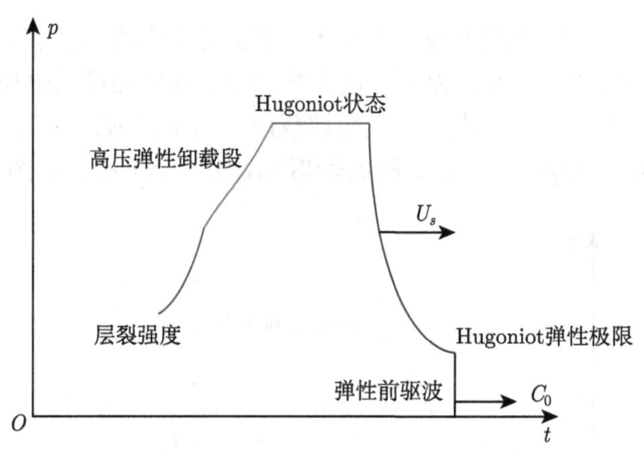

图 6.55　不考虑相变时冲击波波形示意图

许多固体在不同条件下处于不同的晶体结构状态，而在冲击压缩情况下晶体材料发生体积压缩或晶格形状变化，甚至形成晶格的新变体，其动力学性质与原始物质有所不同，在此过程中常伴有体积变化和潜热释放或吸收现象；这说明材料发生了同质异构转变即第一类相变。冲击波传播过程中材料的相变一般使得材料转变为更密实的相态，Hugoniot 绝热线上出现转折点，冲击压缩中存在双冲击波波形构形，如图 6.56 所示。图中状态点 1 对应压力为 Hugoniot 弹性极限，弹性波波速可通过式 (6.461) 给出；当冲击波强度处于状态点 1 和状态点 2 之间时，材料的冲击突跃状态遵循材料原始相即第一相的塑性 Hugoniot 曲线，此时材料中存在双波结构，即以 C_L 传播的弹性前驱波和以 D_2 传播的塑性冲击波：

$$D = u_H + v_H\sqrt{\frac{\sigma - Y_H}{v_H - v}} \tag{6.467}$$

为了与弹性波波速进行对比分析，这里考虑物质坐标中的冲击波波速，式 (6.467) 可以表达为

$$D^* = v_H\sqrt{\frac{\sigma - Y_H}{v_H - v}} \tag{6.468}$$

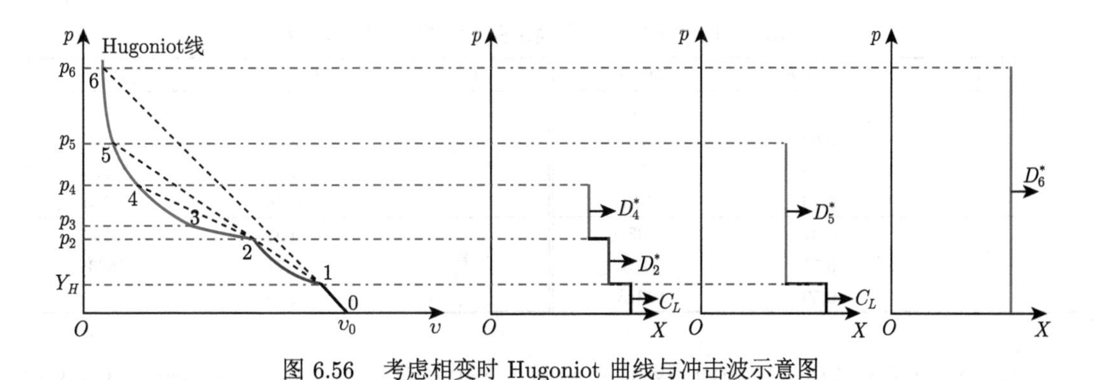

图 6.56 考虑相变时 Hugoniot 曲线与冲击波示意图

特别地，状态点 2 处冲击波物质波速为

$$D_2^* = v_H \sqrt{\frac{\sigma_2 - Y_H}{v_H - v_2}} \tag{6.469}$$

当冲击波波阵面后方压力超过 p_2 时，材料发生相变，状态点 2 和状态点 3 区间为两相共存的 Hugoniot 曲线，p_2 和 p_3 分别对应相变开始压力和相变结束压力。当冲击波波阵面后方压力处于状态点 3 和状态点 5 之间如图中状态点 4 时，此时材料中会出现图中所示三波结构，即以 C_L 速度传播的弹性波、以 D_2^* 传播的冲击波和以

$$D_4^* = v_2 \sqrt{\frac{\sigma_4 - \sigma_2}{v_2 - v_4}} \tag{6.470}$$

传播的冲击波，当冲击波波阵面后方状态在状态点 5 时，有

$$D_5^* = D_2^* \tag{6.471}$$

即此时材料中也只存在两个物质波速的波。

特别是当波阵面后方状态处于状态点 6，此时冲击波波速：

$$D_6^* = v_1 \sqrt{\frac{\sigma_6 - Y_H}{v_1 - v_6}} = C_L \tag{6.472}$$

即此时材料中只存在一个波速的应力波。

6.4.2 冲击波载荷下材料的动高压力学特性

固体中的冲击波传播可能引起材料的强化或弱化；其中强化可能是由于材料中晶粒发生冲击硬化、晶体粉碎、冲击波波阵面处的逆相变；而弱化可能是由于冲击压缩材料问题。在冲击压缩和塑性流动过程中，由于作用时间短且波阵面厚度极小，在如此短的时间内冲击产生的热量很难实现与周边区域发生大量的热交换，此过程接近于绝热过程，因此冲击加载造成的局部升温非常明显；表 6.25 给出了四种金属材料在不同压缩相对比容条件下的温度。

表 6.25　四种金属冲击压缩条件下的相对比容与温度

材料	相对比容	温度/K	材料	相对比容	温度/K
铁	0.94	333	铅	0.91	633
	0.83	623		0.71	2193
	0.78	823		0.55	11573
	0.76	1323		0.48	21973
铜	0.91	633	铝	0.91	613
	0.71	2473		0.71	1673
	0.59	12243		0.55	9523

表 6.25 显示随着压缩比例即相对比容的减小即相对密度的增大，冲击压缩温度逐渐增大。图 6.57 更直观地给出 16 种金属材料冲击压缩作用下不同冲击波波阵面压力与对应的波阵面温度之间的关系曲线。

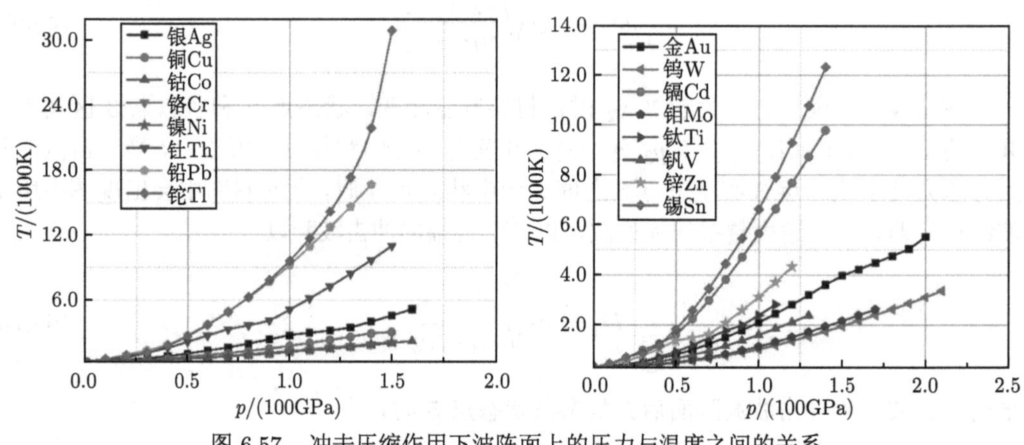

图 6.57　冲击压缩作用下波阵面上的压力与温度之间的关系

从图 6.57 可以看出，这些金属材料随着冲击压力的增大，波阵面上的温度加速增大。与准静态加载和相对低应变率的动态加载不同，冲击波加载过程中固体材料的变形与损伤断裂机理更为复杂，冲击波结构明显影响冲击过程中固体材料的力学特性，如冲击波从三波结构转变为双波结构时，淬火钢中薄层结构急剧变化。在冲击荷载下，材料微观结构发生的变化与加载幅度、作用时间、波阵面结构一级加载或卸载的途径密切相关，相对低应变率条件下正确的位错模型在此时不再适用。事实上，强冲击波波阵面后方存在大量的高速位错运动，而在相对低应变率条件下，只有当位错密度较低时才可能出现位错的高速移动，且位错速度可能受到剪切波传播速度的限制。

冲击荷载作用下固体材料的最终状态与其变形的微观机制之间的联系，可以根据冲击波加载 Hugoniot 曲线来分析。如图 6.56 所示，图中状态点 1 压力为 Hugoniot 弹性极限，当冲击波波阵面上的压力小于该值时，固体介质中只有弹性波传播，此时固体中的变形过程按照通常的位错增殖和移动机制进行，如准静态加载时的特征，位错引起材料沿晶面滑移。若冲击波波阵面上的压力大于 Hugoniot 弹性极限但小于图中状态点 6 处的压力，则固体材料中应力波结构可能是双波结构也可能是三波结构，变形通过滑移和孪晶作用两种机制实现。随着冲击波波阵面压力和应变率的增大，由于孪晶是在时间上更快、更可取的应力弛豫机制，以铁为例，弹性阶段滑移机制对应的剪应力弛豫时间为 μs 量级，而孪晶作用机制的弛豫时间为 10ns 量级，因而此条件下孪晶承担的作用增强。孪晶的启动应力比滑移机制高得多，但之后的过程中孪晶可以在相对较低的应力条件下进行，应变率的提高也有利于孪晶的发展。当冲击荷载的压力大于图中状态点 6 处的应力时，材料中出现单波结构的现象，加载时间变得非常短，结构出现剧烈变化，对应的变形机制也随之改变，此时材料实现理论强度时位错的强制萌生，或晶格稳定性丧失及随之而来的晶体相对于某个晶面全面滑移。这种机制在形式上可能产生位错超声速移动的极限情况，此机制对应的弛豫时间明显小于前两者，达到 10ps 量级。

以铁材料为例，当冲击波波阵面压力超过 67GPa 时，材料中形成单波结构，孪晶机制不再适用，孪晶结构消失而极大数量的位错萌生，金属达到极限强度，这种萌生妨碍了位错彼此之间的移动，使得滑移和孪晶过程遇到严重困难，普通的位错增殖机制转变为位错强制萌生机制，从而在材料中产生所谓绝热剪切带的塑性变形强烈局部化的区域，此局部区域内塑性应变达到 100%而应变率为 $10^6 \sim 10^8$/s。绝热剪切带的形成机制与特征比较复杂，不同情况下不尽相同。在高速加载条件下应变局部化现象通常与塑性流动的不稳定性和非均匀性有关，这些因素取决于绝热或接近绝热塑性变形中热软化效应的产生。事实上，不仅当金属和合金受到爆炸与冲击载荷时有这种现象，在金属机械加工、低温处理、压力加工以及金属在冲击波作用下层裂片中也存在这一现象；在含有较多合金添加物或极度强化的钢材中，较低压力之下就可能发生类似的塑性变形局部化现象，此时引起绝热剪切带发展的机制就不一定与塑性流动、绝热剪切带温升的局部化相关，而可能取决于多晶体中塑性变形非均匀性所导致的塑性流动局部化萌生。关于绝热剪切带的形成与发展机制争议较多，读者可参考相关著作，在此不做展开。

与准静态加载情况不同，高速变形过程的特点在于，冲击波波阵面处和波阵面后方有着一些附加因素作用从而材料强度得到提高。首先，高应力值表征的高速变形中滑移平面上位错移动速度急剧上升，位错移动的晶格阻力同时增大；其次，高压下冲击波波阵面处可能发生位错的强制萌生及其密度的增高，也会导致材料的强化；最后，应变剪切分量与法线分量的比值也可能导致某些条件下强度的提高。以钢为例，试验结果表明，其动态流动极限 σ 既是应变率 $\dot{\varepsilon}$ 的函数，也是准静态强度 Y 的函数：

$$\sigma = f\left(Y, \dot{\varepsilon}\right) \tag{6.473}$$

通常可将式 (6.473) 简化为以下形式：

$$\sigma = Y\left(1 + \mu\dot{\varepsilon}\right) \tag{6.474}$$

式中，系数 μ 为黏性系数，它是应变率的函数。在工程上常不考虑系数与应变率之间的耦合关系，将其简化为

$$\sigma = Y\left(1 + \kappa \ln \dot{\varepsilon}\right) \tag{6.475}$$

式中，κ 为材料常数。

理论和试验研究表明，材料高速变形具有复杂的流变学特征。特别是对于金属材料而言，冲击加载下材料不仅存在高速变形，同时也可能发生微观结果变化，而且还有明显的

温升。若考虑这些因素，材料的动态流动极限可描述为

$$\sigma = Y_H f_1\left(\varepsilon_{\mathrm{eq}}^p\right)\left[1 + f_2(p) + f_3(\Delta T)\right] \tag{6.476}$$

式中，$\varepsilon_{\mathrm{eq}}^p$ 表示等效塑性应变，表征考虑塑性变形功引起强化的函数；ΔT 表示温升。表 6.26 给出一些金属和合金材料的动态强度参数。

表 6.26　一些金属和合金材料的动态强度参数

材料	Y_H/GPa	Y/GPa	σ /GPa	σ/Y
工业纯铁	1.16	0.15	0.73	4.86
3 号钢	1.36	0.21	0.86	4.10
退火的 40X 钢	1.96	0.42	1.23	2.94
退火的 30XΓCA 钢	2.09	0.47	1.32	2.81
淬火的 40X 钢	2.64	0.82	1.66	2.03
淬火的 30XΓCA 钢	2.99	1.45	1.88	1.30
退火的 д6 铝合金	0.47	0.13	0.26	2.02
淬火的 д6 铝合金	0.76	0.27	0.42	1.55
SAE-1020 钢	1.16	0.29	0.75	2.6
退火的 2024-TY 铝合金	0.09	0.10	0.05	0.45
淬火的 2024-TY 铝合金	0.55	0.30	0.29	0.96
6016-T6 铝合金	0.65	0.27	0.33	1.18
淬火后低回火的 Y10 钢	2.55	—	1.61	—
标准工业纯铁	1.15	0.22	0.72	3.27
退火的 M1 铜	0.48	0.08	0.23	2.9
B95 合金	0.68	0.22	0.37	1.7
淬火的 SAE-4340 钢	2.57	1.30	1.51	1.16
SAE-4340 钢	1.46	0.65	1.04	1.56
般钢	1.28	0.27～0.42	0.78	1.85～2.8

事实上，如式 (6.476) 表示动态流动极限与静水压有着密切的联系，以平面波传播为例，不同冲击方向正压力时材料的动态流动极限是明显不同的，表 6.27 给出了四种金属材料在不同正压力时的动态流动极限值。

表 6.27　四种金属在不同冲击压力下的动态流动极限值

材料	σ_X/GPa	σ/GPa	材料	σ_X/GPa	σ/GPa
铝	10.0	0.82	铜	34.0	1.8
	11.0	0.86		80.0	2.8
	17.5	1.25		122.0	1.6
	30.0	1.7	铅	46.0	0
	34.5	2.2	铁	111.0	1.1
	68.0	2.9		185.0	2.7

6.4.3　多孔介质中的冲击波特性

多孔材料压力与比容之间近似满足关系：

$$p = f(v, \alpha) \tag{6.477}$$

式中

$$\alpha = \frac{v_s}{v} \tag{6.478}$$

即基体材料比容与多孔材料比容之比，下标 s 表示基体材料的量，本小节中下同，其是表征材料孔隙度的参数。

根据式 (6.477)，可有

$$\alpha = g(p) \tag{6.479}$$

该式的具体表达形式有多种。式 (6.479) 也就是基体材料的体积浓度，若多孔材料孔洞的孔隙率为 β，容易给出

$$\alpha + \beta = 1 \tag{6.480}$$

在冲击波作用下，波阵面后方瞬间达到平衡，孔洞闭合的特征时间很短，可以将多孔材料的物态方程写为

$$p = p(\rho, T, \gamma) \tag{6.481}$$

式中

$$\gamma = \frac{1}{1-\beta} \tag{6.482}$$

多孔材料动态变形的特征量为弹性压力极限：

$$p^* = \frac{-2\sigma_s \ln \beta}{3} \tag{6.483}$$

式中，σ_s 表示基体材料的动态流动极限。如图 6.58 所示，当载荷小于该压力值时，材料处于弹性区间，此时材料中传播弹性波，其波速为

$$c_e \approx \sqrt{\frac{\mathrm{d}p}{\mathrm{d}\rho}} = \sqrt{\frac{1}{\rho_0}\left(K + \frac{4}{3}G\right)} \tag{6.484}$$

式中，ρ_0 表示多孔材料的初始密度；K 和 G 表示多孔材料的等效体积模量与等效剪切模量。若载荷大于该压力值，则孔洞闭合或长大 (拉伸状态)，根据多孔材料的绝热线可以给出，此时材料中塑性波波速为

$$c_p \approx \sqrt{\frac{\mathrm{d}p}{\mathrm{d}\rho}} = \sqrt{\left(1 + \frac{2}{3}\frac{\partial \sigma}{\partial p}\right)\frac{\partial p}{\partial \rho}} \tag{6.485}$$

随着压力的增大逐渐减小。

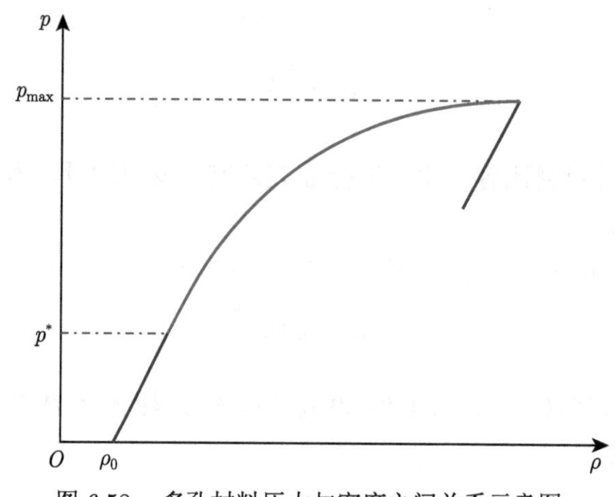

图 6.58　多孔材料压力与密度之间关系示意图

当多孔材料被压实后，此时应力波传播过程中材料的孔隙率不变，材料中会传播一个冻结声速：

$$c_f \approx \sqrt{\frac{K}{\rho}} \tag{6.486}$$

和一个平衡声速：

$$c_r \approx \sqrt{\frac{K}{\alpha\rho_{s0}}\left[1-\left(1+\frac{2\sigma_s}{2K_s}\frac{\alpha^2 v}{\beta\alpha_0 v_0}\right)^{-1}\right]} \tag{6.487}$$

因而多孔材料中压缩波具有弹性前驱波 AB、塑性波 CD、冻结波 DE 和弛豫波 EF 四波结构，如图 6.59 所示。

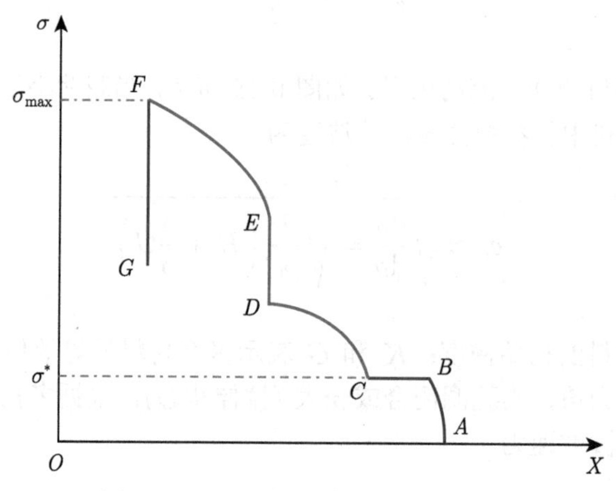

图 6.59　多孔材料中四波结构示意图

对于孔隙率较小的多孔材料而言，冲击压缩过程中多孔材料密度的变化可以分为两个阶段：第一阶段，随着压力的增大，孔洞逐渐坍塌闭合，使得在相对小的压力条件下材料密度或比容变化很大；第二阶段，多孔材料密度增大缓慢得多。而对于孔隙率较大的多孔材料而言，其密度变化分为三个阶段：第一阶段，在较小压力范围内，材料密度变化很大，但此阶段内最大密度还是小于基体材料的密度；第二阶段，随着压力的增大，由于温度的突然增大，材料的密度反而减小；第三阶段，随着压力的增大，材料的密度缓慢增大。表 6.28 显示不同孔隙率时多孔钨材料的冲击压缩特性参数。

表 6.28 多孔钨的冲击压缩特性参数

$1/\alpha$	ρ/ρ_0	p /GPa	E_Q/(10kJ/kg)	T/K
1.8	1.017	31	64.8	2270
	1.065	131	287.5	4110
	1.212	358	868.2	21600
2.06	1	28.5	78	2700
2.096	1	117.4	332	10000
2.59	1	286.5	1177	27100
4	0.938	18.7	138	4730
	0.773	72.1	464	13200
	0.789	216	1487	32000

从表 6.28 中可以看出，当比值为 1.8 即相对低孔隙率时，随着压力的增大，多孔材料密度也增大；但当比值为 4 即孔隙率较高时，压力从 18.7GPa 增大到 216GPa，但密度却是先减小后增大，而且密度一直小于密实钨金属的初始密度。

表 6.29 为密实铁金属与多孔铁材料冲击压缩特性的对比，表中多孔铁的孔隙率相对较低，表中给出了两种材料达到相同密度时所需要的压力。

表 6.29 密实铁和多孔铁冲击压缩特性的比较

ρ_0/(g/cm^3)	v_0/(cm^3/g)	D/(km/s)	u/(km/s)	v /(cm^3/g)	p/GPa	E/(10kJ/kg)
5.52	0.181	6.69	2.82	0.104	105	404
7.85	0.127	—	—	0.104	40	46.6
5.52	0.181	10.17	4.95	0.0923	280	1214
7.85	0.127	—	—	0.0923	100	175

试验发现若继续提高多孔铁的孔隙率，当其相对密度达到 1/3.4 时，仅在压力大于 1TPa 时多孔铁的密度才超过密实铁的初始密度。

第 7 章　高压固体中冲击波的传播与力学效应

在实际工程问题中，冲击波对结构的作用涉及多波作用，而不是简单单波的传播；甚至在单一冲击波脉冲传播过程中，也存在冲击加载波和后方卸载波的相互作用。类似弹塑性波，冲击波在交界面上也可能存在反射和透射现象，但由于材料 Hugoniot 曲线的非线性，冲击波相互作用不满足线性叠加原理，而且与弹塑性连续波不同，冲击波波速不仅与当前应力状态相关，还与波阵面前方应力状态相关，因而其透反射问题的求解更为复杂。

7.1　高压固体中一维冲击波的衰减

由平板撞击产生的冲击波，理论上讲最初应该是矩形的，其宽度由波通过撞击板所需的时间决定；由炸药直接接触爆炸产生的冲击波，其最初应该是近似倒指数或三角形的，如图 7.1 所示。

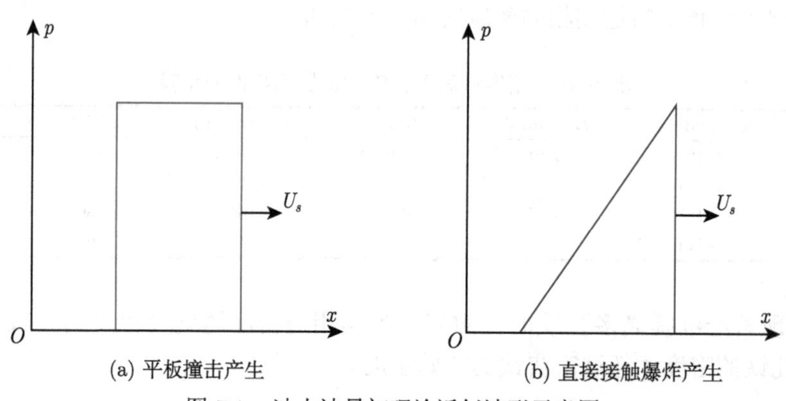

(a) 平板撞击产生　(b) 直接接触爆炸产生

图 7.1　冲击波最初理论近似波形示意图

根据第 6 章中的分析可知，固体材料中，一般也存在双波结构或三波结构，只有在压力极大时集聚成单波结构。以流体动力学假设为例，在此忽略 Hugoniot 弹性极限的影响，假设平面冲击加载波速为 D，波阵面后方介质中一维应变下材料的瞬时声速为 c，波阵面后方粒子速度为 u，容易看出，脉冲卸载段稀疏波的瞬时波速应为

$$c^* = c + u \tag{7.1}$$

如同 6.1 节的分析，冲击波波阵面相对于前方介质是超声速的，而对于后方介质一般是亚声速的，因此一般有

$$c^* > D \tag{7.2}$$

事实上，在压力不太大且波阵面前方介质处于静止状态下，波阵面后面介质的声速也大于冲击波波速，如图 7.2 所示。

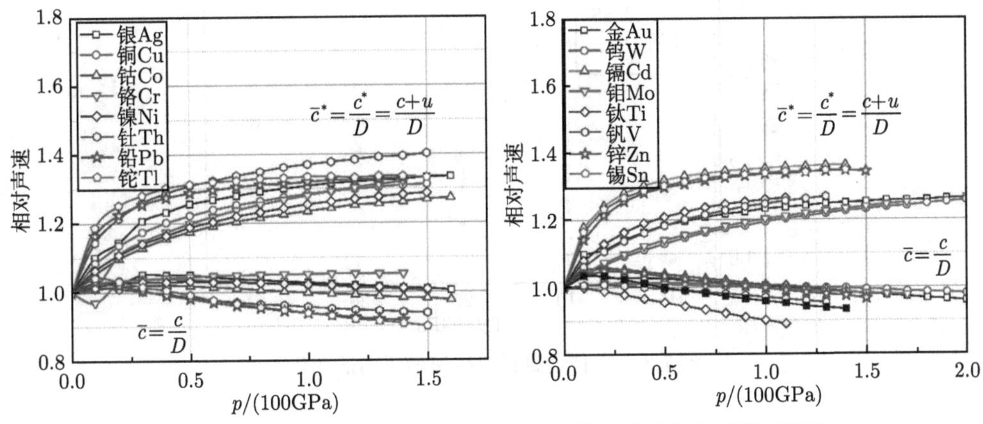

图 7.2 不同压力条件下金属材料中相对物质声速与相对瞬时波速

图中纵坐标分别为无量纲物质声速：

$$\bar{c} = \frac{c}{D} \tag{7.3}$$

和无量纲瞬时波速：

$$\bar{c}^* = \frac{c^*}{D} = \frac{c+u}{D} \tag{7.4}$$

从图中可以看出，在压力相对较低时，冲击波后方介质中的无量纲物质声速即相对物质声速大于 1，即此时相对物质声速大于冲击波波速，随之压力的增大，相对物质声速逐渐小于 1；但冲击波后方介质中的无量纲瞬时波速始终大于 1，而且随之压力的增大，该值呈现增大的趋势，也就是说冲击波后方瞬时波速始终大于冲击波波速，这也论证了冲击波相对后方介质时亚声速的这一理论结论。

因此，在冲击波传播过程中，后方的卸载波会逐渐追赶上前方的加载波，从而出现卸载波的追赶卸载问题，使得前方冲击波波幅逐渐减小，即冲击波压力衰减。需要说明的是，这种卸载波并不只是一个，而是理论上的无数多个不同波速的波，因为波阵面后方介质物质波速——瞬时声速 c 是压力的函数：

$$c = c(p) \tag{7.5}$$

随着介质对应压力的增大，其声速越大，如图 7.3 所示；从图中可以看出，随着压力的增大，材料的声速也变大；而且对于不同材料而言，其声速随压力变化的趋势不同，例如，对于 W 而言，其压力从 0 增加到 40GPa，其声速增加了 15%，而对于 2024Al 而言，压力等量增大时，其声速增加了 46%。

因而，即使初始时刻冲击波是一个完美的矩形脉冲，在初始时刻卸载波只有一个，但由于传播过程中波阵面后方粒子速度不同，因而传播过程中卸载波逐渐平滑，如图 7.4 所示。

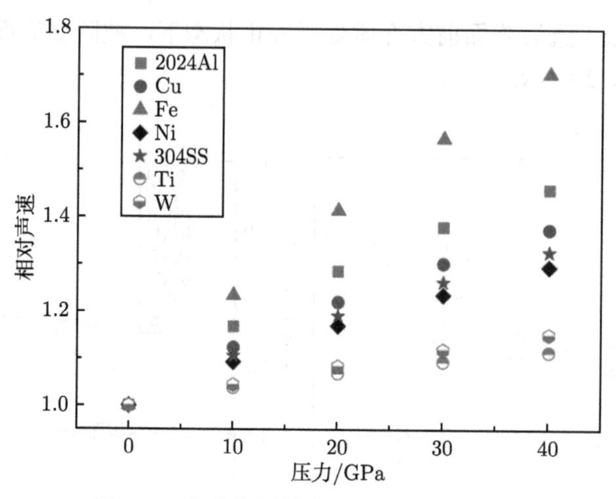

图 7.3 七种金属材料声速随压力的变化

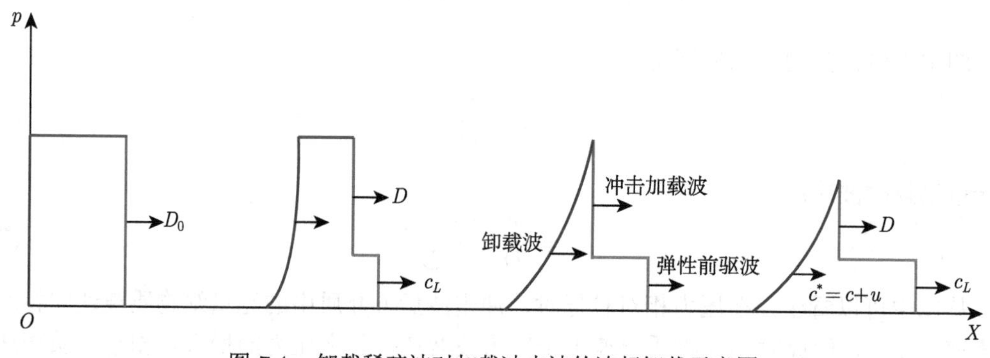

图 7.4 卸载稀疏波对加载冲击波的追赶卸载示意图

对于实际情况冲击波为三角形或倒指数型而言，其卸载波的追赶卸载和冲击波幅值的衰减也是如此，可能更加明显。

7.1.1 一维冲击波在追赶卸载下的衰减

考虑一个弹塑性空间中的平面冲击波，从 6.3 节中分析可知一维应变条件下固体材料正应力与应变曲线分为两个部分：非线性弹性和递增强化塑性部分；即使金属材料为递减强化材料，考虑体积模量的递增性和剪切刚度的递增性，在高压冲击波作用下和一维应变状态下材料正应力和正应变也可能呈现塑性递增强化特征。为了简化分析过程，方便与 5.3 节中弹塑性交界面传播的特征线方法相关内容进行对比分析和学习，这里我们将一维应变条件下平面波传播过程中的追赶卸载问题等效为一维应力状态下杆即一维杆中追赶卸载问题，将物理边界条件等效到材料本构模型上，即假设一维杆材料为塑性递增强化材料，并进一步假设弹性阶段为线弹性模型；需要说明的是，此时材料的弹性极限不再是一维应力条件下的屈服强度，而是等效为 Hugoniot 弹性极限 Y_H。本节中 Y_H 是一个绝对值量，不包含代数符号，在此说明。

设在 $t=0$ 时刻杆左端施加一个强度为 $p(t)$ 的压缩波，如图 7.5 所示；在加载瞬间压

力突然从零增大到 p_M，且压力峰值远大于材料的 Hugoniot 弹性极限：

$$p_M > Y_H \tag{7.6}$$

之后缓慢减小。

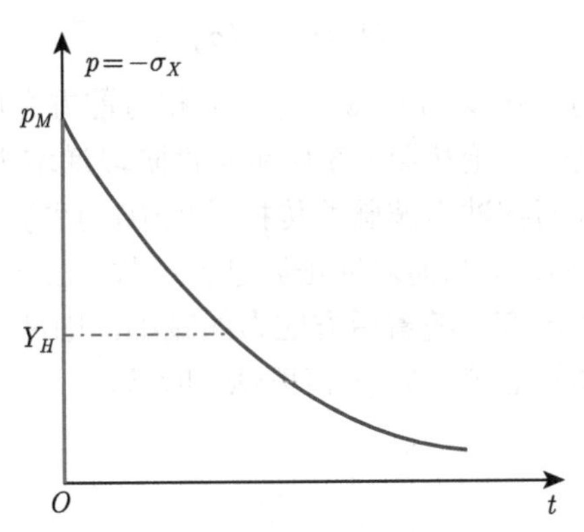

图 7.5　一维杆左端加载压力波波形示意图

如本小节第一段中的等效分析，将一维应变状态下的应力应变关系等效为一维应力下应力应变关系，设一维杆材料的等效应力应变关系如图 7.6 所示。在加载瞬间，杆中会产生并向右传播双波结构即强度为 Y_H 的线弹性前驱波和强度为 $(p-Y_H)$ 塑性冲击波；之后，随着时间的推移持续向右传播一系列无限小的增量卸载波。设弹性波波速为 c_e，需要说明的是这个弹性波波速是一维应变声速，对于线弹性材料而言，其是一个常量；L 氏冲击波波速即冲击波物质波速

$$D^* = \sqrt{\frac{[\sigma_X]}{\rho_0[\varepsilon_X]}} \tag{7.7}$$

是波阵面前方状态和后方状态的函数。为了简化形式，默认应力应变为 X 方向的应力，

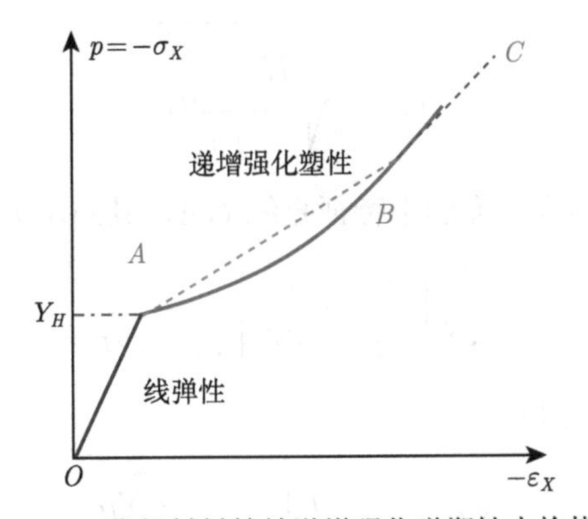

图 7.6　一维杆材料等效递增强化弹塑性本构模型

式 (7.7) 可写为

$$D^* = \sqrt{\frac{p - Y_H}{\rho_0 |\varepsilon - \varepsilon_H|}} = \sqrt{\frac{1}{\rho_0} \frac{\sigma + Y_H}{\varepsilon - \varepsilon_H}} \tag{7.8}$$

式中，ε_H 表示 Hugoniot 弹性极限对应的应变，以拉伸为正。对于确定的材料本构关系而言，即有

$$D^* = D^*(\sigma) \tag{7.9}$$

根据冲击波稳定传播的 Lax 条件可知，冲击波相对前方介质必是超声速的，而相对于后方介质必是亚声速的，这个结论从图 7.6 所示塑性阶段递增强化曲线的切线 BC 与割线 AB 的关系也容易看出。因而在冲击波脉冲传播过程中，后方的弹性卸载波必会追赶上前方的冲击加载波，如图 7.4 所示，从而对冲击波进行卸载，在卸载过程中，由于冲击波波阵面前方介质状态并没有发生改变，随着后方应力的减小，则冲击波波速必然随之减小，而且一般为非线性的，如物理平面图 7.7 中曲线 OC 所示。

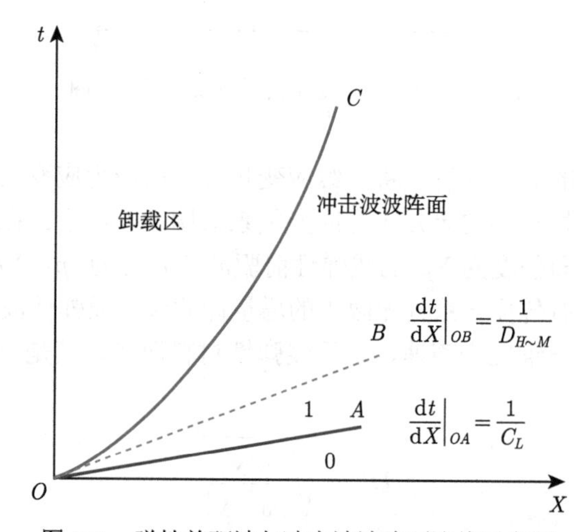

图 7.7　弹性前驱波与冲击波波阵面迹线示意图

在加载瞬间会在杆左端向右传播一个速度为恒速

$$C_L = \sqrt{\frac{K + \frac{4G}{3}}{\rho_0}} \tag{7.10}$$

的弹性前驱波，见图 7.7 物理平面图中特征直线 OA，其斜率为

$$\left.\frac{dt}{dX}\right|_{0\sim H} = \left.\frac{dt}{dX}\right|_{OA} = \frac{1}{C_L} \tag{7.11}$$

同时也会传播一个 L 氏波速为

$$D^*_{H\sim M} = \sqrt{\frac{1}{\rho_0} \frac{-p_M + Y_H}{\varepsilon_M - \varepsilon_H}} \tag{7.12}$$

的冲击波。式中，H 表示弹性极限处状态点；下标 H 表示此点处的状态量；M 表示初始冲击加载波波阵面后方的状态点；下标 M 表示此点处的状态量。即物理平面图中直线 OB 的斜率为

$$\left.\frac{\mathrm{d}t}{\mathrm{d}X}\right|_{H\sim M}=\left.\frac{\mathrm{d}t}{\mathrm{d}X}\right|_{OB}=\frac{1}{D_{H\sim M}} \tag{7.13}$$

根据弹性波波阵面上的守恒条件，跨过弹性波波阵面 $0\sim 1$ 有

$$\sigma_1-\sigma_0=-\rho_0 C_L\left(v_1-v_0\right) \tag{7.14}$$

设杆在初始时刻处于自然松弛静止状态，即应力和质点速度均为零，即

$$\left\{\begin{array}{l}\sigma_0=0\\ v_0=0\end{array}\right. \tag{7.15}$$

且根据初始条件有

$$\sigma_1=-Y_H \tag{7.16}$$

因此可以给出状态点 1 的应力与质点速度分别为

$$\left\{\begin{array}{l}\sigma_1=-Y_H\\ v_1=\dfrac{Y_H}{\rho_0 C_L}\end{array}\right. \tag{7.17}$$

即冲击波波阵面前方介质应力与质点速度根据式 (7.17) 给出。

将考虑初始质点速度与压力时一维冲击波波阵面上的连续方程代入运动方程，可以得到波阵面紧后方的质点速度求解表达式为

$$v=v_1-\frac{p-p_1}{\rho_0\left(v_1-D\right)} \tag{7.18}$$

式 (7.18) 中冲击波波速 D 为空间波速，其与 L 氏波速即物质波速的关系为

$$D=v_1+D^* \tag{7.19}$$

因而，式 (7.18) 可写为

$$v=v_1+\frac{p-p_1}{\rho_0 D^*} \tag{7.20}$$

将波阵面紧前方介质应力与质点速度代入式 (7.20)，可以得到

$$v=\frac{Y_H}{\rho_0 C_L}-\frac{\sigma+Y_H}{\rho_0 D^*} \tag{7.21}$$

再考虑 L 氏冲击波波速表达式，式 (7.21) 即可写为

$$v=\frac{Y_H}{\rho_0 C_L}-\frac{\sigma+Y_H}{\rho_0\sqrt{\dfrac{1}{\rho_0}\dfrac{\sigma+Y_H}{\varepsilon+Y_H/E_L}}}=\frac{Y_H}{\rho_0 C_L}-\frac{\sigma+Y_H}{\rho_0 C_L\sqrt{\dfrac{\sigma+Y_H}{\rho_0 C_L^2\varepsilon+Y_H}}} \tag{7.22}$$

式中

$$E_L = K + \frac{4G}{3} = \rho_0 C_L^2 \tag{7.23}$$

表示一维应变条件下的侧限杨氏模量，这是因为我们将一维应变时平面冲击波问题等效到一维应力杆中，因此，此一维杆中的参数皆为一维应变下的参数等效过来的。

根据本构关系有

$$\varepsilon = \varepsilon(\sigma) \tag{7.24}$$

因此，式 (7.22) 可表达为

$$v = \frac{Y_H}{\rho_0 C_L} - \frac{\sigma + Y_H}{\rho_0 C_L \sqrt{\dfrac{\sigma + Y_H}{\rho_0 C_L^2 \varepsilon(\sigma) + Y_H}}} = \varPhi(\sigma) \tag{7.25}$$

即冲击波波阵面紧后方质点速度应为对应应力的函数，在 σ-v 状态平面图中式 (7.25) 代表一条曲线。

参考 5.3 节中弹塑性交界面传播相关知识和 4.3 节应变间断面知识可知，当卸载波到达冲击波波阵面上必会发生内反射，其卸载入射波及其在冲击波波阵面上反射波波速必为弹性波速 C_L。如物理平面图 7.8 所示，假设已知波阵面上点 $M_1(X_1, t_1)$ 的空间及状态参数，从 M_1 点反射的弹性波特征线 M_1N 交纵坐标于点 $N(0, t_N)$，对于左行特征线，有

$$\mathrm{d}X = -C_L \mathrm{d}t \tag{7.26}$$

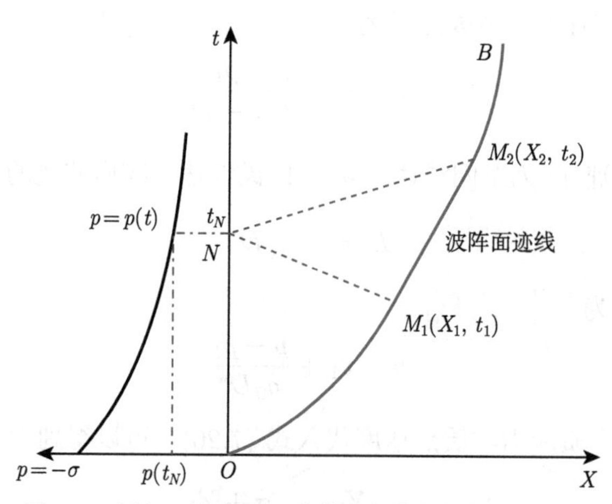

图 7.8　已知一点求另一点的共轭特征线解法示意图

展开为差分方程，有

$$0 - X_1 = -C_L(t_N - t_1) \tag{7.27}$$

即可求出

$$t_N = t_1 + \frac{X_1}{C_L} \tag{7.28}$$

进而根据加载边界条件给出此点对应的应力：

$$\sigma_N = -p_N = -p\left(t_N\right) \tag{7.29}$$

根据左行波特征线上的相容条件，可以给出

$$\sigma_N - \sigma_{M_1^-} = -\rho_0 C_L \left(v_N - v_{M_1^-}\right) \tag{7.30}$$

式中，下标 M_1^- 表示冲击波波阵面上紧后方的量；类似地，其他点上标带“–”号的量即表示冲击波波阵面上紧后方的量；同理，带“+”号表示冲击波波阵面上紧前方的量。

需要注意的是，以上分析过程中卸载波波速均取为 C_L，由于该问题中认为弹性阶段为线性，即线弹性假设；事实上，如同 6.3 节所述，线性阶段也可能是非线性，即

$$C_L = C_L\left(\sigma\right) \tag{7.31}$$

此时，在考虑式 (7.30) 中的弹性声速时，我们可以先将之近似取为 $C_L(\sigma_{M_1^-})$，此时精度只有一阶，根据式 (7.29) 计算出 N 点处的应力之后，可以给出 $C_L(\sigma_N)$，然后利用

$$C_L\left(M_1^- \sim N\right) = \frac{C_L\left(\sigma_{M_1^-}\right) + C_L\left(\sigma_N\right)}{2} \tag{7.32}$$

代替式 (7.27)、式 (7.28) 和式 (7.30) 中的弹性声速，此时精度即为二阶；如需继续提高精度，同上分析继续求平均。不过这里为了简化分析过程，我们不考虑弹性声速的变化，而近似认为

$$C_L \equiv \text{const} \tag{7.33}$$

另外，需要补充说明的是，这里密度取为初始密度，并不是不考虑密度变化，而是此问题分析过程中密度与声速总是以波阻抗组合出现，而根据连续条件有

$$\rho C_L' = \rho_0 C_L \tag{7.34}$$

即密度变化的同时其他参数如声速也发生改变，而导致波阻抗近似不变。

将式 (7.29) 代入式 (7.30)，并考虑到点 M_1 处波阵面上紧后方的应力与质点速度已知，因而可以求出点 N 处的质点速度为

$$v_N = v_{M_1^-} - \frac{\sigma_N - \sigma_{M_1^-}}{\rho_0 C_L} \tag{7.35}$$

根据以上分析即给出点 N 在物理平面图上的坐标和在 σ-v 状态平面图上的坐标。类似地，可以给出右行特征线 NM_2 的迹线为

$$\mathrm{d}X = C_L \mathrm{d}t \tag{7.36}$$

展开为差分方程，有

$$X_2 - 0 = C_L\left(t_2 - t_N\right) \tag{7.37}$$

同时，根据从 M_1 点到 M_2 点的冲击波迹线有

$$\mathrm{d}X = D^*_{M_1\sim M_2}\mathrm{d}t \tag{7.38}$$

先近似取

$$D^*_{M_1\sim M_2} \approx D^*_{M_1} = \sqrt{\frac{1}{\rho_0}\frac{\sigma_{M_1^-}+Y_H}{\varepsilon_{M_1^-}+Y_H/E_L}} \tag{7.39}$$

由于 M_1 点处波阵面上紧后方的应力已知，应力应变关系已知，因此式 (7.39) 即可得到具体的解。将式 (7.38) 展开为差分方程：

$$X_2 - X_1 = D^*_{M_1}(t_2 - t_1) \tag{7.40}$$

联立式 (7.37) 和式 (7.40)，可以求出 M_2 点在物理平面图上的坐标：

$$\begin{cases} X_2 = \dfrac{C_L}{C_L - D^*_{M_1}}\left[X_1 + D^*_{M_1}(t_N - t_1)\right] \\ t_2 = \dfrac{C_L t_N + X_1 - D^*_{M_1} t_1}{C_L - D^*_{M_1}} \end{cases} \tag{7.41}$$

根据弹性波右行特征线 NM_2 上的相容关系：

$$\sigma_{M_2^-} - \sigma_N = \rho_0 C_L\left(v_{M_2^-} - v_N\right) \tag{7.42}$$

和右行冲击波波阵面上的突跃条件：

$$\sigma_{M_2^-} - \sigma_{M_2^+} = -\rho_0 D^*_{M_2^+\sim M_2^-}\left(v_{M_2^-} - v_{M_2^+}\right) \tag{7.43}$$

由于跨过 M_2 点处的冲击波波速是此处状态量的函数，是未知的；在此先将其取近似值：

$$D^*_{M_2^+\sim M_2^-} \to D^*_{M_1^+\sim M_1^-} = D^*_{M_1} \tag{7.44}$$

即有

$$\sigma_{M_2^-} - \sigma_{M_2^+} = -\rho_0 D^*_{M_1}\left(v_{M_2^-} - v_{M_2^+}\right) \tag{7.45}$$

联立式 (7.42) 和式 (7.45)，并考虑到波阵面前方有

$$\begin{cases} \sigma_{M_2^+} = -Y_H \\ v_{M_2^+} = \dfrac{Y_H}{\rho_0 C_L} \end{cases} \tag{7.46}$$

可以求出 M_2 点处的应力与质点速度为

$$\begin{cases} \sigma_{M_2^-} = \sigma_N + \dfrac{\rho_0 C_L}{\rho_0 C_L + \rho_0 D^*_{M_1}}\left(\dfrac{D^*_{M_1}}{C_L}Y_H - \sigma_N - Y_H - \rho_0 D^*_{M_1} v_N\right) \\ v_{M_2^-} = \dfrac{Y_H D^*_{M_1}/C_L + \rho_0 C_L v_N - \sigma_N - Y_H}{\rho_0 C_L + \rho_0 D^*_{M_1}} \end{cases} \tag{7.47}$$

以上是一阶精度的解，利用 M_1 点的冲击波波速替代 M_2 点的波速；根据式 (7.47) 给出了 M_2 点处波阵面上紧后方的压力，可以求出

$$D^*_{M_2} = D^*\left(\sigma_{M_2}\right) \tag{7.48}$$

在利用

$$D^*_{M_2^+\sim M_2^-} = \frac{D^*_{M_1} + D^*_{M_2}}{2} \tag{7.49}$$

代入式 (7.43) 即可给出二阶精度的解，以此类推，可以求出高阶相对准确的应力与质点速度解。

根据以上共轭特征线法，我们可以根据入射波边界条件、M_1 点参数求出共轭特征线下一点 M_2 在物理平面图和 σ-v 状态平面图上的坐标。

如图 7.9 所示，设杆在初始时刻处于自然松弛静止状态，当弹性前驱波传播过后，冲击波波阵面前方，状态点 1^+ 对应的应力与质点速度分别为

$$\begin{cases} \sigma_{1^+} = -Y_H \\ v_{1^+} = \dfrac{Y_H}{\rho_0 C_L} \end{cases} \tag{7.50}$$

当强度为 $(p_M - Y_H)$ 的冲击波过后，在冲击波波阵面上紧后方介质处于状态点 1^-，根据式 (7.25) 可以给出此状态点的应力与质点速度分别为

$$\begin{cases} \sigma_{1^-} = -p_M \\ v_{1^-} = \varPhi\left(\sigma_{1^-}\right) = \dfrac{Y_H}{\rho_0 C_L} + \dfrac{p_M - Y_H}{\rho_0 C_L \sqrt{\dfrac{Y_H - p_M}{\rho_0 C_L^2 \varepsilon_M + Y_H}}} \end{cases} \tag{7.51}$$

式中

$$\varepsilon_M = \varepsilon\left(p_M\right) \tag{7.52}$$

是确定的值，可以根据加载峰值对应的压力与材料本构方程即应力应变关系给出。

根据求解的精度要求，取一个非常小的时间增量 Δt，在图 7.9 物理平面图中纵坐标轴上确定一个点 $2(0, \Delta t)$，其应力根据加载条件可以给出：

$$\sigma_2 = -p\left(t_2\right) = -p\left(\Delta t\right) \tag{7.53}$$

其质点速度暂时无法给出，先近似取:

$$v_2 = v_{1^-} \tag{7.54}$$

过点 2 做右行特征线交冲击波波阵面迹线于点 3，即自点 2 出发的右行卸载波在点 3 处与冲击波波阵面重合，根据弹性卸载波右行特征线上的相容条件，可有

$$\sigma_{3^-} - \sigma_2 = \rho_0 C_L \left(v_{3^-} - v_2\right) \tag{7.55}$$

根据冲击波波阵面上的突跃条件，有

$$\sigma_{3^-}-\sigma_{3^+}=-\rho_0 D^*_{3^+\sim 3^-}\left(v_{3^-}-v_{3^+}\right) \tag{7.56}$$

即

$$\sigma_{3^-}-\sigma_{1^+}=-\rho_0 D^*_{3^+\sim 3^-}\left(v_{3^-}-v_{1^+}\right) \tag{7.57}$$

若近似取

$$D^*_{3^+\sim 3^-}\approx D^*_{1^+\sim 1^-}=D^*_1=\sqrt{\frac{1}{\rho_0}\frac{Y_H-p_M}{\varepsilon\left(p_M\right)+Y_H/E_L}} \tag{7.58}$$

则有

$$\sigma_{3^-}-\sigma_{1^+}=-\rho_0 D^*_1\left(v_{3^-}-v_{1^+}\right) \tag{7.59}$$

联立式 (7.55) 和式 (7.59)，可以给出状态点 3^- 的应力 σ_{3^-} 与质点速度 v_{3^-} 值。若需要提高求解精度，可进一步给出

$$D^*_{3^+\sim 3^-}\approx\frac{D^*_1+D^*\left(\sigma_{3^-}\right)}{2} \tag{7.60}$$

并代入式 (7.56)，可给出二阶精度的应力与质点速度解，类似地，继续求平均可以进一步提高计算精度。

之后利用如图 7.8 所示共轭特征线方法，分别可以求出冲击波波阵面上紧后方的状态点 5^-、7^-、9^- …… 和纵坐标轴上的边界状态点 4、6、8…… 的一阶、二阶或高阶精度的参数，如图 7.9 物理平面图和图 7.10 状态平面图所示。

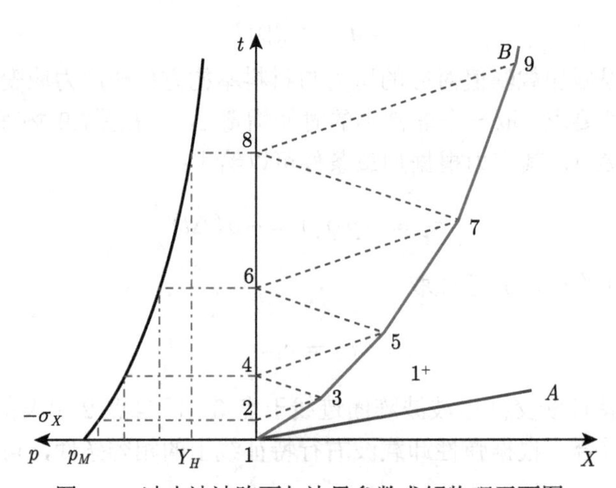

图 7.9　冲击波波阵面与边界参数求解物理平面图

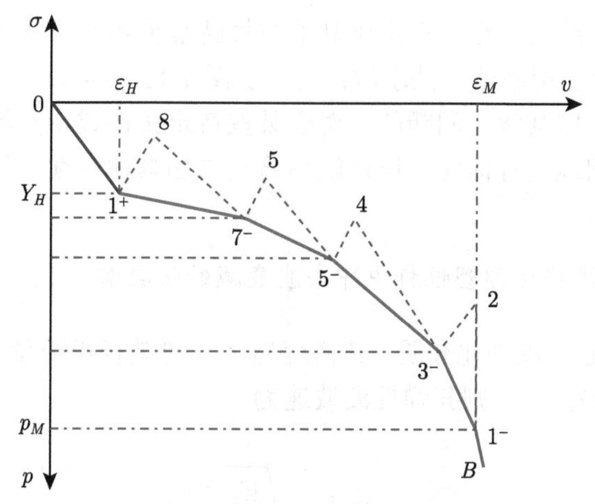

图 7.10 冲击波波阵面与边界参数求解状态平面图

从图 7.9 和图 7.10 可以看出，利用以上算法给出的冲击波波阵面在物理平面图和状态平面图中的曲线由多段线组成，当波阵面上的状态点较近时尚较准确，但随着时间的推移，两点之间的间隔越来越大，如图 7.9 中点 7 和点 9 之间距离明显大于点 1 到点 3 之间的距离，这就导致计算精度越来越低，逐渐失真。此时我们可以在纵坐标上插入更多的点，也利用以上相同的方法给出波阵面和边界上更多点的参数，如图 7.11 所示，此时波阵面迹线和状态变化线就逐渐光滑准确。

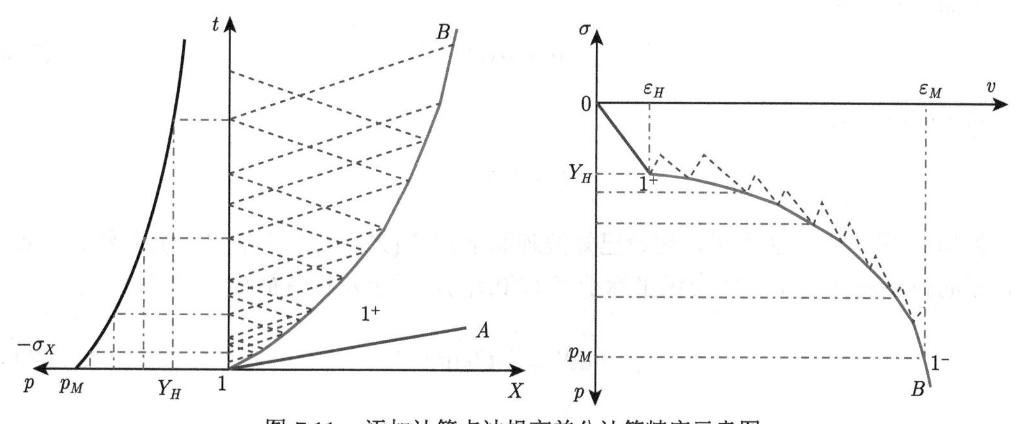

图 7.11 添加计算点法提高差分计算精度示意图

当我们给出边界条件即纵坐标轴上状态点的参数如时间、应力和质点速度，并求出冲击波波阵面上紧后方的物质坐标、时间、应力和质点速度值后，可以利用 5.1.2 小节中特征线数值法中混合问题或 Picard 问题求解方法来求解冲击波卸载区内部各节点的状态参数，从而得到整个应力波传播过程中波阵面上及其冲击波脉冲区域内各质点的参数。

7.1.2 一维冲击波追赶卸载衰减的两个典型简化问题

以上给出冲击波在卸载波追赶卸载下衰减的特征线分析与求解方法，其中弹性阶段和塑性阶段皆可以考虑非线性特征，但由于其非线性特征使得其求解比较复杂而且无法给出其具体解析解，一般只能用数值方法求解；而且从图 7.11 中可以看出，此时给出的冲击波波阵面是多段线组合，即其解是间断的。对于某些特定条件或特殊问题，我们可以忽略其某些次要因素从而对问题进行简化，以期能够给出更加具体连续的解；本小节针对两种典型的简化情况开展分析。

1. 一维线弹性-线性强化弹塑性杆中冲击波衰减的级数解

设杆材料为线弹性-线性强化介质，其密度为 ρ_0、等效杨氏模量为 E_L，Hugoniot 屈服极限为 Y_H，塑性模量为 E_p，则其弹性波波速为

$$C_L = \sqrt{\frac{E_L}{\rho_0}} \tag{7.61}$$

而对于线性强化材料而言，其塑性冲击波与塑性波重合，其物质波速为

$$D^* = C_p = \sqrt{\frac{E_p}{\rho_0}} \tag{7.62}$$

且为恒值。

设加载波函数为

$$p = p(t) \tag{7.63}$$

设其最大峰值压力：

$$p_M > Y_H \tag{7.64}$$

如物理平面图 7.12 所示，假设已知波阵面上点 $E(X_E, t_E)$ 的空间及状态参数，从 E 点反射的弹性波特征线 EG 交纵坐标于点 $G(0, t_G)$，对于左行特征线，有

$$\mathrm{d}X = -C_L \mathrm{d}t \tag{7.65}$$

展开为差分方程，有

$$0 - X_E = -C_L (t_G - t_E) \tag{7.66}$$

即可求出

$$t_G = t_E + \frac{X_E}{C_L} \tag{7.67}$$

进而根据加载边界条件给出此点对应的应力：

$$\sigma_G = -p_G = -p(t_G) \tag{7.68}$$

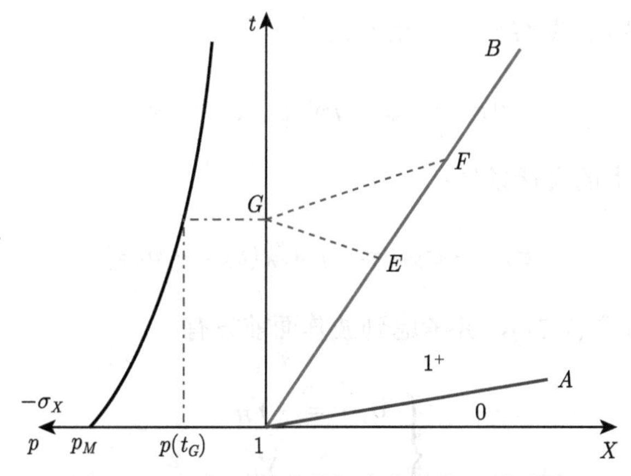

图 7.12 已知一点求共轭点参数物理平面图

根据左行波特征线上的相容条件，可以给出

$$\sigma_G - \sigma_{E^-} = -\rho_0 C_L \left(v_G - v_{E^-}\right) \tag{7.69}$$

将式 (7.68) 代入式 (7.69)，并考虑到点 M_1 处波阵面上紧后方的应力与质点速度已知，因而可以求出点 N 处的质点速度为

$$v_G = v_{E^-} - \frac{\sigma_G - \sigma_{E^-}}{\rho_0 C_L} \tag{7.70}$$

根据以上分析即给出点 N 在物理平面图上的坐标和在 σ-v 状态平面图上的坐标。类似地，可以给出右行特征线 GF 的迹线为

$$\mathrm{d}X = C_L \mathrm{d}t \tag{7.71}$$

展开为差分方程，有

$$X_F - 0 = C_L \left(t_F - t_G\right) \tag{7.72}$$

同时，根据从 E 点到 F 点的冲击波迹线有

$$\mathrm{d}X = C_p \mathrm{d}t \tag{7.73}$$

展开为差分方程，有

$$X_F - X_E = C_p \left(t_F - t_E\right) \tag{7.74}$$

联立式 (7.72) 和式 (7.74)，可以求出 F 点在物理平面图上的坐标：

$$\begin{cases} X_F = \dfrac{C_L}{C_L - C_p}\left[X_E + C_p\left(t_G - t_E\right)\right] \\ t_F = \dfrac{X_E + C_L t_G - C_p t_E}{C_L - C_p} \end{cases} \tag{7.75}$$

根据弹性波右行特征线 GF 上的相容关系：

$$\sigma_{F^-} - \sigma_G = \rho_0 C_L \left(v_{F^-} - v_G\right) \tag{7.76}$$

和右行冲击波波阵面上的突跃条件：

$$\sigma_{F^-} - \sigma_{F^+} = -\rho_0 C_p \left(v_{F^-} - v_{F^+}\right) \tag{7.77}$$

联立式 (7.76) 和式 (7.77)，并考虑到波阵面前方有

$$\begin{cases} \sigma_{F^+} = -Y_H \\ v_{F^+} = \dfrac{Y_H}{\rho_0 C_L} \end{cases} \tag{7.78}$$

可以求出 F 点处的应力与质点速度为

$$\begin{cases} \sigma_{F^-} = \sigma_G + \dfrac{\rho_0 C_L}{\rho_0 C_L + \rho_0 C_p}\left(\dfrac{C_p}{C_L} Y_H - \sigma_G - Y_H - \rho_0 C_p v_G\right) \\ v_{F^-} = \dfrac{Y_H C_p / C_L + \rho_0 C_L v_G - \sigma_G - Y_H}{\rho_0 C_L + \rho_0 C_p} \end{cases} \tag{7.79}$$

根据以上共轭特征线法，我们可以根据入射波边界条件、E 点参数求出共轭特征线下一点 F 在物理平面图和 σ-v 状态平面图上的坐标。

之后，参考图 7.13 和 7.1.1 小节中的方法，可以给出冲击波波阵面上紧后方与杆左端边界上各点的状态量，进而利用 5.1.2 小节中的方法给出内节点的状态参数；读者可以试分析之，这里不再赘述此方法，而是给出另外一个更直观的近似方法，即级数近似法。

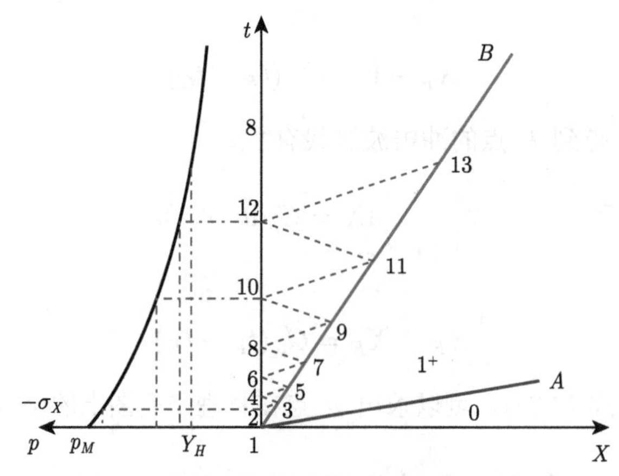

图 7.13　线性强化材料中参数求解物理平面图

设点 G 是物理平面图中弹性区内坐标已知的一点，并不一定如图 7.12 所示在杆左端边界上，左端边界只是其一个特殊情况，参考以上分析和图 7.12，可以给出两个共轭特征

线迹线与冲击波迹线：

$$\begin{cases} X_G - X_E = -C_L\left(t_G - t_E\right) \\ X_F - X_G = C_L\left(t_F - t_G\right) \\ X_F = C_p t_F \\ X_E = C_p t_E \end{cases} \tag{7.80}$$

及其相容方程 (或特征关系)：

$$\begin{cases} \sigma_G - \sigma_{E^-} = -\rho_0 C_L\left(v_G - v_{E^-}\right) \\ \sigma_{F^-} - \sigma_G = \rho_0 C_L\left(v_{F^-} - v_G\right) \end{cases} \tag{7.81}$$

和冲击波波阵面上的突跃条件：

$$\begin{cases} \sigma_{F^-} - \sigma_{F^+} = -\rho_0 C_p\left(v_{F^-} - v_{F^+}\right) \\ \sigma_{E^-} - \sigma_{E^+} = -\rho_0 C_p\left(v_{E^-} - v_{E^+}\right) \end{cases} \tag{7.82}$$

根据式 (7.80) 可以给出

$$\begin{cases} X_E = \dfrac{C_p}{1+\gamma} t_G + \dfrac{\gamma}{1+\gamma} X_G \\ X_F = \dfrac{C_p}{1-\gamma} t_G - \dfrac{\gamma}{1-\gamma} X_G \end{cases} \tag{7.83}$$

特别地，当考虑 G 点在杆左端边界上时，式 (7.83) 可简化为

$$\begin{cases} X_E = \dfrac{C_p}{1+\gamma} t_G \\ X_F = \dfrac{C_p}{1-\gamma} t_G \end{cases} \tag{7.84}$$

根据式 (7.82)，并考虑冲击波波阵面前方的状态：

$$\begin{cases} \sigma_{E^+} = \sigma_{F^+} = -Y_H \\ v_{E^+} = v_{F^+} = \dfrac{Y_H}{\rho_0 C_L} \end{cases} \tag{7.85}$$

可以得到

$$\begin{cases} v_{E^-} = \dfrac{Y_H}{\rho_0 C_L} - \dfrac{\sigma_{E^-} + Y_H}{\rho_0 C_p} \\ v_{F^-} = \dfrac{Y_H}{\rho_0 C_L} - \dfrac{\sigma_{F^-} + Y_H}{\rho_0 C_p} \end{cases} \tag{7.86}$$

将式 (7.86) 代入式 (7.81) 可以得到

$$\begin{cases} \sigma_G - \sigma_{E^-} = -\rho_0 C_L \left(v_G - \dfrac{Y_H}{\rho_0 C_L} + \dfrac{\sigma_{E^-} + Y_H}{\rho_0 C_p} \right) \\ \sigma_G - \sigma_{F^-} = \rho_0 C_L \left(v_G - \dfrac{Y_H}{\rho_0 C_L} + \dfrac{\sigma_{F^-} + Y_H}{\rho_0 C_p} \right) \end{cases} \tag{7.87}$$

消去 G 的质点速度量，可以得到

$$\sigma_G = \frac{1}{2\gamma}\left(\sigma_{F^-} - \sigma_{E^-}\right) + \frac{1}{2}\left(\sigma_{E^-} + \sigma_{F^-}\right) = \frac{\gamma+1}{2\gamma}\sigma_{F^-} + \frac{\gamma-1}{2\gamma}\sigma_{E^-} \tag{7.88}$$

当 G 点处于杆左端边界上时，有

$$\sigma_G = -p\left(t\right) \tag{7.89}$$

设其可展开为 Taylor 级数：

$$\sigma_G = \sum_{n=0}^{\infty} \sigma_{Gn} t_G^n \tag{7.90}$$

令冲击波波阵面上紧后方的应力也可表达为 Taylor 级数形式：

$$\sigma_s = \sigma_s\left(X\right) = \sum_{k=0}^{\infty} \sigma_{sk} X^k \tag{7.91}$$

将式 (7.84) 代入式 (7.91)，可以得到

$$\begin{cases} \sigma_{F^-} = \displaystyle\sum_{k=0}^{\infty} \sigma_{sk} \left(\frac{C_p}{1-\gamma}\right)^k t_G^k \\ \sigma_{E^-} = \displaystyle\sum_{k=0}^{\infty} \sigma_{sk} \left(\frac{C_p}{1+\gamma}\right)^k t_G^k \end{cases} \tag{7.92}$$

将式 (7.90) 和式 (7.92) 代入式 (7.88)，有

$$\sum_{n=0}^{\infty} \sigma_{Gn} t_G^n = \sum_{k=0}^{\infty} \sigma_{sk} \frac{\gamma+1}{2\gamma} \left(\frac{C_p}{1-\gamma}\right)^k t_G^k + \sum_{k=0}^{\infty} \sigma_{sk} \frac{\gamma-1}{2\gamma} \left(\frac{C_p}{1+\gamma}\right)^k t_G^k \tag{7.93}$$

即

$$\sigma_{Gn} = \sigma_{sn} \left[\frac{\gamma+1}{2\gamma} \left(\frac{C_p}{1-\gamma}\right)^n + \frac{\gamma-1}{2\gamma} \left(\frac{C_p}{1+\gamma}\right)^n \right] \tag{7.94}$$

联立式 (7.89)、式 (7.94)，并代入式 (7.91)，即可给出冲击波波阵面上紧后方的应力级数解：

$$\sigma_s = \sigma_s\left(X\right) = \sum_{k=0}^{\infty} \frac{-p_k}{\dfrac{\gamma+1}{2\gamma}\left(\dfrac{C_p}{1-\gamma}\right)^k + \dfrac{\gamma-1}{2\gamma}\left(\dfrac{C_p}{1+\gamma}\right)^k} X^k \tag{7.95}$$

特别地，当冲击波波阵面上紧后方压力衰减到等于材料弹性极限时，此时

$$Y_H=\sum_{k=0}^{\infty}\frac{p_k}{\dfrac{\gamma+1}{2\gamma}\left(\dfrac{C_p}{1-\gamma}\right)^k+\dfrac{\gamma-1}{2\gamma}\left(\dfrac{C_p}{1+\gamma}\right)^k}X^k \tag{7.96}$$

根据精度要求可以确定式 (7.96) 右端最高阶数，从而可以给出冲击波传播过程中发生塑性变形的总长度 X_{Y_H}。

以上分析给出了冲击波波阵面上紧后方的应力分布，再利用式 (7.84) 和式 (7.86) 可以给出其他参数；结合边界条件，利用 5.1.2 小节中 Picard 问题的解法可以给出卸载区内节点的参数，这是如 7.1.1 小节类似的分析思路。然而，级数解的优势并不止于此，如考虑 G 不在边界上，而在物理平面图中卸载区内任意一点，即式 (7.80)G 点的物质坐标不为零，过 G 点作左行与右行特征线交冲击波波阵面迹线于 E 和 F 点，如图 7.14 所示；由于波阵面迹线及其状态参数已知，此时利用式 (7.80)、式 (7.81)、式 (7.82) 和式 (7.85) 组成方程组，即可给出 G 点的状态参数，此种方法相对于 Picard 问题的解法思路更为简单，计算也更为简便。

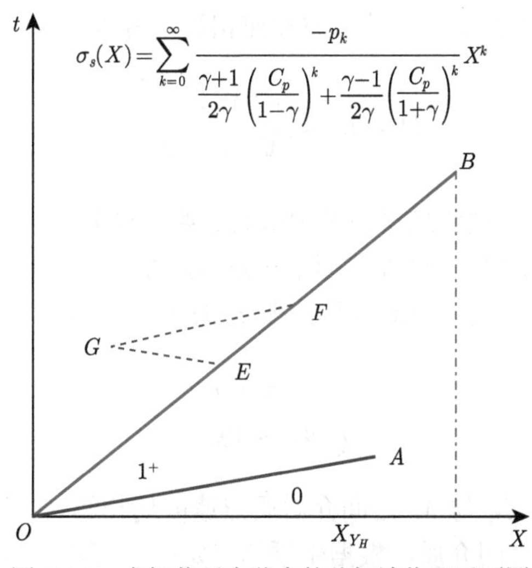

图 7.14 求卸载区内节点的共轭法物理平面图

2. 一维杆中冲击波的刚性卸载与衰减

对于一维杆中冲击波追赶卸载问题，另外一种常用的简化情况是，考虑塑性的非线性特征，若弹性波波速远大于冲击波波速我们忽略弹性波波速的传播过程，即将其波速设为无穷大，此时材料弹性阶段有着刚性特征，其本构模型如图 7.15 所示，该问题即简化为一维杆中冲击波的刚性卸载问题。

此时在加载瞬间会在杆左端向右只传播塑性冲击波，如图 7.16 所示，而弹性前驱波由于其波速为无穷大，即在物理平面图中其特征线与 X 轴正方向重合。此时冲击波波阵面前

方的应力与质点速度为

$$\begin{cases} \sigma_{1^+} = -Y_H \\ v_{1^+} = 0 \end{cases} \tag{7.97}$$

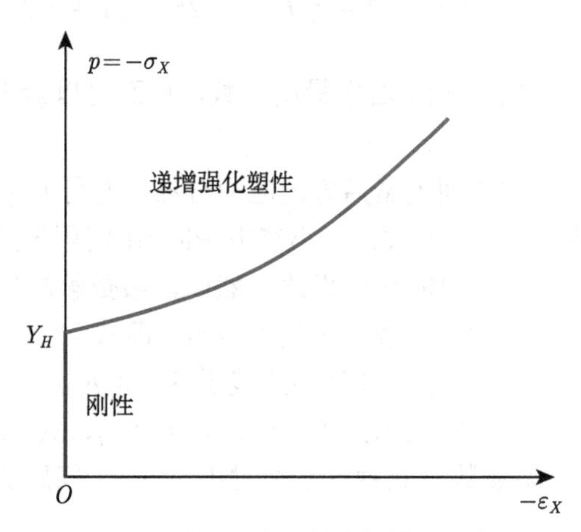

图 7.15 线性强化塑性本构模型示意图

此时，杆中 E 氏冲击波波速与 L 氏冲击波波速相等，皆为

$$D = D^* = \sqrt{\frac{1}{\rho_0}\frac{\sigma + Y_H}{\varepsilon}} \tag{7.98}$$

对于刚塑性材料而言，在物理平面图中卸载区弹性波特征线不分左行与右行，皆为水平线。如图 7.16 所示，已知冲击波波阵面上一点 $M\,(X_M, t_M)$ 处波阵面上的应力与质点速度，在卸载区中只有一条通过该点的水平特征线 MN 交纵轴于点 N，且有

$$\begin{cases} t_N = t_M \\ v_N = v_M \end{cases} \tag{7.99}$$

事实上，任意时刻 t，N 与 M 之间介质质点速度均相等，即刚性卸载过程中卸载区无变形，针对 t 时刻 NM 之间介质，根据牛顿第二定律，可以得到

$$\rho_0 X_M \frac{\mathrm{d}v}{\mathrm{d}t} = \sigma_M - \sigma_N \tag{7.100}$$

即

$$\rho_0 X_M \mathrm{d}v = (\sigma_M - \sigma_N)\,\mathrm{d}t \tag{7.101}$$

根据边界加载条件，有

$$\sigma_N = -p\,(t) \tag{7.102}$$

因而，有

$$\rho_0 X_M \mathrm{d}v = [\sigma_M + p\,(t_N)]\,\mathrm{d}t \tag{7.103}$$

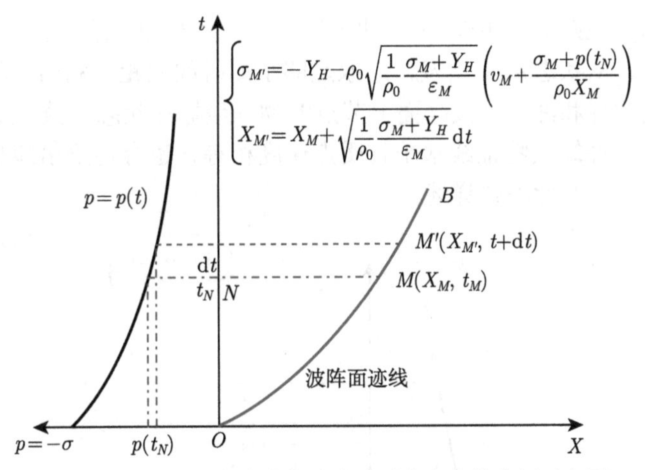

图 7.16 刚性卸载时冲击波波阵面节点参数求解示意图

考虑一个无限小的时间间隔 dt，设自 M 点 dt 时间后，波阵面到达 $M'(X'_M, t+\mathrm{d}t)$，根据式 (7.103) 可以给出

$$v_{M'} = v_M + \mathrm{d}v = v_M + \frac{\sigma_M + p(t_N)}{\rho_0 X_M}\mathrm{d}t \tag{7.104}$$

根据右行冲击波波阵面上的突跃条件，可以得到运动方程：

$$\sigma + Y_H = -\rho_0 D v \tag{7.105}$$

当时间间隔无穷小时，设

$$D(M') \approx D(M) \tag{7.106}$$

将式 (7.106) 和式 (7.104) 代入式 (7.105)，再考虑式 (7.98)，可以给出应力和物质坐标：

$$\begin{cases} \sigma_{M'} = -Y_H - \rho_0\sqrt{\dfrac{1}{\rho_0}\dfrac{\sigma_M + Y_H}{\varepsilon_M}}\left(v_M + \dfrac{\sigma_M + p(t_N)}{\rho_0 X_M}\mathrm{d}t\right) \\ X_{M'} = X_M + \sqrt{\dfrac{1}{\rho_0}\dfrac{\sigma_M + Y_H}{\varepsilon_M}}\mathrm{d}t \end{cases} \tag{7.107}$$

当时间间隔足够小，式 (7.107) 就相对准确。不过，也可以根据式 (7.707) 中的应力、材料的应力应变关系及式 (7.98) 求出 M' 点处从冲击波波速：

$$D_{M'} = \sqrt{\frac{1}{\rho_0}\frac{\sigma_{M'} + Y_H}{\varepsilon_{M'}}} \tag{7.108}$$

再给出平均冲击波波速：

$$D_{M\sim M'} = \frac{D_M + D_{M'}}{2} \tag{7.109}$$

然后，将式 (7.109) 替换式 (7.105) 中的冲击波波速，此时即可给出更高的二阶精度解。

利用以上方法，从状态点 1 出发，选取足够小的时间间距，利用一阶或二阶算法，即可依次给出杆左端边界和冲击波波阵面上节点的物理坐标和状态参数，如图 7.17 所示。根据两个边界，考虑刚性卸载特征线水平且质点速度相等，也容易给出卸载区中各内节点参数，读者可试推导之，在此不作详述。

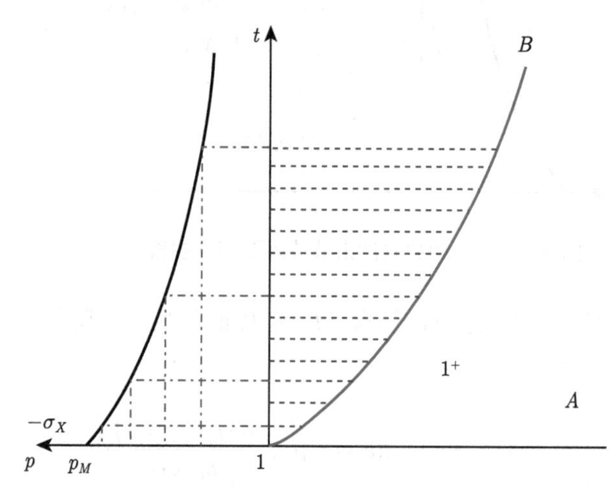

图 7.17 刚性卸载冲击波追赶卸载物理平面图

7.1.3 一维冲击波卸载残余温升与比容

第 6 章对冲击波特别是固体中的冲击波传播特性进行的讨论，结果皆表明，无论介质是气体还是固体、液体，冲击过程皆是熵增过程，即必然会导致能量的耗散，而且随着冲击强度的增大，能量耗散就越明显。在 6.2 节中讨论了卸载等熵线与冲击 Hugoniot 曲线之间的关系，设冲击波波阵面前方介质初始压力与初始粒子速度均为零，根据试验可以给出其 Hugoniot 曲线，如图 7.18 所示。设固体材料中跨过平面冲击波波阵面介质从初始状态 $0(0,0,T_0)$ 跳跃到状态 $1(p_1,v_1,T_1)$，即在 $p-v$ 型 Hugoniot 曲线上初始状态点 0 通过 Rayleigh 线 0-1 跳跃到 Hugoniot 曲线上状态点 1；之后等熵卸载至压力为零的稳定状态 $2(0,v_2,T_2)$。

设材料高压条件下满足物态方程：

$$p-p_e=\frac{\gamma}{v}\left(E-E_e\right) \tag{7.110}$$

式中，p_e、E_e 和 γ 分别为弹性压力 (冷压)、比内能和 Grüneisen 系数，根据材料冲击绝热关系可以确定这三个量。p 和 E 分别表示瞬时压力和瞬时比内能。

根据热力学第一定律：

$$T\mathrm{d}s=\mathrm{d}E+p\mathrm{d}v \tag{7.111}$$

可知等熵过程中即 $\mathrm{d}s=0$ 时，等熵线上压力 p_s 和比内能 E_s 之间的关系为

$$p_s=-\frac{\mathrm{d}E_s}{\mathrm{d}v}=\rho^2\frac{\mathrm{d}E_s}{\mathrm{d}\rho} \tag{7.112}$$

且根据材料物态方程，也可有

$$p_s - p_e = \frac{\gamma}{v}\left(E_s - E_e\right) \tag{7.113}$$

对式 (7.113) 两端求导数，可以得到

$$\frac{\mathrm{d}p_s}{\mathrm{d}\rho} - \frac{\mathrm{d}p_e}{\mathrm{d}\rho} = \left(\gamma + \rho\frac{\mathrm{d}\gamma}{\mathrm{d}\rho}\right)\left(E_s - E_e\right) + \rho\gamma\frac{\mathrm{d}E_s}{\mathrm{d}\rho} - \rho\gamma\frac{\mathrm{d}E_e}{\mathrm{d}\rho} \tag{7.114}$$

将式 (7.113) 代入式 (7.114) 消除等熵线上的比内能 E_s，可以得到

$$\frac{\mathrm{d}E_s}{\mathrm{d}\rho} = \frac{1}{\rho\gamma}\left(\frac{\mathrm{d}p_s}{\mathrm{d}\rho} - \frac{\mathrm{d}p_e}{\mathrm{d}\rho}\right) - \left(\frac{1}{\rho} + \frac{1}{\gamma}\frac{\mathrm{d}\gamma}{\mathrm{d}\rho}\right)\frac{p_s - p_e}{\rho\gamma} + \frac{\mathrm{d}E_e}{\mathrm{d}\rho} \tag{7.115}$$

将式 (7.115) 代入式 (7.112)，可有

$$\frac{\mathrm{d}p_s}{\mathrm{d}\rho} + \alpha\left(\rho\right)p_s + \beta\left(\rho\right) = 0 \tag{7.116}$$

式中

$$\begin{cases} \alpha\left(\rho\right) = -\left(\dfrac{\gamma+1}{\rho} + \dfrac{1}{\gamma}\dfrac{\mathrm{d}\gamma}{\mathrm{d}\rho}\right) \\ \beta\left(\rho\right) = \dfrac{p_e}{\rho\gamma}\dfrac{\mathrm{d}\left(\rho\gamma\right)}{\mathrm{d}\rho} - \dfrac{\mathrm{d}p_e}{\mathrm{d}\rho} + \rho\gamma\dfrac{\mathrm{d}E_e}{\mathrm{d}\rho} \end{cases} \tag{7.117}$$

式 (7.116) 积分可以给出

$$p_s = \exp\left(-\int \alpha \mathrm{d}\rho\right)\left[\int \beta \exp\left(\int \alpha \mathrm{d}\rho\right)\mathrm{d}\rho + C\right] \tag{7.118}$$

若等熵线从状态点 1 卸载，则根据该点的状态参数求出式 (7.118) 中待定常数 C。

根据等熵线与 Hugoniot 曲线的特征及两者之间的关系，容易知道，即使卸载回到原始压力状态如无压力状态，此时材料的比容也必然大于初始比容：

$$v_2 > v_0 \tag{7.119}$$

或

$$\rho_2 < \rho_0 \tag{7.120}$$

如图 7.18 所示。

试验表明，对于同一种材料而言，随着冲击压力的增大，即状态点 1 的压力越大，完全等熵卸载后材料的比容越大，如图 7.19 所示。

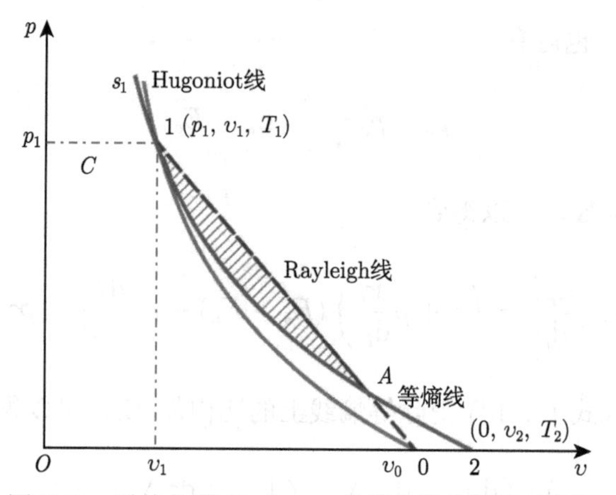

图 7.18　冲击加载 Hugoniot 曲线与等熵卸载示意图

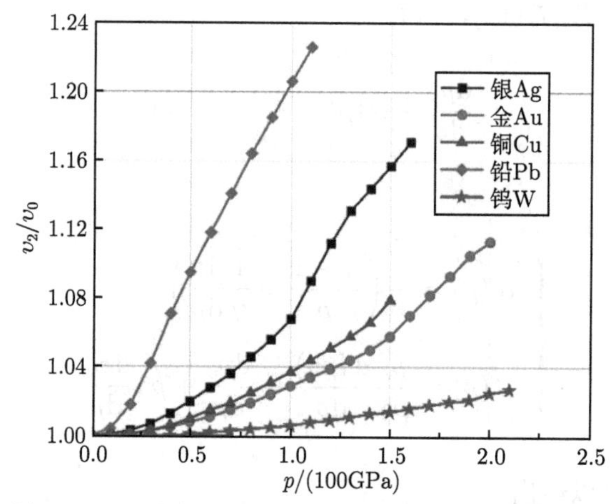

图 7.19　五种金属不同冲击压力等熵卸载后相对比容

从 6.2 节的分析结果可知，当材料受到冲击压缩时，材料的温度会上升。同时根据 6.2 节中对等熵曲线与等温曲线关系的分析可知，有

$$T_1 > T_2 > T_0 \tag{7.121}$$

也就是说，冲击波过后虽然经过等熵稀疏卸载过程，将压力降为初始时的状态，但介质的温度却增加了 $\Delta T = T_2 - T_0 > 0$，即产生了温升现象；根据上节的分析可知，这是因为在冲击波加载后卸载这一不可逆循环过程中，材料中产生了能量损失，这些能量损失使得介质温度升高。

假设材料在高压条件下满足 Grüneisen 状态方程，在冲击波加载阶段 0~1 过程如图 7.18 中 Rayleigh 线 0-1，根据热力学第一定律式 (7.111)，有

$$\mathrm{d}E = T\mathrm{d}s - p\mathrm{d}v \tag{7.122}$$

首先对右端第一项进行分析，对 $s = s(T, v)$ 两端微分后有

$$\mathrm{d}s = \left.\frac{\partial s}{\partial T}\right|_v \mathrm{d}T + \left.\frac{\partial s}{\partial v}\right|_T \mathrm{d}v \tag{7.123}$$

即有

$$T\mathrm{d}s = T\left.\frac{\partial s}{\partial T}\right|_v \mathrm{d}T + T\left.\frac{\partial s}{\partial v}\right|_T \mathrm{d}v \tag{7.124}$$

根据热力学知识可知，介质的定容比热为

$$C_v = T\left.\frac{\partial s}{\partial T}\right|_v = \left.\frac{\partial E}{\partial T}\right|_v \tag{7.125}$$

另外，根据热力学特征函数中 Helmholtz 自由能 A 的定义及其与熵和压力之间的关系，可知

$$\left.\frac{\partial s}{\partial v}\right|_T = -\frac{\partial^2 A}{\partial T \partial v} = \left.\frac{\partial p}{\partial T}\right|_v \tag{7.126}$$

将式 (7.126) 代入式 (7.124)，即可有

$$T\mathrm{d}s = C_v \mathrm{d}T + T\left.\frac{\partial p}{\partial T}\right|_v \mathrm{d}v \tag{7.127}$$

根据 Grüneisen 物态方程式 (7.110) 可知，其中 Grüneisen 常数满足

$$\frac{\gamma}{v} = \left.\frac{\partial p}{\partial E}\right|_v = \left.\frac{\partial p}{\partial T}\right|_v \left.\frac{\partial T}{\partial E}\right|_v \tag{7.128}$$

结合式 (7.125)，式 (7.128) 可表达为

$$\left.\frac{\partial p}{\partial T}\right|_v = C_v \frac{\gamma}{v} \tag{7.129}$$

将式 (7.129) 代入式 (7.127)，即可得到

$$T\mathrm{d}s = C_v \mathrm{d}T + C_v T\frac{\gamma}{v}\mathrm{d}v \tag{7.130}$$

因此，式 (7.122) 可具体写为

$$\mathrm{d}E = C_v \mathrm{d}T + C_v T\frac{\gamma}{v}\mathrm{d}v - p\mathrm{d}v = C_v \mathrm{d}T + \left(C_v T\frac{\gamma}{v} - p\right)\mathrm{d}v \tag{7.131}$$

从初始状态点到 Hugoniot 曲线上的任意一个状态点，冲击波波阵面参数是沿着 Rayleigh 突跃的，且满足

$$\Delta E = E - E_0 = \frac{1}{2}(p + p_0)(v_0 - v) \tag{7.132}$$

即

$$E=\frac{1}{2}\left(p+p_0\right)\left(v_0-v\right)+E_0 \tag{7.133}$$

假设考虑 Hugoniot 曲线上两个相邻无限近的状态点突跃时的变化，此时在此微冲击过程中，根据 Hugoniot 曲线上状态参数的内在联系，有

$$\mathrm{d}E|_H=\frac{1}{2}\mathrm{d}p\left(v_0-v\right)-\frac{1}{2}p\mathrm{d}v \tag{7.134}$$

联立式 (7.131) 和式 (7.134)，可以得到微分方程：

$$\left.\frac{\mathrm{d}T}{\mathrm{d}v}\right|_H+\gamma\frac{T}{v}=\frac{1}{2}\left(\left.\frac{\mathrm{d}p}{\mathrm{d}v}\right|_H\frac{v_0-v}{C_v}+\frac{p}{C_v}\right) \tag{7.135}$$

式 (7.134) 微分方程中，对于特定的介质而言，根据 Hugoniot 方程，$\mathrm{d}p/\mathrm{d}v|_H$ 是已知量，因此式 (7.135) 右端是比容 v 的函数；于是式 (7.135) 成为一个典型的一阶微分方程，其解为

$$T=T_1\left(v\right)+T_2\left(v\right)+T_3\left(v\right) \tag{7.136}$$

式中

$$\begin{cases} T_1\left(v\right)=T_0\exp\left[\left(v_0-v\right)\dfrac{\gamma_0}{v_0}\right] \\ T_2\left(v\right)=\dfrac{p\left(v_0-v\right)}{2C_v} \end{cases} \tag{7.137}$$

和

$$T_3\left(v\right)=\frac{1}{2C_v}\exp\left(-\frac{v\gamma_0}{v_0}\right)\int_{v_0}^{v}p\exp\left(\frac{v\gamma_0}{v_0}\right)\left[2-\left(v_0-v\right)\frac{\gamma_0}{v_0}\right]\mathrm{d}v \tag{7.138}$$

通过上四式即可以计算出 Hugoniot 曲线上任意一个比容 v 或压力 p 所对应的温度值。由于根据 p-v 型 Hugoniot 方程可知

$$p=\frac{\left(v_0-v\right)C_0^2}{\left[v_0-\left(v_0-v\right)S\right]^2} \tag{7.139}$$

将其代入式 (7.138) 即可以得到完全由比容 v 为变量的积分表达式，该式不能通过直接积分获得解析表达式，一般可以通过数值计算来求解。

这里我们以 304SS 材料 (304 不锈钢) 为例，我们可以通过以上推导结果给出其在 90GPa 冲击压力下 Hugoniot 曲线上的绝热温升。已知材料参数 $a=4569\text{m/s}$，Hugoniot 冲击参数 $\lambda=1.49$，初始比容 $v_0=0.127\times10^{-3}\text{m}^3/\text{kg}$，初始 Grüneisen 常数 $\gamma_0=2.170$，定容比热 $C_v=442.0\text{J/(kg}\cdot\text{K)}$，初始温度 $T_0=300$ K。

根据 6.2.2 小节中的推导结论，可知波阵面后方压力与比容之间的关系：

$$v_1=\frac{a^2}{2p\lambda^2}\left[\sqrt{1+\frac{4\lambda v_0}{a^2}p}+\frac{2\lambda\left(\lambda-1\right)v_0}{a^2}p-1\right]=\frac{a^2}{2p\lambda^2}\left[\sqrt{1+\frac{4\lambda v_0}{a^2}p}-1\right]+\left(1-\frac{1}{\lambda}\right)v_0 \tag{7.140}$$

因此，可以计算出在 90GPa 下的比容为 $v_1 = 0.097 \times 10^{-3}\text{m}^3/\text{kg}$。

根据式 (7.137)，可以计算出

$$T_1(v) = T_0 \exp\left[(v_0 - v_1)\frac{\gamma_0}{v_0}\right] \approx 501\text{K}$$

根据式 (7.137)，可以计算出

$$T_2(v) = \frac{p(v_0 - v_1)}{2C_v} \approx 3054\text{K}$$

根据式 (7.138)，可以计算出

$$T_3(v) = \frac{1}{2C_v}\exp\left(-\gamma_0\frac{v_1}{v_0}\right)\int_{v_0}^{v_1}\frac{\left(1-\frac{v}{v_0}\right)C_0^2}{\left[1-\left(1-\frac{v}{v_0}\right)s\right]^2} \cdot \exp\left(\gamma_0\frac{v}{v_0}\right)\left(2-\gamma_0+\gamma_0\frac{v}{v_0}\right)\text{d}\left(\frac{v}{v_0}\right) \approx -2233\text{K}$$

因此，可以计算出状态点 1 对应的温度为

$$T_1 = T_1(v) + T_2(v) + T_3(v) = 501\text{K} + 3054\text{K} - 2233\text{K} = 1322\text{K}$$

进而，可以计算出冲击压缩温升为

$$\Delta T_1 = T_1 - T_0 = 1322\text{K} - 300\text{K} = 1022\text{K}$$

从状态点 1 到状态点 2 是一个等熵卸载过程，根据式 (7.130) 可知，对于等熵过程有

$$C_v\text{d}T + C_vT\frac{\gamma}{v}\text{d}v = 0 \tag{7.141}$$

即

$$\frac{\text{d}T}{T} + \frac{\gamma}{v}\text{d}v = 0 \tag{7.142}$$

式 (7.142) 积分并考虑边界条件后有

$$\ln\frac{T_2}{T_1} = -\int_{v_1}^{v_2}\frac{\gamma}{v}\text{d}v \tag{7.143}$$

如令

$$\frac{\gamma}{v} = \frac{\gamma_0}{v_0} = \text{const} \tag{7.144}$$

则式 (7.143) 可简化为

$$\ln\frac{T_2}{T_1} = -\frac{\gamma_0}{v_0}\int_{v_1}^{v_2}\text{d}v = \frac{\gamma_0}{v_0}(v_1 - v_2) \tag{7.145}$$

即

$$T_2 = T_1 \exp\left[\frac{\gamma_0}{\upsilon_0}(\upsilon_1 - \upsilon_2)\right] \tag{7.146}$$

式中，状态点 1 的温度 T_1 和比容 υ_1 通过 0~1 过程中的推导可以求出，初始状态 0 对应的 Grüneisen 常数 γ_0 和比容 υ_0 已知；未知量只有状态 2 的温度 T_2 和比容 υ_2。根据图 7.18 可以看出，$\upsilon_2 > \upsilon_0$，如果认为它们近似相等，则通过式 (7.146) 即可求出温度：

$$T_2 \approx T_1 \exp\left[\frac{\gamma_0}{\upsilon_0}(\upsilon_1 - \upsilon_0)\right] \tag{7.147}$$

同上，以 304SS 材料为例，可以求出

$$T_2 \approx 1322 \exp\left[\frac{2.17}{0.127} \times (0.097 - 0.127)\right] = 792\text{K}$$

因此，残余温升为

$$\Delta T_2 = T_2 - T_0 = 792\text{K} - 300\text{K} = 492\text{K}$$

由于以上计算过程中，假设 $\upsilon_2 \approx \upsilon_0$，但实际上 $\upsilon_2 > \upsilon_0$，因而

$$|\upsilon_1 - \upsilon_0| < |\upsilon_1 - \upsilon_2| \tag{7.148}$$

考虑到式 (7.148) 中符号两端皆小于零，即实际残余温度应为

$$T_2' = \frac{T_1 \exp\left[\dfrac{\gamma_0}{\upsilon_0}(\upsilon_1 - \upsilon_0)\right]}{\exp\left[\dfrac{\gamma_0}{\upsilon_0}(|\upsilon_0 - \upsilon_2|)\right]} = \frac{T_2}{\exp\left[\dfrac{\gamma_0}{\upsilon_0}(|\upsilon_0 - \upsilon_2|)\right]} \tag{7.149}$$

因此实际温度应该小于 792K。

如果假设从状态点 0 到状态点 2 有一个虚拟的等压升温过程，则

$$\upsilon_2 = \frac{T_2}{T_0}\upsilon_0 = \frac{T_1}{T_0}\frac{T_2}{T_1}\upsilon_0 \tag{7.150}$$

此时，式 (7.145) 写为

$$\ln\frac{T_2}{T_1} = \frac{\gamma_0}{\upsilon_0}\left(\upsilon_1 - \frac{T_2}{T_0}\upsilon_0\right) = \gamma_0\left(\frac{\upsilon_1}{\upsilon_0} - \frac{T_1}{T_0}\frac{T_2}{T_1}\right) \tag{7.151}$$

以 304SS 材料为例，可以求出

$$\ln\frac{T_2}{T_1} = 2.17 \times \left(0.76378 - 4.40667\frac{T_2}{T_1}\right) \Rightarrow T_2 = 0.299T_1$$

即

$$T_2 \approx 395\mathrm{K}$$

此时，残余温升为

$$\Delta T_2 = T_2 - T_0 = 395\mathrm{K} - 300\mathrm{K} = 95\mathrm{K}$$

上面两种计算方法皆是近似算法，实际值应处于两者之间。表 7.1 给出 30GPa、50GPa 和 100GPa 三种压力下铜、铅和钛三种金属材料的冲击温升和残余温升。

表 7.1 三种压力下三种金属材料的冲击温升和残余温升

材料	温升	30GPa	50GPa	100GPa
Cu	冲击温升	179	425	1462
	残余温升	67	194	657
Pb	冲击温升	1050	2430	8925
	残余温升	307	604	1520
Ti	冲击温升	242	644	2095
	残余温升	134	389.5	1134

若进一步假设 $\gamma(v) = \gamma_0 = \mathrm{const}$，则由 (7.143) 可以给出更加简单的形式：

$$\frac{T_2}{T_1} = \left(\frac{v_1}{v_2}\right)^{\gamma_0} \tag{7.152}$$

由于 Grüneisen 系数变化范围较小，在冲击压力较低时式 (7.152) 也相对准确。利用式 (7.152) 对上例中 304 不锈钢残余温升进行计算，可以给出

$$T_2 = \left(\frac{v_1}{v_2}\right)^{\gamma_0} T_1 \approx \left(\frac{v_1}{v_0}\right)^{\gamma_0} T_1 = 736\mathrm{K} \tag{7.153}$$

式中也假设卸载后比容近似等于初始比容。

事实上，即使考虑 Grüneisen 系数变化，也可以将式 (7.143) 表达为

$$\frac{T_2}{T_1} = \left(\frac{v_1}{v_2}\right)^{\bar{\gamma}} \tag{7.154}$$

式中，根据中值定理

$$\bar{\gamma} \in (\gamma_1, \gamma_0) \tag{7.155}$$

图 7.20 所示试验结果显示式 (7.146)、式 (7.152) 和式 (7.154) 形式是科学合理的。

从式 (7.146) 和式 (7.151) 可以看出，相对于冲击波波阵面上的状态量，卸载后相对比容越大则残余温度越小；需要注意的是，这是相对于加载后的状态量，而不是初始量；相对初始状态量，对于同一种材料而言，随着冲击压力的增大，卸载后材料的比容越大，如图 7.19 和图 7.21 所示，此两图给出从 0GPa 到 200GPa 冲击压缩条件下，16 种金属材料中冲击加载并等熵卸载后材料的相对比容，从图中可以看出，随着冲击压力的增大，卸载后的相对比容与之呈近似抛物线形式递增。

同时，相对于初始状态时的温度，等熵卸载后的残余温度也随着冲击压力的增大而增大，如图 7.22 所示。

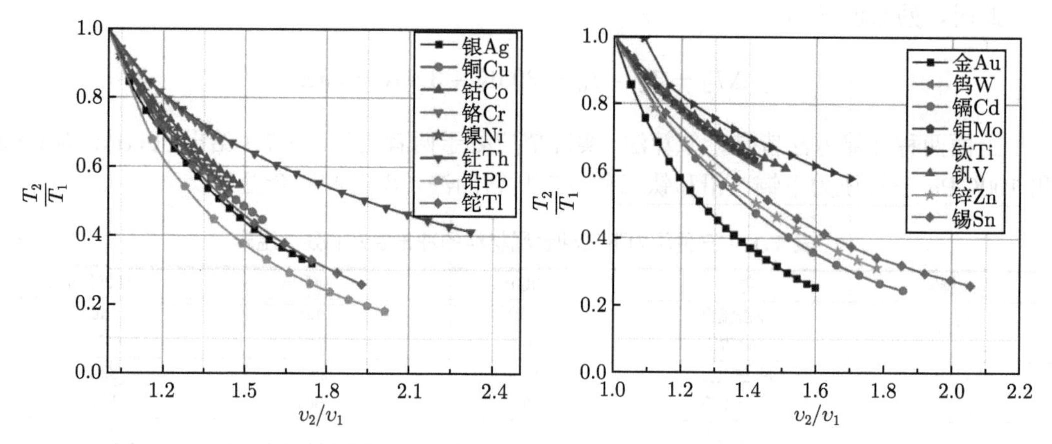

图 7.20 不同金属材料卸载后比容、残余温升与冲击波波阵面上比值之间的关系

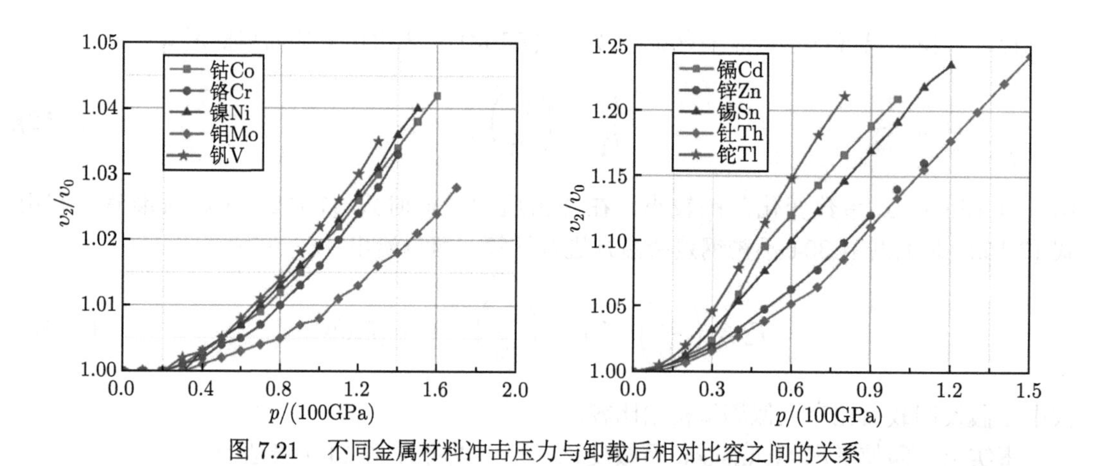

图 7.21 不同金属材料冲击压力与卸载后相对比容之间的关系

图 7.22 不同金属材料冲击压力与残余温度之间的关系

也就是说，虽然式 (7.152) 显示温度比与比容比互为反比关系，但是相对于冲击波波阵面后方的状态，而不是初始状态；相对初始状态，相对温度与相对比容之间则呈广义正比关系，如图 7.23 所示。

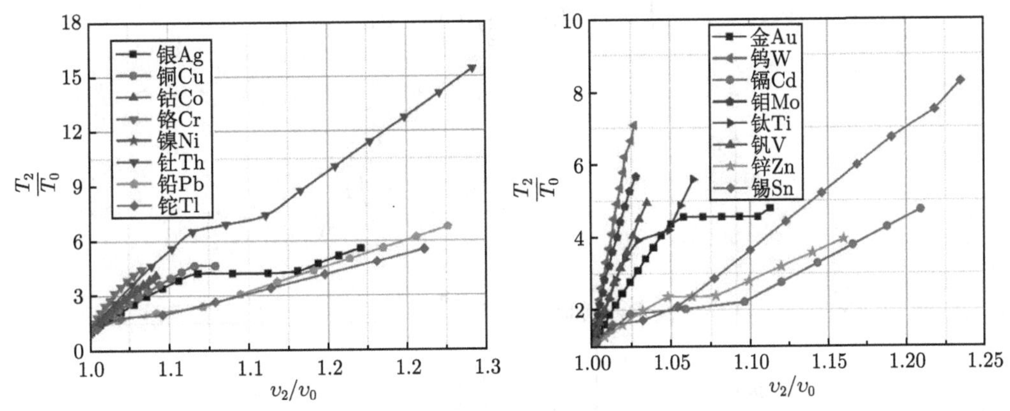

图 7.23 不同金属材料相对于初始状态相对残余温升与相对比容之间的关系

7.2 高压固体中一维冲击波的相互作用及传播

在材料或结构中，冲击波的传播过程一般比较复杂。由于材料中各类边界、形状变化或冲击阻抗变化的影响，冲击波在传播过程中不断产生反射、透射、衍射、绕射等行为；而且在很多情况下还会有其他扰动同时在材料中传播，这不可避免地导致材料中会产生冲击波的相互作用。一维冲击波的相互作用一般可分为一维冲击波之间的相互作用和一维冲击波与弹塑性波的相互作用两种情况，在高压固体介质中，最常见的主要是一维冲击波之间的相互作用问题以及一维条件下弹性卸载波对冲击波的追赶卸载问题此两类问题，后者在 7.1 节已做详细讨论，本节主要讨论一维冲击波之间的相互作用特征。

7.2.1 一维冲击波的追赶相互作用

如同 6.1 节分析，冲击波能够在递增强化材料中稳定传播。在高压条件下，此处不考虑弹性阶段的影响，设材料的本构模型如图 7.24 所示。设材料的初始密度为 ρ_0、初始比容为 v_0，在初始时刻处于自然静止松弛状态，即在状态点 0 点有

$$\begin{cases} p_0 = 0 \\ u_0 = 0 \end{cases} \tag{7.156}$$

在初始时刻一个强度为 $p_1 - p_0 = p_1$ 的平面冲击波从杆左端沿着 X 方向向右传播，波阵面后方状态点 1 如图 7.24 所示，介质跨过波阵面 OA 从状态点 0 沿着 Rayleigh 线 0~1 跳跃到状态点 1。

冲击波波阵面 OA 上的突跃条件即可写为

$$
\begin{cases}
u = \sqrt{p(v_0 - v)} \\
D = v_0 \sqrt{\dfrac{p}{v_0 - v}} \\
E - E_0 = \dfrac{1}{2} p(v_0 - v)
\end{cases}
\tag{7.157}
$$

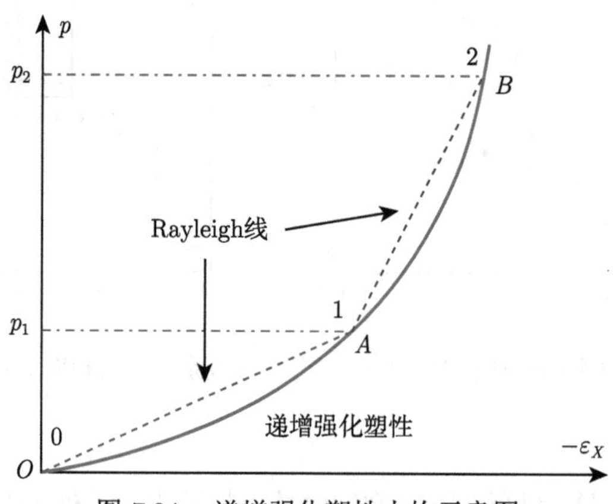

图 7.24 递增强化塑性本构示意图

假设在相对短的 Δt 时刻后，另一个强度为 $p_2 - p_1$ 平面冲击波 AB 自杆左端沿着相同方向传播，设两个冲击波加载时间间隔短，卸载波尚未追赶上波阵面造成卸载，且不考虑冲击波的能耗衰减；即认为第二个冲击波前方介质状态处于第一个冲击波波阵面后方的状态点 1，因而介质跨过冲击波波阵面 AB 后由状态点 1 沿着 Rayleigh 线 1~2 跳跃到状态点 2，波阵面 AB 上的突跃条件应为

$$
\begin{cases}
u - u_1 = \sqrt{(p - p_1)(v_1 - v)} \\
D - u_1 = v_1 \sqrt{\dfrac{p - p_1}{v_1 - v}} \\
E - E_1 = \dfrac{1}{2}(p + p_1)(v_1 - v)
\end{cases}
\tag{7.158}
$$

对于前方平面冲击波 0~1 而言，冲击波波速与质点速度应满足 D-u 型 Hugoniot 方程：

$$
D_1 = a + \lambda u_1 \tag{7.159}
$$

式 (7.159) 所示形式成立的前提条件是波阵面前方介质质点速度为零，即实际上式 (7.159) 中冲击波波速与质点速度应是相对速度：

$$
D_1 - u_0 = a + \lambda(u_1 - u_0) \tag{7.160}
$$

只是由于冲击波 0~1 波阵面前方质点速度为零，因而，式 (7.160) 可简化为式 (7.159) 所

示形式。而且，如同 6.2.2 小节分析，有

$$\lim_{u_1 \to u_0} (D_1 - u_0) = a \tag{7.161}$$

式 (7.161) 的物理意义是：当波阵面紧前方和紧后方质点速度近似相等即应力波为连续波时，连续波相对波速即物质声速或 L 氏波速正好等于线性 D-u 型 Hugoniot 方程中常数项系数，即理论上：

$$a = C_L \tag{7.162}$$

然而，从 6.2 节和 7.1 节中的试验结果可以看出，材料中 L 氏波速随着压力的增大而增大，因而，即使在同一个材料中，冲击波波阵面紧前方压力状态不同，该系数应该不同，即该值是波阵面紧前方压力的函数：

$$a = C_L(p) \tag{7.163}$$

后续平面冲击波 1~2 由于波阵面前方质点速度并不为零，其冲击波波速与质点速度应满足 D-u 型 Hugoniot 方程：

$$D_2 - u_1 = a_1 + \lambda (u_2 - u_1) \tag{7.164}$$

即

$$D_2 = a_1 + \lambda u_2 - (\lambda - 1) u_1 \tag{7.165}$$

由于

$$p_1 > p_0 \tag{7.166}$$

因而

$$a_1 > a \tag{7.167}$$

根据冲击波 0~1 波阵面紧后方介质中参数的控制方程组式 (7.157)，可以得到冲击波 0~1 波阵面紧后方介质中空间声速为

$$c = \sqrt{\left.\frac{\partial p}{\partial \rho}\right|_s} = \frac{\rho_0}{\rho_1} D_1 \tag{7.168}$$

再将跨过冲击波 0~1 波阵面质量守恒条件

$$\rho (D - u) = \rho_0 D \tag{7.169}$$

代入式 (7.168)，即有

$$c = \sqrt{\left.\frac{\partial p}{\partial \rho}\right|_s} = D_1 - u_1 \tag{7.170}$$

因而，可以给出冲击波 0~1 波阵面紧后方介质中物质声速即相对波速为

$$C_L(p_1) = D_1 \tag{7.171}$$

即

$$a_1 = D_1 \tag{7.172}$$

将式 (7.172) 代入式 (7.165)，即可给出冲击波 1~2 的空间波速为

$$D_2 = D_1 + \lambda u_2 - (\lambda - 1)\, u_1 = a + \lambda u_2 + u_1 \tag{7.173}$$

因而可以给出结论：

$$D_2 > D_1 \tag{7.174}$$

后方冲击波波阵面 AB 必然会追上前方的冲击波波阵面 OA。

参考 6.2.2 节 Hugoniot 方程推导知识，在基于 D-u 型 Hugoniot 方程的线性假设基础上，可以给出其冲击波 0~1 波阵面上的 p-v 型 Hugoniot 方程为

$$p = \frac{(v_0 - v)\, a^2}{\left[v_0 - (v_0 - v)\, \lambda\right]^2} \tag{7.175}$$

如图 7.25 所示。

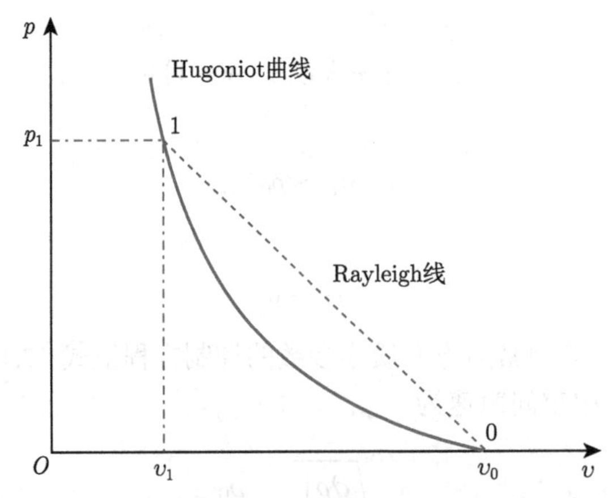

图 7.25　前平面冲击波 p-v 型 Hugoniot 曲线示意图

将式 (7.173) 和式 (7.157) 中第一式代入式 (7.158) 可以给出冲击波 1~2 波阵面上的 p-v 型 Hugoniot 方程：

$$p - p_1 = \frac{(v_1 - v)\, D_1^2}{\left[v_1 - (v_1 - v)\, \lambda\right]^2} \tag{7.176}$$

即

$$p = \frac{(v_1 - v)\, D_1^2}{\left[v_1 - (v_1 - v)\, \lambda\right]^2} + \frac{(v_0 - v_1)\, a^2}{\left[v_0 - (v_0 - v_1)\, \lambda\right]^2} \tag{7.177}$$

对比式 (7.175) 和式 (7.177) 可以看出此两个冲击波 p-v 型 Hugoniot 曲线一般并不重合，一般后者在前者的下方，如图 7.26 所示。

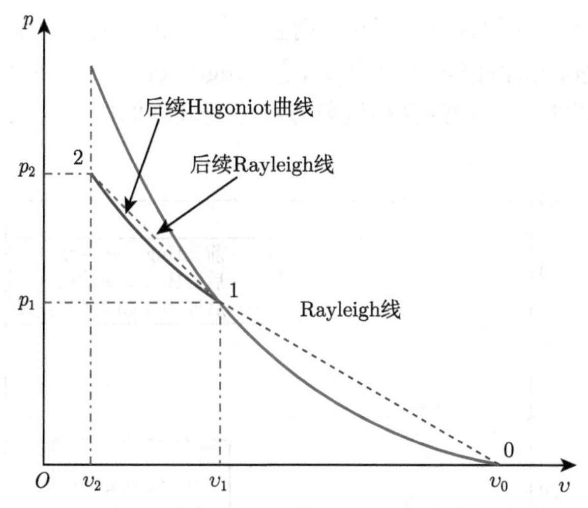

图 7.26 二次加载 p-v 型 Hugoniot 曲线示意图

定义无量纲压力为

$$\bar{p} = \frac{p}{\rho_0 a^2} \tag{7.178}$$

无量纲比容或相对比容为

$$\bar{v} = \frac{v}{v_0}, \quad \bar{v}_1 = \frac{v_1}{v_0} \tag{7.179}$$

则式 (7.175) 可表达为无量纲形式：

$$\bar{p} = \frac{(1-\bar{v})}{[1-(1-\bar{v})\lambda]^2} = \frac{1}{\lambda[\lambda\bar{v}+(1-\lambda)]}\left[\frac{1}{\lambda\bar{v}+(1-\lambda)}-1\right] \tag{7.180}$$

根据式 (7.157) 中第二式，式 (7.177) 可进一步表达为无量纲形式：

$$\bar{p} = \left(\frac{\bar{v}_1-\bar{v}}{(1-\bar{v}_1)[\bar{v}_1-(\bar{v}_1-\bar{v})\lambda]^2}+1\right)\frac{(1-\bar{v}_1)}{[1-(1-\bar{v}_1)\lambda]^2} \tag{7.181}$$

或写为

$$\bar{p} = \left\{\frac{\bar{v}_1}{\bar{v}_1-(\bar{v}_1-\bar{v})\lambda}-1\right\}\frac{1}{\lambda[\bar{v}_1-(\bar{v}_1-\bar{v})\lambda]}\frac{1}{[1-(1-\bar{v}_1)\lambda]^2}+\frac{(1-\bar{v}_1)}{[1-(1-\bar{v}_1)\lambda]^2} \tag{7.182}$$

以密度为 8.90g/cm^3 的铜金属为例，其 D-u 型 Hugoniot 方程的一次项系数 $\lambda = 1.495$，因而可以绘制出式 (7.180) 所示曲线，见图 7.27 所示。图中设冲击波 0~1 波阵面紧后方介质相对比容为 0.6，从图中可以看出冲击波 1~2 的 p-v 型 Hugoniot 曲线明显在冲击波 0~1 的下方，其反向延长线即相对比容为 0.6~1.0 区间在冲击波 0~1 的上方且不经过 (1, 0) 点。从图 7.28 所示，如两次冲击波造成最终相对比容相同，则冲击波 0~1 的强度相对越低，最终冲击波波阵面紧后方的压力就越小。从图 7.29 可以看出，若两次加载和一次加载总压力相同，则两次加载造成的最终相对比容比一次加载小，即压缩效果更强；而且，后续冲击波强度相对越大，这种效果越明显；而且从图 7.28 中可以发现，虽然前方冲击波波阵面上压力越小，后续冲击波波阵面上的 p-u 型 Hugoniot 曲线初始斜率越小即越平缓，但随着压力的增大其斜率更大，最终会超过前方冲击波波阵面压力较大时的情况。

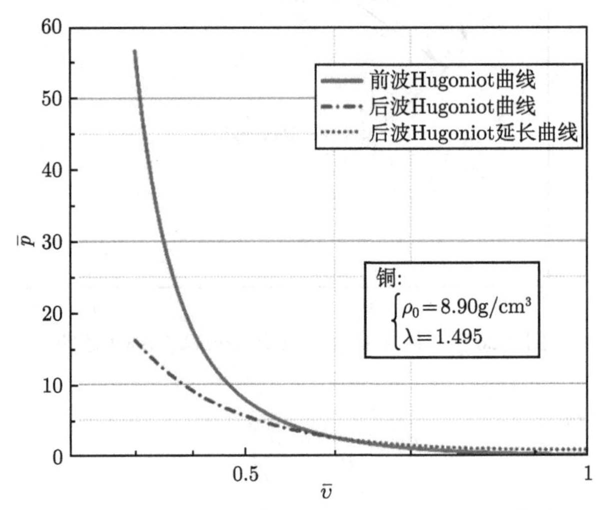

图 7.27　铜金属中二次加载 p-v 型 Hugoniot 曲线

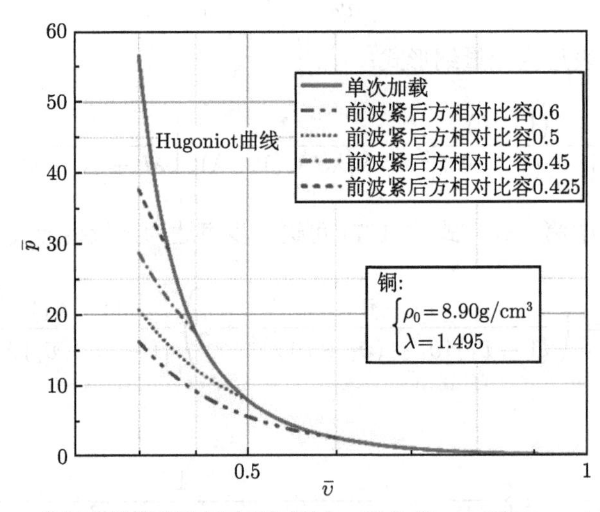

图 7.28　相同总比容铜金属中不同组合二次加载 p-v 型 Hugoniot 曲线

根据冲击波波阵面 OA 和后续冲击波波阵面 AB 上的突跃条件式 (7.157) 和式 (7.158) 可以给出两个冲击波的 p-u 型 Hugoniot 方程分别为

$$p=\rho_0 Du=\rho_0\left(\lambda u^2+au\right) \tag{7.183}$$

和

$$p-p_1=\rho_1\left(D-u_1\right)\left(u-u_1\right) \tag{7.184}$$

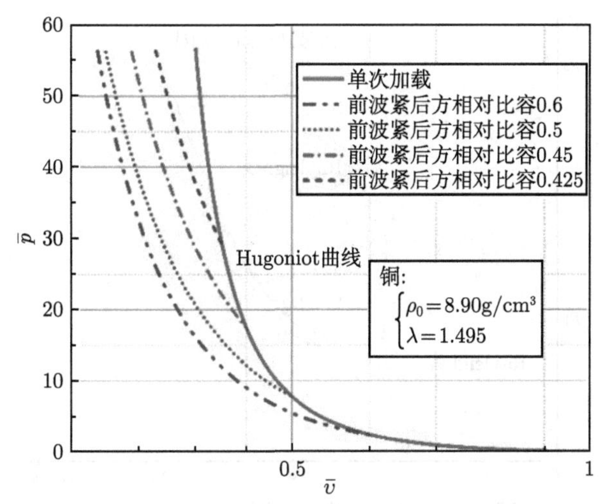

图 7.29 相同总压力铜金属中不同组合二次加载 p-v 型 Hugoniot 曲线

将 D-u 型 Hugoniot 方程式 (7.173) 代入式 (7.184)，可以得到

$$p - p_1 = \rho_1 (a + \lambda u)(u - u_1) \tag{7.185}$$

将式 (7.183) 代入式 (7.185)，可以得到冲击波 1~2 波阵面上的 p-u 型 Hugoniot 方程为

$$p = \rho_1 (a + \lambda u)(u - u_1) + \rho_0 \left(\lambda u_1^2 + a u_1\right) \tag{7.186}$$

结合冲击波 0~1 波阵面上的连续条件式 (7.169)，可进一步得到

$$p = \rho_0 (a + \lambda u) u + \frac{\rho_0 u_1}{a + (\lambda - 1) u_1} [(a + \lambda u_1)(a + \lambda u_1 - u_1) - (a + \lambda u)(a + \lambda u_1 - u)] \tag{7.187}$$

或化简为

$$p = \rho_0 (a + \lambda u) u - \frac{\rho_0 u_1 (u - u_1)}{a + (\lambda - 1) u_1} [(\lambda - 1) D_1 - \lambda u] \tag{7.188}$$

根据试验给出不同材料 D-u 型 Hugoniot 方程的参数值，将之代入式 (7.183) 和式 (7.188)，可以看出，同二次加载 p-v 型 Hugoniot 曲线与单次加载时差别明显相比，当二次加载波的强度接近时，二次加载 p-u 型曲线与单次加载曲线非常接近，近似重合。只有在加载压力很大时，两者才有相对明显的差别，此时后续冲击波波阵面 AB 上的 p-u 型 Hugoniot 曲线在前面的冲击波波阵面 OA 的 Hugoniot 曲线的上方 (在相对低压时，有时可能正好相反，两条曲线近似重合且可能后续冲击波波阵面的 Hugoniot 曲线在前者稍下方)，如图 7.30 所示。

考虑式 (7.178)，冲击波 0~1 波阵面上的 p-u 型 Hugoniot 方程可表达为

$$\bar{p} = \frac{p}{\rho_0 a^2} = \lambda \left(\frac{u}{a}\right)^2 + \frac{u}{a} \tag{7.189}$$

定义无量纲质点速度或相对质点速度为

$$\bar{u} = \frac{u}{a}, \quad \bar{u}_1 = \frac{u_1}{a} \tag{7.190}$$

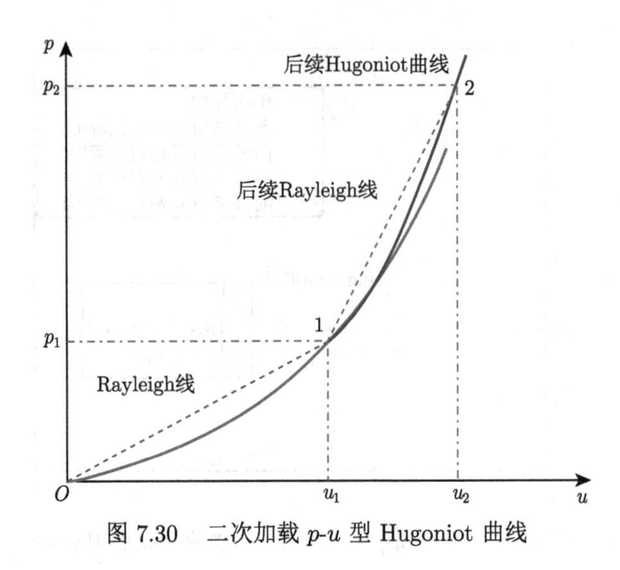

图 7.30　二次加载 p-u 型 Hugoniot 曲线

则式 (7.189) 可表达为无量纲形式：

$$\bar{p} = \lambda \bar{u}^2 + \bar{u} \tag{7.191}$$

类似地，冲击波 1~2 波阵面上的 p-u 型 Hugoniot 方程可表达为无量纲形式：

$$\bar{p} = (1+\lambda\bar{u})\,\bar{u} + \frac{\bar{u}_1}{1+(\lambda-1)\,\bar{u}_1}\left[(1+\lambda\bar{u}_1)\,(1+\lambda\bar{u}_1-\bar{u}_1)-(1+\lambda\bar{u})\,(1+\lambda\bar{u}_1-\bar{u})\right] \tag{7.192}$$

以密度为 8.90g/cm^3 的铜金属为例，其 D-u 型 Hugoniot 方程的一次项系数 $\lambda = 1.495$，因而可以绘制出冲击波 0~1 和冲击波 1~2 波阵面上 p-u 型 Hugoniot 曲线，如图 7.31 所示。图中设冲击波 0~1 波阵面紧后方介质相对质点速度为 0.4，从图中可以看出冲击波 1~2

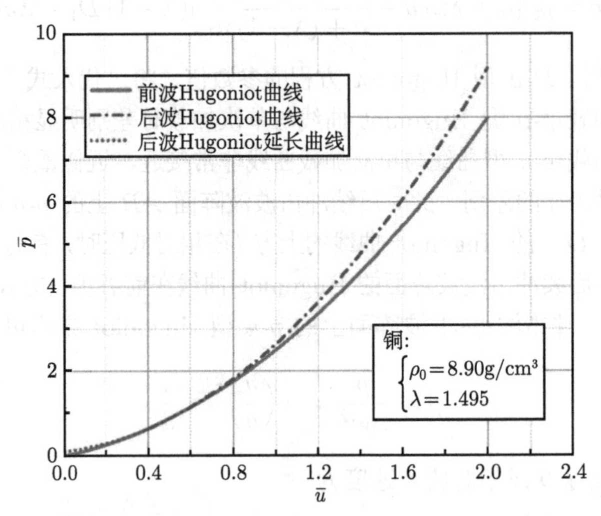

图 7.31　铜金属中二次加载 p-u 型 Hugoniot 曲线

的 p-u 型 Hugoniot 曲线在冲击波 0~1 的上方，其反向延长线即相对质点速度为 0~0.4 区间也在冲击波 0~1 的上方且不经过 (1, 0) 点。从图 7.32 可以看出，不同后续冲击波起点，其 p-u 型 Hugoniot 曲线斜率并不相同。

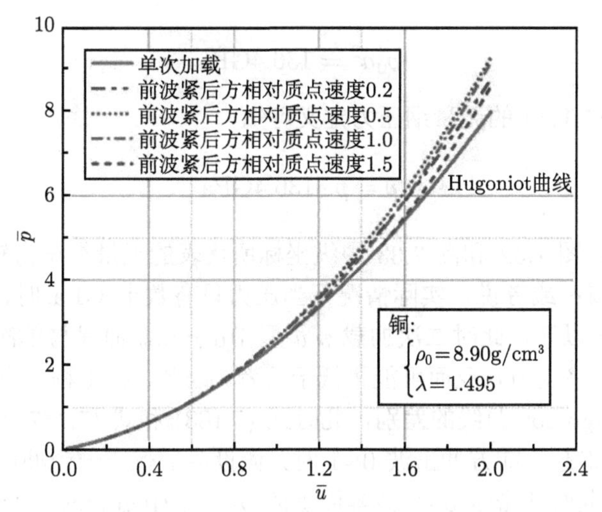

图 7.32　铜金属中不同组合二次加载 p-u 型 Hugoniot 曲线

图 7.32 中各曲线由于起点不同，其斜率大小不易判断；将图 7.32 中不同起点的 p-u 曲线通过平移，让它们的起点皆处于原点，如图 7.33 所示。从图中容易看到，前方冲击波 0~1 波阵面上的相对质点速度越大，后续冲击波 1~2 波阵面上的 p-u 型 Hugoniot 曲线越陡。

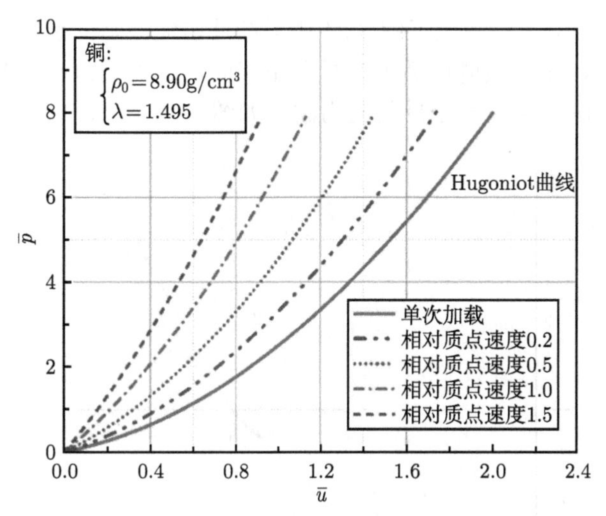

图 7.33　铜金属中不同组合二次加载 p-u 型 Hugoniot 曲线平移后对比图

需要再次强调的是，二次加载时后续冲击波波阵面上的 p-u 型 Hugoniot 曲线比单次加载时相对明显陡峭的前提是冲击压力极大，还是以密度为 8.90g/cm^3 的铜金属为例，其

D-u 型 Hugoniot 方程系数为

$$\begin{cases} a = 3.915\text{km/s} \\ \lambda = 1.495 \end{cases} \tag{7.193}$$

因而

$$\rho_0 a^2 = 136.4\text{GPa} \tag{7.194}$$

此时，根据式 (7.178) 的无量纲压力定义可知

$$p = \bar{p} \cdot 136.4\text{GPa} \tag{7.195}$$

也就是说，图 7.31、图 7.32 和图 7.33 中纵坐标所代表的无量纲压力转换为实际压力时需要乘以很大的一个值；或者说，实际情况下当压力只有数十 GPa 时，此三图中纵坐标无量纲压力值只在 0.5 以下，此时二次加载 p-u 型 Hugoniot 曲线与单次加载曲线基本重合，有时前者不仅不在后者上方，反而可能稍低于后者。因此，在工程上有时忽略图 7.26 和图 7.30 中两次加载 Hugoniot 曲线的差别，此时式 (7.183) 和式 (7.187) 近似相等。

当冲击波 1~2 追赶上前方冲击波 0~1 时，假设会汇聚成一个冲击波 0~2 时，如物理平面图 7.34 所示。此时冲击波 0~2 波阵面上的 p-u 型 Hugoniot 关系应为

$$p = \rho_0 D u = \rho_0 \left(\lambda u^2 + a u\right) \tag{7.196}$$

容易看出，设状态点 2 的质点速度为 u_2，则由式 (7.183) 给出的压力 p_2 与式 (7.187) 所给出的压力 p_2 并不相等。如上所述，当冲击波强度不是极大时，可以忽略二次加载 p-u 型 Hugoniot 曲线之间的差别，即可认为两个冲击波追赶加载后会形成一个冲击波，且近似满足叠加关系。

根据以上分析可知，一般情况下图 7.34 中后续冲击波波阵面后方的压力与质点速度等参量与汇聚后形成的冲击波波阵面后方参量并不相同，这就类似 4.3 节中弹塑性传播的内反射行为，追赶上的瞬间会有一个反射应力波，如图 7.35 所示。

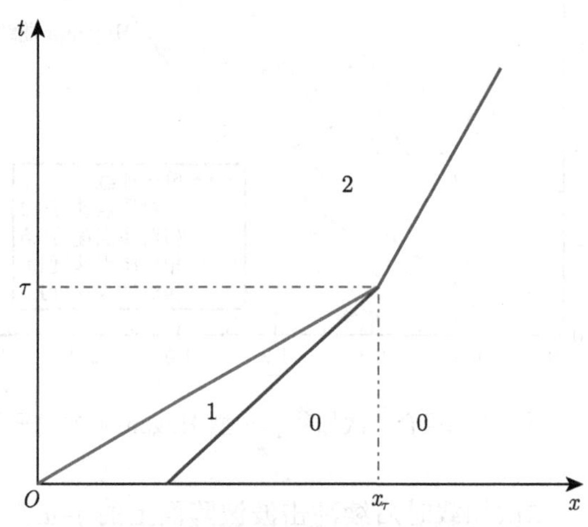

图 7.34 假设汇聚成一个冲击波时物理平面图

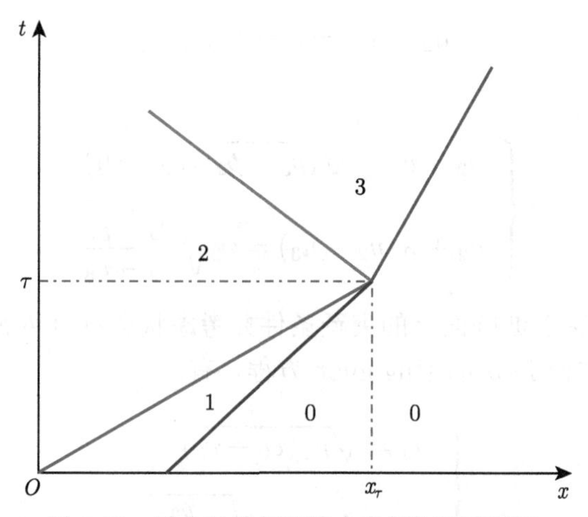

图 7.35 冲击波追赶汇聚内反射物理平面图

根据冲击波 0~1 波阵面上的 Hugoniot 方程组：

$$\begin{cases} p = \dfrac{(v_0 - v)\, a^2}{\left[v_0 - (v_0 - v)\, \lambda\right]^2} \\ p = \rho_0 D u = \rho_0 \left(\lambda u^2 + a u\right) \end{cases} \tag{7.197}$$

与初始条件和边界加载条件可以给出状态点 1 的压力 p_1、比容 v_1 和质点速度 u_1。

根据冲击波 1~2 波阵面上的 Hugoniot 方程组：

$$\begin{cases} p - p_1 = \dfrac{(v_1 - v)\, D_1^2}{\left[v_1 - (v_1 - v)\, \lambda\right]^2} \\ p = \rho_0 (a + \lambda u)\, u - \dfrac{\rho_0 u_1 (u - u_1)}{a + (\lambda - 1)\, u_1} \left[(\lambda - 1)\, D_1 - \lambda u\right] \end{cases} \tag{7.198}$$

与状态点 1 对应的参数给出状态点 2 的压力 p_2、比容 v_2 和质点速度 u_2。

根据左行冲击波 2~3 波阵面上的突跃条件：

$$\begin{cases} u_2 - u_3 = \sqrt{(p_3 - p_2)\,(v_2 - v_3)} \\ u_2 - D_{2\sim 3} = v_2 \sqrt{\dfrac{p_3 - p_2}{v_2 - v_3}} \end{cases} \tag{7.199}$$

和 D-u 的 Hugoniot 方程：

$$u_2 - D_{2\sim 3} = a_2 + \lambda\,(u_2 - u_3) \tag{7.200}$$

式中同本小节上文分析，有

$$a_2 = D_2 = a + \lambda u_2 + u_1 \tag{7.201}$$

可以给出

$$\begin{cases} u_2 - u_3 = \sqrt{(p_3 - p_2)(v_2 - v_3)} \\ a_2 + \lambda(u_2 - u_3) = v_2\sqrt{\dfrac{p_3 - p_2}{v_2 - v_3}} \end{cases} \tag{7.202}$$

根据右行冲击波 0~3 波阵面上的突跃条件并考虑状态点 0 对应的压力和质点速度均为零这个初始条件，结合 D-u 的 Hugoniot 方程，有

$$\begin{cases} u_3 = \sqrt{p_3(v_0 - v_3)} \\ a + \lambda u_3 = v_0\sqrt{\dfrac{p_3}{v_0 - v_3}} \end{cases} \tag{7.203}$$

联立式 (7.202) 和式 (7.203) 可以求出状态点 3 的压力 p_3、质点速度 u_3 和比容 v_3，读者可以试推导之。

以上的分析是建立在介质中冲击波波速与粒子速度满足近似线性关系的基础上的，其有一定的局限性，我们也可以利用波阵面上的能量守恒方程和介质的 Grüneisen 状态方程来推导更加普适的方程，具体可以参考文献 (王礼立等，2017) 中相关内容。

7.2.2　一维冲击波的迎面相互作用

设一维杆材料的应力应变关系如图 7.24 所示 (可以认为此一维杆是由一维应变条件下的情况等效过来的，一维应变条件下即使递减强化的金属材料在高压下应力应变关系也可能是递增强化，为了方便与本书以上章节对比，这里等效为一维应力状态下杆中应力波传播，如 7.1 节中的说明)，初始时刻杆处于自然松弛静止状态，即

$$\begin{cases} p_0 = 0 \\ u_0 = 0 \end{cases} \tag{7.204}$$

设在 $t = 0$ 时刻从杆左端向右传播一个强度为 p_1 的冲击波，同时自杆右端向左传播一个强度为 p_2 的冲击波；两波在 τ 时刻相遇，如图 7.36 所示。

根据右行冲击波 0~1 波阵面上的突跃条件和 D-u 的 Hugoniot 方程，有

$$\begin{cases} u_1 = \sqrt{p_1(v_0 - v_1)} \\ a + \lambda u_1 = v_0\sqrt{\dfrac{p_1}{v_0 - v_1}} \end{cases} \tag{7.205}$$

可以解出

$$\begin{cases} u_1 = \dfrac{-a + \sqrt{a^2 + 4\lambda p_1 v_0}}{2\lambda} \\ v_1 = v_0 - \dfrac{u_1^2}{p_1} \end{cases} \tag{7.206}$$

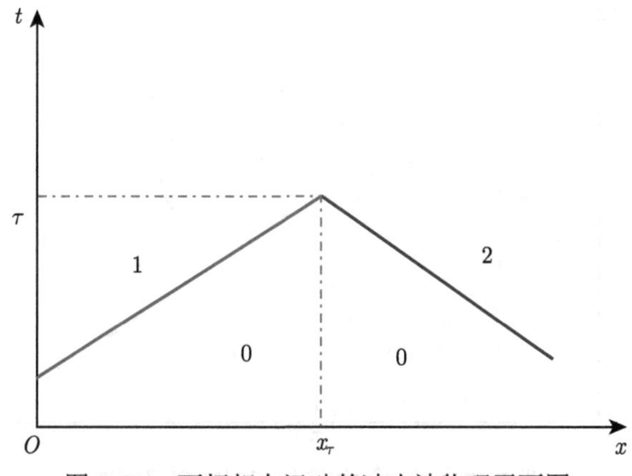

图 7.36 两杆相向运动的冲击波物理平面图

进而可以给出冲击波 0~1 的波速为

$$D_1 = a + \lambda u_1 = \frac{a + \sqrt{a^2 + 4\lambda p_1 v_0}}{2} \tag{7.207}$$

根据左行冲击波 0~2 波阵面上的突跃条件和 D-u 的 Hugoniot 方程，有

$$\begin{cases} -u_2 = \sqrt{p_2 (v_0 - v_2)} \\ a - \lambda u_2 = v_0 \sqrt{\dfrac{p_2}{v_0 - v_2}} \end{cases} \tag{7.208}$$

可以解出

$$\begin{cases} u_2 = \dfrac{a - \sqrt{a^2 + 4\lambda p_2 v_0}}{2\lambda} \\ v_2 = v_0 - \dfrac{u_2^2}{p_2} \end{cases} \tag{7.209}$$

进而可以给出冲击波 0~2 的波速为

$$D_2 = \lambda u_2 - a = -\frac{a + \sqrt{a^2 + 4\lambda p_2 v_0}}{2} \tag{7.210}$$

因而给出了状态点 1 和状态点 2 的状态参数。当 $t = \tau$ 时，两波相遇，假设会向右传播一个冲击波 2~3 的同时会向左传播一个冲击波 1~3，如图 7.37 所示。

根据右行冲击波 2~3 波阵面上的突跃条件和 D-u 的 Hugoniot 方程，有

$$\begin{cases} u_3 - u_2 = \sqrt{(p_3 - p_2)(v_2 - v_3)} \\ a' + \lambda (u_3 - u_2) = v_2 \sqrt{\dfrac{p_3 - p_2}{v_2 - v_3}} \end{cases} \tag{7.211}$$

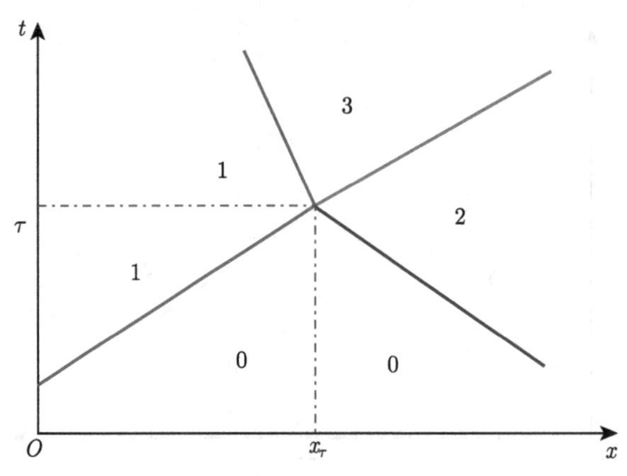

图 7.37　冲击波的迎面相遇物理平面图

和左行冲击波 1~3 波阵面上的突跃条件和 D-u 的 Hugoniot 方程，有

$$\begin{cases} u_1 - u_3 = \sqrt{(p_3 - p_1)(v_1 - v_3)} \\ a'' + \lambda(u_1 - u_3) = v_1\sqrt{\dfrac{p_3 - p_1}{v_1 - v_3}} \end{cases} \tag{7.212}$$

式中

$$\begin{cases} a' = D_2 \\ a'' = D_1 \end{cases} \tag{7.213}$$

联立式 (7.211) 和式 (7.212)，可以给出状态点 3 的应力 p_3、比容 v_3 和质点速度 u_3，读者可推导之；在此不再详细推导，下面主要介绍图解法解题思路。

以两个入射冲击波强度满足 $p_2 > p_1$ 为例，根据波阵面前方质点速度与压力为零时的 p-v 型 Hugoniot 曲线，可以给出状态点 1 和状态点 2，如图 7.38 所示。

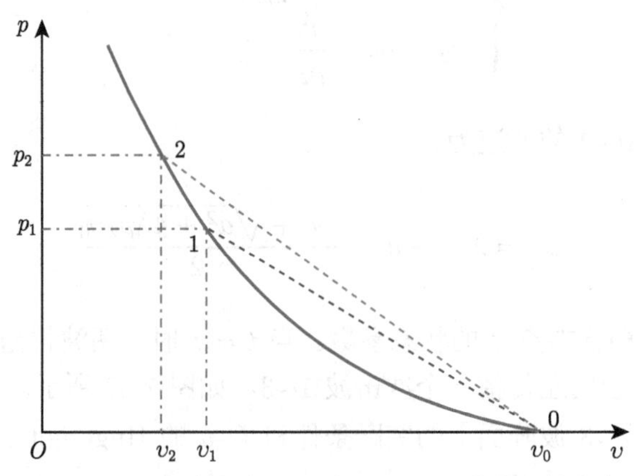

图 7.38　两个冲击波 p-v 型 Hugoniot 曲线及状态点

如图 7.26 和图 7.29 所示规律，冲击波 1~3 波阵面上的 p-u 型 Hugoniot 曲线在状态点 1 处的斜率绝对值一般低于冲击波 2~3 波阵面上的 p-u 型 Hugoniot 曲线在状态点 2 处

的斜率绝对值，但图 7.39 中曲线 1~3 斜率绝对值增加得比曲线 2~3 快，直至两者相交于点 3。

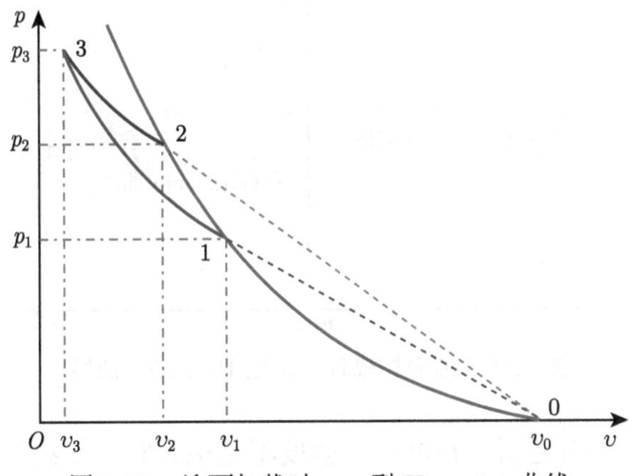

图 7.39 迎面加载时 p-v 型 Hugoniot 曲线

如果弹塑性相互作用中常利用σ-v 曲线对状态变化进行分析，在冲击波的相互作用过程中利用 p-u 型 Hugoniot 曲线对问题进行分析更为直观易懂。类似地，对物理平面图 7.36 对应的阶段进行分析，可以给出图 7.40。由于两个冲击波波阵面前方均为初始状态，因而图中两条曲线的形状相同只是由于压力不同导致长度不同，两条 Hugoniot 曲线关系纵轴对称。

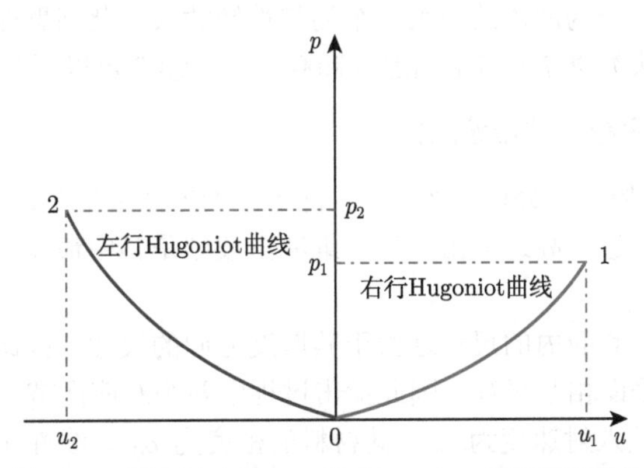

图 7.40 两个冲击波 p-u 型 Hugoniot 曲线及状态点

基于物理平面图 7.37，在图 7.40 中可以绘制出左行冲击波 1~3 和右行冲击波 2~3 的 Hugoniot 曲线示意图，如图 7.41 所示。图中曲线 1~3′ 形状与冲击波 0~2 的左行 Hugoniot 曲线形状相同、曲线 2~3′ 形状与冲击波 0~1 的右行 Hugoniot 曲线形状相同。然而，根据 7.2.1 节分析，当冲击波强度极大时，左行冲击波 1~3′ 的 Hugoniot 曲线一般在曲线 1~3 的上方、右行冲击波 2~3′ 的 Hugoniot 曲线一般也在曲线 2~3 的上方，此时，冲击波相互作用后总压力大于两个入射波的强度之和：

$$p_3 > p_1 + p_2 \tag{7.214-a}$$

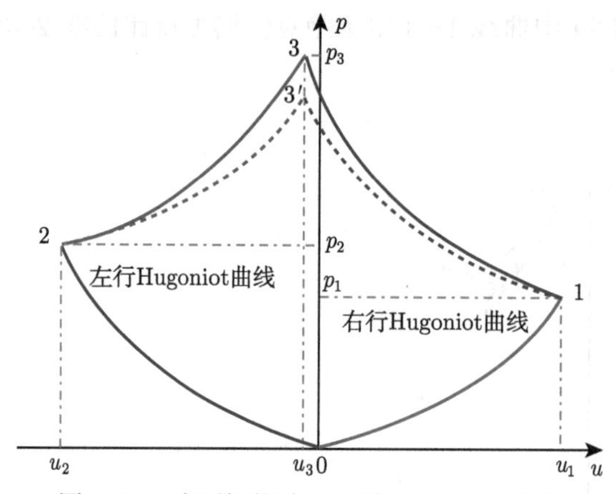

图 7.41　迎面加载时 p-u 型 Hugoniot 曲线

当然，如同 7.2.1 小节分析，在冲击波强度不是极大时，二次加载冲击波波阵面上的 Hugoniot 与单次加载时曲线基本重合，因而，此时可以近似认为

$$p_3 \approx p_1 + p_2 \tag{7.214-b}$$

甚至有时出现前者略小于后者的情况，即

$$p_3 < p_1 + p_2 \tag{7.214-c}$$

若两个入射波中一个为冲击波而另一个为弹性卸载波，此问题即转换为冲击波的迎面卸载问题，其分析方法类似 7.1 节中的追赶卸载问题，读者可以试分析之，在此不做详述。

7.2.3　高速共轴对撞平板中冲击波的传播

如 6.2.3 小节试验原理中分析所述，产生冲击波的方法有很多，如爆炸、撞击等，而利用两个表面平行的平板进行高速撞击产生一维冲击波则是其中最简单也是最易控制、最常用的方法之一。

假设有两个平板，其面内的尺寸远大于其厚度方向的尺寸，因此撞击过程可以视为一维平面应变状态；其平面相互平行，因此撞击过程中两个对应面节点同时接触；如图 7.42 所示，设平板 1 的初始入射速度为 u_0，其材料的密度为 ρ_{01}、线性 D-u 型 Hugoniot 曲线常数项与速度系数分别为 a_1 和 λ_1；平板 2 初始处于静止状态，其材料的密度为 ρ_{02}、线性 D-u 型 Hugoniot 曲线常数项与速度系数分别为 a_2 和 λ_2。在 $t=0$ 时刻两个板相撞，在相

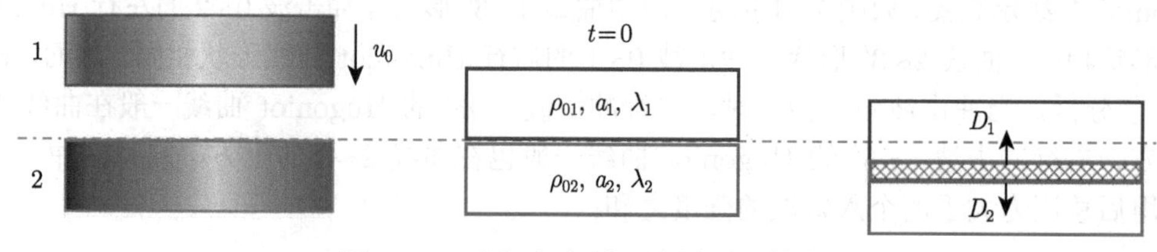

图 7.42　两个平面平行平板高速正撞击

撞瞬间会从交界面处分别以相反方向向两个板内部方向传播平面冲击波，设向平板 1 和平板 2 内部传播的冲击波波速分别为 D_1 和 D_2，冲击波波阵面后方的粒子速度分别为 u_1 和 u_2。

容易知道，在两个板内冲击波波阵面前方介质初始条件为

$$\begin{cases} u_{01} = u_0 \\ p_{01} = 0 \\ v_{01} = 1/\rho_{01} \end{cases}, \quad \begin{cases} u_{02} = 0 \\ p_{02} = 0 \\ v_{02} = 1/\rho_{02} \end{cases} \tag{7.215}$$

根据撞击界面的连续条件可知

$$u_1 = u_2 \tag{7.216}$$

根据应力平衡条件可知两个板内波阵面后方介质内的压力应该相等：

$$p_1 = p_2 \tag{7.217}$$

值得注意的是，平板 1 具有初始速度，为简化分析，我们对平板 1 分析取参考坐标系为动坐标系，即我们站在平板 1 上方同样以速度 v_0 向下运动，同时观察平板 1 的状态变化。此时的平板 1 内波阵面前方粒子相对速度为 $u_0^* = 0$，波阵面后方粒子相对速度的绝对值为 $u_1^* = u_0 - u_1$，冲击波波速的相值为 $D_1^* = v_0 - D_1$，因此此时的连续条件式 (7.216) 可写为

$$u_1^* + u_2 = v_0 \tag{7.218}$$

根据平板 1 中跨过冲击波波阵面的动量守恒条件，可以求出平板 1 中波阵面后方的压力为

$$p_1 = \rho_{01} D_1^* u_1^* \tag{7.219}$$

根据平板 1 材料的线性 D-u 型 Hugoniot 方程，有

$$D_1^* = a_1 + \lambda_1 u_1^* \tag{7.220}$$

将式 (7.220) 代入方程 (7.219)，可有

$$p_1 = \rho_{01} u_1^* \left(a_1 + \lambda_1 u_1^*\right) \tag{7.221}$$

将式 (7.221) 在绝对坐标系中表达，可以得到

$$p_1 = \rho_{01} \left(u_0 - u_1\right) \left(a_1 + \lambda_1 v_0 - \lambda_1 u_1\right) \tag{7.222}$$

对于平板 2，不需要参考坐标变换，直接使用绝对坐标系计算，同上可以得到波阵面后方的压力为

$$p_2 = \rho_{02} u_2 D_2 = \rho_{02} u_2 \left(a_2 + \lambda_2 u_2\right) \tag{7.223}$$

因此，根据界面连续条件、动力平衡条件及两个平板材料中 p-u 型 Hugoniot 方程，可以得到方程组：

$$\begin{cases} u_1 = u_2 \\ p_1 = p_2 \\ p_1 = \rho_{01}(u_0 - u_1)(a_1 + \lambda_1 u_0 - \lambda_1 u_1) \\ p_2 = \rho_{02} u_2 (a_2 + \lambda_2 u_2) \end{cases} \tag{7.224}$$

即可以给出方程：

$$\rho_{01}(u_0 - u_2)(a_1 + \lambda_1 u_0 - \lambda_1 u_2) = \rho_{02} u_2 (a_2 + \lambda_2 u_2) \tag{7.225}$$

式 (7.225) 是一个关于未知量 u_2 的二元一次方程，写为标准形式：

$$(\rho_{01}\lambda_1 - \rho_{02}\lambda_2) u_2^2 - (\rho_{01}a_1 + 2\rho_{01}\lambda_1 u_0 + \rho_{02}a_2) u_2 + \rho_{01}u_0(a_1 + \lambda_1 u_0) = 0 \tag{7.226}$$

可以求出合理根为

$$u_2 = \frac{(\rho_{01}a_1 + 2\rho_{01}\lambda_1 u_0 + \rho_{02}a_2) - \sqrt{\Delta}}{2(\rho_{01}\lambda_1 - \rho_{02}\lambda_2)} \tag{7.227}$$

式中

$$\Delta = (\rho_{01}a_1 + 2\rho_{01}\lambda_1 u_0 + \rho_{02}a_2)^2 - 4\rho_{01}u_0(a_1 + \lambda_1 u_0)(\rho_{01}\lambda_1 - \rho_{02}\lambda_2) \tag{7.228}$$

再结合式 (7.224) 可以给出撞击压力值。表 7.2 给出铁板正撞击三种金属平板时的压力与粒子速度等参数值。

表 7.2 铁片撞击三种金属平板冲击波初始参数

u_0/(m/s)	金属靶板材料								
	铁			铝			钛		
	p/GPa	u_1/(m/s)	u_2/(m/s)	p/GPa	u_1/(m/s)	u_2/(m/s)	p/GPa	u_1/(m/s)	u_2/(m/s)
1000	18.8	500	500	11.6	650	350	15.0	595	405
1500	30.4	750	750	19.0	995	505	23.6	890	610
2000	43.8	1000	1000	27.0	1320	680	33.4	1190	810
2500	58.6	1250	1250	35.6	1650	850	44.0	1500	1000
3000	73.1	1500	1500	45.1	1980	1020	55.6	1800	1200

特别地，当平板 1 和平板 2 的材料相同时，此时有

$$\begin{cases} \rho_{01} = \rho_{02} = \rho_0 \\ a_1 = a_2 = a \\ \lambda_1 = \lambda_2 = \lambda \end{cases} \tag{7.229}$$

此时方程 (7.225) 即可简化为

$$2u_2 - u_0 = 0 \tag{7.230}$$

根据式 (7.230) 和连续条件式 (7.216) 可以直接给出平板 1 和平板 2 中波阵面后方粒子速度为

$$u_1 = u_2 = \frac{u_0}{2} \tag{7.231}$$

式 (7.231) 的物理意义是：对于平板 1 和平板 2 介质相同时两板平行高速撞击 (一般称为对称撞击)，波阵面后方粒子为撞击速度的一半。在此基础上，可以求出撞击后波阵面后方的压力为

$$p_1 = p_2 = \rho_0 u_2 (a + \lambda u_2) = \frac{\rho_0 u_0}{2}\left(a + \frac{\lambda u_0}{2}\right) \tag{7.232}$$

以铜平板以入射速度 500m/s 正撞击铜平板为例，已知铜的声速为 3940m/s，密度为 8.92g/cm^3，材料线性 D-u 型 Hugoniot 方程速度项参数约为 1.49。如同 6.2.3 小节分析，可以近似取线性 D-u 型 Hugoniot 方程常数项为

$$a \approx C_0 = 3940\text{m/s} \tag{7.233}$$

根据式 (7.231) 可以求出波阵面后方的粒子速度：

$$u = \frac{u_0}{2} = 250\text{m/s} \tag{7.234}$$

根据式 (7.232) 可以求出界面压力为

$$p = \frac{\rho_0 u_0}{2}\left(a + \frac{\lambda u_0}{2}\right) = 8.40\text{GPa} \tag{7.235}$$

事实上，以上求解过程其实就是两个曲线交点的求解，这点从式 (7.224) 容易看出，可以通过图解法来实现快速计算，将这个方法称为阻抗匹配技术。结合式 (7.224) 和式 (7.229)，令

$$p_1 = p_2 = p \tag{7.236}$$

则式 (7.224) 可写为平板 1 的 p-u 型 Hugoniot 方程：

$$p = \rho_{01} (u_0 - u_1) [a_1 + \lambda_1 (u_0 - u_1)] \tag{7.237}$$

和平板 2 的 p-u 型 Hugoniot 方程：

$$p = \rho_{02} u_2 (a + \lambda_2 u_2) \tag{7.238}$$

根据式 (7.237) 可以在 p-u 平面图中绘制出平板 2 中冲击波波阵面上的 Hugoniot 曲线，如图 7.43(a) 所示。而平板 1 中 p-u 型 Hugoniot 曲线的绘制可以分三步：首先，绘制波阵面前方介质中粒子速度为零时的 Hugoniot 曲线：

$$p = \rho_{01} u_1 (a_1 + \lambda_1 u_1) \tag{7.239}$$

第二步，以纵轴为对称轴，作式 (7.239) 对应的曲线的镜像曲线，即可得到

$$p = \rho_{01} (-u_1) [a_1 + \lambda_1 (-u_1)] \tag{7.240}$$

第三步，将式 (7.240) 对应的曲线向右平移 u_0，即可得到

$$p = \rho_{01}\left[-(u_1-u_0)\right]\left\{a_1+\lambda_1\left[-(u_1-u_0)\right]\right\} = \rho_{01}(u_0-u_1)\left[a_1+\lambda_1(u_0-u_1)\right] \quad (7.241)$$

绘图过程见图 7.43(b) 所示。

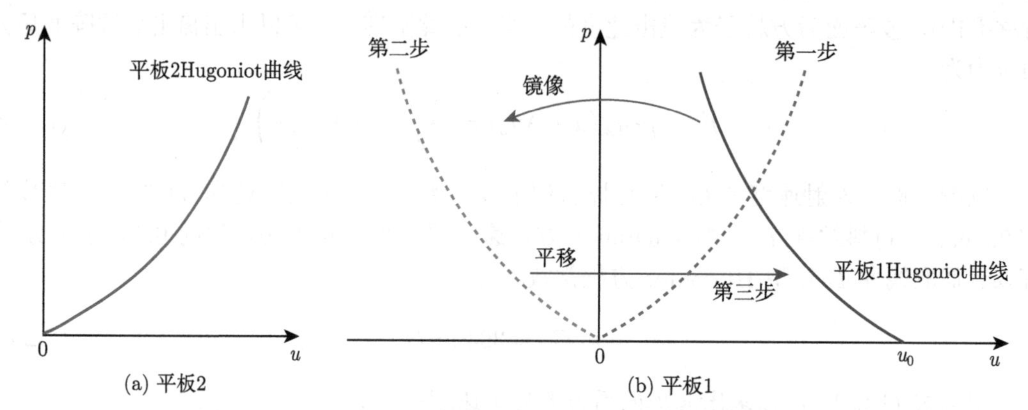

图 7.43　两个平板中冲击波波阵面上的 p-u 型 Hugoniot 曲线

如此一来，求解方程组式 (7.224) 即为求平板 1 和平板 2 波阵面上 Hugoniot 曲线的交点，如图 7.44 所示。

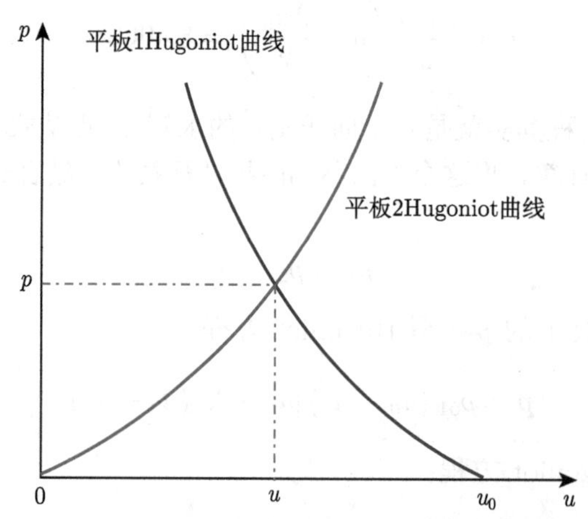

图 7.44　平板撞击压力与粒子速度解图解法示意图

当冲击波分别到达平板 1 和平板 2 的另一个自由面时，会发生反射从而产生反射稀疏波，此问题即为冲击波在自由面上的反射问题，在 7.3 节中详细分析；该稀疏波会对加载冲击波进行卸载，此问题即为冲击波的迎面卸载问题，读者可以参考 7.1 节内容对其进行分析。

如同 6.2.3 小节分析，材料的 D-u 型 Hugoniot 方程中常数项近似等于其声速，即

$$\begin{cases} a_1 \approx C_{01} \\ a_2 \approx C_{02} \end{cases} \quad (7.242)$$

定义无量纲量：

$$\bar{C}_{02}=\frac{C_{02}}{C_{01}}\approx\frac{a_2}{a_1},\quad \bar{\rho}_{02}=\frac{\rho_{02}}{\rho_{01}},\quad \bar{u}_0=\frac{u_0}{C_{01}},\quad \bar{u}=\frac{u}{C_{01}} \tag{7.243}$$

则式 (7.227) 和式 (7.228) 可表达为无量纲形式：

$$\bar{u}=\frac{\left(1+2\lambda_1\bar{u}_0+\bar{\rho}_{02}\bar{C}_{02}\right)-\sqrt{\bar{\Delta}}}{2\left(\lambda_1-\bar{\rho}_{02}\lambda_2\right)} \tag{7.244}$$

式中

$$\bar{\Delta}=\left(1+2\lambda_1\bar{u}_0+\bar{\rho}_{02}\bar{C}_{02}\right)^2-4\bar{u}_0\left(1+\lambda_1\bar{u}_0\right)\left(\lambda_1-\bar{\rho}_{02}\lambda_2\right) \tag{7.245}$$

当两个平板材料相同时，波阵面后方粒子速度为撞击速度的一半；这个结论与两个材料相同弹性杆共轴对撞结果相同。但撞击压力则是撞击速度的二次方形式，而不是弹性杆撞击时的线性关系，前者明显大于后者。

根据以上分析可以给出两个金属板之间的正撞击后的压力、比容、质点速度等参数，然后根据内能型物态方程给出其能量或温度值。事实上，以上分析过程适合高速撞击，在撞击速度相对较低时，此时需要参考 6.3 节分析考虑其弹塑性特征，即应在弹塑性半空间中对该问题进行讨论。试验表明，在撞击速度不是极大时，强度对冲击压缩过程中的能量耗散以及残余温度皆具有较明显的影响。表 7.3 为几种不同材料金属平板正撞击铝靶板时的冲击压力 p、温升 ΔT、残余温升 ΔT_2 和热量值 Q。

表 7.3 几种金属材料平板与铝靶板高速撞击时的温升与热量

材料	p/GPa	ΔT/K	ΔT_2/K	Q/(cal/g)
平板材料		u_0 =1km/s		
铜	11.8	52	1	0.092
钢	12.0	25	—	—
铅	10.5	221	52	1.55
钍	10.8	157	53	1.58
铝	8.05	79	8	1.8
平板材料		u_0 =2km/s		
铜	27.0	154	54	6
钢	26.0	220	—	—
铅	25.0	829	240	7.2
钍	25.0	577	245	10
铝	18.0	194	72	16.6
钨	32.5	82	37	1.25
平板材料		u_0 =3km/s		
铜	45.5	357	159	14.6
钢	43.8	437	—	—
铅	42.5	1784	458	13.7
钍	42.5	1422	837	25
铝	29.6	400	203	47
钨	56.0	219	127	4.3
多孔钨 $(m=1.8)$	37.4	2050	—	—
多孔钨 $(m=4)$	22.4	5100	—	—

根据表 7.3 可以看出，这几种材料中撞击加热最明显的是钍、铅和多孔钨材料，表中 m 表示多孔钨材料相对密度的倒数。

7.3　高压固体中一维冲击波在交界面上的透反射

第 6 章和本章前面两节内容中对一维冲击波的分析主要考虑冲击波波阵面上的性质以及冲击波传播、相互作用问题，也就是说讨论的对象是一维无限长杆或等效杆中的问题；然而，如同平板撞击问题，冲击波很快会到达自由面，此时必会产生反射现象；或在多层不同材料中冲击波到达交界面上时一般会产生透反射现象；这种行为或现象在工程中很常见，分析高压固体中一维冲击波在交界面上的透反射特征是非常重要的。

7.3.1　一维冲击波在自由面上的反射问题

先考虑比较常见也比较典型的简单问题，即冲击波到达自由面瞬间反射问题；这个问题是冲击波在交界面上透反射问题的一个特例，但对于有限长或有限厚介质中冲击波传播问题而言，冲击波在自由面上的反射行为一般都会发生，如 7.2.3 节平板对撞问题中，冲击波很快会到达平板的自由面，会产生反射行为。冲击波在自由面上的反射通常伴随着层裂、断裂破坏行为，这些行为也影响着反射波的结构；它们相互耦合，但这些复杂的问题对冲击波在自由面上的反射本质并没有影响；因而，在本节各问题的分析过程中，我们不考虑材料发生断裂与相变等现象，只针对冲击波透反射特征开展分析、推导与讨论。

已知材料的密度为 ρ_0 或比容为 v_0，一维冲击波波阵面上线性 D-u 型 Hugoniot 方程常数项系数为 a、一次项系数为 λ；设初始时刻材料处于自然松弛静止状态，即压力与质点速度均为零；若入射冲击波强度为 p_1；可以给出其冲击波波阵面上的连续方程与运动方程

$$\begin{cases} v_0\left(D_1-u_1\right)=v_1 D_1 \\ D_1 u_1=p_1 v_0 \end{cases} \tag{7.246}$$

及其线性 D-u 型 Hugoniot 关系为

$$D_1=a+\lambda u_1 \tag{7.247}$$

根据式 (7.246) 和式 (7.247)，可以给出波阵面后方质点速度和比容分别为

$$\begin{cases} u_1=\dfrac{\sqrt{a^2+4p_1v_0\lambda}-a}{2\lambda} \\[2ex] v_1=v_0\left[1-\dfrac{\left(\sqrt{a^2+4p_1v_0\lambda}-a\right)^2}{4p_1v_0\lambda^2}\right] \end{cases} \tag{7.248}$$

及入射冲击波波速为

$$D_1=\frac{\sqrt{a^2+4p_1v_0\lambda}+a}{2} \tag{7.249}$$

设此一维冲击波在 $t=\tau$ 时刻到达右端自由面，由于入射波波阵面上的压力大于零，而自由面边界条件要求压力为零，因此必会产生一个反射波，其物理平面图如图 7.45 所示。需要说明的是，以上入射波的强度是指到达自由面时的强度，因此可以不考虑其传播过程中的衰减问题，类似地，反射波也只是考虑反射瞬间的冲击波参数；物理平面图中为了更清晰地表征反射特征，将其波阵面特征线适当延长，这并不表示透反射问题推导结论需要假设冲击波在材料中传播不衰减；事实上，我们可以把图 7.45 中物理平面图中的冲击波特征直线视为实际情况下考虑衰减时特征曲线在自由面处的切线，本节下文也是如此，不再重复说明。设反射波波阵面上状态点 2 对应的压力为 p_2、比容为 v_2、质点速度为 u_2；由于该界面是自由面，根据边界条件有

$$p_2 \equiv 0 \tag{7.250}$$

即反射波的强度为

$$\Delta p_r = p_2 - p_1 < 0 \tag{7.251}$$

式 (7.251) 的物理意义是反射波应该是卸载波，对于递增强化材料而言，此卸载波必是膨胀稀疏波。由于卸载过程可视为是一个等熵过程，因而膨胀稀疏波状态点应在等熵膨胀线上。如果能得到膨胀稀疏波方程，联立该方程与入射波的 p-u 型 Hugoniot 方程即可给出反射波后方介质的状态参数。理论上讲，利用固体物态方程结合热力学定律给出材料的等熵方程，但在图解法中绘制等熵膨胀线比较困难或者不甚方便。

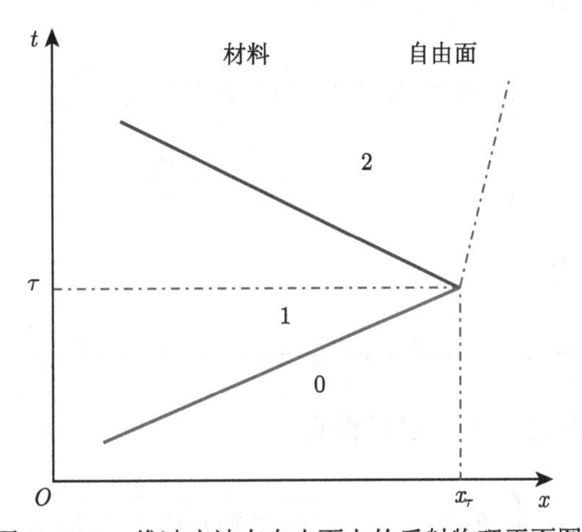

图 7.45　一维冲击波在自由面上的反射物理平面图

由 6.2.2 小节分析可知，等熵线与冲击绝热线一般如图 7.46 所示。在 p-v 平面上，相同状态点开展压缩时，冲击绝热线一般在等熵压缩线上方，且在起始点处两线的切线斜率重合；从相同状态点卸载时，冲击波绝热线一般在等熵膨胀线的下方，且在起始点处两线的切线斜率重合，但整体上冲击绝热线皆比等熵线更加陡。从 7.2.1 小节中的分析可以看出，当同一个材料中出现多个冲击波加载时，后续冲击波由于波阵面前方的压力比前一个冲击波波阵面前方的压力大，从而导致其 p-v 型 Hugoniot 曲线在前一个冲击波曲线下方，即后续冲击波 p-v 型 Hugoniot 曲线比前一个冲击波的曲线要平缓。因而，在入射冲击波

压力不是极大时，我们利用后续冲击波 p-v 型 Hugoniot 曲线来近似替代等熵膨胀曲线，再利用 7.2 节的图解法来给出解。在 p-u 平面上也是如此，虽然冲击波的冲击绝热线与等熵线之间的对比关系相对于 p-v 平面上正好相反，单二次加载后续冲击波的 p-u 型 Hugoniot 曲线与等熵线更接近这一特征是一致的。

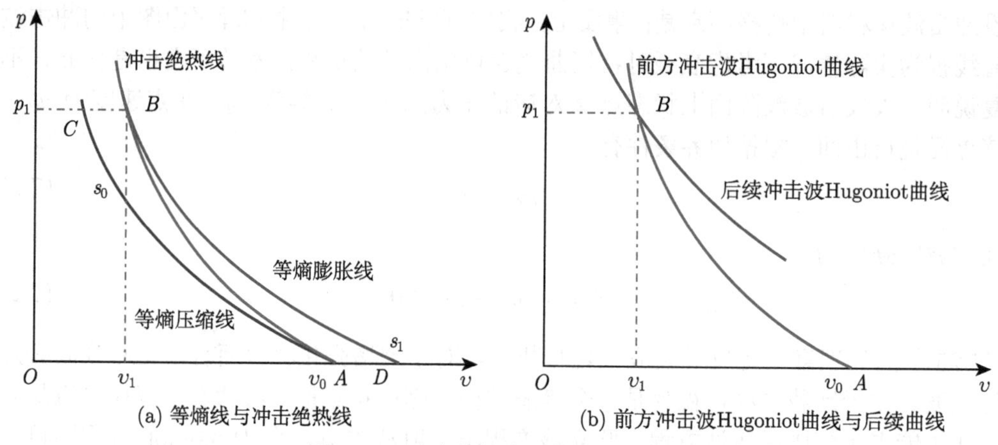

(a) 等熵线与冲击绝热线　　(b) 前方冲击波Hugoniot曲线与后续曲线

图 7.46　冲击绝热线与等熵线示意图

将图 7.45 中左行反射波 1~2 的等熵膨胀方程近似为波阵面前方介质状态为状态点 1 时左行冲击波的 p-u 型 Hugoniot 方程，即

$$\begin{cases} u_1 - u_2 = \sqrt{(p_2 - p_1)(v_1 - v_2)} \\ u_1 - D_{1-2} = v_1\sqrt{\dfrac{p_2 - p_1}{v_1 - v_2}} \end{cases} \tag{7.252}$$

和 D-u 的 Hugoniot 方程：

$$u_1 - D_{1\sim 2} = a' + \lambda(u_1 - u_2) = D_1 + \lambda(u_1 - u_2) \tag{7.253}$$

联立式 (7.252) 和式 (7.253)，可以得到

$$\begin{cases} u_1 - u_2 = \sqrt{(p_2 - p_1)(v_1 - v_2)} \\ D_1 + \lambda(u_1 - u_2) = v_1\sqrt{\dfrac{p_2 - p_1}{v_1 - v_2}} \end{cases} \tag{7.254}$$

结合边界条件式 (7.250)，进而可以给出

$$p_2 = \rho_1[D_1 + \lambda(u_1 - u_2)](u_1 - u_2) \tag{7.255}$$

利用式 (7.255) 和状态点 1 的密度 ρ_1、压力 p_1 与质点速度 u_1 数据，即可给出状态点 2 的应力 p_2 与质点速度 u_2 之间的函数关系。

联立式 (7.255) 和入射冲击波波阵面上的 p-u 型 Hugoniot 方程即可求出状态 2 质点速度，进而根据冲击波 1~2 波阵面上的突跃条件与物态方程或近似线性 D-u 型 Hugoniot 方程给出其他参数。

利用图解法可以更直观地给出反射波后方状态点 2 参数的求解方法和近似解，如图 7.47 所示。主要分为四步：第一步，绘制出入射冲击波 0~1 波阵面上的 p-u 型 Hugoniot 曲线 OA；第二步，绘制出冲击波波阵面前方介质处于状态点 1 时右行冲击波波阵面上的 p-u 型 Hugoniot 曲线 $1B$，并用该曲线近似替代等熵膨胀线；第三步，作曲线 $1B$ 关于纵轴的镜像曲线 QC；第四步，将曲线 QC 沿着横轴平移使之经过点 (u_1, p_1)，并延长使之与横坐标轴相交，可以得到曲线 DE(或直接绘制曲线 $1B$ 关于经过状态点 1 竖直线的镜像曲线)。曲线 DE 与横轴的交点 E 对应的横坐标即为反射波波阵面后方的质点速度 u_2。

工程上为了简化分析工程，给出相对准确的解即可，常将 OB 进一步近似为曲线 OA，如此一来，根据入射冲击波波阵面上的 p-u 型 Hugoniot 曲线即可给出解，而且此时 DE 与曲线 OA 是对称的，因而必有

$$u_2 = 2u_1 \tag{7.256}$$

即类似于弹性波在自由面上反射的质点增倍结论。容易从图 7.47 可以看出，实际上，由于曲线 DE 在延长段比曲线 OA 平缓，如图 7.31 所示，因而，一维冲击波在自由面上的反射，其反射波波阵面后方质点速度一般大于入射波波阵面后方质点速度的两倍。

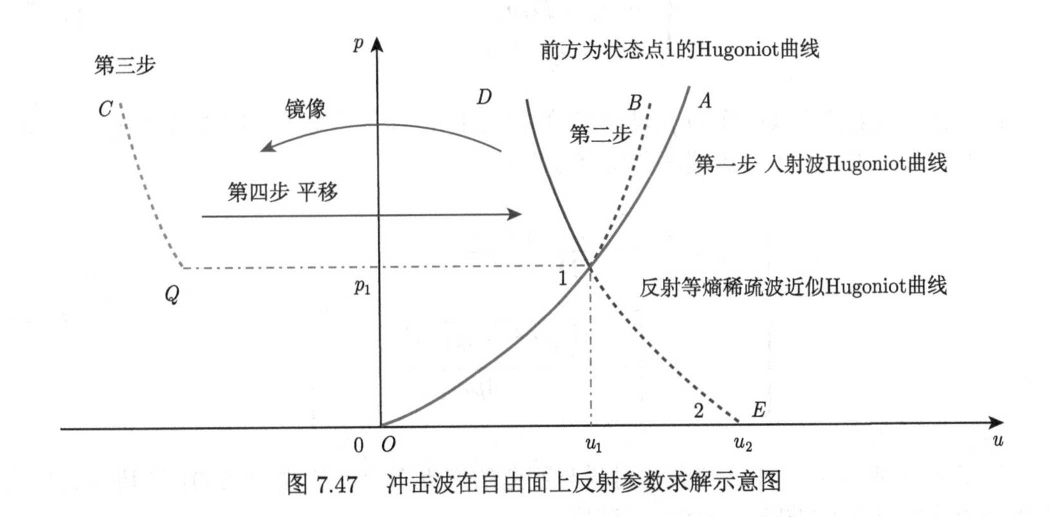

图 7.47 冲击波在自由面上反射参数求解示意图

7.3.2 一维冲击波在刚壁上的反射问题

事实上，若冲击波从“较硬”材料向“极软”材料中传播时，可以将之视为冲击波在自由面的反射问题进行分析；反之，还有一种典型的简化情况，即冲击波从“较软”材料向“极硬”材料中传播时，此时的问题可简化为一维冲击波在刚壁上的反射问题，如图 7.48 所示。

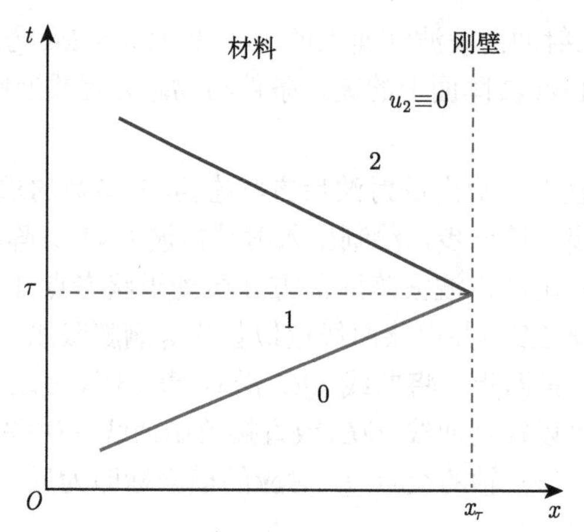

图 7.48　一维冲击波在刚壁上的反射物理平面图

类似自由面上压力为零的边界条件，刚壁上的边界条件为质点速度为零：

$$u_2 \equiv 0 \tag{7.257}$$

参考 7.3.1 小节的分析和图 7.48，右行入射冲击波波阵面上的突跃条件与线性 D-u 型 Hugoniot 方程形成的控制方程组为

$$\begin{cases} v_0\left(D_1 - u_1\right) = v_1 D_1 \\ p_1 v_0 = D_1 u_1 \\ D_1 = a + \lambda u_1 \end{cases} \tag{7.258}$$

由于已知入射冲击波的压力 p_1 与材料的初始比容 v_0 等参数，根据式 (7.258)，可以给出入射冲击波波阵面后方质点速度和比容分别为

$$\begin{cases} u_1 = \dfrac{\sqrt{a^2 + 4p_1 v_0 \lambda} - a}{2\lambda} \\ v_1 = v_0 \left[1 - \dfrac{\left(\sqrt{a^2 + 4p_1 v_0 \lambda} - a\right)^2}{4p_1 v_0 \lambda^2}\right] \end{cases} \tag{7.259}$$

当 $t = \tau$ 时，入射冲击波到达材料与刚壁的交界面上，从式 (7.259) 和边界条件式 (7.257) 可知，入射波波阵面上的质点速度：

$$u_1 = \frac{\sqrt{a^2 + 4p_1 v_0 \lambda} - a}{2\lambda} > u_2 \tag{7.260}$$

因而，此瞬间必会产生一个反射波 1~2。现在需要判断的是反射波类型，从 6.2 节中的分析可知，对于右行波而言，在 p-u 平面上，无论 Hugoniot 曲线还是等温线或等熵线都是内凹且递增的；从 7.3.1 小节中的分析可知，右行波 p-u 线是左行波“镜像 + 平移”的结

果，因而在绝对空间坐标系中，Hugoniot 曲线、等温线和等熵线必然是内凹且递减的。而且，根据边界条件式 (7.257) 可知，反射波波阵面上的状态点必然在 p-u 平面图中纵坐标轴上，且反射波 p-u 线必过点 (p_1, u_1)。综上分析，反射波 p-u 线必然如图 7.49 所示 (图中等温线、等熵线和 Hugoniot 曲线只是示意其形状，不代表三条曲线的上下关系是图中所示，在此说明)，即必有

$$p_2 > p_1 \tag{7.261}$$

也就是说，反射波必为加载波；因而可以判断反射波必为冲击加载波，其状态曲线应为 Hugoniot 曲线。

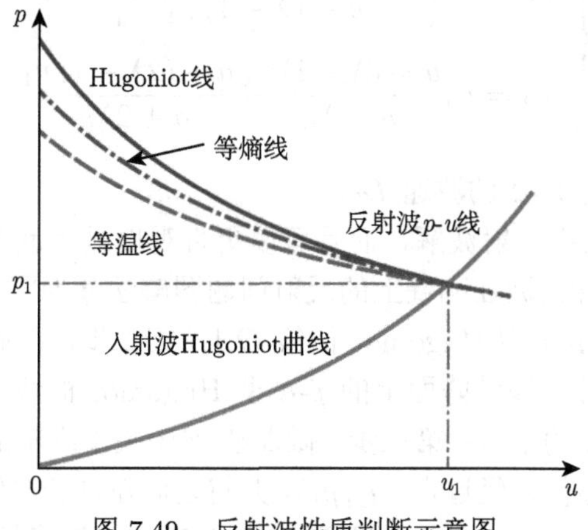

图 7.49　反射波性质判断示意图

对于左行冲击波 1~2 而言，考虑其波阵面前方介质状态在状态点 1，参考 7.2.1 小节中的分析可知，其波阵面上的突跃条件为

$$\begin{cases} u_1 - u_2 = \sqrt{(p_2 - p_1)(v_1 - v_2)} \\ u_1 - D_{1\sim2} = v_1\sqrt{\dfrac{p_2 - p_1}{v_1 - v_2}} \end{cases} \tag{7.262}$$

及其线性 D-u 的 Hugoniot 方程为

$$u_1 - D_{1\sim2} = a' + \lambda(u_1 - u_2) = D_1 + \lambda(u_1 - u_2) \tag{7.263}$$

可以给出

$$\begin{cases} u_1 - u_2 = \sqrt{(p_2 - p_1)(v_1 - v_2)} \\ D_1 + \lambda(u_1 - u_2) = v_1\sqrt{\dfrac{p_2 - p_1}{v_1 - v_2}} \end{cases} \tag{7.264}$$

将边界条件式 (7.257) 代入式 (7.264)，可以给出

$$\begin{cases} p_2 = p_1 + \dfrac{(D_1 + \lambda u_1)\, u_1}{v_1} \\ v_2 = v_1 \left(1 - \dfrac{u_1}{D_1 + \lambda u_1}\right) \end{cases} \quad \begin{cases} v_0 (D_1 - u_1) = v_1 D_1 \\ p_1 v_0 = D_1 u_1 \\ D_1 = a + \lambda u_1 \end{cases} \tag{7.265}$$

联立式 (7.258) 和式 (7.265)，可以进一步给出状态点 2 的压力 p_2 和比容 v_2：

$$\begin{cases} p_2 = p_1 \left[2 + \dfrac{\lambda + 1}{a + (\lambda - 1)\, u_1} u_1\right] > 2p_1 \\ v_2 = v_0 \dfrac{a + (\lambda - 1)\, u_1}{a + \lambda u_1} \dfrac{a + (2\lambda - 1)\, u_1}{a + 2\lambda u_1} \end{cases} \tag{7.266}$$

进而可以给出反射冲击波 1~2 的波速 D_2。

利用图解法也可以给出反射波解，而且可以更直观地显示反射波与入射波之间的联系与区别；如图 7.50 所示冲击波在刚壁上的反射问题图解法分为四步：第一步，绘制出入射冲击波 0~1 波阵面上的 p-u 型 Hugoniot 曲线 OA；第二步，绘制出冲击波波阵面前方介质处于状态点 1 时右行冲击波波阵面上的 p-u 型 Hugoniot 曲线 FB，根据 7.2 节中的分析可知该曲线一般在 OA 的上方；第三步，做曲线 FB 关于纵轴的镜像曲线 QC；第四步，将曲线 QC 沿着横轴平移使之经过点 (u_1, p_1)，并将之向左延长与纵坐标轴相交于点 E、向右延长与横坐标轴相交于点 D，即可以得到曲线 DE(也可以直接绘制曲线 FB 关于经过 F 点竖直线的镜像曲线，可以给出曲线 DE)。曲线 DE 与纵轴的交点 E 对应的纵坐标即为反射波波阵面后方的压力 p_2。

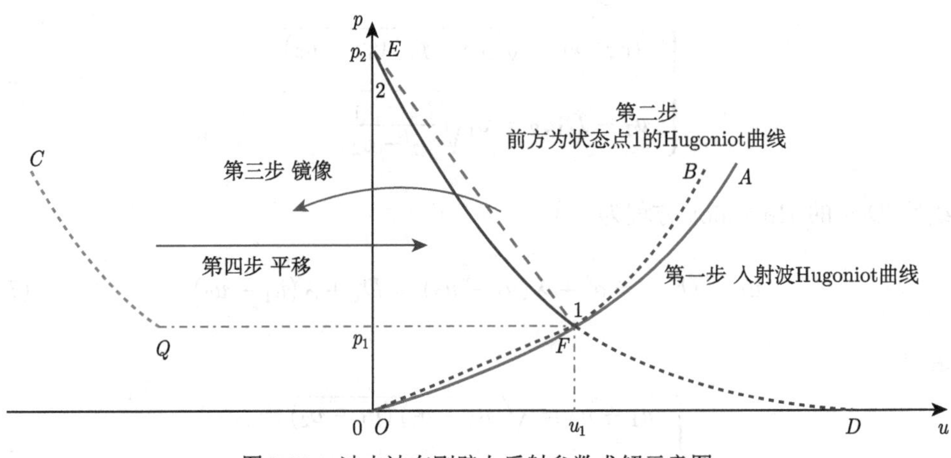

图 7.50　冲击波在刚壁上反射参数求解示意图

需要说明的是，图 7.50 只是示意图，在冲击波强度极大的情况下图 7.50 是准确的，如 7.2.1 小节分析；冲击波强度只有数十 GPa 时，曲线 FB 和曲线 FA 基本重合，甚至前者中的某些点在后者下方。工程上为了简化分析工程，给出相对准确的解即可，常将曲线 FB 进一步近似为曲线 FA，如此一来，根据入射冲击波波阵面上的 p-u 型 Hugoniot 曲线即可给出解，而且此时曲线 DE 与曲线 OA 是对称的。此时，反射冲击波的 p-u 型 Hugoniot 可近似为

$$p_2 = \rho_0 \left[a + \lambda \left(2u_1\right)\right] \left(2u_1\right) = 2\rho_0 \left(a + 2\lambda u_1\right) u_1 > 2\rho_0 D_1 u_1 = 2p_1 \tag{7.267}$$

因而，无论利用以上相对准确的分析方法还是工程简化方法：

$$p_2 > 2p_1 \tag{7.268}$$

即一维冲击波在刚壁上的反射，其反射波波阵面上的压力一般大于入射波波阵面上压力的两倍。从图 7.50 的图解法也可得到此结论；由于反射 p-u 型 Hugoniot 曲线必是内凹曲线，因而图中 FE 的斜率绝对值必大于 OF 的斜率绝对值，即相同质点速度跳跃量时后方高压环境下的相对冲击波波速必大于前方低压环境下的冲击波波速，因此纵轴上交点值必大于两倍的入射冲击波强度。

以一个 30GPa 的脉冲从 Cu 传入固壁边界上情况为例，已知 30GPa 条件下材料相关参数为

$$\begin{cases} \rho_0 = 8.90\text{g/cm}^3 \\ a = 3.915\text{km/s} \\ \lambda = 1.495 \end{cases}$$

可以计算出入射波波阵面上的质点速度为

$$u_1 = 0.683\text{km/s}$$

根据工程简化方法，即假设图 7.50 中曲线 DE 是曲线 OA 关于点 F 的镜像，根据式 (7.267) 可以给出反射冲击波波阵面后方的压力近似值为

$$p_2 = 2\rho_0 \left(a + 2\lambda u_1\right) u_1 = 72.4\text{GPa}$$

利用式 (7.266) 可以给出反射冲击波波阵面后方的压力准确值为

$$p_2 = p_1 \left[2 + \frac{\lambda + 1}{a + (\lambda - 1) u_1} u_1\right] = 72.0\text{GPa}$$

以一个 30GPa 的脉冲从 2024Al 传入固壁边界上情况为例，30GPa 条件下材料相关参数为

$$\begin{cases} \rho_0 = 2.785\text{g/cm}^3 \\ a = 5.328\text{km/s} \\ \lambda = 1.298 \end{cases}$$

可以计算出入射波波阵面上的质点速度为

$$u_1 = 1.485\text{km/s}$$

根据式 (7.267) 我们可以给出反射冲击波波阵面后方的压力近似值为

$$p_2 = 2\rho_0 (a + 2\lambda u_1) u_1 = 75.94\text{GPa}$$

利用式 (7.266) 我们可以给出反射冲击波波阵面后方的压力准确值为

$$p_2 = p_1 \left[2 + \frac{\lambda + 1}{a + (\lambda - 1) u_1} u_1\right] = 77.74\text{GPa}$$

从以上两例可以看出，固壁上的反射冲击波波阵面后方的压力均大于入射冲击波强度的两倍；而且，利用近似计算方法和准确计算方法所计算出的压力值相近，两者没有确定的大小关系。

7.3.3 一维冲击波在两种材料交界面上的透反射

一维冲击波在自由面和刚壁上的反射问题是两种极端情况下的简化问题，前者对应的是后方介质相对于前方介质而言冲击波硬度 (后面可知即为冲击阻抗) 无限小，而后者对应的是后方介质相对于前方介质而言冲击波硬度无穷大。而大多数问题中交界面两端材料冲击波硬度之间的关系处于两者之间。

与弱间断的增量波在弹性介质交界面上的透反射行为类似，冲击波在到达两种介质的交界面上可能会产生反射和“折射”现象。这里，考虑一维情况即平面冲击波传播问题，如图 7.51 所示，设材料 A 中有一个强度为 p_1(考虑冲击波的衰减问题，这里的压力参数是指到达交界面瞬间的压力，其他参数也是如此，本小节后面不做详述) 的右行一维冲击波，该入射冲击波波阵面上的质点速度和冲击波波速分别为 u_1 和 D_1，且从材料 A 中以垂直于交界面方向向材料 B 中传播，设两个材料在初始时刻皆处于自然静止松弛状态，即有初始条件：

$$\begin{cases} p_{0A} = 0 \\ u_{0A} = 0 \end{cases}, \begin{cases} p_{0B} = 0 \\ u_{0B} = 0 \end{cases} \tag{7.269}$$

式中，下标包含 A 的表示材料 A 中的参量，以及包含 B 的表示材料 B 中的参量。

设材料 A 的初始密度为 ρ_{0A}、初始比容为 v_{0A}、线性 D-u 型 Hugoniot 方程常数项系数和一次项系数分别为 a_A 和 λ_A，材料 B 的初始密度为 ρ_{0B}、初始比容为 v_{0B}、线性 D-u 型 Hugoniot 方程常数项系数和一次项系数分别为 a_B 和 λ_B；设材料 A 中入射冲击波波阵面前方介质处于状态 0，波阵面后方介质处于状态点 1，如图 7.52 所示。根据入射波 0~1 冲击波波阵面上的突跃条件与线性 D-u 型 Hugoniot 方程，可以给出入射冲击波 0~1 传播的控制方程组为

$$\begin{cases} v_{0A} (D_1 - u_1) = v_1 D_1 \\ p_1 v_{0A} = D_1 u_1 \\ D_1 = a_A + \lambda_A u_1 \end{cases} \tag{7.270}$$

由于已知入射冲击波的压力 p_1 与材料的初始比容 v_{0A} 等参数，根据式 (7.270)，可以

给出入射冲击波波阵面后方质点速度和比容分别为

$$\left\{\begin{array}{l} u_1=\dfrac{\sqrt{a_A^2+4p_1v_{0A}\lambda_A}-a_A}{2\lambda_A} \\ v_1=v_{0A}\left[1-\dfrac{\left(\sqrt{a_A^2+4p_1v_{0A}\lambda_A}-a_A\right)^2}{4p_1v_{0A}\lambda_A^2}\right] \end{array}\right. \tag{7.271}$$

当 $t=\tau$ 时，入射冲击波 0~1 波阵面到达材料与刚壁的交界面上，假设交界面对于冲击波传播无影响，如图 7.51 所示。

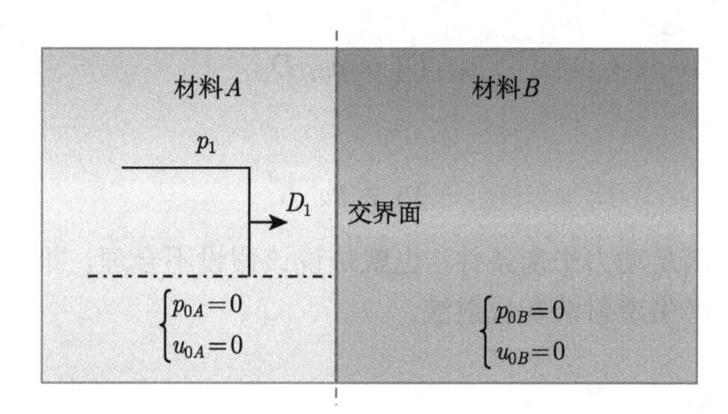

图 7.51 一维冲击波从材料 A 传播到材料 B

设材料 B 中入射冲击波波阵面前方介质处于状态 0，波阵面后方介质处于状态点 2。容易判断，当一个压缩冲击波传播到一个初始状态静止松弛的介质中时，其透射波应该为加载冲击波而非卸载稀疏波，因而应力波 0~2 必是一个冲击波。根据入射波 0~2 冲击波波阵面上的突跃条件与线性 D-u 型 Hugoniot 方程，可以给出入射冲击波 0~2 传播的控制方程组为

$$\left\{\begin{array}{l} v_{0B}\left(D_2-u_2\right)=v_2D_2 \\ p_2v_{0B}=D_2u_2 \\ D_2=a_B+\lambda_Bu_2 \end{array}\right. \tag{7.272}$$

简化后可以给出

$$\left\{\begin{array}{l} v_{0B}\left(a_B+\lambda_Bu_2-u_2\right)=v_2\left(a_B+\lambda_Bu_2\right) \\ p_2v_{0B}=\left(a_B+\lambda_Bu_2\right)u_2 \end{array}\right. \tag{7.273}$$

根据交界面上的连续条件，必有

$$u_1\equiv u_2 \tag{7.274}$$

结合式 (7.270) 和式 (7.272)，有

$$\frac{p_1v_{0A}}{D_1}=\frac{p_2v_{0B}}{D_2} \tag{7.275}$$

即

$$\frac{p_1}{p_2} = \frac{\rho_{0A}D_1}{\rho_{0B}D_2} \tag{7.276}$$

式 (7.276) 的物理意义是：若材料 A 中入射冲击波 0~1 与材料 B 中透射冲击波 0~2 满足

$$\rho_{0A}D_1 = \rho_{0B}D_2 \tag{7.277}$$

在交界面两端压力平衡，即

$$p_1 = p_2 \tag{7.278}$$

此时交界面两端满足动力平衡条件，图 7.52 所示只有透射波而无反射波的假设是正确的；然而，若

$$\rho_{0A}D_1 \neq \rho_{0B}D_2 \tag{7.279}$$

则必有

$$p_1 \neq p_2 \tag{7.280}$$

因而交界面两侧并不满足动力平衡条件，也就是说该假设不合理，即入射冲击波 0~1 到达交界面瞬间必会同时产生透射波和反射波。

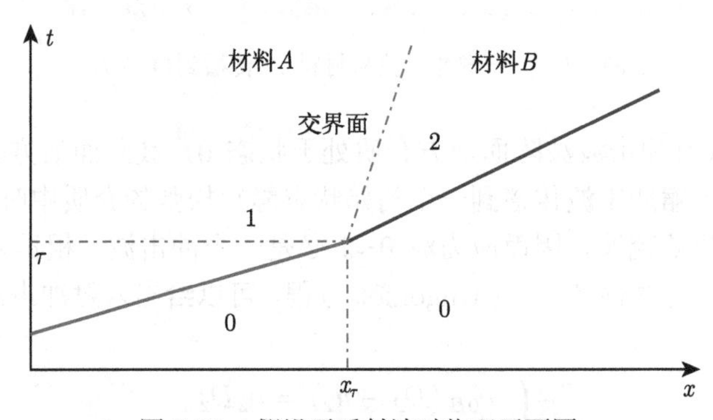

图 7.52　假设无反射波时物理平面图

对比式 (7.276) 的物理意义和弹性波在交界面上的透反射规律，不难发现，式 (7.276) 中初始密度与冲击波波速的乘积 $\rho_0 D$ 对于冲击波在交界面上的透反射影响和弹性波中初始密度与弹性声速的乘积 $\rho_0 C$ 对于弹性波在交界面上的透反射影响类似，而且两者的量纲也完全相同；类似弹性波传播问题中波阻抗的定义，这里把 $\rho_0 D$ 定义为冲击阻抗；它表征着冲击波传播路径上材料的“硬”和“软”；若材料 B 的冲击阻抗远小于材料 A 的冲击阻抗：

$$\rho_{0A}D_1 \gg \rho_{0B}D_2 \tag{7.281}$$

即冲击波从“硬”材料传播到“极软”材料，此时有

$$\frac{p_2}{p_1} = \frac{\rho_{0B}D_2}{\rho_{0A}D_1} \approx 0 \tag{7.282}$$

即

$$p_2 \approx 0 \tag{7.283}$$

容易看出，这正好是 7.3.1 小节中一维冲击波在自由面上反射问题的边界条件。若材料 B 的冲击阻抗远大于材料 A 的冲击阻抗：

$$\rho_{0A} D_1 \ll \rho_{0B} D_2 \tag{7.284}$$

即冲击波从“软”材料传播到“极硬”材料，此时

$$\frac{p_1}{p_2} = \frac{\rho_{0A} D_1}{\rho_{0B} D_2} \approx 0 \tag{7.285}$$

即

$$p_1 \approx 0 \tag{7.286}$$

将其代入式 (7.271)，即可得到

$$u_1 = \frac{\sqrt{a_A^2 + 4p_1 v_{0A} \lambda_A} - a_A}{2\lambda_A} \approx 0 \tag{7.287}$$

容易看出，这正好是 7.3.2 小节中一维冲击波在刚壁上反射问题的边界条件。

这两种极端条件下的问题相对简单，现在考虑一般情况下一维冲击波在两种材料交界面上的透反射问题。从上面的分析可知，在连续与平衡条件的限制下，当材料 A 与材料 B 的冲击阻抗并不相等时，冲击波到达交界面瞬间必会同时反射一个应力波并透射一个冲击波。此时，两个材料中的一维冲击波传播物理平面图如图 7.53 所示。需要说明的是，两种材料冲击阻抗相同并不代表两种材料相同，前者条件更宽泛；另外，与弹性波传播问题中材料的弹性波阻抗是材料的属性不同，冲击阻抗与冲击波强度密切相关，相同材料不同冲击波强度时其冲击阻抗也不同，因而两个材料冲击阻抗是否相等是基于某个特定冲击波强度而言的；而且，事实上冲击阻抗相等时也可以利用下面的方法进行分析推导，从下面的推导结果可以看出，此时反射波强度为零，即此时并不存在反射波。

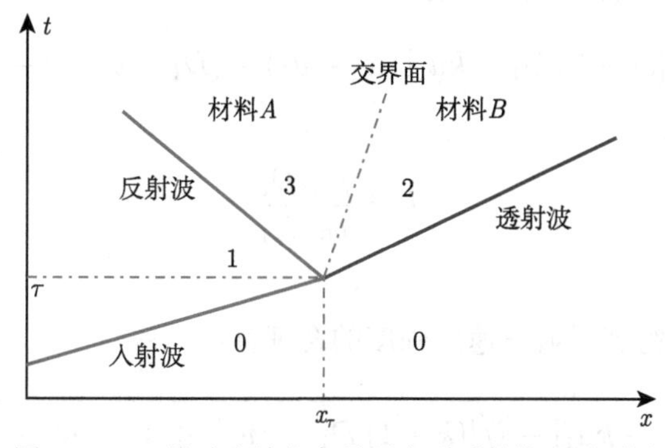

图 7.53 一维冲击波在交界面上透反射物理平面图

在交界面条件未知情况下，暂不能判断反射波是加载冲击波还是卸载稀疏波，但是如同 7.2 节的分析，对于金属材料而言，Hugoniot 曲线与等熵卸载曲线接近，一般可用前者进行近似定量分析，而且利用它们所推导出的结果虽然在定量上有少许差别，但定性结论应该一致，且在冲击波压力不是极大时，其定量结果也相对准确，因而可以先利用 Hugoniot 曲线作为定性分析中加载和卸载路径是合理科学的。

类似 7.2 节中左行冲击波的分析，可以给出左行冲击波 1~3 波阵面上的突跃条件:

$$
\left\{\begin{array}{l} u_1 - u_3 = \sqrt{(p_3 - p_1)(v_1 - v_3)} \\ u_1 - D_{1\sim 3} = v_1\sqrt{\dfrac{p_3 - p_1}{v_1 - v_3}} \end{array}\right. \tag{7.288}
$$

和 D-u 的 Hugoniot 方程：

$$
u_1 - D_{1\sim 3} = a_1 + \lambda_A (u_1 - u_3) \tag{7.289}
$$

式中

$$
a_1 = D_1 = a_A + \lambda_A u_1 \tag{7.290}
$$

可以给出

$$
\left\{\begin{array}{l} u_1 - u_3 = \sqrt{(p_3 - p_1)(v_1 - v_3)} \\ D_1 + \lambda_A (u_1 - u_3) = v_1\sqrt{\dfrac{p_3 - p_1}{v_1 - v_3}} \end{array}\right. \tag{7.291}
$$

根据交界面上的连续条件和动力平衡条件，有

$$
\left\{\begin{array}{l} u_2 = u_3 \\ p_2 = p_3 \end{array}\right. \tag{7.292}
$$

考虑式 (7.292)，联立式 (7.272) 和式 (7.291)，可以得到

$$
\rho_1 D_1 + \rho_1 \lambda_A (u_1 - u_2) = \frac{\rho_{0B} D_2 u_2 - p_1}{u_1 - u_2} \tag{7.293}
$$

将式 (7.270) 代入式 (7.293)，可有

$$
\lambda_A (u_2 - u_1)^2 - [(k+1) D_1 - k u_1](u_2 - u_1) - (D_1 - u_1)(k-1) u_1 = 0 \tag{7.294}
$$

式中

$$
k = \frac{\rho_{0B} D_2}{\rho_{0A} D_1} \tag{7.295}
$$

表示冲击阻抗比。

由式 (7.294) 可以得到反射波速度强度的合理解：

$$
u_2 - u_1 = \frac{[(k+1) D_1 - k u_1] - \sqrt{[(k+1) D_1 - k u_1]^2 + 4\lambda_A (D_1 - u_1)(k-1) u_1}}{2\lambda_A} \tag{7.296}
$$

当材料 A 和材料 B 在此入射冲击波作用下，冲击阻抗相等即冲击阻抗比等于 1，由式 (7.296) 可以给出

$$u_2 - u_1 = 0 \tag{7.297}$$

即反射波强度为零，其对应的物理意义是此时并不存在反射波。

式 (7.294) 也可展开为

$$\lambda_A u_2^2 - [(k+1)D_1 + (2\lambda_A - k)u_1]u_2 + [2D_1 + (\lambda_A - 1)u_1]u_1 = 0 \tag{7.298}$$

由式 (7.298) 可以得到反射波速度强度的合理解：

$$u_2 = \frac{[(k+1)D_1 + (2\lambda_A - k)u_1] \pm \sqrt{[(k+1)D_1 + (2\lambda_A - k)u_1]^2 - 4\lambda_A[2D_1 + (\lambda_A - 1)u_1]u_1}}{2\lambda_A} \tag{7.299}$$

特别地，当冲击波阻抗比等于 1 时，有

$$u_2 = u_1 \tag{7.300}$$

式 (7.300) 与式 (7.297) 本质上是完全相同的。

根据式 (7.270) 和式 (7.272)，可以给出

$$\begin{cases} p_1 = \rho_{0A} D_1 u_1 \\ p_2 = \rho_{0B} D_2 u_2 \end{cases} \tag{7.301}$$

结合式 (7.301) 和式 (7.300)，可以给出

$$p_2 = \frac{k}{2\lambda_A}\left(\alpha - \sqrt{\alpha^2 - \beta}\right) \tag{7.302}$$

式中

$$\begin{cases} \alpha = (k+1)\rho_{0A} D_1^2 + (2\lambda_A - k)p_1 \\ \beta = 4\left[2\rho_{0A} D_1^2 + (\lambda_A - 1)p_1\right]\lambda_A p_1 \end{cases} \tag{7.303}$$

特别地，当冲击阻抗比等于 1 时，有

$$\begin{cases} \alpha = 2\rho_{0A} D_1^2 + (2\lambda_A - 1)p_1 \\ \beta = 4\left[2\rho_{0A} D_1^2 + (\lambda_A - 1)p_1\right]\lambda_A p_1 \end{cases} \tag{7.304}$$

代入式 (7.302)，则有

$$p_2 = p_1 \tag{7.305}$$

此时透射冲击波强度等于入射冲击波，而反射冲击波强度为零即不存在。

定义无量纲透射压力：

$$\bar{p}_2 = \frac{p_2}{p_1} \tag{7.306}$$

则式 (7.302) 可表示为无量纲形式：

$$\bar{p}_2=\frac{k}{2\lambda_A}\left(\bar{\alpha}-\sqrt{\bar{\alpha}^2-\bar{\beta}}\right) \tag{7.307}$$

式中

$$\left\{\begin{array}{l}\bar{\alpha}=(k+1)\dfrac{D_1}{u_1}+(2\lambda_A-k)\\ \bar{\beta}=4\left[2\dfrac{D_1}{u_1}+(\lambda_A-1)\right]\lambda_A\end{array}\right. \tag{7.308}$$

如令

$$\left\{\begin{array}{l}\bar{\alpha}_1=\dfrac{a_A}{u_1}+\lambda_A-1\\ \bar{\alpha}_2=\dfrac{a_A}{u_1}+3\lambda_A\\ \bar{\beta}=8\dfrac{\lambda_A a_A}{u_1}+4\left(3\lambda_A-1\right)\lambda_A\end{array}\right. \tag{7.309}$$

则式 (7.307) 无量纲透射冲击波强度则可以表达为

$$\bar{p}_2=\frac{k}{2\lambda_A}\left(k\bar{\alpha}_1+\bar{\alpha}_2-\sqrt{\left(k\bar{\alpha}_1+\bar{\alpha}_2\right)^2-\bar{\beta}}\right) \tag{7.310}$$

类似的无量纲反射波强度也可以表达为

$$\bar{p}_r=\frac{p_2-p_1}{p_1}=\bar{p}_2-1=\frac{k}{2\lambda_A}\left(k\bar{\alpha}_1+\bar{\alpha}_2-\sqrt{\left(k\bar{\alpha}_1+\bar{\alpha}_2\right)^2-\bar{\beta}}\right)-1 \tag{7.311}$$

以上表达式的形式较复杂，求解起来也比较困难，一般用图解法更加直观易懂，规律性也更加明显，下面针对一维冲击波从低冲击阻抗材料 A 向高冲击阻抗材料 B 中传播和一维冲击波从高冲击阻抗材料 A 向低冲击阻抗材料 B 中传播两种情况，利用近似图解法 (即考虑冲击波强度不是极大时，反射加载波或反射卸载波的 p-u 型 Hugoniot 曲线是入射曲线的镜像；事实上，即使在冲击波强度极大时，可相对准确的 p-u 型 Hugoniot 曲线替代近似曲线，其方法是相同的) 进行分析讨论。

1. 一维冲击波从低冲击阻抗材料 A 向高冲击阻抗材料 B 中传播

此种情况下，有

$$k=\frac{\rho_{0B}D_2}{\rho_{0A}D_1}>1 \tag{7.312}$$

如图 7.54 所示，由于冲击波波阵面前方压力与质点速度状态相同，则即材料 B 中冲击波 Rayleigh 线必在材料 A 中冲击波 Rayleigh 线的上方。为了简化分析，取反射波 Hugoniot 曲线是入射冲击波 Hugoniot 曲线的镜像，后面内容中冲击波的透反射问题和相互作用皆采用此近似方法，后面不作说明和强调。

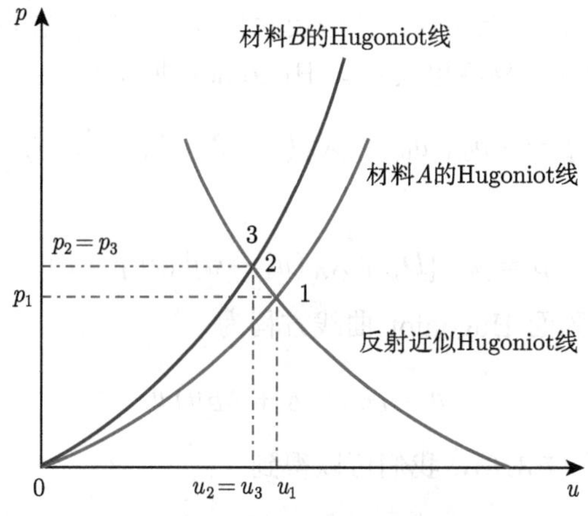

图 7.54 从低冲击阻抗线高阻抗传播示意图

从图 7.54 中容易看出，状态点 3 应该在入射冲击波 Hugoniot 曲线左侧；再结合反射波 Hugoniot 曲线特征，容易看出，此时状态点 3 应该在状态点 1 的左上方；而且根据连续条件可知，在 p-u 平面上状态点 2 和状态点 3 是重合的。即

$$\begin{cases} p_2 = p_3 > p_1 \\ u_2 = u_3 < u_1 \end{cases} \tag{7.313}$$

式 (7.313) 的物理意义是：当冲击波从低冲击阻抗的介质 A 中传播到与之紧密接触的较高冲击阻抗的介质 B 中时，到达交界面上瞬间反射波应为方向相反的加载冲击波，透射波也为加载冲击波，但其方向与入射冲击波相同。

需要再次说明的是，材料的冲击阻抗与冲击波强度及波阵面前后方状态点相关，此问题中材料 B 的冲击阻抗大于材料 A 的冲击阻抗，但不代表材料 B 的 p-u 型 Hugoniot 曲线在整个范围内都在材料 A 的 Hugoniot 曲线上方，也可能如图 7.55 所示。

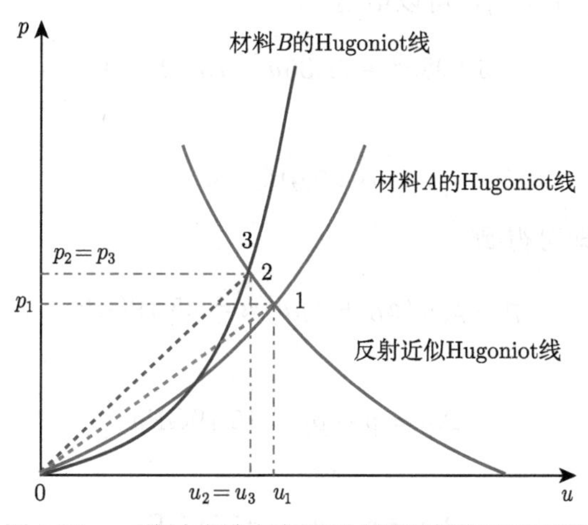

图 7.55 一维冲击波在交界面上透反射物理平面图

当然，利用近似解析法也能够给出其透反射波阵面后方状态点参数值。先根据入射冲击波 Hugoniot 曲线镜像并平移给出反射波 Hugoniot 曲线方程：

$$p = -\rho_{0A}\left[a_{0A} - \lambda_A\left(u - 2u_1\right)\right]\left(u - 2u_1\right) \tag{7.314}$$

简化后有

$$p = \rho_{0A}\left[D_1 + \lambda_A\left(u_1 - u\right)\right]\left(2u_1 - u\right) \tag{7.315}$$

介质 B 中冲击波波阵面 Hugoniot 曲线方程为

$$p = \rho_{0B}\left(a_B + \lambda_B u\right)u \tag{7.316}$$

联立式 (7.315) 和式 (7.316)，我们可以得到

$$\left(\rho_{0A}\lambda_A - \rho_{0B}\lambda_B\right)u^2 - \left[\rho_{0A}\left(a_A + 4\lambda_A u_1\right) + \rho_{0B}a_B\right]u + 2p_1 + 2\rho_{0A}\lambda_A u_1^2 = 0 \tag{7.317}$$

由此可以解得

$$u = \frac{\left[\left(\rho_{0A}a_A + \rho_{0B}a_B\right) + 4\rho_{0A}\lambda_A u_1\right] \pm \sqrt{\varDelta}}{2\left(\rho_{0A}\lambda_A - \rho_{0B}\lambda_B\right)} \tag{7.318}$$

式中

$$\varDelta = \left[\left(\rho_{0A}a_A + \rho_{0B}a_B\right) + 4\rho_{0A}\lambda_A u_1\right]^2 - 4\left(\rho_{0A}\lambda_A - \rho_{0B}\lambda_B\right)\left(2p_1 + 2\rho_{0A}\lambda_A u_1^2\right) \tag{7.319}$$

进而，分析其根的合理性，确定最终粒子速度值，并通过式 (7.316) 求出对应的压力值。

以一个 30GPa 的脉冲从 2024Al 传入密度为 8.930g/cm^3 的 Cu 过程中，冲击脉冲到达交界面上时的透反射问题为例。已知 30GPa 条件下材料相关参数为

$$\begin{cases} \rho_{0A} = 2.785\text{g/cm}^3 \\ a_A = 5.328\text{km/s} \\ \lambda_A = 1.298 \end{cases},\quad \begin{cases} \rho_{0B} = 8.930\text{g/cm}^3 \\ a_B = 3.940\text{km/s} \\ \lambda_B = 1.858 \end{cases}$$

将以上参数代入式 (7.317)，可以给出

$$12.98u^2 + 71.35u - 75.72 = 0$$

从而可以计算出

$$u = 0.91\text{km/s}$$

再根据式 (7.316) 即可得到

$$p = \rho_{0B}\left(a_B + \lambda_B u\right)u = 45.79\text{GPa}$$

即反射冲击波强度为

$$\Delta p = p - p_1 = 15.79\text{GPa}$$

透射冲击波强度为

$$\Delta p = p - p_0 = 45.79\text{GPa}$$

同理，利用以上两种方法可以求解类似条件下透反射相关状态参数。

2. 冲击波从高冲击阻抗介质 A 向低冲击阻抗介质 B 中传播

类似地，利用波阻抗匹配图解法进行分析，容易看出，由于

$$k = \frac{\rho_{0B} D_2}{\rho_{0A} D_1} < 1 \tag{7.320}$$

即介质 B 中透射波的 Rayleigh 线斜率小于介质 A 中入射冲击波的 Rayleigh 线的斜率，如图 7.56 所示。从图中容易看出，状态点 3 应该在入射冲击波 Hugoniot 曲线右侧；再结合反射波 Hugoniot 曲线或等熵线特征，容易看出，此时状态点 3 应该在状态点 1 的右下方，即

$$\begin{cases} p_2 = p_3 < p_1 \\ u_2 = u_3 > u_1 \end{cases} \tag{7.321}$$

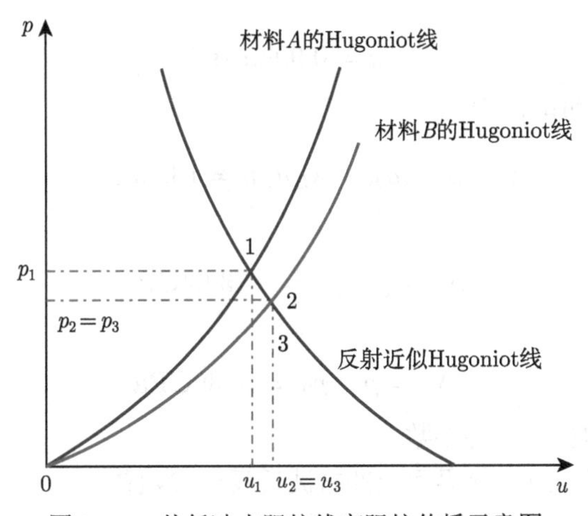

图 7.56　从低冲击阻抗线高阻抗传播示意图

式 (7.321) 的物理意义是：当冲击波从高冲击阻抗的介质 A 中传播到与之紧密接触的较低冲击阻抗的介质 B 中时，到达交界面上瞬间反射波应为方向相同的卸载稀疏波，透射波为方向相同的加载冲击波。因此反射波状态线应为等熵线，同上说明，为简化分析，我们同样利用入射冲击波 Hugoniot 曲线的镜像曲线来代替此等熵线分析。

参考图 7.56，也很容易通过波阻抗匹配图解法来给出反射波和透射冲击波后方介质中的状态参数。利用解析法也同样能够给出其透反射波波阵面后方状态点参数值。由于把反射冲击波的 Hugoniot 曲线和反射卸载稀疏波的等熵线都近似为入射冲击波 Hugoniot 曲线的镜像曲线，因此，其求解方程过程与上一种情况基本一致，其方程组为

$$\begin{cases} p = \rho_{0A} \left[D_1 + \lambda_A (u_1 - u)\right] (2u_1 - u) \\ p = \rho_{0B} (a_B + \lambda_B u) u \end{cases} \tag{7.322}$$

其解为

$$\begin{cases} u = \dfrac{[(\rho_{0A}a_A + \rho_{0B}a_B) + 4\rho_{0A}\lambda_A u_1] \pm \sqrt{\Delta}}{2(\rho_{0A}\lambda_A - \rho_{0B}\lambda_B)} \\ p = \rho_{0B}(a_B + \lambda_B u)u \end{cases} \tag{7.323}$$

式中，Δ 同式 (7.319)。

以一个 30GPa 的脉冲从 Cu 传入 2024Al 过程中冲击脉冲到达交界面上时的透反射问题为例。已知，30GPa 条件下材料相关参数为

$$\begin{cases} \rho_{0A} = 8.930\text{g/cm}^3 \\ C_{0A} = 3.940\text{km/s} \\ S_A = 1.858 \end{cases}, \quad \begin{cases} \rho_{0B} = 2.785\text{g/cm}^3 \\ C_{0B} = 5.328\text{km/s} \\ S_B = 1.298 \end{cases}$$

将以上参数代入式 (7.317)，可以给出

$$12.98u^2 - 95.08u + 75.33 = 0$$

从而可以计算出

$$u = 0.90\text{km/s}$$

再根据式 (7.323) 即可得到

$$p = \rho_{0B}(a_B + \lambda_B u)u = 16.36\text{GPa}$$

即反射冲击波强度为

$$\Delta p = p - p_1 = -13.64\text{GPa}$$

透射冲击波强度为

$$\Delta p = p - p_0 = 16.36\text{GPa}$$

同理，可以求解其他的材料状态参数。

表 7.4 给出三个不同组合交界面上冲击波透反射参数值。

表 7.4 两个介质界面上冲击波的初始参数

介质 A	介质 B	入射冲击波参数		透射冲击波参数	
		p_1/GPa	u_1/(m/s)	p_2/GPa	u_2/(m/s)
铁	铝	30	740	19.0	990
		40	930	25.0	1240
		50	1110	30.5	1460
铝	铁	20	1030	28.0	700
		30	1440	42.5	980
		40	1800	57.0	1220
铝	铝	20	1030	23.5	880
		30	1440	35.0	1250
		40	1800	47.0	1570
		50	2140	58.5	1870
钛	铝	20	770	16.5	880
		30	1090	25.0	1240
		40	1390	33.5	1570
		50	1650	42.0	1870

第四部分
固体中爆轰波基础理论与应用

爆轰现象的发现与研究是从 19 世纪末开始的，当时煤矿瓦斯等爆炸问题中火焰的传播引起了不少学者的关注与研究。1881 年四位法国学者发现气体爆炸过程中各个可燃组分完全确定，且其燃烧传播均以 2~3km/s 超声速均匀推进，这种快速燃烧过程被称为“爆轰”。然而，当时制约缓慢火焰的热传导和扩散机制不能够解释如此高速的爆轰速度，因而，多国学者聚焦于寻找爆轰产生与传播的物理机制。

第一个基于冲击波理论描述关于气体爆轰波的数学模型是在 19 世纪末与 20 世纪初提出的。1893 年俄国学者米海里逊于在其发表的文章中指出，基于化学和热的过程，爆轰以恒定速度传播的条件确实得到满足；1899 年，查普曼 (Chapman D. L.) 研究表明，爆轰波传播速度是一切可能的速度中最小者；1905 年儒盖 (Jouguet E.) 提出条件，爆轰波波阵面后的状态具有特别的性质，即该处爆轰产物中的声速正好等于此处产物相对于定常爆轰波的速度。这三位学者的著作中，阐述了有关爆轰传播的基础概念和基本思想，构成了爆轰流体动力学经典理论的基础性原理。然而，诸多新的试验数据的出现，使得爆轰流体动力学经典理论受到挑战，也推动学者们对气体爆轰波波阵面结构和传播机理更细致深入地研究。

二战期间，爆轰波理论得到较大的发展。1940 年，苏联学者泽尔道维奇在《气态系统中爆轰的传播理论》一文中提出了爆轰波波阵面的物理模型，并给出了反应流体条件和爆轰波波速最小原理之间的准确关系，证实了查普曼-儒盖假设 (常简称为 C-J 假设) 的正确性。在此期间，1942 年美国学者冯 · 诺依曼 (J. von neumann) 和 1943 年德国学者杜林都独立给出了类似的结论；从而将爆轰波理论推入新的阶段，我们常将他们所给出的理论称为 ZND 理论 (姓名第一个字母的缩写组合)。在 20 世纪 50 年代，学者通过对气体爆轰问题的进一步研究发现，真实的爆轰波波阵面具有胞格状结构；而具有平整波阵面的理想化一维 ZND 模型，在强烈依赖于温度的实际化学反应过程中是不稳定的。

之后诸多学者针对更精确的爆轰波流体动力学理论、凝聚炸药爆轰产物的物态方程等一系列问题进行深入研究，形成了现代爆轰流体动力学理论。这些新理论不仅能够正确阐明爆轰过程的定性实质，而且能够相对准确地计算出爆轰波的所有基本参数。

如上所述，虽然一维 ZND 模型是一个理想模型，在一些问题中不是非常准确；然而，其分析过程相对简单，而且能够很好地解释和阐明爆轰波传播中的关系问题，特别是对于凝聚介质中的爆轰波传播问题而言，其能够给出相对准确的解析解或控制方程组；这对于爆轰流体动力学理论的学习与研究是非常适用的。因而，本部分以固体中的一维定常爆轰波传播为研究对象，基于一维 ZND 模型开展分析与推导，再结合一些工程问题和试验结果对复杂的爆轰波理论进行初步讨论。

第 8 章　固体中自持爆轰波特征与传播基本理论

在冲击波在含能固体材料内传播过程中，波阵面上的介质处于高温高压状态；若冲击波强度高于某个临界值时，则会引起波阵面上介质发生强烈的化学释能反应，当冲击波波阵面紧后方反应区释能足够时，促使该冲击波转变为一个定常的爆轰波，如图 8.1 所示。

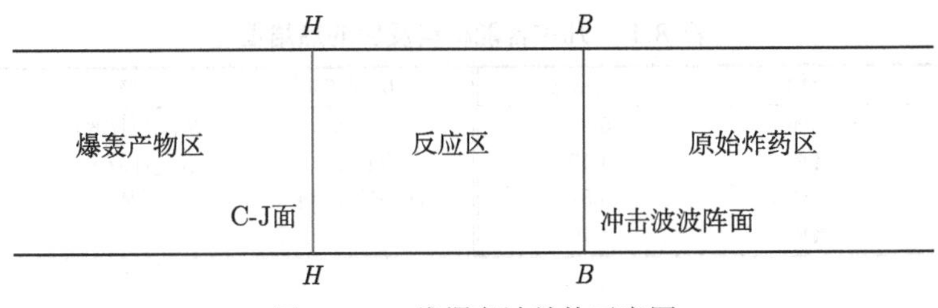

图 8.1　一维爆轰波结构示意图

图中显示的是一个典型的一维爆轰波示意图，其中含能材料如炸药的初始状态部分与反应区部分的交界面 B-B 为冲击波波阵面，而反应区部分与爆轰产物部分的交界面 H-H 则为称为 C-J 面。通常冲击波的运动由增密跃迁运动和介质的自身位移两部分叠加而言，而与冲击波不同，爆轰波结构则复杂得多，其传播依赖于前方冲击波、化学反应区和最终爆炸产物区的运动。

8.1　一维爆轰波波阵面结构及其守恒条件

爆炸是自然界中常见的一种现象。从引起爆炸的过程性质来看，爆炸分为物理爆炸、化学爆炸和核子爆炸三类，这里只针对化学爆炸特别是炸药爆炸进行分析讨论。炸药爆炸需要三个要素：反应的放热性、反应的快速性和生成气态产物，三个要素相互关联，缺一不可。工程上，一般将有气体生成的快速化学反应分为：燃烧、爆炸和爆轰三种情况；事实上，爆炸与爆轰并没有本质区别，只是前者传播速度是变化的，后者恒定不变；如果将爆轰分为稳定爆轰和不稳定爆轰，则爆炸与爆轰都属于爆轰范畴；因此，从本质上讲，应该分为两类：燃烧与爆轰。两种在基本特征上存在区别：第一，从传播过程的机理上看，燃烧时反应区的能量是通过热传导、热辐射及燃烧气体产物的扩散作用传入未反应的原始炸药的，而爆轰的传播则是借助于冲击波对炸药的强烈冲击压缩作用进行的；第二，从波的传播速度上看，燃烧传播速度通常约为每秒数毫米到每秒数米，最大的也只有每秒数百米，即比原始炸药内的声速要低得多。相反，爆轰过程的传播速度总是大于原始炸药的声速，速度一般高达每秒数千米甚至近万米；第三，燃烧过程的传播容易受外界条件的影响，特别是受环境压力条件的影响，如在大气中燃烧进行得很慢，但若将炸药放在密闭或半密闭容器中，燃烧过程的速度急剧加快，压力升至数 MPa 乃至数十 MPa。而爆轰过程的传播速度极快，几乎不受外界条件的影响. 对于特定的炸药来说，爆轰速度在一定条件下是一个固定的常数；第四，燃烧过程中燃烧反应区内产物质点运动方向与燃烧波面传播方向相反。燃烧波面内的压力较低。而爆轰时，爆轰反应区内产物质点运动方向与爆轰波传播方向相同，爆轰波区的压力高达数十个 GPa。需要说明的是，虽然它们具有这些不同点，但却存在紧密的联系，也可以在合适条件下相互转换。

爆轰是其能量释放率非常快也是非常猛烈的一种化学反应，它具有能量释放速率极高和产物是处于高度压缩状态下的气体特征。然而，与我们所观察到的表象不同，爆轰所释放的能量其实并不是极高，表 8.1 以油-空气混合物燃烧放热反应所释放的能量为参考，给出了几种典型含能材料反应的热焓值。

表 8.1 几种含能材料反应的热焓值

反应物	产物	$H/(\mathrm{kJ/g})$	反应物	产物	$H/(\mathrm{kJ/g})$
B 炸药	气体	5.20	Ni+Al	NiAl(固/液)	1.38
TNT	气体	4.19	Ti+B	TiB_2(固/液)	4.82
PETN	气体	5.87	油-空气燃料	气体	41.90
Datasheet	气体	4.19			

从以上分析可以看出，爆轰产生的能量并不是很高，其毁伤效应如此大主要是因为其能量释放速率大且其产生的高压气体膨胀做功。

8.1.1 一维爆轰波波阵面上的突跃条件

根据流体动力学理论，爆轰波也是一种强冲击波；其与第三部分所分析的通常冲击波不同之处在于：爆轰波是一种伴有化学反应的冲击波，其波阵面后方爆炸物受到强烈冲击形成的高压高温等条件的刺激而进行高速化学反应，形成高温高压爆轰产物并释放大量的化学反应热能，这些能量抵消了冲击波传播过程中的能量损失，从而使得爆轰波能够稳定地传播。

本书中爆轰波传播问题主要针对一维定常爆轰波的稳定传播问题。所谓定常，不仅要求爆轰波速度以近似恒速传播，而且反应区及其所有中间状态都是以同一个速度在炸药中传播，否则在传播过程中爆轰波就会发生变形，从而导致其稳定性和定常性在整体上发生破坏。因此，一般情况下不考虑反应区即图 8.1 中 $HHBB$ 区间内的情况，认为其与前方冲击波波阵面及后方 C-J 面是固结的，可以将其视为一个整体的等效强间断面即爆轰波波阵面。可假设反应区是一个薄层，炸药发生爆轰时的化学反应主要是在这个薄层内迅速完成的，所形成的可燃性气体则在该薄层内转变成最终产物，假设此薄层内的化学反应是瞬间完成的，其反应速度无限大，且反应产物处于热化学平衡和热力学平衡状态；因此，可以认为爆轰过程是一个输入化学反应能量的强间断面传播的流体力学过程。同时，基于流体动力学假设，爆轰波传播过程中，不考虑材料的黏性、扩散、热传导和流动的湍流等性质。

如图 8.2 所示，设爆轰波波速为 D，波阵面前方介质的状态参数分别为初始压力 p_0、密度 ρ_0 或比容为 v_0、质点速度 u_0、温度 T_0、总比内能 E_0、比化学能 Q_0 和比内能 e_0，爆轰波波阵面后方介质的状态参数分别为压力 p_H、密度 ρ_H 或比容为 v_H、质点速度 u_H、温

度 T_H、总比内能 E_H、比化学能 Q_H 和比内能 e_H。其中

$$\begin{cases} E_0 = Q_0 + e_0 \\ E_H = Q_H + e_H \end{cases}, \quad \begin{cases} \upsilon_0 = 1/\rho_0 \\ \upsilon_H = 1/\rho_H \end{cases} \tag{8.1}$$

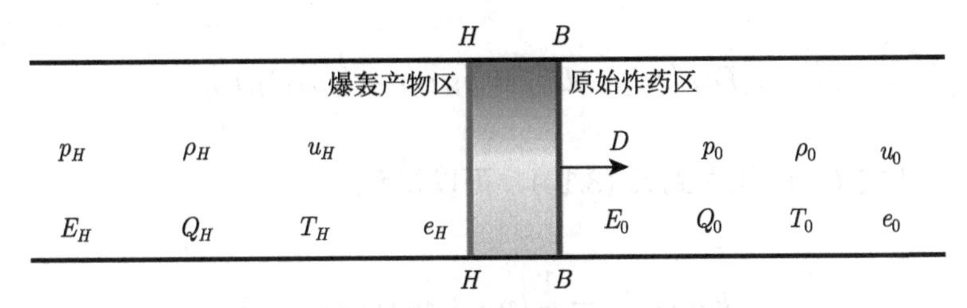

图 8.2 一维爆轰波波阵面与前后方参数

爆轰波波阵面前方状态突跃到后方状态过程中总比内能的变化量为

$$\Delta E = E - E_0 = (Q - Q_0) + (e - e_0) \tag{8.2}$$

式中，$Q - Q_0$ 即为爆轰反应释放出的化学能即爆轰热。

根据以上假设可知反应区内所有含能材料完全释能，即爆轰波波阵面后方爆炸产物中化学能为零，式 (8.2) 即可简化为

$$\Delta E = E - E_0 = (e - e_0) - Q_0 \tag{8.3}$$

爆轰波可以视作一种特殊的冲击波，可以利用冲击波理论对其进行分析。其波阵面上的守恒方程与 6.1 节和 6.2 节中冲击波推导方法基本相同。根据跨过爆轰波波阵面的质量守恒条件可以得到连续方程为

$$\rho_0 (D_H - u_0) = \rho_H (D_H - u_H) \tag{8.4}$$

根据跨过爆轰波波阵面的动量守恒条件可以得到运动方程为

$$p_H - p_0 = \rho_0 (D_H - u_0)(u_H - u_0) \tag{8.5}$$

当波阵面前方介质中的初始粒子速度为零时，连续方程和运动方程即可分别简化为

$$\rho_0 D_H = \rho_H (D_H - u_H) \tag{8.6}$$

和

$$p_H - p_0 = \rho_0 D_H u_H \tag{8.7}$$

联立连续方程和运动方程，并结合式 (8.1)，可以求出波阵面后方的粒子速度求解表达式：

$$D_H = \upsilon_0 \sqrt{\frac{p_H - p_0}{\upsilon_0 - \upsilon_H}} \tag{8.8}$$

和爆轰波波速求解表达式：

$$u_H = (v_0 - v_H)\sqrt{\frac{p_H - p_0}{v_0 - v_H}} \tag{8.9}$$

式 (8.8) 即为爆轰波波速的 Michelson 方程。

根据能量守恒条件可有

$$\rho_0 D_H (E_H - E_0) = p_H u_H - \frac{1}{2}\rho_0 D_H u_H^2 \tag{8.10}$$

将式 (8.8) 和式 (8.9) 代入到式 (8.10)，可以得到

$$E_H - E_0 = \frac{1}{2}(p_H + p_0)(v_0 - v_H) \tag{8.11}$$

将式 (8.3) 代入式 (8.11)，可以得到

$$e_H - e_0 = \frac{1}{2}(p_H + p_0)(v_0 - v_H) + Q_0 \tag{8.12}$$

其表明，爆轰波传播过程中由于爆轰反应热 Q_0 的释放，使得爆轰产物的比内能进一步提高。

根据以上分析，可以得到波阵面前方介质粒子速度为零时，爆轰波波阵面上的突跃条件为

$$\begin{cases} \rho_0 D_H = \rho_H (D_H - u_H) \\ p_H - p_0 = \rho_0 D_H u_H \\ e_H - e_0 = \dfrac{1}{2}(p_H + p_0)(v_0 - v_H) + Q_0 \end{cases} \tag{8.13}$$

或

$$\begin{cases} v_H D_H = v_0 (D_H - u_H) \\ (p_H - p_0) v_0 = D_H u_H \\ e_H - e_0 = \dfrac{1}{2}(p_H + p_0)(v_0 - v_H) + Q_0 \end{cases} \tag{8.14}$$

这两个方程组均包含 5 个未知变量，却只有 3 个独立的方程，因此还需要一个方程才能给出其中任意两个变量之间的关系，即爆轰波波阵面上的 Hugoniot 方程。从第 1 章中弹性波的分析、第 4 章中塑性波的分析和第 6 章中冲击波的分析可知，所缺少的关键方程就是材料广义本构方程，对于冲击波和爆轰波而言，所谓广义本构方程即简化的材料的物态方程。

8.1.2 一维爆轰波波阵面结构及其产生条件

以上 8.1.1 小节中经过连续方程、运动方程和能量方程，可以给出

$$e_H - e_0 = \frac{1}{2}(p_H + p_0)(v_0 - v_H) + Q_0 \tag{8.15}$$

式中，等号右端第一项为冲击波压缩介质引起的内能变化量；第二项为反应热的剩余能量。对于爆轰波而言，式中 $Q_0>0$，因而在 p-v 平面上，一维爆轰波波阵面上的 Hugoniot 曲线高于其前方冲击波波阵面上的 Hugoniot 曲线，如图 8.3 所示。

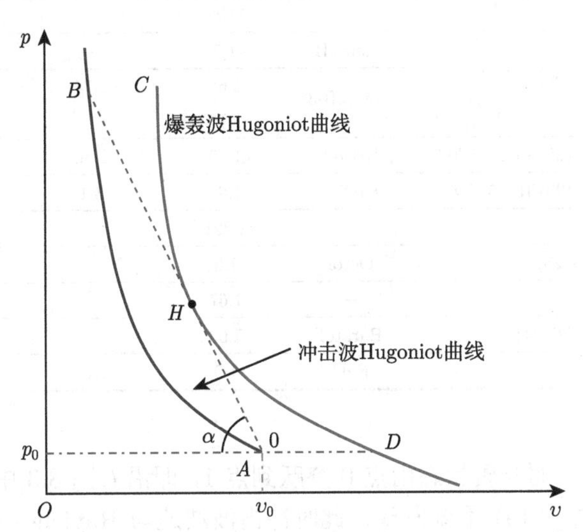

图 8.3　p-v 平面上冲击波 Hugoniot 曲线与爆轰波 Hugoniot 曲线示意图

如图 8.1 所示，爆轰波由前方的冲击波波阵面、中间的反应区和后方的 C-J 面构成，而且冲击波波阵面的传播速度与 C-J 面的传播速度相同；由于冲击波波阵面紧前方和紧后方材料皆为固体材料，因而，处于初始状态的介质跨过前方冲击波波阵面的突跃条件为即为第 6 章固体中一维冲击波波阵面上的突跃条件：

$$\begin{cases} \rho\left(D-u\right)=\rho_0 D \\ \rho_0 D u=p-p_0 \\ E-E_0=\dfrac{1}{2}\left(p+p_0\right)\left(v_0-v\right) \end{cases} \tag{8.16}$$

试验研究表明固体炸药材料的 D-u 型 Hugoniot 方程也具备近似线性特征：

$$D=a+\lambda u \tag{8.17}$$

几种典型炸药材料的 D-u 型 Hugoniot 方程参数如表 8.2 所示。

因而，可以给出冲击波的 p-v 型 Hugoniot 方程为

$$p-p_0=\frac{\left(v_0-v\right)a^2}{\left[v_0-\left(v_0-v\right)\lambda\right]^2} \tag{8.18}$$

对应的 Hugoniot 曲线如图 8.3 中曲线 AB 所示。冲击波波速的表达式：

$$D=v_0\sqrt{\frac{p-p_0}{v_0-v}} \tag{8.19}$$

表 8.2　几种未反应炸药的 D-u 型 Hugoniot 方程系数

炸药组成	炸药代号	$\rho_0/(\text{g/cm}^3)$	$c_0/(\text{km/s})$	$a/(\text{km/s})$	λ
TNT	—	1.614	2.57	2.39	2.05
		1.63	—	2.57	1.88
RDX 晶体	—	1.8	—	2.87	1.61
TNT/RDX(40/60)	Comp.B	1.7	—	2.95	1.58
	Comp.B-3	1.68	2.74	2.71	1.86
		1.70	—	3.03	1.73
TNT/RDX/Al/蜂蜡/$CaCl_2$(38/40/17/5/0.5)	HBX-1	1.75	2.86	2.94	1.65
TNT/RDX/Al/蜂蜡/$CaCl_2$(29/31/35/5/0.5)	HBX-3	1.85	3.1	3.13	1.6
HMX	—	1.891	—	3.07	1.79
HMX/TNT(75/25)	Octol	1.8		3.01	1.72
PETN	—	1.67	—	2.83	1.91
$Ba(NO_3)_2$/TNT(76/24)	Baratol	2.63		2.79	1.25
火药	EJC	1.9	1.76	1.72	2.55

设跨过冲击波波阵面介质状态由点 0 突跃到点 1，即沿着图 8.3 中 Rayleigh 线 AB 从 A 突跃到 B，根据式 (8.19) 不难发现，此时冲击波波速与 Rayleigh 线斜率的绝对值呈广义正比关系：

$$D_{0\sim1} = v_0\sqrt{\tan\alpha} \tag{8.20}$$

设 Rayleigh 线 AB 正好与爆轰波的 Hugoniot 曲线 CD 相切于点 H 时与横坐标轴的夹角为 α_H，对应的冲击波波速和爆轰波波速为

$$D_H = v_0\sqrt{\tan\alpha_H} \tag{8.21}$$

容易判断，当 $\alpha < \alpha_H$ 时，Rayleigh 线 AB 与爆轰波 Hugoniot 曲线无交点，此时冲击波波速：

$$D < D_H \tag{8.22}$$

其代表冲击波波速较小或冲击波强度较小，而不足以引起后方炸药发生足够强烈的化学反应以确保 C-J 面的稳定传播。因而，爆轰波稳定传播的基本条件是

$$D \geqslant D_H \tag{8.23}$$

即

$$\alpha \geqslant \alpha_H \tag{8.24}$$

此时冲击波的 Rayleigh 线的可能位置如图 8.4 所示。

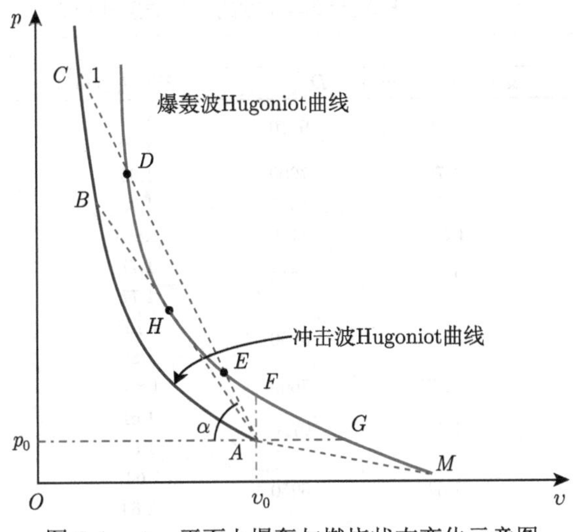

图 8.4 p-v 平面上爆轰与燃烧状态变化示意图

与冲击波波阵面上的 Hugoniot 曲线不同，爆轰波波阵面上的 Hugoniot 曲线上并不是所有区间都与爆轰过程对应；过状态点 $A(p_0, v_0)$ 分别做一个水平直线 AG 和垂直直线 AF，见图 8.4 中两条虚线。容易看出，从物理意义上讲，AG 代表等压过程，AF 代表等容过程。这两条虚线将爆轰波 Hugoniot 曲线分为三大段：DF、FG 和 GM。

(1) DF 段。此时有

$$p > p_0, \quad v < v_0 \tag{8.25}$$

根据式 (8.19) 和式 (8.16) 容易知道，此时爆轰波波速 D 和波阵面后方的粒子速度 u 皆大于零，其解为合理解，符合爆轰特征，因此我们将其称为爆轰段。

(2) FG 段。根据图 8.4 可以看出，此阶段有

$$p > p_0, \quad v > v_0 \tag{8.26}$$

根据式 (8.19) 和式 (8.16) 可以计算出，爆轰波波速 D 和波阵面后方的粒子速度 u 皆为虚数，其意味着与任何稳定的过程皆不对应。

(3) GM 段。此段有

$$p < p_0, \quad v > v_0 \tag{8.27}$$

根据式 (8.19) 和式 (8.16) 可以计算出，爆轰波波速 D 大于零，但波阵面后方的粒子速度 u 却小于零；其满足燃烧过程的特征，因此此阶段对应的是燃烧过程。

由于爆轰波结构中冲击波波阵面在前，C-J 面在后，如图 8.1 所示，爆轰波前方介质状态在冲击波 Hugoniot 曲线上方，按照冲击波理论，跨过冲击波波阵面介质状态从冲击波波阵面上 Hugoniot 上的点 A 沿着 Rayleigh 线突跃到状态点 B(状态点 B 的位置根据冲击波强度决定，但必在冲击波波阵面的 Hugoniot 曲线上)。之后，冲击波后方的高温高压激起炸药的剧烈反应，随着炸药的反应和热能的释放，炸药转变为介于原始炸药和最终爆轰产物之间的中间状态，介质跨过 C-J 面后炸药充分反应并形成爆轰产物，最后落在爆轰波波阵面上的 Hugoniot 曲线 DG 上，若干炸药的爆轰压力与爆轰波波速见表 8.3 所示。

表 8.3　若干炸药和爆炸物的爆轰速度和压力

炸药	爆轰速度		爆轰压力	
	装药密度/(g/cm³)	D/(m/s)	装药密度/(g/cm³)	压力/GPa
HMX	1.89	9110	1.90	38.7
			1.90	39.5
HNS	1.70	7000	1.69	20.8
硝基胍	178	8592	1.72	24.5
$H_{итротриазадои}$	1.871	8120	1.853	26.0
PETN	1.77	8310	1.77	32.0
			1.77	34.0
RDX	1.806	8950	1.767	33.8
			1.80	34.1
TATB	1.847	7660	1.847	25.9
Tetryl	1.73	7720	1.61	22.6
			1.68	23.9
TNT	1.64	6950	1.637	18.9
			1.64	17.7
氮化铅	4.00	5180	3.7	15.8
斯蒂芬酸铅	4.60	5300	—	—
TNT/RDX(40/60)	1.713	8018	1.67	26.4
	1.717	7990	1.713	29.2
Cyclotol TNT/RDX(25/75)	1.62	7950	1.62	26.5
TNT/RDX/Al/地蜡 (30/45/21/4)	1.76	7490	1.76	24.5
Minol TNT/Al/硝酸铵 (40/20/40)	1.82	6925	—	—
Octol HMX/TNT(75/25)	1.81	8364	1.821	34.4
	1.64	7530	1.66	28.0
Pentolet TNT/PETN(50/50)	1.68	7650	1.68	24.6
			1.68	25.1
Tritonal TNT/Al(80/20)	1.69	6520	—	—

泽尔道维奇证明：化学反应区热量 Q 的释放速度为正即放热反应时，介质由原始炸药中冲击波波阵面 Hugoniot 曲线上的状态连续地转变到爆轰波波阵面 Hugoniot 曲线上的状态，只有在平衡爆轰波波阵面 Hugoniot 曲线的强分支才可能实现，如图 8.4 中 HD 段；因而只有 HD 段对爆轰过程才有实际意义。

从图 8.4 可以看出，从前方冲击波波阵面紧后方的状态点 C 或者 D 转变到后方 C-J 面紧后方的状态点 D 或者 H，这是一个减压过程，而且是一个连续减压过程；因而在爆轰波结构中，压力分布如图 8.5 所示。

从图 8.5 容易看出，在爆轰波波阵面结构的化学反应区内，存在一个压力峰值 p_{VN}，其值大于爆轰波波阵面紧后方的 C-J 压力 $p_{\mathrm{C\text{-}J}}$：

$$p_{\mathrm{VN}} > p_{\mathrm{C\text{-}J}} \tag{8.28}$$

该峰值压力称为化学峰压力，也常称为 von Neumann 峰值压力 (简称为 VN 峰值压力)，其在爆轰波的剖面图上位于 C-J 点之前。根据一维爆轰波理论即 ZND 理论，给出了爆轰波波阵面中存在 VN 峰值压力，这是 ZND 理论最重要的论断，在实验中也得到了证实。以 B 炸药为例，其 von Neumann 峰值压力为 38.6GPa，C-J 压力为 27.2GPa。只是，在实际工程问题中，VN 峰值压力衰减得极快，如爆轰波引起的冲击波与炸药接触的铝板 1.25mm 处以后，von Neumann 峰就完全消失了；而且，考虑到 VN 峰值压力 p_{VN} 所在反应区厚度相对非常小，因此，在炸药与材料的相互作用分析和计算中，一般忽略 VN 峰值压力，而只研究 C-J 压力以及之后的衰减情况。

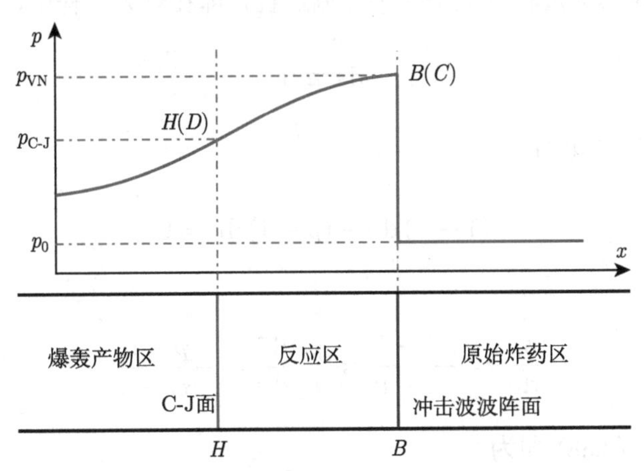

图 8.5　爆轰波波阵面结构内压力衰减图示意图

8.1.3　一维爆轰波稳定传播条件及 C-J 理论

从图 8.4 可以看出，当

$$\alpha > \alpha_H \tag{8.29}$$

时，Rayleigh 线与爆轰波波阵面上的 Hugoniot 曲线存在两个交点，其意味着波阵面上两个不同的炸药分解状态可以实现相同的爆轰速度，这从物理角度上看是不合理的。

根据热力学第一定律有

$$T\mathrm{d}s = \mathrm{d}e + p\mathrm{d}v \tag{8.30}$$

定义无量纲温度、无量纲比内能 $\bar{e}$、无量纲压力 $\bar{p}$ 和无量纲比容 $\bar{v}$ 分别为

$$\bar{T} = \frac{T}{p_0 v_0}, \quad \bar{e} = \frac{e}{p_0 v_0}, \quad \bar{p} = \frac{p}{p_0}, \quad \bar{v} = \frac{v}{v_0} \tag{8.31}$$

则式 (8.30) 可表达为无量纲形式：

$$\bar{T}\mathrm{d}s = \mathrm{d}\bar{e} + \bar{p}\mathrm{d}\bar{v} \tag{8.32}$$

类似地，能量方程式 (8.15) 也可表达为无量纲形式：

$$\bar{e} - \bar{e}_0 = \frac{1}{2}(\bar{p}+1)(1-\bar{v}) + \frac{Q_0}{p_0 v_0} \tag{8.33}$$

将式 (8.33) 写为微分形式，有

$$\mathrm{d}\bar{e} = \frac{1}{2}(1-\bar{v})\,\mathrm{d}\bar{p} - \frac{1}{2}(\bar{p}+1)\,\mathrm{d}\bar{v} \tag{8.34}$$

将其代入式 (8.32) 即可得到

$$\bar{T}\mathrm{d}s = \frac{1}{2}(1-\bar{v})\,\mathrm{d}\bar{p} + \frac{1}{2}(\bar{p}-1)\,\mathrm{d}\bar{v} \tag{8.35}$$

研究表明，定常爆轰过程近似是一个等熵过程，即在爆轰过程中，可假设有

$$\mathrm{d}s \equiv 0 \tag{8.36}$$

因而，式 (8.35) 即可简化为

$$(1-\bar{v})\,\mathrm{d}\bar{p} + (\bar{p}-1)\,\mathrm{d}\bar{v} = 0 \tag{8.37}$$

即

$$\frac{\mathrm{d}\bar{p}}{\mathrm{d}\bar{v}} = -\frac{\bar{p}-1}{1-\bar{v}} \Rightarrow \frac{p_0}{v_0}\frac{\mathrm{d}\bar{p}}{\mathrm{d}\bar{v}} = -\frac{p-p_0}{v_0-v} \tag{8.38}$$

结合图 8.3，式 (8.38) 即为

$$\frac{p_0}{v_0}\frac{\mathrm{d}\bar{p}}{\mathrm{d}\bar{v}} = -\tan\alpha \tag{8.39}$$

即表明图 8.3 中 Rayleigh 线正好是爆轰波波阵面上 Hugoniot 曲线的切线。

以上的分析结果表明，对于自持定常爆轰波而言，其 Rayleigh 线从冲击波波阵面 Hugoniot 曲线上初始状态点出发，且必与爆轰波波阵面上的 Hugoniot 曲线相切；即合理的 Rayleigh 线只有一个，即图 8.4 中直线 AB，其与爆轰波波阵面上 Hugoniot 曲线的切点 H 即为 C-J 点，如图 8.6 所示。这也证明了 C-J 理论中爆轰波波速最小原理。

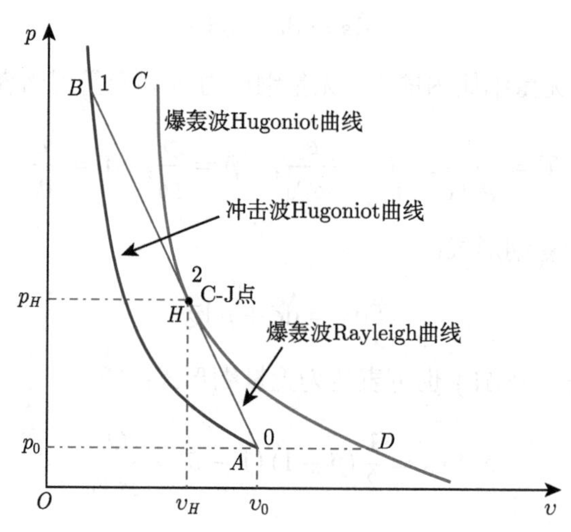

图 8.6 爆轰波传播 Rayleigh 线与 C-J 点示意图

由于以上证明基于定常爆轰过程近似是一个等熵过程这一现象，因而 H 点正好是爆

轰波波阵面上的 Hugoniot 曲线与等熵线的公切线，即图 8.3 中：

$$\begin{cases} \tan\alpha = \dfrac{D^2}{v_0^2} = \dfrac{p_H - p_0}{v_0 - v_H} \\ \tan\alpha = -\left.\dfrac{\mathrm{d}p}{\mathrm{d}v}\right|_s = \dfrac{c_H^2}{v_H^2} \end{cases} \tag{8.40}$$

即可得到

$$\rho_0 D = \rho_H c_H \tag{8.41}$$

将爆轰波波阵面上的连续方程代入式 (8.41)，即可有

$$D_H = u_H + c_H \tag{8.42}$$

其物理意义是：爆轰波波速相对于波阵面紧后方质点 (粒子) 而言等于紧后方爆轰产物的声速。

将式 (8.35) 写为

$$2\bar{T}\frac{\mathrm{d}s}{\mathrm{d}\bar{v}} = (1-\bar{v})\frac{\mathrm{d}\bar{p}}{\mathrm{d}\bar{v}} + (\bar{p}-1) = (\bar{p}-1)\left(1 + \frac{1-\bar{v}}{\bar{p}-1}\frac{\mathrm{d}\bar{p}}{\mathrm{d}\bar{v}}\right) \tag{8.43}$$

根据式 (8.14) 可以给出爆轰波波速满足

$$D = \sqrt{p_0 v_0}\sqrt{\frac{\bar{p}-1}{1-\bar{v}}} \tag{8.44}$$

将之代入式 (8.43)，可以得到

$$2\bar{T}\frac{\mathrm{d}s}{\mathrm{d}\bar{v}} = (\bar{p}-1)\left(1 + \frac{p_0 v_0}{D^2}\frac{\mathrm{d}\bar{p}}{\mathrm{d}\bar{v}}\right) \tag{8.45}$$

式 (8.45) 中熵取最值的充要条件是

$$\frac{\mathrm{d}s}{\mathrm{d}\bar{v}} = 0 \tag{8.46}$$

此时有

$$\frac{\mathrm{d}p}{\mathrm{d}v} = -\frac{D^2}{v_0^2} = -\tan\alpha \tag{8.47}$$

其物理意义是满足此条件的状态点正好是 C-J 点。这证明了爆轰波波阵面 Hugoniot 曲线上 C-J 点 H 代表熵最值的点。

根据式 (8.35)，可以给出

$$\bar{T}\mathrm{d}s = \frac{1}{2}(1-\bar{v})^2\,\mathrm{d}\left(\frac{\bar{p}-1}{1-\bar{v}}\right) \tag{8.48}$$

将式 (8.44) 代入式 (8.48)，有

$$\bar{T}\frac{\mathrm{d}s}{\mathrm{d}D^2}=\frac{(1-\bar{v})^2}{p_0v_0}>0 \tag{8.49}$$

其物理意义是爆轰波波速最小对应的熵也最小。联立式 (8.47) 和式 (8.49) 即可得出结论，爆轰波波阵面 Hugoniot 曲线上 C-J 点 H 代表熵最小值的点。

当爆轰速度大于 C-J 理论所给出的临界速度，则 Rayleigh 线与爆轰波波阵面上 Hugoniot 曲线可能有两个交点，如图 8.4 中状态点 D 和状态点 E。先以爆轰波波阵面紧后方状态点在状态点 D 为例，根据式 (8.35) 可以给出

$$\frac{\mathrm{d}\bar{p}}{\mathrm{d}\bar{v}}=\frac{2}{1-\bar{v}}\frac{\bar{T}\mathrm{d}s}{\mathrm{d}\bar{v}}-\frac{\bar{p}-1}{1-\bar{v}} \tag{8.50}$$

由于点 H 处熵最小，在图 8.4 中，从点 H 到在爆轰波波阵面 Hugoniot 曲线点 H 以上区间内任意一点 D，必有

$$\begin{cases}\mathrm{d}s>0\\ \mathrm{d}\bar{v}<0\end{cases} \tag{8.51}$$

即有

$$\frac{\bar{T}\mathrm{d}s}{\mathrm{d}\bar{v}}<0 \tag{8.52}$$

因而，根据式 (8.50) 可以给出

$$-\frac{\mathrm{d}\bar{p}}{\mathrm{d}\bar{v}}=-\frac{2}{1-\bar{v}}\frac{\bar{T}\mathrm{d}s}{\mathrm{d}\bar{v}}+\frac{\bar{p}-1}{1-\bar{v}}>\frac{\bar{p}-1}{1-\bar{v}} \tag{8.53}$$

即

$$c>D-u \tag{8.54}$$

或

$$D<c+u \tag{8.55}$$

此种状态的爆轰过程称为过压缩爆轰过程，根据式 (8.55) 可知，此时爆轰产物相对于爆轰波波阵面做亚声速流动；因而，爆轰产物左端产生的稀疏波势必会追赶上向右亚声速传播的爆轰波波阵面，并使得其爆轰运动成为非定常的。

若爆轰波波阵面紧后方状态点在状态点 E，由于点 H 处熵最小，在图 8.4 中，从点 H 到在爆轰波波阵面 Hugoniot 曲线点 H 以下区间内任意一点 E，必有

$$\begin{cases}\mathrm{d}s>0\\ \mathrm{d}\bar{v}>0\end{cases} \tag{8.56}$$

即有

$$\frac{\bar{T}\mathrm{d}s}{\mathrm{d}\bar{v}} > 0 \tag{8.57}$$

因而，根据式 (8.50) 可以给出

$$-\frac{\mathrm{d}\bar{p}}{\mathrm{d}\bar{v}} = -\frac{2}{1-\bar{v}}\frac{\bar{T}\mathrm{d}s}{\mathrm{d}\bar{v}} + \frac{\bar{p}-1}{1-\bar{v}} < \frac{\bar{p}-1}{1-\bar{v}} \tag{8.58}$$

即

$$c < D - u \tag{8.59}$$

或

$$D > c + u \tag{8.60}$$

此种状态的爆轰过程称为欠压缩爆轰过程，根据式 (8.60) 可知，此时爆轰产物相对于爆轰波波阵面作超声速流动；此时爆轰波波阵面紧后方的压力不稳定从而导致爆轰过程无法做到定常。

以上分析再次论证了定常自持爆轰波传播速度只能是最小可能速度，泽尔道维奇考虑爆轰波波阵面处化学反应进行的条件给出了此结论更严密的物理论证。

8.2 固体炸药的物态方程与一维爆轰波参数计算

如同 8.1.1 节所示，只有爆轰波波阵面上的突跃条件无法给出其具体的 Hugoniot 方程，还需要给出爆轰产物的物态方程。事实上，固体炸药爆轰波参数的计算与气体系统爆轰波参数的计算思路与方法基本一致，也就是说，由气体爆炸系统得出的爆轰流体动力学理论基本原理对于固体炸药也是成立的；诸多研究结果也表明，气体爆轰流体动力学理论的物理基础在固体炸药爆轰波研究中是有效且相对准确的。

8.2.1 一维气体系统爆轰波波阵面上的 Hugoniot 关系

设爆轰波在理想气体混合物中传播，则物态方程可表达为

$$p = \rho T C_{\upsilon}(\gamma - 1) \tag{8.61}$$

对应产物的等熵线方程为

$$p\upsilon^{\gamma} = K = \mathrm{const} \tag{8.62}$$

即

$$\ln p + \gamma \ln \upsilon = \mathrm{const} \tag{8.63}$$

式 (8.63) 微分后可以得到

$$\gamma = -\left.\frac{\mathrm{d}\ln p}{\mathrm{d}\ln \upsilon}\right|_s = -\left.\frac{\upsilon}{p}\frac{\mathrm{d}p}{\mathrm{d}\upsilon}\right|_s \tag{8.64}$$

式中，γ 表示气体绝热指数；一般而言，对于原始气体混合物和爆轰产物气体混合物，该系数通常有不同值；若忽略两者的区别，设在整个爆轰过程中该指数为常值。

对于等熵过程，根据热力学相关定律，其内能表达式为

$$\mathrm{d}e = T\mathrm{d}s - p\mathrm{d}v = -p\mathrm{d}v \tag{8.65}$$

积分后有

$$e - e_0 = -\int_{v_0}^{v} p\mathrm{d}v \tag{8.66}$$

结合式 (8.62)，式 (8.66) 可以进一步写为

$$e - e_0 = -K\int_{v_0}^{v} v^{-\gamma}\mathrm{d}v = -K\left.\frac{v^{-\gamma+1}}{-\gamma+1}\right|_{v_0}^{v} = \frac{pv - p_0 v_0}{\gamma - 1} \tag{8.67}$$

在高压条件下，如考虑初始气体压力 $p_0 \ll p$，若忽略初始气体压力和初始比内能，则式 (8.67) 可简化为

$$e = \frac{pv}{\gamma - 1} \tag{8.68}$$

参考爆轰波波阵面上的守恒方程，设气体介质处于静止状态即爆轰波波阵面前方介质质点速度为零，即可得到一维爆轰波波阵面上的控制方程组 (本章中主要讨论爆轰波波阵面上的参数，为了简化方程形式，后面如没有特别说明，爆轰波波阵面上的参数忽略下标 H)：

$$\begin{cases} \rho_0 D = \rho(D - u) \\ p = \rho_0 D u \\ e = \dfrac{1}{2}p(v_0 - v) + Q_0 \\ \rho e = p/(\gamma - 1) \end{cases} \tag{8.69}$$

或

$$\begin{cases} vD = v_0(D - u) \\ pv_0 = Du \\ e = \dfrac{1}{2}p(v_0 - v) + Q_0 \\ e = pv/(\gamma - 1) \end{cases} \tag{8.70}$$

式 (8.69) 或式 (8.70) 中有 5 个未知数和 4 个独立方程，因此，可以给出任意两个参量之间的函数关系。以 p-u 关系为例，式 (8.70) 中第一式和第二式代入第三式和第四式，可以得到

$$\begin{cases} e = \dfrac{1}{2}u^2 + Q_0 \\ e = \dfrac{pv_0 - u^2}{\gamma - 1} \end{cases} \tag{8.71}$$

根据式 (8.71) 可以得到

$$p = \frac{1}{2}(\gamma + 1)\rho_0 u^2 + \rho_0 Q_0(\gamma - 1) \tag{8.72}$$

在 p-u 平面上，式 (8.72) 即代表一个纵坐标轴上截距为 $\rho_0 Q_0 (\gamma - 1)$ 的曲线，如图 8.7 所示。

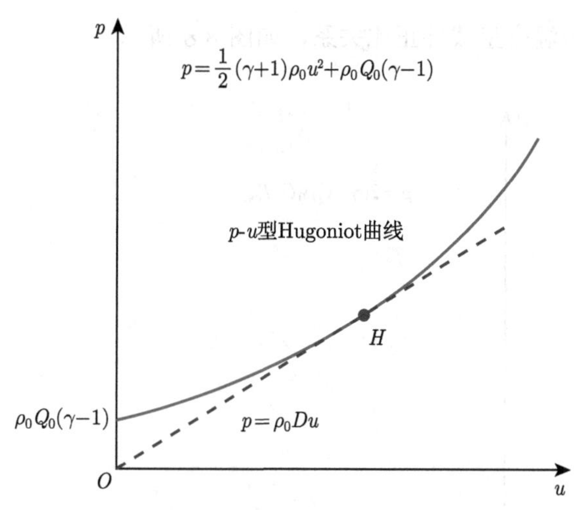

图 8.7　多方指数产物中一维爆轰波 p-u 型 Hugoniot 关系示意图

事实上，根据 8.1.3 节的 C-J 理论可知，定常自持的爆轰波满足

$$\frac{p}{v_0 - v} = -\left.\frac{\mathrm{d}p}{\mathrm{d}v}\right|_s \tag{8.73}$$

将式 (8.64) 代入式 (8.73)，可以得到

$$\frac{p}{v_0 - v} = -\left.\frac{\mathrm{d}p}{\mathrm{d}v}\right|_s = \frac{\gamma p}{v} \tag{8.74}$$

根据式 (8.74) 即可给出

$$\frac{v_0}{v} = \frac{\gamma + 1}{\gamma} \tag{8.75}$$

和

$$D^2 = v_0^2 \frac{\gamma p}{v} = (\gamma + 1)\, p v_0 \tag{8.76}$$

将式 (8.76) 代入式 (8.70) 中第二式可以给出

$$u^2 = \frac{p v_0}{\gamma + 1} \tag{8.77}$$

联立式 (8.72) 和式 (8.77)，可以得到

$$p = 2(\gamma - 1)\, \rho_0 Q_0 \tag{8.78}$$

由于

$$Q_0 = C_v T_{\mathrm{exp}} \tag{8.79}$$

式中，$T_{\exp}$ 表示气体混合物爆炸分解反应的温度。因而，有

$$p = 2(\gamma - 1)\rho_0 C_v T_{\exp} \tag{8.80}$$

即压力与爆炸分解反应温度呈线性正比关系，如图 8.8 所示。

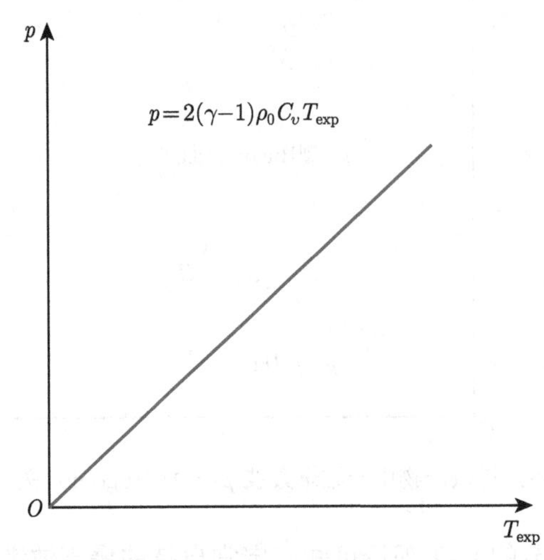

图 8.8 理想气体定常爆轰压力与爆炸分解反应温度之间的线性关系示意图

将式 (8.80) 代入物态方程式 (8.61)，并考虑式 (8.75)，可有

$$T = \frac{pv}{C_v(\gamma - 1)} = \frac{2\gamma}{\gamma + 1} T_{\exp} \tag{8.81}$$

类似地，将式 (8.80) 代入式 (8.76) 和式 (8.77)，分别可以得到

$$D = \sqrt{2(\gamma^2 - 1) C_v T_{\exp}} \tag{8.82}$$

和

$$u = \sqrt{\frac{2(\gamma - 1) C_v}{\gamma + 1} T_{\exp}} \tag{8.83}$$

因而，可以利用爆炸分解反应温度表征所有爆轰波主要参数，利用以上推导结果，Jouguet 对某些气体混合物爆轰速度与波阵面上的气体参数进行了计算，如表 8.4 所示，可以看出表中爆轰速度计算值与测量值比较接近。

表 8.4 气体混合物中爆轰波的参数

爆炸混合物	T/K	v_0/v_H	p_H/p_0	D/(m/s)	
				计算值	测量值
$2H_2 + O_2$	3960	1.88	17.5	2630	2819
$CH_4 + 2O_2$	4080	1.90	27.4	2220	2257
$2C_2H_2 + 5O_2$	5570	1.84	54.5	3090	2961
$(2H_2 + O_2) + 5O_2$	2600	1.79	14.4	1690	1700

对掺入其他气体的爆轰问题进行计算，考虑爆轰温度下爆轰产物的离解程度，得到了计算值，如表 8.5 所示。

表 8.5 掺有其他气体的爆轰速度

爆炸混合物	p_H/p_0	T/K	D/(m/s)	
			计算值	测量值
$2H_2+O_2$	18.0	3583	2806	2819
$(2H_2+O_2)+O_2$	17.4	3390	2302	2314
$(2H_2+O_2)+4H_2$	16.0	2976	3627	3527
$(2H_2+O_2)+N_2$	17.4	3367	2378	2407
$(2H_2+O_2)+3N_2$	15.6	3003	2033	2055
$(2H_2+O_2)+1.5Ar$	17.6	3412	2117	1950

对比计算值和测量值，虽然以上理论进行了一些近似处理和假设，但计算结果也相对准确。

8.2.2 一维固体炸药中爆轰波波阵面上的 Hugoniot 关系

如同 8.1 节中的分析，炸药中爆轰波波阵面包含冲击波波阵面、反应区和 C-J 面，其中 C-J 面前方即为爆轰波波阵面中的定常反应区，而 C-J 面后方则为不定常的爆轰产物流动区及稀疏波区。如同 8.1.3 小节中的证明，自持定常爆轰传播过程中，定常反应区应该以声速相对于爆轰产物运动，否则爆轰产物另一侧传过来的稀疏波必会追赶上 C-J 面，从而使得化学反应区内介质膨胀、压力与温度下降，而导致爆轰波的定常传播过程不再存在，即在 C-J 面上必有

$$D=u+c \tag{8.84}$$

对于固体炸药而言，若爆轰波波阵面前方介质中初始压力与初始比内能均为零，则一维爆轰波波阵面上的突跃条件也同样为

$$\begin{cases} vD=v_0(D-u) \\ pv_0=Du \\ e=\dfrac{1}{2}p(v_0-v)+Q_0 \end{cases} \tag{8.85}$$

爆轰波波阵面 Hugoniot 曲线上的 C-J 点也是等熵卸载线的切线，因此其等熵卸载过程也应满足多方指数型方程：

$$pv^{\kappa}=K=\mathrm{const} \tag{8.86}$$

为了与本小节需要讨论的 Grüneisen 系数 γ 区分，式中绝热指数 (即等熵指数) 用符号κ 表示。对于绝大多数炸药而言，其取值一般在 1.3~3.0 区间内。

类似 8.2.1 小节，可以得到爆轰波 C-J 面上的参数为

$$
\begin{cases}
p = 2\rho_0 Q_0 (\kappa - 1) \\
D = \sqrt{2Q_0 (\kappa^2 - 1)} \\
u = \sqrt{\dfrac{2Q_0 (\kappa - 1)}{(\kappa + 1)}}
\end{cases}
\tag{8.87}
$$

同样，利用图解法也很容易给出爆轰波稳定速度与 C-J 点状态参数值。如图 8.7 所示，先在 p-u 平面上绘制式 (8.72) 对应的曲线；再从原点出发作一条直线与以上曲线相切，其切点即为 C-J 点，对应的参数即为 C-J 面上的状态参数。

以 RDX 炸药为例，已知其初始密度 $\rho_0 = 1.77\text{g/cm}^3$，炸药的比化学能 $Q_0 = 6.27\text{MJ/kg}$，绝热指数 $\kappa = 3$，求该炸药的稳定爆速及其对应的 C-J 压力。

1. 图解法

先求出式 (8.72) 的具体形式为

$$
p = \frac{1}{2}(\kappa + 1)\rho_0 u^2 + \rho_0 Q_0 (\kappa - 1) = 3.54u^2 + 22.20
$$

在 p-u 平面上绘制出对应的曲线，再绘制其通过原点的切线，即可给出 C-J 点的坐标。

2. 解析法

利用式 (8.87) 中第二式，可以给出稳定爆速为

$$
D = \sqrt{2Q_0 (\kappa^2 - 1)} = 10.02\text{km/s}
$$

利用式 (8.87) 中第一式，可以给出 C-J 压力为

$$
p = 2\rho_0 Q_0 (\kappa - 1) = 44.40\text{GPa}
$$

表 8.6 为一些重要炸药的相关参数，表中所用的能量值是 Gurney 能量，而不是确切的化学能。

表中

$$
\kappa = \sqrt{\frac{D^2}{2E} + 1}
\tag{8.88}
$$

现在的问题就是如何通过试验获取等熵指数的值，实际上，κ 与 Grüneisen 系数 γ、物理量 $\alpha = p\,\partial v/\partial e|_p$ 之间并不是独立的。根据热力学公式：

$$
\left.\frac{\partial p}{\partial v}\right|_s = -\left.\frac{\partial p}{\partial s}\right|_v \left.\frac{\partial s}{\partial v}\right|_p
\tag{8.89}
$$

表 8.6 一些重要炸药的特性参数

炸药	密度 $\rho/(\mathrm{g/cm^3})$	爆速 $D/(\mathrm{km/s})$	爆热 $E/(\mathrm{kJ/g})$	$\sqrt{2E}/(\mathrm{km/s})$	κ
TNT	1.56	6.70	4.52	3.01	2.44
RDX	1.65	8.18	5.36	3.27	2.69
PETN	1.70	8.30	5.82	3.41	2.63
Tetryl(特屈儿)	1.71	7.85	4.60	3.03	2.77
HMX-β	1.84	9.12	5.69	3.37	2.88
硝化甘油	1.60	7.70	6.70	3.66	2.33
硝基胍	1.55	7.65	3.01	2.45	3.27
苦味酸	1.71	7.35	4.19	2.89	2.73
苦味酸铵	1.55	6.85	3.35	2.59	2.83
叠氮化铅	2.0	4.07	1.55	1.76	2.52
雷汞	8.9	3.50	1.80	1.90	2.10
Lead Styphnate	1.95	5.20	1.93	1.96	2.83
B 炸药	1.68	7.84	5.19	3.22	2.63
C-2 炸药	1.57	7.66	4.69	3.06	2.69
C-3 炸药	1.60	7.63	4.60	3.03	2.71
C-4 炸药	1.59	8.04	5.15	3.21	2.70
Cyclotol	1.70	8.00	5.15	3.21	2.69
Pentolite	1.66	7.47	5.11	3.20	2.54
硝化纤维	1.20	7.30	4.44	2.98	2.65
低速黄色炸药	0.9	4.40	2.62	2.29	2.17
大力神	1.1	6.00	3.93	2.80	2.36
Datasheet C	1.45	7.20	4.14	2.88	2.69
Minol-2	1.68	5.82	6.78	3.68	1.87
Torpex	1.81	7.50	7.53	3.88	2.18
Tritonal	1.72	6.70	7.41	3.85	2.01
DBX	1.65	6.60	7.12	3.77	2.01

即有

$$-\frac{v}{p}\left.\frac{\partial p}{\partial v}\right|_s=\frac{v}{p}\left.\frac{\partial p}{\partial s}\right|_v\left.\frac{\partial s}{\partial v}\right|_p\Rightarrow\kappa=\frac{v}{p}\left.\frac{\partial p}{\partial s}\right|_v\left.\frac{\partial s}{\partial v}\right|_p \tag{8.90}$$

根据热力学方程可知

$$\begin{cases}\left.\dfrac{\partial e}{\partial s}\right|_v=T\\[2ex]\left.\dfrac{\partial e}{\partial v}\right|_s=-p\end{cases} \tag{8.91}$$

可以得到

$$\left.\frac{\partial p}{\partial s}\right|_v=\left.\frac{\partial p}{\partial e}\right|_v\left.\frac{\partial e}{\partial s}\right|_v=T\left.\frac{\partial p}{\partial e}\right|_v \tag{8.92}$$

将其代入式 (8.90)，可以得到

$$\kappa = \frac{v}{p} T \left.\frac{\partial p}{\partial e}\right|_v \left.\frac{\partial s}{\partial v}\right|_p \tag{8.93}$$

根据 Grüneisen 系数 γ 定义

$$\gamma = v \left.\frac{\partial p}{\partial e}\right|_v \tag{8.94}$$

即有

$$\frac{\kappa}{\gamma} = \frac{T}{p} \left.\frac{\partial s}{\partial v}\right|_p \tag{8.95}$$

而根据热力学基本方程

$$\mathrm{d}s = \frac{\mathrm{d}e}{T} + \frac{p\mathrm{d}v}{T} \tag{8.96}$$

可以给出

$$\left.\frac{\partial s}{\partial v}\right|_p = \frac{1}{T}\left(p + \left.\frac{\partial e}{\partial v}\right|_p\right) \tag{8.97}$$

代入式 (8.93)，即可得到

$$\frac{\kappa}{\gamma} = 1 + \frac{1}{p}\left.\frac{\partial e}{\partial v}\right|_p = 1 + \frac{1}{\alpha} \tag{8.98}$$

即

$$\frac{\gamma}{\kappa} = \frac{\alpha}{\alpha + 1} \tag{8.99}$$

设固体炸药爆轰产物的内能型物态方程为

$$e = e(p, v) \tag{8.100}$$

则对方程组式 (8.85) 中第三式进行微分，可以得到

$$\left.\frac{\partial e}{\partial v}\right|_p \mathrm{d}v + \left.\frac{\partial e}{\partial p}\right|_v \mathrm{d}p = \frac{1}{2}\mathrm{d}p\,(v_0 - v) + \frac{1}{2}p\,(\mathrm{d}v_0 - \mathrm{d}v) + \mathrm{d}Q_0 \tag{8.101}$$

即

$$\left(\frac{2}{\alpha} + 1\right)\frac{\mathrm{d}v}{v} + \left[\frac{2(\alpha+1)v}{\kappa\alpha} - (v_0 - v)\right]\frac{\mathrm{d}p}{pv} = \frac{\mathrm{d}v_0}{v} + 2\frac{\mathrm{d}Q_0}{pv} \tag{8.102}$$

考虑到

$$\kappa = \frac{v}{v_0 - v} \tag{8.103}$$

则式 (8.102) 可进一步写为

$$\frac{\mathrm{d}p}{p}=\frac{1}{\alpha+2}\left[(\alpha-2\kappa)\frac{\mathrm{d}v_0}{v_0}+2\alpha\kappa\frac{\mathrm{d}Q_0}{pv}\right] \tag{8.104}$$

根据式 (8.85)，有

$$D^2=p\frac{v_0^2}{v_0-v} \tag{8.105-a}$$

考虑式 (8.103)，即可给出

$$D^2=p\frac{\kappa v_0^2}{v} \tag{8.105-b}$$

微分后可以得到

$$2D\mathrm{d}D=\frac{\kappa v_0^2}{v}\mathrm{d}p+p\mathrm{d}\left(\frac{\kappa v_0^2}{v}\right)=D^2\left(\frac{\mathrm{d}p}{p}+\frac{2\mathrm{d}v_0}{v_0}-\frac{\mathrm{d}v}{v}\right) \tag{8.106}$$

结合式 (8.103) 即

$$\frac{\mathrm{d}p}{p}=\frac{2\mathrm{d}D}{D}-\frac{\mathrm{d}v_0}{v_0} \tag{8.107}$$

将式 (8.103)、式 (8.107) 和式 (8.105-b) 代入式 (8.104)，可以给出

$$\frac{\mathrm{d}D}{D}=A\frac{\mathrm{d}v_0}{v_0}+B\frac{\mathrm{d}Q_0}{D^2} \tag{8.108}$$

式中

$$\begin{cases}A=\dfrac{1+\alpha-\kappa}{\alpha+2}\\[2ex] B=\dfrac{\alpha\left(\kappa+1\right)^2}{\alpha+2}\end{cases} \tag{8.109}$$

根据试验可以给出方程 (8.108) 的形式，根据式 (8.109) 给出参数 κ 和 α 的值：

$$\begin{cases}\kappa=\sqrt{\left(1-A\right)^2+B}-A\\[2ex] \alpha=\dfrac{\sqrt{\left(1-A\right)^2+B}}{1-A}-1\end{cases} \tag{8.110}$$

进而根据式 (8.99) 可以给出 Grüneisen 系数 γ 的值。

特别地，当爆热 Q_0 对初始比容 v_0 的依赖关系很弱时，即

$$\left.\frac{\partial Q_0}{\partial v_0}\right|_{p_0}=0 \tag{8.111}$$

基于式 (8.108) 并近似简化后，可以给出近似表达式：

$$\kappa = (\alpha + 2)\left(1 + \left.\frac{\partial \ln D}{\partial \ln \rho_0}\right|_{p_0}\right) - 1 \tag{8.112}$$

根据式 (8.99) 和式 (8.22)，若已知参数 κ、α 和 γ 中的任意一个参数，即给出另外两个参数的值。表 8.7 给出了常用炸药已知参数 κ 时其他两个参数的计算值。

表 8.7　三种凝聚炸药的特性参数

炸药	$\rho_0/(\mathrm{g/cm^3})$	κ	$D/(\mathrm{m/s})$	α	γ
TNT	1.00	3.15	5100	0.54	1.105
	1.59	3.33	6940	0.48	1.08
RDX	1.00	3.20	6050	0.63	1.235
	1.72	3.00	8500	0.32	0.727
TNT/RDX(36/64)	1.71	3.13	8000	0.49	1.03

研究表明，若已知参数 α，利用下式求解爆轰波 C-J 面上的参数相对精确，一般误差都在 10%以内：

$$\begin{cases} p = \dfrac{2\rho_0 D^2}{(2+\alpha)(1+\rho_0 M/D)} \\ u = \dfrac{D}{(2+\alpha)(1+\rho_0 M/D)} \\ \rho = \dfrac{(2+\alpha)(1+\rho_0 M/D)}{(2+\alpha)(1+\rho_0 M/D)-1} \end{cases} \tag{8.113}$$

在工程中也常用式 (8.87) 通过参数 κ 直接给出近似值。

8.2.3　固体炸药爆轰产物的物态方程

事实上，8.2.2 小节中爆轰波 C-J 面上参数的求解只是工程近似求解；如同 8.1.1 小节所述，利用爆轰波波阵面上的突跃条件和爆轰产物的物态方程进行求解才是理论上最科学准确的方法。当前，爆轰产物物态方程的描述形式有很多种，整体而言，其可以分为两种类型。第一种考虑到不同组分的炸药其生成焓、分子量、理论最大密度皆有所差别，其生成的爆轰产物也有所不同，如表 8.8 所示；并基于爆轰产物化学组成的计算，以及真实爆轰产物中各组分对混合物热力学函数贡献总和的计算。

第二种是建立物态方程时不考虑爆轰产物的组成，而采取平均式的描述，即忽略不同炸药爆轰产物组成的差别，甚至忽略爆轰产物组成的变化对状态参数的依赖关系。

表 8.8 典型炸药化学式及生成焓

起爆药	理论最大密度/(g/cm³)	化学式								分子量	生成焓 /(kcal/mol)
		C	H	N	O	Cl	K	Pb	Hg		
氮化铅	4.76/4.8	—	—	6	—	—	—	1	—	291	112
斯蒂芬酸铅	3.06	6	3	3	9	—	—	1	—	468	92.3
雷汞	4.42	2	—	2	2	—	—	—	1	284	96.2
苦味酸铵	1.717	6	6	4	7	—	—	—	—	246	−94
HMX	1.905	4	8	8	8	—	—	—	—	296.2	17.93
HNS	1.740	14	6	6	12	—	—	—	—	450.3	18.7
硝基胍	1.810	1	4	4	2	—	—	—	—	104.1	−23.6
$H_{итротриазалон}$	1.930	2	2	4	3	—	—	—	—	114	−14.3
PETN	1.780	5	8	4	12	—	—	—	—	316.2	−128.7
RDX	1.806	3	6	6	6	—	—	—	—	222.1	14.71
TATB	1.938	6	6	6	6	—	—	—	—	258.2	−36.85
Tetryl	1.730	7	5	5	8	—	—	—	—	287	4.67
TNT	1.654	7	5	3	6	—	—	—	—	227.1	−15
HTΦA	1.770	18	6	14	8	—	—	—	—	560	−48
$O_{ктанит}$	1.820	18	6	16	8	—	—	—	—	574	—
硝酸铵	1.725	—	4	2	3	—	—	—	—	80.05	−87.27
过氯酸铵	1.95	—	4	1	4	1	—	—	—	117.49	−70.69
硝酸钾	2.109	—	—	1	3	—	1	—	—	101.10	−117.76

1. 考虑爆轰产物组成的物态方程

描述理想气体等熵膨胀过程的多方气体定律是当前最方便和最简单的气体物态方程。对于理想气体的等熵过程有

$$pv^{\gamma} = K \tag{8.114}$$

即

$$\ln p + \gamma \ln v = \text{const} \tag{8.115}$$

式 (8.115) 微分后可以得到

$$\gamma = \left.\frac{\partial \ln p}{\partial \ln v}\right|_s = \left.\frac{v}{p}\frac{\partial p}{\partial v}\right|_s \tag{8.116}$$

式中，γ 表示气体绝热指数；对于绝大多数炸药爆轰产物而言，其取值一般在 1.3~3.0 区间内。

然而，在爆轰 C-J 面上，介质的压力处于 1~50GPa，此时气体产物的密度达到 2~10g/cm³，温度也达到了 3000~5000K，这种条件下分子所占据的体积不可忽视。Abel 考虑到这个情况，将气体分子所占据的体积从总体积中排除，对理想气体的状态方程进行了修正：

$$p(v-b) = RT \tag{8.117}$$

式中，b 表示余容，即分子所占的体积分数。此方程中假设余容是一个固定值。式 (8.117) 也可以写为

$$p = \frac{\rho RT}{1 - b\rho} \tag{8.118}$$

类似地考虑余容的物态方程还有 GSE 方程：

$$\frac{pv}{RT} = \frac{1}{1 - K\left(b/v\right)^{1/3}} \tag{8.119}$$

和 BH 方程：

$$\frac{pv}{RT} = 1 + \frac{\rho B\left(T_0\right)}{1 - \rho/\rho_0} \tag{8.120}$$

式 (8.119) 中 K 与爆轰产物的点阵排列方程有关。式 (8.120) 中 B 表示某个函数关系，ρ_0 表示温度为 0K 时理想气体的密度，T_0 为

$$T_0 = \frac{T}{1 - \rho/\rho_0} \tag{8.121}$$

以上这些考虑余容的物态方程反映了 1GPa 以下低压时爆轰产物的真实状态，利用其计算密度较低的凝聚炸药 (一般炸药密度小于 0.5g/cm^3) 的爆轰参数，其结果与实验值较吻合。因为在这种密度下，装药密度对爆速的影响较小。然而，对于一般的军用炸药，其密度一般皆在 1.0g/cm^3 以上，此时余容不能作为常数，利用以上余容方程计算的结果与实验数据相差较大，该方程已经不准确。

实验表明，余容是压力和炸药密度 (比容) 的函数：

$$b = b\left(p, v\right) \tag{8.122}$$

Cook 根据此实验结果，假设余容只是炸药密度的函数，而且通过对实验结果的分析和处理，发现，许多起爆药和炸药余容与密度之间满足同一规律：

$$b = b\left(v\right) = \exp\left(-0.4/v\right) \tag{8.123}$$

并对固定余容型物态方程进行了修正：

$$p\left[v - \exp\left(-0.4/v\right)\right] = RT \tag{8.124}$$

或

$$p = \frac{\rho RT}{1 - \rho\exp\left(-0.4\rho\right)} \tag{8.125}$$

Jones 假设余容只是压力的函数，且为压力之间满足三次多项式关系：

$$b = b\left(p\right) = c_1p + c_2p^2 + c_3p^3 \tag{8.126}$$

其中，c_1、c_2 和 c_3 为与炸药性质相关的常数。

Taylor 在 Maxwell-Boltzmann 对光滑球分子的动力学理论基础上，给出了一种多项式形式的状态方程：

$$p=\rho nRT\left(1+b\rho+0.625b^2\rho^2+0.287b^3\rho^3+0.193b^4\rho^4+\cdots\right) \tag{8.127}$$

事实上，在爆轰波波阵面上，弹性压力和弹性能可能与对应的热压与热能处于同一个量级，因而分子间的相互作用力及其热运动皆不可忽视。同时考虑分子余容和分子间相互作用力的最简单形式之一即为 van de Waals 方程：

$$\left(p+\frac{a}{v^2}\right)(v-b)=RT \tag{8.128}$$

式中，a/v 表征低压时分子间的吸引力；b 为分子余容。

Berthelot 在此基础上进一步考虑温升时压力的下降特征，给出了方程：

$$\left(p+\frac{a}{v^2T}\right)(v-b)=RT \tag{8.129}$$

兰道和斯达纽科维奇认为，凝聚炸药爆轰时波阵面上的产物处于高压、高密度状态，因此产物的内能和压力具有固态物质在高压条件下的物理特征，根据固体中原子或分子之间的相互作用和其在平衡位置上振动做功，推导出了一种幂函数形式的物态方程：

$$p=Av^{-n}+\frac{BT}{v} \tag{8.130}$$

式中，Av^{-n} 表示分子间的斥力；B 为压力的函数，压力较大时，其值为常数，而压力较小时，其值可取为 R。当分子热运动体现出来的热压力与弹性强度相比忽略不计时，式 (8.130) 即可以简化为

$$p=Av^{-n} \tag{8.131}$$

容易看出，式 (8.131) 与式 (8.114) 形式基本一致。

考虑分子间作用力和温度影响更普适的物态方程是 Virial 物态方程：

$$\frac{pv}{RT}=1+\frac{B(T)}{v}+\frac{C(T)}{v^2}+\frac{D(T)}{v^3}+\cdots \tag{8.132}$$

式中，B、C、D 分别为第二、第三和第四 Virial 系数，皆表示温度的函数形式；它们分别描述两个分子之间相互作用、三个分子之间相互作用和四个分子之间相互作用；以此类推，考虑分子个数数量增多，系数就相应增大。

对于相对低压和低温条件情况，此时三个和三个以上分子同时相互作用的可能性很小，此时第三 Virial 系数及其以上系数可以忽略不计，即式 (8.132) 可简化为

$$\frac{pv}{RT}=1+\frac{B(T)}{v} \tag{8.133}$$

式中，第二 Virial 系数可以利用 Lennard-Jones 势 (常简称为 LJ 势) 计算。但在高温高压情况下，多个分子之间的相互作用不可忽略，此时就需要考虑更高阶的 Virial 系数，

当前一些学者基于某些假设开展第三 Virial 系数和第四 Viral 系数的研究，得到了相对准确的表达式；如吴雄给出了具有四个 Virial 系数的物态方程 (简称为 VLW 物态方程)：

$$\frac{pv}{RT}=1+B^*\frac{b_0}{v}+\frac{B^*}{T^{*1/4}}\left(\frac{b_0}{v}\right)^2+\frac{B^*}{16T^{*1/4}}\left(\frac{b_0}{v}\right)^3 \tag{8.134}$$

式中，B^* 和 T^* 为系数，可以根据组分等参数计算给出

$$\begin{cases} b_0=\sum_i \dfrac{x_i b_{0i}}{\bar{x}} \\ \bar{x}=\sum_i x_i \end{cases} \tag{8.135}$$

其中，x_i 表示产物的组分；b_{0i} 表示该组分的余容。典型爆轰产物余容数据如表 8.9 所示。

表 8.9　VLW 物态方程中爆轰产物基本组分的余容

成分	余容 $b_0/(\mathrm{cm}^3/\mathrm{mol})$	成分	余容 $b_0/(\mathrm{cm}^3/\mathrm{mol})$	成分	余容 $b_0/(\mathrm{cm}^3/\mathrm{mol})$
H_2O	30.42	CO_2	85.05	NO	40.00
H_2	29.76	CO	67.22	N_2	63.78
O_2	57.75	NH_3	70.00	CH_4	70.16
HF	29.00	CF_4	131.00		

若假设爆轰产物分子的热运动特性接近于原子晶格和液体分子的振动，而不是稀薄气体中粒子的自由运动，则可以利用统计力学方法，根据分子间作用势给出真实的物态方程。设相互作用能量满足线性叠加关系，即有

$$\bar{U}=\sum_{i>j}^{N}\sum_{j=1}^{N-1}U_{ij}\left(r_{ij}\right) \tag{8.136}$$

式中，U_{ij} 表示第 i 个和第 j 个粒子相互作用的能量，与它们之间的距离 r_{ij} 有关。相互作用势能的具体函数形式不能确定，当前最典型的势能函数形式有 LJ 势、硬球势、软球势、Kihara 势和 exp-6 半指数势。

基于以上理论，结合混合问题解法，按照 LJD 胞元理论，给出 LJD 物态方程：

$$\frac{pV}{RT}=1+\theta^{-1}\left[\tau\chi_\tau-\frac{g\left(\tau W_\tau\right)}{g\left(y\right)}\right] \tag{8.137}$$

式中，y 等于 τW_τ 或 1；$g\left(y\right)$ 表示积分分布函数。

$$\left\{\begin{array}{l}\theta=\dfrac{T}{T^*}\\ T^*=\dfrac{\varepsilon}{k_b}\end{array}\right.,\quad \left\{\begin{array}{l}\theta=\dfrac{V}{V^*}\\ V^*=\left(\dfrac{N_A}{\sqrt{2}}\right)r^{*3}\end{array}\right.,\quad \left\{\begin{array}{l}\chi_\tau=\dfrac{\mathrm{d}\chi}{\mathrm{d}\tau}\\ W_\tau=\dfrac{\mathrm{d}W}{\mathrm{d}\tau}\end{array}\right. \tag{8.138}$$

其中，ε、k_b、N_A 和 r^* 分别表示势阱深度的特征值、Boltzmann 常量、Avogadro 常量和分子的特征尺度；χ 和 W 分别为晶格函数和晶格势能。

在 1922 年 Becker 提出的稠密气体状态方程

$$\frac{pv}{RT}=\left(1+\frac{b}{v}\exp\frac{b}{v}\right)-\frac{a}{v^2}+\frac{h}{v^7} \tag{8.139}$$

的基础上，1941 年 Kistiakowsky 和 Wilson 对其进行了修正：

$$\frac{pv}{RT}=1+x\exp\left(\beta x\right) \tag{8.140}$$

式中

$$x=K\sum\frac{x_i b_i}{v\left(T+\theta\right)^\alpha} \tag{8.141}$$

其中，α、β、K 和 θ 为常数；x_i 表示爆轰产物中第 i 种气体的分子分数；b_i 表示第 i 种气体的余容。

式 (8.140) 即为常用的 BKW 物态方程。事实上，若假设分子相互作用势函数满足软球势即排斥势特征，即势能反比于分子间距的 n 次幂：

$$U\left(r\right)=\frac{A}{r^n},\quad n\geqslant 3 \tag{8.142}$$

将式 (8.142) 引入式 (8.132)，并用指数关系代替幂级数，也可给出 BKW 物态方程。Mader 成功地将其应用于 TNT 和 RDX 两种炸药，其状态方程参数如表 8.10 所示。

表 8.10　TNT 和 RDX 两种炸药的 BKW 状态方程参数

炸药	密度 $\rho/(\mathrm{g/cm^3})$	K	α	β	θ
TNT	1.64	12.69	0.5	0.09	400
RDX	1.80	10.90	0.5	0.16	400

类似地，学者在不同假设的基础上也分别给出了不同形式的物态方程，如 CS 物态方程、PY 物态方程、KHT 物态方程、JCZ 物态方程等。这些物态方程由于其假设的条件不同，其侧重点也不同，利用这些物态方程所给出的计算结果也各有偏重，表 8.11 给出了五类炸药爆轰参数的试验值与利用以上所述三种物态方程所给出的计算值，表中下标 H 表示爆轰波波阵面上的参数。

表 8.11　不同物态方程计算结果的比较

炸药	密度/(g/cm^3)	参数	试验值	物态方程计数值		
				BKW	LJD	VLW
TNT	1.64	D/(m/s)	6950	6950	6878	6934
		p_H/GPa	19.0	20.6	18.3	19.3
		T_H/K	3000	2937	3662	4133
	1.09	D/(m/s)	5254	5340	5150	—
		p_H/GPa	7.8	8.5	7.8	—
		T_H/K	—	3137	3658	—
RDX	1.80	D/(m/s)	8754	8754	8878	8760
		p_H/GPa	34.7	34.7	32.6	34.4
		T_H/K	3700	2587	4027	4921
PETN	1.77	D/(m/s)	8300	8420	8087	8453
		p_H/GPa	33.5	31.8	28.5	32.2
		T_H/K	4200	2833	4378	5109
	1.00	D/(m/s)	5480	5947	5603	5654
		p_H/GPa	8.7	10.1	9.0	8.7
		T_H/K	—	3970	4731	4888
硝化甘油	1.60	D/(m/s)	7700	7700	7111	—
		p_H/GPa	25.3	24.6	20.0	—
		T_H/K	4260	3216	4593	—
BTF	1.857	D/(m/s)	8485	8156	8241	8610
		p_H/GPa	36.0	32.5	33.2	38.5
		T_H/K	—	4059	5228	6214

表 8.12 给出了四类炸药利用不同物态方程所计算出的爆轰产物组分。

表 8.12　C-J 面处爆轰产物组成的计算

炸药	物态方程	爆轰产物组分									
		N_2	H_2O	CO_2	CO	CH_4	NH_3	H_2	O_2	NO_2	C_k
TNT 1.64 g/cm^3	BKW	6.61	11.01	7.31	0.828	—	0.004	—	—	—	22.69
	LJD	6.61	10.62	7.22	1.330	0.093	—	0.207	—	0.022	22.16
RDX 1.80 g/cm^3	BKW	13.51	13.51	6.71	0.100	—	—	—	—	—	6.71
	LJD	13.06	13.38	5.58	1.667	0.018	0.036	0.032	—	0.842	6.26
	VLW	13.33	13.33	6.53	0.455	0.036	—	0.104	—	0.153	6.49
PETN 1.77 g/cm^3	BKW	6.33	12.65	12.50	0.304	—	—	—	—	—	3.01
	LJD	6.23	12.43	11.96	1.410	0.004	—	0.150	—	0.190	2.40
	VLW	5.94	12.56	10.82	4.280	0.023	0.022	0.032	—	0.760	1.98
PETN 1.00 g/cm^3	BKW	6.30	12.47	9.61	6.200	—	0.012	0.160	0.005	0.040	0
	LJD	6.27	11.92	10.07	5.740	0.003	—	0.730	0.014	0.120	0

2. 不考虑爆轰产物组成的物态方程与等熵线

如不考虑炸药组分的差别，或者假设爆炸产物的组分为已知并且不变，结合压力型物态方程和能量型物态方程，可以给出物态方程形式：

$$p = a + bE \tag{8.143}$$

式中

$$\begin{cases} a = a(\rho) \\ b = b(\rho) \end{cases} \tag{8.144}$$

根据试验数据来确定。

这类型物态方程中，目前在爆轰过程数值模拟中应用最广泛的即为 Jones、Wilkins 和 Lee 提出的一种形式更为复杂的幂函数状态方程，一般称为 JWL 状态方程，其形式为

$$p = A\left(1 - \frac{\omega v_0}{R_1 v}\right)\exp\left(-R_1\frac{v}{v_0}\right) + B\left(1 - \frac{\omega v_0}{R_2 v}\right)\exp\left(-R_2\frac{v}{v_0}\right) + \frac{\omega E v_0}{v} \tag{8.145}$$

其过 C-J 点的等熵方程为

$$p = A\exp\left(-R_1\frac{v}{v_0}\right) + B\exp\left(-R_2\frac{v}{v_0}\right) + C\left(\frac{v}{v_0}\right)^{-(\omega+1)} \tag{8.146}$$

式中，A、B 和 C 为线性系数，R_1、R_2 和 ω 为非线性系数，这些参数可以通过圆筒试验标定获得；E 为内能。JWL 状态方程能够精确地描述爆轰产物的相关特性及其膨胀驱动过程。几种常用炸药的 JWL 状态方程参数如表 8.13 所示。

表 8.13 一些常用炸药的 JWL 状态方程参数

炸药	密度/(g/cm^3)	A	B	C	R_1	R_2	ω
TNT	1.63	3.738	0.02747	0.00734	4.15	0.90	0.35
PETN	1.26	5.371	0.20106	0.01267	6.00	1.80	0.28
	1.50	6.253	0.23290	0.01152	5.25	1.60	0.28
	1.77	6.170	0.16926	0.00699	4.40	1.20	0.25
HMX	1.89	7.783	0.07071	0.00643	4.20	1.00	0.30
B 炸药	1.72	5.242	0.07678	0.01082	4.20	1.10	0.34
Pentolite	1.67	4.911	0.09061	0.00876	4.40	1.10	0.30
TNT77/PETN23	1.75	6.034	0.09924	0.01075	4.30	1.10	0.35
HMX78/TNT22	1.82	7.486	0.13380	0.01167	4.50	1.20	0.38

表 8.14 给出一些典型炸药爆轰产生的 C-J 参数与 JWL 物态方程系数。

表 8.14　爆轰产物的 C-J 参数和 JWL 物态方程系数

炸药	C-J 参数					JWL 物态方程系数					
	ρ_0/ (g/cm^3)	p/ GPa	D/ (km/s)	e/ GPa	绝热指数	A/ GPa	B/ GPa	C/ GPa	R_1	R_2	ω
BTF	1.859	36.0[b]	8.48	11.50	2.717	841	14.96	3.137	4.60	1.20	0.30
Comp.A-3	1.65	30.0	8.30	0.89	2.790	611.3	10.65	1.080	4.40	1.20	0.32
Comp.B	1.717	29.5	7.98	8.50	2.706	524.2	7.678	1.082	4.20	1.10	0.34
Comp.C-4	1.60	28.0	8.193	9.00	2.838	609.8	12.95	1.043	4.50	1.40	0.25
Cyclotol(77/23)	1.754	32.0	8.25	9.20	2.731	603.4	9.924	1.075	4.30	1.10	0.35
DIPAM	1.55	18.0	6.70	6.20	2.842	425.4	8.007	1.175	4.70	1.30	0.39
EL-506A	1.48	20.5	7.20	7.00	2.752	373.8	3.647	1.138	4.20	1.10	0.30
EL-506C	1.48	19.5	7.00	6.20	2.719	349	4.524	0.854	4.10	1.20	0.30
D 炸药	1.42	16.0	6.50	5.40	2.750	300.7	3.94	1.00	4.30	1.20	0.35
FEFO	1.59	25.0	7.50	8.00	2.578	382.4	6.635	1.444	4.10	1.10	0.38
H-6[c]	1.76	24.0	7.47	10.30	3.092	758.1	8.513	1.143	4.90	1.00	0.20
HMX	1.89	42.0	9.11	10.50	2.74	778.3	7.071	0.643	4.20	1.80	0.30
HNS	1.00	7.5	5.10	4.10	2.468	162.7	10.82	0.658	5.40	1.40	0.25
HNS	1.40	14.5	6.34	6.00	2.881	366.5	6.75	1.163	4.80	1.35	0.32
HNS	1.65	21.5	7.03	7.45	2.804	463.1	8.873	1.349	4.55	—	0.35
LX-01	1.230	15.5	6.84	6.10[b]	2.711	311.0	4.761	1.039	4.50	1.00	0.35
LX-04-1	1.865	34.0	8.47	9.50	2.935	836.4	12.98	1.471	4.62	1.25	0.42
LX-07	1.865	35.5	8.64	10.00	2.921	848.1	17.10	1.308	4.58	1.25	0.40
LX-09-1	1.84	37.5	8.84	10.50	2.834	848.1	17.10	1.308	4.58	1.25	0.40
LX-10-1	1.865	37.5	8.82	10.4	2.868	880.7	18.36	1.296	4.62	1.32	0.38
LX-11	1.875	33.0	8.32	9.00	2.868	779.1	10.668	0.885	4.50	1.15	0.30
LX-14-0	1.835	37.0	8.80	10.20	2.841	826.1	17.24	1.296	4.55	1.32	0.38
LX-17-0	1.900	30.0	7.60	6.90	2.658	446.0	13.39	1.306	3.85	1.03	0.46
硝基甲烷	1.128	12.5	6.28	5.10	2.538	209.2	5.689	0.770	4.40	1.20	0.30
Octol(78/22)	1.821	12.5	8.48	9.60	2.830	748.6	13.38	1.167	4.50	1.20	0.38
PBX-9010	1.787	34.2	8.39	9.00	2.700	581.4	6.801	0.234	4.10	1.00	0.35
PBX-9011	1.777	34.0	8.50	8.90[b]	2.776	634.7	7.998	0.727	4.20	1.00	0.30
PBX-9404	1.840	34.0	8.80	10.20	2.851	852.4	18.02	1.207	4.55	1.30	0.38
PBX-9407	1.600	26.5	7.91	8.60	2.513	573.2	14.639	1.200	4.60	1.40	0.32
Pentolet(50/50)	1.70	25.5	7.53	8.10	2.78	540.94	9.373	1.033	4.50	1.10	0.32
PETN	0.880	6.2	5.17	5.02	2.668	348.6	11.288	0.941	7.00	2.00	0.24
PETN	1.260	14.0	6.54	7.19	2.831	573.1	20.160	1.267	6.00	1.80	0.28
PETN	1.500	22.0	7.45	8.56	2.788	625.3	23.290	1.152	5.25	1.60	0.28
PETN	1.770	33.5	8.30	10.10	2.640	617.0	16.926	0.699	4.40	1.20	0.25
Tetryl	1.730	28.5	7.91	8.20	2.798	586.8	10.671	0.774	4.40	1.20	0.28
TNT	1.630	21.0	6.93	7.00	2.727	371.2	3.231	1.045	4.15	0.95	0.30

8.3　一维爆轰波的传递特征与传播特性

由 8.1 节的分析可知，爆轰波传播的 ZND 流体动力学理论是基于平面爆轰波即一维假设上发展的，其认为化学反应区中的流动是一维的；这种爆轰称为理想爆轰。在理想爆轰理论构架中，爆轰波波速主要取决于反应区所释放的化学能量，即由炸药的化学组成决定；然而，在实际问题中的爆轰并不是理想的，影响爆轰波波速的因素有很多，如装药尺寸与形状、装药密度和约束条件等；本节主要是定性地对几种关键影响因素进行分析讲解。

8.3.1 爆轰波在不同介质中的传递特性

炸药的爆炸可能引起一定距离外其他炸药的爆轰，这种现象称为感应爆轰；其中引起其他炸药爆轰的炸药称为主发炸药，被引起爆轰的炸药称为被发炸药。感应爆轰现象与机制的研究对于炸药的安全贮存与设计具有重要的意义。事实上，对于不同传递介质和不同的被发炸药而言，传递过程可能存在差别，但通过感应引发爆轰过程的机制在定性上是相同的；本小节参考文献 (奥尔连科, 2011a) 对这个问题的分析进行简要介绍，具体内容读者可以参考该文献。

1. 爆轰波在空气介质中的传递特性

爆轰通过空气的传播引发被发炸药爆轰一般有三种方式：其一，主发炸药爆轰产生的冲击波；其二，主发炸药爆轰产物流动；其三，爆炸抛射的固体颗粒。

1) 主发炸药装药密度

研究表明，在装药质量不是非常大 (如不大于 1000kg) 时，主发炸药的装药密度对于爆轰在空气中的传递距离有明显的影响，爆轰传递距离随着主发炸药装药密度的提高而增大；事实上，根据爆轰波波阵面上的突跃条件可知，爆轰速度、爆轰产物的流动速度及其冲击波速度均随着装药密度的提高而增大。

2) 炸药装药侧面壳层

装药侧面壳层的影响也不可忽视，如表 8.15 所示，表中 R_{100} 表示被发炸药 100%引发爆轰的临界距离，R_0 表示 100%熄火的最短距离。从表中可以看出，其他条件相同时，改变装药侧面壳层的材料时，爆轰传播距离明显改变。

表 8.15 主发装药外壳对爆轰传递距离的影响

主发装药外壳特性	主发装药密度/(g/cm^3)	被发装药密度/(g/cm^3)	R_{100}/cm	R_{50}/cm	R_0/cm
厚纸壳	1.25	1	17	19.5	22
壁厚 4.5mm 的钢壳	1.25	1	23	26	29
厚纸壳	1	1	13	14	15
壁厚 6mm 的铅壳，底火部位装药被封闭	1	1	18	22	26

3) 主发炸药与被发炸药的管道连接

当用管道将主发炸药与被发炸药相连接时，其传递距离急剧增大，表 8.16 为 50g 苦味酸炸药的试验结果。试验中装药直接均为 29mm，管道截面均为圆形。从表中可以看出，即使管道材料为低强度材料，其传递距离也是没有管道的数倍；而且随着管道强度的增大，其传递距离也增大；当然管道强度大到一定程度时，提高管道材料强度作用就不甚明显。

表 8.16　主发装药与被发炸药管道连接时的爆轰传递

管道连接情况	密度/(g/cm^3)		R_{50}/cm
	主发装药	被发装药	
壁厚 5mm 的钢管	1.25	1.0	125
壁厚 1mm 的厚纸管	1.25	1.0	59
没有管道	1.25	1.0	19

4) 主发炸药的装药质量

研究表明，对于装药质量不是很大时，主发炸药的装药质量的开方与爆轰传播距离呈正比关系，如表 8.17 所示，根据表中数据可以给出，两者近似满足经验关系：

$$R_{50} = K_{ap} M_c^{1/2} \tag{8.147}$$

式中，M_c 表示主发炸药的装药质量；K_{ap} 表示与主发炸药、被发炸药特性有关的经验系数，几种组合时系数如表 8.18 所示。

表 8.17　爆轰传递距离与主发装药质量的关系

主发装药质量/g	R_{100}/cm	R_{50}/cm	R_0/cm
15	3	3.5	4
29	6	7	8
50	6	8.5	11
118	11	12.5	14
231	17	20	23
400	24	25.5	27
784	28	31.5	35
1478	45	50	55
3420	65	72.5	80
6250	80	95	110

表 8.18　K_{ap} 系数值

主发炸药		被发炸药		K_{ap}
炸药	密度/(g/cm^3)	炸药	密度/(g/cm^3)	
Tetryl	1.25	苦味酸	1.0	0.54
TNT	1.25	苦味酸	1.0	0.33
苦味酸	1.25	TNT	1.0	0.30
苦味酸	1.25	硝化棉	1.0	0.30
苦味酸	1.25	二萘炸药	1.0	0.20
苦味酸	1.25	二萘炸药	1.35	0.05
苦味酸	1.25	苦味酸	1.35	0.40
苦味酸	1.25	Tetryl	1.35	0.5

当主发炸药的装药质量很大且被发炸药的装药密度较低 ($<1.35\text{g/cm}^3$) 时，利用以下

经验公式：

$$R_{50} = K_{ap} M_c^{1/3} \tag{8.148}$$

更加准确。

而当被发炸药的装药密度较高时，式 (8.148) 不再适用；主要是由于高密度装药炸药的爆轰并不是以冲击波作用为基本机制，而是以爆轰产物流动作为主要机制，更具体地讲，就是依靠主发炸药爆轰产物在被发炸药表面反射，被发炸药中发生剧烈化学反应引发爆轰波。表 8.19 给出了主发炸药装药密度为 1.68g/cm^3 的混合炸药 TNT/RDX(50/50) 爆轰产物通过空气传递引发爆轰时的临界压力值，试验中，主发炸药的装药直径为 20mm，长度为 60mm。

表 8.19 通过空气传递时引发爆轰的临界压力

被发装药	密度/(g/cm^3)	R_{50}/cm	临界压力/GPa
RDX	1.80	1	10
RDX	1.74	6	1.8
TNT / RDX(50 / 50)	1.68	4.5	3
TNT / RDX(50 / 50)	1.60	5.5	2
TNT	1.54	6.0	1.5
硝基甲烷	1.14	0.6	9.3
四硝基甲烷	1.64	0.8	9.3
Tetryl	1.70	5.0	2.6

2. 爆轰波在固体介质中的传递特性

在炸药对冲击波作用感度的研究中，常利用固体隔板来衰减主发炸药产生的冲击波从而达到控制冲击波强度的目的；基于大量试验，可以给出隔板的临界厚度 δ_a 与传爆系列基本特性之间的关系：

$$\delta_a = \left(\rho_{AC} D^2\right)^2 (d_{AC} - d_0) \left[1 - \left(1 - \frac{4}{9}\frac{H_{AC}}{d_{AC}}\right)^3\right] K_1 K_2 \cdot 10^{-4} \tag{8.149}$$

式中，ρ_{AC}、D(km/s)、d_{AC} 和 H_{AC} 分别表示主发炸药的装药密度、爆轰波波速、装药直径和装药高度；K_1 是描述隔板材料阻尼特性的系数，如表 8.20 所示。

表 8.20 不同隔板材料的 K_1 系数

隔板材料	钢	氟塑料	厚纸	铝和有机玻璃	泡沫塑料
K_1	0.59	0.825	0.96	1.11	1.50

式 (8.149) 中，K_2 和 d_0 是与被发炸药装药感度有关的参数；表 8.21 给出了一些常用炸药的 K_2 和 d_0 值。

表 8.21 铸装和压装炸药的 K_2 和 d_0 参数

炸药	$\rho_{AC}/(\mathrm{g/cm^3})$	d_0/mm	K_2
压装 TNT	1.56	3.5	1.15
铸装粗晶 TNT	1.56	30	1.93
Tetryl	1.70	3.5	1.1
PETN	1.61	0.3	1.93
钝化 PETN	1.60	1.5	1.28
弹性炸药 ЭВВ-34(PETN84%, 橡胶 14%)	1.51	1.0	1.0
钝化 RDX	1.63	4.0	1.09
钝化 HMX	1.74	4.0	1.29
铸装 TNT/RDX(40/60)	1.69	7.0	1.42
TNT/HMX(16/84)	1.86	4.0	0.97
PBX-9404(HMX94%, 黏结剂 6%)	1.84	4.0	1.17
LX-04(HMX85%, 黏结剂 15%)	1.87	4.0	0.96
PBX-9502(TATB95%, 黏结剂 5%)	1.90	16.0	0.60

根据式 (8.149) 可以看出，随着主发炸药装药高度的增大，隔板临界厚度逐渐增加，且在

$$H_{AC} = \frac{9}{4} d_{AC} \tag{8.150}$$

时达到极限值。同时，在装药长径比固定的前提下，隔板的临界厚度与主发炸药装药直径呈正比关系。

3. 爆轰波在炮眼中的传递特性

在爆破作业时，爆炸在炮眼中的爆轰传递失效会导致炸药未爆或爆炸不完全甚至燃烧，这可能会造成非常严重的事故。这种传递失效的原因和影响因素有很多，分析炮眼中爆轰的传递具有重要的应用价值。

一般而言，爆轰在炮眼中的传递距离明显大于其在开放空气中的传递距离，但这种强化效应与炸药的组成及生产工艺有着明显的联系，如表 8.22 所示。

表 8.22 直径 30mm 药管的爆轰传递距离数据的比较

炸药	平均爆轰传递距离/cm		爆轰传递距离增加倍数
	在开放空气中	在直径 40mm 炮眼中	
1 号	7.5	90	12
2 号	5.0	17	3.5

表 8.22 中 1 号炸药的成分为 19.5%硝化甘油 +0.5%硝化棉 +20%硝酸铵 +58%氯化钠 +2%木粉，2 号炸药的成分为 9.5%二硝基甲苯 +90.5%硝酸铵。虽然 2 号炸药的做功能力超过 1 号炸药的两倍，但从表 8.22 可以发现，1 号炸药在生产应用条件下比 2 号炸药具有更好的起爆性能。试验中发现，硝化甘油对于炸药的起爆性能的提高有着相对好的影响，即使对于 PETN 这类大威力的敏感炸药也是如此，如表 8.23 所示，表中管道直径为 45mm，3 号炸药的成分为 12%硝化甘油 +1%硝化棉 +33%硝酸铵 +49%氯化钠 +4%泥炭，4 号炸药的成分为 20%PETN+1.5%二硝基萘 +20%硝酸钠 +58.5%氯化钠。

表 8.23 药包之间爆轰在钢管道中的传递试验

炸药	药包之间距离/cm	起爆的被发药包相对数量	
		无炮泥堵塞	有炮泥堵塞
3 号	80	3/5	3/5
	60	4/5	3/5
	40	5/5	5/5
4 号	25	0/5	1/5
	20	0/5	4/5
	15	1/5	3/5
	10	3/5	5/5

许多研究表明，当装药与炮眼之间存在径向间隙时，工业炸药药筒中存在显著的爆轰衰减现象，这是导致爆轰传递的失效的主要原因。

8.3.2 爆轰波传播的临界直径问题

爆轰波的稳定传播离不开炸药释能的支撑，在理论爆轰假设中，我们考虑炸药完全反应后所产生的爆轰产物向后方飞散；而实际上化学反应区向外飞散的不仅有完全反应后的爆轰产物，还包括未反应或部分反应的含能材料，这在一定程度上增加了能量损失而降低了能量释放率；从而当炸药的装药直径降低到某个临界值以下时，炸药反应所释放的能量不足以支撑爆轰波稳定传播所耗能量，此时爆轰波的自持稳定传播状态不再存在。而且，当装药直径相对较小时，由于爆轰波后方反应产物存在侧向膨胀，从而使得反应区的能量密度减小，波阵面的强度降低，所激发的反应速度降低，使得爆轰波的传播速度减小；同时，由于侧向膨胀，反应区变大，而导致爆轰的强度减小。这一不利循环，使得爆轰波的速度持续降低，直到到达一个与该装药直径对应的相对稳定的值，并按照该速度传播下去。而且，随着装药直径的减小，这一稳定爆速逐渐减小，直到装药直径减小为某一临界小量时，在药柱中就不能够形成稳定传播的爆轰波了。这种从自持稳定爆轰到非稳定状态转变对应的装药直径常称为最小装药直径，也常称为熄爆装药直径或临界直径。反之，当装药直径较小时，随着装药直径的增大，其稳定爆轰波速度也随之增大，到达某一较大直径时，继续增加装药直径，其爆轰波速度却不再增大，这一临界直径我们将其称为极限直径。实际应用过程中，装药尺寸都是有限的，而且随着武器的小型化，装药尺寸越来越小，因此装药尺寸特别是装药直径的影响就需要考虑了。几种典型炸药的临界直径如表 8.24 所示。

表 8.24 几种典型炸药的临界直径

炸药	密度/(g/cm^3)	临界直径/ mm	炸药	密度/(g/cm^3)	临界直径/ mm
TNT	0.85	11.2	2# 岩石炸药	1.00	20.0
RDX	1.00	1.2	注装 TNT	1.58	26.9
PETN	1.00	0.9	注装 B 炸药	1.70	6.2
苦味酸	0.95	9.2	注装 Cyclotol	1.72	8.1
硝化甘油 (固)1.00	1.00	2.0	注装 Pentolite	1.65	6.7
PBX-9404	1.85	1.2	注装 Tritonal	1.72	18.3
阿马托	1.00	12.0			

对于一般工业炸药而言，其临界直径和极限直径皆相对较大；以密度为 1.00 g/cm^3 的 2# 岩石炸药为例，其临界直径为 20.0mm，极限直径为 100.0mm。在实际使用过程中，药柱的直径常常处于两者之间，其爆轰是非理想的，因此其爆轰波速度是装药直径的函数。

对于军用炸药而言，它们的临界直径和极限直径皆较小；以密度为 1.00 g/cm^3 的 RDX 炸药为例，其临界直径为 1.2mm，极限直径为 3~4mm。在实际应用过程中，装药直径一般大于其极限直径，因此，爆轰波速度很快达到极限速度，从而产生自持稳定的理想爆轰。

而且，可以根据不同炸药临界直径来挑选不同情况下适用炸药。如硝酸铵 (AN) 炸药在密度为 0.90~1.00 g/cm^3 时，其临界直径为 100.0mm；而叠氮化铅炸药在密度为 0.90~1.00 g/cm^3 时，其临界直径仅为 0.01~0.02mm；两者临界直径相差 5000~10000 倍，因此前者不适合作为小直径雷管的起爆药，而后者非常适合。同时，RDX 炸药和 PETN 炸药临界直径远小于 TNT 炸药的临界直径，且前两者的爆速和爆压也明显大于后者，因此非常适合作为雷管的主炸药。

事实上，炸药装药临界直径与极限直径并不是绝对独立量，它与炸药的物理化学性质、装药密度、炸药颗粒度、侧限条件等是相互耦合的。

炸药装药的临界直径与极限直径是和炸药的化学性质密切相关的。理论上讲临界直径和极限直径与爆轰波阵面后方反应区宽度有着密切的关系，反应区宽则临界直径和极限直径大，反之亦然。而反应区的宽度又与反应物的反应速度密切相关，反应速度又与炸药的物理化学性质相关。实验证明，炸药的物理状态不同，临界直径也会有很大的差别，如表 8.25 所示。类似地，对于融化为液体的 TNT 炸药而言，其临界直径为 62mm；而冷却注装成药柱时，其临界直径为 38mm；而压装药柱的 TNT 炸药临界直径只有 1.8~2.5mm；不同物理状态的 TNT 炸药临界直径相差近 30 倍。其主要原因是，对于液态和注装的 TNT 而言，由于炸药内部结构均匀，爆轰发生的传播机理为均匀传热机理，因此在爆轰传播过程中要使一整层炸药同时激发高速化学反应，就需要爆轰波波阵面的压力很高才行。而压装药柱，由于其结构不均匀，在爆轰波的冲击作用下，药柱内部易形成大量 “热点”，在这些 “热点” 处聚集了很高的能量，且具有极高的温度，因而，药柱在受到较低压力的冲击时也能激发高速化学反应。因此，压装 TNT 比注装或液态 TNT 更容易使爆轰波稳定传播。

表 8.25　两者相同装药密度不同装药方式 TNT 炸药爆轰临界直径

炸药	密度/(g/cm^3)	临界直径/mm
铸装 TNT	1.6	15~30
压装 TNT	1.6	3~5

对于单质炸药及其混合物而言，随着装药密度的增加，反应区内的压力和温度均升高，化学反应加快，其临界直径和极限直径逐渐减小，但是，当装药密度接近结晶密度时，临界直径和极限直径相反，其随着装药密度的增大而增大。也有一些单质炸药，如氯酸铵炸药、硝基胍炸药、硝酸肼炸药等，由于这些炸药在爆轰波传播过程中以颗粒燃烧为主要特征，装药密度的增大会影响其燃烧的传播，因此其临界直径随着装药密度的增大而增大。对于有氧化剂与可燃剂或由炸药与非炸药组成的工业混合炸药而言，如铵油炸药、阿马托炸药等，其临界直径随着装药密度的增大而加速增大。

一般而言，炸药的颗粒度越小，则临界直径和极限直径越小，且二者之间的差值也越小。这是由于炸药颗粒尺寸越小，其反应速度越快，反应区的宽度越小，这种关系对单质炸药和混合炸药都是相同的。表 8.26 为 TNT 与苦味酸炸药的临界直径、极限直径与颗粒尺寸之间的关系。

表 8.26　TNT、苦味酸炸药的临界直径、极限直径与颗粒尺寸关系

炸药	密度/(g/cm^3)	颗粒尺寸/mm	临界直径/mm	极限直径/mm
TNT	0.85	0.01～0.05	5.5	9.0
TNT	0.85	0.07～0.2	11	30.0
苦味酸	0.95	0.01～0.05	5.5	11.0
苦味酸	0.95	0.75～0.1	9.0	17.0

同时，当装药有外壳时，由于外壳能够限制侧向膨胀波向化学反应区的传播，减小了径向膨胀引起的能量损失，因此，临界直径和极限直径均减小。例如，将硝酸铵炸药放入壁厚为 20mm 的钢管中，其临界直径从 100mm 降低到 7mm。且外壳阻力越大，临界直径、极限直径就越小。外壳的强度和惯性对临界直径、极限直径均有很大影响，外壳未发生破裂前主要影响因素是强度，外壳发生破裂后主要影响因素则为惯性 (材料的密度或质量)，因为惯性能限制膨胀的速度。实验研究表明，对于爆轰压力极大的高能炸药，外壳对临界直径的影响起主要作用的不是外壳材料强度而是其惯性。密度大的厚壳，爆炸时壳体径向移动困难，因此可以减小径向能量损失。对于混合炸药来说，外壳的影响更为显著。

8.3.3 影响爆轰波传播的主要因素及其影响规律

如同 8.3.2 节中所述，当炸药的装药直径有限时，爆轰往往不满足理想爆轰条件；研究表明有限直径炸药装药中爆轰波的波阵面并不是平面而是弯曲的，此时爆轰波传播速度则是装药直径的函数。

1. 装药直径对爆轰波波速的影响

设弯曲波阵面的曲率半径为 R，化学反应区的厚度为 a，反应区中反应炸药的平均密度为 $\bar{\rho}$，若 $a \ll R$，则化学反应区内球面波阵面单位面积上炸药的质量近似为

$$m_{sw} = \bar{\rho} a \left(1 - \frac{a}{R}\right) \tag{8.151}$$

特别地，当波阵面曲率半径无穷大，即波阵面为平面，式 (8.151) 即可简化为

$$m_{sw} = \bar{\rho} a \tag{8.152}$$

若假设：平面波阵面与球面波阵面的化学反应区厚度及其内部炸药平均密度对应相等；爆轰波波速 D 与化学反应区内通过单位面积波阵面释放的能量有关，其两者规律相同，皆可表示为

$$D \propto \sqrt{Q_{sw}} \tag{8.153}$$

根据爆轰理论可知球面波阵面爆轰波波速 D 与平面波阵面爆轰波波速 D_p 之间满足

$$\frac{D}{D_p} = \sqrt{1 - \frac{a}{R}} \tag{8.154}$$

考虑到 $a \ll R$，式 (8.154) 可近似表达为

$$\frac{D}{D_p} = 1 - \frac{a}{2R} \tag{8.155}$$

研究表明，在装药直径 d 大于临界直径 d_{kp} 时，有

$$\frac{D}{D_p} = 1 - \frac{A}{r - r_c} \tag{8.156}$$

式中

$$A = \frac{a}{2\alpha}, \quad r = \frac{d}{2}, \quad r_c = \left(1 - \frac{1}{\alpha \cos\varphi}\right) r_{kp}, \quad r_{kp} = \frac{d_{kp}}{2} \tag{8.157}$$

其中，φ 表示某个临界角。表 8.27 给出了一些炸药爆轰过程中式 (8.156) 所示爆轰波波速与装药之间函数关系中的参数。

表 8.27 爆轰速度对装药直径依赖关系中的参数

炸药组成物	$\rho/\rho_{\max}$/(g/cm^3)	$\rho/\rho_{\max}$/%	$D_u \pm \sigma_D$/(km/s)	$r_c \pm \sigma_{rc}$/mm	$A \pm \sigma_A$/μm	r_{kp}(试验)/mm
硝基甲烷 (黄铜管中)	1.128/1.128	100	6.213±0.001	0.4±0.1	2.6±0.2	1.42±0.21
液态 TNT(玻璃管中)	1.443/1.443	100	6.574±0.001	0.0	29.1±0.4	31.3±1.3
Amatex20(RDX/TNT/硝酸铵=20/40/40, 平均粒径为 0.5mm)	1.603/1.71	94.3	7.03±0.01	4.4±0.2	59±3	8.5±0.5
Baratol 76 (TNT/硝酸钡 =24/76)	2.619/2.63	99.6	4.874	4.36	102	21.6±2.5
Comp. A (RDX/蜂蜡 =92/8)	1.687/1.704	99.0	8.274±0.003	1.2±0.1	1.39±0.17	<1.1
Comp. B (RDX/TNT /蜂蜡 =36/63/1)	1.700/1.742	97.6	7.859±0.010	1.94±0.02	2.84±0.19	2.14±0.03
Cyclotol (RDX/TNT=77/23)	1.740/1.755	99.1	8.210±0.014	2.44±0.12	4.89±0.82	3.0±0.6
достekc(DOSTEX) (TNT/Al/蜂蜡/碳黑 =75/19/5/1)	1.696/1.722	98.5	6.816±0.009	0.0	59.4±0.035	14.3±1.6
Octol (RDX/TNT=77/23)	1.814/1.843	98.4	8.481±0.007	1.34±0.21	6.9±0.9	<3.2
PBX-9404 (HMX/黏结剂 =94/6)	1.846/1.865	99.0	8.773±0.012	0.553±0.005	0.89±0.08	0.59±0.10
PBX-9501 (RDX/黏结剂 =90/10)	1.832/1.855	98.8	8.802±0.006	0.48±0.02	1.9±0.1	<0.76
X-0219 (TATB/黏结剂 =95/5)	1.915/1.946	98.4	7.627±0.015	0.0	26.9±2.2	7.5±0.5
X-0290 (TATB/黏结剂 =95/5)	1.895/1.942	97.6	7.706±0.009	0.0	19.4±0.8	4.5±0.5
XTX-8003 (TATB/硅橡胶 =80/20)	1.53/1.556	98.3	7.264±0.003	0.113±0.007	0.018±0.002	0.18±0.05
压装 TNT	1.62/1.654	97.9	7.045±0.25	0.57±0.21	6.1±1.3	1.31±0.28
铸装 TNT	1.62/1.654	97.9	6.999	5.5±0.3	11.3±1.7	7.25±0.25

对于大多数固体炸药而言，最佳的近似位于

$$r_c = (0.877 \pm 0.054)\, r_{kp} \tag{8.158}$$

时，参数 A 决定了爆轰波波速 (下面简称为爆速) 与波阵面曲率的关系，较小的 A 值对应于较弯曲的曲线。式 (8.156) 能够较准确地描述各种装药直径时炸药的爆轰数据，当炸药的装药直径很大时，式 (8.156) 可简化为

$$\frac{D}{D_p} = 1 - \frac{A}{r} \tag{8.159}$$

2. 炸药物理化学性质对爆轰波传播的影响

当前，一般采用起爆药的爆轰所产生的冲击波引爆传爆药柱，然后，传爆药柱进一步实现稳定爆轰产生强冲击波，冲击波冲击主炸药从而起爆炸药，这种引爆顺序常称之为传爆序列。理论上讲，如果入射冲击波的压力大于炸药的 C-J 压力，炸药则自动起爆；然而，实验表明，当入射冲击波的持续时间较长时，起爆所需压力逐渐减少，此时即使起爆压力小于 C-J 压力，也能够引爆炸药。

一般来讲，炸药中应同时具有氧化剂和还原剂，可能是均匀混合的形式，如硝铵与燃料油的混合物；也可能是化合物的形式；爆轰过程中氧化剂和还原剂产生剧烈反应，此过程并不需要空气中的氧气参与。

对于液态和单晶固体炸药而言，其微观结构是均匀的，因此，在爆轰波波阵面后方存在一个均匀的反应区。而对于大多数固体炸药而言，其基本为多晶态结构不满足此条件，在爆轰波传播过程中，由于炸药内部的不均匀性，在爆轰波波阵面上会产生一些“热点”微区域，这些“热点”内的温度比炸药的平均温度高。这些“热点”对于爆轰波的传播有着极大的影响，例如，高度压缩的 TNT 炸药，由于其内部的孔洞被消除，相对于疏松的 TNT 而言，其起爆压力要大很多；反之，如果向乳化炸药中添加微孔薄壁球体，则降低其发生爆轰的难度。

当装药直径大于炸药的极限直径，爆轰波的传播过程处于稳定状态，此时我们可以不考虑装药的尺寸效应。从前面的分析可知，此时其主要影响因素为炸药的物理化学性质、炸药的装药密度和炸药的爆热，表 8.28 为几种典型炸药的爆热、密度与爆速。

表 8.28 几种典型炸药的爆热、密度与爆速

炸药	密度/(g/cm^3)	爆热/(kJ/kg)	爆速/(m/s)
TNT	1.60	4184	7000
RDX	1.60	5774	8200
PETN	1.60	5858	8281
Tetryl	1.60	4561	7319
硝基胍	1.66	2699	7920

3. 装药密度对爆轰波传播的影响

试验结果表明，在装药密度在从 0.50 g/cm^3 到达炸药的结晶密度范围内，炸药的爆速与炸药的密度呈线性正比关系：

$$\frac{D_{\rho_1}-D_{\rho_0}}{\rho_1-\rho_0}=M \tag{8.160}$$

或

$$D_{\rho_1}=D_{\rho_0}+M\left(\rho_1-\rho_0\right) \tag{8.161}$$

式中，D_{ρ_1} 和 D_{ρ_0} 分别表示装药密度为 ρ_1 和 ρ_0 时的爆速；M 是与炸药物理化学性质相关的常数。几种常用炸药的相关参数如表 8.29 所示。

表 8.29　几种常用炸药的装药密度与爆速方程参数

炸药	密度 ρ_0/(g/cm^3)	爆速 D_{ρ_0}/(m/s)	M
TNT	1.0	5010	3225
RDX	1.0	6080	3530
PETN	1.0	5550	3950
Tetryl	1.0	5600	3225
B 炸药	1.0	5690	3085
Pentolite	1.0	5480	3100
AN50/TNT50	1.0	5100	4150
苦味酸	1.0	5255	3045
苦味酸铵	1.0	4990	3435
乙烯二硝铵	1.0	5910	3275
叠氮化铅	4.0	5100	560
雷汞	4.0	5050	890

对于单质炸药而言，提高炸药的装药密度是提高其爆速的一个重要途径，研究炸药的分子结构提高密度是当前合成炸药需要考虑的重要因素之一。以 RDX 和 HMX 为例，两种炸药是同系炸药，其分子中原子数的比是相同的，爆热也是一样的；但由于分子结构不同和密度不同，其爆速也有较大差别。

需要注意的是，对于一些由富氧和缺氧物质组成的混合炸药而言，其爆速和密度之间的关系并不满足以上单调关系。在装药直径一定的条件下，随着装药密度的提高，其爆速先逐渐提高，到达某一极限值后，爆速随着密度的提高反而减小，再继续提高装药密度，还可能产生“压死”现象，不能发生稳定的爆轰。

4. 颗粒尺寸和装药外壳对爆轰波传播的影响

上面我们分析了颗粒尺寸和装药外壳对临界直径和极限直径的影响，而实验表明，当装药直径在临界直径和极限直径之间时，颗粒尺寸和装药外壳对于爆轰波传播的速度也有明显的影响。在此，需要说明的是，与装药密度和炸药的物理化学性质不同，它们不影响炸药的极限爆速，也就是说，当装药直径大于极限直径时，它们对爆速的影响并不明显。表 8.30 以阿马托炸药为例，显示相同装药密度条件下，颗粒尺寸与爆速之间的关系。

表 8.30 阿马托炸药颗粒尺寸与爆速之间的关系

颗粒尺寸/μm	密度 $\rho_0/(\mathrm{g/cm^3})$	爆速 $D_{\rho_0}/(\mathrm{m/s})$
10	1.3	5000
90	1.3	4600
140	1.3	4050
400	1.3	2900
1400	1.3	熄爆

从表 8.30 可以看出，随着颗粒尺寸的增加，炸药的爆速逐渐减小，直到熄爆。然而，这种趋势并不是一直持续下去，当颗粒尺寸大于炸药的临界尺寸时，可能使得爆速增加。例如，将 PETN 炸药磨细后高压压成直径 4~5mm 的药粒，然后装入 15mm 的钢管内，当平均装药密度只有 0.753 $\mathrm{g/cm^3}$ 时，其爆速却高达 7924m/s，而相同密度均匀装药的 PETN 炸药在相同条件下的爆速只有 4740m/s。

对于装药外壳而言，分单质炸药和混合炸药两类情况，对于两种炸药而言，高密度和高强度的外壳皆能够在一定程度上提高炸药的爆速；然而，前者表现不是非常明显，后者却表现非常明显。

8.4 一维爆轰波的爆轰产物自模拟解与爆轰流场

爆轰波紧后方化学反应产物以速度 u 沿着爆轰传播方向运动，且一直处于高压状态，因而在化学反应结束后爆轰波波阵面后方总会产生稀疏波，该稀疏波一直伴随着爆轰波波阵面传播。由于任意时刻爆轰波波阵面上 C-J 点处爆轰产物的熵保持常值，爆轰波波阵面后方气体产物作等熵运动。设爆轰产物的等熵方程为

$$pv^k = A \tag{8.162}$$

或

$$p = A\rho^k \tag{8.163}$$

式中，A 和指数 k 皆为常数。此时，对于一维平面爆轰波而言，可以给出其解析解；而对于柱面和球面等问题也可以利用特征线等方法给出其数值解。

8.4.1 开放一维平面爆轰问题的自模拟解与爆轰流场

考虑如图 8.9 所示无限长炸药，设炸药中爆轰传播符合 ZND 假设，即其传播的是一维平面爆轰波，此时爆轰参数只是空间坐标 x 与时间 t 的函数。

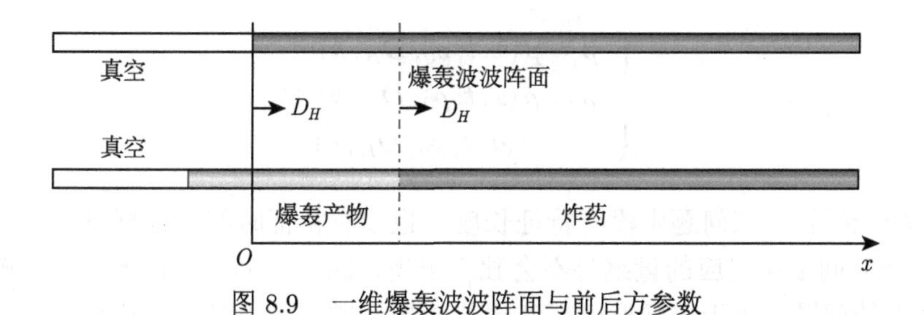

图 8.9 一维爆轰波波阵面与前后方参数

若炸药左端外为真空，即对于爆轰产物而言是开放的，设爆轰产物向左的飞散也是一维的。参考 5.4.2 节可以给出均熵场内气体爆轰产物一维平面运动的连续方程和运动方程分别为

$$\frac{\partial \rho}{\partial t}+u\frac{\partial \rho}{\partial x}+\rho\frac{\partial u}{\partial x}=0 \tag{8.164}$$

和

$$\frac{\partial u}{\partial t}+u\frac{\partial u}{\partial x}+\frac{1}{\rho}\frac{\partial p}{\partial x}=0 \tag{8.165}$$

根据局部声速定义：

$$c=\sqrt{\frac{\mathrm{d}p}{\mathrm{d}\rho}} \tag{8.166}$$

则运动方程可写为

$$\frac{\partial u}{\partial t}+u\frac{\partial u}{\partial x}+\frac{c^2}{\rho}\frac{\partial \rho}{\partial x}=0 \tag{8.167}$$

设在 $t=0$ 时刻，炸药左端 $x=0$ 处起爆，产生的一维爆轰波波阵面沿着 x 轴正方向传播，波速为 D_H，所产生的爆轰产物一部分向右运动，另一部分向左方真空飞散。因而，在界面 $x=D_Ht$ 上，爆轰产物处于波阵面上，即有边界条件

$$p=p_H,\quad \rho=\rho_H,\quad u=u_H \tag{8.168}$$

式中，下标 H 表示爆轰波波阵面上的参数。

设爆轰产物在真空中传播最左端的迹线方程为

$$x=x\left(t\right) \tag{8.169}$$

则在该迹线上存在边界条件

$$p=0,\quad \rho=0,\quad v=0 \tag{8.170}$$

因而，该问题的求解即为在式 (8.168) 和式 (8.170) 边界条件下求解控制方程组式 (8.164)、式 (8.167) 和式 (8.162)。容易知道，在一维假设的基础上，爆轰流场中的参数皆可以表达为

$$\begin{cases} p=p\left(x,t;\rho_0,D_H,k\right)\\ \rho=\rho\left(x,t;\rho_0,D_H,k\right)\\ u=u\left(x,t;\rho_0,D_H,k\right)\end{cases} \tag{8.171}$$

由于炸药无限长，该问题中没有特征长度，也没有特征时间，根据量纲一致性法则可知，坐标 x 和时间 t 所对应的量纲将不会独立出现，因而，爆轰产物流场的求解问题必然是一个自模拟的问题。由于该问题没有考虑热传导问题，因而是一个典型的力学问题，式

(8.171) 对应的无量纲形式应为

$$\begin{cases} \dfrac{p}{\rho_0 D_H^2} = p\left(\dfrac{x}{D_H t}, k\right) \\ \dfrac{\rho}{\rho_0} = \rho\left(\dfrac{x}{D_H t}, k\right) \\ \dfrac{u}{x/t} = u\left(\dfrac{x}{D_H t}, k\right) \\ \dfrac{c}{x/t} = c\left(\dfrac{x}{D_H t}, k\right) \end{cases} \tag{8.172}$$

爆轰波波速 D_H、初始密度 ρ_0 和多方指数 k 皆为常量，因而，式 (8.172) 可以表达为

$$\begin{cases} p = p(\xi) \\ \rho = \rho(\xi) \\ u = u(\xi) \\ c = c(\xi) \end{cases} \tag{8.173}$$

式中

$$\xi = \frac{x}{t} \tag{8.174}$$

式 (8.173) 表明，爆轰产物中参数都是 x/t 的函数，故在不同时刻 t 参数在空间坐标中的分布是相似的；同样在不同空间位置 x 处参数的时程变化规律也是相似的；我们称此类解为自模拟解。

连续方程与运动方程所形成的基本方程组由偏微分方程组简化为常微分方程组：

$$\begin{cases} (u-\xi)\rho' + \rho u' = 0 \\ \dfrac{c^2}{\rho}\rho' + (u-\xi) u' = 0 \end{cases} \tag{8.175}$$

式 (8.175) 存在非零解的充要条件是

$$\Delta = \begin{vmatrix} (u-\xi) & \rho \\ \dfrac{c^2}{\rho} & (u-\xi) \end{vmatrix} = 0 \tag{8.176}$$

可解得

$$u - \xi = \pm c \tag{8.177}$$

考虑边界条件 (8.168)，有

$$u_H - D_H = \pm c_H \tag{8.178}$$

结合 8.1.3 小节中的结论可知，式中右端只可能取负号才能满足爆轰波自持稳定的传播，因而式 (8.177) 只能为

$$u + c = \xi \tag{8.179}$$

将其代入式 (8.175) 可以给出

$$\mathrm{d}u = \frac{c}{\rho}\mathrm{d}\rho \tag{8.180}$$

根据式 (8.163) 可以给出

$$c = \sqrt{\frac{kp}{\rho}} \tag{8.181}$$

微分后有

$$\frac{\mathrm{d}c}{c} = \frac{k-1}{2}\frac{\mathrm{d}\rho}{\rho} \tag{8.182}$$

将其代入式 (8.180) 可以得到

$$\mathrm{d}v = \frac{2}{k-1}\mathrm{d}c \tag{8.183}$$

将式 (8.183) 进行积分并考虑边界条件式 (8.168)，有

$$u - \frac{2}{k-1}c = u_H - \frac{2}{k-1}c_H \tag{8.184}$$

根据 8.1 节和 8.2 节中的推导结论，有

$$\begin{cases} u_H = \dfrac{D_H}{k+1} \\ c_H = \dfrac{kD_H}{k+1} \end{cases} \tag{8.185}$$

将其代入式 (8.184) 即可得到

$$u - \frac{2}{k-1}c = -\frac{D_H}{k-1} \tag{8.186}$$

联立式 (8.179)、式 (8.186)、式 (8.181) 和式 (8.162) 即可给出爆轰产物参数的求解方程式：

$$\begin{cases} \dfrac{p}{p_H} = \left(\dfrac{k-1}{kD_H}\dfrac{x}{t} + \dfrac{1}{k}\right)^{\frac{2k}{k-1}} \\ \dfrac{\rho}{\rho_H} = \left(\dfrac{k-1}{kD_H}\dfrac{x}{t} + \dfrac{1}{k}\right)^{\frac{2}{k-1}} \\ \dfrac{u}{u_H} = \dfrac{2x}{D_H t} - 1 \\ \dfrac{c}{c_H} = \dfrac{1}{k}\left(\dfrac{k-1}{D_H}\dfrac{x}{t} + 1\right) \end{cases} \tag{8.187}$$

将边界条件式 (8.170) 代入式 (8.187)，可以给出爆轰产物向真空飞散的边界迹线方程：

$$x=-\frac{D_H}{k-1}t \tag{8.188}$$

即爆轰产物向真空飞散的速度为常量：

$$u=-\frac{D_H}{k-1} \tag{8.189}$$

根据式 (8.187) 中第三式可知，在

$$x=\frac{D_H t}{2} \tag{8.190}$$

界面上，质点速度为零。在该界面右侧质点速度大于零，在该界面左侧质点速度小于零。这说明在任意时刻同时存在一部分爆轰产物向右运动而另一部分爆轰产物向左运动。

设炸药装药截面积为 S，则在任意时刻 t 向右运动的爆轰产物质量为

$$M=\int_{\frac{D_H t}{2}}^{D_H t} S\rho(x)\,\mathrm{d}x=M_0\frac{1}{k^2}\left[k^{\frac{k+1}{k-1}}-\left(\frac{k+1}{2}\right)^{\frac{k+1}{k-1}}\right] \tag{8.191}$$

式中，$M_0=\rho_0 SD_H t$ 表示 t 时刻已经完成爆轰过程炸药的质量。特别地，当取 $k=3$ 时，有

$$M=\frac{5}{9}M_0 \tag{8.192}$$

即 5/9 的爆轰产物向右运动，剩下 4/9 的爆轰产物向左运动。

需要说明的是，虽然爆轰波和稀疏波在绝对空间中可能向左运动也可能向右运动，但它们本质上都是右行波，即波阵面相对介质都是向右运动的，此时相对声速即局部声速为

$$c=\frac{c_H}{k}\left(\frac{k-1}{D_H}\frac{x}{t}+1\right)>0 \tag{8.193}$$

根据式 (8.187) 可以计算给出结论：区间

$$x<-\frac{D_H}{k-1}t \tag{8.194}$$

为真空区；在区间

$$-\frac{D_H}{k-1}\leqslant\frac{x}{t}<0 \tag{8.195}$$

内，质点速度满足

$$\begin{cases} u<0 \\ |u|>c \end{cases} \tag{8.196}$$

即爆轰产物以超声速向左运动；在区间

$$0 < \frac{x}{t} < \frac{D_H}{2} \tag{8.197}$$

内，质点速度满足

$$\begin{cases} u < 0 \\ |u| < c \end{cases} \tag{8.198}$$

即爆轰产物以亚声速向左运动；在区间

$$\frac{D_H}{2} < \frac{x}{t} < D_H \tag{8.199}$$

内，$u > 0$，即爆轰产物和稀疏波一起向右运动。

8.4.2　封闭一维平面爆轰问题的自模拟解与爆轰流场

若在 $x = 0$ 处并不是自由面而是一个刚壁，如图 8.10 所示，此时爆轰产物运动的基本方程组并没有改变，只是其左端自由边界条件改为

$$\begin{cases} x = 0 \\ u = 0 \end{cases} \tag{8.200}$$

从式 (8.164) 到式 (8.187) 推导过程中，我们并没有用到左端自由边界的边界条件，因而，式 (8.187) 对于封闭情况也是适用的。

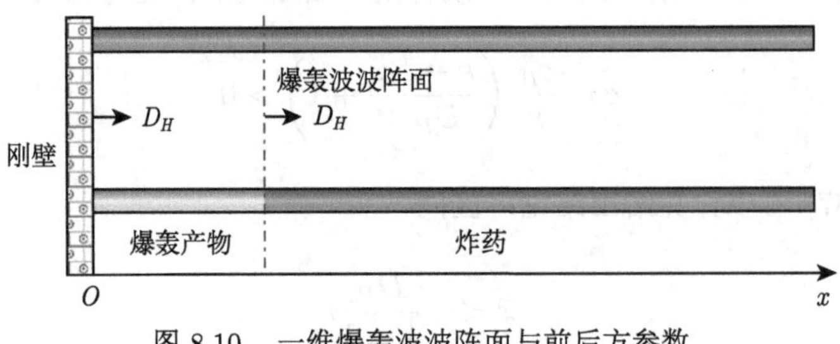

图 8.10　一维爆轰波波阵面与前后方参数

将 $u = 0$ 代入式 (8.187) 中的第三式，可以得到

$$x = \frac{D_H t}{2} \tag{8.201}$$

即从最左端刚壁到爆轰波传播距离的一半，爆轰产物均处于静止状态。此区间内爆轰产物

的参数为

$$\begin{cases} \dfrac{p}{p_H} = \left(\dfrac{k+1}{2k}\right)^{\frac{2k}{k-1}} \\ \dfrac{\rho}{\rho_H} = \left(\dfrac{k+1}{2k}\right)^{\frac{2}{k-1}} \\ u = 0 \\ \dfrac{c}{c_H} = \dfrac{k+1}{2k} \end{cases} \tag{8.202}$$

表 8.31 给出了不同多方指数时爆轰产物的无量纲压力和无量纲密度值。

表 8.31　不同 k 值下静止区中爆轰产物的压力和密度

k	p/p_H	ρ/ρ_H	k	p/p_H	ρ/ρ_H
3.0	0.3	0.67	1.20	0.35	0.42
1.66	0.33	0.51	1.0	0.369	0.369
1.40	0.34	0.46			

然而实际问题中多方指数是变化的，一般可以通过试验获取速度曲线：

$$u = u\left(\frac{x}{D_H t}\right) \tag{8.203}$$

再通过

$$k = \frac{\mathrm{d}\ln p}{\mathrm{d}\ln \rho} = \frac{\rho c^2}{p} \tag{8.204}$$

给出多方指数函数，如表 8.32 所示，通过式 (8.203) 和式 (8.204) 给出了 TNT/RDX(50/50) 炸药的试验等熵线参数。

表 8.32　TNT/RDX(50/50) 炸药爆轰产物的试验等熵线参数

$x/(D_H t)$	u/D	c/D	$\rho/(\mathrm{g/cm^3})$	p/GPa	k
1	0.271	0.729	2.30	26.5	2.70
0.968	0.24	0.728	2.21	23.6	2.90
0.933	0.21	0.723	2.12	20.9	3.10
0.880	0.18	0.700	2.03	18.3	3.18
0.815	0.15	0.665	1.95	15.9	3.17
0.747	0.12	0.627	1.86	13.8	3.10
0.679	0.09	0.589	1.77	11.8	3.04
0.611	0.06	0.551	1.68	10.1	2.96
0.543	0.03	0.513	1.58	8.6	2.83
0.475	0	0.475	1.49	7.2	2.73

8.4.3　一维球面爆轰问题的自模拟解与爆轰流场

对于球面爆轰问题和柱面爆轰问题，也可以等效为一维问题，利用类似一维平面爆轰问题的分析方法与步骤来对其进行讨论，本小节参考文献 (李永池, 2015)，基于 L 氏坐标系对一维球面爆轰问题进行分析，柱面爆轰问题读者可以类似分析之。可以给出一维球对称问题的连续方程与运动方程形成的基本方程组为

$$\begin{cases} \dfrac{\partial \rho}{\partial t} + \dfrac{r^2}{R^2}\dfrac{\rho^2}{\rho_0}\dfrac{\partial u}{\partial R} + \dfrac{2\rho u}{r} = 0 \\ \dfrac{\partial u}{\partial t} + \dfrac{r^2}{R^2 \rho_0}\dfrac{\partial p}{\partial R} = 0 \end{cases} \tag{8.205}$$

式中，R 表示球坐标中爆轰产物的 L 氏径向坐标；r 表示对应的 E 氏径向坐标。

根据局部声速定义：

$$c = \sqrt{\frac{\mathrm{d}p}{\mathrm{d}\rho}} \tag{8.206}$$

则式 (8.205) 可写为

$$\begin{cases} \dfrac{\partial \rho}{\partial t} + \dfrac{r^2}{R^2}\dfrac{\rho^2}{\rho_0}\dfrac{\partial u}{\partial R} + \dfrac{2\rho u}{r} = 0 \\ \dfrac{\partial u}{\partial t} + \dfrac{r^2}{R^2}\dfrac{c^2}{\rho_0}\dfrac{\partial \rho}{\partial R} = 0 \end{cases} \tag{8.207}$$

结合等熵膨胀方程：

$$pv^k = A \tag{8.208}$$

并定义

$$\begin{cases} \xi = \dfrac{R}{t} \\ \phi = \dfrac{r}{R} \end{cases} \tag{8.209}$$

式 (8.207) 即可转变为常微分方程组：

$$\begin{cases} \dfrac{\rho^2\phi^2}{\rho_0}\dfrac{\mathrm{d}u}{\mathrm{d}\xi} - \xi\dfrac{\mathrm{d}\rho}{\mathrm{d}\xi} = -\dfrac{2\rho u}{\phi\xi} \\ -\xi\dfrac{\mathrm{d}u}{\mathrm{d}\xi} + \dfrac{\phi^2 c^2}{\rho_0}\dfrac{\mathrm{d}\rho}{\mathrm{d}\xi} = 0 \end{cases} \tag{8.210}$$

从而可以解得

$$\begin{cases} \dfrac{\mathrm{d}\xi}{\mathrm{d}u} = -\dfrac{\rho_0\xi\varDelta}{2\rho u\phi c^2} \\ \dfrac{\mathrm{d}\rho}{\mathrm{d}u} = \dfrac{\rho_0\xi}{\phi^2 c^2} \end{cases} \tag{8.211}$$

式中

$$\Delta = \frac{\rho^2 c^2 \phi^4}{\rho_0^2} - \xi^2 \tag{8.212}$$

式 (8.210) 结合方程组：

$$\begin{cases} \dfrac{\mathrm{d}c}{\mathrm{d}u} = \dfrac{(k-1)\,c}{2\rho}\dfrac{\mathrm{d}\rho}{\mathrm{d}u} \\ \dfrac{\mathrm{d}p}{\mathrm{d}u} = c^2\dfrac{\mathrm{d}\rho}{\mathrm{d}u} \\ \dfrac{\mathrm{d}\phi}{\mathrm{d}u} = \dfrac{\rho\Delta}{2\rho\xi\phi c^2} \end{cases} \tag{8.213}$$

即可构成一个由 5 个方程组成的关于变量 ρ、u、p、c 和 ϕ 的常微分方程组。

根据爆轰波波阵面上的边界条件：

$$\xi = D_H,\quad \rho = \rho_H,\quad p = p_H,\quad c = c_H,\quad \phi = 1 \tag{8.214}$$

结合初始条件利用以上所给出的常微分方程组即可得到流场参数的解析解或数值解，读者可以参考文献 (李永池, 2015) 推导之，在此不做详述。

第 9 章　一维爆轰波在交界面上透反射理论与特征

一般而言，炸药最终的目的是通过爆轰作用产生高温高压的爆轰产物并用其对邻近介质产生冲击效应，也就是说，爆轰波必会很快传播到炸药与其他介质的交界面上；需要说明的是，这里也可以把真空视为广义上的一个介质，因而爆轰波在自由面上的飞散问题也涉及其在交界面上的透反射问题。爆轰波在交界面上的透反射问题是爆轰物理学中的一个重要内容，也是爆轰毁伤效应研究中的核心问题，本章主要针对一维爆轰波，开展其在交界面上透反射特征的分析，并对其所衍生的相关效应进行简要讨论。

9.1　一维爆轰产物向空气/水介质中的飞散

爆轰波后方爆轰产物向任何介质的传递势必在该介质中形成冲击波，即使该介质是虚无的真空介质；所形成冲击波的强度取决于爆轰波参数以及交界面两端介质的特性。由类似于弹塑性波与冲击波中对应分析可知，虽然爆轰波在交界面上透射到介质中冲击波参数的定量值需要结合试验甚至数值计算给出，但对于某些问题的定性初步预判如判断反射到爆轰产物中应力波形状则比较简单，如爆轰波从相对低密度低模量炸药材料传递到明显高很多的高密度高模量金属材料应反射冲击波，而传递到明显低密度低可压缩性材料如空气、真空、水等介质则会反射稀疏波。当然，若材料与炸药材料特性相近，则需要结合定量分析来判断。本节针对一维爆轰产物向真空、空气和水等低密度介质中的飞散及其形成的冲击波参数进行分析。

9.1.1　爆轰产物形成冲击波初始参数的简化分析

设爆轰波波阵面紧后方爆轰产物的质点速度为 u_H，对应的压力为 p_H；爆轰波到达交界面相互作用后界面的运动速度为 u_x，界面上的压力为 p_x，则根据交界面上的连续条件可知爆轰产物质点速度的增量为

$$\Delta u = u_x - u_H \tag{9.1}$$

如图 9.1 所示。

根据波阵面上的动量守恒条件，有

$$\Delta u = \int_{p_x}^{p_H} \frac{\mathrm{d}p}{\rho_H c_H} \tag{9.2}$$

式中，ρ_H 和 c_H 分别为爆轰产物的密度和声速。

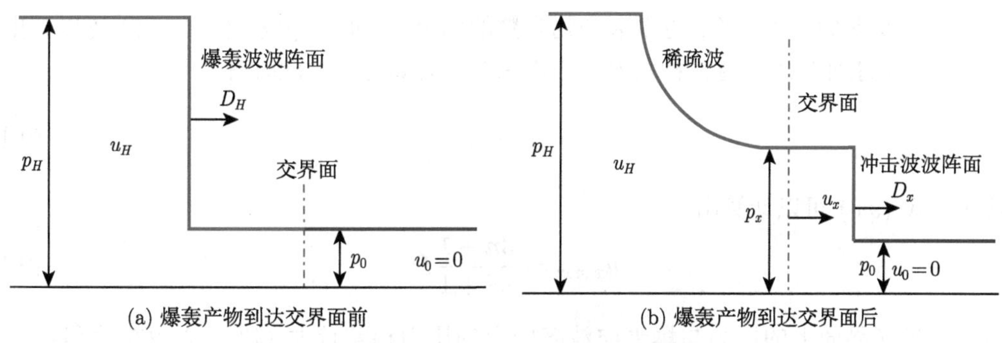

(a) 爆轰产物到达交界面前　　(b) 爆轰产物到达交界面后

图 9.1　一维爆轰波在弱交界面上的透反射示意图

在一次近似下可以假设爆轰产物的卸载过程满足等熵膨胀规律，即压力和密度满足多方指数形式：

$$p = a\rho^n \tag{9.3}$$

式中，a 和 n 为材料常数。

根据声速的定义：

$$c = \sqrt{\left.\frac{\partial p}{\partial \rho}\right|_s} \tag{9.4}$$

将式 (9.3) 和式 (9.4) 代入式 (9.2)，可以得到

$$\Delta u = \frac{p_H^{\frac{n+1}{2n}}}{\rho_H c_H}\int_{p_x}^{p_H} p^{-\frac{n+1}{2n}}\mathrm{d}p = \frac{2np_H}{(n-1)\rho_H c_H}\left[1-\left(\frac{p_x}{p_H}\right)^{\frac{n-1}{2n}}\right] \tag{9.5}$$

参考第 8 章分析结论，考虑等熵膨胀卸载的多方指数规律时，可以得到

$$u_H = \frac{D_H}{n+1},\quad c_H = \frac{nD_H}{n+1},\quad \rho_H = \frac{n+1}{n}\rho_0,\quad p_H = \frac{\rho_0 D_H^2}{n+1} \tag{9.6}$$

将其代入式 (9.5)，即可得到

$$\Delta u = \frac{2nD_H}{n^2-1}\left[1-\left(\frac{p_x}{p_H}\right)^{\frac{n-1}{2n}}\right] = \frac{2}{n-1}(c_H - c_x) \tag{9.7}$$

将式 (9.7) 代入式 (9.1)，可进一步得到

$$u_x = \frac{D_H}{n+1}\left\{1+\frac{2n}{n-1}\left[1-\left(\frac{p_x}{p_H}\right)^{\frac{n-1}{2n}}\right]\right\} \tag{9.8}$$

而且，利用冲击波波阵面上的突跃条件，有

$$u_x = \sqrt{(p_x - p_0)(\upsilon_0 - \upsilon_x)} \tag{9.9}$$

由于爆轰波波阵面和紧后方爆轰产物参数的确定，根据式 (9.8) 和式 (9.9) 可以解出交界面上的质点速度和压力值。特别地，当周围介质为真空时，此时有

$$p_x = 0 \tag{9.10}$$

将其代入式 (9.8) 可以计算出

$$u_{x\max} = \frac{3n-1}{n^2+1} D_H \tag{9.11}$$

事实上，当交界面上的压力与爆轰波波阵面上的压力相差较大 (超过 2~2.5 个量级) 时，式 (9.11) 并不准确，以 $n=3$ 为例，此时式 (9.11) 给出爆轰产物向真空飞散的速度等于爆轰速度，这与实际情况明显不同，实际飞散速度比爆轰速度大一倍以上。出现该问题的主要原因可能是以上假设多方指数 n 并不为常数；这个问题在后面内容进行具体分析。

9.1.2　一维爆轰产物向空气中的飞散参数

如 9.1.1 小节所述，考虑爆轰产物向空气等介质中飞散情况时，虽然等熵膨胀过程近似满足式 (9.3) 所述多方指数规律，但指数 n 并不为常数值：

$$n = n(p) \tag{9.12}$$

也就是说，实际上这类情况下式 (9.8) 并不准确。然而，如果在计算分析过程中考虑指数与压力时刻耦合，则问题变得非常复杂，因而相关学者发现可以利用两条绝热线拟合真实的膨胀绝热线：

$$\begin{cases} pv^n = p_H v_H^n, & p_K \leqslant p \leqslant p_H \\ pv^n = p_K v_K^k, & p < p_K \end{cases} \tag{9.13}$$

式中，指数 $n=3$，$k=1.2\sim1.4$；p_H 和 v_H 分别表示爆轰波波阵面上的压力与比容；p_K 和 v_K 分别表示共轭点处爆轰产物的压力与比容。此两个参数可以通过爆轰波波阵面上的 Hugoniot 方程来确定：

$$p_H \frac{v_0 - v_H}{2} + Q_v = \frac{p_H v_H - p_K v_K}{n-1} + \Delta Q \tag{9.14}$$

式中，Q_v 表示爆热；ΔQ 表示共轭点处剩余的热能。

由于 $p_H v_H \gg p_K v_K$，因而式 (9.14) 可以简化为

$$p_H \frac{v_0 - v_H}{2} + Q_v = \frac{p_H v_H}{n-1} + \Delta Q \tag{9.15}$$

且考虑到

$$\begin{cases} p_H = \dfrac{\rho_0 D_H^2}{n+1} \\ \dfrac{v_H}{v_0} = \dfrac{n}{n+1} \end{cases} \tag{9.16}$$

因而有

$$\Delta Q = Q_v - \frac{D_H^2}{2\left(n^2 - 1\right)} \tag{9.17}$$

假设 ΔQ 是纯粹的热能，即

$$\Delta Q = C_v T_K \tag{9.18}$$

且设当 $p < p_K$ 时，爆轰产物满足理想气体物态方程：

$$p_K v_K = RT_K = R\frac{\Delta Q}{C_v} = (k-1)\,\Delta Q \tag{9.19}$$

将式 (9.17) 代入式 (9.19)，即有

$$p_K v_K = (k-1)\left[Q_v - \frac{D_H^2}{2\left(n^2-1\right)}\right] \tag{9.20}$$

进而根据式 (9.13) 和式 (9.20) 给出 p_K 和 v_K 的值。表 9.1 给出一些猛炸药 $n = 3$ 和 $k = 1.3$ 时的计算结果。

表 9.1 若干猛炸药的 p_K 和 v_K 值

炸药	$\rho_0/(\mathrm{g/cm^3})$	$D_H/(\mathrm{m/s})$	$Q_v/(\mathrm{MJ/kg})$	p_K/GPa	$v_K/(\mathrm{cm^3/g})$
TNT	1.62	7000	4.23	0.152	2.37
苦味酸	1.60	7100	4.40	0.163	2.35
Tetryl	1.60	7500	4.61	0.128	2.63
RDX	1.65	8350	5.53	0.130	2.77
PETN	1.69	8400	5.86	0.181	2.45
HMX	1.78	8500	5.40	0.090	3.00
NTFA	1.62	7200	4.23	0.112	2.65

根据式 (9.2) 有

$$\Delta u = \int_{p_x}^{p_K} \frac{\mathrm{d}p}{\rho c} + \int_{p_K}^{p_H} \frac{\mathrm{d}p}{\rho c} = \frac{2}{k-1}\left(c_K - c_x\right) + \frac{2}{n-1}\left(c_H - c_K\right) \tag{9.21}$$

因而可以得到交界面的运动速度：

$$u_x = u_H + \frac{2}{k-1}\left(c_K - c_x\right) + \frac{2}{n-1}\left(c_H - c_K\right) \tag{9.22}$$

考虑到

$$u_H = \frac{D_H}{n+1}, \quad c_H = \frac{nD_H}{n+1}, \quad \frac{c_K}{c_H} = \left(\frac{p_K}{p_H}\right)^{\frac{n-1}{2n}}, \quad \frac{c_x}{c_K} = \left(\frac{p_x}{p_K}\right)^{\frac{k-1}{2k}} \tag{9.23}$$

将其代入式 (9.22)，可以得到

$$u_x = \frac{D_H}{n+1}\left\{1 + \frac{2n}{n-1}\left[1 - \left(\frac{p_K}{p_H}\right)^{\frac{n-1}{2n}}\right] + \frac{2n}{k-1}\left(\frac{p_K}{p_H}\right)^{\frac{n-1}{2n}}\left[1 - \left(\frac{p_x}{p_K}\right)^{\frac{k-1}{2k}}\right]\right\} \tag{9.24}$$

特别地，当考虑爆轰产物向真空中飞散时，此时交界面运动速度取最大值为

$$u_{x\max}=\frac{D_H}{n^2-1}\left[3n-1+2n\frac{n-k}{k-1}\left(\frac{p_K}{p_H}\right)^{\frac{n-1}{2n}}\right] \tag{9.25}$$

根据式 (9.24) 和式 (9.25) 计算出一些炸药的界面速度与最大界面速度如表 9.2 所示。

表 9.2　空气中冲击波的初始参数

炸药	$\rho_0/(g/cm^3)$	$D_H/(m/s)$	p_x/GPa	$u_x/(m/s)$	$u_{max}/(m/s)$
TNT	1.62	7000	67	6530	12800
苦味酸	1.60	7100	70	6680	13100
RDX	1.65	8350	91	7600	14200
PETN	1.69	8400	96	7820	14900
硝基三苯胺	1.62	7200	48	6050	12500

从表 9.2 最后一列的计算值可以看出，爆轰产物向真空中的飞散速度远大于爆轰波波速，但前者基本上小于后者的 2 倍；这与实际情况相差较大。但考虑爆轰产物向空气中飞散时，以上方法计算结果虽然小于实际值，但也相对准确。表 9.3 显示爆轰产物向空气中飞散时近距离形成冲击波的平均速度值。

表 9.3　空气中近炸药装药处的冲击波速度

炸药	$\rho_0/(g/cm^3)$	$D_H/(m/s)$	区间冲击波的平均速度/(m/s)		
			0～30mm	30～60mm	60～90mm
TNT	1.30	6025	6670	5450	4260
TNT	1.45	6450	6820	5880	—
TNT	1.65	7000	7500	6600	5460
钝化 RDX	1.40	7350	8000	—	—
钝化 RDX	1.60	8000	8600	6900	6400

对比表 9.3 中 0～30mm 区间冲击波的平均波速和表 9.2 的计算值，可以看出计算值与实际值相差并不是非常大，即计算值相对准确。若进一步考虑等熵膨胀方程中指数的变化如式 (9.12) 所示，则计算结果更加接近试验值。以初始密度 1.66g/cm^3 的 RDX 炸药爆炸形成的空气冲击波初始参数为例，其指数的变化如表 9.4 所示。

表 9.4　初始密度 1.66g/cm^3 的 RDX 炸药爆轰产物的等熵膨胀参数

$\rho/(g/cm^3)$	p/GPa	$c/(km/s)$	n
2.2	29.02	6.02	2.75
2.0	22.31	5.65	2.77
1.8	16.63	5.09	2.81
1.6	11.91	4.61	2.85
1.4	8.104	4.10	2.91
1.2	5.153	3.56	2.95
1.0	3.006	2.97	2.94
0.8	1.578	2.35	2.81
0.6	0.7308	1.75	2.52
0.4	0.2887	1.22	2.06
0.2	0.0851	0.80	1.52
0.05	0.0130	0.57	1.26

将表 9.4 数据代入计算方程，并通过数值积分可以给出形成冲击波初始参数如压力、质点速度和冲击波波速分别为 87MPa、7900m/s 和 8700m/s，这个结果与试验结果非常接近。

9.1.3 一维爆轰产物向水中的飞散参数

试验表明，当密度大于 1g/cm^3 的典型猛炸药在水中爆炸时，爆轰产物中会形成稀疏波；不过与空气中不同，此时观察不到爆轰产物密度与压力的急剧减小，因而，可以不考虑等熵膨胀时指数的变化。此时可以根据 9.1.1 节中的分析结果，有

$$\begin{cases} u_x = \dfrac{D_H}{n+1}\left\{1+\dfrac{2n}{n-1}\left[1-\left(\dfrac{p_x}{p_H}\right)^{\frac{n-1}{2n}}\right]\right\} \\ u_x = \sqrt{(p_x-p_0)(v_0-v_x)} \end{cases} \tag{9.26}$$

结合描述压力大于 500MPa 范围内水的物态方程：

$$p = A\left[\left(\frac{\rho}{\rho_0}\right)^m - 1\right] \tag{9.27}$$

式中，A 和 m 为材料常数，对于淡水有 $A=307.7\text{MPa}$，$m=7.15$。将其代入式 (9.26) 并忽略水中的初始压力，即有

$$\begin{cases} u_x = \dfrac{D_H}{n+1}\left\{1+\dfrac{2n}{n-1}\left[1-\left(\dfrac{p_x}{p_H}\right)^{\frac{n-1}{2n}}\right]\right\} \\ u_x = \sqrt{p_x(v_0-v_x)} = \sqrt{\dfrac{p_x}{\rho_0}\left[1-\left(1+\dfrac{p_x}{A}\right)^{-\frac{1}{m}}\right]} \end{cases} \tag{9.28}$$

根据式 (9.28) 容易计算出爆轰产物在水中产生冲击波的压力与质点速度值，进而根据

$$D_x = \frac{p_x}{\rho_0 u_x} \tag{9.29}$$

求出水中冲击波初始波速。表 9.5 给出水中冲击波初始参数的计算结果。

表 9.5 水中冲击波的初始参数

炸药	$\rho_0/(\text{g/cm}^3)$	p_H/GPa	p_x/GPa	u_x/(m/s)	D_x/(m/s)	D_x/D_H	ρ_x/ρ_0
TNT	1.62	19.8	13.9	2380	5730	0.818	1.71
苦味酸	1.60	20.0	14.0	2400	5730	0.818	1.71
RDX	1.65	29.4	19.3	2900	6530	0.783	1.79
PETN	1.69	30.4	19.8	2950	6580	0.783	1.80

从表 9.5 中可以看出，爆轰产物飞散在水中形成的冲击波初始压力与初始波速都低于对应的爆轰波波阵面上的应力与爆轰波波速。表 9.6 给出了 TNT 和钝化 RDX 炸药爆轰在水中产生冲击波初始波速的试验结果，对比表 9.6 和表 9.5 中对应数据，可以看出计算结果与试验结果比较接近。

表 9.6　水中冲击波初始速度的试验结果

炸药	$\rho_0/(\mathrm{g/cm^3})$	$D_H/(\mathrm{m/s})$	$D_x/(\mathrm{m/s})$	D_x/D_H
TNT	1.61	7000	5560	0.795
钝化 RDX	1.60	8000	6100	0.762

9.2　一维爆轰波在炸药/固体介质交界面上的透反射

炸药爆炸产生的爆轰波与材料的相互作用相对于普通冲击波脉冲在材料界面上入射所引起的材料中应力波传播更为复杂，它涉及爆轰波、冲击波、膨胀气体以及它们之间的耦合关系等许多问题，因此，在近场特别是炸药与材料接触或紧密相邻的材料之间的相互作用极其复杂。假设炸药截面足够大，炸药与材料的相互作用能够简化为一维平面结构；事实上，利用一维平面结构所推导出的结论具有重要的代表性，且能够较准确地定量标定很多多维复杂问题，同时，也能够让我们更深刻地掌握两者相互作用的本质机理性演化机制。

以平面爆轰波对一维固体材料的作用为研究对象，即考虑一维条件下炸药与固体材料之间的相互作用，下面同样如此，不再做重复说明。现假设某种炸药与固体材料相接触，从炸药的左端平面引爆，如图 9.2 所示。

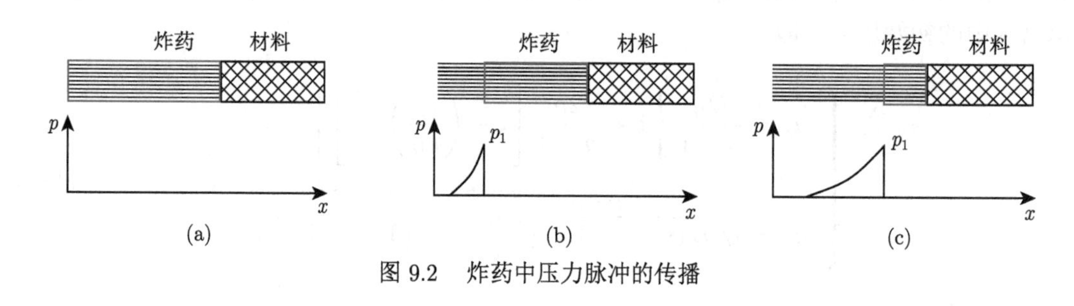

图 9.2　炸药中压力脉冲的传播

当爆轰波稳定传播时，其爆速和峰值压力分别为图 9.2 中所示 Rayleigh 线所对应的速度和 C-J 压力；图 9.2 中 C-J 压力 $p_1 = p_H$，其后方的压力逐渐呈非线性递减直至压力接近于零。随着爆轰波的传播即波阵面的持续右移，爆轰波波阵面左侧的反应产物逐渐增多，因此其衰减时间即脉冲持续时间逐渐增长，如图 9.2(c) 所示。当爆轰波波阵面传播到炸药与材料的交界面上时，可能会在交界面上产生相互作用，即可能存在透反射问题，其分析方法类似于冲击波在交界面上的透反射问题，也包括解析法和阻抗匹配图解法两种方法。

9.2.1　一维爆轰波在刚壁上的反射问题

根据 8.4.1 小节的分析可知，一维平面爆轰波传播过程中运动方程与连续方程为

$$\begin{cases} \dfrac{\partial u}{\partial t} + u\dfrac{\partial u}{\partial x} + \dfrac{c^2}{\rho}\dfrac{\partial \rho}{\partial x} = 0 \\ \dfrac{\partial \rho}{\partial t} + u\dfrac{\partial \rho}{\partial x} + \rho\dfrac{\partial u}{\partial x} = 0 \end{cases} \tag{9.30}$$

根据第 5 章特征线知识，式 (9.30) 可写为一阶拟线性偏微分方程组：

$$\frac{\partial \boldsymbol{W}}{\partial t}+\boldsymbol{B}\cdot\frac{\partial \boldsymbol{W}}{\partial X}=\boldsymbol{b} \tag{9.31}$$

式中

$$\boldsymbol{W}=\begin{bmatrix} v \\ \sigma \end{bmatrix},\quad \boldsymbol{B}=\begin{bmatrix} u & -\dfrac{c^2}{\rho} \\ \rho & u \end{bmatrix},\quad \boldsymbol{b}=\begin{bmatrix} 0 \\ 0 \end{bmatrix} \tag{9.32}$$

根据应力波传播特征理论，物理平面 x-t 上特征方向的特征波速

$$\lambda=\frac{\mathrm{d}x}{\mathrm{d}t} \tag{9.33}$$

由张量 $\boldsymbol{B}$ 的特征值所确定，它满足特征方程：

$$|\boldsymbol{B}-\lambda\boldsymbol{I}|=\begin{bmatrix} u-\lambda & -\dfrac{c^2}{\rho} \\ \rho & u-\lambda \end{bmatrix}=(v-\lambda)^2-c^2=0 \tag{9.34}$$

由此可求出如下两个特征波速的值：

$$\begin{cases} \lambda_1=u+c \\ \lambda_2=u-c \end{cases} \tag{9.35}$$

它们分别表示相对于运动速度为 u 介质的右行波和左行波。可以求出对应的特征矢量为

$$\boldsymbol{L}_1=\begin{bmatrix} \dfrac{\rho}{c} \\ 1 \end{bmatrix},\quad \boldsymbol{L}_2=\begin{bmatrix} -\dfrac{\rho}{c} \\ 1 \end{bmatrix} \tag{9.36}$$

进一步可以给出对应的特征关系：

$$\begin{cases} \mathrm{d}u+c\dfrac{\mathrm{d}\rho}{\rho}=0 \\ \dfrac{\mathrm{d}x}{\mathrm{d}t}=v+c \end{cases},\quad \begin{cases} \mathrm{d}u-c\dfrac{\mathrm{d}\rho}{\rho}=0 \\ \dfrac{\mathrm{d}x}{\mathrm{d}t}=v-c \end{cases} \tag{9.37}$$

若爆轰产物等熵方程满足多方指数形式：

$$p=A\rho^k \tag{9.38}$$

则特征关系式 (9.37) 可具体表达为

$$\begin{cases} \mathrm{d}R_1=0 \\ \dfrac{\mathrm{d}x}{\mathrm{d}t}=v+c \end{cases},\quad \begin{cases} \mathrm{d}R_2=0 \\ \dfrac{\mathrm{d}x}{\mathrm{d}t}=v-c \end{cases} \tag{9.39}$$

式 (9.39) 即为爆轰产物在 v-c 状态平面上的特征关系。式中 R_1、R_2 为 Riemann 不变量:

$$R_1 = u + \frac{2c}{k-1}, \quad R_2 = u + \frac{2c}{k-1} \tag{9.40}$$

根据第 5 章特征线知识可知，式 (9.39) 和式 (9.40) 表明，自爆轰产物区中的任何一点引一条左行特征线至爆轰冲击波阵面之上，沿此左行特征线必有

$$R_2 = u - \frac{2c}{k-1} = u_H - \frac{2c_H}{k-1} = -\frac{D_H}{k-1} = \text{const} \tag{9.41}$$

此常数是由爆轰冲击波阵面上的状态所确定的，与爆轰产物点的位置无关，因此爆轰产物区中的任何一点，其 Riemann 不变量 R_2 都保持这一绝对常数。这说明，爆轰产物的波动是一个所谓的右行简单波流场，这是因为产物前方所邻接的是一个处于均匀 C-J 爆轰状态的无限窄的均值区，而式 (9.41) 就是爆轰产物右行波场的动态响应曲线。

沿着任何一条右行特征线，也有

$$R_1 = u + \frac{2c}{k-1} = \text{const} \tag{9.42}$$

为常数。但是由于右行特征线并不能引至爆轰冲击波阵面之上的恒值状态，所以并不能得出在整个爆轰产物区中 R_1 也是一个绝对常数的结论，即沿着不同的右行特征线常数值 R_1 可以是不同的，即 R_1 是右行特征线编号的函数。

联立解方程组 (9.41) 和 (9.42) 可知，在爆轰产物区中沿着同一条右行特征线的质点速度 u 和局部声速 c 也必然保持不变，因而沿着同一条右行特征线其斜率也是不变的，因此在爆轰产物区中的右行特征线必然是直线；但左行特征线则未必是直线。由于在爆轰产物的右行简单波场中，除了 Riemann 不变量 R_2 是由 C-J 爆轰状态所决定的绝对常数以外，其他物理量 R_1、u、c、ρ、p 等都与右行特征线有一一对应的关系，故在右行简单波区中，右行特征线的方程可以简单地写为

$$x = (u + c)\,t + F(R_1) \tag{9.43}$$

式中

$$F(R_1) = F\left(u + \frac{2c}{k-1}\right) \tag{9.44}$$

可由右行简单波左侧边界条件确定。若在初始时刻从原点开始起爆，即有边界条件:

$$\begin{cases} x = 0 \\ t = 0 \end{cases} \tag{9.45}$$

将其代入式 (9.43) 即有

$$F(R_1) = 0 \tag{9.46}$$

此时爆轰产物的简单波解即为

$$\begin{cases} x = (u + c)\,t \\ u_H - \dfrac{2c_H}{k-1} = -\dfrac{D_H}{k-1} \end{cases} \tag{9.47}$$

根据爆轰产物的等熵方程可以给出其他参数的解，读者可推导之。可以看出以上特征线法给出的解与 8.4 节所推导得到的解是相同的。

1. 特征线分析法

如图 9.3 所示，当右行爆轰波 0~1 到达刚壁之后，将会产生一个左行的反射冲击波 1~2，而每一条右行特征线 0~1，0~2，0~3，0~4，··· 在跨过反射冲击波而到达刚壁之后也将发生反射而产生左行反射波。需要说明的是，爆轰冲击波在刚壁上的反射并不一定是直线，甚至绝大多数情况下都不是直线，也就是说图中 1-2-3-4-5 是一条曲线。在右行特征线 1-2-3-4-5 左侧为简单波区，而在其右侧至刚壁间区域为复合波区，一般而言，在复合波区内的左行与右行特征线都是曲线。

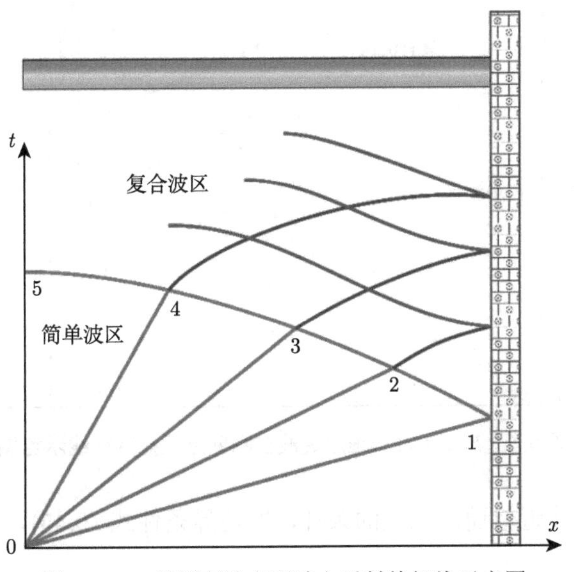

图 9.3 一维爆轰波在刚壁上反射特征线示意图

这里讨论一种特殊情况，当 $k = 3$ 时，Riemann 不变量：

$$\begin{cases} R_1 = u + c \\ R_2 = u - c \end{cases} \tag{9.48}$$

正好分别对应右行特征线的斜率与左行特征线的斜率。而沿着右行特征线：

$$\frac{\mathrm{d}x}{\mathrm{d}t} = u + c \tag{9.49}$$

处 R_1 为常数，因而右行特征线必为直线；类似地，可知左行特征线也必须为直线。也就是说，这种特殊条件下左行特征线与右行特征线都为直线。因而在复合波区一般解可表示为

$$\begin{cases} x=(u+c)\,t+F\,(u+c) \\ x=(u-c)\,t+G\,(u-c) \end{cases} \tag{9.50}$$

式中，函数 F 和 G 的形式可以通过边界条件确定。

对于弱激波而言，尽管爆轰冲击波从刚壁上反射冲击波的强度从压力改变的角度来看并不是很弱，但当我们跨过该反射冲击波从其紧前方简单波区而跨至其紧后方复合波区时，其 Riemann 不变量 $R_1=u+c$ 的改变却是很小的。于是，对 $k=3$ 的特殊情况，可以认为复合波区与简单波区的右行特征线具有相同的斜率，即可以近似认为复合波区右行特征线就是简单波区右行特征线的延伸，因而其也是通过原点的，如图 9.4 所示。

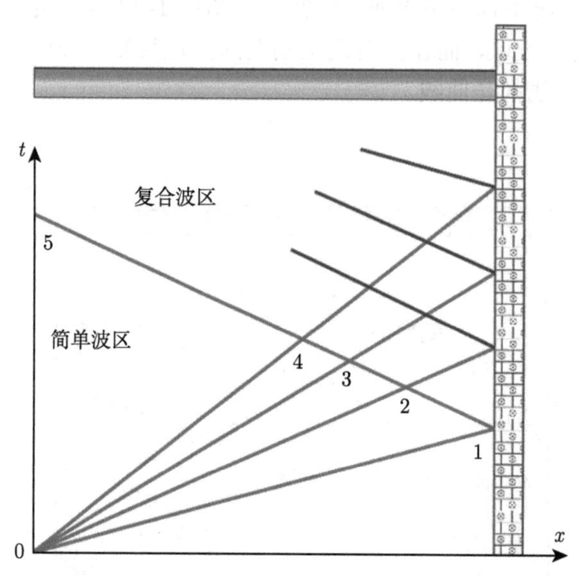

图 9.4　$k=3$ 时一维爆轰波在刚壁上反射特征线示意图

利用其右行特征线近似通过原点的条件，即边界条件式 (9.45)，可由式 (9.50) 的第一式给出：

$$F\,(u+c)=0 \tag{9.51}$$

从而式 (9.50) 可简化为

$$\begin{cases} x=(u+c)\,t \\ x=(u-c)\,t+G\,(u-c) \end{cases} \tag{9.52}$$

刚壁上的边界条件为

$$\begin{cases} x=L \\ u=0 \end{cases} \tag{9.53}$$

式中，L 表示药柱初始长度。将其代入式 (9.52)，可以得到

$$G = 2L$$

即式 (9.52) 可具体写为

$$\begin{cases} x = (u + c)\,t \\ x = (u - c)\,t + 2L \end{cases} \tag{9.54}$$

由此，可给出复合波区的显式解：

$$u = \frac{x - L}{t}, \quad c = \frac{L}{t}, \quad p = p_H \left(\frac{c}{c_H}\right)^3, \quad \rho = \rho_H \frac{c}{c_H} \tag{9.55}$$

进而可以给出爆轰波在刚壁上反射后刚壁上的压力时程曲线为

$$p\,(t) = p_H \left(\frac{c}{c_H}\right)^3 = p_H \left(\frac{L}{c_H t}\right)^3 = \frac{16}{27}\rho_0 D_H^2 \left(\frac{L}{D_H t}\right)^3 \tag{9.56}$$

根据式 (9.56) 可以给出最大压力为

$$p_{\max} = \frac{16}{27}\rho_0 D_H^2 \tag{9.57}$$

且单位刚壁面积上的冲量为

$$I = \int_{L/D_H}^{\infty} p\,(t)\,\mathrm{d}t = \frac{8}{27}\rho_0 D_H L = \frac{8}{27} M D_H \tag{9.58}$$

式中，$M = \rho_0 L$ 为单位面积上炸药的质量。表 9.7 为不同装药尺寸 TNT 药柱爆炸在壁面上的比冲量 (单位面积上的冲量) 试验结果。

表 9.7 不同尺寸 TNT 炸药单位壁面积上冲量的试验值

l/mm	d/mm	ρ/(g/cm^3)	D_H/(m/s)	I/(Pa·s)
80	20.0	1.40	6320	0.162
80	23.5	1.40	6320	0.217
80	31.4	1.40	6320	0.305
80	40.0	1.40	6320	0.378
70	20.0	1.50	6640	0.205
70	23.5	1.50	6640	0.266
70	31.4	1.50	6640	0.325
43	40.0	1.30	6025	0.296
61	40.0	1.30	6025	0.316
67	40.0	1.30	6025	0.318

根据以上分析可以得到结论：首先，单位刚壁面积上的冲量正比于炸药柱的长度；其次，刚壁面上的压力峰值只与炸药的密度和爆速有关，即与炸药的种类有关，而与炸药层的厚度无关。

2. 阻抗匹配图解法

以阻抗匹配图解法为例，对这一极端情况进行分析。在此忽略爆轰波前部的冲击波，只考虑 C-J 压力，因此只需要考虑爆轰波波阵面上的 Hugoniot 关系，图 9.5(a) 所示曲线为入射爆轰波波阵面上的 p-u 型 Hugoniot 曲线。

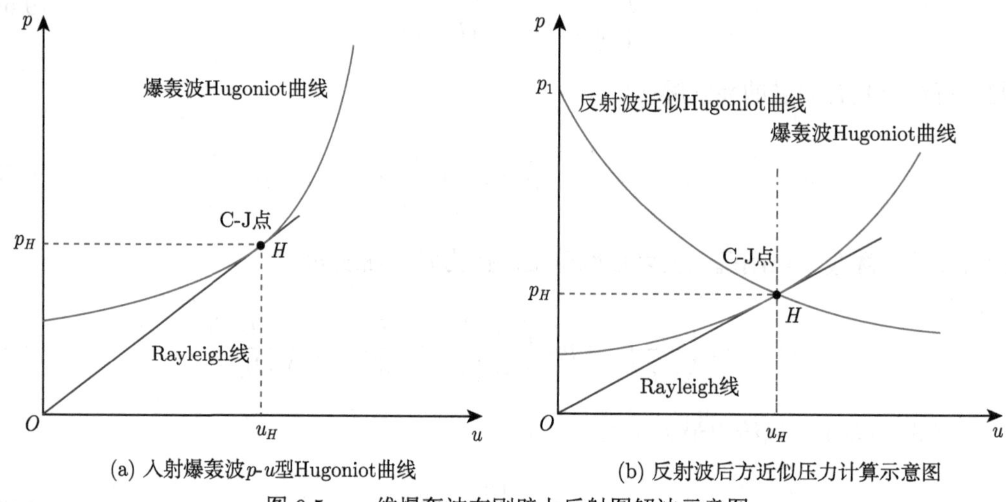

(a) 入射爆轰波 p-u 型Hugoniot曲线　　(b) 反射波后方近似压力计算示意图

图 9.5　一维爆轰波在刚壁上反射图解法示意图

类似冲击波在交界面上的透反射分析方法，也近似认为反射波 Hugoniot 曲线是入射 Hugoniot 曲线的镜像，如图 9.5(b) 所示，容易给出反射波的 Hugoniot 曲线，反射近似 Hugoniot 曲线与纵坐标轴的交点即为反射波波阵面后方的瞬间状态点，对应的压力值 p_1 即为反射波波阵面后方的压力。

设炸药爆轰产物的等熵膨胀方程满足多方指数形式：

$$p = A\rho^k \tag{9.59}$$

此时，爆轰波波阵面上的 p-u 型 Hugoniot 方程为

$$p = \frac{1}{2}(k+1)\rho_0 u^2 + \rho_0 Q_0 (k-1) \tag{9.60}$$

由此可以给出近似反射波的 Hugoniot 方程：

$$p = \frac{1}{2}(k+1)\rho_0 (u-2u_H)^2 + \rho_0 Q_0 (k-1) \tag{9.61}$$

当入射爆轰波到达刚壁界面并反射后，有边界条件 $u=0$，即有

$$p_1 = 2(k+1)\rho_0 u_H^2 + \rho_0 Q_0 (k-1) \tag{9.62}$$

结合

$$\begin{cases} p = \dfrac{1}{2}(k+1)\rho_0 u^2 + \rho_0 Q_0 (k-1) \\ p_H = 2\rho_0 Q_0 (k-1) \end{cases} \tag{9.63}$$

可以得到

$$p_1 = \frac{3}{2}(k+1)\rho_0 u_H^2 + p_H = \frac{5}{2}p_H \tag{9.64}$$

从式 (9.64) 可以看出与一维杆中弹塑性波在刚壁上的反射不同，爆轰波在固壁上反射后强度大于入射强度的 2 倍，且为 2.5 倍。

9.2.2 爆轰波传入低冲击阻抗材料的透反射问题

刚壁与自由面上的反射问题是爆轰波在交界面上透反射问题的一种简化或极端问题，更多的问题交界面性质处于两者之间，本小节与后面内容中利用近似处理的图解法对爆轰波在两者不同性质交界面上的透反射问题进行初步讨论。

如图 9.6 所示，近似认为爆轰波波阵面上的 Hugoniot 曲线及其反射 Hugoniot 曲线满足镜像关系，即图中曲线 2 是曲线 1 的镜像，当爆轰波传入一种冲击阻抗较低的材料时，透射波介质的 p-u 型 Hugoniot 曲线如图中曲线 3 所示，设炸药的初始密度为 ρ_{01}，透射介质的材料密度为 ρ_{02}，此种情况下，应有

$$p_H > \rho_{02}(a + \lambda u_H) u_H \tag{9.65}$$

式中，a 和 λ 分别为透射介质材料线性 D-u 型 Hugoniot 方程的常数项与一次项系数，即在透射介质中，冲击波波速与质点速度近似满足线性关系：

$$D_2 = a + \lambda u_2 \tag{9.66}$$

如图 9.6 所示，曲线 2 与曲线 3 的交点即为此问题的近似解 (p_1, u_1)。

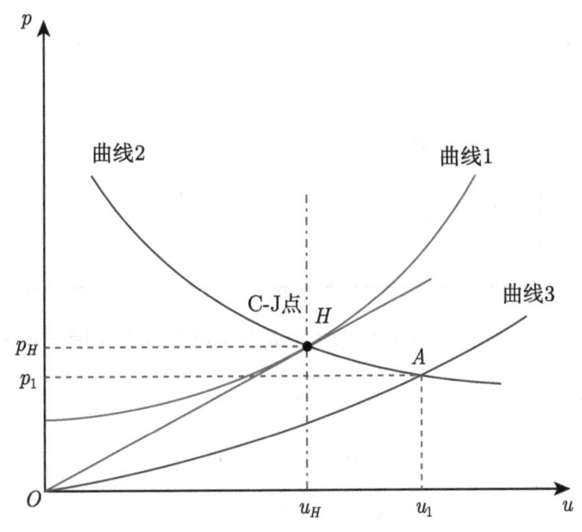

图 9.6 爆轰波传入低冲击阻抗材料的透反射图解法

同 9.2.1 小节的分析，设爆轰产物等熵方程满足多方指数定律，则已知入射爆轰波波

阵面上的 p-u 型 Hugoniot 方程及其反射波近似 Hugoniot 方程为

$$\begin{cases} p = \dfrac{1}{2}(k+1)\rho_{01}u^2 + \rho_{01}Q_0(k-1) \\ p = \dfrac{1}{2}(k+1)\rho_{01}(u-2u_H)^2 + \rho_{01}Q_0(k-1) \end{cases} \tag{9.67}$$

且 C-J 点上参数满足

$$\begin{cases} p_H = \dfrac{1}{2}(k+1)\rho_{01}u_H^2 + \rho_{01}Q_0(k-1) \\ p_H = 2\rho_{01}Q_0(k-1) \end{cases} \tag{9.68}$$

即有

$$\frac{1}{2}(k+1)\rho_{01}u_H^2 = \rho_{01}Q_0(k-1) \tag{9.69}$$

设材料的 p-u 型 Hugoniot 方程为

$$p = \rho_{02}(a+\lambda u)u \tag{9.70}$$

类似弱间断增量波在弹性交界面上的透反射问题的分析方法，绘出其物理平面示意图如图 9.7 所示。

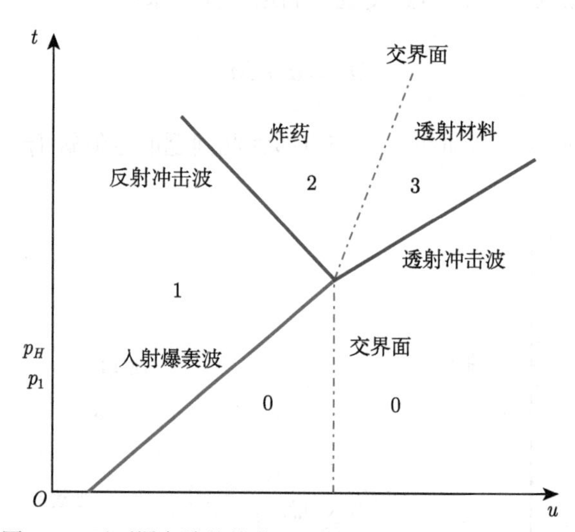

图 9.7　平面爆轰波从炸药正入射到材料物理平面示意图

根据连续条件可知

$$\begin{cases} p_2 = p_3 = p \\ u_2 = u_3 = u \end{cases} \tag{9.71}$$

因此，在交界面上有

$$\frac{1}{2}(k+1)\rho_{01}(u-2u_H)^2 + \rho_{01}Q_0(k-1) = \rho_{02}(a+\lambda u)u \tag{9.72}$$

将式 (9.69) 代入式 (9.72) 有

$$\frac{1}{2}(k+1)\rho_{01}\left(u^2-4u_Hu+5u_H^2\right)=\rho_{02}au+\rho_{02}\lambda u^2 \tag{9.73}$$

简化后有

$$(\Lambda-\lambda)U^2-(4\Lambda u_H+a)U+5\Lambda u_H^2=0 \tag{9.74}$$

式中

$$\Lambda=\frac{1}{2}\frac{\rho_{01}}{\rho_{02}}(k+1) \tag{9.75}$$

因此，可以解出

$$u_1=\frac{(4\Lambda u_H+a)\pm\sqrt{(4\Lambda u_H+a)^2-4(\Lambda-\lambda)5\Lambda u_H^2}}{2(\Lambda-\lambda)} \tag{9.76}$$

简化后有

$$u_1=\frac{(4\Lambda u_H+a)\pm\sqrt{4(5\lambda-\Lambda)\Lambda u_H^2+8\Lambda au_H+a^2}}{2(\Lambda-\lambda)} \tag{9.77}$$

以 B 炸药与有机玻璃 (PMMA) 的接触爆炸为例。已知 PMMA：$a=2.60\text{km/s}$，$\lambda=1.52$，初始密度为 $\rho_{02}=1.19\text{g/cm}^3$；B 炸药：初始密度 $\rho_{01}=1.68\text{g/cm}^3$，$D_H=7.84\text{km/s}$，$u_H=2.1\text{km/s}$，$k=2.73$。因此有

$$\Lambda=\frac{1}{2}\frac{\rho_{01}}{\rho_{02}}(k+1)=2.633$$

此时式 (9.74) 可写为

$$1.113u^2-24.717u+58.058=0$$

其根为

$$u_1=2.67\text{km/s}\approx1.27u_H$$

此时交界面上的压力为

$$p_1=\rho_{02}(a+\lambda u_1)u_1=21.16\text{GPa}<p_H=27.66\text{GPa}$$

因此，可知爆轰波在交界面上反射的是一个卸载稀疏波。

9.2.3 爆轰波传入高冲击阻抗材料的透反射问题

如图 9.8 所示，近似认为爆轰波波阵面上的 Hugoniot 曲线及其反射 Hugoniot 曲线满足镜像关系，即图中曲线 2 是曲线 1 的镜像，当爆轰波传入一种冲击阻抗较高的材料时，透射波介质的 p-u 型 Hugoniot 曲线如图中曲线 3 所示，设炸药的初始密度为 ρ_{01}，透射介质的材料密度为 ρ_{02}，此种情况下，应有

$$p_H<\rho_{02}(a+\lambda u_H)u_H \tag{9.78}$$

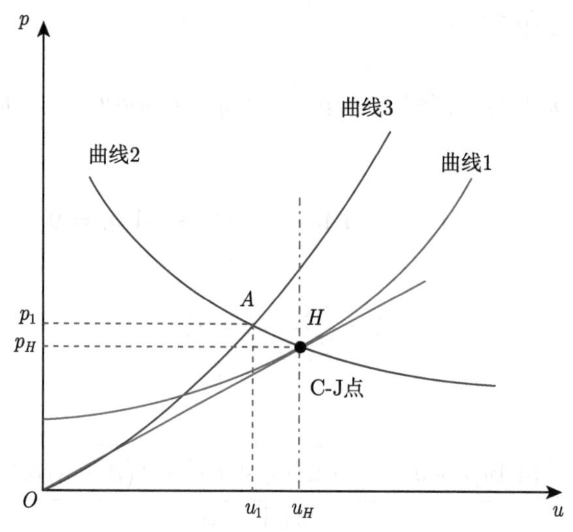

图 9.8　爆轰波传入高冲击阻抗材料的透反射图解法

此时解析方程与 9.2.2 小节所述情况基本相同，在此不再赘述。因此，其也存在根：

$$u_1 = \frac{(4\Lambda u_H + a) \pm \sqrt{4(5\lambda - \Lambda)\Lambda u_H^2 + 8\Lambda a u_H + a^2}}{2(\Lambda - \lambda)\lambda} \tag{9.79}$$

以 B 炸药与铝合金的接触爆炸为例。已知铝合金：$a = 5.328\text{km/s}$，$\lambda = 1.338$，初始密度为 $\rho_{02} = 2.785\text{g/cm}^3$；B 炸药：初始密度 $\rho_{01} = 1.68\text{g/cm}^3$，$D_H = 7.84\text{km/s}$，$u_H = 2.1\text{km/s}$，$k = 2.73$。因此有

$$\Lambda = \frac{1}{2}\frac{\rho_{01}}{\rho_{02}}(k+1) = 1.125$$

此时式 (9.74) 可写为

$$0.213U^2 + 14.778U - 24.806 = 0$$

其根为

$$u_1 = 1.64\text{km/s} < u_H = 2.1\text{km/s}$$

此时交界面上的压力为

$$p_1 = \rho_{02}(a + \lambda u_1)u_1 = 34.36\text{GPa} > p_H = 27.66\text{GPa}$$

因此，可知爆轰波在交界面上反射的是一个加载波。

表 9.8 给出三种典型炸药与金属接触爆炸，传递到金属材料内冲击波的初始参数，符号的意义参考 9.1 节。

表 9.8 金属中冲击波的初始参数

金属	炸药	$\rho_0/(\mathrm{g/cm^3})$	p_x/GPa	$u_x/(\mathrm{m/s})$	$D_x/(\mathrm{m/s})$	ρ_x/ρ_H	ρ_x/ρ_0
铝	三硝基甲烷	1.14	17.0	910	6570	1.47	1.16
	TNT	1.62	26.1	1285	7160	1.28	1.233
	RDX	1.65	35.2	1635	7580	1.20	1.276
钛	三硝基甲烷	1.14	18.8	735	5560	1.63	1.154
	TNT	1.62	29.2	1070	5930	1.43	1.219
	RDX	1.65	39.1	1360	6250	1.33	1.274
铁	三硝基甲烷	1.14	<25.0	—	—	—	—
	TNT	1.62	33.3	810	5140	1.63	1.185
	RDX	1.65	44.6	1010	5520	1.52	1.227
铜	三硝基甲烷	1.14	21.4	500	4720	1.86	1.118
	TNT	1.62	34.3	750	5040	1.68	1.171
	RDX	1.65	45.9	940	5380	1.56	1.213

9.3 一维爆轰波对固体材料的抛射问题

炸药对外壳的抛射、破坏及其破片的飞散均源于炸药爆轰能量的快速释放，爆轰波与固体材料的接触爆炸及其抛射问题是一个非常复杂的理论与工程问题，即使对于一维爆轰波与固体材料的相互作用及其破碎断裂问题也是如此。本节中不考虑固体材料的断裂破坏行为，只考虑爆轰波对固体材料的驱动与抛射问题。

9.3.1 一维爆轰波最大抛射速度的确定

根据能量守恒定律可知，对于完全封闭如球形装药或端口封闭圆柱形装药且外壳厚度均匀问题而言，其最大拉伸速度由下面公式给出：

$$E_t + E_k + E_p + E_d + \frac{Mu^2}{2} = mQ \tag{9.80}$$

式中，E_t、E_k、E_p 和 E_d 分别表示传递给外壳周围介质的能量、爆轰产物的动能、爆轰产物的内部势能和外壳的变形能；M 和 m 分别表示外壳的质量和炸药的质量；u 表示外壳的最大速度。

设周围介质作用于外壳上的压力是不变的，则传递给该介质的能量等于外壳克服其阻力所做的功：

$$E_t = pV\left[\left(\frac{R}{R_0}\right)^N - 1\right] \tag{9.81}$$

式中，R 表示外壳达到最大速度时瞬时外半径；R_0 表示外壳的初始外半径；p 表示作用在外壳外部的压力；V 表示含外壳的装药体积；N 为系数，对于球形外壳，有

$$V = \frac{4}{3}\pi R_0^3, \quad N = 3 \tag{9.82}$$

对于圆柱形外壳有

$$V = \pi R_0^2 H, \quad N = 2 \tag{9.83}$$

式中，H 表示圆柱体高度。对于平面外壳有

$$V = S_0 R_0, \quad N = 1 \tag{9.84}$$

式中，S_0 表示初始面积。

若外部介质是可以视为理想气体的空腔，且多方指数为 k，对于强冲击波则有

$$E_t = V \rho_t u^2 \frac{k+1}{2} \left[\left(\frac{R}{R_0} \right)^N - 1 \right] \tag{9.85}$$

式中，ρ_t 表示外部介质的密度。如圆柱形铜外壳，当置于壳内炸药爆轰沿着其轴向传播时，最大半径约为初始半径的 2.24 倍，如表 9.9 所示，表中数据为不同时间圆柱铜壳外半径的变化。

表 9.9　圆柱铜壳外半径增量随时间的变化

$(R-R_0)$/mm	2	3	4	5	6	7	8	9	10	11	12
t/μs	2.17	3.00	3.77	4.51	5.22	5.91	6.59	7.26	7.92	8.57	9.22
$(R-R_0)$/mm	13	14	15	16	17	18	19	20	21	22	23
t/μs	9.86	10.5	11.13	11.75	12.37	12.99	13.6	14.22	14.83	15.43	16.04

当外部介质为水或土壤介质时，设其 D-u 型 Hugoniot 方程满足线性关系，则有

$$E_t = V \rho_t u (a + \lambda u) \left[\left(\frac{R}{R_0} \right)^N - 1 \right] \tag{9.86}$$

在球面、柱面和平面一维抛射问题中，如已知爆轰产物的速度和密度的空间分布，则可以给出爆轰产物动能的近似解。设从中心到外壳的爆轰产物速度分布无量纲函数为 $\bar{u} = \psi(t) r^n$，则有

$$E_k = \frac{mu^2}{\psi} \tag{9.87}$$

对于球形外壳，有

$$\psi = \frac{2}{3}(2n+3) \tag{9.88}$$

对于圆柱形外壳有

$$\psi = 2n + 2 \tag{9.89}$$

对于平面外壳有

$$\psi = 2(2n+3) \tag{9.90}$$

特别地，当爆轰产物的速度分布满足线性关系，即 $n=1$ 时，式 (9.87) 可简化为

$$E_k = \frac{m_1 u^2}{2} \tag{9.91}$$

对于球形外壳、圆柱形外壳和平面外壳分别有

$$m_1 = \frac{3m}{5}, \quad m_1 = \frac{m}{2}, \quad m_1 = \frac{m}{3} \tag{9.92}$$

爆轰产物的总内能为

$$E_p = me_p \tag{9.93}$$

式中，单位质量爆轰产物的内能为

$$e_p = \int_{\upsilon}^{\infty} p\mathrm{d}\upsilon \tag{9.94}$$

若爆轰产物等熵方程满足多方指数规律，其多方指数为 k，则式 (9.94) 可以进一步表达为

$$e_p = \int_{\upsilon}^{\infty} A\upsilon^{-k}\mathrm{d}\upsilon = \frac{p\upsilon}{k-1} = \frac{p}{\rho(k-1)} \tag{9.95}$$

而外壳达到最大速度时所对应的产物压力和密度可以根据试验结果近似地确定，因而可以计算出总内能 E_p。

外壳破坏或变形的能量可由下面公式决定：

$$E_d = \frac{M}{\rho_M}\int_0^{\varepsilon_p} \sigma_i \mathrm{d}\varepsilon_i = \frac{M}{\rho_M}A_p = V_M A_p \tag{9.96}$$

式中，V_M 表示被抛射壳体的总体积；A_p 表示单位体积壳体材料发生变形破坏所需要的能量。

一般工程中常忽略外壳破坏或变形能量 E_d 和空气冲击波能量 E_t，根据能量方程式 (9.80)，此时即有

$$\frac{mu^2}{\psi} + E_p + \frac{Mu^2}{2} = mQ \tag{9.97}$$

从而可以给出最大抛射速度：

$$u = \sqrt{(Q - E_p)\frac{2\beta}{1 + 2\beta/\psi}} \tag{9.98}$$

式中，$\psi = m/M$。

9.3.2 一维爆轰波对平板的抛射特征

设材料厚度为 L_0，爆轰波到达材料-爆炸反应物交界面 (后面简称交界面) 且向材料内部传播强度为 p_1、质点速度为 u_1、冲击波波速为 D_1(假设材料足够薄，可以不考虑冲击波在材料中的衰减) 的冲击波，初始时刻 $t = t_0 = 0$；根据第 7 章中冲击波在自由面上透反射近似计算可知，冲击波在

$$t_1 = \frac{L_0}{U_{S1}} \tag{9.99}$$

时刻到达自由面上并反射后，材料质点速度是入射到自由面上时速度的近似 2 倍：

$$\Delta V_1 = V_1 - V_0 = V_1 \approx 2u_1 \tag{9.100}$$

同时会产生一个强度为 $-p_1$ 的卸载稀疏波，该稀疏波向左端即爆炸反应物方向传播；到达材料-爆炸反应物交界面上瞬间，产生另一个压力相对较小 (p_2，由于爆轰波强度的衰减，一般有 $p_2 < p_1$) 的加载冲击波并向右端传播，产生的质点速度为 u_2(由于爆轰波强度的衰减，一般有 $u_2 < u_1$)，材料内冲击波此时的传播速度为 D_2(同理，一般有 $D_2 < D_1$)，在

$$t_2 = t_1 + \frac{2L_0}{D_2} \tag{9.101}$$

时刻再次到达自由面上并反射后，材料质点速度是入射到自由面上时速度的近似 2 倍：

$$\Delta V_2 = V_2 - V_1 \approx 2u_2 \tag{9.102}$$

同理，当 $t > t_2$ 时，自由面上反射的卸载稀疏波向交界面方向传播，以此类推，可以知道，自由面上质点速度呈阶梯状上升形态。

然而，需要注意的是：首先，在 $t_1 \leqslant t \leqslant t_2$ 区间内，由于爆轰波的持续衰减，无数强度极小的卸载波陆续从交界面向自由面方向传播，因此实际上在这段时间内自由面质点速度是递减的；同理，当 $t > t_2$ 时，冲击波从自由面传播到交界面后再次反射传播到自由面区间，自由面质点速度也是逐渐衰减的，后面的情况也与此相同；其次，冲击波从自由面到交界面再返回到自由面，由于冲击波强度的衰减，即 $D_1 > D_2 > D_3 > \cdots$，因此，其时间间隔

$$\frac{2L_0}{D_1} < \frac{2L_0}{D_2} < \frac{2L_0}{D_3} < \cdots \tag{9.103}$$

越来越长。因此其自由面质点速度呈如图 9.9 所示非规则阶梯状上升，直到达到其最终速度 V_P。

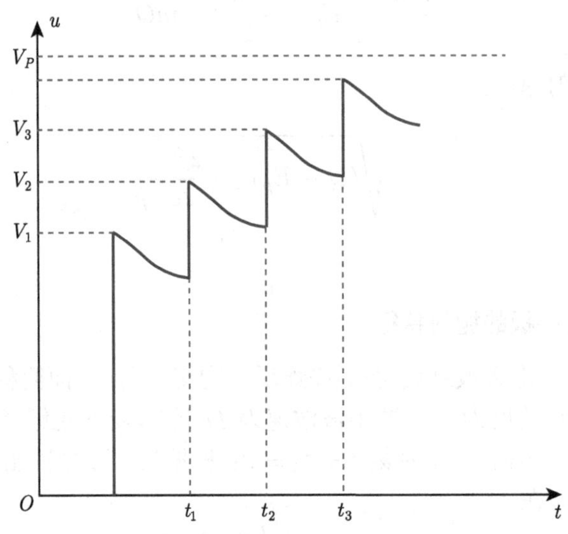

图 9.9　爆轰作用下材料自由面质点速度示意图

从以上分析可以知道，冲击波在材料中往返一次所需时间为

$$\Delta t=\frac{L_0}{D} \tag{9.104}$$

也就是说，材料厚度 L_0 越小、材料中冲击波波速 D 越大，则往返一次所需时间 Δt 越少。同时，从爆轰波在交界面上的透反射分析结论可以得到，材料中冲击波波速是材料参数与炸药参数的函数，当然也是炸药爆轰波波速的函数，且与之呈正比关系；也就是说，随着炸药爆轰波波速的增大，其往返一次所需时间也减少了。总体来讲，随着炸药爆轰波波速的提高、材料厚度的减小，破片接近最终稳定速度的时间就越短。

从图 9.9 中也可以看出，在前期随着时间的增加，自由面质点速度增加速率较快；随着时间的推移，其质点加速度逐渐减小。

Aziz 等假设炸药多方指数型等熵方程中指数 $k=3$，计算出飞板材料最终速度为

$$V_P=\frac{\zeta-1}{\zeta+1} \tag{9.105}$$

式中

$$\zeta=1+\frac{32}{37}\frac{m}{M} \tag{9.106}$$

其中，m 和 M 分别表示炸药质量和飞板材料质量。表 9.10 是钝化 RDX 炸药爆炸抛射平板速度的试验值。

表 9.10 炸药装药爆炸抛射的平板速度试验值

m/g	ρ_0/(g/cm^3)	D/(m/s)	M/g	η	V/(m/s)
22.8	1.30	6880	6.60	2.04	2440
22.8	1.40	7315	6.80	1.98	2540
22.8	1.50	7690	6.82	1.87	2700
22.8	1.60	8000	6.79	1.98	2830
11.8	1.40	7315	6.91	1.18	2030

9.3.3 一维爆轰波抛射问题 Gurney 方程

第二次世界大战期间，美国弹道研究实验室的 Gurney 在大量试验数据的基础上，对炸弹爆炸形成破片的最大初速度提出了半理论和半经验的工程估算方程。该方程由于其简单与实用性，至今仍在工程计算上广泛使用，并且仍不断被新的试验研究结果修正和发展。

Gurney 方程是建立在以下三个基本假设前提下的：

(1) 爆轰波同时到达材料交界面 (板或壳)；在爆轰产物驱动材料达到其最大速度 V_P 时，从起爆点到材料交界面之间爆轰产物的速度呈线性分布；

(2) 不考虑起爆点对爆轰波形及其传播方向的影响；不考虑材料中冲击波传播效应；

(3) 不考虑壳体的强度及其破裂所造成的能量损耗；认为材料同时破裂且同时被加速到最大速度 V_P。

1. 平面一维对称板壳装药

如图 9.10 所示，假设两个面积足够大平行对称的相同平板中间充满炸药，可以假定爆炸后产生的爆轰波和驱动效应是一个平面一维问题。

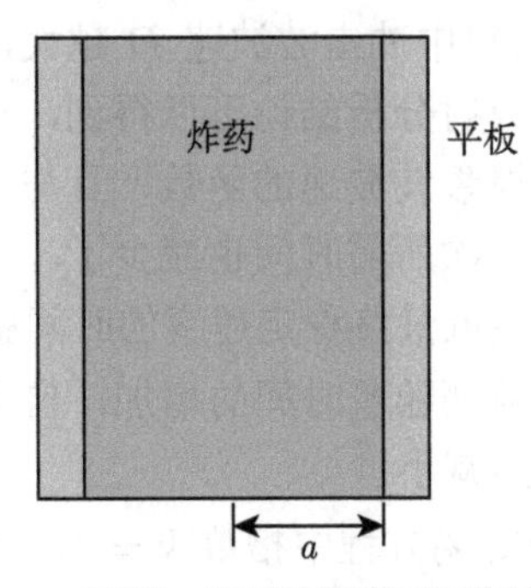

图 9.10　平面一维对称装药对平板的驱动

平板厚度不予考虑，假设炸药厚度为 $2a$，以炸药中心面为参考平面，容易知道，此时该问题就简化为平面一维对称问题，可以取 1/2 模型进行分析。根据以上基本假设 (1) 可知，在炸药中距离中心面 r 处的速度为

$$v_g = V_P \cdot \frac{r}{a} \tag{9.107}$$

按照能量守恒定律，炸药爆炸所释放出来的化学能 Q_e，一部分变成爆炸产物的内能 E_i，另一部分转化为动能 E_k：

$$Q_e = E_i + E_k \tag{9.108}$$

即

$$Q_e - E_i = E_k \tag{9.109}$$

式中，左端可以写为

$$Q_e - E_i = m\left(q_e - \bar{e}_i\right) \equiv mE \tag{9.110}$$

其中，E 表示单位质量炸药中转化为动能的那一部分化学能，称为 Gurney 能量；它是炸药的化学能与爆轰产物的内能的函数。

总动能 E_k 包括平板 (或平板破裂产生的破片) 的动能与爆轰产物的动能：

$$E_k = \frac{1}{2}\sum m_i {v_i}^2 + \frac{1}{2}\int v_g^2 \mathrm{d}m_g \tag{9.111}$$

式中，m_i 与 v_i 分别表示平板破裂产生的第 i 个破片的质量与速度；m_g 与 v_g 分别表示爆轰产物的质量与速度。根据 Gurney 方程的第 (3) 个基本假设，认为每个破片的速度相等，皆等于 V_P；再考虑式 (9.107)，式 (9.111) 可写为

$$E_k = \frac{1}{2}MV_P^2 + \frac{1}{2}\int_0^a V_P^2 \cdot \left(\frac{r}{a}\right)^2 \rho_g \mathrm{d}r \tag{9.112}$$

式中，M 表示平板的质量，也就是破片的总质量；ρ_g 表示爆轰产物的面密度。式 (9.112) 简化后有

$$E_k = \frac{1}{2}MV_P^2 + \frac{1}{6}M_g V_P^2 \tag{9.113}$$

式中，M_g 表示炸药的质量。

将式 (9.113) 和式 (9.110) 代入式 (9.109)，则可以得到

$$M_g E = \frac{1}{2}MV_P^2 + \frac{1}{6}M_g V_P^2 \tag{9.114}$$

由此，可以给出平板 (或破片) 的最大速度为

$$\frac{V_P}{\sqrt{2E}} = \left(\frac{M}{M_g} + \frac{1}{3}\right)^{-\frac{1}{2}} \quad 或 \quad V_P = \sqrt{2E}\left(\frac{M}{M_g} + \frac{1}{3}\right)^{-\frac{1}{2}} \tag{9.115}$$

式 (9.115) 即为平面一维爆炸驱动平板的 Gurney 方程。式中的 $\sqrt{2E}$ 量纲与速度的量纲相同，常称为 Gurney 速度。表 9.11 为几种常用炸药的 Gurney 能量、Gurney 速度等参数。

表 9.11　几种常用炸药 Gurney 参数

炸药	炸药比化学能/(kJ/g)	Gurney 能量/(kJ/g)	动能转化比	Gurney 速度/(km/s)
TNT	4.56	2.80	0.61	2.37
	4.56	2.97	0.65	2.44
RDX	6.32	4.02	0.64	2.93
	6.32	4.31	0.68	2.93
B 炸药	5.02	3.60	0.72	2.68
	5.02	3.64	0.72	2.70
	5.02	3.81	0.76	2.77
HMX	6.20	4.44	0.72	2.97
PETN	6.24	4.31	0.69	2.93
PBX-9404	5.73	4.23	0.74	2.90
Tetryl	4.86	3.14	0.65	2.50
NM	5.15	2.89	0.56	2.41
TACOT	4.10	2.26	0.55	2.12

2. 圆柱形轴对称结构装药

对于圆柱形轴对称装药结构而言，如图 9.11 所示，其能量守恒条件与前面所述情况相同。根据以上基本假设 (1) 可知，在炸药中距离中心面 r 处的速度为

$$v_g = V_P \cdot \frac{r}{a} \tag{9.116}$$

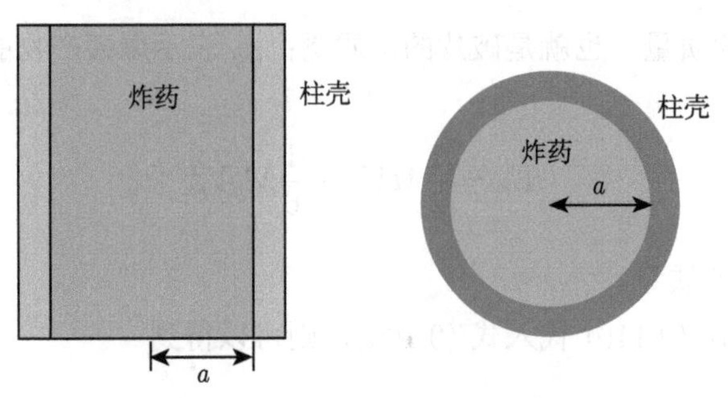

图 9.11　圆柱形轴对称结构装药

此时，系统的总动能 E_k 包括柱壳破裂产生的破片的动能与爆轰产物的动能：

$$E_k = \frac{1}{2}MV_P^2 + \frac{1}{2}\int_0^a V_P^2 \cdot \left(\frac{r}{a}\right)^2 \rho_g 2\pi r \mathrm{d}r \tag{9.117}$$

式中，ρ_g 表示爆轰产物的线密度。

式 (9.117) 简化后有

$$E_k = \frac{1}{2}MV_P^2 + \frac{1}{4}M_g V_P^2 \tag{9.118}$$

此时有

$$M_g E = \frac{1}{2}MV_P^2 + \frac{1}{4}M_g V_P^2 \tag{9.119}$$

由此，可以给出柱壳破裂后的破片的最大速度为

$$\frac{V_P}{\sqrt{2E}} = \left(\frac{M}{M_g} + \frac{1}{2}\right)^{-\frac{1}{2}} \quad \text{或} \quad V_P = \sqrt{2E}\left(\frac{M}{M_g} + \frac{1}{2}\right)^{-\frac{1}{2}} \tag{9.120}$$

式 (9.120) 即为圆柱形轴对称装药情况下的 Gurney 方程。

3. 球形中心对称结构装药

对于球形中心对称装药结构而言，如图 9.12 所示，其能量守恒条件与以上的情况相同。根据以上基本假设 (1) 可知，在炸药中距离中心面 r 处的速度为

$$v_g = V_P \cdot \frac{r}{a} \tag{9.121}$$

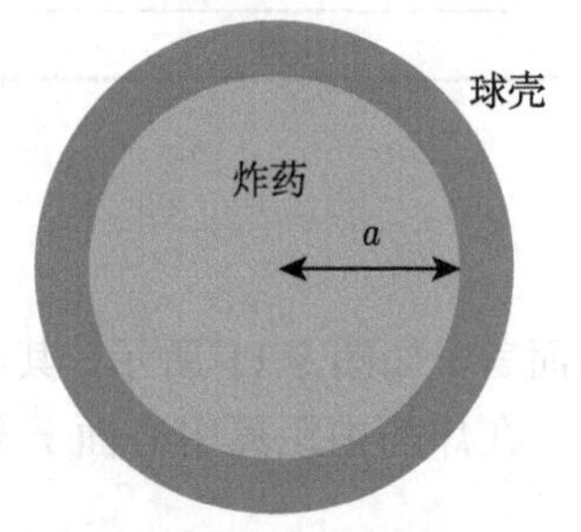

图 9.12　球形中心对称结构装药

此时，系统的总动能 E_k 包括球壳破裂产生的破片的动能与爆轰产物的动能：

$$E_k = \frac{1}{2}MV_P^2 + \frac{1}{2}\int_0^a V_P^2 \cdot \left(\frac{r}{a}\right)^2 \rho_g 4\pi r^2 \mathrm{d}r \tag{9.122}$$

式中，ρ_g 表示爆轰产物的体密度。式 (9.122) 简化后有

$$E_k = \frac{1}{2}MV_P^2 + \frac{3}{10}M_g V_P^2 \tag{9.123}$$

此时有

$$M_g E = \frac{1}{2}MV_P^2 + \frac{3}{10}M_g V_P^2 \tag{9.124}$$

由此，可以给出球壳破裂后的破片的最大速度为

$$\frac{V_P}{\sqrt{2E}} = \left(\frac{M}{M_g} + \frac{3}{5}\right)^{-\frac{1}{2}} \quad 或 \quad V_P = \sqrt{2E}\left(\frac{M}{M_g} + \frac{3}{5}\right)^{-\frac{1}{2}} \tag{9.125}$$

式 (9.125) 即为球形中心对称装药情况下的 Gurney 方程。

从上面三种对称装药结构的推导结果可以看出，Gurney 方程具有同一形式：

$$\frac{V_P}{\sqrt{2E}} = \left(\frac{M}{M_g} + K\right)^{-\frac{1}{2}} \quad 或 \quad V_P = \sqrt{2E}\left(\frac{M}{M_g} + K\right)^{-\frac{1}{2}} \tag{9.126}$$

式中，当装药结构为平面一维对称结构时，$K = 1/3$；当结构为圆柱轴对称结构时，$K = 1/2$；当结构为球形中心对称结构时，$K = 3/5$。从以上分析可以看出，破片的最大速度与 Gurney 速度呈线性正比关系，与炸药/壳体质量比也呈非线性正比关系。

需要注意的是，Gurney 能量并不是炸药的比化学能，它比后者小，是比化学能与爆轰产物的比内能之差，从表 9.11 可以看出，一般 Gurney 能量是炸药比化学能的 70%左右。

4. 非对称开放型夹心结构装药

在工程实践过程中，如冲击硬化、冲击压实、爆炸焊接等工艺过程中，非对称结构是主要装药形式，此时，仅以能量守恒方程来推导最大速度的方式已经不再适用。以非对称开放型夹心结构为例，如图 9.13 所示，其结构为非对称平面一维结构，炸药的下部与平板紧密接触，而炸药的上部为自由面。设爆炸后炸药的上自由面爆轰产物的最大速度为 V、速度方向向上为正，平板的最大速度为 V_P、速度方向向下为负。

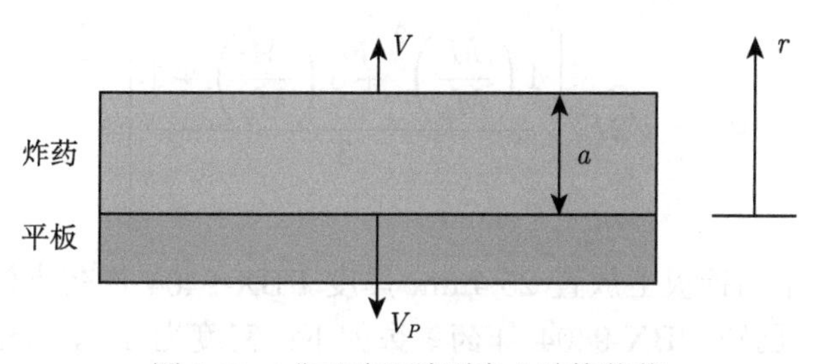

图 9.13 非对称开放型夹心结构装药

在 Gurney 方程的基本假设 (1) 的基础上，根据 Lagrange 插值方法，可以给出不同厚度方向上爆轰产物的质点速度为

$$v_g = (V_P + V)\frac{r}{a} - V_P \tag{9.127}$$

则能量守恒方程为

$$M_g E = \frac{1}{2}MV_P^2 + \frac{1}{2}\int_0^a \left[(V_P + V)\frac{r}{a} - V_P\right]^2 \rho_g \mathrm{d}r \tag{9.128}$$

式中，ρ_g 表示爆轰产物的面密度；其他参数同上。简化后有

$$2E = \left(\frac{M}{M_g} + \frac{1}{3}\right)V_P^2 + \frac{1}{3}V^2 - \frac{1}{3}VV_P \tag{9.129}$$

根据动量守恒条件有

$$0 = -MV_P + \int_0^a \left[(V_P + V)\frac{r}{a} - V_P\right]\rho_g \mathrm{d}r \tag{9.130}$$

简化后有

$$V_P = \frac{M_g}{M}\left[\frac{1}{2}(V_P + V) - V_P\right] \tag{9.131}$$

式 (9.131) 进一步处理后，可以得到

$$V = \left(1 + 2\frac{M}{M_g}\right)V_P \tag{9.132}$$

将式 (9.132) 代入式 (9.129)，即可以得到

$$\frac{V_P}{\sqrt{2E}} = \left[\frac{4\left(\dfrac{M}{M_g}\right)^2 + 5\left(\dfrac{M}{M_g}\right) + 1}{3}\right]^{-\frac{1}{2}} \tag{9.133}$$

或

$$V_P = \sqrt{2E}\left[\frac{4\left(\dfrac{M}{M_g}\right)^2 + 5\left(\dfrac{M}{M_g}\right) + 1}{3}\right]^{-\frac{1}{2}} \tag{9.134}$$

以 3.2mm 厚度平面钢板上放置 25.4mm 厚度 PBX-9404 炸药为例，设炸药平面起爆满足平面一维假设。已知 PBX-9404 炸药参数如下：密度为 1.84g/cm^3，Gurney 速度为 2.90km/s；钢的密度为 7.89g/cm^3。

可以计算出钢板与炸药的质量比为

$$\frac{M}{M_g} = 0.54$$

根据式 (9.134) 即可求出破片的最大速度为

$$V_P = \sqrt{2E}\left[\frac{4\left(\dfrac{M}{M_g}\right)^2 + 5\left(\dfrac{M}{M_g}\right) + 1}{3}\right]^{-\frac{1}{2}} = 2.28\text{km/s}$$

同理，可以利用类似的方法求出非对称封闭型夹心结构在爆轰驱动下的破片最大速度。

主要参考文献

陈才生, 李刚, 周继东, 等. 2008. 数学物理方程 [M]. 北京: 科学出版社.

陈明祥. 2007. 弹塑性力学 [M]. 北京: 科学出版社.

杜忠华, 高光发, 李伟兵. 2017. 撞击动力学 [M]. 北京: 北京理工大学出版社.

高光发. 2019. 波动力学基础 [M]. 北京: 科学出版社.

高光发. 2020. 量纲分析基础 [M]. 北京: 科学出版社.

高光发. 2021. 量纲分析理论与应用 [M]. 北京: 科学出版社.

高光发. 2022. 固体中的应力波导论 [M]. 北京: 科学出版社.

郝志坚, 王琪, 杜世云. 2015. 炸药理论 [M]. 北京: 北京理工大学出版社.

蒋定华. 1987. 数理方程初步 [M]. 北京: 中央广播电视大学出版社.

李永池. 2015. 波动力学 [M]. 合肥: 中国科学技术大学出版社.

李永池. 2016. 张量初步和近代连续介质力学概论 [M]. 2 版. 合肥: 中国科学技术大学出版社.

李永池, 张永亮, 高光发. 2019. 连续介质力学基础知识及其应用 [M]. 合肥: 中国科学技术大学出版社.

钱伟长. 1984. 穿甲力学 [M]. 北京: 国防工业出版社.

王礼立. 2005. 应力波基础 [M]. 2 版. 北京: 国防工业出版社.

王礼立, 胡时胜, 杨黎明, 等. 2017. 材料动力学 [M]. 合肥: 中国科学技术大学出版社.

王敏中, 王炜, 武际可. 2011. 弹性力学教程 (修订版)[M]. 北京: 北京大学出版社.

王仁, 黄文彬, 黄筑平. 1989. 塑性力学引论 (修订版)[M]. 北京: 北京大学出版社.

徐秉业, 刘信声. 1995. 应用塑性力学 [M]. 北京: 清华大学出版社.

徐秉业, 刘信声, 沈新普. 2017. 应用弹塑性力学 [M]. 北京: 清华大学出版社.

杨桂通. 2013. 弹塑性力学引论 [M]. 2 版. 北京: 清华大学出版社.

杨洪升, 李玉龙, 周风华. 2019. 梯形应力脉冲在弹性杆中的传播过程和几何弥散 [J]. 力学学报, 51(6): 1820-1829.

杨挺青, 罗文波, 徐平, 等. 2004. 黏弹性理论与应用 [M]. 北京: 科学出版社.

张宝平, 张庆明, 黄风雷. 2009. 爆轰物理学 [M]. 北京: 兵器工业出版社.

奥尔连科 л Л. 2011a. 爆轰物理学 [M](上册). 孙承纬, 译. 北京: 科学出版社.

奥尔连科 л Л. 2011b. 爆轰物理学 [M](下册). 孙承纬, 译. 北京: 科学出版社.

考尔斯基 H. 1958. 固体中的应力波 [M]. 王仁, 等, 译. 北京: 科学出版社.

Meyers M A. 2006. 材料的动力学行为 [M]. 张庆明, 刘彦, 黄风雷, 等, 译. 北京: 国防工业出版社.

Cole J D, Dougherty C B, Huth J H. 1953. Constant-strain waves in string[J]. Journal of Applied Mechanics, 20: 519-522.

Davies R M. 1948. A critical study of Hopkinson pressure bar[J]. Philosophical Transactions of the Royal Society A: Mathematical, Physical and Engineering Sciences, 240(821): 375-457.

Graff K F. 1975. Wave Motion in Elastic Solids[M]. New York: Dover Publications.

Harris J G. 2004. Linear Elastic Waves[M]. Cambridge: Cambridge University Press.

Mcqueen R G, Marsh S P. 1960. Equation of state for nineteen metallic elements from shock-wave measurements to two megabars[J]. Journal of Applied Physics, 31(7):1253-1269.

Medick M A. 1961. On classical plate theory and wave propagation[J]. Journal of Applied Mechanics, 28: 223-228.

Miller G F, Pursey H. 1954. The field and radiation impedance of mechanical radiators on the free surface of a semi-infinite isotropic solid[J]. Proceedings of the Royal Society of London, 223(1155): 521-541.

Smith J C, McCrackin F L, Schiefer H F. 1958. Stress-strain relationships in yarns subjected to rapid impact loading[J]. Textile Research Journal, 28: 288-302.

Sneddon I N. 1951. Fourier Transforms[M]. New York: McGraw Hill: 513-514.

Woods R D. 1968. Screening of surface waves in solids [J]. Placement & Improvement of Soil to Support Structures. ASCE, 7: 951-979.